Kapitelübersicht
Ausführliches Inhaltsverzeichnis
Seite VII bis IX

Mathematische Grundlagen
1-1 bis 1-20 — 1

Physikalische und chemische Grundlagen
2-1 bis 2-32 — 2

Technisches Zeichnen
3-1 bis 3-22 — 3

Werkstoffe
4-1 bis 4-72 — 4

Vollholz- und Plattenverbindungen
5-1 bis 5-34 — 5

Möbelbau
6-1 bis 6-34 — 6

Holzschutz und bauliche Schutzmaßnahmen
7-1 bis 7-50 — 7

Innenausbau
8-1 bis 8-24 — 8

Fenster, Fassaden, Außentüren
9-1 bis 9-30 — 9

Oberflächentechnik
10-1 bis 10-16 — 10

Fertigungsmittel – Fertigungsanlagen
11-1 bis 11-54 — 11

Betriebsplanung und Betriebsorganisation
12-1 bis 12-30 — 12

Montage und Instandhaltung
13-1 bis 13-24 — 13

Arbeits- und Umweltschutz
14-1 bis 14-18 — 14

Verzeichnis der behandelten Normen und Vorschriften 15-1 bis 15-3
Stichwortverzeichnis 15-5 bis 15-14 — 15

Friedrich Tabellenbuch

Herausgeber: Werner Beermann

Holztechnik

Technologie/Fachkunde/Fachtheorie
Technische Mathematik/Fachrechnen
Technisches Zeichnen/Technische Kommunikation
Betriebstechnik, Betriebsorganisation, Arbeitsplanung
Arbeits- und Umweltschutz

13. Auflage

Bestellnummer 5410

Begründet von: Direktor Wilhelm Friedrich

Herausgeber: Werner Beermann

Autoren: U. Labude, Kap. 4.6, 4.7, 4.9, 4.10
P. Lohse, Kap. 2, 4.8
M. Scheurmann, Kap. 1, 14
A. Soder, Seiten 5-33 und 5-34 sowie 6-6; Kap. 8, 10, 11, 12, 13
H.-J. Wiedemann, Kap. 3, 4.1 bis 4.5, 5, 6, 7, 9

Wichtiger Hinweis

Die Erkenntnisse in der Technik unterliegen laufendem Wandel durch Forschung und Normung. Die Autoren dieses Werkes haben große Sorgfalt darauf verwendet, dass die gemachten Angaben dem derzeitigen Wissensstand entsprechen. Das entbindet den Benutzer aber nicht von der Verpflichtung, anhand von Originalunterlagen (insbesondere von Normen) zu überprüfen, ob die dort gemachten Angaben von denen in diesem Buch abweichen, und seine Verwendung in eigener Verantwortung zu bestimmen.

DIN-Normen und andere technische Regelwerke

Sofern in diesem Tabellenbuch auf DIN-Normen, VDE-Bestimmungen oder andere technische Regelwerke verwiesen wird, so handelt es sich um die bei Redaktionsschluss vorliegenden Ausgaben. Diese wurden für die Zwecke dieses Buches – mit Erlaubnis des DIN (Deutsches Institut für Normung) – gekürzt und bearbeitet.
Für den Anwender einer Norm ist jedoch nur die Norm selbst in ihrer neuesten Ausgabe maßgebend. DIN-Normen sind zu beziehen beim Beuth-Verlag, Burggrafenstr. 6, 10787 Berlin.

Haben Sie Anregungen oder Kritikpunkte zu diesem Produkt?
Dann senden Sie eine E-Mail an 5410_013@bv-1.de
Autoren und Verlag freuen sich auf Ihre Rückmeldung.

www.bildungsverlag1.de

Bildungsverlag EINS
Sieglarer Straße 2, 53842 Troisdorf

ISBN 978-3-427-**54101**-1

Vorwort

1 Diese Neubearbeitung enthält das neue Kapitel 13 **„Montage und Instandsetzung“**.
Dieses Kapitel ist die Antwort auf die Anforderungen der neuen Meisterprüfung für Tischler und Schreiner, die zum 1. Juli 2008 in Kraft getreten ist.
Das Tabellenbuch erfüllt auch die Anforderungen des neuen Rahmenlehrplans zur Meisterprüfungsverordnung der Tischler und Schreiner.
Die vier neuen Handlungsfelder der Meisterprüfungsverordnung lauten: „Gestaltung, Konstruktion und Fertigungstechnik“, **„Montage und Instandhaltung“**, „Auftragsabwicklung“ sowie „Betriebsführung und Betriebsorganisation“. Aus jedem dieser Handlungsfelder muss der Prüfling eine Aufgabe fallorientiert bearbeiten.
Außerdem sind in der neuen Verordnung unter anderem Planung und Einbau von „Schließ- und Schutzsystemen“ zur Einbruchsicherheit aufgeführt. Auch die objektbezogene Montage „elektro- und wassertechnischer Anschlüsse“ ist enthalten – wichtig zum Beispiel beim Einbau von Küchen. Auch diese Punkte sind im Friedrich eingearbeitet worden.

2 Durch bewusst ausführliche und klare Stoffdarbietung ermöglicht dieses Tabellenbuch die Verwendung
- auf unterschiedlichen Ausbildungsebenen (Facharbeiter, Meister, Techniker, Ingenieur);
- in unterschiedlichen Schulformen und -stufen (Berufsgrundbildung, Berufsschule, Berufsfachschule, Fachschule, Fachoberschule, Berufliches Gymnasium, Berufskolleg);
- Fachhochschule, Berufsakademie;
- in den verschiedenen Formen der Erwachsenenbildung und Weiterbildung, z. B. Umschulung, Fortbildung;
- in Lehrwerkstatt und überbetrieblicher Ausbildung;
- in allen Bereichen der einschlägigen beruflichen Praxis.

3 Zur Didaktik/Methodik: Friedrich Tabellenbuch Holztechnik
- ist auf die **einschlägigen Ausbildungsordnungen und Rahmenlehrpläne** abgestimmt;
- ist nicht auf reines Zahlenmaterial beschränkt, sondern integriert die Tabellen soweit sinnvoll und möglich – in **technologische Zusammenhänge;**
- fördert über das Erlernen von Nachschlagetechniken den Aufbau von **Wissensnetzen und -strukturen** beim Lernenden (Wissensmanagement);
- fördert durch Aufbau, Gestaltung und Stoffdarbietung in besonderem Maße **handlungsorientiertes Lernen,** das für die Berufsausübung von entscheidender Wichtigkeit ist;
- unterstützt **selbstständiges Lernen** und Einarbeiten in neue Sachverhalte (Methodenkompetenz);
- ermöglicht angesichts der thematischen Breite **ganzheitliches und fächerübergreifendes Lernen**;
- erschließt durch viele **Nachschlagehilfen** und ein durchgängiges System von am Rand vermerkten Querverweisen den vielseitigen Inhalt;
- passt zu allen **gängigen Fachkunden/Technologien;**
- erleichtert durch **übersichtliche Grafiken, Diagramme und Abbildungen** den Einblick in komplizierte Sachverhalte;
- ist durchgehend **zweifarbig** und der **neuen Rechtschreibung** angepasst.

Herausgeber, Autoren und Verlag, Sommer 2009

Nachschlagesystem und Nachschlagehilfen im Friedrich Tabellenbuch

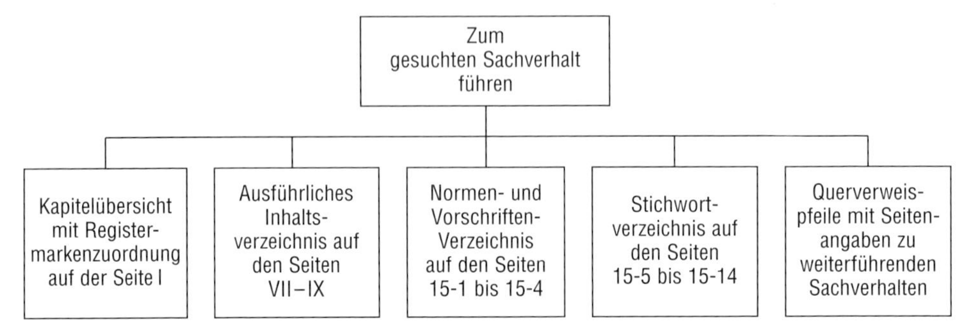

Unterstützende Nachschlagehilfen:

- fein verästelte Dezimalklassifikation;
- kapitelweise Seitenzählung;
- Registermarken für Großkapitel;
- Zweifarbendruck in Text und Bild;
- Seitenverweise mit Pfeilen am Rand;
- alle Normen und Bestimmungen mit Ausgabedatum sowie mit direkter Zuordnung zum Sachzusammenhang; ferner in Kap. 15.1 die Tabelle der zitierten Normen.

Friedrich und Kammer- bzw. PAL-Prüfungen

In zunehmendem Maße wird die Fähigkeit und Motivierung des Auszubildenden, sich allein, also ohne personelle Hilfestellung, in neue Aufgaben schnell einzuarbeiten, als wichtiges Lernziel der Ausbildung betrachtet; strukturierendes Denken/handlungsorientiertes Lernen/Stoffbeherrschung, also Lernziele, die seit etwa 15 Jahren in der beruflichen Bildung hoch bewertet werden sollen, werden bei Benutzung des „Friedrich" gefördert.
Dass gerade etwas umfangreichere Nachschlagewerke hierzu einen besonderen Beitrag leisten können, ist unbestritten; aber nicht nur auf den Umfang kommt es an, sondern vor allem auf eine den neueren Lernzielen in der Berufsausbildung entsprechende Aufarbeitung der Inhalte sowie auf ein auch für sog. schwächere Schüler erlernbares Nachschlagesystem. Beides leistet der „Friedrich". Deshalb findet der „Friedrich" auch mehr und mehr Verwendung in den Ausbildungsabschlussprüfungen, und fast alle (nach der Neuordnung) erlassenen Prüfungsordnungen der Kammern sowie Überlegungen des PAL sehen solche generellen Freigaben vor.

INHALT

1 Mathematische Grundlagen 1-1 bis 1-20

1.1 Übersicht 1-1
1.2 Mathematische Zeichen und Symbole 1-2
1.3 Rechnungsarten und Gleichungen 1-3
1.4 Größen und Einheiten 1-5
1.5 Winkelfunktionen 1-10
1.6 Steigung, Neigung, Pythagoras, Mischungsrechnen 1-11
1.7 Dreisatz-, Prozent- und Zinsrechnung 1-12
1.8 Längenteilung, Goldener Schnitt, Maßstäbe 1-13
1.9 Längen und Flächen 1-14
1.10 Längen und Volumen 1-17
1.11 Volumen unbesäumter Bretter, Bohlen und Stämme 1-19
1.12 Preisumrechnung bei Schnittholz 1-19
1.13 Verweis zu weiteren Hauptformeln 1-20

2 Physikalische und chemische Grundlagen 2-1 bis 2-32

2.1 Kohäsion – Adhäsion – Kapillarität 2-1
2.2 Dichte 2-2
2.3 Chemische Grundlagen 2-3
2.4 Wärmetechnische Grundlagen 2-8
2.5 Schall 2-12
2.6 Elektrotechnische Grundlagen 2-16
2.7 Mechanik 2-21
2.8 Statik 2-27
2.9 Festigkeitslehre 2-28

3 Technisches Zeichnen 3-1 bis 3-22

3.1 Zeichenblätter 3-1
3.2 Zeichnungsarten nach DIN 919-1 3-3
3.3 Linien in Zeichnung nach DIN 919-1 3-4
3.4 Beschriftung und Bemaßung 3-5
3.5 Oberflächenangaben nach DIN ISO 1302 3-8
3.6 Geometrische Konstruktionen 3-9
3.7 Projektionsmethoden nach DIN ISO 10209-2 und DIN EN ISO 5456 3-17
3.8 Darstellung von Werkstücken 3-19
3.9 Schraffuren und Kennzeichnungen im Schnitt 3-20
3.10 Sinnbilder in Wohnungsgrundrissen 3-22

4 Werkstoffe 4-1 bis 4-72

4.1 Übersicht 4-1
4.2 Vollholz 4-2
4.3 Furniere 4-45
4.4 Plattenwerkstoffe 4-49
4.5 Verschnittberechnung 4-57
4.6 Kunststoffe 4-58
4.7 Metalle 4-62

4.8 Glas im Bauwesen 4-64
4.9 Füll- und Dichtungsstoffe 4-67
4.10 Steine 4-69

5 Vollholz- und Plattenverbindungen 5-1 bis 5-34

5.1 Übersicht, Allgemeines 5-1
5.2 Holzverbindungen (Verbindungskonstruktionen) 5-3
5.3 Zinkenteilung 5-22
5.4 Verbindungsmittel 5-25

6 Möbelbau 6-1 bis 6-34

6.1 Möbelarten 6-1
6.2 Möbelnormung 6-2
6.3 Allgemeine Möbelmaße 6-7
6.4 Bemessung von Möbeleinlegeböden 6-9
6.5 Beschläge 6-11
6.6 Möbelform 6-26
6.7 Möbelstile 6-29
6.8 Kleines ABC des Möbelbaus 6-34

7 Holzschutz und bauliche Schutzmaßnahmen 7-1 bis 7-50

7.1 Übersicht 7-1
7.2 Holzschutz 7-2
7.3 Wärmeschutz 7-9
7.4 Feuchteschutz 7-33
7.5 Schallschutz 7-39
7.6 Brandschutz 7-46
7.7 Einbruchschutz 7-50

8 Innenausbau 8-1 bis 8-24

8.1 Übersicht 8-1
8.2 Innentüren 8-2
8.3 Einbauschränke 8-8
8.4 Innenwandbekleidungen 8-9
8.5 Deckenbekleidungen und Unterdecken 8-10
8.6 Nichttragende innere Trennwände 8-11
8.7 Holzfußböden 8-18
8.8 Holztreppen 8-20

9 Fenster, Fassaden, Außentüren 9-1 bis 9-30

9.1 Übersicht 9-1
9.2 Fenster 9-3
9.3 Außentüren 9-23
9.4 Rollläden 9-27
9.5 Klappläden 9-27
9.6 Außenwandverkleidungen 9-28
9.7 Wintergärten 9-29

10 Oberflächentechnik 10-1 bis 10-16

10.1 Übersicht 10-1
10.2 Begriffe und Anforderungen der Oberflächentechnik 10-2
10.3 Vorbereiten der Flächen 10-7
10.4 Farbverändernde Arbeiten 10-9
10.5 Flüssige Beschichtungsstoffe 10-11

11 Fertigungsmittel, Fertigungsanlagen 11-1 bis 11-54

11.1 Übersicht 11-1
11.2 Grundlagen der Prüftechnik 11-2
11.3 Spanungstechnische Grundlagen 11-3
11.4 Werkzeuge zur manuellen Werkstoffbearbeitung 11-5
11.5 Maschinen zur Holz- und Holzwerkstoffbearbeitung 11-12
11.6 Werkzeuge in Holzbearbeitungsmaschinen 11-31
11.7 Handhabungshilfen in holzverarbeitenden Betrieben 11-37
11.8 Absaugen und Abscheiden von Holzstaub und Spänen 11-41
11.9 Heizungsanlagen 11-44
11.10 Lackieranlagen 11-47
11.11 Druckluftanlagen 11-50
11.12 Hydraulische Pressen 11-53

12 Betriebsplanung und Betriebsorganisation 12-1 bis 12-30

12.1 Übersicht 12-1
12.2 Grundlagen 12-2
12.3 Betriebsplanung 12-3
12.4 Betriebsorganisation 12-14

13 Montage und Instandhaltung 13-1 bis 13-24

13.1 Übersicht 13-1
13.2 Baustelle 13-2
13.3 Elektroanschlüsse 13-9
13.4 Wassertechnische Anschlüsse 13-15
13.5 Wohnungsentlüftung, Oberhauben 13-20
13.6 Instandhaltung von Bauteilen 13-21

14 Arbeits- und Umweltschutz 14-1 bis 14-18

14.1 Übersicht 14-1
14.2 Überblick: Belastungen am Arbeitsplatz/Arbeits- u. Umweltschutz 14-2
14.3 Gefahrstoffe am Arbeitsplatz 14-2
14.4 Sicherheitskennzeichen 14-13
14.5 Umweltschutz: Übersicht; Abfall, Sonderabfälle, Abluft 14-15

15 Anhang 15-1 bis 15-14

15.1 Verzeichnis der behandelten Normen und Vorschriften 15-1
15.2 Stichwortverzeichnis 15-5

1 Mathematische Grundlagen

1.1 Übersicht

			Seite
ΣA = Summe der Flächen	Kurzzeichen und Grundrechnungsarten	Mathematische Zeichen und Symbole Bruchrechnen, Vorzeichen, Klammer Potenzieren, Radizieren Umstellen von Gleichungen	1-2 1-3 1-4 1-4
l = 800 mm 800 mm = 800 · 10^{-3} m = 0,8 m	Größen (**G**) Einheiten (**E**) und Umrechnungszahlen (**U**)	Grundbegriffe, Basisgrößen und Einheiten Vorsätze für Einheiten: Zehnerpotenzen, Zahlenwerte, Namen **GEU** für Winkel, Längen, Flächen, Volumen **GEU** für Zeit, Geschwindigkeit, Beschleunigung **GEU** für Mechanik (Masse, Kraft usw.) **GEU** für Thermodynamik, Wärmeübertragung **GEU** für Elektrizität, Licht Römische Ziffern, Griechisches Alphabet	1-5 1-6 1-6 1-7 1-7 f 1-8 1-9 1-9
Hypotenuse c, Gegenkathete a, Ankathete b, α	Winkel, Winkelfunktionen	Winkelfunktionen: Sinus, Cosinus, Tangens Schiefwinkliges Dreieck Funktionswerte wichtiger Winkel Winkelbeziehungen	1-10 1-10 1-10 1-10
M 1:10 $l_z = \frac{l_w}{10}$	Sonstiges	Steigung, Neigung, Gefälle, Pythagoras, Mischungsrechnen Dreisatz-, Prozent- und Zinsrechnen Strecken- und Längenteilung Goldener Schnitt, Maßstäbe	1-11 1-11 1-12 1-13 1-13
h, l_1, h_s, b, l	Flächen, Volumen und Teillängen	Quadrat, Rechteck, Rhombus Rhomboid, Trapez, Dreieck Vieleck: regelmäßig, unregelmäßig Kreis bis Kreisringausschnitt, Ellipse Würfel, Prisma, Zylinder, Hohlzylinder, Pyramide, Kegel Keil, Pyramidenstumpf, Kegelstumpf, Kugel	1-14 1-14 1-15 1-16 1-17 1-17 1-18 1-18
L_P, Q_P, K_P, 1 m	Bretter, Bohlen, Stämme	Volumen unbesäumter Bretter, Bohlen und Stämme Mengenpreis, Preisumrechnungen (**L**ängen-, **Q**uadratmeter- und **K**ubikmeter**p**reis)	1-19 1-19 1-19
z. B. Feuchtigkeitsgehalt $u = \frac{m_u - m_0}{m_0} \cdot 100\,\%$	Hauptformeln	Übersicht und Seitenhinweise zu weiteren spezifischen Formeln der Holztechnik und deren Grundlagen	1-20

1.2 Mathematische Zeichen und Symbole[1]

Zeichen	Bedeutung	Beispiel
$+$	plus, und	$5 + 9 = 14$
$-$	minus, weniger	$9 - 3 = 6$
$\cdot$	multipliziert, mal	$4 \cdot 7 = 28$
$\times$	mal im Text	$4 \times 7 = 28$
: / –	dividiert, geteilt, durch	$21 : 7 = 3$ $21/7 = 3$ $\frac{21}{7} = 3$
$=$	gleich	$2 + 3 = 9 - 4$
$\neq$	ungleich, nicht gleich	$4 \neq 5$
$\triangleq$	entspricht	Kräftemaßstab: 1 cm $\triangleq$ 5 N
$\approx$	ungefähr gleich	$10 : 3 \approx 3{,}3$
$<$	kleiner als	$12 < 15$
$>$	größer als	$9 > 7$
$\leq$	kleiner oder gleich	$v_c \leq 5$ m/s
$\geq$	größer oder gleich	$b \geq 22$ mm
$\ll$	klein gegen	
$\gg$	groß gegen	
…	und so weiter	2, 4, 6, …
∞	unendlich	
π	pi, $\pi = 3{,}14159\ldots$	
e	e = 2,71828 …	
( )	runde Klammer	$(2 + 9)\,4 = 44$
[ ]	eckige Klammer	$[(2+9)\,4] : 2 = 22$
$\sqrt{}$	Quadratwurzel aus	$\sqrt{25} = 5$
$\sqrt[n]{}$	n-te Wurzel aus	$n = 3$, $\sqrt[3]{125} = 5$
x^n	x hoch n, n-te Potenz von x	$n = 3$, $5^3 = 125$ $(5^3 = 5 \cdot 5 \cdot 5)$
$\parallel$	parallel zu	$a \parallel c$
$\perp$	orthogonal zu, rechtwinklig zu	$a \perp b$

Zeichen	Bedeutung	Beispiel
$\uparrow\uparrow$	gleichsinnig parallel	
$\uparrow\downarrow$	gegensinnig parallel	
$\triangle ABC$	Dreieck ABC	
$\cong$	kongruent zu (übereinstimmend, deckungsgleich)	$ABC \cong DEF$
$\sim$	proportional zu	$I \sim U$ (wenn R = konstant)
$\sphericalangle\,(g, h)$	Winkel zwischen g und h	
$\overline{AB}$	Strecke AB	$\overline{AB} = 90$ mm
$\overset{\frown}{AB}$	Bogen AB	$l_B = r \cdot \pi \dfrac{\alpha}{180°}$
d (A, B)	Abstand von A nach B	
$\odot\,(P, r)$	Kreis um P mit r	
Σ	Summe	$\Sigma M = 0$
$\sum_{i=1}^{n} x_i$	Summe über x_i von $i = 1$ bis n	$n = 3$ $\Sigma x_i = x_1 + x_2 + x_3$
$f \simeq g$	f ist asymptotisch gleich g	sich nähern, ohne zu erreichen
$f(x)$	Funktion der Veränderlichen x	
Δf	Delta f, Differenz zweier Werte	$\Delta F = F_1 - F_2$
%	Prozent, von Hundert	19 % MwSt.
‰	Promille, von Tausend	0,5 ‰ Alkohol
°	Grad	$\alpha = 60°$
$\sphericalangle$	Winkel	$\sphericalangle = 55°$
⦜	rechter Winkel (= 90°)	
sin	Sinus	$\sin \alpha = 80°$
cos	Cosinus	$\cos \beta = 40°$
tan	Tangens	$\tan \alpha = 130°$
cot	Cotangens	$\cot \beta = 20°$
$\lvert a \rvert$	Betrag von a	$\lvert F \rvert = 200$ N
$\vec{a}, \vec{b}$ … **a**, **b**, …	Zeichen für Vektoren	$\vec{F}$

[1] Weitere Zeichen siehe DIN 1302: 1999-12

1.3 Rechnungsarten und Gleichungen

Art	Regel	Zahlenbeispiel	Algebraisches Beispiel
Bruchrechnen	**Addieren und Subtrahieren von gleichnamigen Brüchen:** Die Zähler werden addiert oder subtrahiert, und der Nenner bleibt unverändert.	$\frac{4}{6}+\frac{3}{6}-\frac{2}{6}=\frac{4+3-2}{6}=\frac{5}{6}$	$\frac{4}{a}+\frac{3}{a}-\frac{2}{a}=\frac{4+3-2}{a}=\frac{5}{a}$
	Addieren und Subtrahieren von ungleichnamigen Brüchen: Zunächst wird ein gemeinsamer Nenner gebildet, der Hauptnenner. Der Hauptnenner ist der gemeinsame Nenner, in dem die Nenner aller Brüche ganzzahlig enthalten sind. Nun werden alle Brüche durch Erweitern auf den Hauptnenner gebracht und schließlich die Zähler addiert bzw. subtrahiert.	$\frac{2}{3}-\frac{1}{4}=$ Hauptnenner = 12 $\frac{2\cdot 4}{3\cdot 4}-\frac{1\cdot 3}{4\cdot 3}=$ $\frac{8}{12}-\frac{3}{12}=\frac{8-3}{12}=\frac{5}{12}$	$\frac{a}{b}-\frac{c}{d}=$ Hauptnenner = $b\cdot d$ $\frac{a\cdot d}{b\cdot d}-\frac{c\cdot b}{d\cdot b}=$ $\frac{a\cdot d-c\cdot b}{b\cdot d}$
	Multiplizieren von Brüchen: Der Zähler wird mit dem Zähler und der Nenner mit dem Nenner des anderen Bruches multipliziert.	$\frac{3}{4}\cdot\frac{2}{5}=\frac{3\cdot 2}{4\cdot 5}=\frac{6}{20}$	$\frac{a}{b}\cdot\frac{c}{d}=\frac{a\cdot c}{b\cdot d}$
	Dividieren von Brüchen: Der Bruch im Zähler wird mit dem Kehrwert des Bruches im Nenner multipliziert.	$\frac{\frac{3}{8}}{\frac{4}{5}}=\frac{3\cdot 5}{8\cdot 4}=\frac{15}{32}$	$\frac{\frac{a}{b}}{\frac{c}{d}}=\frac{a\cdot d}{b\cdot c}$
Vorzeichen	**Werte ohne Vorzeichen** sind positiv.	$5=+5$	$a=+a$ bzw. $b=+b$
	Bei **gleichen Vorzeichen der Faktoren** wird das Produkt positiv.	$3\cdot 5=15$ $(-3)\cdot(-5)=15$	$a\cdot b=a\,b$ $(-a)\cdot(-b)=a\,b$
	Bei **gleichen Vorzeichen von Zähler und Nenner** wird der Quotient positiv.	$\frac{(-15)}{(-3)}=5$	$\frac{(-a)}{(-b)}=\frac{a}{b}$
	Bei **unterschiedlichen Vorzeichen der Faktoren** wird das Produkt negativ.	$3\cdot(-5)=-15$ $(-3)\cdot 5=-15$	$a\cdot(-b)=-a\,b$ $(-a)+b=-a\,b$
	Bei **unterschiedlichen Vorzeichen von Zähler und Nenner** wird der Quotient negativ.	$\frac{15}{(-3)}=-5$ $\frac{(-15)}{3}=-5$	$\frac{a}{(-b)}=-\frac{a}{b}$ $\frac{(-a)}{b}=-\frac{a}{b}$
	Punktrechnungen (· u. :) müssen vor **Strichrechnungen** (+ u. –) ausgeführt werden.	$5\cdot 7-3\cdot 5=$ $35-15=20$	$5a\cdot 2b-a\cdot 4b=$ $10ab-4ab=6ab$
Klammer	**Klammern, vor denen ein Pluszeichen steht,** können weggelassen werden.	$5+(9-4)=$ $5+9-4=10$	$a+(b-c)=$ $a+b-c$
	Klammern, vor denen ein Minuszeichen steht, kann man weglassen, wenn jedes Glied in der Klammer entgegengesetzte Vorzeichen erhält.	$5-(9-7)=$ $5-9+7=3$	$a-(b-c)=$ $a-b+c$
	Ein Faktor wird mit einem Klammerausdruck multipliziert, indem jedes Glied der Klammer mit dem Faktor multipliziert wird.	$4\cdot(5+3)=$ $4\cdot 5+4\cdot 3=$ $20+12=32$	$a\cdot(b+c)=$ $a\,b+a\,c$

1.3 Rechnungsarten und Gleichungen

Art	Regel	Zahlenbeispiel	Algebraisches Beispiel
Klammer	**Klammerausdrücke werden miteinander multipliziert,** indem jedes Glied der einen Klammer mit jedem Glied der anderen Klammer multipliziert wird.	$(3+5)\cdot(4-2) =$ $3\cdot4+3\cdot(-2)+$ $5\cdot4+5\cdot(-2) =$ $12-6+20-10=16$	$(a+b)\cdot(c-d) =$ $ac-ad+bc-bd$
Klammer	**Ein Klammerausdruck wird durch einen Wert dividiert,** indem jedes Glied in der Klammer durch diesen Wert dividiert wird.	$(8-2):2=$ $8:2-2:2=$ $4-1=3$	$(a-b):b=$ $\frac{(a-b)}{b}=\frac{a}{b}-\frac{b}{b}=\frac{a}{b}-1$
Klammer	Bei **gemischten Rechnungen mit Klammerausdrücken** müssen zuerst die Klammern aufgelöst, danach die Punkt- und dann die Strichrechnung ausgeführt werden.	$5\cdot(3-2)+12=$ $5\cdot1+12=$ $5+12=17$	$a\cdot(3x-2x)+$ $b\cdot(6y+2y)=$ $a\cdot x+b\cdot8y=$ $ax+8by$
Potenzieren	**Dividieren bei gleicher Basis:** Die Exponenten werden subtrahiert und die Basis wird beibehalten.	$\frac{5^3}{5^2}=5^{3-2}=5^1=5$	$\frac{m^3}{m^2}=m^{3-2}=m^1=m$
Potenzieren	**Multiplizieren bei gleicher Basis:** Die Exponenten werden addiert und die Basis wird beibehalten.	$3^2\cdot3^3=3^{2+3}=3^5$ oder: $3\cdot3\cdot3\cdot3\cdot3=3^5$	$a^2\cdot a^3=a^{2+3}=a^5$ oder: $a\cdot a\cdot a\cdot a\cdot a=a^5$
Potenzieren	Eine **Potenz mit dem Exponenten 0** hat den Wert 1.	$5^3:5^3=5^0=1$	$m^3:m^3=m^{3-3}=m^0=1$
Radizieren	Eine **Wurzel kann als Potenz** geschrieben werden.	$\sqrt{9}=9^{\frac{1}{2}}=$ $3^{2\cdot\frac{1}{2}}=3$	$\sqrt{a\cdot a}=(a\cdot a)^{\frac{1}{2}}=$ $a^{2\cdot\frac{1}{2}}=a$
Radizieren	**Radikand als Produkt:** Die Wurzel kann aus dem Produkt oder jedem einzelnen Faktor gezogen werden.	$\sqrt{4\cdot9}=\sqrt{36}=6$ oder: $\sqrt{4}\ \sqrt{9}=2\cdot3=6$	$\sqrt{a\cdot b}=\sqrt{a}\cdot\sqrt{b}$
Umstellen von Gleichungen	durch **Seitentausch,** so dass die gesuchte Größe allein auf der linken Seite steht.	$20+35=x$ $x=20+35=55$	$a+b=x$ $x=a+b$
Umstellen von Gleichungen	durch **Addition des Gleichen** auf beiden Seiten.	$y-8=12$ $y-8+8=12+8$ $y=20$	$y-a=b$ $y-a+a=b+a$ $y=b+a$
Umstellen von Gleichungen	durch **Subtraktion des Gleichen** auf beiden Seiten.	$z+9=24$ $z+9-9=24-9$ $z=15$	$z+a=b$ $z+a-a=b-a$ $z=b-a$
Umstellen von Gleichungen	durch **Multiplikation des Gleichen** auf beiden Seiten.	$\frac{x}{6}=3;\ \frac{x\cdot6}{6}=3\cdot6$ $x=18$	$\frac{x}{a}=b;\ \frac{x\cdot a}{a}=b\cdot a$ $x=b\cdot a$
Umstellen von Gleichungen	durch **Division des Gleichen** auf beiden Seiten.	$y\cdot4=12$ $\frac{y\cdot4}{4}=\frac{12}{4};\ y=3$	$y\cdot a=b$ $\frac{y\cdot a}{a}=\frac{b}{a};\ y=\frac{b}{a}$
Umstellen von Gleichungen	durch **gleiches Potenzieren** auf beiden Seiten.	$\sqrt{z}=3$[1] $(\sqrt{z})^2=3^2$ $z=9$	$\sqrt{z}=a$[2] $(\sqrt{z})^2=a^2$ $z=a\cdot a$

[1] $z, a \in \mathbb{R}^+$
[2] $z, a \in \mathbb{R}^+ \vee z, a \in \mathbb{R}^-$

1.4 Größen und Einheiten

1.4.1 Grundbegriffe

Begriff	Erklärung
(Physikalische) Größe	Eine Größe stellt eine **messbare Eigenschaft** von – Körpern (z. B. $m = 10$ kg), – Vorgängen (z. B. $v = 3$ m/s), – oder Zuständen (z. B. $t = 800$ °C) dar. Die **qualitative Kennzeichnung** (z. B. Masse) charakterisiert die zu erfassende Eigenschaft. Die **quantitative Kennzeichnung** (z. B. 10 kg) erfasst den Ausprägungsgrad der Eigenschaft. Der Ausprägungsgrad wird immer als ein **Produkt aus Zahlenwert und Einheit** (= Betrag) dargestellt.
Basisgröße (oder Grundgröße)	Das sind Größen, die **voneinander unabhängig** und nicht auf andere physikalische Größen zurückführbar sind (siehe unten).
Abgeleitete Größen	Das sind Größen, die auf **Basisgrößen zurückführbar** sind. Diese sind mittels Definitionsgleichung (Grundformel) festgelegt. z. B.: $F = m \cdot a = m \cdot \frac{2s}{t \cdot t}$
Einheit, Einheitenzeichen (Kurzzeichen)	Der für die betreffende Größenart **durch Absprache festgelegte ganz bestimmte Wert** einer physikalischen Größe wird als Einheit bezeichnet. Die Einheiten sind durch internationale Vereinbarungen zum Zwecke des Vergleichs von Mess- und Rechenergebnissen im Internationalen Einheitensystem[1] festgelegt. Abgeleitete SI-Einheiten sind nur über den Faktor 1 mit den Basiseinheiten verbunden. Die Kurzzeichen sind durch DIN 1301 festgelegt.

Begriff	Erklärung
Skalare Größen	Das sind Basis- und abgeleitete Größen, die zur eindeutigen quantitativen Bestimmung **nur die Angabe des Zahlenwertes** und der dazugehörenden **Einheit** erfordern. z. B.: $m = 10$ kg; $W = 4$ Nm
Vektorielle Größen	Das sind Basis- und abgeleitete Größen, die zur eindeutigen quantitativen Bestimmung, **neben der Angabe des Zahlenwertes** und der dazugehörenden **Einheit,** noch **eine Angabe über den Angriffspunkt und die Richtung im Raum** erfordern. Durch schrägen Fettdruck oder durch einen über das Formelzeichen gesetzten Pfeil wird diese Eigenschaft gekennzeichnet (wenn sie beachtet werden soll). z. B.: $\vec{F}$; $\vec{v}$; $\vec{p}$ oder $\boldsymbol{F}$; $\boldsymbol{v}$; $\boldsymbol{p}$ Bei der zeichnerischen Darstellung muss ein Maßstab festgelegt werden. Die Pfeillänge gibt den Betrag der Größe an. Wirkungslinie, Richtung, Angriffspunkt, Betrag, y, x, α
Formelzeichen (Größenzeichen)	Zur qualitativen Kennzeichnung einer physikalischen Größe werden meist nur **aus einem Buchstaben gebildete Symbole** (z. B.: ***m*** für Masse) verwendet. Diese sind durch die DIN 1304 festgelegt.

1-2

1-6 ff

1.4.2 Basisgrößen und Basiseinheiten des SI[1]-Systems DIN 1301-1: 2002-10

Basisgröße	Formelzeichen nach DIN 1304	Basiseinheit	Einheitenzeichen	Bemerkung
Länge	l	Meter	m	Nur bei der Masse werden **Teile und Vielfache** nicht von der festgelegten Basiseinheit, sondern von der Einheit Gramm (g) gebildet.
Masse	m	Kilogramm	kg	
Zeit	t	Sekunde	s	
Elektrische Stromstärke	I	Ampere	A	
Thermodynamische Temperatur	T	Kelvin	K	
Stoffmenge	n	Mol	mol	
Lichtstärke	I_v, I	Candela	cd	

1-6

[1] SI = Système International d'Unités (Internationales Einheitensystem).

1.4 Größen und Einheiten

1.4.3 Vorsätze für Einheiten nach DIN 1301-1: 2002-10

	Vorsatz-zeichen	Vorsatz-name	Multiplikationsfaktor als Potenz	Zahlenwert	Name	Bemerkung
Vielfache	E	Exa	10^{18}	1 000 000 000 000 000 000	trillionenfacher Wert	Die Vorsätze für SI-Einheiten werden angewendet, wenn es zweckmäßig ist, dass der Zahlenwert einer Größe zwischen 0,1 und 1000 liegen soll, damit der Zahlenwert überschaubarer bleibt. **Beispiel:** Anstelle von $F = 14\,300$ N $= 14{,}3 \cdot 10^3$ N kann geschrieben werden $F = 14{,}3$ kN. Das Vorsatzzeichen wird ohne Zwischenraum vor das Einheitenzeichen geschrieben.
	P	Petra	10^{15}	1 000 000 000 000 000	billiardenfacher Wert	
	T	Tera	10^{12}	1 000 000 000 000	billionenfacher Wert	
	G	Giga	10^{9}	1 000 000 000	milliardenfacher Wert	
	M	Mega	10^{6}	1 000 000	millionenfacher Wert	
	k	**Kilo**	10^{3}	**1 000**	**tausendfacher Wert**	
	h	Hekto	10^{2}	100	hundertfacher Wert	
	da	Deka	10^{1}	10	zehnfacher Wert	
Teile	d	Dezi	10^{-1}	0,1	zehnter Teil	
	c	Zenti	10^{-2}	0,01	hundertster Teil	
	m	Milli	10^{-3}	0,001	tausendster Teil	
	µ	Mikro	10^{-6}	0,000 001	millionster Teil	
	n	Nano	10^{-9}	0,000 000 001	milliardster Teil	
	p	Piko	10^{-12}	0,000 000 000 001	billionster Teil	
	f	Femto	10^{-15}	0,000 000 000 000 001	billiardster Teil	
	a	Atto	10^{-18}	0,000 000 000 000 000 001	trillionster Teil	

1.4.4 Größen und Einheiten nach DIN 1301-1: 2002-10 (-2: 1978-02; -3: 1979-10) DIN 1304-1: 1994-03

Größe	Formelzeichen	SI-Einheit Name	Zeichen	Bemerkungen
Winkel, Länge, Fläche, Volumen				
Ebener Winkel	α, β	Radiant Grad [1)] Minute [1)] Sekunde [1)]	rad ° ′ ″	$1\ \text{rad} = 1\frac{1\,\text{m}}{1\,\text{m}} = \frac{360°}{2\pi} = 57{,}2957\ldots°$ 1° = (π/180) rad = 60′ 1′ = (1/60)° = 60″ 1″ = (1/60)′
Raumwinkel	Ω	Steradiant	sr	1 sr = 1 m^2/m^2
Länge (Basisgröße) Breite Höhe, Tiefe Dicke Radius Durchmesser Weg, Strecke	l b h d r d, D s	Meter (Basiseinheit)	m	1 km = 1000 m 1 m = 10 dm = 100 cm = 1000 mm 1 mm = 1000 µm Beziehungen zu sonstigen Einheiten: 1 Inch [1)] = 1 Zoll [2)] = 25,4 mm 1 Foot [1)] = 0,3048 m 1 Yard [1)] = 0,9144 m 1 sm [1)] = 1852 m (sm internationale Seemeile)
Fläche, Oberfläche Querschnittsfläche	A S, q	Quadratmeter Ar [1)] Hektar [1)]	m^2 a ha	1 m^2 = 100 dm^2 = 10 000 cm^2 = 1 000 000 mm^2 1 a = 100 m^2 1 ha = 100 a = 10 000 m^2 1 km^2 = 100 ha
Volumen	V	Kubikmeter Liter [1)]	m^3 l, L	1 m^3 = 1000 dm^3 = 1 000 000 cm^3 1 m^3 = 1000 l 1 l = 1 dm^3 1 cm^3 = 1000 mm^3 = 1 ml

[1)] Zulässige SI-fremde Einheit [2)] Unzulässige Einheit

1.4.4 Größen und Einheiten nach DIN 1301-1: 2002-10 (-2: 1978-02; -3: 1979-10) DIN 1304-1: 1994-03 (Forts.)

Größe	Formelzeichen	SI-Einheit Name	SI-Einheit Zeichen	Bemerkungen
Zeit, Geschwindigkeit, Beschleunigung				
Zeit (Basisgröße), Zeitdauer, Dauer Periodendauer	t T	Sekunde (Basiseinheit)	s	1 h[1] = 60 min = 3600 s 1 min[1] = 60 s 1 d[1] = 24 h = 1440 min = 86400 s d Tag; h Stunde; min Minute
Frequenz	f	Hertz	Hz	1 Hz = 1/s (1 Hz ≙ 1 Schwingung in 1 Sekunde)
Drehzahl, Umdrehungsfrequ.	n		$\frac{1}{s}$	1/s = 60/min = 60 min^{-1} 1/min[1] = 1 min^{-1} = 1/60 s
Geschwindigkeit	v	Meter je Sekunde	$\frac{m}{s}$	1 m/s = 60 m/min[1] = 3,6 km/h[1] 1 sm/h[1] = 1 Seemeile/Stunde = 1 Knoten[1] = 0,514 m/s
Winkelgeschwindigkeit	ω	Radiant je Sekunde	$\frac{rad}{s}$	$1\frac{rad}{s} = \frac{360°}{2\pi \cdot s} \approx \frac{57,296°}{s} = 57,296°/s$
Beschleunigung örtliche Fallbeschleunigung	a g	Meter je Quadratsekunde	$\frac{m}{s^2}$	g = 9,81 m/s^2 (gilt angenähert für 45° Breite) g_P = 9,83 m/s^2 am Pol $g_Ä$ = 9,78 m/s^2 am Äquator g_{Sonne} = 274,0 m/s^2; g_{Mond} = 1,62 m/s^2
Mechanik				
Masse (Basisgröße)	m	Kilogramm[3]	kg	1 kg = 1000 g; 1 Tonne[1] = 1 t = 1000 kg 1 g = 1000 mg; 1 Karat[1] = 1 Kt = 0,2 g
Längenbezogene Masse	m'	Kilogr. je Meter	$\frac{kg}{m}$	1 kg/m = 1 g/mm
Flächenbezogene Masse	m''	Kilogr. je Quadratmeter	$\frac{kg}{m^2}$	1 kg/m^2 = 0,1 g/cm^2
Dichte	ϱ	Kilogramm je Kubikmeter	$\frac{kg}{m^3}$	1 g/cm^3 = 1 kg/dm^3 = 1 t/m^3[1] Damit für Festkörper die Zahlenwerte nicht zu groß werden, empfiehlt sich die Einheit kg/dm^3 oder g/cm^3
Kraft Gewichtskraft	F F_G, G	Newton	N	$1\ N = 1\frac{kg \cdot m}{s^2} = 1\frac{J}{m}$ 1 kN = 1000 N; 1 kp[2] = 9,81 N
Kraftmoment, Drehmoment Biegemoment Torsionsmoment	M M_b M_T, T	Newtonmeter	N · m	$1\ N \cdot m = 1\frac{kg \cdot m \cdot m}{s^2} = 1\frac{kg \cdot m^2}{s^2}$
Massenträgheitsmoment	J	Kilogrammquadratmeter	$kg \cdot m^2$	
Impuls	P	Kilogrammmeter je Sekunde	$\frac{kg \cdot m}{s}$	$1\ N \cdot s = \frac{kg \cdot m}{s^2} \cdot s = 1\frac{kg \cdot m}{s}$

[1] Zulässige SI-fremde Einheit [2] Unzulässige Einheit [3] Basiseinheit

1.4 Größen und Einheiten

1.4.4 Größen und Einheiten nach DIN 1301-1: 2002-10 (-2: 1978-02; -3: 1979-10) DIN 1304-1: 1994-03 (Forts.)

Größe	Formelzeichen	SI-Einheit Name	SI-Einheit Zeichen	Bemerkungen
Mechanik				
Drehimpuls	L	Kilogr.-Quadratmeter je Sekunde	$\frac{kg \cdot m^2}{s}$	$1\ kg \cdot m^2 \cdot s^{-1} = 1\ N \cdot m \cdot s$ ist der Drehimpuls eines materiellen Punktes mit dem Impuls $1\ kg \cdot s^{-1}$, der eine Kreisbahn mit dem Radius 1 m beschreibt
Spannung, mech. Schubspannung Elastizitätsmodul	σ τ E	Newton je Quadratmillimeter	$\frac{N}{mm^2}$	$1\ kN/cm^2 = 10\ N/mm^2$ $1\ N/mm^2 = 100\ N/cm^2 = 10\,000\ N/dm^2 = 10^6\ N/m^2$
Druck absoluter Druck atmosphärischer Druck Überdruck	p p_{abs} p_{amb} p_e	Pascal	Pa	1 Pa = 1 N/m² = 0,01 mbar[1] 1 bar[1] = 10 N/cm² = 100 000 N/m² = 10^5 Pa 1 N/mm² = 10 bar = 1 MN/m² = 1 MPa 1 bar = 10,2 m Ws[2] 1 mbar[1] = 1 hPa; 1 bar = 750 Torr[2] = 750 mm Hg[2]
Flächenmoment 2. Grades	I		m^4 cm^4	$1\ m^4 = 100\,000\,000\ cm^4 = 10^8\ cm^4$ früher: Flächenträgheitsmoment
Arbeit Energie Wärmemenge	W E, W Q	Joule Joule Joule	J J J	$1\ J = 1\ N \cdot m = 1\ W \cdot s = 1\ kg \cdot m^2/s^2$ Joule ist für jede Energieart anwendbar 1 kWh = $3{,}6 \cdot 10^6$ J = 859,8 kcal[2] 1 kcal[2] = 4186,8 J
Leistung	P	Watt	W	$1\ W = 1\ J/s = 1\ N \cdot m/s = 1\ V \cdot A = 1\ kg \cdot m^2/s^3$ 1 PS[2] = 735,5 W
Thermodynamik, Wärmeübertragung				
Thermodynamische Temperatur[4] Celsius-Temperatur	T, θ t	Kelvin[3] Grad Celsius	K °C	0 K = −273,15 °C 0 °C = 273,15 K t(°C) = T − 273,15 Der Grad Celsius darf keine Vorsätze für Vielfache und Teile erhalten
Wärmemenge	Q	Joule	J	$1\ J = 1\ N \cdot m = 1\ Ws$; $3\,600\,000\ J = 1\ kW \cdot h$ 1 cal[2] = 4,19 J
Spezifische Wärmekapazität	c	Joule je kg und K	$\frac{J}{kg \cdot K}$	1 kcal/(kg · °C)[2] = 4,187 kJ/(kg · K)
Wärmeleitfähigkeit	λ		$\frac{W}{m \cdot K}$	
Wärmedurchgangskoeffizient	U		$\frac{W}{m^2 \cdot K}$	
Spez. Heizwert	H_u		J/kg	1 MJ/kg = 1 000 000 J/kg; früher: unterer Heizwert
Spez. Brennwert	H_o		J/kg	früher: oberer Heizwert
Längen-Temperatur-Koeffizient	α	Meter je Meter u. K	$\frac{m}{m \cdot K}$	$1\ mm/(m \cdot K) = 10^{-3}\ m/(m \cdot K) = 1000\ \mu m/(m \cdot K)$
Volumen-Temperatur-Koeffizient	γ	Kubikmeter je m³ und K	$\frac{m^3}{m^3 \cdot K}$	$1\ cm^3/(m^3 \cdot K) = 1000\ mm^3/(m^3 \cdot K)$ $\gamma = 3 \cdot \alpha$

[1] Zulässige Si-fremde Einheit [2] Unzulässige Einheit [3] Basiseinheit [4] Basisgröße

1.4 Größen und Einheiten

1.4.4 Größen und Einheiten nach DIN 1301-1: 2002-10 (-2: 1978-02; -3: 1979-10) DIN 1304-1: 1994-03 (Forts.)

Größe	Formelzeichen	SI-Einheit Name	SI-Einheit Zeichen	Bemerkungen
Elektrizität und Magnetismus				
Elektr. Ladung	Q	Coulomb	C	1 C = 1 A · s
Elektrische Stromstärke[4]	I	Ampere[3]	A	1 A = 1 V/1 Ω
Elektr. Spannung	U	Volt	V	1 V = 1 W/1 A = 1 m^2 · kg (s^3 · A)
Elektr. Widerstand	R	Ohm	Ω	1 Ω = 1 V/1 A = 1 m^2 · kg (s^3 · A)
Elektr. Leitwert	G	Siemens	S	1 S = 1 A/1 V = 1/Ω
Spez. Widerstand	ϱ	Ohmmeter	Ω · m	1 Ω · m = 1 m^3 · kg (s^3 · A^2)
Elektr. Kapazität	C	Farad	F	1 F = 1 C/V
Induktivität	L	Henry	H	1 H = 1 Wb/A = 1 V · s/A
Elektr. Arbeit	W	Joule	J	1 J = 1 W · s = 1 N · m; 1 kW · h = 3,6 MJ
Frequenz	f	Hertz	Hz	1 Hz = 1/s
Leistung	P	Watt	W	1 W = 1 V · A = 1 J/s = 1 N · m s
Licht, elektromagnetische Strahlung				
Lichtstärke[4]	I_v, I	Candela[3]	cd	Index v (visuell): Diese Größen beschreiben die physiologische Wirkung auf das menschliche Auge; der Index kann weggelassen werden, wenn keine Verwechslungsgefahr besteht.
Leuchtdichte	L_v, L	Candela je Quadratmeter	$\frac{cd}{m^2}$	
Lichtstrom	Φ_v	Lumen	lm	1 lm = 1 cd · sr
Beleuchtungsstärke	E_v	Lux	lx	1 lx = 1 lm/m^2 = 1 cd · sr/m^2

1.4.5 Römische Ziffern

Symbol	Bedeutung	Symbol	Bedeutung	Symbol	Bedeutung	Symbol	Bedeutung	Symbol	Bedeutung
I	1	VI	6	XX	20	LXXX	80	CD	400
II	2	VII	7	XXX	30	XC	90	D	500
III	3	VIII	8	XL	40	XCIX	99	M	1000
IV	4	IX	9	L	50	C	100	CMXCIX	999
V	5	X	10	LX	60	CCC	300	MCMXCIV	1994

1.4.6 Griechisches Alphabet nach DIN EN ISO 3098-3: 2000-11

$A\,\alpha$	Alpha	$E\,\varepsilon$	Epsilon	$I\,\iota$	Jota	$N\,\nu$	Ny	$P\,\varrho$	Rho	$\Phi\,\varphi$	Phi
$B\,\beta$	Beta	$Z\,\zeta$	Zeta	$K\,\kappa$	Kappa	$\Xi\,\xi$	Ksi	$\Sigma\,\sigma$	Sigma	$X\,\chi$	Chi
$\Gamma\,\gamma$	Gamma	$H\,\eta$	Eta	$\Lambda\,\lambda$	Lambda	$O\,o$	Omikron	$T\,\tau$	Tau	$\Psi\,\psi$	Psi
$\Delta\,\delta$	Delta	$\Theta\,\vartheta$	Theta	$M\,\mu$	My	$\Pi\,\pi$	Pi	$Y\,\upsilon$	Ypsilon	$\Omega\,\omega$	Omega

[1] Zulässige SI-fremde Einheit [2] Unzulässige Einheit [3] Basiseinheit [4] Basisgröße

1.5 Winkelfunktionen

1.5.1 Winkelfunktionen im rechtwinkligen Dreieck

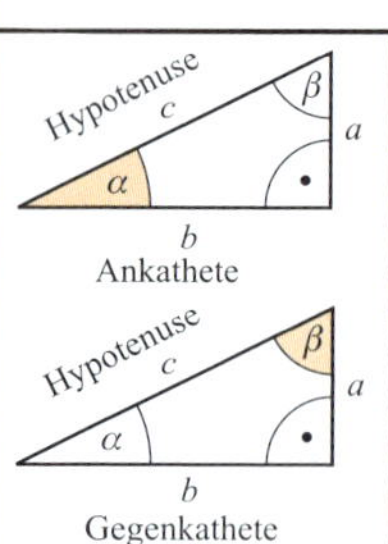

Sinus $= \frac{\text{Gegenkathete}}{\text{Hypotenuse}}$	$\sin\alpha = \frac{a}{c}$		$\sin\beta = \frac{b}{c}$
Cosinus $= \frac{\text{Ankathete}}{\text{Hypotenuse}}$	$\cos\alpha = \frac{b}{c}$		$\cos\beta = \frac{a}{c}$
Tangens $= \frac{\text{Gegenkathete}}{\text{Ankathete}}$	$\tan\alpha = \frac{a}{b}$		$\tan\beta = \frac{b}{a}$
Cotangens $= \frac{\text{Ankathete}}{\text{Gegenkathete}}$	$\cot\alpha = \frac{b}{a}$		$\cot\beta = \frac{a}{b}$

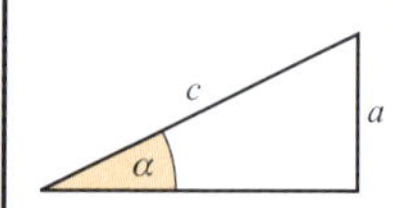

Bemerkung: Im rechtwinkligen Dreieck liegt die Ankathete am Bezugswinkel (α oder β), und die Gegenkathete liegt dem Bezugswinkel gegenüber.

Beispiel: *Gegeben:* $c = 9$ m, $a = 3{,}5$ m *Gesucht:* $\alpha = ?$

Lösung: $\sin\alpha = \frac{a}{c} = \frac{3{,}50\text{ m}}{9{,}00\text{ m}} = 0{,}3888;$ $\alpha = \mathbf{22{,}88°}$

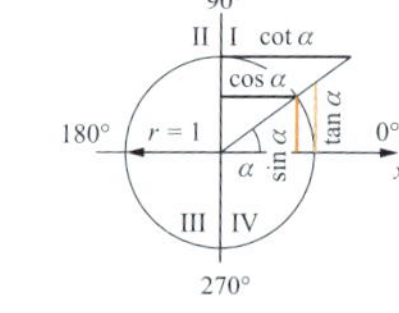

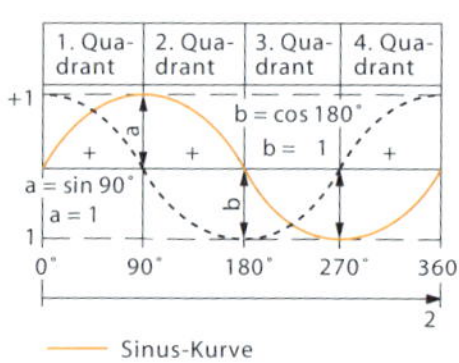

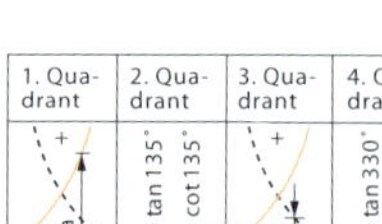
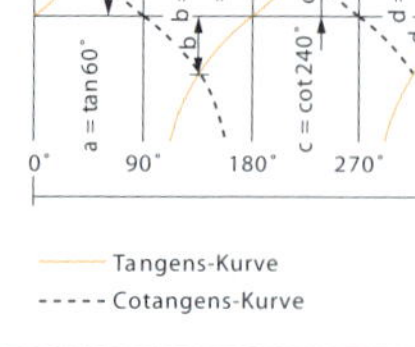

Vorzeichen der Funktionen in den vier Quadranten

Quadrant	Winkelbereich	sin	cos	tan	cot
I	0° bis 90°	+	+	+	+
II	90° bis 180°	+	–	–	–
III	180° bis 270°	–	–	+	+
IV	270° bis 360°	–	+	–	–

Funktionswerte wichtiger Winkelgrößen

	0°	30°	45°	60°	90°	180°	270°	360°
$\sin\alpha$	0	$\frac{1}{2}$	$\frac{1}{2}\sqrt{2}$	$\frac{1}{2}\sqrt{3}$	1	0	– 1	0
$\cos\alpha$	1	$\frac{1}{2}\sqrt{3}$	$\frac{1}{2}\sqrt{2}$	$\frac{1}{2}$	0	– 1	0	1
$\tan\alpha$	0	$\frac{1}{3}\sqrt{3}$	1	$\sqrt{3}$	∞	0	∞	0
$\cot\alpha$	∞	$\sqrt{3}$	1	$\frac{1}{3}\sqrt{3}$	0	∞	0	∞

Winkelbeziehungen

	$\sin\alpha$	$\cos\alpha$	$\tan\alpha$	$\cot\alpha$
$\sin\alpha$	–	$\sqrt{1-\cos^2\alpha}$	$\frac{\tan\alpha}{\sqrt{1+\tan^2\alpha}}$	$\frac{1}{\sqrt{1+\cot^2\alpha}}$
$\cos\alpha$	$\sqrt{1-\sin^2\alpha}$	–	$\frac{1}{\sqrt{1+\tan^2\alpha}}$	$\frac{\cot\alpha}{\sqrt{1+\cot^2\alpha}}$

1.5.2 Winkelfunktionen im schiefwinkligen Dreieck[1)]

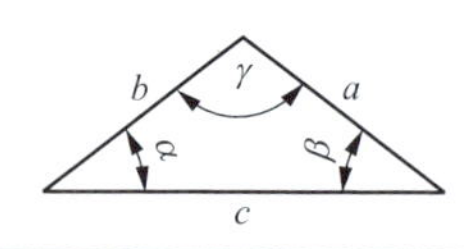

Sinussatz:	Cosinussatz:
$\frac{a}{\sin\alpha} = \frac{b}{\sin\beta} = \frac{c}{\sin\gamma}$	$a^2 = b^2 + c^2 - 2b \cdot c\cos\alpha$ $b^2 = a^2 + c^2 - 2a \cdot c\cos\beta$ $c^2 = a^2 + b^2 - 2a \cdot b\cos\gamma$

[1)] Anwendungsbeispiel S. 1-14, beim Rhomboid

1.6 Steigung, Neigung, Pythagoras, Mischungsrechnen

1

1.6.1 Steigung, Neigung und Gefälle

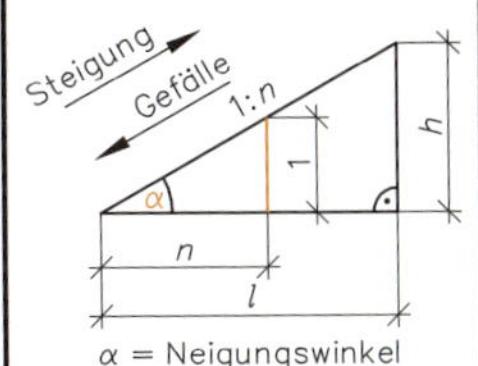

α = Neigungswinkel

Böschungsneigungen, Gefälle von Abwasserleitungen, Dachneigungen, Gefälle von Fußböden usw. werden als Steigungs-, Neigungsverhältnis oder als Angabe in % festgelegt.

$1 : n = h : l$

bzw.

$\frac{1}{n} = \frac{h}{l}$

Steigungsverhältnis *n*: Das Verhältnis wird auf die Höhe $h = 1$ bezogen.

Beispiel: *Geg.:* Steigungsverhältnis $1 : n = 1 : 12$ und $l = 2400$ mm. *Ges.:* $h = ?$

Lösung: $h = \frac{1 \cdot l}{n} = \frac{1 \cdot 2400\text{ mm}}{12} = \mathbf{200\ mm}$

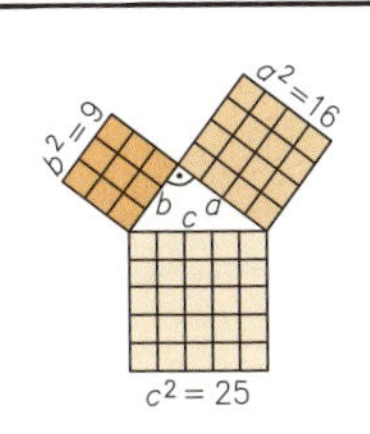

Steigungsangabe *p* in %: Das Steigungsverhältnis wird auf die waagerechte Lage $l = 100$ bezogen.

$\frac{p \text{ in } \%}{100\%} = \frac{h}{l}$

Beispiel: *Geg.:* $l = 1400$ mm, $p = 2{,}5\%$ *Ges.:* $h = ?$

Lösung: $h = \frac{l \cdot p}{100\%} = \frac{1400\text{ mm} \cdot 2{,}5\%}{100\%} = \mathbf{35\ mm}$

$\tan\alpha = \frac{h}{l}$ [1)]

1.6.2 Lehrsatz des Pythagoras

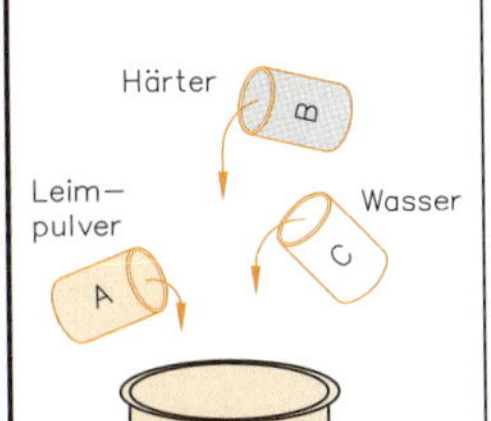

Im rechtwinkligen Dreieck ist das aus der Hypotenuse gebildete Quadrat flächengleich mit der Summe der beiden Kathetenquadrate.

$c^2 = a^2 + b^2$

a Kathete, *b* Kathete, *c* Hypotenuse

$a = \sqrt{c^2 - b^2}$ $b = \sqrt{c^2 - a^2}$ $c = \sqrt{a^2 + b^2}$

1.6.3 Mischungsrechnen

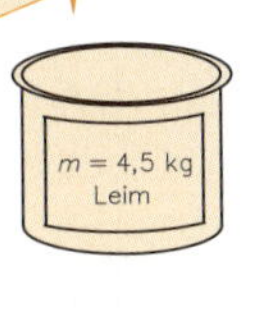

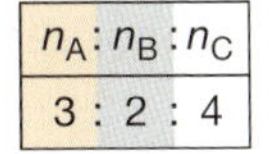

$n_A : n_B : n_C$
3 : 2 : 4

$n_A : n_B : n_C$: ... Mischungsverhältnis
n_A : Anteile der Stoffmenge A
n_B : Anteile der Stoffmenge B
n_C : Anteile der Stoffmenge C
$\Sigma n_{A+B+C...}$: Summe der Anteile
m Gesamtmenge der fertigen Mischung
$m_{n=1}$ Menge eines Teils m_B Stoffmenge B
m_A Stoffmenge A m_C Stoffmenge C

$\Sigma n_{A+B+C} = n_A + n_B + n_C$

$m_{n=1} = \frac{m}{\Sigma n_{A+B+C...}}$

$m_A = n_A \cdot m_{n=1}$

$m_B = n_B \cdot m_{n=1}$

$m_C = n_C \cdot m_{n=1}$

$m = m_A + m_B + m_C$

Die Anteile können als Massen- oder Volumenanteile ermittelt werden.
z.B.: Stoffvolumen A

$V_A = \frac{m_A}{\varrho_A}$

ϱ_A Dichte Stoff A

Beispiel: Es sollen 4,5 kg Leim (m) aus Leimpulver (A), Härter (B) und Wasser (C) im Mischungsverhältnis 3 : 2 : 4 gemischt werden. Wie viel kg sind vom einzelnen Stoff erforderlich?

Geg.: $n_A = 3$, $n_B = 2$, $n_C = 4$, $m = 4{,}5$ kg
Ges.: m_A, m_B, m_C

Lös.: $\Sigma n_{A+B+C} = n_A + n_B + n_C = 3 + 2 + 4 = 9$

$m_{n=1} = \frac{m}{\Sigma n_{A+B+C}} = \frac{4{,}5\text{ kg}}{9} = 0{,}5\text{ kg}$

$m_A = n_A \cdot m_{n=1} = 3 \cdot 0{,}5$ kg = **1,5 kg Leimpulver**
$m_B = n_B \cdot m_{n=1} = 2 \cdot 0{,}5$ kg = **1,0 kg Härter**
$m_C = n_C \cdot m_{n=1} = 4 \cdot 0{,}5$ kg = **2,0 kg Wasser**

[1)] siehe Winkelfunktionen Seite 1-10

1.7 Dreisatz-, Prozent- und Zinsrechnung

Art	Regel, Formel	Erklärung, Beispiel
Dreisatz-(Schluss-)	**(1) Gleiches Verhältnis** (direkt proportional): Beide Angaben der Aussage nehmen zu oder ab.	**Beispiel:** *Geg.:* 5 kg PVC kosten 6 €. *Ges.:* 7 kg = ? € **Lös.:** [(1), weil je mehr PVC, desto mehr Kosten] 1. Satz (Aussage): 5 kg PVC kosten 6 € 2. Satz (Einzahl): 1 kg PVC kostet $\frac{6€}{5\,kg}$ 3. Satz (Schluss auf die neue Mehrheit): 7 kg PVC kosten $\frac{6€ \cdot 7\,kg}{5\,kg}$ = **8,4 €**
	(2) Umgekehrtes Verhältnis (indirekt proportional): Eine Angabe der Aussage nimmt zu, die andere ab.	**Beispiel:** *Geg.:* 9 Arbeiter (= 9 Arb.) benötigen 24 h. *Ges.:* 4 Arbeiter = ? h **Lös.:** [(2), weil je mehr Arbeiter, desto weniger Zeit] 1. Satz (Aussage): 9 Arb. benötigen 24 h 2. Satz (Einzahl): 1 Arb. benötigt 24 h · 9 Arb. 3. Satz (Schluss auf die neue Mehrheit): 4 Arb. benötigen $\frac{24\,h \cdot 9\,Arb.}{4\,Arb.}$ = **54 h**
Prozent-	**Unveränderter Grundwert** $\frac{P_w}{G_w} = \frac{p \text{ in } \%}{100\%}$	p Prozentsatz in % G_w Grundwert P_w Prozentwert **Beispiel:** *Geg.:* Rechnungsbetrag G_w = 760 €, Preisnachlass P_w = 95 € *Ges.:* Preisnachlass p = ?% **Lös.:** $p = \frac{P_w \cdot 100\%}{G_w} = \frac{95€ \cdot 100\%}{760€}$ = **12,50%**
	Vermehrter Grundwert $\frac{G_w}{G_{wvme}} = \frac{100\%}{100\% + p}$	G_{wvme} **Grundwert vermehrt** = $G_w + P_w \cong 100\% + p$ **Bsp.:** Ein um 5% gestiegener Stundenlohn beträgt 12,25 €. *Geg.:* G_{wvme} = 12,25 €, p = 5% *Ges.:* vorheriger Stundenlohn G_w = ? **Lös.:** $G_{wvme} \triangleq 100\% + 5\% = 105\%$ $G_w = \frac{G_{wvme} \cdot 100\%}{100\% + p} = \frac{12{,}25€ \cdot 100\%}{100\% + 5\%}$ = **11,67 €**
	Verminderter Grundwert $\frac{G_w}{G_{wvmi}} = \frac{100\%}{100\% - p}$	G_{wvmi} **Grundwert vermindert** = $G_w - P_w \cong 100\% - p$ **Bsp.:** Um 11% gefallene Stückkosten betragen 140,80 € *Geg.:* p = 11%, G_{wvmi} = 140,80 € *Ges.:* Stückkosten vor der Preissenkung G_w = ? **Lös.:** $G_{wvmi} \triangleq 100\% - 11\% = 89\%$ $G_w = \frac{G_{wvmi} \cdot 100\%}{100\% - p} = \frac{140{,}80€ \cdot 100\%}{100\% - 11\%}$ = **158,20 €**
Zins-	$Z = \frac{K \cdot p \cdot t}{100\%}$	Z Zinsen K Kapital p Jahres-Zinssatz in % t Zeit in J 1 Mon. = 1/12 J, 1 Tag = 1/360 J

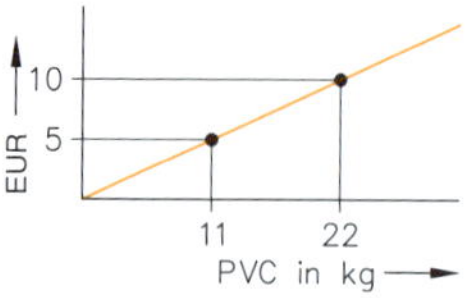

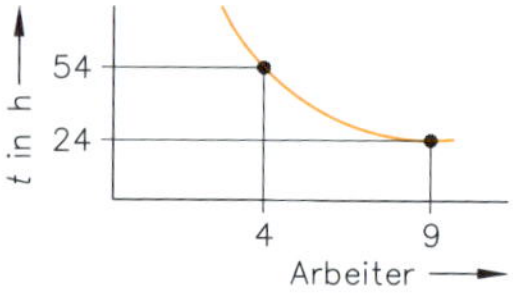

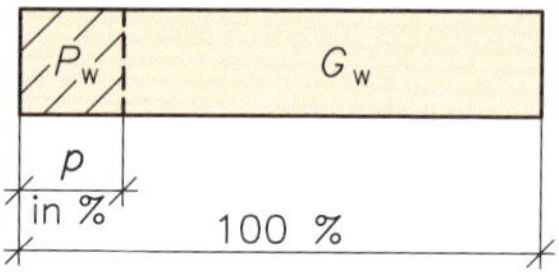

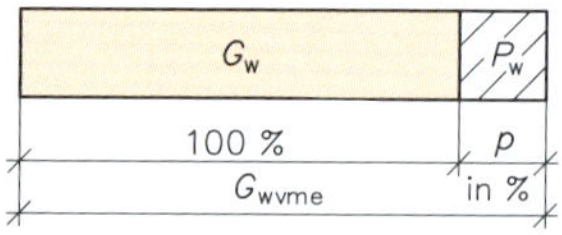

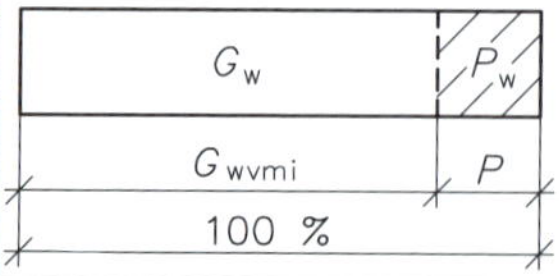

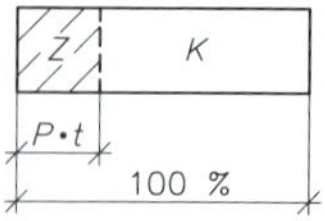

1.8 Längenteilung, Goldener Schnitt, Maßstäbe

1.8.1 Strecken- und Längenteilung

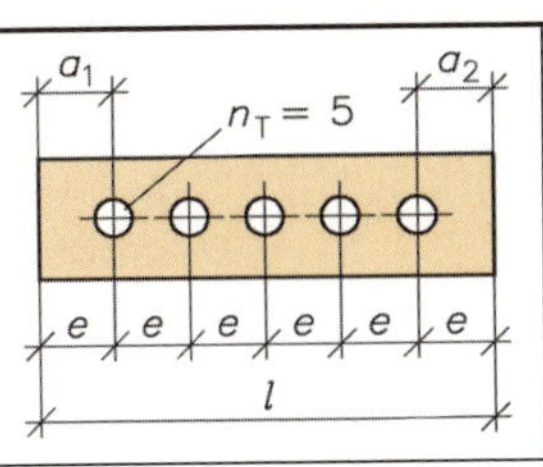

Randabstand = Teilung ($a_1 = a_2 = e$)

- l Gesamtlänge
- n_T Anzahl der Teilungselemente: Stäbe, Bohrungen, Schrauben etc.
- n_e Anzahl der Abstände „e"
- e Länge gleicher Abstände
- a_1, a_2 Länge Randabstand

$$e = \frac{l}{n_e} = \frac{l}{n_T + 1}$$

$$l = e \cdot n_e$$

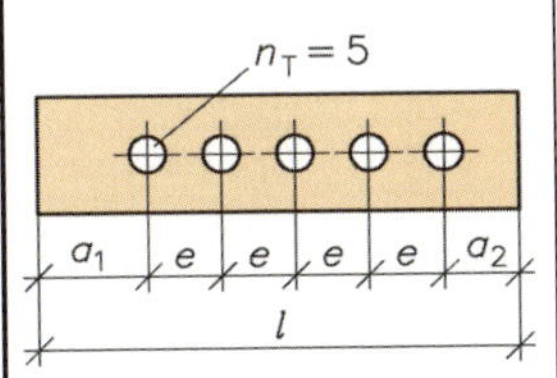

Randabstand ≠ Teilung ($a_1 \neq a_2 \neq e$)

- l Gesamtlänge
- n_T Anzahl der Teilungselemente: Stäbe, Bohrungen, Schrauben etc.
- n_e Anzahl der Abstände „e"
- e Länge gleicher Abstände
- a_1, a_2 Längen der Randabstände

$$e = \frac{l - (a_1 + a_2)}{n_T - 1}$$

$$l = e \cdot n_e + a_1 + a_2$$

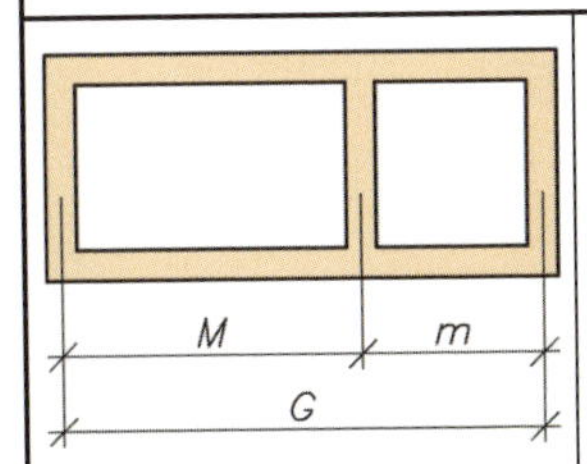

Teilung mit Unterbrechung

- l Gesamtlänge
- n_T Anzahl der Teilungselemente: Stäbe, Bohrungen, Schrauben etc.
- n_e Anzahl der Abstände „e"
- e Länge gleicher Abstände
- b_1, b_2 Längen der Unterbrechungen

$$e = \frac{l - (b_1 + b_2 + \ldots)}{n_T - 1}$$

$$l = e \cdot n_e + b_1 + b_2 + \ldots$$

1.8.2 Goldener Schnitt

⇒ 6-26

- G Gesamtstrecke
- M Major-Strecke
- m Minor-Strecke

Bsp.: *Geg.:* $G = 780$ mm *Ges.:* M, m

Lös.: $M = 0{,}618 \cdot G = 0{,}618 \cdot 780$ mm

$M = 482{,}04$ mm, $M \approx$ **482 mm**

$m = 0{,}382 \cdot G = 0{,}382 \cdot 780$ mm

$m = 297{,}96$ mm, $m \approx$ **298 mm**

$$\frac{m}{M} = \frac{M}{G}$$

$$m = 0{,}382 \cdot G$$

$$m = 0{,}618 \cdot M$$

$$M = 0{,}618 \cdot G$$

1.8.3 Maßstäbe

⇒ 3-5

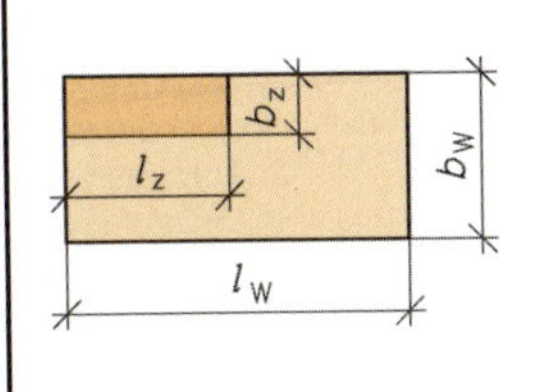

- l_w, b_w wirkliche Länge
- l_z, b_z Zeichnungslänge
- M Maßstab
- n Verhältniszahl
- 1 : n Verkleinerung
- n : 1 Vergrößerung

Bsp.: *Geg.:* $l_w = 860$ mm, M 1 : 10; *Ges.:* l_z

Lös.: $l_z = l_w \cdot \text{M} = 860 \text{ mm} \cdot \frac{1}{10}$ = **86 mm**

Bsp.: *Geg.:* $l_w = 20$ mm, M 5 : 1; *Ges.:* l_z

Lös.: $l_z = l_w \cdot \text{M} = 20 \text{ mm} \cdot \frac{5}{1}$ = **100 mm**

$$l_z = l_w \cdot \text{M}$$

oder

Verkleinerung:

$$\frac{1}{n} = \frac{l_z}{l_w}$$

Vergrößerung:

$$\frac{n}{1} = \frac{l_z}{l_w}$$

1

1.9 Längen und Flächen

Quadrat

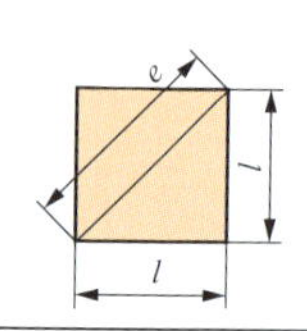

A Fläche *U* Umfang *e* Eckenmaß *l* Seitenlänge

Bsp.: *Geg.:* $l = 30$ mm; *Ges.:* *A*, *e*

Lös.: $A = l^2 = 30\,\text{mm} \cdot 30\,\text{mm} = \mathbf{900\ mm^2}$

$e = l \cdot \sqrt{2} = 30\,\text{mm} \cdot 1{,}414 = \mathbf{42{,}4\ mm}$

$A = l^2$

$U = 4 \cdot l$

$e = l \cdot \sqrt{2}$

Rechteck

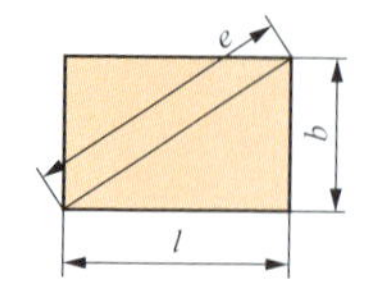

A Fläche *U* Umfang *b* Breite *l* Länge *e* Eckenmaß

Bsp.: *Geg.:* $l = 300$ mm, $b = 210$ mm; *Ges.:* *A*, *e*

Lös.: $A = l \cdot b = 300\,\text{mm} \cdot 210\,\text{mm} = \mathbf{63\,000\ mm^2}$

$e = \sqrt{l^2 + b^2} = \sqrt{(300\,\text{mm})^2 + (210\,\text{mm})^2}$

$e = \mathbf{366{,}2\ mm}$

$A = l \cdot b$

$U = 2 \cdot (l + b)$

$e = \sqrt{l^2 + b^2}$

(siehe 1.6.2 Seite 1-11)

Rhombus (Raute)

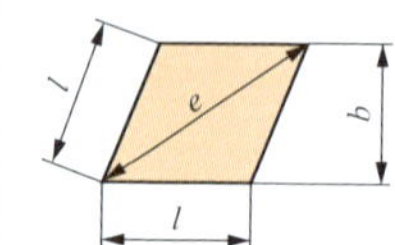

A Fläche *U* Umfang *b* Breite

e Eckenmaß *l* Seitenlänge

Bsp.: *Geg.:* $l = 710$ mm, $b = 690$ mm; *Ges.:* *A*

Lös.: $A = l \cdot b = 710\,\text{mm} \cdot 690\,\text{mm} = \mathbf{48{,}99\ dm^2}$

$A = l \cdot b$

$U = 4 \cdot l$

e siehe 1.5.2 Seite 1-10

Rhomboid (Parallelogramm)

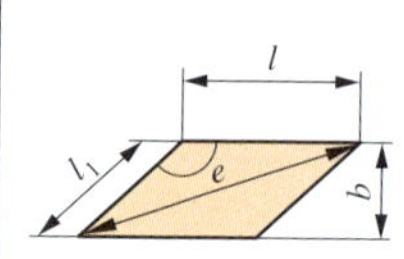

A Fläche *U* Umfang *b* Breite *e* Eckenmaß

l_1 Seitenlänge *l* Länge

Bsp.: *Geg.:* $l = 5{,}5$ m, $l_1 = 4$ m, $b = 2$ m, $\gamma = 150°$;

Ges.: *A*, *e*

Lös.: $A = l \cdot b = 5{,}50\,\text{m} \cdot 2{,}00\,\text{m} = \mathbf{11{,}00\ m^2}$

e, wird nach dem Cosinussatz S. 1-10 ermittelt:

$c^2 = a^2 + b^2 - 2a \cdot b \cdot \cos\gamma$, hieraus folgt:

$e^2 = l^2 + l_1^2 - 2\,l \cdot l_1 \cdot \cos\gamma$

$e = \sqrt{(5{,}5\,\text{m})^2 + (4\,\text{m})^2 - 2 \cdot 5{,}5\,\text{m} \cdot 4\,\text{m} \cdot \cos 150°}$

$e = \sqrt{46{,}25\,\text{m}^2 - (-38{,}11\,\text{m}^2)}$

$e = \mathbf{9{,}18\ m}$

$A = l \cdot b$

$U = 2 \cdot (l + l_1)$

e siehe 1.5.2 Seite 1-10

Trapez

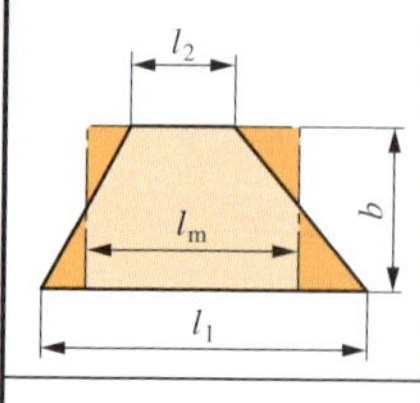

A Fläche l_1 große Länge l_2 kleine Länge

b Breite l_m mittlere Länge

Bsp.: *Geg.:* $l_1 = 4{,}5$ m, $l_2 = 1{,}5$ m, $b = 3$ m; *Ges.:* *A*

Lös.: $A = \frac{l_1 + l_2}{2} \cdot b = \frac{4{,}50\,\text{m} + 1{,}50\,\text{m}}{2} \cdot 3{,}00\,\text{m}$

$A = 3{,}00\,\text{m} \cdot 3{,}00\,\text{m} = \mathbf{9{,}00\ m^2}$

$A = l_m \cdot b$

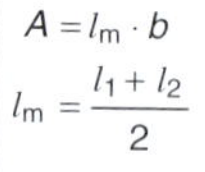

$l_m = \frac{l_1 + l_2}{2}$

Dreieck

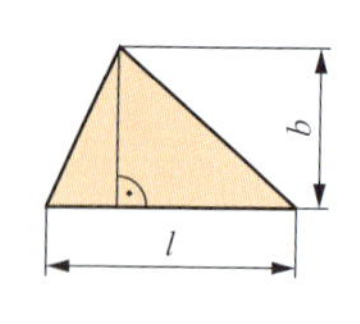

A Fläche *U* Umfang *b* Breite *l* Seitenlänge

Bsp.: *Geg.:* $l = 4{,}20$ m, $b = 3{,}10$ m; *Ges.:* *A*

Lös.: $A = \frac{l \cdot b}{2} = \frac{4{,}20\,\text{m} \cdot 3{,}10\,\text{m}}{2} = \mathbf{6{,}51\ m^2}$

Anmerkung: Weitere Maße sind über die Winkelfunktionen in Kap. 1.5.1 oder den Pythagoras 1.6.2 zu ermitteln.

$A = \frac{l \cdot b}{2}$

1.9 Längen und Flächen

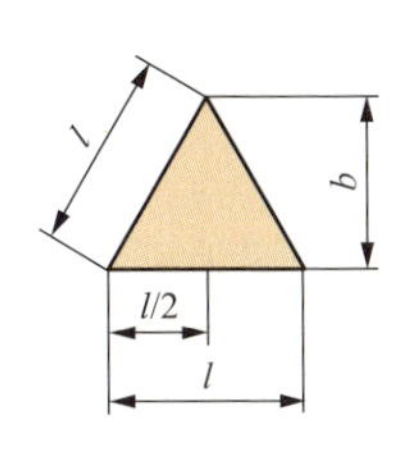

Dreieck, gleichseitiges

A Fläche *b* Breite *l* Seitenlänge *U* Umfang

Bsp.: *Geg.:* $l = 82$ mm; *Ges.:* *A*, *b*

Lös.: $b = \frac{l}{2} \cdot \sqrt{3} = \frac{82\,\text{mm}}{2} \cdot \sqrt{3} = \mathbf{71\,mm}$

$A = \frac{l \cdot b}{2} = \frac{82\,\text{mm} \cdot 71\,\text{mm}}{2} = \mathbf{2911\,mm^2}$

$A = \frac{l \cdot b}{2}$

$b = \frac{l}{2} \cdot \sqrt{3}$

$U = 3 \cdot l$

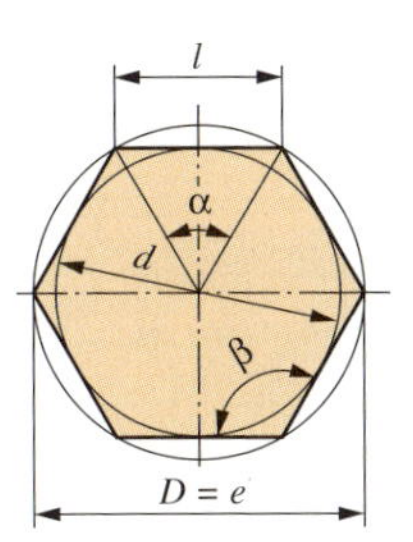

Vieleck, regelmäßig

A	Fläche	*D*	Umkreisdurchmesser
d	Inkreisdurchmesser	*e*	Eckenmaß
l	Seitenlänge	*n*	Eckenzahl
α	Mittelpunktswinkel	*β*	Eckenwinkel

Eckenzahl *n*	Eckenmaß *e*=*D*	Seitenlänge *l*	Innendurchmesser *d*
3	2,000 · *d*	0,867 · *D*	0,500 · *D*
4	1,414 · *d*	0,707 · *D*	0,707 · *D*
5	1,236 · *d*	0,588 · *D*	0,808 · *D*
6	1,155 · *d*	0,500 · *D*	0,866 · *D*
8	1,082 · *d*	0,383 · *D*	0,924 · *D*
10	1,052 · *d*	0,309 · *D*	0,951 · *D*
12	1,035 · *d*	0,259 · *D*	0,966 · *D*

Bsp.: *Geg.:* $d = 17$ cm; $n = 6$; *Ges.:* *A*, *l*

Lös.: $D = 1{,}155 \cdot d = 1{,}155 \cdot 17\,\text{cm} = 19{,}635\,\text{cm}$

$l = 0{,}500 \cdot 19{,}635\,\text{cm} = \mathbf{9{,}818\,cm}$

$A = \frac{l \cdot d \cdot n}{4} = \frac{9{,}818\,\text{cm} \cdot 17\,\text{cm} \cdot 6}{4}$

$A = \mathbf{250{,}4\,cm^2}$

$A = \frac{l \cdot d \cdot n}{4}$

$l = D \cdot \sin\left(\frac{180°}{n}\right)$

$d = \sqrt{D^2 - l^2}$

$\alpha = \frac{360°}{n}$

$\beta = 180° - \alpha$

Teilmaße können über die aufgeführten Formeln oder mit Hilfe der Tabelle ermittelt werden

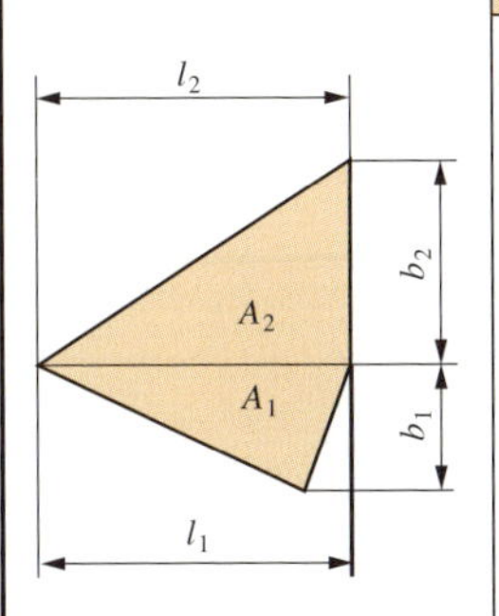

Vieleck, unregelmäßig

A	Gesamtfläche	A_1, A_2	Teilflächen
b_1, b_2	Teilbreiten	l_1, l_2	Teillängen

Bsp.: *Geg.:* $l_1 = 75$ mm; $l_2 = 75$ mm;

$b_1 = 40$ mm; $b_2 = 55$ mm; *Ges.:* *A*

Lös.: $A_1 = \frac{l_1 \cdot b_1}{2} = \frac{75\,\text{mm} \cdot 40\,\text{mm}}{2} = 1500\,\text{mm}^2$

$A_2 = \frac{l_2 \cdot b_2}{2} = \frac{75\,\text{mm} \cdot 55\,\text{mm}}{2} = 2062{,}5\,\text{mm}^2$

$A = A_1 + A_2 = (1500 + 2062{,}5)\,\text{mm}^2$

$A = \mathbf{3562{,}5\,mm^2}$

$A = A_1 + A_2 + \ldots$

$A_1 = \frac{l_1 \cdot b_1}{2}$

$A_2 = \frac{l_2 \cdot b_2}{2}$

Teilmaße evtl. über Winkelfunktionen ermitteln

⇒ 1-10

1.9 Längen und Flächen

Kreis

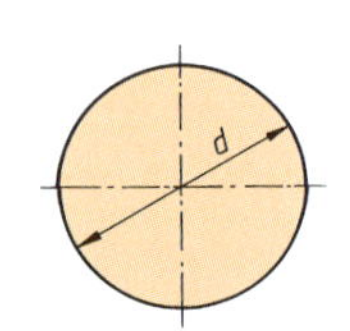

A Fläche | U Umfang
d Durchmesser | r Radius

Bsp.: *Geg.:* $r = 4{,}2$ m; *Ges.:* A, U

Lös.: $A = \pi \cdot r^2 = 3{,}14 \cdot 4{,}2\ \text{m} \cdot 4{,}2\ \text{m} = \mathbf{55{,}39\ m^2}$

$U = \pi \cdot 2 \cdot r = 3{,}14 \cdot 2 \cdot 4{,}20\ \text{m} = \mathbf{26{,}38\ m}$

$$A = \frac{\pi \cdot d^2}{4}$$
$$A = \pi \cdot r^2$$
$$U = \pi \cdot d$$
$$d = 2 \cdot r$$

Kreisausschnitt

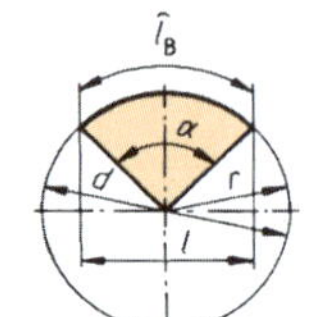

A Fläche | d Durchmesser | l_B Bogenlänge
r Radius | α Zentriwinkel | l Länge

Bsp.: *Geg.:* $d = 6{,}2$ m; $\alpha = 120°$; *Ges.:* A, l_B

Lös.: $A = \frac{\pi \cdot d^2}{4} \cdot \frac{\alpha}{360°} = \frac{3{,}14 \cdot 6{,}2\ \text{m} \cdot 6{,}2\ \text{m}}{4} \cdot \frac{120°}{360°}$

$A = \mathbf{10{,}06\ m^2}$

$$A = \frac{\pi \cdot d^2}{4} \cdot \frac{\alpha}{360°}$$
$$l_B = \frac{\pi \cdot r \cdot \alpha}{180°}$$
$$l = 2 \cdot r \cdot \sin \frac{\alpha}{2}$$

Kreisabschnitt

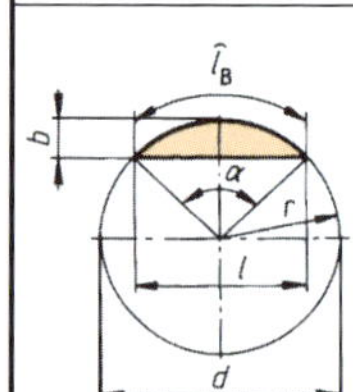

A Fläche | d Durchmesser | l_B Bogenlänge
b Breite | α Zentriwinkel | l Länge

$A_1 = \frac{\pi \cdot d^2}{4} \cdot \frac{\alpha}{360°}$; $A_2 = \frac{l(r-b)}{2}$

$$A = A_1 - A_2$$

Kreisring

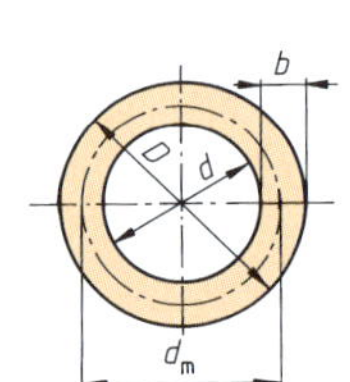

A Fläche | d_m mittlerer Durchmesser
D Außendurchmesser | d Innendurchmesser | b Breite

Bsp.: *Geg.:* $D = 5$ m; $d = 3$ m; *Ges.:* A

Lös.: $A = \frac{\pi}{4} \cdot (D^2 - d^2) = \frac{3{,}14}{4} \cdot (5\ \text{m} \cdot 5\ \text{m} - 3\ \text{m} \cdot 3\ \text{m})$

$A = 0{,}785 \cdot (25\ \text{m}^2 - 9\ \text{m}^2) = \mathbf{12{,}56\ m^2}$

$$A = \pi \cdot d_m \cdot b$$
$$A = \frac{\pi}{4} \cdot (D^2 - d^2)$$

Kreisringausschnitt

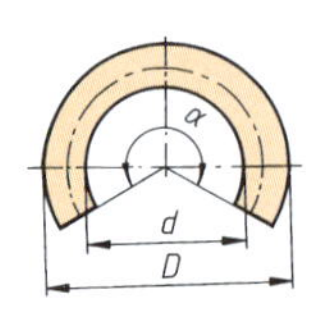

A Fläche | α Zentriwinkel
D Außendurchmesser | d Innendurchmesser

Bsp.: *Geg.:* wie Kreisring mit $\alpha = 210°$; $D = 5$ m, $d = 3$ m; *Ges.:* A

Lös.: $A = \frac{\pi}{4} \cdot \frac{\alpha}{360°} \cdot (D^2 - d^2) = 12{,}56\ \text{m}^2 \cdot \frac{210°}{360°}$

$A = 12{,}56\ \text{m}^2 \cdot 0{,}58 = \mathbf{7{,}28\ m^2}$

$$A = \frac{\pi}{4} \cdot \frac{\alpha}{360°} \cdot (D^2 - d^2)$$

Ellipse

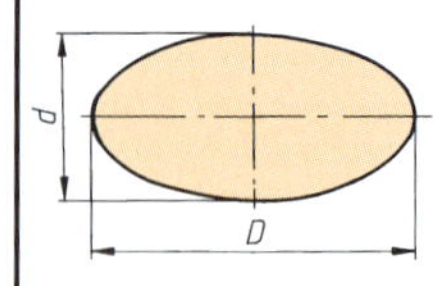

A Fläche | U Umfang
D große Achse | d kleine Achse

Bsp.: *Geg.:* $D = 9{,}20$ m; $d = 3{,}10$ m; *Ges.:* A

Lös.: $A = \frac{\pi \cdot D \cdot d}{4} = \frac{3{,}14 \cdot 9{,}20\ \text{m} \cdot 3{,}10\ \text{m}}{4}$; $A = \mathbf{22{,}39\ m^2}$

$$A = \frac{\pi \cdot D \cdot d}{4}$$
$$U \approx \frac{\pi}{2} \cdot (D + d)$$

1.10 Längen und Volumen

Würfel

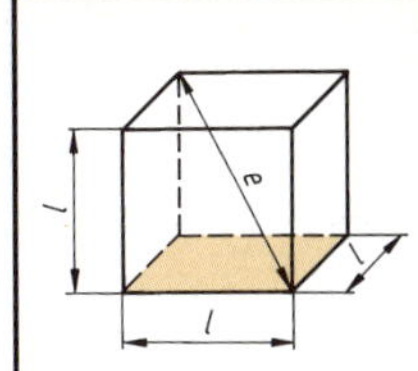

V Volumen, A Grundfläche, e Eckenmaß (Raumdiagonale)
A_O Oberfläche, l Seitenlänge

Bsp.: *Geg.:* $l = 39$ mm; *Ges.:* A_O, V

Lös.: $A = l \cdot l = 39\text{ mm} \cdot 39\text{ mm} = 1521\text{ mm}^2$

$A_O = 6 \cdot l^2 = 6 \cdot A = 6 \cdot 1521\text{ mm}^2 = \mathbf{9126\ mm^2}$

$V = l^3 = A \cdot l = 1521\text{ mm}^2 \cdot 39\text{ mm} = \mathbf{59\,319\ mm^3}$

$V = l \cdot l \cdot l = l^3$
$V = A \cdot l$
$A = l \cdot l$
$A_O = 6 \cdot l^2$
$e = l \cdot \sqrt{3}$

Prisma (Quader)

V Volumen, A Grundfläche, b Breite
A_O Oberfläche, l Seitenlänge, h Höhe
e Eckenmaß (Raumdiagonale)

Bsp.: *Geg.:* $l = 42$ mm, $b = 31$ mm, $h = 26$ mm; *Ges.:* V

Lös.: $V = l \cdot b \cdot h = 42\text{ mm} \cdot 31\text{ mm} \cdot 26\text{ mm}$

$V = \mathbf{33\,852\ mm^3}$

$V = l \cdot b \cdot h$
$A_O = 2\,A + 2A_1 + 2\,A_2$
$A = l \cdot b$
$A_1 = l \cdot h$
$A_2 = b \cdot h$
$e = \sqrt{l^2 + b^2 + h^2}$

Zylinder

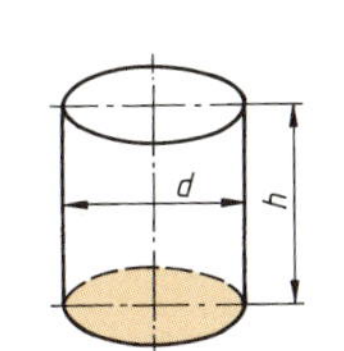

V Volumen, A Grundfläche, d Durchmesser
A_O Oberfläche, A_M Mantelfläche, h Höhe

Bsp.: *Geg.:* $d = 30$ mm, $h = 28$ mm; *Ges.:* V

Lös.: $V = \frac{\pi \cdot d^2}{4} \cdot h = \frac{3{,}14 \cdot 30\text{ mm} \cdot 30\text{ mm}}{4} \cdot 28\text{ mm}$

$V = \mathbf{19\,782\ mm^3}$

$V = \frac{\pi \cdot d^2}{4} \cdot h$
$A_O = 2\,A + A_M$
$A = \frac{\pi \cdot d^2}{4}$
$A_M = \pi \cdot d \cdot h$

Hohlzylinder

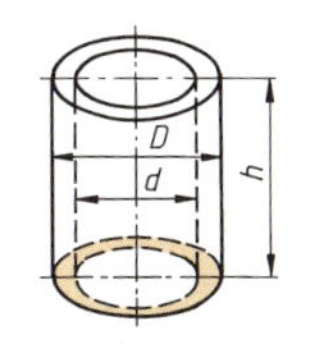

V Volumen, D, d Durchmesser
A Grundfläche, h Höhe

Bsp.: *Geg.:* $D = 36$ mm, $d = 30$ mm, $h = 28$ mm; *Ges.:* V

Lös.: $V = \frac{3{,}14 \cdot 28\text{ mm}}{4}\,(36^2\text{ mm}^2 - 30^2\text{ mm}^2)$

$V = \mathbf{8704{,}1\ mm^3}$

$V = \frac{\pi \cdot h}{4} \cdot (D^2 - d^2)$

Pyramide

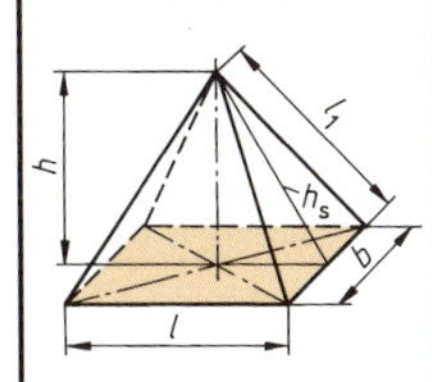

V Volumen, h_S Seitenhöhe, b Breite
A Grundfläche, h_{sb} h_s bei b, l Länge
A_M Mantelfläche, h_{sl} h_s bei l, l_1 Kantenlänge
A_O Oberfläche, h Höhe

$h_{sb} = \sqrt{h^2 + \frac{l^2}{4}}$; $h_{sl} = \sqrt{h^2 + \frac{b^2}{4}}$; $l_1 = \sqrt{{h_{sb}}^2 + \frac{b^2}{4}}$

$V = \frac{l \cdot b \cdot h}{3}$
$A_M = h_{sb} \cdot b + h_{sl} \cdot l$
$A_O = A_M + l \cdot b$

Kegel

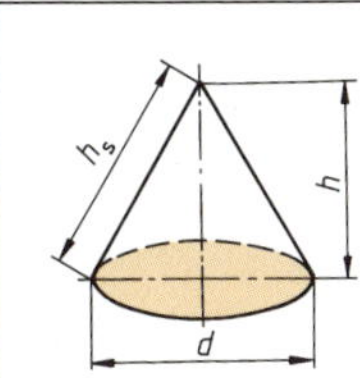

V Volumen, A_M Mantelfläche, d Durchmesser
A Grundfläche, A_O Oberfläche, h_s Seitenhöhe
h Höhe

$A_M = \frac{\pi \cdot d}{2} \cdot h_s$;

$A_O = \frac{\pi \cdot d^2}{4} + A_M$

$V = \frac{\pi \cdot d^2 \cdot h}{4 \cdot 3}$
$h_S = \sqrt{h^2 + \frac{d^2}{4}}$

1

1.10 Längen und Volumen

Keil (Walmdach)

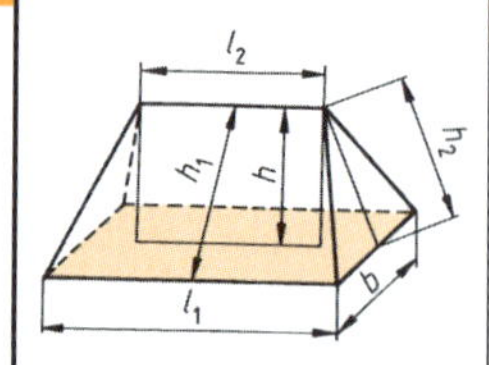

V Volumen
A Grundfläche
A_M Mantelfläche
A_O Oberfläche
h_1 Seitenhöhe bei l_1
h_2 Seitenhöhe bei b
l_1 untere Länge
l_2 obere Länge
b Breite
h Höhe

A_M = Summe der Trapeze und Dreiecke (S. 1-14f)

$A_O = A_M + A$

$$V = \frac{b \cdot h}{6} \cdot (2l_1 + l_2)$$

$$h_1 = \sqrt{h^2 + \frac{b^2}{4}}$$

$$h_2 = \sqrt{h^2 + \left(\frac{l_1 - l_2}{2}\right)^2}$$

Pyramidenstumpf

A_O Oberfläche
A_1 Grundfläche
A_2 Deckfläche
A_M Mantelfläche
l_1 untere Länge
b_1 untere Breite
l_2 obere Länge
b_2 obere Breite
h Höhe
h_{sl} Seitenhöhe bei l_1, l_2
h_{sb} Seitenhöhe bei b_1, b_2
V Volumen

$$V = \frac{h}{3} \cdot (A_1 + A_2 + \sqrt{A_1 \cdot A_2})$$

$$A_M = h_{sl} \cdot (l_1 + l_2) + h_{sb} \cdot (b_1 + b_2)$$

$$V \approx \frac{A_1 + A_2}{2} \cdot h$$

$$h_{sb} = \sqrt{h^2 + \frac{(l_1 - l_2)^2}{4}}$$

$$h_{sl} = \sqrt{h^2 + \frac{(b_1 - b_2)^2}{4}}$$

$A_1 = l_1 \cdot b_1, \quad A_2 = l_2 \cdot b_2$

$A_O = A_M + A_1 + A_2$

Kegelstumpf

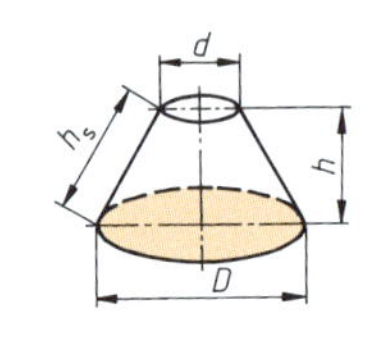

V Volumen
A_O Oberfläche
A_M Mantelfläche
D unterer Durchmesser
d oberer Durchmesser
h_s Seitenhöhe
h Höhe

$$V = \frac{h \cdot \pi}{12} \cdot (D^2 + d^2 + D \cdot d)$$

$$A_M = \frac{D + d}{2} \cdot \pi \cdot h_s, \quad A_O = \frac{\pi \cdot (D^2 + d^2)}{4} + A_M$$

$$V^{1)} \approx \frac{A_1 + A_2}{2} \cdot h$$

$$h_s = \sqrt{h^2 + \frac{(D - d)^2}{4}}$$

Keilstumpf (Obelisk)

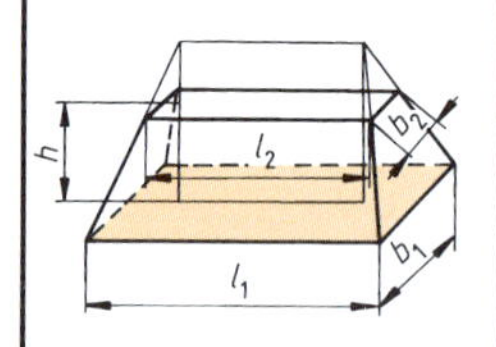

A_1 Grundfläche
A_2 Deckfläche
A_M Mantelfläche
A_O Oberfläche
b_1 untere Breite
b_2 obere Breite
l_1 untere Länge
l_2 obere Länge
h Höhe
V Volumen

A_M = Summe der Trapeze (S. 1-14)

$$V = \frac{h}{6} \cdot (2\, l_1\, b_1 + l_1\, b_2 + l_2\, b_1 + 2\, l_2\, b_2)$$

$$V \approx \frac{A_1 + A_2}{2} \cdot h$$

$A_O = A_M + A_1 + A_2$

$A_1 = l_1 \cdot b_1$

$A_2 = l_2 \cdot b_2$

Kugel

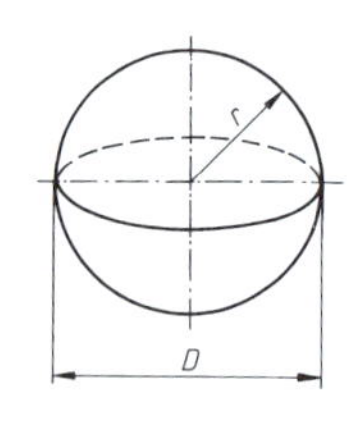

V Volumen
A_O Oberfläche
D Kugeldurchmesser
r Kugelradius

Bsp.: *Geg.:* $D = 41$ mm; *Ges.:* V, A_O

Lös.: $V = \frac{\pi \cdot D^3}{6} = \frac{3{,}14 \cdot 41\,\text{mm} \cdot 41\,\text{mm} \cdot 41\,\text{mm}}{6}$

$V = \mathbf{36\,068{,}7\ mm^3}$

$A_O = D^2 \cdot \pi = 41\,\text{mm} \cdot 41\,\text{mm} \cdot \pi$

$A_O = \mathbf{5278{,}3\ mm^2}$

$$V = \frac{\pi \cdot D^3}{6}$$

$$V = \frac{4}{3} \cdot \pi \cdot r^3$$

$$A_O = D^2 \cdot \pi$$

1) Bei geringer Differenz der Durchmesser.

1.11 Volumen unbesäumter Bretter, Bohlen und Stämme

Art	Darstellung	Erklärungen	Formel
Stamm		d_1, d_2 Durchmesser, rechtwinklig gegeneinander versetzt in der Stammmitte (ohne Rinde) gemessen d_m mittlerer Durchmesser (d_m wird auf volle cm nach unten abgerundet) l Baumstammlänge V Stammvolumen in m^3	$d_m = \frac{d_1 + d_2}{2}$ $V = \frac{d_m \cdot d_m \cdot \pi}{4} \cdot l$
Bretter	nach DIN $d < 40$ mm nach TG $d < 33$ mm	A Fläche b_m mittlere Brettbreite an der Schmalseite (wird auf volle cm nach unten abgerundet) d Brettdicke TG **T**egernseer **G**ebräuche (sind im Regelfall die Geschäftsbedingungen für den Holzhandel) V Brettvolumen in m^3	$b_m = \frac{b_1 + b_2}{2}$ $A = b_m \cdot l$ $V = A \cdot d$
Bohlen	nach DIN $d \geq 40$ mm nach TG $d > 33$ mm	A_m Querschnittsfläche b_{m1}, b_{m2} Brettbreite b_m errechnete mittlere Brettbreite (wird auf volle cm nach unten abgerundet) d Brettdicke TG **T**egernseer **G**ebräuche (sind im Regelfall die Geschäftsbedingungen für den Holzhandel) V Bohlenvolumen in m^3	$b_m = \frac{b_{m1} + b_{m2}}{2}$ $A_m = b_m \cdot d$ $V = A_m \cdot l$

1.12 Preisumrechnung bei Schnittholz

L_p = lfm-Preis
Längen**p**reis in €/m

Q_p = m^2-Preis
Quadratmeter**p**reis in €/m^2

K_p = m^3-Preis
Kubikmeter**p**reis in €/m^3

b Breite in m

d Holzdicke in m

Bsp.: *Geg.:* $K_p = 445$ €/m^3 bei $d = 60$ mm und $b = 80$ mm; *Ges.:* Q_p, L_p

Lös.:

$Q_p = K_p \cdot d = 445\ €/m^3 \cdot 60\ mm \cdot \frac{1\ m}{1000\ mm}$

Q_p = **26,70 €/m²** (m^2-Preis)

$L_p = Q_p \cdot b = 26{,}70\ €/m^2 \cdot 80\ mm \cdot \frac{1\ m}{1000\ mm}$

L_p = **2,14 €/m** (lfm-Preis)

Formeln:

$L_p = Q_p \cdot b$

$Q_p = \frac{L_p}{b}$

$Q_p = K_p \cdot d$

$K_p = \frac{Q_p}{d}$

1.13 Verweis zu weiteren Hauptformeln

Dichte	Dichte, Masse, Volumen	2–2, 4–25
Wärmetechnische Grundlagen	Temperaturskalen, Temperatur-Umrechnung Wärmemenge, Mischtemperatur Längen-, Volumenausdehnung relative Luftfeuchtigkeit Wasserdampfdiffusion, Diffusionswiderstandszahl Wärmedurchlass-, Wärmedurchgangswiderstand Wärmedurchgangskoefzient	2–8 2–8 f 2–9 2–11 2–11 2–10 2–10
Schall	Schalldruckpegel Schalldämm-Maß	2–13 2–14
Elektrotechnische Grundlagen	Ohmsches Gesetz elektrische Leistung, – Arbeit, – Wärme elektrischer Widerstand (Reihen-, Parallelschaltung)	2–17 2–17 2–17
Mechanik: Kräfte	Teilgebiete der Mechanik Kraft, Gewichts-, Beschleunigungs- und Federkraft Zusammenwirken von Kräften, Kräftepaar, Drehmoment Hebelgesetze	2–21 ff 2–21 2–21 f 2–23 f
Mechanik: Druck	Hydrostatischer Druck, Kolbendruck, Auftrieb, Gase	2–24
Mechanik: allgemein	Arbeit, Energie und Leistung	2–25
Mechanik: einfache Maschinen	Kräfte: Feste Rolle, Lose Rolle, Kurbel, Flaschenzug Übersetzung: Zahnrad-, Riementrieb	2–26 2–26
Statik	Auflagekräfte, Biegemoment, Durchbiegung	2–27
Festigkeitslehre	Schwerachsenlage, Trägheits-, Widerstandsmoment Zug-, Druck-, Biege- und Scherspannung, Torsion Knicken	2–29 2–28 ff 2–31
Holz	Feuchtigkeitsgehalt Abmessungsänderung durch Holzfeuchtigkeit (Schwind-, Quellmaß)	4–19 f 4–20
Vollholz	Härte, Festigkeit, Elastizität Verschnittberechnung Bemessung von Möbeleinlegeböden	4–25 ff 4–57 6–9 f
Holzverbindung	Rechnerische Zinkenteilung, Schwalbenzahl	5–22 ff
Wärmeschutz Schalldämmung Treppen Fenster	Berechnungsformeln, Trittschall, Schalldämm-Maß Allgemeine Regeln für die Planung von Treppen Dimensionierung von Rahmenquerschnitten Trägheitsmoment von Holzrahmenprofilen	7–13 ff 7–39 ff, 8–15 ff 8–21 9–11 9–12 ff
Oberflächentechnik	Schichtdicke	10–5 f
Sägen, Fräsen	Schnittgeschwindigkeit, Drehfrequenz, Vorschub Messerschlaglänge, Rautiefe	11–31 f, 11–34 11–31
Heizungsanlagen	Wärmebedarf	11–44
Druckluftanlagen	Leistungsbedarf, Behältergröße, Volumenstrom Druckluftzylinder: Aus-, Einfahrkräfte	11–51 11–52
Hydraulik: Furnierpresse	Manometerdruck, Presskraft, Kraftübertragung	11–54
Betriebsorganisation	Kostenvergleichsrechnung Kalkulation Verschnittkennzahlen: Längen-, Flächen-, Volumenverschnitt Deckungsbeitragsrechnung, Absatzmenge, Gewinnschwelle	12–13 12–16 f 12–18 12–20

2 Physikalische und chemische Grundlagen

2.1 Kohäsion – Adhäsion – Kapillarität

2

Begriff	Bildliche Darstellung	Erklärung
Kohäsion		Die zwischen den Molekülen eines Stoffes wirkenden Kräfte bewirken die Kohäsion, d.h. den Zusammenhalt eines Körpers. Die Zustandsform (Aggregatzustand) ist von der Größe dieser Kräfte abhängig.
fest	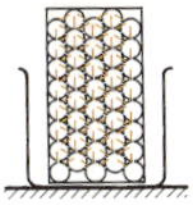	Bei festen Stoffen ist die Kohäsion groß, so dass die Moleküle fest an ihren Platz innerhalb des Stoffes gebunden sind.
flüssig	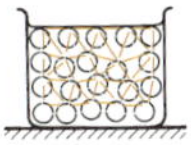	Bei flüssigen Stoffen ist die Kohäsion so klein, dass die Moleküle an ihren Platz nicht gebunden sind.
gasförmig	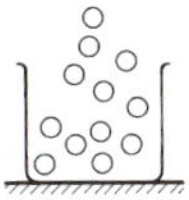	Bei gasförmigen Stoffen ist keine Kohäsion zwischen den Molekülen vorhanden. Die Moleküle können sich frei bewegen. Teilweise stoßen sie sich gegenseitig ab, das daraus verursachte Ausdehnungsbestreben der Gase nennt man Expansion.
Adhäsion		Das Aneinanderhaften von Körpern aus unterschiedlichen Stoffen nennt man Adhäsion. Die Ursache der Adhäsion sind die zwischen den Molekülen wirkenden molekularen Anziehungskräfte. Beispiele: das Haften von Wassertropfen an der Glasscheibe, von Farbe an der Holzoberfläche, von Leimen in der Leimfuge, von Mörtel in der Mörtelfuge.
Oberflächenspannung	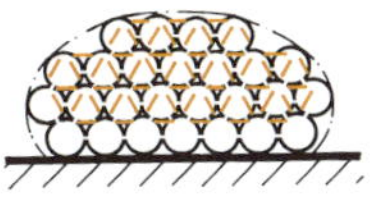	Die Kohäsionskräfte zwischen den Molekülen einer Flüssigkeit verursachen die Oberflächenspannung. Die Flüssigkeitsoberfläche verhält sich wie eine dünne, gespannte elastische Haut. Beispiel: Wassertropfen, die auf einer trockenen Glasfläche Kugeln bilden.
Kapillarität	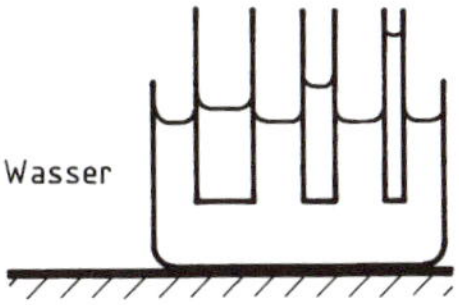 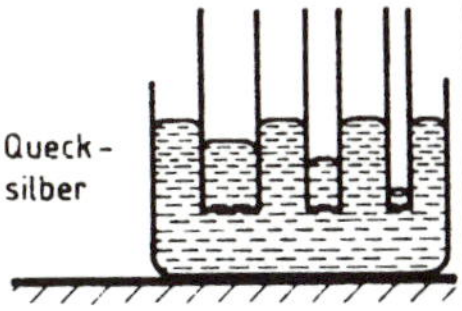 Wasser Queck-silber	Als Kapillarität bezeichnet man das Verhalten von Flüssigkeiten in Kapillaren, auch Haarröhrchen genannt. Auf die Flüssigkeitsmoleküle wirken sowohl die Kohäsionskräfte zwischen den Molekülen als auch die Adhäsionskräfte zwischen der Flüssigkeit und der Gefäßwand ein. Sind die Adhäsionskräfte zwischen der Flüssigkeit und der Gefäßwand größer als die Kohäsionskräfte, so wird die Flüssigkeit am Gefäßrand nach oben gezogen, z. B. bei Wasser und Öl. Sind dagegen die Kohäsionskräfte zwischen den Molekülen der Flüssigkeit größer als die Adhäsionskräfte, wie z.B. bei Quecksilber, so wölbt sich der Rand der Flüssigkeit nach unten. Die Flüssigkeitsoberfläche liegt in diesem Falle niedriger. Die Flüssigkeit steigt in dem Kapillarrohr durch die stärkere Adhäsion umso höher (bzw. liegt umso niedriger), je enger das Rohr ist.
Viskosität	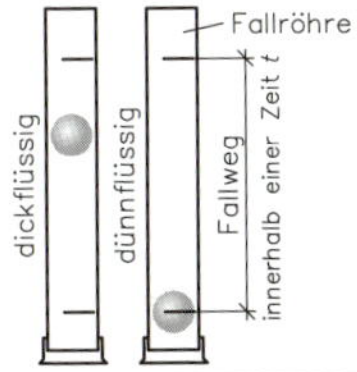 Fallröhre dickflüssig dünnflüssig Fallweg innerhalb einer Zeit t	Die Viskosität entsteht durch die innere Reibung zwischen den Molekülen einer Flüssigkeit. Sie ist z.B. beim Umrühren einer Flüssigkeit als Widerstand zu bemerken. Zähflüssige Stoffe werden als hochviskos, dünnflüssige Stoffe als niedrigviskos bezeichnet. Die Viskosität nimmt in der Regel mit steigender Temperatur ab, d.h., die Flüssigkeit wird dünnflüssiger. Die Viskosität spielt bei der Verarbeitung von Bitumen, Lacken, Leimen und Ölen eine Rolle.

2

2.2 Dichte ϱ

Die Dichte eines Stoffes ist das Verhältnis seiner Masse *m* zu seinem Volumen *V*.

$$\text{Dichte} = \frac{\text{Masse}}{\text{Volumen}} \qquad \rho = \frac{m}{V}$$

Reindichte (Stahl)	Bei porenlosen Stoffen wie Metallen spricht man von Reindichte.
Rohdichte (Porenbeton)	Bei festen Stoffen mit Poren wie z. B. Mauerziegel, Gasbetonsteinen, Holz u. ä. spricht man von Rohdichte.
Schütt-dichte (Kies)	Bei lose aufgeschütteten festen Stoffen wie z. B. Sand, Kies, Schlacke werden bei der Ermittlung der Dichte die Poren in den einzelnen Stoffen und die Zwischenräume zwischen den einzelnen Körnern (Haufwerksporen) berücksichtigt.

Rohdichten der wichtigsten Stoffe

Stoffe	Rohdichte in kg/dm^3
Mörtel, Putz, Estrich, Beton	
Kalkmörtel, Kalkzementmörtel	1,8
Zementmörtel	2,0
Kalkgips, Gips, Anhydritmörtel	1,4
Gipsputz ohne Zuschlag	1,2
Wärmedämmender Putz	0,6
Kunstharzputz	1,1
Anhydritestrich	2,1
Zementestrich	2,0
Gussasphaltestrich	2,3
Normalbeton	2,4
Leichtbeton	0,8 – 2,0
Dampfgehärteter Gasbeton	0,4 – 0,8
Bauplatten	
Asbestzementplatten	2,0
Gasbeton-Bauplatten, unbewehrt	0,5 – 1,4
Gipskartonplatten	0,9
Mauerwerk, einschließlich Mörtelfugen	
Vollziegel, Lochziegel, hochfeste Ziegel	1,2 – 2,0
Leichthochlochziegel	0,7 – 1,0
Mauerwerk aus Kalksandsteinen	1,0 – 2,2
Mauerwerk aus Gasbetonblocksteinen	0,5 – 0,8
Vollblöcke aus Bims und Blähton	0,5 – 0,8
Holz und Holzwerkstoffe	
Nadelholz, allgemein	0,6
Laubholz (Buche, Eiche)	0,8
Brettschichtholz (Leimbinder)	0,5
Spanplatten	0,7
Hartfaserplatten	1,1
Hartfaserplatten, porös	0,3
Strangpressplatten	0,7

Stoffe	Rohdichte in kg/dm^3
Wärmedämmstoffe	
Holzwolle-Leichtbauplatten	0,36–0,57
Polyurethan-Ortschaum	∅ 0,037
Korkplatten	0,08–0,5
Polyurethan-Hartschaum	∅ 0,30
Faserdämmstoff	0,08–0,5
Beläge, Abdichtungsstoffe, Abdichtungsbahnen	
Kunststoffbeläge, z. B. PVC	1,5
Asphaltmastix	2,0
Bitumen	1,1
Bitumendachbahnen	1,2
Sonstige gebräuchliche Stoffe	
Blähperlit	≤ 0,1
Korkschrot, expandiert	≤ 0,2
Hüttenbims	≤ 0,4
Blähton, Blähschiefer	≤ 1,0
Bimskies	≤ 1,0
Schaumlava	≤ 1,2
Schaumstoffe	0,015
Sand, Kies, Splitt (trocken)	1,8
Fliesen	2,0
Glas	2,5
Kristalline metamorphe Natursteine z. B. Granit, Basalt, Marmor	2,8
Sedimentgesteine z. B. Sandstein, Muschelkalk, Nagelfluh	2,6
Vulkanische porige Natursteine	1,6
Metalle	
Aluminium	2,7
Messing (i. M.)	8,5
Stahl (i. M.)	7,85
Zink	7,1
Zinn	7,3

4-

2.3 Chemische Grundlagen

2.3.1 Grundbegriffe aus der Chemie

2

Begriff	Beispiel	Erklärung
Atom	Heliumatom 2p – Proton p 2n – Neutron n Elektron e^-	Das Atom ist das kleinste, chemisch nicht weiter zerlegbare Teilchen eines Stoffes. Der Atomkern besteht, nach den Modellvorstellungen, aus Protonen (p), Neutronen (n) und ist von negativen Ladungsträgern, den Elektronen (e^-), umgeben.
Proton	Wasserstoffatom 1p	Das Proton ist ein Atombaustein mit positiver Elementarladung. Die Masse eines Protons beträgt $m = 1{,}63 \cdot 10^{-27}$ kg, die Elementarladung beträgt $e = 1{,}602 \cdot 10^{-19}$ C.
Neutron	Neutronenmasse $1{,}675 \cdot 10^{-24}$ g	Das Neutron ist ein Atombaustein ohne elektrische Elementarladung mit etwa der gleichen Masse wie das Proton.
Elektron	Elektronenmasse $m = 9{,}107 \cdot 10^{-31}$ kg	Das Elektron ist ein Atombaustein mit negativem Ladungsträger, bewegt sich um den Atomkern und hat eine Eigendrehung (Spin).
Ion, Ionisation	Kochsalz zerfällt beim Lösen in Wasser $NaCl \rightarrow Na^+ + Cl^-$	Elektrisch geladene Teilchen, die durch Elektronenaufnahme eine negative oder durch Abgabe eines Elektrons eine positive Überschussladung enthalten.
Relative Molekülmasse	$M_{rH_2O} = 2 \cdot 1{,}008 + 15{,}999$ $= 18{,}015$	Summe der relativen Atommassen eines Moleküls (M_r).
Relative Atommasse	Relative Atommasse von Wasserstoff $A_{rH} = 1{,}008$	Die relative Atommasse gibt an, in welchem Verhältnis die Masse eines beliebigen Atoms zu 1/12 der Masse eines Atoms des Kohlenstoffisotops ^{12}C steht.
Molekül	Wassermolekül H_2O Sauerstoff O_2	Ein Molekül ist eine aus mehreren Atomen bestehende kleinste Einheit eines chemischen Stoffes (Element oder Verbindung).
Element	Schwefel (S)	Stoff, der sich chemisch nicht mit üblichen Verfahren zerlegen lässt.
Chemische Verbindung	Wasser (H_2O) ist eine chemische Verbindung aus Wasserstoff (H) und Sauerstoff (O)	Ein aus verschiedenen Stoffen oder Elementen aufgebauter Stoff, der andere Eigenschaften als die Grundstoffe besitzt.
Gemenge	Sand, Luft	Mischung von beliebigen Stoffen.
Legierung	AlCuMg 1, NiCr 15 Co	Stabile Mischung von Metallen oder Metallverbindungen.
Lösung	Wasser und Kochsalz ergeben eine Kochsalzlösung	Eine Lösung ist eine Flüssigkeit, in der andere Stoffe (als Ionen oder Moleküle) gelöst sind.
Oxidation	$2\,Cu + O_2 \rightarrow 2\,CuO$ $Zn - 2\,e \rightarrow Zn^{2+}$	Oxidation bedeutet die Verbindung mit Sauerstoff bzw. die Abgabe von Elektronen durch ein Atom oder Ion.
Reduktion	$CuO + H_2 \rightarrow Cu + H_2O$ $Cu^{2+} + 2\,e \rightarrow Cu$	Reduktion bedeutet die Abgabe von Sauerstoff bzw. die Aufnahme von Elektronen durch ein Atom oder Ion.

2.3 Chemische Grundlagen

2.3.2 Aufbau der Werkstoffe

Alle Elemente streben einen stabilen Atombau mit geringster freier Energie an (Edelgaskonfiguration, 8 Elektronen auf der Außenschale). Je nach Stellung im Periodensystem der Elemente geschieht die erforderliche Ladungsumverteilung als Primärbindung durch Ionen-, Atom- oder Metallbindung bzw. Mischformen. Übrig bleibende Restbindungsfähigkeiten (Sekundärbindungen) als zwischenmolekulare (van-der-Waals'sche) Bindungen sind um mehrere Größenordnungen kleiner. Sie entstehen durch ungleiche Ladungsverteilung (elektrische bzw. magnetische Dipole).

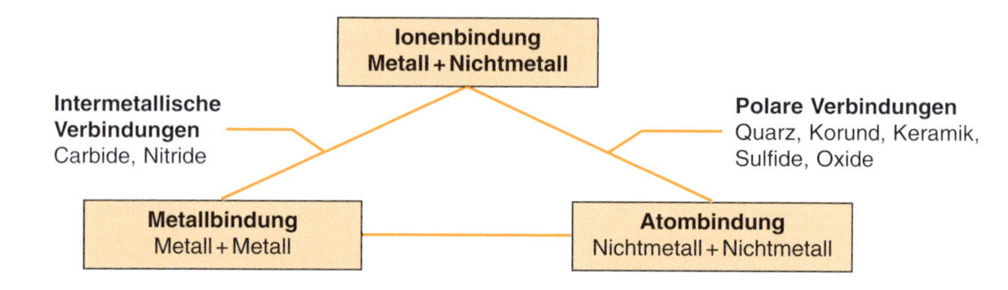

Feinstruktur	Erklärung	Eigenschaften
Ionenbindung	Das Metall mit wenigen Außenelektronen gibt diese ab und wird elektrisch positiv (Kation). Der nicht metallische Bindungspartner nimmt diese Elektronen auf und wird elektrisch negativ (Anion). Bei regelmäßiger Anordnung zu einem Kristallgitter sind die anziehenden und abstoßenden Kräfte im Gleichgewicht. Die Wärmebewegung bewirkt eine Schwingung um diese Ruhelage.	Große Bindungskräfte mit hoher Festigkeit und Härte. Keine plastische Umformung möglich, da bei Verschiebung der Atome um einen Gitterabstand abstoßende Kräfte überwiegen (spaltbar). Hohe Schmelz- und Siedepunkte, Transparenz, elektrische Leiter 2. Klasse (Elektrolyte). Hydroxide, Oxide, Salze
Atombindung	Den beiden nicht metallischen Bindungspartnern fehlen jeweils nur wenige Elektronen auf der Außenschale. Der Ausgleich geschieht durch Überlagerung der Ladungswolken (gemeinsame Elektronen). Bei vier Valenzelektronen (C, Si, Ge) können sich tetraedrische Gitter bilden.	Sehr große Bindungskräfte, keine plastische Umformbarkeit, niedrige Schmelz- und Siedepunkte, geringe Dichte, elektrische Nichtleiter, schlechte Wärmeleiter, Transparenz, geringe Korrosion (Primärbindungen bei Kunststoffen). Bei Gitterbildung hohe Härte, Wärmebeständigkeit (Diamant).
Metallbindung	Die Metallatome geben die wenigen Außenelektronen ab und werden zu positiven Atomrümpfen mit Zusammenhalt durch das frei bewegliche Elektronengas. Im Kristallgitter schwingen die Atomrümpfe durch die Wärmebewegung um ihre Ruhelage. Das Kristallsystem ist von der Größe der Atome und den Bindungskräften abhängig. Da diese sich mit der Wärmebewegung ändern, wechseln einzelne Stoffe temperaturabhängig das Kristallsystem (Polymorphie).	Bei mittleren bis großen Bindungskräften ist eine plastische Umformung durch Verschiebung um Gittereinheiten möglich. Hohe Siedepunkte, elektrische Leiter 1. Klasse, gute Wärmeleitung, Undurchsichtigkeit, Glanz, korrosionsempfindlich, Beeinflussung der Feinstruktur möglich durch Legieren oder bei Polymorphie durch Wärmebehandlung.

2.3 Chemische Grundlagen

2.3.3 Chemie der Luft

Durchschnittliche Zusammensetzung der Luft

Gas	Chem. Symbol	Vol. %	Gew. %
Sauerstoff	O_2	20,93	23,1
Stickstoff	N_2	78,03	75,6
Kohlenstoffdioxid	CO_2	0,036	0,055
Wasserstoff	H_2	$5 \cdot 10^{-5}$	$3{,}5 \cdot 10^{-6}$
Edelgase	He, Ne, Ar, Kr, Xe, Rn	gering	

Kreislauf des Sauerstoffs und des Kohlenstoffdioxids in der Natur

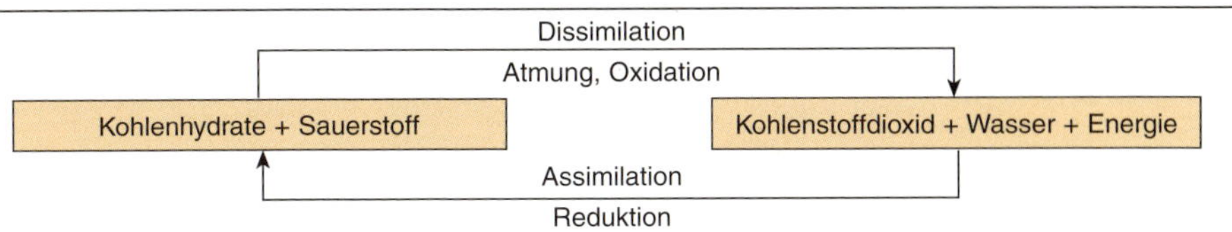

Durch den hohen Energiebedarf nimmt der CO_2-Gehalt der Luft seit der Industrialisierung deutlich messbar zu. Das Gleichgewicht des Kreislaufes ist gestört.

2.3.4 Chemie des Wassers

Salze	Entsprechend der geologischen Beschaffenheit des Wassereinzugsgebietes sind im Wasser Salze gelöst.
Härte	Karbonathärte (KH) verursacht durch: $Ca(HCO_3)_2$, $Mg(HCO_3)_2$ Nichtkarbonathärte (NKH) verursacht durch: $CaSO_4$, $MgSO_4$, $CaCl_2$, $MgCl_2$, $Ca(NO_3)_2$, $Mg(NO_3)_2$ 1 Grad deutscher Härte = 1° d = 100 mg CaO/l
Wasser-enthärtung	Schwer lösliches Calciumcarbonat und Calciumsulfat werden mit Calciumhydroxid ($Ca(OH)_2$) und Soda (Na_2CO_3) ausgefällt. $Ca(HCO_3)_2 + Ca(OH)_2 \rightleftharpoons 2\ CaCO_3 + H_2O$ $CaSO_4 + Na_2CO_3 \rightleftharpoons CaCO_3 + Na_2SO_4$
pH-Wert	Der pH-Wert gibt die Wasserstoffionenkonzentration des Wassers (als negativen Logarithmus der H^+-Ionenkonzentration) an. In reinem Wasser ist die Konzentration der H^+-Ionen und der OH^--Ionen gleich groß, je 10^{-7} Mol/l. Der pH-Wert beträgt 7.
pH-Skala	0 1 2 3 4 5 6 7 8 9 10 11 12 13 14 sauer ← neutral → alkalisch
Indikatoren	Lackmus reagiert bei Säuren rot, bei Laugen blau. Phenolphthalein reagiert mit Laugen rot.

2.3.5 Säuren – Basen – Salze

Säuren	Nichtmetalloxid + Wasser =	Säure
	Beispiel: $SO_3 + H_2O = H_2SO_4$	Schwefelsäure
	$CO_2 + H_2O = H_2CO_3$	Kohlensäure
Basen (Laugen)	Metalloxid + Wasser =	Base
	Beispiel: $Na_2O + H_2O = 2NaOH$	Natronlauge
	$CaO + H_2O = Ca(OH)_2$	Kalklauge (Calciumhydroxid)
Salze	Säure + Base =	Salz + nicht dissoziiertes Wasser
	Beispiel: $H_2SO_4 + Ca(OH)_2$ =	$CaSO_4 + 2\ H_2O$
	Schwefelsäure + Kalklauge =	Gips + Wasser

2.3 Chemische Grundlagen

2.3.6 Korrosion

Elektrochemische Spannungsreihe und Normalpotenziale

Die Metalle, mit Ausnahme der Edelmetalle, streben durch Korrosion nach ihrem natürlichen, ionisch gebundenen, thermodynamisch stabilen Zustand (karbonatisch, oxidisch, sulfidisch). Das in der Spannungsreihe weiter links stehende Metall ist unedler und bildet bei der Korrosion die sich auflösende Anode.

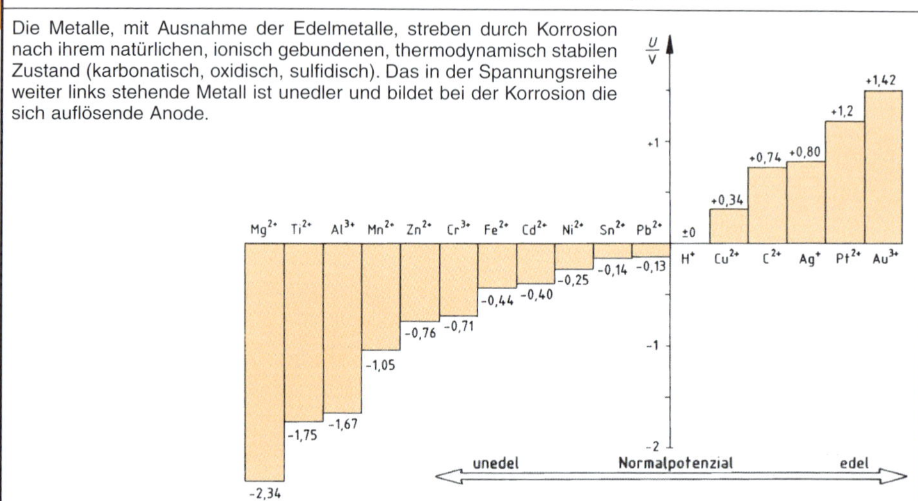

Korrosionsursachen

Chemische Korrosion	Unmittelbare chemische Umsetzung des Werkstoffes durch den angreifenden Wirkstoff, d.h. Bildung chem. Verbindungen.
Elektro-chemische Korrosion	Bei Berührung unterschiedlicher Metalle bilden sich unter Mitwirkung einer leitenden Flüssigkeit (Elektrolyt) galvanische Elemente, die zum Abbau des in der Spannungsreihe unedleren Stoffes führt (Kontaktkorrosion).

Korrosionsverhalten wichtiger Metalle

Werkstoffe	Deckschicht	Beständigkeit	Unbeständigkeit
Aluminium	dichtes Oxid elektr. isol.	Luft, schwache Säuren, mit Magnesium seewasserfest	Laugen, Salze
Blei	dichtes Karbonat	Luft, hartes Wasser, Schwefel-, Fluss-, verdünnte Salzsäure	Kalk, Zement, organische Säuren, Salpetersäure, Natronlauge
Eisen	poröse Oxide	hartes Wasser, Laugen	feuchte Luft, Salz-, Schwefelsäure
Kupfer	dicht. Sulfat Karbonat	feuchte Luft, Wasser, Dampf, Salze, Laugen	Schwefel, Salz-, Schwefel-, Salpetersäure
Zink	dichte Oxide Karbonate	feuchte Luft, hartes Wasser, schwache Laugen	Heißwasser, Dampf, Säuren, Salze
Zinn	dünnes Oxid	Luft, Wasser, Meerwasser, Dampf, organ. Säuren unter Luftabschluss, Nahrungsmittel, Öle, Treibstoff	starke Säuren, Laugen, Schwefeldioxid

2.3 Chemische Grundlagen

2

Aktiver Korrosionsschutz	
konstruktive Gestaltung	Die Konstruktion durch klare Formen so gestalten, dass Schmutz- und Wasseransammlungen ausgeschlossen sind. Durch Profilwahl (Hohlprofile) die Unterhaltungskosten verringern.
Wahl der Baustähle	Wetterfeste Baustähle bilden an der Atmosphäre eine etwa 0,5 mm starke Oxidschicht. Beispiel: WT St 37-2 (1.8960), Werkname: Resista Nicht rostende Stähle für Tragkonstruktionen an unzugänglichen Stellen z.B. Fassadenanker, bei extremer Bewitterung und für dekorative Zwecke. Beispiel: X 5 CrNi 189 – E225 (1.4301), Werkname: Nirosta
Unterbindung der Korrosionsmöglichkeiten	Unterbindung von Kontaktkorrosion beim Einbau von NE-Metallen und kein Kontakt zu Stahl angreifenden Baustoffen wie Gips, Schlacken, Magnesitmörtel.
kathodischer Korrosionsschutz	Ein unedleres Metallstück (Al, Mg, Zn) wird als „Opferanode“ mit dem Stahlbauteil elektrisch leitend verbunden, das unedle Metall bildet in dem galvanischen Element die sich auflösende Anode. Die „Opferanode“ muss von Zeit zu Zeit ersetzt werden.
Passiver Korrosionsschutz	
organische Beschichtungen	Beschichtungen (Anstriche) mit Pigmenten, Füllstoffen, Lösungsmitteln und organischen Bindemitteln bzw. Öle, Wachse, Klarlacke, Kunststoffe, Gummi, bituminöse Stoffe. Grundbeschichtungen mit: Bleimennige[1], Zinkchromat[1], -phosphat[2], Zink- und Bleistaub Deckbeschichtungen aus: Aluminiumpulver[2], Eisenoxid, Titanoxid, Zinkoxid
anorganische Beschichtungen	Nicht metallische Beschichtungen: Keramik-Beschichtungen, Emaillieren, Beschichtungen mit Zementmörtel.
Schmelztauchüberzüge	Die Werkstücke erhalten einen durch Tauchen in flüssiges Metall, insbesondere mit Zink (Feuerverzinkung), einen aufgeschmolzenen metallischen Überzug.
Spritzmetallüberzüge	Das Überzugsmetall (Zink, Aluminium) wird einer Spritzpistole in Drahtform zugeführt und durch Gas oder Elektrizität verflüssigt, durch Druckluft zerstäubt und auf das Werkstück aufgespritzt.
Diffusionsüberzüge	Die zu schützenden Metallteile werden z.B. in Chrom geglüht (Chromatisieren). Das Chrom diffundiert dabei unlösbar in die Randzone des Grundwerkstoffes.
Plattieren	Fester Verbund von NE-Metallfolien und Stahlblechen durch warmes Aufwalzen.
Galvanisieren	Überzüge vorwiegend aus Zink, Aluminium, Nickel, Chrom, Kadmium und Edelmetallen auf kleinen Werkstücken. Mit Hilfe eines Elektrolyten und einer Gleichstromquelle wandert das Überzugsmetall zum Werkstück.
Eloxieren	Aluminium ist durch die fest haftende Oxidschicht Al_2O_3 geschützt. Diese Oxidschicht wird durch anodische Oxidation verstärkt (Elektrolytische Oxidation des Aluminiums).
Korrosionsverhalten einiger Nichtmetalle	
Holz	Oberflächliche Verwitterung durch UV-Strahlung, Regen und Feuchtigkeit.
Bitumen	Die Makromoleküle werden durch UV-Strahlung abgebaut. Dabei entstehen in den Randzonen Verbindungen, die wasserlöslich sind.
Kunststoffe	Abbau der Makromoleküle zu kleineren teilweise oxidierten Molekülen, die wasserlöslich sind bzw. verdampfen. Geringe Wetterbeständigkeit z.B. bei Weich-PVC durch Versprödung.

[1] Sollen für neue GB nicht mehr verwendet werden.
[2] Werden zur Zeit bevorzugt angewandt.

2

2.4 Wärmetechnische Grundlagen

Temperatur	Kennzeichnet den Wärmezustand eines Stoffes. Sie ist ein Maß für die Bewegungsenergie der Moleküle.
Einheiten	SI-System: Kelvin (K) oder Grad Celsius (°C) engl. System: Grad Rankine (°R) oder Grad Fahrenheit (°F)
Umrechnungen	$T = 273 + t_C$ — T Temperatur in K $t_C = \frac{5}{9} \cdot (t_F - 32)$ — t_C Temperatur in °C $t_F = \frac{9}{5} \cdot (t_C + 32)$ — t_F Temperatur in °F

Temperaturskalen	Celsius (°C)	Kelvin (K)	Fahrenheit (°F)	Rankine (°R [ank])
Siedepunkt des Wassers, Dampfpunkt	+ 100 °C	373,15 K	+ 212 °F	671,67 °R
Körpertemperatur des Menschen	+ 37 °C	310,15 K	+ 98,6 °F	558,27 °R
Schmelzpunkt des Eises,	± 0 °C	273,15 K	+ 32 °F	491,67 °R
Eispunkt	– 17 7/9 °C	255,37 K	± 0 °F	459,67 °R
absoluter Nullpunkt	– 273,15 °C	0 K	– 459,67 °F	0 °R
	1 Celsiusgrad = 1 Kelvin		1 Fahrenheitgrad = 1 Rankinegrad	

2.4.1 Temperaturmessung

Messgerät	Pentanthermometer	Alkoholthermometer	Quecksilberthermometer	Bimetallthermometer	Stabausdehnungsthermometer	Elektrische Widerstandsthermometer	Thermoelemente
Anwendungsbereich °C	–190 … + 20	–110 … + 50	–30 … + 750	–30 … + 400	… ~ 1000	… + 750	– 200 … + 1300
Grundprinzip	Wärme dehnt die Flüssigkeit aus, deren Stand in einem engen Rohr die Temperatur anzeigt			Unterschiedliche Längenausdehnung bei Erwärmung verschiedener Metalle		ΔT bewirkt ΔR und damit ΔI	Kontaktspannung

2.4.2 Wärmemenge

Größe	Formelzeichen	Einheit	Bedeutung
Wärmemenge	Q	J (Joule)	Maß für die in einem Körper enthaltene Wärme (Energie). 4186,8 J erwärmen 1 Liter Wasser um 1 K = 1 °C
Spezifische Wärmekapazität	c	$\frac{J}{kg \cdot K}$	Wärmemenge, die 1 kg eines Stoffes um 1 K = 1 °C erwärmt
Spezifische Schmelzwärme	L_f	$\frac{J}{kg}$	Wärmemenge, die 1 kg eines Stoffes bei Schmelztemperatur vom festen in den flüssigen Zustand überführt; sie wird beim Erstarren des Stoffes wieder frei
Spezifische Verdampfungswärme	L_V	$\frac{J}{kg}$	Wärmemenge, die 1 kg eines Stoffes bei Verdampfungstemperatur vom flüssigen in den dampfförmigen Zustand überführt; sie wird beim Verflüssigen (Kondensieren) wieder frei
$Q = m \cdot c \cdot \Delta t$	Q Wärmemenge in J m Masse, Stoffmenge in kg		c spezifische Wärmekapazität in J/(kg · K) Δt Temperaturunterschied in K

2.4 Wärmetechnische Grundlagen

2.4.3 Mischtemperatur von Flüssigkeiten

$$t = \frac{m_1 \cdot c_1 \cdot t_1 + m_2 \cdot c_2 \cdot t_2}{m_1 \cdot c_1 + m_2 \cdot c_2}$$

m_1 Menge Stoff 1 in kg
m_2 Menge Stoff 2 in kg
t_1 Temperatur Stoff 1 vor dem Mischen
t_2 Temperatur Stoff 2 vor dem Mischen
c_1 spezifische Wärmekapazität von Stoff 1
c_2 spezifische Wärmekapazität von Stoff 2
t Temperatur nach dem Mischen

⇒ 1-11

Erwärmen eines Stoffes und Überführen vom festen in den dampfförmigen Zustand

$$Q = m \cdot c \cdot \Delta T + m \cdot L_f + m \cdot L_V$$

Q Wärmemenge in J
m Stoffmasse in kg
c spez. Wärmekapazität
L_f Schmelzwärme
L_V Verdampfungswärme
ΔT Temperaturunterschied

2.4.4 Ausdehnung durch Wärme

Längenausdehnung fester Körper

$$\Delta l = l_1 \cdot \alpha \cdot \Delta t$$

Δl Längenänderung in mm
Δt Temperaturänderung in °C; K
l_1 Anfangslänge des Körpers in mm
l_2 Endlänge des Körpers in mm
α Längenausdehnungskoeffizient in 1/K

Volumenausdehnung fester Körper

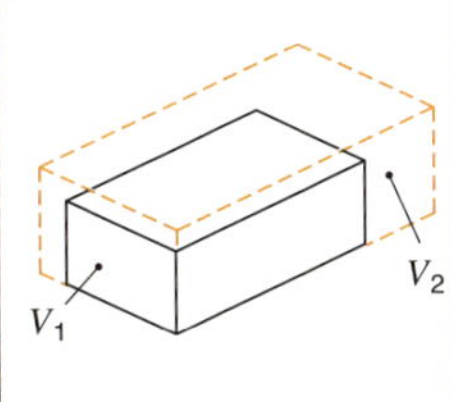

$$\Delta V = V_1 \cdot 3\,\alpha \cdot \Delta t$$

Die Berechnung der Volumenänderung ist wie eine Längenänderung zu verstehen, aber in drei Richtungen (Dimensionen).

ΔV Volumenänderung in mm^3
Δt Temperaturänderung in °C; K
V_1 Volumen des Körpers vor der Temperaturänderung in mm^3
V_2 Volumen des Körpers nach der Temperaturänderung in mm^3
α Längenausdehnungskoeffizient in 1/K

Längen-Ausdehnungskoeffizienten α (für 0 … 100 °C)

Temperaturdehnzahlen von Baustoffen	α in 1/K
Holz längs zur Faser	3 bis 8
Holz quer zur Faser	15 bis 60
Kunststoffe	10 bis 230
Glas	3 bis 10
Mauerwerk aus Mauerziegeln, Kalkmörtel, Lehmmörtel	$6 \cdot 10^{-6}$
Mauerwerk aus Kalksandsteinen, Porenbetonsteinen, Kalk-Zementmörtel, Wand- und Bodenfliesen, Glas, Sandstein	$8 \cdot 10^{-6}$
Baustahl, Asbestzementplatten	$10 \cdot 10^{-6}$
Beton, Mauerwerk aus Klinkern	$10 \cdot 10^{-6}$
Asphaltplatten	$30 \cdot 10^{-6}$

Stoff	α in 1/K
Aluminium	$23{,}8 \cdot 10^{-6}$
Bronze	$17{,}5 \cdot 10^{-6}$
Eisen (rein)	$12{,}3 \cdot 10^{-6}$
Gold	$14{,}2 \cdot 10^{-6}$
Grafit	$7{,}9 \cdot 10^{-6}$
Konstantan	$15{,}2 \cdot 10^{-6}$
Kupfer	$16{,}5 \cdot 10^{-6}$
Manganin	$17{,}5 \cdot 10^{-6}$
Messing	$18{,}4 \cdot 10^{-6}$
Nickel	$13{,}0 \cdot 10^{-6}$
Silber	$19{,}5 \cdot 10^{-6}$
Silicium	$7{,}6 \cdot 10^{-6}$
Wolfram	$4{,}5 \cdot 10^{-6}$

Volumen-Ausdehnungskoeffizient γ

Stoff	γ in 1/K
Alkohol	$1{,}10 \cdot 10^{-3}$
Benzol	$1{,}06 \cdot 10^{-3}$
Glyzerin	$0{,}50 \cdot 10^{-3}$
Petroleum	$0{,}99 \cdot 10^{-3}$
Quecksilber	$0{,}18 \cdot 10^{-3}$
Schwefelsäure	$0{,}57 \cdot 10^{-3}$
Wasser	$0{,}18 \cdot 10^{-3}$

Für feste Stoffe ist $\gamma \approx 3 \cdot \alpha_1$

Für alle Gase ist $\gamma \approx 1/273$

2.4 Wärmetechnische Grundlagen

2.4.5 Wärmeübertragung

Begriff	Erläuterung
Wärmeleitung	Die Wärme wird von Molekül zu Molekül weitergegeben. Baustoffe mit hoher Dichte (z.B. Stahl) sind gute Wärmeleiter, porige Baustoffe (z.B. Holz, Mineralfasermatten) sind gute Dämmstoffe.
Wärmestrahlung	Die Wärmestrahlen geben beim Auftreffen auf einen Körper Strahlungsenergie ab. Diese wird durch die Molekularbewegung in Wärme umgesetzt. Die Wärmeaufnahme hängt dabei von der Farbe des Körpers ab, dunkle Flächen erwärmen sich schneller als helle.
Wärmeströmung	Die Wärmeströmung (Konvektion) geschieht durch den Wärmetransport von Gasen oder Flüssigkeiten. Beim Erwärmen dehnen sie sich aus, ihre Dichte verringert sich und sie steigen nach oben, während kältere an ihre Stelle treten. Beispiel: Luftumwälzung an einem Heizkörper.
Wärmestrom	Formelzeichen: Φ Einheit: W Wärmemenge, die innerhalb einer Zeiteinheit durch eine senkrecht zur Strömungsrichtung liegende Fläche strömt.
Wärmeleitfähigkeit	Formelzeichen: λ Einheit: W/mK Wärmestrom, der durch einen Querschnitt von 1 m^2 eines 1 m langen Körpers strömt, wenn der Temperaturunterschied 1 K beträgt.
Wärmedurchlasskoeffizient	Formelzeichen: $\Lambda = \lambda / d$ Einheit: W/m^2 K Wärmestrom, der durch einen Querschnitt von 1 m^2 eines Körpers der Dicke d strömt, wenn der Temperaturunterschied 1 K beträgt.
Wärmedurchlasswiderstand	Formelzeichen: $1/\Lambda$ Einheit: $m^2 \cdot K/W$ Bezeichnet den Widerstand, den ein Bauteil der Dicke d dem Wärmestrom entgegenstellt (großer Wert = guter Wärmeschutz). Bei mehrschichtigen Bauteilen ist: $d = d_1 + d_2 + d_3 + \ldots + d_n$ $R = \frac{d_1}{\lambda_1} + \frac{d_2}{\lambda_2} + \frac{d_3}{\lambda_3} + \ldots + \frac{d_n}{\lambda_n}$ in $m^2 \cdot K/W$
Wärmeübergangswiderstand	Formelzeichen: R_{si}, R_{se} Einheit: $m^2 \cdot K/W$ Bezeichnet den Widerstand, den der Wärmestrom beim Übergang von der Luft in den festen Baustoff (innen R_{si}) bzw. vom Baustoff in die Luft (außen R_{se}) überwinden muss.
Wärmedurchgangswiderstand	Formelzeichen: $1/k$ Einheit: $m^2 \cdot K/W$ Gibt den Gesamtwiderstand an, den ein Bauteil dem Wärmestrom entgegenstellt: $R_T = R_{si} + \frac{d_1}{\lambda_1} + \frac{d_2}{\lambda_2} + \ldots + \frac{d_n}{\lambda_n} + R_{se}$
Wärmedurchgangskoeffizient	Formelzeichen: U Einheit: W/m^2 K Kennzeichnet die wärmeschutztechnische Qualität eines Bauteiles einschließlich der Wärmeübergangswiderstände (kleiner Wert = guter Wärmeschutz). $U = \frac{1}{R_T}$

2.4 Wärmetechnische Grundlagen

2.4.6 Luftfeuchtigkeit und Wasserdampfdiffusion

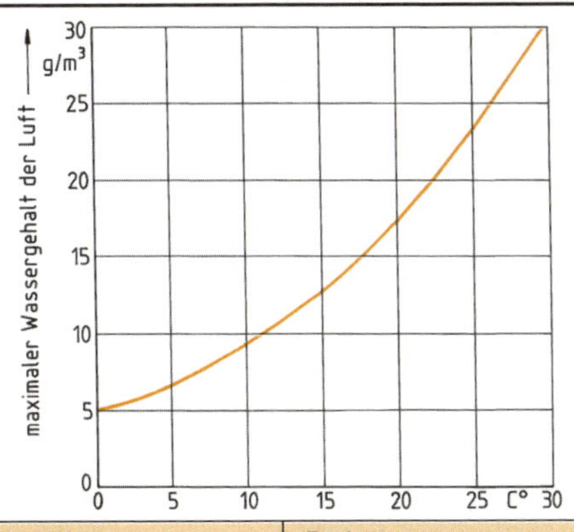

Die Aufnahmefähigkeit der Luft für Wasserdampf ist begrenzt und von der Temperatur abhängig. Warme Luft kann mehr Wasserdampf aufnehmen als kalte Luft. Beim Erwärmen feuchter Luft sinkt die relative Luftfeuchte, beim Abkühlen feuchter Luft steigt sie. Beim Abkühlen wird die Luft sehr schnell mit Wasserdampf gesättigt und der Taupunkt wird erreicht. Es bildet sich Nebel oder das Wasser schlägt sich an kühlen Flächen (Fenster, Wärmebrücken) nieder. Es bildet sich Tauwasser. Tauwasserbildung im Inneren von Bauteilen gilt als unschädlich, solange durch die Erhöhung des Feuchtegehaltes der Bau- und Dämmstoffe die Standsicherheit und der Wärmeschutz nicht gefährdet werden.

⇒ 7-33 ff.

Begriffe	Bedeutung
Sättigungs-luftfeuchte	gibt die Höchstmenge an Wasserdampf in g/m³ Luft an, die bei der jeweiligen Temperatur aufnehmbar ist.
Absolute Luftfeuchte	gibt die tatsächlich vorhandene Wasserdampfmenge g/m³ in der Luft an.
Relative Luftfeuchte	ist das Verhältnis der tatsächlichen Wasserdampfmenge zu der bei der jeweiligen Lufttemperatur maximal möglichen Wasserdampfmenge. Relative Luftfeuchte $= \frac{W}{W_s \cdot 100}$
Taupunkt-Temperatur	ist diejenige Lufttemperatur, bei der beim Abkühlen die Luftfeuchte den Sättigungswert (100%) erreicht. Beim Überschreiten dieser Grenze bildet sich Nebel bzw. Niederschlag (Tauwasser).
Wasserdampfdiffusion	bezeichnet die Bewegung von Wasserdampf in der Luft und innerhalb fester Stoffe. Durch einen Bauteil kann Wasserdampf nur diffundieren, wenn dessen Baustoff durchgehende Kapillaren besitzt. Die Wasserdampfmoleküle folgen dabei stets dem Dampfdruckgefälle.
Diffusionswiderstand	Die Stoffe setzen entsprechend ihrer Struktur der Diffusion einen Widerstand entgegen. Diese stofftypische Eigenschaft wird durch die Wasserdampf-Diffusionswiderstandszahl μ ausgedrückt. $\mu = \frac{\text{Dampfdichtigkeit Material} (d = 1\,\text{m})}{\text{Dampfdichtigkeit Luft} (d = 1\,\text{m})}$
Dampfsperren	Materialien, die für Wasserdampf vollkommen undurchlässig sind, z.B. Metallfolien. Teilweise werden auch Folien mit $s_D > 100$ m zu den Dampfsperren gezählt. Eine Dampfsperre, die auf der Innenseite einer Wand angebracht ist, verhindert auch bei einer hohen relativen Luftfeuchte auf der warmen Innenseite eine Wasserdampfkondensation innerhalb der Wand. Kleine Löcher innerhalb der Dampfsperren (z. B. Nagellöcher) vermindern die Sperrwirkung. Eine Dampfsperre wird fast unwirksam, wenn etwa 1% der Fläche wasserdampfdurchlässig ist.
Dampfbremsen	Wasserdampfmoleküle sind wesentlich kleiner als Luftmoleküle, luftdichte Baustoffe können deshalb nicht ohne weiteres als dampfdicht eingestuft werden. Dampfsperrende Schichten sind dagegen stets luftdicht. Hierzu zählen Folien mit $s_D > 10$ m.

2.5 Schall

Schall

Unter Schall versteht man mechanische Schwingungen, die sich in festen Körpern, Flüssigkeiten oder Gasen ausbreiten.

Längswellen

In Gasen (Luft) und Flüssigkeiten breiten sich die Schallwellen als Longitudinalwellen (Längswellen) aus, d. h., die schwingenden Teilchen bewegen sich in der Achse der Ausbreitungsrichtung. Dabei entstehen Überdruck- und Unterdruckzonen.

Dehnwellen

Kommen nur in festen Körpern vor. Dabei werden die Massenteilchen quer zur Ausbreitungsrichtung in Bewegung versetzt.

Luftschall

Schall, der sich in der Luft ausbreitet, wird Luftschall genannt. Er entsteht durch Sprechen, Musizieren, laufende Maschinen, Verkehr usw. Man unterscheidet zwischen Tönen, Klängen und Geräuschen.

Körperschall

Schall, der sich in festen oder flüssigen Körpern ausbreitet, wird Körperschall genannt. Er breitet sich in verschiedenen Stoffen mit unterschiedlicher Geschwindigkeit aus. Er spielt im Bauwesen eine große Rolle, weil er sich in den Wänden und Decken eines Gebäudes ausbreitet. Er entsteht beim Gehen auf den Decken und wird dann als Trittschall bezeichnet.

Schallgeschwindigkeit

Schallgeschwindigkeit c in m/s bei 20 °C in verschiedenen Stoffen:

Stoff	m/s	Stoff	m/s	Stoff	m/s	Stoff	m/s
Nadelholz	4 100	Glas	5 200	Leichtmetall	5 100	Blei	1 300
Hartholz	3 400	Beton	3 800	Stahl	5 000	Wasser	1 450
Kork	500	Mauerwerk	3 500	Kupfer	3 500	Luft	340

Frequenz

1 Hz = 1 Schwingung pro Sekunde ($^1/_s$)
Die Anzahl der Schwingungen pro Sekunde wird als Frequenz bezeichnet. Die Maßeinheit ist Hertz (Hz). Viele Schwingungen pro Sekunde: hohe Töne. Wenige Schwingungen pro Sekunde: tiefe Töne.

Schallbereiche

Infraschall 0 … 16 Hz; Normalschall 16 … 16000 Hz (wird vom menschlichen Ohr erfasst); Ultraschall 16000 … 1000000 Hz.

Wellenlänge

Eine Wellenlänge umfasst eine Schallschwingung und wird als der Abstand zwischen 2 aufeinander folgenden Wellenbergen bezeichnet.

Wellenlänge

$$\lambda = \frac{\text{Schallgeschwindigkeit } c}{\text{Frequenz } f} \qquad \lambda = \frac{c}{f}$$

Normen

DIN 4109: 1989-11	Schallschutz im Hochbau
DIN EN ISO 717-1: 1996 + A1 2006	Bewertung der Schalldämmung in Gebäuden und von Bauteilen

2.5 Schall

2

2.5.1 Schalldruck

Schalldruck p ist der wechselnde Druck, der durch die Schallschwingungen in Gasen oder Flüssigkeiten hervorgerufen wird; er ist dem statischen Druck (z.B. dem Luftdruck) überlagert. Einheit ist 1 N/m^2 = 1 Pa = 10 µbar.

2.5.2 Schalldruckpegel

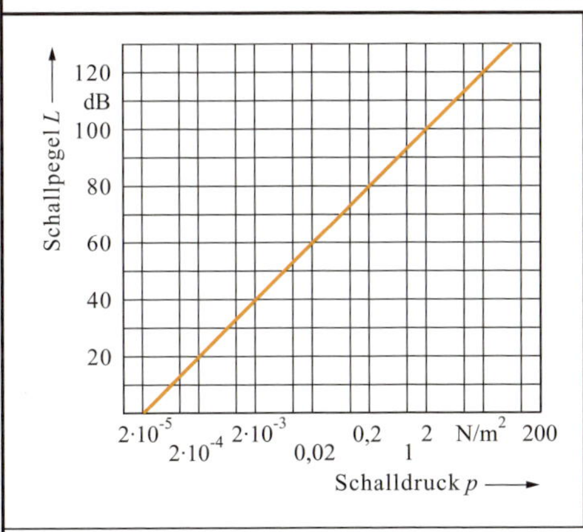

Der Schalldruckpegel (Schallpegel) L ist ein logarithmisches Maß für den Schalldruck p eines Geräusches. Er wird in Dezibel (dB) angegeben. Auch Schallpegeldifferenzen werden in dB angegeben.

$$L = 10 \cdot \lg \frac{p^2}{p_0^2}\ \text{dB} = 20 \cdot \lg \frac{p}{p_0}\ \text{dB}$$

Der Effektivwert des Bezugsschalldruckes p_0 ist international festgelegt als:

$$p_0 = 20\ \mu\text{Pa} = 2 \cdot 10^{-5}\ \text{Pa} = 2 \cdot 10^{-5}\ \text{N/m}^2$$

Bei einer Verdoppelung des Schalldrucks erhöht sich der Schalldruckpegel um 6 dB; eine Pegelzunahme von ca. 10 dB bewirkt eine Verdoppelung des subjektiven Lautstärkeeindrucks. Die nebenstehende Darstellung gibt den Schallpegel L (dB) in Abhängigkeit vom Schalldruck p (N/m^2) wieder.

Von dem oben definierten Schalldruckpegel sind die für die Schallempfindung gebräuchlichen Begriffe des Lautstärkepegels und der Lautheit zu unterscheiden.
Der **Lautstärkepegel L_N** in phon ist gleich dem Schalldruckpegel eines Tons mit f = 1000 Hz, der beim Hörvergleich mit einem Geräusch als gleich laut empfunden wird.
Die **Lautheit N** in sone gibt an, um wie viel mal lauter das Geräusch als ein Ton mit f = 1000 Hz mit einem Schalldruckpegel von 40 dB empfunden wird.

2.5.3 A-bewerteter Schalldruckpegel

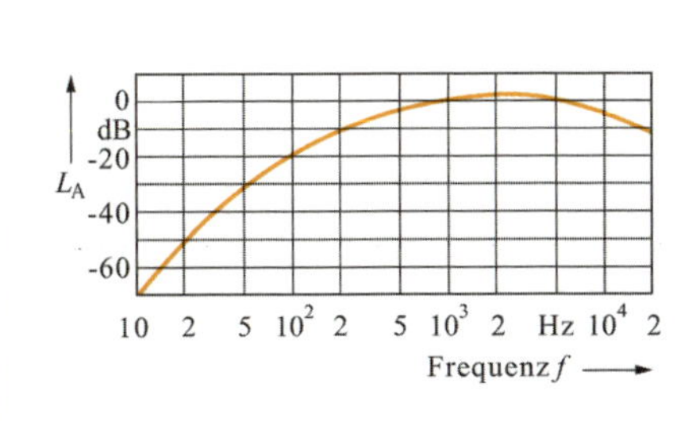

Das menschliche Ohr empfindet tiefe Töne weniger laut als hohe Töne. Die Hörschwelle liegt zum Beispiel bei einem Ton von 1000 Hz bei 0 dB, bei einem Ton von 100 Hz beträgt sie 25 dB. Diese Eigenschaft des menschlichen Ohres wird durch eine „Bewertung" des Schallpegels näherungsweise ausgeglichen. Durch die Frequenzbewertung A werden die Beiträge der Frequenzen unter 1000 Hz und über 5000 Hz zum Gesamtergebnis abgeschwächt; siehe nebenstehende Abbildung der Bewertungskurve A für den bewerteten Schallpegel L_A. Der A-Schalldruckpegel ist ein Maß für die Stärke eines Geräusches und wird in dB (A) angegeben. Es ist die Größe, die in Vorschriften u.Ä. zur Kennzeichnung der Stärke von Geräuschen benutzt wird.

A-Schalldruckpegel für bekannte Geräusche in dB (A)

Verständliches Flüstern, 1 m entfernt	15–30	Pkw-Fahrgeräusch	78–82
Zerreißen von Papier, 1 m entfernt	40–50	Lautes Rufen, Kindergeschrei	70–90
Normales Sprechen, 1 m entfernt	50–65	Verkehrslärm in lauter Straße	75–95
Rundfunkmusik, Zimmerlautstärke	50–80	Düsenflugzeug beim Start, 100 m entfernt	105–115

2.5 Schall

2.5.4 Schallschutz

Beim Schallschutz werden Maßnahmen gegen die Schallentstehung (Primärmaßnahmen) und Maßnahmen, die die Schallübertragung von einer Schallquelle zum Hörer vermindern (Sekundärmaßnahmen), unterschieden. Befinden sich Hörer und Schallquelle in verschiedenen Räumen, wird der Schallschutz durch Schalldämmung, befinden sie sich in demselben Raum durch Schallabsorption erreicht.

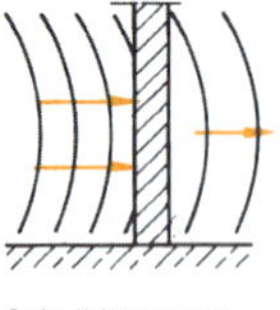

Schalldämmung

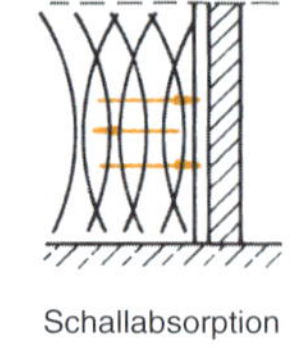

Schallabsorption

Beim Auftreffen von Schallwellen auf ein Bauteil wird dieses in Schwingungen versetzt, die eine Weiterleitung des Schalles in den Nachbarraum bewirken. Das Schalldämm-Maß bezeichnet den Widerstand eines Bauteiles gegen den Durchgang von Schall.

Schallschluckung tritt beim Reflexionsvorgang einer Schallwelle an einer Raumoberfläche auf. Der Schallabsorptionsgrad gibt dabei den Anteil der absorbierten Schallenergie an.

2.5.5 Schalldämm-Maß *R*

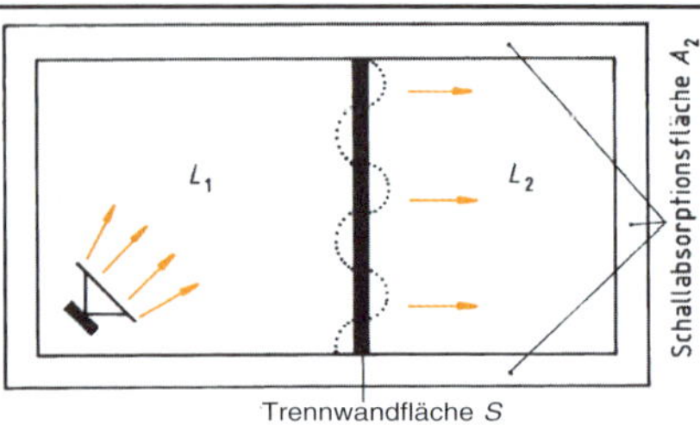

Zur Bestimmung des Schalldämm-Maßes *R* einer Trennwand

- L_1 Schallpegel im Senderaum
- L_2 Schallpegel im Empfangsraum
- S Fläche der Trennwand
- A_2 äquivalente Schallabsorptionsfläche des Empfangsraumes

Es kennzeichnet die Luftschalldämmung von Bauteilen, die durch Versuche bestimmt wird. Zwischen 2 Räumen wird z.B. die zu untersuchende Wand als Trennwand eingebaut. Eine Schallquelle erzeugt im Senderaum ein stationäres Luftschallfeld. Die Schallpegel im Sende- und Empfangsraum werden gemessen, aus der Differenz ergibt sich das Schalldämm-Maß. Es beträgt:

$$R = L_1 - L_2 + 10 \lg S/A_2 \text{ dB}$$

Ein Schalldämm-Maß von 40 dB bedeutet, dass nur der $1/10^4$ Teil der Schallleistung auf der leisen Seite abgestrahlt wird.

Es wird unterschieden, ob die Schallübertragung allein über die Trennwand oder ob sie auch über flankierende Bauteile erfolgt.

- R' mit Übertragung über flankierende Bauteile
- R ohne Übertragung über flankierende Bauteile

2.5.6 Bewertete Schalldämm-Maße R_w und R'_w

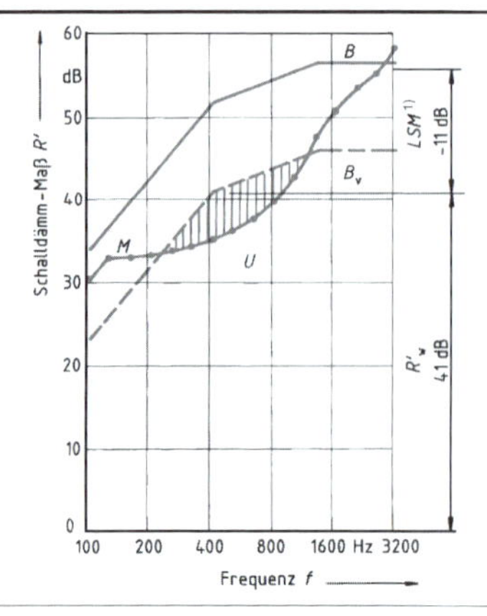

Zur Bewertung wird die Bezugskurve *B* in Schritten von 1 dB gegen die Messkurve *M* verschoben, bis die Summe der ungünstigen Abweichungen möglichst groß, jedoch nicht mehr als 32 dB wird.

Nach der verschobenen Bezugskurve wird das gemessene Bauteil bewertet. Zahlenmäßig ist R_w oder R'_w der Wert, der um ganze dB verschobenen Bezugskurve bei 500 Hz.

Zur Definition des bewerteten Schalldämm-Maßes R_w

- B Bezugskurve nach EN ISO 717-1: 1996 + A1 2006
- B_v verschobene Bezugskurve
- U Summe der ungünstigen Abweichungen
- M Kurve der Messwerte

2.5 Schall

Bewertetes Schalldämm-Maß R_w und das Durchhören von normal-lauter Sprache

Sprachverständlichkeit	erforderliches bewertetes Schalldämm-Maß R_w in dB	
	Grundgeräusch 20 dB (A)	Grundgeräusch 30 dB (A)
nicht zu hören	67	57
zu hören, jedoch nicht zu verstehen	57	47
teilweise zu verstehen	52	42
gut zu verstehen	42	32

2.5.7 Trittschallschutz

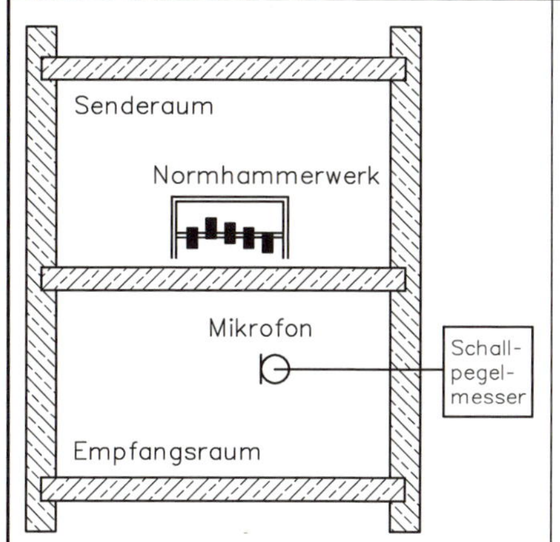

Zur Messung der Trittschalldämmung wird durch ein genormtes Hammerwerk Körperschall erzeugt. Als Normtrittschallpegel wird der auf eine Bezugsfläche $A_0 = 10\ m^2$ bezogene Schallpegel bezeichnet.

$L'_n = L + 10 \lg (A/A_0)$ dB

Die Ermittlung von Einzahlangaben erfolgt ähnlich wie bei den Schalldämm-Maßen anhand einer Bewertungskurve.

Die Trittschalldämmung kann durch Deckenauflagen, schwimmende Estriche, federnd abgehängte Unterdecken verbessert werden. Die Verbesserung wird durch das Trittschallschutzverbesserungsmaß $\Delta L_{w,R}$ (VM_R) gekennzeichnet.

Das Verbesserungsmaß vergrößert sich bei Estrichen mit dem Gewicht und je kleiner die dynamische Steifigkeit der Dämmschicht ist.

Bei Holzbalkendecken ist ein schwimmend verlegter Fußboden aus Spanplatten (bzw. schwimmender Estrich) und eine federnd abgehängte Unterdecke erforderlich.

2.5.8 Lärmquellen und Lärmausbreitung

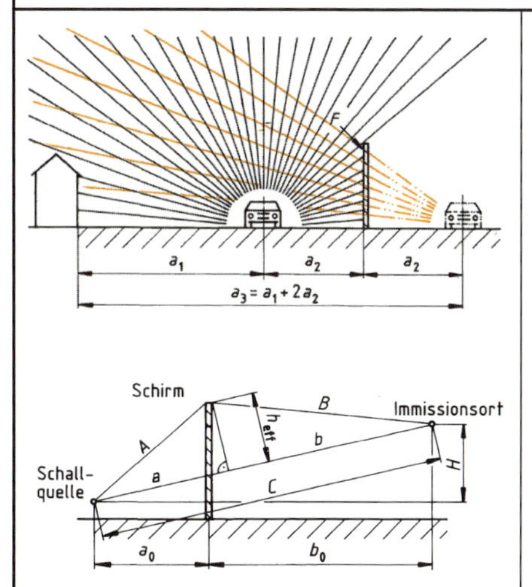

Der Straßenverkehr ist der Hauptlärmverursacher. Bei Verdoppelung der Verkehrsdichte steigt der verursachte Schallpegel um etwa 3 dB. Eine Abschätzung des Verkehrslärms kann mit dem Nomogramm nach DIN 4109:1989-11 vorgenommen werden.

Die Lärmausbreitung erfolgt in einem freien Schallfeld nach allen Seiten weitgehend ungehindert. Die Wellenfronten bilden dabei eine Kugel. Die Schallintensität und damit der Schallpegel nimmt bei Verdoppelung der Entfernung von der Schallquelle um etwa 6 dB ab. Gedämpft wird die Schallausbreitung durch Bewuchs (Schallabsorption). Diese ist in der Praxis jedoch von geringer Bedeutung (Pegelabnahme bei 100 m Waldstreifen um höchstens 10 dB (A)).

Eine wirksame Behinderung der Schallausbreitung ist durch Wälle oder Wände zu erzielen. Dabei hängt die Abschirmwirkung von ihrer Höhe und ihrer Lage zwischen Schallquelle und Immissionsort ab.

Genaue Angaben zur Berechnung der Schallimmissionen und der Wirkung von Hindernissen auf die Schallausbreitung enthält DIN 18005-1: 2002-07

2.6 Elektrotechnische Grundlagen

Elektr. Strom	Unter einem elektrischen Strom versteht man die gerichtete Bewegung elektrischer Ladung.
Gleichstrom	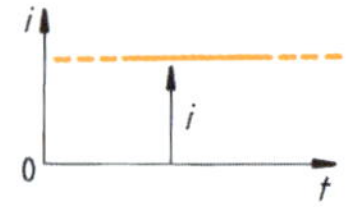 Bei Gleichstrom fließt der Strom nur in einer Richtung. Der Augenblickswert des Stromes ist zeitlich konstant.
Wechselstrom	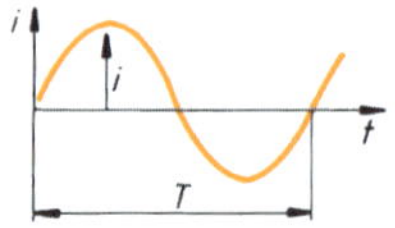 Strom mit periodischem Zeitverlauf (im nebenstehenden Beispiel sinusförmiger Zeitverlauf) und arithmetischem Mittelwert Null. In Westeuropa beträgt die Frequenz 50 Hz. 1 Hertz (Hz) = 1 Schwingung pro Sekunde
3-Phasen-Wechselstrom (Drehstrom)	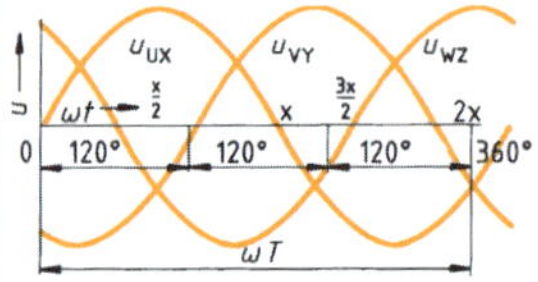 Drei Sinusströme gleicher Frequenz, Amplitude und Betragsunterschiede der Nullphasenwinkel (120°). Mit dem so genannten Drehstrom wird in den Wicklungen der Drehstrommaschinen ein umlaufendes räumliches magnetisches Feld, ein so genanntes Drehfeld, erzeugt. Daher hat der Drehstrom seinen Namen.
Sternschaltung	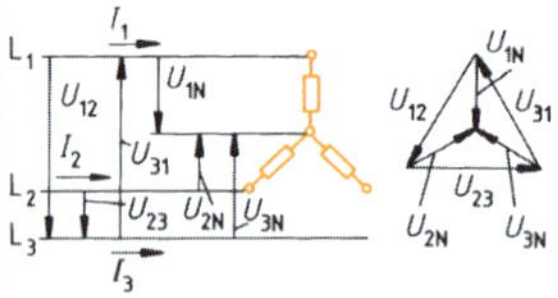 Die drei Strangenden des Generators werden im Sternpunkt miteinander verbunden. Er wird außerdem geerdet und Neutralleiter genannt. Die Spannung zwischen 2 Außenleitern beträgt in unseren gewöhnlichen Netzen 400 V (380 V). Zwischen einem Außenleiter und dem Neutralleiter beträgt sie 230 V (220 V).
Dreiecksschaltung	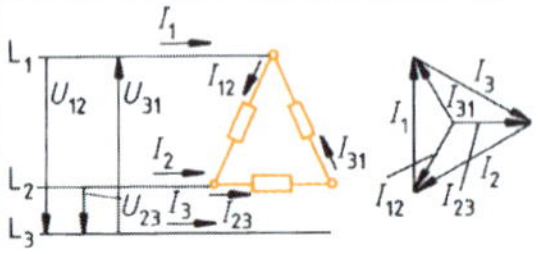 Es wird jeweils das Ende des einen Stranges mit dem Anfang des anderen Stranges verbunden.
Spannung	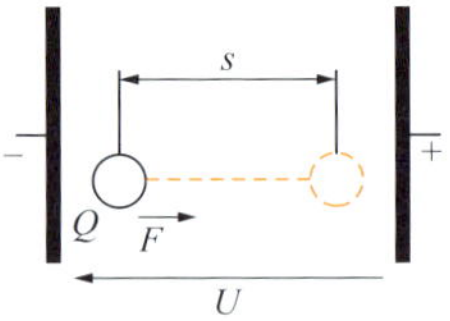 Die messbare unterschiedliche elektrische Ladung zwischen 2 Punkten. $U = \frac{W}{Q}$ U Spannung in V (Volt) Q Ladung in C (Coulomb) 1 C ≙ 1 As W Arbeit in Ws, VAs
Stromstärke	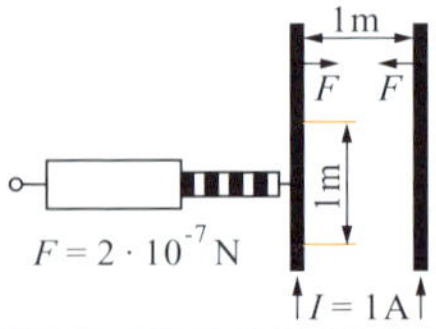 Die in der Zeiteinheit durch einen Leitungsquerschnitt hindurch fließend elektrische Ladung. $I = \frac{Q}{t}$ I Stromstärke in A t Zeit in s Q Ladung in C, As
Widerstand eines Leiters	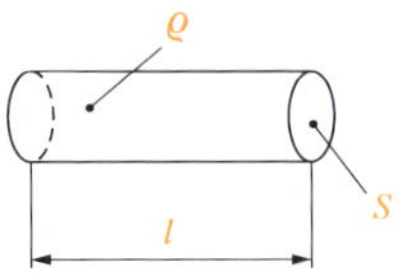 Elektrische Leitungen und Anlagen setzen dem Elektronenfluss (Strom) einen Widerstand entgegen. $R = \frac{l}{\gamma \cdot S}$ $R = \frac{\varrho \cdot l}{S}$ $\gamma = \frac{1}{l}$ R Widerstand in Ω l Leiterlänge in m γ Leitfähigkeit in m/Ω mm2 S Leiterquerschnitt in mm2 ϱ spezif. Widerstand in Ω mm2/m

2.6 Elektrotechnische Grundlagen

2

Begriff	Darstellung	Erklärung/Beispiel
Ohmsches Gesetz	(Schaltbild: A, V, R, I, U)	$I = \frac{U}{R}$ I Strom in A U Spannung in V R Widerstand in Ω 1 Ω = 1 V/1 A
Reihenschaltung von Widerständen	(Schaltbild: I, U_1, U_2, U_3, R_1, R_2, R_3, U)	$U = U_1 + U_2 + U_3 + \ldots$ $R = R_1 + R_2 + R_3 + \ldots$ $I = \frac{U}{R} = \frac{U_1}{R_1} = \frac{U_2}{R_2} = \frac{U_3}{R_3}$ U Gesamtspannung in V U_1, U_2 Teilspannungen in V R Gesamtwiderstand in Ω R_1, R_2 Teilwiderstände in Ω
Parallelschaltung von Widerständen	(Schaltbild: I, U, I_1, I_2, I_3, R_1, R_2, R_3)	$I = I_1 + I_2 + I_3 + \ldots$ $G = G_1 + G_2 + G_3 + \ldots$ $\frac{1}{R} = \frac{1}{R_1} + \frac{1}{R_2} + \frac{1}{R_3} + \ldots$ $U = I \cdot R = I_1 \cdot R_1 = I_2 \cdot R_2$ I Gesamtstrom in A I_1, I_2 Teilströme in A R Gesamtwiderstand in Ω G Gesamtleitwert in S G_1, G_2 Einzelleitwerte in S R_1, R_2 Einzelwiderstände in Ω
Elektrische Leistung	$P = U \cdot I$	Aus der Verbindung mit dem ohmschen Gesetz $U = I \cdot R$ ergibt sich: $P = I^2 \cdot R$ $P = \frac{U^2}{R}$ P Leistung in W U Spannung in V I Strom in A R Widerstand in Ω **Beispiel:** An einem Stromkreis (Sicherung) mit 220 V sind 13 Glühlampen mit je 100 Watt und 1 Heizlüfter mit 2000 W angeschlossen. Wie groß ist der Strom? *Geg.: P, U; Ges.: I* **Lösung:** $I = \frac{P}{U} = \frac{13 \cdot 100\,W + 2000\,W}{220\,V} =$ **15 A**
Elektrische Arbeit	$W = P \cdot t$	W elektrische Arbeit in Ws P elektrische Leistung in W t Zeit in s **Beispiel:** *Geg.:* $P = 1{,}5$ kW $t = 14$ h *Ges.: W* **Lösung:** $W = P \cdot t = 1{,}5$ kW · 14 h = **21 kWh**
Elektrische Arbeit und Wärme	$Q_N = Q_S \cdot \eta_w$ 1 Ws = 1 J 1 kWh = $3{,}6 \cdot 10^6$ J	Q_N Nutzwärme in J Q_S Stromwärme in J η_w Wärmewirkungsgrad Bei der Energieumwandlung entstehen Verluste. Die Nutzwärme ist kleiner als die Stromwärme. **Beispiel:** *Geg.:* $Q_N = 100$ kJ $\eta_w = 0{,}9$ *Ges.: W* **Lösung:** $Q_S = \frac{Q_N}{\eta_w} = \frac{100\ kJ}{0{,}9} = 111\,kJ$ $W = \frac{1\ kWh}{3600\ kJ} \cdot 111\ kJ =$ **0,0308 kWh**

2

2.6 Elektrotechnische Grundlagen

2.6.1 Stromerzeugung und Stromverteilung

Der in den Kraftwerken erzeugte elektrische Strom wird in Verbundnetze eingespeist. Der Transport erfolgt durch Hochspannungsleitungen.
Für die Leitungsbemessung ist nur die Stromstärke maßgebend. Der Leitungsquerschnitt kann daher – bei gleicher Leistung und Verlusten – desto kleiner sein, je höher die Spannung ist.
Durch Transformatoren wird die Hochspannung stufenweise auf die Verbrauchsspannung herunter transformiert.

Hochspannung:	380 kV bis 220 kV
Mittelspannung:	20 kV bis 10 kV
Verbrauchsspannung:	400 V bis 230 V

2.6.2 Elektroinstallation

Das Energieversorgungsunternehmen führt das Hausanschlusskabel zu den Hausanschlusskästen einschl. der Hauptsicherungen und der Zähleranlage. Die Installation erfolgt möglichst in einem Hausanschlussraum nach DIN 18 012 (s. Abb. S. 2–19).
Dort beginnt die Hausinstallation mit den Stromkreisverteilungen und den Überlastschutzeinrichtungen (Sicherungen).
Für die elektrischen Leitungen werden folgende Verlegemethoden angewendet:

- Aufputz-Installation,
- Unterputz-Installation,
- Rohr-Installation.

2.6.3 Leitungsquerschnitt und Nennstrom der Sicherung

Nenn Kupferquerschnitt (mm^2)	1,5	2,5	4	6	10	16	25
Nennstrom der Sicherung (A)	10	20	25	35	50	63	80

2.6.4 Graphische Symbole für Schaltpläne DIN EN 60617-11: 1997-08[1)]

Schaltzeichen	Beschreibung	Schaltzeichen	Beschreibung
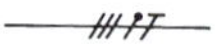	Neutralleiter mit Schutzfunktion, (PEN): drei Leiter, ein Neutralleiter, ein Schutzleiter		Schalter, allgemein
	Leitung, nach oben führend		Serienschalter, einpolig Schalter 5/1
	Leitung, nach unten führend		Wechselschalter, einpolig Schalter 6/1
	Leitung, nach unten und oben durchführend	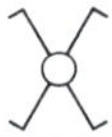	Kreuzschalter, Zwischenschalter, Schalter 7/1
	Dose, allgemein, Leerdose, allgemein		Dimmer
	Anschlussdose, Verbindungsdose		Taster
 3	Mehrfachsteckdose, dargestellt als Dreifachsteckdose		Leuchte, allgemein
	Schutzkontaktsteckdose		Leuchte mit Leuchtstofflampe, allgemein
	Fernmeldesteckdose Anmerkung: Zur Unterscheidung verschiedener Dosen dürfen z. B. folgende Bezeichnungen verwendet werden: TP = Telefon, M = Mikrofon, FM = UKW-Rundfunk, TV = Fernsehen, TX = Telex		Leuchtenauslass Das Schaltzeichen ist mit Leitung dargestellt.

1) Teil 11: Gebäudebezogene und topographische Installationspläne und Schaltpläne.

2.6.5 Hausanschlussraum DIN 18012:2008-05

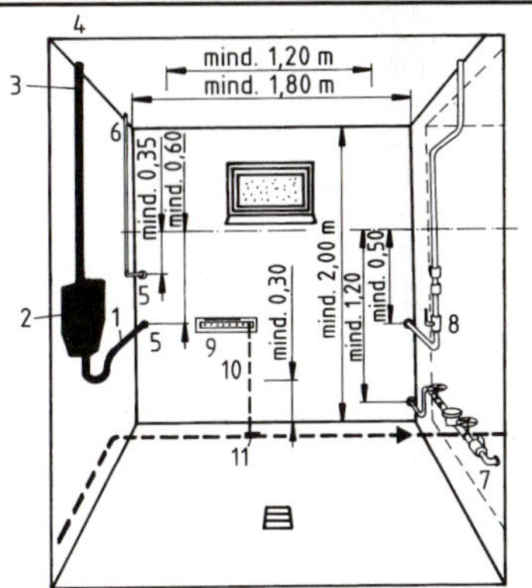

1 Hauseinführungsleitung für Strom
2 Strom-Hausanschlusskasten mit Hausanschlusssicherungen
3 Strom-Hauptleitung
4 Strom-Ableitungen zu Stromkreisverteilern
5 Kabelschutzrohr
6 Hausanschlussleitung für Fernmeldeanlage
7 Hausanschlussleitung für Wasserversorgung mit Wasserzählanlage
8 Hausanschlussleitung für Gasversorgung mit Hauptabsperreinrichtung
9 Potenzialausgleichschiene
10 Anschlussfahne
11 Fundamenterder

2.6.6 Haupterdungsschiene DIN VDE 0100-540:2007-06

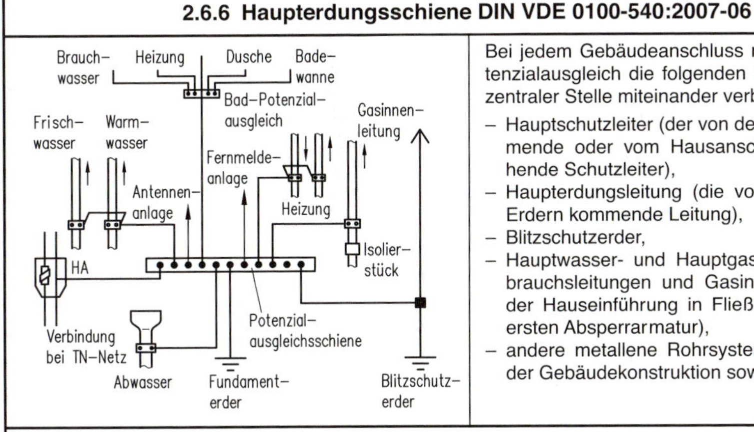

Bei jedem Gebäudeanschluss muss ein Hauptpotenzialausgleich die folgenden leitfähigen Teile an zentraler Stelle miteinander verbinden:

- Hauptschutzleiter (der von der Stromquelle kommende oder vom Hausanschlusskasten abgehende Schutzleiter),
- Haupterdungsleitung (die vom Erder bzw. den Erdern kommende Leitung),
- Blitzschutzerder,
- Hauptwasser- und Hauptgasrohre (Wasserverbrauchsleitungen und Gasinnenleitungen nach der Hauseinführung in Fließrichtung hinter der ersten Absperrarmatur),
- andere metallene Rohrsysteme und Metallteile der Gebäudekonstruktion soweit möglich

2.6.7 Installationszonen

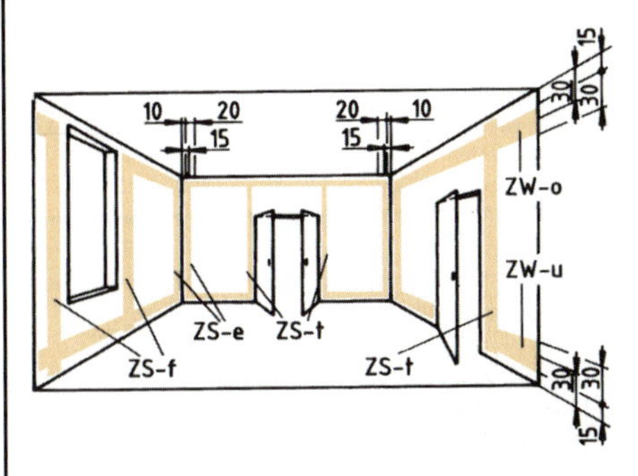

Installationszone nach DIN 18015-3:2007-09

Waagerechte Installationszonen:
ZW-o: 30 cm unter der fertigen Deckenfläche,
ZW-u: 30 cm über der fertigen Fußbodenfläche,
ZW-m: 100 cm über der fertigen Fußbodenfläche in Räumen mit Arbeitsflächen z.B. Küchen.

Senkrechte Installationszonen:
15 cm neben den Rohbauecken,
ZS-t: an Türen,
ZS-f: an Fenstern,
ZS-e: an Wandecken.

Schalter sind vorzugsweise in den senkrechten Installationszonen neben den Türen in 105 cm Höhe über dem fertigen Fußboden anzuordnen.

2.6 Elektrotechnische Grundlagen

2.6.8 Elektrische Anlagen und Schutzmaßnahmen

Wirkung des Stromes	Wird der menschliche Körper durch Strom durchflossen, sind Muskelverkrampfung, Atemstillstand und Herzversagen die Folge. Die Gefährdung ist abhängig von der Stromstärke, der Einwirkungssdauer, der Stromform und der Frequenz, der physischen und psychischen Verfassung. Ab etwa 1 mA spürt man den Stromdurchgang als Schlag.

2.6.9 Isolationsfehler

Kurzschluss	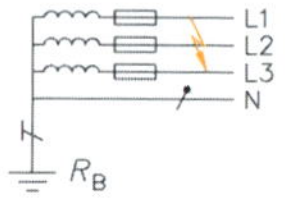	Zwei Leiter (L1 und L″ oder L1 und N) berühren sich. Die vorgeschaltete Sicherung muss abschalten. Brandgefahr
Erdschluss	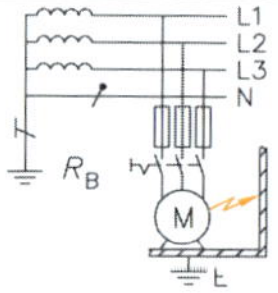	Ein Leiter des Gerätes kommt mit der Erde in Berührung. Erdschluss erfordert besondere Maßnahmen, z.B. die FI-Schaltung. Unfallgefahr
Körperschluss	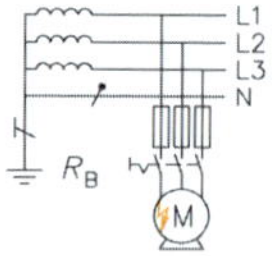	Ein Leiter des Gerätes kommt mit dem Gehäuse (Körper) in Berührung. Bei Geräten mit Schutzsicherung muss die Sicherung abschalten. Brandgefahr

2.6.10 Schutzmaßnahmen

Schutz-isolierung	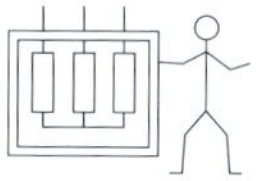	Es müssen alle Metallteile, die durch einen Fehler unter Spannung stehen können gegen Berührung isoliert sein. Anwendung bei Kleinmaschinen. Kennzeichnung durch das Zeichen: □
Schutz-trennung	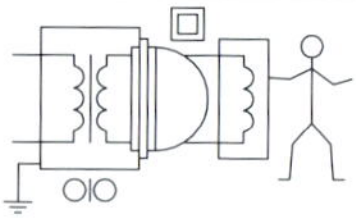	Trennung von Netz und Elektrogerät durch Trenntransformator.
Schutz-kleinspannung	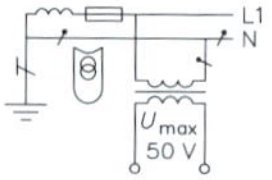	Eine Spannung von 25 V bis 60 V. Sie ist z.B. bei Arbeiten in Kesseln vorgeschrieben. Sie eignet sich nicht für hohe Leistungen, da die große Stromstärke dann große Leitungsquerschnitte erforderlich macht.
Erdung	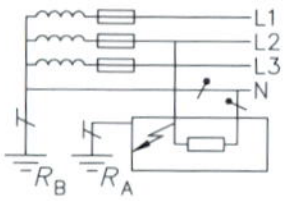	Das Metallgehäuse wird durch den grün-gelben Schutzleiter mit der Erdung verbunden. Tritt in dem Gerät ein Gehäuseschluss ein, so fließt ein starker Kurzschlussstrom zwischen Leiter und Erde. Die vorgeschaltete Sicherung spricht an.
Fehlerstrom-schutz-schaltung	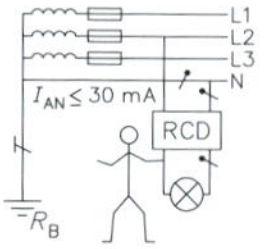	Kurz FI-Schaltung genannt. Die Stromstärken in der Zu- und Rückleitung werden miteinander verglichen. Sie muss im Normalfall gleich groß sein. Bei Isolationsfehlern entsteht eine Stromdifferenz, der Schutzschalter trennt den Stromfluss.

2.7 Mechanik

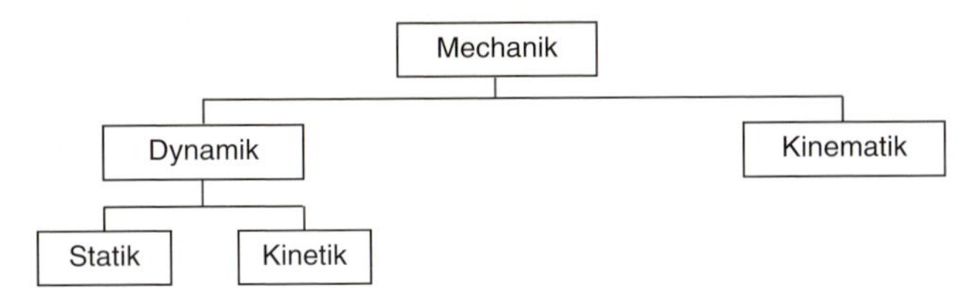

Mechanik: Lehre von den Kräften und der Bewegung
Dynamik: Lehre von den Kräften
Statik: Lehre vom Gleichgewicht der Kräfte
Kinematik: Lehre von den Bewegungen
Kinetik: Lehre von der Bewegung unter dem Einfluss von Kräften (Das betrachtete System befindet sich nicht im Gleichgewicht.)

2.7.1 Kräfte

Die Kraft ist die Ursache für die Beschleunigung oder die Verformung eines Körpers.

Die Kraft ist definiert als das Produkt aus der Masse *m* eines Körpers und der Beschleunigung *a*, die dieser Körper erfährt.

Die Kraft ist ein Vektor. Zu ihrer Beschreibung ist außer der Angabe des Betrages (Größe der Kraft) auch die Angabe der Richtung erforderlich.

$F = m \cdot a$

Beispiel für Kräfte

Gewichtskraft	Beschleunigungskraft	Federkraft
$\boldsymbol{F_G = m \cdot g}$	$\boldsymbol{F = m \cdot a}$	$\boldsymbol{F = c \cdot s}$ wobei $c = \tan a = \frac{F}{s}$ ist
F_G Gewichtskraft in N m Masse in kg g Fallbeschleunigung in m/s²	F Beschleunigungskraft in N m Masse in kg a Beschleunigung in m/s²	F Federkraft in N c Federsteifigkeit in N/mm s Federweg in mm

Zusammenwirken von Kräften

Kräfteaddition	Kräftesubtraktion	Winkel zwischen den Kräften		
Kräftemaßstab 1 cm ≙ ... N $\vec{F_1} + \vec{F_2} = \vec{F_R}$	$\vec{F_1} - \vec{F_2} = \vec{F_R}$	Kräfte rechtwinklig zueinander wirkend	90°	$F = \sqrt{F_1^2 + F_2^2}$
Beispiel		Kräfte unter einem beliebigen Winkel α wirkend	α	F zeichnerisch durch die Wahl eines Kräftemaßstabs (z. B. 1 cm ≙ 10 N) im Parallelogramm der Kräfte ermitteln
1 cm ≙ 10 N	*Geg.:* $F_1 = 15$ N $F_2 = 10$ N *Ges.:* $F_R = ?$ **Lös.:** $F_R = F_1 + F_2$ $= 15\text{ N} + 10\text{ N}$ $= \mathbf{25\text{ N}}$			

Zusammenwirken von Kräften (Forts.)

Zusammensetzung von Kräften – Zusammensetzung von Kräften unter einem Winkel

Winkel zwischen den Kräften	Zeichnerische Darstellung/Lösung	Rechnerische Lösung
$\alpha_1 = 0°$ $\alpha_2 = 90°$		$\vec{F}_1 + \vec{F}_2 = \vec{F}_R$ $F_1 = F_{x1}$; $F_{y1} = 0$ $F_{x2} = 0$, da $\alpha_2 = 90° \rightarrow \cos\alpha_2 = 0$. $F_{y2} = F_2$, da $\alpha_2 = 90° \rightarrow \sin\alpha_2 = 1$. F_{x1} und F_{y2} stehen rechtwinklig aufeinander, es gilt der Satz des Pythagoras: $F_{x1}^2 + F_{y2}^2 = F_R^2 = F_1^2 + F_2^2$ Zur eindeutigen Bestimmung des Vektors $\vec{F}_R$ ist die Bestimmung der Wirkrichtung notwendig: $\tan\beta = \frac{F_2}{F_1}$
$\alpha_1 = 0°$ $\alpha_2 =$ beliebig		$\vec{F}_1 + \vec{F}_2 = \vec{F}_R$ $F_{x1} = F_1$, da $\alpha_1 = 0° \rightarrow \cos\alpha_1 = 1$ $F_{y1} = 0$, da $\alpha_1 = 0° \rightarrow \sin\alpha_1 = 0$ $F_{x2} = F_2 \cdot \cos\alpha_2$; $F_{y2} = F_2 \cdot \sin\alpha_2$ $F_{xR} = F_{x1} + F_{x2} = F_1 + F_2 \cdot \cos\alpha_2$ $F_{yR} = F_{y1} + F_{y2} = 0 + F_2 \cdot \sin\alpha_2$ $F_R^2 = F_{xR}^2 + F_{yR}^2 = (F_1 + F_2 \cdot \cos\alpha_2)^2 + (F_2 \cdot \sin\alpha_2)^2$

Beispiel:
Wie groß ist die Zugkraft an der Kupplung eines Schleppers, der zwei Kähne schleppt?

Bewegungsrichtung

1 cm ≙ 5000 N

Geg.: $F_1 = 5000$ N, $F_2 = 7000$ N, $\alpha = 20°$
Ges.: F_R

Lösung: Durch Umformen ergibt sich:

$$F_R = \sqrt{F_1^2 + F_2^2 + 2 \cdot F_1 \cdot F_2 \cdot \cos\alpha_2}$$

$$\tan\beta = \frac{F_2 \cdot \sin\alpha_2}{F_1 + F_2 \cdot \cos\alpha_2}$$

$$F_R = \sqrt{5000^2\ \text{N}^2 + 7000^2\ \text{N}^2 + 2 \cdot 5000\ \text{N} \cdot 7000\ \text{N} \cdot \cos 20°}$$

$F_R =$ **11 822 N**

Mehrere zentral angreifende Kräfte

beliebige Winkel

Zur Ermittlung der resultierenden Kraft $\vec{F}_R$ mehrerer zentral angreifender Kräfte werden diese parallel zu ihrer Lage im Lageplan in den Kräfteplan verschoben und dort in beliebiger Reihenfolge aneinander gefügt. Die Verbindungslinie zwischen Anfangs- und Endpunkt des Streckenzuges ergibt Größe und Richtung der Resultierenden.

Rechnung nur sinnvoll, wenn die Zahl der angreifenden Kräfte gering ist. Rechnung ist wie im obigen Beispiel durchzuführen.

Beispiel: An einem Mast treffen sich drei Kabel unter verschiedenen Winkeln. Wie groß ist die Resultierende und ihre Lage?

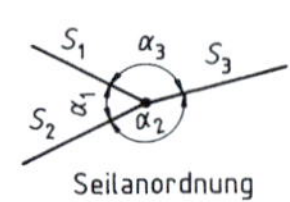

Seilanordnung

$F_1 = 2000$ N, $\vec{F}_R$, $F_3 = 3000$ N, $F_2 = 2000$ N
Lageplan der Kräfte
1 cm ≙ 1000 N

$F_R = 950$ N
Kraftteck

Kräftezerlegung

$\alpha_1 = 0°$, $\alpha_2 = 90°$

Beispiel: Wie groß ist die Hangabtriebskraft eines Körpers der Masse $m = 2$ kg auf einer schiefen Ebene mit einem Winkel von $\gamma = 30°$ (Reibung vernachlässigbar)?
Geg.: $m = 2$ kg, $\gamma = 30°$ *Ges.:* F_H

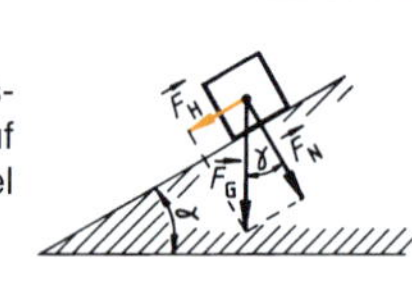

F_G Gewichtskraft in N
F_N Normalkraft in N
F_H Hangabtriebskraft in N

Lösung: $\vec{F}_G = \vec{F}_N + \vec{F}_H$
$F_H = F_G \cdot \sin\gamma = m \cdot g \cdot \sin\gamma$
$F_H = 2\ \text{kg} \cdot 9{,}81\ \text{m/s}^2 \cdot \sin 30°$
$F_H =$ **9,81 N**

2.7 Mechanik

2.7.2 Drehmoment

Zwei in Bezug auf einen Punkt im Abstand r wirkende parallele, aber entgegengesetzt wirkende Kräfte sind bestrebt, den Körper um diesen Punkt in eine Drehbewegung zu versetzen. Das Produkt aus der Kraft F und dem Abstand r des Angriffspunktes der Kraft zum Drehpunkt heißt **Drehmoment**. Das Drehmoment ist ein Vektor und wird durch die Angabe des Betrages und der Richtung (nämlich der Achse) vollständig beschrieben. Der positive Richtungssinn ist dem Drehsinn im Sinne einer Längsbewegung einer Rechtsschraube zugeordnet.

Momentenvektor

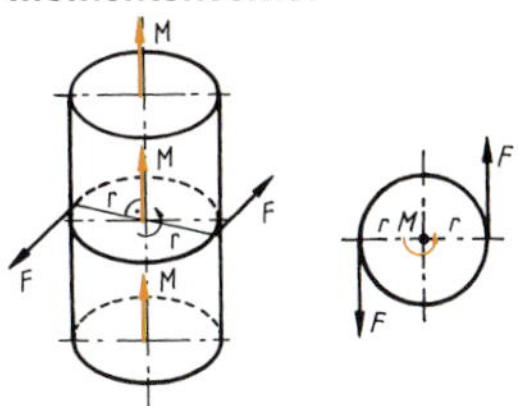

am Körper — senkrecht zur Zeichenebene

Vektorielle Schreibweise: $\vec{M} = \vec{r} \cdot \vec{F}$

Algebraische Schreibweise: $M = r \cdot F \cdot \sin \alpha$

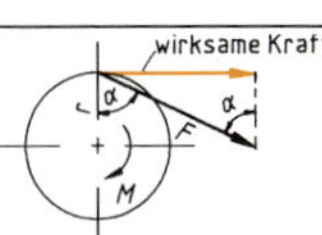

Nur die Komponente der Kraft $\vec{F}$, die senkrecht zum Abstand $\vec{r}$ wirkt, wird für die Größe des Momentes wirksam. Für den Sonderfall, dass $\alpha = 90°$ ist ($\sin\alpha = 1$), wird

$$M = r \cdot F$$

Befindet sich ein Körper in Ruhe (Gleichgewicht), so ist die Summe der Momente gleich null.

Beispiel:

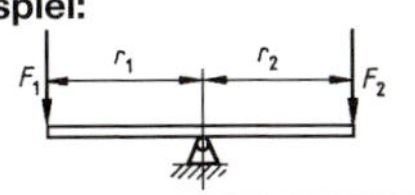

$\Sigma M_{li} = \Sigma M_{re}$ **Hebelgesetz**

ΣM_{li} linksdrehende Momente (üblich auch ΣM↻)

ΣM_{re} rechtsdrehende Momente (auch ΣM↺)

im Beispiel: $F_1 \cdot r_1 = F_2 \cdot r_2$

Anwendung des Hebelgesetzes

Bezeichnung	Zeichnerische Darstellung	Rechnerische Lösung	Bemerkungen
Einarmiger Hebel		$\Sigma M_{li} = \Sigma M_{re}$ $F_1 \cdot r_1 = F_2 \cdot r_2$	r_1, r_2 sind die Abstände des Lotes vom Drehpunkt auf die Wirkungslinien der Kräfte F_1, F_2
Zweiarmiger Hebel		$\Sigma M_{li} = \Sigma M_{re}$ $F_1 \cdot r_1 + F_2 \cdot r_2 = F_3 \cdot r_3$	
Winkelhebel		$\Sigma M_{li} = \Sigma M_{re}$ $F_1 \cdot r_1 = F_2 \cdot r_2$	$F_N \cdot l = F_1 \cdot r_1$, da $F_N = F_1 \cdot \cos\alpha$ und $l = r_1/\cos\alpha$
Auflagerkräfteberechnung		a) $\Sigma M_{li} = \Sigma M_{re}$ um angenommenen Drehpunkt 2: $F_1 \cdot (r_1 + r_2) = F_R \cdot r_2$ $F_1 = F_R \cdot r_2/(r_1 + r_2)$ b) $F_R = F_1 + F_2 \rightarrow F_1 = F_R - F_2$ durch Gleichsetzen erhält man $F_1 = F_R \left(1 - \frac{r_2}{r_1 + r_2}\right)$; $F_2 = F_R - F_1$	F_1, F_2 Auflagerkräfte (Reaktionskräfte) F_R resultierende Kraft

2.7 Mechanik

2.7.3 Druck in Flüssigkeiten

Hydrostatischer Druck	$p = h \cdot \varrho \cdot g$ (Gesetz von Pascal)	Der hydrostatische Druck ist der im Inneren einer ruhenden Flüssigkeit (durch ihre Gewichtskraft) verursachte Druck; er ist in jeder Richtung gleich groß: p Druck in der Tiefe h in N/m² g Fallbeschleunigung in m/s² h Druckhöhe in m ϱ Flüssigkeitsdichte in kg/m³
Kolbendruck	$F = p \cdot A$ $p = \frac{F}{A}$	Der Druck in Flüssigkeiten breitet sich nach allen Seiten in gleicher Stärke aus. F Kraft in N A Kolbenfläche in m² p Druck in N/m²
Beispiel: Hydraulische Presse	$F_1 = p \cdot A_1$ $F_2 = p \cdot A_2$ $\frac{F_1}{F_2} = \frac{A_1}{A_2}$	Der Pumpenkolben einer hydraulischen Presse hat $d_1 = 3{,}0$ cm und der Presskolben $d_2 = 45$ cm Durchmesser. Die Kraft am Pumpenkolben beträgt 3800 N. Wie groß ist die Presskraft F_2? $F_2 = F_1 \cdot \left(\frac{d_2}{d_1}\right)^2 = 3800\ \text{N} \left(\frac{45\ \text{cm}}{3\ \text{cm}}\right)^2 = 855\,000\ \text{N}$ d_1, d_2, Pumpen-/Presskolbendurchmesser in m
Auftrieb in Flüssigkeiten und Gasen	$F_A = \varrho \cdot g \cdot V$ Archimedisches Gesetz	Die Auftriebskraft F_A eines getauchten oder schwimmenden Körpers ist gleich der Gewichtskraft des verdrängten Flüssigkeits- bzw. Gasvolumens V. F_A Auftriebskraft in N ϱ Flüssigkeits- bzw. Gasdichte in kg/m³ g Fallbeschleunigung in m/s² V Verdrängungsvolumen des Körpers in m³
Anwendung: Hydrostatische Waage	$\rho_K = \frac{m}{m - m'} \rho_{F1}$ Dichte des Körpers	Bei der hydrostatischen Waage wird der Auftrieb zur Bestimmung der Dichte verwendet. a) Bestimmung der Masse m durch gewöhnliche Wägung b) Wägung unter Auftrieb $m'g = mg - \rho_{F1} Vg \quad V = \frac{m - m'}{\rho_{F1}}$

2.7.4 Druck und Volumen der Gase

Allgemeine Zustandsgleichung des idealen Gases p_1, p_2 Drücke in N/m² V_1, V_2 Volumen in m³ T_1, T_2 Temperaturen in K (0 °C entspricht 273,15 K)	$\frac{p_1 \cdot V_1}{T_1} = \frac{p_2 \cdot V_2}{T_2}$	Ändern sich bei einer Gasmenge Volumen, Druck und Temperatur, so ist der Wert $\frac{p \cdot V}{T}$ stets konstant. **Beispiel:** Eine mit $p_1 = 200$ bar gefüllte Sauerstoffflasche mit der Temperatur von $t_1 = 15$ °C erwärmt sich in der Sonne auf $t_2 = 60$ °C. Auf welchen Wert steigt der Flaschendruck? *Geg.:* p_1, t_1, t_2 *Ges.:* p_2 **Lös.:** $\frac{p_1 \cdot V_1}{T_1} = \frac{p_2 \cdot V_2}{T_2}$; $V_1 = V_2$ $\frac{p_1}{T_1} = \frac{p_2}{T_2}$; $p_2 = \frac{p_1 \cdot T_2}{T_1}$; $p_2 = \frac{200\ \text{bar} \cdot 333\ \text{K}}{288\ \text{K}} = \mathbf{231,25\ bar}$

2.7 Mechanik

2.7.5 Arbeit, Energie

Eine Arbeit wird verrichtet, wenn längs eines Weges s eine Kraft F wirkt.

	Formel	Größen
Arbeit	$W = F \cdot s$	W Arbeit in Nm F Kraft in N s Weg in m
Potenzielle Energie	$W_p = F_G \cdot h$ $W_p = m \cdot g \cdot h$	W_p potenzielle Energie in Nm F_G Gewichtskraft in N h Höhe in m g Fallbeschleunigung in m/s² m Masse in kg
Kinetische Energie	$W_k = \frac{1}{2} \cdot m \cdot v^2$	W_k kinetische Energie in Nm m Masse in kg v Geschwindigkeit in m/s
Rotationsenergie	$W_k = W_{rot} = \frac{1}{2} \cdot J \cdot \omega^2$	W_k kinetische Energie in Nm W_{rot} Rotationsenergie in Nm J Massenträgheitsmoment in kg m² ω Winkelgeschwindigkeit in 1/s

2.7.6 Leistung

Als Leistung bezeichnet man den Quotienten aus der Arbeit W und der Zeit t.

	Formel	Größen
Antriebsleistung	$P = \frac{W}{t} = F_A \cdot v$	P Leistung in Nm/s oder W F_A Antriebskraft in N (bei konstanter Geschwindigkeit gleich groß der entgegenwirkenden Reibungskräfte F_R in N) v Geschwindigkeit in m/s
Hubleistung	$P = F_G \cdot v$ $P = \frac{m \cdot g \cdot h}{t}$	P Leistung in Nm/s oder W F_G Gewichtskraft in N m Masse in kg g Fallbeschleunigung in m/s² h Hubhöhe in m v Hubgeschwindigkeit in m/s t Zeit in s
	$P = Q \cdot h \cdot g \cdot \varrho$ $P = g \cdot q \cdot h$	P Leistung in Nm/s oder W Q Volumenstrom in m³/s g Fallbeschleunigung in m/s² ϱ Dichte in kg/m³ h Förderhöhe in m q Massenstrom in kg/s

2.7 Mechanik

2.7.8 Einfache Maschinen

Art	Darstellung	Berechnung
Feste Rolle	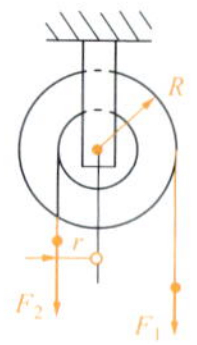	$M_{li} = M_{re}$ $F_2 \cdot r = F_1 \cdot R$ $F_2 = F_1 \cdot \frac{R}{r}$
Differenzialflaschenzug	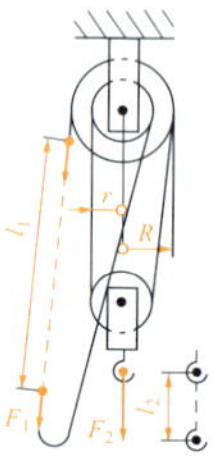	$F_1 = F_2 \cdot \frac{R - r}{2 \cdot R}$ $l_2 = l_1 \cdot \frac{R - r}{2 \cdot R}$
Vorgelege mit Kurbel	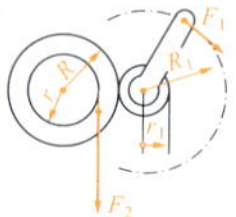	$F_2 = F_1 \cdot \frac{R \cdot R_1}{r \cdot r_1}$
Riementrieb (einfache Übersetzung)	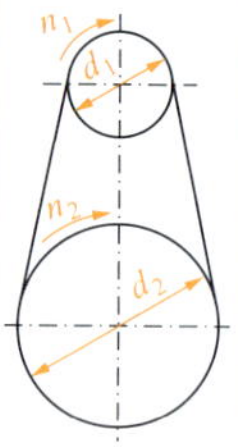	$i = \frac{d_2}{d_1} = \frac{n_1}{n_2}$
Zahnradtrieb (einfache Übersetzung)	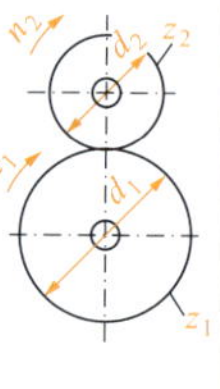	$i = \frac{d_2}{d_1}$ $= \frac{n_1}{n_2} = \frac{z_2}{z_1}$ $v_1 = v_2$ $v_1 = d_1 \cdot \pi \cdot n_1$

Art	Darstellung	Berechnung
Flaschenzug	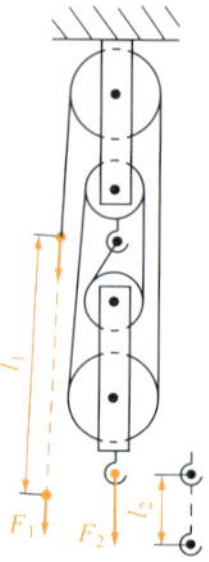	$F_1 = \frac{F_2}{n}$ $l_2 = \frac{l_1}{n}$
Lose Rolle	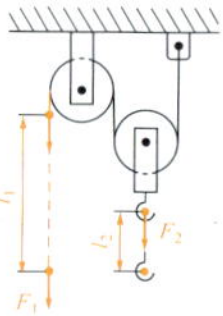	$F_1 \cdot l_1 = F_2 \cdot l_2$ $F_2 = 2 \cdot F_1$ $l_1 = 2 \cdot l_2$
Riementrieb (doppelte Übersetzung)[1]	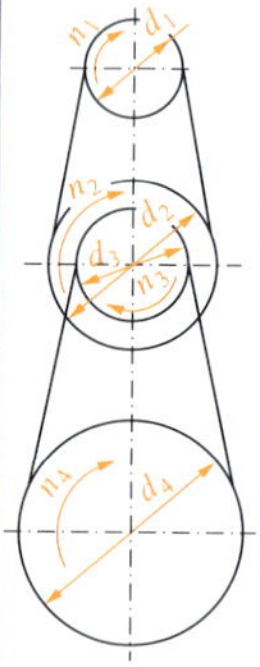	$n_2 = n_3$ $i_1 = \frac{n_1}{n_2} = \frac{d_2}{d_1}$ $i_2 = \frac{n_3}{n_4} = \frac{d_4}{d_3}$ $i = \frac{n_1}{n_4}$ $i = i_1 \cdot i_2$ $i = \frac{d_2 \cdot d_4}{d_1 \cdot d_3}$
Zahnradtrieb (doppelte Übersetzung)	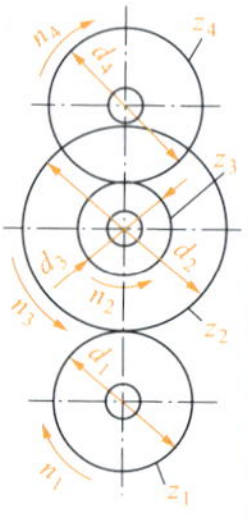	$n_2 = n_3$ $i_1 = \frac{n_1}{n_2} = \frac{d_2}{d_1}$ $i_2 = \frac{n_3}{n_4} = \frac{d_4}{d_3}$ $i = i_1 \cdot i_2$ $i = \frac{z_2 \cdot z_4}{z_1 \cdot z_3}$ $i = \frac{n_1}{n_4} = \frac{n_A}{n_E}$

Erklärung	
d_1, d_2, d_3, d_4	Scheiben- oder Teilkreisdurchmesser in mm
F_1, F_2	Kräfte in N
i	Gesamtübersetzung
i_1, i_2	Einzelübersetzungen
l_1, l_2	Seilwege in mm
M_{li}, M_{re}	Drehmoment (links- oder rechtsdrehend) in Nm
n	Anzahl der tragenden Seile
n_A	Anfangsdrehzahl in min^{-1}
n_E	Enddrehzahl in min^{-1}
n_1, n_2, n_3, n_4	Drehzahlen in min^{-1}
R, R_1, r, r_1	Rollenhalbmesser in mm
v_1	Umfangsgeschwindigkeit des Antriebsrades in m/min
v_2	Umfangsgeschwindigkeit des Abtriebsrades in m/min
z_1, z_2, z_3, z_4	Zähnezahlen

[1] Bei Flachriemen ist d = Außendurchmesser der Flachriemenscheibe, bei Keilriemen ist d = Wirkdurchmesser der Keilriemenscheibe.

2.8 Statik

Die Aufgabe der Statik besteht in der Untersuchung des ruhenden Gleichgewichtszustandes der Tragwerke und der Ermittlung von **Auflagerkräften, Schnittkräften, Verformungen.**
Koordinaten und Vorzeichenregelungen erfolgen nach DIN 1080-1: 1976-06.

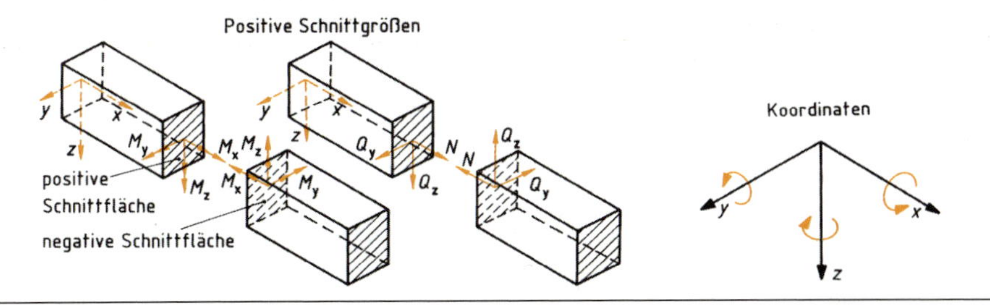

Einfeldträger

Belastungsfall	Auflagerkräfte	Biegemoment	Durchbiegung
	$A = \frac{F \cdot b}{l}$ $B = \frac{F \cdot a}{l}$	$\max M = \frac{F \cdot a \cdot b}{l}$	$f = \frac{F \cdot a^2 \cdot b^2}{3EI \cdot l}$
	$A = B = \frac{q \cdot l}{2}$	$\max M = \frac{q \cdot l^2}{8}$	$f = \frac{q \cdot l^4}{77EI}$
	$A = \frac{q \cdot a\,(2b + a)}{2l}$ $B = \frac{q \cdot a^2}{2l}$	$\max M = \frac{A^2}{2\,q}$	–
	$A = B = \frac{q \cdot b}{2}$	$\max M = \frac{q \cdot b}{4}\left(l - \frac{b}{2}\right)$	$f = \frac{q \cdot b}{384EI} \cdot (8 \cdot l^3 - 4 \cdot l \cdot b^2 + b^3)$
	$A = \frac{q \cdot l}{3}$ $B = \frac{q \cdot l}{6}$	$\max M = \frac{q \cdot l^2}{15{,}6}$	$f = \frac{q \cdot l^4}{153\,EI}$
	$A = B = \frac{q \cdot l}{4}$	$\max M = \frac{q \cdot l^2}{12}$	$f = \frac{q \cdot l^4}{120\,EI}$
	$A = B = P$	$\max M = P \cdot a$	$f = \frac{P \cdot l^2 \cdot a}{24EI}\left(3 - 4\left(\frac{a}{l}\right)^2\right)$

2.9 Festigkeitslehre

Die Festigkeitslehre liefert die Grundlagen für die Berechnung der notwendigen Querschnittsabmessungen eines Bauteiles.
Die Bauteile werden derart dimensioniert (bemessen), dass die maximale innere Spannung kleiner ist als die zulässige Spannung, die dem Material gerade noch zugemutet werden kann, oder dass die Formänderung einen bestimmten Wert nicht überschreitet.

Lösungsweg:

Berechnung der maximalen inneren Spannung und der Formänderung in Abhängigkeit von der Belastung mit Hilfe der Gesetze der Statik.	→	Herstellung des Zusammenhanges zwischen den Dehnungen mit den Verträglichkeitsbedingungen, die durch die Geometrie des Körpers bestimmt sind.	→	Die Zerrungen und die Beanspruchungen werden durch das Hookesche Gesetz verknüpft.

Im elastischen Bereich gilt das Hookesche Gesetz $\sigma = E \cdot \varepsilon$ (E Elastizitätsmodul in N/mm^2).

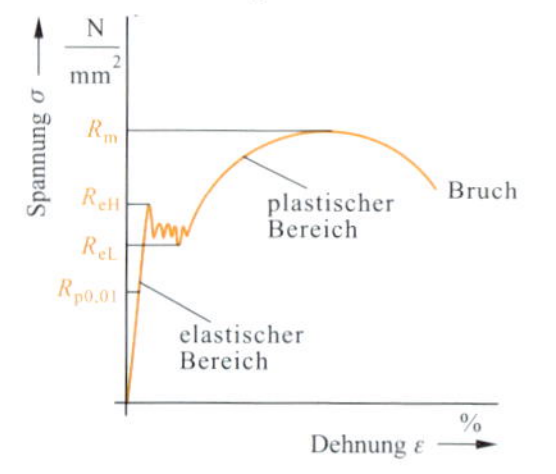

Spannung-Dehnung-Diagramm mit unstetigem Übergang vom elastischen in den plastischen Bereich.

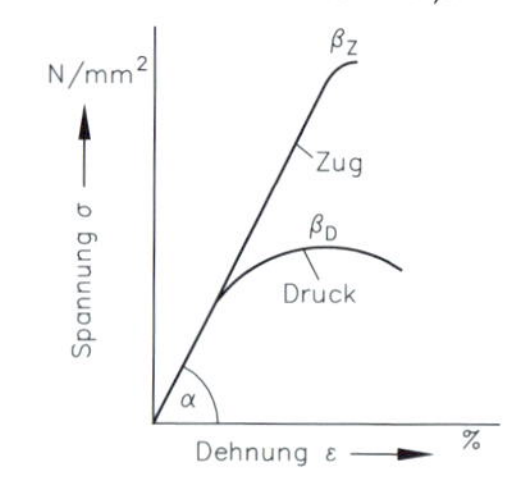

Spannung-Dehnung-Diagramm für Nadelholz bei Zug- und Druckbelastung längs der Faser.

2.9.1 Festigkeitsbegriffe

Begriffe	Einachsige Beanspruchung auf				
	Zug	Druck	Scherung	Biegung	Verdrehung
Spannung (Wirkrichtung)	Zugspannung (normal) σ	Druckspannung (normal) σ_d	Scherspannung (tangential) τ_a	Biegespannung (normal) σ_b	Torsionsspannung (tangential) τ_t
statische Bruchfestigkeit	Zugfestigkeit R_m	Druckfestigkeit σ_{dB}	Scherfestigkeit τ_{aB}	Biegefestigkeit σ_{bB}	Torsionsfestigkeit τ_{tB}
Fließgrenze	obere, untere Streckgrenze R_{eH}, R_{eL}	Quetschgrenze σ_{dF}	–	Biegegrenze σ_{bF}	Verdrehgrenze τ_{tF}
0,2-Grenze	$R_{p\,0,2}$	$\sigma_{d\,0,2}$			
Formänderung	Dehnung ε	Stauchung ε_d	Schiebung γ	Krümmung	Drillung ϑ

2.9.2 Tabellarische Ermittlung der Schwerachsenlage und des Trägheitsmomentes einer zusammmengesetzten Querschnittsfläche

Beispiel			A_i cm²	y_i cm	$A_i \cdot y_i$ cm³	Δy_i cm	Δy_i^2 cm²	$A_i \cdot \Delta y_i^2$ cm⁴	I_{xi} cm⁴	I_x cm⁴
	(1)	10·18	180	20	3600	6	36	6480	1500	7980
	(2)	15·10	150	7,5	1125	6,5	42,2	6338	2812	9150
	(3)	$15 \cdot 3 \cdot \frac{1}{2}$	22,5	10	225	4	16	360	281	641
	Σ		352	(14)	4950					17771

Zeichenerklärung

A_i Größe der einzelnen Teilflächen

y_i Abstand zwischen der Achse $x'-x'$ und den Schwerachsen der Einzelflächen

Δy_i Abstand zwischen der gemeinsamen Schwerachse und den Schwerachsen der Einzelflächen

I_{xi} Trägheitsmoment der Einzelflächen um die eigene Schwerachse

I_x $I_x = I_{xi} + A \cdot \Delta y_i^2$ (Steiner-Satz)

Abstand der gemeinsamen Schwerachse $x-x$ von der Achse $x'-x'$:

$$y = \frac{\sum(A_i \cdot y_i)}{\sum A_i} = \frac{4950}{325} = 14\,\text{cm}$$

Trägheitsmoment der Gesamtquerschnittsfläche:

$\sum I = 17\,771\,\text{cm}^4$

Bemerkung:
Aussparungen in der Querschnittsfläche sind mit negativem Vorzeichen (–) in die Tabelle einzusetzen.

2.9.3 Schwerpunkt, Trägheits- und Widerstandsmoment

Querschnitt	Schwerachsenlage	Flächenmoment 2. Grades	Widerstandsmoment
Rechteck (b, h)	$e = \frac{h}{2}$	$I_x = \frac{b \cdot h^3}{12}$	$W_x = \frac{b \cdot h^2}{6}$
Hohlrechteck, I-Profil, U-Profil (B, H, b, h)	$e = \frac{H}{2}$	$I = \frac{B \cdot H^3 - b \cdot h^3}{12}$	$W = \frac{B \cdot H^3 - b \cdot h^3}{6 \cdot H}$
Quadrat über Eck (h)	$e = h \cdot \sqrt{2}$	$I = \frac{h^4}{12} = \frac{F \cdot h^2}{12}$	$W = \frac{\sqrt{2}}{12} \cdot h^3$ $W = 0,1179 \cdot h^3$
Dreieck (b, h)	$e = \frac{h}{3}$	$I_x = \frac{b \cdot h^3}{36}$	$W_{xo} = \frac{b \cdot h^2}{24}$ $W_{xw} = \frac{b \cdot h^2}{12}$
Kreis (d)	$e = \frac{d}{2}$	$I_x = \frac{\pi \cdot d^4}{64}$	$W_x = \frac{\pi \cdot d^3}{32}$

2.9 Festigkeitslehre

2.9.4 Festigkeitsbegriffe und Nachweise

Art	Bildl. Darst.	Erläuterung	Berechnung
Zug		Die äußeren Kräfte wirken in der Längsrichtung des Körpers und suchen ihn zu strecken. Es treten Zugspannungen auf. Bsp.: Zugstange, Seil, Kette.	$\sigma_z = \frac{F}{A}$ σ_z Zugspannung in N/mm² F Kraft in N A Querschnitt in mm²
Druck		**Druckbeanspruchung nicht ausknickender Körper** Die äußeren Kräfte wirken in der Längsrichtung des Körpers und suchen ihn zu zerdrücken: Es treten Druckspannungen auf. Beispiel: Fundament, Pfeiler, Säule, Pfosten.	$\sigma_d = \frac{F}{A}$ σ_d Druckspannung in N/mm² F Kraft in N A Querschnitt in mm²
Biegung	Druckspannung Zugspannung	Durch die Biegung eines Querschnittes wird die eine Seite des Stabes gedehnt, die andere gestaucht. In dem Querschnitt entstehen sowohl Zug- als auch Druckspannungen.	$\sigma_B = \frac{M}{I} \cdot e$ $\max \sigma_B = \frac{M}{W}$ $W = \frac{I}{\max e}$ In der Schwerachse des Querschnittes (e = 0) ist die Biegespannung gleich null.
Biegung mit Normalkraft	$e = \frac{M}{F}$	**Zugspannungen können aufgenommen werden** (gilt für elastische Baustoffe) Ein Moment und eine Normalkraft können in eine exzentrisch angreifende Einzellast umgewandelt werden. Die Darstellung ist umkehrbar.	Randspannungen: $\sigma_N = \frac{F}{A}$ $\sigma_M = \frac{M}{W}$ $\sigma_{1,2} = \frac{F}{A} \pm \frac{M}{W}$
	σ_N + σ_M =		$\sigma_{1,2} = \sigma_N + \sigma_M$
Zug		**Zugspannungen können nicht aufgenommen werden.** Bei Fundamenten und Mauerwerk können Zugspannungen nicht aufgenommen werden. Die Exzentrizität der resultierenden Kraft darf bei Rechteckquerschnitten nicht größer als $d/3$ sein. $e < \frac{d}{3}$	Randspannungen: für $0 < e \leq \frac{d}{6}$ $\max. \sigma = \frac{N}{d \cdot b}\left(1 + \frac{6e}{d}\right)$ für $\frac{d}{6} < e \leq \frac{d}{3}$ $\max. = \frac{2N}{3 \cdot c \cdot b}$ mit $c = \frac{b}{2} - e$

2.9 Festigkeitslehre

Art	Bildl. Darst.	Erläuterung	Berechnung
Schub	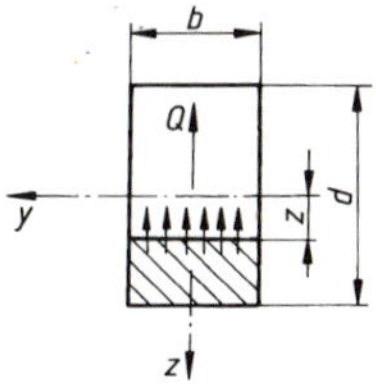	**Schubspannungen** Kraft und Reaktionskraft wirken in einem Abstand voneinander (das Bauteil wird gleichzeitig auf Biegung beansprucht). Im Querschnitt entstehen Schubspannungen. Die Schubspannungen sind nicht gleichmäßig über den Querschnitt verteilt, sie wachsen z. B. bei einem Rechteckquerschnitt parabolisch von den Rändern bis zum Maximalwert in der Mitte an.	$\tau(z) = \frac{Q \cdot S_y}{I_y \cdot b}$ I_y Flächenmoment 2. Grades des ganzen Querschnitts S_y Flächenmoment 1. Grades des schraffierten Querschnittteiles bezogen auf die *y*-Achse Rechteckquerschnitt: $\max.\ \tau = \frac{3}{2}\frac{Q}{b \cdot d} = \frac{3}{2}\frac{Q}{A}$ Kreisquerschnitt: $\max.\ \tau = \frac{4}{3}\frac{Q}{\sigma \cdot r^2} = \frac{4}{3} QA$
	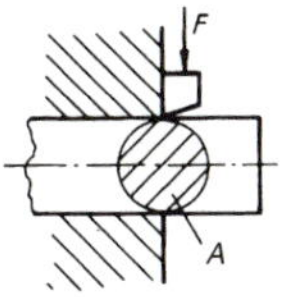	**Scherspannungen** Kraft und Reaktionskraft wirken in einer Ebene oder das Bauteil ist an der Biegung gehindert, z. B. Schrauben einer Schraubenverbindung, Konsolen, das Vorholz des Versatzes. Scherspannungen sind gleichmäßig über den Querschnitt verteilt.	$\tau = \frac{F}{A}$
Torsion	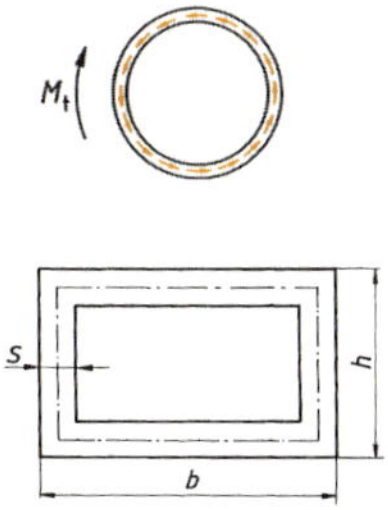	Wird ein Stab um seine Längsachse durch ein Drehmoment beansprucht, so wird dieses Moment M_t durch Schubspannungen π_t übertragen.	$\tau_t = \frac{M_t}{W_t}$ dünnwandige Hohlquerschnitte: $\max.\ \tau = \frac{M_t}{2 \cdot F \cdot s}$ wobei *F* die eingeschlossene Fläche $b \cdot h$ ist
Knicken	Zur Ermittlung der Knicklänge werden 4 Fälle unterschieden: 1. Fall: 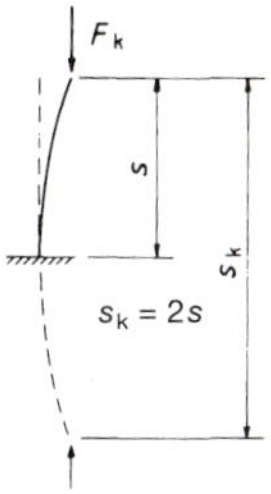 $s_K = 2s$ 2. Fall: 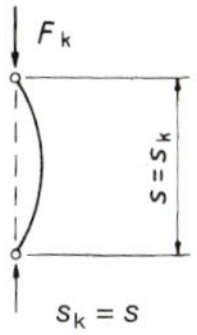 $s_K = s$ 3. Fall: 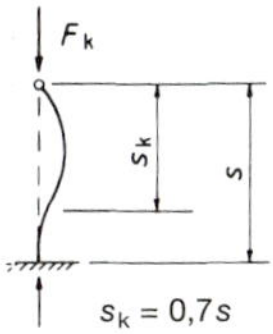 $s_K = 0{,}7s$ 4. Fall: 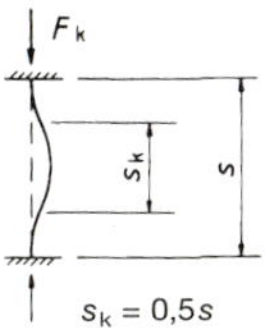 $s_K = 0{,}5s$ allgemeine Lösung: $F_K = \frac{\pi^2 E \cdot I}{s_K^2}$ (kritische Last) Für die Druckstabbemessung wird bei allen neuen Vorschriften (Stahlbau, Holzbau, Stahlbetonbau) für die rechnerischen Nachweise das Traglastverfahren angewendet.		

2.9.5 Charakteristische Werte der Tragfähigkeit $R_{c,k}$ von Holzstützen

Quadratische Holzstützen aus Nadelholz C 24 (S10) unter mittigem Druck, beidseitig gelenkig gelagert

b	A	i	N_{dmax} in kN bei einer Knicklänge l_{ef} in m ($N_{dmax} = A \cdot k_c \cdot f_{c,0,d}$) Tabellenwerte für ständige Lastenwirkung $k_{mod} = 0{,}6$											
cm	cm²	cm	2,00	2,50	3,00	3,50	4,00	4,50	5,00	5,50	6,00	6,50	7,00	8,00
10	100	2,89	54,0	37,8	27,3	20,5	16,0	12,7	10,4	8,7	7,3	6,3	5,4	4,2
12	144	3,46	97,8	73,4	54,5	41,4	32,4	26,0	21,3	17,7	15,0	12,9	11,1	8,6
14	196	4,04	152	123	95,5	74,3	58,6	47,5	38,8	32,4	27,5	23,5	20,4	15,8
16	256	4,62	213	185	151	121	96,9	78,5	65,1	54,5	46,2	39,7	34,5	25,2
18	324	5,2	282	256	220	182	149	102	85,8	72,9	62,8	54,5	42,3	27,6
20	400	5,77	357	333	299	258	216	180	151	128	109	94,6	82,2	63,7
22	484	6,35	441	418	386	344	298	253	215	183	157	136	119	92,8
24	576	6,93	531	508	480	440	391	341	293	252	218	189	166	130
26	676	7,51	632	609	582	545	494	441	386	336	293	256	225	176
28	784	8,08	738	715	688	651	609	554	494	435	382	336	296	234
30	900	8,66	854	831	803	771	725	674	614	549	485	432	383	304

Rundholzstützen aus Nadelholz C 24 (S10) unter mittigem Druck, beidseitig gelenkig gelagert

d	A	i	N_{dmax} in kN bei einer Knicklänge l_{ef} in m ($N_{dmax} = 1{,}2 \cdot A \cdot k_c \cdot f_{c,0,d}$) Tabellenwerte für ständige Lastenwirkung $k_{mod} = 0{,}6$											
cm	cm²	cm	2,00	2,50	3,00	3,50	4,00	4,50	5,00	5,50	6,00	6,50	7,00	8,00
10	78,5	2,5	40,8	27,6	19,8	14,8	11,5	9,1	7,4	6,2	5,2	4,5	3,9	3,0
12	113	3,0	77,5	54,8	39,8	30,0	23,3	18,7	15,2	12,7	10,7	9,1	7,9	6,1
14	154	3,5	127	95,3	70,9	54,2	42,4	34,0	27,9	23,2	19,7	16,8	14,6	11,2
16	201	4,0	186	150	116	89,7	70,9	57,0	46,9	39,1	33,1	28,4	24,6	19,1
18	255	4,5	251	215	174	138	110	89,7	73,7	62,0	52,5	45,1	39,1	30,2
20	314	5,0	323	290	246	201	163	133	111	93,0	79,2	68,1	59,3	45,7
22	380	5,5	403	371	328	277	229	190	158	134	114	98,6	85,8	66,5
24	452	6,0	488	459	418	365	310	260	219	186	159	137	120	93,0
26	531	6,5	582	553	515	463	403	345	294	251	215	187	163	127
28	616	7,0	681	654	620	570	508	443	382	329	285	248	217	169
30	707	7,5	792	764	726	681	620	553	485	405	367	321	281	221

Beispiel:

Holzstütze Knicklänge $l_{eff} = 2{,}50$ m

Belastung: Ständige Last 60 kN, Nutzlasten

$g_G = 1{,}35$ für ständige Lasten, $g_Q = 1{,}5$ für Nutzlasten

$N_d = 1{,}35 \cdot 60 + 1{,}50 \cdot 80 = 201$ kN

gewählt: 18/18 $N_{dmax} = 256 \text{ kN} > 201 \text{ kN}$

Bei anderer Lasteneinwirkungsdauer und Nutzungsklasse können die Tabellenwerte entsprechend dem zugehörigen k_{mod}-Wert (DIN 1052. Tab. F1) erhöht (vermindert) werden.

3 Technisches Zeichnen

3.1 Zeichenblätter

Entstehen der Blattformate durch Halbieren

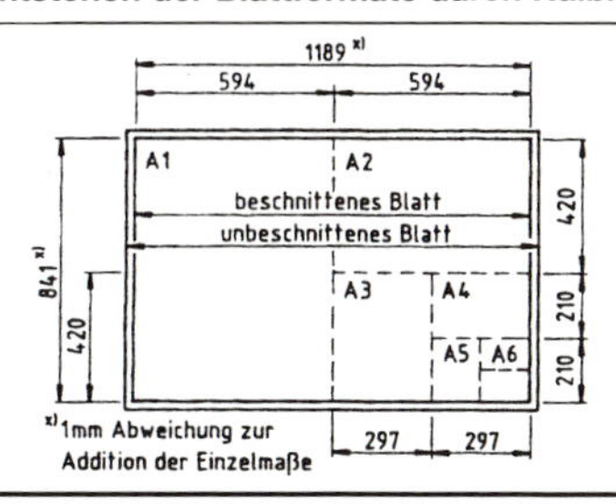

Zeichenblattgrößen nach DIN EN ISO 5457: 1999-07

Format Reihe A	Zeichenblatt beschnitten mm	Zeichenblatt unbeschnitten mm
A0	841 × 1189	880 × 1230
A1	594 × 841	625 × 880
A2	420 × 594	450 × 625
A3	297 × 420	330 × 450
A4	210 × 297	240 × 330

$841 \cdot \sqrt{2} = 1189 \quad 210 \cdot \sqrt{2} = 297$

Die Original-Zeichnung sollte auf einem Bogen vom kleinsten Format gerfertigt werden, das noch die nötige Klarheit und Auflösung zulässt. Die bevorzugten Größen für beschnittene und unbeschnittene Bögen sind in der Tabelle angegeben.

Bei allen Formaten sind Ränder zwischen der Kante des beschnittenen Bogens und dem Rahmen der Zeichenfläche einzuhalten. Der Rand ist mit dem Rahmen auf der Linken Seite 20 mm breit. Er kann als Heftrand genutzt werden. Alle anderen Ränder sind 10 mm breit. Der Rahmen zur Begrenzung der Zeichenfläche muss mit einer Volllinie der Breite 0,7 mm ausgeführt werden.

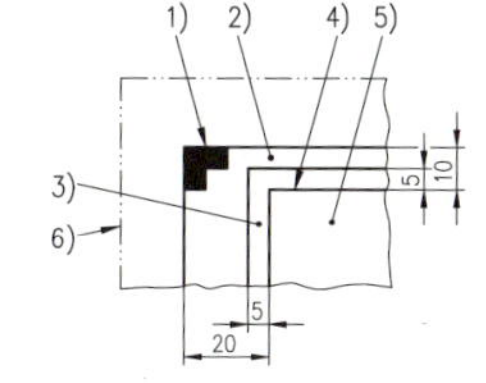

1) Schneidekennzeichen
2) beschnittenes Format
3) Feldeinteilungsrahmen[1]
4) Rahmen der Zeichenfläche
5) Zeichenfläche
6) unbeschnittenes Format

3.1.1 Falten von Zeichnungen nach DIN 824: 1981-03

Format	für Heftablage: Faltungsschema	für Heftablage: längs	für Heftablage: quer	für Ablage ohne Heftung: Faltungsschema	für Ablage ohne Heftung: längs	für Ablage ohne Heftung: quer
A0 841 × 1189	105; 2 1 7 6 5 4 3; 2; 1; 297; 297; 210 190 190 190 190; Zwischenfalte			5 4 3 2 1; 2; 1; 297; 297; 210 210 210 210 210; Rest		
A1 594 × 841	105; 2 1 5 4 3; 1; 297; 297; 210 190 190; Zwischenfalte			3 2 1; 1; 297; 297; 210 210 210 210		
A2 420 × 594	105; 2 1 3; 1; 297; 210 192 192			2 1; 1; 297; 210 210; Rest		
A3 297 × 420	2 1; 297; 125 105 190			1; 297; 210 210		

[1] Der Feldeinteilungsrahmen wird mit Buchstaben und Ziffern in 50 mm lange Felder geteilt. Dies dient, ähnlich wie bei Stadtplänen, dem Leichteren Auffinden von Einzelheiten.

3.1.2 Zeichenblätter

Schriftfeld nach EN ISO 7200: 2004-05

Die Gesamtbreite ist 180 mm, so dass es auf eine A4-Seite mit den Randausrichtungen 20 mm (links) und 10 mm (rechts) passt. Das gleiche Schriftfeld ist auch für alle anderen Papiergrößen zu verwenden.

Schriftfeld in Kompaktform mit maximalem Platz für den sachlichen Inhalt des Dokuments

Verantwortliche Abt. **ABC 2**	Technische Referenz[1)] **Patricia Johnson**	Dokumentenart **Teil-Zusammenbauzeichnung**	Dokumentenstatus **freigegeben**			
Gesetzlicher **Eigentümer/Firma**	Erstellt durch: **Jane Smith**	Titel, zusätzlicher Titel **Grundplatte** **komplett mit Haltern**	**AB123 456-7**			
	Genehmigt von: **David Brown**		Änd. **A**	Ausgabedatum **JJ/MM/TT**	Spr. **de**	Blatt **1/5**

180 mm

Schriftfeld, bei dem die Felder mit Personennamen in einer zusätzlichen Zeile angeordnet sind. Das Feld für den Gesetzlichen Eigentümer ist dadurch größer. In dem freien Feld oben rechts können Klassifikationen, Schlüsselwörter usw. eingetragen werden.

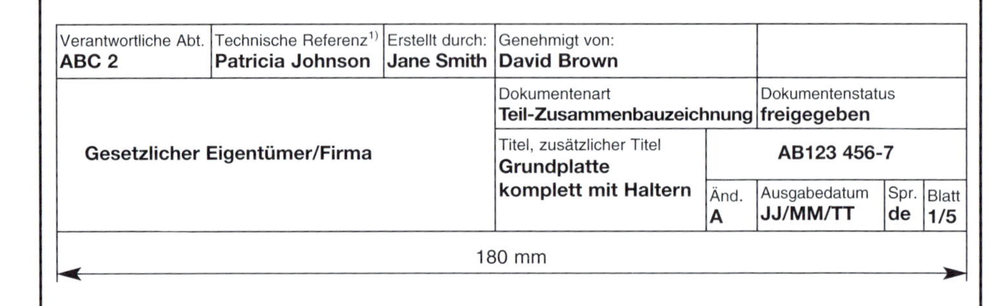

Verantwortliche Abt. **ABC 2**	Technische Referenz[1)] **Patricia Johnson**	Erstellt durch: **Jane Smith**	Genehmigt von: **David Brown**				
Gesetzlicher Eigentümer/Firma			Dokumentenart **Teil-Zusammenbauzeichnung**	Dokumentenstatus **freigegeben**			
			Titel, zusätzlicher Titel **Grundplatte** **komplett mit Haltern**	**AB123 456-7**			
				Änd. **A**	Ausgabedatum **JJ/MM/TT**	Spr. **de**	Blatt **1/5**

180 mm

Vereinfachtes Schriftfeld für die Berufsausbildung (nicht genormt)

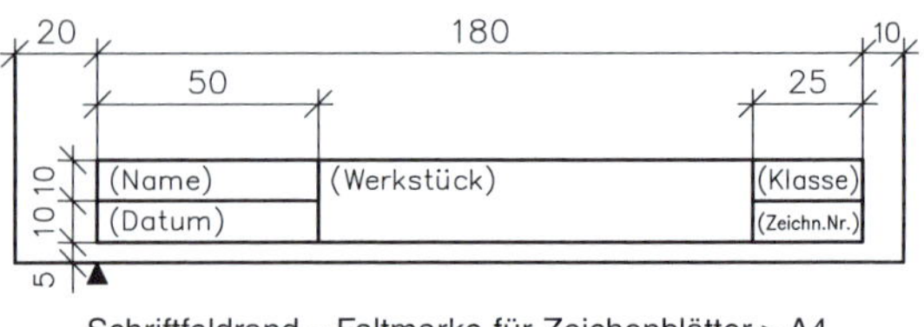

Schriftfeldrand = Faltmarke für Zeichenblätter > A4

[1)] Interne Kontaktperson mit genügend Kenntnissen über den Inhalt der Zeichnung/des Dokuments um Rückfragen zu beantworten, für den Fall, dass die Zeichnung/das Dokument von z. B. Freien Mitarbeitern erstellt wurde.

3.2 Zeichnungsarten nach DIN 199-1: 2002-03

Benennung	Definition, Erklärung	Anwendungsbeispiele in der Holzverarbeitung nach DIN 199-1: 2002-03
CAD-Zeichnug	Durch ein Rechnerprogramm erzeugte Zeichnung, die durch einen Plotter oder Drucker gedruckt oder auf einem Bildschirm angezeigt wird.	Mit Verbreitung von CNC-Maschinen werden auch Zeichnungen zunehmend digital erstellt. CAD: Rechnergestütztes Entwerfen von Bauteilen CNC: Rechnergestützte Maschinensteuerung zur Fertigung von Bauteilen
Digital mock-up	Virtueller Zusammenbau von Baugruppen mit Hilfe eines CAD-Systems	Durch die Simulation von Fertigungsprozessen kann der Materialfluss, die Rüstzeiten, die Montage ohne aufwändige Tests optimiert werden.
Einzelteil-zeichnung	Technische Zeichnung für ein Einzelteil ohne Darstellung der räumlichen Zuordnung zu anderen Teilen. Auch Teilzeichnung genannt	Fertigung oder Einbau von Einzelteilen eines Erzeugnisses, z. B. auch „Bohrpläne". Als „Teilschnittzeichnung" Darstellung eines oder mehrerer Teilschnitte eines Erzeugnisses entsprechend Schnittverlauf oder Einzelheit der zugehörigen Hauptzeichnung
Entwurf	Wortkombinationen mit „– Entwurf–" deuten auf eine Fassung, über deren endgültige Ausführung noch nicht entschieden wurde	„Entwurfszeichnungen", z. B. für Gesellen- und Meisterstücke sowie für Ausschreibungen, Genehmigungsverfahren u. Ä.
Fertigungs-zeichnung	Technische Zeichnung eines Gegenstandes mit allen Angaben für seine Fertigung	Technische Zeichnungen, bestehend aus Hauptzeichnung und dazugehörigen Teilschnittzeichnungen, Einzelteilzeichnungen, Fertigungsrissen o. a.
Gesamtzeich-nung; Gruppen-zeichnung	Maßstäbliche technische Zeichnung, die die räumliche Lage und die Form der zu einer Gruppe zusammengefassten Teile darstellt	–
Haupt-zeichnung	Im Bedarfsfall ist die Benennung „Hauptzeichnung" für die Darstellung eines Erzeugnisses in seiner obersten Strukturstufe zulässig	Darstellung eines Erzeugnisses in den erforderlichen Ansichten – meist verkleinert – mit Angabe der Hauptmaße sowie der Lage von Schnitten und Einzelheiten
Konstruktions-zeichnung	Technische Zeichnung, die einen Gegenstand in seinem vorgesehenen Endzustand darstellt	Haupt-, Gruppen- oder Einzelteilzeichnungen, gegebenenfalls mit Teilschnitten, Einzelheiten und anderen Angaben, die in besonderer Weise Gesichtspunkten der Konstruktion Rechnung tragen (z. B. Verbindungsformen, Beschläge, Funktionssysteme)
Maßzeichnung	Zeichnung, in der für ein Teil nur die für den jeweiligen Einzelfall wesentlichen Maße und Informationen angegeben sind	Zeichnungen für Angebote, Kataloge, Einbauvorschriften, Aufmaßskizzen u. Ä.
Original-zeichnung	Zeichnung, meist technische Zeichnung, die als Unikat dauerhaft gespeichert ist und deren Informationsinhalt als verbindlich erklärt wurde	–
Skizze	Freihändig angefertigte, meist unmaßstäbliche Zeichnung	–
Technische Zeichnung	Zeichnung in der für technische Zwecke erforderlichen Art und Vollständigkeit	–
Zeichnung	Aus Linien bestehende bildliche Darstellung	–

3.3 Linien in Zeichnungen nach DIN 919-1: 1991-04

	Benennung und Linienart	Liniengruppe 0,7	0,5	Anwendungen[1]
A	Volllinie, breit	0,70	0,50	1. sichtbare Kanten 2. sichtbare Umrisse – Fugen in Schnittflächen, – Boden-, Wand- und Deckenlinien in Ansichten und Schnitten
B	Volllinie, schmal	0,35	0,25	1. Lichtkanten 2. Maßlinien 3. Maßhilfslinien 4. Hinweislinien 5. Schraffuren 6. Umrisse am Ort eingeklappter Schnitte 7. kurze Mittellinien (Mittellinienkreuz) 9. Maßlinienbegrenzungen 10. Diagonalkreuze zur Kennzeichnung ebener Flächen 11. Biegelinie 12. Umrahmungen von Einzelheiten 14. Umrahmungen von Prüfmaßen 15. Faser- und Walzrichtungen 17. Projektionslinien 18. Rasterlinien – konstruktionsbedingte bündige Fugen in Ansichten, – Begleitlinien (Linien zur Kennzeichnung von Belagstoffen in Schnittdarstellungen von Plattenwerkstoffen), – Kennzeichnung von Leimfugen[2])
C	Freihandlinie, schmal	0,35	0,25	1. Begrenzungen von abgebrochenen oder unterbrochen dargestellten Ansichten und Schnitten, wenn die Begrenzung keine Mittellinie ist – Schraffuren der Schnittflächen bei Holz und Holzwerkstoffen, – Kennzeichnung von Leimfugen
F	Strichlinie, schmal	0,35	0,25	1. verdeckte Kanten 2. verdeckte Umrisse
G	Strichpunktlinie, schmal	0,35	0,25	1. Mittellinien 2. Symmetrielinien 3. Trajektorien (Bewegungsverlauf) – Meterrissmarkierungen
J	Strichpunktlinie, breit	0,70	0,50	1. Kennzeichnung geforderter Behandlungen 2. Kennzeichnung der Schnittebenen
K	Strich-Zweipunktlinie, schmal	0,35	0,25	1. Umrisse von angrenzenden Teilen 2. Grenzstellungen von beweglichen Teilen 4. Umrisse (ursprüngliche) vor der Verformung 5. Teile, die vor der Schnittebene liegen 6. Umrisse von wahlweisen Ausführungen 7. Fertigformen in Rohteilen 8. Umrahmungen von besonderen Feldern/Bereichen (z. B. für Kennzeichnung von Teilen) – Verschnittzugaben, – Bandbezugslinien

[1]) Braun gedruckte Anwendungen betreffen speziell die Holzberufe. [2]) Bei rechnerunterstütztem Zeichnen.

3.4 Beschriftung und Bemaßung

3.4.1 Beschriftung, Schriftzeichen nach DIN EN ISO 3098-0: 1998-04

Die in DIN EN ISO 3098 festgelegte Schrift gilt vorrangig für die Verwendung von Schriftschablonen, kann jedoch auch für andere Handbeschriftungsmethoden angewendet werden.
Nach DIN 919-1: 1991-04 ist die senkrechte Mittelschrift – Schriftform B, vertikal – zu bevorzugen. Weitere Schriften nach DIN EN ISO 3098: Schriftform A (Engschrift) kursiv und vertikal.

3

Schriftform A (kursiv)	Schriftform B (vertikal)
ABCDEFGHIJKLMN	ABCDEFGHIJKLMNO
OPQRSTUVWXYZ	PQRSTUVWXYZ
aabcdefghijklmno	aabcdefghijklmnop
pqrstuvwxyz	qrstuvwxyz
ÄÖÜäaöüß±	ÄÖÜäaöüß±□
[(!?:;'-=+×:√%&)]ø	[(!?:;'-=+×:√%&)]ø
1234567789 0IVX	1234567789 0IVX

Maße für Schriftform B (*d* = *h*/10)

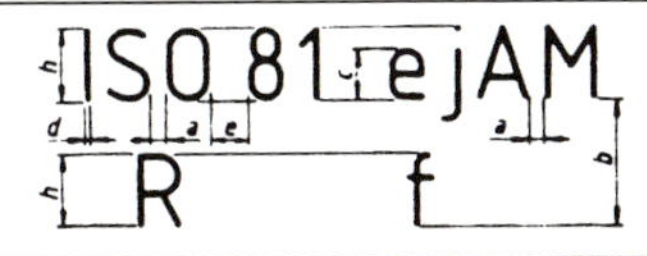

Mindesthöhe für *h* und *c* = 2,5 mm
Bei gleichzeitiger Verwendung von Groß- und Kleinbuchstaben *c* = 2,5 mm
h = 3,5 mm
Kursivschrift im Winkel von 15° nach rechts geneigt.

Beschriftungsmerkmal		Verhältnis	Maße						
Höhe der Großbuchstaben	*h*	(10/10) *h*	2,5	3,5	5	7	10	14	20
Höhe der Kleinbuchstaben[1])	*c*	(7/10) *h*	–	2,5	3,5	5	7	10	14
Mindestabstand									
zwischen Schriftzeichen	*a*	(2/10) *h*	0,5	0,7	1	1,4	2	2,8	4
zwischen Grundlinien	*b*	(14/10) *h*	3,5	5	7	10	14	20	28
zwischen Wörtern	*e*	(6/10) *h*	1,5	2,1	3	4,2	6	8,4	12
Linienbreite	*d*	(1/10) *h*	0,25	0,35	0,5	0,7	1	1,4	2

3.4.2 Maßstäbe nach DIN ISO 5455: 1979-12

1-13

Vergrößerungsmaßstäbe	50 : 1 5 : 1	20 : 1 2 : 1	10 : 1
Verkleinerungsmaßstäbe	1 : 2 1 : 20	1 : 5 1 : 50	1 : 10 1 : 100

Der Hauptmaßstab ist in jeder Zeichnung im Schriftfeld einzutragen; andere Maßstäbe bei den entsprechenden Darstellungen.
Der Maßstab 1 : 1 wird als natürlicher Maßstab bezeichnet

[1]) Ohne Ober- und Unterlängen.

3.4 Beschriftung und Bemaßung

3.4.3 Einzelheiten der Maßeintragung nach DIN 406-11: 1992-12

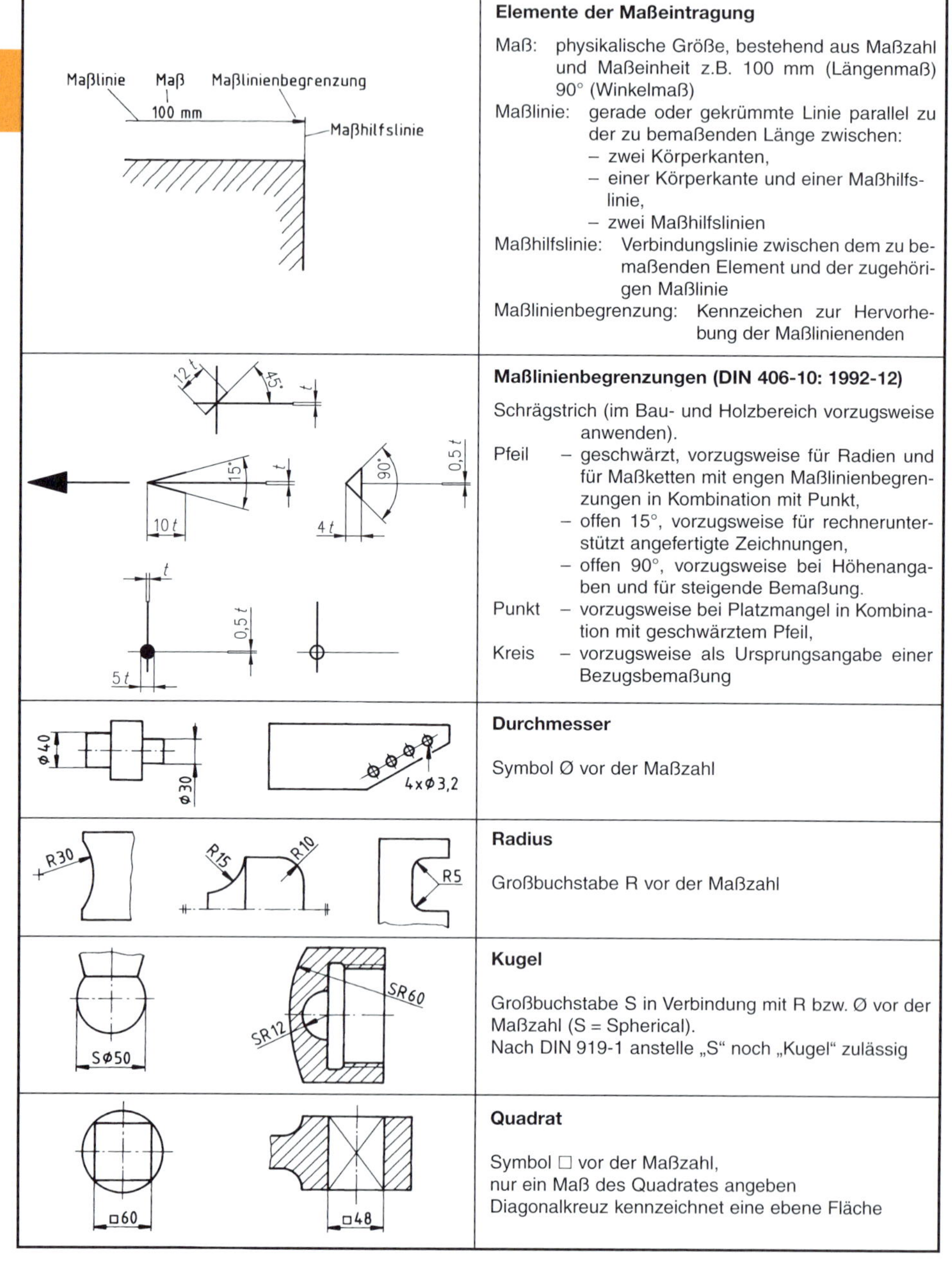

Elemente der Maßeintragung

Maß: physikalische Größe, bestehend aus Maßzahl und Maßeinheit z.B. 100 mm (Längenmaß) 90° (Winkelmaß)

Maßlinie: gerade oder gekrümmte Linie parallel zu der zu bemaßenden Länge zwischen:
- zwei Körperkanten,
- einer Körperkante und einer Maßhilfslinie,
- zwei Maßhilfslinien

Maßhilfslinie: Verbindungslinie zwischen dem zu bemaßenden Element und der zugehörigen Maßlinie

Maßlinienbegrenzung: Kennzeichen zur Hervorhebung der Maßlinienenden

Maßlinienbegrenzungen (DIN 406-10: 1992-12)

Schrägstrich (im Bau- und Holzbereich vorzugsweise anwenden).

Pfeil
- geschwärzt, vorzugsweise für Radien und für Maßketten mit engen Maßlinienbegrenzungen in Kombination mit Punkt,
- offen 15°, vorzugsweise für rechnerunterstützt angefertigte Zeichnungen,
- offen 90°, vorzugsweise bei Höhenangaben und für steigende Bemaßung.

Punkt
- vorzugsweise bei Platzmangel in Kombination mit geschwärztem Pfeil,

Kreis
- vorzugsweise als Ursprungsangabe einer Bezugsbemaßung

Durchmesser

Symbol Ø vor der Maßzahl

Radius

Großbuchstabe R vor der Maßzahl

Kugel

Großbuchstabe S in Verbindung mit R bzw. Ø vor der Maßzahl (S = Spherical).
Nach DIN 919-1 anstelle „S“ noch „Kugel“ zulässig

Quadrat

Symbol □ vor der Maßzahl,
nur ein Maß des Quadrates angeben
Diagonalkreuz kennzeichnet eine ebene Fläche

3.4 Beschriftung und Bemaßung

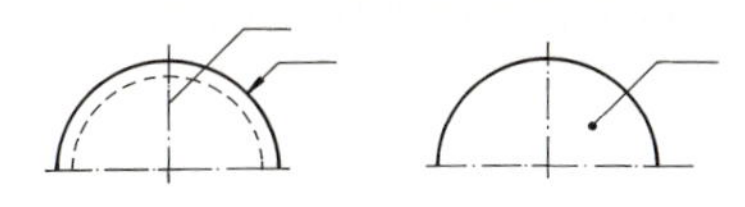

Hinweislinien sind schräg aus der Darstellung herauszuziehen und enden:
- mit Pfeil an einer Körperkante,
- mit Punkt an einer Fläche,
- ohne Begrenzungszeichen an anderen Linien

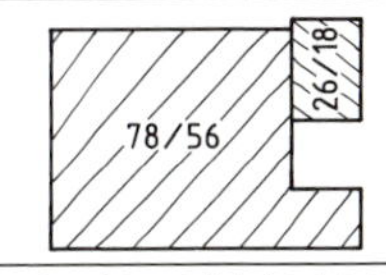

Maße für Rechteckquerschnitte dürfen in die Querschnitte eingetragen werden.
Regelfall Breite/Dicke in Schreibrichtung

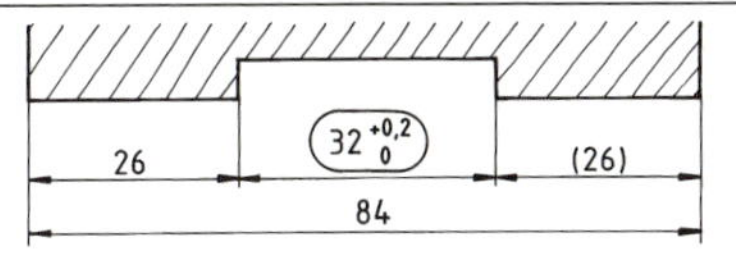

Prüfmaße sind einzurahmen.
Hilfsmaße:
- sollen geschlossene Maßketten vermeiden,
- sind durch runde Klammern zu kennzeichnen

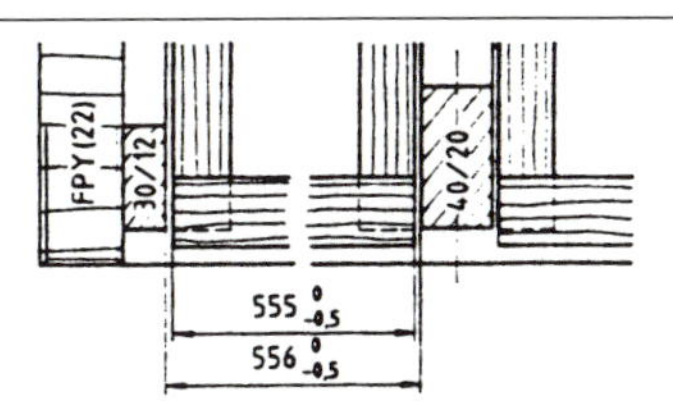

Bei Passteilen, z. B. Schubkasten und Schubkastenführung, werden bei industrieller Fertigung im Regelfall unterschiedliche Nennmaße angegeben. Bei handwerklicher Fertigung wird im Regelfall ein einheitliches Nennmaß angegeben. Deshalb wird im Handwerk diese Luft nicht gezeichnet.

3.4.4 Arten der Maßeintragung nach DIN 406-11: 1992-12

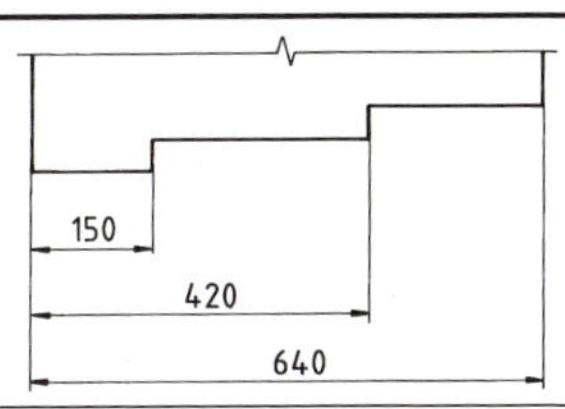

Parallelbemaßung

Die Maßlinien werden parallel zueinander und zu den zu bemaßenden Längen eingetragen

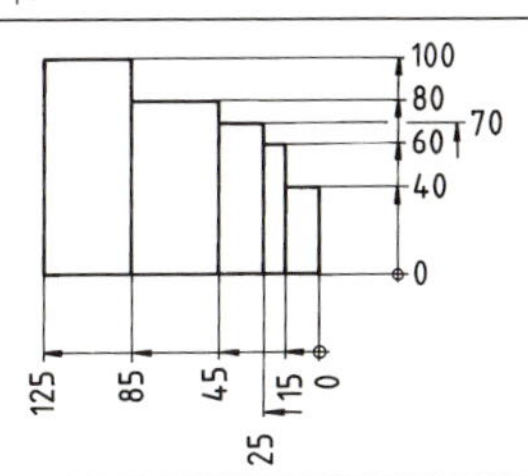

Steigende Bemaßung

Ausgehend von einem 0-Punkt werden alle Maße, meist mit gemeinsamer Maßhilfslinie, aufsteigend eingetragen

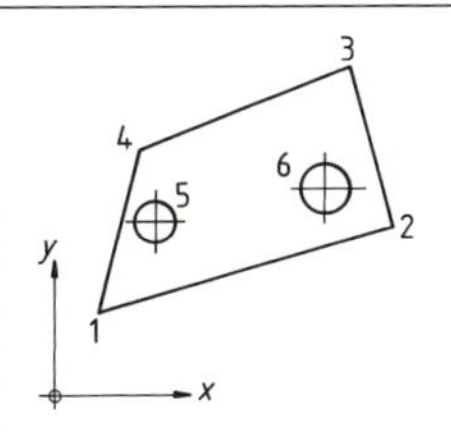

Pos.	x	y	d
1	10	20	–
2	80	40	–
3	70	80	–
4	20	60	–
5	24	42	⌀ 10
6	64	50	⌀ 12

Koordinatenbemaßung

Kartesische Koordinaten werden ausgehend vom 0-Punkt in zwei Richtungen, nämlich *x*-Achse und *y*-Achse, festgelegt und in Tabellen oder direkt an den Koordinatenpunkten eingetragen.
Polarkoordinaten werden ausgehend vom 0-Punkt durch einen Radius und einen Winkel festgelegt

3.4 Beschriftung und Bemaßung

3.4.5 Bemaßung von Bauzeichnungen nach DIN 1356-1: 1995-02

Bemaßung von Grundrissen

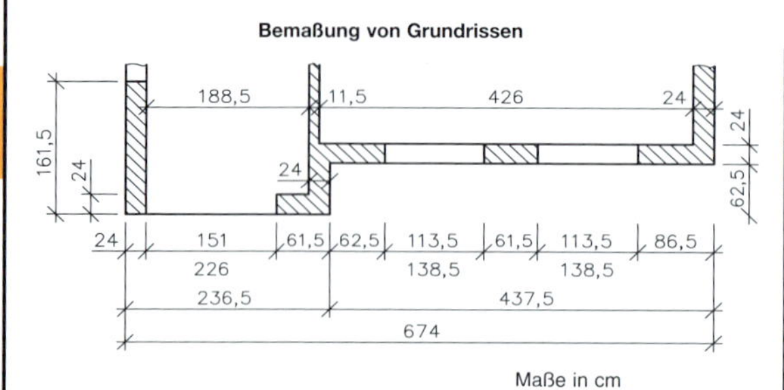

Maße in cm

Maßeinheiten

Spalte	1	2	3	4
Zeile	Maßeinheit, Bemaßung in	Maße unter 1 m z. B.		Maße über 1 m z. B.
1	cm	24	88.5[1])	388.5[1])
2	m und cm	24	88^5	3.88^5[1])
3	mm	240	885	3885

[1]) Anstelle des Punktes darf auch ein Komma gesetzt werden.

- In Bauzeichnungen werden im Allgemeinen die Rohbaumaße angegeben.
- Die Bemaßung erfolgt meist unter und rechts der Darstellung.
- Wird bei der Bemaßung rechteckiger Wandöffnungen zur Breite auch die Höhe angegeben, so ist die Maßzahl für die Breite über der Maßlinie und die Maßzahl für die Höhe direkt unter der Maßlinie anzuordnen.
- Die Wahl der Maßeinheiten richtet sich nach der Bauart oder der Art des Bauwerkes.
- Die angewendeten Maßeinheiten sind in Verbindung mit dem Maßstab zweckmäßigerweise im Schriftfeld anzugeben.

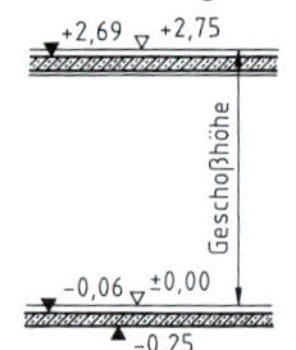

Höhenbemaßung

- Geschosshöhen werden im Allgemeinen von Oberfläche Fußboden bis Oberfläche Fußboden angegeben.
- Rohbauhöhen werden mit schwarzen (vollen) Dreiecken, Fertigbauhöhen mit weißen (leeren) Dreiecken und den entsprechenden Höhenzahlen angegeben.
- Die Höhenzahlen sind, bezogen auf die festgelegte 0-Ebene, mit positiven oder negativen Vorzeichen zu versehen.

3.5 Oberflächenangaben nach DIN EN ISO 1302: 2002-06

In Zeichnungen können für die Oberflächenbeschaffenheit bzw. -bearbeitung von Werkstücken, insbesondere für die Serienfertigung, Symbole und Zusatzangaben nach DIN verwendet werden.

Grundsymbole	Bedeutung	Kennzeichnung der Bearbeitungsrichtung	
	Grundsymbol, bestehend aus 2 Linien ungleicher Länge und um 60° zur dargestellten Oberflächenlinie geneigt. Nur aussagefähig mit Zusatzangaben	=	parallel zur Faserrichtung Beispiel: gehobelt =
	Symbol für Bearbeitung mit Materialabtrag	⊥	quer zur Faserrichtung Beispiel: gefräst ⊥
	Symbol für Bearbeitung ohne Materialabtrag. Auch Angaben für Oberflächen, die im vorangehenden Fertigungszustand verbleiben sollen	X	kreuzweise Beispiel: geschliffen X
	Symbol für besondere Oberflächenangaben	M	in viele Richtungen Beispiel: poliert M

3.6 Geometrische Konstruktionen

3.6.1 Grundkonstruktionen

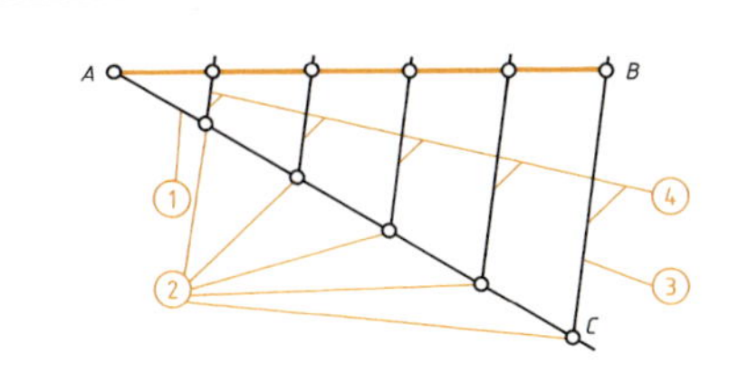

Teilung einer Strecke $\overline{AB}$

1. Strahl von Punkt A (Winkel $\approx 30°$)
2. Teilzahl in geschätzter Größe auf Strahl (Endpunkt C)
3. Linie BC
4. Parallelen zur Linie BC durch die Teilpunkte des Strahls (Teilung Strecke $\overline{AB}$)

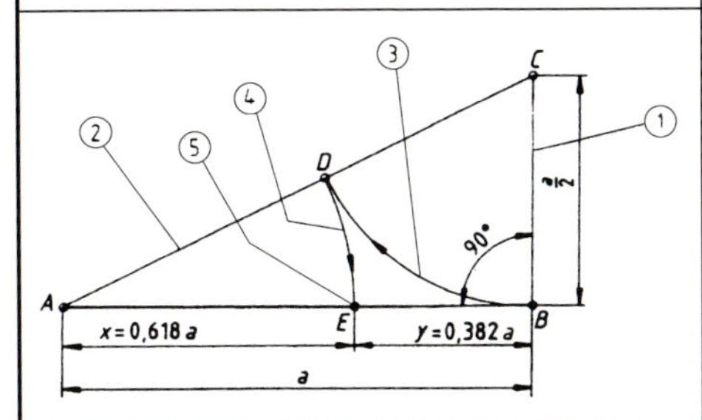

Stetige Teilung einer Strecke $\overline{AB}$
(Goldener Schnitt)

1. Senkrechte in B mit der Länge $\bar{a}/2$
2. Linie $\overline{AC}$
3. Kreisbogen mit Radius $\bar{a}/2$ um C
4. Kreisbogen mit Radius $\overline{AD}$ mit A
5. Punkt E teilt die Strecke $\overline{AB}$ im Verhältnis des goldenen Schnittes

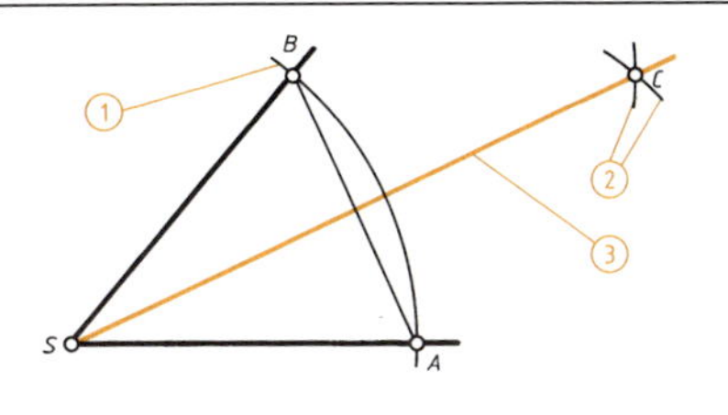

Winkel halbieren

1. Kreisbogen mit beliebigem Radius r um Scheitelpunkt S (Schnittpunkt A und B)
2. Kreisbogen mit Radius r um die Punkte A und B (Schnittpunkt C, $r > 1/2\ \overline{AB}$)
3. Gerade CS ist Winkelhalbierende von $\sphericalangle ASB$ und Mittelsenkrechte zur Strecke $\overline{AB}$

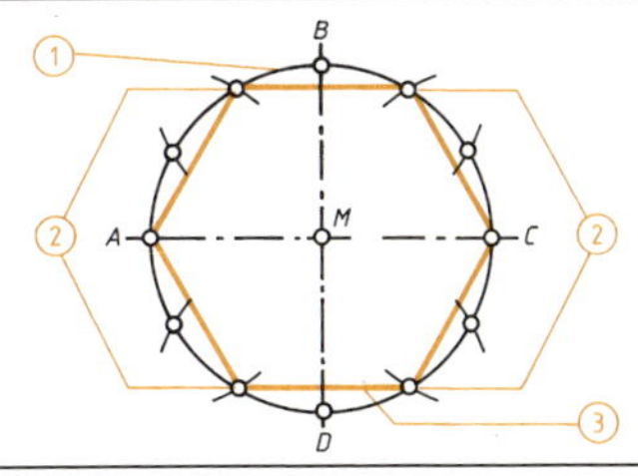

Dreieck, Sechseck, Zwölfeck

1. Kreis mit Radius $r = \overline{MA}$ um Mittelpunkt M (Schnittpunkte mit Mittellinien A, B, C, D)
2. Kreisbogen mit Radius r um A und C
3. Verbindung Kreisschnittpunkte A und C ergeben Sechseck (Teilpunkte Dreieck)
4. Kreisbogen mit Radius r um B und D (Zwölfeck)

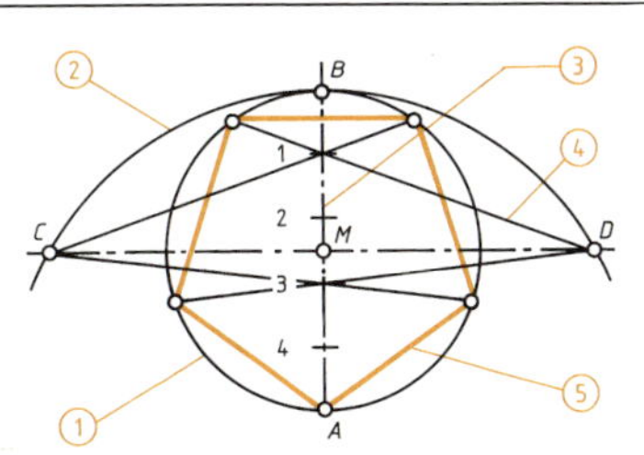

Regelmäßige Vielecke im Umkreis

1. Kreis mit Radius $\overline{MA}$ um Mittelpunkt M (Schnittpunkte A und B mit Mittellinien)
2. Kreisbogen mit Radius $\overline{AB}$ um Punkt A (Schnittpunkte C und D mit Mittellinien)
3. Eckenzahl bestimmt Teilung Strecke $\overline{AB}$
4. Ungerade (gerade) Eckenzahl: C und D über entsprechende ungerade (gerade) Teilpunkte zum Kreis
5. Kreisteilung ergibt Vieleck

3.6 Geometrische Konstruktionen

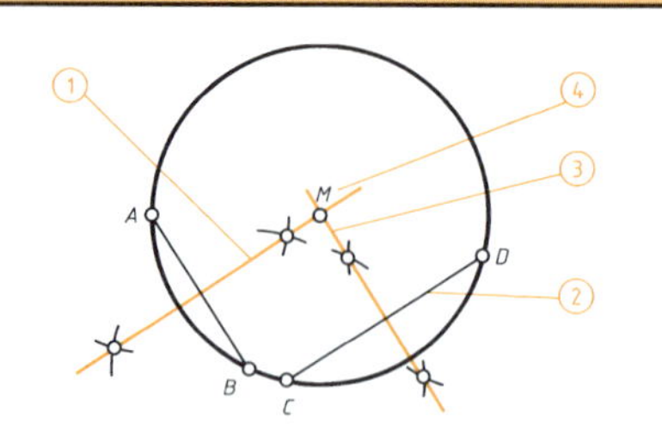

Kreismittelpunkt

1. Mittelsenkrechte auf der beliebigen Sehne $\overline{AB}$
2. Sehne $\overline{CD}$ möglichst senkrecht zur Sehne $\overline{AB}$ (Genauigkeit)
3. Mittelsenkrechte auf der Sehne $\overline{CD}$
4. Schnittpunkt der Mittelsenkrechten ist der Mittelpunkt M

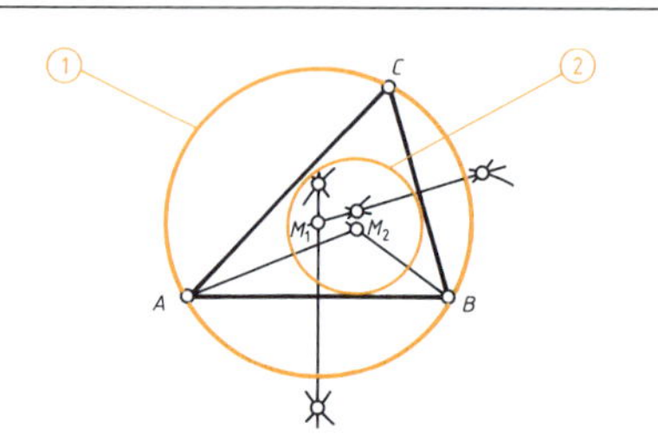

Umkreis zum Dreieck

1. Mittelpunkt M_1 ist Schnittpunkt der Mittelsenkrechten zweier beliebiger Dreieckseiten

Inkreis im Dreieck

2. Mittelpunkt M_2 ist der Schnittpunkt zweier beliebiger Winkelhalbierenden

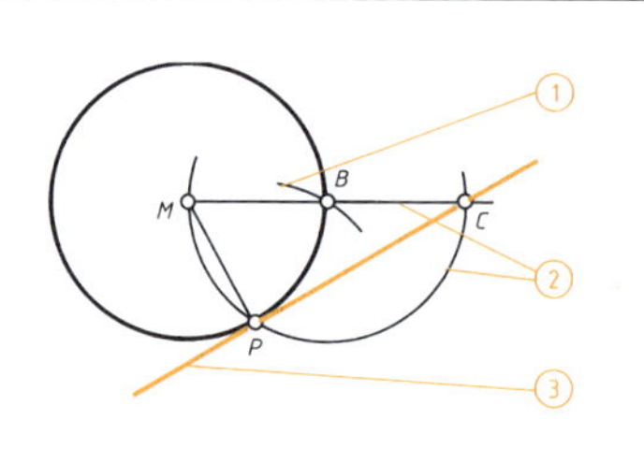

Tangente durch Kreispunkt *P*

1. Kreisbogen mit Radius $\overline{PM}$ um P (Schnittpunkt B)
2. Gerade MB, Thaleskreis mit Radius $\overline{PM}$ um B (Schnittpunkt C)
3. CP ist Tangente an Kreis

Tangente vom Punkt *C*

1. Verbindungslinie MC (Schnittpunkt B)
2. Thaleskreis um B (Berührungspunkt P)

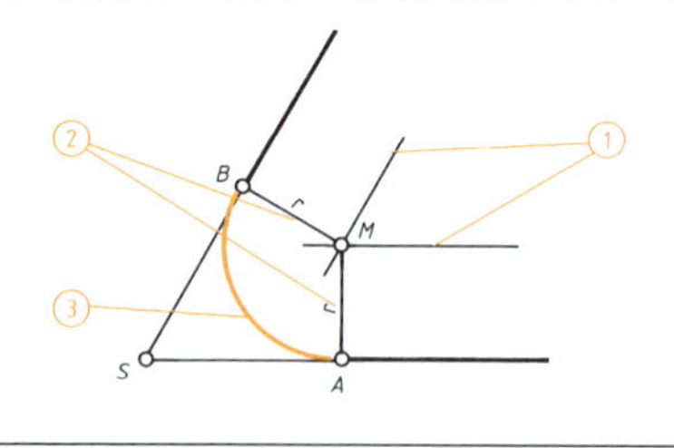

Kreisanschluss an Winkel

1. Parallelen zu den Schenkeln im Abstand des Radius r (Mittelpunkt M)
2. Senkrechte von M auf die Schenkel (Übergangspunkte A und B)
3. Kreisbogen mit Radius r um Mittelpunkt M

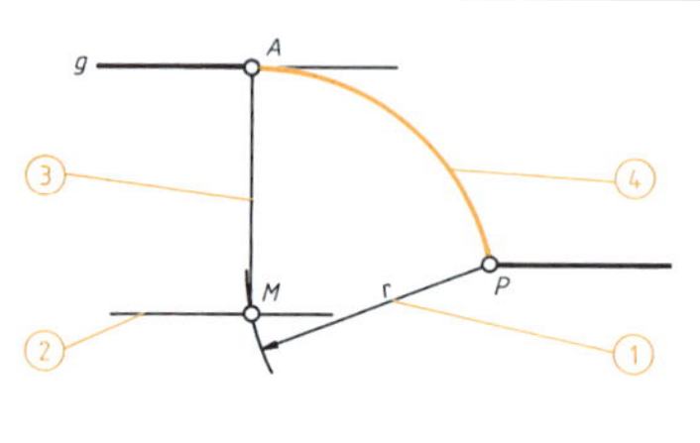

Kreisanschluss Endpunkt *P* mit Gerade *g*

1. Kreisbogen mit Radius r um Punkt P
2. Parallele zur Geraden g im Abstand des Radius r (Mittelpunkt M)
3. Senkrechte vom Punkt M auf Gerade g (Übergangspunkt A)
4. Kreisanschluss mit Radius r um Mittelpunkt M

3.6 Geometrische Konstruktionen

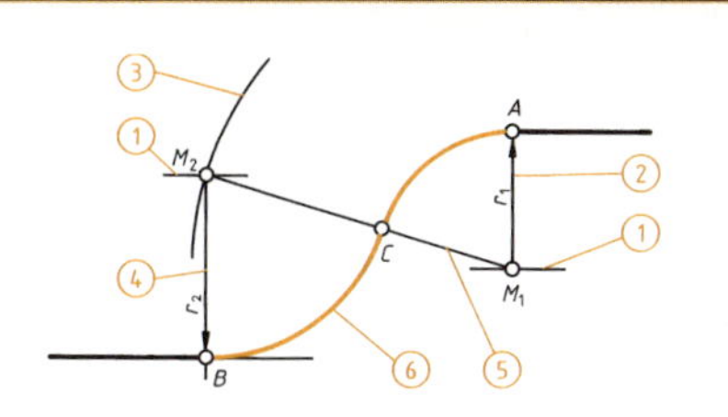

Doppelter Kreisanschluss an zwei Geraden

1. Parallelen im Abstand der Radien r_1 bzw. r_2
2. Senkrechte vom Punkt A (Mittelpunkt M_1)
3. Kreisbogen mit Radius $r_1 + r_2$ um M_1 (Mittelpunkt M_2)
4. Senkrechte von M_2 (Übergangspunkt B)
5. Verbindungslinie $M_1 M_2$ (Wendepunkt C)
6. Kreisbogen mit r_1 um M_1 und r_2 um M_2

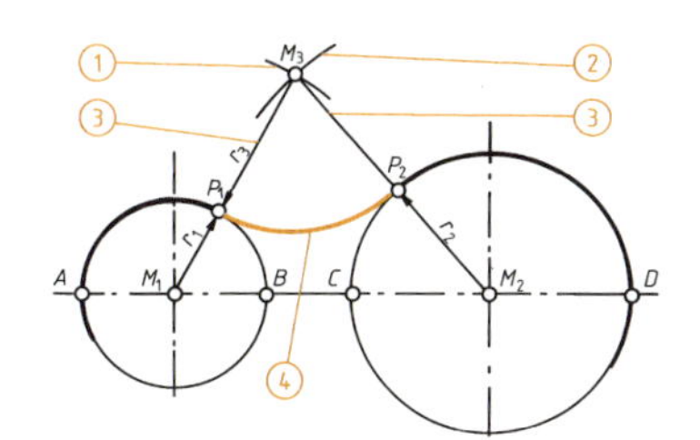

Kreisanschluss an Kreise ($r_3 \geq \overline{BC}/2$)

1. Kreisbogen mit Radius $r_1 + r_3$ um Mittelpunkt M_1
2. Kreisbogen mit Radius $r_2 + r_3$ um Mittelpunkt M_2 (Mittelpunkt M_3)
3. Verbindungslinien $M_1 M_3$ und $M_2 M_3$ (Übergangspunkt P_1 und P_2)
4. Kreisbogen mit Radius r_3 um Mittelpunkt M_3

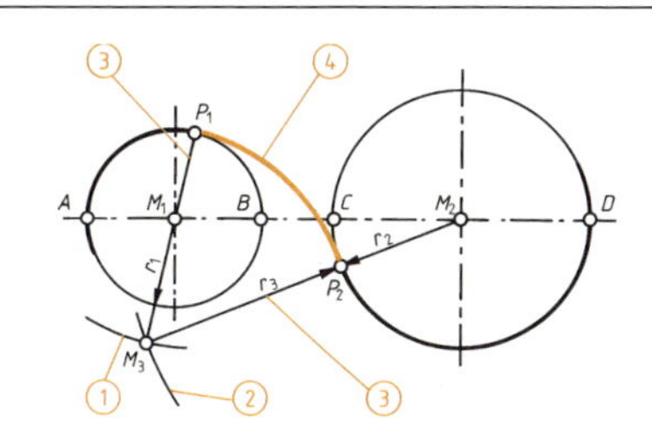

Kreisanschluss an Kreise ($r_3 \geq \overline{AC}/2$ oder $\overline{BD}/2$)

1. Kreisbogen mit Radius $r_3 - r_1$ um Mittelpunkt M_1
2. Kreisbogen mit Radius $r_2 + r_3$ um Mittelpunkt M_2 (Mittelpunkt M_3)
3. Verbindungslinien $M_1 M_3$ und $M_2 M_3$ (Übergangspunkte P_1 und P_2)
4. Kreisbogen mit Radius r_3 um Mittelpunkt M_3

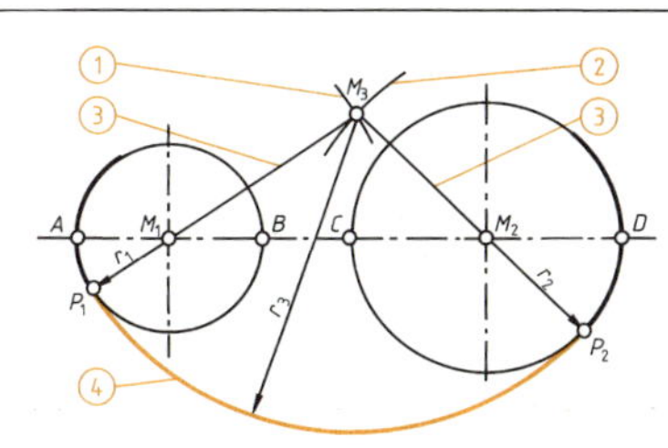

Kreisanschluss an Kreise ($r_3 \geq \overline{AD}/2$)

1. Kreisbogen mit Radius $r_3 - r_1$ um Mittelpunkt M_1
2. Kreisbogen mit Radius $r_3 - r_2$ um Mittelpunkt M_2 (Mittelpunkt M_3)
3. Verbindungslinien $M_1 M_3$ und $M_2 M_3$ (Übergangspunkte P_1 und P_2)
4. Kreisbogen mit Radius r_3 um Mittelpunkt M_3

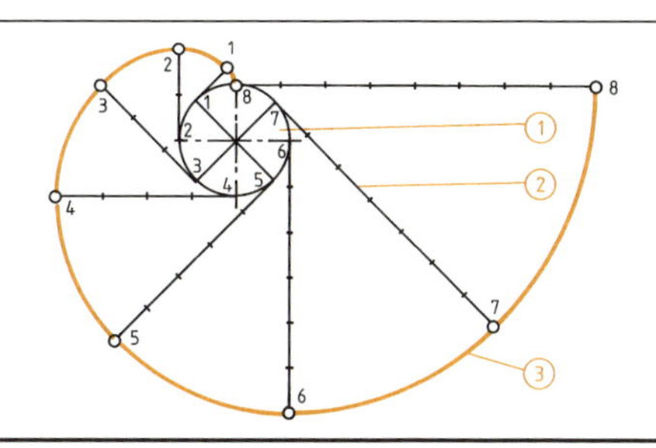

Evolvente (Abwicklungslinie)

1. Kreis in gleiche Teile (hier 8)
2. Tangenten an Teilpunkte, Länge dem abgewickelten Teilumfang entsprechend
3. Kurve durch die Endpunkte 1 ··· 8 ist Evolvente

3

3.6 Geometrische Konstruktionen

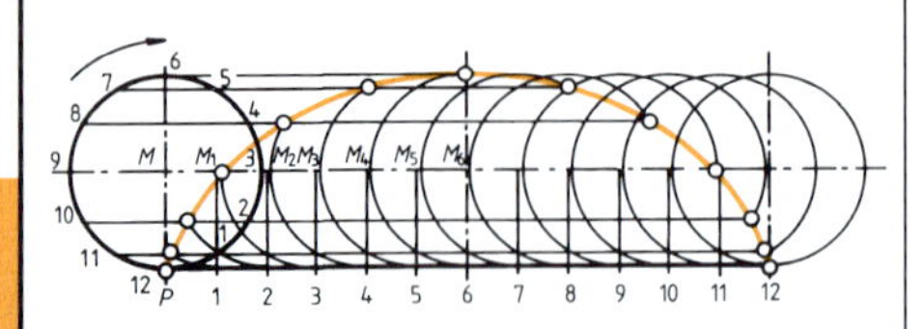

Orthozykloide (gemeine Radlinie)

1. Rollkreis und Leitlinie in gleiche Teile
2. Parallelen zur Leitlinie durch Kreisteilpunkte
3. Senkrechte auf Leitlinienteilpunkten
4. Rollkreisbogen um Mittelpunkte $M_1 \cdots M_{12}$ (Kurve auf Schnittpunkten mit Leitlinienparallelen)

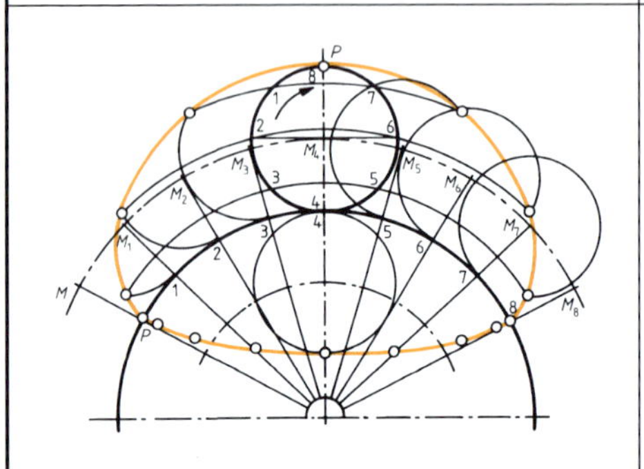

Epizykloide (Aufradlinie)

1. Konstruktion wie Orthozykloide
2. Sonderfall für Rollkreisdurchmesser = Leitkreisdurchmesser: Kurve als Kardioide (Herzkurve)

Hypozykloide (Innenradlinie)

1. Sonderfall für Rollkreisdurchmesser = 1/3 bzw. 1/4 Leitkreisdurchmesser: Kurve als Astroide (Sternkurve)
2. Sonderfall Rollkreisdurchmesser = 1/2 Leitkreisdurchmesser: Rollkurve als Gerade

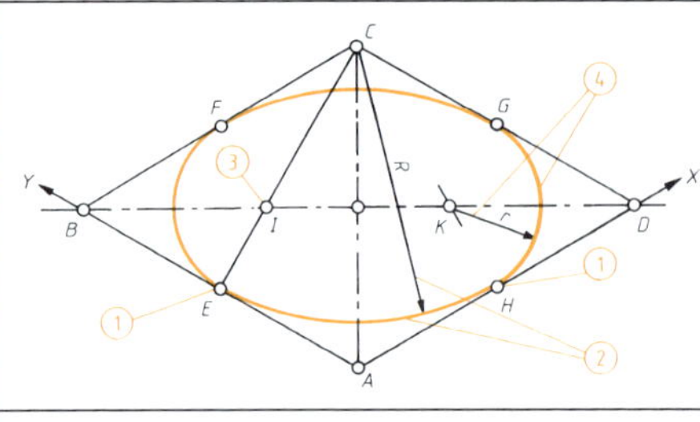

Oval (vereinfachte Ellipse) in Rhombus *ABCD*

1. Übergangspunkte *E*, *F*, *G* und *H* in der Mitte der Seite
2. Kreisbogen mit Radius $R=\overline{CE}$ um *C* und *A*
3. Verbindung *CE* und *CH* (Mittelpunkte *I* und *K*)
4. Kreisbogen mit Radius $r=\overline{IE}$ um *I* und *K*

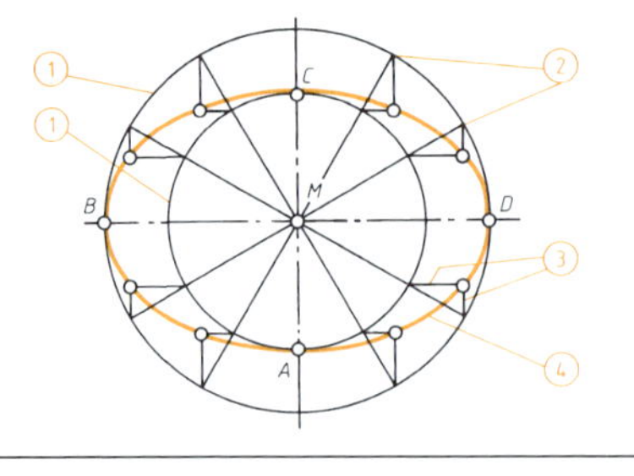

Ellipse durch Kreisflächenprojektion

1. Kreise um Mittelpunkt *M* mit Radien $\overline{MA}$ und $\overline{MB}$
2. Umfangsteilung beider Kreise
3. Parallelen zur Achse *AC* (*BD*) durch die äußeren (inneren) Teilpunkte
4. Schnittpunkte der Parallelen sind Ellipsenpunkte

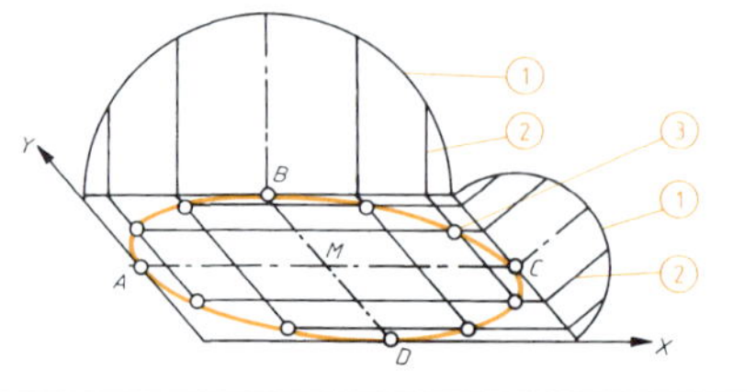

Ellipse durch axonometrische Punkte *A*, *B*, *C*, und *D*

1. Halbkreise mit Radien $\overline{MA}$ und $\overline{MB}$ und *B* und *C*
2. Halbkreisteilpunkte auf die Parallelogrammseiten
3. Ellipsenpunkte auf entsprechenden Parallelenschnittpunkten

3.6 Geometrische Konstruktionen

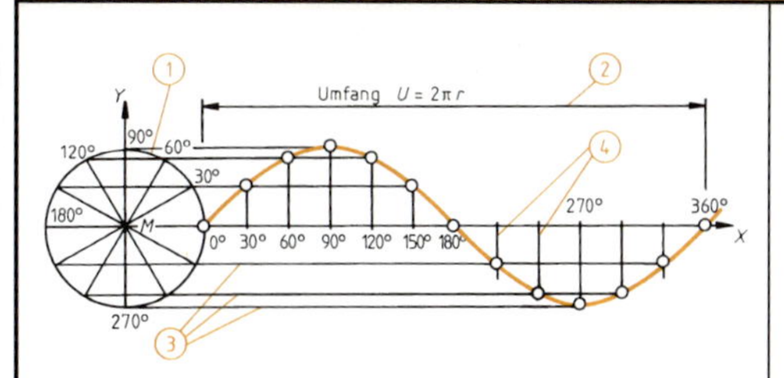

Sinuskurve

1. Kreis in gleiche Teile (hier zwölf)
2. Umfang des Kreises mit Teilung in x-Richtung abtragen
3. Teilpunkte des Kreises parallel zur x-Achse
4. Senkrechte durch Teilpunkte auf x-Achse
5. Schnittpunkte ergeben Kurve

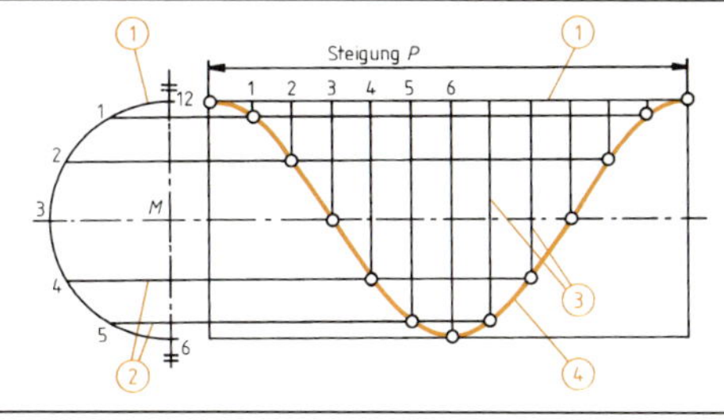

Schraubenlinie (rechts steigend)

1. Kreisumfang und Steigung in gleiche Anzahl Teile (hier zwölf)
2. Waagerechte Linien von Kreisteilpunkten
3. Senkrechte Linien von Steigungsteilpunkten
4. Verbindung der Schnittpunkte ist Schraubenlinie

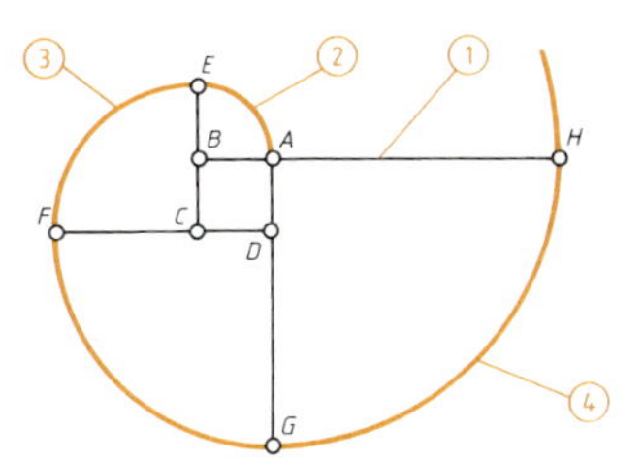

Spirale (Näherungskonstruktion)

1. Steigung $P = \overline{AH}$, Quadrat *ABCD* mit Seitenkante $AB = 1/4\ AH$
2. Viertelkreis mit Radius $\overline{BA}$ um Punkt *B* (Schnittpunkt *E* auf Gerade *CB*)
3. Weitere Radien und Mittelpunkte: $\overline{CE}$ um *C*, $\overline{DF}$ um *D*, $\overline{AG}$ um *A*
4. Kurvenpunkte: *A*, *E*, *F*, *G*, *H*

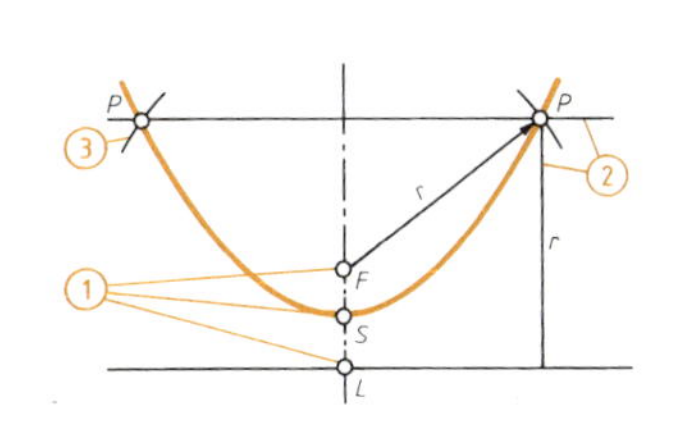

Parabel

1. Brennpunkt *F*, Leitlinie durch Punkt *L*, Scheitelpunkt *S* bei $\overline{FL}/2$
2. Parallele zur Leitlinie im beliebigen Abstand *r*
3. Kreisbogen mit Radius *r* um Brennpunkt *F* (Parabelpunkte *P*)

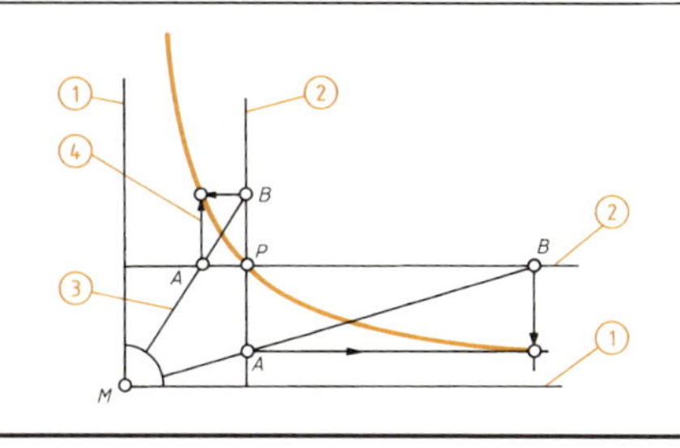

Hyperbel

1. Rechtwinklige Asymptoten durch Punkt *M*
2. Parallelen zu Asymptoten durch Hyperbelpunkt *P*
3. Strahlen von *M* auf die Parallelen (Schnittpunkte *A* und *B*)
4. Senkrechte in Punkten *A* und *B* (Hyperbelpunkt)

3.6 Geometrische Konstruktionen

3.6.2 Bogenkonstruktionen

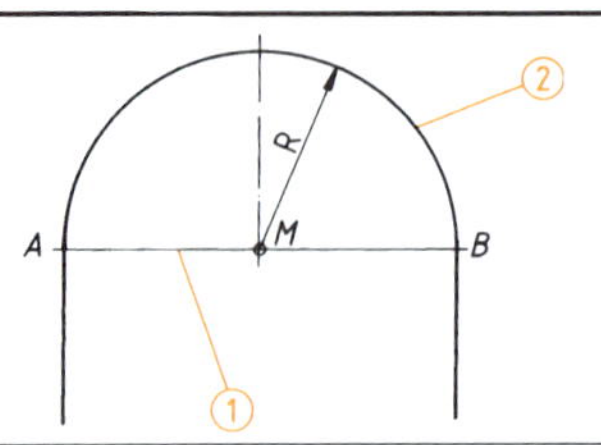

Rundbogen

1. Strecke $\overline{AB}$ halbieren
2. Kreisbogen um M mit Radius $R = \frac{\overline{AB}}{2}$

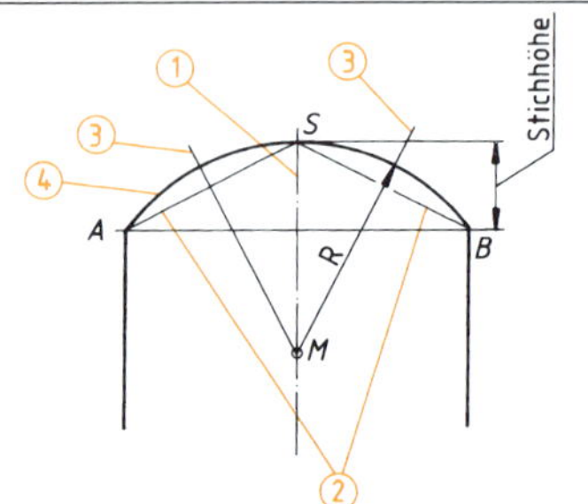

Segmentbogen (Stichbogen)

1. Mittelsenkrechte auf Strecke $\overline{AB}$
2. Linien $\overline{AS}$ und $\overline{BS}$
3. Mittelsenkrechte auf $\overline{AS}$ und $\overline{BS}$
4. Kreisbogen um M mit $R = \overline{MS}$

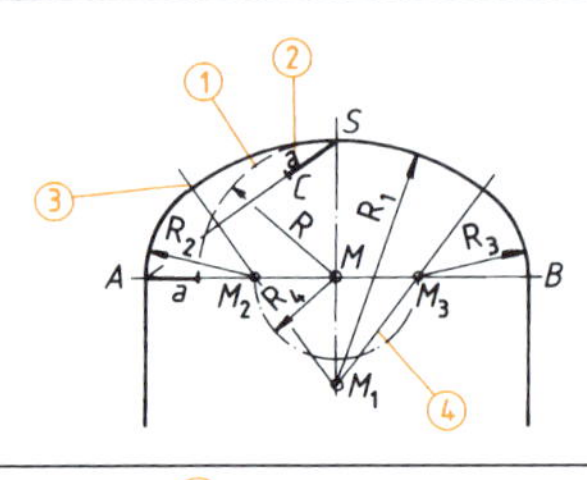

Korbbogen mit 3 Mittelpunkten

1. Kreisbogen um M mit $R = \overline{MS}$
2. Auf Verbindungslinie AS Strecke $\bar{a}$ von S aus abtragen ergibt C
3. Mittelsenkrechte auf $\overline{AC}$ ergibt Einsatzpunkte M_1 und M_2 sowie Wechselpunkt des Bogenanschlusses
4. Kreisbogen um M mit $R_4 = \overline{M\,M_2}$ zur Ermittlung M_3

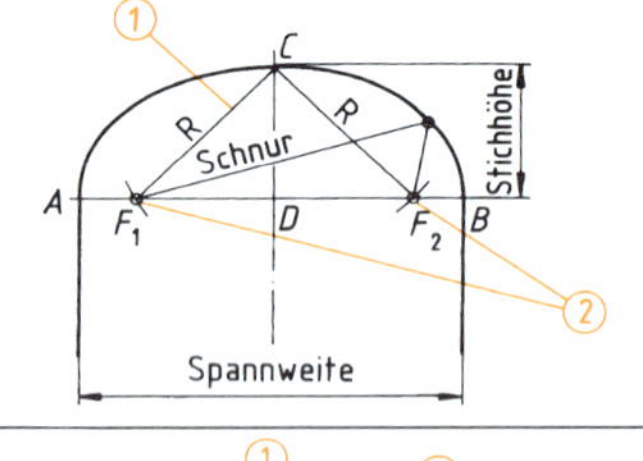

Elliptischer Bogen in Schnurkonstruktion

1. Bei gegebener Spannweite $\overline{AB}$ und Stichhöhe $\overline{DC}$ ($\overline{DC} < \overline{AD}$) Kreisbogen um C mit $R = \overline{AD}$ ergeben Schnittpunkte F_1 und F_2
2. In F_1 und F_2 Schnur mit der Länge $\overline{AB}$ einspannen und mit gespannter Schnur Bogenlinie ACB ziehen

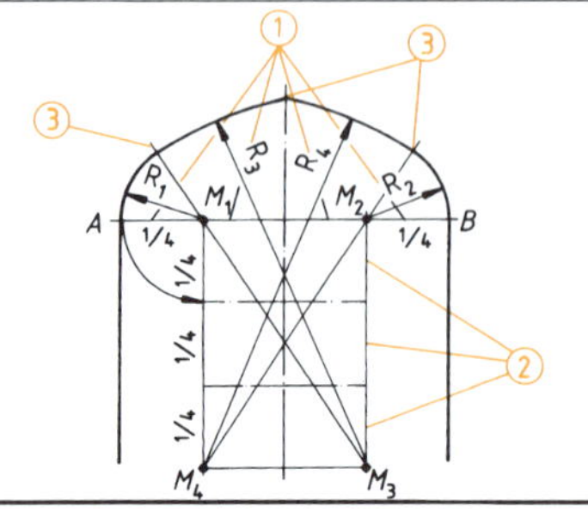

Kielbogen

1. Vier-Teilung $\overline{AB}$ ergibt Einsatzpunkte M_1 und M_2
2. Drei-maliges Abtragen der Viertelteilung unter M_1 und M_2 ergibt Einsatzpunkte M_3 und M_4
3. Wechselpunkte der Kreisbögen an den Verbindungsgeraden $M_1\,M_3$ und $M_2\,M_4$ sowie auf der Symmetrieachse

3.6 Geometrische Konstruktionen

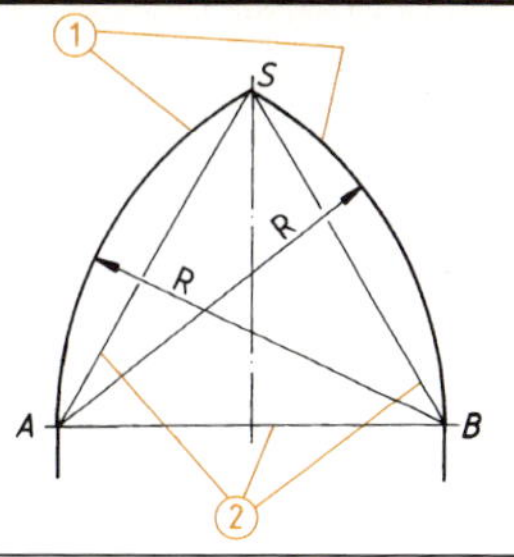

Gotischer Bogen

1. Kreisbögen um A und B mit $R = \overline{AB}$
2. Verbindungslinien $\overline{AB}$, $\overline{BS}$ und $\overline{AS}$ ergeben gleichseitiges Dreieck

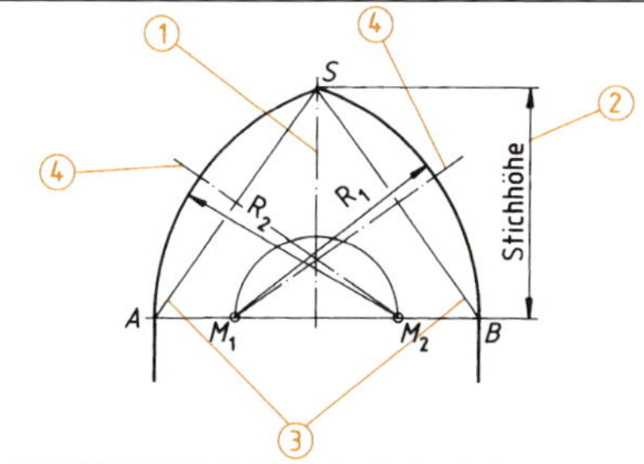

Gotischer Bogen, gedrückt

1. Mittelsenkrechte auf $\overline{AB}$
2. Stichhöhe abtragen

   Bedingung: Stichhöhe $< \overline{AB}$, $> \frac{\overline{AB}}{2}$

3. Verbindungsgeraden $\overline{AS}$ und $\overline{BS}$
4. Mittelsenkrechte auf $\overline{AS}$ und $\overline{BS}$ ergeben Einsatzpunkte M_1 und M_2

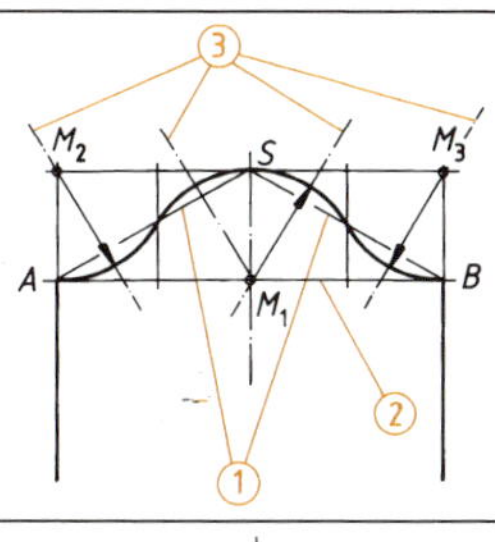

Karniesbogen

1. Verbindungsgeraden $\overline{AS}$ und $\overline{BS}$
2. Vier-Teilung der Verbindungsgeraden $\overline{AB}$ durch Senkrechte und damit Zwei-Teilung der Verbindungsgeraden $\overline{AS}$ und $\overline{BS}$
3. Mittelsenkrechte auf den Teilgeraden von $\overline{AS}$ und $\overline{BS}$ ergeben Einsatzpunkte M_1, M_2 und M_3

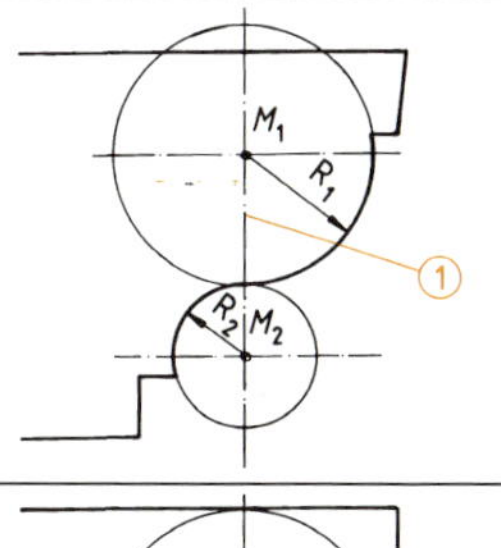

Karnies, liegend

1. Zwei sich berührende und auf einer gemeinsamen Mittelachse M_1 M_2 liegende Kreisbögen mit unterschiedlichen Radien ergeben eine Karnieslinie

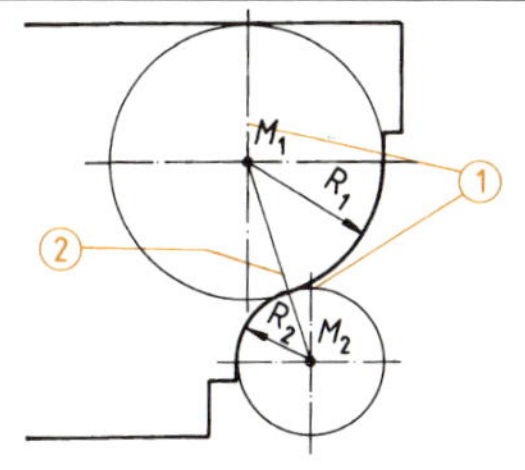

Karnies, stehend

1. Zwei sich berührende Kreisbögen mit unterschiedlichen Radien und versetzten (nicht auf einer gemeinsamen Mittelachse liegenden) Mittelpunkten M_1 und M_2 ergeben einen stehenden Karnies
2. Bogenanschluss wechselt auf der Verbindungsgeraden M_1 M_2

3.6 Geometrische Konstruktionen

3.6.3 Austragung eines schrägen Fußes

Zielstellung bei der Austragung des schrägen Fußes eines Fußgestells ist
- die Ermittlung der Querschnittsform sowie des Schmiegenwinkels zum Absetzen der Zargen,
- die Ermittlung der Querschnittsform sowie des Schmiegenwinkels zum Ablängen der Füße.

Folgende Arbeitsschritte sind erforderlich:
1. Zeichnen der Ansicht und der Draufsicht des Fußgestells,
2. Einzeichnen des Zargenquerschnitts in die Fußgestell-Ansicht und Herumklappen um den Punkt A in die Senkrechte,
3. Drehen des Fußes in Punkt B um 45°,
4. Übertragung des gedrehten Fußes in die Ansicht des Fußgestells.

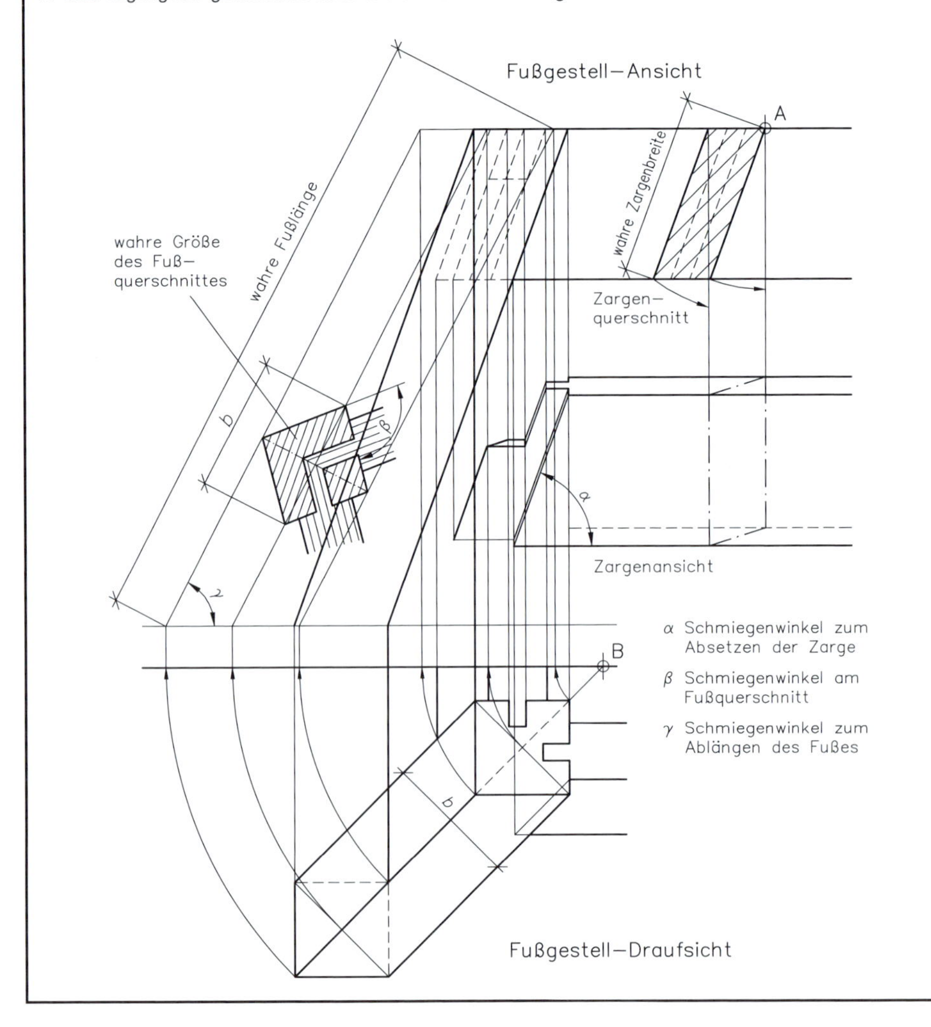

3.7 Projektionsmethoden nach DIN ISO 10209-2: 1994-12 und 5456

3.7.1 Übersicht nach DIN ISO 5456-1: 1998-04

Projektionsmethoden werden bestimmt durch

- die Art der Projektierungslinien, die parallel oder konvergierend sein können,
- die Lage der Projektionsebene in Bezug auf die Projektionslinien, orthogonal oder schräg,
- die Lage des Gegenstandes (seine Hauptmerkmale) die parallel/orthogonal oder schräg zur Projektionsebene liegen kann.

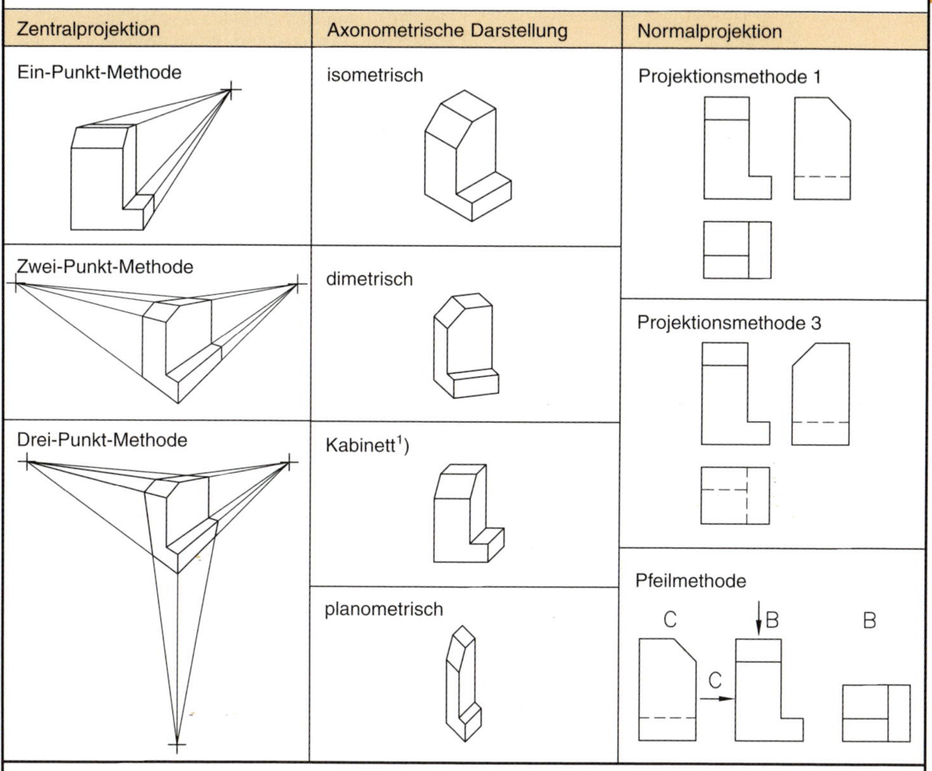

3.7.2 Zentralprojektion nach DIN EN ISO 5456-4: 2002-12

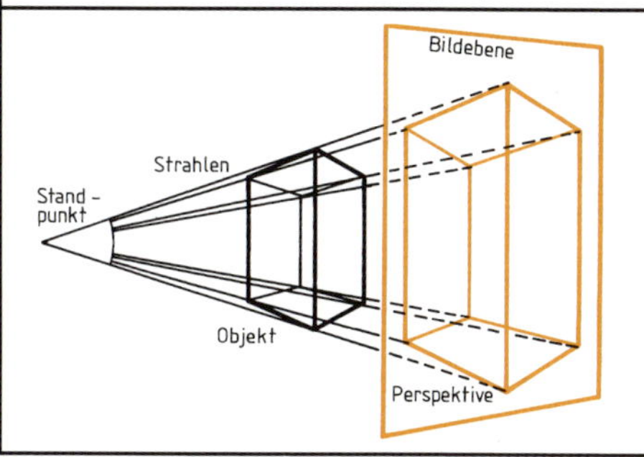

Das Projektionszentrum (Standpunkt) liegt im Endlichen. Das Objekt wird durch Strahlen vom zentralen Standpunkt auf die Bildebene projiziert (einäugiger Sehvorgang). Alle in Wirklichkeit parallelen Linien schneiden sich in den Fluchtpunkten. Entsprechend ändert sich die Größe der Abbildung je nach Lage von Standpunkt, Objekt und Bildebene zueinander.

3.7 Projektionsmethoden nach DIN ISO 10209-2: 1994-12 und 5456

3.7.3 Axonometrische Darstellung nach DIN ISO 5456-3: 1998-04

Die axonometrische Projektion ist eine Parallelprojektion, bei der die Lage des Gegenstandes und/oder die Richtung der Projektionslinien so gewählt sind, dass der Gegenstand in seinen drei Ausdehnungen dargestellt wird und diese in Richtung ihrer Koordinaten(achsen) gemessen werden.

Isometrie

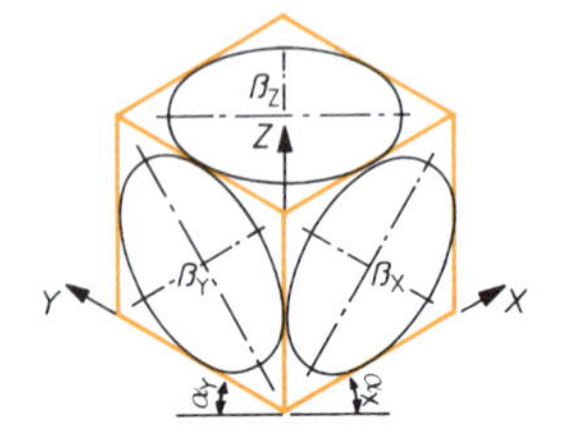

Drei Ansichten des Objektes werden gleichwertig abgebildet. Die gleichen Achsenwinkel ergeben eine leichte Unanschaulichkeit durch Symmetrie der Kanten.

Achsenwinkel	$\alpha_x = \alpha_y = 30°$
Verkürzungsfaktor	$k_x = k_y = k_z = 1$

Dimetrie

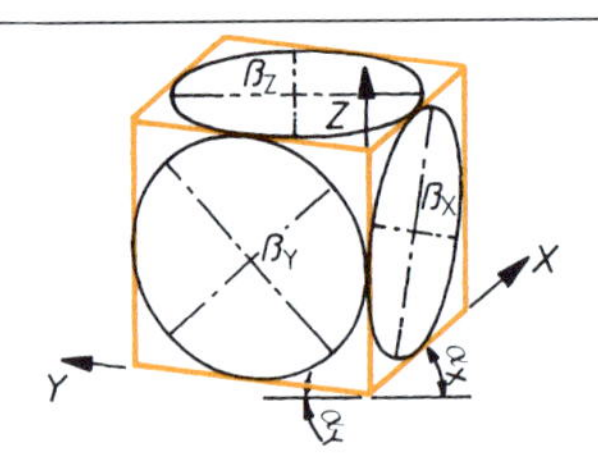

Eine Ansicht des Objektes wird bevorzugt dargestellt. Durch die einfachen, aber größeren Verkürzungsfaktoren wird die Zeichnung etwas größer als die dimetrische Projektion.

Achsenwinkel	$\alpha_x = 42°$	$\alpha_y = 7°$
Verkürzungsfaktor	$k_x = 0{,}5$	$k_y = k_z = 1$

Kabinettprojektion (Frontalprojektion)

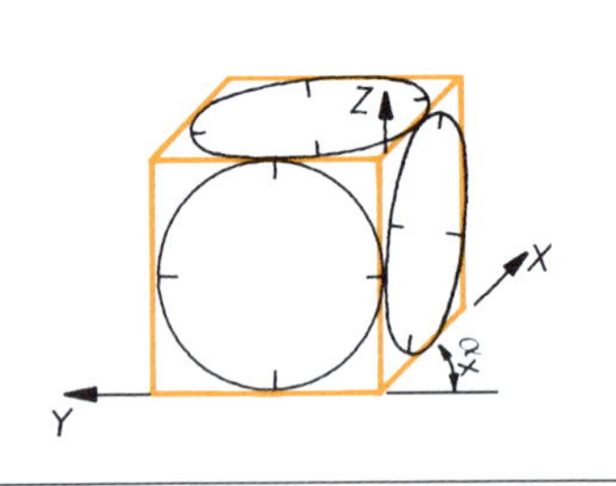

Die Vorderansicht (Front) liegt parallel zur Bildebene und wird daher unverändert abgebildet. Übliche Kombinationen:

Achsenwinkel	α_x α_y	30° 0°	45° 0°	45° 0°	60° 0°
Verkürzungsfaktor	k_x	0,33	0,5	0,7	0,67
	$k_y = k_z = 1$				

Planometrische Projektion (Vogelprojektion)

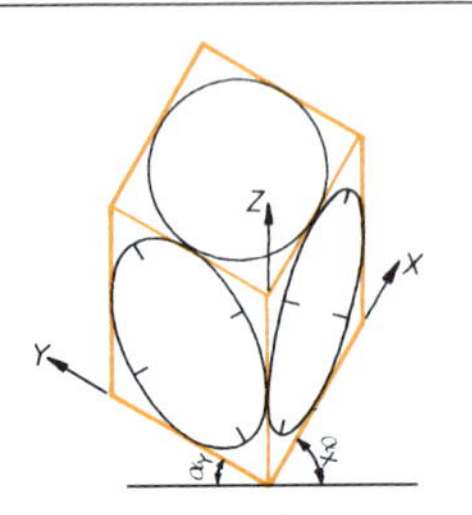

Die Draufsicht (Grundriss) liegt parallel zur Bildebene und wird daher unverändert abgebildet. Übliche Kombinationen von Achsenwinkeln und Verkürzungsfaktoren:

Achsenwinkel	α_x α_y	30° 60°	45° 45°	60° 30°
Verkürzungsfaktor	$k_x = k_y = k_z = 1$			

3.7 Projektionsmethoden nach DIN ISO 10209-2: 1994-12 und 5456

3.7.4 Darstellung in Normalprojektion nach DIN ISO 5456-2: 1998-04

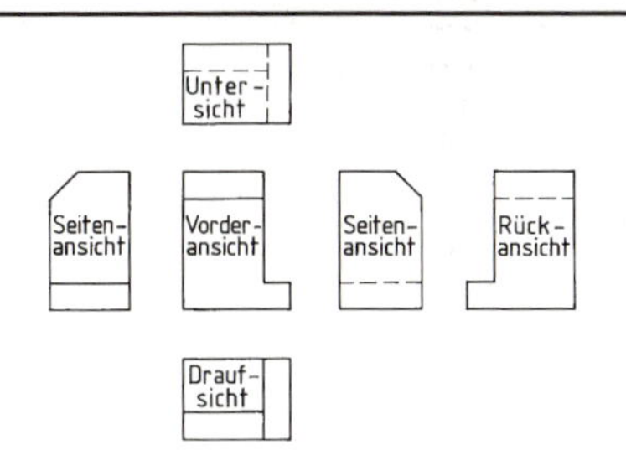

Ansichten und Schnitte werden vorrangig nach der Projektionsmethode 1 angeordnet.

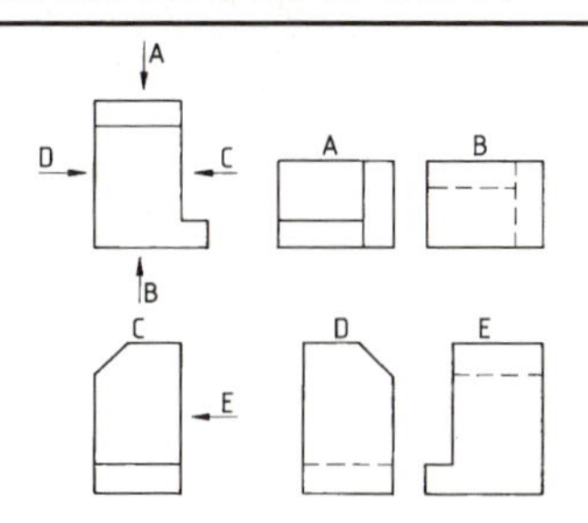

Wenn die Projektionsmethode 1 zu ungünstigen Anordnungen auf der Zeichnungsunterlage führt, gestattet die Pfeilmethode die freie Anordnung der Ansichten.

3.8 Darstellung von Werkstücken

3.8.1 Anordnung von Ansichten und Schnitten nach DIN 919-1: 1991-04

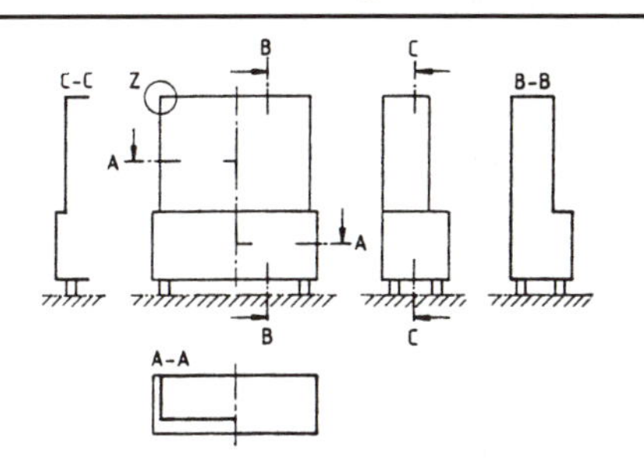

Die für den jeweiligen Zweck aussagefähigste Ansicht – im Allgemeinen die Vorderansicht eines Erzeugnisses – soll als Hauptansicht gewählt werden. Bei Außentüren gilt immer die Außenseite, bei Innentüren die Öffnungsfläche des Türblattes (früher: „Bandseite"), bei Fenstern und Fenstertüren die Innenraumseite als Vorderansicht. Im Allgemeinen genügt neben der Hauptansicht die Darstellung einer Seitenansicht (im Regelfall von links) und/oder gegebenenfalls der Draufsicht.

3.8.2 Schnitte nach DIN 919-1: 1991-04

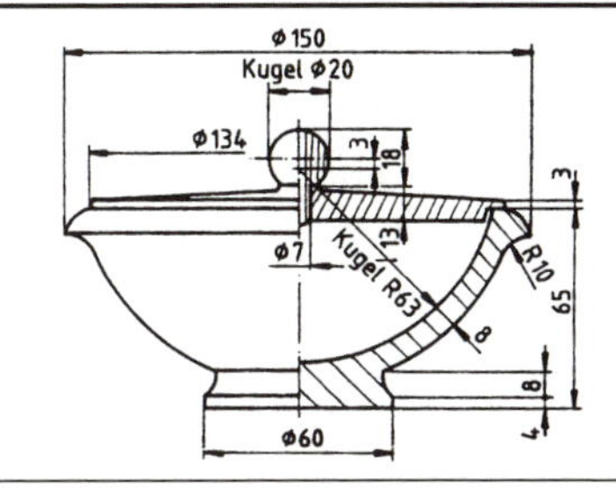

Halbschnitt
Symmetrische Teile dürfen zur Hälfte als Ansicht und zur Hälfte als Schnitt gezeichnet werden. Wenn keine besonderen Bedingungen vorliegen, so wird die rechte oder die untere Hälfte geschnitten dargestellt.

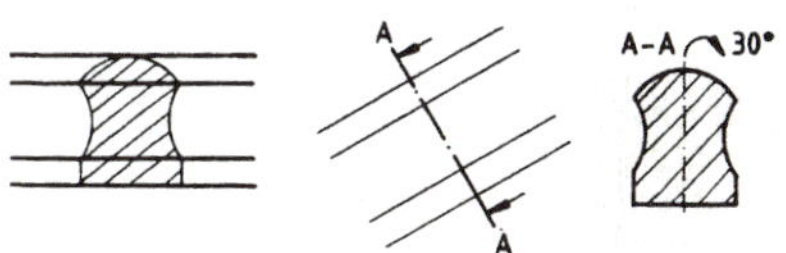

Profilschnitt
Profilschnitte dürfen in die zugehörige Ansicht geklappt oder herausgezogen werden.

3.9 Schraffuren und Kennzeichnungen im Schnitt

3.9.1 Schraffur von Vollholz und Holzwerkstoffplatten[1)]

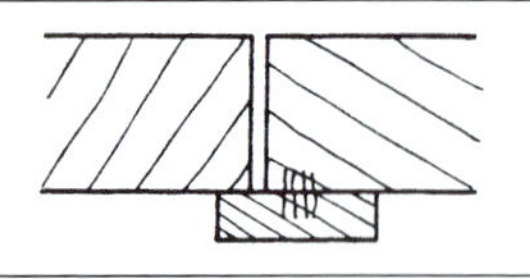

Hirnholz

Freihandschraffur im Winkel von ca. 45°. Bei aneinander liegenden Hirnholzschnittflächen wechselt die Schraffurrichtung. Miteinander fest verbundene Teile sollen möglichst in gleicher Richtung unter 45° schraffiert werden. Kleinere Schnittflächen werden enger schraffiert.

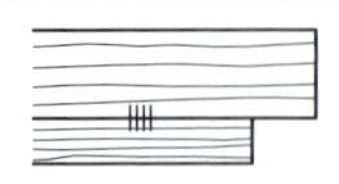

Längsholz

Freihandschraffur parallel zur Längsrichtung. Bei zwei aneinander liegenden Längsholzschnitten wird die kleinere Fläche enger schraffiert.

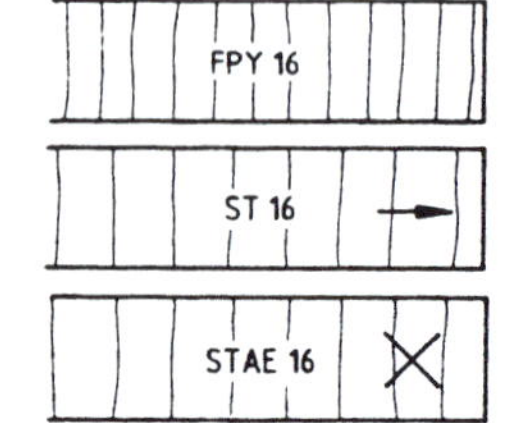

Allgemeine Kennzeichnung bei unbeschichteten Platten

Schraffur rechtwinklig zur Längsrichtung
Schraffurabstand etwa 1/2 Plattendicke
Eintragung von Plattenart und Nenndicke (Fertigdicke) 16 mm

Stabsperrholz ST, Nenndicke (Fertigdicke) 16 mm
Kernstruktur Längsholz

Stäbchensperrholz STAE, Nenndicke (Fertigdicke) 16 mm
Kernstruktur Hirnholz

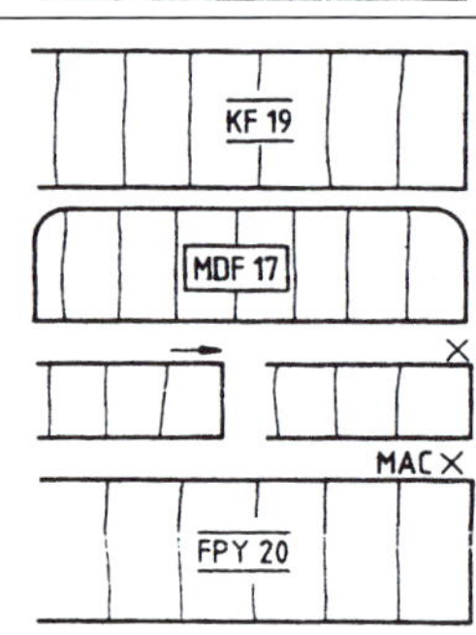

Fertigplatten und -profile

Beschichtete Holzwerkstoffplatte: beidseitig kunststoffbeschichtet (oben und unten), Nenndicke (Fertigdicke) 19 mm

Vierseitig beschichtete MDF-Platte, ummantelt bzw. nachgeformt
Eintragung von Plattenart, Lage der Beschichtung und Nenndicke (Fertigdicke) 17 mm

Kennzeichnung der Oberflächenstruktur, z. B. bei Furnieren in Faserrichtung: Pfeil; quer zur Faserrichtung: Kreuz

Beidseitig fertigfurnierte Flachpressplatte mit Makoré-Furnier
Nenndicke (Fertigdicke) 20 mm (FPY ist Trägerplatte)

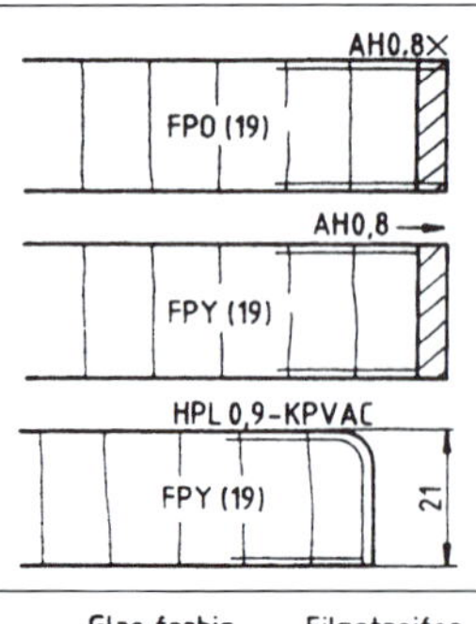

Zu ummantelnde oder nachzuformende Platten

Flachpressplatte FPO, Rohdicke 19 mm, Anleimer **vor** dem Furnieren anzuleimen, dann beidseitig mit Ahorn von 0,8 mm Dicke zu furnieren

Flachpressplatte FPY, Rohdicke 19 mm, beidseitig mit Ahorn von 0,8 mm Dicke zu furnieren, **danach** Anleimer anleimen; Furnierrichtung beachten

Flachpressplatte FPY, Rohdicke 19 mm, mit Schichtpressstoffplatte HPL, 0,9 mm dick, zu beschichten (mittels KPVAC-Leim) und nachzuformen, Nenndicke (Fertigdicke) 21 mm

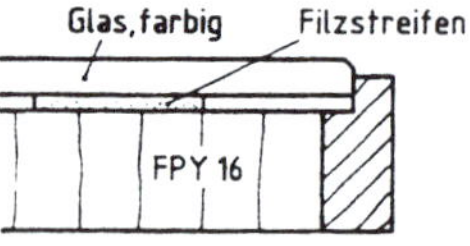

Sonstige Platten

Schnittfläche mit Wortangabe und Schraffur oder extra breiten Umrisslinien

[1)] Werkstoffkennzeichen s. Seite 4-2ff.

3.9 Schraffuren und Kennzeichnungen im Schnitt

3.9.2 Kennzeichnung von Baumaterialien im Schnitt nach DIN 1356-1: 1995-02

Symbol	Material	Symbol	Material
	Boden[1]		lichtdurchlässiges Material
	Kies		Metall
	Sand		Mörtel, Putz
	Beton		Dämmstoffe
	Stahlbeton		Abdichtungen
	Mauerwerk		Dichtstoffe

3.9.3 Kennzeichnung von Verbindungsmitteln

Verbindungsmittel, wie Schrauben, Nägel, Klammern, Formfedern, Dübel und dergleichen, dürfen vereinfacht durch Angabe der Mittellinie bzw. des Mittellinienkreuzes und zusätzlicher Angabe der jeweiligen Form und Maße oder der Normbezeichnung dargestellt werden.

5-29f.

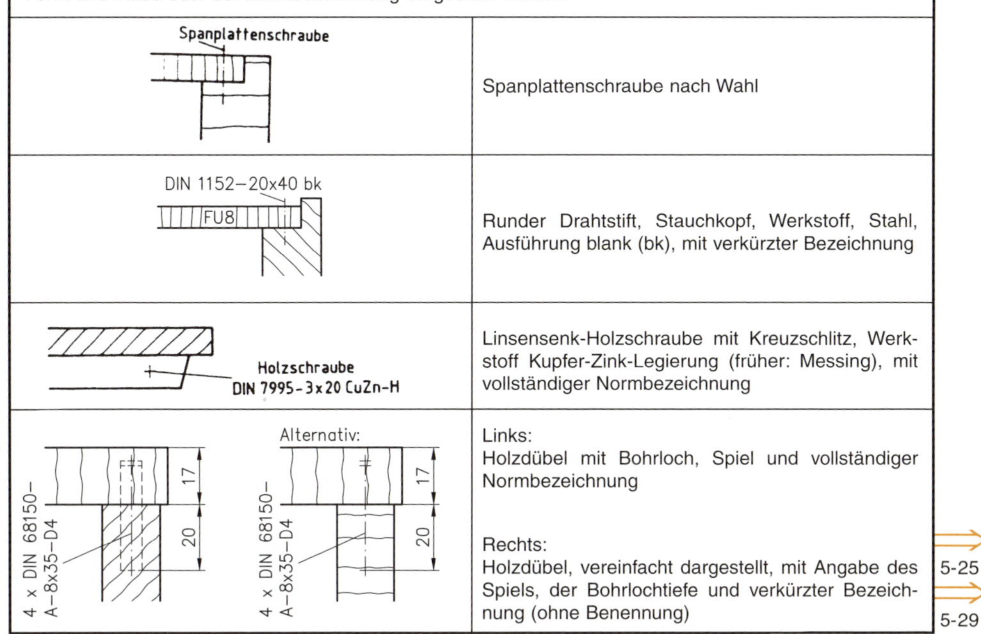

Spanplattenschraube nach Wahl

Runder Drahtstift, Stauchkopf, Werkstoff, Stahl, Ausführung blank (bk), mit verkürzter Bezeichnung

Linsensenk-Holzschraube mit Kreuzschlitz, Werkstoff Kupfer-Zink-Legierung (früher: Messing), mit vollständiger Normbezeichnung

Links:
Holzdübel mit Bohrloch, Spiel und vollständiger Normbezeichnung

Rechts:
Holzdübel, vereinfacht dargestellt, mit Angabe des Spiels, der Bohrlochtiefe und verkürzter Bezeichnung (ohne Benennung)

5-25
5-29

[1] Kennzeichnung nur an der Umrisslinie eintragen.

3

3.9 Schraffuren und Kennzeichnungen im Schnitt

3.9.4 Kennzeichnung nicht lösbarer Verbindungen (Verleimungen, Verklebungen)

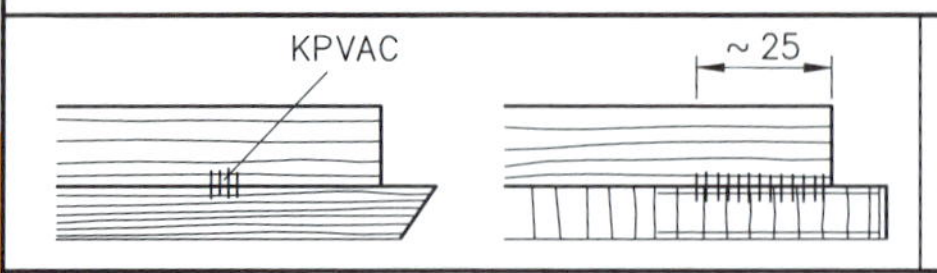

Links:
Symbol für vollfugige Leimung oder Klebung

Rechts:
Angabe für teilfugige Leimung oder Klebung

3.9.5 Kennzeichnung von Beschlägen

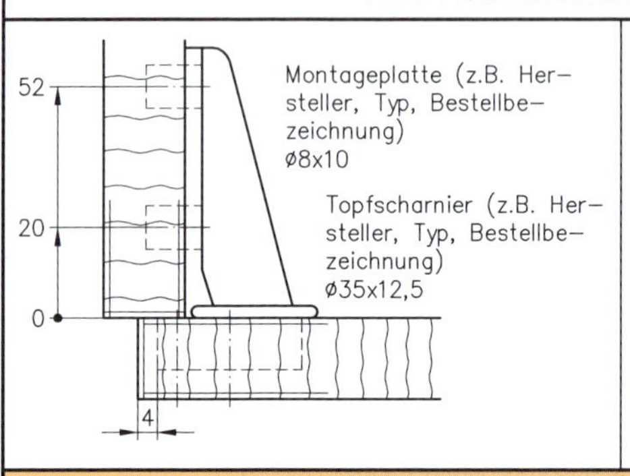

Beschläge werden in Ansichten und Schnitten vereinfacht dargestellt.
Im Regelfall sind die Einbaumaße und die Herstellerangaben ausreichend.

Vereinfachte Darstellung:
Topfscharnier mit Einbaumaßen (eingebaut z. B. in Korpus und Tür)

3.10 Sinnbilder in Wohnungsgrundrissen

3.10.1 Sinnbilder für Möbel

Sinnbild	Bezeichnung	Sinnbild	Bezeichnung
	Tisch		Bett
	Stuhl, Hocker		Doppelbett
	Sessel		Schrank
	Sofa, Couch		Schrankwand

3.10.2 Sinnbilder für Ausstattungsgegenstände

Sinnbild	Bezeichnung	Sinnbild	Bezeichnung	Sinnbild	Bezeichnung
	Waschbecken		Urinalbecken		Elektroherd
	Einbauwaschtisch		Waschmaschine		Mikrowellenherd
	Sitzwaschbecken (Bidet)		Wäschetrockner		Spüle, einfach
	Badewanne		Kühlschrank		Spüle, doppelt
	Duschwanne		Gefrierschrank		Geschirrspülmaschine
	Klosettbecken		Gasherd mit Backofen		Klimagerät

4 Werkstoffe

4.1 Übersicht

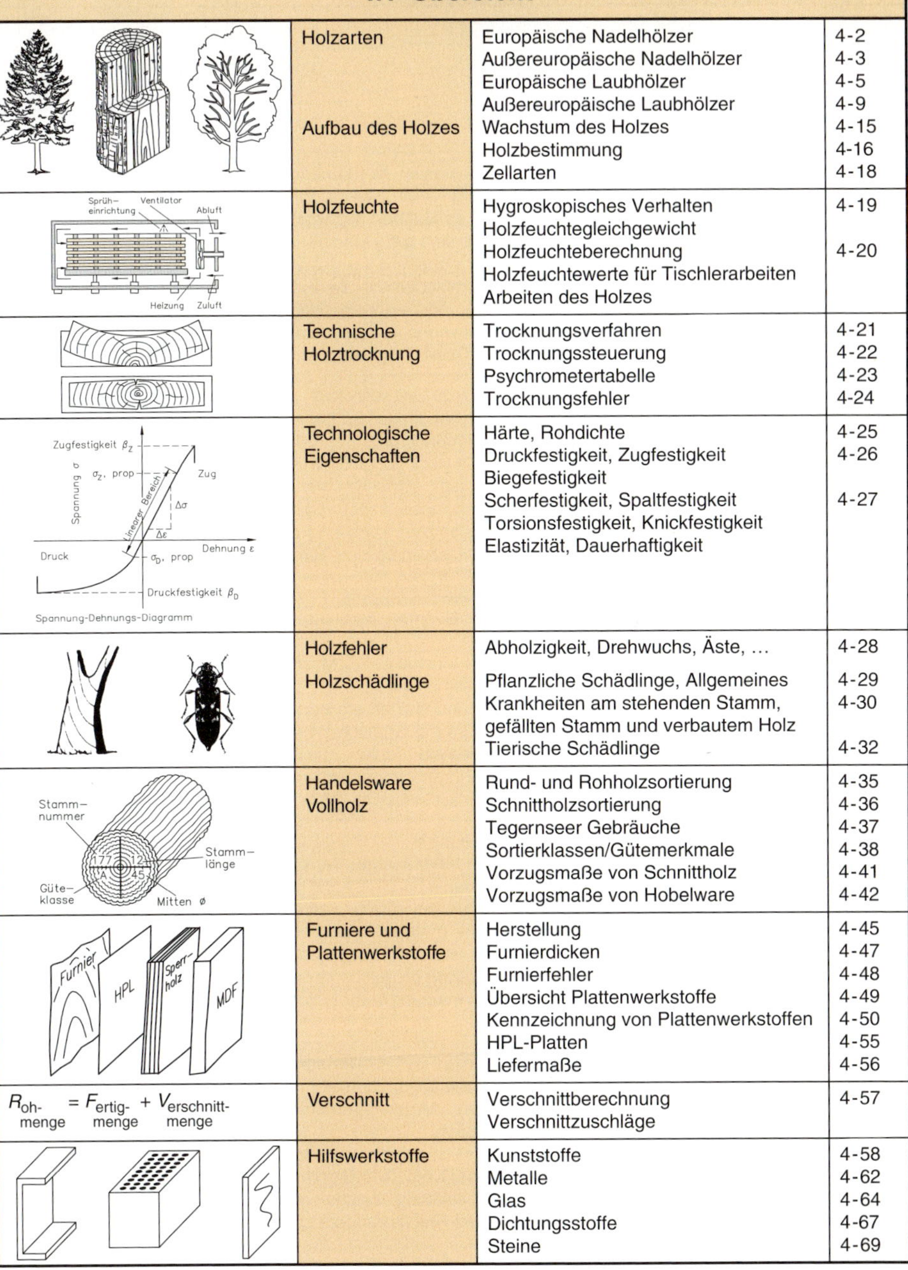

	Holzarten	Europäische Nadelhölzer	4-2
		Außereuropäische Nadelhölzer	4-3
		Europäische Laubhölzer	4-5
		Außereuropäische Laubhölzer	4-9
	Aufbau des Holzes	Wachstum des Holzes	4-15
		Holzbestimmung	4-16
		Zellarten	4-18
	Holzfeuchte	Hygroskopisches Verhalten	4-19
		Holzfeuchtegleichgewicht	
		Holzfeuchteberechnung	4-20
		Holzfeuchtewerte für Tischlerarbeiten	
		Arbeiten des Holzes	
	Technische Holztrocknung	Trocknungsverfahren	4-21
		Trocknungssteuerung	4-22
		Psychrometertabelle	4-23
		Trocknungsfehler	4-24
	Technologische Eigenschaften	Härte, Rohdichte	4-25
		Druckfestigkeit, Zugfestigkeit	4-26
		Biegefestigkeit	
		Scherfestigkeit, Spaltfestigkeit	4-27
		Torsionsfestigkeit, Knickfestigkeit	
		Elastizität, Dauerhaftigkeit	
	Holzfehler	Abholzigkeit, Drehwuchs, Äste, …	4-28
	Holzschädlinge	Pflanzliche Schädlinge, Allgemeines	4-29
		Krankheiten am stehenden Stamm, gefällten Stamm und verbautem Holz	4-30
		Tierische Schädlinge	4-32
	Handelsware Vollholz	Rund- und Rohholzsortierung	4-35
		Schnittholzsortierung	4-36
		Tegernseer Gebräuche	4-37
		Sortierklassen/Gütemerkmale	4-38
		Vorzugsmaße von Schnittholz	4-41
		Vorzugsmaße von Hobelware	4-42
	Furniere und Plattenwerkstoffe	Herstellung	4-45
		Furnierdicken	4-47
		Furnierfehler	4-48
		Übersicht Plattenwerkstoffe	4-49
		Kennzeichnung von Plattenwerkstoffen	4-50
		HPL-Platten	4-55
		Liefermaße	4-56
$R_{\text{oh-menge}} = F_{\text{ertig-menge}} + V_{\text{erschnitt-menge}}$	Verschnitt	Verschnittberechnung	4-57
		Verschnittzuschläge	
	Hilfswerkstoffe	Kunststoffe	4-58
		Metalle	4-62
		Glas	4-64
		Dichtungsstoffe	4-67
		Steine	4-69

4.2 Vollholz

14-4

4.2.1 Holzarten (Europäische Nadelhölzer)

Name Abk. nach DIN 4076-1: 1985-10	Vorkommen / Verwendung / Merkmale	Rohdichte[1] in kg/dm³ Max. Schwindmaß[2] in % Diff. Schwindmaß[3] in %	Festigkeit[4] in N/mm² Dauerhaftigkeitsklasse[5] *E*-Modul[6] in N/mm²
Eibe (Taxus) (EIB)	**Vorkommen:** West-, Südeuropa, Kleinasien, Nordamerika **Verwendung:** Messerfurniere; steht unter Naturschutz, daher nur noch ausländische Eibe im Handel, alle Pflanzenteile außer der roten Samenhülle sind giftig (Tanin). Im Mittelalter für Armbrüste verwendet **Merkmale:** Schmaler, weißgelber Splint, braunroter Kern mit violettem Schimmer, Kern gut witterungsbeständig, Harzkanäle nicht vorhanden, gutes Stehvermögen, gut leim-, beiz-, lackierbar, reizt Schleimhäute (Dermatitisgefahr)	ρ_0 ~ 0,66 ρ_u ~ 0,69 β_l ~ 0,3 β_r ~ 3,7 β_t ~ 5,3 V_r ~ k. A. V_t ~ k. A.	σ_D ~ 58 $\sigma_Z(\parallel)$ ~ k. A. $\sigma_Z(\perp)$ ~ k. A. σ_B ~ k. A. τ ~ k. A. DK = 2 E ~ k. A.
Fichte (Rottanne) (FI)	**Vorkommen:** Im Flachland und Gebirge weit verbreitet **Verwendung:** Schälfurnier, Bauholz, Innenausbau, Musikinstrumente, Plattenwerkstoffe, Papierindustrie **Merkmale:** Zapfen hängen und fallen ganz ab, gelblich bis rötlich weißer Reifholzbaum, schwach glänzend, wenig witterungsbeständig, Harzkanäle vorhanden, riecht harzig; gutes Stehvermögen; gut leim- und beizbar, schwierig zu lackieren, schlecht imprägnierbar, Harzkanäle und Harzgallen vorhanden	ρ_0 ~ 0,43 ρ_u ~ 0,46 β_l ~ 0,3 β_r ~ 3,6 β_t ~ 7,8 V_r ~ 0,19 V_t ~ 0,39	σ_D ~ 45 $\sigma_Z(\parallel)$ ~ 95 $\sigma_Z(\perp)$ ~ 2,7 σ_B ~ 80 τ ~ 10 DK = 4 E ~10000
Tanne (Weißtanne, Edeltanne) (TA)	**Vorkommen:** Im Flachland und Gebirge verbreiteter Nadelbaum **Verwendung:** Konstruktionsholz im Innenausbau, Musikinstrumente, Papier und Zellstoffindustrie **Merkmale:** Zapfen stehen aufrecht und bleiben am Baum hängen; gelblich weißer Reifholzbaum mit Grauschimmer, wenig witterungsbeständig, Harzkanäle fehlen, riecht leicht säuerlich, gutes Stehvermögen, gut leimbar, schwieriger zu beizen und zu lackieren, schlecht imprägnierbar	ρ_0 ~ 0,43 ρ_u ~ 0,46 β_l ~ 0,1 β_r ~ 3,4 β_t ~ 7,4 V_r ~ 0,14 V_t ~ 0,28	σ_D ~ 45 $\sigma_Z(\parallel)$ ~ 95 $\sigma_Z(\perp)$ ~ 2,3 σ_B ~ 80 τ ~ 10 DK = 4 E ~11000
Kiefer (Föhre, Pine) (KI)	**Vorkommen:** Mittel-, Ost- und Nordeuropa **Verwendung:** Konstruktionsholz im Innenausbau, Musikinstrumente, Papier und Zellstoffindustrie **Merkmale:** 5–10 cm gelblich weißes bis rötlich weißes Splintholz, Kernholz rötlich gelb bis braunrot, nachdunkelnd, mäßig witterungsbeständig, Kernholz dauerhaft, Harzkanäle vorhanden, riecht aromatisch bis harzig, gutes Stehvermögen, gut leimbar, evtl. Entharzung erforderlich, Splint gut imprägnierbar	ρ_0 ~ 0,48 ρ_u ~ 0,52 β_l ~ 0,3 β_r ~ 3,7 β_t ~ 7,7 V_r ~ 0,19 V_t ~ 0,36	σ_D ~ 47 $\sigma_Z(\parallel)$ ~ 100 $\sigma_Z(\perp)$ ~ 3 σ_B ~ 85 τ ~ 10 DK = 3/4 E ~11000
Lärche (LA)	**Vorkommen:** Im Flachland und Gebirge verbreiteter sommergrüner Baum, der bis 2400 m Höhe anzutreffen ist **Verwendung:** Möbel, Innenausbau, Musikinstrumente, Messerfurniere, Fenster, Türen, Treppen **Merkmale:** 1–3 cm gelblich weißes bis rötlich weißes Splintholz, nachdunkelnder, rotbrauner Kern, Jahrringgrenzen sehr deutlich, gut witterungsbeständig, Harzkanäle vorhanden, riecht aromatisch, gutes Stehvermögen, gut leimbar	ρ_0 ~ 0,56 ρ_u ~ 0,60 β_l ~ 0,3 β_r ~ 3,6 β_t ~ 7,9 V_r ~ 0,14 V_t ~ 0,30	σ_D ~ 55 $\sigma_Z(\parallel)$ ~ 107 $\sigma_Z(\perp)$ ~ 2,3 σ_B ~ 99 τ ~ 10 DK = 3–4 E ~18000

[1] ρ_0 ~ Rohdichte bei 0 %, ρ_u ~ Rohdichte bei 12 %–15 % Holzfeuchte. [2] β_n ~ Maximale Schwindmaße (t ~ tangential, r ~ radial, l ~ Längsachse). [3] V ~ Differenzielles Schwindmaß in % je % Holzfeuchteänderung. [4] σ_D: Druckfestigkeit, σ_Z: Zugfestigkeit, σ_B: Biegefestigkeit, τ: Scherfestigkeit. [5] Dauerhaftigkeitsklasse: DK = 1 bedeutet sehr dauerhaft, DK = 5 nicht dauerhaft. Vgl. auch S. 4-27. [6] *E*-Modul in Faserrichtung, z. T. nach DIN 68364: 2003-05.

4.2 Vollholz

4.2.1 Holzarten (Außereuropäische Nadelhölzer)

14-4

Name Abk. nach DIN 4076-1: 1985-10	Vorkommen / Verwendung / Merkmale	Rohdichte[1] in kg/dm³ Max. Schwindmaß[2] in % Diff. Schwindmaß[3] in %	Festigkeit[4] in N/mm² Dauerhaftigkeitsklasse[5] *E*-Modul[6] in N/mm²
Douglasie (Oregon Pine) (DGA)	**Vorkommen:** Westliches Nordamerika, in Europa seit Anfang des 19. Jahrhunderts kultiviert **Verwendung:** Bauholz, Fensterbau, Fußböden, Innenausbau, Vertäfelungen, Möbelbau, Schälfurnier **Merkmale:** Schmaler, weißlicher Splint, gelblich rotbraun nachdunkelnder Kern. Kern gut witterungsbeständig. Harzkanäle vorhanden, riecht frisch eingeschnitten terpentinartig, gutes Stehvermögen, gut leim-, beiz- und lackierbar, schlecht imprägnierbar	ρ_0 ~ 0,47 ρ_u ~ 0,51 β_l ~ 0,3 β_r ~ 4,5 β_t ~ 8,1 V_r ~ 0,15 V_t ~ 0,27	σ_D ~ 45 σ_Z (‖) ~ 105 σ_Z (⊥) ~ 2,4 σ_B ~ 100 τ ~ 10 DK = 3/4 *E* ~ 12 000
Redwood, kalifornisch (Sequoia sempervirens) (RWK)	**Vorkommen:** Westliches Nordamerika, vereinzelt auch in Europa. Zählt zu den höchsten (110 m) Bäumen der Erde. Ähnlich wie Sequoia gigantea (auch Sequoiadendron giganteum; Mammutbaum) **Verwendung:** Furnierplatten, Bauholz, Innenausbau, Waggonbau, Musikinstrumente **Merkmale:** Gelblich weißer Splint, Kern hell- bis braunrot, nachdunkelnd, witterungsfest, pilz- und insektenbeständig, keine Harzkanäle, riecht unauffällig, gutes Stehvermögen, gut leim-, lackier- und imprägnierbar, geringer Schwund	ρ_0 ~ 0,37 ρ_u ~ 0,45 β_l ~ 0,3 β_r ~ 2,6 β_t ~ 4,6 V_r ~ k. A. V_t ~ k. A.	σ_D ~ 35 σ_Z (‖) ~ 60 σ_Z (⊥) ~ 2 σ_B ~ 54 τ ~ 6 DK = 3/4 *E* ~ 7500
Weymouth-Kiefer (Strobe) (KIW)	**Vorkommen:** USA, Ostküste, in Deutschland seit Ende des 18. Jahrhunderts kultiviert **Verwendung:** Blindholz, Sperrfurniere, Fenster, Türen, Verkleidungen, Fußböden **Merkmale:** Schmaler gelbweißer Splint, Kern gelblich bis rötlich braun, in Nähe des Splints oft dunkler, stark nachdunkelnd, schnell wachsend, recht witterungsfest, riecht harzig, gutes Stehvermögen, gut bearbeitbar, gut beizbar, schlecht lackierbar, harzreich	ρ_0 ~ 0,38 ρ_u ~ 0,41 β_l ~ 0,2 β_r ~ 2,5 β_t ~ 6,3 V_r ~ k. A. V_t ~ k. A.	σ_D ~ 34 σ_Z (‖) ~ 90 σ_Z (⊥) ~ 2,4 σ_B ~ 58 τ ~ 6,2 DK = k. A. *E* ~ 9000
Western Red Cedar (Riesenlebensbaum, Thuja) (RCW)	**Vorkommen:** Westliches Nordamerika, in Europa nur selten kultiviert **Verwendung:** Blindholz, Sperrfurniere, Wand- und Deckenverkleidungen **Merkmale:** 2–5 cm weißlicher Splint, rötlich bis rotbrauner Kern, sehr witterungsfest, pilz- und insektenbeständig, riecht aromatisch, zedernartig, gute Wärmedämmung, sehr gutes Stehvermögen, gut lackier-, beiz- und bearbeitbar, sehr leicht, harzfrei, kann allergische Reaktionen hervorrufen	ρ_0 ~ 0,34 ρ_u ~ 0,37 β_l ~ 0,2 β_r ~ 2,1 β_t ~ 4,8 V_r ~ k. A. V_t ~ k. A.	σ_D ~ 35 σ_Z (‖) ~ 80 σ_Z (⊥) ~ 1,6 σ_B ~ 54 τ ~ 6 DK = 2/3 *E* ~ 8000
Hemlock (HEL)	**Vorkommen:** Westliches Nordamerika **Verwendung:** Sperrfurniere, Innenausbau, Saunaausbau **Merkmale:** Kern und Splint kaum unterscheidbar, weißlich-gelblich grau, wenig witterungsfest, pilz- und insektenanfällig, riecht unauffällig, frisch, etwas säuerlich, gutes Stehvermögen, schlecht imprägnierbar, gut lackier-, beiz- und bearbeitbar, keine Harzkanäle	ρ_0 ~ 0,49 ρ_u ~ 0,53 β_l ~ 0,2 β_r ~ 4,3 β_t ~ 7,9 V_r ~ k. A. V_t ~ k. A.	σ_D ~ 45 σ_Z (‖) ~ 68 σ_Z (⊥) ~ 2,2 σ_B ~ 75 τ ~ 7,8 DK = 4 *E* ~ 10 000

14-10

[1] ρ_0 ~ Rohdichte bei 0 %, ρ_u ~ Rohdichte bei 12 %–15 % Holzfeuchte. [2] β_n ~ Maximale Schwindmaße (t ~ tangential, r ~ radial, l ~ Längsachse). [3] V ~ Differenzielles Schwindmaß in % je % Holzfeuchteänderung. [4] σ_D: Druckfestigkeit, σ_Z: Zugfestigkeit, σ_B: Biegefestigkeit, τ: Scherfestigkeit [5] Dauerhaftigkeitsklasse: DK = 1 bedeutet sehr dauerhaft, DK = 5 nicht dauerhaft. Vgl. auch S. 4-27. [6] *E*-Modul in Faserrichtung, z.T. nach DIN 68364: 2003-05.

14-4

4

4.2 Vollholz

4.2.1 Holzarten (Außereuropäische Nadelhölzer)

Name Abk. nach DIN 4076-1: 1985-10	Vorkommen / Verwendung / Merkmale	Rohdichte[1] in kg/dm³ Max. Schwindmaß[2] in % Diff. Schwindmaß[3] in %	Festigkeit[4] in N/mm² Dauerhaftigkeitsklasse[5] *E*-Modul[6] in N/mm²
Longleaf Pine (PIP) (PIR)	**Vorkommen:** Nord- und Mittelamerika **Verwendung:** Innenausbau, Treppen, Außenbau, Fußböden, Sperrholz, Furniere. Das rötlich braune Kernholz wird als Pichpine (PIP), das gelblich weiße Splintholz als Redpine (PIR) gehandelt **Merkmale:** Dekorativ glänzend, je nach Harzgehalt sehr witterungsbeständig, bläueanfällig, gutes Stehvermögen, schlecht lackierbar, harzreich, daher auch der Name Pechkiefer	ρ_0 ~ 0,61/0,72 ρ_u ~ 0,66/0,75 β_l ~ 0,2 β_r ~ 4,8 β_t ~ 7,4 V_r ~ k. A. V_t ~ k. A.	σ_D ~ 60/45 $\sigma_Z(\parallel)$ ~ k. A. $\sigma_Z(\perp)$ ~ 3/5 σ_B ~ 100/76 τ ~ 12/9 DK = 3 E ~ 13200
Radiata Pine (PII)	**Vorkommen:** Nordamerika, Südamerika, Südwesteuropa, Südafrika, Neuseeland, Australien **Verwendung:** Konstruktionsholz für geringe Beanspruchungen, Kabeltrommeln, Papier und Zellstoffindustrie **Merkmale:** Nicht witterungsbeständig, pilz-, bläue- und insektenanfällig, imprägnierbar, gut lackierbar, scharfe Werkzeuge zur Vermeidung wolliger Oberflächen erforderlich, Harzkanäle vorhanden	ρ_0 ~ 0,47 ρ_u ~ 0,47 β_l ~ 0,3 β_r ~ 2,3 β_t ~ 4,5 V_r ~ k. A. V_t ~ k. A.	σ_D ~ 41 $\sigma_Z(\parallel)$ ~ 79 $\sigma_Z(\perp)$ ~ 3 σ_B ~ 80 τ ~ 10 DK = 4–5 E ~ 10500
Bleistift-holzzeder kalifornisch (Incense Cedar, Weihrauch-zeder) (BKA)	**Vorkommen:** Südwestliches Nordamerika, in anderen Ländern auch kultiviert **Verwendung:** Schälfurniere für Furnierplatten, Ladenbau, Behälter, Bleistifte **Merkmale:** Jahrringgrenzen deutlich, schmaler, weißer bis braungelber Splint, Kernholz rötlich braun, z. T. violett getönt, nachdunkelnd, riecht aromatisch, gut witterungsbeständig, pilz- und insektenfest, gut leim-, lackier- und bearbeitbar, keine Harzkanäle	ρ_0 ~ 0,30 ρ_u ~ 0,34 β_l ~ 0,2 β_r ~ 3,3 β_t ~ 5,2 V_r ~ k. A. V_t ~ k. A.	σ_D ~ 38 $\sigma_Z(\parallel)$ ~ 63 $\sigma_Z(\perp)$ ~ 2 σ_B ~ 56 τ ~ 6 DK = k. A. E ~ 7500
Parana Pine (Brasilkiefer, Araucaria) (PAP)	**Vorkommen:** Südliches Brasilien, biologisch keine Kiefer **Verwendung:** Sperrholz, Profilholz, Vertäfelungen, Fußböden, Treppen, Zellstoff- und Papierindustrie, Furnierholz **Merkmale:** Splint bis 10 cm breit, graubraun bis hellgelb, Kern gelbbraun, Holzstrahlen erkennbar, wenig dekorativ, mitunter grünlich gestreift, riecht unauffällig, wenig witterungsbeständig, pilz- und insektenanfällig, gut lackierbar, Jahrringgrenzen undeutlich, keine Harzkanäle	ρ_0 ~ 0,49 ρ_u ~ 0,54 β_l ~ 0,2 β_r ~ 3,9 β_t ~ 6,4 V_r ~ k. A. V_t ~ k. A.	σ_D ~ 55 $\sigma_Z(\parallel)$ ~ 135 $\sigma_Z(\perp)$ ~ 3 σ_B ~ 133 τ ~ 7,5 DK = 4/5 E ~ 13200
Kauri (Agathis) (AGT)	**Vorkommen:** Südostasien, Australien **Verwendung:** Schnitzen und Drechseln, Möbel, Vertäfelungen, Furnierholz, sein Harz wird als Kopal oder Dammharz gehandelt **Merkmale:** Splint gelblich, vom gelbrötlichen bis graubraunen Kern nicht immer gut zu unterscheiden, gut beiz- und lackierbar, schlecht zu imprägnieren, mäßig gutes Stehvermögen, pilz- und insektenanfällig, Jahrringgrenzen undeutlich, keine Harzkanäle	ρ_0 ~ 0,46 ρ_u ~ 0,49 β_l ~ 0,3 β_r ~ 4,0 β_t ~ 9,3 V_r ~ k. A. V_t ~ k. A.	σ_D ~ 51 $\sigma_Z(\parallel)$ ~ 135 $\sigma_Z(\perp)$ ~ 2 σ_B ~ 101 τ ~ 7 DK = 3–4 E ~ 12000

[1] ρ_0 ~ Rohdichte bei 0 %, ρ_u ~ Rohdichte bei 12 %–15 % Holzfeuchte. [2] β_n ~ Maximale Schwindmaße (t ~ tangential, r ~ radial, l ~ Längsachse). [3] V ~ Differenzielles Schwindmaß in % je % Holzfeuchteänderung. [4] σ_D: Druckfestigkeit, σ_Z: Zugfestigkeit, σ_B: Biegefestigkeit, τ: Scherfestigkeit. [5] Dauerhaftigkeitsklasse: DK = 1 bedeutet sehr dauerhaft, DK = 5 nicht dauerhaft. Vgl. auch S. 4-27. [6] E-Modul in Faserrichtung, z. T. nach DIN 68364: 2003-05.

4.2 Vollholz

4.2.1 Holzarten (Europäische Laubhölzer)

14-4

Name Abk. nach DIN 4076-1: 1985-10	Vorkommen / Verwendung / Merkmale	Rohdichte[1] in kg/dm³ Max. Schwindmaß[2] in % Diff. Schwindmaß[3] in %	Festigkeit[4] in N/mm² Dauerhaftigkeitsklasse[5] *E*-Modul[6] in N/mm²
Ahorn Bergahorn, Feldahorn, Spitzahorn (AH)	**Vorkommen:** Nördliche Hemisphäre mit 150 verschiedenen Arten **Verwendung:** Möbelbau, Innenausbau, Fußböden, Küchengeräte, Tischplatten, Furniere (meist ungedämpft wegen möglicher Fleckbildung beim Dämpfen) **Merkmale:** Sehr hell, später vergilbend, Spitz- und Zuckerahorn ist schwerer (ρ_0 ~ 0,67) und dunkler. In feuchtem Zustand anfällig für Stockigkeit, schwer zu trocknen, nicht witterungsbeständig, nicht immer leicht leim- und beizbar	ρ_0 ~ 0,60 ρ_u ~ 0,64 β_l ~ 0,50 β_r ~ 3,0 β_t ~ 8,0 V_r ~ k.A. V_t ~ k.A.	σ_D ~ 50 $\sigma_Z(\parallel)$ ~ 120 $\sigma_Z(\perp)$ ~ k.A. σ_B ~ 95 τ ~ 11 DK = 5 E ~ 10500
Aspe (Espe, Zitterpappel) (AS)	**Vorkommen:** Europa, Nordasien **Verwendung:** Schälfurniere für FU-Platten, Zellstoffindustrie, Holzmehl, Holzwolle, Holzschuhe, Küchengeräte, Streichholzherstellung **Merkmale:** Weißlich bis gelblich weiß, scharfe Werkzeuge erforderlich, sonst entstehen filzig-raue Oberflächen, frisches Holz ist leichter verarbeitbar als getrocknetes, raschwüchsig, gutes Stehvermögen, nicht witterungsbeständig, schlecht zu lackieren, gut leim- und beizbar	ρ_0 ~ 0,45 ρ_u ~ 0,50 β_l ~ 0,20 β_r ~ 3,5 β_t ~ 8,5 V_r ~ k.A. V_t ~ k.A.	σ_D ~ 32 $\sigma_Z(\parallel)$ ~ 77 $\sigma_Z(\perp)$ ~ 2 σ_B ~ 60 τ ~ 5 DK = 5 E ~ 8800
Birke (BI)	**Vorkommen:** Europa, Nordasien, Nordamerika **Verwendung:** Schälfurniere für FU-Platten, Zellstoff- und Papierindustrie, Holzwerkstoffe, Sitzmöbel, häufig bei Biedermeiermöbeln, Kaminholz, Extrakt für Haarwasser **Merkmale:** Splintholzbaum, der zur Markröhre hin im Alter schwach bräunlich wird, gut beiz- und polierbar, nicht witterungsbeständig, schnell verstockend, Holzstrahlen und Gefäße auch mit Lupe kaum sichtbar, kann im Alter Kernholz bilden	ρ_0 ~ 0,63 ρ_u ~ 0,66 β_l ~ 0,6 β_r ~ 5,3 β_t ~ 7,8 V_r ~ 0,29 V_t ~ 0,41	σ_D ~ 60 $\sigma_Z(\parallel)$ ~ 137 $\sigma_Z(\perp)$ ~ 0,07 σ_B ~ 120 τ ~ 12 DK = 5 E ~14000
Birnbaum (Schweizer Birnbaum) (BB)	**Vorkommen:** Im gemäßigten Klima der nördlichen Breiten, der Elsbeerenbaum produziert ein fast gleiches Holz **Verwendung:** Möbelbau, Furniere, Zeichengeräte, Drechsel- und Schnitzarbeiten, Blockflöten **Merkmale:** Reifholzbaum, gelblich bis hellrötlich braun, Kern auch bräunlich-violett, ungedämpft, schlechtes Stehvermögen, nicht witterungsbeständig, mäßig gut zu verleimen, ausgezeichnet beiz- und polierbar (der Handel unterscheidet Birnbaum, Elsbeere und Schweizer Birnbaum)	ρ_0 ~ 0,66 ρ_u ~ 0,69 β_l ~ 0,4 β_r ~ 4,6 β_t ~ 9,1 V_r ~ k.A. V_t ~ k.A.	σ_D ~ 54 $\sigma_Z(\parallel)$ ~ k.A. $\sigma_Z(\perp)$ ~ 5 σ_B ~ 98 τ ~ 12 DK = 4 E ~ 8000
Buche Rotbuche (BU)	**Vorkommen:** Europa (in Deutschland 65 % des Waldes) **Verwendung:** Messerfurniere, Schälfurniere, FU-Platten, Lagenholz, Möbel- und Innenausbau, Fußböden, Werkbänke, Spielwaren, Küchengeräte, Biegeholz **Merkmale:** Gelbrötlicher bis rötlich brauner Reifholzbaum, oft mit rotbraunem Falschkern, zerstreutporig, feinnadelrissig, Holzstrahlen deutlich sichtbar, schlechtes Stehvermögen, gedämpft gutes Stehvermögen, nicht witterungsbeständig, gut leim-, beiz- und lackierbar, Holzstaub krebsverdächtig	ρ_0 ~ 0,66 ρ_u ~ 0,71 β_l ~ 0,3 β_r ~ 5,8 β_t ~ 11,8 V_r ~ 0,20 V_t ~ 0,41	σ_D ~ 60 $\sigma_Z(\parallel)$ ~ 135 $\sigma_Z(\perp)$ ~ 9 σ_B ~ 120 τ ~ 10 DK = 5 E ~ 14000

14-4

[1] ρ_0 ~ Rohdichte bei 0 %, ρ_u ~ Rohdichte bei 12 %–15 % Holzfeuchte. [2] β_n ~ Maximale Schwindmaße (t ~ tangential, r ~ radial, l ~ Längsachse). [3] V ~ Differenzielles Schwindmaß in % je % Holzfeuchteänderung. [4] σ_D: Druckfestigkeit, σ_Z: Zugfestigkeit, σ_B: Biegefestigkeit, τ: Scherfestigkeit [5] Dauerhaftigkeitsklasse: DK = 1 bedeutet sehr dauerhaft, DK = 5 nicht dauerhaft. Vgl. auch S. 4-27. [6] E-Modul in Faserrichtung, z.T. nach DIN 68364: 2003-05.

14-4

4.2 Vollholz

4.2.1 Holzarten (Europäische Laubhölzer)

14-4

Name Abk. nach DIN 4076-1: 1985-10	Vorkommen / Verwendung / Merkmale	Rohdichte[1] in kg/dm³ Max. Schwindmaß[2] in % Diff. Schwindmaß[3] in %	Festigkeit[4] in N/mm² Dauerhaftigkeitsklasse[5] *E*-Modul[6] in N/mm²
Edelkastanie (EKE)	**Vorkommen:** Süd- und Mitteleuropa, Kleinasien, Nordafrika **Verwendung:** Furniere, Vertäfelungen, in Südeuropa als Bauholz, bekannter sind die Früchte (Maronen). Die Rosskastanie (KA) wird nur als Zierbaum verwendet **Merkmale:** Schmaler grau-weißer Splint, Kern gelblich bis blassbraun, eichenähnlich, jedoch weniger Spiegel, säuerlicher Geruch, fast so dauerhaft wie Eiche, besseres Stehvermögen als Eiche, mäßige Leimbarkeit, gut lackierbar, Hautreizungen möglich	ρ_0 ~ 0,54 ρ_u ~ 0,59 β_l ~ 0,6 β_r ~ 4,3 β_t ~ 6,4 V_r ~ k. A. V_t ~ k. A.	σ_D ~ 49 $\sigma_Z(\parallel)$ ~ 135 $\sigma_Z(\perp)$ ~ k. A. σ_B ~ 80 τ ~ 8,7 DK = 2 E ~ 7300
Eiche (Stieleiche, Traubeneiche) (EI)	**Vorkommen:** Europa (die japanische Eiche (EIJ) und die amerik. Weißeiche (EIW) haben ähnliche Eigenschaften) **Verwendung:** Möbel- und Innenausbau, Fenster, Türen Furnierholz, Parkett, Fassdauben, Bootsbau, Konstruktionsholz **Merkmale:** 2–5 cm breiter gelblich weißer Splint, hellbrauner bis gelbbrauner, nachdunkelnder Kern, auffällige Spiegel, säuerlicher Geruch, Splintholz unbrauchbar, gutes Stehvermögen, Verblauung durch Metallkontakt, mäßig gut zu verleimen, gut beiz- und lackierbar	ρ_0 ~ 0,67 ρ_u ~ 0,71 β_l ~ 0,4 β_r ~ 4,1 β_t ~ 9,0 V_r ~ 0,16 V_t ~ 0,36	σ_D ~ 52 $\sigma_Z(\parallel)$ ~ 110 $\sigma_Z(\perp)$ ~ 4 σ_B ~ 95 τ ~ 11,5 DK = 2 E ~ 13000
Eiche (Roteiche) (EIR)	**Vorkommen:** USA, Kanada, in Europa kultiviert **Verwendung:** Möbel- und Innenausbau, Treppen, Fenster, Türen, Furnierholz, Parkett, Schiffsbau, Grubenholz, Konstruktionsholz **Merkmale:** Splint hell- bis rötlich grau, Kern graubraun bis hellrötlich braun, schwach nachdunkelnd, säuerlicher Geruch, etwas schwerer als Weißeiche und europ. Eiche, weniger wertvoll, die Spiegel sind weniger deutlich als bei der europ. Eiche, sonst ähnliche Eigenschaften	ρ_0 ~ 0,66 ρ_u ~ 0,70 β_l ~ 0,7 β_r ~ 4,0 β_t ~ 8,2 V_r ~ k. A. V_t ~ k. A.	σ_D ~ 55 $\sigma_Z(\parallel)$ ~ 140 $\sigma_Z(\perp)$ ~ 5 σ_B ~ 125 τ ~ 12 DK = 4 E ~ 13000
Erle (ER)	**Vorkommen:** Europa, Nordafrika, Nordamerika **Verwendung:** Vollholzmöbel, Furniere, Modelltischlerei, Zellstoffindustrie, Bleistifte, Drechseln, Schnitzen, Küchengeräte **Merkmale:** Frisch eingeschnittene Erle ist zunächst blass und bekommt unter Lufteinwirkung einen Stich ins Orange, feinnadelrissig, riecht schwach säuerlich, gutes Stehvermögen, gut leim-, beiz-, lackierbar, Hautreizungen möglich, nicht witterungsbeständig	ρ_0 ~ 0,49 ρ_u ~ 0,53 β_l ~ 0,5 β_r ~ 4,4 β_t ~ 9,3 V_r ~ 0,20 V_t ~ 0,31	σ_D ~ 51 $\sigma_Z(\parallel)$ ~ 94 $\sigma_Z(\perp)$ ~ 7,3 σ_B ~ 91 τ ~ 4,5 DK = 5 E ~ 9500
Esche Gemeine (ES)	**Vorkommen:** Europa, Vorderasien, Nordamerika, Japan **Verwendung:** Furniere, Möbel- und Innenausbau, Parkett, Fahrzeugbau, Sportgeräte, Werkzeuggriffe, Drechsel- und Schnitzarbeiten **Merkmale:** Breites weißliches Splintholz, Kernholz gelblich bis rötlich weiß, Ringporigkeit und Holzstrahlen ohne Lupe deutlich erkennbar, nicht witterungsfest, mäßiges Stehvermögen, zäh und elastisch, gut leim- und lackierbar, schlecht beizbar	ρ_0 ~ 0,65 ρ_u ~ 0,70 β_l ~ 0,2 β_r ~ 4,8 β_t ~ 8,2 V_r ~ 0,21 V_t ~ 0,38	σ_D ~ 50 $\sigma_Z(\parallel)$ ~ 130 $\sigma_Z(\perp)$ ~ 10 σ_B ~ 105 τ ~ 13 DK = 5 E ~ 13000

[1] ρ_0 ~ Rohdichte bei 0 %, ρ_u ~ Rohdichte bei 12 %–15 % Holzfeuchte. [2] β_n ~ Maximale Schwindmaße (*t* ~ tangential, *r* ~ radial, *l* ~ Längsachse). [3] *V* ~ Differenzielles Schwindmaß in % je % Holzfeuchteänderung. [4] σ_D: Druckfestigkeit, σ_Z: Zugfestigkeit, σ_B: Biegefestigkeit, τ: Scherfestigkeit. [5] Dauerhaftigkeitsklasse: DK = 1 bedeutet sehr dauerhaft, DK = 5 nicht dauerhaft. Vgl. auch S. 4-27. [6] *E*-Modul in Faserrichtung, z. T. nach DIN 68364: 2003-05.

4.2 Vollholz

4.2.1 Holzarten (Europäische Laubhölzer)

14-4

Name Abk. nach DIN 4076-1: 1985-10	Vorkommen / Verwendung / Merkmale	Rohdichte[1] in kg/dm^3 Max. Schwindmaß[2] in % Diff. Schwindmaß[3] in %	Festigkeit[4] in N/mm^2 Dauerhaftigkeitsklasse[5] *E*-Modul[6] in N/mm^2
Hainbuche Weißbuche, Hagebuche, Hornbaum (HB)	**Vorkommen:** Europa, auch Türkei, Iran **Verwendung:** Werkzeuge (Hobelsohle), Hackklötze, Billardqueues, Trommelstöcke, Klavierbau **Merkmale:** Weißlich-graues Holz, einzelne schmale hellbraune Streifen, zerstreutporig, wenig dekorativ, schlechtes Stehvermögen, nicht witterungsbeständig, mäßig gut leim-, beiz- und lackierbar, Hautreizungen möglich, größte Zähigkeit und Härte aller europäischer Hölzer, häufig spanrückiger Wuchs	ρ_0 ~ 0,77 ρ_u ~ 0,80 β_l ~ 0,5 β_r ~ 6,8 β_t ~ 11,5 V_r ~ k. A. V_t ~ k. A.	σ_D ~ 60 $\sigma_Z(\parallel)$ ~ 135 $\sigma_Z(\perp)$ ~ 24 σ_B ~ 130 τ ~ 10 DK = 5 *E* ~ 14500
Kirschbaum (KB)	**Vorkommen:** Europa, Nordosten der USA **Verwendung:** Furniere, hochwertige Möbel, Vertäfelungen, Intarsien, Kunst- und Gebrauchsgegenstände **Merkmale:** Schmaler gelblich weißer Splint, Kernholz gelb bis goldbraun, rötlich nachdunkelnd, Grünstreifigkeit möglich, nicht witterungsfest, mäßiges Stehvermögen, gut leimbar, sehr gut beiz- und lackierbar, der amerikanische Kirschbaum (Black Cherry-KIA) ist kräftiger im Farbton und etwas schwerer	ρ_0 ~ 0,55 ρ_u ~ 0,63 β_l ~ 0,2 β_r ~ 5,0 β_t ~ 8,7 V_r ~ 0,14 V_t ~ 0,33	σ_D ~ 50 $\sigma_Z(\parallel)$ ~ 98 $\sigma_Z(\perp)$ ~ 5,3 σ_B ~ 98 τ ~ 13,5 DK = 3/4 *E* ~ 10500
Linde Sommerlinde, Winterlinde (LI)	**Vorkommen:** Europa, Asien, Amerika **Verwendung:** Schälfurniere, bestes Schnitz- und Drechselholz, Reißbretter, Zündhölzer, Spielwaren, Klavierbau **Merkmale:** Reifholzbaum, breiter weißlicher Splint, Kern gelblich bis hellrötlich nachdunkelnd, feinnadelrissig, zerstreutporig, auffallender, lang anhaltender charakteristischer Geruch, mäßiges Stehvermögen, nicht witterungsbeständig, gut leim-, beiz- und lackierbar	ρ_0 ~ 0,50 ρ_u ~ 0,54 β_l ~ 0,3 β_r ~ 5,5 β_t ~ 9,1 V_r ~ k. A. V_t ~ k. A.	σ_D ~ 52 $\sigma_Z(\parallel)$ ~ 85 $\sigma_Z(\perp)$ ~ 5,8 σ_B ~ 106 τ ~ 4,5 DK = 5 *E* ~ 7400
Nussbaum Walnussbaum (NB)	**Vorkommen:** Mittel-, West-, Südeuropa, Asien, Nordafrika **Verwendung:** Messerfurniere, hochwertiger Möbel- und Innenausbau, Schnitz- und Drechselholz, Intarsien, Gewehrschäfte, Maserfurniere aus Maserknollen **Merkmale:** Grauweißer Splint, Kern graubraun mit dunklen Streifen, europäischer Nussbaum variiert stark im Aussehen, nadelrissig, halbringporig, riecht in frischem Zustand säuerlich, Poren ohne Lupe erkennbar, mäßiges Stehvermögen, mäßig witterungsbeständig, gut leimbar, sehr gut beiz- und lackierbar	ρ_0 ~ 0,64 ρ_u ~ 0,68 β_l ~ 0,5 β_r ~ 5,4 β_t ~ 7,5 V_r ~ 0,18 V_t ~ 0,29	σ_D ~ 65 $\sigma_Z(\parallel)$ ~ 100 $\sigma_Z(\perp)$ ~ 3,5 σ_B ~ 133 τ ~ 7 DK = 3 *E* ~ 12500
Pappel (Grau-, Schwarz-, Weiß-, Silberpappel) (PA)	**Vorkommen:** Europa, Vorderasien, und vielfach kultiviert **Verwendung:** Schälfurniere für FU-Platten, Zellstoffindustrie, Küchengeräte, Streichholzherstellung, Bleistifte, Schnitzholz, Holzwolle **Merkmale:** Kernholz hellbraun bis hellgrünlich braun, Splintholz weißlich bis gelblich weiß, dekorativer als Aspe, scharfe Werkzeuge erforderlich, gut leim- und beizbar, schlecht lackierbar, gutes Stehvermögen, nicht witterungsbeständig	ρ_0 ~ 0,41 ρ_u ~ 0,44 β_l ~ 0,3 β_r ~ 4,3 β_t ~ 8,4 V_r ~ 0,13 V_t ~ 0,31	σ_D ~ 32 $\sigma_Z(\parallel)$ ~ 77 $\sigma_Z(\perp)$ ~ 2 σ_B ~ 60 τ ~ 5 DK = 5 *E* ~ 8800

[1] ρ_0 ~ Rohdichte bei 0 %, ρ_u ~ Rohdichte bei 12 %–15 % Holzfeuchte. [2] β_n ~ Maximale Schwindmaße (*t* ~ tangential, *r* ~ radial, *l* ~ Längsachse). [3] *V* ~ Differenzielles Schwindmaß in % je % Holzfeuchteänderung. [4] σ_D: Druckfestigkeit, σ_Z: Zugfestigkeit, σ_B: Biegefestigkeit, τ: Scherfestigkeit [5] Dauerhaftigkeitsklasse: DK = 1 bedeutet sehr dauerhaft, DK = 5 nicht dauerhaft. Vgl. auch S. 4-27. [6] *E*-Modul in Faserrichtung, z. T. nach DIN 68364: 2003-05.

⇐ 14-4

4.2 Vollholz

4.2.1 Holzarten (Europäische Laubhölzer)

Name Abk. nach DIN 4076-1: 1985-10	Vorkommen / Verwendung / Merkmale	Rohdichte[1] in kg/dm³ Max. Schwindmaß[2] in % Diff. Schwindmaß[3] in %	Festigkeit[4] in N/mm² Dauerhaftigkeitsklasse[5] *E*-Modul[6] in N/mm²
Platane (PLT)	**Vorkommen:** Die europäische Platane ist eine Kreuzung aus der abendländischen und der morgenländischen Platane **Verwendung:** Furniere, Vertäfelungen, Intarsien **Merkmale:** Weißliches oder gelbrötliches Splintholz, Kernholz rotbraun, Radialschnitte zeigen eine bemerkenswerte fleckige Struktur, die durch angeschnittene Holzstrahlen entsteht, auffälliger Geruch, nicht witterungsfest, schlechtes Stehvermögen, mäßig gut leimbar, beim Furnieren Leimdurchschlag häufig, gut lackierbar, schlecht beizbar	ρ_0 ~ 0,58 ρ_u ~ 0,62 β_l ~ 0,5 β_r ~ 4,5 β_t ~ 8,7 V_r ~ k. A. V_t ~ k. A.	σ_D ~ 46 $\sigma_Z(\parallel)$ ~ k. A. $\sigma_Z(\perp)$ ~ 5,3 σ_B ~ 99 τ ~ 11,7 DK = k. A. E ~ 10500
Robinie Falsche Akazie (ROB)	**Vorkommen:** Östliches Nordamerika, in Europa kultiviert **Verwendung:** Furniere, Spielplatzbau, Leitersprossen, Radspeichen **Merkmale:** Schmaler hellgelber bis grünlich gelber Splint, Kern grünlich braun, goldbraun nachdunkelnd, feinnadelrissig, ringporig, riecht frisch eingeschnitten unangenehm, krumme Stämme sind häufig, mäßiges Stehvermögen, gegen Pilze und Termiten resistent, sehr gut witterungsbeständig (RK1), mäßig gut leimbar, gut lackierbar, Haut- und Schleimhautreizungen möglich	ρ_0 ~ 0,68 ρ_u ~ 0,74 β_l ~ 0,1 β_r ~ 4,4 β_t ~ 6,9 V_r ~ k. A. V_t ~ k. A.	σ_D ~ 73 $\sigma_Z(\parallel)$ ~ 148 $\sigma_Z(\perp)$ ~ 4,3 σ_B ~ 150 τ ~ 16 DK = 1/2 E ~ 13600
Rüster Feldulme, Bergulme, Flatterulme (RU)	**Vorkommen:** Europa, Nordafrika, Asien, Nordamerika, Bestände in Europa durch Ulmensterben dezimiert **Verwendung:** Messerfurniere, Möbelbau, Vertäfelungen, Parkett, Biegeholz, Boots- und Fahrzeugbau, Sportgeräte **Merkmale:** Kernreifholzbaum, Splint gelblich weiß, Kern schokoladenbraun, grobnadelrissig, ringporig, sehr dekorativ, Geruch auffallend, etwas unangenehm, gutes Stehvermögen, nicht witterungsbeständig, wassergesättigt, jedoch lange haltbar (Gründungspfähle), gut leim-, beiz- und lackierbar, schlecht polierbar	ρ_0 ~ 0,61 ρ_u ~ 0,65 β_l ~ 0,3 β_r ~ 4,7 β_t ~ 7,6 V_r ~ 0,20 V_t ~ 0,23	σ_D ~ 51 $\sigma_Z(\parallel)$ ~ 80 $\sigma_Z(\perp)$ ~ 4 σ_B ~ 81 τ ~ 7 DK = 4 E ~ 11000
Rosskastanie (KA)	**Vorkommen:** West- und Mitteleuropa, Nordamerika **Verwendung:** Drechsel- und Schnitzholz, Kisten, Küchengeräte, meist nur als Zierbaum angebaut **Merkmale:** Fein strukturiertes Holz, Splint und Kern cremefarbig, ähnelt dem Pappelholz, häufig drehwüchsig, gutes Stehvermögen, nicht witterungsbeständig, gut leim- und lackierbar, für saubere Oberflächen sind sehr scharfe Werkzeuge erforderlich	ρ_0 ~ 0,51 ρ_u ~ 0,54 β_l ~ 0,9 β_r ~ 3,3 β_t ~ 6,8 V_r ~ k. A. V_t ~ k. A.	σ_D ~ 31 $\sigma_Z(\parallel)$ ~ 81 $\sigma_Z(\perp)$ ~ k. A. σ_B ~ 64 τ ~ k. A. DK = 5 E ~ 5500
Weide Silberweide, Weißweide, Dorfweide (WDE)	**Vorkommen:** Europa, Asien **Verwendung:** Hauptsächlich für Weidengeflecht, aber auch für Schälfurniere, Prothesen, Kricketschläger **Merkmale:** Breiter weißlicher Splint, Kern hellrötlich bis hellbräunlich, oft graustreifig, zerstreutporiges Holz, von Pappel nur unter dem Mikroskop unterscheidbar, gutes Stehvermögen, nicht witterungsbeständig, gut leim- und lackierbar, schlecht beizbar, für saubere Oberflächen sind sehr scharfe Werkzeuge erforderlich	ρ_0 ~ 0,33 ρ_u ~ 0,35 β_l ~ 0,9 β_r ~ 2,4 β_t ~ 6,3 V_r ~ k. A. V_t ~ k. A.	σ_D ~ 24 $\sigma_Z(\parallel)$ ~ 46 $\sigma_Z(\perp)$ ~ k. A. σ_B ~ 47 τ ~ 6,4 DK = k. A. E ~ 5500

[1] ρ_0 ~ Rohdichte bei 0 %, ρ_u ~ Rohdichte bei 12 %–15 % Holzfeuchte. [2] β_n ~ Maximale Schwindmaße (*t* ~ tangential, *r* ~ radial, *l* ~ Längsachse). [3] *V* ~ Differenzielles Schwindmaß in % je % Holzfeuchteänderung. [4] σ_D: Druckfestigkeit, σ_Z: Zugfestigkeit, σ_B: Biegefestigkeit, τ: Scherfestigkeit. [5] Dauerhaftigkeitsklasse: DK = 1 bedeutet sehr dauerhaft, DK = 5 nicht dauerhaft. Vgl. auch S. 4-27. [6] *E*-Modul in Faserrichtung, z. T. nach DIN 68364: 2003-05.

4.2 Vollholz

4.2.1 Holzarten (Außereuropäische Laubhölzer)

14-4

4

Name Abk. nach DIN 4076-1: 1985-10	Vorkommen / Verwendung / Merkmale	Rohdichte[1] in kg/dm^3 Max. Schwind- maß[2] in % Diff. Schwind- maß[3] in %	Festigkeit[4] in N/mm^2 Dauerhaftig- keitsklasse[5] E-Modul[6] in N/mm^2
Abachi Obeche (ABA)	**Vorkommen:** Tropische untere Regenwälder Westafrikas **Verwendung:** Schälfurnier für die Sperrholzherstellung, Möbelbau, Innenausbau, Leisten, Saunabau **Merkmale:** 5–10 cm breiter gelblich weißer Splint, der vom elfenbeinfarbenen Kern oft kaum zu unterscheiden ist, oft wechseldrehwüchsig, wenig dekorativ. Der Geruch ist beim Einschnitt unangenehm, gutes Stehvermögen, nicht witterungsbeständig, gut leim-, beiz- und lackierbar, scharfe Werkzeuge erforderlich, mitunter asthmatische Beschwerden verursachend	ρ_0 ~ 0,36 ρ_u ~ 0,39 β_l ~ 0,2 β_r ~ 3,3 β_t ~ 5,6 V_r ~ 0,11 V_t ~ 0,19	σ_D ~ 35 σ_Z(‖) ~ 60 σ_Z(⊥) ~ 1,3 σ_B ~ 65 τ ~ 4,8 DK = 4 E ~ 6000
Abura Bahia (ABU)	**Vorkommen:** Zentral-, West- und Ostafrika **Verwendung:** Schälfurnier für die Sperrholzherstellung, Innenausbau, Leisten, Schnitzen und Drechseln **Merkmale:** Braungrau bis gelbbrauner Splint, der vom Kern kaum zu unterscheiden ist, feinnadelrissig, selten wechseldrehwüchsig, wenig dekorativ. Der Geruch ist beim Einschnitt unangenehm, gutes Stehvermögen, nicht witterungsbeständig, gut leim-, beiz- und lackierbar, kann Hautreizungen bewirken	ρ_0 ~ 0,52 ρ_u ~ 0,56 β_l ~ 0,3 β_r ~ 4,2 β_t ~ 8,3 RK V_r ~ k.A. V_t ~ k.A.	σ_D ~ 43 σ_Z(‖) ~ 59 σ_Z(⊥) ~ 2,5 σ_B ~ 75 τ ~ 7.6 DK = k.A. E ~ 9500
Afrormosia Kokrodua (AFR)	**Vorkommen:** Westafrika **Verwendung:** Messerfurniere, Möbel- und Innenausbau, Vertäfelungen, Treppen, Schnitzen und Drechseln, Intarsien **Merkmale:** 2–5 cm breiter weißlicher Splint, bräunlich gelber, nachdunkelnder, feinnadelrissig, enger Wechseldrehwuchs, glänzend, sehr dekorativ, frische Anschnitte riechen unangenehm, gutes Stehvermögen, pilz-, insekten- und witterungsbeständig, gut leim-, beiz- und lackierbar, feuchtes Holz korrodiert mit Eisen, kann Hautreizungen bewirken	ρ_0 ~ 0,63 ρ_u ~ 0,69 β_l ~ 0,3 β_r ~ 3,3 β_t ~ 6,5 V_r ~ 0,18 V_t ~ 0,32	σ_D ~ 70 σ_Z(‖) ~ 130 σ_Z(⊥) ~ 2,5 σ_B ~ 125 τ ~ 13 DK = 1/2 E ~ 13000
Afzelia Doussié (AFZ)	**Vorkommen:** Ostafrika, spezielle Varietät auch in Ostasien **Verwendung:** Messerfurniere, Innenausbau, Schiffs- und Bootsbau, Parkett, Treppen, Belag von Radrennbahnen, Fenster, Türen **Merkmale:** Weißlich grauer Splint, hellbraunes bis rötlich braunes Kernholz, nachdunkelnd, leichter Wechseldrehwuchs, dekorativ, gutes Stehvermögen, stark werkzeugabstumpfend, pilz-, insekten- und witterungsbeständig, gut leim- und lackierbar, nicht beizbar, kann Schleimhautreizungen bewirken	ρ_0 ~ 0,76 ρ_u ~ 0,80 β_l ~ 0,4 β_r ~ 3,1 β_t ~ 3,8 V_r ~ 0,11 V_t ~ 0,22	σ_D ~ 70 σ_Z(‖) ~ 120 σ_Z(⊥) ~ k.A. σ_B ~ 115 τ ~ 12,5 DK = 1 E ~ 13500
Amaranth Violettholz (AMA)	**Vorkommen:** Tropisches Amerika **Verwendung:** Messerfurniere, Parkett, Billardstöcke **Merkmale:** 3–6 cm breiter weißlich grauer Splint, oft rötlich gestreift, Kernholz frisch lachs-olivfarbig, rasch violett verfärbend, später bräunlich nachdunkelnd, leichter Wechseldrehwuchs, sehr dekorativ, unangenehmer Geruch, gutes Stehvermögen, stark werkzeugabstumpfend, Kernholz pilz-, insekten- und witterungsbeständig, gut leimbar, Ölen und Wachsen ist zu bevorzugen, kann Schleimhautreizungen und Schwindelgefühle bewirken	ρ_0 ~ 0,81 ρ_u ~ 0,86 β_l ~ 0,1 β_r ~ 4,0 β_t ~ 6,8 V_r ~ k.A. V_t ~ k.A.	σ_D ~ 77 σ_Z(‖) ~ k.A. σ_Z(⊥) ~ 3,8 σ_B ~ 142 τ ~ 16 DK = 2/3 E ~ 17400

[1] ρ_0 ~ Rohdichte bei 0 %, ρ_u ~ Rohdichte bei 12 %–15 % Holzfeuchte. [2] β_n ~ Maximale Schwindmaße (t ~ tangential, r ~ radial, l ~ Längsachse). [3] V ~ Differenzielles Schwindmaß in % je % Holzfeuchteänderung. [4] σ_D: Druckfestigkeit, σ_Z: Zugfestigkeit, σ_B: Biegefestigkeit, τ: Scherfestigkeit [5] Dauerhaftigkeitsklasse: DK = 1 bedeutet sehr dauerhaft, DK = 5 nicht dauerhaft. Vgl. auch S. 4-27. [6] E-Modul in Faserrichtung, z.T. nach DIN 68364: 2003-05.

14-4

4.2 Vollholz

4.2.1 Holzarten (Außereuropäische Laubhölzer)

Name Abk. nach DIN 4076-1: 1985-10	Vorkommen / Verwendung / Merkmale	Rohdichte[1] in kg/dm³ Max. Schwindmaß[2] in % Diff. Schwindmaß[3] in %	Festigkeit[4] in N/mm² Dauerhaftigkeitsklasse[5] *E*-Modul[6] in N/mm²
Azobé Bongosi (AZO)	**Vorkommen:** West- und Mittelafrika **Verwendung:** Hoch beanspruchtes Parkett, Wasser-, Brücken-, Hafenbau, Labortische und Chemikalienbehälter **Merkmale:** 3–5 cm breiter blassgrauer Splint, Kernholz dunkelrotbraun bis violett, nachdunkelnd, zwischen Kern und Splint etwa 8 cm hellere Zwischenzone (kein Reifholz), grobnadelrissig, dekorativ, gutes Stehvermögen, HM-Werkzeuge verwenden, sehr beständig bei Wasserkontakt, auch termitenfest, schwer leimbar, unbehandelte Flächen vergrauen schnell	ρ_0 ~ 0,95 ρ_u ~ 1,06 β_l ~ 0,3 β_r ~ 7,4 β_t ~ 8,7 V_r ~ 0,31 V_t ~ 0,40	σ_D ~ 95 $\sigma_Z(\parallel)$ ~ 180 $\sigma_Z(\perp)$ ~ 4,1 σ_B ~ 180 τ ~ 14 DK = 2 *E* ~ 17000
Balsa (BAL)	**Vorkommen:** Tropisches Amerika, in Asien und Afrika kultiviert, Hauptlieferant: Ecuador **Verwendung:** Modellbau und Spielwaren, Konstruktionsholz für Wärme-, Kälte- und Lärmisolierungen **Merkmale:** Fast weißer Splint, Kernholz blassrötlich, grobnadelrissig, nicht dekorativ, Spiegel mit dem Auge erkennbar, glatte Oberflächen nur durch Schleifen erzielbar, gut leim-, lackier- und beizbar, nicht witterungsbeständig, sehr pilz- und insektenanfällig	ρ_0 ~ 0,08 ρ_u ~ 0,15 β_l ~ 0,6 β_r ~ 2,4 β_t ~ 4,5 V_r ~ k. A. V_t ~ k. A.	σ_D ~ 3,5 $\sigma_Z(\parallel)$ ~ 7,5 $\sigma_Z(\perp)$ ~ 0,9 σ_B ~ 3,9 τ ~ 1,7 DK = k. A. *E* ~ 2600
Black Walnut Amerikanischer Nussbaum (NBA)	**Vorkommen:** Östliches Nordamerika **Verwendung:** Messerfurniere, hochwertiger Möbel- und Innenausbau, Schnitz- und Drechselholz, Intarsien, Gewehrschäfte, Maserfurniere aus Maserknollen **Merkmale:** Weißlich bis gelblich brauner Splint, Kern schokoladen- bis violettbraun, mit dunklen Streifen, meist gleichmäßiger als europ. NB, nadelrissig, halbringporig, mild duftend, Poren ohne Lupe erkennbar, mäßiges Stehvermögen, ziemlich witterungsbeständig, gut leim-, beiz- und lackierbar.	ρ_0 ~ 0,58 ρ_u ~ 0,62 β_l ~ 0,4 β_r ~ 5 β_t ~ 7,5 V_r ~ k. A. V_t ~ k. A.	σ_D ~ 65 $\sigma_Z(\parallel)$ ~ 100 $\sigma_Z(\perp)$ ~ 4,7 σ_B ~ 133 τ ~ 7 DK = 3 *E* ~ 11850
Ebenholz Macassar-Ebenholz, gestreiftes Ebenholz (EBM) Schwarzes Ebenholz (EBE)	**Vorkommen:** Südostasien (EBM), das aus Afrika, Asien und Madagaskar kommende schwarze Ebenholz (EBE) hat ähnliche Eigenschaften und Verwendung **Verwendung:** Furnierholz, Intarsien, kunstgewerbliche Tischlerarbeiten, Instrumentenbau, wird nach Gewicht gehandelt **Merkmale:** 7–10 cm breiter hellbrauner Splint, Kernholz braun bis schwarz gestreift (EBM) oder tiefschwarz (EBE), feinnadelrissig, sehr dekorativ, farbbeständig, schwierig zu verleimen, witterungsbeständig, Staub gesundheitsschädigend	ρ_0 ~ 1,03 ρ_u ~ 1,20 β_l ~ 0,3 β_r ~ 8,2 β_t ~ 12,8 V_r ~ k. A. V_t ~ k. A.	σ_D ~ 65 $\sigma_Z(\parallel)$ ~ k. A. $\sigma_Z(\perp)$ ~ 3,0 σ_B ~ 110 τ ~ 11 DK = k. A. *E* ~ 10100
Iroko Kambala (IRO)	**Vorkommen:** West-, Mittel- und Ostafrika **Verwendung:** Furnierholz, Möbel und Innenausbau, Parkett, Türen, Fenster, Treppen, Gartenmöbel, Bootsbau **Merkmale:** Splint 5–10 cm gelblich weiß bis grau, Kern hellbraun, später gold bis olivbraun nachdunkelnd, Poren sichtbar, grobnadelrissig, dekorativ, Kernholz pilz- und witterungsbeständig, ziemlich termitenfest, gutes Stehvermögen, hohe Werkzeugabnutzung, schwierig leim- und lackierbar (stark verthyllt), kann Dermatitis und Schleimhautreizungen bewirken	ρ_0 ~ 0,59 ρ_u ~ 0,63 β_l ~ 0,1 β_r ~ 3,8 β_t ~ 5,5 V_r ~ 0,19 V_t ~ 0,28	σ_D ~ 55 $\sigma_Z(\parallel)$ ~ 79 $\sigma_Z(\perp)$ ~ 2,5 σ_B ~ 95 τ ~ 10 DK = 1/2 *E* ~ 13000

[1] ρ_0 ~ Rohdichte bei 0 %, ρ_u ~ Rohdichte bei 12 %–15 % Holzfeuchte. [2] β_n ~ Maximale Schwindmaße (t ~ tangential, r ~ radial, l ~ Längsachse). [3] V ~ Differenzielles Schwindmaß in % je % Holzfeuchteänderung. [4] σ_D: Druckfestigkeit, σ_Z: Zugfestigkeit, σ_B: Biegefestigkeit, τ: Scherfestigkeit. [5] Dauerhaftigkeitsklasse: DK = 1 bedeutet sehr dauerhaft, DK = 5 nicht dauerhaft. Vgl. auch S. 4-27. [6] *E*-Modul in Faserrichtung, z. T. nach DIN 68364: 2003-05.

4.2 Vollholz

4.2.1 Holzarten (Außereuropäische Laubhölzer)

14-4

Name Abk. nach DIN 4076-1: 1985-10	Vorkommen / Verwendung / Merkmale	Rohdichte[1] in kg/dm^3 Max. Schwindmaß[2] in % Diff. Schwindmaß[3] in %	Festigkeit[4] in N/mm^2 Dauerhaftigkeitsklasse[5] E-Modul[6] in N/mm^2
Khaja (MAA)	**Vorkommen:** Tropisches Afrika **Verwendung:** Furnierholz, Bootsbau, Möbel und Innenausbau, Parkett, Türen, Treppen, Profilbretter **Merkmale:** 3–6 cm breiter heller, rötlich grauer Splint, Kernholz hellrot, schnell rötlich braun nachdunkelnd, grobnadelrissig, dekorativ, Poren noch sichtbar, Kernholz recht pilz-, insekten- u. witterungsfest, gutes Stehvermögen, gut leim-, beiz- und lackierbar, kann Dermatitis bewirken, kommt in der Qualität dem echten Mahagoni (MAE) am nächsten	ρ_0 ~ 0,48 ρ_u ~ 0,52 β_l ~ 0,2 β_r ~ 3,2 β_t ~ 5,7 V_r ~ 0,12 V_t ~ 0,22	σ_D ~ 43 $\sigma_Z(\parallel)$ ~ 90 $\sigma_Z(\perp)$ ~ 2,0 σ_B ~ 75 τ ~ 9,5 DK = 3 E ~ 9500
Kosipo (KOS)	**Vorkommen:** Mittel- und Westafrika **Verwendung:** Furnierholz, Sperrholz, Möbel, Innenausbau, Bootsbau, Treppen, Parkett **Merkmale:** 4–8 cm breiter grauer Splint, Kernholz rötlich braun, dunkler als Sipo, grobnadelrissig, wechseldrehwüchsig, dekorativ, Poren noch sichtbar, Kernholz pilz-, aber nicht insektenbeständig, geringes Stehvermögen, gut leim-, beiz- und lackierbar, hohe Werkzeugabnutzung	ρ_0 ~ 0,65 ρ_u ~ 0,70 β_l ~ 0,2 β_r ~ 4,8 β_t ~ 7,1 V_r ~ k.A. V_t ~ k.A.	σ_D ~ 59 $\sigma_Z(\parallel)$ ~ 78 $\sigma_Z(\perp)$ ~ 2,6 σ_B ~ 96 τ ~ 13 DK = k.A. E ~ 11500
Koto (KTO)	**Vorkommen:** Westafrika, Hauptlieferland: Elfenbeinküste **Verwendung:** Furnierholz, Möbel und Innenausbau, Fahrzeugbau, Spielzeug, Profilleisten, Ersatzholz für Eiche **Merkmale:** Splint 5–15 cm gelblich weiß, Kern nur wenig dunkler, bekommt beim Dämpfen eichenfarbene Tönung, Poren und Holzstrahlen sichtbar, grobnadelrissig, mäßig dekorativ, nicht pilz-, insekten- und witterungsbeständig, gut leim-, beiz- und lackierbar	ρ_0 ~ 0,52 ρ_u ~ 0,56 β_l ~ 0,1 β_r ~ 4,0 β_t ~ 7,7 V_r ~ 0,19 V_t ~ 0,38	σ_D ~ 49 $\sigma_Z(\parallel)$ ~ 85 $\sigma_Z(\perp)$ ~ 95 σ_B ~ 86 τ ~ 7 DK = 5 E ~ 9000
Limba (LMB)	**Vorkommen:** West- und Mittelafrika, z. T. in Plantagen **Verwendung:** Furnierholz, Absperrfurniere, Sperrholz, Möbel und Innenausbau, Holzleimbau, Leisten **Merkmale:** 5–10 cm blassgelber Splint, vom Kern kaum unterscheidbar, Kern kann olivfarbenen bis blassgrünen Einschlag haben, Poren sichtbar, grobnadelrissig, dekorativ, riecht säuerlich bis mehlig, pilz- und insektenanfällig, nicht witterungsbeständig, Stehvermögen noch gut, gut beiz-, leim- und lackierbar, Splitter von ungedämpftem Holz können Entzündungen verursachen	ρ_0 ~ 0,52 ρ_u ~ 0,57 β_l ~ 0,2 β_r ~ 4,7 β_t ~ 5,5 V_r ~ 0,17 V_t ~ 0,26	σ_D ~ 45 $\sigma_Z(\parallel)$ ~ 105 $\sigma_Z(\perp)$ ~ 2,2 σ_B ~ 85 τ ~ 7,5 DK = 4 E ~ 11000
Mahagoni Amerikanisches – Echtes Mahagoni (MAE)	**Vorkommen:** Mittel- und nördliches Südamerika, Kuba-Mahagoni ist wegen Raubbaus kaum noch verfügbar **Verwendung:** Furnierholz, Bootsbau, Möbel und Innenausbau, Chippendale-Möbel wurden aus dem dunkleren und schwereren (ρ = 0,75) Kuba-Mahagoni gefertigt **Merkmale:** Eigenschaften stark von der Herkunft abhängig, 2,5–5 cm breiter weißlich grauer Splint, rötlich brauner Kern, Kernholz recht pilz-, insekten- und witterungsfest, gutes Stehvermögen, sehr zäh und elastisch, gut leim- und beizbar, hervorragend lackierbar, kann Dermatitis/Übelkeit bewirken	ρ_0 ~ 0,68 ρ_u ~ 0,72 (streuend) β_l ~ 0,3 β_r ~ 3,5 β_t ~ 4,7 V_r ~ k.A. V_t ~ k.A.	σ_D ~ 45 $\sigma_Z(\parallel)$ ~ 100 $\sigma_Z(\perp)$ ~ 3,8 σ_B ~ 80 τ ~ 11 DK = 2 E ~ 9500

14-10

14-10

[1] ρ_0 ~ Rohdichte bei 0 %, ρ_u ~ Rohdichte bei 12 %–15 % Holzfeuchte. [2] β_n ~ Maximale Schwindmaße (t ~ tangential, r ~ radial, l ~ Längsachse). [3] V ~ Differenzielles Schwindmaß in % je % Holzfeuchteänderung. [4] σ_D: Druckfestigkeit, σ_Z: Zugfestigkeit, σ_B: Biegefestigkeit, τ: Scherfestigkeit [5] Dauerhaftigkeitsklasse: DK = 1 bedeutet sehr dauerhaft, DK = 5 nicht dauerhaft. Vgl. auch S. 4-27. [6] E-Modul in Faserrichtung, z.T. nach DIN 68364: 2003-05.

4.2 Vollholz

4.2.1 Holzarten (Außereuropäische Laubhölzer)

14-4

Name Abk. nach DIN 4076-1: 1985-10	Vorkommen / Verwendung / Merkmale	Rohdichte[1] in kg/dm³ Max. Schwindmaß[2] in % Diff. Schwindmaß[3] in %	Festigkeit[4] in N/mm² Dauerhaftigkeitsklasse[5] *E*-Modul[6] in N/mm²
Makoré (MAC)	**Vorkommen:** Westafrika, von Liberia bis Ghana **Verwendung:** Furnierholz, Sperrholz, Bootsbau, Möbel und Innenausbau, Parkett **Merkmale:** 4–10 cm breiter cremefarbener bis rötlich weißer Splint, Kern rosa bis rötlich braun, nachdunkelnd, oft durch Wechseldrehwuchs gestreift, Kernholz recht pilz-, insekten- und witterungsfest, gutes Stehvermögen, gut leim-, beiz- und lackierbar, kann Dermatitis und Schleimhautreizungen bewirken	ρ_0 ~ 0,61 ρ_u ~ 0,66 β_l ~ 0,2 β_r ~ 4,7 β_t ~ 6,3 V_r ~ 0,22 V_t ~ 0,27	σ_D ~ 53 $\sigma_Z(\parallel)$ ~ 85 $\sigma_Z(\perp)$ ~ 2,1 σ_B ~ 103 τ ~ 9 DK = 1 E ~ 11500
Mansonia Bété (MAN)	**Vorkommen:** Westafrika **Verwendung:** Furnierholz, Möbel und Innenausbau, Parkett, Messinstrumente, Intarsien, Schmuck, Drechseln **Merkmale:** 3–5 cm grauweißer-blassgelber Splint, Kernholz frisch angeschnitten zitronengelb, goldgelb bis braunoliv nachdunkelnd, feinnadelrissig, dekorativ, Kernholz ist witterungs- und pilzbeständig, weniger insektenbeständig, noch gutes Stehvermögen, gut leim- und lackierbar, keine Polyesterlacke verwenden, kann Dermatitis, Schleimhautreizungen und Brechreiz auslösen	ρ_0 ~ 0,57 ρ_u ~ 0,62 β_l ~ 0,2 β_r ~ 4,0 β_t ~ 6,2 V_r ~ k. A. V_t ~ k. A.	σ_D ~ 66 $\sigma_Z(\parallel)$ ~ 119 $\sigma_Z(\perp)$ ~ 5,6 σ_B ~ 131 τ ~ 8,0 DK = 1 E ~ 11000
Meranti Rotes – Dark Red M. Light Red M. (MER)	**Vorkommen:** Südostasien Außerdem unterscheidet man Weißes Meranti (MEW) und Gelbes Meranti (MEG) **Verwendung:** Furnierholz, Sperrholz, Bootsbau, Möbel und Innenausbau, Parkett, Türen, Fenster, Treppen **Merkmale:** 4–8 cm breiter gelblich grauer Splint, Kern blassrosa bis rotbraun, durch Wechseldrehwuchs gestreift, Poren noch sichtbar, wenig dekorativ, riecht aromatisch, frisch recht pilz- und insektenanfällig, ziemlich witterungsfest, mäßig gutes Stehvermögen, noch gut beiz- und lackierbar	ρ_0 ~ 0,62/0,48 ρ_u ~ 0,68/0,52 β_l ~ 0,3 β_r ~ 4,1 β_t ~ 9,7 V_r ~ 0,11 V_t ~ 0,25	σ_D ~ 50/63 $\sigma_Z(\parallel)$ ~ 100/146 $\sigma_Z(\perp)$ ~ 2,7/3,2 σ_B ~ 90/119 τ ~ 8,4/9,2 DK = 2–4 E ~ 11000/14500
Okoumé Gabun (OKU)	**Vorkommen:** Westafrika, hautpsächlich Gabun, Kongo **Verwendung:** Furnierholz, Absperrfurniere, Sperrholz, Möbel, Innenausbau, Türen, Kisten, Zellstoffindustrie **Merkmale:** 5 cm breiter hellgrauer Splint, Kernholz weißlich bis rötlich braun, feinnadelrissig, wenig dekorativ, Poren deutlich sichtbar, nicht witterungsbeständig, Kernholz gut pilz- und insektenbeständig, Sperrholz ist termitenbeständig, gutes Stehvermögen, gut leim- und lackierbar, Splintholz ist bläueanfällig	ρ_0 ~ 0,41 ρ_u ~ 0,44 β_l ~ 0,2 β_r ~ 3,8 β_t ~ 5,7 V_r ~ k. A. V_t ~ k. A.	σ_D ~ 40 $\sigma_Z(\parallel)$ ~ 66 $\sigma_Z(\perp)$ ~ 1,8 σ_B ~ 96 τ ~ 5,8 DK = 4 E ~ 8000
Padouk Afrikanisches – Korallenholz (PAF)	**Vorkommen:** Westafrika **Verwendung:** Furnierholz, hochwertige Möbel und Innenausbau, Parkett, Gehäuse für Messinstrumente **Merkmale:** 3–10 cm weißlich-cremefarbiger Splint, Kernholz leuchtend rotbraun bis orangebraun, nachdunkelnd, grobnadelrissig, glänzend, sehr dekorativ, riecht leicht aromatisch, Kernholz im Gegensatz zum Splint sehr witterungs-, pilz-, insekten- und termitenbeständig, gutes Stehvermögen, gut leim- und lackierbar, Lackschäden durch Inhaltstoffe möglich, kann Dermatitis auslösen	ρ_0 ~ 0,68 ρ_u ~ 0,74 β_l ~ 0,2 β_r ~ 3,0 β_t ~ 4,6 V_r ~ k. A. V_t ~ k. A.	σ_D ~ 75 $\sigma_Z(\parallel)$ ~ k. A. $\sigma_Z(\perp)$ ~ 3,5 σ_B ~ 134 τ ~ 7,9 DK = 1 E ~ 13500

[1] ρ_0 ~ Rohdichte bei 0 %, ρ_u ~ Rohdichte bei 12 %–15 % Holzfeuchte. [2] β_n ~ Maximale Schwindmaße (t ~ tangential, r ~ radial, l ~ Längsachse). [3] V ~ Differenzielles Schwindmaß in % je % Holzfeuchteänderung. [4] σ_D: Druckfestigkeit, σ_Z: Zugfestigkeit, σ_B: Biegefestigkeit, τ: Scherfestigkeit. [5] Dauerhaftigkeitsklasse: DK = 1 bedeutet sehr dauerhaft, DK = 5 nicht dauerhaft. Vgl. auch S. 4-27. [6] *E*-Modul in Faserrichtung, z. T. nach DIN 68364: 2003-05.

4.2 Vollholz

4.2.1 Holzarten (Außereuropäische Laubhölzer)

14-4

Name Abk. nach DIN 4076-1: 1985-10	Vorkommen / Verwendung / Merkmale	Rohdichte[1] in kg/dm³ Max. Schwindmaß[2] in % Diff. Schwindmaß[3] in %	Festigkeit[4] in N/mm² Dauerhaftigkeitsklasse[5] *E*-Modul[6] in N/mm²
Palisander Ostindischer – Ostindisches Rosenholz (POS)	**Vorkommen:** Südasien, Ostindien **Verwendung:** Furnierholz, Möbel und Innenausbau, Parkett, Musikinstrumente, Intarsien **Merkmale:** 4–6 cm breiter gelblicher Splint, Kernholz dunkelbraun mit Violettstich, durch engen Wechseldrehwuchs gestreift, grobnadelrissig, dekorativ, Poren gerade noch sichtbar, riecht aromatisch, sehr witterungs-, pilz- und insektenbeständig, termitenbeständig, gut leim- und lackierbar, kann Dermatitis auslösen	ρ_0 ~ 0,83 ρ_u ~ 0,88 β_l ~ 0,1 β_r ~ 2,7 β_t ~ 5,9 V_r ~ k. A. V_t ~ k. A.	σ_D ~ 61 $\sigma_Z(\parallel)$ ~ k. A. $\sigma_Z(\perp)$ ~ 5,0 σ_B ~ 124 τ ~ 14 DK = k. A. E ~ 12500
Palisander Rio – Jacaranda (PRO)	**Vorkommen:** Südamerika, Ostbrasilien bis Argentinien **Verwendung:** Furnierholz, Möbel und Innenausbau, Parkett, Billardtische, Radiogehäuse, Intarsien **Merkmale:** Weißlicher Splint, Kernholz hell- bis dunkelbraun, dunkelbraun bis schwarz geadert, grobnadelrissig, sehr dekorativ, riecht aromatisch, ziemlich witterungs-, pilz- und insektenbeständig, mit zunehmendem Baumalter wird das Kernholz anfälliger, gut leim- und lackierbar, kann Dermatitis auslösen	ρ_0 ~ 0,83 ρ_u ~ 0,88 β_l ~ 0,1 β_r ~ 3,5 β_t ~ 7,1 V_r ~ k. A. V_t ~ k. A.	σ_D ~ 63 $\sigma_Z(\parallel)$ ~ k. A. $\sigma_Z(\perp)$ ~ 5,0 σ_B ~ 130 τ ~ 13,8 DK = k. A. E ~ 11000
Pockholz (POH)	**Vorkommen:** Mittelamerika, nördliches Südamerika **Verwendung:** Hobelsohlen, Bürstenrücken, Spezialholz für Walzen, Kugeln und Zahnräder, wird nach Gewicht gehandelt **Merkmale:** Schmaler gelblicher Splint, Kern grünlich braun gestreift, enger Wechseldrehwuchs, wachsartig glatte Oberfläche, sehr dekorativ, feinnadelrissig, riecht angenehm harzig, ziemlich pilz- und insektenfest, gut lackierbar, schwer leim- und beizbar, säurefest bis 5 %ige Salzsäure und 10 %ige Schwefelsäure, Schleimhautreizungen möglich	ρ_0 ~ 1,20 ρ_u ~ 1,23 β_l ~ 0,1 β_r ~ 5,6 β_t ~ 9,3 V_r ~ k. A. V_t ~ k. A.	σ_D ~ 105 $\sigma_Z(\parallel)$ ~ k. A. $\sigma_Z(\perp)$ ~ k. A. σ_B ~ 130 τ ~ k. A. DK = 1 E ~ 12500
Ramin (RAM)	**Vorkommen:** Südostasien **Verwendung:** Furnierholz, Sperrfurnier, Furnierplatten, Möbel, Vertäfelungen, Parkett, Treppen, Leisten, Innenjalousien, Profilbretter **Merkmale:** 5–6 cm weißlicher bis strohgelber Splint, bräunlich gelbes Kernholz nicht deutlich unterschieden, schlicht, nadelrissig, nicht dekorativ, Gefäße nur mit Lupe sichtbar, nicht witterungs-, pilz- und insektenbeständig, mäßig gutes Stehvermögen, gut bis mäßig leimbar, gut lackier- und beizbar	ρ_0 ~ 0,58 ρ_u ~ 0,63 β_l ~ 0,2 β_r ~ 4,0 β_t ~ 9,4 V_r ~ 0,19 V_t ~ 0,38	σ_D ~ 71 $\sigma_Z(\parallel)$ ~ k. A. $\sigma_Z(\perp)$ ~ k. A. σ_B ~ 130 τ ~ 3 DK = 5 E ~ 15500
Sapelli (MAS)	**Vorkommen:** West- und Zentralafrika **Verwendung:** Furnierholz, Sperrholz, Bootsbau, Möbel und Innenausbau, Türen, Fenster, Treppen, Musikinstrumente **Merkmale:** 3–8 cm breiter cremefarbener Splint, Kernholz blassrosa bis rötlich braun, nachdunkelnd, nadelrissig, durch Wechseldrehwuchs deutlich gestreift, sehr dekorativ, Poren noch sichtbar, riecht zedernartig, ziemlich pilz- und insektenbeständig, Stehvermögen befriedigend, gut leim-, beiz- und lackierbar, Verblauung bei Eisenkontakt möglich	ρ_0 ~ 0,60 ρ_u ~ 0,65 β_l ~ 0,1 β_r ~ 5,4 β_t ~ 7,0 V_r ~ 0,24 V_t ~ 0,32	σ_D ~ 56 $\sigma_Z(\parallel)$ ~ 88 $\sigma_Z(\perp)$ ~ 2,6 σ_B ~ 105 τ ~ 11 DK = 3 E ~ 10000

[1] ρ_0 ~ Rohdichte bei 0 %, ρ_u ~ Rohdichte bei 12 %–15 % Holzfeuchte. [2] β_n ~ Maximale Schwindmaße (t ~ tangential, r ~ radial, l ~ Längsachse). [3] V ~ Differenzielles Schwindmaß in % je % Holzfeuchteänderung. [4] σ_D: Druckfestigkeit, σ_Z: Zugfestigkeit, σ_B: Biegefestigkeit, τ: Scherfestigkeit [5] Dauerhaftigkeitsklasse: DK = 1 bedeutet sehr dauerhaft, DK = 5 nicht dauerhaft. Vgl. auch S. 4-27. [6] *E*-Modul in Faserrichtung, z. T. nach DIN 68364: 2003-05.

4.2 Vollholz

14-4

4

4.2.1 Holzarten (Außereuropäische Laubhölzer)

Name Abk. nach DIN 4076-1: 1985-10	Vorkommen / Verwendung / Merkmale	Rohdichte[1] in kg/dm³ Max. Schwindmaß[2] in % Diff. Schwindmaß[3] in %	Festigkeit[4] in N/mm² Dauerhaftigkeitsklasse[5] *E*-Modul[6] in N/mm²
Sipo (MAU)	**Vorkommen:** Ost-, Mittel- und Westafrika **Verwendung:** Furnierholz, Sperrholz, Bootsbau, Möbel und Innenausbau, Parkett, Türen- und Fensterbau, Treppen, Musikinstrumente **Merkmale:** 5–10 cm breiter hellbrauner Splint, Kernholz rötlich braun bis violettbraun, nachdunkelnd, nadelrissig, wechseldrehwüchsig, dekorativ, Poren noch sichtbar, riecht aromatisch, Kernholz pilz- und insektenbeständig, gutes Stehvermögen, gut leim-, beiz- und lackierbar	ρ_0 ~ 0,53 ρ_u ~ 0,59 β_l ~ 0,3 β_r ~ 5,0 β_t ~ 7,9 V_r ~ 0,20 V_t ~ 0,25	σ_D ~ 58 $\sigma_Z(\parallel)$ ~ 110 $\sigma_Z(\perp)$ ~ 2,3 σ_B ~ 100 τ ~ 9,5 DK = 2/3 E ~ 11000
Teak (TEK)	**Vorkommen:** Südostasien, z.T. Plantagenholz, auch im tropischen Afrika in Plantagen kultiviert **Verwendung:** Furnierholz, Möbel und Innenausbau, Türen, Treppen, Fenster, Bootsbau, Gartenmöbel **Merkmale:** 4–10 cm weißlich bis rötlich grauer Splint, Kernholz erst grünlich, dann braun geadert, bei Bewitterung vergrauend, grobnadelrissig, dekorativ, lederartiger Geruch, Oberfläche wachsig, sehr gut pilz- und termitenbeständig, sehr gutes Stehvermögen, schwierig leim- und lackierbar, kann Dermatitis auslösen	ρ_0 ~ 0,64 ρ_u ~ 0,69 β_l ~ 0,5 β_r ~ 2,6 β_t ~ 4,8 V_r ~ 0,16 V_t ~ 0,26	σ_D ~ 58 $\sigma_Z(\parallel)$ ~ 115 $\sigma_Z(\perp)$ ~ 4,5 σ_B ~ 100 τ ~ 10,4 DK = 1 E ~ 13000
Wengé (WEN)	**Vorkommen:** Westafrika **Verwendung:** Wertvolles Furnierholz, gehobener Möbel- und Innenausbau, Parkett, Türen, Treppen, Drechseln **Merkmale:** 1–6 cm weißlicher bis grauweißer Splint, Kernholz kaffeebraun, hellbraun geadert, ähnlich wie bei Palisander, durch UV-Bestrahlung etwas verblassend, grobnadelrissig, sehr dekorativ, Kernholz ziemlich pilz- und insektenbeständig, gutes Stehvermögen, schwierig leim- und lackierbar	ρ_0 ~ 0,79 ρ_u ~ 0,83 β_l ~ 0,4 β_r ~ 5,0 β_t ~ 9,0 V_r ~ 0,22 V_t ~ 0,34	σ_D ~ 70 $\sigma_Z(\parallel)$ ~ 80 $\sigma_Z(\perp)$ ~ 2,6 σ_B ~ 145 τ ~ 14 DK = 2 E ~ 16000
Sen (SEN)	**Vorkommen:** Japan, Korea, Nordchina **Verwendung:** Furnierholz, Möbelbau, Paneele, Drechseln **Merkmale:** Schmaler, weißlich bis gelblich brauner Splint, Kernholz graugelb bis blassbraun, nadelrissig, dekorativ, z.T. geriegelt, Frühholzporen sichtbar, frische Anschnitte riechen etwas unangenehm, nicht witterungs-, pilz- und insektenbeständig, Stehvermögen mäßig bis gut, gut leim-, lackier- und beizbar, oft wird der irreführende Name Sen-Esche oder Goldrüster verwendet	ρ_0 ~ 0,49 ρ_u ~ 0,60 β_l ~ k.A. β_r ~ k.A. β_t ~ k.A. V_r ~ k.A. V_t ~ k.A.	σ_D ~ 37 $\sigma_Z(\parallel)$ ~ k.A. $\sigma_Z(\perp)$ ~ k.A. σ_B ~ 75 τ ~ k.A. DK = k.A. E ~ 8500
Zingana Zebrano (ZIN)	**Vorkommen:** Westafrika, vor allem Kamerun **Verwendung:** Furnierholz, Möbelbau, Intarsien **Merkmale:** Bis zu 10 cm weißlicher bis grauer Splint, Kernholz hell- bis dunkelbraun, „zebraartig" gestreift, sehr dekorativ, grobnadelrissig, Poren ohne Mikroskop sichtbar, frische Anschnitte riechen unangenehm, recht witterungs-, pilz- und insektenbeständig (insbesondere gegen Termiten), Stehvermögen mäßig bis schlecht, gut leim-, lackier- und beizbar	ρ_0 ~ 0,73 ρ_u ~ 0,77 β_l ~ 0,3 β_r ~ 5,0 β_t ~ 8,1 V_r ~ k.A. V_t ~ k.A.	σ_D ~ 50 $\sigma_Z(\parallel)$ ~ k.A. $\sigma_Z(\perp)$ ~ 3,5 σ_B ~ 100 τ ~ 8,5 DK = k.A. E ~ 12600

[1] ρ_0 ~ Rohdichte bei 0 %, ρ_u ~ Rohdichte bei 12 %–15 % Holzfeuchte. [2] β_n ~ Maximale Schwindmaße (t ~ tangential, r ~ radial, l ~ Längsachse). [3] V ~ Differenzielles Schwindmaß in % je % Holzfeuchteänderung. [4] σ_D: Druckfestigkeit, σ_Z: Zugfestigkeit, σ_B: Biegefestigkeit, τ: Scherfestigkeit. [5] Dauerhaftigkeitsklasse: DK = 1 bedeutet sehr dauerhaft, DK = 5 nicht dauerhaft. Vgl. auch S. 4-27. [6] *E*-Modul in Faserrichtung, z.T. nach DIN 68364: 2003-05.

4.2.2 Aufbau des Holzes

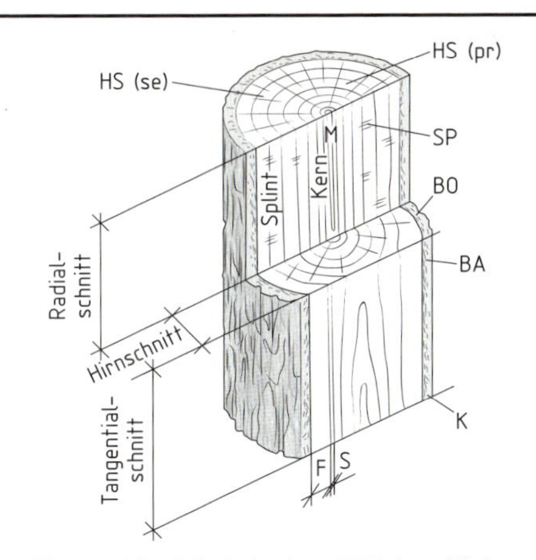

Hirn- und Radialschnitt einer 7-jährigen Kiefer

Abk.	Bezeichnung	Erläuterung
M	Markröhre	Keine Funktion
HS (pr)	Holzstrahl, primär	Speicherzellen auch Parenchymzellen genannt
HS (se)	Holzstrahl, sekundär	
Sp	Spiegel	radial angeschnittene Parenchymzellen
F	Frühholz	bilden zusammen einen Jahresring
S	Spätholz	
Ba	Bast mit Siebröhren	Nährstoffleitung abwärts (Innenrinde)
Bo	Borke	Schutz vor Verletzungen (Außenrinde)
K	Kambium	bildet Bast- und Holzzellen
Kern	Kernholz	Stabilität
Splint	Splintholz	Aufwärtsleitung

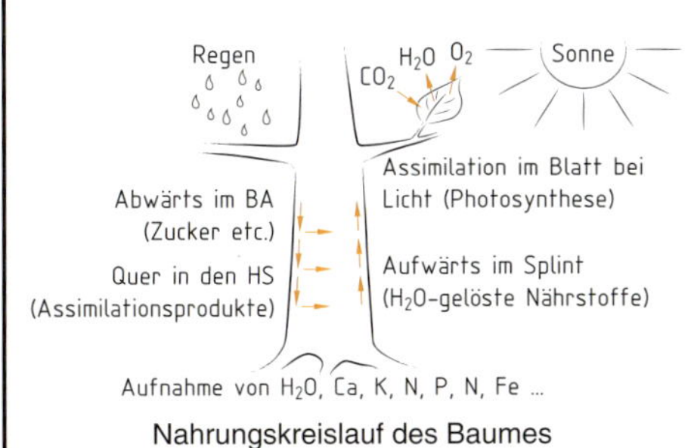

Nahrungskreislauf des Baumes

Chemische Bestandteile des Holzes:
- Cellulose (Armierung) 50 – 60 %,
- Lignin (Beton) 20 – 30 %,
- Hemicellulose 15 – 20 % + Mineralstoffe 2 – 8 %.

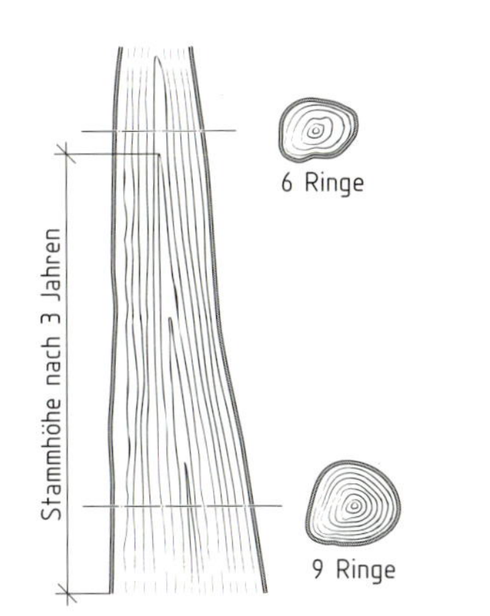

Längsschnitt und Querschnitte durch einen Stamm in verschiedenen Höhen

Wachstum des Holzes

Die aus dem Erdreich über Wurzeln und Splintholz in die Blätter gelangten Nährsalze und das über die Spaltöffnungen der Blätter aufgenommene Kohlenstoffdioxid werden mit Hilfe der Sonnenenergie und das Blattgrüns zu Traubenzucker und später zu Cellulose umgewandelt. Diesen Vorgang bezeichnet man als Photosynthese oder Assimilation.

$$6H_2O + 6CO_2 + \text{Sonnenenergie} + \text{Chlorophyll (Blattgrün)} = \underbrace{C_6H_{12}O_6}_{\text{Traubenzucker}} + 6O_2$$

Auf 1 ha Buchenwald verdunsten in einer Wachstumsperiode (= Frühjahr bis Herbst) ca. 3600 m^3 Wasser.

Tropische Laubhölzer zeigen keine typische Jahrringgrenze. Sie sind überwiegend zerstreutporig, gleichmäßig im Holzaufbau und wachsen schneller.

4-9 ff

Subtropische Laubhölzer zeigen Ansätze von Wachstumsbegrenzungen infolge des Wechsels von Regen- und Trockenzeit. Das Holz ist häufig ringporig.

4-5 ff

4.2 Vollholz

4.2.2 Aufbau des Holzes

Diagramm zur Bestimmung häufiger einheimischer Hölzer

Ohne Gefäße, Jahrringe deutlich

- Ohne Harzkanäle
  - Ohne Kern, Holz gelblichweiß, Übergang FH/SH eher allmählich ☛ Tanne
  - Mit rotbräunlichem Kernholz, Splint schmal, Übergang FH/SH eher allmählich ☛ Eibe
  - Kernholz gelblich bis rötlichbraun, z.T. violett getönt, schmaler Splint, aromatischer Geruch ☛ Wacholder
- Mit Harzkanälen
  - Ohne Kern, gelblichweiß, vereinzelte Harzkanäle nur mit Lupe sichtbar, Übergang FH/SH eher allmählich ☛ Fichte
  - Mit rotbraunem Kernholz, breiter gelblichweißer Splint, häufigere Harzkanäle mit Lupe sichtbar, Übergang FH/SH allmählich bis deutlich ☛ Kiefer
  - Kernholz gelblich bis rötlichbraun, breiter gelblichweißer Splint, Harzkanäle auffällig, breite Jahresringe, Übergang FH/SH allmählich, leichtes Holz ☛ Weymouthskiefer

---

- Frühholzporen verthyllt und radial-keilförmig angeordnet, Spätholzporen undeutlich, Kernholz gelblich-braun ☛ Eiche
- Frühholzporen nur gering verthyllt allmählich in Spätholzporen übergehend, Spätholzporen mit Lupe deutlich sichtbar, Kernholz hellrötlich-braun ☛ Roteiche
- Spätholzporen tangential-wellenförmig angeordnet ☛ Rüster
- Spätholzporen vereinzelt angeordnet
  - Kern hellbraun ☛ Esche
  - Frühholzporen stark verthyllt, Kern gelblich bis grünlichbraun ☛ Robinie

---

- Jahresringe grobwellig, breite Holzstrahlen, im Tangentialschnitt ist Längsparenchym im Spätholz sichtbar, gelblichweißes hartes Holz ☛ Hainbuche
- Breite Markstrahlen häufig, Holz weich gelbrot bis rötlichbraun ☛ Erle

---

- Holzstrahlen in zwei verschiedenen Größen, sehr breit und sehr schmal, im Tangentialschnitt als dunkle Striche erkennbar, Holz rötlichbraun, Falschkern rotbraun ☛ Rotbuche
- Holzstrahlen fast gleich breit, dicht in nahezu gleichmäßigen Abständen, an der Jahresringgrenze breiter, Kernholz rötlichbraun ☛ Platane

4.2.2 Aufbau des Holzes

Diagramm zur Bestimmung häufiger einheimischer Hölzer

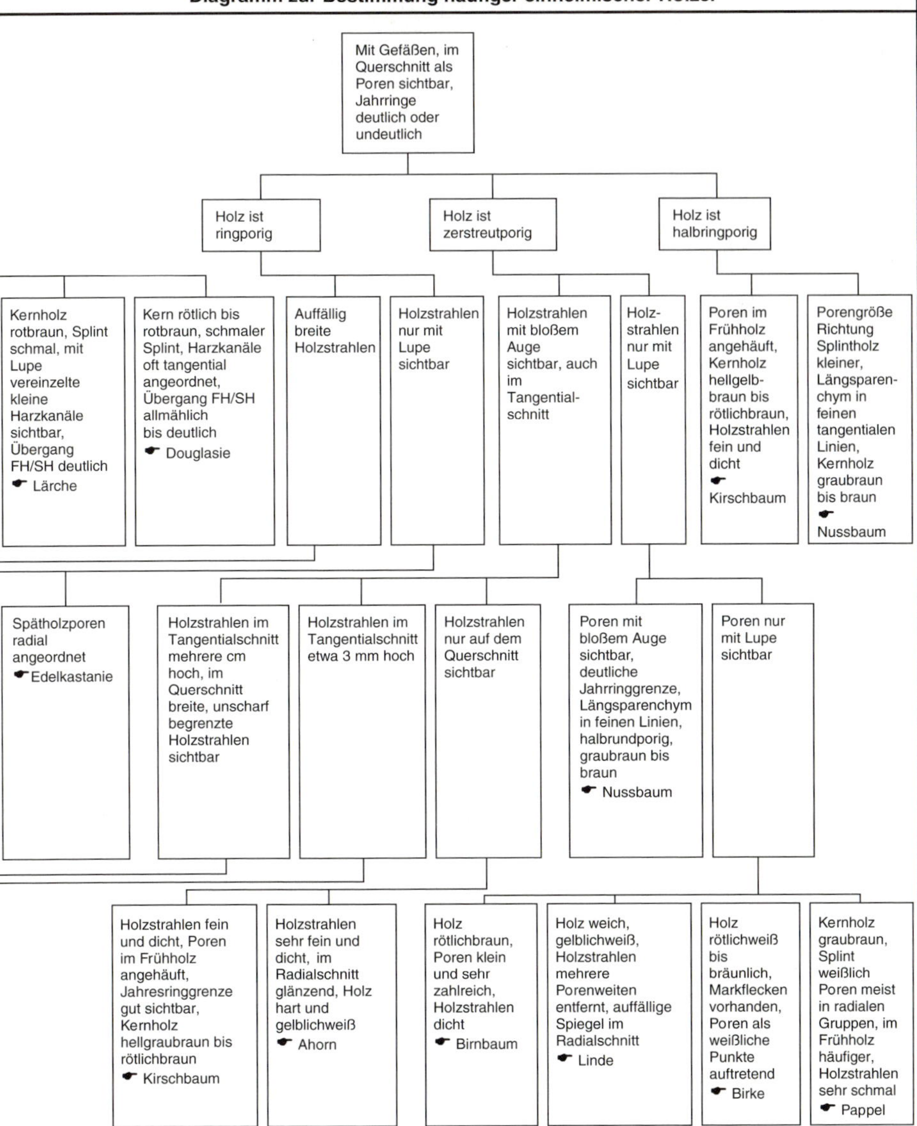

4.2.2 Aufbau des Holzes

Zellarten der Laubhölzer

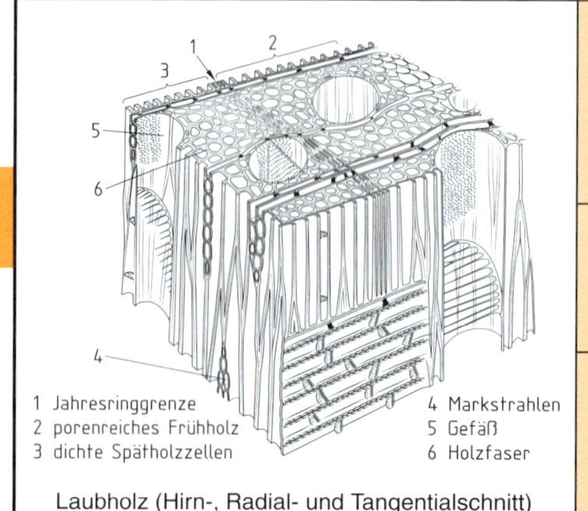

Laubholz (Hirn-, Radial- und Tangentialschnitt)

Zellart	Beschreibung
Gefäße (Leitzellen) Tracheen	Die in der Abbildung erkennbar großen Gefäße dienen der Wasserleitung. Maximaler Gefäßdurchmesser: 0,5 mm. Zur besseren Stabilität besitzen die Gefäße innen Versteifungsringe und außen Fasern.
Holzfasern (Stützzellen) oder Sklerenchymfasern	Die Holzfasern bilden das tragende Gerüst des Laubbaumes. Das Transpirationswasser gelangt durch die Öffnungen in den Wänden der Gefäße zu den Holzfasern.
Holzstrahlen (Längs- und Querparenchymfasern oder Markstrahlen)	Holzstrahlen verlaufen hauptsächlich strahlenförmig in der Querschnittsebene und dienen zur Speicherung der Nährstoffe. Ihr Anteil beträgt bei Laubhölzern ca. 17 % der Holzmasse.

Zellarten der Nadelhölzer

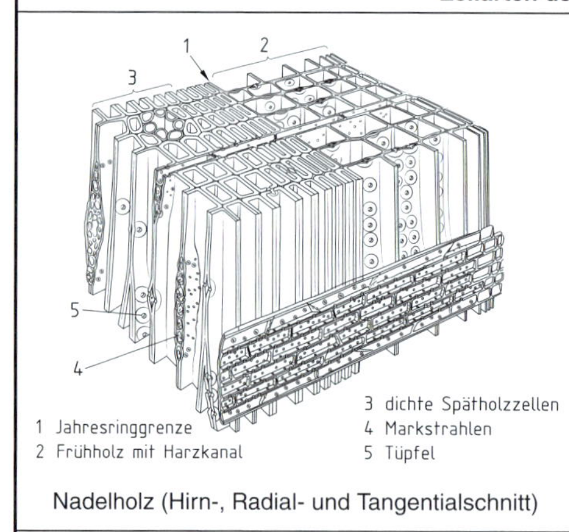

Nadelholz (Hirn-, Radial- und Tangentialschnitt)

Zellart	Beschreibung
Tracheide	Nadelhölzer bestehen überwiegend aus einheitlich gebauten Zellen, den Tracheiden. Sie stellen eine Kombination von Gefäß- und Stützzellen dar. Die Stützfunktion dieser Zellen wird durch die große Zellwandmasse im Spätholz hervorgerufen, während die Leitfunktion von den großlumigen Frühholztracheiden übernommen wird.
Holzstrahlen (Speicherzellen)	Die Holzstrahlen bei Nadelholz bilden einen volumenmäßig kleinen Anteil. Sie verlaufen strahlenförmig vom Stamminneren zur Stammaußenhaut und dienen in geringem Maße der Nährstoffspeicherung.

Aufbau eines Hoftüpfels bei Nadelholz

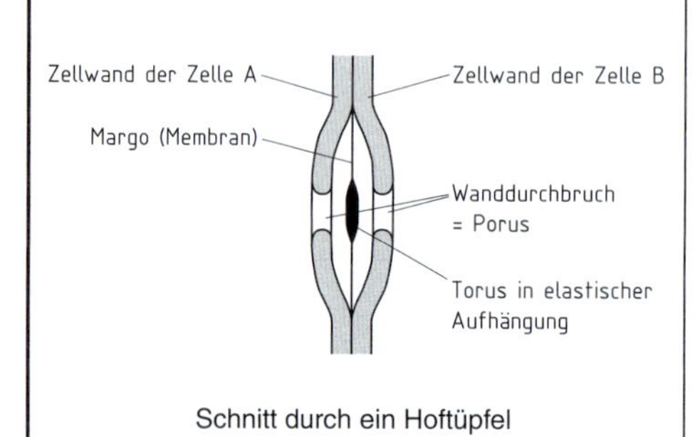

Schnitt durch ein Hoftüpfel

Die **Hoftüpfel** sind für den Transport der Nährstoffe von Zelle zu Zelle verantwortlich, während durch die größeren **Fenstertüpfel** die Nährstoffe von den Holzstrahlen zu den Tracheiden geleitet werden.
Die Tüpfel sichern somit die Verbindung von Zelle zu Zelle. Man kann sie auch als kleine Ventile betrachten, die durch Membranen bei Bedarf geöffnet oder geschlossen werden.
Die Funktionsfähigkeit der Tüpfel spielt später beim Austrocknen des Holzes sowie beim Eindringen der Holzschutzlösung eine große Rolle. Nicht umsonst lässt sich Fichtenholz schwer tränken, weil die meisten Tüpfel „verstopft“ sind.

4.2.3 Holzfeuchte und Holzschwund

Hygroskopisches Verhalten

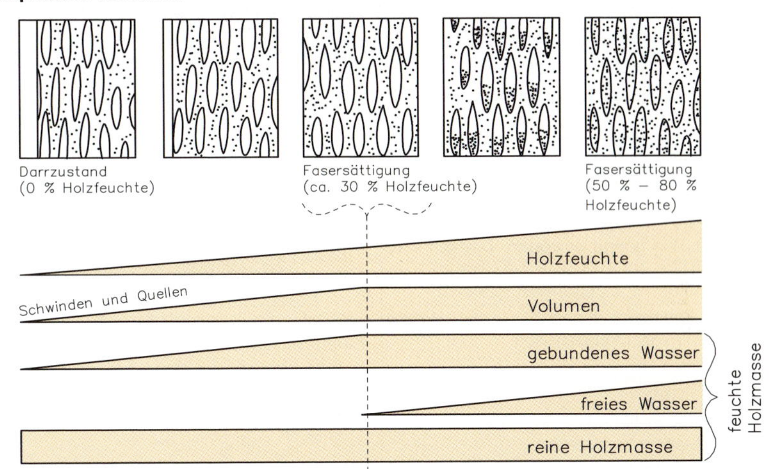

Holz ist hygroskopisch, das heißt, es kann Feuchtigkeit aufnehmen und wieder abgeben. Oberhalb des Fasersättigungspunktes tritt nur eine Gewichtszunahme ein. Unterhalb des Fasersättigungspunktes kommt es zum Schwinden und Quellen (Volumenänderung).
Die Holzfeuchte ist von der
- Lufttemperatur und der
- relativen Luftfeuchte

abhängig. Im Diagramm unten sind die jahreszeitlichen Schwankungen für Deutschland angegeben.

Kurvenvergleich von relativer Luft und Holzfeuchtigkeit

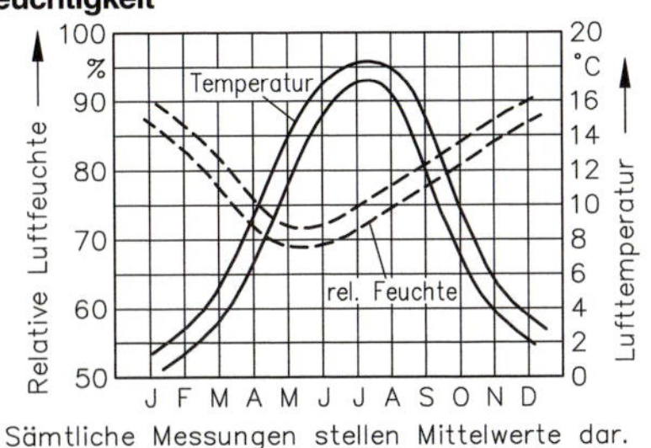

Sämtliche Messungen stellen Mittelwerte dar.

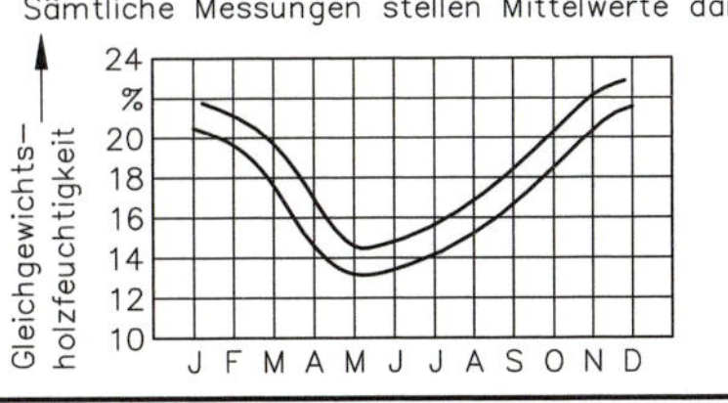

Freiluft-Trocknungsdauer für 25-mm-Bretter

Fichte	50–180 Tg.	Buche	90–125 Tg.
Tanne	50–180 Tg.	Eiche	100–300 Tg.
Kiefer	80–200 Tg.	Ahorn	80–200 Tg.
Lärche	80–200 Tg.	Nussbaum	50–210 Tg.

Unter stationären Bedingungen (d.h. rel. Luftfeuchte und Lufttemperatur sind konstant) stellt sich im Holz die Gleichgewichtsfeuchte ein.
Diese lässt sich mit der EGNER-Tabelle bestimmen. Ablesebeispiel: Bei 20 °C und einer rel. Luftfeuchte von 50 % stellt sich eine Holzfeuchte von ca. 9,3 % ein.

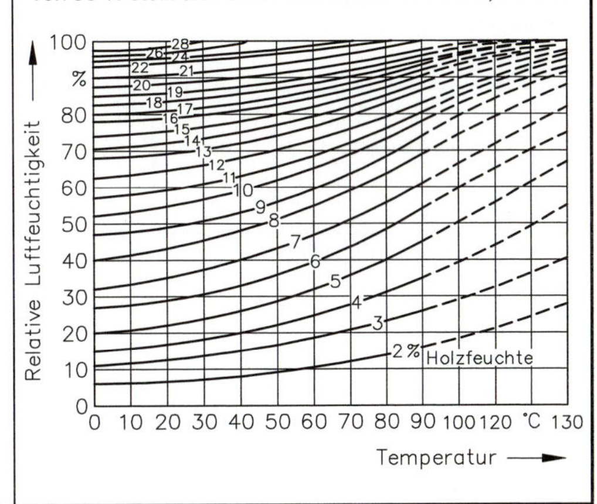

4.2 Vollholz

4.2.3 Holzfeuchte und Holzschwund

Der Holzfeuchtegehalt kann auf verschiedenen Wegen ermittelt werden:
- durch elektrische Holzfeuchtemessung oder
- durch die Darrprobe.

Bestimmung des Holzfeuchtegehalts nach DIN 52183: 1977-11

Probennahme	Von einem Brett wird etwa 15–20 cm vom Brettende eine 2–4 mm dicke Querschnittsprobe abgeschnitten
Durchführung	Die Probe wird auf einer Präzisionswaage auf 0,01 g genau gewogen. Danach wird die Probe bei 103 °C ± 2 °C bis zur Gewichtskonstanz getrocknet (gedarrt)
Berechnung	Der Feuchtigkeitsgehalt u des Holzes wird in Prozent angegeben $u = \frac{m_u - m_0}{m_0} \cdot 100\ \%$ u = Feuchtegehalt in % m_0 = Masse, darrtrocken m_u = Masse, feucht
Prüfbericht	Hier muss der Feuchtigkeitsgehalt bis auf 0,1 % genau angegeben werden
Beispiel	Ein Stück Rotbuche von 200 g hat nach dem Darrtrocknen eine Masse von 175 g. Welche Holzfeuchte hatte das Holzstück? *Geg.:* m_u, m_0 *Ges.:* u **Lösung:** $u = \frac{200 - 175}{175} \cdot 100\ \% = \mathbf{14{,}3\ \%}$

Einzuhaltende Holzfeuchtewerte[1)2)]

<table>
<tr><td>6</td><td>7</td><td>8</td><td>9</td><td>10</td><td>11</td><td>12</td><td>13</td><td>14</td><td>15</td><td>16</td><td>17</td><td>18</td><td>19</td><td>20 %</td></tr>
<tr><td colspan="4">Innenbauteile nach VOB[1)]</td><td colspan="5">Außenbauteile nach VOB[1)]</td><td></td><td></td><td></td><td></td><td></td><td></td></tr>
<tr><td colspan="4">Räume über 21°C nach DIN EN 942[2)]</td><td></td><td></td><td></td><td></td><td></td><td></td><td></td><td></td><td></td><td></td><td></td></tr>
<tr><td></td><td></td><td></td><td colspan="4">Räume bei 12–21°C nach DIN EN 942[2)]</td><td></td><td></td><td></td><td></td><td></td><td></td><td></td><td></td></tr>
<tr><td></td><td></td><td></td><td></td><td></td><td></td><td colspan="4">Unbeheizte Räume nach DIN EN 942[2)]</td><td></td><td></td><td></td><td></td><td></td></tr>
<tr><td></td><td></td><td></td><td></td><td></td><td></td><td colspan="7">Außenbereich nach DIN EN 942[2)]</td><td></td><td></td></tr>
<tr><td colspan="6">Treppenholz nach VOB</td><td></td><td></td><td></td><td></td><td></td><td></td><td></td><td></td><td></td></tr>
<tr><td></td><td colspan="4">Parkett-Lieferfeuchte nach DIN EN 13226[3)]</td><td></td><td></td><td></td><td></td><td></td><td></td><td></td><td></td><td></td><td></td></tr>
<tr><td colspan="15">Bei Bauholz gilt:
< 20 % trocken < 25 % verladetrocken < 30 % halbtrocken (nach TG s. S. 4.34)</td></tr>
</table>

Einbaufeuchte von Bauschnittholz nach VOB max. 20 %, es sei denn, das Holz kann ungehindert und schadensfrei trocknen.

Arbeiten des Holzes
Zu Form- und Volumenänderung kommt es, wenn sich die Holzfeuchte unterhalb des Fasersättigungspunktes ändert. Der Fasersättigungspunkt liegt bei den verschiedenen Hölzern zwischen 25 % und 35 %. Trocknet man das Holz bis auf 0 %, so tritt der maximale Holzschwund ein.

Durchschnittliche maximale Schwundmaße[4)]

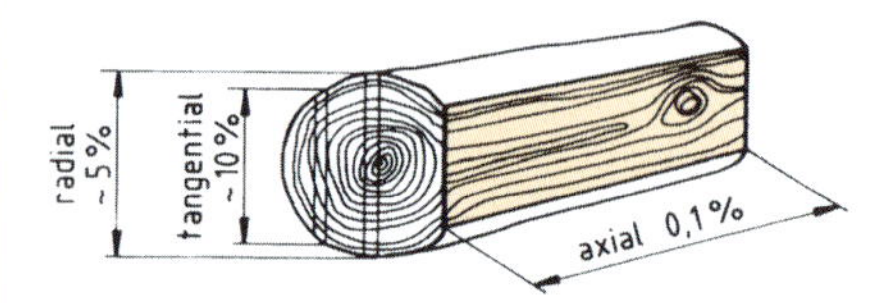

Eine Abschätzung der tatsächlichen Maßänderungen ist über die folgende Formel möglich, die im Holzfeuchtebereich von 5 %–20 % gültig ist.

$$M = N \cdot \frac{\Delta u \cdot V}{100\ \%}$$

Dabei bedeuten:
- M Maßänderung in mm
- N Nennmaß (Ausgangsmaß) in mm
- V diff. Schwind- bzw. Quellmaß in % je 1 % Holzfeuchteänderung (s. S. 4-2ff.)
- Δu Holzfeuchteänderung zwischen Herstellfeuchte und Verwendungsfeuchte

Beispiel: Ein 74 mm breites Akustikbrett (gefladert) aus Eiche hat bei der Herstellung 14 % Holzfeuchte und trocknet auf 10 % im Einbauzustand. Wie groß ist die Maßänderung?
Geg.: N, u, V *Ges.: M*

Lösung: $M = 74\ \text{mm} \cdot \frac{4 \cdot 0{,}36}{100\ \%} = \mathbf{1{,}07\ mm}$

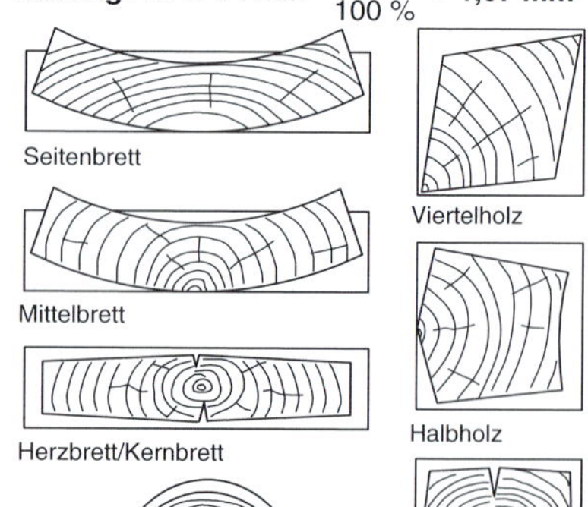

Formänderungen von Vollholzquerschnitten

[1)] Die Werte nach VOB (Verdingungsordnung für Bauleistungen) sind die Grundlage für die Ausgestaltung von Bauverträgen, für öffentliche Auftraggeber sind sie Einkaufsvorschrift.
[2)] Die Werte nach DIN EN 942: 2007-06 (für Holzfertigprodukte) gelten als Leitwerte, soweit keine speziellere Produktnorm existiert.
[3)] Kastanie und Seekiefer max. 13 %
[4)] Die speziellen Schwundmaße findet man in der Holzartentabelle ab S. 4-2.

4.2.4 Technische Holztrocknung

Abbildung	Trocknungsverfahren	Prinzip	Erläuterungen
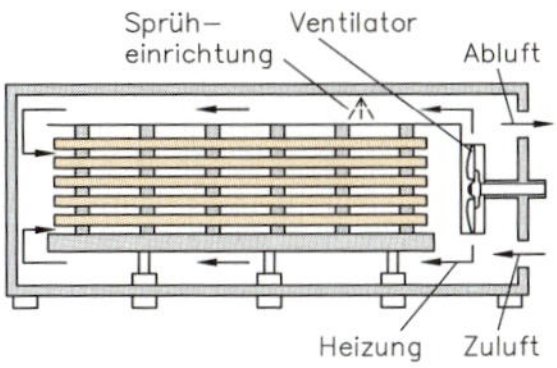 Sprüh-einrichtung, Ventilator, Abluft, Heizung, Zuluft	Frischluft-Abluft-Trocknung	Trocknungstemperatur 35–100 °C, mittels Ventilatoren umgewälzt. Ein Teil der Feuchtluft entweicht über Abluftklappen. Die Zuluft wird über Heizregister geführt und erwärmt. Zur Steuerung der Feuchte sind Sprühdüsen eingebaut. Bei Nadelhölzern wird die Hochtemperaturtrocknung (bis 130 °C) verwendet.	Für alle Holzarten einsetzbar. Hohe Energieverluste. Starke Geruchsemission. Trocknungsdauer[1] ca. 35 Tage. Nadelholz kann bei Hochtemperaturtrocknung in weniger als 10 Tagen getrocknet werden. Kleinanlagen arbeiten meist als Längsstromtrockner, bei großen Kammern ist die Querlüftung rationeller.
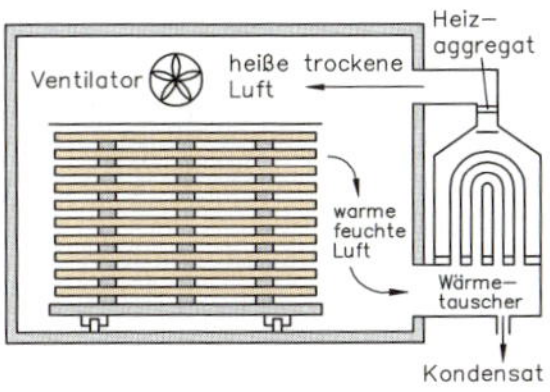 Ventilator, heiße trockene Luft, Heiz-aggregat, warme feuchte Luft, Wärme-tauscher, Kondensat	Kondensationstrocknung	Die Kammerluft wird in einem Heizaggregat erwärmt, durch den Stapel geblasen und anschließend in einem Wärmetauscher abgekühlt. Dabei entsteht Kondenswasser. Die Trocknungstemperatur liegt zwischen 35 °C und 75 °C, sie ist nach oben durch den Siedepunkt des Kühlmittels (im Wärmetauscher) begrenzt.	Nur bei Holzfeuchten über 15 % wirtschaftlich (Vortrocknung von Edelhölzern). Mäßiger Energieverbrauch durch Wärmerückgewinnung. Geringe Geruchsemission. Trocknungsdauer[1] ca. 70 Tage. Wird heute oft mit Frischluft-Abluft-Anlagen kombiniert und ist dann universell einsetzbar.
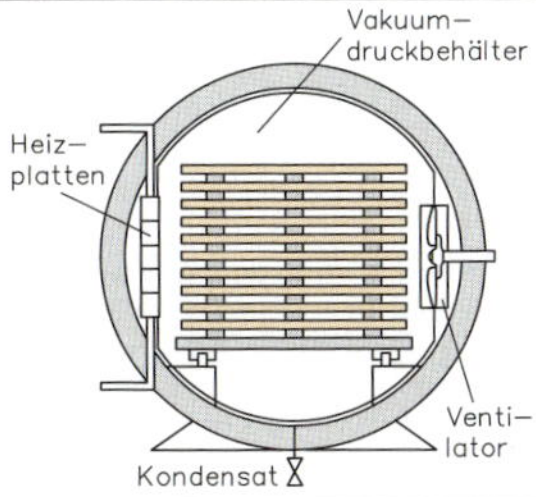 Vakuum-druckbehälter, Heiz-platten, Venti-lator, Kondensat	Vakuumtrocknung	In der Trockenkammer herrscht ein Unterdruck von 80–150 mbar. Dadurch wird der Siedepunkt des Wassers auf ca. 55 °C gesenkt. Einige Anlagen arbeiten mit zyklischen Vakuumphasen, andere mit Druckplatten, die das Trockengut zusätzlich pressen und egalisieren. Die Feuchtigkeit kondensiert am Behälterboden.	Schnelle und schonende Trocknung. Trocknungsdauer[1] ca. 10 Tage. Geringe Energiekosten, hohe Investitionskosten, daher werden Vakuumanlagen nur bei besonderen Anforderungen an die Trockenqualität und hoher Auslastung angewendet. Geringe Neigung zu Verfärbungen. Keine Geruchsemission.
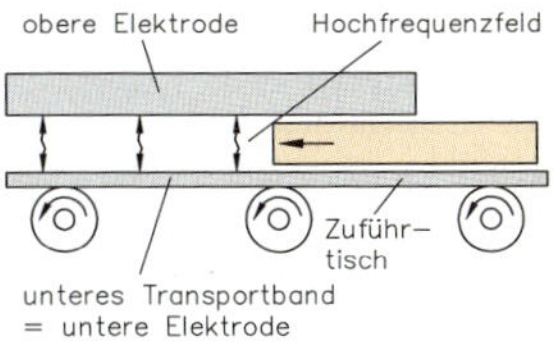 obere Elektrode, Hochfrequenzfeld, Zuführ-tisch, unteres Transportband = untere Elektrode	Hochfrequenztrocknung	Das Trockengut wird in kontinuierlich laufenden Durchlauftrockner zwischen Elektroden hindurchgeführt. Das erzeugte elektrische Wechselfeld versetzt die Wassermoleküle in Schwingungen. Durch die innere Reibung erhitzen sie sich sehr schnell und sehr stark, was zu einer schnellen Holztrocknung führt.	Nur bei geringer Ausgangsholzfeuchte anwendbar. Es können kurze, mäßig dicke Hölzer, wie z.B. Fensterkanteln, schnell getrocknet werden. Anders als bei den o.g. Anlagen trocknet das Holz von innen. Bei Fehlsteuerung kann das Holz von innen verkohlen (Explosionsgefahr).
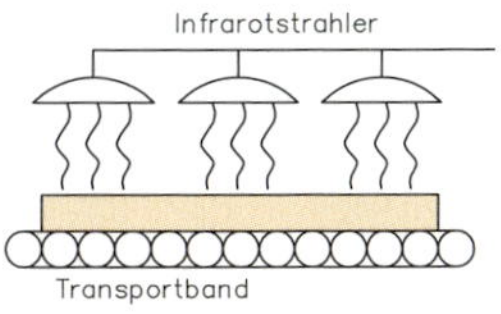 Infrarotstrahler, Transportband	Infrarottrocknung	Mit Infrarotstrahlern wird die Holzoberfläche bestrahlt und erwärmt. Es wird eine Farbtemperatur von ca. 2200 K verwendet. Die Wellenlänge liegt bei etwa 1,3 µm (Sonnenlicht bis 3,0 µm). Durch die Erwärmung trocknen die oberflächennahen Schichten aus.	Nur bei geringer Holzdicke anwendbar. Die Eindringtiefe der Bestrahlung hängt von der Holzart ab (Pappel ca. 6 mm, Teak ca. 0,6 mm). Das Verfahren wird daher fast ausschließlich für die Furniertrocknung eingesetzt.

[1] Für 35 mm dicke Eichenbretter von ~ 40 % auf 12–15 % HF.

4.2.4 Technische Holztrockung

Trocknungssteuerung

Die Steuerung der Holztrocknung ist abhängig von der Holzart, der Dicke des Holzes und dem Trocknungsverfahren. Die unten stehende Tabelle ist für die Konvektionstrocknung von Schnittholz (d = 38 mm) gültig.

Die Bestimmung der Temperaturdifferenz erfolgt mit dem Psychrometer, das aus zwei Thermometern besteht; eines der Thermometer wird mit einem Docht feucht gehalten. Die Verdunstungskälte führt zu einer geringeren Temperatur an diesem Thermometer. Die Differenz ist ein Maß für die Aufnahmefähigkeit der Luft und damit für die Trocknungsgeschwindigkeit.

Holzklassen für Trocknungstafel (Beispiele)

Klasse	Holzarten
A	Buchsbaum, Palisander
B	Padouk
C	Eiche, Afzelia, Wenge
D	Edelkastanie, Weißbuche, Bubinga
E	Rotbuche, Nussbaum, Sipo, Gabun, Sapelli
F	Birke, Kirsche, Ahorn, Teak, Sen, Afrormosia
G	Lärche, Weide
H	Linde, Pappel, Fichte, Kiefer
I	Erle, Tanne
J	Agba, Abachi
K	Bleistiftzeder, Abura

T in °C	u in %	Psychrometrische Differenz $T - F$ in °C																						
		2	3	4	5	6	7	8	9	10	11	12	13	14	15	16	17	18	19	20	21	22	23	24
35	grün			A																				
	60					A																		
38	40	B, C, D							A															
40,5	grün																							
	60		C, D																					
	40		B		D																			
43,5	40			C																				
	35				E		D																	
	30			B								A												
46	30					C				D														
	25				B																			
48,5	grün	E, G		F																				
	60		E, G		F																			
	20													A										
51,5	40				E			F																
	25							C					D											
54,5	40			G																				
	30						E				F													
	20							B																
57	grün			H		J																		
	50				H				J															
60	40							H				J												
	30				G																			
	25										E			F										
	20											C							D					
	15											B							A					
65	30										H					J								
	15															C					D			
68	20														E		F							
71	grün				K																			
	25						G																	
76	50								K															
	20											G						H, E, F						J
	15																							
82	grün								L															
	30										K													
	15																		G					
88	20																			K				

Anwendungsbeispiel:

Scharfe Trocknung:
Hölzer der Gruppe J werden bei relativ hoher Anfangstemperatur (57 °C) und einer Psychrometerdifferenz von 6–9 Kelvin auf 50 % getrocknet. Die Psychrometerdifferenz kann dann bis auf 24 Kelvin, die Temperatur auf 76 °C erhöht werden.

Schonende Trocknung:
Hölzer der Gruppe A werden zunächst bei niedriger Temperatur (35 °C) und geringer Pychrometerdifferenz (4, 6, 9 Kelvin) auf 40 % herabgetrocknet. Mit fortschreitender Trocknung kann die Psychrometerdifferenz (12, 14/15, 19/20 Kelvin) und die Temperatur (60 °C) erhöht werden, bis eine Holzfeuchte von 15 % erreicht wird.

4.2.4 Technische Holztrocknung

Psychrometertabelle (Psychrometerdifferenz und Holzgleichgewichtsfeuchte)

Psychrometer-differenz $T - F$ in K	Trockentemperatur T in °C										
	10	20	30	40	50	60	70	80	90	100	110
	Näherungswerte der Gleichgewichtsfeuchte des Holzes in %										
2	15,5	17,0	17,9	18,1	18,1	17,6	16,8	15,9	15,2	14,6	
3	12,0	14,2	15,4	16,0	15,8	15,3	14,7	14,1	13,4	13,0	
4	10,4	12,2	13,4	14,0	14,1	13,8	13,3	12,8	12,3	11,8	
5	8,5	10,6	11,8	12,4	12,7	12,5	12,1	11,6	11,1	10,8	
6	7,0	9,2	10,6	11,2	11,5	11,4	11,1	10,7	10,2	9,9	
7	5,3	8,2	9,6	10,3	10,7	10,6	10,3	9,9	9,5	9,1	
8	3,6	7,2	8,8	9,5	9,8	9,8	9,6	9,3	9,0	8,6	
9	1,7	6,1	8,0	8,8	9,2	9,2	9,0	8,7	8,4	8,1	
10		5,0	7,2	8,2	8,6	8,7	8,5	8,2	7,9	7,5	
11		4,0	6,5	7,6	8,0	8,1	8,0	7,7	7,4	7,1	6,9
12		2,9	5,8	7,0	7,5	7,7	7,5	7,2	7,0	6,7	6,5
13		1,7	5,0	6,4	7,0	7,2	7,0	6,8	6,6	6,4	6,1
14			4,3	5,9	6,6	6,7	6,7	6,5	6,3	6,0	5,8
15			3,6	5,3	6,2	6,4	6,4	6,2	6,0	5,8	5,6
16			2,9	4,9	5,7	6,0	6,0	5,9	5,7	5,5	5,3
18			1,1	3,9	4,9	5,4	5,4	5,4	5,2	5,0	4,9
20				3,0	4,2	4,8	4,9	4,9	4,8	4,7	4,6
22				1,8	3,5	4,2	4,4	4,4	4,4	4,3	4,2
24					2,8	3,7	4,0	4,0	4,0	4,0	3,9

Ablesebeispiel (Tabelle): Bei einer Feuchttemperatur von 40 °C und einer Trockentemperatur von 50 °C (Psychrometerdifferenz[1] 10 Kelvin) ergibt sich eine Gleichgewichtsholzfeuchte (u_{gl}) von 8,6 %.

Trocknungsplan

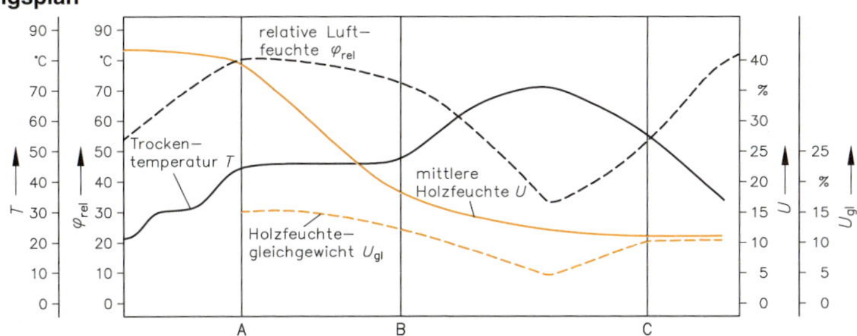

Ablesebeispiel (Diagramm):
Bei Punkt A hat das Holz ein Trocknungsgefälle von 2,67 (u = 40 %, u_{gl} = 15 %). Bei Punkt B beträgt es 1,29 (u = 18 %, u_{gl} = 14 %). Bei Punkt C erreicht es den Wert 1 ($u \cong u_{gl}$ = 10 %), die Trocknung ist beendet.

In den Tabellen/Diagramm bedeuten:

- T Trockentemperatur in °C
- F Feuchttemperatur in °C
- u Holzfeuchte in %
- u_{gl} Gleichgewichtsfeuchte in %
- φ_{rel} relative Luftfeuchte in %

$$\text{Trocknungsgefälle} = \frac{u}{u_{gl}}$$

Anhaltswerte für das Trocknungsgefälle

Trocknung	Holzart (Beispiele)	Trocknungs-gefälle[2]
schwer zu trocknen	EI, WEN, PRO, HB	2–3
mäßig zu trocknen	BU, NB, MAU, MAS, OKU	2,5–3,5
leicht zu trocknen	FI, KI, LA, ERL, TA, ABA	3–4

[1] Siehe S. 4-22.
[2] Der kleine Wert kann für Bretter, der große Wert für Bohlen angenommen werden.

4.2 Vollholz

4.2.4 Technische Holztrocknung

Trocknungsfehler

Abbildung	Fehler	Ursachen	Maßnahmen
	Hirnrisse	Die Feuchte entweicht am Hirnende schneller als in Brettmitte, kein Hirnkantenschutz (Wellbleche, Anstriche, etc.), zu hohe Temperatur beim Anheizen.	Bei wertvollen Hölzern, Hirnkantenschutz z. B. Paraffinanstrich aufbringen. Trocknungsgefälle verringern (siehe S. 4-23, Psychrometerdifferenz)
	Zellkollaps	Zu schnelle Trocknung oberhalb des Fasersättigungspunkts führt zu erhöhtem Druck im Holzinneren und dadurch zur Zerstörung der Zellstruktur. Die Holzquerschnitte sind stark verzerrt und haben eine waschbrettartige Oberfläche. Im aufgeschnittenen Holz erscheinen wabenförmige Innenrisse.	Gabelprobe (s. u.) sprühen, Feuchte längere Zeit erhöhen und/oder Lufttemperatur absenken, geschieht dies nicht oder zu spät, wird das Holz für den Tischler unbrauchbar.
	Verschalung	Trocknet man unterhalb des Fasersättigungspunktes zu scharf, kommt es zu Spannung zwischen innen und außen und in Folge zur Bildung von Innen- und Außenrissen. Man unterscheidet innere und äußere Verschalung.	Gabelprobe (s. u.) sprühen, Feuchte erhöhen und/oder Lufttemperatur absenken. Bei leichten Außenrissen kann das Holz noch verwertet werden.
	Formänderungen	Fehlerhaftes Stapeln kann zu Deformationen durch die Stapelleisten führen. Drehwuchs des Stammes und falscher Einsschnitt ergeben beim Trocknen windschiefe Bretter.	Sorgfältig stapeln. Drehwüchsige Hölzer aussortieren. Auf richtigen Einschnitt achten
	Verfärbungen	Stapelleisten verhindern an der Auflagestelle den gleichmäßigen Trocknungsfortschritt (z. B. bei Ahorn). Oxidation führt zu Fleckenbildung (z. B. bei Eiche). Dämpfeffekt (z. B. bei Buche)	Folgende Hölzer verlangen besondere Kenntnisse bei der Trocknung: EI, BU, AH, ER, KB und alle Harthölzer.

Die Gabelprobe[1)]

Über Fasersättigungspunkt			Unter Fasersättigungspunkt	
Trocknungsbeginn	Freies Wasser wandert vom Holzinneren nach außen (innen feucht – außen trocken), Gefahr des Zellkollaps.	Innenfeuchte ist durch richtige Trocknersteuerung abgebaut und mit der Außenfeuchte im Gleichgewicht.	Gebundenes Wasser wandert vom Holzinneren nach außen (Gefahr der Verschalung).	Trocknungsende

1) Dem Trockengut werden Proben und gabelförmig eingeschnitten. Je nach Zustand zeigen sich die dargestellten Verformungen.

4.2 Vollholz

4.2.5 Technologische Eigenschaften

Härte

Unter Härte versteht man den Widerstand des Holzes, den dies den Werkzeugen bei der Bearbeitung entgegensetzt. Die Härte wird meist anhand der Eindringtiefe einer Stahlkugel (Brinell-Härte[1]) in die Holzoberfläche geprüft. Dabei werden folgende Druck-Kräfte verwendet:

Holzart	Kraft	Kugeldurchmesser
weich	100 N	10 mm
mittelhart	500 N	10 mm
hart	1000 N	10 mm

Die Eindruckfläche (Kugelkalotte) wird nach folgender Formel berechnet.

$$A = \frac{1}{2} \cdot \pi \cdot D\,(-\sqrt{D^2 - d^2}) \text{ in mm}^2$$

D Durchmesser des Eindrucks in mm
d Kugeldurchmesser in mm

Die Brinellhärte H_B wird dann als Verhältnis der aufgewendeten Kraft *F* und der Eindruckfläche *A* angegeben.

$$H_B = \frac{F}{A} \text{ in N/mm}^2$$

Härtevergleiche verschiedener Hölzer sind nur bei gleichen Prüfmethoden zulässig, da das Prüfverfahren die Ergebnisse stark beeinflusst. Meistens nimmt die Härte des Holzes mit der Rohdichte zu. In Faserrichtung ergeben sich Härtewerte, die ca. 1,5- bis 2,5-mal so hoch sind wie auf den Seitenflächen. Die Härtewerte sind auf der Tangential-Fläche nur geringfügig höher als auf der Radial-Fläche.

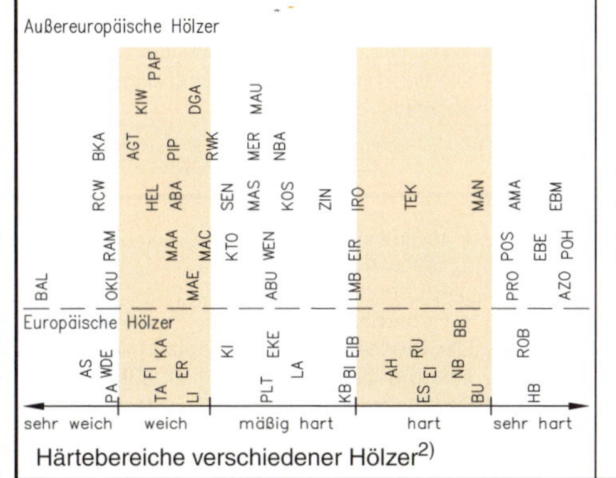

Härtebereiche verschiedener Hölzer[2]

Rohdichte

Die Rohdichte erhält man, wenn man die Masse (in g) durch das Volumen (in cm³) teilt.

$$\rho = \frac{m}{V} \text{ in g/cm}^3$$

Die Dichte der reinen Holzsubstanz (ohne Porenraum) beträgt bei allen Hölzern ca. 1,56 g/cm³.

Prüfung: Die Probekörper zur Bestimmung der Rohdichte müssen nach DIN 52182: 1976-09 hergestellt werden. Die Probengröße richtet sich nach dem Untersuchungszweck, der Prüfquerschnitt muss jedoch mindestens 5 Jahresringe (Zuwachszonen) enthalten. Die Probekörper müssen im Normklima 20/65 gelagert werden.
Normklima nach DIN 50014:

Abk.	Lufttemperatur	Rel. Luftfeuchte	Holzfeuchtegleichgewicht bei
23/50	23 °C	50 %	9 %
20/65	20 °C	65 %	12 %
27/65	27 °C	65 %	11,6 %

Mit dem Kollmann-Diagramm kann man die Rohdichte bei verschiedenen Holzfeuchten bestimmen.

Ablesebeispiel:
Eine Holzprobe hat eine Darr-Rohdichte von 0,7 g/cm³. Mit welcher Rohdichte ist beim fällfrischen Stamm (HF = 120 %) zu rechnen?

Ablesung:
Die fällfrische Rohdichte beträgt 1,15 g/cm³ (dieses Holz ist nicht mehr flößbar).

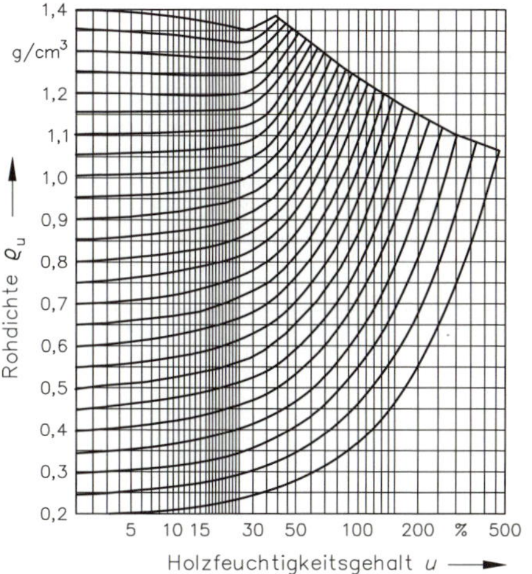

[1] Im englischen (französischen) Sprachraum wird meist das Verfahren nach Janka (Chalais-Meudon) verwendet.
[2] Alle angegebenen Hölzer finden sich in der Tabelle ab S. 4-2.

4.2.5 Technologische Eigenschaften

Eigenschaft	Beschreibung/Prüfverfahren	Berechnung/Anwendung
Festigkeit	Unter Festigkeit versteht man die Kraft, mit der sich das Holz selbst zusammenhält. Die Holzfestigkeit kann in Abhängigkeit des Wuchses und der Holzfeuchtigkeit um bis zu 300 % schwanken. Die Werte für die Druckfestigkeit, Härte und Rohdichte der Hölzer stehen überwiegend in einem proportionalen Zusammenhang.	
Druckfestigkeit	Für die Ermittlung der Druckfestigkeit sollen die Proben möglichst quaderförmig sein. (Querschnitt 20 mm × 20 mm, Länge 30 bis 60 mm). Vor der Prüfung sind die Proben im Normalklima 20/65 (s. S. 4-25) zu lagern. Vor jedem Versuch ist die Rohdichte zu bestimmen und nach dem Versuch die Holzfeuchte. Die Druckkraft wird in 1 bis 2 Minuten aufgebracht.	Die Berechnung der Druckfestigkeit erfolgt nach der Formel: $\sigma_{D\parallel} = \frac{F_{max}}{A}$ in N/mm² Die Druckfestigkeit in Faserrichtung ist meist ca. 8-mal so groß wie die Druckfestigkeit quer zur Faser. Die Druckfestigkeit ist bei Bodenbelägen und bei der Montage (Eindruckstellen) von Bedeutung.
Zugfestigkeit	Die Zugprobe muss die Mindestmaße der Abbildung einhalten. Es sind möglichst 5 Jahrringe zu erfassen, die parallel verlaufen müssen. Die Trocknung und Belastung der Proben sowie die anschließende Holzfeuchtebestimmung erfolgt wie bei den Druckproben. 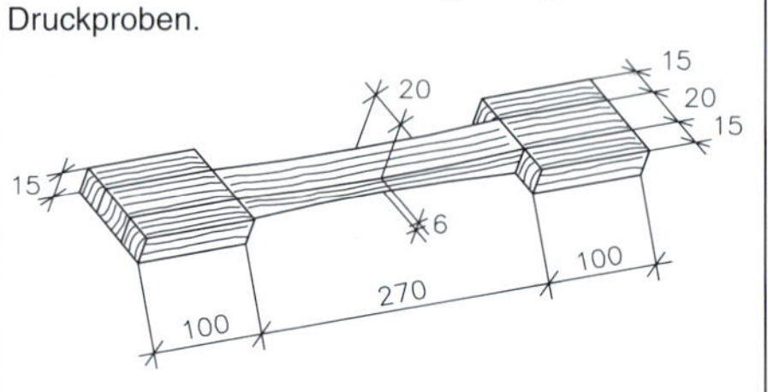	Die Bestimmung erfolgt nach DIN 52188: 1979-05 $\beta_{Z\parallel} = \frac{F_{max}}{A}$ in N/mm² F_{max} Bruchkraft in N A Querschnittsfläche in mm² Die Zugfestigkeit in Faserrichtung ist meist ca. 10-mal so groß wie die Zugfestigkeit quer zur Faser. Bei Zimmermannskonstruktionen muss ein rechnerischer Nachweis geführt werden.
Biegefestigkeit	Die Bestimmung der Biegefestigkeit erfolgt nach DIN 52186: 1978-06 mit dem folgenden Versuchsaufbau. Die Probestäbe haben einen Querschnitt $h \times b$ von 20 mm × 20 mm (± 1 mm). Ihre Länge beträgt $L = 15 \times h + 3 \times h$. Die Biegespannung wird aus dem Biegemoment und dem Widerstandsmoment ermittelt. 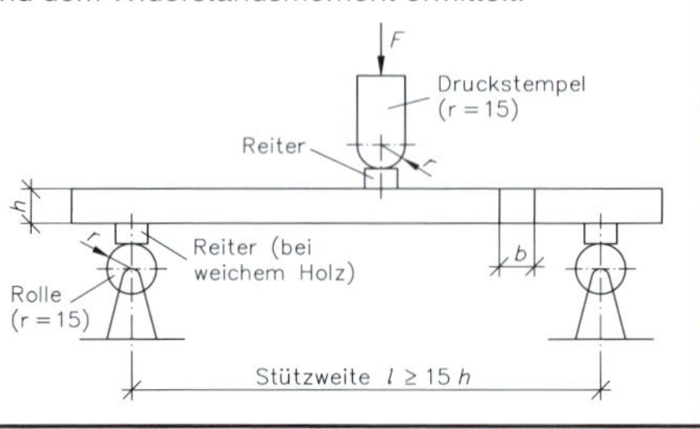	Für die Biegespannung gilt: $\sigma_B = \frac{M}{W}$ in N/mm² Die Bruchfestigkeit bei rechteckigem Querschnitt ist dann: $\beta_B = \frac{3 \cdot F \cdot l}{2 \cdot b \cdot h^2}$ in N/mm² F Bruchlast in N l Stützweite in mm b Probenbreite in mm h Probenhöhe in mm Die Biegefestigkeit von Hölzern ist insbesondere bei Verwendung als Regal- und Einlegeboden von Bedeutung (s. S. 6-9 f).

6-9

4.2 Vollholz

4.2.5 Technologische Eigenschaften

Eigenschaft	Beschreibung/Prüfverfahren	Berechnung/Anwendung
Scherfestigkeit	Wirken zwei entgegengesetzte Kräfte scherenartig, spricht man von Scher- oder Schubkräften. Nach DIN 52187: 1979-05 werden würfelförmige Probekörper (Kantenlänge 50 mm) in Richtung der Stammachse abgeschert. Die Trocknung und Belastung der Proben sowie die anschließende Holzfeuchtebestimmung erfolgt wie bei den Druckproben.	Die Scherfestigkeit in tangentialer und radialer Ebene unterscheidet sich kaum: $\tau = \frac{F_{max}}{A}$ in N/mm² F Bruchlast in N A Bruchfläche in mm² Diese Scherfestigkeit ist bei Gratverbindungen und Schwalbenschwanz-Verbindungen sowie bei zimmermannsmäßigen Verbindungen (Versatz) von Bedeutung.
Spaltfestigkeit	Beim Spalten wird das Holz mit einem Spaltkeil in Faserrichtung getrennt. Da keine Fasern angeschnitten werden, nehmen die gespaltenen Flächen kaum Wasser auf (Dachschindeln).	Die Spaltfestigkeit ist beim Nageln und Schrauben von Bedeutung.
Torsionsfestigkeit	Wird ein Querschnitt durch Schubkräfte schraubenförmig belastet, spricht man von Torsion (Verdrehen). Auf Verdrehen werden Werkstücke z.B. beim Drechseln belastet. Auch Werkzeuggriffe können auf Torsion belastet werden. Die Holzspindeln alter Hobelbänke werden auf Torsion beansprucht.	Größere Bedeutung hat dieser Lastfall bei Zimmermannskonstruktionen, wo z. B. Pfettenbalken durch die Sparren verdreht werden und deshalb Risse bekommen.
Knickfestigkeit	Bei Zimmermannskonstruktionen und im Innenausbau kann eine Bestimmung der Knickfestigkeit erforderlich werden.	Als Faustformel kann gelten: $l \leq 30 \cdot d$ l Stützlänge in mm d kleinstes Querschnittsmaß in mm
Elastizität	Der Elastizitätsmodul kennzeichnet die Widerstandsfähigkeit des Holzes gegen eine Formveränderung bei gegebener Belastung. Der E-Modul ist für die Berechnung der Durchbiegung erforderlich (s. S. 6-9) Spannung-Dehnungs-Diagramm	Der E-Modul im linearen Bereich kann nach der folgenden Formel berechnet werden (exakte Dehnungsmessmethoden erforderlich): $E = \frac{\Delta\sigma}{\Delta\varepsilon}$ in N/mm² Einfacher lässt er sich im Biegeversuch bei mittiger Einzellast bestimmen: $E = \frac{l^3}{4 \cdot b \cdot h^3} \cdot \frac{\Delta F}{\Delta f}$ l Stützweite in mm b Breite der Biegeprobe in mm h Höhe der Biegeprobe in mm ΔF Lastdifferenz aus zwei verschieden großen Belastungen in N Δf entspr. Durchbiegungsdifferenz in mm
Dauerhaftigkeit	Die natürliche Dauerhaftigkeit gegen holzzerstörende Pilze wird nach DIN EN 350-1: 1994-10 in Klasse 1 (sehr dauerhaft) bis Klasse 5 (nicht dauerhaft) eingeteilt (s. S. 4-2ff. und 7-6).	

4.2 Vollholz

4.2.7 Holzfehler und Holzschädlinge

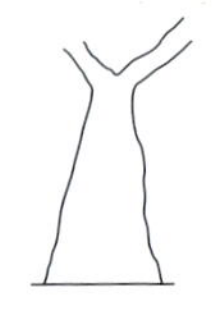

Abholzigkeit und Zwieselung
Gerader Stamm verjüngt sich um mehr als 1 cm pro lfm Stammlänge. Zwieselung ergibt Hirnschnitte mit Doppelkern.
Folge: Geringe Holzausbeute beim Einschnitt.

Krummschaftigkeit
Durch einseitige Beanspruchung ist der Baum im Lauf der Zeit krummschaftig geworden.

Maserwuchs
Entsteht durch Überwucherung unterentwickelter Knospen. Schwer zu bearbeiten, jedoch gesucht für Maserfurniere. Häufig bei Zuckerahorn (Vogelaugenahorn), Baumheide (Bruyère-Pfeifen).

Drehwuchs
Fasern verlaufen wendelförmig.
Folge: Verarbeitetes Holz wird windschief.

Spanrückigkeit
Die Jahresringe verlaufen hier nicht kreisrund um das Mark, Holz ist sehr dekorativ, aber schlecht zu imprägnieren und zu verleimen. Spanrückiges Holz besitzt eine „wollige“ Oberfläche.

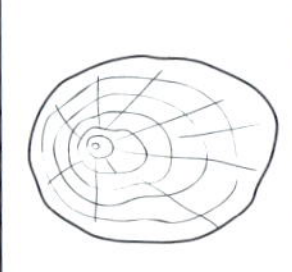

Exzentrischer Wuchs
Häufige Erscheinung bei Laubholz; entsteht durch Schräglage (Hanglage) des Baumes. Folge: erhöhtes axiales Schwindmaß, geringe Zug- und Biegefestigkeit, erhöhte Neigung zum Werfen.

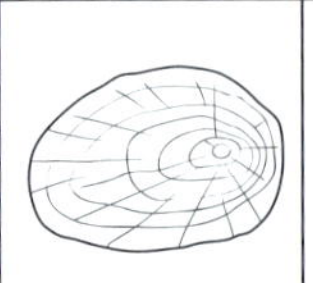

Druckholz (Rotholz)
Entsteht bei allen Ästen und bei schief stehenden, einseitig belasteten Teilen von Nadelbäumen.
Folge: unregelmäßiges Schwinden beim Trocknen, gefährlich beim Einschneiden.

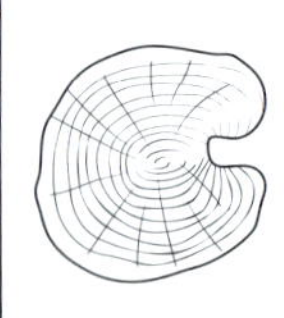

Überwallungen
Entstehen bei Verletzungen des Kambiums durch Wildfraß, Blitzschlag, Einschneiden usw. Die Wundstelle verfäbt sich; die Überwallungsschichten liegen verbindungslos auf der ehemaligen Wundstelle. Die Wertminderung des Holzes ist erheblich.

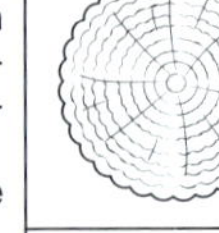

Wimmerwuchs
Der Faserverlauf ist wellig; begehrte Maserung bei der Möbelherstellung.

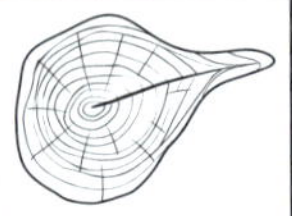

Frostleisten
Sind Risse in der Längsachse des Stammes, die sich wulstartig überwallen; sie entstehen durch Frost und starken Temperaturwechsel.

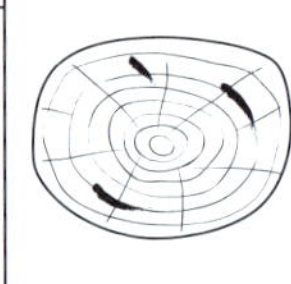

Einschlüsse
Durch Überwallung kann es zu Rindeneinschlüssen kommen. Auch andere Fremdkörper (Geschosse) können in den Stamm eingewachsen sein. Tropenholz enthält oft auf natürliche Weise eingelagerte Mineralstoffe.

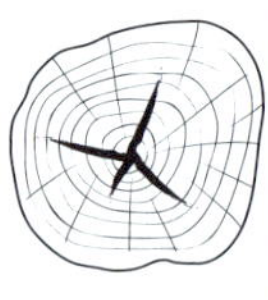

Kern- und Luftrisse
Verlaufen in Richtung der Holzstrahlen, sie entstehen meist durch Trocknung nach dem Einschlag, können aber auch am stehenden Stamm auftreten, erhebliche Wertminderung.

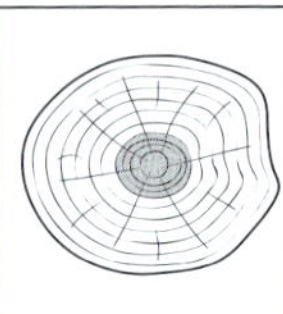

Falschkern
Durch Umwelteinflüsse werden manche Baumarten im Alter zu Falschkernbildung veranlasst. Bewirkt keine erhöhte Dauerhaftigkeit. Häufig bei Rotbuche und Esche anzutreffen.

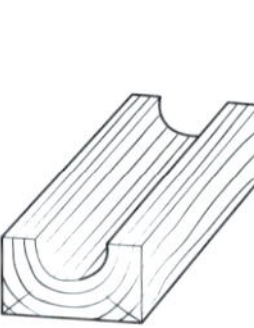

Ring- oder Schälriss
Ursachen: Spannungen im Holz aufgrund großer Hitze und großen Frostes; zum Teil auch durch Aufschlagen des Stammes beim Fällen. Hölzer mit ungleichmäßigen Jahresringen sind besonders anfällig für Ringrisse. Solches Holz ist als Bauholz nicht mehr zu verwenden. In den Ringrissen setzt sich häufig der Ringfäule-Pilz fest.

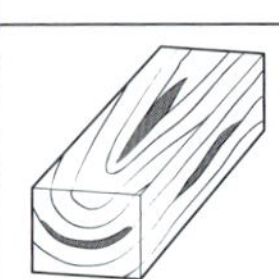

Harzgallen
Sind innerhalb eines Jahresringes liegende flache, mit Harz gefüllte Hohlräume, die die Holzgüte beeinträchtigen. Harzgallen treten nicht bei Tannen auf.

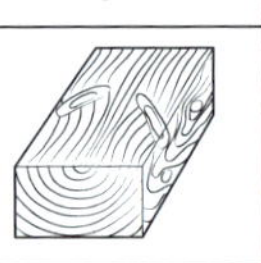

Äste
Die Zulässigkeit von Ästen bei Tischlerarbeiten ist in der DIN 18355: 2006-10 (VOB) geregelt. Vereinzelt sind astreiche Hölzer (Zirbelkiefer) gesucht.

4.2.7 Holzfehler und Holzschädlinge (Forts.)

Pflanzliche Holzschädlinge

Allgemeines	
Holz-zerstörer	Diese Schädlinge dringen mit ihren Pilzfäden durch die Zellwände und zerstören die Wandsubstanz.
Holz-bewohner	Ihre Pilzfäden befinden sich in den Speicherzellen, das Zellgerüst wird nicht zerstört.

Die Pilze bestehen in ihrer Mehrzahl aus Zellfäden (Hyphen), die in ihrer Gesamtheit ein Pilzgeflecht (Myzel) bilden.
Die Nahrungsaufnahme erfolgt durch Abbau der Holzzellen infolge zersetzender Ausscheidungen an den Spitzen der Hyphen.

Physikalische Hilfsmittel zur Untersuchung von Pilzbefall	
Röntgen	Pilzfäden im Holzinnern erkennbar.
Ammoniak- oder Sodalösung	Bei Behandlung mit solchen Chemikalien verfäbt sich das kranke Holz anders als das gesunde (gewöhnlich Schwarzfärbung).
Wässern	Auch bei dieser Methode treten unterschiedliche Farbtönungen auf; pilzbefallenes Holz ist sehr hygroskopisch.

Veränderungen der Holzeigenschaften infolge Pilzbefalls	
Klang	Krankes Holz klingt dumpf, gesundes hell
Hygros-kopizität	Krankes Holz zieht Feuchtigkeit schwammartig an
Geruch	Arteigener Geruch der Pilze
Festigkeit	Sehr gering

Beurteilungsmerkmale für die Pilzarten:
- Farbe, Form und Größe der Fruchtkörper,
- Strangbildung (Form, Farbe, Stärke, Festigkeit),
- Wachstumsgeschwindigkeit,
- Gewichtsverlust des Holzes,
- Geruch,
- Sporen (Größe, Farbe, Form)

Temperatur
Die beste Temperatur zur Entwicklung der Holzschädlinge liegt zwischen 15 °C und 35 °C. Bei niedrigen Temperaturen verlangsamt sich die Entwicklung außerordentlich. Gegen höhere Temperaturen sind alle Holzschädlinge sehr empfindlich.

Feuchtigkeit
Die im Holz vorliegenden Feuchtigkeitsverhältnisse sind von ganz entscheidender Bedeutung für die Entwicklung von Schadorganismen. Dabei sind die Ansprüche der einzelnen Schädlingsarten sehr unterschiedlich.

Voraussetzungen für die Entwicklung von Holzschädlingen und daraus abzuleitende Schutzprinzipien

Voraussetzung	Gegenmaßnahme	Schutzprinzip
geeignete Nahrung (Holzwerkstoff)	ungenießbar machen	chem. Holzschutz
geeigneter Feuchtigkeitsbereich	vermindern, fern halten	Holztrocknung, baul. Holzschutz
ausreichendes Sauerstoffangebot	fern halten	Nasslagerung
geeigneter Temperaturbereich	erhöhen (erniedrigen)	Bekämpfung mit Heißluft (Tiefkühlung)

Gefährdung des Holzes in Abhängigkeit vom Einsatzbereich

Einsatzbereich	Holzfeuchtigkeit	Gefährdung durch	
		Pilze	Insekten
Holz im Spritzwasserbereich	wechselnd, häufig hoch	stark	gering
Holz mit Erdkontakt	ständig hoch	sehr stark	gering
Holz im Freien ohne Erdkontakt: a) allgemein	wechselnd	mäßig bis gering	gering bis mäßig
b) Berührungsstellen (z. B. Fugen)	wechselnd, häufig hoch	stark	gering bis mäßig
Holz im Tauwasserbereich: a) ohne ausreichende konstruktive Gegenmaßnahme	hoch	sehr stark	gering bis mäßig
b) mit ausreichenden Maßnahmen	gering	gering	gering bis mäßig
Dachstuhl[1]	gering	gering	möglich

[1] Soweit nicht im Tauwasserbereich.

4.2.7 Holzfehler und Holzschädlinge (Forts.)

Krankheiten, häufig schon am stehenden Stamm beginnend	
Braunfäule	Bei der Braunfäule bauen holzzerstörende Pilze die Cellulose ab, so dass der dunkle Bestandteil des Holzes, das Lignin, übrig bleibt und eine Braunfärbung verursacht. Braunfäulepilze (ca. 500 Arten) verursachen erhebliche Festigkeitsverluste, die bis zum Würfelbruch des Holzes führen können. Die Braunfäule tritt vornehmlich an Nadelhölzern auf. Schon der stehende Stamm kann im Kernbereich durch den Wurzelschwamm bis zu einer Höhe von 6 m befallen werden. Das Splintholz des stehenden Stammes bleibt zunächst verschont, so dass der Schaden erst beim Fällen des Baumes festgestellt wird. Später greift der Pilz auch das Splintholz an, dieses zerfällt im Endstadium zu einer pulverförmigen Masse mit fauligem Geruch. Häufige Erreger von Braunfäule sind: Echter Hausschwamm, Lenzites, Schuppen- und Fächerschwamm.
Weißfäule	Die Weißfäule tritt ebenso wie die Braunfäule schon am stehenden Stamm auf, hier insbesondere bei Laubholz. Bei der Weißfäule bleibt das Holzgefüge weitgehend erhalten, das Holz wird jedoch heller und leichter, im Endstadium „schwammig“, meist mit marmorartigen Streifen. Wichtigster Vertreter ist der Schmetterlingsporling. Weißfäulepilze zerstören in erster Linie den Ligninanteil des Holzes, so dass der Zelluloseanteil übrig bleibt. Die Holzfasern werden faserig und stockig, das Holz verliert an Glanz. Die von Weißfäule befallenen Stämme sind als Bauholz nicht mehr zu verwerten.
Ringfäule	Die Ringfäule befällt alle Baumarten. Der Befall ist häufig nur örtlich festzustellen. Befallen wird oft ringschäliges Holz; darunter versteht man Holz, bei dem durch ungleichmäßiges Auswachsen der Jahrringe und innere Spannungen Ringrisse entstanden sind. Stets setzt sich der Pilz im Ringriss fest und zerstört das kernnahe Splintholz.
so genannte Krebskrankheiten	Krebskrankheiten werden von außen durch Pustelpilze hervorgerufen, deren Sporen an verletzten Baumstellen haften bleiben, infolge guten Nährbodens aufkeimen und Wucherungen erzeugen. Das Myzel dringt anschließend von der Baumwunde in alle Richtungen vor und zerstört das Holz zu einem rotbraunen Mulm.
	Sichtbare Kennzeichen für sogenannten Krebsbefall: – beulenartige Anschwellungen, – Absterben der Rinde, – Wachstumsminderung Es werden Laub- und Nadelhölzer befallen.
Krankheiten am gefällten Stamm	
Oxidation	Wenn hellfarbiges Holz, gleich welcher Art, der Sonneneinstrahlung, nicht jedoch dem Niederschlag ausgesetzt ist, tritt rasch eine Vergilbung ein, die sich im Laufe der Zeit zu einer tiefen Bräunung intensiviert. Bei Buchenholz spricht man in diesem Zusammenhang von einem Einlauf.
	Einlauf Wenn Buchenholz längere Zeit trocken lagert, verändert sich die Farbe des Holzes nach und nach von der Stirnfläche zum Stamminneren hin. Grund: Wasser wird abgegeben und Luftsauerstoff tritt dafür in die Hohlräume der Zellen ein; diese sterben allmählich ab. Der Einlauf bildet stets die Grundlage für die Stockigkeit des Holzes.
Vergrauung	Verbautes Holz, das sehr lange der Ultraviolettstrahlung der Sonne ausgesetzt ist, verfärbt sich an der Oberfläche silbergrau, zumal dann, wenn es häufig beregnet wird. Mit der Wetterbeanspruchung greift zunächst die energiereiche UV-Strahlung die oberflächennahe Holzsubstanz an, wobei vozugsweise das Lignin abgebaut wird. Bei regenexponierter Lage wird das Lignin ausgewaschen, die strahlungsunempfindliche Cellulose ruft dann den Bleicheffekt hervor.

4.2.7 Holzfehler und Holzschädlinge (Forts.)

Krankheiten am gefällten Stamm (Forts.)

<table>
<tr><td rowspan="3">Verblauung</td><td>Erreger sind Bläuepilze (ca. 300 verschiedene Arten), die besonders das Splintholz der Kiefer befallen. Das Kernholz wird nicht befallen, da dieses einen Giftstoff (Pinosylvin) enthält, der den Pilz abtötet. Die Zellwände werden nicht abgebaut, jedoch teilweise durchlöchert.</td></tr>
<tr><td>Der Bläuepilz setzt sich in den Luftrissen des Splintholzes fest und entwickelt sich besonders gut, wenn folgende Bedingungen vorhanden sind:
– Kiefernholz lagert länger als drei Monate im Wald,
– der Holzfeuchtegehalt beträgt mehr als 30 %,
– es herrscht eine Temperatur von 18–25 °C</td></tr>
<tr><td>Unter dem Mikroskop betrachtet sind die Hyphen des Bläuepilzes braun (!), sie erscheinen aber aufgrund eines optischen Phänomens blau. Die Verblauung ist in erster Linie ein Farbfehler.

Arten
Stammholzbläue: entwickelt sich rasch bei schwülwarmer Witterung
Oberflächenbläue: entsteht, wenn Holz lange bei Regen im Freien lagert
Schnittholzbläue: Stammware ist tief verblaut u. im Wert stark gemindert
Anstrichbläue: hier wachsen die Hyphen unter dem Lack</td></tr>
<tr><td>Rotstreifigkeit</td><td>Wenn Nadelholz, insbesondere Kiefernholz, zu spät entrindet und aufgeschnitten wird, dann ziehen von den Hirn- und später auch von den Mantelflächen rote Streifen in das Holz ein. Verursacher sind Weißfäulepilze, die vornehmlich vom Zellsaft leben.
Rotstreifiges Holz verliert an Haltbarkeit und ist nur noch für untergeordnete Zwecke zu verwenden.</td></tr>
<tr><td rowspan="2">Stockigkeit</td><td>Die Stockigkeit ist häufig bei lagernden Laubhölzern, speziell bei Buche, anzutreffen, wenn diese nach dem Fällen längere Zeit bei warmem Wetter in der Rinde liegen bleiben. Zunächst entstehen Stockflecke bzw. grau-braune Verfärbungen, die als Folge einer Oxidation zu betrachten sind. Später gesellen sich zu den Farbfehlern Festigkeitsminderungen, die erheblich sein können.</td></tr>
<tr><td>Vorbeugungsmaßnahmen:
– Rasche Abfuhr des Holzes mit nachfolgendem Einschnitt,
– Lagern mit Rinde und Krone,
– Wasserlagerung</td></tr>
<tr><td rowspan="3">Lenzites (Blättling)</td><td>Lenzites ist ein Besiedler von Nadelholz; er verursacht Braunfäule.
Vorkommen: Zäune, Schwellen, Bretter, Bohlen, Masten, Holzpfähle, im Haus an alten Fenstern.

Arten
Tannenblättling: befällt besonders gern Tanne und Fichte
Zaunblättling: befällt häufig Kiefernholz</td></tr>
<tr><td>Befallsart: Zuerst Roststreifigkeit, später Braunfäule mit Würfelbruch, zerstört wird der Kernbereich des Holzes.</td></tr>
<tr><td>Eigentümlichkeit: Lenzites kann bei Hitze und Trockenheit in eine Trockenstarre übergehen.
Myzel und Fruchtkörper können bei Feuchtigkeitszufuhr später wieder aufleben und weiterwachsen.</td></tr>
<tr><td>Moderfäule oder Nassfäule</td><td>Bezeichnung aus der Praxis, die sich nicht auf eine bestimmte Pilzart, sondern auf die Art der Zerstörung bezieht. Erreger der Nassfäule können Pilze der verschiedensten Art sein, häufig jedoch Coniophora. Der Pilz braucht zur Entwicklung eine Holzfeuchte von $\geq$ 40 %.
Vorbeugung und Bekämpfung sind wegen der Auslaugung der Holzschutzmittel schwierig; bewährt haben sich Kupfer- und Phenolverbindungen bei Tiefschutz, die schwer auslaugbar sind.
Laubhölzer sind anfälliger als Nadelhölzer. Im Gegensatz zu anderen Fäulnispilzen geht die Holzzerstörung immer von der Holzoberfläche aus.</td></tr>
</table>

4.2 Vollholz

Krankheiten am verbauten Holz (Holzfäule)	
Echter Hausschwamm Meldepflicht beachten!	**Vorkommen** Gefährlicher Pilz, der vor allem in alten Häusern anzutreffen ist, da er dort die zur Ausbildung seiner Fruchtkörper benötigte konstante Feuchtigkeitsquelle vorfindet.
	Lebensweise/Erscheinungsbild Der Echte Hausschwamm liebt feuchtes und verschmutztes Holz, weil er von den dort anhaftenden Kalk- und Stickstoffresten besonders gut leben kann. Die Myzelstränge erreichen Bleistiftstärke und eine Länge bis zu 6 m. Sind die Stränge biegsam, so „lebt“ der Pilz; sind sie brüchig, ist der Pilz an dieser Stelle tot. Der Echte Hausschwamm kann Mauerwerk (keinen Beton) durchwachsen und sich dabei von den Kalkfugen ernähren. Er befällt Nadel- und Laubholz, auch in Sonderfällen Eichenholz. Meldepflicht beachten! Die Fruchtkörper erreichen Bratpfannengröße; Farbe: rötlich-braun mit weißem Rand.
	Sanierung – Holzschutzfachmann heranziehen, – befallene Holzteile entfernen und verbrennen, – Mauerwerk mit Speziallampen „abbrennen“, – alle bleibenden und neu eingebauten Holzteile und Mauerwerk mit Schwammschutzmittel behandeln, – Kellermauerwerk auf Dauer trockenlegen
Coniophora (Kellerschwamm)	**Vorkommen** Im Gegensatz zum Echten Hausschwamm befällt Coniophora nur feuchtes Holz ($u \geq 30$ %) bzw. kann nur auf feuchtem Holz weiterwachsen.
	Lebensweise/Erscheinungsbild Coniophora erzeugt Braunfäule; zunächst werden nur die inneren Holzteile vom Pilz befallen. Die Myzelstränge sind i.d.R. kaum mit bloßem Auge zu erkennen. Die Fruchtkörper sind handtellergroß, grünlich gefärbt mit weißem Rand.
	Sanierung siehe Echter Hausschwamm

Tierische Holzschädlinge

Allgemeines

Zu den Holzschädlingen gehören neben den Pilzen auch Tiere, denen das Holz als Nahrung und zur Anlage von Brutstätten dient. Alle Holzschädlinge durchlaufen die folgenden vier Entwicklungsstufen:

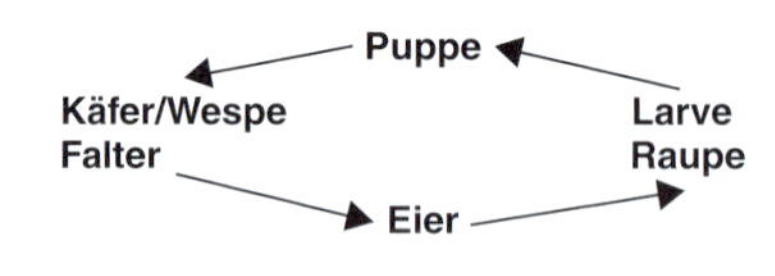

In der Regel leben die Käfer/Falter nur einen kurzen Zeitraum (3–5 Wochen); am langlebigsten während der vier Entwicklungsstufen sind die Larven, die als „Holzwürmer“ 2–5 Jahre lang das Holz zerfressen, bevor sie sich verpuppen.

Nahrung
Die Larven sind auf die Speicherstoffe des Holzes angewiesen: Eiweiß, Stärke, Zucker, Cellulose. Die Larven fressen sich eine Körperlänge/Tag im Holz vor. Die Nährstoffe werden durch Mikroorganismen im Darm verdaut.

Sinnesorgane	
Tastsinn	Tastborsten an der Körperunterseite; Holzschutzmittel können die Tastorgane lähmen.
Geruchssinn	wichtig zur Auswahl des Holzes für die Eiablage.
Lichtsinn	Larven und Käfer besitzen einzelne Sehzellen; manche Larven fliehen bei Tageslicht.
Gehörsinn	bei starken Geräuschen stellen die Larven ihre Bohrtätigkeit ein.

Kriterien zur Schädlingserkennung

- Fundort und Holzart,
- liegt Befall von Splint- od. Kernholz vor,
- Fluglöcher: Größe und Form,
- Fraßgänge: Verlauf, Struktur, Farbe,
- Inhalt der Fraßgänge: Bohrmehl, Farbe, tote Larven, Kot,
- Ausmaß und Alter des Befalls,
- wird der Schädling lebend oder tot angetroffen

4.2.7 Holzfehler und Holzschädlinge (Forts.)

Tierische Holzschädlinge

Allgemeines

Diese Art von Schädlingen frisst in der Rinden- und Bastschicht und zerstört dadurch das Lebensgefüge der Holzpflanze. Einige Holzschädlinge dringen auch in das Holz ein und entwerten es durch ihre Brutgänge. Wichtige Befallsmerkmale sind stets Fluglöcher und Fraßbild.

Falter

Hierzu gehören u.a. Forleule, Nonne, Kiefernspanner; ihre Raupen fressen die Nadeln und Blätter der Bäume. Größe der Larven in mm: 10–20

Käfer

Hierzu gehören verschiedene Arten von Borken- und Bockkäfern; z.B. Pappelbock, Eichenbock, Fichtensplintbock.
Man unterscheidet **Rinden- und Holzbrüter**.
Die Käfer fressen ihre Brutgänge durch die Rinde hindurch bis zum Kambiumring. Die Larven zerfressen anschließend das gesamte Splintholz. Größe der Larven in mm: 5–10

Hautflügler

Hierzu gehören verschiedene Wespenarten. Holzwespen legen ihre Eier ausschließlich in kränkelnden od. frisch geschlagenen Nadelhölzern ab. Die Larven hinterlassen Fraßgänge mit dicht gepresstem Bohrmehl. Die fertigen Holzwespen verlassen das Holz durch kreisrunde bis 5 mm starke Fluglöcher. Bekämpfungsmaßnahmen erübrigen sich, da die Holzwespe ihre Eier nur in saftfrisches Holz legt. Größe der Larven in mm: 10–30

Tierische Holzschädlinge des verarbeiteten Holzes (Werkholzschädlinge)

Allgemeines

Hierunter sind diejenigen Insekten zu verstehen, die im trockenen Holz des Dachstuhls od. in Gebrauchsgegenständen (Möbel, Holzfiguren) leben. Man nennt diese Schädlinge daher auch Bau- oder Werkholzschädlinge.

Anobien (Poch- und Nagekäfer)

Erkennungsmerkmal dieser Käferkategorie:
- schrotschussähnliche, kreisrunde Fluglöcher in alten Möbeln, Schnitzwerken und Holztreppen,
- Anobien stoßen das Bohrmehl aus den Fluglöchern aus.

Gewöhnlicher Nagekäfer (Anobium punctatum) (Länge 2,5–4 mm)

Der Käfer, fälschlich auch Totenuhr (Falsche Totenuhr) genannt, schlüpft im Mai durch kreisrunde Fluglöcher r (∅1–2 mm) ins Freie. Nach der Paarung legen die Weibchen ihre Eier häufig wieder im alten Holz ab. Die winzigen Larven nagen sich in das Holz ein und benutzen dabei die Eischale als Widerlager. Lebensdauer der Larven bis zu 8 Jahren.
Der Gewöhnliche Nagekäfer befällt Laub- und Nadelholz. Größe der Larven in mm: 3–6

Gescheckter Nagekäfer oder Totenuhr

Käfer und Fäulnis des Holzes stehen in einem engen Zusammenhang; dies liegt am schwachen Körperbau der Larven: Feuchtes Holz lässt sich leichter zerfressen als trockenes.

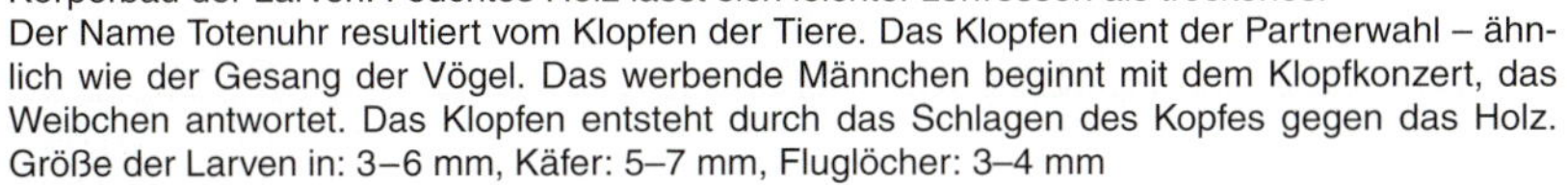

Der Name Totenuhr resultiert vom Klopfen der Tiere. Das Klopfen dient der Partnerwahl – ähnlich wie der Gesang der Vögel. Das werbende Männchen beginnt mit dem Klopfkonzert, das Weibchen antwortet. Das Klopfen entsteht durch das Schlagen des Kopfes gegen das Holz.
Größe der Larven in: 3–6 mm, Käfer: 5–7 mm, Fluglöcher: 3–4 mm

Brauner Splintholzkäfer (Lyctus)

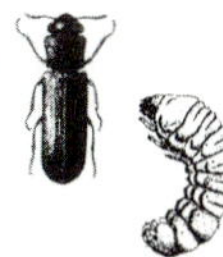

Dieser Käfer wurde in den 50er Jahren nach Deutschland eingeschleppt. Der Braune Splintholzkäfer befällt, wie alle seine Verwandten, nur Holz, das Stärke als Speicherstoff und Eiweiß in ausreichender Menge enthält; das ist bei Limba, Abachi und Eiche der Fall. Nadelhölzer sind i.d.R. immun gegen diesen Holzschädling. Der Käfer wird 3–8 mm lang.
Die Fluglöcher sind kreisrund und haben einen Durchmesser von 1–2 mm, Populationszeit: 1 Jahr. Größe der Larven in mm: 5–6

4.2.7 Holzfehler und Holzschädlinge (Forts.)

Blauer Scheibenbock (Callidium)
Dieser Schädling kann in Holzlagern Wertminderungen bei Stämmen verursachen. Er befällt gern frisch geschlagenes Laub- und Nadelholz, das noch in der Rinde liegt.

Erkennungsmerkmal

Glattrandige, querovale Fluglöcher (6,5 × 4 mm). Die Tragfähigkeit von Dachverbandhölzern wird kaum durch dieses Insekt beeinträchtigt. Die Fraßgänge sind flach gewunden und mit braunweißem, körnigem Bohrmehl gefüllt. Schäden im Holzlager durch Ernährungsfraß sind möglich. Der männliche Käfer ist glänzend blau, seine Flügeldecke ist gleichmäßig grob punktiert. Er ist 10–15 mm lang.
Größe der Larven in mm: 10–15

Hausbock (Hylotrupes bajulus)
Dieses Insekt ist durch seine weite Verbreitung der gefährlichste Schädling der Dachstühle. Der Hausbock kommt mit einer Holzfeuchtigkeit von 9 % und einer relativen Luftfeuchte von 50 % als Lebensgrundlage aus. Er befällt nur selten altes Holz (> 60 Jahre). Größe der Larven in mm: 10–24

Erkennungsmöglichkeiten
Die Außenschicht des Holzes wird durch die Fraßgänge nicht zerstört; ein rechtzeitiges Erkennen des Befalls ist schwierig, zumal die Larven beim Minieren kein Bohrmehl ausstoßen. Bei Verdacht auf Befall kann man mit Horchgeräten das Holz abhorchen. Die Fluglöcher sind knapp bleistiftstark, oval und an den Rändern ausgefranst. Die Käfer tragen auf den Flügeln weiße Haarflecken. Körper und Flügeldecken sind sonst meist schwarz, z.T. aber auch bräunlich beige. Die 1–2,5 cm langen Vollinsekten erscheinen im Vorsommer. Nach der Paarung bringen die Weibchen, die wesentlich größer als die Männchen sind, ihr Gelege mittels eines Legebohrers ein. Nach 3–6 Jahren erfolgt die Verpuppung und Ausbildung des Käfers. Dieser verlässt das Holzinnere auch durch Bleiplatten, Teppiche, Linoleumbelag usw. Fraßgeschwindigkeit: 1 Körperlänge/Tag.

Bekämpfungsmaßnahmen
Die Bekämpfung wird hauptsächlich mit chemischen Holzschutzmitteln durchgeführt. In allen Fällen ist jedoch vorher zu prüfen, ob nach dem Abbeilen der befallenen Holzteile noch die Stand- und Tragfähigkeit gewährleistet ist. Der Abfall ist stets zu verbrennen. Eine Heißluftsanierung schützt nicht vor evtl. erneutem Befall.

Hausbock

Larve des Hausbocks

Gewöhnlicher Nagekäfer

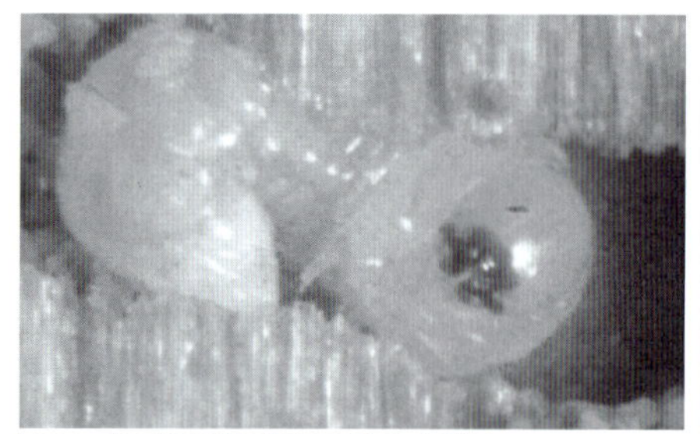

Larve des Gewöhnlichen Nagekäfers

4.2 Vollholz

4.2.8 Handelsware Vollholz

Rund- und Rohholzsortierung

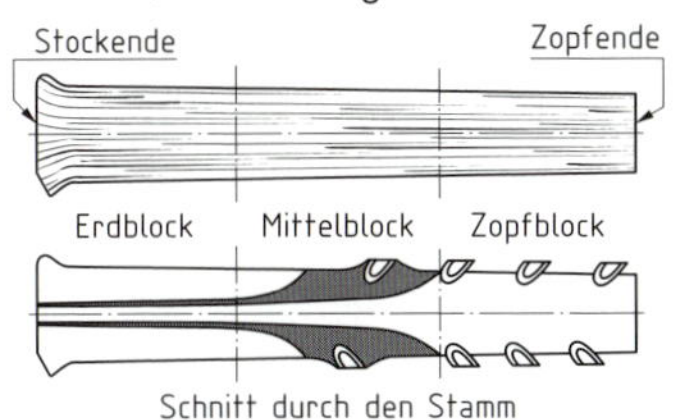

Blockaufteilung eines Stammes in Ansicht und Schnitt

Die Vermessung und Klassifizierung von Rundholz wird nach folgenden Vorschriften vorgenommen:
- Gesetz über gesetzliche Handelsklassen für Rohholz vom 25.02.1969 und vom 31.07.1969,
- EG-Richtlinien vom 23.01.1968,
- ergänzende oder abweichende Bestimmungen der einzelnen Bundesländer.

Güteklassen nach der Rohholzsorten-Verordnung

Güteklasse	Anforderungen
A	Gesundes Holz mit nur unbedeutenden Fehlern.
B	Holz von normaler Qualität mit folgenden Fehlern: schwacher Drehwuchs, schwache Krümmung, geringe Abholzigkeit, geringe Anzahl kleiner kranker Äste, leicht exzentrischer Wuchs, kleine Unregelmäßigkeiten des Umrisses.
C	Fehlerhaftes Holz. Zulässig sind: starke Abholzigkeit, starker Drehwuchs, astige Zopfstücke, Abschnitte mit tief gehenden faulen Ästen, Braun- und Weißfäulebefall, Abschnitte mit starker Ringschäle, Abschnitte mit starkem Insektenbefall.
D	Holz mit größeren Fehlern, jedoch mindestens noch zu 40 % gewerblich verwertbar.

Langholz wird nach Mittenstärkesortierung, Stangensortierung oder (insbesondere in Süddeutschland) nach der Heilbronner Sortierung gehandelt.

Mittenstärkesortierung nach der Rohholzsorten-Verordnung

Klassifizierung	Mittendurchmesser ohne Rinde in cm
L0	unter 10
L1a	10–14
L1b	15–19
L2a	20–24
L2b	25–29
L3a	30–34
L3b	35–39
L4	40–49
L5	50–59
L6	über 60

Stangensortierung nach der Rohholzsorten-Verordnung

Klassifizierung	Durchmesser (mit Rinde) in cm	Länge in m
P1	bis 6	–
P2	7–13	–
P2.1	7–9	über 6
P2.2	10–11	über 9
P2.3	12–13	über 9
P2.4	12–13	über 12
P3	über 14	–

Heilbronner Sortierung

Klassifizierung	Mindestzopf Ø (ohne Rinde) in cm	Mindestlänge in m
H1	10	8
H2	12	10
H3	14	14
H4	17	16
H5	22	18
H6	30	18

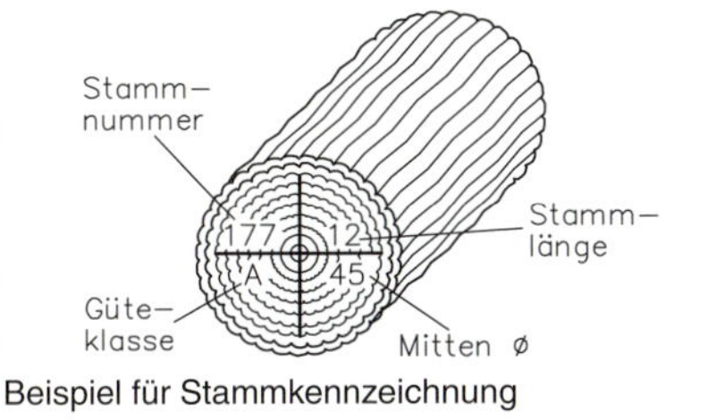

Beispiel für Stammkennzeichnung

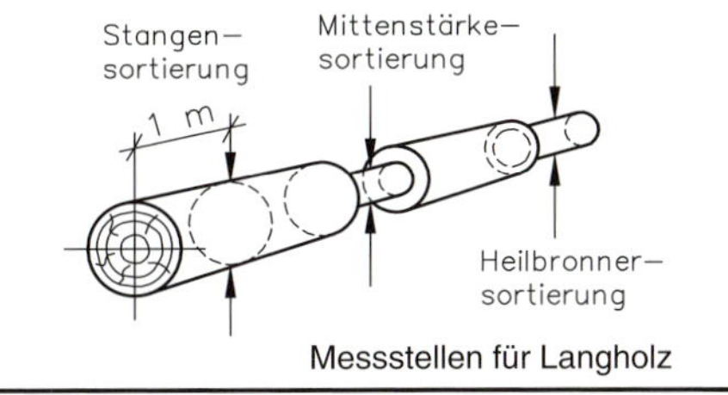

Messstellen für Langholz

4.2.8 Handelsware Vollholz (Forts.)

Schnittholzsortiment
Einschnitt von Balken und Kanthölzern

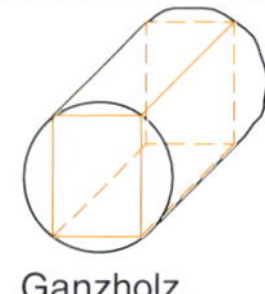	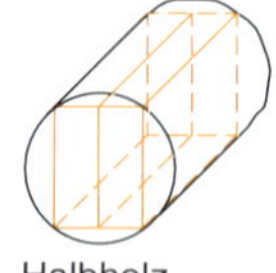	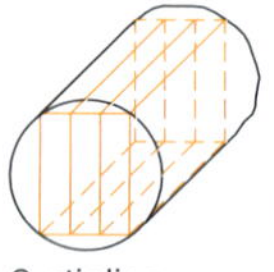	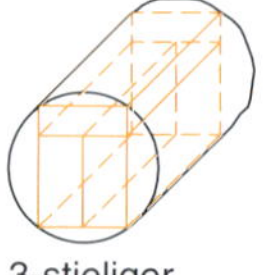 	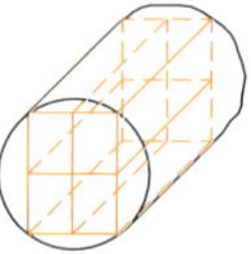 	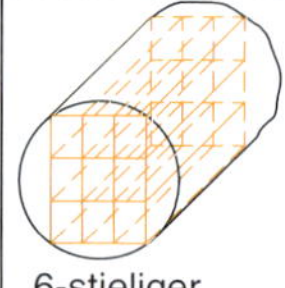
Ganzholz, einstielig	Halbholz, zweistielig	3-stieliger Einschnitt	3-stieliger Einschnitt	Viertelholz, Kreuzholz	6-stieliger Einschnitt

Je nach Einschnittart entstehen bei der Produktion von besäumter Brettware bis über 50 % Verlust (Sägemehl und Schwarte).
Für die Verwendung ist die Lage der Jahrringe von Bedeutung. So haben Bretter mit stehenden Jahrringen ein gutes Stehvermögen, aber eine wenig ausdrucksvolle Maserung. Schön gefladerte Seitenbretter neigen dafür zum Werfen.

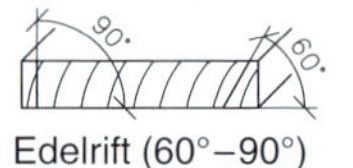

Edelrift (60°–90°) Halbrift (30°–60°)

Schwarte
Seitenbretter
Mittelbretter
Herzbrett
Mittelbretter
Seitenbretter
Schwarte

Lage der Jahrringe

Einschnitt von Brettern und Bohlen

Bild	Einschnitt	Beschreibung
	Scharfschnitt, Rundschnitt, unbesäumt	nur ein Gatterdurchgang, Ware ist unbesäumt, geringer Anteil Edelrift (< 30 %)
	Prismenschnitt, Modelschnitt besäumt	zwei Gatterdurchgänge, Ware ist besäumt, geringer Anteil Edelrift (< 30 %)
	Spiegelschnitt, unbesäumt	zwei Gatterdurchgänge, Ware ist unbesäumt, mittlerer Anteil Edelrift (< 40 %)
	Halbrift, besäumt	drei Gatterdurchgänge, Ware ist besäumt, geringer Anteil Edelrift (< 50 %)
	Quartierschnitt, Edelrift, unbesäumt	sechs Gatterdurchgänge, Ware ist unbesäumt, großer Anteil Edelrift (> 80 %)

Schnittholzsortiment nach DIN 4074-1: 2003-06

Benennung	Maße, Flächenberechnung, Volumenberechnung
Dachlatte	$b < 80$ mm $d \leq 40$ mm $A = b \cdot d$ $V = b \cdot d \cdot l$
Bretter, besäumt	$d \leq 40$ mm $b \geq 80$ mm $A = b \cdot d$ $V = b \cdot d \cdot l$
Bohlen, besäumt	$d > 40$ mm $b > 3d$ $A = b \cdot d$ $V = b \cdot d \cdot l$
Bretter, unbesäumt	$d \leq 40$ mm $b \geq 80$ mm $A = b_{m1} \cdot d$ $V = b_{m1} \cdot d \cdot l$
Bohlen, unbesäumt	$d > 40$ mm $b > 3d$ $A = \frac{b_{m1} + b_{m2}}{2} \cdot l$ $V = \frac{b_{m1} + b_{m2}}{2} \cdot d \cdot l$
Kantholz	$b > 40$ mm $b \leq h \leq 3b$ $V = b \cdot d \cdot l$
Kreuzholz	$A \geq 32\ cm^2$ $V = b \cdot d \cdot l$
Balken	$h \geq 200$ mm $h \geq 3 \cdot b$ $V = b \cdot d \cdot l$

4.2.8 Handelsware Vollholz

Die Klassifizierung von Schnittholzprodukten erfolgt meist nach:
- den Tegernseer Gebräuchen (TG),
- DIN 4074-1: 2003-06 (Nadelholz für den konstruktiven Holzbau) und
- DIN 68365: 1957 (Bauholz für Zimmerarbeiten)

Die Klassifizierung der allgemeinen Holzqualität in Tischlerarbeiten erfolgt nach der:
- DIN EN 942: 2007-06, diese Norm ersetzt die bisher geltende DIN 68360 Teil 1 (Gütebedingungen bei Innenanwendungen) und DIN 68360 Teil 2 (Gütebedingungen bei Außenanwendungen).

Tegernseer Gebräuche

Die Tegernseer Gebräuche gelten (anders als die VOB) automatisch für den inländischen Handel mit Rundholz, Schnittholz, Holzwerkstoffen und anderen Holzhalbwaren, es sei denn, sie werden vertraglich ausgeschlossen. Die Tegernseer Gebräuche gelten nicht im Handel zwischen der Forstwirtschaft und ihren Abnehmern. Sie werden vom Bundesverband Deutscher Holzhandel e.V., Wiesbaden herausgegeben.

Inhalt:

Erster Teil: Allgemeines

§ 1 Angebot, Rechnungserteilung, Zahlungsweise
§ 2 Erfüllungsort/Gerichtsstand
§ 3 Spielraum in der Menge
§ 4 Spielraum im Maß
§ 5 Bestimmung des Begriffs „Wagenladung“ und ähnlicher Bezeichnungen
§ 6 Übernahme der Ware
§ 7 Verantwortlichkeit für Fehler
§ 8 Abnahme und Lieferung
§ 9 Höhere Gewalt
§ 10 Verladung und Versand
§ 11 Beschädigung und Verlust der Ware während der Beförderung
§ 12 Mängelrüge
§ 13 Allgemeine Kreditwürdigkeit

Zweiter Teil: Besonderes

Nadelschnittholz inländischer Erzeugung

§ 15 Gütebestimmung/Sortierung
§ 16 Maßhaltigkeit
§ 17 Holzfeuchte bei Lieferung
§ 18 Vermessung
§ 19 Deck- und Durchschnittsbreiten
§ 20 Güteklassenbeurteilung

Laubschnittholz inländischer Erzeugung

§ 21 Beschaffenheit
§ 22 Maßhaltigkeit/Trockenheit
§ 23 Vermessung
§ 24 Seitenbretter
§ 25 Übernahme des Holzes

Holzwerkstoffe

§ 26 Sortierung
§ 27 Mengen und Maß
§ 28 Preise

Furniere

§ 31 Abnahme und Vermessung
§ 32 Furniermuster
§ 33 Verpackung

Güteklassen für Bretter und Bohlen gehobelt[1)]
aus Fichte, Tanne, Kiefer, Weymouthkiefer, Lärche, Douglasie

Güteklasse I:

Normallänge 2–6 m, 8–18 cm breit.
Die Ware muss:
1. blank sein, darf vereinzelt leicht farbig, bei Kiefer leicht angeblaut sein,
2. frei von ausgedübelten Stellen und Hobelfehlern sein,
3. gut passend gehobelt sein, im Allgemeinen soll die linke Seite (Außenseite der Brettes) gehobelt werden.

Die Ware darf:
4. nur fest verwachsene Äste bis zu 2,5 cm kleinstem Durchmesser,
5. vereinzelt kleine Harzgallen,
6. kleine Baumkante, nur auf der ungehobelten Seite,
7. kleine Risse haben.

Güteklasse II:

Normallänge 2–6 m, 8–18 cm breit.
Die Ware muss:
1. gut und passend gehobelt sein, im Allgemeinen soll die linke Seite (Außenseite des Brettes) gehobelt werden.

Die Ware darf:
2. leicht farbig (bei Kiefer angeblaut) sein,
3. kleine, schwarze, fest verwachsene Äste bis 4 cm kleinstem Durchmesser,
4. kleine Harzgallen,
5. kleine Baumkante, nur auf der ungehobelten Seite,
6. kleine Risse,
7. kleine Hobelfehler und ausgedübelte Stellen haben.

Güteklasse III:

Normallänge 2–6 m, 8 cm aufwärts breit.
Die Ware darf:
1. mittelfarbig (bei Kiefer blau) sein,
2. vereinzelt kleine, ausgeschlagene Äste,
3. Harzgallen,
4. kleine Baumkante auf der ungehobelten Seite,
5. große Risse, nicht länger als ein Viertel der Brettlänge,
6. Hobelfehler haben.

Rauspund:

Normallänge 2–6 m, 8 cm aufwärts breit.
Die Ware darf:
1. farbig (bei Kiefer blau) sein,
2. große Äste, auch lose oder ausgeschlagene,
3. Harzgallen,
4. mittelgroße Baumkante,
5. Risse bis zu ein Drittel der Brettlänge,
6. Wurmstichigkeit haben.

[1)] Die TG enthalten als Anlage weitere Güteklassen für die zahlreichen anderen Lieferformen und Holzarten.

4.2 Vollholz

4.2.8 Handelsware Vollholz (Forts.)

Sortierklassen bei der visuellen Sortierung nach DIN 4074-1:2003-06

Sortierklassen für Kanthölzer und vorwiegend hochkant (K) biegebeanspruchte Bretter und Bohlen

Sortiermerkmale	S7, S7K	S10, S10K	S13, S13K
1. Äste	A bis 3/5	A bis 2/5	A bis 1/5
2. Faserneigung	bis 16 %	bis 12 %	bis 7 %
3. Markröhre	zulässig	zulässig	nicht zulässig
4. Jahrringbreite, i. Allg. – bei Douglasie	bis 6 mm bis 8 mm	bis 6 mm bis 8 mm	bis 4 mm bis 6 mm
5. Risse – Schwindrisse – Blitzrisse, Ringschäle	 R bis 3/5 nicht zulässig	 R bis 1/2 nicht zulässig	 R bis 2/5 nicht zulässig
6. Baumkante	K bis 1/3	K bis 1/3	K bis 1/4
7. Krümmungen – Längskrümmung – Verdrehung	 bis 12 mm 2 mm /25 mm Breite	 bis 8 mm 1 mm /25 mm Breite	 bis 8 mm 1 mm /25 mm Breite
8. Verfärbungen – Bläue – nagelfeste braune und rote Streifen – Braunfäule, Weißfäule	 zulässig V bis 3/5 nicht zulässig	 zulässig V bis 2/5 nicht zulässig	 zulässig V bis 1/5 nicht zulässig
9. Druckholz	V bis 3/5	V bis 2/5	V bis 1/5
10. Insektenfraß durch Frischholzinsekten	Fraßgänge bis 2 mm Durchmesser zulässig		
Sortierklassen für Bretter und Bohlen			
1. Äste – Einzelast – Astansammlung – Schmalseitenäste	 bis 1/2 bis 2/3 –	 bis 1/3 bis 1/2 bis 2/3	 bis 1/5 bis 1/3 bis 1/3
2. Faserneigung	siehe Kanthölzer		
3. Markröhre	siehe Kanthölzer		
4. Jahrringbreite	siehe Kanthölzer		
5. Risse – Schwindrisse – Blitzrisse, Ringschäle	 zulässig nicht zulässig	 zulässig nicht zulässig	 zulässig nicht zulässig
6. Baumkante	siehe Kanthölzer		
7. Krümmung – Längskrümmung – Verdrehung – Querkrümmung	bis 12 mm 2 mm /25 mm Breite bis 1/20	bis 8 mm 1 mm /25 mm Breite bis 1/30	bis 8 mm 1 mm /25 mm Breite bis 1/50
8. Verfärbungen	siehe Kanthölzer		
9. Druckholz	siehe Kanthölzer		
10. Insektenfraß durch Frischholzinsekten	siehe Kanthölzer		

Erläuterungen

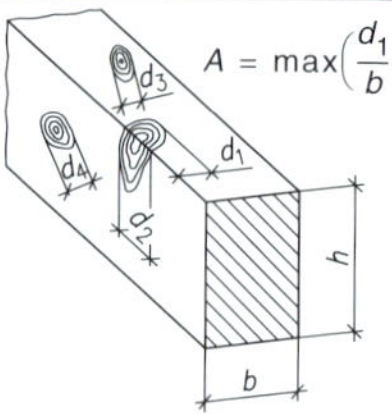

$$A = \max\left(\frac{d_1}{b};\frac{d_2}{h};\frac{d_3}{b};\frac{d_4}{h}\right)^{1)}$$

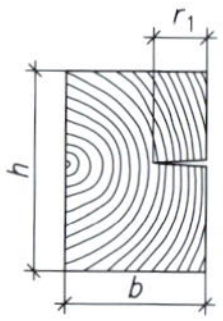

$$R = \frac{r_1}{b}$$

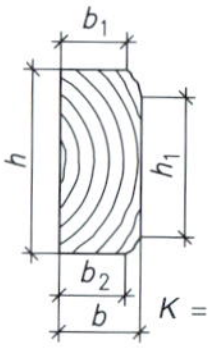

$$K = \max\left(\frac{h-h_1}{h};\frac{b-b_1}{b};\frac{b-b_2}{b}\right)$$

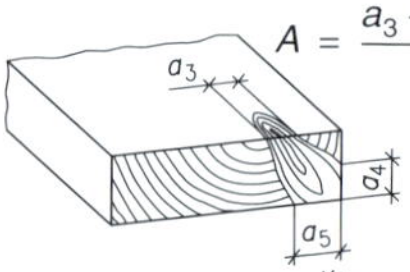

$$A = \frac{a_3 + a_4 + a_5}{2b}$$

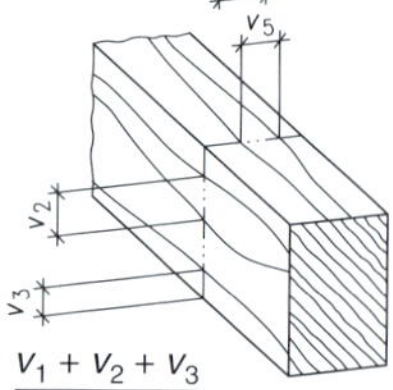

$$V = \frac{v_1 + v_2 + v_3}{2(b+h)}$$

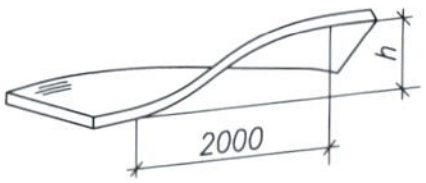

2000

nächste Seite beachten

1) Formel gilt nur bei Kanthözern

4.2.8 Handelsware Vollholz (Forts.)

Sortierklassen bei der visuellen Sortierung nach DIN 4074-1:2003-06

Sortierklassen für Latten

Sortiermerkmale	S10	S13	Erläuterungen
1. Äste – bei Kiefer	A bis 1/2 A bis 2/5	A bis 1/3 A bis 1/5	$A = \max\left(\frac{a_1 + a_2}{b}; \frac{a_3 + a_4}{b}\right)$ [1]
2. Faserneigung	bis 12 %	bis 7 %	
3. Markröhre	zulässig	nicht zulässig	
4. Jahrringbreite, i. Allg. – bei Douglasie	bis 6 mm bis 8 mm	bis 6 mm bis 8 mm	
5. Risse – Schwindrisse – Blitzrisse, Ringschäle	 R bis 3/5 nicht zulässig	 R bis 1/2 nicht zulässig	
6. Baumkante	K bis 1/3	K bis 1/3	
7. Krümmungen – Längskrümmung – Verdrehung	 bis 8 mm 1 mm /25 mm Breite	 bis 8 mm 1 mm /25 mm Breite	
8. Verfärbungen – Bläue – nagelfeste braune und rote Streifen – Braunfäule, Weißfäule	 zulässig V bis 2/5 nicht zulässig	 zulässig V bis 1/5 nicht zulässig	
9. Druckholz	V bis 3/5	V bis 2/5	
10. Insektenfraß durch Frischholzinsekten	Fraßgänge bis 2 mm Durchmesser zulässig		vorhergehende Seite beachten

Ergänzende Bestimmungen für die visuelle und maschinelle Sortierung

	Visuelle Sortierung	Maschinelle Sortierung
Allgemeines	Die Querschnitte von Nadelhölzern werden visuell nach der Tragfähigkeit bemessen. Dies setzt die genaue Kenntnis der Sortiermerkmale sowie ein geübtes Auge für die Auswahl der Sortierklassen voraus.	Es dürfen nur registrierte Sortiermaschinen nach DIN 4074 T3 verwendet werden. Das Fachpersonal sowie die Werkseinrichtung sind nach DIN 4074 T4 zu überprüfen. Es sind besondere Sortiermerkmale zu beachten.
Sortierklassen	Klasse S 7 (= geringe Tragfähigkeit) Klasse S 10 (= übliche Tragfähigkeit) Klasse S 13 (= überdurchschnittliche Tragfähigkeit)	Klasse MS 7 (= geringe Tragfähigkeit) Klasse MS 10 (= übliche Tragfähigkeit) Klasse MS 13 (= überdurchschnittliche Tragfähigkeit) Klasse MS 17 (= besonders hohe Tragfähigkeit)
Maßhaltigkeit	Es gilt DIN EN 336: 2003-09	
Toleranzen	Ungünstige Abweichungen bis 10 % von den geforderten Grenzwerten sind bei 10 % der Menge zulässig.	
Kennzeichnung	Bauprodukte nach DIN 4074-1 müssen vom Hersteller mit dem Ü-Zeichen (Übereinstimmungszeichen nach Länder-Verordnung), sowie dem Herstellerschlüssel und der Sortierklasse gekennzeichnet sein.	
Bezeichnung	Bezeichnung eines Kantholzes der Sortierklasse S7 aus Tanne (TA): Kantholz DIN 4074 – S 7 – TA	Bezeichnung eines Kantholzes der Sortierklasse MS10, Fichtenholz (FI): Kantholz DIN 4074 – MS10 – FI

[1] Formel gilt nur bei Latten

4.2.8 Handelsware Vollholz (Forts.)

Anforderungen an Holz in Tischlerarbeiten nach DIN EN 942: 2007-06

Merkmal	Klasse J2	Klasse J5	Klasse J10	Klasse J20	Klasse J30	Klasse J40	Klasse J50
Drehwuchs	nicht zulässig	nicht zulässig	≤ 10 mm/m	≤ 10 mm/m	≤ 10 mm/m	≤ 20 mm/m	≤ 20 mm/m
Faserneigung	≤ 20 mm/m	≤ 20 mm/m	≤ 50 mm/m	≤ 50 mm/m	≤ 50 mm/m	≤ 100mm/m	unbegrenzt
Äste[1]							
max. % der Oberfläche oder	10	20	30	30	30	40	50
max. Durchmesser	2 mm	5 mm	10 mm	20 mm	30 mm	40 mm	50 mm
	nicht zulässig	≤ 3 mm × 30 mm je 2 m Länge	≤ 3 mm × 75 mm je 2 m Länge	≤ 3 mm × 75 mm je 2 m Länge	≤ 3 mm Breite keine Begrenzung der Länge	≤ 3 mm Breite keine Begrenzung der Länge	≤ 3 mm Breite keine Begrenzung der Länge
	Harzgallen, Rindeneinwuchs (wenn mehr als eine je Meter, darf die Gesamtlänge die für die Klasse angegebene Länge nicht überschreiten)						
Risse							
max. Breite	nicht zulässig	nicht zulässig	0,5 mm	0,5 mm	1,5 mm	1,5 mm	1,5 mm
max. Einzellänge des Risses			50 mm	100 mm	200 mm	300 mm	300 mm
			10 %	10 %	25 %	50 %	50 %
	max. Gesamtlänge der Risse als Prozentsatz der Länge jeder Oberfläche						
Sichtbare Markröhre	nicht zulässig	nicht zulässig	nicht zulässig	nicht zulässig	zulässig	zulässig	zulässig
Verfärbtes Splintholz (einschließlich Bläue)[2]	nicht zulässig	nicht zulässig	nicht zulässig	nicht zulässig	zulässig, wenn ausgebessert	zulässig, wenn ausgebessert	zulässig, wenn ausgebessert
Schädigung durch Ambrosiakäfer	nicht zulässig	nicht zulässig	zulässig, wenn ausgebessert	zulässig, wenn ausgebessert	zulässig, wenn ausgebessert	zulässig, wenn ausgebessert	zulässig, wenn ausgebessert

Gütesortierung von Nadelholz nach DIN 68365:1957-11

Schnittklassen für Rundhölzer und Balken	**S** scharfkantig, d. h., Baumkanten sind unzulässig	**A** vollkantig, d. h., Baumkantenbreite max. 1/8 der Balkenhöhe	**B** fehlkantig, d. h., Baumkantenbreite max. 1/3 der Balkenhöhe	**C** sägegestreift, d. h., jede Seite ist auf der ganzen Länge gestreift
Erläuterung	h, b	≤ 1/8 h, h, ≥ 2/3 h, ≥ 2/3 b, ≤ 1/8 h	≤ 1/3 h, ≥ 2/3 b, ≤ 1/3 h	≥ 1/3 h
für ungehobelte, besäumte Bretter und Bohlen werden die Güteklassen 0 bis IV angegeben				

[1] Der Grenzwert der Astgröße wird ausgedrückt als Prozentwert der Gesamtbreite oder -dicke des Holzteils, auf dem der Ast oder die Astansammlung auftritt (siehe Anhang A), unter Berücksichtigung einer maximalen Astgröße, ausgedrückt in Millimeter.

[2] In den Klassen J30 bis J50 darf Bläue durch die Anwendung einer speziellen Behandlung (z. B. leicht getönter Lack) überdeckt werden.

ANMERKUNG Auf einer verdeckten Fläche ist jedes Merkmal zulässig, wenn die Gebrauchstauglichkeit des Produkts nicht beeinträchtigt ist.

4.2 Vollholz

4.2.8 Handelsware Vollholz (Forts.)

Schnittholzware. Vorzugs-Querschnittsmaße für Nadelschnittholz nach DIN EN 1313-1: 1999-11[1]

Dicke in mm	Breite in mm													
	60	80	100	120	125	140	150	160	175	180	200	225	240	260
38			X		X		X							
40	D													
50			X		X		X		X		X	X		
60		D		D		D		D		D	D		D	
63			X		X		X		X					
75							X		X		X	X		
80		D	D	D		D		D		D	D		D	
100			D	D							X			
120				D							D		D	
160								D					D	D

zulässige Abweichungen: Dicke und Breite ≤ 100 mm: $^{+3}_{-1}$ mm,
Dicke und Breite > 100 mm: $^{+4}_{-1}$ mm, keine Längenunterschreitungen,
Längenüberschreitungen sind vertraglich zu vereinbaren

Vorzugs-Maße für Laubschnittholz nach DIN EN 1313-2: 1999-01

	Maße in mm	zulässige Abweichungen
Vorzugsdicken (*t*) zusätzliche Vorzugsmaße in Deutschland	20–27–32–40–50–60–65–70–80–100 18–22–24–25–30–35–45–52–63–78	*t* ≤ 32 mm: – 1 mm, + 3 mm *t* > 32 mm: – 2 mm, + 4 mm
Vorzugsbreiten (*b*) zusätzliche Vorzugsmaße in Deutschland	50–60–70–80–90–100–120–140–160–180–200 … 145	*b* ≤ 100 mm: – 2 mm, + 6 mm 100 mm < *b* ≤ 200 mm; – 3 mm, + 9 mm *b* > 200 mm: – 4 mm, + 12 mm
Vorzugslängen (unbesäumt)	2,00 m ≤ 1 ≤ 6,00 m 0,10 m steigend	– 0 % +3 %
Vorzugslängen (besäumt)	1 ≤ 1,0 m 0,05 m steigend, 1 > 1,0 m 0,10 m steigend	

Übliche, nicht genormte Liefermaße für Schnittware aus Nadelholz[2]

Latten	Bretter		Bohlen		Kanthölzer							Balken	
Querschnitt	Dicke		Dicke		Querschnitt							Querschnitt	
in mm	in mm		in mm		in cm							in cm	
24 × 48	16	28	40	60	6 × 6	8 × 8	10 × 10	12 × 12	14 × 14	16 × 16	18 × 18	6 × 24	14 × 24
28 × 48	18	30	44	63	6 × 10	8 × 10	10 × 12	12 × 14	14 × 16	16 × 18	18 × 20	10 × 20	16 × 20
30 × 50	20	32	45	65	6 × 12	8 × 12	10 × 14	12 × 16	14 × 18	16 × 22	18 × 22	10 × 22	18 × 22
38 × 58	22	33	48	70		8 × 14	10 × 16			16 × 24		12 × 20	18 × 24
40 × 60	24	38	50	75		8 × 16						12 × 24	18 × 26
	26		52	85		8 × 18						12 × 26	20 × 20
			55	100		8 × 20						14 × 20	20 × 24
						8 × 24							

Übliche, nicht genormte Liefermaße für Schnittware aus Laubholz in mm[2]

Eiche	20–26–30–33–35–40–45–50–52–65–80	Rotbuche, gedämpft	20–26–30–32–35–40–50–52–60–65–80
Esche	26–30–33–35–40–52–65	Erle	30–33–50–50–65–70–80–100
Kirsche	26–33–52–65	Ahorn	26–33–35–52–65
Sipo-(Mahagoni)	20–26–30–35–40–46–52–65–80	Kambala	26–30–35–40–46–50–52–65–80
Kambala	26–30–35–40–46–52–65	Limba	20–26–33–40–50–52
Teak	26–33–35–40–52	Meranti/Sipo	26–35–45–52–65–78–80

[1] X: Vorzugsmaße D: zusätzliche Vorzugsmaße in Deutschland.
[2] Verfügbare Abmessungen beim örtlichen Holzhändler erfragen.

4.2.8 Handelsware Vollholz (Forts.)

Hobelware

Gehobelte Bretter und Bohlen aus Nadelholz (Maße in mm, Toleranzen in Klammern)

Nadelholz
s
Breite b

	Dicke s		Breite b		Länge
europäische Hölzer	13,5 (± 0,5) 15,5 (± 0,5) 19,5 (± 0,5) 25,5 (± 1,0)	35,5 (± 1,0) 41,5 (± 1,0) 45,5 (± 1,0)	75 (± 2) 80 (± 2) 100 (± 3) 115 (± 3) 120 (± 3) 125 (± 3) 140 (± 3) 150 (± 3) 160 (± 3) 175 (± 3)	180 (± 3) 200 (± 3) 220 (± 3) 225 (± 3) 240 (± 3) 250 (± 3) 260 (± 3) 275 (± 3) 280 (± 3) 300 (± 3)	1500 bis 6000, Stufung 250 oder 300 mm ($^{+50}_{-25}$)
nordische[1)] Hölzer	9,5 (± 1,0) 11 (± 1,0) 12,5 (± 1,0) 14 (± 1,0) 16 (± 1,0) 19,5 (± 1,0)	22,5 (± 1,0) 25,5 (± 1,0) 28,5 (± 1,0) 40 (± 1,0) 45 (± 1,0)			

Akustikbretter nach DIN 68127: 1970-08 aus Nadel- und Laubholz (Maße in mm, Toleranzen in Klammern)

Akustik-Glattkantbretter

Laubholz
s
Breite b

3 84 Rückseite 7 18 4 12 Sichtseite 12 90

	Dicke s	Breite b	Länge
europäische Hölzer	17 (± 0,5) 19,5 (± 0,5) 21 (± 0,5)	74 (± 1) 94 (± 1,5) 155 (± 2)	1500 bis 3000 Stufung 500 3000 bis 4500 Stufung 250 4500 bis 6500 Stufung 500 ($^{+50}_{-25}$)
nordische[1)] Hölzer	16 (± 0,5) 19,5 (± 0,5) 22,5 (± 1)	70 (± 1) 95 (± 1,5)	1800 bis 6300 Stufung 300 ($^{+50}_{-50}$)
überseeische Hölzer	16 (± 0,5)	68 (± 1) 94 (± 1,5)	1520, 1830, 2130, 2440, 2740, 3050, 3350, 3660, 3960 4270, 4570, 4880, 5180, 5490, 5790, 6100, 6400, ($^{+50}_{-50}$)

Gespundete Bretter aus Nadelholz nach DIN 4072:1977-08 aus Nadelholz (Maße in mm, Toleranzen in Klammern)

0,5 s_2 s_1 s_3 s 7 6 Breite b

	Dicke s	s_1	s_2	s_3	Breite b	Länge
europäische Hölzer	15,5 (± 0,5)	4	4,5	7	95 (± 1,5) 115 (± 1,5) 135 (± 2) 155 (± 2)	1500 bis 400 Stufung 250, über 4500 bis 6000 Stufung 500 ($^{+50}_{-25}$)
	19,5 (± 0,5)	6	6,5	8		
	25,5 (± 1)	6	6,5	11		
	35,5 (± 0,5)	8	8,5	13		
nordische[1)] Hölzer	19,5 (± 0,5)	6	6,5	8	96 (± 0,5) 111 (± 1,5) 121 (± 2)	1800 bis 6000 Stufung 300 ($^{+50}_{-50}$)
	22,5 (± 1)	6	6,5	10		
	25,5 (± 1)	6	6,5	11		

[1)] Der Begriff nordische Hölzer umfasst Schnittholz aus Finnland, Schweden und Norwegen sowie „russische Seeware".

4.2.8 Handelsware Vollholz (Forts.)

Hobelware (Forts.)

Profilbretter mit Schattennut nach DIN 68126-1: 1983-07 aus Nadel- und Laubholz
(Maße in mm, Toleranzen in Klammern)

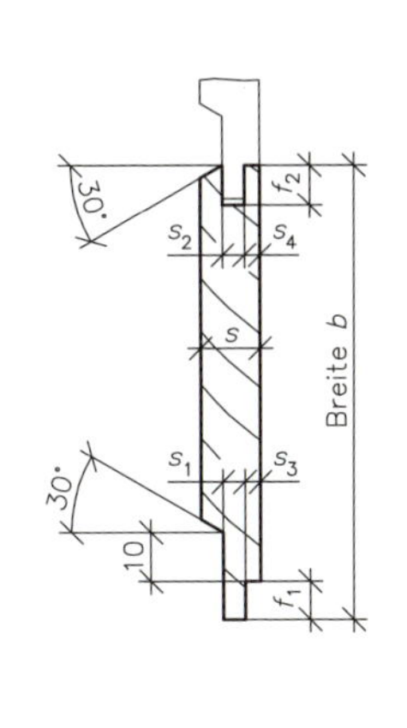

	Dicke s	s_1	s_2	s_3	s_4	f_1	f_2	Breite	Länge
europäische Hölzer	12,5 (−0,5)	4	4,5	4	3,5	8	9	96 (−1) 115 (−1)	1500 bis 4500 Stufung 250 4500 bis 6000 Stufung 500 $(^{+50}_{-25})$
	15,5 (−0,5)	4	4,5	4,5	4				
	19,5 (−0,5)	6	6,5	5,5	5				
nordische Hölzer[1]	12,5 (−0,5)	4	4,5	4	3,5	8 10	8,5 10,5	71 (−1) 96 (−1) 146 (−2)	1800 bis 6000 Stufung 300 $(^{+50}_{-25})$
	14 (−0,5)	4	4,5	4,5	4				
	19,5 (−1)	6	6,5	5,5	5				
überseeische Hölzer	9,5 (−0,5)	3	3,5	3,5	3	6 6	7 7	69 (−2) 94 (−2)	1830, 2130, 2440, 2740, 3050, 3350, 3660, 3960, 4270, 4570, 4880, 5180, 5490, 5790, 6100 $(^{+50}_{-25})$
	11 (−0,5)	3	3,5	3,5	3				
	12,5 (−0,5)	3	4,5	4	3,5				
	19,5 (±0,5)								
	22,5 (±1)								

Gespundete Fasebretter (übliche Liefermaße, nicht mehr normiert)

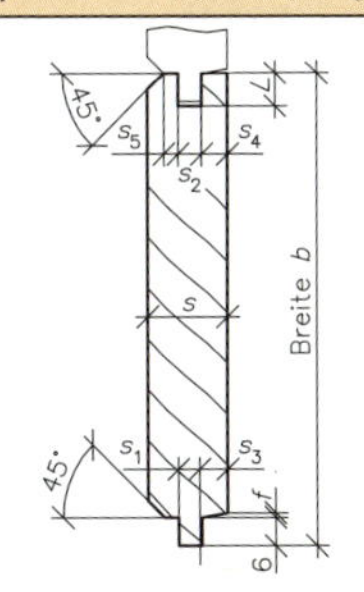

	Dicke s	s_1	s_2	s_3	s_4	s_5	f	Breite	Länge
europäische Hölzer	15,5 (±0,5)	4	4,5	5,5	5	2	0,5	95 (±1,5) 115 (±1,5)	1500 bis 4500 Stufung 250 4500 bis 6000 Stufung 500 $(^{+50}_{-25})$
	19,5 (±0,5)	6	6,5	6	5,5	4			
nordische Hölzer[1]	12,5 (±0,5)	4	4,5	4	3,5	2	0,3	96 (±1,5) 111 (±1,5)	1,8 bis 6 m Stufung 300 $(^{+50}_{-25})$

Gespundete Bretter (übliche Liefermaße, nicht mehr normiert)

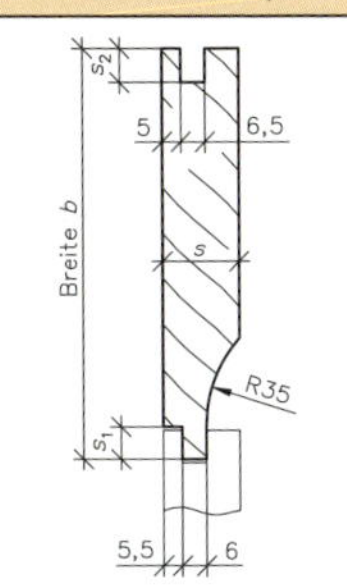

	Dicke s	s_1	s_2	Breite	Länge
europäische Hölzer	19,5 (±0,5)	8	8,5	115 (±1,5)	1500 bis 4500 Stufung 250 4500 bis 6000 Stufung 500 $(^{+50}_{-25})$
		10	10,5	135 (±2)	
		10	10,5	155 (±2)	
nordische Hölzer[1]	19,5 (±0,5)	8	8,5	111 (±1,5)	1800 bis 6000 Stufung 300 $(^{+50}_{-25})$
		8	8,5	121 (±2)	
		10	10,5	146 (±2)	

[1] Der Begriff nordische Hölzer umfasst Schnittholz aus Finnland, Schweden und Norwegen, sowie „russische Seeware“.

4.2 Vollholz

4.2.8 Handelsware Vollholz (Forts.)

Hobelware (Forts.)

Balkonbretter nach DIN 68128: 1977-04 aus Nadel- und Laubholz (Maße in mm, Toleranzen in Klammern)

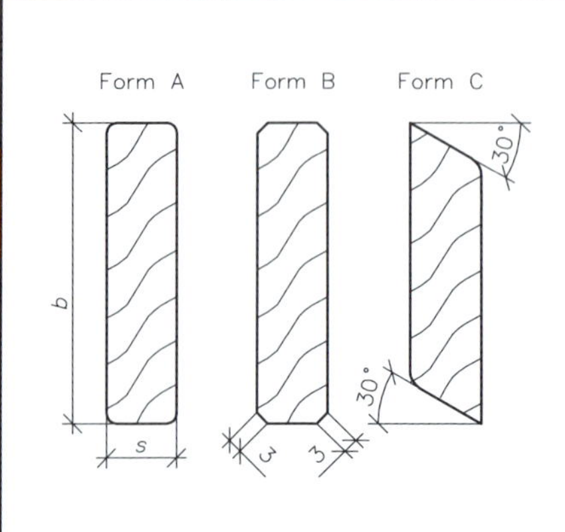

	Dicke *s*	Breite *b*	Länge
europäische Hölzer	26 (±1)	150 (±2) 190 (±2)	1500 bis 4500 Stufung 250 über 4500 bis 6000 Stufung 500 $(^{+50}_{-25})$
nordische[1] Hölzer	27 (±1)	140 (±2) 190 (±2)	1800 bis 6300 Stufung 300 $(^{+50}_{-25})$
überseeische Hölzer	26 (±1)	143 (±2) 193 (±2)	1830, 2130, 2440, 2740, 3050, 3350, 3660, 3960, 4270, 4570, 4880, 5180, 5490, 5790, 6100 $(^{+50}_{-25})$

Fußleisten nach DIN 68125-1:1970-08 aus europ. Nadel- und Laubhölzern und DIN 68125-2: 1977-08 aus nordischen Nadelhölzern (Maße in mm, Toleranzen in Klammern)

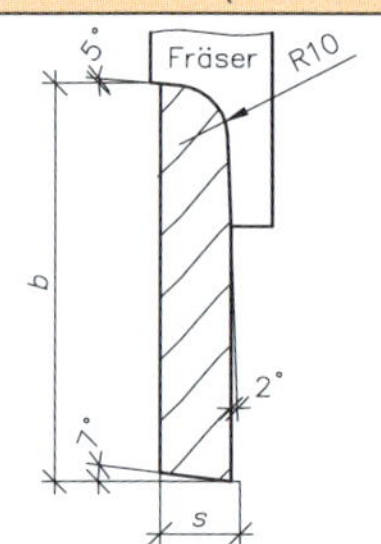

	Dicke *s*	Breite *b*	Länge
europäische Hölzer	15,5 (±0,5)	73 (±1)	1500 bis 3000 Stufung 500 3000 bis 4500 Stufung 500 4500 bis 6500 Stufung 500 $(^{+50}_{-25})$
	19,5 (±0,5)	42 (±1)	
	21 (±0,5)	42 (±2)	
nordische Hölzer	27 (±0,5)	58 (±1) 70 (±1)	1800 bis 6300 Stufung 300 $(^{+50}_{-25})$

Übliche, nicht genormte Liefermaße für Hobelware aus Nadelholz[2]

Leisten und Latten				Bretter und Bohlen		Kanthölzer	Kreuzhölzer
Querschnitt				Querschnitt		Querschnitt	Querschnitt
in mm				in mm		in cm	in cm
5 × 5	10 × 60	19 × 46	28 × 40	10 × 96	27 × 140	75 × 115	70 × 70
5 × 10	10 × 80	19 × 70	28 × 46	14 × 96	27 × 185	75 × 155	70 × 95
5 × 15	14 × 20	20 × 20	28 × 58	19 × 96	27 × 196	75 × 175	95 × 95
5 × 20	14 × 30	20 × 30	30 × 50	19 × 121	27 × 235	75 × 235	110 × 110
5 × 30	14 × 40	20 × 40	34 × 54	19 × 146	27 × 285	95 × 115	
5 × 40	14 × 47	20 × 47	35 × 55	19 × 196	28 × 95	95 × 155	
5 × 47	14 × 60	20 × 60	40 × 40	20 × 96	36 × 290	95 × 195	
5 × 60	14 × 80	20 × 80	40 × 47	21 × 121	40 × 96	95 × 235	
10 × 10	18 × 30	22 × 22	40 × 58	21 × 146	45 × 96	115 × 135	
10 × 15	18 × 40	22 × 46	40 × 60	21 × 170	45 × 120	115 × 235	
10 × 20	18 × 47	22 × 58	45 × 45	21 × 195	45 × 146	135 × 155	
10 × 25	18 × 60	27 × 45	45 × 70	24 × 240	45 × 170	135 × 235	
10 × 30	18 × 80	27 × 58	47 × 71	25 × 95	50 × 80	155 × 175	
10 × 40	19 × 30	28 × 28	58 × 58	27 × 70	58 × 160	155 × 195	
10 × 47				27 × 96		195 × 235	

[1] Der Begriff nordische Hölzer umfasst Schnittholz aus Finnland, Schweden und Norwegen sowie „russische Seeware".
[2] Verfügbare Abmessungen beim örtlichen Holzhändler erfragen.

4.3 Furniere

4.3.1 Herstellung

Übersicht über die Herstellungsarten

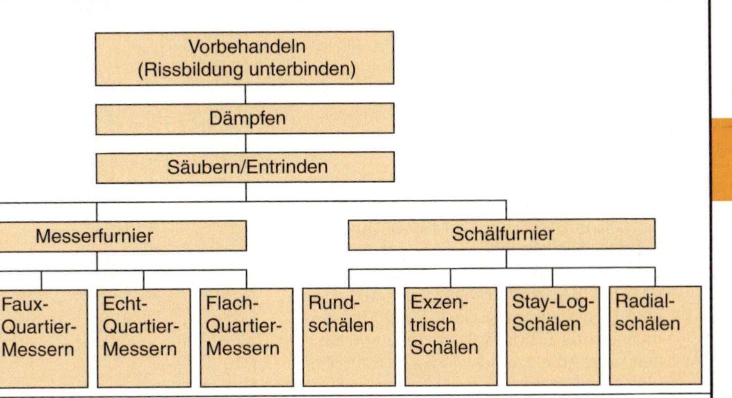

Herstellungsarten

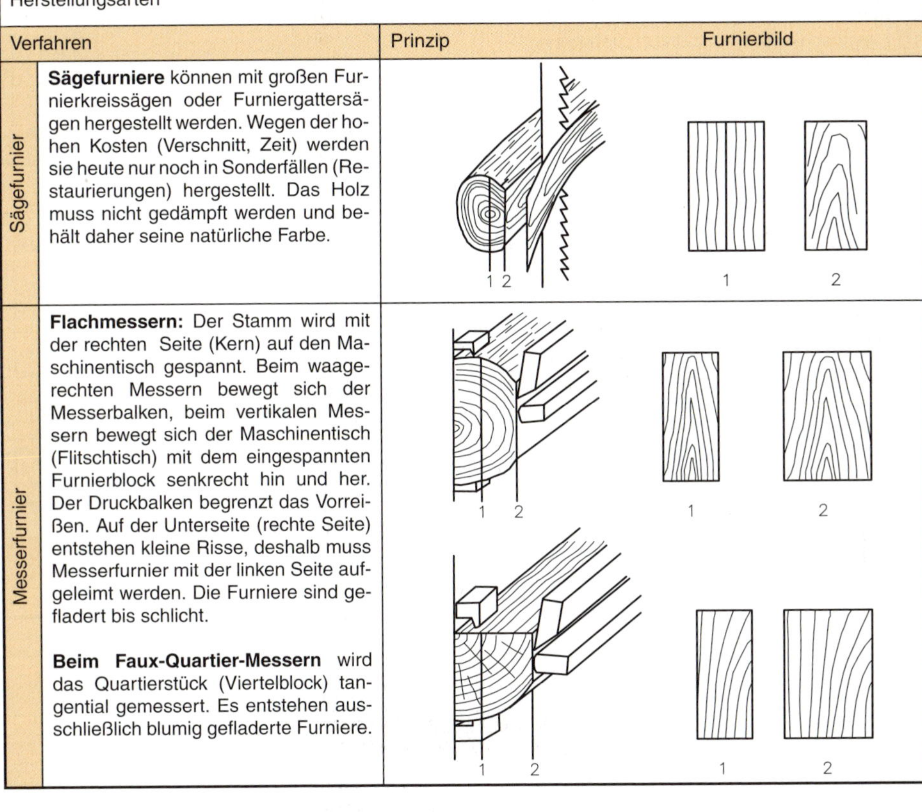

Verfahren		Prinzip	Furnierbild
Sägefurnier	**Sägefurniere** können mit großen Furnierkreissägen oder Furniergattersägen hergestellt werden. Wegen der hohen Kosten (Verschnitt, Zeit) werden sie heute nur noch in Sonderfällen (Restaurierungen) hergestellt. Das Holz muss nicht gedämpft werden und behält daher seine natürliche Farbe.	1 2	1 2
Messerfurnier	**Flachmessern:** Der Stamm wird mit der rechten Seite (Kern) auf den Maschinentisch gespannt. Beim waagerechten Messern bewegt sich der Messerbalken, beim vertikalen Messern bewegt sich der Maschinentisch (Flitschtisch) mit dem eingespannten Furnierblock senkrecht hin und her. Der Druckbalken begrenzt das Vorreißen. Auf der Unterseite (rechte Seite) entstehen kleine Risse, deshalb muss Messerfurnier mit der linken Seite aufgeleimt werden. Die Furniere sind gefladert bis schlicht. **Beim Faux-Quartier-Messern** wird das Quartierstück (Viertelblock) tangential gemessert. Es entstehen ausschließlich blumig gefladerte Furniere.	1 2 1 2	1 2 1 2

4.3 Furniere

4.3.1 Herstellung (Forts.)

	Verfahren	Prinzip	Furnierbild
noch Messerfurnier	**Echt-Quartier-Messern:** Die zugerichteten Quartierstücke werden so eingespannt, dass nur schlicht gestreifte Furniere entstehen. Bei Hölzern mit hohem Anteil von Holzstrahlen entstehen relativ viel Spiegel-Furniere. Der Aufwand für das Zurichten der Blöcke ist größer als beim Faux-Quartier-Messern. **Flach-Quartier-Messern:** Wird das echte Quartierstück an der Kernholzseite eingespannt, entstehen beim Messern nur gefladerte Furnierbilder. Echte Quartierstücke haben den Vorteil, dass sich je nach Einspannart das Furnierbild beeinflussen lässt. Beim Messern müssen die Blöcke immer gedämpft werden. Die Arbeitsgeschwindigkeit ist höher als beim Sägefurnier.	1 2 1 2	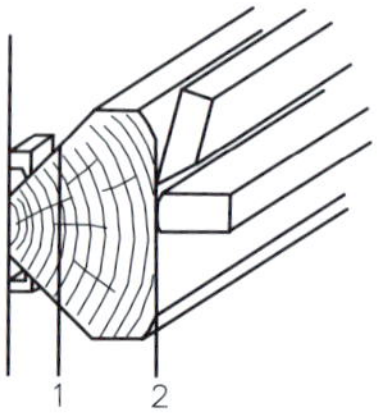 1 2 1 2
Schälfurniere	**Rundschälen:** Die Stammstücke werden zentrisch eingespannt und in Drehung versetzt. Ähnlich wie beim Drechseln wird mit Hilfe eines breiten Messerbalkens ein breites, endloses Furnierband erzeugt. Das Furnierbild ist anspruchslos und unregelmäßig-geblumt. Die Furniere sind bis zu 10 mm dick und werden für Mittellagen (STAE-Platte) und als Absperrfurniere verwendet. **Exzentrisch Schälen:** Um den Vorteil der höheren Arbeitsgeschwindigkeit zu nutzen und gleichzeitig ein ansprechendes Furnierbild zu erzeugen, werden die Stammstücke exzentrisch eingespannt. Die Furnierblätter können breiter als der Stammdurchmesser sein, sie sind gefladert bis gestreift. **Stay-Log-Schälen:** Um auch Viertelblöcke und Maserknollen schälen zu können, wird eine Haltevorrichtung verwendet (Stay-Log). So lassen sich je nach Einspannart beliebige Furnierbilder erzeugen, die dem Messerfurnier sehr ähnlich sehen. **Radialschälen:** Diese selten verwendete Schälart ist mit dem Bleistiftspitzerprinzip zu vergleichen. Dabei entstehen dekorative, kreisrunde Furnierblätter, die für runde Tischplatten bis ca. 1,20 m Durchmesser verwendet werden können. Für die Schälfurnierherstellung müssen die Stämme immer gedämpft werden, Farbänderungen sind daher nicht auszuschließen. Die Arbeitsgeschwindigkeit ist noch höher als beim Messern.	Dreh-achse 1 Dreh-achse 1 2 Messer Stay-Log Druck-balken 1 2	1 1 2 1 2

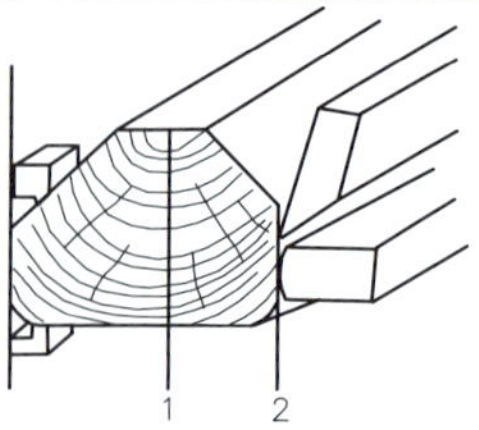

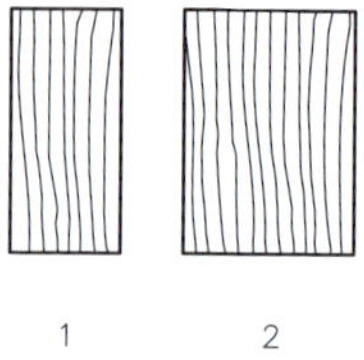

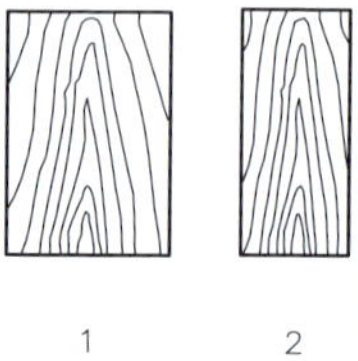

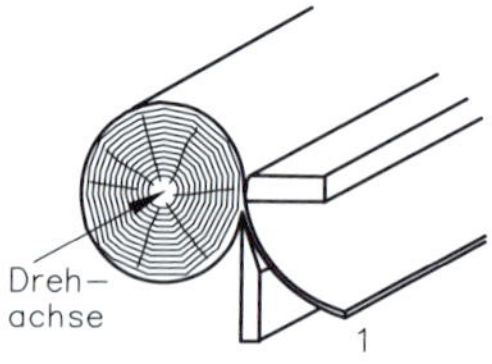

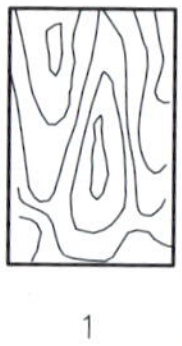

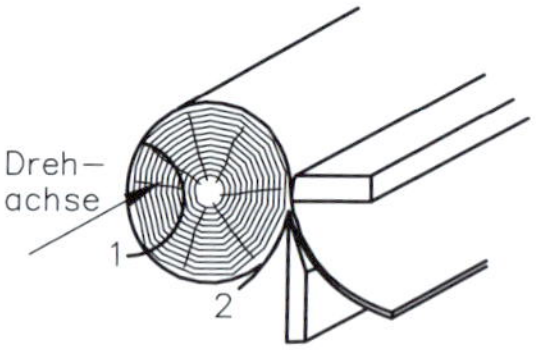

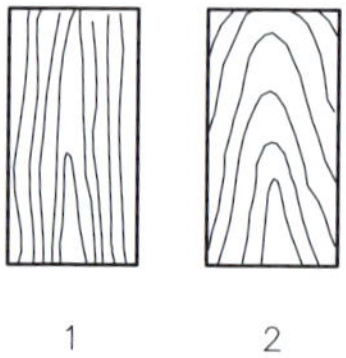

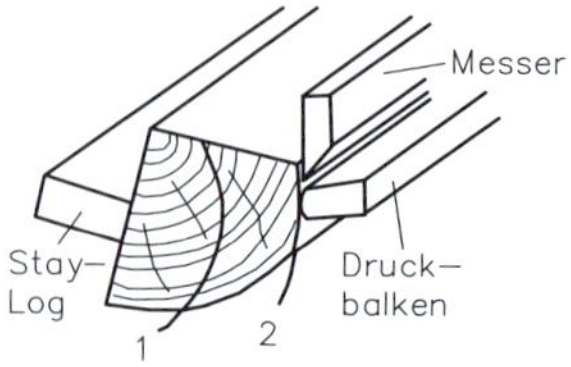

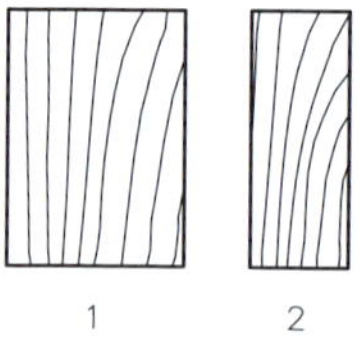

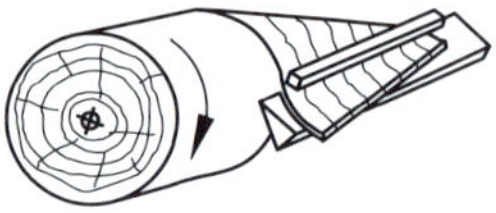

4.3.2 Handelsware (Forts.)

Furnierdicken nach DIN 4079: 1976-05 Langfurniere (Kurzzeichen L)

Holzart	Kurz-zeichen	Nenndicke in mm
Abachi (Wawa, Samba)	ABA	0,70
Afrormosia (Asamela, Kokrodua)	AFR	0,55
Ahorn (Berg- und Zuckerahorn)	AH AHZ	0,60
Aningre	ANI	0,55
Antiaris (Bonkongo, Ako)	AKO	0,60
Birke	BI	0,55
Birnbaum	BB	0,55
Bubinga (Kevazingo)	BUB	0,55
Buche	BU	0,55
Dibetou (Bibolo)	DIB	0,55
Douglasie (Oregon Pine)	DGA	0,85
Ebenholz	EBE	0,60
Edelkastanie	EKA	0,65
Eiche	EI	0,65/0,60[1]
Erle	ER	0,60
Esche	ES	0,60
Fichte	FI	1,00
Kiefer	KI	0,90
Kirschbaum	KB	0,55
Koto	KTO	0,60
Lärche	LA	0,90
Lati	LAT	0,65
Limba	LMB	0,60
Linde	LI	0,65
Louro Preto	LOP	0,55
Mahagoni, Afrikanisches	MAA, MAK, MAS, MAT, MAU	0,55/0,50[1]
Mahagoni, Echtes	MAE	0,55
Makorè	MAC	0,50
Mansonia (Bété)	MAN	0,55
Mutenye	MUT	0,55
Nussbaum	NB	0,50
Okoumé (Gabun)	OKU	0,60
Ovengkol (Amazakoue)	OVE	0,55
Paldao	PAL	0,55
Palisander, Ostindisch Riopalisander	POS PRO	0,55/0,50[1] 0,50
Pao Ferro	PAO	0,55
Pappel	PA	0,60
Red Pine (Carolina pine)	PIR	0,85
Rüster	RU	0,60
Satinholz, Ostindisches	SAO	0,55
Sen	SEN	0,60/0,55[1]
Sweetgum (Satin „Nussbaum“)	SWG	0,55
Tanne	TA	1,00
Tschitola	TCH	0,55
Teak	TEK	0,60/0,55[1]
Wenge	WEN	0,75
Whitewood	WIW	0,55
Zingana (Zebrano)	ZIN	0,55

Maserfurniere (Kurzzeichen M)

Holzart	Kurz-zeichen	Nenndicke in mm
Ahorn	AH	0,55
Esche	ES	0,60
Madrona, Pacific Madrona	MAD	0,55
Myrte	MYR	0,55
Nussbaum	NB	0,50
Pappel	PA	0,65
Rüster	RU	0,60

Langfurnier (L): Furnier aus Stammabschnitten, das parallel zur Stammachse erzeugt wurde.
Maserfurnier (M): Furnier, das aus Wurzelknollen und/oder Stammstücken mit sehr unregelmäßigem Wuchs erzeugt wurde. Bezeichnungsbeispiel für ein Messerfurnier (Langfurnier) von 0,65 mm Dicke aus Eiche:
Messerfurnier L 0,65 DIN 4079-EI
Die Furnierdicke wird bei der Herstellung auf 1/100 mm genau mit dem Mikrometer bestimmt. Abweichungen von 3/100 mm sind zulässig. Die genannten Furnierdicken gelten für geschälte und gemesserte Deckfurniere, sie gilt nicht für Sägefurniere. Die Holzfeuchte muss zwischen 11 und 13 % liegen.

[1] Spiegel-(Rift-)Schnitt

4.3 Furniere

4.3.3 Furnierfehler

Eindruckstellen	Ursache	Beseitigung	Vermeidung/Vorbeugung
Wellige Furniere	Furniere werden meist gebügelt geliefert. Bei Feuchtewechseln kommt es zur Welligkeit.	Furniere pressen, evtl. müssen sie vorher feucht gelagert werden, um Rissbildung vorzubeugen.	Furniere bei 15–20 °C lagern, Luftfeuchte ca. 60–70 %, Furnierfeuchte ca. 12 %. Furnierpakete mit Platte o. Ä. beschweren.
Offene Fugen	Welliges Furnier, Fügefehler oder Fehler beim Zusammensetzen der Furnierblätter.	Furnierstreifen in offene Fuge einpassen. Mit eingefärbten Spachtelmassen „ausflicken". Fuge mit Lack füllen.	Wellige Furniere anfeuchten und glatt pressen, scharfe Fügewerkzeuge verwenden, F. mit Klebestreifen oder Furniernadel dicht ziehen, F.-Nähmaschine richtig einstellen, F. erst direkt vor dem Pressen auflegen.
Überschobene Fugen	Furnierpapier/Klebefaden hat nicht gehalten, Furnier zu früh aufgelegt, zu viel Leimangabe.	Nachschneiden der überschobenen Furniere, evtl. nachpressen und nachleimen.	Furniere über ganze Fugenlänge dicht und fest zusammenziehen, Furnier erst direkt vor dem Pressen auflegen.
Leimdurchschlag	Zu viel oder zu dünner Leim aufgetragen, zu hoher Pressdruck, grobporiges Furnier.	Bei physikalisch abbindendem KPVAC-Leim sofort nach dem Ausspannen mit Messingdraht- oder Wurzelbürste und warmem Wasser ausbürsten (bei Kondensationsharzleimen nicht möglich).	Leim mit geringer Viskosität verwenden, Pressdruck verringern, bei sehr grobporigen Hölzern kann der Leim mittels Pigmentzugabe eingefärbt werden, der Leimdurchschlag fällt dann nicht mehr so ins Auge.
Leimwülste	Zu viel Leim, beim Pressen mit Zwingen oder Mehrspindelpressen nicht von innen nach außen angezogen.	Bei physikalisch abbindendem KPVAC-Leim sofort nach dem Ausspannen nachpressen.	Richtige Leimmenge angeben, Pressdruck zuerst in der Mitte aufbringen, so dass der Leim sich verteilen kann. Furnier erst direkt vor dem Pressen auflegen.
Kürschner (Leim-Fehlstellen)	Vertiefungen im Trägermaterial, zu wenig Leim, Leim angetrocknet, zu geringer Pressdruck, vermesserte Furniere.	Leim unter Fehlstelle geben (aufschneiden oder einspritzen) und nachpressen, bei Thermoplasten kann warmes Nachpressen helfen.	Trägerplatten kalibrieren, evtl. vor dem Leimauftrag beidseitig anfeuchten. Leimmenge, Leimviskosität und Pressdruck richtig wählen, vermesserte Furniere aussondern.
Vermesserte Furniere	Herstellungsfehler beim Messern.	Furniere aussondern.	Lieferung genau kontrollieren.
Furnierverfärbungen	Zu hohe Presstemperatur, Reaktion mit Chemikalien auf den Pressflächen.	Dunkle Stellen bleichen, evtl. kann durch Beizen eine Farbangleichung erreicht werden.	Presstemperatur reduzieren, Pressflächen säubern, Zulagen verwenden.
Anleimer markiert sich	Insbesondere bei polierten Flächen kann sich der Anleimer markieren.	Behebung kaum möglich, bei matten Oberflächen fällt der Schaden weniger auf.	Schmale Anleimer verwenden, maximale Dicke 4–6 mm, Anleimer und Platte müssen gleiche Holzfeuchte haben.
Durchscheinen des Trägermaterials	Stempelaufdrucke auf der Trägerplatte sind durch das Furnier sichtbar.	Behebung nicht möglich, durch Beizen oder Lackieren kann der Schaden verdeckt werden.	Aufdruck mit Zylinderschleifmaschine entfernen (Achtung: Handschleifen kann zu Kürschnern führen), Blindfurnier unterfurnieren.
Risse im Furnier	Furnier beim Zusammensetzen zu trocken.	Vor dem Aufleimen auf Risse kontrollieren.	Furniere anfeuchten.
Verschobene Furniere	Zu viel Leim angegeben.	Behebung nicht möglich.	Anschlagklammern verwenden.
Druckstellen	Leimreste auf dem Presstisch.	Sofort mit warmem Wasser, Vertiefungen aufquellen lassen, bei Kondensationsharzleimen Behebung kaum möglich.	Presse reinigen.

Verleimtechnologische Werte siehe Seite 11-54

4.4 Plattenwerkstoffe

4.4.1 Übersicht

Furniersperrholz	
FU	Furniersperrholz, mindestens 3-lagig, abgesperrt (kreuzweise) verleimte Schälfurniere, DIN EN 636: 2003-11.
Multiplex	Marktübliche Bezeichnung für min. 5-lagige, min. 9 mm dicke FU-Platten.
BFU	Bau-Furniersperrholz, gegenüber FU erhöhte Festigkeitseigenschaften für die Verwendung im Bauwesen
BFU-BU	Bau-Furniersperrholz aus Buche, gegenüber FU erhöhte Festigkeitseigenschaften, für die Verwendung im Bauwesen mindestens 3-lagig verleimt.
Mittellagensperrholz	
TI	Veraltete Bezeichnung für Tischlerplatten
ST	Tischlerplatte, Mittellage ab 7–30 mm breiten, punktverleimten Vollholzleisten und aufgeleimtem Absperrfurnier (IF, AW), DIN 68705-2: 2003-10.
STAE	Tischlerplatten, Mittellage ab max. 7 mm dicken, verleimten Schälfurnierstäbchen, DIN 68705-2: 2003-10.
SR	Streifensperrholz, wie ST jedoch Mittellage nicht verleimt, nicht genormt.
BST	Bau-Stabsperrholz, gegenüber ST erhöhte Festigkeitseigenschaften, für die Verwendung im Bauwesen, DIN 68705-4: 1981-12.
BST/BSTAE	Bau-Stäbchensperrholz, gegenüber STAE erhöhte Festigkeitseigenschaften, für die Verwendung im Bauwesen, DIN 68705-4: 1981-12.
Sonstige Schichthölzer	
ST mit Spandeck	Tischlerplatte, anstatt des Absperrfurniers wird beidseitig ca. 3 mm Spanplatte verwendet. Vorteil: ebene Oberfläche (IF, AW).
LVL	Furnierschichtholz, 7 bis 20 gleich gerichtet verleimte Schälfurnierlagen, anwendbar bei Formteilen, DIN EN 14279: 2005-03.
PSL (Parallam)	Furnierstreifenholz (Parallel Strand Lumber) aus ca. 16 mm breiten Streifen.
LSL (Intrallam)	Spanstreifenholz (Laminated Strand Lumber).
SN	Sternholz, mindestens 5-lagiges Schälfurnier multidirektional (sternförmig) verleimt.
KP	Kunstharzpressholz, mindestens 5-lagiges Schälfurnier mit Phenolharz unter hohem Druck verpresst.

Holzspanwerkstoffe	
FPY	Flachpressplatte für allgemeine Zwecke, DIN EN 309: 2005-04.
FPO	Flachpressplatte mit besonders feinspaniger Oberfläche.
KF	Kunststoffbeschichtete, dekorative Flachpressplatte nach DIN EN 14322: 2004-06. Die beidseitig aufgebrachte Dekorschicht besteht meist aus Melaminharzen.
V20 V100 V100G	Flachpressplatten für das Bauwesen in verschiedenen Verleimqualitäten.
Paneel	Paneelplatten, einseitig furniert für Wand- und Deckenverkleidungen, DIN 68740-1: 1999-10.
Spanplatten für Sonderzwecke	
LF	Leichte Flachpressplatte mit höherem Schallabsorptionsgrad für das Bauwesen, DIN 68762: 1982-03.
LMD	Strangpress-Vollplatte mit durchbrochener Oberfläche und höherem Schallabsorptionsgrad, DIN 68762: 1982-03.
LR	Strangpress-Röhrenplatte mit geschlossener Oberfläche, DIN 68762: 1982-03.
LRD	Strangpress-Röhrenplatte mit durchbrochener Oberfläche und höherem Schallabsorptionsgrad, DIN 68762: 1982-03.
SV1 SV2	Strangpress-Vollplatte, beständig gegen niedrige/hohe Luftfeuchtigkeit.
SR1 SR2	Strangpress-Röhrenplatte, beständig gegen niedrige/hohe Luftfeuchtigkeit.
OSB/1	Platten aus großflächigen Langspänen (Oriented Strand Board) für allgemeine Zwecke zur Verwendung im Trockenbereich, DIN EN 300: 2006-09.
OSB/2	Wie vor, für tragende Zwecke im Trockenbereich, DIN EN 300: 2006-09
OSB/3	Wie vor, für tragende Zwecke im Feuchtbereich, DIN EN 300: 2006-09.
OSB/4	Hoch belastbare Platten für tragende Zwecke im Feuchtbereich, DIN EN 300: 2006-09.
TSV1	Beplankte Strangpressplatten für die Tafelbauart, beidseitig furnierbeplankt.
TSV2	Wie TSV1, jedoch mit umlaufendem Vollholzanleimer $d \geq 15$ mm.

→ 14-4
3-20

4.4 Plattenwerkstoffe

4.4.1 Übersicht (Forts.)

Holzfaserplatten, Belagstoffe, sonst. Platten	
HB	Harte Faserplatte, DIN EN 316: 2008-07
SB	Poröse Faserplatte, DIN EN 316: 2008-07
MBL	Mittelharte Faserplatte geringer Dichte DIN EN 316: 2008-07
MBH	Mittelharte Faserplatte hoher Dichte, DIN EN 316: 2008-07
MDF	Mitteldichte Faserplatte, DIN EN 622-5: 2008-07
SB	Poröse Holzfaserplatte, DIN EN 622-4: 2008-07
HB	Harte Holzfaserplatte, DIN EN 622-2: 2004-07
MB	Mittelharte Holzfaserplatte, DIN EN 622-3: 2004-07
KH MFB	Kunststoffbeschichtete dekorative Holzfaserplatte. Die ein- oder beidseitg aufgebrachte Dekorschicht besteht meist aus Melaminharzen
BPH1 BPH2	Bitumenholzfaserplatten mit großer/geringer Wasseraufnahme
HPL	Hochdruck-Schichtpressstoffplatte, DIN EN 438: 2005-04
GKB	Gipskartonbauplatten in imprägnierter (I) oder feuerbest. (F) Ausführung
HWL	Holzwolleleichtbauplatten

siehe auch S. 4-49 ff Plattenwerkstoffe

4.4.2 Kennzeichnungen bei Plattenwerkstoffen

Holzwerkstoffklassen nach DIN 68800-2: 1996-05 (anwendbar bei Sperrholz, Spanplatten, Holzfaserplatten)

Holzwerkstoffklasse	20	100	100 G
Anwendungsbereiche	Räume mit geringer Luftfeuchte, nicht feuchtfest, Plattenfeuchte: $u_{gl} \leq 15$ % bei HF-Platten: $u_{gl} \leq 12$ %	Räume mit zeitweise hoher Luftfeuchte, feuchtebeständig, aber nicht wasserfest, Plattenfeuchte: $u_{gl} \leq 18$ %	Räume mit häufig hoher Luftfeuchte, gegen Pilzbefall geschützt, Plattenfeuchte: $u_{gl} \leq 21$ %
Beispiele	Kurzzeichen		
Sperrholz Bau-Furniersperrholz Bau-Furniersperrholz aus Buche Bau-Stabsperrholz Bau-Stäbchensperrholz	 BFU 20 – BST 20 BSTAE 20	 BFU 100 BFU-BU 100 BST 100 BSTAE 100	 BFU 100 G BFU-BU 100 G BST 100 G BSTAE 100 G
Spanplatten Flachpressplatten für das Bauwesen Beplankte Strangpressplatten für das Bauwesen Beplankte Strangpressplatten für die Tafelbauart	 V 20 SV 1, SV 2 TSV 1	 V 100 SV 2, SR 2[1] TSV 2[1]	 V 100 G – –
Holzfaserplatten Harte Holzfaserplatten für das Bauwesen Mittelharte Holzfaserplatten für das Bauwesen	 HFH 20 HFM 20	 – –	 – –

Kennzeichnung von Sperrholz

Klassifizierung nach dem Aussehen der Oberfläche nach DIN EN 635-2: 1995-08 und DIN EN 635-3: 1995-08

E	I	II	III	IV
Fehlerfreie Oberfläche bleibt sichtbar, im Allgemeinen klarlackbehandelte glänzende „möbelartige" Fläche.	Oberfläche kann sichtbar bleiben, Oberflächenbehandlung durch Klarlack, Seidenglanz möglich, Lasur ist ratsam.	Oberfläche kann mit Overlay, Farbanstrich oder anderer Beschichtung versehen werden.	Als nicht sichtbare, angestrichene oder beschichtete Oberfläche vorgesehen. Offene Fehler sind zulässig.	Oberfläche ohne Anforderung an das Aussehen.

[1] Werden Strangpressplatten geschnitten verwendet, müssen sie als Feuchteschutz einen 15 mm dicken Vollholzanleimer erhalten.

4.4 Plattenwerkstoffe

4.4.2 Kennzeichnung von Plattenwerkstoffen (Forts.)

Klassifizierung von Sperrholz nach dem Aussehen der Oberfläche

Klassifizierung nach den holzeigenen Merkmalen nach DIN EN 635-2:1995-08 (Laubholz)

Kategorien der Merkmale		Erscheinungsklasse E	I	II	III	IV
Punktäste [1]		praktisch einwandfrei	3 je m^2 zulässig	zulässig		
Gesunde, festverwachsene Äste		praktisch einwandfrei	zulässig bis zu einem Einzeldurchmesser von			
			15 mm, wenn die Summe der Durchmesser 30 mm^2 je m^2 nicht überschreitet	35 mm	50 mm	zulässig unter Beachtung der Anmerkung
			solche Äste dürfen Risse aufweisen, falls			
			sehr klein	klein		
Angefaulte oder lose Äste und Astlöcher		praktisch einwandfrei	zulässig bis zu einem Einzeldurchmesser von			
			6 mm, wenn ausgekittet und höchstens 2 je m^2	5 mm, wenn nicht ausgebessert 10 mm, wenn ausgekittet und höchstens 3 je m^2	40 mm	zulässig unter Beachtung der Anmerkung
Risse	offen	praktisch einwandfrei	zulässig, wenn kürzer als			zulässig unter Beachtung der Anmerkung
			1/10	1/5	1/3	
			der Plattenlänge und nicht breiter als			
			3 mm	5 mm	20 mm	
			und nicht mehr als			
			3/m	3/m der Plattenbreite, wenn sorgfältig ausgekittet	3/m wenn nicht ausgebessert, unbegrenzt, wenn vollständig ausgekittet	
	geschlossen	praktisch einwandfrei	zulässig			
Befall durch Insekten, Holzschädlinge im Meerwasser und pflanzliche Parasiten		nicht zulässig	nicht zulässig	Spuren pflanzlicher Parasiten nicht zulässig. Fraßgänge von Insekten und Holzschädlingen im Meerwasser zulässig bis zu		zulässig unter Beachtung der Anmerkung
				3 mm Durchmesser quer zur Plattenebene, höchstens 10 je m^2	15 mm Breite und 60 mm Länge, höchstens 3 je m^2	
Eingewachsene Rinde		nicht zulässig	nicht zulässig	zulässig bis zu einer Breite von		zulässig unter Beachtung der Anmerkung
streifige Harzzonen		nicht zulässig		5 mm, wenn sorgfältig ausgekittet	25 mm	
Pilzbefall, holzzerstörend		nicht zulässig	nicht zulässig	zulässig, wenn gering	zulässig	
			nicht zulässig			
Unregelmäßigkeiten der Holzstruktur		praktisch einwandfrei	zulässig, wenn		zulässig	
			sehr gering	gering		
Verfärbung, nicht holzzerstörend		praktisch einwandfrei	zulässig bei geringem Farbunterschied		zulässig	
Andere Merkmale		praktisch einwandfrei	sind in der Kategorie zu berücksichtigen, die ihnen am ehesten ähnelt			

** Anmerkung: Holzeigene Merkmale sind zulässig, wenn sie die Verwendbarkeit der Platten nicht beeinträchtigen.

[1] Punktäste: gesunde, festverwachsene Äste mit höchstens 3 mm Durchmesser

14-4 3-20

4

4.4 Plattenwerkstoffe

4.4.2 Kennzeichnung von Plattenwerkstoffen (Forts.)

Klassifizierung von Sperrholz nach dem Aussehen der Oberfläche

Klassifizierung nach den holzeigenen Merkmalen nach DIN EN 635-3:1995-08 (Nadelholz)

Kategorien der Merkmale		Erscheinungsklasse				
		E	I	II	III	IV
Punktäste [1]		praktisch einwandfrei	3 je m^2 zulässig	zulässig		
Gesunde, festverwachsene Äste			15 mm, wenn die Summe der Durchmesser 30 mm^2 je m^2 nicht überschreitet	zulässig bis zu einem Einzeldurchmesser von 50 mm	60 mm	zulässig unter Beachtung der Anmerkung
			solche Äste dürfen Risse aufweisen, falls sehr klein	klein		
Angefaulte oder lose			zulässig bis zu einem Einzeldurchmesser von			
			6 mm, wenn ausgekittet und höchstens 2 je m^2	5 mm, wenn nicht ausgebessert 25 mm, wenn ausgekittet und höchstens 6 je	40 mm	zulässig unter Beachtung der Anmerkung
Risse	offen		zulässig, wenn kürzer als 1/10	1/3	½	Länge unbegrenzt
			der Plattenlänge und nicht breiter als 3 mm	10 mm	15 mm	25 mm
			und nicht mehr als 3/m	3/m	3/m	unbegrenzt
			der Plattenbreite			
			wenn sorgfältig ausgekittet	Alle Risse mit mehr als 2 mm Breite müssen		
	geschlossen		zulässig			
Befall durch Insekten, Holzschädlinge im Meerwasser und pflanzliche Parasiten		nicht zulässig	nicht zulässig	Spuren pflanzlicher Parasiten nicht zulässig. Fraßgänge von Insekten und Holzschädlingen im Meerwasser zulässig bis zu 3 mm Durchmesser quer zur Plattenebene höchstens 10 je m^2	15 mm Breite und 60 mm Länge höchstens 3 je m^2	zulässig unter Beachtung der Anmerkung
Eingewachsene			nicht zulässig	zulässig bis zu einer Breite von 6 mm, wenn sorgfältig ausgekittet	40 mm	zulässig
						zulässig unter Beachtung der Anmerkung
streifige Harzzonen			nicht zulässig	zulässig wenn gering	zulässig	
Pilzbefall, holzzerstörend			nicht zulässig			
Unregelmäßigkeiten der Holzstruktur		praktisch einwandfrei	zulässig, wenn sehr gering	gering	zulässig	
Verfärbung, nicht holzzerstörend			zulässig bei geringem Farbunterschied		zulässig	
Andere Merkmale			sind in der Kategorie zu berücksichtigen, die ihnen am ehesten ähnelt			

** Anmerkung: Holzeigene Merkmale sind zulässig, wenn sie die Verwendbarkeit der Platten nicht beeinträchtigen

14-4
3-20

4.4 Plattenwerkstoffe

4.4.2 Kennzeichnung von Plattenwerkstoffen (Forts.)

Klassifizierung von Sperrholz nach dem Aussehen der Oberfläche [1)]

Klassifizierung nach den fertigungsbedingten Fehlern nach DIN EN 635-3:1995-08 (Nadelholz) und DIN EN 635-2:1995-08 (Laubholz)

Kategorien der Fehler	Erscheinungsklasse				
	E	I	II	III	IV
Offene Fugen	praktisch fehlerfrei	nicht zulässig	zulässig bis zu einer Breite von		
			3 mm 1 je m Plattenbreite Fugen mit mehr als 1mm Breite sind auszukitten	10 mm (5 mm)[1)] bis zu einer Anzahl von 2 je m Plattenbreite nicht ausgekittet	25 mm unbegrenzt nicht ausgekittet
Überlappungen		nicht zulässig	1 je m^2 zulässig bis 100 mm Länge	2 je m^2 zulässig	zulässig unter Beachtung der Anmerkungen
Kürschner		nicht zulässig			
Hohlstellen, Druckstellen, Auftreibungen Rauhigkeit		nicht zulässig	zulässig, wenn gering	zulässig	
Durchschliff		nicht zulässig		zulässig	
				auf 1 % der Plattenoberfläche	auf 5 % der Plattenoberfläche (siehe aber Anmerkung)
Leimdurchschlag		nicht zulässig	zulässig wenn gering und vereinzelt	auf 5 % der Plattenoberfläche	zulässig unter Beachtung der Anmerkung
Fremdpartikel	nicht zulässig	nicht zulässig	eisenhaltige Partikel nicht zulässig		
Ausbesserungen a) Flicken b) Unterlegstücke	praktisch fehlerfrei	zulässig, wenn sauber ausgeführt und Oberfläche geschlossen bis zu einer Anzahl von 5 (3)[1)] je m^2	unbegrenzt (6 je m^2)[1)]	unbegrenzt	
c) Kunststofffüllungen	nicht zulässig	nicht zulässig	zulässig innerhalb der Grenzen der jeweiligen Kategorie		unbegrenzt
Schleif- und Sägefehler an den Plattenkanten	praktisch fehlerfrei	zulässig bis zu einem Abstand von der Plattenkante von 2 mm	5 mm		zulässig unter Beachtung der Anmerkungen
Andere Fehler		sind in der Kategorie zu berücksichtigen, die ihnen am ehesten ähnelt			

** Anmerkung: Holzeigene Merkmale sind zulässig, wenn sie die Verwendbarkeit der Platten nicht beeinträchtigen.

1) Klammerwerte gelten für Laubholz

4.4.2 Kennzeichnung von Plattenwerkstoffen (Forts.)

Qualität der Verklebung von Sperrholz (FU-Platte) nach DIN EN 314-1: 2005-03

Klasse 1	Trockenbereich
Klasse 2	Feuchtbereich
Klasse 3	Außenbereich

Verleimungsarten für Sperrholz für allgemeine Zwecke nach DIN 68705-2: 2003-10

IF	Verleimung nur beständig in Räumen mit im Allgemeinen niedriger Luftfeuchte (nicht wetterbeständig)
AW	Verleimung beständig auch bei erhöhter Feuchtigkeitsbeanspruchung (bedingt wetterbeständig)

Die Beständigkeitsangaben beziehen sich auf die Verleimung, nicht aber auf die Holzsubstanz und deren natürliche Dauerhaftigkeit

Formaldehydabgaben-Klassen für Sperrholz (nicht mehr genormt – Leime sind heute formaldehydfrei)

A	gering, ≤ 2,5 (bzw. 3,5 Einzelwert) mg/m² h
B[1]	mittel, ≤ 8 mg/m² h
C[1]	hoch, > 8 mg/m² h

[1] in Deutschland nicht zulässig

Kennzeichnung von Spanplatten

Formaldehydabgabe von Holzspanwerkstoffen nach DIBt-Richtlinie 100: 1994-06

Klasse	Emission	Erläuterung
E 1	max. 0,1 ppm	durch formaldehydfreie Werkstoffe erreichbar
E 1b	max. 0,1 ppm	Klasse E2/E3 mit zusätzlicher Beschichtung (Zulassung erforderlich)
E 2	max. 1,0 ppm	im Möbel- und Innenausbau in Deutschland nicht zulässig
E 3	max. 2,3 ppm	

Kennzeichnung von Faserplattentypen nach DIN EN 316: 1999-12

H	Verwendungszweck: Feuchtbereich
E	Verwendungszweck: Außenbereich
L	tragende Verwendung
A	tragende Verwendung für alle Kategorien der Lasteinwirkungsdauer (ständige Lasten)
S	tragende Verwendung für kurze (kürzer als 1 Woche) und sehr kurze Lasteinwirkungsdauer
1	Platte für tragende Zwecke
2	hoch belastbare Platte für tragende Zwecke

Beispiel:

HB.HLA2: hoch belastbare harte Faserplatte zur tragenden Verwendung im Feuchtber., für jegl. Lasteinwirkungsdauer

MDF-HLS: MDF-Platte zur tragenden Verwendung im Feuchtbereich, nur für kurze und sehr kurze Lasteinwirkungen geeignet

Abtriebbeständigkeit von KF-Platten (links) und MFB-Platten nach DIN EN 14322: 2004-06 (rechts)

N	normal belastbar	1
M	mittel belastbar	2
H	hoch belastbar	3A/3B
S	sehr hoch belastbar	4

Schichtdicke

Klasse	Schichtdicke in mm
1	bis 0,14 (nur Dekorpapier)
2	über 0,14 (zusätzliches Underlaypapier)

Beispiel:

a) **KF-Platte DIN EN 14 322 – 3000 × 2000 × 16 – M 2:** KF-Platte, Größe 3 m × 2 m, 16 mm Dicke, auf beiden Plattenseiten Abriebklasse M, Schichtdickenklasse 2

b) **KF-Platte DIN EN 14 322 – 3000 × 2000 × 16 – M 2 N 2:** wie vor, jedoch eine Seite Abriebklasse N, die andere Klasse M, beidseitig Schichtdickenklasse

Kennzeichnung von Faserplatten

Farbkennzeichnung von Faserplatten nach DIN EN 622-4: 1997-08

Anforderung	Farbstreifen	Faserplattentyp			
		hart	mittelhart	porös	MDF-Platten
allg. Zwecke, trocken	weiß, weiß, blau	HB	MBL, MBH	SB	MDF
allg. Zwecke, feucht	weiß, weiß, grün	HB.H	MBL.H, MBH.H	SB.H	MDF.H
allg. Zwecke, außen	weiß, weiß, braun	HB.E	MBL.E, MBH.E	SB.E	
tragende Zwecke, trocken	gelb, gelb, blau	HB.LA	MBH.LA1	SB.LS	MDF.LA
tragende Zwecke, hoch belastbar, trocken	gelb, blau		MBH.LA2		
tragende Zwecke, feucht	gelb, gelb, grün	HB.HLA1	MBH.HLS1	SB.HLS	MDF.HLS
tragende Zwecke, hoch belastbar, feucht	gelb, grün	HB.HLA2	MBH.HLS2		

4.4 Plattenwerkstoffe

14-4
3-20

4.4.3 Hochdruck-Pressstoffplatten

Herstellung von Hochdruck-Schichtpressstoffplatten

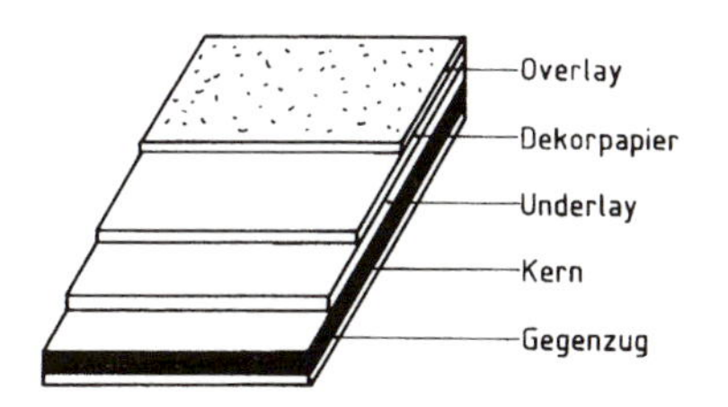

Schematischer Aufbau einer Kunststoffschichtplatte

Einteilung nach Materialtyp	
Typ S	Standard-Qualität in drei Dicken: – dünne HPL-Platten, 1-seitig beschichtet, ca. 2 mm dick, zum Aufkleben bestimmt, – Kompaktschichtpressstoffe, 1- oder 2-seitig beschichtet, 2–5 mm dick, stabile Unterkonstruktion erforderlich, – Kompaktschichtpressstoffe, 2-seitig beschichtet, meist über 5 mm dick, selbsttragend.
Typ P	Plattendicken wie bei Typ S, jedoch thermisch nachformbar (postforming).
Typ F	Plattendicken wie bei Typ S, zusätzlich werden bestimmte Anforderungen an den Brandschutz erfüllt (Feuerschutz).

Bezeichnungsbeispiel:
HPL-EN 438-P333 oder
HPL-EN 438-HGP
es handelt sich um eine nachformbare HPL-Platte für allgemeine horizontale Anwendungszwecke

Klassifizierungssystem und typische Beanspruchung von HPL-Platten nach DIN EN 438-1: 2005-04

Anforderungsprofil	Material-Typ	Kennzahl[1] 1 Abriebwiderstand	 2 Stoßfestigkeit	 2 Kratzfestigkeit	Vergleichbare alphabetische Klassifizierung	Typische Anwendungsbeispiele
Dicke Materialien mit besonders hoher Stoßfestigkeit und Beständigkeit gegen Feuchtigkeit	S oder F kompakt	3	[2]	3	CGS (Compact General purpose Standard) oder CGF (. . . Flame retardant)	Türen, Trennwände, Wände, verschiedene selbsttragende Teile im Bau- und Transportwesen.
Sehr hoher Abriebwiderstand, Hohe Stoßfestigkeit, Sehr hohe Kratzfestigkeit	S	4	3	4	HDS (Horizontal heavy Duty Standard) HDF (. . . Flame retardant)	Kassentheken und Fußböden auf speziellen Trägern.
Hoher Abriebwiderstand, Hohe Stoßfestigkeit, Hohe Kratzfestigkeit	S, F oder P	3	3	3	HGS (Horizontal General purpose Standard) HGF (. . . Flame retardant) HGP (. . . Postforming)	Küchenarbeitsflächen, Tür- und Wandverkleidungen. Innenwände von öffentlichen Verkehrsmitteln.
Hoher Abriebwiderstand, Mittlere Stoßfestigkeit, Hohe Kratzfestigkeit	S, F oder P	3	2	3	–	Horizontale Anwendung in Büros und Badezimmermöbel.
Mittlerer Abriebwiderstand, Hohe Stoßfestigkeit, Mittlere Kratzfestigkeit	S oder F	2	3	2	VGS (Vertical General purpose Standard) VGF (. . . Flame retardant)	Frontelemente für Küchen, Büros und Badezimmermöbel, Wandverkleidungen, Regale.
Nachformbares Material mit mittlerer Stoßfestigkeit	P	2	2	2	VGP (. . . Postforming)	
Niedriger Abriebwiderstand, Mittlere Stoß- und Kratzfestigkeit	S, F oder P	1	2	2	–	Spezielle dekorative Effekte für die vertikale Anwendung in Küchen, Ausstellungen usw.
Niedrige Abrieb-, Kratz-, Stoßfestigkeit	S	1	2	1	VLS (Vertical Light duty Standard)	Sichtbare Schrankseitenteile

[1] Die Prüfverfahren für den Abriebwiderstand, die Stoßfestigkeit und die Kratzfestigkeit sind in DIN EN 438-2: 2005-04 geregelt (hohe Kennziffern = hohe Festigkeit).
[2] Trotz guter Festigkeit keine Angabe, da das Prüfverfahren nach DIN EN 438 Teil 2 nicht anwendbar ist.

4.4.4 Liefermaße[1]

Übliche Liefermaße für Sperrholz

	FU-Platten	ST und STAE-Platten
Dicken	4–5–6–8–10–12–15–18–20–22–25–30–35–40–50	13–16–19–22–28–30–38
Längen	1220–1250–1500–1530–1830–2050–2200–2440–2500–3050	1220–1530–1830–2050–2500–4100
Breiten	1220–1250–1500–1530–1700–1830–2050–2440–2500–3050	2440–2500–3050–5100–5200–5400

Übliche Liefermaße für Spanplatten

	FPY- und FPO-Platten	KF-Platten	OSB-Platten
Dicken	3–4–8–10–13–16–19–22–25–28–32–36–38	8–10–13–16–19–22–25	6–10–15–18–22–25
Plattenmaße	2500 × 1250 2010 × 2820 5200 × 2050 2620 × 2070 4100 × 1850	2050 × 2067 2620 × 2070 2100 × 2655 2050 × 4200	2440 × 590 2440 × 1220 2620 × 1250 4880 × 2440 5000 × 2500

Übliche Liefermaße für Holzfaserplatten

	SB und HDF-Platten	HFH-, KH- und HB-Platten	HFM- und MDF-Platten
Dicken	6–8–10–12–15–18–20–25–30–35–40–50	1,6–2–2,5–3,2–4–6–8	3–3,2–3,5–4–5–6–8–9–10–12–15–16–19–22–28
Plattenmaße	2500 × 1250 5000 × 2500 1500 × 3000 2000 × 5000	2500 × 1250 2050 × 2067 2100 × 2655 2050 × 4200 2000 × 5000	2500 × 1250 2620 × 2070 2062 × 1030 5000 × 2500

Übliche Liefermaße für Hochdruck-Schichtpressstoffplatten (HPL)

Dicke	Abmessungen
0,6 0,7 0,8 1,0 1,2	2140 × 1050 2440 × 1220 2800 × 1250 2900 × 1300 3070 × 1320 4100 × 1300 5200 × 1300
als Kompaktplatte (mit schwarzem Kern)	
3 bis 10 (1 mm Schritte) 10–12 13–16 19–20 22	2600 × 2040 2580 × 1850 2800 × 1250 3660 × 1525

Übliche Liefermaße für Küchenarbeitsplatten mit abgerundeter Längskante

Dicke	Breite	Länge
30 40	600 640 900 1200	4100 3550

Abmessungen von Gipskartonplatten nach DIN 18180: 1989-09

Dicke	Breite	Länge
9,5 12 12,5	1250	2000–2250–2500–2750–3000–3500–3750–4000
15	1250	2000–2250–2500–2750–3000
18	1250	2000–2250–2500
25	500/600	2500–2750–3000–3500

Abmessungen von Holzwolleleichtbauplatten

Dicke	Abmessungen
10	500 × 500
15–100	2000 × 600 2000 × 500

[1] Alles mm-Angaben.

4.5 Verschnittberechnung

Mit Verschnitt bezeichnet der Tischler/Schreiner die produktionsbedingt anfallenden Verluste der Werkstoffe.
Je nach Produktionsablauf (Handwerk – Industrie), Produktart (Innenausbau – Bautischlerei) und Rohstoff (Vollholz – Plattenwerkstoffe) ergeben sich unterschiedliche Verschnittsätze, die als Erfahrungswerte von Betrieb zu Betrieb schwanken können. Die unten angegebenen Prozentsätze stellen Anhaltspunkte dar, mit denen die Kalkulation, z.B. beim Gesellenstück, erleichtert werden kann.

Begriffe:

- F Fertigmenge
- V Verschnittmenge
- R Rohmenge
- V_{Zu} Verschnittzuschlag
- V_{Ab} Verschnittabschlag
- Z Zuschlagsfaktor
- A Abschlagsfaktor

Verschnittzuschlag

Meist wird die Fertigmenge als Bezugsgröße gewählt, weil sie mittels Zeichnung und Holzliste leicht ermittelt werden kann. Die Fertigmenge entspricht der verkauften bzw. eingebauten Holzmenge. Der Verschnitt wird als Zuschlag auf die Fertigmenge berechnet.

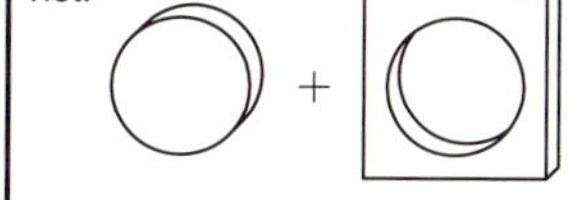

Fertigmenge + Verschnittmenge = Rohmenge

Verschnittzuschlag: $V_{Zu} = \frac{R - F}{F} \cdot 100\ \%$ [in %]

Zuschlagsfaktor: $Z = \frac{100\ \% + V_{Zu}}{100\ \%}$ [–]

$R = F \times Z$ [in m, m² oder m³]

Beispiel:

Es sollen kreisrunde Tischplatten Ø 1,0 m gefertigt werden, die aus quadratischen Platten von 1,1 m × 1,1 m herausgeschnitten werden.
Wie groß ist der Verschnitt in m² und in %?
Mit welchem Zuschlagsfaktor kann in Zukunft gerechnet werden?

Geg.: Plattenabmessungen
Ges.: V, Z

Lösung:

Fertigmenge: $F = 1{,}0^2 \times 0{,}785 = 0{,}785\ m^2$ (100 %)
Rohmenge: $R = 1{,}1 \times 1{,}1 = 1{,}21\ m^2$
Verschnittmenge: $V = 1{,}21 - 0{,}785 = \mathbf{0{,}425\ m^2}$
Verschnittzuschlag: $V_{Zu} = \frac{1{,}21 - 0{,}785}{0{,}785} \cdot 100\ \% = 54,\ \%$
Zuschlagsfaktor: $Z = \frac{100\ \% + 54{,}1\ \%}{100\ \%} = \mathbf{1{,}54}$

Verschnittabschlag

Im Sägewerk (Rohholzzuschnitt) wird jedoch die Rohmenge als 100% angesetzt, der Verschnitt muss dann als Abschlag auf die Rohmenge berechnet werden.

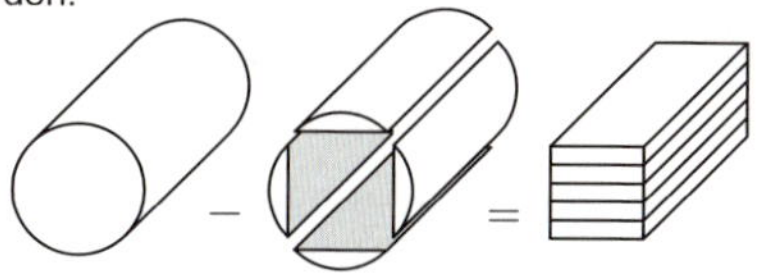

Rohmenge – Verschnittmenge = Fertigmenge

Verschnittabschlag: $V_{Ab} = \frac{R - F}{R} \cdot 100\ \%$ [in %]

Abschlagsfaktor: $A = \frac{100\ \% - V_{Ab}}{100\ \%} \cdot 100\ \%$ [–]

$F = R \times A$ [in m³]

Beispiel:

Beim Einschnitt eines Stammes von 6 m³ Rauminhalt wird eine Schnittholzausbeute von 4,2 m³ erzielt. Mit welchem Verschnittabschlag und welchem Abschlagsfaktor ist zukünftig zu rechnen?

Geg.: $F = 4{,}2\ m^3$; $R = 6\ m^3$ (100 %)
Ges.: V_{Ab}, A

Lösung:

Verschnittmenge: $V = 6 - 4{,}2 = 1{,}8\ m^3$
Verschnittabschlag: $V_{Ab} = \frac{6{,}0 - 4{,}2}{6{,}0} \cdot 100\ \% = \mathbf{30{,}0\%}$
Abschlagsfaktor: $A = \frac{100\ \% - 30\ \%}{100\%} = \mathbf{0{,}70}$

Verschnittzuschläge	
Vollholz	
Fichte, Tanne, Kiefer, Douglasie, Oregon Pine, Pitchpine, Hemlock, Erle, Pappel, Abachi, Limba, Ramin, Sipo, Sapelli, Meranti, Afzelia, Afrormosia	30–40 %
Lärche, Esche, Rotbuche, Ahorn, Birnbaum, Rüster, Teak, Wenge	40–50 %
Birke, Eiche, Kirschbaum	50–60 %
Nussbaum, Zirbelkiefer (Arve)	über 60 %
Furniere	
Furniere (schlichtes Bild)	30–40 %
Furniere (gefladert)	40–70 %
Maserfurniere	70–100 %
Platten	
Spanplatten, Tischlerplatten, Furniersperrholz, Holzfaserplatten	15–20 %
Fertigparkett	3–5 %
Kantenumleimer (Furnierkanten)	3–10 %
Vollholzanleimer	10–20 %
HPL-Platten	10–20 %

12-18

4.6 Kunststoffe

Einsatzbereiche im Bauwesen

Kunststoffe finden in folgenden Bereichen des Bauwesens Anwendung:

Baustoff für Innenausbau	Haus- und Sanitärtechnik	Bautenschutz	Bauphysik/ Bauchemie

Vorteile: leichte Formbarkeit, geringe Rohdichte, niedrige Wärmeleitfähigkeit, gutes elektrisches Isoliervermögen, gute Beständigkeit gegenüber Wasser und Chemikalien

Nachteile: niedrige Elastizität, großer Wärmeausdehnungskoeffizient, meist nicht formbeständig bei hohen Temperaturen, meist Versprödung bei kalten Temperaturen

Herstellung

Kunststoffe sind in der Regel organische Verbindungen zwischen Kohlenstoff- (C), Wasserstoff- (H) und Sauerstoffatomen (O). Der Kohlenstoff wird aus Erdöl, Erdgas oder Kohle gewonnen. Charakteristisch für den Aufbau von Kunststoffen ist die kettenförmige Aneinanderreihung der Ausgangsstoffe (Monomere), in der Regel durch Kohlenstoffatome. Man unterscheidet zwischen drei Bildungsreaktionen.

Polymerisation	Polykondensation	Polyaddition
Verbindung gleicher Monomere durch Aufbrechen der Mehrfachbindungen ohne Abspaltung von Nebenprodukten	Verbindung gleicher oder unterschiedlicher Monomere zu kettenförmigen oder räumlich vernetzten Strukturen durch Abspaltung von Nebenprodukten	Verbindung gleicher oder verschiedener Monomeren durch Umlagerung einzelner beweglicher Atome ohne Abspaltung von Nebenprodukten

Struktur und Aufbau

Kunststoffe besitzen eine lineare, verzweigte oder vernetzte Struktur. Man unterscheidet zwischen eindimensionalen, faden- oder kettenförmig aufgebauten Thermoplasten und räumlich vernetzten Duroplasten und Elastomeren.

	Thermoplaste	Duroplaste	Elastomere
Aufbau	lineare, verzweigte Makromoleküle	engmaschig vernetzte Makromoleküle	räumlich weit vernetzte Makromoleküle
Eigenschaften	geringe Festigkeit, elastisch, verformbar, schweißbar	hart, spröde, nicht schmelzbar, nicht löslich, temperaturbeständig, nicht schweißbar	hohe Elastizität, nicht schmelzbar, nicht schweißbar, nicht löslich
Beispiele	Polymerisate: PVC, PE, PP, PS, PMMA, PTFE, PVAC Polykondensate: PA	Polymerisate: UP Polkondensate: HF, PF, MF, RF Polyaddukte: EP	Polymerisate: NK-KI Polykondensate: SI Polyaddukte: PUR

4.6 Kunststoffe

Bezeichnung

EP	Epoxidharz	PP	Polpropylen
HF	Harnstoff-Formaldehydharz	PS	Polystyrol
MF	Melamin-Formaldehydharz	PTFE	Polytetrafluorethylen
NK-Kl	Neopren-Kontakt-Klebstoff	PUR	Polyurethan
PA	Polyamide	PVAC	Polyvinylacetat
PE	Polyethylen	PVC	Polyvinylchlorid
PF	Phenol-Formaldehydharz	RF	Resorcin-Formaldehydharz
PIB	Polyisobutylen	SI	Silikon
PMMA	Polymethylmetacrylat	UP	Ungesättigtes Polyester

Technische Eigenschaften

Kurz-Zeichen	Dichte [g/cm³]	Wärmeleitzahl [W/mK]	Wärmedrehzahl [10^{-6}/°C]	Maximale Temeratur [°C]	Zugfestigkeit [N/mm²]	Resistenz gegen äußere Einflüsse			
						Säuren	Laugen	Lösungmittel	Treibstoff, Öle
PE	0,91-0,97	0,33-0,42	200 (welche)	85-120	11-25	+	+	0+	0+
PP	0,91	0,15	160	130	34	+	+	0	0
PVC	1,20-1,39	0,15-0,23	80-200	55-60	13-60	+	+	-	-
PVAC	1,10-1,20	~0,20		70	-			-	0+
PIB	0,93	-*	-*	60-120	-*	+	+	0	-
PA	1,10	0,30	90	80	35-75	-	0	+	+
PS -har -Schaum	 1,05 0,01-0,06	 0,20 0,03	 70 -	 50-70 79-90	 55 1	+0	+	-	0
PTFE	2,10-2,20	0,23	70-180	250	13-27	+	+	+	+
EP	1,20	-	75	200	40-80	0+	+	0+	+
UP	1,20-1,30	0,16	140	120	40-80	0	0	-	+
PUR -hart -Schaum	 1,20 0,03-0,3	 0,35 0,03	 160 -	 100 80-120	 20-56 0,2-2	0-	0	0	0
SI	1,25	-	-	200	1,5	-	+0	0-	0
MF	1,50-2,00	0,46	55	100	15-55	0-	0	+	+
PF	1,40-2,00	0,52	15-50	100-150	15-45	0	0	+	+

Resistenz gegen äußere Einflüsse: +: beständig 0: bedingt beständig -: nicht beständig *: PIB-Folie mit gummielastischem Verhalten

4

4.6 Kunststoffe

Bezeichnung	Flammprobe	Verwendung	Handelsform	Eigenschaften
Thermoplaste				
PVC Polyvinyl-chlorid	Brennt grün, stechender Geruch, erlischt außerhalb der Flamme	Hart-PVC: Fenster, Folien. Platten, Profile Weich-PVC: Bodenbeläge, Dichtungen, Folien, Schläuche	Folien, Platten, Profile, Pulver Rohre	Hart-PVC: Abriebfest, schlagfest, lässt sich biegen, bohren, schweißen und kleben Weich-PVC: Gummiartig, schmiegsam, lässt sich kleben, schweißen und schneiden
PE Polyethylen	Brennt blau, riecht nach Kerzenrauch, schmilzt	Elektro- und Haushaltsartikel, Hohlkörper	Fäden, Folien, Platten, Profile Rohre	Zäh, fest, biegsam, kältebeständig, weichelastisch, lässt sich bohren und schweißen kleben ist nicht möglich
PP Polypropylen	Ähnliche Eigenschaften wie PE, aber höhere Festigkeit, Steifheit und Temperaturbeständigkeit			
PS Polystyrol	Brennt gelb, süßlicher Geruch, rußt stark	Formteile, Gebrauchsartikel	Folien, Halbzeuge, Hartschaumplatten, Rohre, Schaumstofftafeln	Hart und spröde, mechanisch beanspruchbar, splittert bei Bruch, schlag- und stoßempfindlich, lässt sich bohren, schweißen, kleben und schäumen
PMMA Polymethyl-methacrylat	Brennt gelb, süßlicher Geruch, knistert, tropft nicht	Innenausbau, Lichtkuppeln	Blöcke, Profile, Tafeln	Alterungs- und witterungsbeständig, glaskar, lichtdurchlässig, lässt sich bohren, schweißen und kleben
PTFE Polytetra-Fluorethylen	–	Antihaftbeschichtungen, Dichtungen, Kreissägeblattbeschichtungen, Pumpen	Pulver	Antiklebend temeraturbeständig
PA Polyamid	Brennt blau, schmilzt bräunlich, Tropfen ziehen Fäden	Beschlagteile, Führungen für Schiebetüren und Schubladen, Lager, Schrauben, Zahnräder	Fäden, Folien, Halbwerkzeuge, Platten, Profile	Gute mechanische Eigenschaften, zähfest, gute Verarbeitbarkeit
Elastomere				
SI Silikon	Brennt nicht, bei starker Hitzeentwicklung Zersetzung des Materials	Dichtungen, Fugen, elektr. Isolationsmaterial, Schläuche, Walzenbezüge	Platten, Profile	Alterungs-, kälte-, und wärmebeständig, lässt sich spritzen und spachteln
PUR Polyurethan	Brennt gelb, stechender Geruch, schmilzt	Hoch beanspruchte Teile, Hartschaum, Möbelteile, Polstermaterial, Weichschaum	Harze für Verschäumung, Klebharz, Lackharz	Abriebfest, zähfest, lässt sich bohren, schweißen, kleben und schäumen

4.6 Kunststoffe

Duroplaste				
Bezeichnung	Flammprobe	Verwendung	Handelsform	Eigenschaften
UP Ungesättig.- ter Polyester	Brennt gelb, süßlicher Geruch, rußt	Apparatebau, Behälter, Klebstoffe, als Gieß- harz für Boots- und Flugzeugbau	Folien, Gieß- harze, Lacke	Hohe mechanische Fe- stigkeit, spröde, lässt sich bohren (bedingt, wenn glasfaserver- stärkt) und kleben, schweißen ist nicht möglich
HF Harnstoff- Formalde- hydharz	Brennt nicht, riecht bei Wärme nach Harnstoff	Küchen- und Labormö- bel, Lackharze, Leim- harze	Formteile, Lackharze, Leimharze, Platten- schichten, Pressmas- sen	Chemikalien- und wärmebeständig, ausgehärtet unlöslich
PF Phenol- Formalde- hydharz	Brennt nicht, riecht bei Wärme nach Phenol	Apparatebau, Küchen- und Labormöbel, Lager, elektrische Teile, Zahn- räder	Formteile, Platten, Pressmas- sen, Tränk- harze für Kempapier	Chemikalien- und wär- mebeständig, Füllstoffe bestimmen die Festig- keit, lässt sich kleben und schäumen, schwei- ßen ist nicht möglich
MF Melamin- Formalde- hydharz	Brennt schlecht, unangenehmer als Harnstoff, verkohlt mit weißen Kanten	Formteile, Küchen und Labormöbel, Leim- harze, Pressharze	Formteile, Leimharze, Platten- schichtun- gen, Press- massen	Chemikalien- und wär- mebeständig, ausge- härtet unlöslich, lässt sich kleben und schäu- men, schweißen nicht möglich
RF Resorcin- Formalde- hydharz	Brennt nicht, reicht bei Wärme nach Phenol	Lack- und Leimrohstoff	Lackharz, Leimharz	Chemikalien- und wär- mebeständig, Füllstoffe bestimmen die Festig- keit

Kunststoffe für den Bautenschutz	
Aufgabe	Geeignete Kunststoffe
Abdichtungsbahnen für Dächer und gegen Erdreich.	Polyethylen PE, Polyisobutylen PIB, Polyvinylchlorid PVC
Folien und Bahnen für Feuchteschutz	Polytetrafluorethylen, PTFE, Polyethylen PE, Polyisobutylen PIB, Polyvinylchlorid PVC
Beschichtungen für verschiedene Untergründe	Polyurethan PUR, ungesättigtes Polyester UP, Epoxidharz EP, Silikon SI
Dispersionen für mineralische Oberflächen	Polyvinylacetat PVAC, Polyvinylpropionat PVP, Polacrylester AY
Imprägnierungen und Versiegelungen	Polyurethan PUR, Silikon SI
Kunststoffmassen zur Abdichtung von Fugen	Acrylmasse, PIB-Mastix, PUR-Masse, Silikonkautschukmasse, Weich-PVC, Polysulfidmasse

4.7 Metalle

4.7.1 Eisenmetalle für die Anwendung im Bereich der Holztechnik

Name	Bestandteile	Eigenschaften	Verwendung
Unlegierte Stähle	Eisen, Kohlenstoff	elastisch, zäh, härtbar[1] bei Kohlenstoffgehalt von 0,5 bis 1,5 %	Beschläge, Bleche, Drähte, Formstähle, Maschinenteile, Rohre, Spannwerkzeuge, Verbindungsmittel
Legierte Stähle	Eisen, Kohlenstoff, bis max. 5%: Chrom, Nickel, Mangan, Molybdän, Vanadium	durch die Zusätze werden Elastizität, Härte, Korrosionsbeständigkeit, Schneidhaltigkeit, Zähigkeit, Zugfestigkeit erhöht	Spezialstähle (=SP) für Bandsägeblätter, Bohrer, Fräsketten, Hobeleisen, Kreissägeblätter, Stech- und Stemmeisen
Hochlegierte Stähle	wie vor, doch Anteile höher 5 bis 30 %	sehr hart, oft spröde, relativ wenig elastisch, beständig gegen hohe Arbeitstemperaturen	Hochleistungs (= HL)-stähle für Fräswerkzeuge, Schnellarbeits (= SS)-stähle, für Fräs-, Hobel- und Verbundwerkzeuge

4.7.2 Nichteisenmetalle für die Anwendung im Bereich der Holztechnik

Legierungen

Name	Bestandteile	Eigenschaften	Verwendung
Stellite	vorwiegend Kobalt, plus Chrom, Tantal, Molybdän, Wolfram, Kohlenstoff	naturhart, spröde, nicht schmiedbar, gussfähig Stellitteile müssen vor Stößen geschützt werden	Schneidteile für Hochleistungswerkzeuge, die auf Tragkörper auf gelötet werden, rost- und säurebeständig
Hartmetalle Gusskarbid o. Sinterkarbid	Tanalkarbid, Titankarbid o. Wolframkarbid mit Kobalt- o. Nickelpulver	sehr hart, sehr spröde, extrem schlag- und stoßempfindlich, Schneidenstandzeiten 10–60 mal länger als bei Stahlschneiden	Schneidteile für Hochleistungswerkzeuge, die auf Tragkörper aufgelötet werden
Messing	Kupfer Zink	härter und fester als Kupfer, spröder als Stahl	Armaturen, Beschläge, Schrauben, Zierrat (Tombak ist Messing mit 70–90 % Kupfer)

Wichtige Legierungselemente und ihre Auswirkung auf die Legierung

Legierungselemente	Auswirkung auf die Legierung
Chrom	Festigkeit, Härte, und Korrosionsbeständigkeit werden erhöht
Kobalt	Erhöht die Härte und die Schneidhaltigkeit
Molybdän	Dauerfestigkeit, Härte, Warmfestigkeit und Zähigkeit werden erhöht
Wolfram	Erhöhte Härte, Korrosionsbeständig-, Schneidhaltig-, Warmfestig- und Zähigkeit
Vanadium	Dauerfestigkeit, Härte, Warmfestigkeit und Zähigkeit werden erhöht

4.7.2 Nichteisenmetalle (Forts.)

Name chem. Zeich.	Dichte kg/dm³	Eigenschaften	Legierungen	Verwendung
Aluminium Al	2,7	silber glänzendes Metall, an der Luft mit schützender, mattweißer Oxidschicht überzogen: witterungsbeständig. Leicht, weich, bieg- und dehnbar. Reinaluminium hat eine geringe Festigkeit. Laugen greifen das Aluminium an, so dass es vor frischem Kalk- und Zementmörtel geschützt werden muss. Auch elektrochemische Vorgänge können das Aluminium zerstören	mit Magnesium und Silicium legiert erhält das Aluminium eine höhere Festigkeit, größere Härte, und einen guten chemischen Widerstand	Dacheindeckungen, Wandverkleidungen, Sonnenschutz, Dachrinnen, Rohre, Simsabdeckungen, Türen, Fenster, Bauprofile, Abdichtungsfolien, Beschläge
Kupfer Cu	8,9	rot glänzendes, schweres Metall, an der Luft bildet sich eine bräunliche Oxidschicht, später, mit Feuchtigkeit und Kohlenstoffdioxid, die grüne Patina. Sehr witterungsbeständig. Kupfersalze sind giftig. Sehr weich, geschmeidig, lässt sich gut verformen. Die Festigkeit des Kupfers ist sehr gering. Die Strom- und Wärmeleitfähigkeit ist sehr gut. Kupfer hat gegen Säuren und Laugen eine hohe Widerstandsfähigkeit. Elektrochemische Vorgänge greifen das Kupfer an	Kupfer wird mit Zink, Zinn, Nickel oder Blei legiert, um die Festigkeit, Zähigkeit und Gießbarkeit zu erhöhen	Dacheindeckungen, Wandverkleidungen, Dachrinnen und Regenrohre, Folien zur Feuchtigkeitsabdichtung, Warmwasserleitung, Beschläge, Schrauben
Blei Pb	11,3	bläulich hellgraue Farbe, Bruch silberglänzend und feinkörnig. Das Blei ist korrosionsbeständig, jedoch organische Säuren und Laugen greifen es an, also auch frischer Kalk- und Zementmörtel. Blei ist sehr schwer und dicht, lässt auch radioaktive Strahlen nur in geringen Mengen durch. Die Härte und Elastizität ist sehr gering: Blei lässt sich leicht schneiden, hämmern, biegen, walzen. Sehr geringe Festigkeit. Blei und Bleiverbindungen sind giftig	die Legierung mit Antimon erhöht die Härte und Festigkeit (Hartblei)	Dacheindeckungen, Anschlussdichtungen am Dach (z.B. beim Kamin)
Zink Zn	7,1	bläulich weißes, glänzendes Metall, mit grobkornigem Bruch. An feuchter Luft entsteht an der Oberfläche eine mattgraue Oxidschicht, die das Metall vor weiterer Korrosion schützt: witterungsbeständig. Zink ist hart und spröde. Bei Wärme dehnt es sich außerordentlich stark aus. Zink wird von Säuren und Laugen angegriffen, auch frischer Kalk- und Zementmörtel zersetzen es. Elektrochemische Vorgänge zerstören das Zink	Zinklegierung mit Titan hat eine höhere Festigkeit und eine geringere Wärmedehnung als Reinzink	Dacheindeckungen, Mauer- und Gesimsabdeckungen, Anschlusseinfassung, Dachrinnen und Regenrohre, Verzinkung von Stahlteilen gegen Korrosion, Grundstoff für Schutzanstriche
Magnesium Mg	1,74	weißes, silber glänzendes Metall. Sehr leicht und plastisch. Magnesiumpulver verbrennt bei Sauerstoff sehr heftig mit weißer Flamme	Magnesium ist ein Legierungsmetall für andere Metalle	Leichte Profile für geringe Beanspruchung, Legierungsmetall
Zinn Sn	7,3	silberweiß, auch nach längerer Luftlagerung glänzend. Sehr beständig gegen Säuren. Beim Biegen Knirschgeräusch	mit Blei zum Löten (Lötzinn)	Leitungsrohre, Folien zu Isolierzwecken, Lötmetall

4.8 Glas im Bauwesen

4.8.1 Eigenschaften von Flachgläsern

Spiegelglas (Floatglas)[1]

Spiegelglas ist ein **Alkali-Kalk-Glas**. Es ist plan und durchsichtig. Nach verschiedenen Herstellverfahren durch Gießen, durch Fließen auf dem Metallbad oder durch Walzen erhält das Spiegelglas seine planparallelen und polierten Oberflächen. Es ist in den Farben Grau, Grün und Bronze lieferbar.

4

Spiegelglasarten	Anwendung
Einscheibensicherheitsglas (ESG)	Glanzglastüren, Wohnungsbau, Objektbau
Verbundsicherheitsglas (VSG)	Autofrontscheiben, Einbruchschutz, Geländer
Mehrscheiben-Isolierglas (MIG)	Schutzverglasungen, Wärmeschutz, Schallschutz
Möbelglas	Möbeltüren, Glasvitrinen, Glasmöbeltüren
Kristallspiegelglas	sämtliche Spiegel, Spiegelglas an Fassaden

Dicken	Toleranzen	Abmessungen
3 mm	± 0,2 mm	450 × 318 mm
4 mm	± 0,2 mm	600 × 318 mm
5 mm	± 0,2 mm	600 × 318 mm
6 mm	± 0,2 mm	600 × 318 mm
8 mm	± 0,2 mm	750 × 318 mm
10 mm	± 0,3 mm	900 × 318 mm
12 mm	± 0,3 mm	900 × 318 mm
15 mm	± 0,5 mm	600 × 318 mm
19 mm	± 1,0 mm	450 × 282 mm

Chemische Eigenschaften	
Säurebeständigkeit	DIN 12116:2001-03

Physikalische Eigenschaften DIN EN 572-1: 2004-09	
Dichte	2,5 g/cm³
Elastizitätsmodul	70000 N/mm²
Druckfestigkeit	800–1000 N/mm²
Biegefestigkeit	30 N/mm²
Wärmedehnzahl	7,5 × 10³ bis 9,5 × 10³ mm/mK
Temperaturbeständigkeit	± 40 °C
Härte (nach Mohs-Skala)	
Ritzhärte	5–7
Spezifische Wärme	0,8 J/gK
Transformationstemperatur	545 °C ± 5
Wärmeleitfähigkeitskoeffizient	0,81 W/mK
Wärmedurchgangskoeffizient	*U* = 5,8 W/m²K

Arten von Flachglas

Gezogenes Flachglas	früher Fensterglas; transparentes, ungefärbtes oder gefärbtes vertikal gezogenes Glas (DIN EN 572-4:1995-01). Abmessungen: Breite bis 2880 mm, Länge bis 2160 mm, Dicke 2 bis 12 mm.
Dünnglas	Herstellung wie vor. Medizinischer Bereich: Objektträger, Fotografie, Mess- und Regeltechnik (Verkehrsampeln), Bilderrahmungen.
Gartenbauglas	Farbloses, beiderseits ebenes Flachglas mit freier Durchsicht für Gartenbau und Landwirtschaft. Es darf Herstellungsfehler aufweisen, die eine Verwendung im Wohnungsbau ausschließen (DIN 11525:1992-06).
Poliertes Drahtglas	Planes durchsichtiges Glas mit parallelen, polierten Oberflächen. Wird durch Schleifen und Polieren von Drahtornamentglas hergestellt (DIN EN 572-3:2004-09). Verwendung für Balkonbrüstungen und Geländer, Überkopfverglasungen wegen Splitterbindung. Dicke ca. 7 mm, Gewicht ca. 17,5 kg/m². Lichtdurchlässigkeit 88%.
Ornamentglas	Herstellung im Gussverfahren mit glatten oder ornamentierten Oberflächen. Verwendung für Fenster, Türen, Trennwände, Oberlichte, Möbel, Sichtschutzelemente (DIN EN 572-5:2004-09).
Pressglas	Herstellung im Pressverfaren (automatisches Pressen), Glasbausteine.
Profilbauglas	Herstellung im Maschinenwalzverfahren; bandförmiges, lichtdurchlässiges, jedoch nicht durchsichtiges Bauelement von u-förmigem Querschnitt (horizontal) (DIN EN 572-7:2004-09).

[1] Jetzt Floatglas nach DIN EN 572-2:2004-09.

4.8 Glas im Bauwesen

4.8.2 Vergütete Gläser

Sicherheitsgläser

ESG
Voll vorgespanntes Einscheiben-Sicherheitsglas

Nach dem Zuschneiden und nach der erforderlichen Bearbeitung wie Kantenschleifen, Ausschnitte, Bohrungen werden die Glastafeln auf ca. 640 °C aufgeheizt und anschließend an den Oberflächen mit Kaltluft abgekühlt. Das Innere kühlt langsamer ab als die Oberflächen. In der Scheibe entsteht ein Eigenspannungszustand, in den beiden Oberflächen entstehen Druckspannungen, im Kern Zugspannungen.
(DIN EN 12150-1:2000-11)
Nach dem Vorspannprozess dürfen ESG-Scheiben nicht mehr bearbeitet werden.

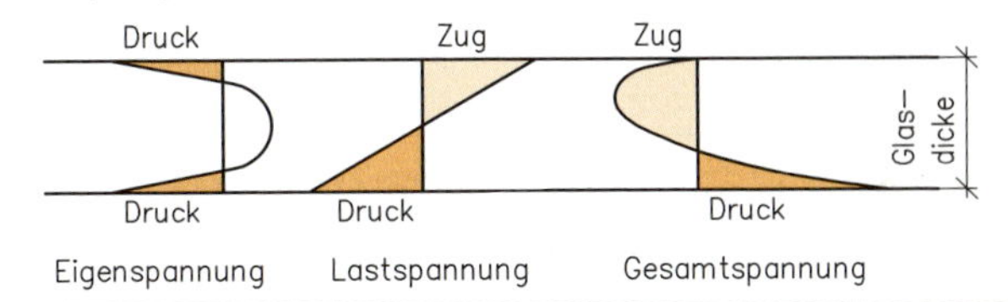

TVG
Teil vorgespanntes Einscheiben-Sicherheitsglas

Die thermisch teilvorgespannten Gläser werden auf geringere Temperaturen erhitzt und langsamer als bei ESG abgekühlt, so dass eine geingere Druckspannung vorhanden ist.
(DIN EN 1863-1:2000-03)

VSG
Verbund-Sicherheitsglas

Zwei oder mehr Glasscheiben werden durch eine durchsichtige Zwischenschicht aus Polyvinylbutyral-Folie (PVB) miteinander verbunden. Die feste Verbindung der beiden Scheiben erfolgt im Autoklaven unter höherer Temperatur und Druck.
Bei einer Zerstörung haften die Splitterstücke an der Verbundfolie.
(DIN EN ISO 12543-1: 1998-08)
VSG-Scheiben aus ESG haben ein deutlich ungünstigeres Tragverhalten als VSG-Scheiben aus Einfachglas, da bei Zerstörung das Glas zerkrümelt. Sie dürfen deshalb nach den Technischen Regeln für Überkopfverglasungen und Linienlagerung nicht verwendet werden.
Beim rechnerischen Nachweis entfällt die Berücksichtigung der Verbundwirkung, die Folie wird als nichttragend behandelt. Es darf daher nicht die Gesamtdicke der Scheiben berücksichtigt werden, sondern nur die Summe der Widerstandsmomente der Einzelscheiben.

Zulässige Verwendung von Glaserzeugnissen im Überkopfbereich

Für Einfach-Verglasungen bzw. für die untere Scheibe von Isolierverglasungen darf nur Drahtglas oder VSG aus Spiegelglas verwendet werden, da dadurch der Glaszusammenhalt sichergestellt wird.Die obere Scheibe von Isolierglas kann aus beliebigem Glas hergestellt werden.

Die Regeln für Überkopfverglasungen gelten bisher nur für Räume, die der Öffentlichkeit zugänglich sind. Bei anderen Räumen (Dachflächenfenster, Wintergärten, Gewächshäuser u. ä.) ist die Entscheidung dem Bauherrn (Ingenieur) überlassen.

Zulässige Glasarten im Überkopfbereich

Zulässig ✓		SPG	ESG	VSG aus SPG	VSG aus ESG	Drahtglas	Gussglas	TVG
Einfach-Verglasung				✓		✓		
Isolierverglasung	oben	✓	✓	✓	✓	✓	✓	✓
	unten			✓		✓		

4.8 Glas im Bauwesen

Glas mit besonderen Eigenschaften

Mehrscheiben-isolierglas MIG	Mehrscheibenisoliergläser (MIG) (DIN EN 1279-2:2003-06 und DIN EN 1279-3:2003-05), bestehend aus zwei oder mehreren gleich- oder ungleichartigen Glastafeln, bei denen der Abstand durch Stege oder Schweißnähte am Rand gewährleistet ist (Randverbund). Sie bilden eine gegen die Luftatmosphäre luftdicht verschlossene Einheit. Funktion: Sonnenschutz, Wärmeschutz, Brandschutz, Schallschutz, Personenschutz, Objektschutz, Sichtschutz. Folgende Isolierglastypen können unterschieden werden. geklebtes Isolierglas – gelötetes Isolierglas – geschweißtes Ganzglas-Isolierglas		
Wärme-schutzglas	Wärmeschutzgläser bestehen aus 2 oder 3 Scheiben mit einem Scheibenzwischenraum (SZR) von 8 bis 16 mm. Der dampfdicht abgeschlossene Scheibenzwischenraum ist mit entfeuchteter Luft oder mit Edelgasen gefüllt. U_V – Werte von 1,1 W/(m^{2}K) sind heute üblich, Werte bis U_V = 0,5 W/(m^{2}K) können bereits erreicht werden.		
Sonnen-schutzglas	Sonnenschutzgläser sind im allgemeinen als Zweischeiben-Isolierglas ausgebildet, das die Sonnenschutzwirkung durch Einfärbung der Gläser und/oder einer Beschichtung der Scheiben mit Metalloxid oder Edelmetall zum SZR hin enthält.		
Schall-schutzglas	Schallschutzgläser werden asymmetrisch aufgebaut (außen bis 10 mm, innen bis 6 mm Dicke) und erhalten einen möglichst großen Scheibenzwischenraum (12 bis 24 mm). Sie können mit Wärmeschutz-, Sonnenschutz- und Sicherheitsgläsern kombiniert werden.		
Brand-schutz-verglasungen	Brandschutzverglasungen bestehen aus der Rahmenkonstruktion, den Befestigungsmitteln, der Wand in die die Konstruktion eingebaut wird und den speziellen Brandschutzgläsern. Die Gesamtkonstruktion enthält eine allgemeine bauaufsichtliche Zulassung vom DIBt in Berlin. (DIN EN 357:2005-02). Brandschutzverglasungen der **F-Klassen** müssen den Durchtritt von Flammen, Brandgasen (Rauch) und Brandhitze verhindern. Brandschutzverglasungen der **G-Klassen** verhindern den Durchtritt von Flammen, Bandgasen (Rauch) jedoch nicht den Durchtritt der Brandhitze.		
Sicherheits-verglasungen	Kennbuchstabe „A“	Durchwurfhemmende Verglasung (DIN EN 356:2000-02)	verhindert das Durchdringen von geworfenen oder geschleuderten Gegenständen
Schutz-verglasungen, Personenschutz Objektschutz	Kennbuchstabe „B“	Durchbruchhemmende Verglasung	bewirkt eine zeitliche Verzögerung beim gewaltsamen Herstellen einer Öffnung
	Kennbuchstabe „C“	Durchschusshemmende Verglasung (DIN EN 1063:2000-01)	verhindert das Durchdringen von Geschossen SF-Splitterfrei und SA-Splitterabgang
	Kennbuchstabe „D“	Sprengwirkungs-hemmende Verglasung	widerstehen dem Druck und Impuls einer bestimmten Stoßwelle

4.9 Füll- und Dichtungsstoffe

4.9.1 Füllstoffe

Füllstoffe sind die Feststoffkomponenten von Lacken und Beschichtungen, die chemische Zusammensetzung ist für die Eignungsbewertung nur von mittelbarer Bedeutung, weil der Füllstoff meist keine chemische, sondern vorwiegend eine physikalische Funktion hat.

Beurteilungskriterien für Füllstoffe

- Abrasivität[1]
- Benetzbarkeit
- Beständigkeit gegen Wetter
- Beständigkeit gegen Säuren
- Brechungsindex
- Oberflächenadsorption[2]
- chemische Zusammensetzung
- Dichte
- Farbe
- Härte
- Preis
- Reinheit
- Teilchenform u. -größe
- Teilchengrößenverteilung

Handelsübliche, ungenormte Bezeichnungen und Korngrößen

Mehle	Feinstmehle Feinmehle Mittelmehle Grobmehle[3]	Kornber. 0 – ca. 10 µm Kornber. 0 – ca. 100 µm Kornber. 0 – ca. 200 µm Kornber. 0 – ca. 500 µm
feinere Körnungen[4]	**Kurzzeichen**	**Kornbereich**
	00000	0,5 – 1,0 mm
	0000	0,8 – 1,2 mm
	000	1,2 – 2,0 mm
	00	2,0 – 2,5 mm
	0	2,5 – 4,0 mm
	1	4,0 – 6,0 mm
	2	6,0 – 8,0 mm
	3	8,0 – 16,0 mm
	4	16,0 – 25,0 mm
	5	25,0 – 32,0 mm
Sande[4]	wechselnde Zusammensetzungen zwischen 0 und ca. 500 µm	
Gruse[4]	Gemische aus Mehl, Sand und Körnungen ohne Gewährleistung einer bestimmten Kornzusammensetzung	

Oxide	Aluminiumoxid Aluminiumhydroxid Eisenglimmer Magnesiumoxid Magnesiumhydroxid
Silikate	synthetische Kieselsäuren gefällte Kieselsäuren Kieselgele nachbehandelte Kieselsäuren natürliche Kieselsäuren Asbest Kieselerde Quarz Christobalit Quarzglas-Quarzgut Kieselgur Bimsmehl Basalt Hornblenden Kaolin (China Clay) Talk Lava Mullit Perlite (durch Wärmeschock bei 1173-1373 K expandiertes Liparit) Plastorit Naintsch Vermiculite (Magnesium-Aluminium-, Silikat-Hydrat) Wollastonit (Calcium-Meta-Silikat) Feldspat Glimmer
Carbonate	Calciumcarbonat-Füllstoffe ccn (Calciumcarbonat natürlich): Die aus natürlichen Calciumcarbonaten hergestellten Füllstoffe werden ccn-Füllstoffe genannt. Es können nur solche Lagerstätten ausgebeutet werden, in denen der $CaCO_3$-Gehalt, bei Calciten 99 % und bei Kreiden 85 %, nicht unterschritten wird, so dass bei Calciten nur Kalkspat, Marmor, Juracalcit und Dolomit in Frage kommen. Aragonit Bariumcarbonat (Witherit) Doppelspat Dolomit Kalkspat Kalkstein Kalkschiefer Kreide Kalktuffe

[1] Abschleifwirkung an anderen Materialien. [2] Anlagerung eines Stoffes auf der Oberfläche durch Molekularkräfte.
[3] Die Körnungen werden vorzugsweise bei der Herstellung von Edelputzen verwendet.
[4] Die groben Füllstoffe werden bei der Herstellung von Dichtungsmassen aller Art, von Straßenbelägen, von Antidröhnmassen usw. eingesetzt.

4.9 Füll- und Dichtungsstoffe

Carbonate (Forts.)	Magnesiumcarbonat Marmor Mergel Tropfsteine Bariumcarbonat Magnesiumcarbonat ccp (Calciumcarbonat präzipitiert): Füllstoffe, die aus Calciumcarbonaten (Nebenprodukte chem. Prozesse) gewonnen werden, nennt man ccp-Füllstoffe oder gefällte Kreiden. Häufig enthalten sie Verunreinigungen wie: Sulfate, Chloride, Ammoniumverbindungen usw., was ihre Anwendbarkeit einschränkt.	Organische Füllstoffe	Graphit Kunstgraphit Naturgraphit Schiefermehl (mit hohem Graphitanteil)
		Feingemahlene organische Stoffe	Cellulosemehle Gummimehle Holzmehle Korkmehle Nussschalenmehle
Sulfate	Bariumsulfate (natürl. und künstliche) Calciumsulfat	Sonstige organische Füllstoffe	A-C-Polyethylene Copolymerisate mikronisiertes Polypropylenwachs niedrig molekulare Polyolefine
Sonstige anorganische Füllstoffe	Chlorit Siliciumcarbit Steinwolle Feinstoffe aus der Mineralaufbereitung gemahlener Flussspat Glasmehl		

4.9.2 Dichtungsstoffe

Dichtungsstoffe dienen zum Abdichten von Fugen aller Art. Neben der Abdichtung werden sie oft mechanisch durch Bewegungen belastet. Die Dehnfähigkeit ist für den Einsatz des Dichtungsstoffes entscheidend. Je größer die Bewegung, desto elastischer und dehnbarer muss die verwendete Dichtungsmasse sein. Dichtungsmassen sind weichplastisch, sie vernetzen nach dem Verarbeiten durch Luftfeuchtigkeit (1-Komponentenstoff) oder durch Zugabe von Härtern (2-Komponentenstoff)

Dichtungsmassen	tatsächlich vorhandene Dehnung in %	Zustand nach der Vernetzung
Silicon-Kautschuk (hart) Acryl-Nitril-Kautschuk (2-Komp.) Polysulfid-Kautschuk (2-Komp.) Polyurethan-Kautschuk (2-Komp.) Epoxid-Polysulfid (2-Kompl.)	10 3 bis 8 4 bis 6 2,5 1	elastisch
Silicon-Kautschuk (weich) Polysulfid (1-Komp.) Acrylate (vernetzend) Polyurethan (1-Komp.) Polychloropren Polyethylen (chlorsulfoniert) Polyisobutylen (hochmolekular)	20 15 bis 20 7 bis 20 15 10 bis 15 8 bis 15 10	Grenzbereich zwischen elastisch und plastisch
Acrylat (Dispersion) Butyl	10 bis 20 5 bis 8	Grenzbereich zwischen plastisch und elastisch
Polyisobutylen Bituminöse Massen	8 1,5 bis 3	plastisch

4.10 Steine

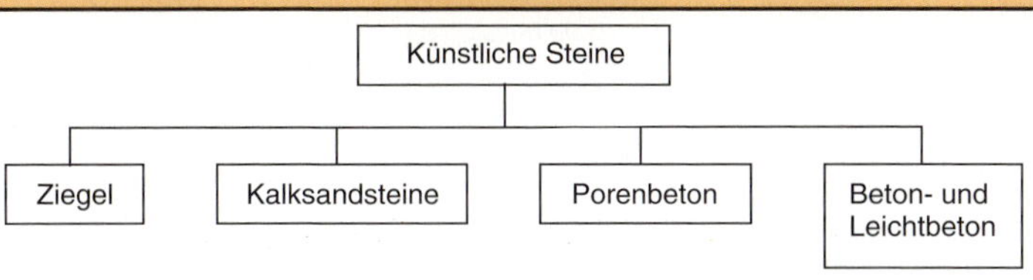

Klassifizierung der Mauersteine

- nach Rohstoff und Herstellungsart
- nach Druckfestigkeitsklassen
- nach Rohdichteklassen
- nach Steinformat

Rohdichteklassen [kg/dm²]

Klasse	Grenzen	Klasse	Grenzen
0,30	0,26-0,30	1,20	1,01-1,20
0,35	0,31-0,35	1,40	1,21-1,40
0,40	0,36-0,40	1,60	1,41-1,60
0,45	0,41-0,45	1,80	1,61-1,80
bis	bis	bis	bis
1,00	0,96-1,00	2,40	2,21-2,40

Ausnahmen: Ziegel 0,6–1,0 bzw. Betonsteine 0,7–1,0 in Schritten zu 0,10 [kg/dm³]

Druckfestigkeitsklassen [N/mm²]

Klasse	Prüfergebnis [N/mm²]		Farbkennzeichnung[1)]
	Mittelwert	Einzelwert	
2	≥ 2,5	≥ 2,0	grün
4	≥ 5,0	≥ 4,0	blau
6	≥ 7,5	≥ 6,0	rot
8	≥ 10,0	≥ 8,0	rot/ohne [2)]
12	≥ 15,0	≥ 12,0	ohne
20	≥ 25,0	≥ 20,0	weiß/gelb
28	≥ 35,0	≥ 28,0	braun
36	≥ 45,0	≥ 36,0	violett -
48	≥ 60,0	≥ 48,0	schwarz --
60	≥ 75,0	≥ 60,0	schwarz ---

[1)] auf Paket, Lieferschein oder jedem 200. Stein;
[2)] Ziegel: schwarzer Stempel; -: Anzahl der Streifen

Steinformate

Kurzzeichen	l · b · h in am	Maße in mm			Kurzzeichen	l · b · h in am	Maße in mm		
		Länge	Breite	Höhe			Länge	Breite	Höhe
DF	2·1·½	240	115	52	9DF	3·1½·2	365	175	238
NF	2·1·⅔	240	115	71	10DF	2·2½·2	240	300	238
2DF	2·1·1	240	115	113	12DF	2·3·2	240	365	238
3DF	2·1½·1	240	175	113	15DF	3·2½·2	365	300	238
4DF	2·2·1	240	240	113	16DF	4·2·2	490	240	238
5DF	2½·2·1	300	240	113	18DF	3·3·2	365	365	238
6DF	3·2·1	365	240	113	20DF	4·2½·2	490	300	238
8DF	2·2·2	240	240	218	24DF	4·3·2	490	365	238

DF: Dünnformat; NF: Normalformat; am: Achtelmeter

Berechnung von Mauermaßen

Die Berechnung von Mauermaßen erfolgt nach den Richtmaßen für Mauersteine $R = n \cdot 12^5$.
n = Anzahl der Achtelmeter (Köpfe) R = Baurichtmaß N = Baunennmaß

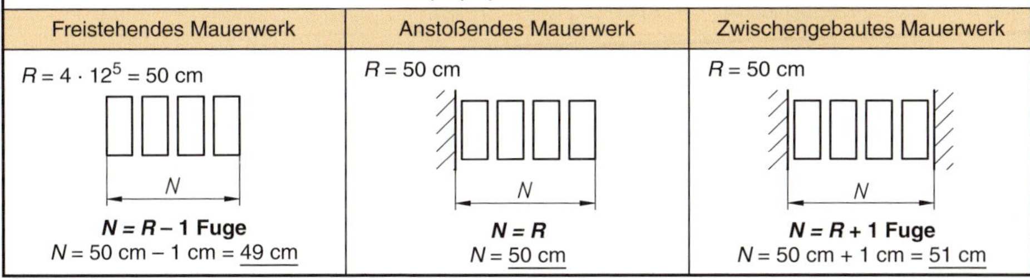

Freistehendes Mauerwerk	Anstoßendes Mauerwerk	Zwischengebautes Mauerwerk
$R = 4 \cdot 12^5 = 50$ cm	$R = 50$ cm	$R = 50$ cm
$\boldsymbol{N = R - 1}$ **Fuge**	$\boldsymbol{N = R}$	$\boldsymbol{N = R + 1}$ **Fuge**
$N = 50$ cm – 1 cm = 49 cm	N = 50 cm	$N = 50$ cm + 1 cm = 51 cm

4.10 Steine

Mauerziegel

Herstellung

Die Ausgangsstoffe für Mauerziegel sind Ton, Lehm oder tonige Massen mit oder ohne Zusatzstoffe (z. B. Sägemehl). Die Zusatzstoffe sollen die Rohdichte herabsetzen, weil sie sich beim Brennvorgang zersetzen und auf diese Weise Hohlräume schaffen.

Die Steine werden aus der Rohmasse geformt, getrocknet du bei 900 °C – 1200 °C gebrannt.

Die Länge des Brennvorgangs bzw. die Höhe der Brenntemperatur hat entscheidende Auswirkung auf die Eigenschaft der Steine, insofern als das Material mehr oder weniger sintert und auf diese Weise der Kapilarporenanteil beeinflusst wird. Voll gesinterte Steine (Brenntemperatur 1500 °C) werden als Klinker bezeichnet.

Beispiel für Form und Ausbildung von Mauerziegeln:

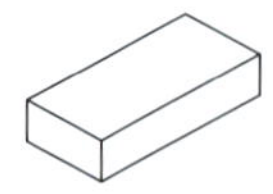
Vollziegel

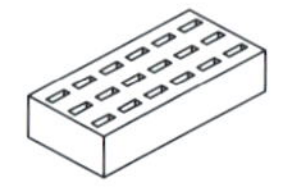
Hochlochziegel

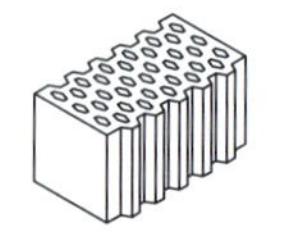
HLz mit Nut- und Federsytem

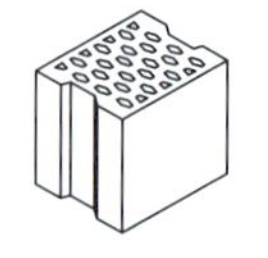
HLz mit Mörteltasche

Gruppe	Steinart	Kurzzeichen	Festigkeitsklasse (N/mm^2)	Rohdichteklasse (kg/dm^3)	Vorzugsformate	Lochung
Vollziegel u. Hochlochziegel	Vollziegel	Mz	4 – 28	1,2 – 2,4	DF, NF, 2 DF	A, B, C
	Vormauerziegel	VMz				
	Vollklinker	KMz				
	Hochlochziegel	HLz		1,2 – 1,8	NF – 20 DF	
Leichthochlochziegel	Vormauerhochlochz.	VHLz	6 – 28	1,2 – 1,8	DF, NF, 2 DF, 3 DF	A, B, C
	Hochlochklinker	KHLz	28	1,9		
	Leichthochlochziegel	HLz	4 – 20	0,6 – 1,0	NF – 20 DF	
	Leichthochlochz. W	HLzW				
hochfeste Ziegel und hf. Klinker	Vollziegel	Mz	36 – 60	1,2 – 2,2	DF, NF, 2 DF, 3 DF	A, B, C
	Hochlochziegel	HLz				
	Vollklinker	KMz				
	Hochlochklinker	KHLz				
Keram. Klinker	Vollklinker	KK	60	1,4 – 2,2	DF, NF, 2 DF	A, B, C
	Keramik-Hochlochkl.	KHK				

Gelochte Steine haben einen Gesamtlochanteil zwischen 15–50 % der Lagerfläche. Die Arten der Lochung unterscheiden sich durch Geometrie, Größe und Festlegung der einzelnen Löcher.

Lochung A: Einzellöcher $\leq 2{,}5\ cm^2$, eventuell Grifflöcher.

Lochung B: Einzellöcher $\leq 6\ cm^2$ bei beschränkten Einzellochmaßen, eventuell Grifflöcher

Lochung C: Einzellöcher $\leq 16\ cm^2$ bei beschränkten Einzellochmaßen

Zur normgerechten Benennung der Ziegel sind die Merkmale in folgender Reihenfolge anzugeben:

Steinname, DIN-Hauptnummer, Kurzzeichen, Druckfestigkeitsklasse, Rohdichteklasse, Formatkurzzeichen

Beispiel: Ziegel DIN V 105 – Mz 1 – 1,8 – 2 DF

4.10 Steine

Kalksandsteine

Herstellung

Die Ausgangsstoffe Branntkalk und Sand werden nach Gewicht im Verhältnis 1 : 12 innig gemischt und unter Hinzugabe von Wasser in einen Reaktionsbehälter geleitet. Wenn der Branntkalk zu -Kalkhydrat umgewandelt ist, wird das Mischgut im Nachmischer auf Pressfeuchte gebracht und den automatischen Pressen zugeführt, wo es zu Steinrohlingen geformt wird. In Autoklaven (Dampfdruckkesseln) werden die Rohlinge bei Temperaturen von 160 °C unter Sattdampfdruck etwa 4 bis 8 Stunden gehärtet. Nach dem Härten sind die Steine, wenn sie abgekühlt sind, verwendungsfähig.

Festlegung für Kalksandsteine nach DIN EN 771-2

Klassifizierung nach der Druckfestigkeit [N/mm^2]

Druckfestigkeitsklasse	5	7,5	10	15	20	25	30	35	40	45	50	60	75
Normierte Druckfestigkeit	5,0	7,5	10,0	15,0	20,0	25,0	30,0	35,0	40,0	45,0	50,0	60,0	75,0

Kategorie I: Mauerziegel, die die vom Hersteller angegebene Druckfestigkeit mit einer Wahrscheinlichkeit von mindestens 95 % erreichen

Kategorie II: Mauerziegel, die die Anforderung von Kategorie I nicht erfüllen

Klassifizierung nach der Brutto-Trockenrohdichte [kg/m³]

Rohdichteklassen 0,5 bis 2,4 kg/dm³ in Schritten von 0,1 kg/dm³ (siehe Tabelle Seite 3-3)

Beispiele für Form und Ausbildung von Kalksandsteinen:

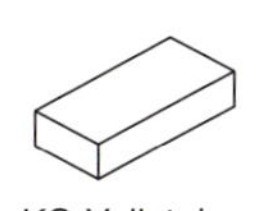
KS-Vollstein

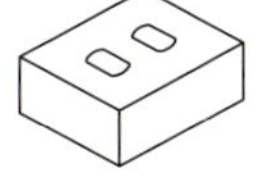
KS-Lochstein

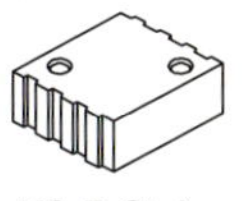
KS-R Stein

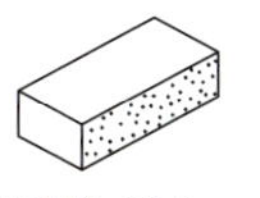
KS Vb Stein

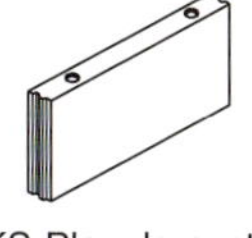
KS-Planelement

Kalksandsteine (DIN V 106)

Steinart	Kurzzeichen	Festigkeitsklasse (N/mm^2)	Rohdichteklasse (kg/dm^3)	Schichthöhe	Lochanteil
KS-Vollstein	KS	12, 20, 28	1,6; 1,8; 2,0	< 12,5 cm	< 15 %
KS-Lochstein	KS L	12, 20	1,2; 1,4; 1,6		> 15 %
KS-Ratio-Blockstein	KS-R	12, 20	1,8; 2,0	Großformate > 25 cm	< 15 %
KS-Ratio-Planblocksteine	KS-R (P)		1,6; 1,8; 2,0		
KS-Planelemente	KS XL	20	1,8; 2,0		
KS-Ratio-Hohlblocksteine	KS L-R	6, 12	1,2; 1,4; 1,6		> 15 %
KS-Ratio-Planhohlblockstein	KS L-R (P)				
KS-Bauplan	KS	–	2,0		–
KS-Vormauertseine	KS Vm	> 12	1,2 – 2,2	< 12,5 cm	< 15 %
KS-Verblender	KS Vb	> 20			

Zur normgerechten Benennung der Kalksandsteine sind die Merkmale wie folgt anzugeben:

Steinname, DIN-Hauptnummer, Kurzzeichen, Druckfestigkeitsklasse, Rohdichteklasse, Formatkurzzeichen

Beispiel: Kalksandstein DIN V 106 – KS 12 – 1,6 – 2 DF

4.10 Steine

Porenbetonsteine (DIN V 4165)

Steinart	Kurzzeichen	Festigkeitsklasse	Druckfstigkeit [N/mm²] Mittelwert	kl. Einzelw.	Rohdichteklassen [kg/dm³]
Porenbeton-Plansteine	PP	2	2,5	2,0	0,35; 0,40; 0,45; 0,50
		4	5,0	4,0	0,55; 0,60; 0,65; 0,70; 0,80
Porenbeton-Planelemente	PPE	6	7,5	6,0	0,65; 0,70; 0,80
		8	10,0	8,0	0,80; 0,90; 1,00

Steinformate

Porenbeton-Plansteine [mm]			Porenbeton-Planelemente [mm]		
Steinlängen 1) 2)	Steinbreiten	Steinhöhen	Elementlängen 1)	Elementbreiten	Elementhöhen 3)
249 299 312 332 374 399 499 599 624	115 120 125 150 175 200 240 250 300 365 375 400 500	124 149 164 174 186 199 249	499 599 624 749 999 1124 1249 1374 1499	115 125 150 175 200 240 250 300 365 375 400 500	374 499 599 624

Hohlblöcke aus Beton und Leichtbeton (DIN V 18151, DIN V 18153)

Hbl: Hohlblock aus Leichtbeton zur Verarbeitung mit Dickbettmörtel der Fugensollhöhe 12 mm
Hbl-P: Plan-Hohlblock aus Leichtbeton zur Verarb. mit Dünnbettmörtel der Fugensollhöhe 1 bis 3 mm
Hbn: Hohlblock aus Beton mit Dickbettmörtel der Fugensollhöhe 12 mm
Hbn-P: Plan-Hohlblock aus Beton zur Verarb. mit Dünnbettmörtel der Fugensollhöhe 1 bis 3 mm

Kammer	Hbl	Hbn	Format	Systemlänge [mm]	Breite [mm]	Höhe [mm] Hbl/Hbn	Höhe [mm] Hbl-P/Hbn-P
1K		x	8 DF	500	115	238 1)	238 oder 248 2)
1K	x	x	10 DF	700	150		
1K	x	x	9 DF	375	175		
2K	x	x	12 DF	500			
2K	x	x	14 DF	500	200		
2K 3K 4K	x x x	x x x	8 DF 12 DF 16 DF	250 375 500	240		
2K 3K	x x	x x	10 DF 15 DF 20 DF	250 375 500	300		

Kammer	Hbl	Hbn	Format	Systemlänge [mm]	Breite [mm]	Höhe [mm] Hbl/Hbn	Höhe [mm] Hbl-P/Hbn-P
4K 5K	x x	x x	10 DF 15 Df 20 DF	250 375 500	300	238 1)	238 oder 248 2)
3K 4K 5K 6K	x x x x	x x x x	12 DF 18 DF 24 DF	250 375 500	365		
5K 6K	x x	x x	14 DF 16 DF	250	425 490		

1) Regional auch 175 mm und 190 mm
2) auch 1 mm größere Höhe zulässig.

Druckfestigkeitsklassen: Leichtbeton (Hbl): 2,0; 4,0; 6,0; 8,0; 12,0 [N/mm²]
Beton (Hbn): 2,0; 4,0; 6,0; 8,0; 12,0; 20,0; 28,0; 36,0; 48,0 [N/mm²]

Rohdichteklassen: Leichtbeton (Hbl): 0,45; 0,50; 0,55; 0,70; 0,80; 0,90; 1,00; 1,20; 1,60 [N/mm³]
Beton (Hbn): 0,8; 0,9; 1,0; 1,2; 1,4; 1,6; 1,8; 2,0; 2,2; 2,4 [N/mm³]

5 Vollholz- und Plattenverbindungen

5.1 Übersicht, Allgemeines

Holzverbindungen
(Verbindungskonstruktionen)

1-achsige Verbindungen (Flächenverbindungen)

Breitenverbindungen (Kap. 5.2.1)
- Leimfuge stumpf
- Leimfuge gedübelt
- Leimfuge mit Formfeder (LFF)
- Fuge mit Verleimprofil
- Fuge mit Deckleiste
- Überfälzte Fuge
- Gespundete Fuge
- Gefederte Fuge
- Überschobene Fuge
- Hirnleiste
- Gratleiste

Längsverbindungen (Kap. 5.2.2)
- Keilzinken
- Schichtverleimung
- Überblattung
- Deutscher Keilverschluss
- Französischer Keilverschluss
- Schäftung

Rahmen-Füllung-Verbindungen (Kap. 5.2.3)
- Eingefälzte Füllung
- Eingenutete Füllung
- Überschobene Füllung
- Eingelegter Kehlstoß
- Überschobener Kehlstoß

2-achsige Verbindungen (Eckverbindungen)

Korpuseckverbindungen (stumpf) (Kap. 5.2.4)
- Nagel- und Dübelverbindung
- Verbindung mit Formfeder (LFF)
- Gefälzte Verbindung
- Gefederte Verbindung
- Gespundete Verbindung
- Fingerzinkung
- Offene Zinkung
- Halb verdeckte Zinkung
- Schräge Zinkung
- Verbindungsbeschläge

Korpuseckverbindungen (auf Gehrung) (Kap. 5.2.5)
- Gefaltete und gespundete Gehrungsecke
- Gehrungsverbindung mit Runddübel, Winkeldübel, Formfeder (LFF)
- Gehrungsverbindung mit gerader Feder
- Gehrungsverbindung mit Winkelfeder
- Gehrungszinken
- Gehrungsverbindungen mit Einspritzprofil
- Gehrungsverbinder

Mittelverbindungen (Kap. 5.2.6)
- Gratverbindung
- Verkeilter Stegzapfen
- Fingerzapfenverbindung
- Gefederte Verbindung
- Verbindung mit Formfeder (LFF)
- Gehrungsverbinder
- Verbindungsbeschläge

Rahmeneckverbindungen (Kap. 5.2.7)
- Schlitz und Zapfen, Überblattung
- Gedübelte Rahmenecke
- Gestemmter Zapfen, Federzapfen
- Rahmenecken mit Innenprofilen
- Rahmenecke mit Minizinken

3-achsige Verbindungen (Gestellverbindungen)

Gestellverbindungen (Kap. 5.2.8)
- Gestemmte Zargen-Stollen-Verbindung
- Dübelverbindung
- Stollen mit eingeschnittenen Zargen
- Minizinkenverbindung
- Verbindungsbeschlag

Verbindungsmittel
(Kap. 5.4)

lösbar
- Beschläge
- Schrauben (Kap. 5.4.3)
- Bauwerksdübel (Kap. 5.4.4)

nicht lösbar
- Klebstoffe (Kap. 5.4.1)
- Dübel und Federn (Kap. 5.4.2)
- Drahtstifte (Kap. 5.4.3)

5.1 Übersicht, Allgemeines (Vollholz- und Plattenverbindungen)

5-27

Sowohl die traditionellen Vollholzverbindungen als auch die modernen Plattenverbindungen tragen den Eigenschaften des jeweiligen Werkstoffs Rechnung und haben ihren Anwendungsbereich. Eine – für alle Verbindungen – ideale Verbindungskonstruktion kann es nicht geben. Die Auswahl der richtigen Verbindung muss die folgenden Gesichtspunke berücksichtigen.

Wahl der Verbindungskonstruktion	
Faktoren	Erläuterungen
Holzart	Plattenwerkstoff oder Vollholz, Weichholz oder Hartholz, gut oder schlecht zu leimendes Holz, elastisches oder leicht spaltendes Holz
Werkstückgröße	Wandschrank oder Einzelmöbel
Beanspruchung	Innen- oder Außenverwendung, häufige oder seltene Benutzung (z.B. von Schubkästen)
Produktion	Kleinbetrieb oder Möbelindustrie
Stückzahl	Massenware oder Einzelstück

5-32

Festigkeit einer Verbindung	
Faktoren	Erläuterungen
Holzfeuchte	Bei großer HF verlängert sich die Abbindezeit, bei geringer HF verhungert die Leimfuge. Ideal sind 5–15 % Holzfeuchte
Holzart	Spanplatten oder Weichhölzer erreichen nie die Festigkeitswerte von FU-Platten oder Hartholz
Verbindungsmittel	Verleimte Verbindungen erreichen i. d. R. höhere Festigkeiten als Verbindungsbeschläge. Schraubenverbindungen sind belastbarer als Nagelverbindungen
Fertigungsgenauigkeit	Maschinell hergestellte Zinken (Schwalbenschwanzform) können die Festigkeit der offenen Handzinkung um bis zu 100 % übertreffen
Belastungsart	Längsverbindungen und Breitenverbindungen sind meist sehr druck- und zugfest, aber nicht auf Biegung belastbar

5-30

Verarbeitungsregeln (Holzverbindungen)	
Art	Erläuterungen
Leimen	Trockenes Holz verwenden
	Die Leimfuge muss vor dem Verleimen von Staub gereinigt sein
	Fettrückstände entfernen, ölige Hölzer entölen
	Die Leimfunge soll möglichst eben und nicht zu dick sein. Idealfall 1/10 mm
	Werden diese Regeln beachtet, so ist die Festigkeit der Leimfuge höher als die des benachbarten Holzquerschnittes
Nageln	Dünnes Holz an dickes Holz und weiches Holz an hartes Holz nageln
	Bei Spaltgefahr vorbohren oder Nagel stauchen. (Achtung: Stauchen verringert die Haltekraft des Nagels)
	In Hirnholz schräg nageln
	Genügend Randabstand vorsehen. Bei ingenieurmäßiger Nagelverbindung gelten die Nagelabstände nach DIN 1052
	Richtige Nagelabmessungen wählen: Nagellänge: 3 × Holzdicke, Nageldicke: 0,1 × Holzdicke
Schrauben	Dünnes Holz an dickes Holz und weiches Holz an hartes Holz schrauben
	Schrauben nicht einschlagen (Gegengewinde im Holz wird zerstört)
	Bei Harthölzern Schrauben mittels Gleitmittel leichter gängig machen
	Vorbohren nur auf 2/3 der Schraubenlänge mit kleinerem Bohrerdurchmesser
	Bei Senkholzschrauben muss der Lochrand angesenkt werden
	Köpfe der Schlitzschrauben werden traditionell parallel zur Faserrichtung des Holzes ausgerichtet
	Richtige Schraubenabmessung wählen: Schraubenlänge: 2 × Holzdicke, bei Spanplattenschrauben 3 × Holzdicke

5.2 Holzverbindungen (Verbindungskonstruktionen)

5.2.1 Breitenverbindungen

Nr.	Abbildung	Erläuterung
1	**Stumpfe Leimfuge** 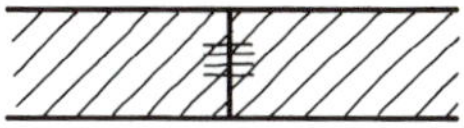 Verleimt 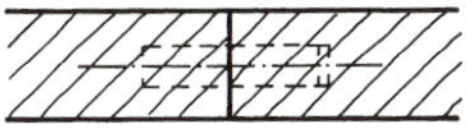 Verleimt, mit Runddübel 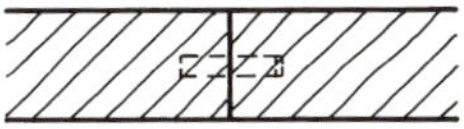 Verleimt, mit Formfeder	Eine gut ausgeführte Leimfuge (trocken, staub- und fettfrei) erreicht in der Regel die Spaltfestigkeit von Vollholz. Dübel oder Lamellendübel dienen als Verleimhilfe, größere Festigkeit bringen sie bei Vollholzverbindungen nicht. Beim Verleimen ist zu beachten: – Kern an Kern und Splint an Splint. – Die „rechte Seite" des Holzes ergibt ein schöneres Bild, sie kommt bei Sichtflächen nach außen. Das dabei mögliche Werfen der Flächen muss durch Gratleisten o. Ä. verhindert werden. – Spielt das Holzbild eine untergeordnete Rolle, so kann gestürzt verleimt werden. Gratleisten sind dann nicht erforderlich. – Bei handwerklicher Herstellung kann die Fuge (in der Länge) leicht hohl gestoßen werden, dadurch schließt die Fuge am Rand besonders dicht. – Bei Verwendung von Dübeln oder Formfedern können auch Plattenwerkstoffe gestoßen werden, die Hirnankanten erhalten dann Anleimer und die Fuge wird (z.B. durch eine Fase) betont. **Anwendung:** Für handwerklich hergestellte Vollholzverbindungen in Brettbauweise. Mit Dübel oder Formfeder auch für Plattenwerkstoffe. **Maße** (Runddübel): Dübellänge: 2 × Holzdicke Dübeldurchmesser: 1/3–2/3 der Holzdicke Im Dübelloch sollen 2–4 mm Luft zur Aufnahme des überschüssigen Leims bleiben. Abmessungen der Dübel und Formfedern siehe Seite 5-29.
2	**Fuge mit Verleimprofil** 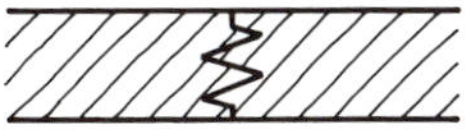 hier: Kronenfuge	Ein Verleimprofil kann bei schlecht zu leimenden Hölzern (z. B. Teak, Ahorn) die Leimfläche vergrößern. Bei hoher mechanischer Beanspruchung und großer Feuchtigkeitsbelastung ist diese Ausführung haltbarer als die stumpfe Fuge. Das Verleimen wird erleichtert, da ein Verrutschen in der Höhe nicht mehr möglich ist. Der Verschnitt ist allerdings größer. Profil und Konterprofil werden mit einem Fräskopf auf Umschlag beidseitig gefräst. **Anwendung:** Zur Herstellung sehr haltbarer Vollholzflächen, z. B. Arbeitsplatten. **Maße:** Je nach Verleimprofil unterschiedlich.
3	**Fuge mit Deckleiste** 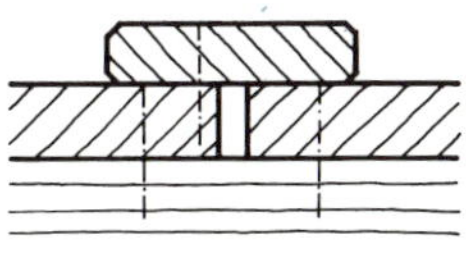	Die Verschalung ist auf Distanz verlegt. Die Fuge kann die Breitenänderungen beim Schwinden und Quellen aufnehmen. Die häufig sichtbar genagelte Deckleiste verhindert, dass Wasser in die Fuge eindringen kann. Die Deckleiste soll nicht zu breit gewählt werden, da sie sonst leicht abhebt. Wird diese Verbindung im bewitterten Außenbereich verwendet, so müssen die Regeln des baulichen Holzschutzes (s. S. 7-2) beachtet werden. **Anwendung:** Einfache, genagelte oder geschraubte Wand- und Deckenverschalungen aus Vollholz im Außenbereich. **Maße:** Distanzfuge ca. 5 mm.

5-29

7-2

5.2.1 Breitenverbindungen (Forts.)

Nr.	Abbildung	Erläuterung
4	**Überfälzte Fuge**	Die Bretter werden im Falz unsichtbar genagelt. Durch die Fälzung bleibt die Fuge auch nach dem Schwinden „blickdicht“. Will man eine dauerhaft dichte Fuge an der Oberseite erreichen, so muss die Unterseite 1–2 mm Luft aufweisen; beim Fräsen sind dann unterschiedliche Falzmaße zu beachten. Der Verschnitt ist bei der überfälzten Fuge größer als bei der stumpfen Fuge. Durch eine kleine Fase auf der Sichtseite wirkt die Arbeit sauberer. Ein mäßiges Schwinden wird vom Auge so nicht wahrgenommen. **Anwendung:** Transportkisten, einfache Verschalungen und Verkleidungen aus Vollholz. Bleibt meist unverleimt. **Maße:** In der Regel liegt der Falz mittig und beträgt 0,5 × Holzdicke.
5	**Gespundete Fuge** ohne Profilierung mit Profilierung	Die gespundete Fuge erhält eine mittig angeschnittene Feder (erhöhter Verschnitt). Bei Fußbodendielen liegen Nut und Feder tiefer, wodurch ein mehrmaliges Abziehen der Dielen möglich wird. Eine dichte Oberseite lässt sich nur erreichen, wenn bei der unteren Stoßfuge 1–2 mm Luft vorgesehen wird. Auch bei Sperrholz (Fertigparkett) kann die Feder angeschnitten werden. Häufig wird die Sichtseite mit einer Fase oder einem angestoßenen Halbrundstab versehen. Die Befestigung auf der Unterkonstruktion erfolgt meist mittels spezieller Klammern, die verdeckt genagelt werden. **Anwendung:** Dielenfußböden aus Vollholz und Fertigparkett aus furniertem Sperrholz, Profilbretter für Wand- und Deckenverkleidung, Aufdopplung von Außentüren. Je nach Ausführung wird geleimt, genagelt oder mit Profilklammern gearbeitet. **Maße:** Federlänge: 1/2 × Holzdicke, Federdicke: 1/3 der Holzdicke. Die Feder soll 0,5 mm schmaler als die Nut sein. Im Nutgrund sollten 1–2 mm Luft bleiben.
6	**Gefederte Fuge** Stumpf gefedert Gefedert mit Schattenfuge und Profil	Die gefederte Fuge mit Fremdfeder hat weniger Verschnitt als die gespundete Fuge. Weiterer Vorteil: Beim Transport können die Federn nicht so leicht beschädigt werden. Die Federn können aus Vollholz (Querholzfedern), Sperrholz oder Kunststoff bestehen. Bei Vollholzparkett liegt die Feder außermittig (siehe Nr. 5). Die Fuge wird oberseitig dichter, wenn unterseitig 1–2 mm Luft vorgesehen werden. Wie bei der gespundeten Fuge sind auch hier Profilierungen möglich. Die Befestigung auf der Unterkonstruktion erfolgt meist mittels spezieller Klammern, die verdeckt genagelt werden. **Anwendung:** Wand- und Deckenpaneele, Parkett, Aufdopplung von Außentüren. Die Verbindung wird geleimt, genagelt oder geklammert (Profilklammern). **Maße:** Federdicke: 1/3 der Holzdicke, Federdicke: Holzdicke. Bei Holzwerkstoffen und Parkett wird von diesen Maßen abgewichen. Die Feder muss im Nutgrund etwas Luft haben.

5
4-43
4-42

5.2 Holzverbindungen (Verbindungskonstruktionen)

5.2.1 Breitenverbindungen (Forts.)

Nr.	Abbildung	Erläuterung
7	**Überschobene Verbindung**	Überschobene Verbindungen ergeben eine besonders starke plastische Wirkung. Auf eine angestoßene Feder, die beim Transport leicht brechen kann, oder auf eine Fremdfeder wird verzichtet. Die Nutwangen sollten gefast werden, um ein leichtes Zusammenfügen zu gewährleisten. **Anwendung:** Wand- und Deckenverkleidungen, Außentüren. Auch Füllungen können überschoben werden (siehe Nr. 17). **Maße:** In der Regel wird für Nut und Nutwangen eine Drittelung angewendet. Luft im Nutgrund: 2–4 mm. Die Feder wird ca. 0,5 mm schmaler gearbeitet als die Nut.

5-8

Sicherung von verleimten Breitenverbindungen

Nr.	Abbildung	Erläuterung
8	**Hirnleiste** 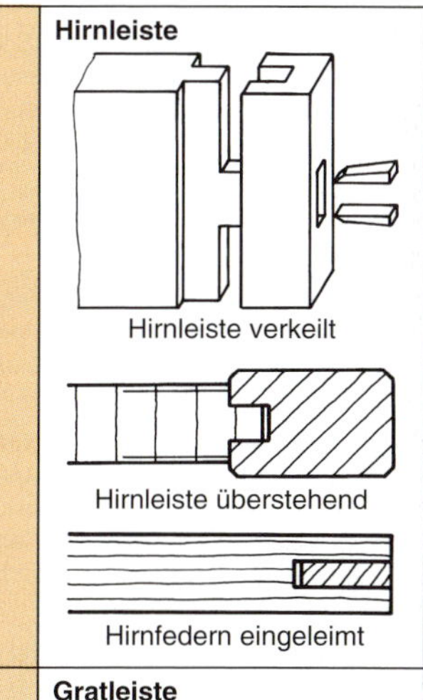 Hirnleiste verkeilt Hirnleiste überstehend Hirnfedern eingeleimt	Die verkeilte Hirnholzleiste soll das Werfen (Schüsseln) von Vollholzflächen unterbinden, ohne das Arbeiten in der Breite zu verhindern (Rissgefahr). Sie ist nur im Bereich des Zapfens verleimt, der immer mittig liegt. Die Hirnholzleiste ermöglicht einen sauberen Flächenabschluss, sie kann auch stärker als das zu sichernde Brett sein. Einfache Ausführungen werden nur genutet und in der Mitte verleimt, sind aber für breitere Flächen nicht geeignet. Im Plattenbau können Hirnholzleisten als Kantenschutz verwendet werden, sie werden dann über die ganze Länge eingeleimt. **Anwendung:** Fensterklappläden, Abschluss massiver Brettflächen. Im Plattenbau als stabiler Kantenschutz. **Maße:** Die verkeilte Hirnleiste sollte eine Länge von 600 mm nicht überschreiten. Zapfendicke: 1/3 der Holzdicke, Zapfenbreite bis 60 mm.
9	**Gratleiste**	Siehe Nr. 40.

5.2.2 Längsverbindungen

Nr.	Abbildung	Erläuterung
10	**Keilzinken** 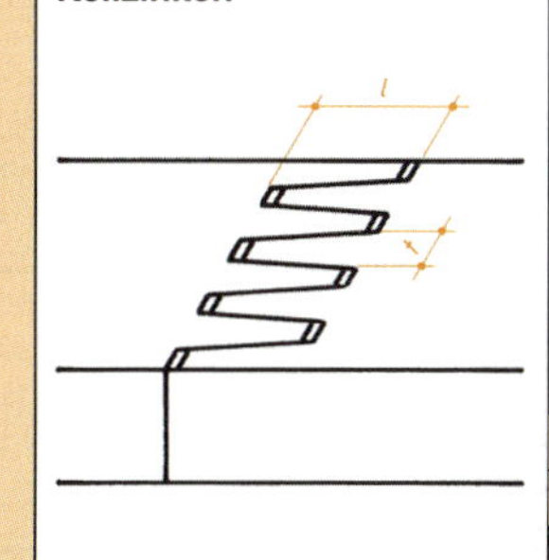	Die Keilzinken-Längsverbindung dient der Holzeinsparung bei der Herstellung von Leimholzbindern und lamellierten Fensterprofilen. Für Fensterprofile, die nicht deckend gestrichen werden, ist nach VOB allerdings die Zustimmung des Kunden notwendig.. **Anwendung:** Industriell hergestellte Leimholzbinder und lamellierte Fensterkanteln. Im Möbelbau werden Keilzinken auch für Gehrungsverbindungen verwendet. Vgl. Nr. 53 und 57. **Maße:** Die Zinkenformen sind in DIN 68140-1: 1998-02 genormt. Man unterscheidet folgende Zinkenlängen *l* und Zinkenteilungen *t*.

l (in mm)	10	15	20	20	30	50
t (in mm)	3,8	3,8	5,0	6,2	6,2	12,0

Beispiel: Bezeichnung einer Keilzinkenverbindung nach DIN 68140-1 mit einer Zinkenlänge von 15 mm und einer Zinkenteilung von 3,8 mm: Keilzinkenverbindung DIN 68140-1-15/3,8.

5.2 Holzverbindungen (Verbindungskonstruktionen)

5.2.2 Längsverbindungen (Forts.)

Nr.	Abbildung	Erläuterung
11	**Schichtverleimung**	Die Schichtverleimung ist eigentlich eine Aufdopplung. Sie ermöglicht die Herstellung beliebig langer Leimholzbinder. Die Hirnstöße werden mit Keilzinken verbunden. In der Tischlerei wird die Schichtverleimung zur Herstellung bogenförmiger Bauteile verwendet. Zur Erzielung kleiner Radien können auch Furniere schichtverleimt werden. **Anwendung:** Für Leimholzträger, Rundzargen und Rundbögen. **Maße:** Die Schichtdicke (z. B. bei Rundzargen oder Segmentbögen) ist dem Bogenradius und der Holzart anzupassen.
12	**Überblattung**	Längsverbindungen in Form von Überblattungen (und auch als Schlitz und Zapfen) besitzen nur geringe Haltbarkeit; sie sind den Keilzinkenverbindungen (Nr. 10) deutlich unterlegen. Insbesondere Biegebeanspruchungen zerstören die Verbindung schnell. Die Verbindung kann mit Bolzen gesichert werden. **Anwendung:** Für Zimmermannsarbeiten. In der Tischlerei werden überblattete Längsstöße kaum verwendet. **Maße:** Länge: 2 × Holzdicke, die Überblattung liegt symmetrisch in Holzmitte.
13	**Hakenblatt mit Keilverschluss** Deutscher Keilverschluss Französischer Keilverschluss	Das Hakenblatt mit Keil ist eine Weiterentwicklung der Überblattung. Durch den eingeschlagenen Keil ist die Verbindung auch ohne Verleimung zug- und druckfest verbunden. Biegebeanspruchungen kann diese Verbindung kaum aufnehmen. Sie ist von historischer Bedeutung und wurde früher für den Stoß von Deckenbalken, aber auch für segmentförmige Tür- und Fensterrahmen verwendet. **Anwendung:** Historische Vollholzverbindung der Bautischlerei und Zimmerei. **Maße:** Beim deutschen Keilverschluss wird ein Keil verwendet (Breite: 1/3 der Holzdicke). Beim französischen Keilverschluss werden zwei Keile verwendet (Breite: 2/8 der Holzdicke).
14	**Schäftung**	Die Schäftung ist eine Verbindung des Holzleimbaus, wo sie maschinell hergestellt wird. Häufig wird sie auch als handwerklich hergestellte Reparaturverbindung angewendet. Je größer die Leimfläche, umso haltbarer ist die Verbindung, sehr flache Schrägen sind jedoch nur schwer zu verleimen. **Anwendung:** Zur Reparatur gebrochener Rundhölzer. Für Ruder und Paddel aus Vollholz. Zugelassene Verbindung für den Holzleimbau. **Maße:** Die Schräge soll der drei- bis vierfachen Holzdicke entsprechen. Im Holzleimbau: 5–10fache Holzdicke.

5.2 Holzverbindungen (Verbindungskonstruktionen)

5.2.3 Rahmen-Füllung-Verbindungen

Für alle Rahmen-Füllung-Verbindungen gilt:
Vollholzfüllungen müssen an den Längsholzseiten Luft haben. Wegen der einfacheren Montage wird i. d. R. umlaufend Luft gegeben (auch bei abgesperrten Platten). Werden abgeplattete Füllungen verwendet, so müssen diese am Rand gerade auslaufen. Konisch auslaufende Füllungen beginnen schon bei geringen Feuchteunterschieden zu klappern. Füllungen müssen mit mäßiger Presspassung in den Rahmen eingebaut werden. Bei Verwendung von Glasfüllungen sollte Vorlegeband eingelegt werden.
(Zu den Rahmeneckverbindungen vgl. Nr. 47 bis 53.)

Nr.	Abbildung	Erläuterung
15	**Füllung eingefälzt**	Bei gefälzten Rahmen wird zuerst der Rahmen verleimt und anschließend die Füllung mit einem Falzstab verleistet. Häufig werden die Füllungen aus beschichteten Platten hergestellt. **Vorteil:** Einfaches Verleimen, getrennte Oberflächenbehandlung von Rahmen und Füllung, beschädigte Füllungen (z. B. Glas) sind austauschbar. **Nachteil:** Sichtbare Nagel- oder Schraubenköpfe. **Anwendungen:** Für Korpusmöbel im Rahmen- und Stollenbau. Möbeltüren, -rückwände, -seiten, Truhendeckel, Innen- und Außentüren, moderne isolierverglaste Fenster. **Maße (im Möbelbau):** Falztiefe 10–15 mm, bei Sperrholzfüllungen auch 8 mm. Bei geschlitzten Rahmen muss die Falzhöhe auf die Zapfenteilung abgestimmt werden. Überstehende Falzstäbe sollten 3–4 mm überstehen. Bündige Falzstäbe erhalten immer eine Schattennut.
	Falzstab rückspringend	Rückspringende Falzstäbe beeinträchtigen den Innenraum des Möbels nicht. Für Einlegeböden oder Innenschubkästen kann die Möbeltiefe daher optimal genutzt werden. Die Falzstäbe werden jedoch sehr klein. Auch unter gestalterischen Gesichtspunkten ist dies keine optimale Lösung.
	Falzstab bündig	Bündige Falzstäbe erhalten immer eine Schattenfuge, da sie sich sonst nur schwer sauber einbauen lassen. Diese Variante wird bei Fenstern angewendet.
	Falzstab vorspringend	Vorspringende Falzstäbe mit sichtbarer Fuge ergeben durch die Schattenwirkung ein sauberes Fugenbild. Bei innen liegenden Regalböden o. Ä. muss das Vorspringen des Falzstabes berücksichtigt werden.
	Falzstab gekröpft	Der überfälzte (gekröpfte) Falzstab ergibt den saubersten Abschluss. Die Falztiefe sollte 5 mm nicht überschreiten, da sich sonst die freie Wange abheben kann. Auch hier ist zu beachten, dass der Falzstab in den Innenraum hineinsteht. Wird der gekröpfte Falzstab eingeleimt, so erhält die freie Wange eine Nut zur Aufnahme des überschüssigen Leims.

5.2.3 Rahmen-Füllung-Verbindungen (Forts.)

Nr.	Abbildung	Erläuterung
16	**Eingenutete Füllung** 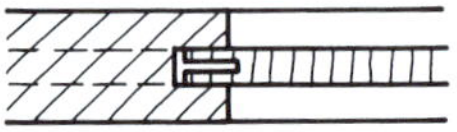 hier zusätzlich eingesägt	Eingenutete Füllungen müssen rundum Luft haben, andernfalls ist ein sauberer Zusammenbau nicht möglich. Bei Plattenwerkstoffen kann durch Einschneiden der Kanten das Klappern verhindert werden, die Nutbreite wird dann schmaler ausgeführt, als die Platte stark ist. Die Vorteile genuteter Füllungen liegt in der rationellen Fertigung. Allerdings muss die Oberflächenbehandlung der Füllung vor dem Verleimen erfolgen und die Füllung ist (z. B. bei Glasbruch) nicht austauschbar. **Anwendung:** Für Vollholz und Plattenmaterial besonders im industriellen Möbelbau, Küchenfronten aus Vollholz. Auch Schubkastenböden können so eingenutet werden. **Maße:** Nuttiefe ca. 10–12 mm, bei abgesperrten Platten ca. 8 mm, Luft ca. 2 mm.
17	**Überschobene Füllung** 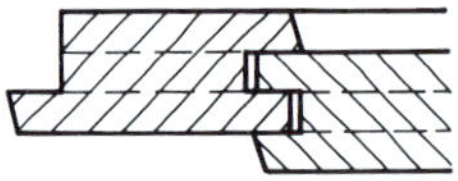	Die überschobene Füllung ähnelt der genuteten Füllung, ergibt aber eine stärker gegliederte Fläche und ist an Haustüren, aber auch bei großen Möbeltüren anzutreffen. Wird diese Konstruktion einem weiteren Tragrahmen übergeschoben, spricht man von einem überschobenen Rahmen. An Barockmöbeln findet man häufig mehrfach überschobene Rahmen. **Anwendung:** Möbeltüren, Innen- und Außentüren in Vollholz. Als Füllung kommen auch Platten in Frage. **Maße:** Füllungsdicke = Rahmendicke, Nuttiefe ~10–12 mm, Luft ~2–4 mm.
18	**Füllung mit Kehlstoß** 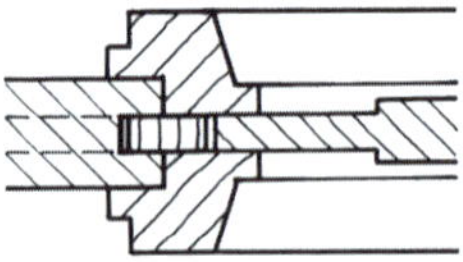 Kehlstoßleisten eingelegt 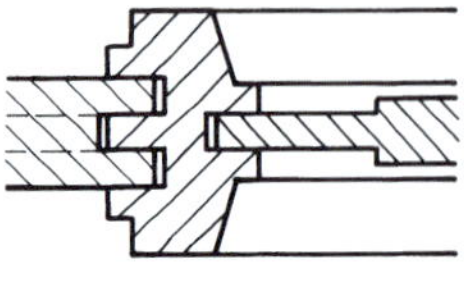 Überschobener Kehlstoß	**Anwendung:** Innen- und Außentüren aus Vollholz, seltener im Möbelbau. Die Füllungen können auch aus Plattenmaterial hergestellt werden. **Maße:** Nuttiefe 10–15 mm, Luft 2–4 mm. Wird die Füllung mit einem Profilstab in den Rahmen eingebaut, so spricht man von eingelegten Kehlstoßleisten. Bei eingestifteten Leisten bleiben die Nagelköpfe sichtbar; dies kann verhindert werden, wenn man ein- oder zweiseitig einleimt. Die freie Wange wird nicht beleimt und sollte nicht mehr als 5 mm überstehen, da sie sonst leicht abhebt. Zur Aufnahme von herausquellendem Leim kann die freie Wange eine Nut erhalten. Bei großen Türen wird oft die innere und äußere Kehlleiste zu einem Profil verschmolzen, man spricht dann von einem überschobenen Kehlstoß. Der Kehlstoß wird als eigenständiger Rahmen hergestellt. Dieser fertige Rahmen wird beim Verleimen in den Tragrahmen eingelegt. Die Herstellung ist relativ aufwendig, allerdings wird die Stabilität und plastische Wirkung von keiner anderen Ausführung erreicht. Hier kann sowohl die Füllung als auch der Kehlstoß arbeiten; Nagelköpfe sind nicht sichtbar.

5.2.4 Korpuseckverbindungen (stumpf)

Nr.	Abbildung	Erläuterung
19	**Nagelverbindung** Stumpfe Nagelung mit Eckleiste Schwalbenschwanzförmige Nagelanordnung	Einfachste stumpfe Verbindungen können genagelt werden. Soll der Drahtstift versenkt und gekittet werden, so verwendet man Nägel aus Stahldraht nach DIN EN 10230-1: 2000-01. Für einfachste Verbindungen sind Senkkopfstifte zu bevorzugen, da sie sich nicht so leicht ins Holz ziehen. Eine zusätzliche Eckleiste macht die Verbindung haltbarer. Innen können die Nägel gekröpft und umgeschlagen werden. Nach Möglichkeit sollen die Nägel versetzt (vermindert die Spaltgefahr) und schwalbenförmig (schafft formschlüssigen Verbund) eingeschlagen werden. Bei Spaltgefahr wird die Nagelspitze gestaucht oder abgekniffen, dadurch wird aber die Haltekraft verringert. Schraubenverbindungen werden selten verwendet, da Schrauben im Hirnholz keine wesentlich bessere Verbindung als Nägel ergeben. **Anwendung:** Transportkisten, Paletten und einfachste Vollholzverbindungen. **Maße:** Nagellänge: 2 bis 3fache Holzdicke, Nageldurchmesser: 1/10 der Holzdicke.
20	**Dübelverbindung (Runddübel)** Vereinfachte Dübeldarstellung	Runddübel stellen eine gute Verleimhilfe dar. Der Dübel wird zuerst ins Hirnholz eingeleimt, im Längsholz muss daher 3–4 mm Luft verbleiben, um den überschüssigen Leim aufnehmen zu können. Bei Serienproduktion mit einem Dübelautomaten ist die gedübelte Verbindung rationeller – und bringt höhere Festigkeitswerte – als die Formfeder. Früher wurden Dübel mit dem Dübeleisen und Dübelanspitzer vom Tischler selbst hergestellt; heute werden ausschließlich Fertigdübel verwendet. **Anwendung:** Vor allem für Verbindungen im Plattenbau (insbesondere FPY), aber auch für Vollholz. **Maße:** Dübellänge bis 2fache Holzdicke, Dübeldurchmesser: 0,3–0,6fache Holzdicke.
21	**Verbindung mit Formfeder (LFF)** Vereinfachte Federdarstellung	Lamellendübel (Formfedern) können beim Verleimen in Längsrichtung noch korrigiert werden, bei Spanplatten neigen sie aber stärker zu Ausplatzern als Runddübel. Formfedern werden mit speziellen Handfräsmaschinen verarbeitet, die eine rationelle Fertigung erlauben; sie sind im Tischlerhandwerk eine der häufigsten Verbindungsmittel. Formfedern erreichen bei stumpfen Verbindungen nur mäßige Festigkeitswerte. **Anwendung:** Vorzugsweise für Einzelstücke aus Plattenwerkstoffen und Vollholz. **Maße:** Abmessungen der Formfedern.

⇒ 5-32
⇒ 5-29
⇒ 5-29

5

5.2.4 Korpuseckverbindungen (stumpf) (Forts.)

Nr.	Abbildung	Erläuterung
22	**Gefälzte Verbindung** hier: Rückwand, Horizontalschnitt	Bei Verwendung der gefälzten Verbindung erhält man an den Korpusseiten nagel- und hirnholzfreie Sichtflächen. Die Verbindung kann geschraubt, genagelt und gedübelt werden. Bei Rückwänden wird der Falz häufig 2–3 mm tiefer gefräst, als die Rückwand stark ist. Bei hochwertiger Verarbeitung wird Vollholz angeleimt und in den Anleimer gefälzt. Wegen der leichteren Demontagemöglichkeit, weniger wegen der Stabilität, werden Rückwände meist eingeschraubt. Da die Rückwand den Korpus aussteifen soll, wird sie möglichst ohne Luft eingepasst. **Anwendung:** Rückwände von Platten oder Vollholzmöbeln. **Maße:** Je nach Holzstärke können 1/2 bis 2/3 der Holzdicke weggefräst werden.
23	**Gefederte Verbindung** mit angeschnittener Feder mit Querholzfeder	Gefederte Vollholzverbindungen werden wegen ihrer geringen Stabilität nur noch selten verwendet. Die Feder sollte an der Innenseite angeschnitten werden, da bei mittig liegender Feder die Hirnholzwange noch leichter wegbricht. Gefederte Rückwände springen meist etwas zurück, damit sie an der Wand sauber anliegen. Bei Zwischenböden kommt die Feder an die Unterseite, da sonst die Feder leicht reißt. In der Herstellung einfacher und beim Transport unproblematischer sind Verbindungen mit Fremdfedern. Zur Anwendung kommen Fremdfedern aus Querholz oder FU-Material. **Anwendung:** Für Zwischenböden und Rückwände aus Vollholz. Im Plattenbau nur unbelastete Böden. **Maße:** Nuttiefe < 1/2 Holzdicke, Federdicke: 1/3 der Holzdicke.
24	**Gespundete Verbindung**	Die gespundete Verbindung wird ähnlich wie die gefederte Verbindung heute nur noch vereinzelt angewendet. Verwendet man sie für Nadelhölzer oder Spanplatten, so bricht das kurze Holz sehr schnell weg. Aus diesem Grund kann die gespundete Verbindung nur aus Harthölzern sinnvoll eingesetzt werden. Man kann sie mit der Kreissäge oder dem Nutfräser herstellen. **Anwendung:** Früher für Schubkastenvorderstücke. **Maße:** Drittelteilung von Nut- und Nutwange, Nuttiefe < 1/2 Holzdicke.

5.2.4 Korpuseckverbindungen (stumpf) (Forts.)

Nr.	Abbildung	Erläuterung
25	**Fingerzinkung** 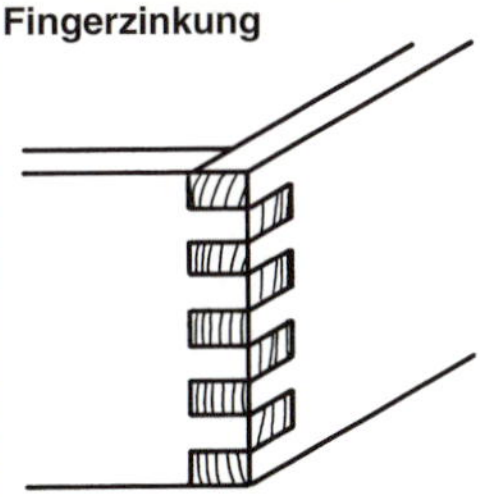	Die Fingerzinkung, auch Parallelzinkung genannt, wird an der Kreissäge oder Tischfräsmaschine hergestellt. Da die Verbindung nicht formschlüssig ist, muss sie beim Verleimen mit einer geeigneten Vorrichtung gespannt werden (z.B. Korpuspresse). **Anwendung:** Die Fingerzinkung wird vor allem bei Vollholz angewendet, ist aber auch bei FU-Platten möglich. Für maschinell gezinkte Kästen, Schubkästen; Kindermöbel im „Vollholzdesign". **Maße:** Zinkenbreite: 1/2 × Holzdicke.
26	**Offene Zinkung** 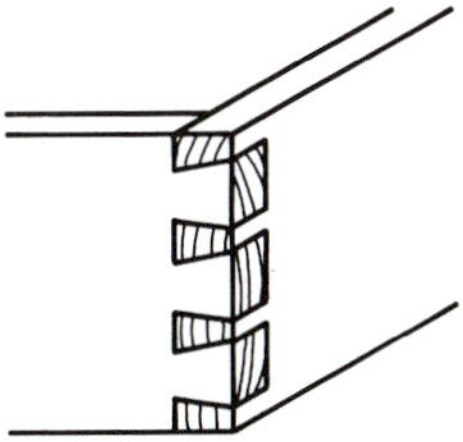	Die schwalbenschwanzförmige einfache Zinkung ist die haltbarste Eckverbindung der Brettbauweise. Durch den Formschluss zieht sie sich beim Verleimen von selbst dicht. Regional und historisch gibt es unterschiedliche Maße und Methoden der Zinkeneinteilung. Der geübte Tischler legt die Zinkenteilung nach Augenmaß fest. Für exakte Zinkenteilungen kann das auf Seite 5-22 und 5-23 dargestellte Verfahren verwendet werden. Grundsätzlich gilt: – zuerst die Zinken und dann die Schwalben fertigen, – die Zinken kommen an das kürzere Brett, – belastete Unterböden erhalten die Zinken, – beim Schubkasten kommen die Schwalben an die Seiten. Die einfache Zinkung kann auch gefräst werden, dann sind jedoch die Hirnholzseiten der Schwalben abgerundet. **Anwendung:** Für sehr stabile Vollholzverbindungen von Schubkästen, Korpusecken, Türfutter, Kastendoppelfenster. **Maße:** Zinkenteilung siehe Seite 5-22 und 5-23.
27	**Halb verdeckte Zinkung** 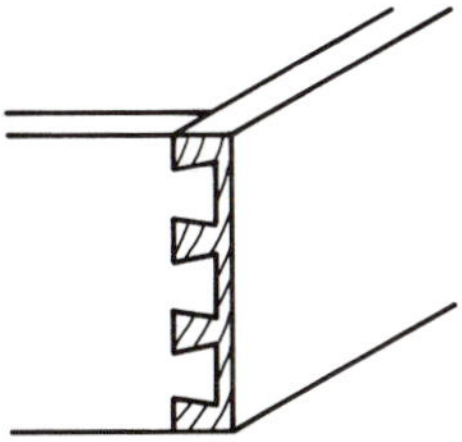	Bei der halb verdeckten Zinkung (Gehrungszinkung siehe Nr. 37) sind die Hirnholzflächen der Schwalben unsichtbar. Das Anreißen erfolgt wie bei der einfachen Zinkung, jedoch wird das Verdeck-Maß von der Holzdicke abgezogen. Das Ausstemmen der Zinken ist aufwändiger als bei der einfachen Zinkung. Maschinell gefräste, verdeckte Zinkungen sind nach dem Zusammenbau nicht mehr als solche zu erkennen, da die Hirnholzansichten der Schwalben durch das Verdeck unsichtbar sind. Bei Schubkästen ist darauf zu achten, dass die Bodennut in der Schwalbe verläuft. **Anwendung:** Korpusmöbel mit sichtbaren Seitenteilen, Schubkastenvorderstücke. **Maße:** Verdeck: 1/3 bis 1/4 der Holzstärke, sonst wie bei der einfachen Zinkung.
28	**Schräge Zinkung** 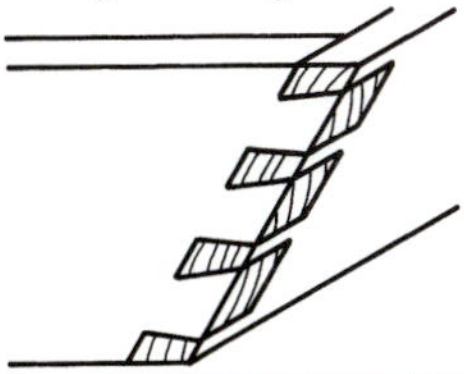	Mit Schrägzinken verbindet man ein gerades und ein schräges Brett. (Werden zwei schräge Bretter aneinander gezinkt, so spricht man von Trichterzinkung.) Im Gegensatz zu den anderen Zinkungsarten werden hier zuerst die Schwalben und dann die Zinken hergestellt. Werden Schwalben und Zinken wie bei der geraden Zinkung angerissen, entsteht kurzes Holz, das beim Zusammensetzen leicht abschert. **Anwendung:** Für schräge Schubkastenvorderstücke aus Vollholz. **Maße:** Siehe Seite 5-24.

→ 5-22 5-23

→ 5-24

5.2.4 Korpuseckverbindungen (stumpf) (Forts.)

Nr.	Abbildung	Erläuterung
29	**Lösbare Verbindungsbeschläge** Exzenterverbinder Trapezverbinder, zum Verschrauben	Die Beschlaghersteller bieten ein vielfältiges Programm von Verbindungsbeschlägen an. Grundsätzlich lassen sich unterscheiden: – Exzenterbeschläge, – Schraubbeschläge, – Einschlagverbindungen, – Einrastverbinder, – Einhängebeschläge, – Einpressverbinder. Lösbare Vebindungsbeschläge erreichen nicht die Stabilität und Haltbarkeit von verleimten Verbindungen. Sie ermöglichen jedoch einen „trockenen" Zusammenbau. In der Möbelindustrie werden Einpressverbinder zur Reduzierung der Montagezeit verwendet. Bei Mitnahmemöbeln wird diese Arbeit ganz auf den Kunden verlagert. **Anwendung:** Für zerlegbare Möbel, insbesondere im Plattenbau (Mitnahmemöbel). **Maße:** Je nach Beschlag und Hersteller unterschiedlich.

5.2.5 Korpuseckverbindungen (auf Gehrung)

Nr.	Abbildung	Erläuterung
30	**Gehrungsverbindung gefaltet**	Im industriellen Plattenbau wird das Faltverfahren häufig eingesetzt. Zunächst wird eine 90°-Kerbe ausgefräst; das Beschichtungsmaterial (außen) bleibt stehen. Anschließend wird Leim (Kleber) angegeben und zusammengefaltet. Die so hergestellten Verbindungen erreichen erstaunlich gute Festigkeitswerte. **Anwendung:** Für industriell hergestellte Schubkästen aus beschichtetem Plattenmaterial und Strangpressprofilen aus Kunststoff. **Maße:** Das Beschichtungsmaterial der Außenseite bleibt beim Fräsen der 90°-Kerbe stehen.
31	**Gehrungsverbindung gespundet**	Gehrungsecken mit Spundung (Verleimprofil) werden nur noch selten hergestellt. Bei Verwendung von Spanplatten oder Weichholz ist diese Verbindung die schlechtestmögliche Lösung. Zur Herstellung wird ein Frässatz mit Konterprofil benötigt. Zur Aufnahme des überschüssigen Leims muss im Nutgrund etwas Luft bleiben. **Anwendung:** Nur bei Hartholz und Sperrholz (FU) anwendbar. **Maße:** Nutbreite: 0,3–0,5 × Holzdicke.

5.2.5 Korpuseckverbindungen (auf Gehrung) (Forts.)

Nr.	Abbildung	Erläuterung
32	**Gehrungsverbindung mit Runddübel**	Die gedübelte Gehrungsverbindung (mit Rund- oder Winkeldübeln) ist besonders bei Spanplatten von Vorteil, da sie den Querschnitt nur wenig schwächt. Die Dübelachse soll möglichst nah an die Innenecke gerückt werden. (Mindestens im Drittelpunkt der Gehrungsfläche anreißen.) **Anwendung:** Industrieller und handwerklicher Plattenbau, speziell für Spanplatten, seltener für Vollholz. **Maße:** Dübellänge: 1–1,5 × Holzdicke. Dübeldurchmesser: 1/3 bis 2/3 der Holzdicke. Im Dübelloch sollen 2–4 mm Luft zur Aufnahme des überschüssigen Leims bleiben.
33	**Gehrungsverbindung mit Winkeldübel**	Bei der Anwendung von Winkeldübeln können größere Dübellängen (Schenkellängen) verwendet werden als beim geraden Runddübel, daher ergeben Winkeldübel i. d. R. stabilere Verbindungen. Die Dübellöcher werden mittels Dübelschablonen oder einer Dübelmaschine gebohrt. Wird von Hand gearbeitet, sollten die Dübellöcher vor dem Anschneiden der Gehrung gebohrt werden. **Anwendung:** Für haltbare Plattenverbindungen, seltener für Vollholz. **Maße:** Dübeldurchmesser: 1/3 bis 2/3 der Holzdicke. Winkeldübel sind nur in zwei Standardabmessungen lieferbar (siehe Seite 5-28). In beiden Dübellöchern sollen 2–4 mm Luft zur Aufnahme des überschüssigen Leims bleiben.
34	**Gehrungsverbindung mit Formfeder**	Formfedern (Lamellenverbinder) werden wie Runddübel verwendet. Beim Verleimen ergeben sie in Längsrichtung keine so gute Justierung wie Rund- oder Winkeldübel; andererseits lässt sich die Verbindung beim Verleimen in Längsrichtung noch korrigieren. Die Achse der Formfeder sollte im Drittelpunkt der Gehrungsfläche angerissen werden. Für die Herstellung der Nut wird eine spezielle handgeführte Fräsmaschine verwendet. **Anwendung:** Wegen der rationellen Verarbeitung gehören Verbindungslamellen zu den häufigsten Verbindungsmitteln in der Tischlerei. Sie sind besonders geeignet für den Plattenbau. **Maße:** Formfedern sind in drei Standardabmessungen lieferbar (siehe S. 5-28), die Materialdicke beträgt immer 4 mm.
35	**Gehrungsverbindung mit gerader Feder** hier: Querholzfeder	Bei Spanplatten ist die Verbindung mit gerader Feder (Querholzfeder) weniger empfehlenswert, weil es wegen der durchgehenden Querschnittsschwächung leicht zu Ausplatzern kommt. Die Achse der Querholzfeder sollte im Drittelpunkt der Gehrungsfläche angerissen werden. **Anwendung:** Für Vollholz und alle Plattenwerkstoffe außer Spanplatte. Es kommen Querholzfedern, Längsholzfedern und FU-Federn zum Einsatz. **Maße:** Federbreite: 1 × Holzdicke, Federdicke: 1/3 × Holzdicke. Im Nutgrund sollen ca. 2 mm Luft zur Aufnahme des überschüssigen Leims bleiben.

5-28

5.2.5 Korpuseckverbindungen (auf Gehrung) (Forts.)

Nr.	Abbildung	Erläuterung
36	**Gehrungsverbindung mit Winkelfeder (hier Kunststoff)**	Winkelfedern sind in Kunststoffausführung oder in FU-Material erhältlich und werden mittig eingesetzt. Trotz der durchgehenden Querschnittsschwächung bringt die Winkelfelder bei Spanplattenecken recht gute Festigkeitswerte. Liefermaße von Winkelfedern siehe Seite 5-29. **Anwendung:** Plattenbau, insbesondere für Spanplatten. **Maße:** Die Federdicke sollte bei FU-Federn ca. 1/3 der Holzdicke betragen.
37	**Gehrungszinken (verdeckte Zinkung)**	Gehrungszinken sind eine historische Verbindung, die kaum noch angewendet wird. Sie ist schwierig herzustellen und ist deshalb ein beliebtes Übungsstück in der Lehrwerkstatt. Gegenüber der gedübelten oder gefederten Verbindung besitzt sie keine höhere Festigkeit. Ein gewisser Vorteil ergibt sich beim Verleimen durch den guten Formschluss. **Anwendung:** Fast nur noch als Übungsstück. **Maße:** Die Zinkenteilung erfolgt sinngemäß der halb verdeckten Zinkenteilung.
38	**Gehrungsverbindung mit Einspritzprofil**	Bei der Gehrungsverbindung mit Einspritzprofil wird ein bis auf 250 °C erhitzter Kunststoff unter hohem Druck in die Fließkanäle eingepresst. Direkt nach der Abkühlung kann der Korpus weiterverarbeitet werden. Durch entsprechende Formgebung der Fließkanäle dient der austretende Kunststoff als Kantenschutz. Zur Anwendung kommen PA(Polyamid)- und PUR(Polyurethan)-Kunststoffe. **Anwendung:** Wegen der aufwändigen Produktionstechnik nur industriell einsetzbar. **Maße:** Je nach Material und Verwendungszweck unterschiedlich.
39	**Gehrungsverbinder** Exzentergehäuse	Mit dem Gehrungsverbinder lassen sich Gehrungsschnitte zwischen 20° und 90° verbinden. Er besteht aus zwei Gelenkbolzen und zwei Exzentermuffen. Die Verbindung ist zerlegbar und eröffnet vielfältige Gestaltungsmöglichkeiten (siehe auch Mittelverbindungen, Nr. 45). Für die Fertigung wird eine spezielle Bohr- und Anreißlehre benötigt. **Anwendung:** Handwerklich hergestellte Plattenverbindungen bei Möbeln und im Innenausbau. **Maße:** Je nach Hersteller unterschiedlich. Für Holzdicken von 13 bis 32 mm lieferbar.

5-29
5-22

5.2.6 Mittelverbindungen (T-förmige Verbindungen)

Nr.	Abbildung	Erläuterung
40	**Gratverbindung** 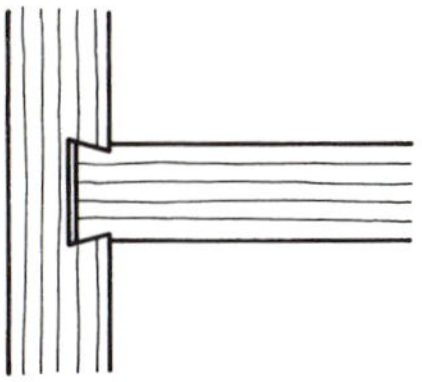 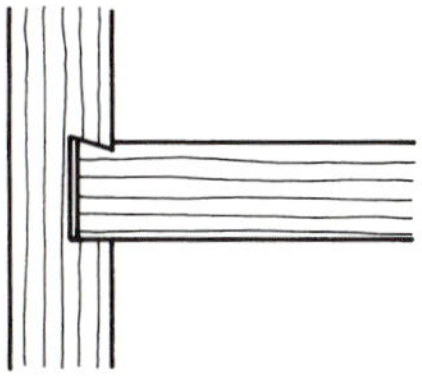 Einseitiger Grat (bei stark belasteten Böden) 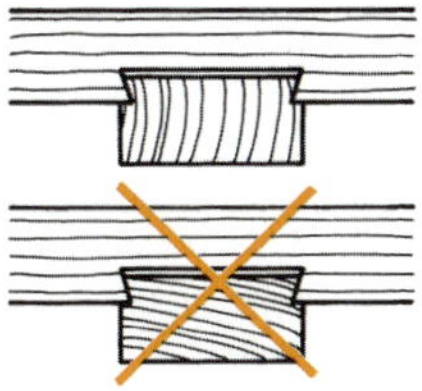 Lage der Jahresringe	Die Gratverbindung soll das Werfen (Schüsseln) von Vollholzflächen unterbinden, ohne das Arbeiten in der Breite zu verhindern (Rissgefahr). Deshalb wird die Gratleiste nur im vorderen Bereich (5 cm) verleimt. Die Gratnut wird in der Länge leicht verjüngt (2–4 mm), damit die Gratleiste beim Einschieben gut anzieht. Um ein Abscheren des Vorholzes zu vermeiden, soll die Vorholzlänge mindestens 50 mm betragen. Der Winkel an der Gratfeder darf nicht zu flach (kurzes Holz an der Feder) und nicht zu steil (Leiste zieht nicht an) sein. Grundsätzlich gilt: – Wird nur einseitig gegratet, so erhält der Oberboden den Grat an der Oberseite, der Unterboden dagegen an der Unterseite, weil die gegratete Seite immer etwas unsauberer aussieht. – Stark belastete Böden erhalten den Grat an der Oberseite, weil der Grat den Boden so besser einspannt. – Wegen des geringeren Holzschwunds in radialer Richtung sollen Gratleisten stehende Jahresringe haben. – Im Nutgrund sollten 1–2 mm Luft bleiben, da sonst die Nutwangen leicht aufspalten können. **Anwendung:** Eingraten von Ober-, Unter- oder Zwischenböden bei Regalen und Schränken. Zum Geradehalten von Vollholz-Brettflächen wie Türen und Tischblättern. Früher auch für Reißbretter aus Weichholz verwendet. **Maße:** Tiefe der Gratnut ≤1/3 der Holzdicke (wird beidseitig eingegratet, muss in der Mitte mindestens 2/5 der Mittelwanddicke stehen bleiben). Breite der Gratleiste ≤50 mm, Gratwinkel: ≃ 80° (Steigung 1:6), Vorholzlänge ≥ 50 mm.
41	**Verkeilter Stegzapfen** 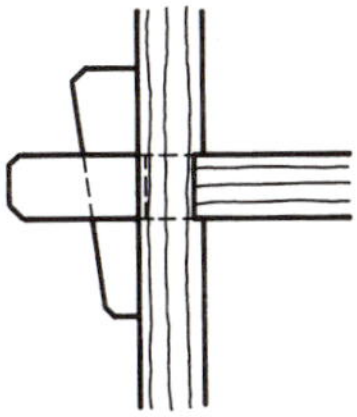 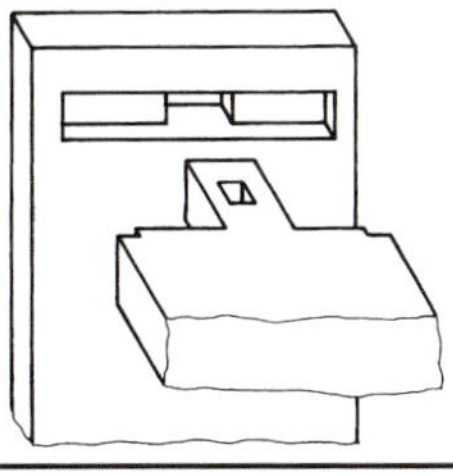	Der verkeilte Stegzapfen wird aus dekorativen Gründen eingesetzt, die Verbindung wird nicht verleimt und ist zerlegbar. Sie wird für rustikal wirkende Wangenmöbel aus Vollholz verwendet. Bei Regalen gründet man den Boden ca. 4 mm in die Seiten ein; dadurch wird das Werfen des Vollholzbodens verhindert. Das Keilloch muss ca. 3 mm in die Seite (oder den Stollen) hineinragen, da sonst der Keil nicht anzieht. **Anwendung:** Für zerlegbare Möbel (Regale, Wangentische) und zum Aussteifen von Stollen. **Maße:** Vorholz ≥ 30–50 mm, Keildicke ≤1/2 × Zapfendicke. Bei stärkerer Belastung, wie sie bei Tischen usw. auftritt, sollte die Vorholzlänge auf mindestens 50 mm vergrößert werden.

5.2.6 Mittelverbindungen (T-förmige Verbindungen) (Forts.)

Nr.	Abbildung	Erläuterung
42	**Fingerzapfen-T-Verbindung** 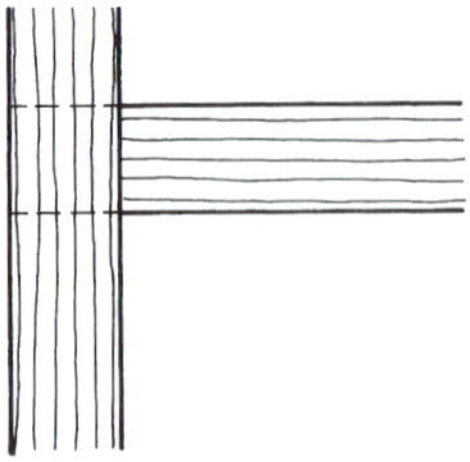	Die Mittelverbindung in Form von Fingerzapfen muss von Hand hergestellt werden. Der Herstellungsaufwand wird geringer, wenn man die Zapfen breiter ausführt (mindestens zwei Zapfen). Fingerzapfen kann man zur Verzierung nach außen überstehen lassen. Zur Erhöhung der Stabilität können die Fingerzapfen von außen verkeilt werden. **Anwendung:** Für handwerklich hergestellte Zwischenböden in Vollholz sowie für Stegverbindungen. **Maße:** Die Zapfenbreite soll 30 mm nicht überschreiten, der Zapfenabstand soll nicht größer als 100 mm sein.
43	**Gefederte T-Verbindung** 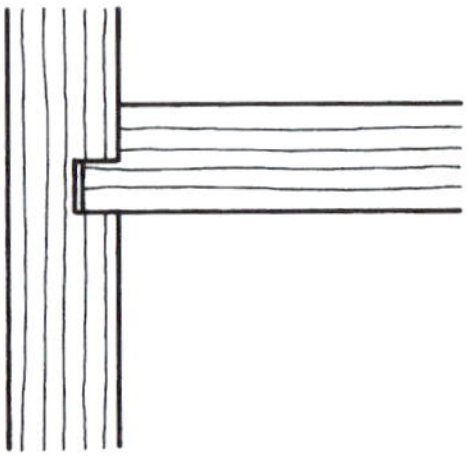 mit angestoßener Feder 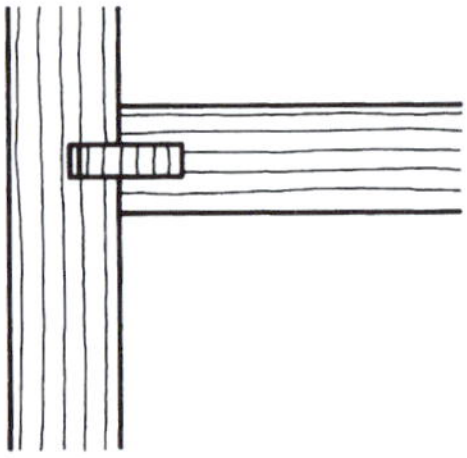 mit FU-Feder	Sowohl bei der Verbindung mit angestoßener Feder als auch mit Fremdfeder wird die Nut mit der Oberfräse ausgehoben. Die Feder kann eingeleimt (Sperrholz- oder Querholzfeder), bei Vollholz auch angestoßen oder angeschnitten werden. Längsholzfedern brechen leicht ab und sollten daher nicht verwendet werden. Vollholzverbindungen mit angeschnittener Feder bezeichnet man auch als gespundete Verbindung. Bei belasteten Zwischenböden soll die Spundung an der Unterseite liegen. Achtung: Bei Platten kann die durchgehende Nut zu verzogenen Seiten führen, daher sollte für beschichtete Holzwerkstoffplatten die gedübelte Verbindung vorgezogen werden. **Anwendung:** Handwerklich und industriell hergestellte Verbindungen von Zwischenböden aus Vollholz und Plattenmaterial. Gespundete Verbindungen werden nur noch selten verwendet. **Maße:** Die Nut sollte nicht tiefer als 4/10 der Brettdicke sein. Federdicke ≅1/4, bei Vollholz bis 1/3 der Holzdicke.
44	**T-Verbindung mit Formfeder (Lamellenverbinder)**	Für Spanplatten ist diese Verbindung günstiger als die gefederte Verbindung, da keine durchgehende Nut entsteht. (Siehe Korpuseckverbindungen, Nr. 21.)
45	**Gehrungsverbinder** 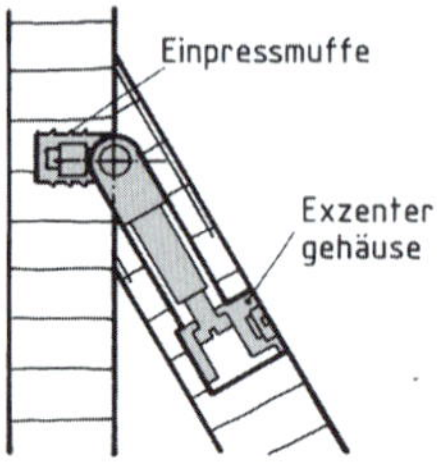 Einpressmuffe Exzentergehäuse	Mit dem Gehrungsverbinder lassen sich Mittelverbindungen bis zu einem Gehrungswinkel von 20° ausführen. Er besteht aus einem Gelenkbolzen und einer Einpressmuffe. Die Verbindung ist zerlegbar und eröffnet vielfältige Gestaltungsmöglichkeiten. (Siehe auch Korpuseckverbindungen, Nr. 39.) Für den Einbau wird eine spezielle Bohr- und Anreißlehre benötigt. **Anwendung:** Handwerklich hergestellte Plattenverbindungen bei Möbeln und im Innenausbau. **Maße:** Je nach Hersteller unterschiedlich. Das Seitenteil muss mindestens 19 mm stark sein.

5-9
5-14

5.2 Holzverbindungen (Verbindungskonstruktionen)

5.2.6 Mittelverbindungen (T-förmige Verbindungen) (Forts.)

Nr.	Abbildung	Erläuterung
46	**Verbindungsbeschläge**	Als Mittelverbindung kommen u. a. Bodenträger aus Kunststoff oder Metall zum – Einschlagen, – Einschrauben oder – Einstecken zur Anwendung. Die althergebrachte Auflagerung von Zwischenböden auf Zahnleisten wird heute kaum mehr verwendet. Meist werden in den Korpusseiten Reihenbohrungen angebracht. In diese werden Metall- oder Kunststoffhülsen eingedrückt, die zur Aufnahme der Bodenträger dienen. Zur Anwendung kommen auch eingelassene Metallschienen, in welche man die Bodenträger einhängt. Sollen Einlegeböden gegen Hochklappen und Kippen gesichert werden, so müssen die in Nr. 29 erläuterten zug- und druckfesten Verbindungsbeschläge eingesetzt werden. Das Angebot der Hersteller für diese Beschläge ist sehr vielfältig und kann hier nicht wiedergegeben werden. **Anwendung:** Für Zwischenböden in Schränken und Regalen. **Maße:** Siehe Herstellerangaben.

5-12

5.2.7 Rahmeneckverbindungen

Allgemeines

Die unterschiedlichen Schwundmaße (tangential, radial, längs) von Vollholz werden durch den Rahmenbau optimal berücksichtigt. Rahmen werden fast immer aus Vollholz gefertigt. Die Verwendung von Plattenmaterial (z. B. MDF im Küchenmöbelbau) bildet die Ausnahme.
Einige wichtige Regeln lauten:
- Die aufrechten Friese (Rahmenhölzer) laufen i. d. R. durch;
- einwandfreies und trockenes Holz mit möglichst stehenden Jahresringen (Kern- oder Mittelbretter) verwenden;
- das Kernholz kommt nach vorne (schönere Struktur) und nach außen (besserer Sitz der Bänder im harten Kernholz).

Nr.	Abbildung	Erläuterung
47	**Überblattung**	Die einfachste Möglichkeit der Rahmeneckverbindung ist die Überblattung. Dabei werden die Rahmenhölzer symmetrisch ausgeklinkt und verleimt. Die Verbindung kann durch Nägel (Holznägel) zusätzlich gesichert werden. Wegen ihrer begrenzten Haltbarkeit und Festigkeit wird sie nur für untergeordnete Zwecke und schmale Rahmenhölzer verwendet. Insbesondere bei Bilderrahmen trifft man auch die Gehrungsüberblattung an. Bei ihr ist die Leimfläche und damit die Stabilität weiter verringert. **Anwendung:** Für untergeordnete Zwecke, z. B. Bilderrahmen, Fliegengitter. **Maße:** Tiefe der Ausklinkung: 1/2 Holzdicke.

5.2.7 **Rahmeneckverbindungen** (Forts.)

5-19

5

5-29

Nr.	Abbildung	Erläuterung
48	**Schlitz und Zapfen**	Schlitz und Zapfenverbindungen haben im Vegleich zur geraden Überblattung eine verdoppelte Leimfläche. Sie ergeben eine solide Rahmeneckverbindung. Aus gestalterischen Gründen kann man Rahmenecken ein- oder zweiseitig auf Gehrung absetzen oder Innenprofile anfräsen (siehe Nr. 52). Ab 15 mm Zapfendicke werden Doppelzapfen verwendet. Verbindungen mit Doppelzapfen erreichen deutlich höhere, Gehrungsverbindungen deutlich geringere Festigkeitswerte. Früher wurde für überfurnierte Blindrahmen der Keilschlitz verwendet. Bei Verwendung moderner Fräswerkzeuge sind rationelle Fertigungsabläufe (z. B. Fensterbau) möglich. **Anwendung:** Für stabile Verbindungen im Möbelbau, Fensterbau, Türenbau. Im Küchenmöbelbau werden auch Werkstoffe (MDF) verwendet. **Maße:** Zapfendicke: 1/3 der Holzdicke, bei sehr dünnen Rahmenfriesen wird der Zapfen dicker ausgeführt als die Schlitzwangen. Max. Zapfendicke: 15 mm.
49	**Federzapfen/Nutzapfen**	Der Feder- oder Nutzapfen ergibt eine hirnholzfreie Rahmenseitenansicht. Meist wird diese Verbindung bei gedübelten Rahmentüren (siehe Nr. 50) oder Rahmenecken mit Konterprofil verwendet. Die Stabilität ist geringer als bei der Schlitz- und Zapfen-Verbindung, allerdings kann dieser Mangel durch zusätzliche Dübel weitgehend ausgeglichen werden. **Anwendung:** Möbel- und Türenbau. **Maße:** Im Türenbau beträgt die Nutzapfenlänge 15 mm, im Möbelbau kann die Zapfenlänge auf die Tiefe der (evtl. vorhandenen) Füllungsnut abgestimmt werden. Zapfendicke ≅ 1/3 der Holzdicke.
50	**Gedübelt**	Im Möbelbau können leichte Rahmen stumpf oder auf Gehrung gestoßen werden. Die Verbindung der Rahmenfriese erfolgt dann mit Runddübeln, bei Gehrungsecken auch mit Winkeldübeln oder Formfedern (Abmessungen siehe S. 5-28). Im Türenbau wird die Dübelung meist mit einem durchgehenden Nutzapfen (siehe Nr. 49) kombiniert, das erhöht die Stabilität und hält die Brüstungsfuge „blickdicht". Die Dübelachsen werden leicht zur Rahmeninnenkante hin verschoben, dadurch schwinden die Rahmenfriese von außen nach innen und die Innenecke bleibt dicht. Aus dem gleichen Grund wird beim Verleimen die Verbindung zu 2/3 zusammengesteckt und erst dann Leim angegeben. **Anwendung:** Türen- und Möbelbau. **Maße:** – Dübellänge: 4/5–4/3 der Friesbreite, – Dübeldurchmesser: 2/5–1/2 der Holzdicke, – ab Friesbreiten von 150 mm werden 3 Dübel verwendet, – die Dübelanordnung bei zwei Dübeln erfolgt im Verhältnis 2/6–3/6–1/6 und bei drei Dübeln im Verhältnis 3/8–2/8–2/8–1/8 (siehe Abb.), bei Mittelfriesen jedoch symmetrisch, – der Achsabstand von Dübel zu Dübel soll den 3fachen Dübeldurchmesser nicht unterschreiten.

5.2.7 Rahmeneckverbindungen (Forts.)

Nr.	Abbildung	Erläuterung
51	**Gestemmter Zapfen** 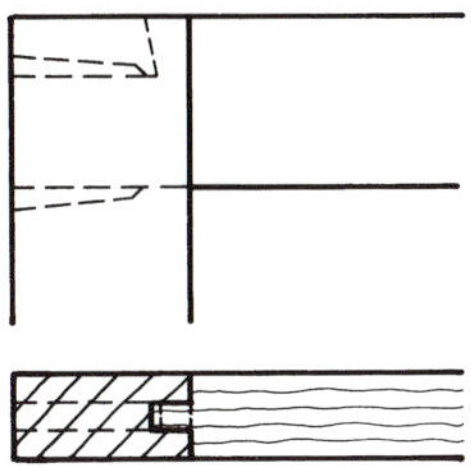	Die gestemmte und verkeilte Zapfenverbindung ist die traditionelle Verbindung für stark belastete Rahmenecken. Der Zapfen wird abgesetzt und mit einer geraden oder schrägen Feder versehen (Nutzapfen), der die Brüstung dicht hält. Um ein Abscheren des kurzen Holzes an der Außenseite des Zapfenlochs zu verhindern, muss genügend Vorholz stehen bleiben. Aus diesem Grund ist die Verbindung für schmale Rahmenfriese nicht geeignet. Die Keilform muss so gewählt werden, dass der Keildruck in Brüstungsnähe wirkt. Rahmenhölzer dürfen ab 100 mm Breite verleimt werden (DIN 18355: 2002-12). **Anwendung:** Für schwere Rahmentüren, aber auch im Möbelbau. **Maße:** Friesbreite: 100 bis 160 mm, Zapfenbreite: ≤ 60 mm, Zapfendicke: 1/3 Holzdicke jedoch: ≤ 15 mm, Nutzapfenlänge: ≃ 15 mm, Vorholzlänge ≥ 30 mm, bei schweren Rahmentüren ≥ 60 mm.
52	**Rahmenecken mit Innenprofilen**	Aus gestalterischen Gründen erhalten Rahmen oft eine Innenprofilierung. Diese Innenprofile können grundsätzlich mit allen o.g. Eckverbindungen kombiniert werden.
52.1	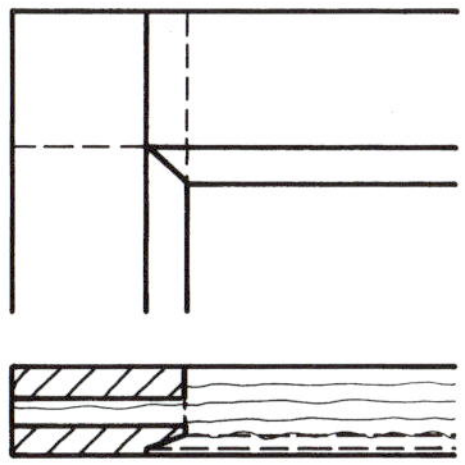 Gekontert	**zu 52.1:** Die überschobene Brüstung (gekontert) wird mit einem Frässatz – bestehend aus einem Profil- und Konterprofilfräser – hergestellt. Das aufrechte Rahmenfries wird durchgehend profiliert, das Querfries erhält das Konterprofil. Meist wird sie als Schlitz- und Zapfen-, Nutzapfen- oder Dübelverbindung ausgeführt. **Vorteile:** Schnelle Herstellung und die Gehrung kann nicht undicht trocknen.
52.2	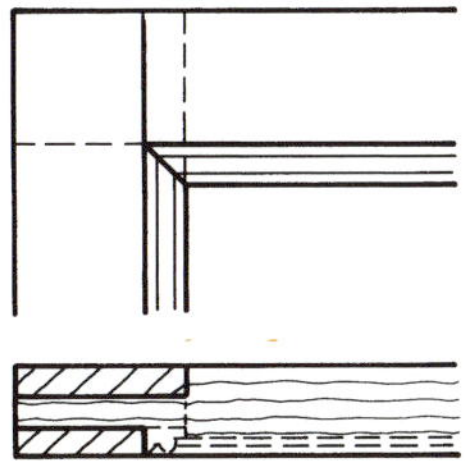 Auf Hobel geschlitzt	**zu 52.2:** Werden hinterschnittene Profile verwendet, so kann die überschobene Brüstung nicht mehr verwendet werden. Es muss nun das Innenprofil auf Gehrung (auf Hobel) abgesetzt werden. Will man diese Handarbeit vermeiden, muss auf hinterschnittene Profile verzichtet oder aber auf eine eingelegte Profilleiste zurückgegriffen werden. **Vorteil:** Für hinterschnittene Profile verwendbar. **Anwendung:** Möbel- und Türenbau, Altbaufenster. Die gekonterte Ecke ist rationell herstellbar.
53	**Rahmenecke mit Minizinken** 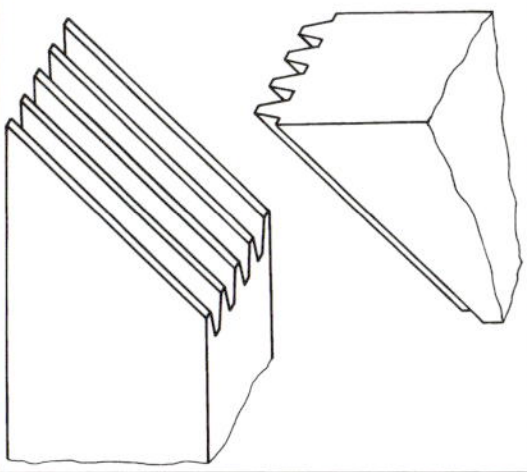	Die Minizinkenverbindung ist nur bei Gehrungsecken möglich und wird immer maschinell hergestellt. Minizinken ergeben eine stabile Rahmeneckverbindung. Wegen des relativ teuren Fräswerkzeugs werden sie in Kleinbetrieben kaum hergestellt. Im Fensterbau wurden zeitweise Minizinken angewendet, konnten sich aber letztendlich nicht durchsetzen. **Anwendung:** Im industriellen Möbelbau für stabile Rahmeneckverbindungen. **Maße:** Fräswerkzeuge für Zinkenlängen von 10, 15 und 20 mm sind lieferbar.

5.2.8 Gestellverbindungen

Nr.	Abbildung	Erläuterung
54	**Gestemmte Zargen-Stollen-Verbindung** 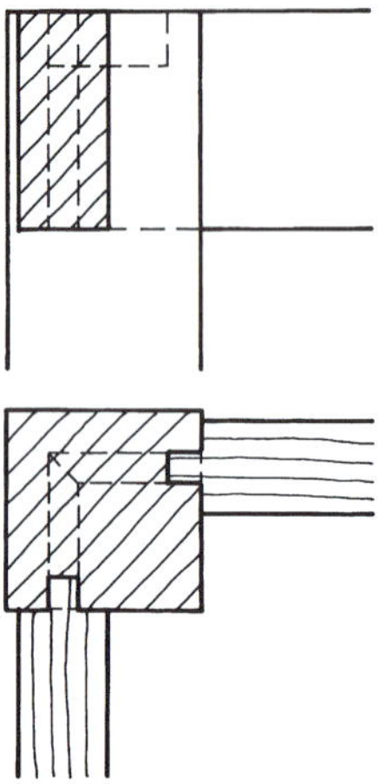	Die gestemmte Zargen-Stollen-Verbindung ist sehr stabil, aber in der Herstellung sehr aufwändig. Ihre Festigkeit ist von der Größe der Zapfenfläche abhängig. Um die Fläche zu vergrößern, wird der Zapfen auf Gehrung geschnitten und an die Außenseite des Stollens gelegt. Traditionell wird bei stark belasteten Gestellverbindungen der Federzapfen (Nutzapfen) schräg abgesetzt (Winkel zwischen Feder und Zapfen ca. 80°); so wird der Stollen nur wenig geschwächt und die ganze Zapfenlänge ist eingespannt. Bleibt die Hirnfläche des Stollens sichtbar (z. B. beim Spieltisch), so wird die Schräge umgekehrt abgesetzt (Winkel zwischen Feder und Zapfen ca. 100°). Bei wenig belasteten Möbeln kann der Federzapfen gerade sein. Der Zapfen soll mit leichter Presspassung im Stollen liegen. **Anwendung:** Für stark belastbare Tische und Stühle aus Vollholz. **Maße:** Zapfenbreite 1/2–2/3 der Zargenhöhe, aber ≤60 mm, Zapfendicke: 1/3 Holzdicke, Nutzapfenlänge: 10–15 mm.
55	**Dübelverbindung** 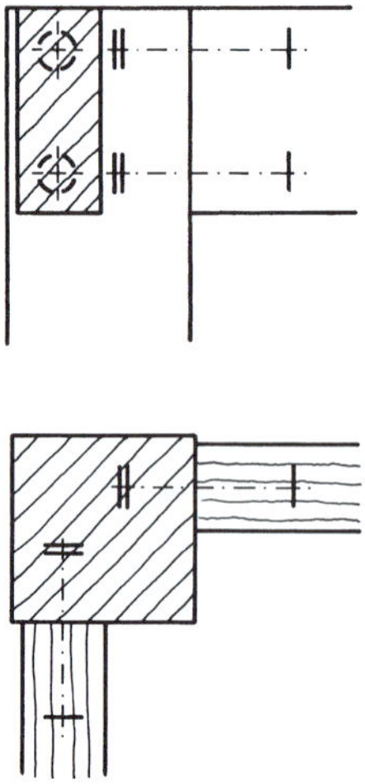	Bei fachgerechter Herstellung und Verleimung erreichen gedübelte Verbindungen die Festigkeitswerte von Zapfenverbindungen. Da beim Zuschnittmaß die Zapfenlänge entfällt, kann gegenüber der gestemmten Verbindung eine Materialeinsparung von bis zu 20 % erzielt werden. Bei großen Stückzahlen, wie sie in der Möbelindustrie gefertigt werden, macht sich das in den Materialkosten bemerkbar. Der Hauptvorteil der gedübelten Verbindung liegt jedoch in der rationelleren Herstellungstechnik. Die Lohnkosten können so deutlich gesenkt werden. Bei hohen Zargen werden die Dübel versetzt, so dass sie fingerartig ineinander greifen. Bei kleinen Zargen ist das nicht möglich. Hier können die Dübel auf Gehrung gestoßen oder wechselseitig gekürzt werden. Riffeldübel können mit leichter Presspassung eingeleimt werden. **Anwendung:** Für industriell und handwerkliche Stuhl- und Tischherstellung. Meist wird Vollholz verwendet, für wenig belastete Zargen kommen aber auch beschichtete Platten in Frage. **Maße:** Dübeldurchmesser < 3/5 der Zargendicke, Dübellänge ≅ 10 × Dübeldurchmesser. Dübelmaße siehe Seite 5-29.

5-29

5.2 Holzverbindungen (Verbindungskonstruktionen)

5.2.8 **Gestellverbindungen** (Forts.)

Nr.	Abbildung	Erläuterung
56	**Stollen mit eingeschnittenen Zargen**  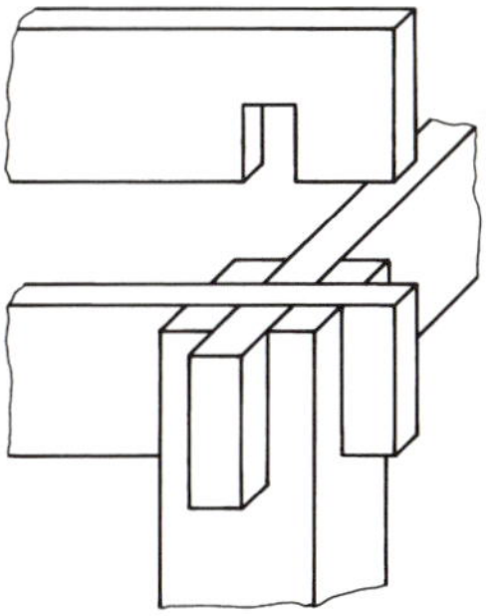	Die Zargen werden je zur Hälfte ausgeklinkt und kreuzförmig überblattet. Diese Verbindung wird dann in den runden oder quadratischen Stollen eingelassen. Eine Verleimung ist nicht erforderlich. Bei dieser Verbindung werden meist kurze, aber stark überdimensionierte Stollen verwendet. Bei Verwendung von Vollholzzargen muss auf stehende Jahrringe geachtet werden, da sich sonst die relativ hohen Zargen leicht werfen. **Anwendung:** Bei rustikalen Bauernmöbeln, aber auch bei modernen Bettgestellen. Für die Zargen kommen auch beschichtete Platten in Frage. **Maße:** Stollendurchmesser: ≃ 4 × Zargendicke. Vollholzzargen sollten nicht höher als 200 mm sein, da sich sonst die Zargen leicht werfen können.
57	**Minizinkenverbindung** 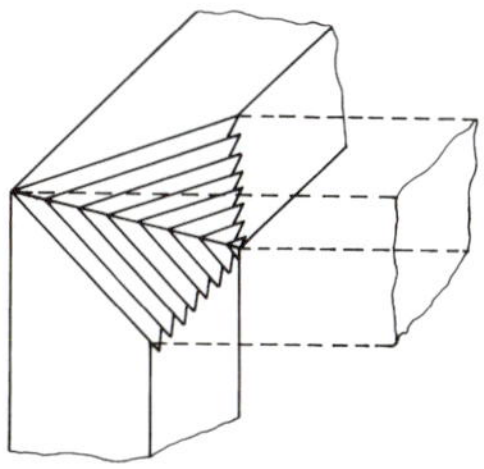	Diese Verbindung eignet sich zum Herstellen von würfelartigen Körpern, deren Außenskelett aus quadratischen Stollen hergestellt wird. Vor dem Anfräsen der Zinken können die Stollen genutet oder gefälzt werden. Von Vorteil ist die hohe Stabilität der Verbindung. Auf der Außenseite der Stollen sind nur Gehrungsfugen sichtbar. Wegen des relativ teuren Fräswerkzeugs wird sie in Kleinbetrieben kaum verwendet. **Anwendung:** Im industriellen Möbelbau für stabile Rahmeneckverbindungen, z. B. für Ausstellungsvitrinen. **Maße:** Fräswerkzeuge für Zinkenlängen von 10, 15 und 20 mm sind lieferbar.
58	**Verbindungsbeschlag** 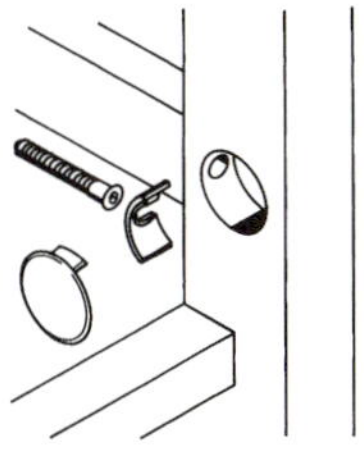 Hier Universalverbinder	Echte dreiachsige Verbindungsbeschläge für den (Holz-)Möbelbau gibt es nicht. Der dargestellte Verbinder eignet sich aber gut für Gestellverbindungen. Von der Außenseite ist der Beschlag nicht sichtbar. Durch das relativ große Segment-Unterlegteil werden befriedigende Festigkeitswerte erreicht. Durch die einfache Montage mit einem Innen-Sechskant-Schlüssel eignet sich der Verbinder auch für Mitnahmemöbel. **Anwendung:** Polstermöbel, Tische, Stühle. **Maße:** Stollenbreite mindestens 50 mm, Stollendicke mindestens 20 mm.

5.3 Zinkenteilung

5.3.1 Rechnerische Zinkenteilung (für die offene und halb verdeckte Zinkung[1])

Arbeitsablauf	Erläuterungsbeispiel
1. Randzinken festlegen	
Der Randzinken wird mit der Zinkenschmiege (Winkel 80° oder Steigung 1:6) an der Innenkante angetragen. Dazu verwendet man eine Zinkenlehre (Steigungsverhältnis 1:6 bzw. Winkel 80°) oder stellt die Schmiege auf diesen Winkel ein. Oft richtet sich die Größe des Randzinkens nach der Konstruktion; so muss z. B. beim Schubkasten die Bodennut immer durch die Schwalbe verlaufen. Sind keine konstruktiven Vorgaben zu berücksichtigen, so wird der Randzinken mit 0,5 × Holzdicke angetragen.	Die Zinkenteilung für ein 150 mm breites und 20 mm dickes Brett soll ermittelt werden. *Geg.:* Holzbreite = 150 mm, Holzdicke = 20 mm *Ges.:* Zinken- und Schwalbenbreite **Lös.:** Randzinken: 0,5 × Holzdicke Randzinken: 0,5 × 20 = 10 mm 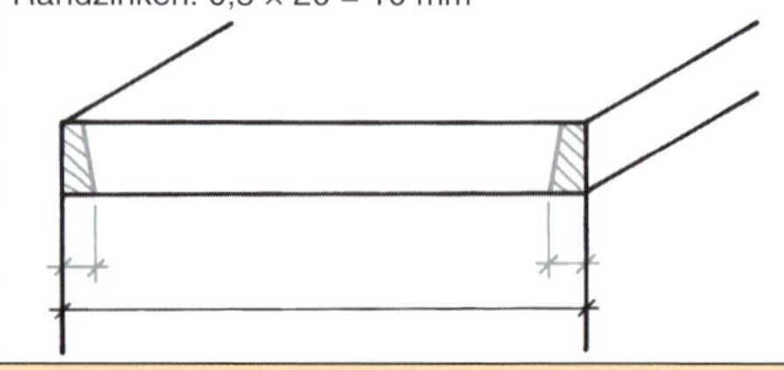
2. Teilung berechnen	
Die nach Abzug der Randzinken verbleibende Holzbreite wird berechnet oder abgemessen. Diese Restbreite muss nun auf Zinken und Schwalben verteilt werden. Dabei gibt es immer eine Schwalbe mehr, als es Zinken gibt. Die Anzahl von Schwalben und Zinken zusammen ist immer ungerade. $\text{Anzahl der Teile} = \frac{\text{Restbreite}}{0{,}75 \times \text{Holzdicke}}$ Das Ergebnis wird auf die nächste ungerade Zahl auf- oder abgerundet. Rundet man auf, so erhält man einen Zinken und eine Schwalbe mehr, als wenn man abrundet.	Restbreite = 150 mm – (2 × 10 mm) = 130 mm $\text{Anzahl der Teile} = \frac{130\ \text{mm}}{0{,}75 \times 20\ \text{mm}}$ Anzahl der Teile = 8,667. Gewählt: 9 Teile, also 5 Schwalben und 4 Zinken. Rundet man dagegen auf 7 Teile ab, so erhält man nur 3 Zinken und 4 Schwalben, die dann etwas größer werden.
3. Zinken- und Schwalbenbreite berechnen	
An der Innenseite sind die Zinken und Schwalben gleich breit, daher kann die Restbreite durch die unter Punkt 2 ermittelte Anzahl geteilt werden. $\text{Breite} = \frac{\text{Restbreite}}{\text{Anzahl der Teile}}$	$\text{Breite} = \frac{130\ \text{mm}}{9\ \text{Teile}} = \mathbf{14{,}44\ mm}$ 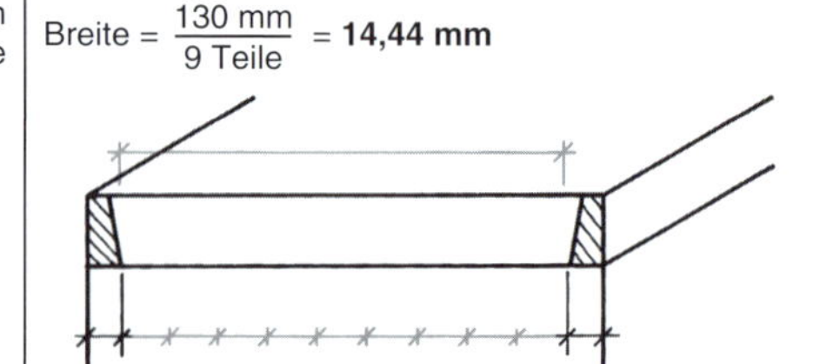
4. Zinken anreißen	
Zunächst wird die so ermittelte Teilung mit Hilfe einer Zinkenlehre oder mit der Schmiege (Winkel ca. 80°) auf dem Zinkenbrett angerissen. Die Schwalben werden erst angerissen, wenn das Zinkenbrett fertig hergestellt ist. Dabei verwendet man das Zinkenbrett als Schablone und überträgt die Zinkenform auf das Schwalbenbrett.	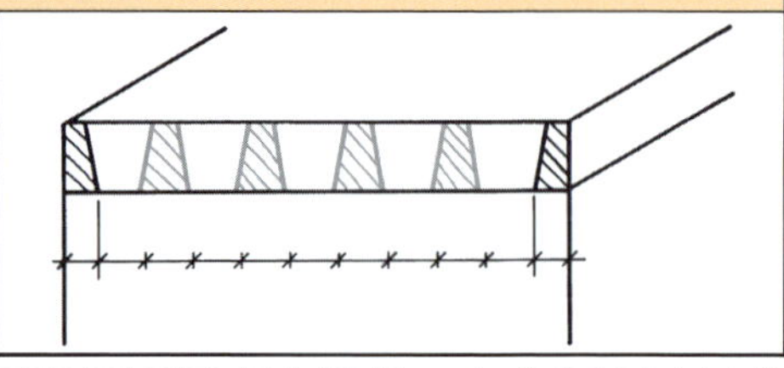

[1] Die halb verdeckte Zinkung wird nach dem gleichen Schema berechnet, jedoch wird die Holzdicke um das Verdeck reduziert, da für die Zinkenteilung nur die Schwalbenlänge maßgeblich ist.

5.3 Zinkenteilung

5.3.2 Zeichnerische Zinkenteilung (für die offene und halb verdeckte Zinkung[1)])

Arbeitsablauf	Erläuterungsbeispiel
1. Schwalbenanzahl festlegen	
Die Anzahl der Schwalben wird entsprechend der Brettbreite festgelegt. Die folgende Regel liefert eine harmonische Zinkenteilung: $\text{Schwalbenzahl} = \frac{\text{Holzbreite}}{1{,}5 \times \text{Holzdicke}}$ Rundet man ab, so hat man weniger Arbeit beim Schneiden und Stemmen, rundet man auf, so erhält man eine „schönere" Zinkenteilung.	Die Zinkenteilung für ein 75 mm breites und 20 mm dickes Brett soll ermittelt werden. *Geg.:* Holzbreite = 75 mm, Holzdicke = 20 mm *Ges.:* Zinkenteilung **Lös.:** $\text{Schwalbenzahl} = \frac{75\text{ mm}}{1{,}5 \times 20\text{ mm}} = 2{,}5$ Gewählt: zwei Schwalben, da so weniger Arbeit anfällt.
2. Teilung ermitteln	
Bei der zeichnerischen Teilung werden Rand- und Mittelzinken gleich behandelt. Auf jeden Zinken entfällt ein Teil, auf jede Schwalbe 2 Teile. Auf der Mittelachse müssen n Teile abgetragen werden. $n = (3 \times \text{Anzahl der Schwalben}) + 1$ Die Aufteilung der Mittelachse in n gleiche Teile erfolgt nach dem Strahlensatz (siehe Kap. 3.6.1) oder mithilfe des Gliedermaßstabs (Zollstock).	$n = (2 \times 3) + 1 =$ **7 Teile** 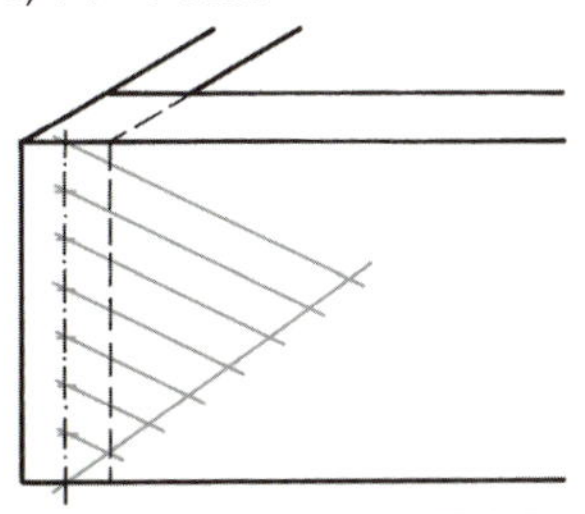
3. Konstruktion der Hilfspunkte	
Durch den 6. Punkt[2)] wird ein Zirkelschlag gezogen. Man erhält einen Schnittpunkt mit der Seite des Schwalbenbretts. Hier wird eine Parallele zur Mittelachse gezeichnet. Auf die Parallele überträgt man die Teilung der Mittelachse. Damit sind alle Hilfspunkte festgelegt, die zum Anreißen der Zinken benötigt werden.	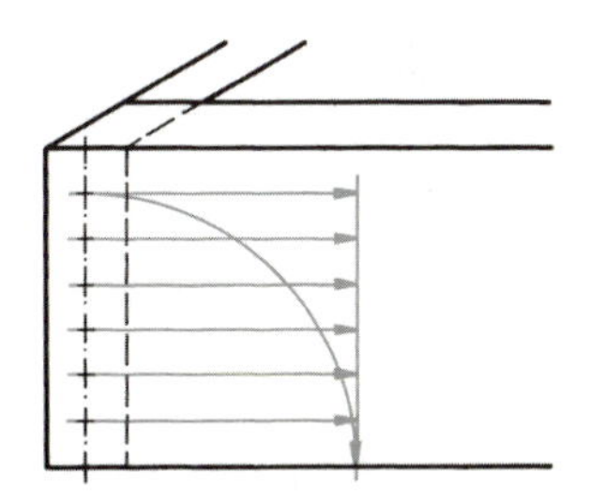
4. Schwalben und Zinkenteilung anzeichnen	
Die Zinken werden entsprechend der nebenstehenden Skizze angerissen. Dabei ist zu beachten, dass auf jede Schwalbe zwei und auf jeden Zinken ein Teil entfällt. Weil bei der zeichnerischen Methode zum Anzeichnen das Schwalbenbrett verwendet werden kann, ist es sinnvoll, zuerst das Schwalbenbrett und danach das Zinkenbrett herzustellen.	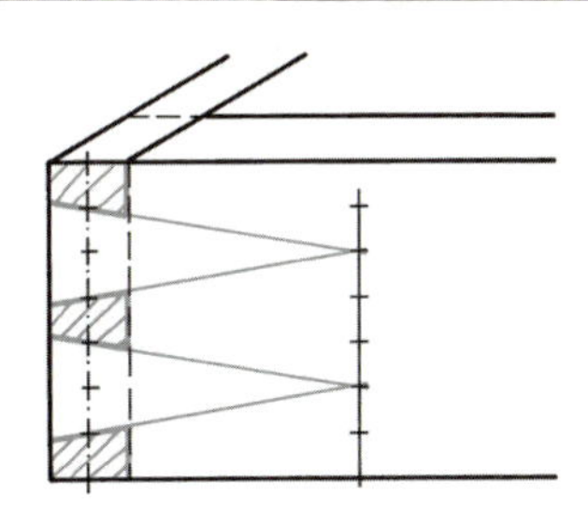

5

3-9

1) Die halb verdeckte Zinkung wird nach dem gleichen Schema angezeichnet, jedoch wird die Holzdicke um das Verdeck reduziert. Für die Zinkenteilung ist nur die Schwalbenlänge maßgeblich.
2) So wird erreicht, dass die Zinkenschräge das Steigungsverhältnis 1:6 bekommt (entspricht ca. 80°).

5.3 Zinkenteilung

5.3.3 Schrägzinkung (für die offene und halb verdeckte Zinkung[1])

Arbeitsablauf	Erläuterungsbeispiel
1. Schwalbenanzahl festlegen	
Die Anzahl der Schwalben kann frei festgelegt werden, oder man verwendet das Verfahren der vorhergehenden Seite. Grundsätzlich gilt: weniger Schwalben erfordern weniger Arbeit, mehr Schwalben ergeben eine „schönere“ Zinkenteilung.	Die Zinkenteilung für ein 70 mm breites und 20 mm dickes Brett soll ermittelt werden. *Geg.:* Holzbreite = 70 mm, Holzdicke = 20 mm *Ges.:* Zinkenteilung **Lös.:** Gewählt: 3 Schwalben
2. Teilung ermitteln	
Bei der zeichnerischen Teilung werden Rand- und Mittelzinken gleich behandelt. Auf jeden Zinken entfällt 1 Teil, auf jede Schwalbe 2 Teile. Auf der Mittelachse müssen n Teile abgetragen werden. $n = (3 \times \text{Anzahl der Schwalben}) + 1$ Die Aufteilung der Mittelachse in n gleiche Teile erfolgt nach dem Strahlensatz (siehe Kap. 3.6.1) oder mithilfe des Gliedermaßstabs (Zollstock).	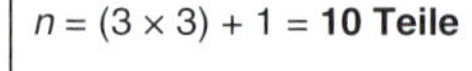 $n = (3 \times 3) + 1 =$ **10 Teile** 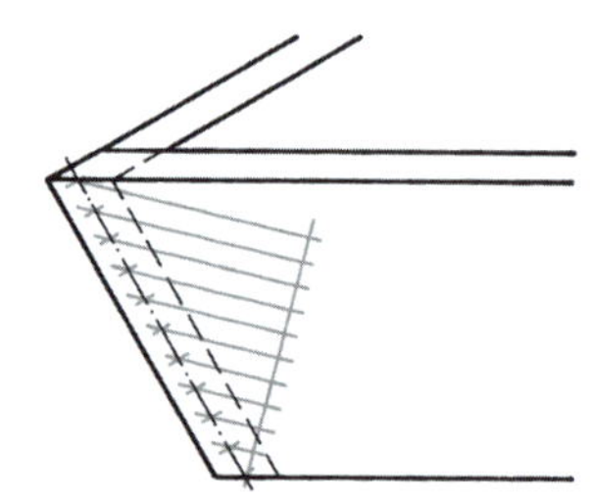
3. Konstruktion der Hilfspunkte	
Durch den 6. Punkt[2] wird ein Zirkelschlag gezogen. Man erhält einen Schnittpunkt mit der Seite des Schwalbenbretts. Hier wird eine Senkrechte errichtet. Auf diese Senkrechte überträgt man die Teilung der Mittelachse. Damit sind alle Hilfspunkte festgelegt, die zum Anreißen der Zinken benötigt werden.	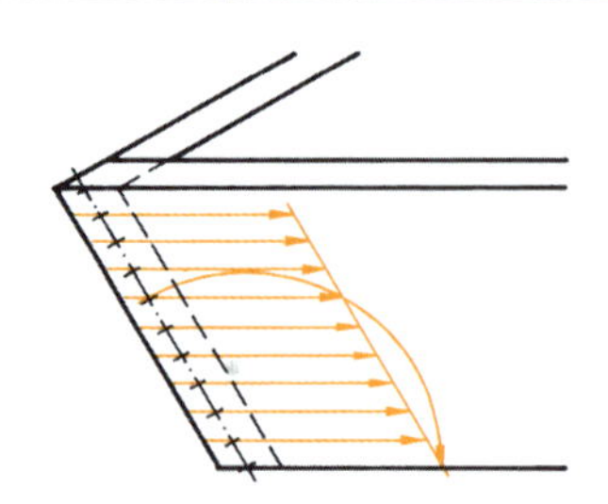
4. Schwalben und Zinkenteilung anzeichnen	
Die Schwalben werden entsprechend der nebenstehenden Skizze angerissen. Dabei ist zu beachten, dass auf jede Schwalbe 2 und auf jeden Zinken 1 Teil entfällt. Bei der Schrägzinkung ist es üblich, die Zinken- und Schwalbenteilung auf das Schwalbenbrett zu zeichnen. Die Zinken werden erst angerissen, wenn das Schwalbenbrett fertig hergestellt ist. Dabei verwendet man das Schwalbenbrett als Schablone und überträgt die Schwalbenform auf das Zinkenbrett.	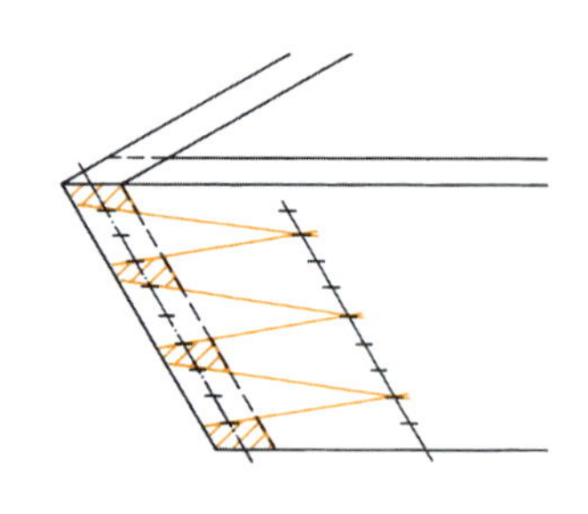

3-9

5

[1] Die halb verdeckte Zinkung wird nach dem gleichen Schema angezeichnet, jedoch wird die Holzdicke um das Verdeck reduziert. (Für die Zinkenteilung ist nur die Schwalbenlänge maßgeblich.)
[2] So wird erreicht, dass die Zinkenschräge das Steigungsverhältnis 1:6 bekommt (entspricht ca. 80°).

5.4 Verbindungsmittel

5.4.1 Klebstoffe

14-7

Übersicht/Definitionen

Klebstoff ist ein nichtmetallischer Werkstoff, der durch Kohäsion und Adhäsion zusammengefügte Teile miteinander verbinden kann.
Wenn der Klebstoff wasserlöslich und aus tierischen, pflanzlichen oder synthetischen Grundstoffen hergestellt ist, bezeichnet man ihn als Leim.

Klebstoffart	Ausgangsmaterial	Bezeichnung
Natürliche Klebstoffe[1]	tierische Stoffe: Haut, Knochen, Leder, Blut, Milcheiweiß	Glutinleim, Blutalbuminleim, Kaseinleim
	pflanzliche Stoffe: Kohlenhydrate, Stärke	Dextrinleim, Stärkeleim
Synthetische Klebstoffe	plastomere Kunststoffe	Polyacrylsäureester-Klebstoff, Polyvinylacetatklebstoff, PVAC-Schmelzklebstoff
	elastomere Kunststoffe	Polychloroprenklebstoff ohne Härter, Polyurethanklebstoff
	duromere Kunststoffe	Epoxidharzklebstoff, Harnstoffharzklebstoff, Melaminharzklebstoff, Polychloroprenklebstoff mit Härter, Phenolharzklebstoff, Resorcinharzklebstoff

Klebstoffart	Wirkungsweise
Dispersionsklebstoff	Kunststoff mit hoher Eigenfestigkeit (Kohäsion) und großer Anhangskraft (Adhäsion) ist in feiner Verteilung (Dispersion) in einer neutralen Flüssigkeit (meist Wasser) gelöst. Die Flüssigkeit verdunstet und ein die Teile verbindender Kunststofffilm bleibt zurück
Lösungsmittelklebstoff	Kunststoff ist in organischen Lösungsmitteln gelöst. Nach Verdunstung des Lösungsmittels bleibt ein zäher Kunstofffilm zurück, der oft größere Adhäsion als Kohäsion hat (Kaltschweißung)
Kontaktklebstoff	Feststoffe mit organischen Lösungsmitteln gelöst. Auf die Fügeteile gestrichen, muss der Klebstoff abdünsten, dann müssen die Teile mit großem Druck in Kontakt gebracht werden
Reaktionsklebstoff	Zwei Komponenten werden zusammengebracht und bilden die hochfeste Verbindungsschicht aus Makromolekülen. Kein Anpressdruck nötig

Beanspruchungsgruppen für Klebstoffe nach DIN EN 204: 2001-09

Gruppe	Anforderung
D1	haltbar in geschlossenen Räumen mit allgemeiner niedriger Luftfeuchtigkeit, ohne unmittelbare Einwirkung des Freiluftklimas
D2	haltbar in geschlossenen Räumen mit hoher, stark wechselnder Luftfeuchtigkeit und gelegentlicher Wassereinwirkung
D3	haltbar, wenn die Klebung den üblichen Klimabedingungen einer Region ausgesetzt ist
D4	wie D3, jedoch extreme Klimabedingungen

[1] Natürliche Klebstoffe sind kaum noch in Gebrauch, da ihre Eigenschaften den heutigen Anforderungen nicht mehr ausreichend genügen. Die Ausnahme bilden Glutinleime, die wegen ihrer unübertroffenen akustischen Eigenschaften nach wie vor im Musikinstrumentenbau Verwendung finden.

14-7

5

5.4 Verbindungsmittel

5.4.1 Klebstoffe

Fachbegriffe für Klebungen

Begriff	Erklärung
Abbindezeit	Zeitspanne vom Klebstoffauftrag bis zur erforderlichen Festigkeit des Klebstoffs
Heißklebung	Abbindetemperatur zwischen 90 °C und 160 °C
Warmklebung	Abbindetemperatur 40 °C bis 70 °C
Kaltklebung	Abbindetemperatur zwischen 5 °C und 25 °C
Nassklebezeit (bei Dispersionsklebstoffen) Kontaktklebezeit (bei Kontaktklebstoffen)	Zeitspanne, die nach dem Auftragen des Klebstoffes bis zum Vereinigen der Fügeteile und Aufbringung des Pressdrucks, falls erforderlich, zur Verfügung steht. Man spricht von offener und geschlossener Wartezeit.
offene Wartezeit	Vom Auftrag bis zum Zusammenfügen der Teile
geschlossene Wartezeit	Vom Zusammenfügen der Teile bis zum vollen Pressdruck
Presszeit	Zeitspanne, in der auf die Klebfuge Druck ausgeübt werden muss
Reifungszeit	Zeit, die zwischen dem Ansetzen und der Gebrauchsfähigkeit eines Klebstoffes liegt
Topfzeit	Zeitspanne, in der ein Klebstoff vom Zeitpunkt des Ansetzens gemessen verarbeitbar bleibt

pH-Werte

Bei der Anwendung von Klebstoffen ist der pH-Wert zu beachten, weil es bei der Klebung zu chemischen Reaktionen kommt.
Ein basischer Klebstoff und ein saures Holz führen zur Neutralisation.
Ein Härter auf Säurebasis führt bei saurem Holz zur Verdrängungs- bzw. Austauschreaktion. Außerdem kann das Holz durch vorhandene Verunreinigungen verfärben. Bei Eiche z. B. entstehen blaue Verfärbungen, falls Spuren von Eisen vorhanden sind.

pH-Bereiche von Klebstoffreaktionen		pH-Werte von Holzarten	
Klebstoffart	Reaktion	Holzart	pH-Wert
Phenolharzklebstoff Kaseinleim Melaminharzklebstoff	stark basisch basisch schwach basisch	Tanne	5,5 bis 6,1
		Esche	5,8
Glutinleim aus Leder Kontaktklebstoff ohne Härter	neutral neutral	Teak	5,1
PVAC-Klebstoff PVAC-Schmelzklebstoff Resorcinharzklebstoff Stärkeleim	neutral bis schwach sauer neutral bis schwach sauer neutral bis schwach sauer neutral bis sauer	Kiefer	5,1
		Mahagoni (afr.)	5,4
Glutinleim aus Knochen Kontaktklebstoff mit Härter Harnstoffharzklebstoff	sauer sauer sauer	Afzelia	4,9
		Steineiche	3,9

5.4 Verbindungsmittel

5.4.1 Klebstoffe

Eigenschaften der Leime und Kleber

Name	Eigenschaften						Anwendung
	Feuchte-beständigkeit	Wärme-beständigkeit	Presszeit	Werkzeugabnutzung	Fülleigenschaften	Reinigung der Arbeitsgeräte	
Glutinleim (KG)[1]	gering	gering	30–60 min	gering	gut	warmes Wasser	Restaurierungsarbeiten, Instrumentenbau
Kaseinleim (KC)[1]	befriedigend	gering	8–24 h	mäßig	gut	warmes Wasser, ausgehärtet nur mechanisch	Heute kaum noch verwendeter Montageleim. Kaseinleim verfärbt gerbstoffreiche Hölzer
Polyvinylacetat-Leim (KPVAC)[2] (Weißleim)	gering bis gut, D2–D4	mäßig	10–40 min	mäßig	gering	warmes Wasser, ausgehärtete D4-Leime nur mechanisch	Möbelbau, Fenster- und Türenbau. Lieferbar als Montage-, Flächen-, Kanten- und Lackleim
Schmelzkleber (KSCH)	gering	mäßig	wenige Sekunden	gering	gut	Lösungsmittel, ausgehärtet nur mechanisch	Schnelle Montageklebungen mit Klebepistole und für Kantenanleimmaschinen
Polyacrylsäurekleber[2]	nur kurzzeitig kaltwasserbeständig	gering	1–3 min	mäßig	gering	warmes Wasser, ausgehärtet nur mechanisch	Folienkleber für die Beschichtung glatter Trägermaterialien (z.B. FPY mit PVC oder Polyesterfolien)
Cyanacrylat-Klebstoffe [2] (Sekundenkleber)	gering	mäßig, bis 80 °C	wenige Sekunden	hoch	gering, 0,1 mm	Aceton nach Aushärtung kochen in starker Natronlauge	zum Kleben von Stahl, Aluminium, Elastomere, Leder und Holz, härtet durch Luftfeuchtigkeit aus
Methylmethacrylat [2]	gut	mäßig	1–15 min	hoch	sehr gut, spaltfüllend bis 4 mm	Aceton	Verklebung von Metallen als 2-Komponenten-Klebstoff, Hitzeentwicklung beim Aushärten
Harnstoffharz-Leim (KUF)[3]	kurzzeitig kaltwasserbeständig, D2–D3	mäßig	1–60 min	groß	mäßig	warmes Wasser, ausgehärtet nur mechanisch	Klassischer Furnier-Heißleim; flüssig oder pulverförmig, auch als Leimfilm lieferbar. Enthält Formaldehyd
Melaminharz-Leim (KMF)[3]	gut, aber nicht wetterbeständig, D3	gut	5–60 min	sehr groß	mäßig	warmes Wasser, ausgehärtet nur mechanisch	Furnierheißleim, aber auch als kalt härtender Montageleim. KMF-Leime sind preisgünstiger als KFR-Leime, aber teurer als KUF-Leime. Enthält Formaldehyd
Phenolharz-Leim (KPF)[3]	gut, auch witterungsbeständig, D3–D4	gut	3–60 min	groß	mäßig	warmes Wasser, ausgehärtet nur mechanisch	Herstellung von Span-, Faserplatten, Pressschichtholz, Lagenholz im Heißverfahren. Häufig auch als KRF/KPF-Mischleim. Lieferform: flüssig, pulverförmig oder als Leimfilm. Enthält Formaldehyd

⇒ 14-7

⇒ 4-59 ff.

[1] Natürlicher Leim. [2] Syntheseverfahren: Polymerisation. [3] Syntheseverfahren: Polykondensation. [4] Syntheseverfahren: Polyaddition.

5.4 Verbindungsmittel

5.4.1 Klebstoffe

Eigenschaften der Leime und Kleber

Name	Eigenschaften						Anwendung
	Feuchte-beständigkeit	Wärme-beständig-keit	Presszeit	Werk-zeugab-nutzung	Fülleigen-schaften	Reinigung der Arbeitsgeräte	
Resorcinharz-Leim (KRF)[3] (1-wertiges Phenol)	sehr gut, auch tropenfest D3–D4	gut	2–4 h	groß	mäßig	warmes Wasser, ausgehärtet nur mechanisch	Montageleim für Fensterbau, Bootsbau, Ingenieurholzbau. Im Gegensatz zu den KPF-Leimen besteht bei kalt leimenden KRF-Leimen nicht die Gefahr der Säureschädigung des Holzes. Teurer als KPF-Leime. Enthält Formaldehyd
Polyurethan-Leim (KPU)[4]	gut D3–D4	gut	1–5 h	mäßig	sehr gut	Lösungsmittel, ausgehärtet nur mechanisch	Fugen füllende Verleimungen und zum Verbinden von Holz/Metall/Keramik. Enthält gesundheitsschädliche Dämpfe
Epoxy-Kleber (KEP)[4]	sehr gut D3–D4	sehr gut	5 min–24 h	groß	gut	Lösungsmittel, ausgehärtet nur mechanisch	2-Komponenten-Kleber für die Verbindung von Holz/Metall/Glas/Kunststoff/Keramik/Beton. Gesundheitsschädlich, Hautkontakt ist zu vermeiden
Kontaktkleber (KPCB)	gering	gering	wenige Sekunden	gering	gut	Lösungsmittel	Kunstkautschukkleber mit organischem Lösemittel, für die Verbindung von Holz, Leder, Metall und Folien, Linoleum etc. Gesundheitsschädliche Dämpfe, feuergefährlich
anaerob härtende Klebstoffe	gut	gut	wenige Minuten bis einige Stunden	–	gering 0,1 – 0,2 mm	mechanisch	Härten unter Ausschluss von Sauerstoff, Verwendung zur Schraubensicherung, Flanschverklebungen
Photoinitiiert (PI) härtende Klebstoffe	sehr gut	gut	Polymerisation durch UV-Bestrahlung, die Wellenlänge muss genau abgestimmt sein, ein Flügelteil muss Transpatent sein	–	gering	mechanisch	PI-Klebstoffe gibt es als Epoxid oder Acrylat-Klebstoff Metall-Glas-Verklebungen
Silikone	sehr gut	mäßig	Aushärtungsgeschwindigkeit 2 mm/24 h	gering	sehr gut	Seifenlauge, ausgehärtet Silikonentferner	Silikone werden zum Kleben und Abdichten verwendet, die Klebefuge besitzt eine hohe Elastizität
Polyimid-Klebstoffe	gut	sehr gut	wenige Minuten	hoch	gut	mechanisch	Halbleiterindustrie und Elektrotechnik
Plastisole	gut	gering	bleibt thermoplastisch	gering	gut	Lösemittel	Karosseriebau, gute Haftung auf nicht entfetteten Flächen

→ 14-7
→ 4-59 ff.

[1] Natürlicher Leim. [2] Syntheseverfahren: Polymerisation. [3] Syntheseverfahren: Polykondensation. [4] Syntheseverfahren: Polyaddition.

5.4 Verbindungsmittel

5.4.2 Dübel und Federn

Dübel
Glatt-, Quell-, Riffeldübel nach DIN 68150: 1989-07

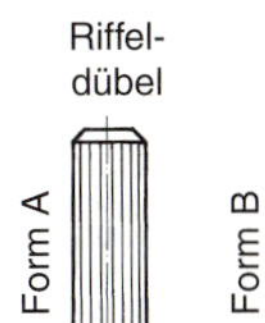

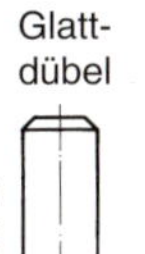

Übliche Liefermaße für Riffeldübel aus Buche

Länge in mm	Durchmesser in mm								
	5	6	8	10	12	14	16	18	20
25/30/35									
40									
45/50									
60/70									
75									
80									
100									
120/140									
160									
180									
200									

Formfeder (Verbindungslamellen)

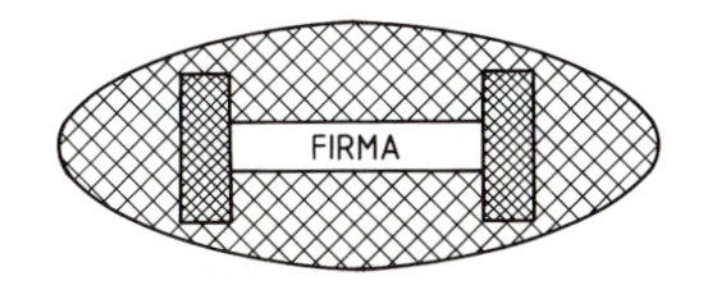

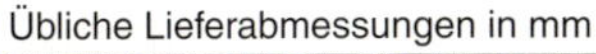

Übliche Lieferabmessungen in mm

Nr.	Länge	Breite	Dicke
0	45	15	4
1	44	18	4
2	50	24	4
3	56	30	4
S4	68	21	4
S5	65	18	4
S6	92	30	4
10	55	19	4
11	Durchmesser	35	4
12	Durchmesser	40	4
13	50	40	4
14	Durchmesser	50	4
20	60	23	4

Winkeldübel (aus Kunststoff)

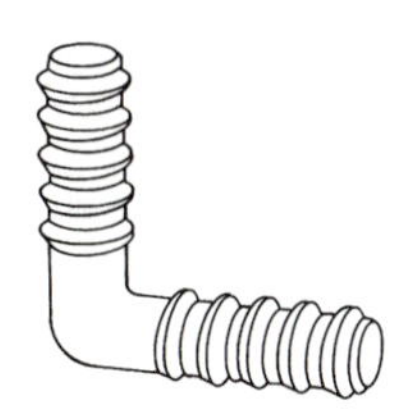

Schenkellänge in mm	24	30
Durchmesser in mm	6	8

Winkelfeder (aus Sperrholz)

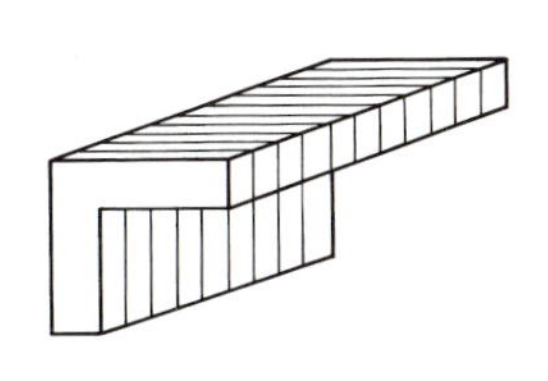

Dicke in mm	3	4	5	6	8	10
Schenkellänge in mm	10	12	14	16	22	35

Winkelfeder (aus Kunststoff)

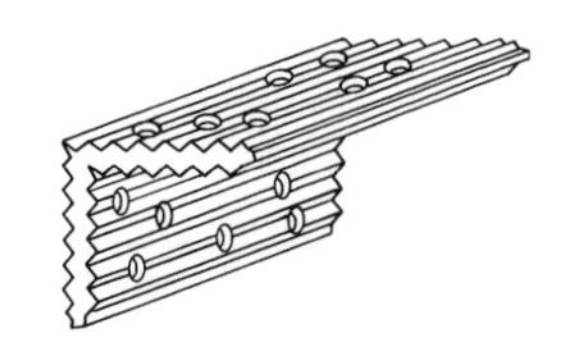

Winkel	Abmessungen in mm
90°	15 × 15 × 2
45°	15 × 15 × 2
0° (eben)	35 × 2

5.4 Verbindungsmittel

5.4.3 Schrauben und Nägel

Linsensenkkopfholzschrauben, Halbrund-, Senkkopf- und Sechskantholzschrauben (Schlüsselschrauben) sind u. a. in Normen standardisiert, Spanplattenschrauben sind nicht genormt.

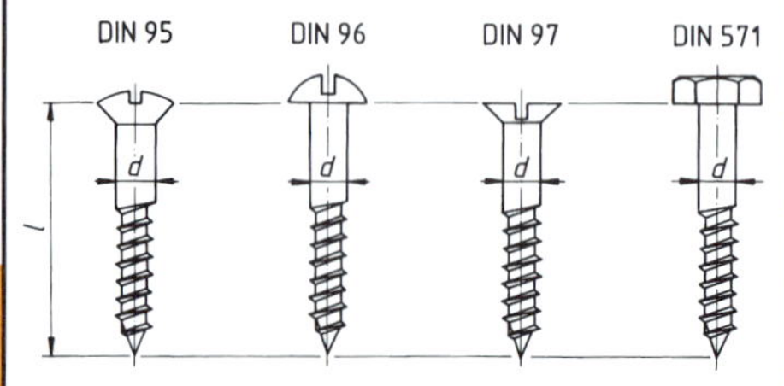

Je nach Verwendung sind diese Schrauben mit Längsschlitz, Kreuzschlitz oder anderen Schraubendreherführungen ausgestattet.

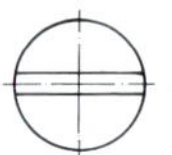

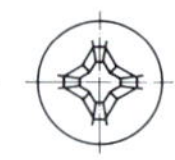
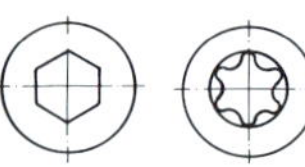

Werkstoffkurzzeichen:

St = Stahl
CuZn = Kupfer-Zink-Legierung (Messing, früher MS)
Al-Leg = Aluminium-Legierung

Beispiel für Schraubenbezeichnung:

Haltekraft einer Schraubenverbindung

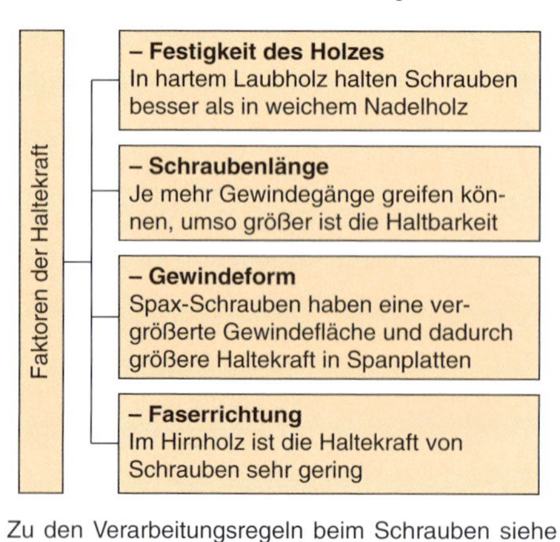

Zu den Verarbeitungsregeln beim Schrauben siehe Seite 5-2.

Sechskantholzschrauben (DIN 571)

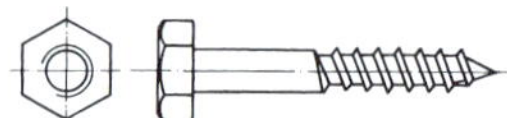

Übliche Liefermaße:

Länge in mm	Durchmesser in mm							
	4	5	6	8	10	12	16	20
16	■	■						
20	■	■	■					
25	■	■	■	■				
30	■	■	■	■	■			
35/40	■	■	■	■	■	■		
45		■	■	■	■	■		
50		■	■	■	■	■	■	
55			■	■	■	■	■	
60			■	■	■	■	■	■
65/70/75/80/90/100				■	■	■	■	■
110/120						■	■	■
130/140/150/160							■	■
170/180/190/200								■

Holzschrauben mit Schlitz
(DIN 95, DIN 96, DIN 97)

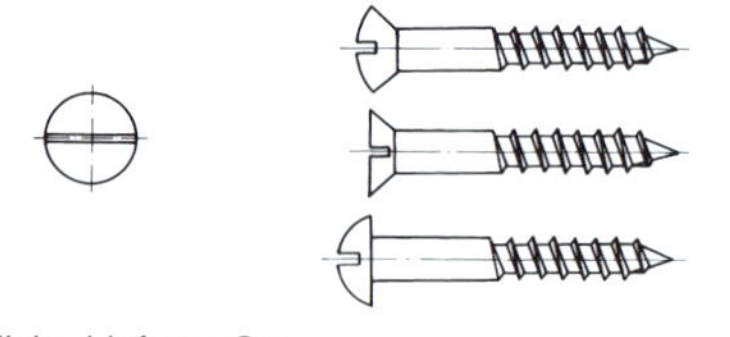

Übliche Liefermaße:

Länge in mm	Durchmesser in mm						
	2,5	3	3,5	4	4,5	5	6
10	■						
12	■	■					
16	■	■	■	■			
20	■	■	■	■		■	
25/30/35		■	■	■	■	■	
40			■	■	■	■	
45/50				■	■	■	
60					■	■	■
70/80							■

5.4.3 Schrauben und Nägel (Forts.)

Holzschrauben mit Kreuzschlitz nach DIN 7995: 1984-12, DIN 7996: 1986-12, DIN 7997: 1984-12 (Liefermaße)

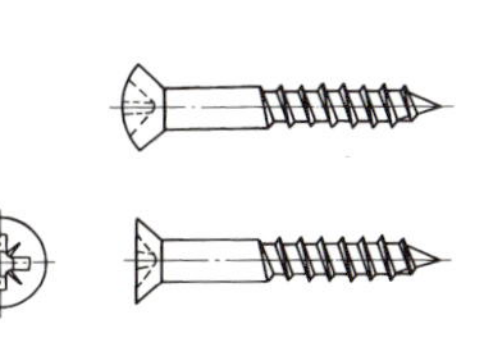

Länge in mm	Durchmesser in mm						
	2,5	3	3,5	4	4,5	5	6
10/12							
16							
20/25							
30/35							
40							
45/50							
60							
70/80/90/100							
110 bis 200							

Fräskopfschrauben (für Harthölzer, nicht genormt)

Länge in mm	Durchmesser in mm				
	3,5	4	4,5	5	6
40					
45					
50					
60					
70					

Liefermaße Spanplattenschrauben (nicht genormt)

Länge in mm	Senkkopf[1]							Linsenkopf[1]							Pan Head (Halbrundkopf)[2]						
	Durchmesser in mm																				
	2,5	3	3,5	4	4,5	5	6	2,5	3	3,5	4	4,5	5	6	2,5	3	3,5	4	4,5	5	6
10																					
12																					
13																					
15																					
16																					
17																					
20																					
25																					
30																					
35																					
40																					
45																					
50																					
55																					
60																					
70																					
80																					
90																					
100																					
110–200																					

[1] Mit Voll- oder Teilgewinde. [2] Mit Vollgewinde.

5.4.3 Schrauben und Nägel (Forts.)

Nägel aus Stahldraht sind in DIN EN 10230-1: 2000-01 genormt.

Der Begriff Nagel wird anstelle des Begriffs Drahtstift verwendet. Aufgenommen sind auch ovale und vierkantige Querschnitte.

Bei der Bestellung sind folgende Angaben zu machen.

- **Normbezeichnung** (DIN EN 10230)
- **Nagelart:** Runder Flachkopf, Senkkopf, runder Stauchkopf, ovaler Stauchkopf, ovaler Stauchkopf mit Einsenkung, flacher Senkkopf, flacher Senkkopf mit Einsenkung, Federkopf, Scheibenkopf, großer Flachkopf
- **Charakteristisches Nennmaß:** (Dicke in mm)
- **Länge:** In mm
- **Art des Nagelkopfes:** Glatter Kopf, geriffelter Kopf
- **Oberfläche des Nagelkopfes:** Unbeschichtet, feuerverzinkt, trommelbeschichtet, galvanisiert, lackiert, zementiert, phosphatiert
- **Art des Schaftes:** Gerauter Schaft, spiralisiert angerollter Schaft, angerollter Ringschaft, verdrillter Vierkantschaft, gerillter Schaft
- **Art der Spitze:** Diamantspitze, Diamantspitze versetzt, Rundspitze, Meißelspitze, glatter Abschnitt
- **Oberflächenüberzug:**
- auf der Verpackung muss außerdem noch der Hersteller, sowie die ungefähre Nagelanzahl und das Gewicht angegeben werden.

Die Haltekraft einer Nagelverbindung ist von folgenden Faktoren abhängig:

Faktoren der Haltekraft

- **– Festigkeit des Holzes**
  In hartem Laubholz halten Nägel besser als in weichem Nadelholz
- **– Haftlänge und Nageldicke**
  Je weiter der Nagel in das untere Holz dringt und je dicker er ist, um so größer ist die Haltekraft
- **– Faserrichtung**
  Die Haltekraft von Nägeln ist im Hirnholz am geringsten und quer zur Faser am größten. Parallel zur Faser werden mittlere Werte erreicht
- **– Holzfeuchte**
  Feuchtes Holz ergibt geringere Haltekräfte, trockenes Holz spaltet leichter

Maße für Nägel aus Stahldraht mit glattem Schaft nach DIN EN 10230-1 (2000-01)

Länge	Nageldicke für Senkkopfnägel, Senkkopfnägel mit Einsenkung und Flachkopfnägel, (rund)	Kopfdurchmesser in mm	Nageldicke für Stauchkopfnägel, (rund)	Kopfdurchmesser in mm
mm	Charakteristisches Nennmaß in mm			
10	1,0	2,8	1,0	1,4
15	1,2	3,3	1,2	1,7
20	1,4	3,9	1,4	2
25	1,4 1,6	3,9 4,0	1,4 1,6	2,2 2,5
30	1,6 1,8 2,0 2,2 2,4	4,0 4,5 5,0 5,5 5,9	1,6 1,8 2,0 2,2 2,4	2,2 2,5 2,8 3,1 3,4
40	1,8 2,0 2,2 2,4 2,7	4,5 5,0 5,5 5,9 6,1	1,8 2,0 2,2 2,4 2,7	2,5 2,8 3,1 3,4 3,8
45	2,0	5,0	2,0	2,8
50	2,2 2,4 2,7 3,0	5,5 5,9 6,1 6,8	2,2 2,4 2,7 3,0	3,1 3,4 3,8 4,2
60	2,7 3,0 3,4	6,1 6,8 7,7	2,7 3,0 3,4	3,8 4,2 4,8
70 und 80	3,0 3,4 3,8	6,8 7,6 7,7	3,0 3,4 3,8	4,2 4,8 5,3
90	3,4 3,8 4,2 4,6	7,6 7,7 8,4 9,2	3,4 3,8 4,2 4,6	4,8 5,3 5,9 6,4
100	3,8 4,2 4,6 5,0	7,7 8,4 9,2 10	3,8 4,2 4,6 5,0	5,3 5,9 6,4 7,0
110	4,2	8,4	4,2	5,9
120	4,6 5,0	9,2 10	4,6 5,0	6,4 7,0
140	5,0 5,5	10	5,0	7.0
150	6,0	11		
160	6,0	12		
180	6,0	14		
200	7,0	14		
280	8,0	16		

5.4 Verbindungsmittel

5.4.4 Bauwerks-Dübel

Anwendungsbereich von Bauwerksdübeln

Anwendung von Bauwerksdübeln

nicht tragende Konstruktionen	tragende Konstruktionen
nicht tragende Konstruktionen z. B. Wandbekleidungen innen, Innen- und Außentüren, Fenster	**tragende Konstruktionen** z. B. Deckenbekleidungen und Unterdecken, Trennwände, Fassadenbekleidungen, Wintergärten, Fensterwände ($h \geq 2{,}00$ m, $A \geq 9{,}00$ m^2)
nicht genehmigungspflichtige Anwendung	**genehmigungspflichtige Anwendung,** da Gefährdung der öffentlichen Sicherheit (Leben oder Gesundheit)
– Bauwerksdübel ohne Zulassung – ggf. Prüfbericht von Institut – Einsatz nach „anerkannten Regeln der Baukunst“ – Handwerker voll verantwortlich	– Bauwerksdübel mit allgemeiner bauaufsichtlicher Zulassung des Instituts für Bautechnik in Berlin – zulässige Tragfähigkeitswerte in Zulassung in Abhängigkeit von den Randbedingungen wie Abstände, Beanspruchungsart, Untergrundart, Verankerungstiefe

Merkmale von Bauwerks-Dübeln

Dübel	Merkmale	Beispiel
Aufgabe	Verhinderung, dass Gegenstand verschoben wird	Sockelleiste
	Aufnahme des Eigengewichts eines Gegenstandes	Deckenbekleidung innen
	Aufnahme äußerer Kräfte wie Winddruck und sog. horizontaler Kräfte, Biegemomente, Stoßkräfte	Fassadenbekleidung, Fenster, Außentüren, Balkongeländer
Dübeltypen	**Spreizdübel** aus Kunststoff oder Metall: – Schraube oder Konus erzeugt Spreizdruck, – Reibungskräfte wirken Zugbelastung entgegen, – Bruch des Verankerungsgrundes bei zu kleinen Dübel-, Rand- und Eckabständen	
	Verbunddübel: Schraube, Anker wird in Bohrloch „eingemörtelt“ oder „eingeklebt“	
	Formschlussdübel aus Kunststoff oder Metall: Verankerung in Hohlräumen durch kippende oder spreizende Dübelteile	
Dübelbeanspruchung	auf – Zug zeitweise – Zug permanent (nur Stahldübel) – Abscheren – Schrägzug – Biegung	Windsog bei Fassadenbekl., Deckenbekleidung, Windbelastung bei Fenstern Hängeschrank, Tür bzw. Fenster geöffnet
Zulässige Belastung	– entsprechend der allgemeinen bauaufsichtlichen Zulassung **oder:** – 1/3 des unteren Bruchlastmittelwertes (0,8 × Bruchlastmittelwert, d. h. der Hersteller-Angabe) bei Metalldübeln – 1/5 des unteren Bruchlastmittelwertes bei Kunststoffdübeln	

5.4 Verbindungsmittel

5.4.4 Bauwerks-Dübel

Spreizdübel

Dübeltyp	Bauart	Verankerung	Merkmale	Besondere Hinweise
Spreizdübel aus Kunststoff	kurz, mit Bund	Eindrehen oder Einschlagen von Verbindungselementen (Schraube, Nagel)	Universaldübel im Allgemeinen nicht für Durchsteckmontage	empfindlich gegen: falsche Schraubenlänge, falschen Schrauben-Ø, falschen Bohrloch-Ø
	kurz, ohne Bund (Maße s. 5-31)	s. o.	s. o. für Durchsteckmontage	s. o., empfindlich gegen falsche Bohrlochtiefe
	mit Langschaft (Maße s. 5-31)	Eindrehen von Verbindungselementen	für Durchsteck- u. Abstandsmontagen	Schraubenanschlag bzw. Eindrehmarkierung beachten
Spreizdübel aus Metall	schraubbetätigt ohne zusätzl. Spreizelement	Eindrehen der Schraube	für Durchsteckmontage	empfindlich gegen falschen Bohrlochdurchmesser
	schraubbetätigt mit Konen	Spannen von Konus, Konen durch Schraubbetätigung	Drehmomentkontrolle	für harten Untergrund, für hohe Belastung
	schraubbetätigt mit beweglichen Schalen	Spannen von Außenschalen durch Schraubbetätigung	Drehmomentkontrolle	vorwiegend mit Außengewinde
	Einschlagdübel	Einschlagen von Konus in den abgestützten Dübelkörper	Wegkontrolle	bündiger Sitz
	Aufschlagdübel	Aufschlagen des Dübelkörpers auf abgestützten Konus		auch Selbstbohrdübel, empf. gegen falsche Bohrloch-Ø u. -tiefe

Faktoren für Dübelauswahl und Dübeleinbau

Anwendungsproblem	Faktoren
Dübeltyp	– Verankerungsgrund (Beton, Vollmauerwerk, Lochsteinmauerwerk, Gasbeton, Plattenwand mit Hohlräumen); – Klima (innen trocken, Feuchtraum, außen, chemisch aggressiv)
Montage	Vorsteckmontage, Durchsteckmontage
Beanspruchung	Zug, Abscheren, Schrägzug, Biegung
Dübelbelastbarkeit	Dübelgröße entspr. Zulassung bzw. entspr. mittl. Bruchlast × 0,8 × 1/5
Mindestabstände	entsprechend Zulassung bzw. bei Metalldübeln 4 × Einbautiefe Kunststoffdübel in Beton 2 × Einbautiefe Kunststoffdübel in Mauerwerk 4 × Einbautiefe Randabstände größer als halber Dübelabstand
Bohrloch-Ø	entsprechend Dübeldurchmesser, ausreichend tief, Bohrmehl entfernen, bei Lochsteinen im Drehgang bohren
Dübeleinbau	Herstellerangaben hinsichtlich Mindesteinbautiefe, Anzugsmoment

6 Möbelbau

6.1 Möbelarten

Unterscheidung nach der Herstellungsweise

Brettbauweise: Bei dieser – historisch ältesten – Technik werden die Flächen aus verleimten oder unverleimten Brettern gefügt. Sowohl Korpusmöbel als auch Gestellmöbel werden in Brettbauweise hergestellt. Verbindungstechniken sind Graten, Zinken, Nuten, Federn, Verkeilen und Verzapfen. Im Brettbau erfahren die Flächen relativ große Formänderungen, was durch Gratleisten usw. berücksichtigt werden muss.

Rahmenbauweise: Die Möbelflächen bestehen aus Rahmen und Füllung. Die Füllung muss mit umlaufender Luft in eine Nut oder einen Falz eingelegt sein, damit das Arbeiten der Füllung keine Auswirkung auf den Rahmen hat. Die Friese sollen stehende Jahresringe (Herzbretter) aufweisen, das Kernholz möglichst außen liegen. Die Rahmenecken können als Zapfenverbindung oder als Dübelverbindung ausgeführt werden.

Stollenbauweise: Die durchgehenden Stollen sind durch Stege, Traversen und Zargen, bei Korpusmöbeln auch durch Rahmen oder Platten miteinander verbunden. Als Verbindungsmittel kommen Zapfen-, Dübel- und Federverbindungen zur Anwendung. Stollen und Rahmenbauweise werden häufig kombiniert. Die besonderen technischen Eigenschaften von Vollholz werden durch beide Bauweisen optimal berücksichtigt.

Plattenbauweise: Es werden vorzugsweise Platten aus FU, FPY, ST, STAE, MDF usw. verwendet. An Verbindungsmitteln kommen Dübel, Lamellendübel, Federn oder lösbare Verbindungsbeschläge aus Kunststoff oder Metall zur Anwendung. Plattenwerkstoffe arbeiten nur sehr begrenzt, daher können die Formänderungen beim Konstruieren vernachlässigt werden. Die jeweils besonderen Materialeigenschaften sind zu berücksichtigen.

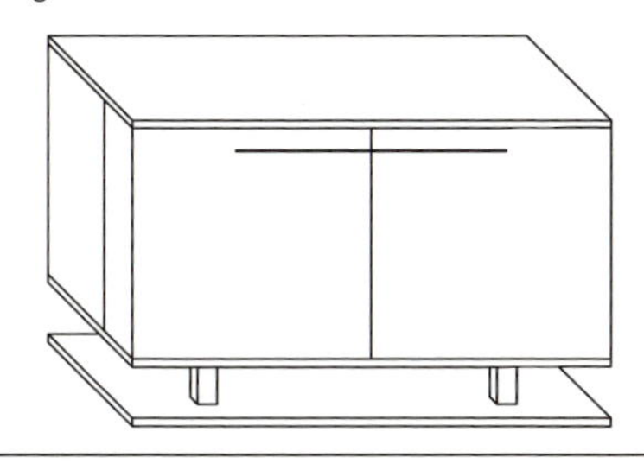

⇒ 6-34

Einteilung der Möbel nach DIN 68880 – 1:(1973-10)

Werkstoff/Ausführung	Funktion	Verwendung im Raum	Konstruktion
Holzmöbel Korbmöbel Kunststoffmöbel Metallmöbel Stilmöbel	Liegemöbel Behältnismöbel Sitzmöbel Kleinmöbel Bett, Bank	Einzelmöbel Systemmöbel Einbaumöbel An- und Aufbaumöbel Raumteiler	Korpusmöbel Kommode, Regal Tisch, Schrank Truhe, Sekretär Tonmöbel

6.2 Möbelnormung

6.2.1 Übersicht

Jedes Möbelstück besteht aus mehreren Elementen, die in unterschiedlichen Ausführungen kombiniert werden können. Dabei sind technisch-wirtschaftliche und gestalterische Gesichtspunkte, aber auch Normvorgaben zu beachten. Die folgende Tabelle gibt eine Übersicht der Ausführungsmöglichkeiten und der wichtigsten zu beachtenden technischen Regeln.

Element	Ausführung	Technische Regeln
Korpus/ Gestell	Brettbau Stollenbau Rahmenbau Plattenbau	**VOB Teil C:** Holzfeuchte (innen) 6–10 %, **DIN-Normen** nach Kap. 6.2.3 und 6.2.4, **DIN EN 942: 2007-06** (Holz in Tischlerarbeiten), **Güteanforderungen** an Plattenwerkstoffe siehe Kap. 4.4
Unterteil	Füße, Stollen voller Sockel Fußgestell	**VOB Teil C:** Holzfeuchte (innen) 6–10 %, **DIN-Normen** nach Kap. 6.2.3 und 6.2.4, **DIN EN 942: 2007-06** (Holz in Tischlerarbeiten), **Güteanforderungen** an Plattenwerkstoffe siehe Kap. 4.4
Oberteil	Kranz Oberboden Platte/Blatt	**VOB Teil C:** Holzfeuchte (innen) 6–10 %, **DIN-Normen** nach Kap. 6.2.3 und 6.2.4, **DIN EN 942: 2007-06** (Holz in Tischlerarbeiten), **Güteanforderungen** an Plattenwerkstoffe siehe Kap. 4.4
Rückwand	genutet gefälzt Beistoßrückwand Rahmenrückwand	**VOB Teil C:** Holzfeuchte (innen) 6–10 %, Mindestdicke (für Einbauschränke): Sperrholz ≥ 6 mm, Spanplatten ≥ 8 mm, **DIN-Normen** nach Kap. 6.2.3 und 6.2.4, **DIN EN 942: 2007-06** (Holz in Tischlerarbeiten), **Güteanforderungen** an Plattenwerkstoffe siehe Kap. 4.4
Vorderer Abschluss	Drehtür Schiebetür Rollladentür Schubkasten Klappe	**VOB Teil C:** Holzfeuchte (innen) 6–10 %. Für Einbauschränke gilt: Schubkastenböden größer 0,25 m^2 müssen aus mindestens 6 mm Sperrholz bestehen, Türen und Schubkästen müssen leicht gangbar sein und dicht schließen, Schubkastenseiten müssen auf Hartholzstreifen o.Ä. laufen, **DIN-Normen** nach Kap. 6.2.3 und 6.2.4, **DIN EN 942: 2007-06** (Holz in Tischlerarbeiten), **Güteanforderungen** an Plattenwerkstoffe siehe Kap. 4.4
Zwischenböden	genutet gefedert gegratet, auf Bodenträgern	**VOB Teil C:** Holzfeuchte (innen) 6–10 %, **DIN-Normen** nach Kap. 6.2.3 und 6.2.4, **DIN 68874** (Möbeleinlegeböden) siehe Kap. 6.4, **DIN EN 942: 2007-06** (Holz in Tischlerarbeiten), **Güteanforderungen** an Plattenwerkstoffe siehe Kap. 4.4
Beschläge	Scharniere Bänder Auszüge Beschläge für den Verschluss Sonstige	**Anforderungen und Prüfungen:** DIN 68840 (Schrankaufhänger), DIN 68841 (Klappenhalter), DIN 68852 (Möbelschlösser), DIN 68857 (Topfscharniere ...), DIN 68858 (Auszugsführungen), DIN 68859 (Rollenbeschläge). Weitere DIN-Normen geben Beschlagmaße an, die sich in der Praxis häufig nicht durchgesetzt haben. In Kap. 6.5 sind daher praxisübliche Maße nach **Herstellerangaben** zusammengestellt
Verbindungsmittel	Nägel, Schrauben Leim Federn Verbindungsbeschläge	**VOB Teil C:** Durch Schwinden und Quellen darf die Verbindung nicht beeinträchtigt werden, **DIN EN 204** (Holzklebstoffe für nicht tragende Bauteile), **DIN 95, DIN 96, DIN 97** (Schrauben), **DIN EN 10230** Nägel aus Stahldraht

6
4-20
6-11

6.2 Möbelnormung

6.2.2 Handelsbezeichnungen

Möbelbezeichnungen im Warenverkehr (Handel) nach DIN 68871 (2001-11)

Bezeichnung	Bedeutung/Mindestanforderung
Antikes Möbel[1]	Wird in der Bezeichnung eine Stilepoche (z. B. Biedermeier) angegeben, so muss das Möbel dieser Epoche entstammen und mindestens 100 Jahre alt sein.
Kopie (Reproduktion)	Das Möbel muss originalgetreu nachgebaut sein.
Stilmöbel	Das Möbel muss Ornamente und Formen der genannten Stilepoche aufweisen. Moderne Herstellungstechniken sind jedoch möglich.
Schlafzimmer	Besteht aus einem Schrank, 2 Bettstellen oder einem Doppelbett (ohne Einlage), 2 Nachtschränken.
Speise/Esszimmer	Besteht aus Geschirrschrank (Büffet, Sideboard), Anrichte (Kredenz) oder Gläserschrank (Vitrine), Esstisch und 4 Stühlen.
Speise/Esszimmer, echt Erle, 180 cm	Maße der Sammelbezeichnungen beziehen sich stets auf das Hauptmöbel (Schlafzimmer – Kleiderschrank, Speise/Esszimmer – Geschirrschrank, Polstermöbelgarnituren – Sofa)
Schreibtisch, Eiche massiv	Massivholz-Möbel dürfen mit Ausnahme des Schubkastenbodens und der Rückwand keine Furniere o. Ä. enthalten.
Bücherschrank, Eiche-Furnier	Alle sichtbaren Flächen aus Eiche-Furnier. (Anleimer, Einleimer, Füße, Gestelle, Lisenen usw. dürfen bei Korpusmöbeln aus einer anderen Holzart bestehen).
Tisch, Nussbaum-Furnier mit Buche	Bei Tischen und Sitzmöbeln müssen die vom Furnier abweichenden Holzarten (z. B. Beine, Armlehnen) ausgewiesen werden.
Schreibtisch, echt Teak	Das Wort echt garantiert, dass alle sichtbaren Flächen eines Möbels (Furnier oder Vollholz) aus der angegebenen Holzart bestehen.
Kleiderschrank, Front: Fichte-Mehrschichtplatte, Korpus Melaminschichtstoffoberfläche, KF, weiß	Sind Fronten oder Korpus eines Möbels aus Mehrschichtplatten hergestellt, ist hierauf unter Angabe der verwendeten Holzart hinzuweisen.
Stuhl, Massivkunststoff Polystyrol	Alle Teile sind durchgehend aus dem genannten Kunststoff hergestellt.
Schreibtisch; Platte: Schichtstoff; Korpus: Kirschbaum-Nachbildung, foliert	Ein Möbel muss nach Art der Folien oder Platten seiner sichtbaren Flächen bezeichnet werden.
Polstergarnitur 3/2/1, fest gepolstert, Bezug Semianilinleder, leger bezogen	Besteht aus 3-Sitzer, 2-Sitzer und Sessel. Die Polsterung ist fest mit dem Gestell verbunden. Alle bei Gebrauch sichtbaren Flächen müssen mit Leder bezogen sein. Bezug legere Polstertechnik mit Semianilinleder.
Schrank, Limba Furnier mit Nussbaum-Nachbildung	Bestehen sichtbare Flächen aus Holznachbildungen, so muss das ausdrücklich angegeben werden. Das Wort Nachbildung muss ausgeschrieben sein und durch Bindestriche verbunden werden.
Sekretär Nussbaumfurnier und Anilinlederbezug	Werden Teilflächen mit Leder bezogen, müssen sie nach der verwendeten Lederart bezeichnet werden. Werden mehrere Lederarten verwendet, sind diese einzeln anzugeben.
Griff, Zink-Druckguss, verchromt	Werden bei Möbeln Beschläge bezeichnet, sind das Grundmaterial und die Oberflächenbehandlung anzugeben (ausgenommen Verschlüsse).

[1] Als vollwertige Antiquität werden im Handel nur solche Stücke angesprochen, bei denen weniger als 50 % der Holzmasse ersetzt wurden.

6
⇒ 6-34

6.2.3 Möbel für den Wohnbereich

Möbelschubkästen und Auszüge

Schubkästen sind normmäßig nicht mehr erfasst. Wie in anderen Bereichen auch, geht die Entwicklung hin zu Prüfnormen, die vor allem auf die Bedürfnisse industrieller Fertigung ausgerichtet sind. Am Beispiel der DIN EN 15338: 2007-05 (Möbelbeschläge – Festigkeit und Dauerhaftigkeit von Auszügen und deren Komponenten), kann man das Prinzip erkennen.
Für die zu prüfenden Auszüge (Schubkästen) werden die Prüfvorrichtungen genau definiert. Gefordert werden:

- **Überlastprüfungen**
  - vertikale, seitliche, frontale Überlast
  - Anschlagprüfung (öffnen und schließen)
- **Funktionsprüfung**
  - Durchbiegung von Boden, Front und Rückwand
  - max. Bedienkräfte
  - Frontabsenkung
  - Dauerhaltbarkeit
- **Korrosionsbeständigkeit** (bei Metallschüben)

Die Ergebnisse der Prüfungen müssen in einem Prüfbericht zusammengefasst werden, der folgende Details enthält:

- Anwendungsbereich
- Belastbarkeit
- Vorhandensein von Ausziehsicherungen
- Max. Höhe der Front
- Korrosionsverhalten (bei Metallschüben)

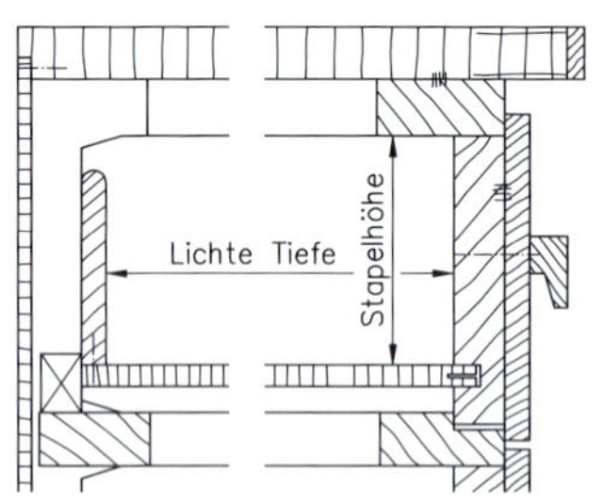

Klassischer Schubkasten – nicht genormt

Dickenabstufungen bei Vollholzschubkästen

Größe	Vorderstück	Seite	Hinterstück
A2	20–18	18–15	15–12
A3	18–15	15–12	12–10
A4	15–12	12–10	10–8
A5	12–10	10–8	6–8

Tische nach DIN 68885: 1987-01

Tischhöhe	Für Esstische etc. $h = 720–750$ mm für Couchtische $h \leq 600$ mm
Freier Beinraum	Für Ess-, Küchentische $b \geq 650$ mm für Tische mit hoher Zarge $b \leq 600$ mm
Tischplattengröße	Je Person sollen 20 dm² bei einer Kantenlänge von 600 mm zur Verfügung stehen

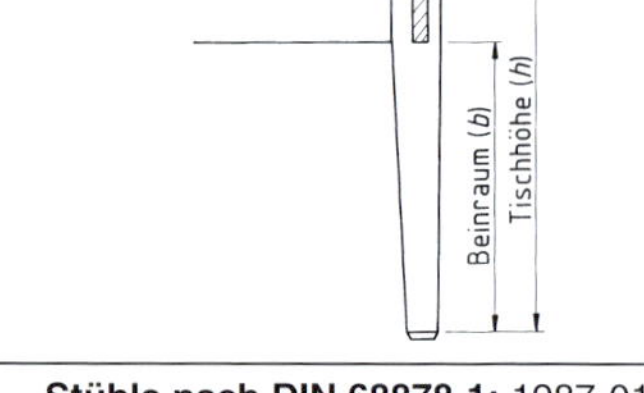

Stühle nach DIN 68878-1: 1987-01

Sitzhöhe	$a = 380–480$ mm
Sitztiefe	$b \geq 360$ mm (220 mm über Sitzhöhe gemessen)
Sitzbreite	$c \geq 360$ mm (von Außenkante zu Außenkante gemessen)
Höhe der Rückenlehne	$d \geq 300$ mm
Armstützenabstand	$e \geq 480$ mm
Abstand OK Sitz und OK Tisch	27 bis 31 cm

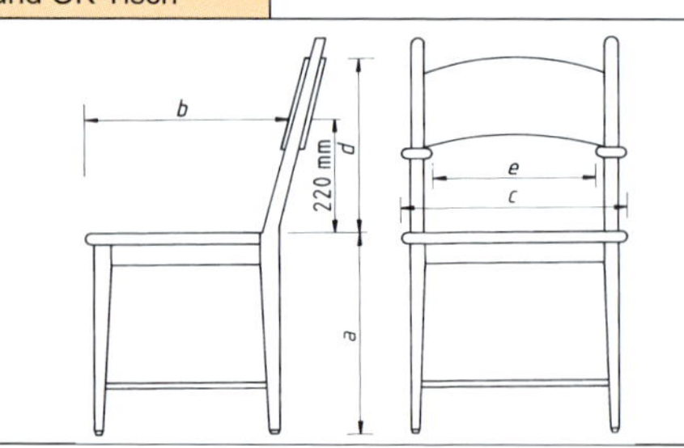

Kleiderschränke nach DIN 68890

Lichte Tiefe (Innenmaß)	≥ 540 mm bei Drehtüren ≥ 560 mm bei Schiebetüren
Lichte Höhe (bis OK Kleiderstange)	für lange Mäntel etc. $h \geq 1500$ mm für Jacken etc. $h \geq 900$ mm
Lichtes Maß über der Kleiderstange	≥ 32 mm

6.2.4 Büromöbel

Allgemeine Anforderungen an Büromöbel nach DIN 4554 (1986-12) (gilt nicht für Bürositzmöbel)

Vollholz muss DIN EN 942: 2007-06 entsprechen und in beheizten Räumen eine Holzfeuchte von 6–10 % haben, wenn keine besondere Produktnorm vorliegt.

FU-Platten müssen mindestens der Güteklasse 3 (für sichtbare Außenflächen Güteklasse 2), die Verleimung mindestens IF entsprechen.

ST-, STAE-Platten müssen mindestens der Güteklasse 2 (für sichtbare Außenflächen Güteklasse 1), die Verleimung mindestens IF nach DIN 68705-2: 2003-10 entsprechen.

Spanplatten (unbeschichtet) müssen DIN EN 309: (2005-04) und DIN EN 312 (2003-11) entsprechen.
Weitere Anforderungen werden an Kunststoffe und Metalle gestellt.
Ecken und Kanten müssen gratfrei bzw., wenn technisch möglich, mit 2 mm Radius (für Tischplattenoberseiten 3 mm) gerundet werden. Sichtbare Außenflächen dürfen nicht glänzen, Innenflächen müssen oberflächenbehandelt sein.
Tische (unbelastet) müssen ohne technische Hilfe versetzbar sein. Dabei dürfen keine Schäden (gelöste Verbindungen usw.) auftreten. Wandelbare Büromöbel müssen auch nach fünfmaligem Umbau funktionsfähig bleiben.
Auszüge und Schubladen müssen geräuscharm bewegt werden können und gegen Herausfallen gesichert sein. Bei teilausziehbaren Schubladen darf der Auszugsverlust maximal 30 % betragen, die erforderliche Betätigungskraft darf 50 N nicht überschreiten.
Tische und Schränke müssen zum Ausgleich von Bodenunebenheiten 10 mm höhenverstellbar sein, bei Tischen mit einer Höhe ≤ 720 mm darf der Verstellbereich bis zu 30 mm betragen. Tische müssen mit mindestens 75 kg an jeder Stelle belastbar sein, ohne zu kippen. Alle Böden müssen der Beanspruchungsgruppe L 75 nach DIN 68874 Teil 1 (siehe Seite 6-10) entsprechen.
Um Beschädigungen des Bodenbelags zu vermeiden, darf die Belastung des Fußbodens durch die Möbelfüße o. Ä. 4 N/mm^2 nicht überschreiten. Auch nach dem Ausziehen aller bestimmungsgemäß gleichzeitig ausziehbarer Schubladen und Auszüge muss die Standsicherheit gewährleistet sein.
Fußstützen für Büromöbel siehe DIN 4556 (1983-02)
Büro-Arbeitsstühle siehe DIN EN 1335 (2002-08)

Maße von Büro-Arbeitstischen nach DIN EN 527-1: 2000-07
In der Norm werden Schreibtisch und Bildschirmarbeitstisch zum Büro-Arbeitstisch zusammengefasst. Der Büromaschinentisch entfällt.
Allgemeine Maße:

Handauflage (Freiraum vor den Arbeitsgeräten)	100–150 mm
Nutzbare Arbeitsfläche	min. 0,96 m^2
Bildschirmgeräte dürfen an keiner Stelle überstehen	
bei rechtwinkligen Tischen:	
Mindestmaße der Arbeitsfläche Breite × Tiefe	1200 mm × 800 mm
Empfehlung für die Arbeitsflächenmaße Breite × Tiefe	1600 mm × 800 mm
Rastermaße Breite und Tiefe	Abstufung in 100 mm Schritten
bei höherverstellbaren Tischen:	
Verstellbereich	min. 680–760 mm
Verstellschritte	32 mm
Beinraum bei 720 mm Höheneinstellung	nach Beinraumschablone

6-7

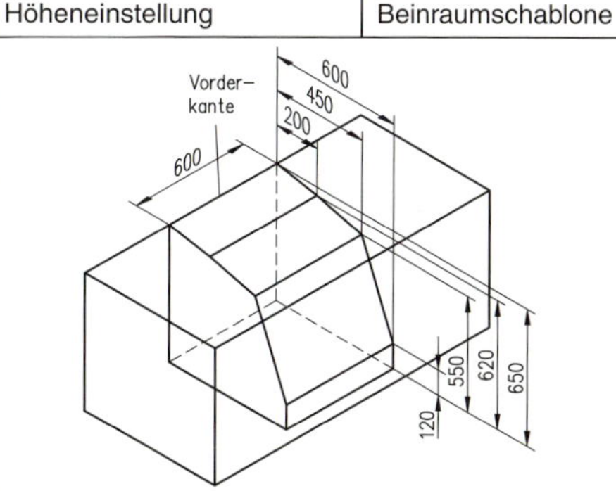

Mindestmaße des Beinraums bei einer Tischhöhe von 720 mm
Zum Nachweis des ausreichenden Beinraums kann eine Schablone nach der folgenden Abbildung gefertigt werden.

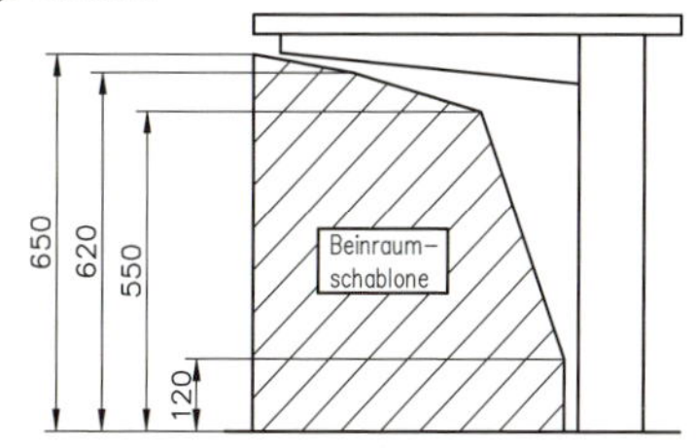

6.2 Möbelnormung

6.2.5 Küchenmöbel

Planung von Küchen ohne Essplatz (Arbeitsküche))

	Benennung	Maße
A	Abstellfläche	Breite 600 mm, ggf. Abtropffläche
B	Spültisch mit Unterbau	2/1 Becken B ≥ 1200/500 mm
C	kleine Arbeitsfläche	Breite 600 bis 900 mm
D	Herd/Einbaukochmulde	Breite 600 mm
E	Abstellfläche seitlich	Breite ≥ 300 mm, Sicherheitsabstand
F	Oberschränke	≥ 500 mm über Arbeits-/Abstellfläche ≥ 650 mm über Herd/Spülen
G	große Arbeitsfläche	Breite ≥ 1200 mm
H	Hochschränke	Breite 600 mm
I	Pass-Stück	Anschluss zur seitlichen Wand ≥ 3 cm

6

Sicherheitstechnische Anforderungen an Küchenmöbel DIN EN 14749 (2005-11)

Bauteil	Gefahr	Lastannahmen	Anforderung
Kanten, Ecken	Stoßverletzung	–	Vermeidung scharfer Kanten, Ecken, offener Rohre
Bewegliche Teile	Klemm-/Schersteller	–	Abstand ≤ 8 mm oder ≥ 25 mm
Rollläden, Türen (vertikal laufend)	Verletzungsgefahr	–	keine Selbstbewegung bei mehr als 50 mm über Schließstellung
Schubkasten	Herausfallen	H bis/über 110 mm: 0,35/0,25 kg/dm^3	Ausziehsicherung
Einlegeböden	Herausfallen Kippen	100 N	Einbauhöhe > 900 mm über FFB: Formschlüssige Sicherung 25 mm hinter Vorderkante ohne Kippen
Bodenträger	Herausbrechen	0,65 kg/dm^2 auf Einlegeboden	kein Bruch/Schaden an Bodenträger/ Einlegeboden/Seitenwand
Drehtüren	Herunterfallen	300 N, bei 45° Öff. 10 cm von Kante	kein Herunterfallen, kein Bruch der Bänder
Klappen	Herunterfallen	200 N, 50 mm von Ecke	keine Verformung von Klappenhalterung und Bändern
Arbeitsplatten	Bruch	1000 N an ungünstiger Stelle	weder Bruch noch Beschädigung an Arbeitsplatte oder Korpus
Schrank freistehend	Kippen	Drehmoment von 200 Nm	Schrank darf in geschlossenem Zustand nicht kippen

6-9

Anforderungen an Oberflächen von Küchenmöbeln nach DIN 68930 (1998-06)

Möbeloberflächen	Arbeitsflächen		Sonstige Flächen	
Verhalten bei	HPL[1], MFB[2]	Holz[3]	HPL[1], MFB[2]	Holz/Holzwerkstoffe[3]
chemischer Beanspruchung	1B	1C	1C	1C
Abriebsbeanspruchung	2B	2E	2D	2E
Kratzbeanspruchung	4B	4E	4C	4E
trockener Hitze	7B	7C	7C	7C
feuchter Hitze	8A	8B	8B	8C

HPL[1]: Dekorative Hochdruck-Schichtpressstoffplatten (DIN EN 438-1).
MFB[2]: Mit Melaminharz beschichtete Holzwerkstoffe nach DIN EN 14322 (2004-03).
Holz/Holzwerkstoffe[3]: Holz- bzw. Holzwerkstoffe lackiert, furniert oder farblackiert.

6.3 Allgemeine Möbelmaße

Ergonomische Maße
(siehe hierzu auch DIN 33402-1 bis 1-3 (2005-12 bis 2008-03)

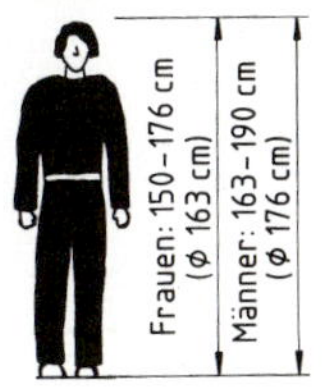

Körpergrößen

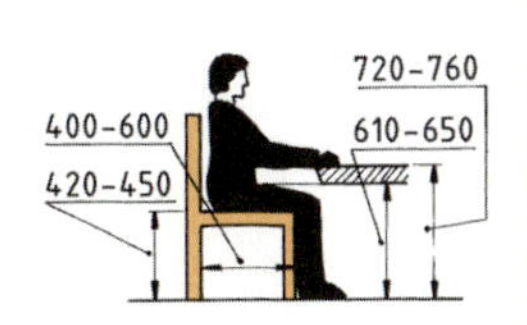

Maße beim Sitzen (siehe auch Kap. 6.2.3)

Oberster Griff

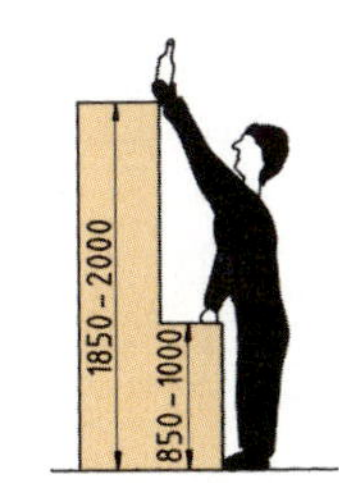

Höhen am Kühlschrank

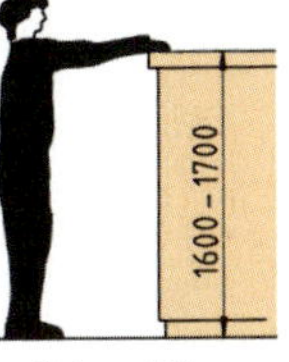

Ablagenhöhe

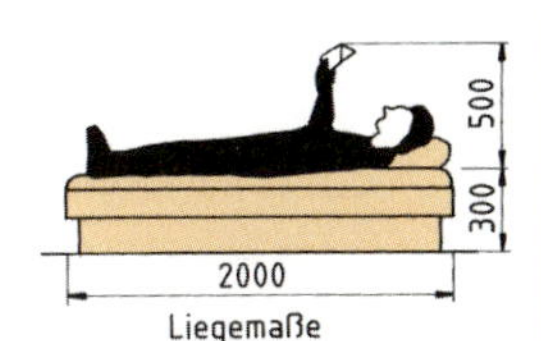

Liegemaße

Am Stehpult

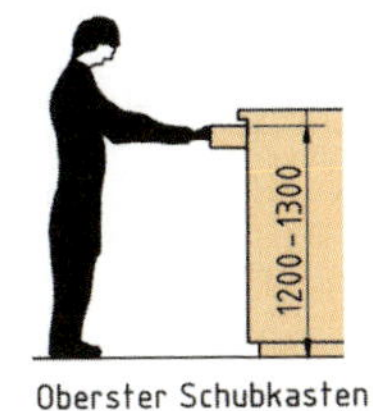

Oberster Schubkasten

Greifraummaße

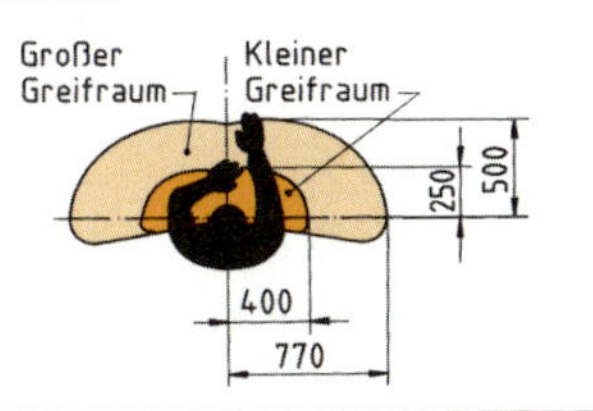

Maße am Bildschirmarbeitsplatz

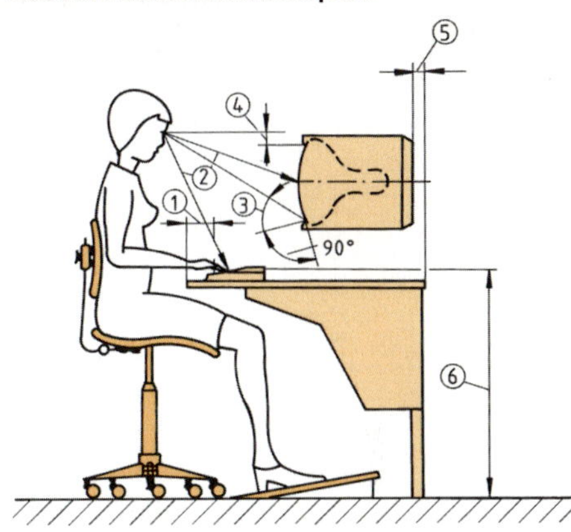

① Abstand zwischen Tischvorderkante und der Mitte der ersten Tastenreihe ca. 100 mm (als Handballenauflage)
② Sehabstand zwischen 450 und 600 mm, vorzugsweise 500 mm
③ Beobachtungswinkel max. 40°
④ Oberste Zeile unter Augenhöhe
⑤ Bildschirm darf nicht über die Tischkante überstehen
⑥ Abstand der mittleren Buchstabentastenreihe zum Fußboden bei nicht höhenverstellbaren Tischen 720 mm

⇒ 6-5

Möbelmaße

Bezeichnung	Breite	Tiefe	Höhe
Wohnzimmerschrank	1000–2500	400–650	1650–2300
Bücherschrank	1000–2000	300–420	900–2000
Sideboard	900–2000	420–550	750–900
Regale	800–1000	300–500	1000–2000
Esstisch[1)]	1100–1300	700–900	720–750
Couchtisch[1)]	1000–1100	500–650	≥600
Kommode	850–1100	460–500	720–1200
Sessel	700–800	700–850	360–420
Stuhl[1)]	380–500	400–600	380–480
Kleiderschrank[1)]	1000–1250	580–650	1650–1900
Wäscheschrank	1000–1800	460–500	1650–1900
Liege/Bett	1960–2000	860–1400	380–430
Franz. Bett	2060	1560	380–430
Kinderbett[1)]	1200–1500	600–750	900–1000
Oberschrank	400–1000	350–400	600–650
Unterschrank	400–1000	600–620	850–900
Hochschrank	400–800	600–620	200–2100
Geschirrschrank	920–1100	420–500	1300–1420
Hocker	380–450	380–450	380–450

Büromöbel siehe Kap. 6.2.4

1) Vergleiche Kap. 6.2.3.

6.3 Allgemeine Möbelmaße

Maße von Gebrauchsgegenständen

Ordner, Bücher

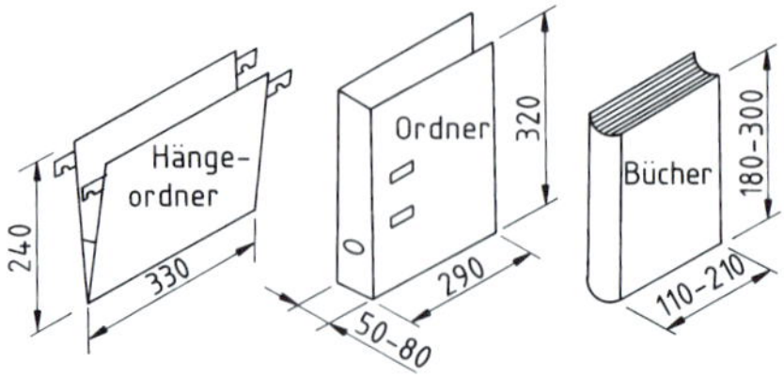

Hänge-ordner
240
330

Ordner
320
290
50–80

Bücher
180–300
110–210

Schreib- und Bürowaren

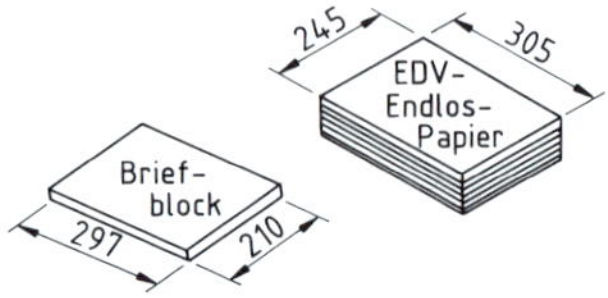

Brief-block
297
210

EDV-Endlos-Papier
245
305

Briefumschläge

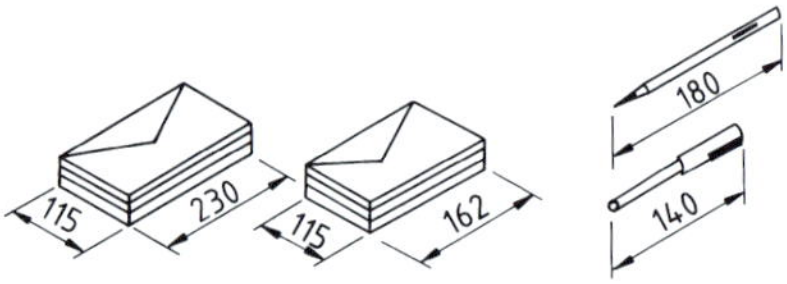

115
230

115
162

180

140

Medien

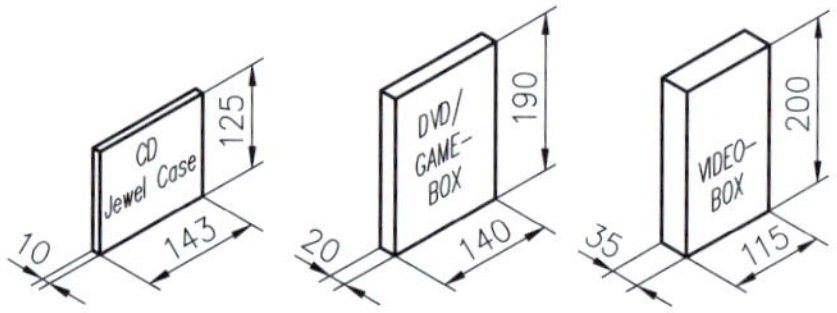

CD Jewel Case
125
143
10

DVD/GAME-BOX
190
140
20

VIDEO-BOX
200
115
35

Kleidung und Wäsche

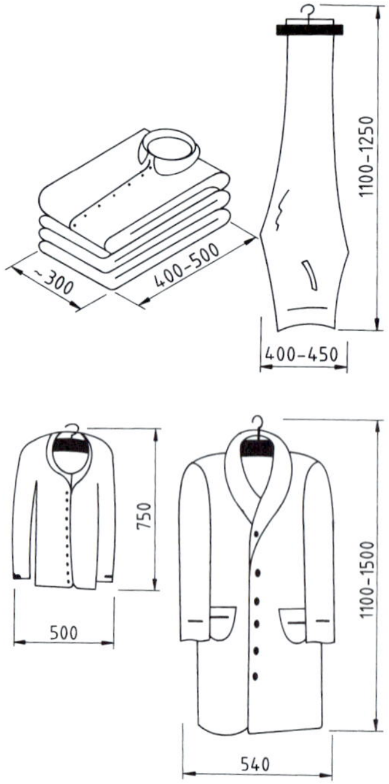

~300
400–500

1100–1250
400–450

750
500

1100–1500
540

Haushaltswaren

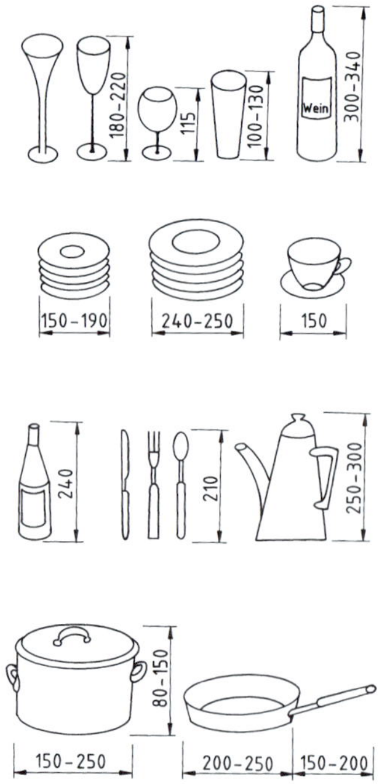

180–220
115
100–130

Wein
300–340

150–190
240–250
150

240
210
250–300

80–150
150–250
200–250
150–200

6.4 Bemessung von Möbeleinlegeböden

In der Praxis der Möbelprüfung muss nachgewiesen werden, dass die Belastbarkeit von Möbel-Einlegeböden einer Belastungsgruppe nach DIN 68874-1: 1985-01 zuzuordnen ist (s. Tab. S. 6-10).

Die Durchbiegung von Möbel-Einlegeböden darf unter Prüflast (Belastungsdauer 28 Tage) 1/100 der Stützweite nicht überschreiten. Bodenträger dürfen sich nicht mehr als 2 mm absenken. Neben der Biegeprüfung ist eine Stoßprüfung vorgeschrieben, durch die dynamische Belastungen erfasst werden.

Die folgenden Diagramme liefern Anhaltspunkte für die Bemessung von frei drehbar aufgelagerten Einlegeböden. Die Diagramme sind für Nutzlasten und für Durchbiegungen $f < 1/200$ berechnet. (Unter Prüflast wird dann die DIN-Forderung $f < 1/100$ erreicht, s. S. 6-10.) Sind diese relativ großen Durchbiegungen aus optischen oder konstruktiven Gründen zu unterschreiten, müssen größere Materialstärken gewählt werden.

Punktförmig angreifende Einzellasten vergrößern, eingespannte Auflager verringern die Durchbiegung. Bei der Festlegung der Flächenlast muss das Eigengewicht des Fachbodens berücksichtigt werden (pro mm Spanplattendicke können 7 N/m² angesetzt werden).

Die Anwendung der Tabellen entbindet nicht von den Prüfungen nach DIN 68874.

Diagramm 1 gilt für Böden aus furnierten oder beschichteten Flachpressplatten.

Diagramm 2 gilt für Böden aus Vollholz (Nadelholz). Für die Bemessung von Tischlerplatten kann Diagramm 1 verwendet werden. Die maximalen Stützweiten dürfen dann um 5 % erhöht werden.

6-10

6

Diagramm 1[1]: Bemessung von Möbeleinlegeböden aus beschichteten Spanplatten

(Konstruktionsböden erfordern geringere Durchbiegungen und daher größere Materialstärken.)

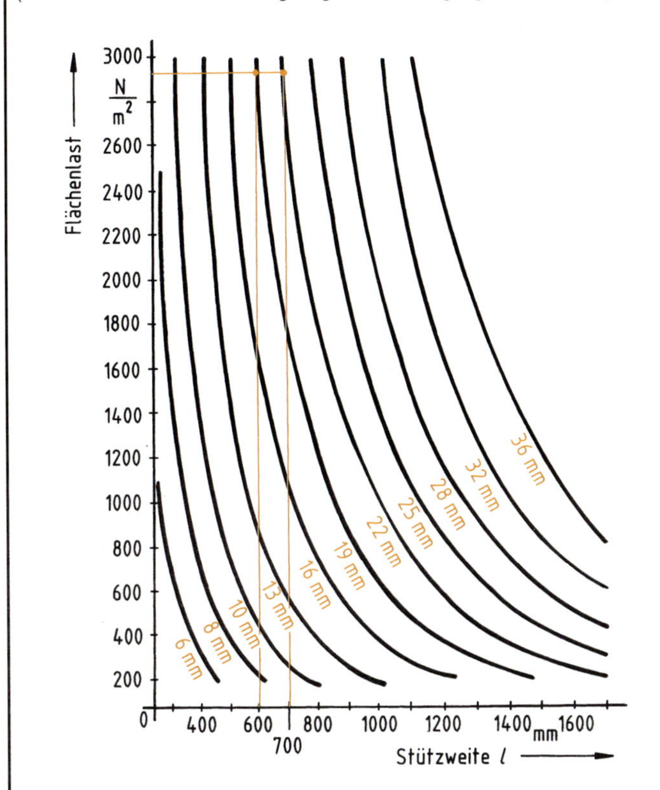

Ablesebeispiel A:
(Welche Materialdicke ist bei einer gegebenen Stützweite erforderlich?)

In einen Bücherschrank werden Einlegeböden mit einer lichten Weite von 600 mm eingebaut. Material: Spanplatte funiert. Aus Tabelle S. 6-10 ergibt sich für schwere Bücher eine Flächenlast von max. 2900 N/m².
Ablesung: Die erforderliche Plattendicke beträgt 22 mm.

Ablesebeispiel B:
(Welche maximale Stützweite ist bei einer gegebenen Materialdicke möglich?)

Welche Stützweite dürfen die oben gewählten 22er-Spanplatten maximal haben? (Belastung wie vor)
Ablesung: Die maximale Stützweite beträgt ca. 700 mm.

[1] Der E_t-Modul (E-Modul nach Abschluss des Kriechens) wurde für Spanplatten mit 2900 N/mm² angenommen. Die werkstoffbedingten Schwankungen des E_t-Moduls sind zu berücksichtigen.

6

6.4 Bemessung von Möbeleinlegeböden

Beanspruchungsgruppen und Prüflasten nach DIN 68874-1: 1985-01

Beanspruchungsgruppe	Nutzlast in kg/m²	Prüflast oder in kg/m²	Prüflast oder in N/m²	Belastungsbeispiel
L 25	25	50	500	dekorative Gegenstände
L 50	50	100	1000	Wäsche, Haushaltsporzellan
L 75	75	150	1500	Bücher o. Ä.
L 25	125	250	2500	schwere Bücher, Akten

Verbindliche Lastannahmen für Korpusmöbel fehlen bisher, die folgenden Angaben stellen eine Orientierungshilfe dar.

Flächenlasten

Gegenstand (Stapelhöhe 30 cm)	Flächenlast in N/m²
Dekorative Gegenstände usw.	150–250
Tassen, Kannen, Töpfe	200–800
Schwere Gläser	450
Teller	900–1500
Wäsche, Handtücher	400–650
Tisch- und Bettwäsche	700–1300
Bücher	750–2900
Zeitungen	1500
Aktenordner	1700
Papier	2300

Diagramm 2[1]: Bemessung von Möbeleinlegeböden aus Vollholz (Nadelholz)

(Konstruktionsböden erfordern geringere Durchbiegungen und daher größere Materialstärken.)

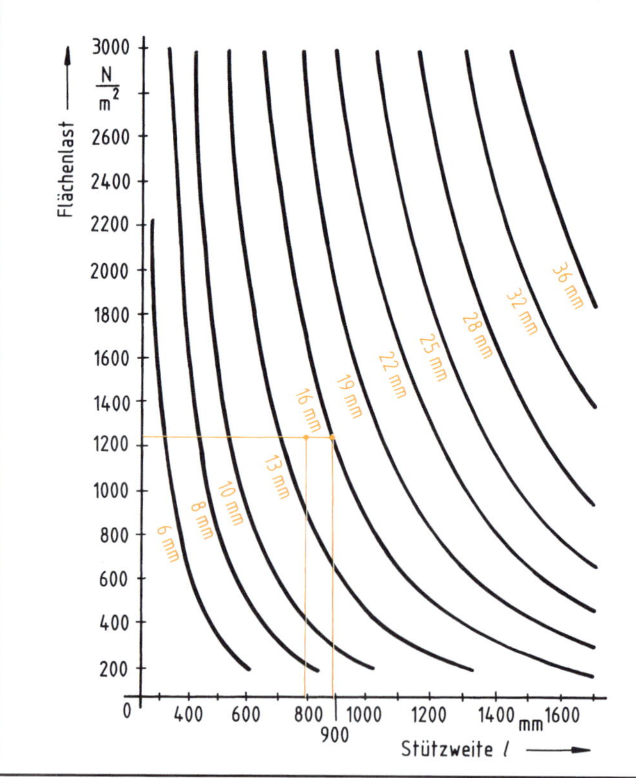

Ablesebeispiel A:
(Welche Materialdicke ist bei einer gegebenen Stützweite erforderlich?)

In einen Wäscheschrank werden Einlegeböden mit einer lichten Weite von 800 mm eingebaut.
Material: Kiefer massiv.
Aus der Tabelle oben ergibt sich für Bettwäsche eine max. Flächenlast von 1300 N/m².
Ablesung: Die erforderliche Materialdicke beträgt 16 mm.

Ablesebeispiel B:
(Welche maximale Stützweite ist bei einer gegebenen Materialdicke möglich?)

Welche Stützweite dürfen die oben gewählten 16er-Böden maximal haben? (Belastung wie vor)
Ablesung: Die maximale Stützweite beträgt ca. 900 mm.

(Zu Vergleichszwecken sind hier auch unübliche Brettstärken angegeben.)

[1] Der E_t-Modul (E-Modul nach Abschluss des Kriechens) wurde für Nadelholz mit 6550 N/mm² angenommen. Die werkstoffbedingten Schwankungen des E_t-Moduls sind zu berücksichtigen.

6.5 Beschläge

6.5.1 Allgemeines

Es werden die praxisüblichen Bezeichnungen Kröpfung A, B, C, D, L verwendet, sie unterscheiden sich von den Bandformen nach DIN 81402 (1978-08).

Gebräuchliche Anschlagarten

Tür bündig (oder bündig aufliegend); zwei gerade Lappen (oft Kröpfung A genannt)

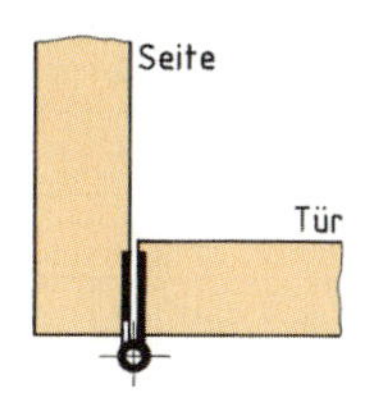

Tür einliegend, rückspringend (Kröpfung B)

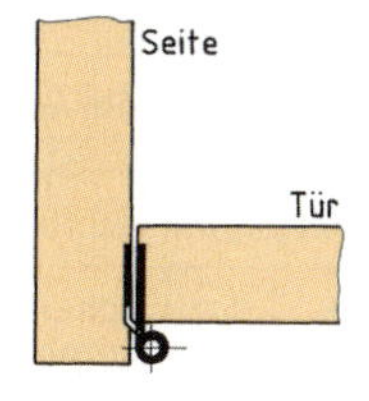

Tür einliegend, vorspringend (Kröpfung C)

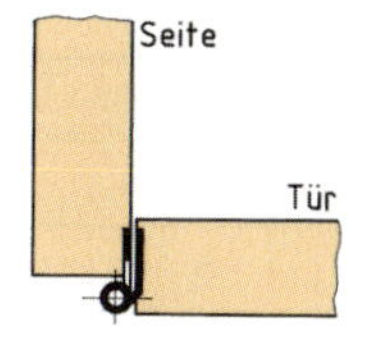

Tür überfälzt (Kröpfung D)

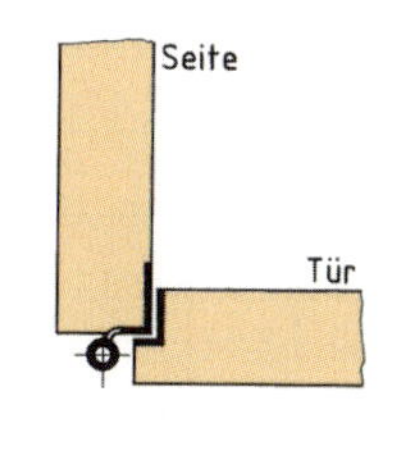

Tür stumpf aufliegend (Kröpfung L)

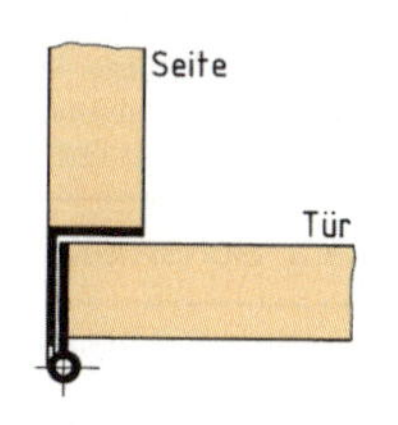

Anschlagpunkte je Tür[1)]

Anzahl der Anschlagpunkte für Möbelbänder

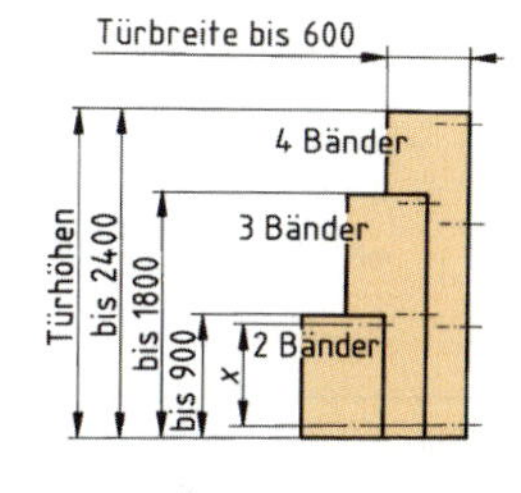

Anzahl der Anschlagpunkte für Topfscharniere

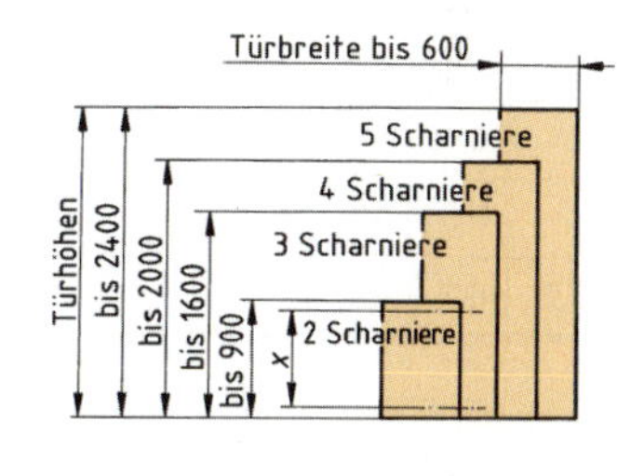

Anzahl der Anschlagpunkte für Klappen

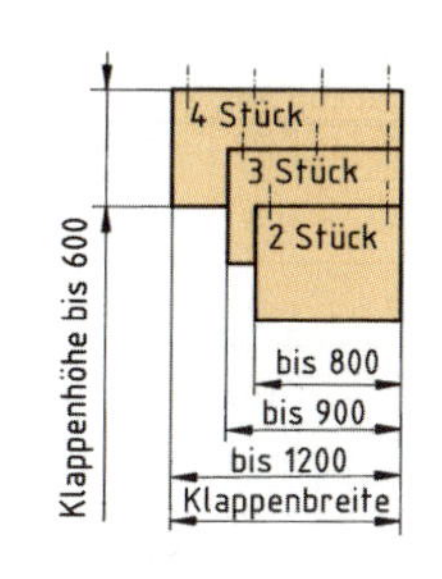

1) Die Richtwerte gelten für 19 mm Spanplatte. Der Bandabstand X ist möglichst groß zu wählen. Im Zweifelsfall ist ein Probeanschlag erforderlich.

6.5 Beschläge (Auswahl)

Für den Möbelbau wichtige Scharniere und Bänder sind oft nicht genormt, oder die Hersteller verwenden z. T. normabweichende Maße. Die Tabellen geben die Abmessungen ausgewählter handelsüblicher Beschläge an; sie ermöglichen dem Lernenden Übungsentwürfe mit konkreten Maßangaben. Für Fertigungszwecke sind selbstverständlich die umfangreichen Herstellerkataloge maßgeblich.

6.5.2 Scharniere[1)]

Gerolltes Scharnier[2)]

Ausführung: Stahl blank oder verzinkt, Stift in Messing möglich

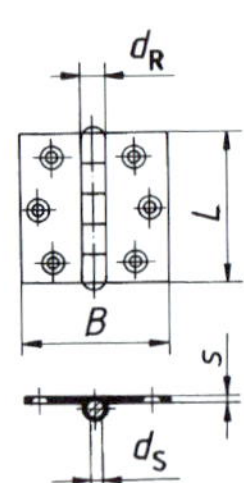

L/B mm	d_s mm	d_R mm	*s* mm	Bohrungen Anzahl	Schrauben *d* in mm
25/20	2	3,8	0,8	4	2
30/22	2	4	0,9	4	2
40/26	3	5	1,0	4	2,5
50/31	3	5,5	1,2	6	3,0
60/34	3,5	6,2	1,4	6	3,0
25/22	2	4	0,8	4	2,0
30/26	2	4	0,9	4	2,5
40/32	3	5	0,9	4	2,5
50/39	3	5,5	1,2	6	3,0
60/46	3	6	1,4	6	3,0
25/25	2	4	0,8	4	2,0
30/30	2	4	0,9	4	2,5
40/40	3	5	0,9	4	2,5
50/50	3	5,5	1,2	6	3,0
60/60	3	6	1,4	6	3,0

Gerolltes Tischband (Bezeichnungen wie vor)

Scharniere mit verlängerten Lappen bezeichnet man als Tischband.
Ausführung: Stahl blank oder verzinkt, auch in Messing, massiv (gezogen).

L/B mm	d_s mm	d_R mm	*s* mm	Bohrungen Anzahl	Schrauben *d* in mm
23/50	3,5	5,5	0,9	6	2,5
25/60	3,5	5,5	0,9	6	3,0
28/80	3,5	6	1,3	6	3,0
32/100	4	7	1,3	6	3,0
33/120	4,5	7,5	1,4	8	3,5
34/140	4,5	7.5	1,5	8	3,5

Werden Lappen und Gewerbe aus Profilmaterial hergestellt, spricht man von gezogenen Bändern oder Scharnieren.

Gezogenes Scharnier

Ausführung: Messing, Stahl vernickelt oder verchromt (Bezeichnungen wie gerolltes Scharnier)

L/B mm	d_s mm	d_R mm	s_1 mm	Bohrungen Anzahl	Schrauben *d* in mm
20/16	2	3,5	1,3	4	2
25/20	2,5	4	1,5	4	2,5
30/20	2,4	4	1,5	4	2,5
40/20	2,5	4	1,5	4	2,5
30/30	2,5	4	1,5	4	3
40/30	2,5	4	1,5	4	3
50/30	2,5	4,5	1,8	6	3
40/40	2,5	4,5	1,8	4	3
50/40	2,5	4,5	1,8	6	3
60/40	3	5,5	2,25	6	3,5
50/50	3	5	2	6	3
60/50	3	5	2	6	3
80/50	3,5	6,5	2,5	6	3,5
80/60	3,5	6	2,5	6	3,5

[1)] Es wird üblicherweise zwischen Bändern und Scharnieren unterschieden, wobei Bänder im Unterschied zu den Scharnieren ausgehängt werden können.
[2)] Ab 50 mm Länge mit fünfteiligem Gewerbe.

6.5 Beschläge (Auswahl)

6.5.2 Scharniere (Forts.)

Gezogenes Winkelscharnier (Kröpfung L)

Ausführung: Messing, vernickelt, schwarz gefärbt

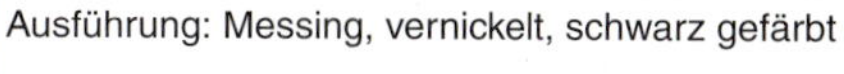

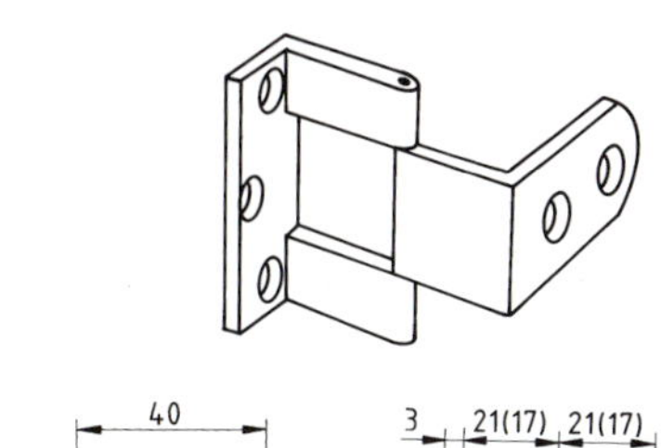

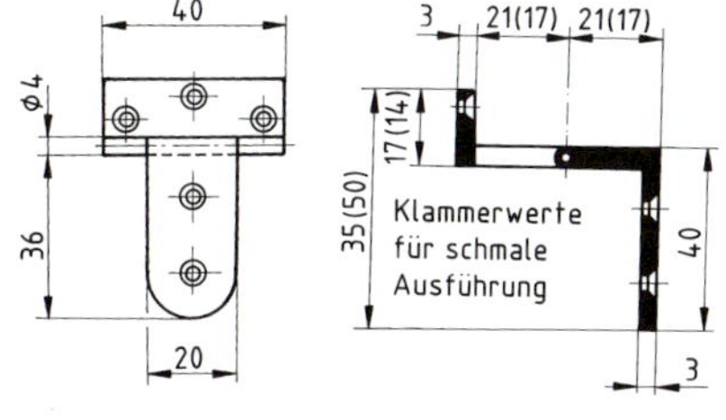

Gerolltes Stangenscharnier (Klavierband)

Ausführung in Stahl vermessingt, vernickelt oder blank sowie in Edelstahl und Messing

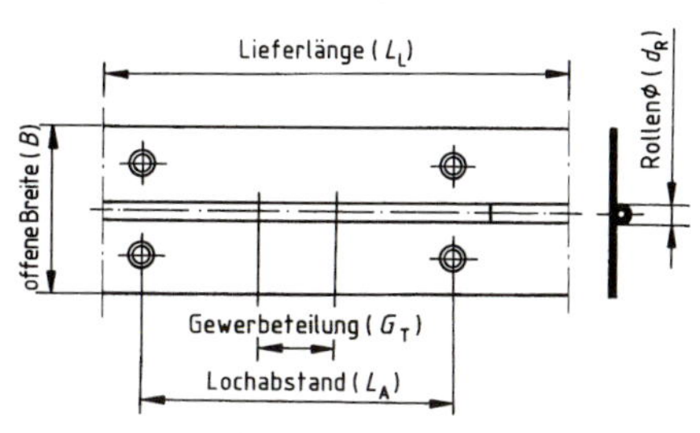

B mm	d_R mm	G_T mm	L_A mm	L_L mm	Schrauben d in mm
20	3	15	60	3500	2,5
25	3,2	15	60	3500	2,5
28	3,2	15	60	3500	2,5
32	3,2	15	60	3500	2,5
40	3,7	15	60	3500	2,5

Einbohr-Zylinderscharnier

Ausführung: Messing

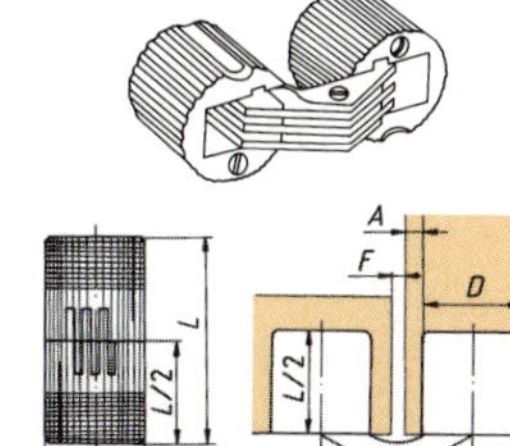

D mm	L mm	min. F mm	max. A mm	Achsmaß mm	Schrauben d in mm
10	22	2,5	2	16,5	2
12	27	3,5	2,2	20	2,5
14	31	3	3	23	2,5
18	35	3	3	27	3
24	50	3,5	4,5	36,5	3,5

Einlassscharnier

Ausführung: vermessingt

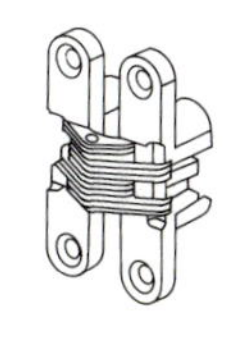

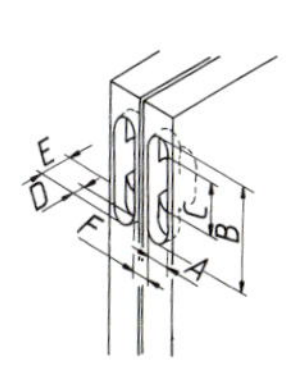

A mm	B mm	C mm	D mm	E mm	F mm	Schrauben Anzahl	Schrauben d in mm
9,8	42	22	5,5	12,5	7,4	4	2,4
13	44,5	20	5	18,5	8,5	4	3,5
13	60	31	7	18,5	8	4	4
15,8	70	36,5	7	23	11,4	4	4
19	95,3	53	9	26,5	14	4	4,5
25,4	117,5	65,5	12	36,5	18,7	4	6
28,6	117,5	79	10	40	22,6	8	4

6.5 Beschläge (Auswahl)

6.5.2 Scharniere (Forts.)

Klappenscharnier

Ausführung: Metall und Metall-Kunststoff-Kombination

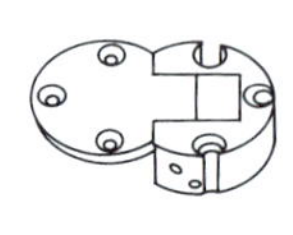

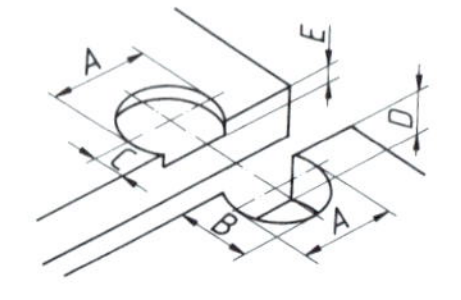

A mm	*B* mm	*C* mm	*D* mm	*E* mm	Schrauben Anzahl	*d* in mm
20	17	7	10	3	5	2,5
30	23,5	8,5	12	3	5	2,5
30	23,5	8,5	14	4	5	2,5

Topfscharniere

Begriffe
Topfscharniere werden in vielfältigen Ausführungen angeboten. Die folgenden Angaben können daher nur Beispielcharakter haben. Weitere Einzelheiten sind den Herstellerkatalogen zu entnehmen.

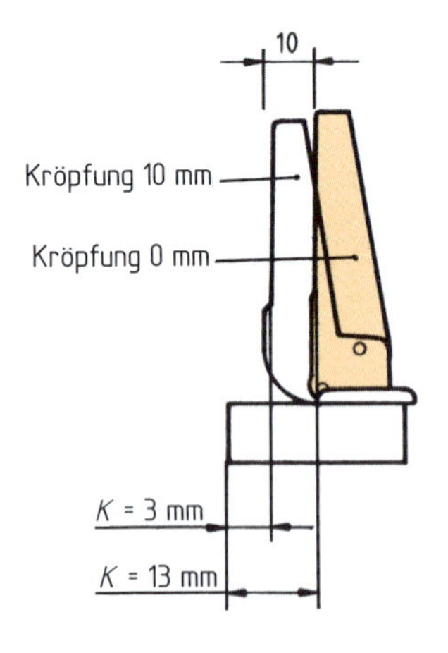

Scharnierkonstante (*K*)
Das Vorlagemaß ist je nach Konstruktionsart eines Topfscharniers unterschiedlich und wird als Modell- oder Scharnierkonstante bezeichnet. Bei gekröpften Scharnieren verringert sich das Vorlagemaß um den Betrag der Kröpfung.

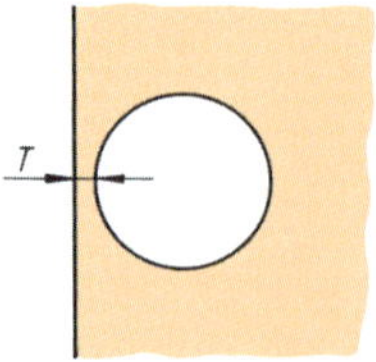

Topfabstand (*T*)
Als Topfabstand bezeichnet man das Maß zwischen der Türaußenkante und der Topflochbohrung. Bei den meisten Topfscharnieren kann der Topfabstand variiert werden. Bei kleinerem Topfabstand vergrößert sich der Türausschlag (Mindestfuge).

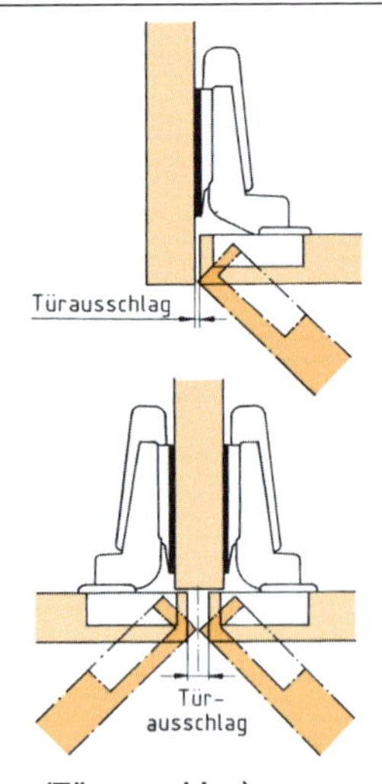

Mindestfuge (Türausschlag)
Die meisten Topfscharniere benötigen beim Öffnen etwas Platz für den Türausschlag (Ausnahme Haarfugenscharnier – s. nächste Seite). Dieses Maß muss als Mindestfuge konstruktiv vorgesehen werden.
Sind zwei Türen an einer Mittelwand angeschlagen, so muss die Mindestfuge zweimal vorgesehen werden. Wird das vergessen, so kommt es beim gleichzeitigen Öffnen zur Beschädigung der Türen/Türauflage.

Türauflage
Maß zwischen Innenkante der Seite (Korpus) und Türaußenkante (nur bei aufliegenden Türen).

Montageplattenhöhe (Distanz)
Die erforderliche Montageplattenhöhe (Distanz) wird vom Topfabstand (*T*) und der Scharnierkonstanten (*K*) bestimmt. Sie kann nach den Formeln auf den Folgeseiten berechnet werden.

6

6.5.2 Scharniere (Forts.)

Weitwinkelscharnier mit 170°-Öffnungswinkel. Haarfugengeeignet, da geringer Türausschlag (Scharnierkonstante: 13 mm)

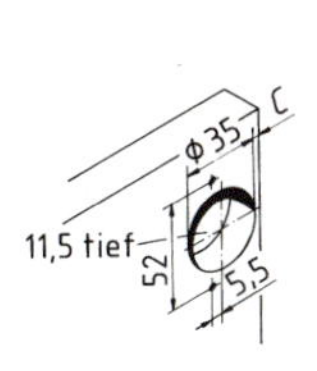

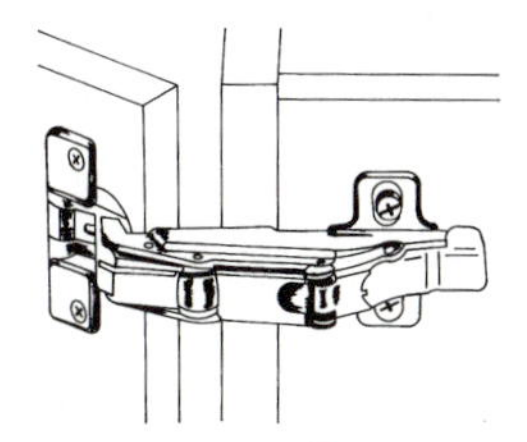

6-11 ⇒

Anschlagvarianten	Ermittlung der Montageplattenhöhe[1] (*D* = Distanz)
	Seitenwandanschlag mit aufliegender Tür Kröpfung: 0 mm Scharnierkonstante *K*: 13 mm Distanz $D = 13\text{ mm} + T - \text{Auflage}$ (Topfabstand (*T*) und Mindestfuge nach unten stehender Tabelle festlegen)
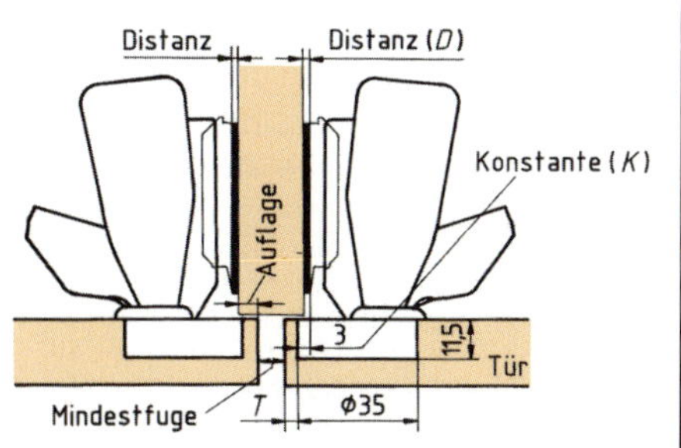	Mittelwandanschlag mit aufliegender Tür Kröpfung: 10 mm Scharnierkonstante *K*: 13 – 10 mm *K*: 3 mm Distanz $D = 3\text{ mm} + T - \text{Auflage}$ (Topfabstand (*T*) und Mindestfuge nach unten stehender Tabelle festlegen)

Türausschlag bzw. Mindestfuge

Topfabstand (*T*) in mm	Türdicke in mm									
	16	17	18	19	20	21	22	23	24	25
3	0	0	0	0	0	0,1	0,2	0,4	0,6	8,4
4	0	0	0	0	0	0,1	0,2	0,4	0,6	8,4
4,5	0	0	0	0	0	0,1	0,2	0,4	0,6	8,3
5	0	0	0	0	0	0,1	0,2	0,4	0,6	8,2
6	0	0	0	0	0	0,1	0,2	0,4	0,6	7,6

[1] Ist die ermittelte Montageplattenhöhe nicht lieferbar, so wird die nächstkleinere Platte verwendet und mit der Seitenverstellschraube ausgeglichen.

6.5 Beschläge (Auswahl)

6.5.2 Scharniere (Forts.)

Topfscharnier mit 95°-Öffnungswinkel, Topfdurchmesser 26 mm für schmale Rahmentüren (Scharnierkonstante: 12 mm)

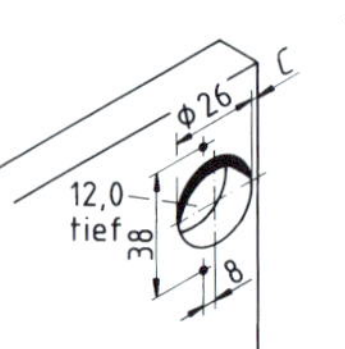

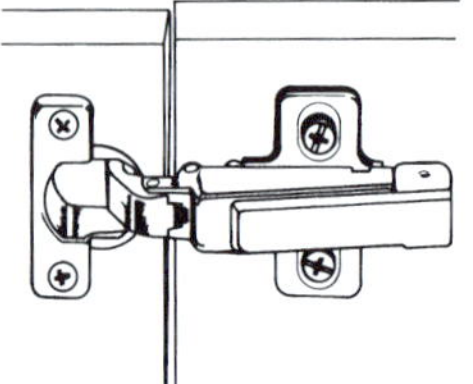

Anschlagvarianten	Ermittlung der Montageplattenhöhe[1] (D = Distanz)
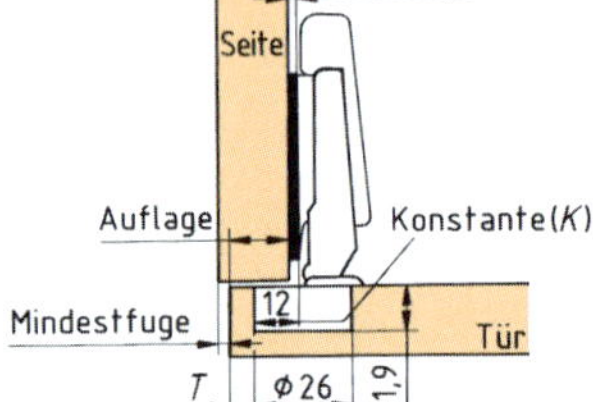	Seitenwandanschlag mit aufliegender Tür Kröpfung: 0 mm Scharnierkonstante K: 12 mm Distanz D = 12 mm + T – Auflage (Topfabstand (T) und Mindestfuge nach unten stehender Tabelle festlegen)
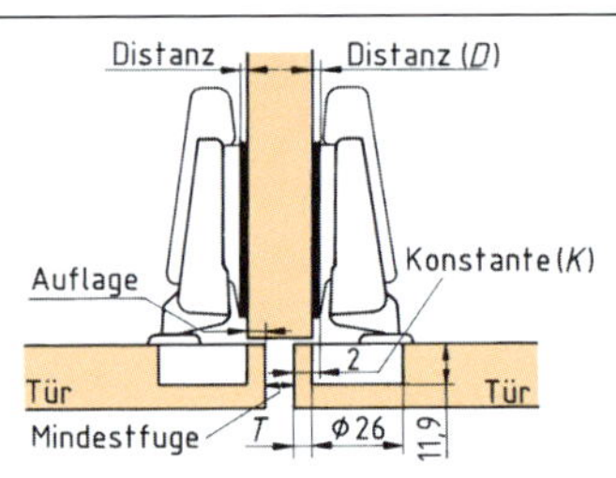	Mittelwandanschlag mit aufliegenden Türen Kröpfung: 10 mm Scharnierkonstante K: 12 – 10 mm K: 2 mm Distanz D = 12 mm + T – Auflage (Topfabstand (T) und Mindestfuge nach unten stehender Tabelle festlegen)
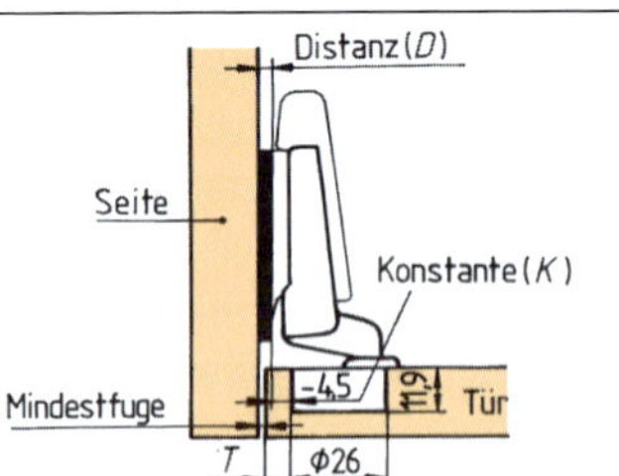	Seitenwandanschlag mit einliegender Tür Kröpfung: 16,5 mm Scharnierkonstante K: 12 – 16,5 mm K: – 4,5 mm Distanz D = – 4,5 mm + T + Türausschlag (Topfabstand (T) und Mindestfuge nach unten stehender Tabelle festlegen)

Türausschlag bzw. Mindestfuge

Topfabstand (T) in mm	Türdicke in mm										
	15	16	17	18	19	20	21	22	23	24	25
3	0,5	0,9	1,3	2,1	2,9	3,7	4,6	5,6	6,5	7,4	8,4
4	0,5	0,8	1,2	1,8	2,5	3,3	4,2	5,0	5,9	6,8	7,7
5	0,5	0,8	1,2	1,7	2,2	2,9	3,7	4,5	5,3	6,1	7,0
5,5	0,5	0,8	1,1	1,5	2,0	2,7	3,5	4,2	5,0	5,8	6,6

[1] Ist die ermittelte Montageplattenhöhe nicht lieferbar, so wird die nächstkleinere Platte verwendet und mit der Seitenverstellschraube ausgeglichen.

6-11

6

6.5 Beschläge (Auswahl)

6.5.2 Scharniere (Forts.)

Topfscharnier mit 110°-Öffnungswinkel, Topfdurchmesser 35 mm (Scharnierkonstante: 13 mm)

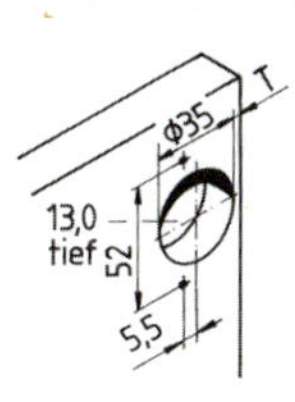

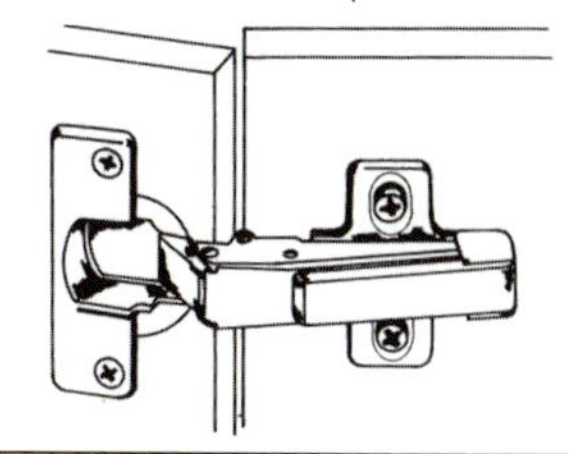

Anschlagvarianten	Ermittlung der Montageplattenhöhe[1] (D = Distanz)
	Seitenwandanschlag mit aufliegender Tür Kröpfung: 0 mm Scharnierkonstante K: 13 mm Distanz D = 13 mm + T – Auflage (Topfabstand (T) und Mindestfuge nach unten stehender Tabelle festlegen)
	Mittelwandanschlag mit aufliegenden Türen Kröpfung: 10 mm Scharnierkonstante K: 13 – 10 mm K: 3 mm Distanz D = 3 mm + T – Auflage (Topfabstand (T) und Mindestfuge nach unten stehender Tabelle festlegen)
	Seitenwandanschlag mit einliegender Tür Kröpfung: 16,5 mm Scharnierkonstante K: 13 – 16,5 mm K: – 3,5 mm Distanz D = – 3,5 mm + T + Türausschlag (Topfabstand (T) und Mindestfuge nach unten stehender Tabelle festlegen)

6-11

Türausschlag bzw. Mindestfuge

Topfabstand (T) in mm	Türdicke in mm												
	16	17	18	19	20	21	22	23	24	25	26	27	28
3	0,9	1,2	1,5	1,7	2,1	2,6	3,2	3,9	4,7	5,5	6,4	7,3	8,2
4	0,9	1,1	1,3	1,6	2,0	2,5	3,0	3,6	4,4	5,2	6,0	6,8	7,7
4,5	0,8	1,1	1,4	1,6	2,0	2,5	3,0	3,6	4,4	5,2	6,0	6,6	7,4
5	0,8	1,1	1,4	1,6	2,0	2,4	2,8	3,3	4,0	4,7	5,5	6,4	7,2
6	0,8	1,1	1,4	1,6	1,9	2,3	2,7	3,2	3,8	4,4	5,2	6,0	6,8

[1] Ist die ermittelte Montageplattenhöhe nicht lieferbar, so wird die nächstkleinere Platte verwendet und mit der Seitenverstellschraube ausgeglichen.

6.5 Beschläge (Auswahl)

6.5.3 Bänder

Möbel-Zylinderbänder aus Messing gezogen, Messing vernickelt, brüniert. Alle Abmessungen werden auch als Stilband (mit Zwischenring) gefertigt. Vgl. DIN 81402 (1978-08).

Gerades Möbelband: Das gerade Band ist nicht gekröpft, es wird jedoch häufig als „Kröpfung A" bezeichnet.

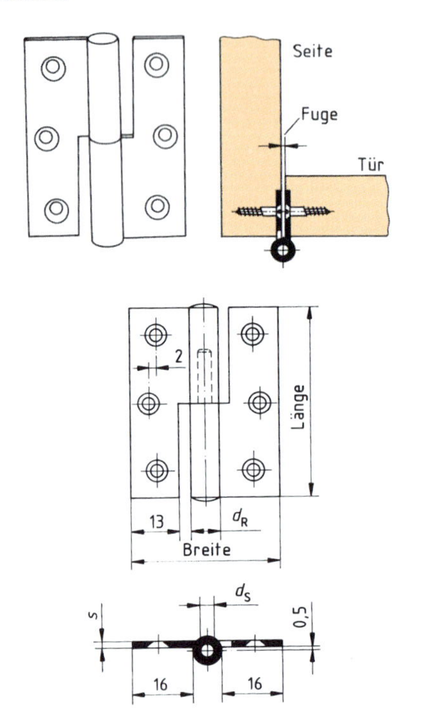

Ausführung: Messing matt oder poliert, vernickelt matt oder hochglänzend

Möbelband Kröpfung B und C (umgesteckter Stift) In manchen Herstellerkatalogen ist Kröpfung C (für vorspringende Türen) nicht mehr zu finden. Auf Bestellung ist Kröpfung C jedoch lieferbar, da fabrikationsseitig lediglich der Stift umgesteckt werden muss.

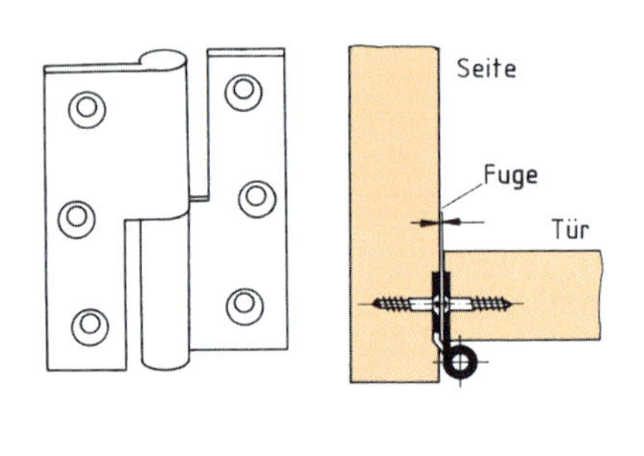

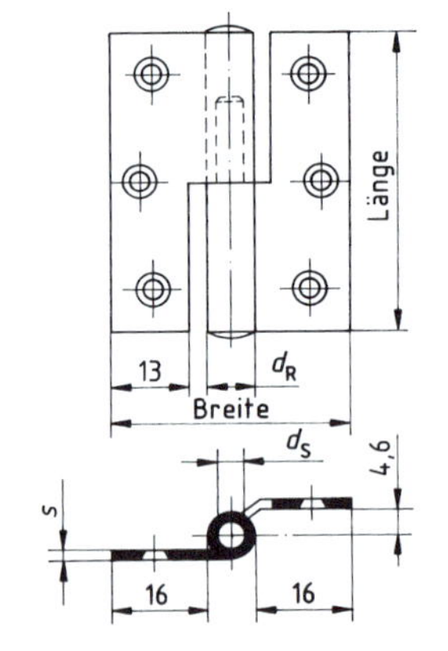

Ausführung: Messing matt oder poliert, vernickelt matt, hochglänzend oder brüniert

Möbel-Zylinderbänder (gerades Möbelband):

Länge mm	Breite mm	d_R mm	d_S mm	Fuge mm	s mm	Schrauben Anzahl	Schrauben d in mm
40	40	8	4,5	1	1,7	4	3
50	40	8	4,5	1	1,7	6	3
60	40	8	4,5	1	1,7	6	3
50[1]	40	6	3,5	1	1,7	6	3
80[1]	45	11	6	1	2	6	3

Möbelband Kröpfung B und C:

Länge mm	Breite mm	d_R mm	d_S mm	Fuge mm	s mm	Schrauben Anzahl	Schrauben d in mm
40	40	8	4,5	0,6	1,7	4	3
50	40	8	4,5	0,6	1,7	6	3
60	40	8	4,5	0,6	1,7	6	3
50[1]	40	6	3,5	0,7	1,7	6	3
80[1]	45	11	6	1	2	6	3

[1] Mit Zwischenring.

6.5.3 Bänder (Forts.)

Möbelband Kröpfung D (Falzmaß 7,5 mm)

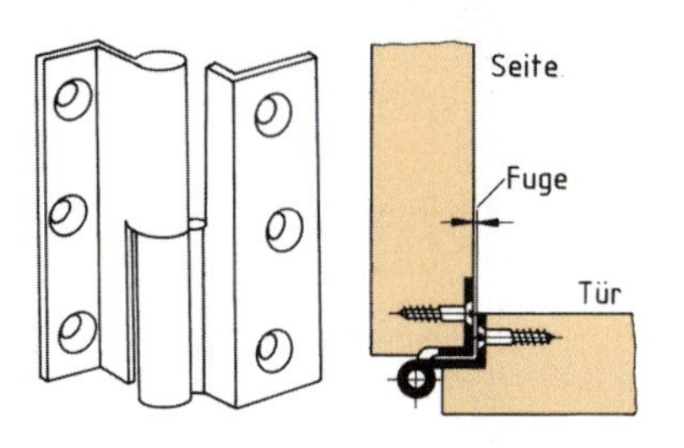

Maße gelten für Bänder ohne Zwischenring

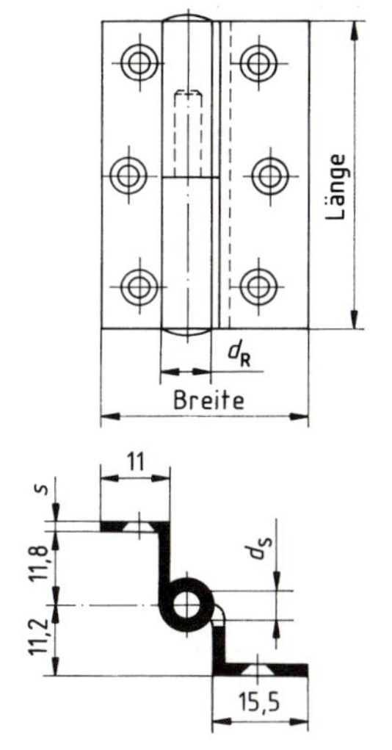

Ausführung: Messing matt oder poliert, vernickelt matt, hochglänzend oder brüniert

Länge mm	Breite mm	d_R mm	d_S mm	Fuge mm	s mm	Schrauben Anzahl	Schrauben d in mm
40	33,3	8	4,5	0,6	1,7	4	3
50	33,3	8	4,5	0,6	1,7	6	3
60	33,3	8	4,5	0,6	1,7	6	3
50[1]	32,2	6	3,5	0,6	1,7	6	3
80[1]	45	11	6	1	2	6	3

Winkelband Kröpfung L

Winkelbänder ermöglichen eine 270°-Öffnung der Tür. Innenschubkästen können hier ohne Beistoß eingebaut werden.

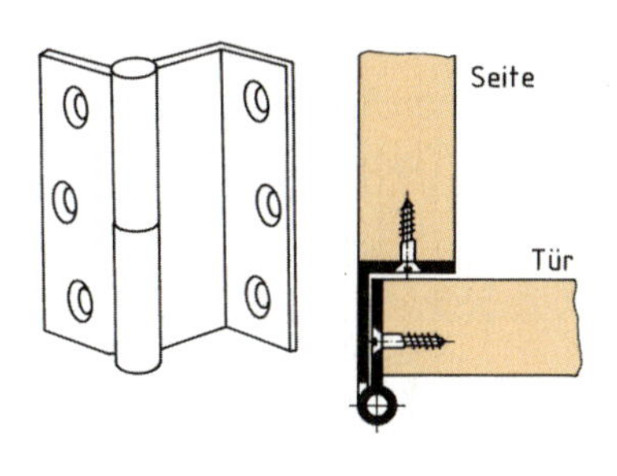

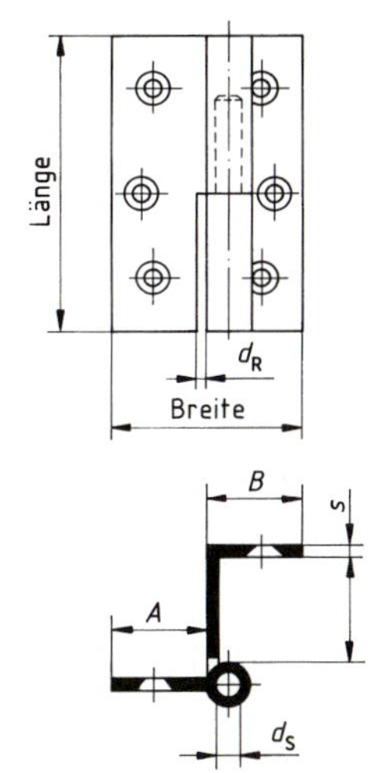

Ausführung: Messing matt oder poliert, vernickelt matt oder hochglänzend

Länge mm	Breite mm	A mm	B mm	C mm	d_R mm	d_S mm	s mm	Türstärke mm
50	32,5	15,5	17	17,3	8	4,5	2,2	16–17
50	35,5	20	15,5	21	7	4	2	18–20
50	37	20	17	21	8	4,5	2	20–21
50	42,5	22,5	20	23,5	8	4,5	2,2	22–23

[1] Mit Zwischenring.

6.5.3 Bänder (Forts.)

Zapfenband, gerade
Zum Einbau von hinterschlagenden Türen und Klappen.

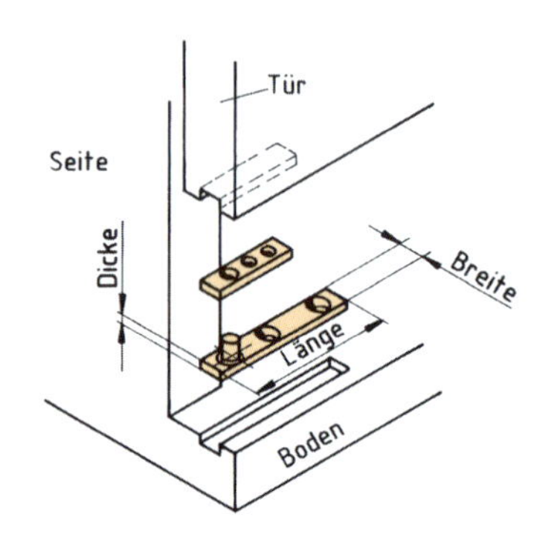

Ausführung: Stahl vernickelt

Länge	50	60	80	100	120
Breite	8	8	9	11	11
Dicke	2,5	2,5	3	4	4

Sekretärband
(Kleine Ausführung in Klammern)
Für Schreibklappen mit Abstoppung

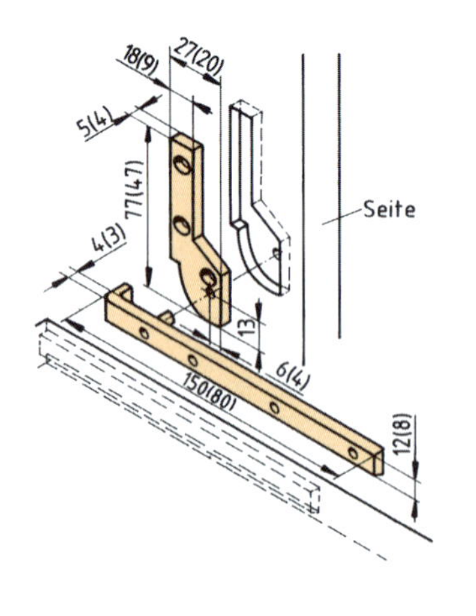

Ausführung: Stahl vernickelt oder vermessingt

Eckzapfenband, gekröpft
Zum Einbau von stumpf ein- oder aufschlagenden Türen und Klappen.

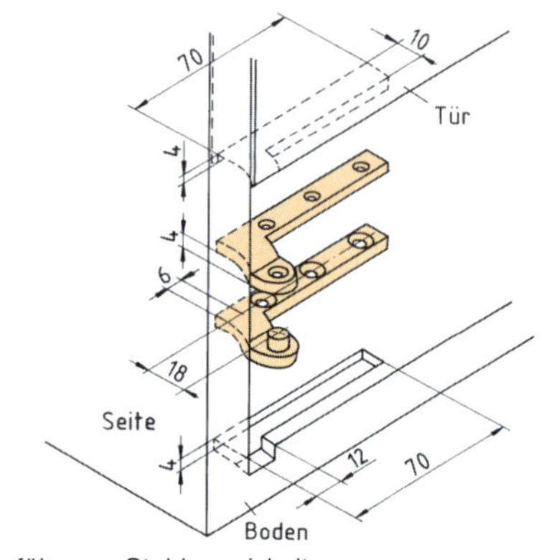

Ausführung: Stahl vernickelt

Einbohrband
Einbohrbänder mit zwei Gewindezapfen erlauben eine rationelle Montage und sind leicht nachstellbar.

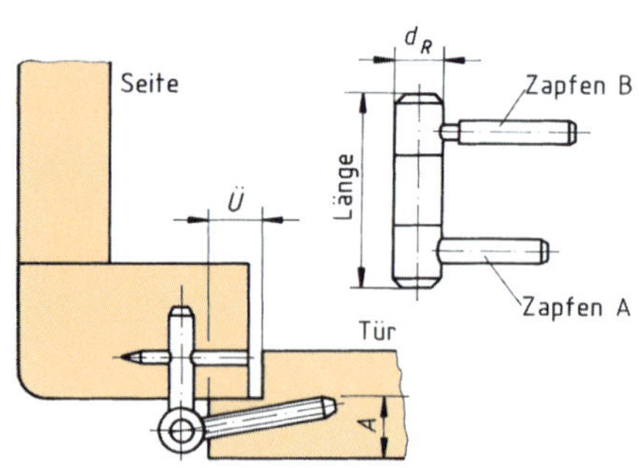

Ausführung in Messing oder Stahl vermessingt, vernickelt, verzinkt, verschiedene Zier-Knopfformen.

Länge mm	d_R mm	Zapfen A mm	Zapfen B mm	A_{min} mm	$Ü_{max}$ mm
26[1]	8,5	23×Ø5,0	30×Ø5,0	7	7
28,5[1]	9,5	23×Ø5,5	30×Ø5,5	7,5	9
29,5[1]	11	25×Ø6,0	35×Ø6,0	9,5	10
38	8,5	20×Ø5,0	24×Ø5,0	7	7
38	9,5	20×Ø5,5	24×Ø5,5	7	7
41	11	20×Ø6,0	24×Ø6,0	9,5	10

[1] Band hat zwei Gewindezapfen.

6.5.4 Auszüge

Auszüge für Holzschubkästen und Tablare
Alle Konstruktionsarten sind in weiteren Varianten (z.B. für hängende oder liegende Montage, für Metall- oder Kunststoffschubkästen usw.) lieferbar.
Grundsätzlich unterscheidet man:
- Teilauszug,
- Vollauszug,
- Überauszug.

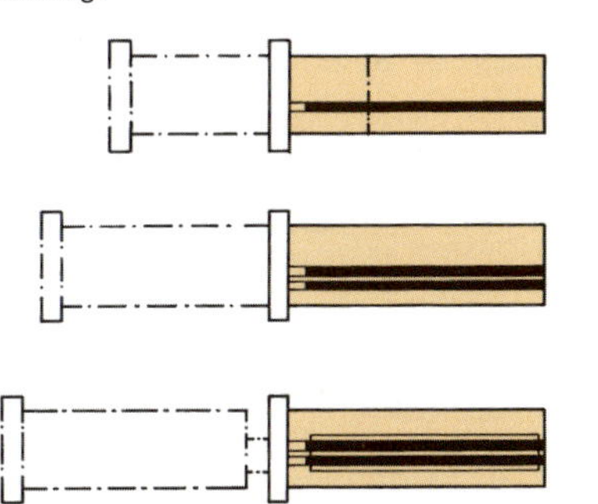

Teilauszug für Seitenmontage.
Belastbar mit 250 N. (Klammerwerte gelten für die mit 400 N belastbare Version.)

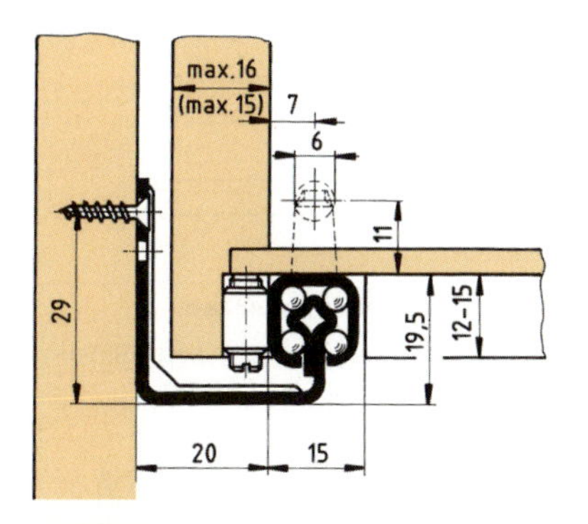

Schubkastenlänge mm	Länge der Schubkastenschiene mm	Länge der Korpusschiene mm	Auszugsverlust mm
280–400	278	278	79 (91)
350–500	328	342	103 (115)
470–700	464	438 (439)	139 (163)

Überauszug für Seitenmontage.
Belastbar mit 400 N.

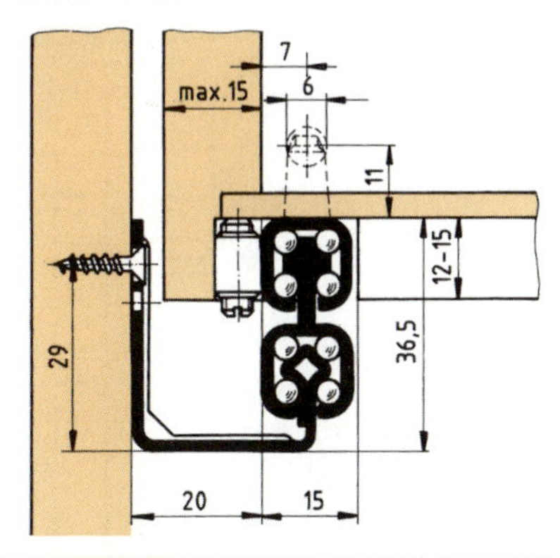

Schubkastenlänge mm	Länge der Schubkastenschiene mm	Länge der Korpusschiene mm	Mindestkorpustiefe mm	Überauszug mm
280–400	278	278	300	29
350–500	328	342	400	30
470–700	464	439	500	26

Teleskop-Vollauszug für schwere Belastungen.
Belastbar mit 1000 N.

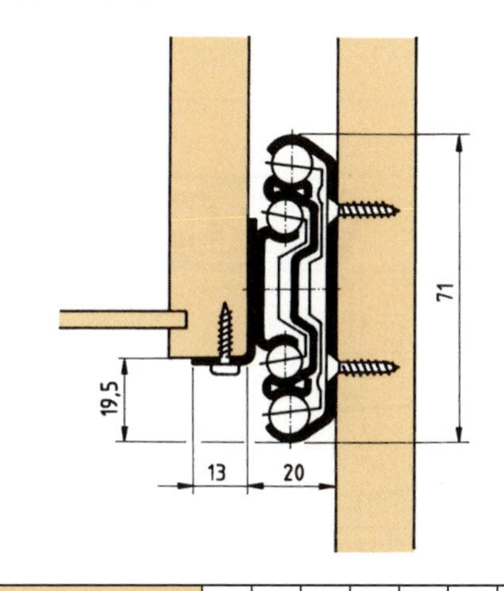

Einbaulänge in mm	350	400	450	500	550	600	700
Auszugslänge in mm	375	435	495	550	605	660	770

6.5 Beschläge (Auswahl)

Rollengelagerter Vollauszug für schwerste Belastungen (Belastung max. 1400 N, ab 600 mm Länge bis zu 20 % weniger)

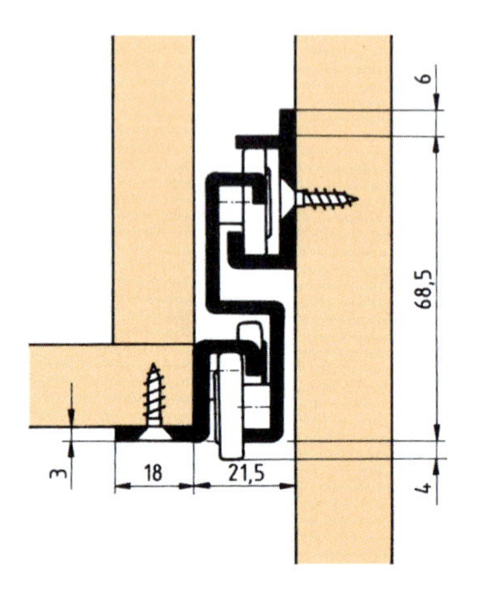

Einbaulänge in mm	500	550	600	650	750	800
Auszugslänge in mm	520	570	620	670	770	820

Tablarauszug für aufliegende Montage.

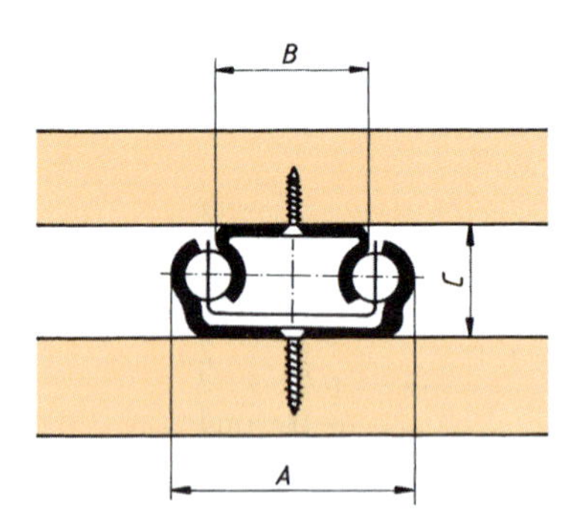

L_1 Einbaulänge
L_2 Auszugslänge

Belastung N	L_1 mm	L_2 mm	A mm	B mm	C mm
150	300	190	39	20,5	13,5
600	350	230	47	30	21,5

6.5.5 Möbelbeschläge für den Verschluss

Anforderungen und Prüfungen von Möbelschlössern siehe DIN 68852: 2004-06.

Möbelschlösser für Schlüssel mit Buntbart oder Zuhaltungsform bieten nur geringen Schutz. Für höhere Sicherheitsanforderungen sind Einsteckschlösser mit Zylinder lieferbar.

Aufschraubschloss

Ausführung: Stahl vernickelt
Dornmaße: 15, 20, 25, 30, 40, 50 mm

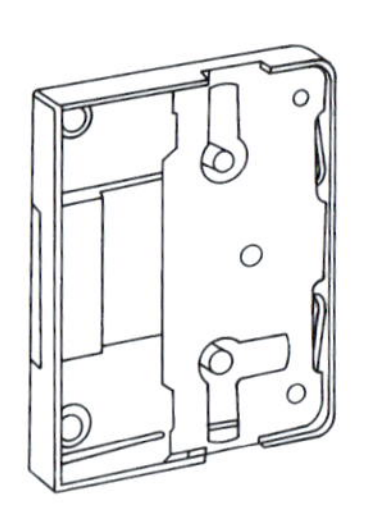

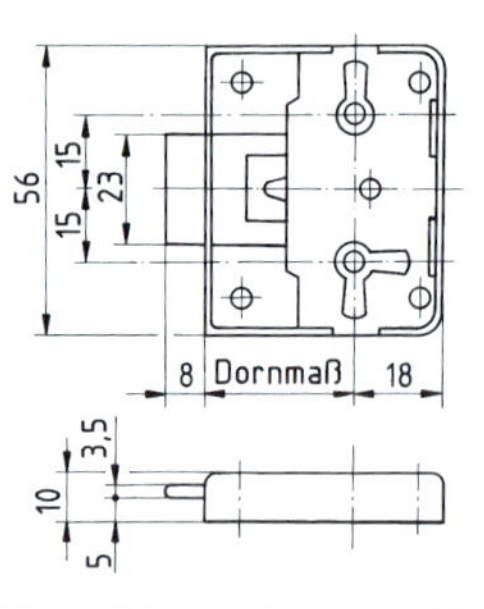

Einlassschloss mit Zuhaltungen

Ausführung: Messingrückblech und -Stulpe vernickelt. Dornmaße: 15, 30 oder 40 mm

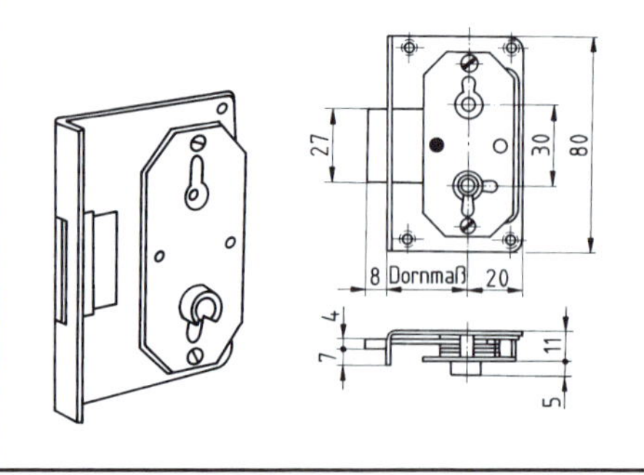

6.5.5 Möbelbeschläge für den Verschluss (Forts.)

Einsteckschloss

Ausführung: Stahl, Stulpe vermessingt. Links und lad sowie rechts und lad lieferbar
Dornmaß: 15, 20, 25, 30, 40 mm

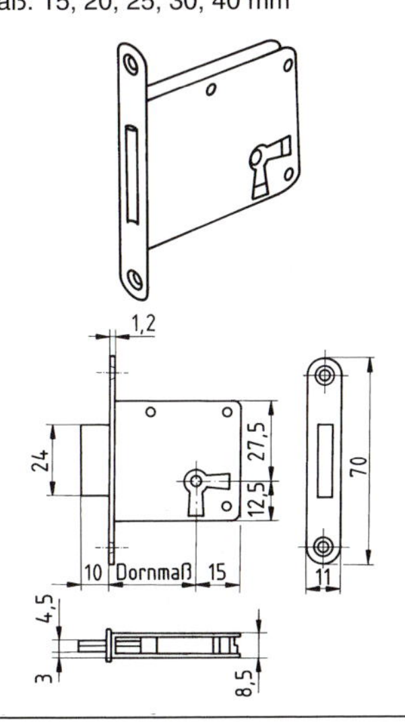

Einsteck-Rollladenschloss

Ausführung: Stahlstulpe und Schließblech vermessingt. Links und rechts/lad lieferbar
Dornmaß: 15 und 22 mm

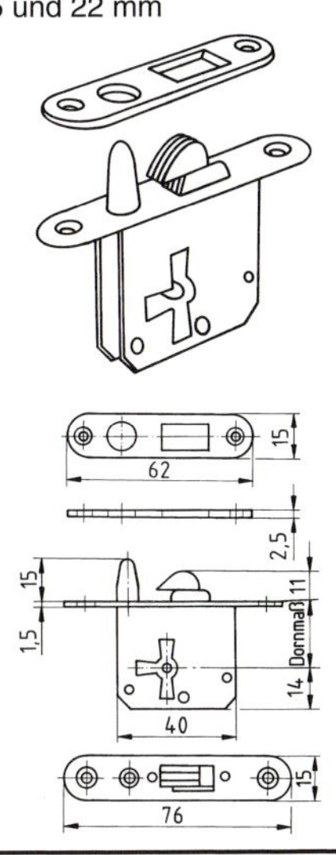

Magnetverschlüsse zum Einbohren.

Das Gehäuse wird eingepresst oder eingeleimt. Verschiedene Ausführungen.

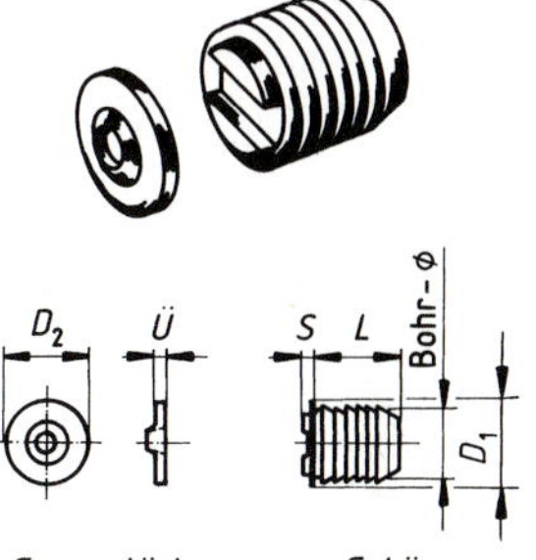

L mm	D_1 mm	D_2 mm	Bohr-∅ mm	s mm	$Ü$ mm	Haftkraft N
13,5	9,5	12	8	2,5	1,5	20
9	11	11,5	9	2	1,5	18
15,5	14,5	14	14	1,5	1	35
11	12,5	12	12	1,4	2,5	25
11,5	11	12	11	1,4	1,5	20
23	15,5	15	14	3,5	1	60

Magnetverschlüsse zum Aufschrauben.

Gegenplatte beweglich, Ausführung in Kunststoff, weiß oder braun

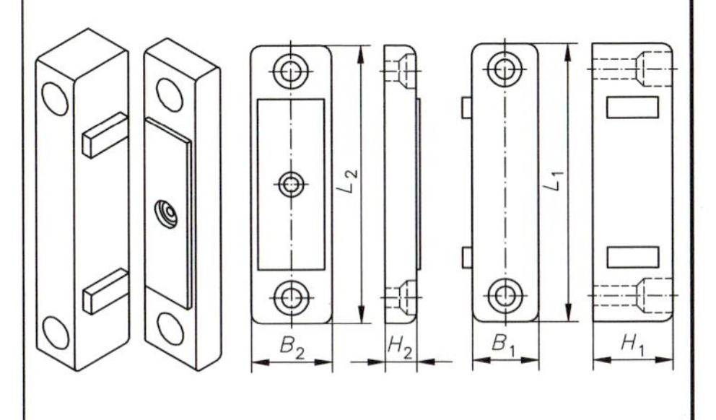

B_1 mm	H_1 mm	L_1 mm	B_2 mm	H_2 mm	L_2 mm	Haftkraft N
9	13	47	13	4,5	45,5	40
12	13	48,5	13	5,5	47	50
12,5	13	52	15	6	51,5	60

6.5 Beschläge (Auswahl)

6.5.5 Möbelbeschläge für den Verschluss (Forts.)

Unterfurniermagnet, für den unsichtbaren Einbau, nach dem Überfurnieren beträgt die Haftkraft ca. 20 N

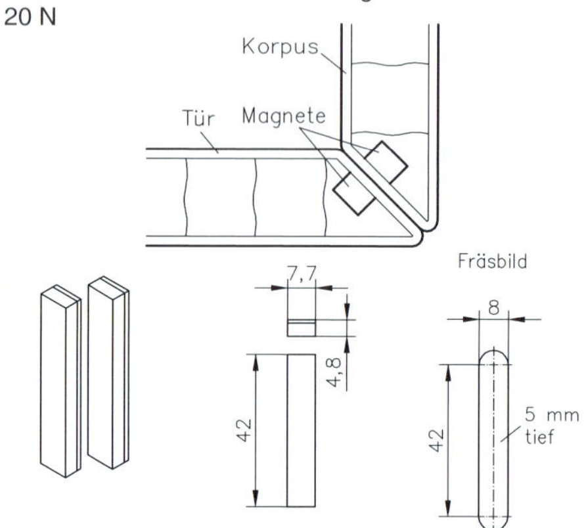

Druckmagnetschnäpper zum Anschrauben, aus Kunststoff, schwarz, für Glastüren geeignet.
Durch Druck auf die Türfläche wird die Tür freigegeben

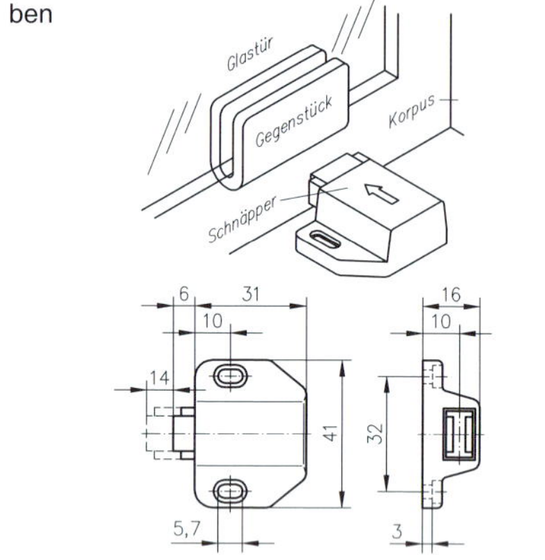

Druckmagnetschnäpper zum Einpressen, sonst wie oben

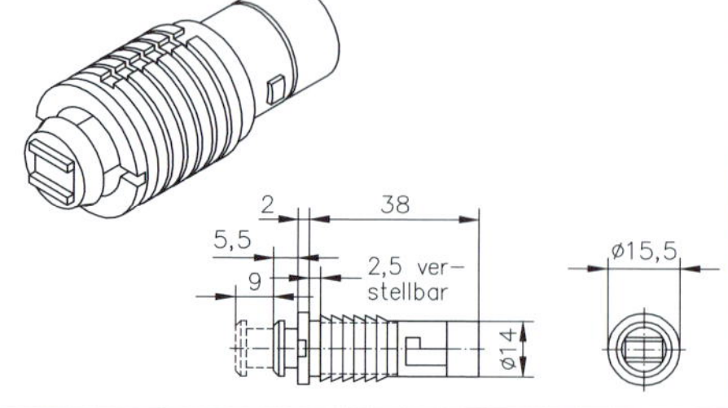

Automatik-Federschnäpper aus Stahl, verzinkt, für Türen und Schubkästen geeignet

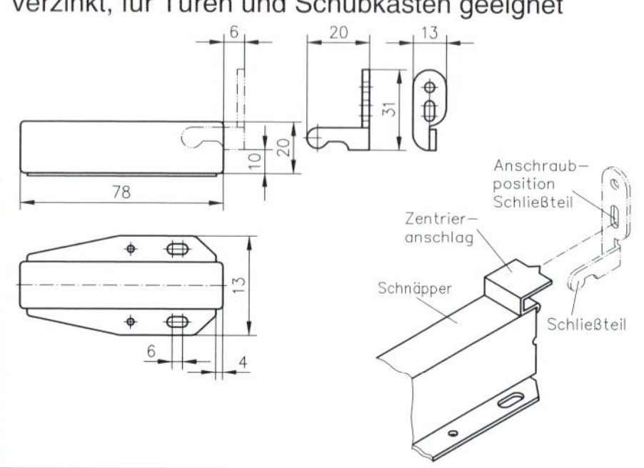

Rollenschnäpper zum Anschrauben

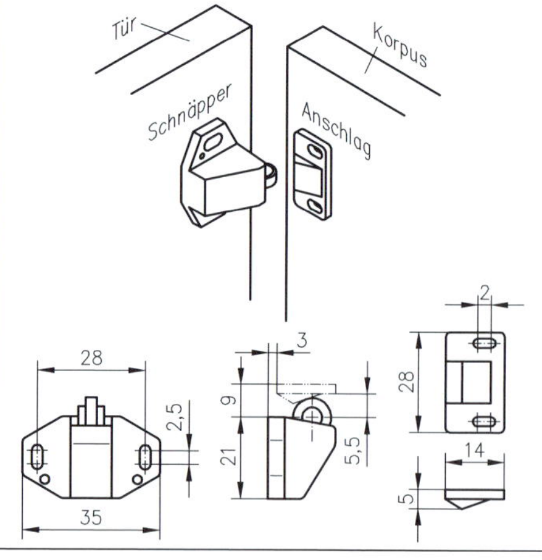

Kugelschnäpper

Ausführung: Kugel Chromstahl, Schnäpper Messing, Schließblech vermessingt

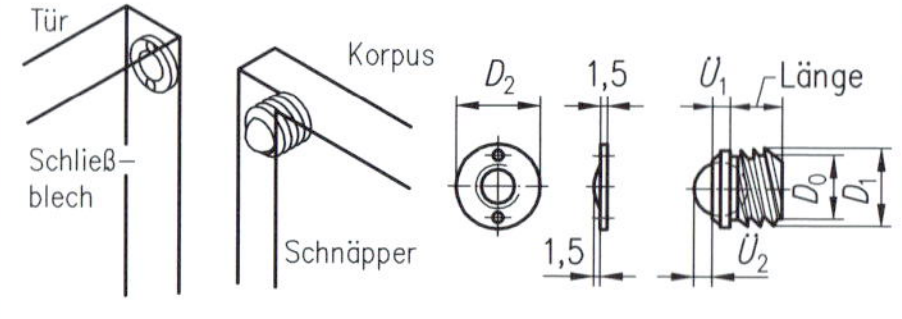

Länge mm	D_0 mm	D_1 mm	D_2 mm	$Ü_1$ mm	$Ü_2$ mm
8	8	9	10,5	2	2
9	10,8	12	13,5	3	2,5
10,5	12,6	14	16	3,5	3

6.5.5 Möbelbeschläge für den Verschluss (Forts.)

Doppelkugelschnäpper
Ausführung: Kugeln Chromstahl, Schnäpper und Gegenstück Messing
Von den aufgeführten Schnappverschlüssen ist dies die beste Lösung. Allerdings ist der Arbeitsaufwand größer, da Schnäpper und Gegenstück eingelassen werden. Die Zuhaltekraft ist über die Einstellschraube justierbar.

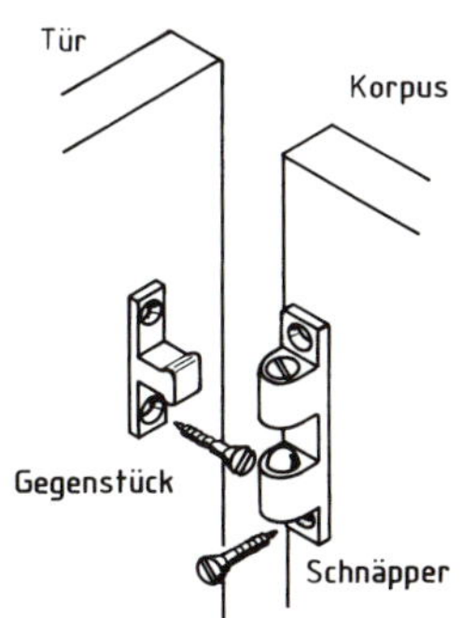

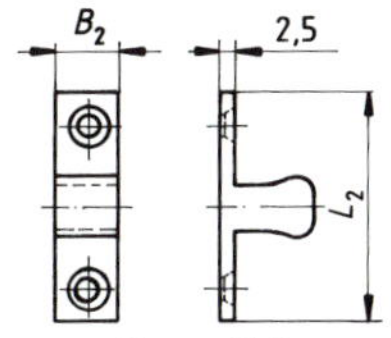

Gegenstück

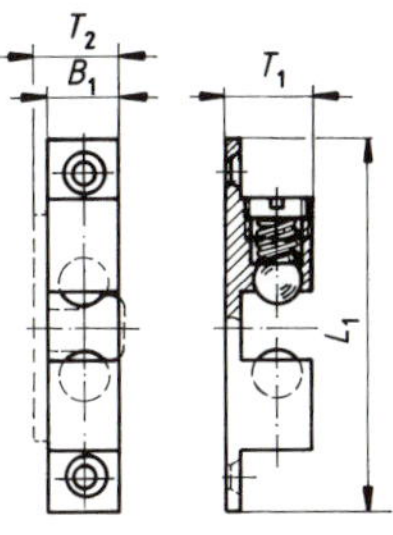

Schnäpper

L_1 mm	L_2 mm	B_1 mm	B_2 mm	T_1 mm	T_2 mm	s mm
43	25	8	7	10	10,5	2
50	28	9	8	11,5	12	2,5
60	38,5	10,5	9	13,5	14	2,5
70	42	13	12	15,5	16	2,5

Möbelriegel mit verdeckten Anschraublöchern. Ausführung: Messing. Ähnliche Abmessungen sind mit gekröpfter Riegelzunge lieferbar.

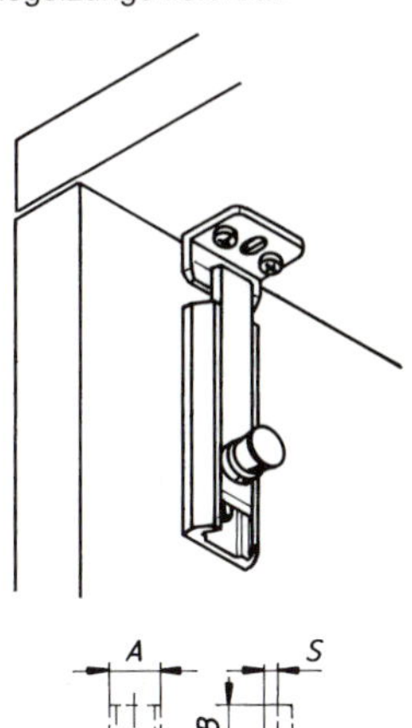

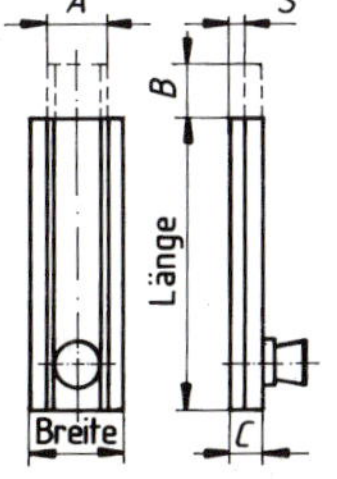

Länge mm	Breite mm	A mm	B mm	C mm	s mm
50	16	10	9	5	2,5
60	16	10	11	5	2,5
70	16	10	11	5	2,5

Kantenriegel
Ausführung: Messing, Riegel aus Stahl. Lieferbar in 50 und 70 mm Länge

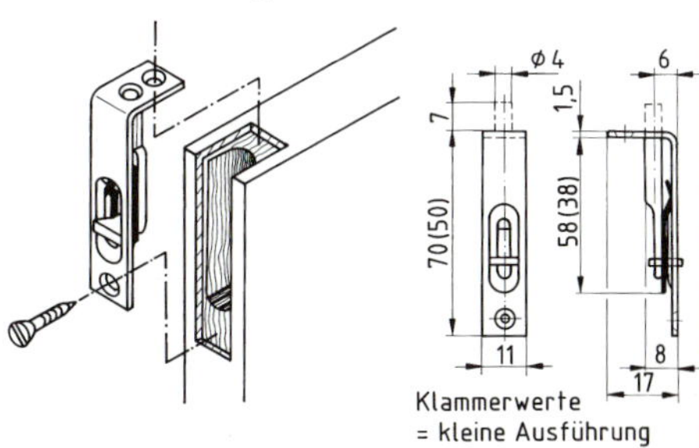

6.6 Möbelform

6.6.1 Gestaltungsregeln

Beim Entwerfen von Möbeln sind sowohl technisch-wirtschaftliche als auch künstlerisch-gestalterische Gesichtspunkte zu beachten, wobei die Letzteren stark dem Zeitgeschmack unterliegen.

Technisch-wirtschaftliche Gesichtspunkte:
- Materialeigenschaften,
- Funktionalität und Zweckmäßigkeit,
- Ergonomie,
- Fertigungsverfahren und -bedingungen,
- Fertigungskosten.

Künstlerisch-gestalterische Gesichtspunkte:
- Harmonie der Proportionen,
- Farbgebung und Dekorgestaltung,
- Kontraste und Schattenwirkung,
- Auswahl und Anordnung der Beschläge usw.

Möbelentwurf ist eine komplexe Tätigkeit, für die eine umfangreiche Erfahrung, aber auch gestalterisches Fingerspitzengefühl und künstlerische Begabung notwendig sind. Die folgenden Regeln garantieren noch keinen gelungenen Entwurf, sie können dabei jedoch hilfreich sein.

1-13

Einige Grundregeln
Lehrsätze der Shaker
Diese Religionsgemeinschaft baute im 18. und 19. Jahrhundert in Nordamerika strenge, klassisch anmutende Möbel – meist aus Kirschbaum-Holz – die z. Z. eine Renaissance erleben.
Einige ihrer Lehrsätze lauten:
- Einfachheit ist Schönheit
- Wiederholung ist Schönheit
- Regelmäßigkeit ist Schönheit
- Ordnung ist der Ursprung der Schönheit
- Schönheit beruht auf Zweckmäßigkeit
- Was in sich selbst den höchsten Gebrauchswert birgt, besitzt auch die größte Schönheit

Hilfreich ist auch ein Blick in die Bewertungskriterien von Gestalter-Jurys. Sie berücksichtigen meist die folgenden Aspekte:
- Zeitentsprechung (für den Bundeswettbewerb „Gute Form" werden Nachbildungen vergangener Stilepochen nicht zugelassen)
- Originalität der Idee (Wiedererkennbarkeit)
- Klarheit der Form (Ausdruckskraft und Beziehung der Flächen zueinander)
- Qualität der Proportion
- Konsequenz der formalen Durchbildung
- Ästhetische Wirkung der Konstruktion und der Details
- Kombination der Werkstoffe (Farbe, Struktur, Oberflächengestaltung)
- konstruktionsgemäße Materialauswahl (Bauart und Verbindungen, Materialwahrheit, sinnvoll begründete Materialkombination)
- Gebrauchswert des Stücks (Langlebigkeit, Ergonomie)
- Qualität der Details (Beschläge, Türen, Klappen, Schubkästen, etc.)
- funktionsgerechte Materialwahl
- Reinheit des konstruktiven Entwurfs und Übereinstimmung mit den konstruktiven Detaillösungen (angemessener konstruktiver Aufwand)
- technische Qualität (für die Teilnahme am Bundeswettbewerb „Gute Form" ist die Mindestnote befriedigend in der Gesellenprüfung Voraussetzung)

Goldener Schnitt
Unter Proportion versteht man das Verhältnis zweier Größen zueinander. In der Natur taucht sehr häufig das Größenverhältnis 3:5 auf. Dies entspricht annähernd dem seit der Antike verwendeten **Goldenen Schnitt** (GS) (Konstruktion siehe Kap. 3.6.1).

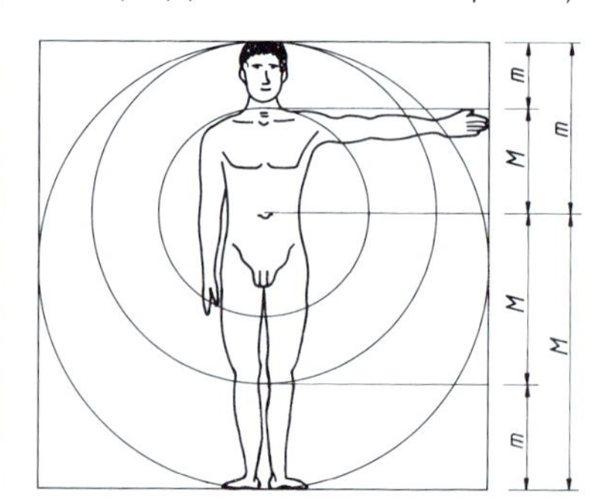

Wendet man den Goldenen Schnitt für die Gestaltung von Rechtecken an, so ergeben sich gut proportionierte Ansichten und Füllungsflächen.
Der Bereich **harmonischer Rechtecke** reicht von einem Seitenverhältnis von 1:1,4 bis ca. 1:1,8; jedoch können auch andere Aufteilungen interessant, weil spannungsreich sein. Auch die Lage der Rechtecke ist von Bedeutung; so betonen liegende Rechtecke die Stabilität und Schwere eines Möbels.

6.6.1 Gestaltungsregeln (Forts.)

Stehende Rechtecke machen ein Möbel eher leicht und lebendig. Quadratische Formen wirken oftmals eintönig, wenn sie für die Hauptabmessungen eines Möbels verwendet werden. Durch Reihung und Wiederholung kann die quadratische Form jedoch ansprechend wirken.

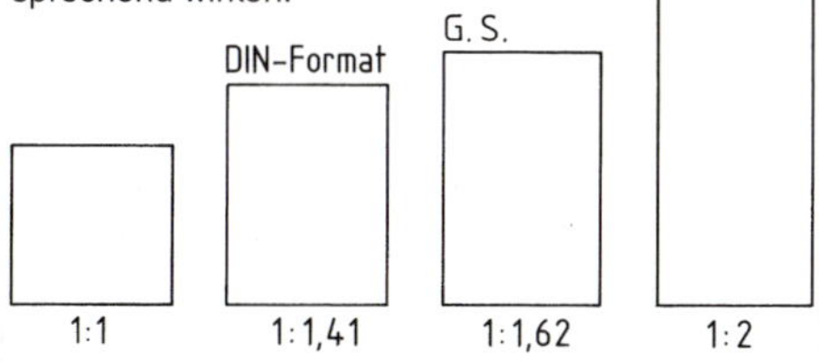

Außer dem Seitenverhältnis hat die **Flächenaufteilung** große Bedeutung; so strahlen große Flächen Ruhe und Sicherheit aus, während kleinflächig geteilte Möbelfronten eher unruhig wirken.

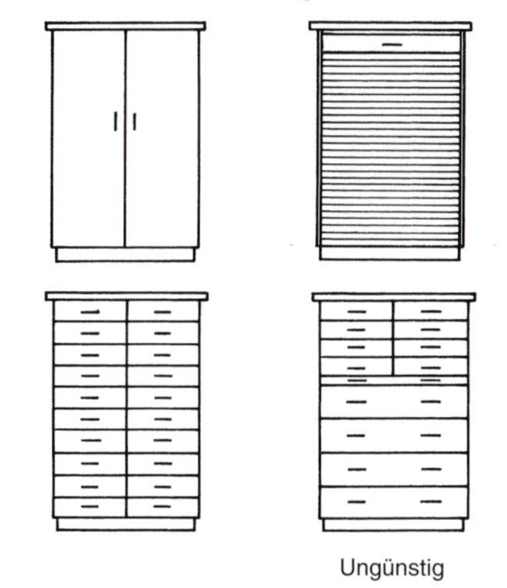

Ungünstig

Vom symmetrischen Möbelaufbau kann durchaus abgewichen werden; dann ist jedoch eine regellose Zerteilung der Möbelfront zu vermeiden.

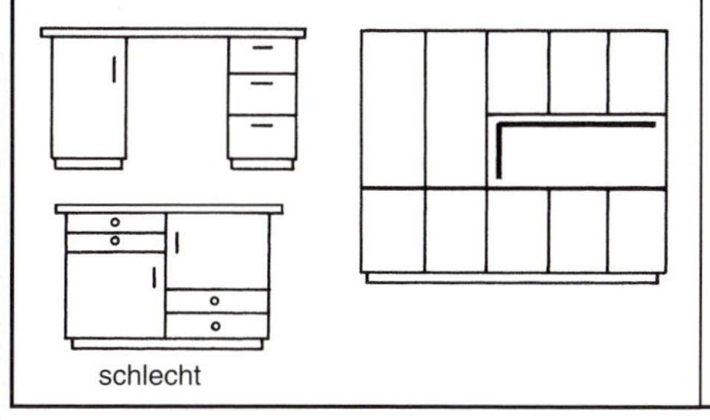

schlecht

Einlegeböden hinter Sprossentüren sollten die Sprossenteilung berücksichtigen.

schlecht problematisch: Quadrate

Möbelknöpfe: Griffe und sichtbare Bänder bestimmen das Gesicht des Möbels mit; sie müssen sorgfältig ausgewählt und mit Bedacht positioniert werden. Für Bänder sollten Bezugslinien (Rahmenholz) beachtet werden. Knöpfe und Schlüsselbuchsen sollten bei Rahmen in Friesmitte liegen, in Bezug auf die Rahmenhöhe wirkt die Anbringung in der geometrischen Mitte jedoch optisch zu tief. Die Knöpfe werden daher 2–3 cm nach oben versetzt.

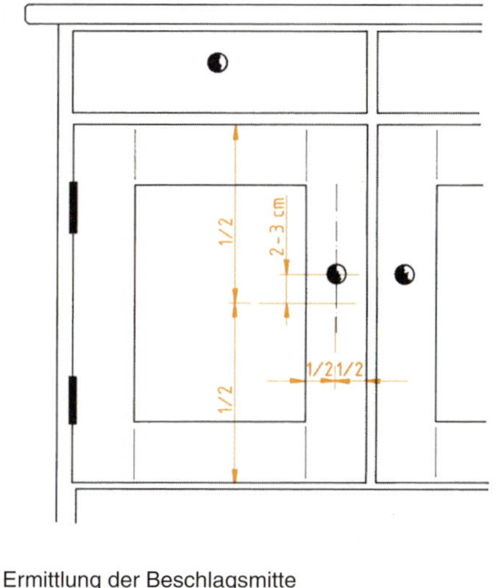

Ermittlung der Beschlagsmitte

6.6 Möbelform

6.6.1 Gestaltungsregeln (Forts.)

Profilformen

Die Grundformen der Holzprofile sind in DIN 68120 (1968-08) genormt, die dort angegebenen Abmessungen haben sich jedoch in der Praxis nicht durchgesetzt. Auf ihre Wiedergabe wird verzichtet.

Grundformen

Fase 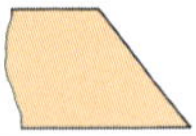	Hohlkehle 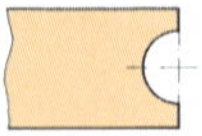	Halbhohlkehle 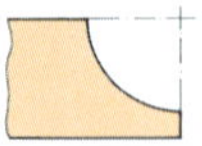
Viertelstab 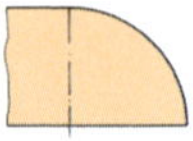	Halbstab 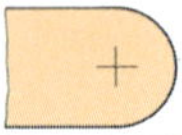	Karnies 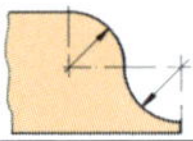

Varianten

Stehender Karnies 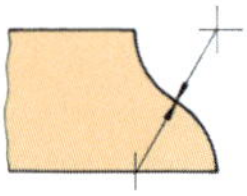	Liegender Karnies 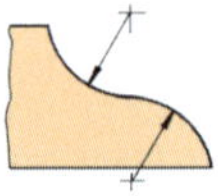	Gedrückter Rundstab (Wulst) 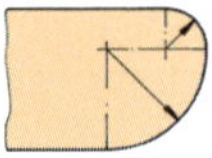

Zusammengesetzte Profile

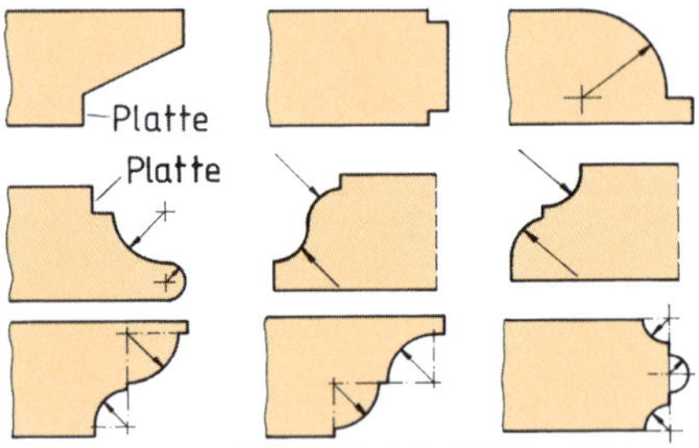

Platte

Platte

Bei der Herstellung von Profilen ist der Standort des Betrachters und die Faserrichtung des Holzes zu beachten.

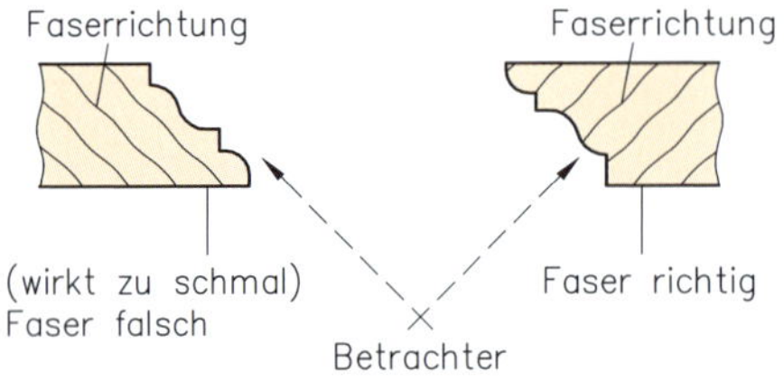

Faserrichtung

Faserrichtung

(wirkt zu schmal)
Faser falsch

Faser richtig

Betrachter

Wirkung von Farben[1]

Farbe	Wirkung
Rot	Farbe des Feuers. Sie erregt Aufmerksamkeit, steht für Vitalität und Energie, Liebe und Leidenschaft. Warm, einengende Raumwirkung. Wirkt in der Dämmerung schnell grau.
Orange	Symbolfarbe für Optimismus und Lebensfreude, signalisiert Aufgeschlossenheit, Kontaktfreude und Jugendlichkeit, Gesundheit und Selbstvertrauen. Warm und aufhellend. Frech, kreativ.
Gelb	Farbe der Sonne, vermittelt Licht, Heiterkeit und Freude, steht auch für Wissen, Weisheit, Vernunft und Logik. Stark aufhellend, konzentrationsfördernd. Wirkt auf Männer positiver als auf Frauen.
Grün	Farbe der Wiesen und Wälder, beruhigend, steht für Großzügigkeit, Sicherheit, Harmonie, Hoffnung, Erneuerung des Lebens. Aufhellend, macht kleine Räume weiter. Ihr wird ein Wellness-Effekt zugeschrieben.
Blau	Farbe des Himmels, kühl, glatt, steht für Ruhe, Vertrauen, Pflichttreue, Schönheit, Sehnsucht. Raumvergrößernd, wenn nicht zu dunkel. Hält der Dämmerung am längsten Stand.
Violett	Farbe der Inspiration, der Mystik, Würde, Magie und der Kunst, extravagante Farbe, steht auch für Frömmigkeit, Buße und Opferbereitschaft. Helles Violett steht für Entspannung, passt auch ins Schlafzimmer.
Weiß	Eis und Schnee, Symbol der Reinheit, Klarheit, Erhabenheit und Unschuld, gilt aber auch als Zeichen der Unnahbarkeit, Empfindsamkeit und kühler Reserviertheit. Raumvergrößernd, guter Hintergrund für Möbel und Bilder.
Grau	Farbe vollkommener Neutralität, Vorsicht, Zurückahltung und Kompromissbereitschaft. Steht auch für Langeweile, Eintönigkeit, Unsicherheit. Guter Hintergrund für fast alle Farben.
Schwarz	Farbe der Dunkelheit bzw. Lichtlosigkeit, drückt Trauer, Unergründlichkeit und das Furchterregende aus, steht auch für Würde und Ansehen und hat einen besonders feierlichen Charackter. Sparsam verwenden.

[1] Die Wirkung von Farben kann individuell und kulturell von den folgenden Beschreibungen abweichen.

6.7 Möbelstile

Altertum/Antike[1]

Ägyptisch
(ca. 1400 v. Chr.)

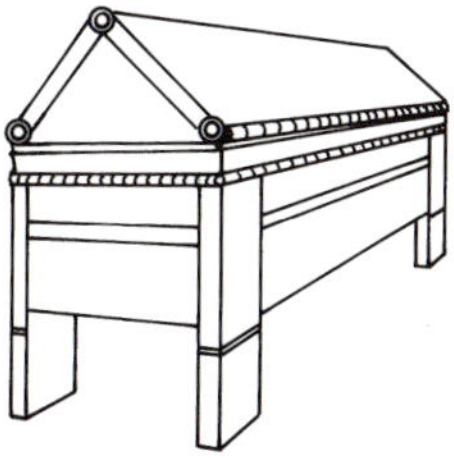

Griechisch
(ca. 300 v. Chr.)

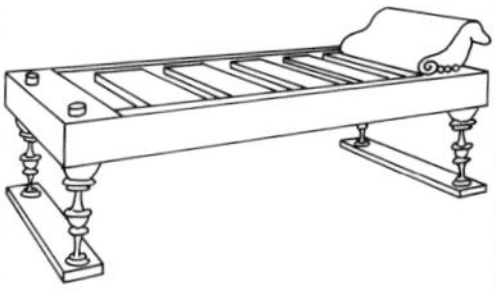

Römisch (1. Jh.)

Die frühen Hochkulturen (Ägypter, Griechen, Etrusker, Römer) haben bereits Möbel in erstaunlich guter handwerklicher Qualität gefertigt. So verwandten z. B. die Ägypter bereits 2–4 mm starke Furniere, und die Römer benutzten Hobelarten, die unseren sehr ähnlich waren. Römische und griechische Vorbilder waren vor allem für die Renaissance, aber auch für den Historismus bedeutsam und beeinflussen noch heute die Möbelgestaltung.

Epoche / Form	Romanik 600–1250 n. Chr.	Gotik 1250–1500 n. Chr.
Grundform	einfache derbe Zimmermannskonstruktion	sachliche Konstruktion, scharfkantig profiliert
Werkstoff	Tanne und Eiche, in Italien auch Nussbaum	Fichte, Tanne und Nussbaum, in Norddeutschland vor allem Eiche
Dekor/ Ornament	Flach- und Kerbschnitzereien, schmiedeeiserne Beschläge	Schnitzereien als Faltwerk, Maßwerk, Zinnenkranz
Füllungen	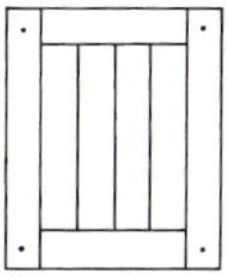 hier: spätromanische Füllung	
Unterteil	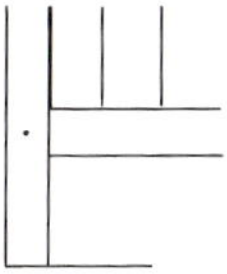	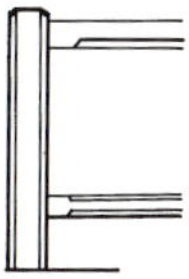
Stuhlbein	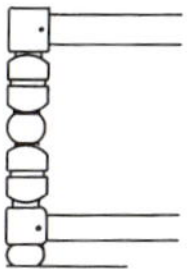	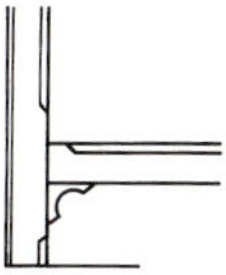
Tür	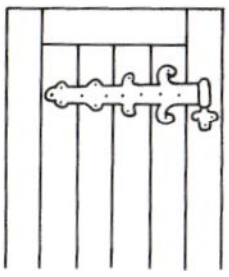	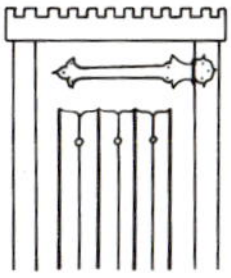
Truhe	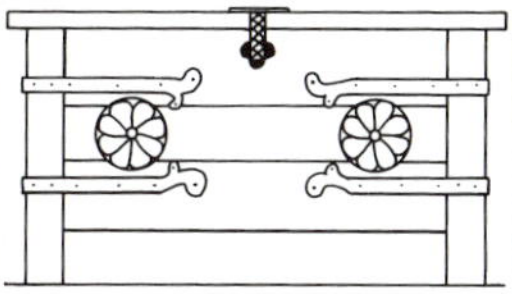	
Erläuterungen	das Drechseln ist verbreitet; Möbel sind sehr selten und meist in Brettbauweise stumpf gefügt.	Anwendung der Rahmen- und Stollenbauweise; Graten, Zinken und Schlitzen sind bekannt; Namen: Jörg Syrlin

[1] 3000 v. Chr. bis 600 n. Chr.

6.7 Möbelstile

Epoche / Form	Renaissance Italien 1400–1550 n. Chr.	Renaissance Deutschland 1500–1700 n. Chr.	Barock 1630–1730 n. Chr.
Grundform	klare Gliederung, reiche, dekorative Profile und Flächen	klare, architektonische Gliederung, reiche Profile	ausladende Gesimse, üppige, verkröpfte Profile
Werkstoff	mehrere Holzarten an einem Möbel, hauptsächlich Nussbaum	Eiche, Esche, Nussbaum, seltener Nadelholz	Nussbaum mit betonter Maserung, Ebenholz poliert
Dekor/ Ornament	Schnitzereien, Rollwerk, Kartusche, schräg ausgezogener Eierstab	reiche Intarsien (räumliche Bilder); Nachbildungen von Hausfassaden	Flammleiste Akanthusblatt, voluminöses Rollwerk; Kartuschen, Putten
Füllungen	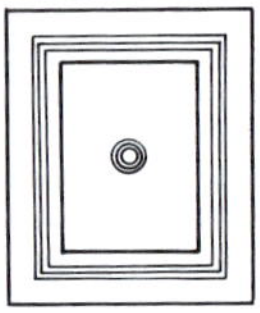		
Unterteil	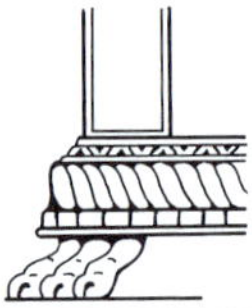	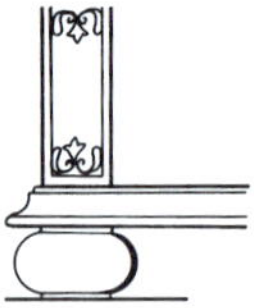	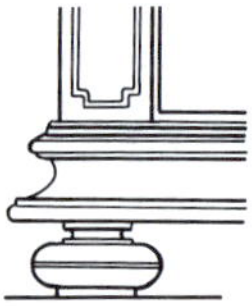
Stuhlbein	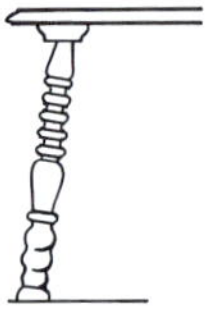		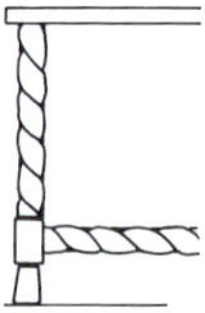
Tür	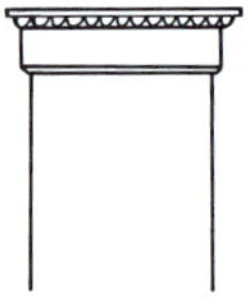		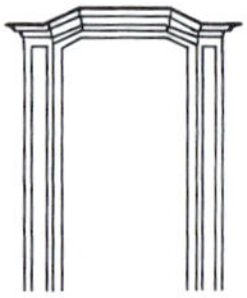
Truhe	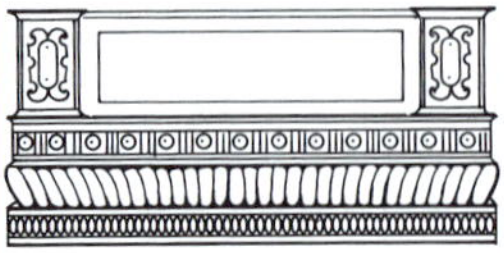		
Erläuterungen	starke Ausrichtung an antiken Vorbildern; Typisches Möbel ist die Cassapanca; Anwendung der Furniertechnik	große regionale Unterschiede; Augsburg ist Zentrum der Intarsienkunst; Namen: Meister H. S., P. Flötner	Korpus und Intarsien werden z. T. getrennt gefertigt; Schränke lösen die Truhe ab; Namen: Abraham Roentgen

6.7 Möbelstile

Form \ Epoche	Louis XIV[1] 1643–1715 n. Chr.	Rokoko[2] 1730–1780 n. Chr.	Chippendale[3] 1730–1780 n. Chr.
Grundform	zwei Varianten: a) geschweifte b) klassisch-strenge Grundform	überreich geschwungen, unsymmetrisch	streng, aber dem Rokoko noch nahe Grundformen
Werkstoff	Nussbaum, Exoten, Schildpatt, Zinn, Messing	alle verfügbaren Holzarten, häufig vergoldet	Mahagoni hochglanzpoliert
Dekor/ Ornament	Beine nach unten verjüngt, Blumendekor, Ranken- und Bandelwerk	prunkvoll überladene Schnitzereien, Rocaille	typische Glasversprossung, Krallenfuß auf Kugel, „Zipfel“ an Stuhllehnen
Füllungen	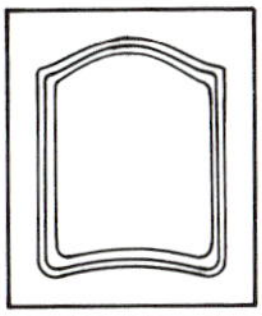	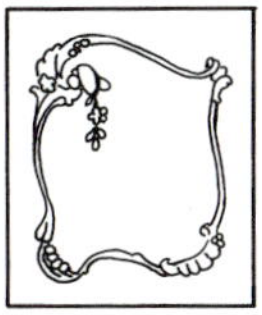	
Unterteil	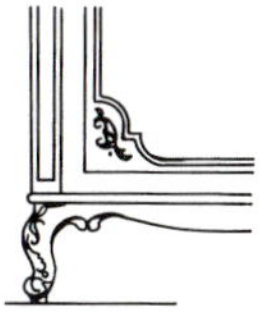	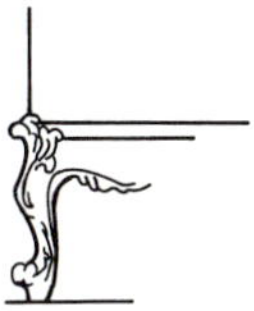	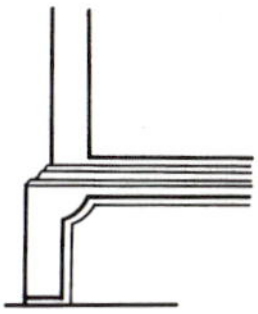
Stuhlbein	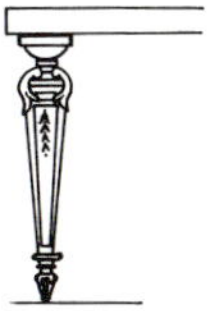	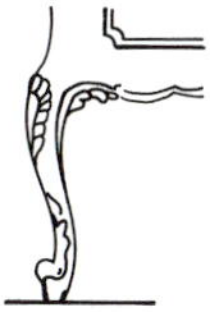	
Tür			
Truhe		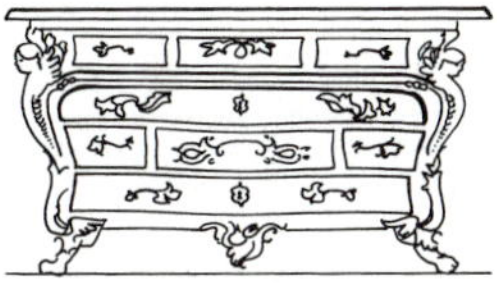	
Erläuterungen	Anwendung der Boulle-Technik (Einlage von Schildpatt in Metall u. umgekehrt); Namen: Charles A. Boulle	Rahmenkonstruktion wird verborgen, Lackmöbel; Namen: A. und D. Roentgen, Cressent, Oeben, Hoppenhaupt, Spindler	gotische, aber auch chinesische Elemente werden mit Rokokoformen kombiniert; Namen: Th. Chippendale

[1] Barock in Frankreich. [2] In Frankreich Louis XV. [3] Englisches Rokoko.

6.7 Möbelstile

Epoche / Form	Louis XVI[1] 1765–1792 n. Chr.	Empire[1] 1795–1830 n. Chr.	Biedermeier[1] 1815–1850 n. Chr.
Grundform	Rückbesinnung auf klassische strenge Grundformen	Proportionen aus dem Steinbau, kubisch, wuchtig	es bestehen zwei Strömungen: Empire und Louis-XVI-Richtung
Werkstoff	schlicht gemaserte, helle Hölzer, Marketerien	Mahagoni, Ebenholz, hochglanzpoliert	Kirsche, Esche, Birne, Birke, Nussbaum, weniger Mahagoni
Dekor/ Ornament	Möbelbeine mit Kanneluren, Zöpfe, Eier- und Perlstäbe	Edelmetallbronzen, Palmetten, Lanzen, Rutenbündel	dekoratives Furnierbild, mit eingelegten schwarzen Bändern
Füllungen	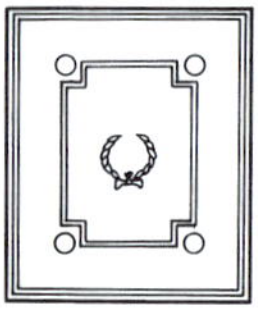		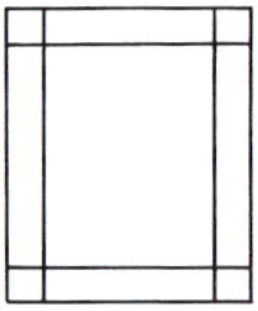
Unterteil	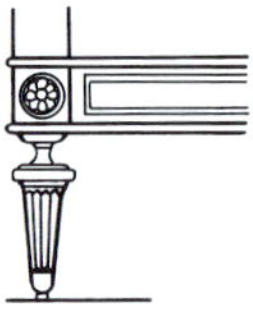	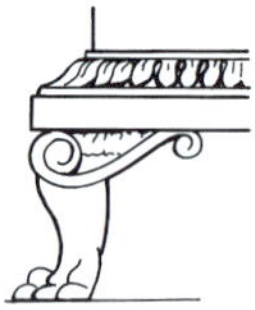	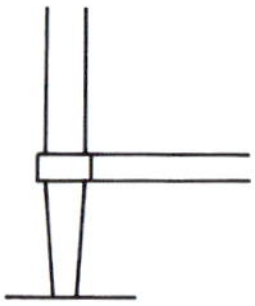
Stuhlbein	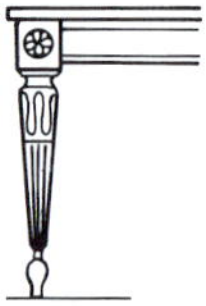	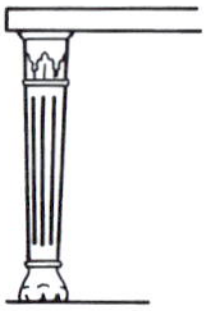	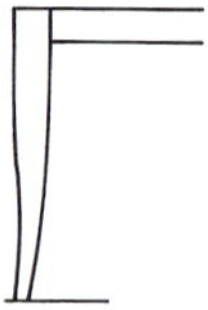
Tür	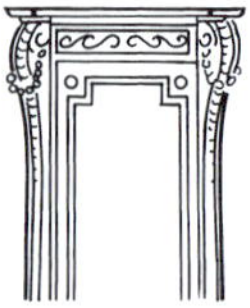		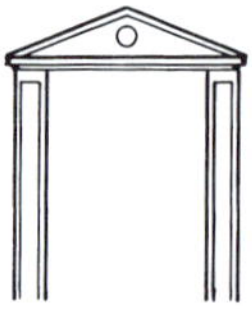
Truhe	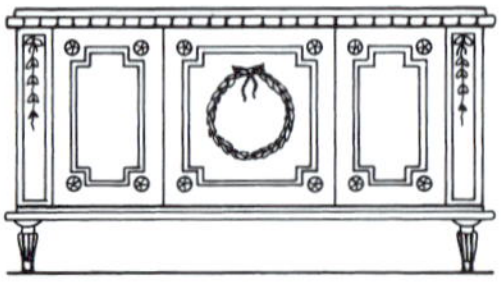		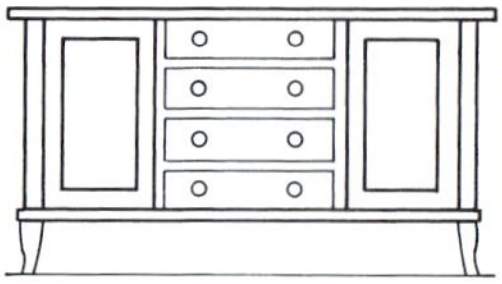
Erläuterungen	in Deutschland „Zopfstil"; Beliebter höfischer Möbeltyp: Zylinderbureau; Namen: D. Roentgen, J. H. Riesner	Flächen wurden als Rahmen mit bündiger Füllung gearbeitet; Namen: Jacob Desmalter	die Konstruktion bleibt sichtbar; Furniere z. T. handgeschnitten; Häufige Möbel sind Sofa, Stuhl, Sekretär.

[1] Louis-seize (XVI), Empire und Biedermeier werden als Klassizismus bezeichnet.

6.7 Möbelstile

Form \ Epoche	Historismus[1] 1850–1890 n. Chr.	Jugendstil[2] 1890–1920 n. Chr.	Bauhaus[3] 1919–1933 n. Chr.
Grundform	Kopien fast aller vorangegangener Stilformen	verspielte und geschweifte, in England strenge Grundform	funktionell und spartanisch; Kubische, strenge Form
Werkstoff	häufig Mahagoni, Nussbaum, Wurzelfurnier	vorwiegend helle Hölzer, aber auch Eiche, Mahagoni	Holz, Holzwerkstoffe, auch Stahl, Chrom und Leder
Dekor/ Ornament	Kombination von Einzelheiten verschiedener Stilrichtungen	stilisierte Pflanzenteile, wellenförmig geschweifte Formen	kein Dekor, Oberflächen z. T. lackiert in Rot, Gelb, Blau, Schwarz, Weiß
Füllungen		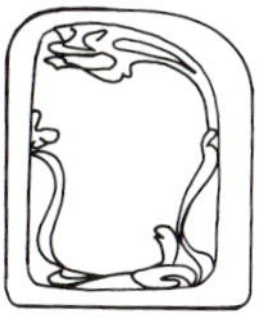	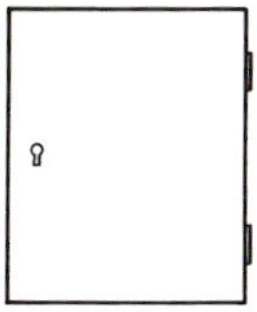
Unterteil		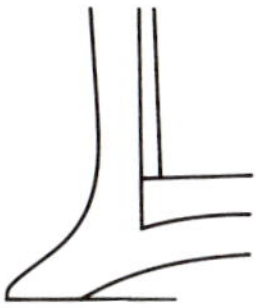	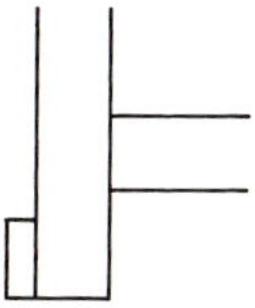
Stuhlbein			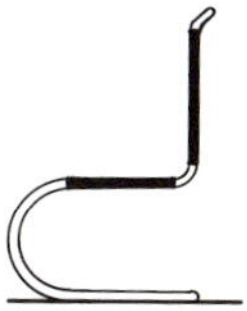
Tür		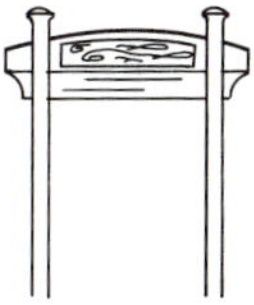	
Truhe	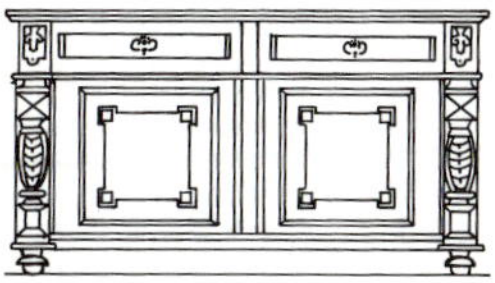	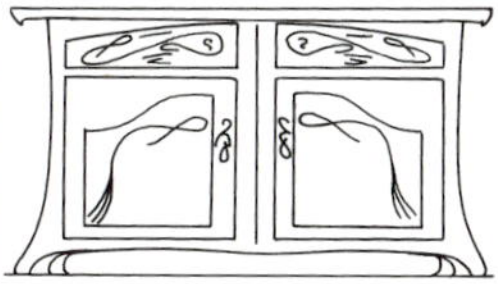	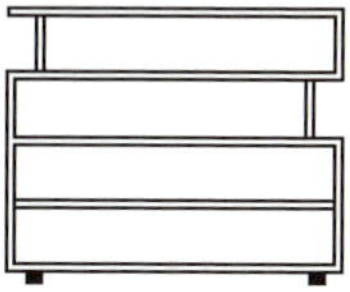
Erläuterungen	Massenverwendung von Furnieren; Bugholzstühle von Thonet sind einziger originärer Stilbeitrag; Namen: Thonet	z. T. ausgefallene Holzverbindungen; Namen: Pankok, van de Velde, Mackintosh, Gaillard, Riemerschmidt	Anwendung der Plattenbauweise und Serienfertigung; Namen: Behrens, Breuer, Eames, Rietveld, Corbusier

[1] Eklektizismus, Gründerzeit. [2] Art nouveau. [3] Neue Sachlichkeit.

6.8 Kleines ABC des Möbelbaus

Bezeichnung	Erläuterung
32er-System	Modulsystem zur rationellen Möbelfertigung, bei dem die Korpusseiten im Abstand von 32 mm Bohrungen erhalten, die der Aufnahme von Beschlägen dienen
Abplattung	Abschrägung einer Füllungskante, häufig profiliert ausgeführt. Wird heute mit Abplattfräsern – früher mit der Plattbank – hergestellt
auf Hobel geschlitzt	geschlitzte Rahmenverbindung, bei der an der Rahmeninnenkante eine kurze Gehrung angeschnitten wird. Im Gehrungsbereich kann dann ein Innenprofil angestoßen werden
Beistoß	an der Korpusinnenseite angeleimte Leiste. Meist erforderlich, wenn Schubkästen hinter einer Tür liegen
Englischer Zug	Schubkasten, bei dem das Vorderstück schmal ausgeführt wird und so als Griffleiste dient
Facette	an einer Glasscheibe zwischen Kante und Fläche angeschliffene und polierte Fase
Fitschen (Fiche, Fischband)	Einstemmbänder oder -scharniere, die von Hand mit dem Fitscheneisen oder maschinell mit der Schwingmeißelmaschine oder speziellen kleinen Kreissägeblättern eingeschnitten und verstiftet werden. Heute nur noch selten angewendet
Fries	andere Bezeichnung für die Rahmenhölzer (Quer-, Längs-, Mittelfries), auch für bandartige Schmuckelemente verwendet
Gesims	horizontal vorspringendes Bauteil (Sockelgesims, Kranzgesims)
Karnies	Profilform, die aus einem konvexen und konkaven Teil zusammengesetzt ist
Kehlleisten	profilierter Stab, der zur Betonung und Erzielung einer plastischen Wirkung zwischen Füllung und Rahmeninnenkante angebracht wird (auch Kehlstoß genannt)
Kranz	oberer Abschluss von hohen Schrankmöbeln, meist aus einem Rahmen bestehend
Lisene	senkrechte Leiste, die den Korpuskanten vorgeleimt wird. Meist erforderlich, wenn Türen mit Zapfenband angeschlagen werden, sie können profiliert oder kanneliert sein
Objektmöbel	Möbel für den Bürobereich, die stärkeren mechanischen Belastungen ausgesetzt sind
Paneele	Paneele sind oberflächenveredelte, meist rechteckige Holzwerkstoffe, die wesentlich länger als breit sind und zur Wand- oder Deckenverkleidung verwendet werden
Scharnier/ Band	Scharniere und Bänder werden zum Anschlagen von Türen verwendet. Bänder lassen sich aushängen, Scharniere nicht. Umgangssprachliche Bezeichnungen sind oft irreführend (Klavierband eigentlich Stangenscharnier, Topfband eigentlich Topfscharnier)
Sideboard	meist flache Anrichte
Traverse	waagerechtes, flach liegendes Konstruktionsholz, das die Möbelfront in der Höhe unterteilt, bildet das Vorderstück des Laufrahmens
Einzinker	schmales Querstück, mit ein oder zwei Schwalben, das die Korpusseiten vorne und hinten verbindet und aussteift. Wird anstelle eines gezinkten Oberbodens verwendet
Vertiko	gründerzeitliche Anrichte mit Aufsatz, benannt nach dem Berliner Schreiner Vertiko
Zarge	senkrecht stehendes Konstruktionsholz, das zwei Möbelseiten oder Möbelstollen verbindet. Als Einzelteil auch Schwinge genannt
Pilaster	flache Halbsäulen oder -pfeiler, die an historischen Möbeln als vertikales Zierelement verwendet werden (auch als Lisene)
Kanneluren	senkrechte, konkave Rillen an Säulen oder Lisenen

6-28

7 Holzschutz und bauliche Schutzmaßnahmen

7.1 Übersicht

Bereich	Thema	Seite
Holzschutz	Baulicher Holzschutz	7-2
	Chemischer Holzschutz	7-4
	Bekämpfende Holzschutzmaßnahmen	7-7
	Wirkstoffe der Holzschutzmittel	7-8
Wärmeschutz	Ziele des Wärmeschutzes	7-9
	Anforderungen nach DIN 4108 im Winter	7-11
	Sonderfall: Leichte Bauteile	7-13
	Sommerlicher Wärmeschutz	7-14
	EnEV 2007	7-15
	Berechnungsbeispiel	7-20
	Energieausweis	7-26
	Wärmebrücken	7-27
	Luftdichtheit	7-27
	Kennwerte	7-28
Feuchteschutz	Luftfeuchte	7-33
	Taupunkttemperaturen	7-34
	Wasserdampfsättigungsdruck	7-35
	Oberflächentauwasser	7-36
	Tauwasserbildung im Wandquerschnitt	7-37
Schallschutz	Begriffe	7-39
	Schalllschutz bei Innenbauteilen	7-40
	Schallschutz bei Außenbauteilen	7-41
	Schallschutztechnische Kennwerte	7-43
	Wände und Decken	7-43
	Holzbalkendecken	7-44
	Türen	7-44
	Fenster	7-45
Brandschutz	Allgemeines	7-46
	Baustoffklassen	7-46
	Feuerschutzklassen	7-46
	Europäische Normung	7-47
	Musterbauordnung	7-48
Einbruch-hemmung	Übersicht Einbruchschutzklassen	7-50
	Sicherheitsmerkmale von Fenstern und Türen	7-50

Gütezeichen RAL Holzschutzmittel

umweltfreundlich weil schadstoffarm

Heizung 32 %
Dach 16 %
Fenster 28 % (Glas 20 %, Fugen 8 %)
Wand 18 %
Keller 6 %

14-6f.

7.2 Holzschutz

7.2.1 Allgemeines

4-29ff.

Holz kann durch:
- Insektenbefall,
- Pilzbefall (Bläue- und Fäulnispilze),
- hohe Temperaturen (Feuer und Witterung) sowie
- chemisch oder mechanisch zerstört werden (zu den Holzzerstörern vgl. Kap. 4.2.7).

Insekten und Pilze haben es auf Holzinhaltsstoffe wie z.B. Lignin, Zellulose, Eiweiß und Stärkeverbindungen abgesehen.

Die Voraussetzungen für einen Befall sind in der Übersicht angegeben.

Grundsätzlich gilt:
Trockenheit ist Holzschutz!
Dauerfeuchte ist zu meiden! Die Anforderungen an den Holzschutz sind festgelegt in DIN 68800, DIN 52175 und DIN 1052

Bei den Anforderungen wird unterschieden in Anforderungen an
- statisch tragende Bauteile,
- maßhaltige, nicht tragende Teile (Fenster),
- sonstige Bauteile (Innenausbau, Gartenmöbel).

Übersicht Holzschutz – Voraussetzungen für einen Schädlingsbefall

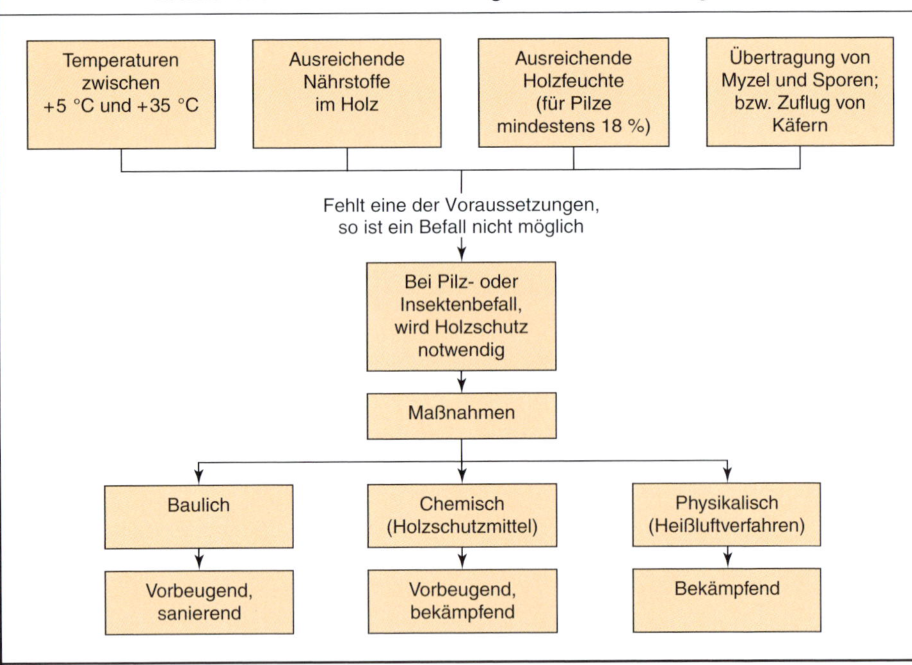

7.2.2 Baulicher Holzschutz (vgl. DIN 68800-2: 1996-05)

Baulicher Holzschutz ist in der Regel vorbeugend und vor allem gegen Pilzbefall wirksam. Er ist dem chemischen Holzschutz vorzuziehen. Folgendes ist zu beachten:
- gesundes Holz mit möglichst hohem Kernholzanteil verwenden,
- Holzfeuchte der Gleichgewichtsfeuchte des Verwendungs- oder Einbauorts anpassen,
- Holz „luftig" einbauen (Verkleidungen möglichst hinterlüften),
- Feuchtigkeit fernhalten und Niederschlagswasser schnell ableiten.
- Erdkontakt meiden, nach Möglichkeit auch im Spritzwasserbereich (30 cm) kein Holz verwenden,
- senkrechte Außenverschalungen sind wetterfester als waagerechte,
- Ecken und Kanten abrunden,
- Holz muss ungehindert arbeiten können,
- bei Reparaturen: Trockenrisse verspachteln, Schraubenköpfe versenken und verspachteln.

7.2 Holzschutz

7.2.2 Baulicher Holzschutz (Forts.)

Allgemeine Anforderungen an tragende Bauteile: Einbauholzfeuchte[1] nach DIN 1052-1:2004-08

Nutzungsklasse nach DIN 1052	Ausgleichs-feuchte	Einbau-feuchte[1]
1 = Innenräume (T ≅ 20 °C, φ ≤ 65 %)	5 – 15 %	≤ 20 %
2 = überdachte, offene Bauwerke (T ≅ 20 °C, φ ≤ 85 %)	10 – 20 %	≤ 20 %
3 = bewitterte Konstruktionen (φ ≥ 85 %)	12 – 24 %	≤ 25 %

Holzwerkstoffe
Platten aus Holzwerkstoffen bestehen aus Leim und Holz, die entsprechende Holzwerkstoffklasse kann nach folgender Tabelle gewählt werden.

Anwendung von Holzwerkstoffen
nach DIN 68800-5: 1978-05

Klimatische Bedingungen	Plattentyp
Die Holzgleichgewichts-feuchte ist dauerhaft unter 18 %.	20
Die Holzgleichgewichts-feuchte liegt temporär über 18 %, jedoch ist mit schnellem Feuchteabbau zu rechnen.	100
Die Holzgleichgewichts-feuchte liegt länger über 18 %, es besteht die Gefahr von Pilzbefall.	100 G

Anforderung an tragende Holzwerkstoffe nach DIN 68800-2: 1996-05 (Auswahl)

Bauteil und Anwendungs-situation	Holz-werkstoff-klasse	Max. Holz-feuchte
Raumseitige Beplankung von Wänden, Decken und Dächern in Wohngebäuden		
allgemein	20	15 %
obere Beplankung von belüfteten Decken	20	15 %
unbelüftete Decken mit einer Dämmauflage von $1/\Lambda \geq 0{,}75$ m² K/W	20	15 %
wie vor jedoch ohne aus-reichende Dämmauflage	100	18 %
Außenbeplankung von Außenwänden	100	18 %
Obere Beplankung von Dächern, bei denen die Schalung mit der Raumluft in Verbindung steht		
mit aufliegender Wärme-dämmschicht	20	15 %
ohne aufliegende Wärme-dämmschicht	100 G	21 %
Obere Beplankung von Dächern, bei denen die Schalung nicht mit der Raumluft in Verbindung steht		
geneigtes Dach, Dachquerschnitt belüftet	100	18 %
belüftetes Flachdach mit Dachabdichtung	100 G	21 %
Flachdach nicht belüftet	100 G	21 %

4-19f.

Feuchtebedingungen in den Gebrauchsklassen und angreifende Organismen nach DIN EN 335-2: 2006-10

Ge-brauchs-klasse	Allg. Gebrauchsbedingungen[1]	Exposition gegen-über Befeuchtung im Gebrauch	Auftreten von Organismen: Pilze	Käfer[2]	Termiten	Marine Organismen
1	innen, abgedeckt	trocken, max. 20 %	–	U	L	–
2	Innen oder abgedeckt	gelegentlich > 20 %	U[3]	U	L	–
3.1	außen ohne Erdkontakt, geschützt	gelegentlich > 20 %	U[3]	U	L	–
3.2	außen ohne Erdkontakt, unge-schützt	häufig > 20 %	U[3]	U	L	–
4.1	außen, in Kontakt mit Erde und/oder Süßwasser	vorwiegend oder ständig > 20 %	U[4]	U	L	–
4.2	außen, in Kontakt mit Erde (hohe Beanspruchung) und/oder Süßwasser	ständig > 20 %	U[4]	U	L	–
5	im Meerwasser	ständig > 20 %	U[4]	U[5]	L[5]	–

U = tritt universell in ganz Europa auf
L = tritt lokal in Europa auf

[1] Auf Grund lokaler Besonderheiten ist eine örtliche Unterteilung der Organismen möglich.
[2] Das Befallsrisiko kann unter bestimmten Gebrauchsbedingungen unterschiedlich sein.
[3] Holzverfärbende Pilze und Fäulnispilze
[4] Holzverfärbende Pilze und Fäulnispilze und Moderfäulepilze
[5] Der oberhalb des Wasserspiegels befindliche Bereich von bestimmten Elementen kann Holzinsekten einschließlich Termiten ausgesetzt sein.

7.2.3 Vorbeugender chemischer Holzschutz nach DIN 68800 und DIN EN 351

14-6 f.

Schutz von statisch tragenden Bauteilen

In die Norm sind ökologische Gesichtspunkte eingeflossen. Sie sind bei der Planung baulicher Schutzmaßnahmen vorrangig zu berücksichtigen. Alternativ zu den chemischen Schutzmaßnahmen können Holzarten größerer Resistenz eingesetzt werden. Auf diesem Weg ist es möglich, auf den Einsatz biozider Stoffe vollständig zu verzichten.
Für die Wahl der Schutzmaßnahme muss die Gebrauchsklasse nach DIN EN 335-1 (siehe Tabelle S. 7-3) ermittelt und geprüft werden, ob die natürliche Dauerhaftigkeit nach DIN EN 350-2 (siehe DK-Klassen in Tabellen S. 4-2 f.) ausreichend ist.

Einbringverfahren (Übersicht)

Verfahren	Erläuterung
Streichen	geringe Einbringmenge und -tiefe, zur Nachbehandlung angeschnittener Hölzer
Spritzen und Sprühen	nur in stationären Anlagen, (Ausnahme siehe Text S. 7-5)
Tauchen	das Holz schwimmt im Holzschutzmittel, nur bei trockenem Holz zulässig
Tränken	das Holz wird untergetaucht gehalten
Kesseldruckverfahren (Spar-, Wechseldruck-, Vakuumtränkung	große Einbringmenge und -tiefe. Das Schmutzmittel wird mittels Druckunterschied eingepresst. Das Wechseldruckverfahren ist auch für frisches Holz anwendbar
Saftverdrängungsverfahren	der frische Stamm wird mit Saugkappen an Zopf- und Fußende leer gesaugt, die fehlende Flüssigkeit durch Holzschutzmittel ersetzt
Sonderverfahren (Bohrlochtränkung, Begasung, Heißluftbehandlung)	diese Verfahren eignen sich vor allem zur Bekämpfung von Holzschädlingen. Das Heißluftverfahren verzichtet ganz auf biozide Stoffe und kann sowohl für Tragwerkskonstruktionen als auch für Möbel verwendet werden

Für den vorbeugenden Schutz von tragenden Hölzern dürfen nur Holzschutzmittel verwendet werden, die das amtliche Prüfzeichen für Zulassung und Überwachung und einen gültigen Prüfbescheid des Instituts für Bautechnik in Berlin (Ü-Zeichen) besitzen, der an der Verwendungsstelle vorzuliegen hat.

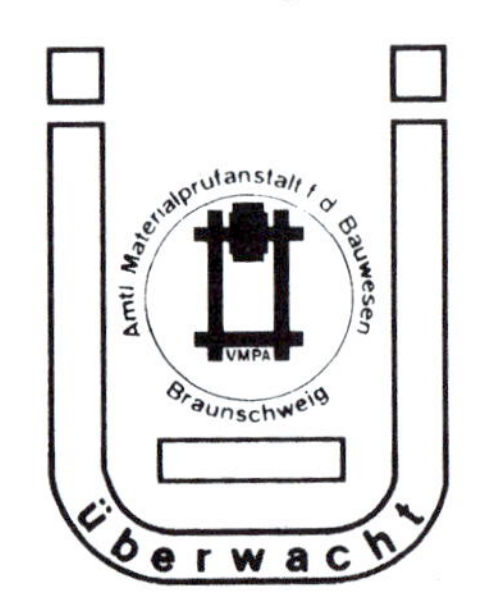

Verteilung des Holzschutzmittels nach DIN 52175: 1975-01

Bezeichnung	Erläuterung
Oberflächenschutz	nur Oberfläche benetzt
Randschutz	Eindringtiefe < 10 mm
Tiefschutz	Eindringtiefe > 10 mm
Teilschutz	Tiefschutz der gefährdeten Stelle

Eindringtiefeanforderungen
(DIN EN 351-1: 1995-08)

Eindringtiefeklasse	Mindest-Eindringtiefe
P 1	keine
P 2	≥ 3 mm seitlich; ≥ 40 mm in Faserrichtung im Splintholz
P 3	≥ 4 mm seitlich im Splintholz
P 4	≥ 6 mm seitlich im Splintholz
P 5	≥ 6 mm seitlich und > 50 mm in Faserrichtung im Splintholz
P 6	≥ 12 mm seitlich im Splintholz
P 7	≥ 20 mm seitlich im Splintholz nur bei Rundholz
P 8	gesamtes Splintholz
P 9	gesamtes Splintholz und ≥ 6 mm im freiliegenden Kernholz

7.2.3 Vorbeugender chemischer Holzschutz (Forts.)

14-6f.

Gefährdungsklassen und Einbringverfahren
(Zur Durchführung vgl. DIN 68800-3: 1990-04)

GK		Einbringverfahren[1]		
		HF bis 30 %	HF > 30 bis 50 %	HF > 80 % im Splint
1		freigestellt		
2		freigestellt		
3	Brettschichtholz	Kesseldruck-Vakuumtränkung	–	–
3	Schnittholz	Trogtränkung	Trogtränkung	–
3	Rundholz	Kesseldruck-Vakuumtränkung	–	Wechseldruckverfahren
4		ausschließlich Kesseldruckverfahren		

Vor der Schutzbehandlung sind Rinde und Bast vollständig zu entfernen, alle spanenden Bearbeitungen müssen abgeschlossen sein. Angeschnittene Hirnenden sind nachträglich zu tränken, hier ist ausnahmsweise, soweit nicht andere Einbringverfahren anwendbar sind, Spritzen auf der Baustelle erlaubt. Nach der Behandlung mit nicht fixierenden Holzschutzsalzen sind die Hölzer vor Regen o. ä. zu schützen.

Prüfprädikate der Holzschutzmittel nach DIN 68800-3: 1990-04

9-23

Prädikat	Bedeutung
Iv	insektenvorbeugend
P	pilzwidrig
W	witterungsbeständig
E	moderfäulewidrig

Die Prädikate S, St, M, I_b sind nicht mehr genormt. Je nach Gefährdungsklasse und Handelsform (Rund-, Schnitt-, Brettschichtholz) kommen verschiedene Einbringverfahren zur Anwendung

Gefährdungsklassen[2] und Schutzmaßnahmen nach DIN 68800-3: 1990-04

(GK)	Feuchtebeanspruchung	Anwendungsbereich	Erforderliche Holzschutzmaßnahme: entweder Holzschutzmittel	oder Holzauswahl
0	keine, (Luftfeuchte < 70 %)	ungefährdete Innenbauteile (insektendicht ummantelt oder vom Raum aus kontrollierbar)	nicht erforderlich	keine Anforderungen
1		Innenbauteile, nicht raumseitig kontrollierbar, nicht insektendicht ummantelt	insektenvorbeugend (Iv)	Verwendung von Farbkernholz[3] mit Splintholzanteil < 10 %
2	Luftfeuchte > 70 %, keine Bewitterung, kein direktes Spritzwasser	Innenbauteile, im Duschbereich wasserabweisend abgedeckt, geschützte Außenbauteile	insektenvorbeugend und pilzwidrig (Iv und P)	splintfreies Farbkernholz[2] der Dauerhaftigkeitsklassen 1, 2, 3 (z.B. LÄ, DGA)
3	Niederschläge, Spritzwasser	Außenbauteile ohne Erdkontakt, Innenbauteile in Nassräumen	insektenvorbeugend, pilzwidrig und witterungsbeständig (Iv, P und W)	splintfreies Farbkernholz[3] der Dauerhaftigkeitsklassen 1, 2 (z.B. EI; AFR)
4	ständiger Erd- und/oder Wasserkontakt	Außenbauteile	insektenvorbeugend, pilzwidrig und witterungsbeständig und moderfäulewidrig (Iv, P, W und E)	splintfreies Farbkernholz[3] der Dauerhaftigkeitsklassen 1 (z.B. AFZ, TEK, ROB)

[1] Einschränkungen des Prüfbescheides beachten
[2] siehe Fußnote S. 7-3
[3] Farbkernhölzer sind z.B. Eiche, Kiefer, Lärche; Dauerhaftigkeitsklassen s. Kap. 4.2.1 und 4.2.5

7.2.3 Vorbeugender chemischer Holzschutz (Forts.)

14-6f.

Schutz von statisch nichttragenden, aber maßhaltigen Holzbauteilen (Fenster, Außentüren usw.)

Fenster und Außentüren entsprechen i. d. R. GK 3. Ist ein dauerhaft wirksamer Oberflächenschutz langfristig durch ein komplettes Anstrichsystem und Instandhaltung gewährleistet, kann GK 2 angewendet werden.

Schutzmaßnahmen bei Fenstern, Außentüren usw.

Holzart (DK = Dauerhaftigkeitsklasse)[1]	erforderliche Schutzmaßnahme (auf einen insektiziden Schutz sollte i. d. R. verzichtet werden)
Kernholz der DK 1 + 2 z.B. EI	keine
Splintholz der DK 1 + 2, Kernholz der DK 3, 4, 5	Bläueschutz, Schutz gegen holzzerstörende Pilze (P), Witterungsschutz (W) oder schriftliche Vereinbarung, dass auf Schutz verzichtet werden kann. Ist ein dauerhafter Schutz durch ein rechtzeitig instandgesetztes komplettes Anstrichsystem gewährleistet, kann auf den Witterungsschutz verzichtet werden
Splintholz der DK 3, 4, 5	Bläueschutz, Schutz gegen holzzerstörende Pilze (P), Witterungsschutz (W)

[1] Dauerhaftigkeitsklassen s. S. 4-24

4-27

Schutz von Hölzern für sonstige Verwendungen (Innenausbau, Gartenmöbel usw.)

7-5

In Räumen mit üblichem Wohnklima ist nur bei stärkereichen Laubhölzern wie Abachi, Limba und Eichensplintholz eine gewisse Gefahr des Lyctusbefalls (Nagekäfer) gegeben. Alle anderen Holzarten sind ungefährdet. Im Innenausbau sollte auf eine großflächige Anwendung von Holzschutzmitteln grundsätzlich verzichtet werden.

14-14

Ob chemische Schutzmaßnahmen vorgenommen werden, kann im Einzelfall mit dem Auftraggeber vereinbart werden. Dabei sind folgende Punkte zu berücksichtigen:

- Gefährdungsausmaß (Gefährdungsklassen),
- Wert/Bedeutung des Holzbauteils,
- Gewichtung von gesundheitlichen/ökologischen Gesichtspunkten. (Konstruktiven Schutzmaßnahmen ist der Vorzug zu geben.)

Kennzeichnung

Für den vorbeugenden Schutz von statisch tragenden Holzbauteilen werden Holzschutzmittel mit dem amtlichen Prüfzeichen des Instituts für Bautechnik in Berlin verwendet. (Sogenanntes Ü-Zeichen – vgl. Seite 7-4)

Die Prüfung und Bewertung von Holzschutzmitteln für statisch nicht tragende Bauteile sowie der Holzschutzmittel für den bekämpfenden Holzschutz (vgl. S. 7-7) liegt in der Zuständigkeit der Gütegemeinschaft Holzschutzmittel; sie vergibt das RAL-Zeichen.

Gütezeichen RAL

Holzschutzmittel

Produkte, die den „Blauen Umweltengel" tragen, sind grundsätzlich wirkstofffrei, also nicht gegen Insekten und Pilze wirksam. Sie dürfen vom Hersteller nicht als Holzschutzmittel bezeichnet werden.

Richtig gekennzeichnete Holzschutzmittel enthalten die folgenden Angaben:

- Prüfzeichen (Ü–Zeichen s. S. 7-4) des Inst. f. Bautechnik Berlin. (Mittel für nicht tragende Bauteile erhalten das RAL-Zeichen, siehe oben),
- Prüfprädikate,
- Erforderliche Einbringmenge (Grundierung zählt nicht mit),
- Gefahrensymbol nach der Gefahrstoffverordnung (vgl. Kap. 14).

Chemische Holzschutzmaßnahmen erfordern ausreichende Erfahrung des durchführenden Unternehmens. Verbaute, imprägnierte Holzbauteile müssen an einer sichtbar bleibenden Stelle des Bauwerks wie folgt gekennzeichnet sein:

- Name des Holzschutzmittels,
- Prüfprädikate,
- Wirkstoffe,
- Einbringmenge,
- Jahr und Monat der Behandlung,
- Name und Adresse des ausführenden Betriebs.

7.2.4 Bekämpfende Holzschutzmaßnahmen

Bekämpfungsmaßnahmen gegen Pilz- und Insektenbefall nach DIN 68800-4: 1992-11

	Pilzbefall	Insektenbefall
Maßnahmen bei Vollholz und Holzwerkstoffen	Bekämpfung durch Holzschutzmittel (mit gültigem Prüfzeichen, Ü-Zeichen oder RAL-Zeichen). Schwammgebilde und befallene Holzteile sind unverzüglich geordnet zu entsorgen. Das Besprühen des abzufahrenden Bauschutts mit Holzschutzmitteln ist umweltschädlich und hat zu unterbleiben. Die Ursache der erhöhten Feuchtigkeit muss erkannt und beseitigt werden. Wird Holz neu eingebaut, so muss das Mauerwerk im Bereich der Schadstelle gegen Hausschwamm geschützt werden. Das verbleibende und das neu einzubauende Holz ist der Gefährdung entsprechend zu schützen. Bei „Echtem Hausschwamm" muss das befallene Holz (in Längsrichtung) mindestens 1 m über den sichtbaren Befall hinaus entfernt werden, bei sonstigen holzzerstörenden Pilzen um mindestens 0,3 m. Meldepflicht für Hausschwammbefall besteht in allen Bundesländern außer Niedersachsen, Berlin, Bayern, Bremen, Mecklenburg-Vorpommern, Sachsen-Anhalt, Schleswig-Holstein und Baden-Württemberg.	Bekämpfung durch Holzschutzmittel (mit gültigem Prüfzeichen, Ü-Zeichen oder RAL-Zeichen), Heißluftverfahren oder Durchgasungsverfahren. Um die Ausbreitung des Befalls zu ermitteln, ist an 2 versetzten Stellen je m im Splintholzbereich zu prüfen. Schwer zugängliche Bereiche sind in die Untersuchung einzubeziehen, evtl. ist das Dach zu öffnen. Vermulmte Teile sind zu entfernen (kann beim Heißluft- und Durchgasungsverfahren entfallen), die statische Tragfähigkeit ist zu gewährleisten. Fraßgänge sind auszubürsten, das ausgebaute Holz und die Späne müssen geordnet entsorgt werden. Sind Kalkanstriche vorhanden, so müssen diese bei Verwendung wasserlöslicher Mittel entfernt und die Aufbringmenge um etwa 25 % erhöht werden. Bei Verwendung öliger Mittel sind festhaftende Kalkanstriche unbedenklich, wenn die Aufbringmenge um 25 % erhöht wird. Liegt Hausbockbefall vor und sind nur vereinzelt Holzbauteile befallen, kann bei mehr als 60 Jahren eingebautem Holz auf eine Behandlung der nichtbefallenen Teile verzichtet werden, da Holz ab diesem Alter kaum noch vom Hausbock befallen wird. Die Meldepflicht beschränkt sich wie beim Hausschwamm auf einige Bundesländer (s. linke Spalte). Bei Anwendung des Heißluftverfahrens ist eine Mindesttemperatur von 55 °C für mindestens 60 Minuten an der ungünstigsten Stelle nachzuweisen. Die Heißluft darf an der Oberfläche der Bauteile eine Temperatur von 120 °C nicht überschreiten. Über 60 Jahre altes Holz benötigt anschließend keinen vorbeugenden chemischen Holzschutz mehr, da ab diesem Alter kaum mehr ein neuer Hausbockbefall auftritt. Auch bei besonderen hygienischen oder lebensmittelrechtlichen Bedenken kann auf einen nachfolgenden chemischen Schutz verzichtet werden. Das Begasungsverfahren darf nur von konzessionierten Personen und bei Holz in geschlossenen Räumen angewendet werden. Dies Verfahren bietet wie auch das Heißluftverfahren keinen vorbeugenden Schutz.
Maßnahmen bei Holzwerkstoffplatten	Gegen Pilzbefall sind Werkstoffplatten in der Regel werksmäßig, also vorbeugend zu schützen. Ein solcher werksseitiger Schutz ist nur sinnvoll, wenn auch der Leim den erhöhten Feuchtewerten bei Pilzbefall standhält, das heißt nur bei Holzwerkstoffklasse 100.	Gegen Insektenbefall sind Holzwerkstoffe in der Regel weniger gefährdet als Vollholz. Span- und Faserplatten sind in gemäßigtem Klima nicht gefährdet (Achtung bei Termiten). Sperrholz aus hellen Tropenhölzern (z.B. Limba, Abachi) muss jedoch bei tragender oder aussteifender Verwendung geschützt werden, bei sonstiger Verwendung ist ein Schutz verwendungsabhängig.

7

⇒ 4-48

14-6f.

7.2.5 Wirkstoffe der Holzschutzmittel

Bezeichnung	Wirkstoffe	Wirksamkeit[1]	Anwendungsbereich[1]	Wassergefährdungsklasse[2]
SF-Salze	Silicofluoride	P, Iv	GK 1,2	WGK 2
HF-Salze	Hydrogenfluoride	P, Iv	GK 1,2	WGK 1
B-Salze	anorganische Borverbindungen	P, Iv	GK 1,2	WGK 1
CK-Salze	Chrom-, Kupferverbindungen	P, Iv, W, E	GK 1,2,3,4	WGK 3
CKA-Salze	Chrom-, Kupfer-, Arsenverbindungen	P, Iv, W, E	GK 1,2,3,4	WGK 3
CKB-Salze	Chrom-, Kupfer-, Borverbindungen	P, Iv, W, E	GK 1,2,3,4	WGK 3
CKF-Salze	Chrom-, Kupfer-, Fluorverbindungen	P, Iv, W, E	GK 1,2,3,4	WGK 3
CF-Salze	Chrom-, Fluorverbindungen	P, Iv, W	GK 1,2,3,	WGK 3
CFA-Salze	Chrom-, Fluor-, Arsenverbindungen	P, Iv, W	GK 1,2,3,	WGK 3
CFB-Salze	Chrom-, Fluor-, Borverbindungen	P, Iv, W	GK 1,2,3,	WGK 3
Ersatzprodukte für chromathaltige Holzschutzmittel				
Cu/CU-HDO	Formulierungen von Kupfer HDO	P, Iv, W, E	GK 1–3, bei Kesseldruckverfahren auch GK 4	WGK 3
Cu/quaternäre Ammoniumsalze/ polymeres Betain	Formulierungen von quaternären Ammoniumsalzen (Quats)	P, I, W, E	GK 1–3, bei Kesseldruckverfahren auch GK 4	WGK 3
Lösemittelhaltige Präparate	AL-HDO, Permethrin, Cyfluthrin, Deltamethrin, Tebuconazol, Propiconazol	P, Iv, W	GK 2,3	WGK 3
Sonstige	organische und anorganische Wirkstoffe	P, Iv, z. T. auch W, E	GK 1,2,3,4 (auch 3,4)	meist WGK 3

14-8

7.2.6 Sicherheitshinweise

Bei der Verarbeitung von Holzschutzmitteln sollten folgende Punkte beachtet werden: Benetzung der Haut durch Holzschutzmittel vermeiden, darum Schutzkleidung, Schutzhandschuhe und Schutzbrille tragen. Haut durch Einfetten mit Hautcreme schützen. Achtung: Ölige Holzschutzmitteln erfordern spezielle lipophobe Hautschutzcreme. Wegen der Nebelentwicklung dürfen Holzschutzmittel nicht gesprüht oder gespritzt werden.

Für Durchlüftung ist zu sorgen. Ist dies nicht möglich, muss Atemschutz getragen werden. Essen, Trinken und Rauchen sind während der Arbeit zu unterlassen. Die Arbeitskleidung ist mindestens wöchentlich zu wechseln. Die Mittel dürfen nicht in den Boden, das Grundwasser oder Oberflächenwasser gelangen. Reste sind von konzessionierten Firmen zu beseitigen.

[1] vgl. S. 7-5

[2] Wassergefährungsklassen 0: nicht wassergefährdend, 1: schwach wassergefährdend, 2: wassergefährdend, 3: stark wassergefährdend

7.3 Wärmeschutz

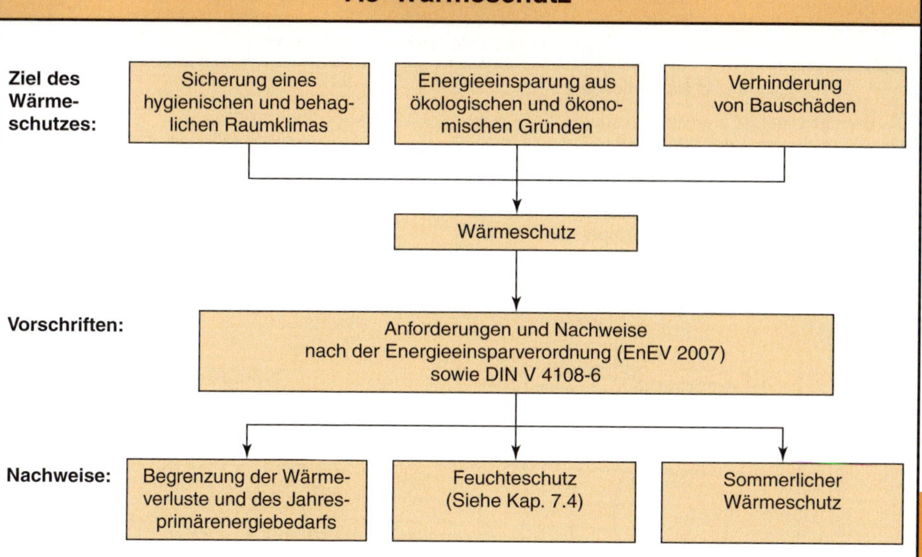

7.3.1 Allgemeine Ziele des Wärmeschutzes

Der Wärmeschutz von Gebäuden dient der Sicherung von Hygiene und Behaglichkeit, der Vermeidung von Bauschäden, sowie seit jüngerer Zeit der Reduktion von CO_2-Emissionen. Die nachfolgenden Diagramme zeigen das Einsparpotenzial auf.

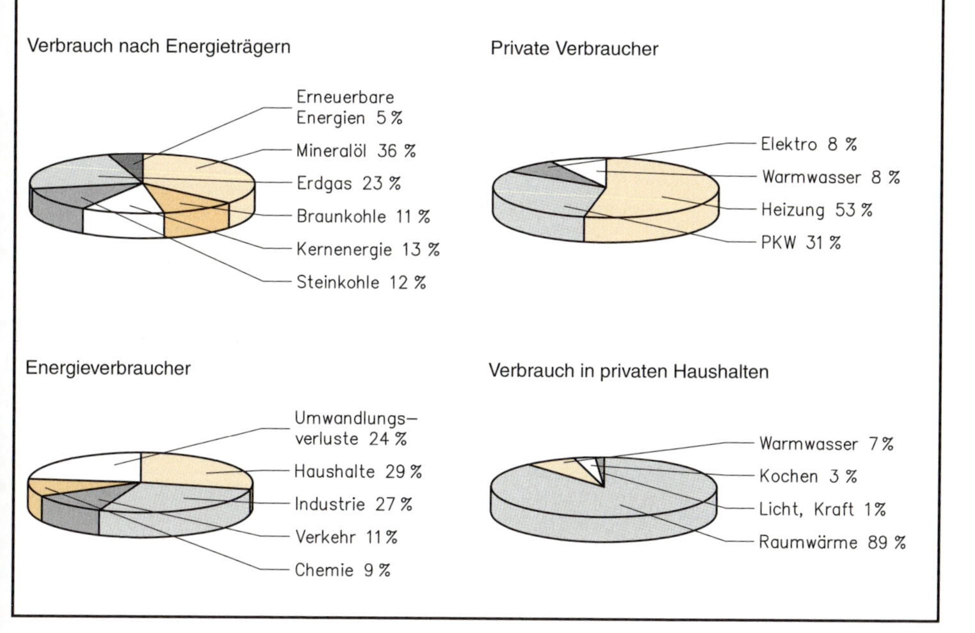

7.3 Wärmeschutz

7.3.1 Allgemeine Ziele des Wärmeschutzes

Hygiene und Behaglichkeit

Die Behaglichkeit ist u.a. von der Raum- und Oberflächentemperatur, der Luftfeuchte, der Luftgeschwindigkeit (Zugluft) und der Art der Betätigung abhängig.

Als Faustformel für ein behagliches Raumklima gilt: Raumtemperatur + Oberflächentemperatur = 36 °C

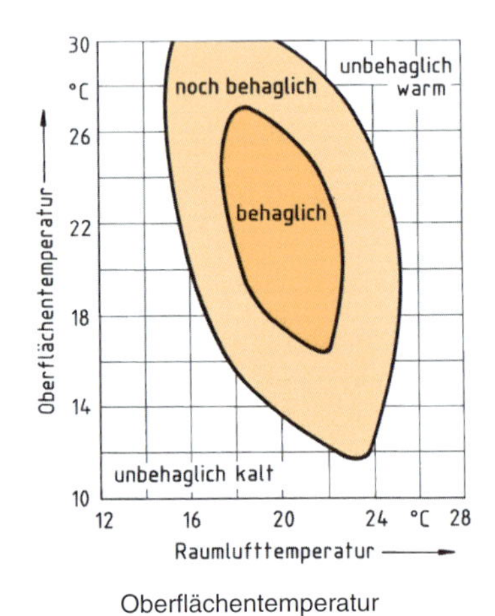

Oberflächentemperatur

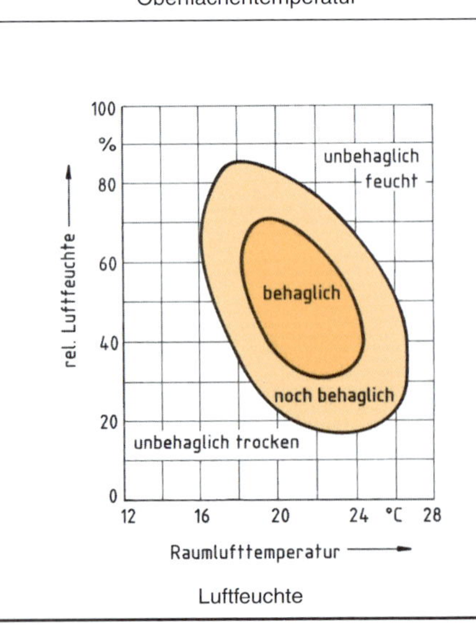

Luftfeuchte

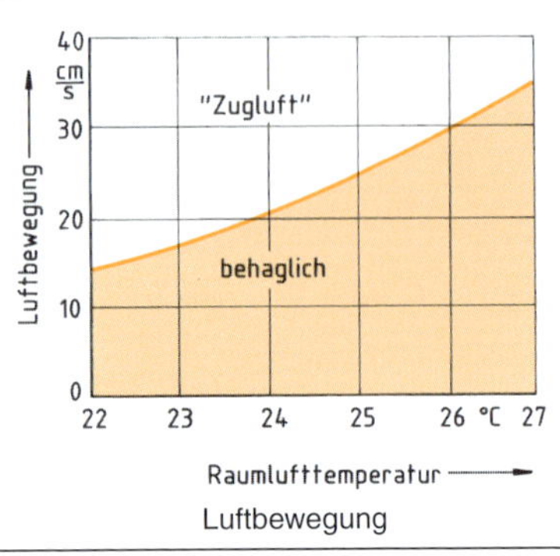

Luftbewegung

Tätigkeit und Raumlufttemperatur

Tätigkeit	Ideal-temperatur	Kälte-grenze	Schwüle-grenze
Liegen	24 °C	18 °C	28 °C
Sitzen	22 °C	17 °C	26 °C
Büroarbeit	20 °C	16 °C	24 °C
Hausarbeit	19 °C	15 °C	22 °C
Schwere Arbeit	17 °C	14 °C	19 °C

Die Bemessung von Lüftungssystemen erfolgt nach DIN 14788: 2006-10. Anhaltswerte für den Frischluftbedarf liefert die Tabelle.

.

Tätigkeit und Frischluftbedarf

Raumart	Mindestaußenluftstrom je Person in m^3/h
Einzelbüro	40
Großraumbüro	60 (wegen der Summe der Geruchsbelästigungen)
Theater	30
Konzertsaal	30
Kantine	30
Konferenzraum	30
Festsaal	30
Ruheraum	40
Pausenraum	40
Klassenraum	30
Messehalle	30
Verkehrsraum	30
Museum	30
Gaststätte	50
Sporthalle	30

Verhinderung von Bauschäden

Mangelhafter Wärmeschutz kann Baukonstruktionen zerstören. So führt die Verwendung nicht mehr zugelassener Einfachfenster zu Tauwasseranfall und in der Folge zur Zerstörung der Holzsubstanz (vgl. dazu Kap. 7.4 Feuchteschutz).

Aber auch eine ausreichende, jedoch falsch angeordnete Wärmedämmung, kann zu Feuchteschäden führen.

Bei Betonbauwerken verursacht eine falsch angeordnete Wärmedämmung Rissbildung und nachfolgende Zerstörung.

Beispiel:

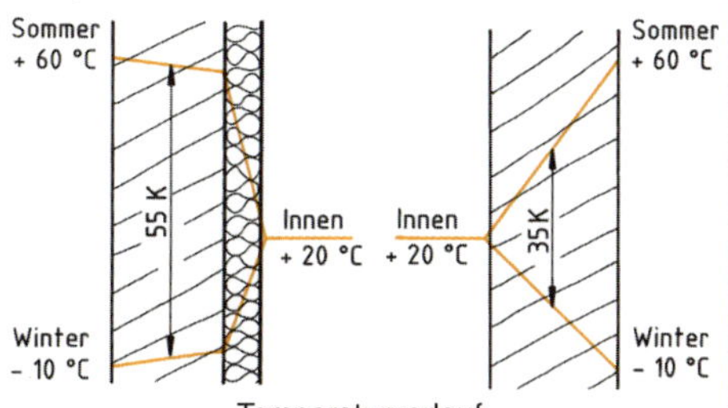

Temperaturverlauf
bei Innendämmung bei Außendämmung

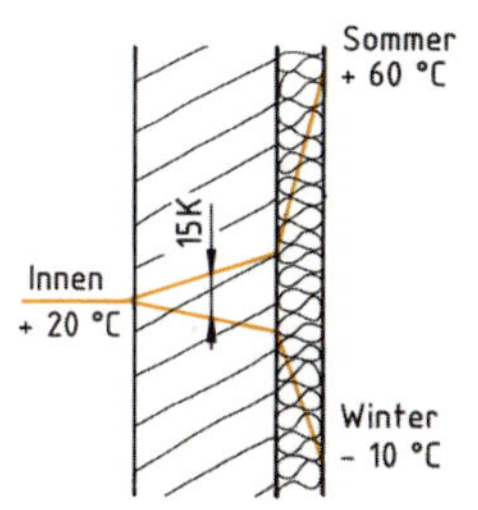

Temperaturverlauf in einer ungedämmten Wand

Jährliche Temperaturschwankung bei
Innendämmung: 55 K
Außendämmung: 15 K
ohne Dämmung: 35 K

Das Beispiel zeigt, dass die Innendämmung größere Temperaturschwankungen in Wandmitte erzeugt als gar keine Dämmung. Nur die Außendämmung begrenzt die Temperaturschwankungen wirksam und verhindert so Temperaturverformungen bzw. Rissbildungen.

Insbesondere ungedämmte Flachdächer sind durch Temperaturverformungen gefährdet und müssen, selbst wenn sie unbeheizt sind (Garagen), eine Wärmedämmung erhalten.

Holzbauteile sind wegen ihrer geringeren thermischen Dehnzahlen weniger gefährdet.

7.3.2 Anforderungen und Nachweise nach DIN 4108 (Winter)

Für Neubauvorhaben ist grundsätzlich ein ingenieurmäßiger Wärmeschutznachweis erforderlich. Aber auch bei Umbau-, Anbau- und Ausbaumaßnahmen sowie bei Sanierungsmaßnahmen werden hinsichtlich des Wärmeschutzes Anforderungen gestellt. Die Mindestanforderungen an den Wärmeschutz sind in DIN 4108 festgelegt. Sie sollen ein behagliches Raumklima (s. S. 7-10) sichern und die Konstruktion vor Schäden schützen. Eine erhöhte Energieeinsparung (Ressourcenschonung) ist durch ihre Anwendung nicht gewährleistet.

7-33ff.

Die Norm 4108 stellt Anforderungen an den Wärmedurchlasswiderstand (*R*) von Bauteilen und von Wärmebrücken (DIN 4108-2: 2003-07).

Außerdem werden Anforderungen an die Luftdichtheit von Gebäuden gestellt (DIN 4108-7: 2001-08).

Durch die neue Energieeinsparverordnung (EnEV 2002/2004) wird erstmals der Jahresprimärenergiebedarf begrenzt. Faktisch werden bauliche heizungs- und anlagentechnische Anforderungen zusammengefasst (s. S. 7-15).

Anforderungen an den Wärmedurchlasswiderstand (*R*)

In DIN 4108 werden Mindestwerte für den Wärmedurchlasswiderstand (*R*) angegeben. (Zu den Grundlagen der Wärmeschutzberechnungen vgl. Kap 2.4).

2-10

Die folgende Abbildung verdeutlicht die Lage der einzelnen Bauteile in Tabelle Seite 7-12. Im Zweifelsfall ist der Text der DIN 4108 zu Rate zu ziehen.

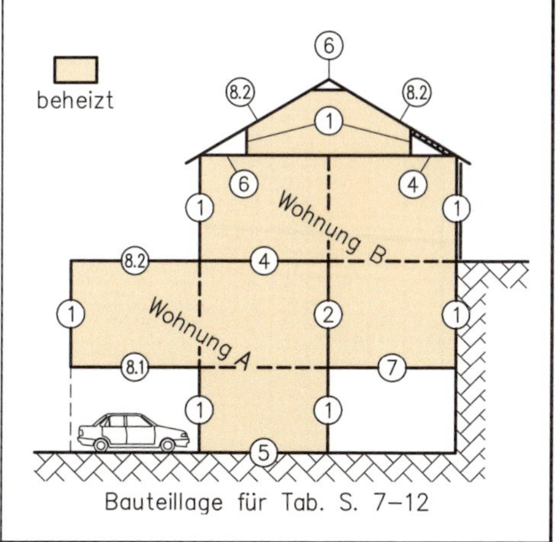

Bauteillage für Tab. S. 7–12

7.3 Wärmeschutz

7.3.2. Anforderungen und Nachweise nach DIN 4108

Mindestwerte der Wärmedurchlasswiderstände von Bauteilen nach DIN 4108-2: 2003-07

Spalte		1		2
Zeile		Bauteile		Wärmedurchlasswiderstand R (m² · K)/W
1		Außenwände; Wände von Aufenthaltsräumen gegen Bodenräume, Durchfahrten, offene Hausflure, Garagen, Erdreich		1,2
2		Wohnungstrennwände und Wände zwischen fremden Arbeitsräumen		0,07
3	3.1	Treppenraumwände	zu Treppenräumen mit wesentlich niedrigeren Innentemperaturen (z. B. indirekt beheizte Treppenräume); Innentemperatur $\theta \leq 10$ °C, aber Treppenraum mindestens frostfrei	0,25
	3.2		zu Treppenräumen mit Innentemperaturen $\theta_i > 10$ °C (z. B. Verwaltungsgebäuden, Geschäftshäusern, Unterrichtsgebäuden, Hotels, Gaststätten und Wohngebäuden)	0,07
4	4.1	Wohnungstrenndecken und Decken zwischen fremden Arbeitsräumen; Decken unter Räumen zwischen gedämmten Dachschrägen und Abseitenwänden bei ausgebauten Dachräumen	allgemein	0,35
	4.2		in zentralbeheizten Bürogebäuden	0,17
5	5.1	Unterer Abschluss nicht unterkellerter Aufenthaltsräume; unmittelbar an das Erdreich bis zu einer Raumtiefe von 5 m		0,90
	5.2	Unterer Abschluss nicht unterkellerter Aufenthaltsräume; über einen nicht belüfteten Hohlraum an das Erdreich grenzend		
6		Decken unter nicht ausgebauten Dachräumen; Decken unter bekriechbaren oder noch niedrigeren Räumen; Decken unter belüfteten Räumen zwischen Dachschrägen und Abseitenwänden bei ausgebauten Dachräumen, wärmegedämmte Dachschrägen		
7		Kellerdecken; Decke gegen abgeschlossene, unbeheizte Hausflure u. ä.		
8	8.1	Decken, die Aufenthaltsräume gegen die Außenluft abgrenzen	nach unten, u. a. gegen Garagen (auch beheizte), Durchfahrten (auch verschließbare) und belüftete Kriechkeller	1,75
	8.2		nach oben, z. B. Dächer nach DIN 18530, Dächer und Decken unter Terrassen, Umkehrdächer. Für Umkehrdächer ist der berechnete Wärmedurchgangskoeffizient U und ΔU zu korrigieren (Berechnung hier nicht wiedergegeben).	1,20

7.3.2 Anforderungen und Nachweise nach DIN 4108 (Winter) (Forts.)

Sonderfall: Leichte Bauteile

Anforderungen an leichte Bauteile (flächenbezogenen Masse < 100 kg/m²), sowie Rahmen- und Skelettbauarten

Bauteil		Wärmedurchlasswiderstand R in m² K/W
Außenwände (< 100 kg/m²)		1,75
Decken unter nicht ausgebauten Dachräumen (< 100 kg/m²)		1,75
Dächer (< 100 kg/m²)		1,75
Rahmen- und Skelettbauarten	Gefachbereich	1,75
	Im Mittel	1,00
Rollladenkästen		1,00
Deckel von Rollladenkästen		0,55
Ausfachung von nichttransparenten Fensterwänden/-türen	Ausfachungsfläche > 50 %	1,20
	Ausfachungsfläche < 50 %	1,00

Inhomogene Bauteile

Nach DIN EN ISO 6946: 2003-10 muss bei inhomogenen Bauteilen der Wärmedurchgangskoeffizient aus oberem und unterem Grenzwert wie folgt bestimmt werden:

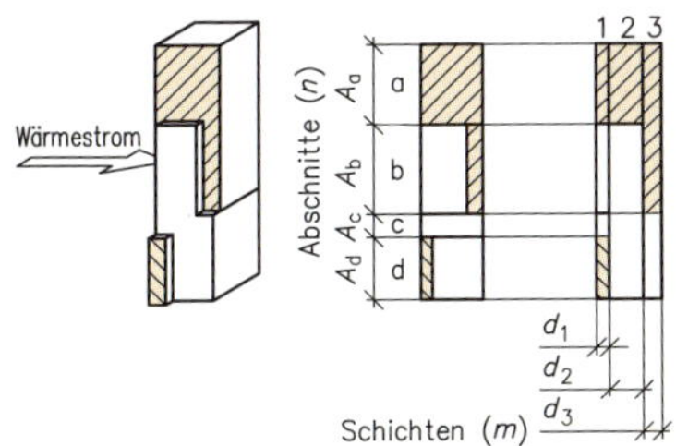

Oberer Grenzwert (Abschnittsbetrachtung):

$R'_T = 1/U'$

aus:

$U' = U_a \cdot f_a + U_b \cdot f_b + \ldots + U_n \cdot f_n$

mit U_n = Wärmedurchgangskoeffizient des Abschnitts n

und f_n = Anteile der Abschnittsflächen $f_n = A_n/A$

Unterer Grenzwert (Schichtenbetrachtung):

$R''_T = R_{si} + R_1 + R_2 + \ldots + R_m + R_{se}$

aus:

$\lambda''_m = \lambda_{m,a} \cdot f_a + \lambda_{m,b} \cdot f_b + \ldots + \lambda_{m,n} \cdot f_n$

mit λ_m = Wärmeleitfähigkeit der Schicht m

und f_n = Anteile der Abschnittsflächen $f_n = A_n/A$

und $R = d/\lambda$

Daraus werden die Mittelwerte berechnet:

Mittlerer Wärmedurchgangswiderstand

$R_T = (R'_T + R''_T)/2$

Mittlerer Wärmedurchgangskoeffizient

$U = 1/R_T$

Erläuterungsbeispiel:

Für die dargestellte Konstruktion soll der Wärmedurchgangswiderstand und der U-Wert berechnet werden.

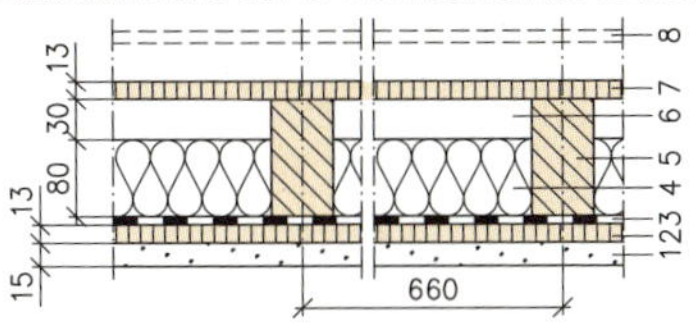

Außenwand in Holzbauweise

1 Gipskartonplatte ρ = 900 kg/m³, λ_R = 0,25 W/mK
2 Spanplatte ρ = 600 kg/m³, λ_R = 0,14 W/mK
3 Dampfsperre (unberücksichtigt)
4 Mineralfaserplatte 80 mm (WLF-Gruppe 040)
5 Holzständer 60 × 110 mm, λ_R = 0,13 W/mK
6 Ruhende Luftschicht 30 mm (s. S. 7-28)
7 Spanplatte ρ = 700 kg/m³, λ_R = 0,14 W/mK
8 Außenbekleidung und Hinterlüftung (bleiben unberücksichtigt)

Gefachanteil f_a = 0,60/0,66 = 0,91
Anteil Holzständerbereich f_b = 0,06/0,66 = 0,09
Flächenmasse:
0,015 · 900 + (0,013 · 700) · 2 = 31,70 kg/m²

Oberer Grenzwert: (R'_T)
Bereich a (Ausfachung)

15 mm GK-Platte	R = 0,015/0,25 = 0,060 m² K/W
13 mm Spanplatte	R = 0,013/0,14 = 0,093 m² K/W
80 mm Mineralfaser	R = 0,080/0,040 = 2,00 m² K/W
30 mm Luftschicht (s. Tab. S. 7-28)	R = 0,180 m² K/W
13 mm Spanplatte	R = 0,013/0,14 = 0,093 m² K/W
	R_a = 2,426 m² K/W

$R'_{Ta} = R_{si} + R_a + R_{se}$ = 0,13 + 2,426 + 0,04 = 2,569 m² K/W
U'_a = 1/2,596 = 0,385 W/m² K

Bereich b (Ständerbereich)

15 mm GK-Platte	R = 0,015/0,25 = 0,060 m² K/W
13 mm Spanplatte	R = 0,013/0,14 = 0,093 m² K/W
Holz	R = 0,11/0,13 = 0,0,846 m² K/W
13 mm Spanplatte	R = 0,013/0,14 = 0,093 m² K/W
	R_b = 1,092 m² K/W

$R'_{Tb} = R_{si} + R_b + R_{se}$ = 0,13 + 1,092 + 0,04 = 1,262 m² K/W
U'_b = 1/1,262 = 0,792 W/m² K
$U' = U_a \cdot f_a + U_b \cdot f_b$ = 0,385 · 0,91 + 0.792 · 0,09 = 0,442 W/m² K
$R'_T = 1/U'$
R'_T = 1/0,422 = **2,369** m² K/W

Unterer Grenzwert: (R''_T)

Schicht I: λ_I = 0,25 W/mK
Schicht II: λ_{II} = 0,14 W/mK
Schicht III: λ_{III} = 0,04 · 0,91 + 0,13 · 0,09 = 0,048 W/mK
Schicht IV: Luftschicht · 0,91 + 0,13 · 0,09 = 0,048 W/mK
Schicht V: λ_V = 0,13 W/mK

R_I = 0,015/0,25 = 0,060 m² K/W
R_{II} = 0,013/0,14 = 0,093 m² K/W
R_{III} = 0,080/0,048 = 1,667 m² K/W
R_{IV} = 0,180 m² K/W (Luftschicht) · 0,91 + 0,13 · 0,09 = 0,176
R_V = 0,013/0,14 = 0,093 m² K/W

R''_T = 0,13 + 0,060 + 0,093 + 1,667 + 0,176 + 0,04 = **2,126** m² K/W

Mittelwert: ($R'_T + R''_T$)/2
R_T = (2,369 + 2,126)/2 = **2,248** m² K/W
U = 1/2,248 = 0,445 W/m²K

7.3 Wärmeschutz

7.3.3 Wärmeschutz im Sommer

Anforderungen
Um an aufeinanderfolgenden heißen Tagen eine Überhitzung der Raumluft zu verhindern, ist nach DIN 4108-2: 2003-07 der Sonneneintragskennwert S zu begrenzen. Auf einen Nachweis des sommerlichen Wärmeschutzes kann verzichtet werden, wenn die Fensterflächen nach folgender Tabelle begrenzt werden.[1)]

Begrenzung der Fensterflächenanteile für Nachweisverzicht

Fensterlage	Fensterorientierung	Grundflächen bezogener Fensterflächenanteil in %
über 60° bis senkrecht	Nord-West über Süd bis Nord-Ost	≤ 10%
	alle anderen Nordorientierungen	≤ 15%
waagerecht bis 60°	alle Himmelsrichtungen	≤ 7%

Werden diese Fensterflächenanteile überschritten ist der maximale Sonneneintragungskennwert einzuhalten.

$S \leq S_{zul}$

S_{zul} ergibt sich aus dem Basiswert und den Zu- oder Abschlägen aufgrund der Klimaregion, der Bauart und der Gebäudelage. Er wird wie folgt ermittelt:

$S_{zul} = \Sigma S_x$

Anteilige Sonneneintragungskennwerte

Klimaregion (s. DIN V 4108-6; 2003-06)	S_x
A (sommerkühl) z. B. Arkona, Oberstdorf	0,04
B (gemäßigt) z. B. Potsdam, Hannover	0,03
C (sommerheiß) z. B. Freiburg, Leipzig	0,015
Bauart	
leichte Bauart	$0{,}06 \cdot f_{gew}$ [2)]
mittlere Bauart	$0{,}10 \cdot f_{gew}$ [2)]
schwere Bauart	$0{,}115 \cdot f_{gew}$ [2)]
Erhöhte Nachtlüftung während der zweiten Nachthälfte ($n > 1{,}5\ h^{-1}$)	
bei mittlerer und leichter Bauart	+0,02
Bei schwerer Bauart	+0,03
Sonstige Einflüsse	
Sonnenschutzverglasung mit $g \geq 0{,}4$	+0,03
Fensterneigung 0° ≤ Neigung ≤ 60°	$-0{,}12 \cdot f_{neig}$ [3)]
Nord-, Nordost- und Nordwest-orientierte Fenster, sowie durch das Gebäude dauernd verschattete Fenster	$+0{,}10 \cdot f_{neig}$ [3)]

Nachweis
Die Berechnung des Sonneneintragkennwerts erfolgt nach der Formel:

$$S = \frac{\Sigma A_{W,j} \cdot g_{total,j}}{A_g}$$

dabei ist:

$A_{W,j}$ Fensterflächen eines Raumes je Himmelsrichtung
g_{total} Gesamtenergiedurchlassgrad der Verglasung inkl. aller Sonnenschutzmaßnahmen
A_G Nettogrundfläche des Raumes (Raumbereichs)
Der Gesamtenergiedurchlassgrad g_{total} wird wie folgt ermittelt:

$g_{total} = g \cdot F_C$

dabei ist:

g der Energiedurchlassgrad der Verglasung, er ist nach DIN EN 410: 1998-12 zu berechnen oder technischen Produktspezifikationen zu entnehmen (s. Tab. unten).
F_C Abminderungsfaktor für die Sonnenschutzvorrichtung (früher z)

Anhaltswerte für den Abminderungsfaktor F_C von Sonnenschutzvorrichtungen

Sonnenschutzvorrichtung		Abminderungsfaktor F_C
keine		1,00
innenliegend und zwischen den Scheiben	weiß oder reflektierend, geringe Transparenz	0,75
	helle Farben und geringe Transparenz	0,80
	dunkle Farben und höhere Transparenz	0,90
außenliegend	drehbare, hinterlüftete Lamellen, Jalousien, Stoffe geringer Transparenz	0,25
	Rollläden, Fensterläden	0,30
	Jalousien, allgemein, Markisen, seitlich und oben ventiliert	0,40
	Markisen, allgemein Vordächer, Loggien	0,50

Gesamtenergiedurchlassgrad g von Verglasungen
Die Kennwerte sind technischen Produktspezifikationen zu entnehmen oder nach DIN EN 410: 1998-12 zu berechnen

Verglasung	g
Einfachverglasung	0,9
Doppelverglasung	0,8
Dreifachverglasung	0,7
Glasbausteine	0,6
Isoverglasung mit Gasfüllung und Wärmefunktionsschicht (Silber)	0,46–0,64
Isoverglasung mit Gasfüllung und Wärmefunktionsschicht (Bronze)	0,32–0,45

1) Nach EnEV ist der Nachweis erst bei einem Fensterflächenanteil von > 30 % erforderlich.
2) $f_{gew} = (A_W + 0{,}3 \cdot A_{AW} + 0{,}1 \cdot A_D)/A_G$ mit A_W: Fensterfläche, A_{AW} = Außenwandfläche, A_D = wärmeübertragende Dach- oder Deckenfläche, A_G = Nettogrundfläche
3) $f_{neig} = A_{neig}/A_G$.

7.3.4 Nachweise nach der Energiesparverordnung (EnEV2007)

Geschichte der EnEV

- 1976: In Folge der Energiekrise (1972) verabschiedet der Gesetzgeber das Energieeinsparungsgesetz.
- 1977: Die erste Wärmeschutzverordnung legt Anforderungen an den Wärmeschutz von Gebäuden durch Begrenzung der Wärmeverluste (k-Wert) fest.
- 1984: Die zweite Wärmeschutzverordnung verschärft die Anforderungen zur Begrenzung der Wärmeverluste um weitere ca. 20 %.
- 1995: Die dritte Wärmeschutzverordnung verlangt die Bilanzierung des Heizwärmebedarfs und erlaubt erstmals die Berücksichtigung von Wärmegewinnen. Ihr Anforderungsniveau senkt den Gebäudeenergieverbrauch von Neubauten um ca. 30 %.
- 1998: Die Heizungsanlagenverordnung (HeizAnlV) legt Anforderungen an Warmwasser- und Zentralheizungsanlagen fest.
- 2002: Die erste Energieeinsparverordnung (EnEV 2002) tritt in Kraft und verlangt die Bilanzierung des Primärenergiebedarfs. Sie berücksichtigt auch Verluste bei der Energiegewinnung und -umwandlung und integriert die HeizAnlV (siehe 1998).
- 2003: Die EU-Gebäuderichtlinie (Richtlinie über die Gesamtenergieeffizienz von Gebäuden) muss binnen 3 Jahren in nationales Recht umgesetzt werden. Sie enthält Anforderungen zur Stärkung der Markttransparenz (Energieausweise) sowie Anforderungen an Klimaanlagen und Beleuchtungsanlagen in großen Gebäuden.
- 2004: Die neue EnEV 2004 enthält keine grundsätzliche Anhebung des Anforderungsniveaus, jedoch wird für Neubauten die Erstellung eines Energieausweises zur Pflicht.
- 2007: Die bei Drucklegung gültige EnEV 2007 sieht die Einführung von Energieausweisen für bestehende Gebäude (s. S. 7-26) und die regelmäßige Inspektion (alle 10 Jahre) von Klimaanlagen vor (siehe auch S. 7-17). Das Anforderungsniveau wurde nicht geändert.

Verbrauchsausweise dürfen seit Oktober 2008 nicht mehr ausgestellt werden.

Nachweispflicht für Bestandsgebäude (Energiepass) nach EnEV 2007[1)]

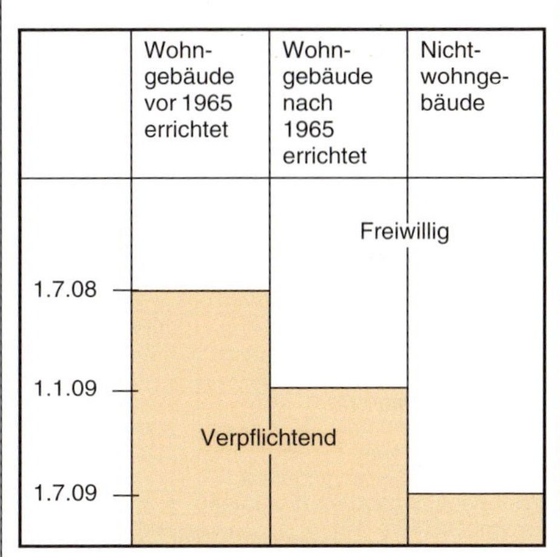

[1)] bei Verkauf und Vermietung

Ausblick auf die zukünftige EnEV (2009)

- Die primärenergetischen Anforderungen werden um durchschnittlich 30 % verschärft. Diese Anforderung wird auch auf Sanierungsmaßnahmen im Gebäudebestand ausgedehnt.
- Einführung eines neuen Bilanzierungsverfahrens (Referenzgebäudeverfahren für Wohngebäude). Der bisherige Nachweis in Abhängigkeit vom A/V-Verhältnis entfällt.
- Einführung eines alternativen Bilanzierungsverfahrens (DIN V 18599) für Wohngebäude.
- Ausweitung der Nachrüstungsverpflichtungen auch bei selbstgenutzten Eigentumswohnungen.
- Regelungen zur stufenweisen Außerbetriebnahme von Nachtstromspeicherheizungen.
- Stärkung der Anwendung der EnEV durch stichprobenartige Behördenprüfungen und Prüfungen durch Bezirksschornsteinfegermeister.
- Erweiterung der Qualifikationsanforderungen an Aussteller von Energieausweisen.
- Eine nächste Stufe der EnEV wird 2012 folgen.

7.3.4 Nachweise nach der Energieeinsparungsverordnung (EnEV 2007)

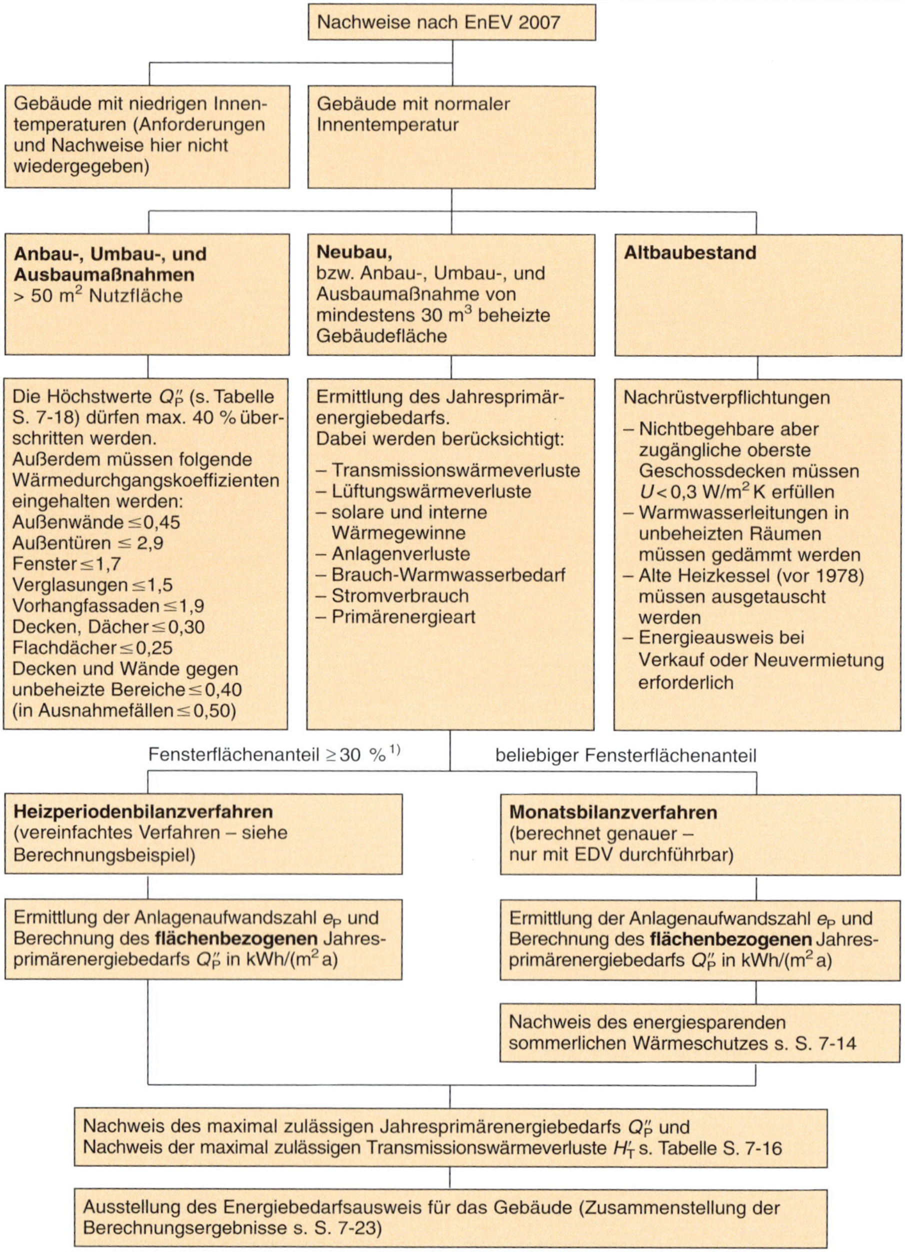

Nachweise nach EnEV 2007

- Gebäude mit niedrigen Innentemperaturen (Anforderungen und Nachweise hier nicht wiedergegeben)
- Gebäude mit normaler Innentemperatur

Anbau-, Umbau-, und Ausbaumaßnahmen
> 50 m² Nutzfläche

Die Höchstwerte Q''_P (s. Tabelle S. 7-18) dürfen max. 40 % überschritten werden.
Außerdem müssen folgende Wärmedurchgangskoeffizienten eingehalten werden:
Außenwände ≤ 0,45
Außentüren ≤ 2,9
Fenster ≤ 1,7
Verglasungen ≤ 1,5
Vorhangfassaden ≤ 1,9
Decken, Dächer ≤ 0,30
Flachdächer ≤ 0,25
Decken und Wände gegen unbeheizte Bereiche ≤ 0,40
(in Ausnahmefällen ≤ 0,50)

Neubau,
bzw. Anbau-, Umbau-, und Ausbaumaßnahme von mindestens 30 m³ beheizte Gebäudefläche

Ermittlung des Jahresprimärenergiebedarfs.
Dabei werden berücksichtigt:
- Transmissionswärmeverluste
- Lüftungswärmeverluste
- solare und interne Wärmegewinne
- Anlagenverluste
- Brauch-Warmwasserbedarf
- Stromverbrauch
- Primärenergieart

Altbaubestand

Nachrüstverpflichtungen
- Nichtbegehbare aber zugängliche oberste Geschossdecken müssen $U < 0{,}3$ W/m² K erfüllen
- Warmwasserleitungen in unbeheizten Räumen müssen gedämmt werden
- Alte Heizkessel (vor 1978) müssen ausgetauscht werden
- Energieausweis bei Verkauf oder Neuvermietung erforderlich

Fensterflächenanteil ≥ 30 %[1)]

Heizperiodenbilanzverfahren
(vereinfachtes Verfahren – siehe Berechnungsbeispiel)

Ermittlung der Anlagenaufwandszahl e_P und Berechnung des **flächenbezogenen** Jahresprimärenergiebedarfs Q''_P in kWh/(m² a)

beliebiger Fensterflächenanteil

Monatsbilanzverfahren
(berechnet genauer – nur mit EDV durchführbar)

Ermittlung der Anlagenaufwandszahl e_P und Berechnung des **flächenbezogenen** Jahresprimärenergiebedarfs Q''_P in kWh/(m² a)

Nachweis des energiesparenden sommerlichen Wärmeschutzes s. S. 7-14

Nachweis des maximal zulässigen Jahresprimärenergiebedarfs Q''_P und Nachweis der maximal zulässigen Transmissionswärmeverluste H'_T s. Tabelle S. 7-16

Ausstellung des Energiebedarfsausweis für das Gebäude (Zusammenstellung der Berechnungsergebnisse s. S. 7-23)

[1)] Nach DIN 4108-2: 2003-07 (bauaufsichtlich nicht eingeführt) gelten andere Grenzwerte s. S. 7-14.

7.3.4 Nachweise nach der EnEV 2007 (Forts.)

Die neue EnEV 2007 führt im Wesentlichen nicht zu verschärften Anforderungen. Jedoch werden Inspektionsintervall von Klimaanlagen und Nachweispflichten des Energiepasses geregelt. Diese sind jetzt auch bei Verkauf und Vermietung erforderlich (s. S. 7-15).

Für Nichtwohngebäude werden neue Berechtigungsvorgaben eingeführt, die u.a. eingebaute Beleuchtung berücksichtigen.

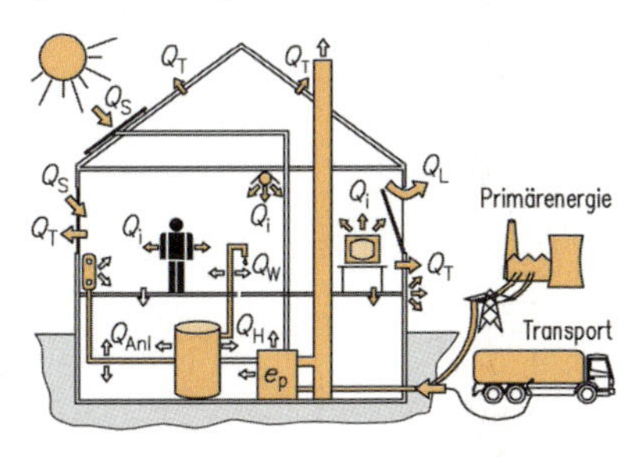

Einflussgrößen für den Primärenergiebedarf

Für den Planer eröffnen sich neue Möglichkeiten, weil er den Schwerpunkt der Energieeinsparung zwischen bautechnischem und anlagetechnischem Bereich verschieben kann.
Auch die Gebäudeorientierung, die Luftdichtheit, die Wärmebrücken, der eingesetzte Brennstoff und die Effizienz der Heizanlage kann bausteinartig variiert werden, um die Anforderungen der EnEV 2007 zu erreichen.
Das **Monatsbilanzverfahren** liefert die genauesten Ergebnisse des Jahresheizwärmebedarfs und ist für alle Gebäude anwendbar, das Verfahren ist wegen des hohen Rechenaufwandes in der Praxis nur computergestützt durchführbar.
Das **Heizperiodenbilanzverfahren** ist einfacher zu handhaben, jedoch nur für Wohngebäude mit einem Fensterflächenanteil von max. 30 % anwendbar. Es liefert Anhaltswerte für den Jahresheizwärmebedarf die etwas höher als beim Monatsbilanzverfahren liegen. Die energiesparende Wirkung von transparenter Wärmedämmung und von Wintergärten darf bei diesem Verfahren nicht berücksichtigt werden. Für die beiden genannten Verfahren findet man die Berechnungsgrundlagen in DIN V 4108-6: 2003-06. Berechnungsprogramme findet man u. a. im Internet als Freeware-Download.
Das **Heizperiodenbilanz-Verfahren** (vereinfachtes Verfahren) erlaubt dem Lernenden am ehesten einen nachvollziehbaren Einblick in das Nachweisverfahren, es ist hier beispielhaft dargestellt.

Die für die Berechnung erforderlichen Kenngrößen sind im Folgenden als Übersicht dargestellt. Die wärmetechnischen Grundbegriffe finden sich auf Seite 2-10.

Verwendete Begriffe:

Gebäudegeometrie

A Wärmeübertragende Umfassungsfläche [m²]

A_N Gebäudenutzfläche, bei Wohngebäuden gilt:
$A_N = 0{,}32 \cdot V_e$ [1]

A_W Gesamte Fensterfläche

A_{AW} Fläche aller Außenwände (Dachfläche bei Dachflächenfenster)

f Fensterflächenanteil, er wird wie folgt ermittelt

$$f = \frac{A_W}{A_W + A_{AW}} \quad [2]$$

V_e Beheiztes Gebäudevolumen [m³]

V Beheiztes Lüftungsvolumen
$V = 0{,}80\ V_e$ (allgemein) [3]
$V = 0{,}76\ V_e$ (bis 3 Vollgeschosse) [4]

A/V_e Verhältnis zur Beschreibung der Kompaktheit eines Gebäudes

Energiebilanzierung

Q_P Jahresprimärenergiebedarf [kWh/a]
$Q_P = (Q_H + Q_W) \cdot e_P$ [5]

Q_H Jahresheizwärmebedarf [kWh/a]

q_h flächenbezogener Jahresheizwärmebedarf [kWh/a]
$q_h = Q_H/A_N$ [6]

Q_W Zuschlag für Warmwasserbereitung [kWh/a] (bei Wohngebäuden sind 12,5 kWh/(m² a) anzusetzen)

e_P Anlagenaufwandszahl [–] s. Tabl. S. 7-18f.
$Q_h = 66 \cdot (H_T + H_V) - 0{,}95 \cdot (Q_S + Q_i)$ [7]

der Faktor 0,95 berücksichtigt die Nachtabsenkung

Q_S Solare Energiegewinne [kWh/a]

Q_I Interne Energiegewinne [kWh/a]
$Q_I = 0{,}22 \cdot A_N$ [8]

H_T Spez. Transmissionswärmeverlust [W/K]
$H_T = \Sigma\ (A_i \cdot U_i \cdot F_{xi}) + \Delta U_{WB} \cdot A$ [9]

A_i Bauteilfläche [m²]

U_i Wärmedurchgangskoeffizient [W/(m² K)]

F_{xi} Temperatur-Korrekturfaktor [–]

ΔU_{WB} Wärmebrücken-Korrekturfaktor [W/(m² K)]
$\Delta U_{WB} = 0{,}10$ (allgemein) [10]
$\Delta U_{WB} = 0{,}05$ [11]
(bei Anschlussausführung nach DIN 4108, Beiblatt 2)
$Q_S = \Sigma\ [(I_S)_{j,\ HP} \cdot \Sigma\ (0{,}567 \cdot g_i \cdot A_i)]$ [12]

der Faktor 0,567 berücksichtigt Strahlungswärmegewinne

H_V Spezifischer Lüftungswärmeverlust [W/K]
$H_V = 0{,}19 \cdot V_e$ (allgemein) [14]
$H_V = 0{,}163 \cdot V_e$ (mit Lufdichtheitsprüfung) [15]

7.3.4 Nachweise nach der EnEV 2007 (Forts.)

Anforderungen der EnEV 2007
Höchstwerte des auf die Gebäudefläche bezogenen Jahres-Primärenergiebedarfs und des spezifischen, auf die wärmeübertragende Umfassungsfläche bezogenen Transmissionswärmeverlusts in Abhängigkeit vom Verhältnis A/V_e

Verhältnis A/V_e	Jahres-Primärenergiebedarf		Spezifischer, auf die wärmeübertragende Umfassungsfläche bezogener Transmissionswärmeverlust
	Q''_p in kWh/(m² · a) bezogen auf die Gebäudenutzfläche		H'_T in W/(m² · K)
	Wohngebäude (außer solchen nach Spalte 3)	Wohngebäude mit überwiegender Warmwasserbereitung aus elektrischem Strom	Wohngebäude
1	2	3	4
≤ 0,2	$66{,}00 + 2600/(100 + A_N)$	83,80	1,05
0,3	$73{,}53 + 2600/(100 + A_N)$	91,33	0,80
0,4	$81{,}06 + 2600/(100 + A_N)$	98,86	0,68
0,5	$88{,}58 + 2600/(100 + A_N)$	106,39	0,60
0,6	$96{,}11 + 2600/(100 + A_N)$	113,91	0,55
0,7	$103{,}64 + 2600/(100 + A_N)$	121,44	0,51
0,8	$111{,}17 + 2600/(100 + A_N)$	128,97	0,49
0,9	$118{,}70 + 2600/(100 + A_N)$	136,50	0,47
1	$126{,}23 + 2600/(100 + A_N)$	144,03	0,45
≥ 1,05	$130{,}00 + 2600/(100 + A_N)$	147,79	0,44

Zwischenwerte sind nach nebenstehenden Gleichungen zu ermitteln: Spalte 2 $Q''_p = 50{,}94 + 75{,}29 \cdot A/V_e + 2600/(100 + A_N)$, Spalte 3 $Q''_p = 72{,}94 + 75{,}29 \cdot A/V_e$ in kWh/(m² a)

Anlagenaufwandszahl e_p nach DIN V 4701-10: 2003-08
Die Anlagenaufwandszahl beschreibt den Primärenergieaufwand in Bezug auf die erzeugte Nutzwärme

Bsp. 1	**Niedertemperaturkessel mit gebäudezentraler Trinkwassererwärmung**	
Trinkwassererwärmung	Verteilung Speicherung Erzeugung	Verteilung außerhalb thermischer Hülle, mit Zirkulation indirekt beheizter Speicher, Aufstellung außerhalb thermischer Hülle zentral, Niedertemperaturkessel
Heizung	Übergabe Verteilung Speicherung Erzeugung	Radiatoren, Anordnung im Außenwandbereich, Thermostatventile 1 K horizontale Verteilung außerhalb thermischer Hülle, Verteilungsstränge innenliegend, geregelte Pumpen keine Speicherung Neidertemperaturkessel 70/55 °C außerhalb thermischer Hülle
Lüftung	Übergabe Verteilung Erzeugung	keine Lüftungsanlage

A_N in m²	100	150	200	300	500	750	1.000	1.500	2.500	5.000	10.000
q_h in kWh/(m²a)	**Anlagenaufwandszahl e_P (primärenergiebezogen)**										
40	2,29	2,01	1,87	1,73	1,61	1,55	1,51	1,48	1,45	1,43	1,41
50	2,13	1,89	1,77	1,65	1,55	1,49	1,47	1,44	1,41	1,39	1,37
60	2,01	1,80	1,70	1,59	1,50	1,46	1,43	1,41	1,38	1,36	1,35
70	1,92	1,74	1,65	1,55	1,47	1,43	1,40	1,38	1,36	1,34	1,33
80	1,85	1,69	1,60	1,52	1,44	1,40	1,38	1,36	1,34	1,33	1,31
90	1,79	1,64	1,57	1,49	1,42	1,39	1,37	1,35	1,33	1,31	1,30
	Hilfsenergie $q_{HE.E}$ in kWh/(m²a)										
alle	4,12	3,04	2,38	1,79	1,29	1,02	0,88	0,72	0,59	0,47	0,40

[1] Berechnungsformel s. S. 7-16.

7.3 Wärmeschutz

7.3.4 Nachweise nach der EnEV 2004 (Forts.)

Anlagenaufwandszahl e_p nach DIN V 4701-10: 2003-08

Bsp. 2 **Brennwert-Kessel mit gebäudezentraler Trinkwassererwärmung**

Trinkwassererwärmung	Verteilung Speicherung Erzeugung	Verteilung außerhalb thermischer Hülle, mit Zirkulation indirekt beheizter Speicher, Aufstellung außerhalb thermischer Hülle zentral, Niedertemperaturkessel
Heizung	Übergabe Verteilung Speicherung Erzeugung	Radiatoren, Anordnung im Außenwandbereich, Thermostatventile 1 K horizontale Verteilung außerhalb thermischer Hülle, Verteilungsstränge innenliegend, geregelte Pumpen keine Speicherung Niedertemperaturkessel 55/45 °C außerhalb thermischer Hülle
Lüftung	Übergabe Verteilung Erzeugung	keine Lüftungsanlage

A_N in m²	100	150	200	300	500	750	1.000	1.500	2.500	5.000	10.000
q_h in kWh/(m²a)	**Anlagenaufwandszahl e_P (primärenergiebezogen)**										
40	2,11	1,86	1,74	1,61	1,50	1,45	1,42	1,39	1,36	1,34	1,33
50	1,96	1,75	1,64	1,53	1,44	1,40	1,37	1,35	1,33	1,31	1,29
60	1,85	1,67	1,57	1,48	1,40	1,36	1,34	1,32	1,30	1,28	1,27
70	1,76	1,60	1,52	1,44	1,37	1,33	1,31	1,29	1,28	1,26	1,25
80	1,70	1,55	1,48	1,41	1,34	1,31	1,29	1,27	1,26	1,24	1,23
90	1,64	1,51	1,45	1,38	1,32	1,29	1,27	1,26	1,25	1,23	1,22
	Hilfsenergie $q_{HE,E}$ in kWh/(m²a)										
alle	4,27	3,15	2,48	1,87	1,37	1,10	0,95	0,79	0,65	0,53	0,46

Bsp. 3 **Brennwert-Kessel und solar unterstützte Trinkwassererwärmung**

Trinkwassererwärmung	Verteilung Speicherung Erzeugung	Verteilung außerhalb thermischer Hülle, mit Zirkulation indirekt beheizter Speicher, Aufstellung außerhalb thermischer Hülle Brennwertkessel und Flachkollektoren
Heizung	Übergabe Verteilung Speicherung Erzeugung	Radiatoren, Anordnung im Außenwandbereich, Thermostatventile 1 K horizontale Verteilung außerhalb thermischer Hülle, Verteilungsstränge innenliegend, geregelte Pumpen keine Speicherung Brennwertkessel 55/45 °C innerhalb thermischer Hülle
Lüftung	Übergabe Verteilung Erzeugung	keine Lüftungsanlage

A_N in m²	100	150	200	300	500	750	1.000	1.500	2.500	5.000	10.000
q_h in kWh/(m²a)	**Anlagenaufwandszahl e_P (primärenergiebezogen)**										
40	1,21	1,16	1,14	1,12	1,12	1,08	1,08	1,08	1,08	1,08	1,08
50	1,19	1,15	1,14	1,12	1,12	1,09	1,09	1,09	1,09	1,09	1,09
60	1,18	1,15	1,13	1,12	1,12	1,09	1,09	1,09	1,09	1,09	1,09
70	1,17	1,14	1,13	1,12	1,12	1,09	1,09	1,09	1,09	1,09	1,09
80	1,17	1,14	1,13	1,12	1,12	1,09	1,09	1,09	1,09	1,09	1,09
90	1,16	1,14	1,13	1,12	1,12	1,10	1,10	1,10	1,10	1,10	1,10
	Hilfsenergie $q_{HE,E}$ in kWh/(m²a)										
alle	3,59	3,10	2,13	1,65	1,65	1,23	1,02	0,91	0,79	0,68	0,65

7.3.4 Nachweise nach der EnEV 2007 (Forts.)

Temperatur-Korrekturfaktoren F_{xi} nach EnEV 2007

Wärmestrom nach außen über Bauteil *i*	Temperatur-Korrekturfaktor F_{xi}
Außenwand	1
Dach (als Systemgrenze)	1
Oberste Geschossdecke (Dachraum nicht ausgebaut)	0,8
Abseitenwand (Drempelwand)	0,8
Wände und Decken zu unbeheizten Räumen	0,5
Unterer Gebäudeabschluss	0,6

Strahlungswärmegewinne in Abhängigkeit von der Himmelsrichtung nach EnEV 2007

Orientierung	solare Einstrahlung $\Sigma[(I_S)_{j,\,HP}$
Südost bis Südwest	270 kWh/(m² a)
Nordwest bis Nordost	100 kWh/(m² a)
übrige Richtungen	155 kWh/(m² a)
Dachflächenfenster mit Neigung < 30°	225 kWh/(m² a)

Die Fläche der Fenster A_j mit der Orientierung *j* (Süd, West, Nord, Ost und horizontal) ist mit den lichten Öffnungsmaßen zu ermitteln

Primärenergie-Faktoren f_p nach DIN V 4701-10: 2003-08 (Energetische Bewertung des Energieträgers von der Rohstoffgewinnung bis zur Bereitstellung)

Energieträger		Primärenergie-Faktor f_p
Brennstoffe	Heizöl EL	1,1
	Erdgas H	1,1
	Flüssiggas	1,1
	Braunkohle	1,2
	Steinkohle	1,1
	Holz	0,2
Nah-/Fernwärme aus Kraft-Wärme-Kopplung	fossiler Brennstoff	0,7
	erneuerbarer Brennstoff	0,0
Nah-/Fernwärme aus Heizwerken	fossiler Brennstoff	1,3
	erneuerbarer Brennstoff	0,1
Strom	Strom-Mix	2,7

Berechnungsbeispiel

Für einen Winkelbungalow soll der Primärenergiebedarf nachgewiesen werden. Es wird nach dem Heizperiodenbilanzverfahren gerechnet.

Baubeschreibung:

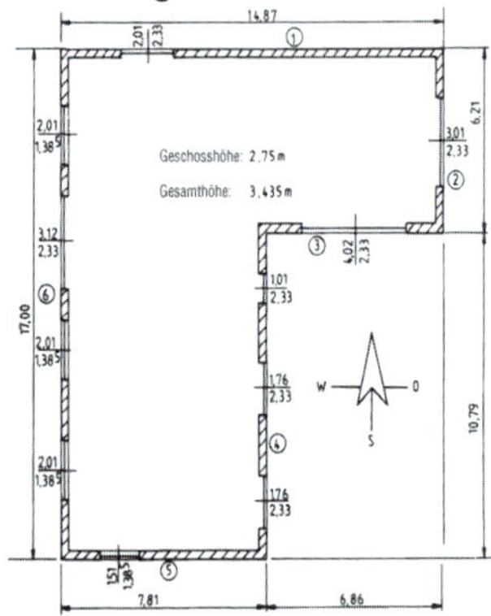

Außenwände:
Gesamtfläche (inkl. Fenster) 218,95 m²
Aufbau:
1,5 cm Kalkgipsinnenputz (ρ = 1400 kg/m³)
30 cm Porenbeton-Plansteine (ρ = 400 kg/m³)
12 cm Hartschaumplatten (WLF 040)
0,5 cm Dispersionsputz

Grundfläche:
Gesamtfläche 175,37 m²
Aufbau:
5 cm Zementestrich (ρ = 2000 kg/m³)
6 cm Trittschalldämmung (R = 0,86, Herstellerangabe)
15 cm Stahlbeton (ρ = 2400 kg/m³)
10 cm Hartschaumplatten (WLF 040)

Dachfläche:
Gesamtfläche 175,37 m²
Aufbau:
1,5 cm Kalkgipsinnenputz (ρ = 1400 kg/m³)
15 cm Stahlbeton (ρ = 2400 kg/m³)
Dampfsperre
20 cm Dämmplatten (WLF 040)
Dichtungsbahn und Kiesschüttung (o. Anrechnung)

Fenster/Haustür:
Holzfenster, IV 68, U_W = 1,3 W/m² K, g = 0,65
ostorientiert 17,56 m²
westorientiert 15,64 m²
südorientiert 11,46 m²
Haustür 4,68 m²

Gesamtfläche: 49,35 m²
Volumen: V_e = 175,37 · 3,435 = 602,4 m³
Beheizung: Niedertemperaturkessel, Aufstellung/Verteilung innerhalb thermischer Hülle

Wärmetauschende Fläche:
A = 218,95 + 175,37 + 175,37 + 49,34 = 619,03 m²

7.3 Wärmeschutz

Berechnungsbeispiel

Tabellarische Ermittlung der
– Wärmedurchlasswiderstände (R in m² K/W)
– Wärmedurchgangskoeffizienten (U-Wert in W/(m² K))

Bauvorhaben:

1	2	3	4 (2 · 3)	5	6 (3 : 5)
Baustoffschichten von innen nach außen	Rohdichte $\frac{kg}{m^3}$	Schichtdicke d m	Flächengewicht $\frac{kg}{m^2}$	Wärmeleitfähigkeit λ_R $\frac{W}{m \cdot K}$	d/λ_R $\frac{m^2 \cdot K}{W}$
BAUTEIL: *Außenwand*					
Kalkgipsputz	1400	0,015	21	0,70	0,021
Porenbeton-Plansteine	400	0,300	120	0,13	2,307
Dämmung	15	0,12	1	0,04	3,000
Dispersionsputz (ohne Anrechnung)	·/.	·/.	·/.	·/.	·/.
nach DIN 4108 (s. Tab. S. 7-12 + 7-13) R =	1,20	◄---	142	R =	5,32
		(Wärmeübergangswiderstand innen)		R_{si} +	0,13
		(Wärmeübergangswiderstand außen)		R_{se} +	0,04
				R_T =	5,49

$U_{vorh.} = \frac{1}{R_T} = \frac{1}{5,498} = \boxed{0,18} \frac{W}{m^2 \cdot K}$

1	2	3	4 (2 · 3)	5	6 (3 : 5)
BAUTEIL: *Dachdecke*					
Kalkgipsputz	1400	0,015	21	0,70	0,021
Stahlbeton	2400	0,15	360	2,00	0,075
Dampfsperre (ohne Anrechnung)	·/.	·/.	·/.	·/.	·/.
Dämmplatten	15	0,20	2	0,04	5,00
Dichtungsbahn (ohne Anrechnung)	·/.	·/.	·/.	·/.	·/.
Kiesschüttung (ohne Anrechnung)	·/.	·/.	·/.	·/.	·/.
nach DIN 4108 (s. Tab. S. 7-12 + 7-13) R =	1,20	◄---	383	R =	5,09
		(Wärmeübergangswiderstand innen)		R_{si} +	0,13
		(Wärmeübergangswiderstand außen)		R_{se} +	0,04
				R_T =	5,26

$U_{vorh.} = \frac{1}{R_T} = \frac{1}{5,26} = \boxed{0,19} \frac{W}{m^2 \cdot K}$

1	2	3	4 (2 · 3)	5	6 (3 : 5)
BAUTEIL: *Kellerdecke*					
Zementestrich	2000	0,05	100	1,40	0,036
Dämmplatten (R = 0,86 – Herstellerangabe)	15	0,06	1	·/.	0,86
Stahlbeton	2400	0,15	360	2,00	0,075
Dämmplatten	15	0,10	1	0,04	2,50
nach DIN 4108 (s. Tab. S. 7-12 + 7-13) R =	0,90	◄---	462	R =	3,47
		(Wärmeübergangswiderstand innen)		R_{si} +	0,17
		(Wärmeübergangswiderstand außen)		R_{se} +	0,04
				R_T =	3,68

$U_{vorh.} = \frac{1}{R_T} = \frac{1}{3,68} = \boxed{0,27} \frac{W}{m^2 \cdot K}$

7

Berechnungsbeispiel (Forts.)

Gebäudegeometrie
$V_e = 602{,}4\ m^3$
$A_N = 0{,}32 \cdot 602{,}4 = 192{,}77\ m^2$ [1][1)]

$A_i = 619{,}03$ (Summe Spalte 3)
$A/V_e = 619{,}03/602{,}4 = 1{,}03$

1. Transmissionswärmeverluste H_T in W/K

1	2	3	4	5	6	7
Bauteil	Kurzbezeichnung	Fläche A_i m^2	Wärmedurchgangskoeffizient U_i $W/(m^2 K)$	$U_i \cdot A_i$ W/K	Temperatur-Korrekturfaktor F_{xi} [2)] –	$U_i \cdot A_i \cdot F_{xi}$ W/K
Außenwand	AW1	218,95	0,18	39,41	1	39,41
	AW2				1	
Dach	D1	175,37	0,190	33,32	1	33,32
	D2				1	
	D3				1	
Oberste Geschossdecke	D4				0,8	
	D5				0,8	
Wand gegen Abseitenraum	AbW1				0,8	
	AbW2				0,8	
Wände und Decken zu unbeheizten Räumen	AB1				0,5	
	AB2				0,5	
Kellerdecke zum unbeheizten Keller Fußboden auf Erdreich Flächen des beheizten Kellers gegen Erdreich	G1	175,37	0,27	47,35	0,6	28,41
	G2				0,6	
	G3				0,6	
	G4				0,6	
Fenster	W1	17,56	1,30	22,83	1	22,83
	W2	15,64	1,30	20,33	1	20,33
	W3	11,46	1,30	14,90	1	14,90
	W4				1	
Haustür	T1	4,68	1,30	6,08	1	6,08
	Σ **A_i = a =**	619,03	**Spezifischer Transmissionswärmeverlust**		**$\Sigma\ U_i \cdot A_i \cdot F_{xi}$ =**	165,28

Transmissionswärmeverlust $H_T = \Sigma (U_i \cdot A_i \cdot F_{xi}) + \Delta U_{WB} \cdot A$ [9][1)]
$H_T =$ 165,28 + 0,05 · 619,03 **H_T =** 196,23

2. Lüftungswärmeverluste H_V in W/K

Lüftungswärmeverlust ohne Dichtheitsprüfung $H_V = 0{,}19 \cdot V_e = 0{,}19 \cdot$ ______ [14][1)] **H_V =**

Lüftungswärmeverlust mit Dichtheitsprüfung $H_V = 0{,}163 \cdot V_e = 0{,}163 \cdot$ 602,40 [15][1)] (Blower-Door-Test) **H_V =** 98,19

1) Erläuterung der verwendeten Formeln s. S. 7-17, Grundlagen s. S. 2-10.
2) Siehe Tabelle S. 7-19.

Berechnungsbeispiel (Forts.)

3. Solare Wärmegewinnung Q_S in KWh/a[1]

Orientierung	Solare Einstrahlung I_j kWh/(m² a)	Fenster-Teilfläche $A_{W,i}$ m²	Gesamtenergiedurchlassgrad g_i –	$I_j \cdot 0{,}567 \cdot A_{W,i} \cdot g_i$ kWh/a
Südorientiert	270	11,46	0,65	1140,37
Nordorientiert	100	4,68	0,65	172,48
übrige Richtungen	155	17,56	0,65	1003,12
		15,64	0,65	893,44
Dachflächenfenster mit Neigung < 30°[2]	255	·/.	·/.	·/.
Solare Wärmegewinne:	$Q_S = \Sigma\,(I_j \cdot 0{,}567 \cdot A_{W,i} \cdot g_i)$ [12][1]		Q_S =	3209,41

4. Interne Wärmegewinnung Q_i in KWh/a

Interne Wärmegewinne: $Q_i = 22 \cdot A_N = 22 \cdot 192{,}77$ [8] **Q_i =** 4240,90

5. Jahresheizwärmebedarf

Jahresheizwärmebedarf: $Q_h = 66 \cdot (H_T + H_V) - 0{,}95 \cdot (Q_S + q_i)$ [7][1]
$Q_h = 66 \cdot 294{,}43 - 0{,}95 \cdot 7450{,}30$ **Q_h =** 12354,32

Flächenbezogener Jahresheizwärmebedarf: $q''_h = Q_h / A_N$
kWh/(m² a) $q''_h = 12354{,}32 / 192{,}77$ **q''_h =** 64,09

6. Spezifischer flächenbezogener Transmissionswärmeverlust in W/(m² K)

vorhandener spezifischer flächenbezogener Transmissionswärmeverlust: $H'_{T,vorh} = H_T / A = 196{,}23 / 619{,}03$ **$H'_{T,vorh}$ =** 0,32

zulässiger spezifischer flächenbezogener Transmissionswärmeverlust: s. S. 7-16 bei $A/V_e = 1{,}03$ **$H_{T,max}$ =** 0,45

$H'_{T,vorh} = 0{,}32$ W/(m² K) $\leq 0{,}45$ W/(m² K) $= H'_{T,max}$

7. Ermittlung der Primärenergieaufwandszahl gemäß DIN 4701-10 Anhang C (s. Tab. S. 7-18)

Anlagenaufwandszahl (primärenergiebezogen): **e_P =** 1,69
Anlagentyp: *Niedertemperaturkessel, mit gebäudezentraler Trinkwassererwärmung*

8. Jahresprimärenergiebedarf in KWh/m² a

vorhandener Jahresprimärenergiebedarf: $Q''_{P,vorh} = e_p \cdot (Q''_h + 12{,}5)$ [5][1]
$Q''_{P,vorh} = 1{,}69 \cdot (64{,}09 + 12{,}5)$ **$Q''_{P,vorh}$ =** 129,70

zulässiger Jahresprimärenergiebedarf: s. Tab. S. 7-18

Wohngebäude
$Q''_{P,max} = 66 + 2600 / (100 + A_N)$ bei $A/V_e \geq 0{,}3$
$Q''_{P,max} = 50{,}94 + 75{,}29 \cdot A/V_e + 2600 / (100 + A_N)$ bei $0{,}2 \geq A/V_e \geq 1{,}05$
$Q''_{P,max} = 130 + 2600 / (100 + A_N)$ bei $A/V_e \geq 1{,}05$ **$Q''_{P,max}$ =** 137,19

$Q''_{P,vorh} = 129{,}70$ kWh/(m² a) $\leq 137{,}19$ kWh/(m² a) $= Q''_{P,max}$

[1] Erläuterungen der verwendeten Formeln s. S. 7-17, Grundlagen s. S. 2-10.
[2] Dachflächenfenster mit einer Neigung der Dachfläche ≥ 30° sind wie senkrechte Fenster zu behandeln.

Berechnungsbeispiel (Forts.)

Zusammenstellung der Berechnungsergebnisse [1)]

Energiebedarfsausweis nach § 13 Energieeinsparverordnung[1)]

I. Objektbeschreibung

Gebäude/-teil	Winkelbungalow	Nutzungsart ☐ Wohngebäude ☒	
PLZ, Ort	TabellenbuchBautechnik	Straße, Haus-Nr.	
Baujahr	2008	Jahr der baulichen Änderung	

Geometrische Angaben

Wärmeübertragende Umfassungsfläche A	619,03 m²	Bei Wohngebäuden:	
Beheiztes Gebäudevolumen V_e	602,4 m³	Gebäudenutzfläche A_N	192,77 m²
Verhältnis A/V_e	1,03 m⁻¹	Wohnfläche (Angabe freigestellt)	/ m²

Beheizung und Warmwasserbereitung

Art der Beheizung	Niedertemperaturkessel mit gebäudezentraler Trinkwassererwärmung	Art der Warmwasserbereitung	Niedertemperaturkessel mit gebäudezentraler Trinkwassererwärmung
Art der Nutzung erneuerbarer Energien	/	Anteil erneuerbarer Energien	/ % am Heizwärmebedarf

II. Energiebedarf

Jahresprimärenergiebedarf

Zulässiger Höchstwert		Berechneter Wert
	⇔	

Endenergiebedarf nach eingesetzten Energieträgern

		Energieträger 1	Energieträger 2
		Erdgas H	/
Endenergiebedarf (absolut)		25002,27 kWh/a	/ kWh/a
Endenergiebedarf bezogen auf			
Nicht-Wohngebäude	das beheizte Gebäudevolumen	/ kWh/(m³·a)	/ kWh/(m³·a)
Wohngebäude	die Gebäudenutzfläche A_N	192,77 kWh/(m²·a)	/ kWh/(m²·a)
Wohngebäude	die Wohnfläche (Angabe freigestellt)	/ kWh/(m²·a)	/ kWh/(m²·a)

Hinweis:
Die angegebenen Werte des Jahresprimärenergiebedarfs und des Endenergiebedarfs sind vornehmlich für die überschlägig vergleichende Beurteilung von Gebäuden und Gebäudeentwürfen vorgesehen. Sie wurden auf der Grundlage von Planunterlagen ermittelt. Sie erlauben nur bedingt Rückschlüsse auf den tatsächlichen Energieverbrauch, weil der Berechnung dieser Werte auch normierte Randbedingungen etwa hinsichtlich des Klimas, der Heizdauer, der Innentemperaturen, des Luftwechsels, der solaren und internen Wärmegewinne und des Warmwasserbedarfs zu Grunde liegen. Die normierten Randbedingungen sind für die Anlagentechnik in DIN V 4701-10: 2003-08 Nr. 5 und im Übrigen in DIN V 4108-6: 2003-06 Anhang D festgelegt. Die Angaben beziehen sich auf Gebäude und sind nur bedingt auf einzelne Wohnungen oder Gebäudeteile übertragbar.

[1)] Zusammenstellung der Ergebnisse nach Muster aus Allgemeiner Verwaltungsvorschrift zur EnEV 2007.

Berechnungsbeispiel (Forts.)

Zusammenstellung der Berechnungsergebnisse

III. Weitere energiebezogene Merkmale

Transmissionswärmeverlust

Zulässiger Höchstwert		⇔	Berechneter Wert	
0,45	W/(m²·K)	⇔	0,32	W/(m²·K)

Anlagentechnik

Anlagenaufwandszahl e_p 1,69 ☐ Berechnungsblätter sind beigefügt

☒ Die Wärmeabgabe der Wärme- und Warmwasserverteilungsleitungen wurde nach Anhang 5 EnEV begrenzt.

Berücksichtigung von Wärmebrücken

☐ pauschal mit 0,10 W/(m²·K)

☒ pauschal mit 0,05 W/(m²·K) bei Verwendung von Planungsbeispielen nach DIN 4108: 1998-08 Beibl. 2

☐ mit differenziertem Nachweis

☐ Berechnungen sind beigefügt

Dichtheit und Lüftung

☐ ohne Nachweis

☒ mit Nachweis nach Anhang 4 Nr. 2 EnEV

☐ Messprotokoll ist beigefügt

Mindestluftwechsel erfolgt durch

☒ Fensterlüftung

☐ mechanische Lüftung

☐ andere Lüftungsart:

Sommerlicher Wärmeschutz

☒ Nachweis nicht erforderlich, weil der Fensterflächenanteil 30 % nicht überschreitet

☐ Nachweis der Begrenzung des Sonneneintragskennwertes wurde geführt

☐ Berechnungen sind beigefügt

☐ Das Nichtwohngebäude ist mit Anlagen nach Anhang 1 Nr. 2.9.2 ausgestattet. Die innere Kühllast wird minimiert.

Einzelnachweise, Ausnahmen und Befreiungen

☐ Einzelnachweise nach § 15 (3) EnEV wurden geführt für

/

☐ eine Ausnahme nach § 16 EnEV wurde zugelassen. Sie betrifft

/

☐ eine Befreiung nach § 17 EnEV wurde erteilt. Sie umfasst

/

☐ Nachweise sind beigefügt

☐ Bescheide sind beigefügt

Verantwortlich für die Angaben

Name	FRIEDRICH	Datum	
Funktion/Firma	Tabellenbuch	Unterschrift	
Anschrift	Holztechnik 2008		
		ggf. Stempel/ Firmenzeichen	

7.3 Wärmeschutz

Der Energieausweis

Bei Verkauf, Neuvermietung und -verpachtung ist seit dem 01.01.2009 (s. S. 7-16) ein Energieausweis vorzulegen. Der Pfeil gibt – ähnlich wie bei Elektrogeräten – die energetische Qualität des Gebäudes an.

Ausstellungsberechtigt sind neben Ingenieuren verschiedener technischer Fachrichtungen auch Handwerksmeister und staatlich geprüfte Techniker, also auch Tischler- und Schreinermeister.

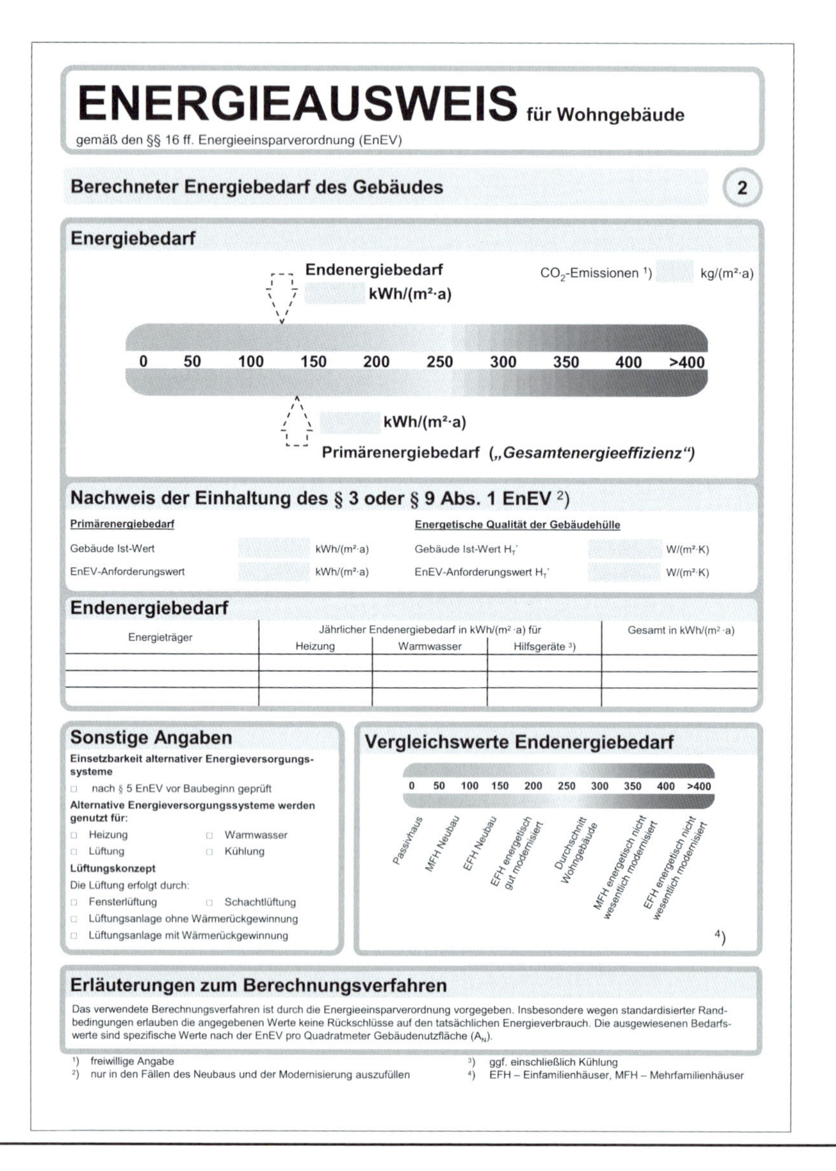

ENERGIEAUSWEIS für Wohngebäude

gemäß den §§ 16 ff. Energieeinsparverordnung (EnEV)

Berechneter Energiebedarf des Gebäudes 2

Energiebedarf

Endenergiebedarf
kWh/(m²·a)

CO_2-Emissionen [1] kg/(m²·a)

0 50 100 150 200 250 300 350 400 >400

kWh/(m²·a)
Primärenergiebedarf („*Gesamtenergieeffizienz*")

Nachweis der Einhaltung des § 3 oder § 9 Abs. 1 EnEV [2]

Primärenergiebedarf			Energetische Qualität der Gebäudehülle		
Gebäude Ist-Wert		kWh/(m²·a)	Gebäude Ist-Wert H_T'		W/(m²·K)
EnEV-Anforderungswert		kWh/(m²·a)	EnEV-Anforderungswert H_T'		W/(m²·K)

Endenergiebedarf

Energieträger	Jährlicher Endenergiebedarf in kWh/(m²·a) für			Gesamt in kWh/(m²·a)
	Heizung	Warmwasser	Hilfsgeräte [3]	

Sonstige Angaben

Einsetzbarkeit alternativer Energieversorgungssysteme

- ☐ nach § 5 EnEV vor Baubeginn geprüft

Alternative Energieversorgungssysteme werden genutzt für:

- ☐ Heizung ☐ Warmwasser
- ☐ Lüftung ☐ Kühlung

Lüftungskonzept

Die Lüftung erfolgt durch:

- ☐ Fensterlüftung ☐ Schachtlüftung
- ☐ Lüftungsanlage ohne Wärmerückgewinnung
- ☐ Lüftungsanlage mit Wärmerückgewinnung

Vergleichswerte Endenergiebedarf

0 50 100 150 200 250 300 350 400 >400

Passivhaus, MFH Neubau, EFH Neubau, EFH energetisch gut modernisiert, Durchschnitt Wohngebäude, MFH energetisch nicht wesentlich modernisiert, EFH energetisch nicht wesentlich modernisiert [4]

Erläuterungen zum Berechnungsverfahren

Das verwendete Berechnungsverfahren ist durch die Energieeinsparverordnung vorgegeben. Insbesondere wegen standardisierter Randbedingungen erlauben die angegebenen Werte keine Rückschlüsse auf den tatsächlichen Energieverbrauch. Die ausgewiesenen Bedarfswerte sind spezifische Werte nach der EnEV pro Quadratmeter Gebäudenutzfläche (A_N).

[1] freiwillige Angabe
[2] nur in den Fällen des Neubaus und der Modernisierung auszufüllen
[3] ggf. einschließlich Kühlung
[4] EFH – Einfamilienhäuser, MFH – Mehrfamilienhäuser

7.3.5 Wärmebrücken und Luftdichtheit

Wärmebrücken nach DIN 4108-2: 2003-07

Im Bereich von Wärmebrücken ist mit erhöhten Transmissionswärmeverlusten, mit Tauwasserbildung und dadurch mit Schimmelpilzbildung zu rechnen.

Genaue Berechnungsverfahren insbesondere für Fenster sind in DIN EN ISO 13788: 2001-11 zu finden. Es muss nachgewiesen werden, dass der Temperaturfaktor $f_{Rsi} \leq 0{,}70$ ist

$$f_{Rsi} = \frac{\Theta_{si} - \Theta_e}{\Theta_i - \Theta_e}$$

Dabei ist

Θ_{si} die raumseitige Oberflächentemperatur
Θ_i die Innenlufttemperatur
Θ_e die Außenlufttemperatur

bei den üblichen Randbedingungen ($\Theta_i = 20\,°C$, $\Phi_i = 50\,\%$, $\Theta_e = -5\,°C$) ist eine raumseitige Oberflächentemperatur von $\Theta_{si} \geq 12{,}6\,°C$ einzuhalten, außer bei Fenstern.

Auf diesen rechnerischen Nachweis kann verzichtet werden,

- bei Ecken von Außenbauteilen mit gleichartigem Aufbau, deren Einzelbestandteile die Anforderungen der Tabelle Seite 7-12 erfüllen
- bei allen konstruktiven, formbedingten und stoffbedingten Wärmebrücken, die den Beispielen des Beiblattes 2 zu DIN 4108 entsprechen.

Wärmeverluste von dreidimensionalen Wärmebrücken können wegen der begrenzten Flächenwirkung vernachlässigt werden. Zweidimensionale Wärmebrücken (Decke-Wand) müssen überprüft und gegebenenfalls nachgewiesen werden.

Auskragende Betonteile und in den Dachraum hineinragende Wandteile müssen gedämmt werden.

Beispiele aus DIN 4108, Beiblatt 2

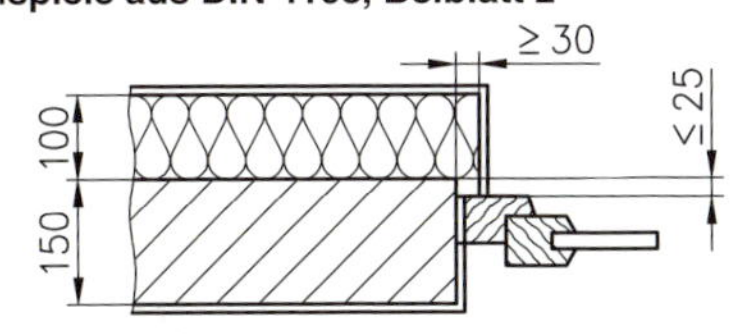

Fensteranschluss

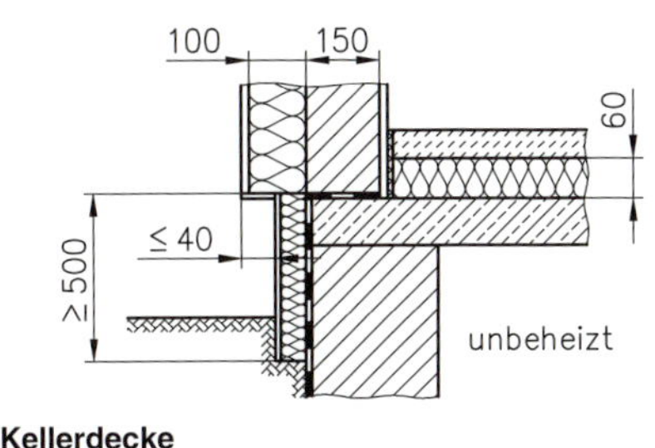

Kellerdecke

Luftdichtheit nach DIN 4108-7: 2001-08

Die in jüngster Zeit zunehmende Luftdichtheit der Gebäude hat zur Absenkung des Regelwertes für den Luftwechsel von 0,8 h^{-1} auf 0,7 h^{-1} geführt.

Wird ein Blower-Door-Test durchgeführt, dürfen Lüftungswärmeverluste mit einer Luftwechselzahl von 0,6 h^{-1} gerechnet werden.

Bei diesem Nachweis muss bei einem Druckunterschied von 50 Pa folgende Anforderung an den Luftwechsel eingehalten werden:

Normal belüftete Gebäude $n_{50} \leq 3\ h^{-1}$, bei Verwendung mech. Lüftungsanlagen $n_{50} \leq 1{,}5\ h^{-1}$.

Nach EnEV 2007 müssen Gebäude nach dem Stand der Technik dauerhaft luftundurchlässig ausgeführt werden, dazu sind für Fenster und Außentüren die Anforderungen der DIN 12207: 2000-06 einzuhalten. Der gesundheitlich erforderliche Mindestluftwechsel ist sicherzustellen.

Gebäude	Fugendurchlässigkeitsklasse nach DIN 12207: 2000-06
mit bis zu 2 Vollgeschossen	2 ≙ Klasse B nach DIN 18055
mit mehr als 2 Vollgeschossen	3 ≙ Klasse C nach DIN 18055

Beispiele aus DIN 4108-7: 2001-08

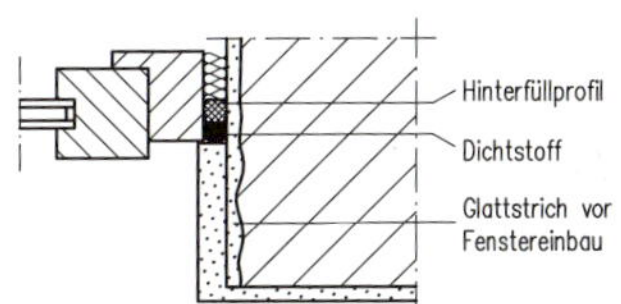

Fensteranschluss mit elastischen Fugendichtmassen

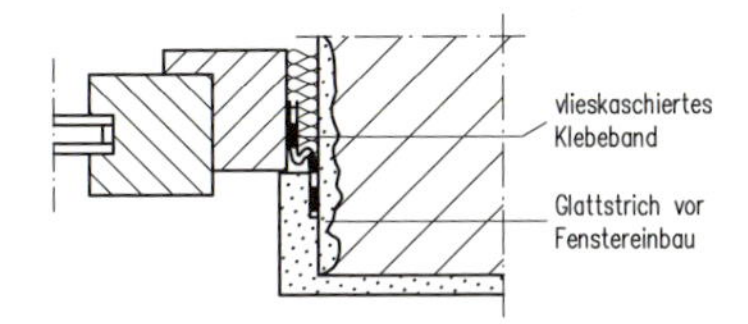

Fensteranschluss mit Dichtungsband

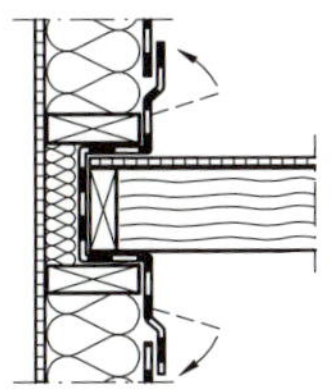

Luftdichtheitsschicht bei einer Geschossdecke im Holzbau

7

9-18
9-19

7.3.6 Wärmetechnische Kennwerte

Rechenwerte für die Rohdichte (ρ), Wärmeleitzahl (λ), und Diffusionswiderstandszahl (μ) nach DIN V 4108-4: 2007-06 und DIN EN 12524: 2000-07

Baustoff	Kennwerte ρ in kg/m³	λ in W/mK	μ in [–]
Holz und Holzwerkstoffe (bei 65 % relativer Luftfeuchte und 20 °C und erlangen der Gleichgewichtsfeuchte)			
Konstruktionsholz	500	0,13	20/50
nach DIN EN 12524	700	0,18	
Fichte, Tanne, Kiefer,	600	0,13	40
Buche, Eiche,	800	0,20	40
Tropenhölzer	800	0,20	40
Sperrhölzer	300	0,09	50/150
	300	0,13	70/200
	700	0,17	90/220
	1000	0,24	110/250
Spanplatten	300	0,10	10/50
	600	0,14	15/50
	900	0,18	20/50
Zementgebundene Spanplatten	1200	0,23	30/50
OSB-Platten	650	0,13	30/50
Holzfaserplatten	250	0,07	2/5
MDF-Platten	400	0,10	5/10
	600	0,14	12/10
	800	0,18	20/10
Fußbodenbeläge			
Gummi	1200	0,17	10000
Kunststoff	1700	0,25	10000
Unterlagen aus porösem Kunststoff oder Gummi	270	0,10	10000
Filzunterlagen	120	0,05	15/20
Wollunterlagen	200	0,06	15/20
Korkunterlagen	<200	0,05	10/20
Korkfliesen	>400	0,065	20/40
Teppich, Teppichböden	200	0,06	5
Linoleum	1200	0,17	800/1000
Lehmbaustoffe			
Lehmbaustoffe	500	0,14	
	600	0,17	
	700	0,21	
	800	0,25	
	900	0,30	
	1000	0,35	5/10
	1200	0,47	
	1400	0,59	
	1600	0,73	
	1800	0,91	
	2000	1,1	

Baustoff	Kennwerte ρ in kg/m³	λ in W/mK	μ in [–]
Wärmedämmstoffe			
Holzwolle-Leichtbauplatten			
(HWL) WLF-Gruppe[1] 065		0,065	
(für 070		0,070	
Plattendicke 075	360–	0,075	2,5
$d \geq 25$ mm) 080	400	0,080	
085		0,085	
Plattendicke 090		0,090	
15 mm $\leq d < 25$ mm	570	0,15	
Holzfaserdämmplatten			
WLF-Gruppe[1] 040		0,040	
045		0,045	
050	120–	0,050	5
055	450	0,055	
060		0,060	
065		0,065	
070		0,070	
Polyurethan-Hartschaum (PUR) WLF-Gruppe[1]			
020		0,020	
025	≥ 30	0,025	30/100
030		0,030	
035		0,035	
040		0,040	
Polystyrol-Partikelschaum			
(PS) WLF-Gruppe[1] 035	≥ 15–	0,035	20/100
040	≥ 30	0,040	
Phenolharz-Hartschaum			
(PF)		0,030	
WLF-Gruppe[1] 030	≥ 30	0,035	10/50
035		0,040	
040		0,045	
045			
Schaumglas			
WLF-Gruppe[1] 045		0,045	prakt.
050	100–	0,050	dampf-
055	150	0,055	dicht
060		0,060	
Korkdämmplatten			
WLF-Gruppe[1] 045	80–	0,045	5/10
050	500	0,050	
055		0,055	
Mineralische und pflanzliche Faserdämmstoffe			
WLF-Gruppe[1] 035	8–	0,035	1
040	500	0,040	
045		0,045	
050		0,050	

[1] DIN V 4108-4: 2007-06 trifft weitere Unterscheidungen, die für prüffähige Berechnungen verwendet werden müssen

7.3.6 Wärmetechnische Kennwerte (Forts.)

Baustoff	Kennwerte		
	ρ in kg/m³	λ in W/mK	μ in [–]
Putze, Mörtel, Estriche			
Kalk-, Kalkzementmörtel	1800	1,0	15/35
Kalkgips-, Gips- und Anhydritmörtel	1400	0,70	10
Leichtputz	1000	0,38	15/20
Wärmedämmputz WLF-Gruppe[1] 060		0,060	
070		0,070	
080	≥ 200	0,080	5/20
090		0,090	
100		0,100	
Kunstharzputz	1100	0,70	50/200
Normalmörtel	1800	1,2	15/35
Zementmörtel, Zementestrich	2000	1,40	15/35
Leichtmörtel LM 21	≤ 700	0,21	15/35
Beton-Bauteile			
Leichtbeton	1600	1,0	
	1800	1,3	70/150
	2000	1,6	
Normalbeton	2200	1,65	80–130
	2400	2,0	
Dampfgehärteter Porenbeton	400	0,13	
	500	0,15	
	600	0,19	5/10
	700	0,22	
	800	0,25	
Mauerwerk einschließlich Mörtelfugen			
Vollklinker,	1800	0,81	
Hochlochklinker,	2000	0,96	50/100
Keramikklinker	2200	1,2	
Leichthochlochziegel	700	0,36	
Lochung A und B	800	0,39	
	900	0,42	5/10
	1000	0,45	
Kalksandsteine	1000	0,50	
	1200	0,56	5/10
	1400	0,70	
und Kalksand-Plansteine	1600	0,79	
	1800	0,99	15/25
	2000	1,10	
	2200	1,30	
Vollblöcke Vbl-S aus Leichtbeton	450	0,23	
	500	0,24	
	550	0,25	
	600	0,26	5/10
	650	0,27	
	700	0,28	
	800	0,30	
	1000	0,35	

Baustoff	Kennwerte		
	ρ in kg/m³	λ in W/mK	μ in [–]
Bauplatten			
Porenbeton-Plansteine PP	350	0,11	
	400	0,13	
	450	0,15	
	500	0,16	
	550	0,18	5/10
	600	0,19	
	650	0,21	
	700	0,22	
	800	0,25	
Wandbauplatten aus Gips	600	0,29	
	750	0,35	
	900	0,41	5/10
	1000	0,47	
	1200	0,58	
Gipskartonplatten	900	0,25	4/10
Fußbodenbeläge			
Linoleum	1000	0,17	–
Korklinoleum	700	0,081	–
PVC-Fußbodenbelag	1500	0,23	–
Abdichtstoffe			
Bitumen	1050	0,17	50000
Bitumendachbahnen nach DIN 52128	1200	0,17	10000–80000
Nackte Bitumenbahnen	1200	0,17	2000/20000
ECB-Kunststoffdachbahnen	–	–	50000/90000
PVC-Kunststoffdachbahnen	–	–	10000–30000
Polyethylen-Folien d = 0,15 mm	–	–	S_d= 50 m
Aluminium-Folien d ≥ 0,05 mm	–	–	S_d= 1500 m
Glanzlack	–	–	S_d= 3 m
Sonstige Stoffe			
Glas	2500	1,00	∞
Glasmosaik, Keramik	2000	1,2	∞
Fliesen	2000	1,0	–
Sand, Kies, Splitt (trocken)	1800	0,70	–
Granit, Marmor	2800	3,5	10000
Lehm	1800	0,95	5/10
Stahl	7800	50	∞
Legierter Stahl	7900	17	∞
Kupfer	8900	380	∞
Aluminium	–	200	∞
Aluminium-Legierungen	2800	160	∞
Blei	11300	35	∞
Naturgummi	910	0,13	10000
Synthese-Kautschuk	1200	0,24	200000

[1] DIN V 4108-4: 2007-06 trifft weitere Unterscheidungen, die für prüffähige Berechnungen verwendet werden müssen

7.3.6 Wärmetechnische Kennwerte (Forts.)

Wärmedurchgangskoeffizienten von Fenstern und Fenstertüren U_W [1] in W/(m² K)
(Abhängigkeit von Verglasung und Rahmen)

Verglasung U_g \ Fensterrahmen $U_{f, BW}$ [2]		0,8	1,0	1,2	1,4	1,8	2,2	2,6	3,0	3,4	3,8	7,0
		U_W in W/(m² K)										
EV	5,7	4,2	4,3	4,3	4,4	4,5	4,6	4,8	4,9	5,0	5,1	6,1
Zweischeiben-Isolierverglasung	3,3	2,6	2,7	2,8	2,8	2,9	3,1	3,2	3,4	3,5	3,6	4,4
	3,1	2,5	2,6	2,6	2,7	2,8	2,9	3,1	3,2	3,3	3,5	4,3
	3,0	2,4	2,5	2,6	2,6	2,7	2,9	3,0	3,1	3,3	3,4	4,2
	2,8	2,3	2,4	2,4	2,5	2,6	2,7	2,9	3,0	3,1	3,3	4,1
	2,7	2,2	2,3	2,3	2,4	2,5	2,6	2,8	2,9	3,1	3,2	4,0
	2,6	2,2	2,3	2,3	2,4	2,5	2,6	2,8	2,9	3,0	3,1	4,0
	2,5	2,1	2,2	2,3	2,3	2,4	2,6	2,7	2,8	3,0	3,1	3,9
	2,4	2,1	2,1	2,2	2,2	2,4	2,5	2,7	2,8	2,9	3,0	3,8
	2,3	2,0	2,1	2,1	2,2	2,3	2,4	2,6	2,7	2,8	2,9	3,8
	2,2	1,9	2,0	2,0	2,1	2,2	2,3	2,5	2,6	2,8	2,9	3,7
	2,1	1,9	1,9	2,0	2,0	2,2	2,3	2,4	2,5	2,7	2,8	3,6
	2,0	1,8	1,8	1,9	2,0	2,1	2,2	2,4	2,5	2,6	2,7	3,6
	1,9	1,7	1,8	1,8	1,9	2,0	2,1	2,3	2,4	2,5	2,7	3,5
	1,8	1,6	1,7	1,8	1,8	1,9	2,1	2,2	2,4	2,5	2,6	3,4
	1,7	1,6	1,6	1,7	1,8	1,9	2,0	2,2	2,3	2,4	2,5	3,3
	1,6	1,5	1,6	1,6	1,7	1,8	1,9	2,1	2,2	2,3	2,5	3,3
	1,5	1,4	1,5	1,6	1,6	1,7	1,9	2,0	2,1	2,3	2,4	3,2
	1,4	1,4	1,4	1,5	1,5	1,7	1,8	2,0	2,1	2,2	2,3	3,1
	1,3	1,3	1,4	1,4	1,5	1,6	1,7	1,9	2,0	2,1	2,2	3,1
	1,2	1,2	1,3	1,3	1,4	1,5	1,7	1,8	1,9	2,1	2,2	3,0
	1,1	1,2	1,2	1,3	1,3	1,5	1,6	1,7	1,9	2,0	2,1	2,9
	1,0	1,1	1,1	1,2	1,3	1,4	1,5	1,7	1,8	1,9	2,0	2,9
Dreischeiben-Isolierverglasung	2,3	1,9	2,0	2,1	2,1	2,2	2,4	2,5	2,7	2,8	2,9	3,7
	2,1	1,8	1,9	1,9	2,0	2,1	2,2	2,4	2,5	2,6	2,8	3,6
	1,9	1,7	1,7	1,8	1,8	2,0	2,1	2,3	2,4	2,5	2,6	3,4
	1,7	1,6	1,6	1,7	1,7	1,8	1,9	2,1	2,2	2,4	2,5	3,3
	1,5	1,4	1,5	1,6	1,6	1,7	1,9	2,0	2,1	2,3	2,4	3,2
	1,3	1,3	1,4	1,4	1,5	1,6	1,7	1,9	2,0	2,1	2,2	3,1
	1,1	1,2	1,2	1,3	1,3	1,5	1,6	1,7	1,9	2,0	2,1	2,9
	0,9	1,0	1,1	1,1	1,2	1,3	1,4	1,6	1,7	1,8	2,0	2,8
	0,7	0,9	0,9	1,0	1,1	1,2	1,3	1,5	1,6	1,7	1,8	2,6
	0,5	0,7	0,8	0,9	0,9	1,0	1,2	1,3	1,4	1,6	1,7	2,5

Bedeutung der Indizes: f: Rahmen (frame), g: Verglasung (glazing), w: Fenster (window)

[1] Nennwert des Wärmedurchgangskoeffizienten U_W für die Standardgröße 1,23×1,48 m, dieser Wert erhält Auf- oder Abschläge durch Korrekturfaktoren, wenn z.B. die Glasherstellung überwacht ist, Sprossen zur Anwendung kommen, der Randverbund verbessert wird. Näheres regelt DIN V 4108-4: 2007-06, Tabelle 8. Der Wärmedurchgangskoeffizient kann auch mittels Heizkostenverfahren nach DIN EN ISO 12567-2: 2006-03 bestimmt werden.

[2] Bemessungswert $U_{f, BW}$ für den Wärmedurchgangskoeffizienten des Fensterrahmens ermittelt z.B. nach DIN EN ISO 10077-1: 2008-08, und DIN V 4108-4: 2007-06, Tabelle 9.

7.3.6 Wärmetechnische Kennwerte (Forts.)

Wärmedurchgangskoeffizienten von Türen im Wohnungsbau[1)]

Konstruktion	Flächenmasse in kg/m²	*U*-Wert in W/m² K
Türen		
Vollholz-Rahmentür: 56 mm Rahmenfüllung 24 mm Füllung	35	2,3
Aufgedoppelte Vollholztür, ca. 60 mm	45	2,1
Sperrtür 68 mm, STAE-Mittellage	30	1,9
Sperrtür 68 mm, mit 30 mm PUR-Kern	30	1,4
Sperrtür 85 mm, mit 40 mm PUR-Kern und Verglasung 0,5 m²	40	1,2
Sperrtür 85 mm, mit 40 mm PUR-Kern	35	1,1
Passivhaustür 110 mm Sandwichblatt (Vollholz, PUR)	40	0,8
Fenster		
Kastendoppelfenster mit mit 20–100 mm Scheibenabstand	3	2,5
Kastendoppelfenster mit einer Isolierglaseinheit	5	1,9
Kastendoppelfenster mit zwei Isolierglaseinheiten	6	1,5
IV 68 mit älterer Isolierverglasung	6	2,6
IV 68 mit Wärmeschutzverglasung	6	1,8
Passivhausfenster 110 mm mit Sandwichrahmen (Vollholz, PUR) Passivhausverglasung $U_g = 0,5$	8	0,8
Tore		
Metalltor ohne Wärmeschutz	15	6,5
Tor mit einem Torblatt aus Holzwerkstoffen 25 mm	20	3,2

[1)] *U*-Werte, die sich in der Praxis mit Falzdichtung realisieren lassen.

Wärmedurchlasswiderstand *R* von ruhenden Luftschichten in m²K/W nach DIN EN ISO 6946: 2008-04

Dicke der Luftschicht in mm	Richtung des Wärmestromes		
	Aufwärts	Horizontal	Abwärts
0	0,00	0,00	0,00
5	0,11	0,11	0,11
7	0,13	0,13	0,13
10	0,15	0,15	0,15
15	0,16	0,17	0,17
25	0,16	0,18	0,19
50	0,16	0,18	0,21
100	0,16	0,18	0,22
300	0,16	0,18	0,23

- Zwischenwerte interpoliert
- Für schwach belüftete Luftschichten dürfen nur 50 % obiger Werte angesetzt werden, maximal jedoch höchstens 0,075

Wärmeübergangswiderstände

Nach DIN EN ISO 6946: 2008-04

	Richtung des Wärmestroms		
	Aufwärts	Horizontal	Abwärts
R_{Si}	0,10	0,13	0,17
R_{Si}	0,04	0,04	0,04

nach DIN EN ISO 13788: 2001-11 (Beurteilung des Schimmelbefalls)

$R_{Si} = 0,13$	an Glas und Rahmen innen
$R_{Se} = 0,04$	außenseitig
$R_{Si} = 0,25$	innenseitig, allgemein

Schlagregendichtheit

Korrelation versch. Normen

Beanspruchungsgruppen n. DIN 18055: 1981-10	Luftdurchlässigkeit n. DIN 12207: 2000-06	Schlagregendichtheit n. DIN 12208:2000-06		Prüfdruck in Pa
A (bis 8 m)	1	1A	1B	0
		2A	2B	50
		3A	3B	100
		4A	4B	150
B (bis 20 m)	2	5A	5B	200
		6A	6B	250
		7A	7B	300
C (bis 100 m)	3	8A		450
		9A		600
D	4	Sonderprüfung/Einzelprüfung		

7

9-28

7.3 Wärmeschutz

Wärmespeicherung

Das Wärmespeichervermögen der raumumgebenden Baustoffe ist im Winter wie im Sommer für den Klimaausgleich bedeutsam. Grundsätzlich ergibt die Massivbauweise ein angenehmeres Raumklima als die Leichtbauweise, andererseits benötigen Massivbauteile nach Auskühlung eine lange Aufheizzeit. Für nur vorübergehend beheizte Räume (Konferenzräume, usw.) ist daher die Leichtbauweise günstiger. Die folgenden volumenbezogenen Wärmespeicherzahlen S können als Anhaltspunkt bei der Auswahl wärmespeichernder Baustoffe herangezogen werden. (Vgl. auch spez. Wärmekapazität in Kap. 2.4.2)

2-8

Wärmespeicherzahl S

Zeile	Baustoff	S in W/m³ K
1	Luft	1,3
2	Dämmstoffe	ca. 25–30
3	Wasser	4200
4	Fichte	1800
5	Eiche	1500
6	Kork	330
7	Ziegelmauerwerk	1500
8	Steinzeug (Fliesen)	2000
9	Gips	2100
10	Beton	2200
11	Glas	2100
12	Sand	1300
14	Eisen	3600
15	Aluminium	2500

7.3.7 Wärmetechnische Besonderheiten des Fensters (Temporärer Wärmeschutz)

Fenster fangen Sonnenenergie ein. Berücksichtigt man diese Energiegewinne beim U-Wert, so ergeben sich deutlich bessere, sogenannte äquivalente oder effektive U-Werte (in der Tabelle: $U_{eq,F}$), die in der Wärmeschutzverordnung III erstmals berücksichtigt werden. Bei Anwendung temporärer Dämm-Maßnahmen (Fensterläden schließen!) wird der tatsächliche U-Wert weiter verbessert (untere Tabelle). Diese „Deckelung“ wird in den Berechnungsverfahren der EnEV 2007 nicht berücksichtigt, d. h. Fenster werden schlechter gerechnet als sie sind.

Äquivalente U-Werte von Fenstern

Fenstertyp	Kennwerte			Nordlage[1]	Südlage	Ost- u. Westlage
	U_V	U_F	g	$U_{eq,F}$		
	in W/m² K			in W/m² K		
Isolierglas	3,00	2,60	0,80	1,84	0,68	1,28
Wärmeschutzglas	1,30	1,40	0,65	0,78	−0,16 (Energiegewinn)	0,32
Sonnenschutzglas	1,90	1,80	0,45	1,37	0,72	1,06

[1] Energiegewinn durch diffuse Strahlung

Auswirkung temporärer (nächtlicher) Wärmeschutzmaßnahmen auf den U-Wert von Fenstern

Ausgangssituation			Verbesserungsmaßnahme			
Beschreibung der Verglasung	U_V	U_F	Schwere Innenvorhänge (die den Heizkörper nicht verdecken	Kunststoffrollläden außen	Innenliegendes, faltbares Dämmelement	Kombination von Außenrollläden u. innenliegendem Dämmelement
	in W/m² K		errechnet U-Wert in W/m² K (bei 12stündiger Anwendung der Dämmmaßnahme während der Heizperiode)			
Einfachverglasung	5,8	5,2	4,5	3,9	3,0	2,9
Isolierverglasung	3,0	2,6	2,3	2,1 bis 1,8	1,6	1,6
Isolierverglasung (3fach)	2,1	2,0	1.9	1,7	1,3	1,3
Wärmeschutzverglasung	1,9 1,6 1,3	1,8 1,6 1,4	1,7 1,5 1,4	1,6 1,4 bis 1,2 1,3	1,2 1,1 1,0	1,1 1,0 1,0

7.4 Feuchteschutz

Der Feuchteschutz ist notwendig für die dauerhafte Erhaltung des Bauwerks und für die Sicherstellung eines angenehmen und hygienischen Raumklimas. Die Feuchtigkeit greift auf drei verschiedenen Wegen an, als

- Bau- und Bodenfeuchte,
- Witterungsfeuchte (vgl. Kap. 7.2 Holzschutz),
- Tauwasserbildung durch Wohnnutzung.

Für den Tischler/Schreiner sind insbesondere die Feuchteschäden im Anschluss an den nachträglichen Einbau von Wärmedämmungen sowie die Tauwasserbildung (Kondensat) an Fenstern von Interesse.

Für Wand und Deckenkonstruktionen ist der Nachweis des Tauwasserschutzes nach DIN 4108-3: 2001-07 erforderlich.

7.4.1 Allgemeines

(Zu den Grundlagen der Wasserdampfdiffusion vgl. Kap. 2.4.6)

Häufige Mängel sind beschlagene Fensterscheiben, Schimmelbildung und Stockflecken an Wänden und Decken oder Versagen der Wärmedämmung wegen unerklärlicher Durchfeuchtungen. Diese Schadensfälle oder Mängel lassen sich durch Beachtung des Tauwasserschutzes vermeiden. Grundsätzlich unterscheidet man zwischen:

- Oberflächentauwasser und
- Tauwasserbildung im Querschnitt.

Feuchtigkeit kann beim Kochen, Waschen, Baden oder Duschen entstehen, aber auch die Atemluft des Menschen enthält erhebliche Mengen von Wasserdampf.

Wasserdampfemissionen bei verschiedenen Tätigkeiten

Tätigkeit/Emissionsquelle	Wasserdampfemission in g/h
Schlafen	30 (je Person)
Kochen (kurzfristig)	1500
Schwere Arbeit/Sport	130–180
Schule/Büroarbeit	60
Leichte körperliche Arbeit	80–100
Duschen	500–800
Topfpflanzen	bis ca. 20

Beispiel:
Von zwei Personen, die in einem Schlafzimmer von 4 × 4 m Grundfläche und 2,50 m Geschosshöhe schlafen, werden in der Nacht in 8 Stunden (2 × 30 g × 8 h) = 480 Gramm Wasserdampf ausgeatmet. Bei einem Raumvolumen von (4 × 4 × 2,5 m) 40 m^3 sind das 480 : 40 = 12 Gramm Wasserdampf pro m^3.

Von dieser Menge wird der wesentliche Teil durch Lüftung (Fenster, Türen, Fugen) wieder abgebaut (der Abtransport durch das Mauerwerk kann vernachlässigt werden). Trotzdem werden gerade in kühlen Schlafzimmern bei mangelhafter Lüftung oft kritische Werte erreicht.

Relative Luftfeuchte und Raumnutzung

⇒ 2-11

Raumnutzung	rel. Luftfeuchte in %	übliche Temperaturen in °C
Wohnzimmer	40–60	20–24
Schlafzimmer	50–80	15–20
Badezimmer	60–90	20–24
Küche	60–85	18–20
Unterrichtsräume	55–65	20–22
Versammlungsräume	60–70	18–20
Werkstatträume	50–60	16–18
Büroräume	50–60	20–20

Achtung:
Die relative Luftfeuchte und die absolute Luftfeuchte (Wasserdampfgehalt) müssen deutlich unterschieden werden, denn Luft hat bei gleichem Wasserdampfgehalt, aber verschiedenen Temperaturen auch verschiedene relative Luftfeuchten. Das folgende Beispiel mag das verdeutlichen:

Beispiel: Temperatur und relative Luftfeuchte

Temperatur in °C	Wasserdampfgehalt in g/m^3	rel. Luftfeuchte in %	Sättigungsmenge in g/m^3
14	12,1	100	12,1
26	12,1	49,7	24,35

7.4 Feuchteschutz

7.4.1 Allgemeines (Forts.)

Taupunkttemperatur von Luft bei 1013 mbar

Lufttemperatur in °C	Taupunkttemperatur in °C bei einer relativen Luftfeuchte (%) von													
	30	35	40	45	50	55	60	65	70	75	80	85	90	95
30	10,5	12,9	14,9	16,8	18,4	20,0	21,4	22,7	23,9	25,1	26,2	27,2	28,2	29,1
29	9,7	12,0	14,0	15,9	17,5	19,0	20,4	21,7	23,0	24,1	25,2	26,2	27,2	28,1
28	8,8	11,1	13,1	15,0	16,6	18,1	19,5	20,8	22,0	23,2	24,2	25,2	26,2	27,1
27	8,0	10,2	12,2	14,1	15,7	17,2	18,6	19,9	21,1	22,2	23,3	24,3	25,2	26,1
26	7,1	9,4	11,4	13,2	14,8	16,3	17,6	18,9	20,1	21,2	22,3	23,3	24,2	25,1
25	6,2	8,5	10,5	12,2	13,9	15,3	16,7	18,0	19,1	20,3	21,3	22,3	23,2	24,1
24	5,4	7,6	9,6	11,3	12,9	14,4	15,8	17,0	18,2	19,3	20,3	21,3	22,3	23,1
23	4,5	6,7	8,7	10,4	12,0	13,5	14,8	16,1	17,2	18,3	19,4	20,3	21,3	22,2
22	3,6	5,9	7,8	9,5	11,1	12,5	13,9	15,1	16,3	17,4	18,4	19,4	20,3	21,2
21	2,8	5,0	6,9	8,6	10,2	11,6	12,9	14,2	15,3	16,4	17,4	18,4	19,3	20,2
20	1,9	4,1	6,0	7,7	9,3	10,7	12,0	13,2	14,4	15,4	16,4	17,4	18,3	19,2
19	1,0	3,2	5,1	6,8	8,3	9,8	11,1	12,3	13,4	14,5	15,5	16,4	17,3	18,2
18	0,2	2,3	4,2	5,9	7,4	8,8	10,1	11,3	12,5	13,5	14,5	15,4	16,3	17,2
17	−0,6	1,4	3,3	5,0	6,5	7,9	9,2	10,4	11,5	12,5	13,5	14,5	15,3	16,2
16	−1,4	0,5	2,4	4,1	5,6	7,0	8,2	9,4	10,5	11,6	12,6	13,5	14,4	15,2
15	−2,2	−0,3	1,5	3,2	4,7	6,1	7,3	8,5	9,6	10,6	11,6	12,5	13,4	14,2
14	−2,9	−1,0	0,6	2,3	3,7	5,1	6,4	7,5	8,6	9,6	10,6	11,5	12,4	13,2
13	−3,7	−1,9	−0,1	1,3	2,8	4,2	5,5	6,6	7,7	8,7	9,6	10,5	11,4	12,2
12	−4,5	−2,6	−1,0	0,4	1,9	3,2	4,5	5,7	6,7	7,7	8,7	9,6	10,4	11,2
11	−5,2	−3,4	−1,8	−0,4	1,0	2,3	3,5	4,7	5,8	6,7	7,7	8,6	9,4	10,2
10	−6,0	−4,2	−2,6	−1,2	0,1	1,4	2,6	3,7	4,8	5,8	6,7	7,6	8,4	9,2

Beispiel: Bei einer Lufttemperatur von 20 °C und einer rel. Raumluftfeuchte von 70 % kommt es zur Tauwasserbildung, wenn die Temperatur unter 14,4 °C absinkt.

Sättigungsmenge c_s der Luft in Abhängigkeit von der Temperatur ϑ_L

ϑ_L °C	c_s g/m³	ϑ_L °C	c_s g/m³	ϑ_L °C	c_s g/m³	ϑ_L °C	c_s g/m³	ϑ_L °C	c_s g/m³
−20	0,88	−10	2,14	0	4,84	10	9,4	20	17,3
−19	0,96	−9	2,33	1	5,2	11	10,0	21	18,3
−18	1,05	−8	2,54	2	5,6	12	10,7	22	19,4
−17	1,15	−7	2,76	3	6,0	13	11,4	23	20,8
−16	1,27	−6	2,99	4	6,4	14	12,1	24	21,8
−15	1,38	−5	3,24	5	6,8	15	12,8	25	23,0
−14	1,51	−4	3,51	6	7,3	16	13,6	26	24,4
−13	1,65	−3	3,81	7	7,8	17	14,5	27	26,8
−12	1,80	−2	4,13	8	8,3	18	15,4	28	27,2
−11	1,98	−1	4,47	9	8,8	19	16,3	29	28,7
−10	2,14	0	4,84	10	9,4	20	17,3	30	30,0

7.4 Feuchteschutz

7.4.1 Allgemeines (Forts.)

2-11

Wasserdampfsättigungsdruck im Temperaturbereich von 30,9 °C bis – 20,9 °C

Ganzzahlige Werte	Temperatur θ in °C Dezimalwerte									
	,0	,1	,2	,3	,4	,5	,6	,7	,8	,9
	Wasserdampfsättigungsdruck p_s Pa									
30	4244	4269	4294	4319	4344	4369	4394	4419	4445	4469
29	4006	4030	4053	4077	4101	4124	4148	4172	4196	4219
28	3781	3803	3826	3848	3871	3894	3916	3939	3961	3984
27	3566	3588	3609	3631	3652	3674	3695	3717	3793	3759
26	3362	3382	3403	3423	3443	3463	3484	3504	3525	3544
25	3169	3188	3208	3227	3246	3266	3284	3304	3324	3343
24	2985	3003	3021	3040	3059	3077	3095	3114	3132	3151
23	2810	2827	2845	2863	2880	2897	2915	2932	2950	2968
22	2645	2661	2678	2695	2711	2727	2744	2761	2777	2794
21	2487	2504	2518	2535	2551	2566	2582	2598	2613	2629
20	2340	2354	2369	2384	2399	2413	2428	2443	2457	2473
19	2197	2212	2227	2241	2254	2268	2283	2297	2310	2324
18	2065	2079	2091	2105	2119	2132	2145	2158	2172	2185
17	1937	1950	1963	1976	1988	2001	2014	2027	2039	2052
16	1818	1830	1841	1854	1866	1878	1889	1901	1914	1926
15	1706	1717	1729	1739	1750	1762	1773	1784	1795	1806
14	1599	1610	1621	1631	1642	1653	1663	1674	1684	1695
13	1498	1508	1518	1528	1538	1548	1559	1569	1578	1588
12	1403	1413	1422	1431	1441	1451	1460	1470	1479	1488
11	1312	1321	1330	1340	1349	1358	1367	1375	1385	1394
10	1228	1237	1245	1254	1262	1270	1279	1287	1296	1304
9	1148	1156	1163	1171	1179	1187	1195	1203	1211	1218
8	1073	1081	1088	1096	1103	1110	1117	1125	1133	1140
7	1003	1008	1016	1023	1030	1038	1045	1052	1059	1066
6	935	942	949	955	961	968	975	982	988	995
5	872	878	884	890	896	902	907	913	919	925
4	813	819	825	831	837	843	849	854	861	866
3	759	765	770	776	781	787	793	798	803	808
2	705	710	716	721	727	732	737	743	784	753
1	657	662	667	672	677	682	687	691	696	700
0	611	616	621	626	630	635	640	645	648	653
0	611	605	600	595	592	587	582	577	572	567
–1	562	557	552	547	543	538	534	531	527	522
–2	517	514	509	505	501	496	492	489	484	480
–3	476	472	468	464	461	456	452	448	444	440
–4	437	433	430	426	423	419	415	412	408	405
–5	401	398	395	391	388	385	382	379	375	372
–6	368	365	362	359	356	353	350	347	343	340
–7	337	336	333	330	327	324	321	318	315	312
–8	310	306	304	301	298	296	294	291	288	286
–9	284	281	279	276	274	272	269	267	264	262
–10	260	258	255	253	251	249	246	244	242	239
–11	237	235	233	231	229	228	226	224	221	219
–12	217	215	213	211	209	208	206	204	202	200
–13	198	197	195	193	191	190	188	186	184	182
–14	181	180	178	177	175	173	172	170	168	167
–15	165	164	162	161	159	158	157	155	153	152
–16	150	149	148	146	145	144	142	141	139	138
–17	137	136	135	133	132	131	129	128	127	126
–18	125	124	123	122	121	120	118	117	116	115
–19	114	113	112	111	110	109	107	106	105	104
–20	103	102	101	100	99	98	97	96	95	94

7.4 Feuchteschutz

7.4.2 Schutz vor Oberflächentauwasser

Unter üblichen raumklimatischen Bedingungen kann auf einen rechnerischen Nachweis des Oberflächentauwassers verzichtet werden, wenn die Bauteile den Mindestwärmeschutz nach DIN 4108 (s. S. 7-12) erfüllen.

Die folgende Übersicht bietet Anhaltspunkte zur qualitativen Beurteilung von verschiedenen Konstruktionen.

Übersicht Oberflächentauwasser

Konstruktion	Erläuterung	Verbesserungsmöglichkeit
Einschalige Außenwand +20 °C −10 °C	Entspricht die Wärmedämmung DIN 4108 ($R \geqq 1{,}2\ m^2\ K/W$), so tritt unter üblichen raumklimatischen Bedingungen kein Oberflächentauwasser auf. Hinter Einbauschränken kann deren Dämmwirkung (bei Raumecken die fehlende Luftbewegung) jedoch zu Temperaturen ≤ 13 °C und damit zur Schimmelbildung führen.	Außenseitige Wärmedämmung anbringen. Eine innenseitige Wärmedämmung ist sehr problematisch und muss immer raumseitig mit einer Dampfsperre (Alu- oder Kunststofffolie) versehen werden, da es sonst zur Tauwasserbildung an der nun kälteren Wandoberfläche kommen würde. Saugfähigen Innenputz verwenden. Schränke von der Wand abrücken
Einfachfenster	Diese Konstruktion darf für beheizte Gebäude nicht verwendet werden. In Altbauküchen sind sie noch häufig anzutreffen. Wegen der großen Wärmeverluste sollten sie gegen Isolierglasfenster ausgetauscht werden.	Einbau eines Isolierglasfensters. Das Aufdoppeln eines inneren Flügelrahmens führt wegen der geringen Flügelrahmenquerschnitte des Einfachfensters nicht zu dauerhaften und normgerechten Lösungen.
Isolierglasfenster 2- oder 3fach verglast	Unter normalen Witterungsbedingungen keine Tauwasserbildung. Bei dreifachverglasten Wärmeschutzverglasungen kann es jedoch bei Wetterumschwüngen zur Tauwasserbildung auf der Außenseite kommen.	Verbesserungen sind kaum erforderlich. Tritt Tauwasser auf, kann durch stärkere Belüftung Abhilfe geschaffen werden, dabei ist aus Gründen des Wärmeschutzes die Stosslüftung gegenüber der Dauerlüftung zu bevorzugen.
Verbund-Doppelfenster	Zwei direkt miteinander verbundene Flügelrahmen. Der Luftzwischenraum sollte mit der Außenluft verbunden sein. Dadurch kann eventuell anfallender Wasserdampf nach außen entweichen. Moderne Verbund-Doppelfenster haben keine Falzstufe in der Verbundfuge.	Ist der Luftzwischenraum (LZR) mit der Außenluft verbunden, muss die Fuge möglichst luftdurchlässig sein. Ist der LZR hingegen mit der Innenluft verbunden (ältere Bauart), sollte die Fuge gut abgedichtet werden. Wenn konstruktiv möglich, Einfachgläser durch Isoliergläser ersetzen.
Kastendoppelfenster	Die beiden getrennten Fenster bestehen aus zwei Blend- und Flügelrahmen, die durch ein Futter verbunden sind. Diese Konstruktion hat schalltechnische Vorteile, wird aber fast nur noch im Altbau angetroffen.	Der innere Flügelrahmen soll möglichst dicht schließen. Tauwasser im Zwischenraum verschwindet, wenn man den Außenflügel nicht dicht schließt, bzw. eine hier vorhandene Dichtung entfernt. Einfachverglasungen können bei ausreichender Profilstärke durch Isoliergläser ersetzt werden.

Merke: Warme Innenraumluft ist in der Regel feucht, sie sollte kalte Oberflächen möglichst nicht berühren!

7.4.3 Tauwasserbildung im Querschnitt

Im Gegensatz zum traditionellen einschaligen Ziegelmauerwerk kann es bei modernen, wärmegedämmten Wandaufbauten leicht zu Konstruktionsfehlern und in deren Folge zur Tauwasserbildung im Querschnitt kommen. Dieses Tauwasser tritt nicht sofort sichtbar in Erscheinung, führt aber zur Durchfeuchtung des Baustoffes. Insbesondere Dämmstoffe verlieren dadurch ihre wärmedämmende Funktion. Werden die unten beschriebenen Konstruktionen DIN-gemäß ausgeführt (Mauerwerk nach DIN 1053, Wärmedämmung nach DIN 4108, Außenputz nach DIN 18550, usw.), so kann bei üblichem Rauminnenklima (keine Klimaanlage) auf einen rechnerischen Nachweis des Tauwasserschutzes verzichtet werden. (Im Einzelfall sind die Bedingungen der Norm zu beachten.)

Bei anderen Konstruktionen ist ein rechnerischer Nachweis nach DIN 4108-3: 2001-07 erforderlich.

Tauwasserbildung bei Massivwänden

Zeile	Konstruktion	Erläuterung	Verbesserungsmöglichkeit bei Tauwasserproblemen
1		Die traditionelle einschalige Mauerwerkswand mit Innen- und Außenputz ist nicht tauwassergefährdet. Bei sehr hoher Raumluftfeuchte und dampfdichter Außenbekleidung kann es jedoch zu kritischen Verhältnissen kommen. Ein rechnerischer Nachweis ist bei Mauerwerkswänden nicht erforderlich, wenn übliche Klimaverhältnisse vorliegen.	Die Innenseite kann durch Aufbringen einer Dampfsperre dampfdichter gemacht werden. Bei Sanierung der Außenfassade sollte eine – möglichst hinterlüftete – Vorsatzschale mit Wärmedämmung eingebaut werden (siehe Nr. 2).
2		Konstruktionen mit Außendämmung und funktionstüchtiger Hinterlüftung sind bauphysikalisch optimale Lösungen. Die Wärmedämmung darf niemals außenseitig eine Aluminiumkaschierung haben. Ein rechnerischer Nachweis ist bei Beton- oder Mauerwerkswänden (auch ohne Wärmedämmung) nicht erforderlich.	Die Funktion der Luftschicht kann durch Vergrößern der Belüftungsöffnungen verbessert werden. Handelt es sich um eine stehende (nicht belüftete) Luftschicht, so muss die Außenschale möglichst dampfdurchlässig sein.
3		Bei außengedämmten Wänden (und/oder stehender Luftschicht) kann es lediglich bei sehr hoher Raumluftfeuchte zur Tauwasserbildung kommen, wenn die Außenverkleidung sehr dampfdicht ist. Ein rechnerischer Nachweis ist bei Beton- oder Mauerwerkswänden i.d.R. nicht erforderlich.	Die Außenverkleidung kann durch eine dampfdurchlässigere Konstruktion ersetzt werden. Ist das nicht möglich, so muss an der Innenseite eine Dampfsperre aufgebracht werden.
4		Innendämmungen werden meist nachträglich eingebaut, sie stellen eine konstruktive Hauptursache von Tauwasserschäden dar. Ein rechnerischer Nachweis ist bei Mauerwerkswänden nicht erforderlich, wenn $s_d \geq 0{,}5$ m ist[1] und für die Dämmschicht $R \leq 1{,}0$ m^2 K/W ist.	Die beste Sanierungsmaßnahme besteht im Austausch der Innen- gegen eine Außendämmung (siehe Nr. 2 und 3). Wo das nicht möglich ist, muss innenseitig (z.B. direkt unter dem Putz) eine Dampfsperre eingebaut werden, die verhindert, dass Wasserdampf auf die kalte Seite der Wärmedämmung gelangt.

Achtung: Schränke vor Außenwänden, insbesondere Einbauschränke wirken als Wärmedämmung und können unter ungünstigen Bedingungen zur Tauwasserbildung führen, sie müssen daher hinterlüftet werden.

[1] $s_d = \mu_R \cdot d$; s_d diffusionsäquivalente Luftschichtdicke; d Baustoffdicke; μ_R Diffusionswiderstandszahl nach Tab. S. 7-26.

7.4.3 Tauwasserbildung im Querschnitt (Forts.)

Tauwasserbildung bei Leichtbauwänden und Dächern

Zeile	Konstruktion	Erläuterung	Verbesserungsmöglichkeit
5	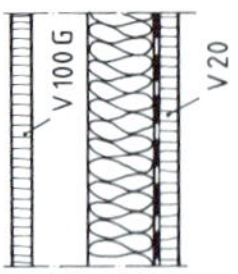 V 100 G; V 20	Ein rechnerischer Nachweis kann entfallen, wenn die Innendämmung $R \leq 1{,}0\ m^2\ K/W$ ist und Innenputz und Innenbekleidung $1{,}0\ m \leq s_{di} \leq 2\ m$ erfüllt.	Ausreichende Belüftung der Luftschicht sicherstellen. Wenn das nicht möglich ist, sollte innenseitig eine Dampfsperre aufgebracht werden.
6	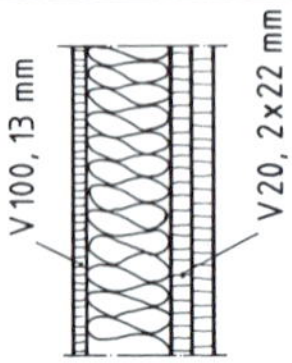 V100, 13 mm; V20, 2x22 mm	Ist die Außenschale dampfdichter als die Innenschale, kann es zur Tauwasserbildung kommen. Ein rechnerischer Nachweis kann entfallen, wenn die innere Beplankung $s_d \geq 2\ m$ ist oder aus Holzwolleleichtbauplatten besteht.	Die Innenbeplankung muss dampfdichter als die Außenbeplankung sein. In der Regel empfiehlt sich eine zweischalige Innenbeplankung (Spanplatte und Gipskartonplatte) mit zwischenliegender Dampfbremse. Konstr. f. Sanierung geeignet.
7	**Steildach** (Kaltdach) Dachneigung ≧ 5° 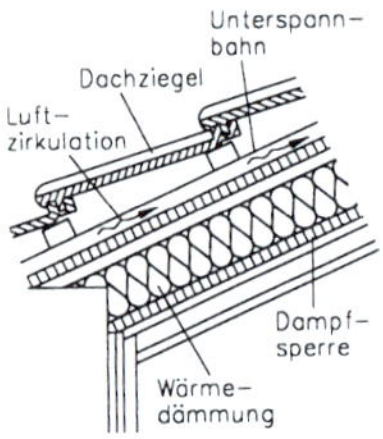 Unterspannbahn; Dachziegel; Luftzirkulation; Dampfsperre; Wärmedämmung	Ein rechnerischer Nachweis kann bei Lüftungsquerschnitten ≥2 cm entfallen, wenn der s_d-Wert der Bauteilschichten unterhalb der Belüftung mind. 2 m beträgt. Die Zuluftöffnung an den beiden Traufkanten muss in jedem Fall mind. 2 ‰, mindestens jedoch 200 cm²/m betragen.	Beim Dachgeschossausbau lässt sich die Wärmedämmung kaum mit einer ausreichenden Belüftung einbauen. Dann ist besonders auf den sorgfältigen Einbau einer dichten (Nagelstellen und Stöße abkleben) Dampfsperre zu achten, die mindestens $s_d \geq 100\ m$[1] erreichen muss. Für die Nachweisführung gelten die Bestimmungen des nichtbelüfteten Daches (Nr. 8).
8	**Massivdecke** (Warmdach) 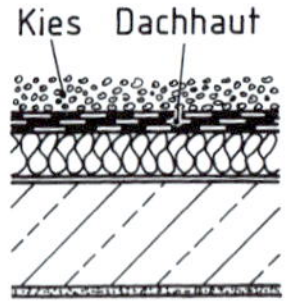 Kies; Dachhaut	Die Dampfsperre liegt unterhalb der Wärmedämmung, sie verhindert das Durchfeuchten der Dämmschicht. Die Dachhaut schützt die Wärmedämmung vor Witterungsfeuchte. Ein rechn. Nachweis kann entfallen, wenn mehr als 80 % des gesamten Wärmedurchlasswiderstandes oberhalb der Dampfsperre liegen und diese min. $s_d \geq 100\ m$[1] erreicht.	Bei der Herstellung muss größte Sorgfalt walten, da ein einziges Loch zum Versagen der Konstruktion führt. Innenseitige Wärmedämmungen können auch hier zu Tauwasserproblemen führen, wenn sie keine innere Dampfsperre erhalten. Der Einbau von Dachlüftern gilt heute als überflüssig.
9	**Holz-Flachdach** (Kaltdach) 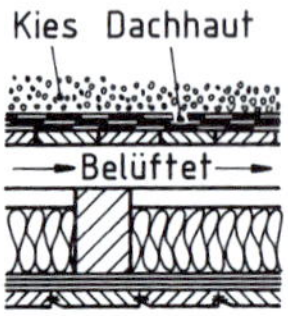 Kies; Dachhaut; Belüftet Dachneigung < 5%	Im Gegensatz zum Warmdach sind die Anforderungen an die Dampfsperre gering (vgl. Nr. 8). Ein rechnerischer Nachweis kann bei Dampfsperren mit $s_d \geq 100\ m$[1] entfallen. Die Wärmedämmung unterhalb der Dampfsperre darf maximal 20 % des gesamten Wärmedurchlasswiderstands betragen.	Die Zu- und Abluftöffnungen müssen frei liegen. Bereiche ohne Querlüftung sind zu vermeiden.

Merke: Dampfsperre möglichst im warmen Bereich (innen) anbringen.
Wärmedämmung möglichst im kalten Bereich (außen) anbringen.

[1] $s_d = \mu_R \cdot d$; s_d diffusionsäquivalente Luftschichtdicke; d Baustoffdicke; μ_R Diffusionswiderstandszahl nach Tab. S. 7-28f.

7.5 Schallschutz

7.5.1 Allgemeines

Durch die Harmonisierung im europäischen Normwesen wird sich der Schallschutznachweis verändern.

Wurden bisher die Bauteileigenschaften in Prüfständen mit bauüblichen Nebenwegen gemessen, so werden zukünftig die akustischen Eigenschaften des Gebäudes aus den Bauteileigenschaften berechnet. Das Nachweisverfahren ist in DIN EN 12354 beschrieben. Da nach wie vor das Regelwerk der DIN 4109 bauaufsichtlich eingeführt ist, wird dieses Nachweisverfahren hier erläutert.

Wird für ein Gebäude der Nachweis des Schallschutzes gefordert, so stehen zwei Möglichkeiten zur Auswahl:

- Auswahl einer geeigneten Konstruktion nach DIN 4109 Beiblatt 1 oder
- Auswahl einer laborgeprüften Konstruktion mit Prüfzeugnis und Eignungsbescheinigung einer anerkannten Prüfstelle (Eignungsprüfung I). Bei Sonderbauteilen auch Messung im fertigen Bauwerk (Eignungsprüfung III).

Allgemein gilt für die Planung, dass möglichst leise neben leisen und laute neben lauten Räumen angeordnet werden. Zwischen leisen und lauten Räumen sollen nach Möglichkeit Pufferräume (z. B. Flure) vorgesehen werden.

Begriffe: (vgl. hierzu Kap. 2.5)

R_w	bewertetes Schalldämm-Maß (ohne Flankenübertragung)
R'_w	bewertetes Bau-Schalldämm-Maß mit Berücksichtigung der Übertragung über die Schallnebenwege (Flankenübertragung)
$R_{w,res}$	resultierendes Schalldämm-Maß für eine Wand mit Fenster und/oder Tür
$L_{n,w}$	bewerteter Norm-Trittschallpegel (ohne Flankenübertragung)
$L'_{n\,w}$	bewerteter Norm-Trittschallpegel mit Berücksichtigung der Übertragung über die Schallnebenwege (Flankenübertragung)
$L'_{n\,w,eq,R}$	äquivalenter, bewerteter Norm-Trittschallpegel von Massivdecken ohne Deckenauflage (Rechenwert) ($L_{n,w,R} = L'_{n\,w,eq,R} - \Delta L_{w,R}$)
TSM	Trittschallschutzmaß (*TSM* = 63 dB – $L_{n,w}$)
$\Delta L_{w,R}$	Trittschallverbesserungsmaß (früher *VM*)

Bedeutung weiterer Indizes

…, R	Rechenwerte
…, B	Werte aus Baustellenmessung
…, P	Laborprüfwerte, das Vorhaltemaß beträgt bei Laborprüfungen von Türen 5 dB und bei Fenstern 2 dB.
…′	diese Werte berücksichtigen die Schallübertragung über Nebenwege (Flankenübertragung, Messung am Bau)

7.5.2 Nachweise des Schallschutzes[1]

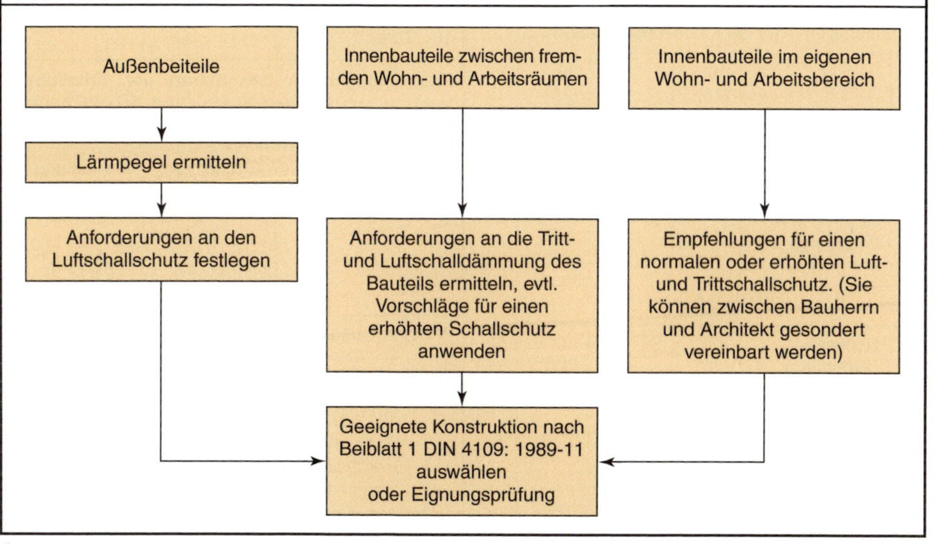

[1] Im Bereich von Flughäfen ist das Gesetz zum Schutz gegen Fluglärm zu beachten. Zur Lärmbelästigung am Arbeitsplatz vgl. Arbeitsstätten VO.

7.5.3 Anforderungen und Empfehlungen für Innenbauteile nach DIN 4109: 1989-11

Schutz vor Schallübertragung aus fremden Wohn- und Arbeitsräumen (Auswahl)

	Bauteile	Erforderlicher Schallschutz		Vorschläge f. erhöhten Schallschutz	
		$L'_{n,w}$ (TSM) dB	R'_w dB	$L'_{n,w}$ (TSM) dB	R'_w dB
in Geschosshäusern					
1	Wohnungstrenndecken (allgemein)	53 (10)	54 bzw. bis 55 bei „lauten Räumen“	46 (17)	55
2	Treppenläufe	58 (5)	–	46 (17)	–
3	Wohnungstüren[1], direkt in den Wohnraum öffnend, zum Flur/Diele öffnend		37 27		 37
4	Wände (allgemein) Treppenraumwände Wände zu Spielräumen o.ä.		53 52 55		55 55
in Einfamilien-, Reihen- und Doppelhäusern					
5	Decken	48 (15)		38 (25)	
6	Treppen u. Decken unter Fluren	53 (10)		46 (17)	
7	Haus- und Wohnungstrennwände		57		67
in Beherbergungsgaststätten					
8	Decken (allgemein)	53 (10)	54	46 (17)	55
9	Wände		47		52
10	Türen[1] zwischen Fluren und Übernachtungsräumen		32		37

	Bauteile	Erforderlicher Schallschutz		Vorschläge für einen erhöhten Schallschutz	
		$L'_{n,w}$ (TSM) dB	R'_w dB	$L'_{n,w}$ (TSM) dB	R'_w dB
in Krankenanstalten, Sanatorien					
11	Decken (allgemein)	53 (10)	54	46 (17)	55
12	Wände (zwischen Krankenräumen)		47		52
13	Türen[1] zu Sprechzimmern, Kranken- und Behandlungsräumen		37 32		37 37
in Schulen					
14	Decken (allgemein)	53 (10)	55		
15	Wände (allgemein)		47		
16	Türen[1]		32		

Empfehlungen für den Schutz vor Schallübertragung aus eigenen Wohn- und Arbeitsräumen (Auswahl)

	Bauteile	Empfehlung für normalen Schallschutz		Empfehlung für erhöhten Schallschutz	
		$L'_{n,w}$ (TSM) dB	R'_w dB	$L'_{n,w}$ (TSM) dB	R'_w dB
in Wohngebäuden					
1	Decken in Einfamilienhäusern	56 (7)	50	46 (17)	55
2	Wände ohne Türen zwischen lauten und leisen Räumen		40		≥ 47

[1] Bei Türen gilt R_w, nur über die Tür, d.h. die Flankenübertragung wird nicht berücksichtigt. Werden die Werte $R_{w,p}$ des Prüfstandes herangezogen, so muss bei Türen ein Vorhaltemaß von 5 dB berücksichtigt werden.

7.5.4 Anforderungen an Außenbauteile nach DIN 4109: 1989-11

Nomogramm[1] zur Ermittlung des „maßgeblichen Außenlärmpegels“

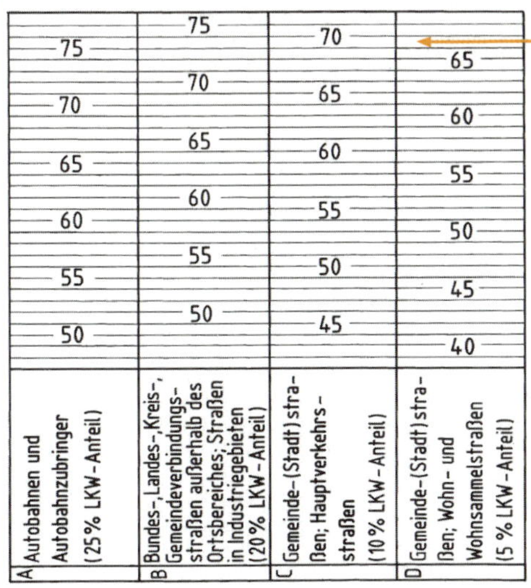

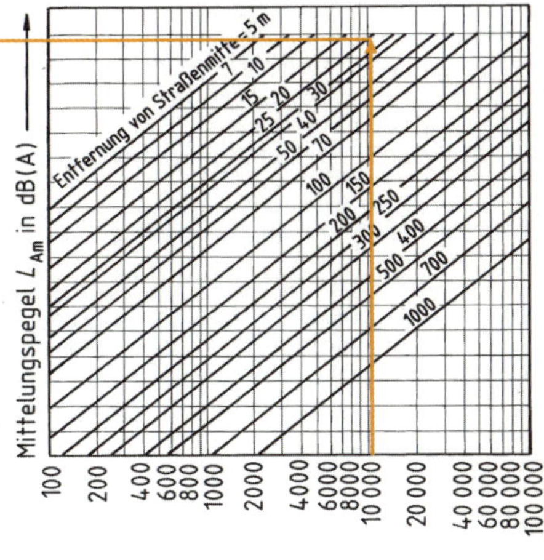

Anforderungen an die Luftschalldämmung von Außenbauteilen

Lärmpegelbereich[1]	„Maßgeblicher Außenlärmpegel“ in dB(A)	Anforderungen an das resultierende Schalldämm-Maß des Gesamtaußenbauteils erf. $R'_{w,res}$ in dB		
		Bettenräume in Krankenhäusern	Aufenthaltsräume, Wohnungen, Übernachtungsräume, Unterrichtsräume, u.ä.	Büroräume
I	≤55	35	30	–
II	56–60	35	30	30
III	61–65	40	35	30
IV	66–70	45	40	35
V	71–75	50	45	40
VI	76–80		50	45
VII	>80	örtlich festlegen		50

[1] Die VDI-Einteilung in 6 Schallschutzklassen hat keinen Eingang in die Norm gefunden.

Korrekturwerte für das erforderliche resultierende Schalldämm-Maß

$S_{(W+F)}/S_G$	2,5	2,0	1,6	1,3	1,0	0,8	0,6	0,5	0,4
Korrektur	+5	+4	+3	+2	+1	0	−1	−2	−3

$S_{(W+F)}$ Gesamtfläche der Außenwand incl. Fenster

S_G Grundfläche des Raumes

Für Wohngebäude mit üblichen Raumhöhen von ca. 2,50 m und Raumtiefen von ≥ 4,50 m darf ohne besonderen Nachweis ein Korrekturfaktor von –2 dB angenommen werden.

Erläuterungsbeispiel: Schallschutz

Für einen Wohnraum an einer stark befahrenen, beidseitig geschlossen bebauten, innerstädtischen Hauptverkehrsstraße (10000 Kfz/Tag), Entfernung zur Straßenmitte und Ampelkreuzung 25 m soll das erforderliche Schalldämm-Maß bestimmt werden.

(Raumgröße: H × B × T = 2,55 m × 4,00 m × 4,50 m)

Maßgeblicher Außenlärmpegel: 67 + 2 + 3 = 72 dB

Lärmpegelbereich: V

Korrekturfaktor: – 2 dB

Erforderliches resultierendes Gesamtschalldämm-Maß: $R'_{w,\,res}$ = 45 dB – 2 dB = 43 dB

1) Zu den Mittelungspegeln sind gegebenenfalls folgende Zuschläge zu addieren:
+ 3 dB(A), wenn der Immissionsort an einer Straße mit beidseitig geschlossener Bebauung liegt;
+ 2 dB(A), wenn die Straße eine Längsneigung von mehr als 5 % hat;
+ 2 dB(A), wenn der Immissionsort weniger als 100 m von der nächsten Ampelkreuzung oder Einmündung entfernt ist.

7.5.4 Anforderungen an Außenbauteile (Forts.)

Schalldämm-Maße $R'_{w,res}$ bei Wand-Fenster-Kombinationen nach DIN 4109: 1989-11

Bei üblichen Wohnräumen (Raumhöhe < 2,5 m, Raumtiefe ≥ 4,5 m) kann das resultierende Schalldämm-Maß von Wänden und Fenstern nach der folgenden Tabelle bestimmt werden:

Resultierendes Schalldämm-Maß $R'_{w,res}$	Erforderliche Schalldämm-Maße von Wand/Fenster ... in dB bei folgendem Fensterflächenanteil				
	20%	30%	40%	50%	60%
30 dB	30/25	35/25	35/25	50/25	30/30
35 dB	35/30	35/32 40/30	40/30	40/32 50/30	45/32
40 dB	40/35	45/35	40/35	40/37 60/35	40/37
45 dB	45/40 50/37	50/40	50/40	50/42 60/40	60/42
50 dB	55/42	55/45	55/45	60/45	–

Der Korrekturfaktor von – 2 dB ist in die Tabelle bereits eingearbeitet s. S. 7-35.

Werden die Voraussetzungen der Tabelle nicht erfüllt, so kann mit einem grafischen Verfahren eine Lösung gefunden werden.

Resultierendes Schalldämm-Maß (Diagrammlösung)

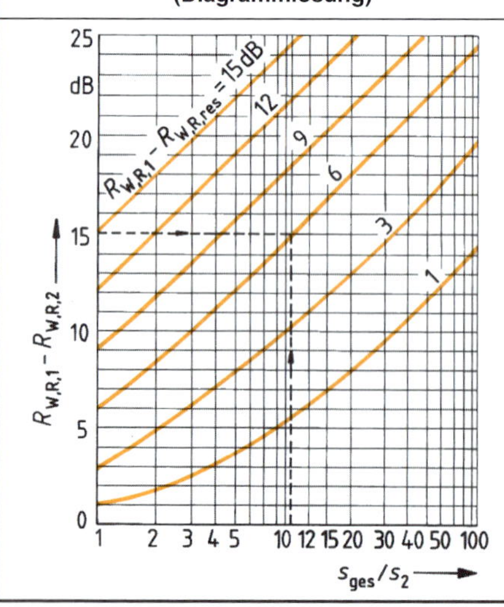

Dabei bedeuten:

- $R'_{w,R1}$ bewertetes Schalldämm-Maß der Wand ohne Fenster (Rechenwert)
- $R'_{w,R2}$ bewertetes Schalldämm-Maß der Fenster (Rechenwert)
- $R'_{w,R,res}$ resultierendes Schalldämm-Maß (Rechenwert) der Gesamtkonstruktion
- S_1 Wandfläche
- S_2 Fensterfläche
- S_{ges} Gesamtfläche Wand und Fenster
- S_{ges}/S_2 Verhältnis der Gesamtfläche zur Tür- oder Fensterfläche

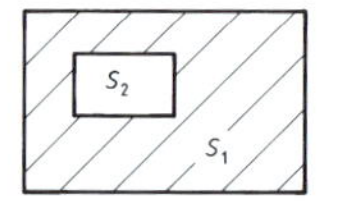

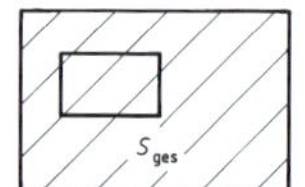

- $R'_{w,R1} - R'_{w,R2}$ Differenz der Schalldämm-Maße von Wand und Fenster
- $R'_{w,R1} - R'_{w,R,res}$ Differenz zwischen dem Schalldämm-Maß der Wand und dem Gesamtschalldämm-Maß

Erläuterungsbeispiel:

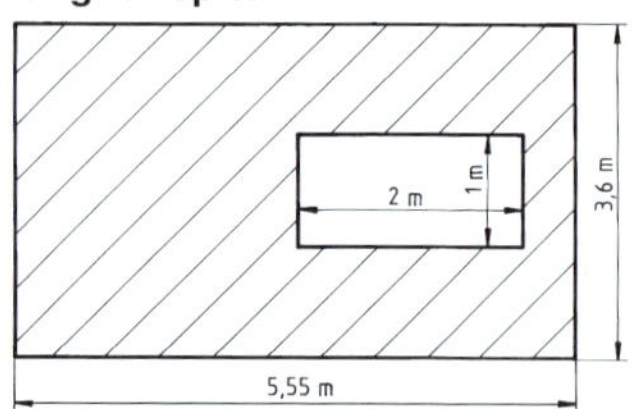

Gegeben:
Erforderliches Schalldämm-Maß erf. $R_{w,res}$ = 45 dB (z.B. nach Tab. S. 7-41 ermittelt)
Fensterfläche 2 m²
Wand: Fläche: 18 m² aus Mauerwerk mit einem flächenbezogenen Maß von 350 kg/m²,
Schalldämm-Maß der Wand nach Tab. S. 7-43: $R'_{w,R1}$ = 51 dB.

Gesucht:
Erforderliches Schalldämm-Maß des Fensters $R'_{w,R,res}$

Lösung:
$R'_{w,R1} - R'_{w,R,res} = 51 - 45 = 6$ dB
$S_{ges}/S_2 = 20/2 = 10$
Ablesung $R'_{w,R1} - R'_{w,R2} = 15$ dB
$R'_{w,R2} = 51$ dB – 15 dB = 36 dB

Gewählt:
(nach Tab. S. 7-45) Einfachfenster mit Isolierverglasung und einfacher Falzdichtung.
$R'_{w,R}$ der Verglasung allein ≥ **37 dB**

7.5.5 Schalltechnische Kennwerte nach Beiblatt 1 zu DIN 4109: 1989-11

Luftschalldämmung massiver Wände und Decken

Flächenbezogene Masse in kg/m²	Bewertetes Schalldämm-Maß $R'_{w,R}$ in dB[1] ohne	mit
	Vorsatzschale nach Abb.[2]	
100	36	49
150	41	49
200	44	50
250	47	52
275	48	53
300	49	54
350	51	55
400	52	56
450	54	57
500	55	58

Bei fester Verbindung der Vorsatzschale verschlechtern sich die Tabellenwerte um 1 dB

≥ 20
≥ 60
≥ 12,5 GK–Platte
≥ 500

Trittschalldämmung von Massivdecken

$L'_{n,w,R} = L_{n,w,eq,R} - \Delta L_{w,R,res})^{3)}$

Flächenbezogene Masse in kg/m²	Normtrittschallpegel $L_{n,w,eq,R}$ ($TSM_{eq,R}$) in dB[3] ohne	mit
	Unterdecke nach Abb.[2]	
135	86 (–23)	75 (–12)
160	85 (–22)	74 (–11)
190	84 (–21)	74 (–11)
225	82 (–19)	73 (–10)
270	79 (–16)	73 (–10)
320	77 (–14)	72 (–9)
380	74 (–11)	71 (–8)
450	71 (–8)	69 (–6)
530	69 (–6)	67 (–4)

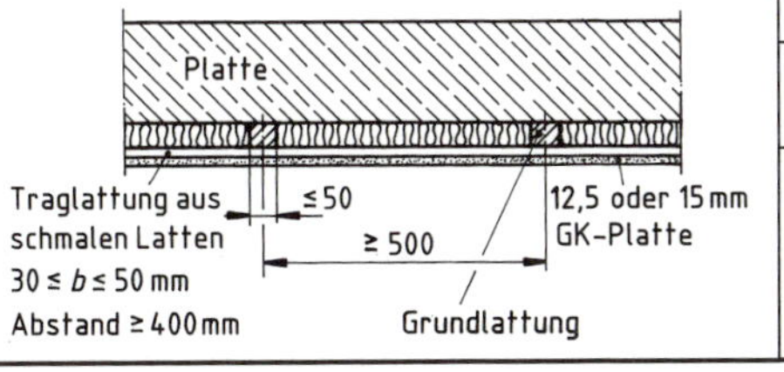

Trittschallverbesserung von weich federnden Bodenbelägen auf Massivdecken

Maßnahme	Verbesserung $\Delta L_{w,R}$ (VM_R) in dB[4]
Schwimmender Estrich	23–34 (je nach dynamischer Steifigkeit des Dämmstoffes
Schwimmender Holzfußboden (22 mm Spanplatte vollflächig auf Dämmstoff (dynamische Steifigkeit des Dämmstoffs max. 10 MN/m³)	25
PVC-Verbundbeläge	13–16
Nadelvlies (5 mm)	20
Teppiche aus Polyamid, Polyester o. ä.	19–24 (je nach Dicke)

Luftschalldämmung von Leichtbauwänden

Ausführung	Schalldämm-Maß $R_{w,R}$ in dB[5)6)]
Metallständerwand mit Gipskartonplattenbeplankung und Innendämmung	
einfach beplankt	45–51
zweifach beplankt	50–56
dreifach beplankt	56–60
getrennte Ständer, einfach beplankt	49–65
Holzständer mit Beplankung aus Span- oder Gipskartonplatten und Innendämmung	
einfach beplankt	38–43
doppelt beplankt	46
einfach beplankt, getrennte Ständer	49–55
doppelt beplankt getrennte Ständer	50–65

[4] Verbesserungsmaße von Estrich und Bodenbelag dürfen nicht addiert werden.
[5] Gilt nur bei flankierenden Bauteilen mit einer Flächenmasse ± 300 kg/m² und einem Ständerabstand ≥ 600 mm
[6] Die Rechenwerte sind unterschiedlich hoch je nach Verwendung der Wände in Massiv- oder Skelett/Fachwerkbauten. Kleinere Werte gelten i. d. R. für Massivbauten.

7
8-15

[1] Gilt nur bei flankierenden Bauteilen mit einer Flächenmasse $m \geq 300$ kg/m².
[2] Weitere mögliche Ausführungen der Vorsatzschale siehe DIN 4109.
[3] Der so berechnete $L'_{n,w,R}$-Wert muss mindestens 2 dB niedriger liegen als die DIN-Anforderung nach Seite 7-40; weitere Korrekturwerte siehe Norm.

7.5.5 Schalltechnische Kennwerte

Schalldämmung von Holzbalkendecken

(Werte gelten für Gebäude in Skelett- und Holzbauweise, in Massivbauten werden wegen höherer Flankenübertragung etwas geringere Werte erreicht)

Ausführung	$R'_{w,R}$ in dB	$L'_{n,w,R}$ (TSM_R) in dB
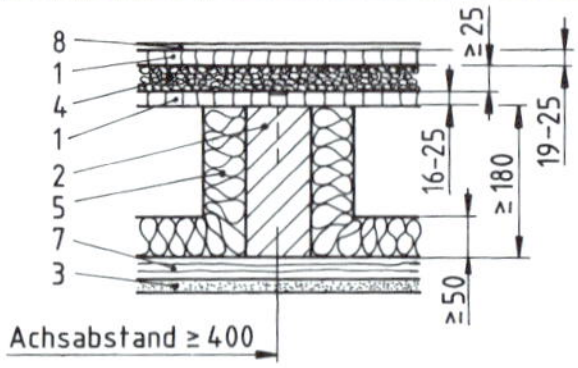 Achsabstand ≥ 400	50	64 (– 1) [56 (7)]
wie vor, jedoch Unterkonstruktion über Federbügel o. ä. angeschlossen	54	56 (7) [49 (14)]
wie vor, jedoch 2lagige Unterdecke und oberste Spanplatte 25 mm dick	57	53 (10) [46 (17)]
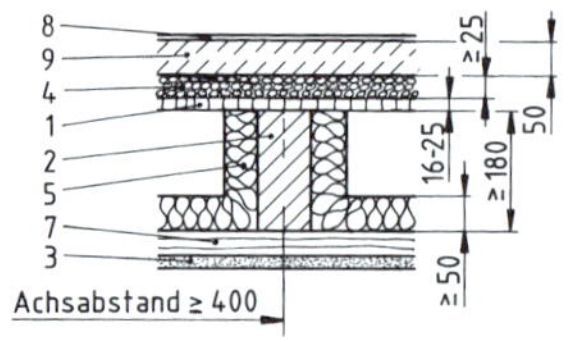 Achsabstand ≥ 400	54	56 (7) [49 (14)]
wie vor, jedoch Unterkonstruktion über Federbügel o. ä. angeschlossen	57	51 (12) [44 (19)]
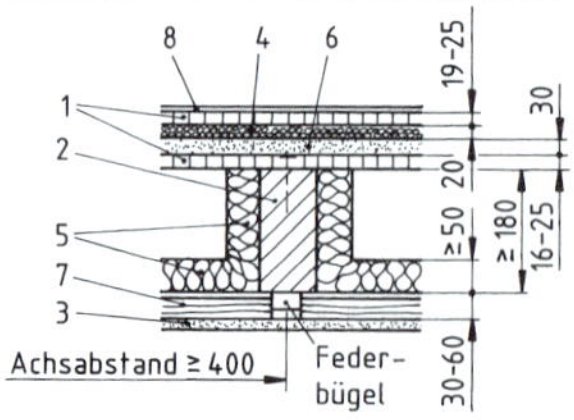 Achsabstand ≥ 400, Federbügel	57	51 (12) [44 (19)]

1) Spanplatte gespundet oder gefedert
2) Holzbalken
3) Gipskartonplatten
4) Trittschalldämmplatte
5) Faserdämmstoff (ab 100 mm Dämmstoffdicke ist ein seitliches Hochziehen nicht nötig)
6) Sandschüttung
7) Unterkonstruktion (Achsabstand ≥ 400 mm)
8) Bodenbelag mit einer Trittschallverbesserung von ≥ 26 dB
9) Zementestrich

Klammerwerte [ ] gelten bei Decken ohne Bodenbelag

Schalldämmung von Türen

DIN 4109 enthält für Türen keine Ausführungsbeispiele. Die folgenden Richtwerte sind im Einzelfall durch ein Prüfzeugnis nachzuweisen.

Ausführung	R_w in dB ohne	R_w in dB mit
	3seitiger Falzdichtung und Senkschwelle	
leichte Innentür 40–50 mm	17–23	25–27
schwere Innentür	~ 25	25–32
Doppeltür (2 hintereinander liegende Einfachtüren)	~ 30	35–45
aufgedoppelte, schwere Vollholztür, ca. 60 mm		~ 33
Rahmentür in Holzbauweise mit 30–40% Glasflächenanteil	~ 22	~ 27
wie vor jedoch ca. 80% Glasflächenanteil	~ 20	~ 25
Leichtmetalltür mit großflächiger Verglasung	~ 19	~ 24
Tür aus sandgefüllter Röhrenspanplatte (42 mm)		~ 35
schalldämmende Stahlblechtür		40–45

Bei Türen (und Fenstern) ist auf eine umlaufende Abdichtung besonders zu achten. Gerade an der Türunterkante ergeben sich Probleme, wenn kein Falz vorhanden ist. Es kann dann eine Auflaufschwelle oder eine automatisch absenkende Dichtungsschiene vorgesehen werden. Selbstverständlich müssen die Dichtungsprofile dauerelastisch und leicht auswechselbar sein. Im Falz muss genügend Platz zur wirksamen Entfaltung des Profils zur Verfügung stehen. Durch Klemmen wird das Dichtprofil vorzeitig abgenutzt und unwirksam.

Liegt das Schalldämm-Maß der Tür mehr als 5 dB unter dem der benachbarten Wand, wird die Schalldämmung spürbar beeinträchtigt.

Das Schalldämm-Maß einer Wand einschließlich Tür kann mit Hilfe des Diagramms auf S. 7-42 ermittelt werden.

7.5.5 Schalltechnische Kennwerte

Bewertete Schalldämm-Maße (R_w) von Fenster, Fenstertüren und Festverglasungen nach DIN 4109 Beiblatt 1: 1989-11

$R_{w,R}$ dB	Konstruktionsmerkmale	Einfachfenster mit Iso-Verglasung[1)]	Verbundfenster mit Einfachscheiben	Verbundfenster mit einer Einfach- und einer Iso-Vergl.	Kastenfenster mit Einfach- bzw. Iso-Verglasung
Bildliche Darstellung					
25	Gesamtglasdicke Scheibenabstand R_w-Verglasung Falzdichtung	≥ 6 mm ≥ 8 mm ≥ 27 dB keine	≥ 6 mm keine – keine	keine keine – keine	keine keine – keine
30	Gesamtglasdicke Scheibenabstand R_w-Verglasung Falzdichtung	≥ 6 mm ≥ 12 mm ≥ 30 dB keine	≥ 6 mm ≥ 30 mm – einfach	keine ≥ 30 mm – einfach	keine keine – keine
32	Gesamtglasdicke Scheibenabstand R_w-Verglasung Falzdichtung	≥ 8 mm ≥ 12 mm ≥ 32 dB einfach	≥ 8 mm ≥ 30 mm – einfach	≥ 4 mm + 4/12/4 ≥ 30 mm – einfach	keine keine – einfach
35	Gesamtglasdicke Scheibenabstand R_w-Verglasung Falzdichtung	≥ 10 mm ≥ 16 mm ≥ 35 dB einfach	≥ 8 mm ≥ 40 mm – einfach	≥ 6 mm + 4/12/4 ≥ 40 mm – einfach	keine keine – einfach
37	Gesamtglasdicke Scheibenabstand R_w-Verglasung Falzdichtung	– – ≥ 37 dB einfach	≥ 10 mm ≥ 40 mm – einfach	≥ 6 mm + 6/12/4 ≥ 40 mm – einfach	≥ 8 mm bzw. ≥ 4 mm + 4/12/4 ≥ 100 mm – einfach
40	Gesamtglasdicke Scheibenabstand R_w-Verglasung Falzdichtung	– – ≥ 42 dB 2-fach	≥ 14 mm ≥ 50 mm – 2-fach	≥ 8 mm + 6/12/4 ≥ 50 mm – 2-fach	≥ 8 mm bzw. ≥ 6 mm + 4/12/4 ≥ 100 mm – 2-fach
42	Gesamtglasdicke Scheibenabstand R_w-Verglasung Falzdichtung	– – ≥ 45 dB 2-fach	≥ 16 mm ≥ 50 mm – 2-fach	≥ 8 mm + 8/12/4 ≥ 50 mm – 2-fach	≥ 10 mm bzw. ≥ 8 mm + 4/12/4 ≥ 100 mm – 2-fach
45	Gesamtglasdicke Scheibenabstand R_w-Verglasung Falzdichtung	– – – –	≥ 18 mm ≥ 60 mm – 2-fach	≥ 8 mm + 8/12/4 ≥ 60 mm – 2-fach	≥ 12 mm bzw. ≥ 8 mm + 6/12/4 ≥ 100 mm – 2-fach
≥ 48	allgemeingültige Angaben sind nicht möglich; Nachweis nur über Eignungsprüfung				

[1)] Für Glasflächen über 3 m^2 und zweiflügligen Fenstern ohne Pfosten sind die Tabellenwerte um 2 dB abzumindern. Bei Holzfenstern müssen alle Flügel mindestens Doppelfälze haben, die Dichtprofile (weichfedernd, elastisch, alterungsbeständig und leicht auswechselbar) müssen in einer Ebene und umlaufend geschlossen sein. Zum Tauwasserschutz vgl. Kap. 7-4.

7.6 Brandschutz

7.6.1 Allgemeines

Obwohl Holz im Gegensatz zu Aluminium oder Stahl ein brennbarer Baustoff ist, verhält es sich brandschutztechnisch günstiger.
So hält eine vergleichbare Aluminiumkonstruktion 4 Minuten, eine Stahlkonstruktion 9,5 Minuten, die Holzkonstruktion aber 26,5 Minuten einer Brandbelastung stand, bevor die Konstruktion versagt.
Die Vorteile im Einzelnen sind:

- Holz bildet eine Holzkohlenschutzschicht, wodurch sich die Abbrandgeschwindigkeit auf 3,5 cm pro Stunde begrenzt,
- Holz kündigt das Versagen der Tragfähigkeit durch Knistern (Vorwarnung) an,
- Holz entwickelt keine lebensgefährlichen Gase.

Deshalb können Holzbauteile bei entsprechenden Konstruktionen in Feuerwiderstandsklasse F 60-B (teilweise sogar F 90-B) eingestuft werden. Baulicher Brandschutz ist immer vorbeugend und soll die Entstehung und Ausbreitung von Bränden verhindern. Einfache bauliche Maßnahmen sind:

- schweres Holz verwenden ($\rho \geq 650$ kg/m^3),
- harzarmes Holz verwenden,
- Holz mit glatter Oberfläche und gerundeten Kanten verwenden,
- Querschnitte mit möglichst großem A/U-Verhältnis (geringe Oberfläche) verwenden,
- rissfreie Hölzer verwenden (Risse vergrößern die Angriffsfläche für das Feuer),
- großflächige Verkleidungen mit waagerechten Fugen sind günstiger als kleinflächige Verkleidungen mit senkrechten Fugen,
- Stoßfugen von Beplankungen und Anschlüsse sind Schwachstellen und entsprechend kräftig zu dimensionieren,
- gefährdete Bauteile müssen mit feuerfesten Materialien ummantelt werden.

Unter chemischem Brandschutz versteht man:

- das Tränken mit Feuerschutzsalzen,
- das Beschichten mit schaumbildenden Anstrichen.

7.6.2 Klassifizierung von Baustoffen und Bauteilen

Baustoffklassen nach DIN 4102-1: 1998-05

Klasse	Bauaufsichtliche Bennenung	Beispiele
A	nichtbrennbare Baustoffe	
A1	ohne brennbare Bestandteile	Beton, Kies, Gips, Glas, Kalk Zement, Stahl, Gusseisen nach DIN 4102
	mit brennbaren Bestandteilen	MF-Feuerschutzplatten mit Prüfzeichen[1]
A2	mit brennbaren Bestandteilen	Gipskartonplatten mit schwerentflammbarem Karton ab 12,5 mm und bestimmte Mineralfaserplatten mit Prüfzeichen[1]
B	brennbare Baustoffe	
B1	schwerentflammbare Baustoffe	Gipskartonplatten, Holzwolleleichtbauplatten nach DIN 4102, Holz über 12 mm Dicke mit chemischem Brandschutzmittel behandelt
B2	normalentflammbare Baustoffe	Holz und Holzwerkstoffe über 2 mm Dicke, Dachpappen, PVC-Bodenbeläge nach DIN 4102
B3	leichtentflammbare Baustoffe	Papier, Holzwolle, Holz unter 2 mm Dicke

[1] Mit Prüfzeichen des Inst. f. Bautechnik Berlin

Feuerschutzklassen nach DIN 4102-2: 1977-09

Feuerwiderstandsdauer in Minuten	Wände, Decken, Stützen, Unterzüge, Treppen	Nichttragende Außenwände, Brüstungen, Schürzen	Feuerschutzabschlüsse (Türen, Tore, Klappen, Rollläden)	Verglasungen[1]	Lüftungsleitungen
≥ 30	F30	W30	T30	G30	L30
≥ 60	F60	W60	T60	G60	L60
≥ 90	F90	W90	T90	G90	L90
≥ 120	F120	W120	T120	G120	L120
≥ 180	F180	W180	T180	G180	–

[1] Die G-Klassen für Verglasungen bieten lediglich Sicherheit gegen den Durchtritt von Flammen und Brandgasen. Soll auch die Wärmedurchstrahlung aus dem Brandraum verhindert werden, so werden Fenster nach den F-Klassen gefordert. Fenster mit Zulassungsbescheid für F30 und F90 sind im Handel erhältlich.

7.6 Brandschutz

7.6.2 Klassifizierung von Baustoffen (Forts.)

Die neue europäische DIN EN 13501-1: 2007-05 wird vor allem für den Handel mit Baustoffen und Bauteilen bedeutsam werden. Bauaufsichtlich eingeführt ist nach wie vor die DIN 4102.

Klassifizierung des Brandverhaltens von Baustoffen (ohne Bodenbeläge)

Bauaufsichtliche Anforderungen	Zusatzanforderungen		Europäische Klasse nach DIN EN 13501-01	Klasse nach DIN 4102-1
	kein Rauch	kein brenn. Abfallen/ Abtropfen		
Nichtbrennbar	X	X	A1	A1 A2
mindestens	X	X	**A2 s1 d0**	
Schwerentflammbar	X	X	B, C – s1 d0	B1
		X	A2 – s2 d0 A2, B, C – s3 d0	
	X		A2, B, C – s1 d1 A2, B, C – s1 d2	
mindestens			**A2, B, C – s3 d2**	
Normalentflammbar		X	D – s1 d0 – s2 d0 – s3 d0 E	B2
			D – s1 d2 – s2 d2 – s3 d2	
mindestens			**E – d2**	
Leichtentflammbar			F	B3

Klassifizierung des Brandverhaltens von Bodenbelägen

Bauaufsichtliche Anforderungen	Anforderungen an die Rauchentwicklung	Europäische Klassen nach DIN EN 13501-1	Klassen nach DIN 4102-1
Nichtbrennbar	X	$A1_{fl}$	A1
mindestens	X	**$A2_{fl}$ – s1**	A2
Schwerentflammbar	X	B_{fl} – s1	B1
mindestens	X	**C_{fl} – s1**	
Normalentflammbar		$A2_{fl}$ – s2 B_{fl} – s2 C_{fl} – s2 D_{fl} – s1 D_{fl} – s2	B2
mindestens		**E_{fl}**	
Leichtentflammbar		F_{fl}	B3

Bedeutung der Kurzzeichen

Herleitung des Kurzzeichens	Kriterium	Anwendungsbereich
s (Smoke)	Rauchentwicklung	Anforderungen an die Rauchentwicklung
d (Droplets)	Brennendes Abtropfen/ Abfallen	Anforderungen an das brennende Abtropfen/Abfallen
… fl (Floorings)		Brandverhaltensklassen für Bodenbeläge

7.6.3 Anforderungen und Nachweise

Anforderungen nach der Musterbauordnung (MBO-Fassung vom November 2002)

(Die Musterbauordnung ist die Grundlage für die einzelnen Landesbauordnungen, die von Bundesland zu Bundesland erhebliche Unterschiede aufweisen.)

Grundsatzanforderung nach MBO

Die öffentliche Sicherheit oder Ordnung, insbesondere Leben und Gesundheit, dürfen nicht gefährdet werden. (MBO, §3)

Der Entstehung und Ausbreitung von Feuer und Rauch muss vorgebeugt werden. Die Rettung von Menschen und Tieren sowie wirksame Löscharbeiten müssen möglich sein. (MBO, §17)

Einzelanforderungen

Gebäudelage/Brandbekämpfung	Baustoffe und Bauteile	Brandabschnitte	Rettungswege
– Mindestabstände zur Verhinderung der Brandübertragung – Zufahrtsmöglichkeit für Lösch- und Rettungsfahrzeuge – Möglichkeit zum Anleitern – Anordnung von Steigleitungen für Löschmittel – Sicherstellung der Löschwasserversorgung	– Grundsätzliches Verbot von leichtentflammbaren Baustoffen – Anforderungen an Baustoffe – Anforderungen an Bauteile – Verhinderung des Feuerüberschlags durch Brüstungen – Verschluss von Öffnungen in Wänden und Decken – Blitzschutz	– Begrenzung von Brandabschnitten durch Brandwände – Öffnungen in Brandwänden mindestens F90 – Begrenzung der Größe von Brandabschnitten – Anordnung von Rauch- und Wärmeabzugsanlagen, bzw. Sprinkleranlagen bei größeren Brandabschnitten	– Sicherstellung von 2 Rettungswegen (alternativ: Sicherheitstreppenraum) – Lage der Treppen – Mindestbreiten von Treppen und Fluren – Begrenzung von Flurlängen – Bekleidung der Flur- und Treppenraumwände – Anforderungen an Fahrschächte und Verschlüsse von Öffnungen

Die Anforderungen an den Brandschutz von Gebäuden sind in Landesbauordnungen, Durchführungsverordnungen und Verwaltungsvorschriften festgelegt. Im Einzelfall können Sonderbestimmungen für Schulen, Garagen, Industriebauten, Versammlungsstätten, Gaststätten, Krankenhäuser, Hochhäuser, usw. maßgeblich sein. Die Landesbauordnungen schreiben für einzelne Bauteile bestimmte Ausführungen (feuerhemmend, feuerbeständig, ...) vor. Diese bauaufsichtlichen Benennungen können mit der nebenstehenden Tabelle den Feuerwiderstandsklassen und Baustoffklassen der DIN 4102 zugeordnet werden.

Werden Baustoffe und Bauteile eingesetzt, die in DIN 4102 klassifiziert sind, so kann mit Hinweis auf die Norm auf eine brandschutztechnische Prüfung verzichtet werden. Werden nicht in DIN 4102 klassifizierte Bauteile verwendet, so muss die Eignung durch eine Zulassung (beim Hersteller anfordern) nachgewiesen werden.

Bauaufsichtliche Benennung

Feuerwiderstandsklasse	Baustoffklasse	Bauaufsichtliche Benennung	Kurzzeichen
F30	B	**feuerhemmend** (fh)	F30-B
F30	A(B)[1]	**feuerhemmend** und in den tragenden Teilen aus nicht brennbaren Stoffen	F30-AB
F30	A	**feuerhemmend** und aus nicht brennbaren Stoffen	F30-A
F90	A(B)[1]	**feuerbeständig** (fb)	F90-AB
F90	A	**feuerbeständig** und aus nicht brennbaren Stoffen	F90-A

[1] Alle tragenden oder für die Standsicherheit wesentlichen Bauteile (z.B. Ständer von leichten Trennwänden, Unterkonstruktionen usw.) entsprechen Baustoffklasse A; übrige Bestandteile, insbesondere Oberflächenbeschichtungen können aus brennbaren Baustoffen bestehen.

7.6.3 Anforderungen und Nachweise (Forts.)

Anforderungen der Landesbauordnung (Auswahl)
(für die Länder Brandenburg, Mecklenburg-Vorpommern, Sachsen-Anhalt, Thüringen)
Achtung: Die anderen Bundesländer stellen teilweise stark abweichende Anforderungen!

Anforderungen	Gebäude geringer Höhe[1] und max. 2 Wohnungen	Gebäude geringer Höhe[1] u. mehr als 2 Wohnungen	Gebäude mittlerer Höhe[2]
Allgemein	leichtentflammbare Baustoffe (B 3) dürfen nicht verwendet werden. Jede Nutzungseinheit mit Aufenthaltsräumen muss über 2 voneinander unabhängige Rettungswege oder einen Sicherheitstreppenraum erreichbar sein		
Tragende und aussteifende Wände, Stützen und Pfeifer	F 30-B[3]	F 30-B	F 90-AB (außer in obersten Geschossen von Dachräumen)
Wände wie vor in Kellergeschossen	F 30-AB[3]	F 90-AB	F 90-AB
Nichttragende Außenwände sowie nichttragende Teile von Außenwänden			A oder F 30-B
Oberflächen von Außenwänden, Außenwandverkleidungen und Dämmstoffe in Außenwänden	B 1 (bei B 2-Baustoffen muss die Brandausbreitung auf das Nachbargebäude verhindert werden)	B 1 (bei B 2-Baustoffen muss die Brandausbreitung auf das Nachbargebäude verhindert werden)	B 1 (Unterkonstruktionen aus B 2 bedingt zulässig)
Wohnungstrennwände	F 30-B	F 30-B	F 90-AB in obersten Geschossen von Dachräumen F 30-B
Brandwände[4]	F 90-AB, bis zur Dachhaut durchführen, bei weicher Bedachung 50 cm über die Dachhaut führen	F 90-A, bis zur Dachhaut durchführen, bei weicher Bedachung 50 cm über die Dachhaut führen	F 90-A, 30 cm über die Dachhaut führen oder beidseitig 50 cm auskragen lassen.
Decken	F 30-B (außer in obersten Geschossen von Dachräumen[1])	F 30-B (außer in obersten Geschossen von Dachräumen	F 90-AB (außer in obersten Geschossen von Dachräumen
Kellerdecken	F 30-B[1])	F 90-AB	F 90-AB
Dächer	harte Bedachung erforderlich (widerstandsfähig gegen Flugfeuer und strahlende Wärme)		
Trepppen		A oder F 30-B	F 90-AB
Treppenraumwände		F 90-AB A (für Verkleidungen und Einbauten)	Ausführung als Brandwand A (für Verkleidungen und Einbauten)
Allgemein zugängliche Flure		F 30-B, ab 30 m Flurlänge Unterteilung mit rauchdichten Türen	F 30-AB, ab 30 m Flurlänge Unterteilung mit rauchdichten Türen, Verkleidungen u. Dämmstoffe nur Baustoffklasse A

[1] Der Fußboden des obersten (möglichen) Aufenthaltraums darf an keiner Stelle mehr als 7 m ü.d. Gelände liegen
[2] Der Fußboden des obersten (möglichen) Aufenthaltraums darf an keiner Stelle mehr als 22 m ü.d. Gelände liegen
[3] Gilt nicht für freistehende Einfamlienhäuser mit max. 2 Geschossen.
[4] Brandwände sind erforderlich, wenn der Bauwich unterschritten wird oder zur Unterteilung großer Gebäude in Brandabschnitte.

7.7 Einbruchschutz

Für Türen, Fenster und Beschläge werden im Handel oftmals Einbruchschutzklassen angegeben. Sie beziehen sich auf DIN-Normen oder auch auf Einteilungen anderer Institutionen. Bauaufsichtlich eingeführte Anforderungen bezüglich des Einbruchschutzes existieren noch nicht, jedoch kann die Einhaltung bestimmter Standards (Klassen) zwischen Bauherr und Auftragnehmer vereinbart werden. Bei Objekten, die versichert werden sollen, ist zu beachten, dass die Sachversicherer ihre Prämiengestaltung vom Sicherheitsstandard des Objekts abhängig machen.

Übersicht der Einbruchschutzklassen

Bauteil	Beanspruchungsart	Klasse[1]	Technisches Regelwerk
Fenster, Türen, Abschlüsse	Einbruch	WK 1–6	DIN V EN V 1627
Rollläden	Einbruch	WK 1–6	DIN V EN V 1627
Schlösser, Schließbleche	Einbruch	Klasse 1–5 bzw. 1–7	DIN 18251 DIN EN 12209
Profilzylinder	Einbruch	Klasse P1–P3 PZ Profilzylinder BS-Bohrschutz BZ-Bohr- und Ziehschutz	DIN 18252
Schutzbeschläge	Einbruch	ES 0–3 Klasse 1–4	DIN 18257 DIN EN 1906
Gitter	Einbruch	Klasse 1–6	DIN 18106
Fenster, Türen, Abschlüsse	Durchschuss	FB 1–7	DIN EN 1522
Verglasung	Durchwurf Durchbruch	P 1–8 A (Durchwurf) B (Durchbruch)	DIN EN 356
Verglasung	Beschuss	BR 1–7 NS (ohne Splitterabgang) S (mit Splitter)	DIN EN 1063

[1] Niedrige Ziffern bedeuten geringen Schutz, hohe Ziffern bedeuten hohen Schutz gegen Einbruch und Angriff.

Eine Klassifizierung im Sinne der vorgenannten Schutzklassen ist nur nach detaillierten Prüfungen entsprechend der jeweiligen technischen Regel (Norm) möglich. Eine grobe Sicherheitseinschätzung von Türen und Fenstern kann anhand der folgenden Tabelle erfolgen.

Sicherheitsmerkmale

Nr.	Türen
1	Schließzylinder steht nach außen nicht (oder weniger als 2 mm) vor. (Schutz vor Ziehen mit der Zange)
2	Zylinderschloss oder Zuhaltungsschloss (Chubbschloss) mit mindestens 6 Zuhaltungen vorhanden. Buntbartschlüssel bieten keine Sicherheit (Öffnen mit Dietrich möglich)
3	Schließzylinder besitzt integrierten Bohr- und Ausziehschutz (Schutz vor Korkenziehermethode)
4	Materialstärke des Schließblechs beträgt mindestens 3 mm
5	Das Sicherheitswinkelschließblech ist mit langen Schrauben (möglichst im Mauerwerk) befestigt
6	Sicherheitslangschilder (≥ 220 mm) oder Rosetten sind von außen nicht abschraubbar und gegen Anbohren oder Abschlagen geschützt
7	Türbänder liegen an der Innenseite (Schutz vor Abschrauben der Bänder)
8	Auf der Bandseite befinden sich Verriegelungshaken im Falz
9	Ein Weitwinkel-Türspion ist vorhanden
10	Türverglasungen müssen einbruchsicher sein
Nr.	**Fenster**
11	Rollläden sind mit (möglichst automatischer) Sicherung gegen Hochschieben ausgerüstet
12	Rollladenführungen sind gegen Herausreißen und Abschrauben geschützt
13	Fenstergriffe sind abschließbar
14	Fenster sind in Kippstellung gegen Durchgreifen und Öffnen geschützt
15	Dachfenster sind abschließbar

8 Innenausbau

8.1 Übersicht

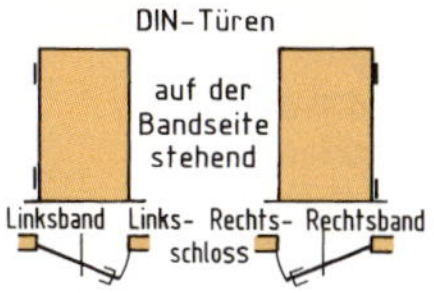 DIN-Türen auf der Bandseite stehend Linksband Links- Rechts- Rechtsband schloss	Innentüren	Entscheidungsbereiche Gefälzte Türen nach DIN 18101 Sperrtüren nach DIN 68 706-1 Einsteckschlösser, Türschilder, Schließbleche Schließanlagen Anforderungen beim Einbau	8-2 8-3 f. 8-5 8-6 8-7 8-7
	Einbauschränke	Bauarten Technische Hinweise Anschlüsse Hinterlüftung	8-8 8-8 8-8 8-8
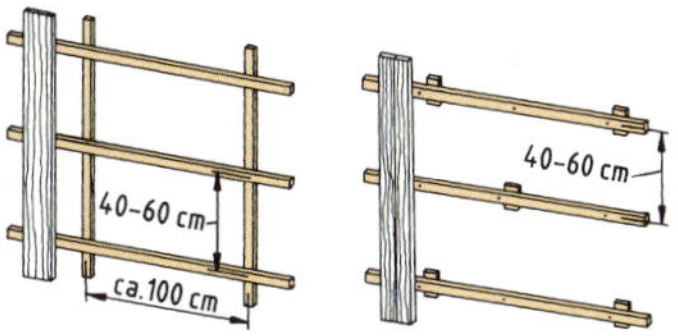 40–60 cm ca. 100 cm 40–60 cm	Wandbekleidungen	Kontrollen am Bau Holzschutz Gestaltungsmöglichkeiten Unterkonstruktion Feuchte- und Dampfsperre	8-9 8-9 8-9 8-9 8-10
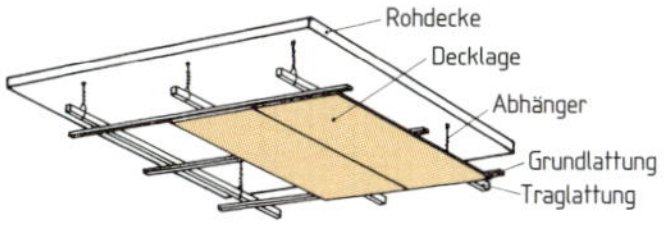 Rohdecke Decklage Abhänger Grundlattung Traglattung	Deckenbekleidungen, Unterdecken	Kontrollen am Bau Bauarten Unterkonstruktionen Verankerung der Unterkonstruktion Dampfsperre	8-10 8-10 8-10 8-10 8-11
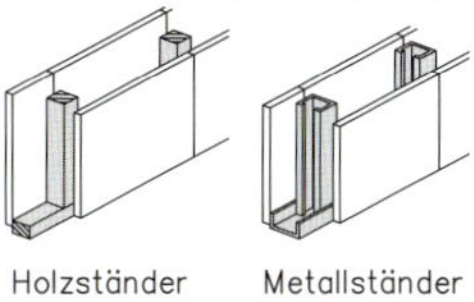 Holzständer Metallständer	Nichttragende innere Trennwände	Bauarten Belastung von Trennwänden Mindestdicken der Beplankungen Mindestquerschnitte von Holzstielen Maße von Metallständerwänden Konstruktionen, Anschlüsse Schallschutz – Feuerwiderstand Feuchteschutz	8-11 8-12 8-12 8-12 8-13 8-14 8-15 8-17
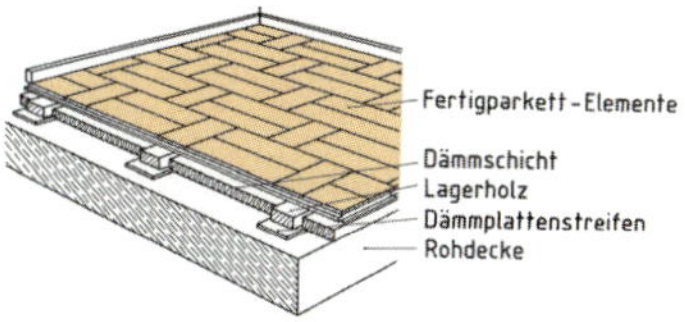 Fertigparkett-Elemente Dämmschicht Lagerholz Dämmplattenstreifen Rohdecke	Holzfußböden	Prüfung am Bau Fußbodenarten Holzdicken – Sortierung Verlegung Schallschutz, Feuchteschutz	8-18 8-18 8-18 8-19 8-19
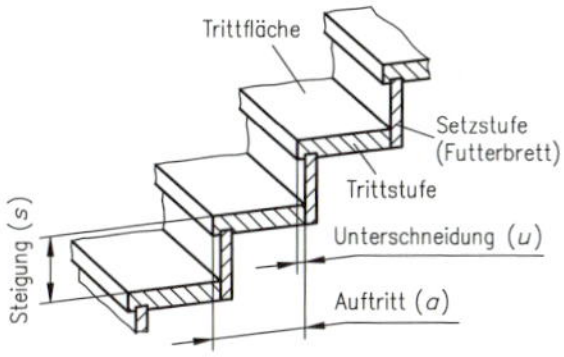 Trittfläche Setzstufe (Futterbrett) Trittstufe Unterschneidung (u) Steigung (s) Auftritt (a)	Holztreppen	Begriffe Maßliche Anforderungen Allgemeine Regeln für die Planung Grundrissformen Stufenverziehung Treppenarten Bemessung von Trittstufen und Wangen	8-20 8-20 8-21 8-22 8-22 8-23 8-24

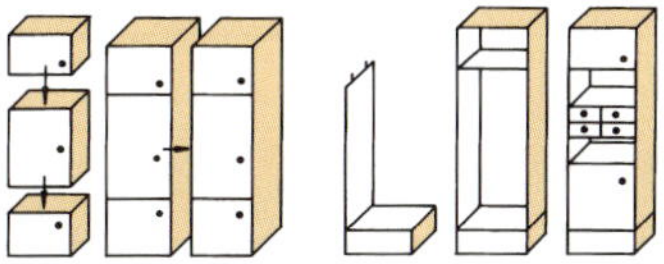

8

8.2 Innentüren

8.2.1 Entscheidungsbereiche

Funktion der Tür	Maßgebliche Norm	Beispiele für Einsatzbereiche
Türen für den Wohnungsbau	DIN 18101 (1985-01)	Türen zwischen Wohnräumen[6]
Wohnungsabschlusstüren	DIN 4109 (1989-11)[6]	Türen zwischen Wohnung und Treppenhaus
Einbruchhemmende Türen[1]	E DIN EN 1627(2006-04)[6]	Abschlusstüren von Büros, Praxen
Rauchschutztüren[2]	DIN 18095-1 (1988-10)[5]	Abschluss zwischen Fluren und Treppen
Feuerschutztüren[3]	DIN 4102-1 (1998-05)[5]	Türen in Wänden mit best. Feuerwiderstandsklasse
Schallschutztüren[4]	DIN 4109 (1989-11)[6]	Abschlusstüren, Türen in Hotels, Krankenh., Schulen
Strahlenschutztüren	DIN 6834 (1973-09)	Türen zu Räumen mit Strahlenquellen

Öffnungsarten

Drehtüren DIN-links DIN-rechts	Pendeltüren	Tapetentüren	Schiebetüren	Falttüren	Harmonikatüren
DIN-Türen auf der Bandseite stehend; Linksband, Links-schloss, Rechts-schloss, Rechtsband	Bommerband	Soss-, Stabilo-, Vici-band	ein oder mehr Tafeln und Ebenen	seitl. aufgehängt mit Bodenführung	axial aufgehängt ohne Bodenführung

Leibungsausführungen

Mauer ohne Falz | Mauer mit Falz | Holz

Türblattausführungen

Latten-, Brettertüren | Rahmentüren | glatte Türen (voll, mit Ausschnitt)

Tür-Positionen

in der Leibung | auf der Mauer | im Anschlag

Tür-Umrahmungen

Blendrahmen | Zargenrahmen | Futter und Bekleidungen | Blockrahmen

Türblattanschläge

einschlagend | überfälzt | aufschlagend

Füllungsarten

Vollholz | ST, STAE, FU, FPY, MDF | Glas (Drahtglas, ESG, VSG)

Befestigungen von Tür-Umrahmungen

sichtbare Ausführung | verdeckte Ausführung

Anschlagdichtungen

Lippendichtung | Schlauchdichtung

Füllungshalterungen

Nut | einseitig verleistet | beidseitig verleistet | überschoben

Türbänder

Lappen gerade | gekröpft | Zapfen gebohrt

[1] Siehe Seite 7-48ff., [2] Siehe Seite 7-46ff., [3] Siehe Seite 7-46ff., [4] Siehe Seite 7-39ff.

[5] Es dürfen nur Türen mit Übereinstimmungsnachweis ÜHP eingebaut werden.

[6] Türen mit Übereinstimmungsnachweis ÜHP, nach Inkrafttreten von DIN EN 14351-2 mit CE-Kennzeichnung

8.2 Innentüren

Einsatzempfehlungen für Innentüren

Klima-/Beanspruchungs-**Klasse**	**I**	**II**	**III**	**N**	**M**	**S**
Beanspruchung	normale	mittlere	hohe	normale	mittlere	hohe
Einsatzstelle	hygrothermische Beanspruchung			mechanische Beanspruchung		
Wohnungsinnentüren[1]	x	–	–	x	–	–
Wohnungsabschlusstüren	–	x[3]	x[3]	–	–	x
Tür zu nicht ausgebautem Dachgeschoss	–	–	x	x	–	–
Kellerabgangstüren	–	x	–	x	–	–
Büroräume	–	x	–	–	x	–
Schulräume, Kindergärten, Laborräume, Krankenhäuser	x	–	–	–	–	x
Hotelzimmer	x	–	–	–	x[2]	x[2]
Kantinen	–	x	–	–	–	x
Eingänge zu Praxen und öffentlichen Verwaltungen	–	x[3]	x[3]	–	x	–

8.2.2 Gefälzte Türen für den Wohnungsbau nach DIN 18101 (1985-01)

Maße für gefälzte Türblätter und Türzargen

Baurichtmaße		Maße am Türblatt					Maße an der Türzarge		
Wandöffnungen für Türen (siehe DIN 18100)		Türblatt-außenmaße („Typenmaße“)		Türblattfalzmaße Nennmaße zul. Abw. 1	+2 / 0	Oberkante Türfalz bis Mitte Schlossnut	lichte Zargenbreite im Falz (seitliche Bezugskante auf der Bandseite) zul. Abw. ±1	lichte Zargenhöhe im Falz (obere Bezugskante) zul. Abw. 0 / −2	obere Bezugskante bis Unterkante Fallenloch (Schließblech)
Breite	Höhe	Breite *A*	Höhe *B*	Breite *C*	Höhe *D*	Höhe *E*	Breite *F*	Höhe *G*	Höhe *H*
875	1875	860	1860	834	1847	804	841	1858	808
625 750	2000 2000	610 735	1985 1985	584 709	1972 1972	929 929	591 716	1983 1983	933 933
875 1000	2000 2000	860 985	1985 1985	834 959	1972 1972	929 929	841 966	1983 1983	933 933
875 1000	2125 2125	860 985	2110 2110	834 959	2097 2097	1054 1054	841 966	2108 2108	1058 1058

Luftspalt zwischen Türblatt und Türzarge bzw. Fußboden

Luftspalt	Längsseiten gesamt	Längsseiten einzeln	oberer Luftspalt	unterer Luftspalt[4]
Nennmaß	8 mm	4 mm	4 mm	7 mm
maximal	9 mm	6,5 mm	6,5 mm	9 mm
minimal	5 mm	2,5 mm	2 mm	3 mm

[1] In Bädern, Toiletten und Abstellräumen wird Klimaklasse II empfohlen.
[2] Auswahl unter Berücksichtigung der zu erwartenden mechanischen Beanspruchungen.
[3] Bei unbeheizten Hausfluren/Treppenhäusern wird dringend Klasse III empfohlen.
[4] Luftspalt über 5 mm wird von vielen Gutachtern nicht mehr als fachlich richtig anerkannt.

8.2 Innentüren

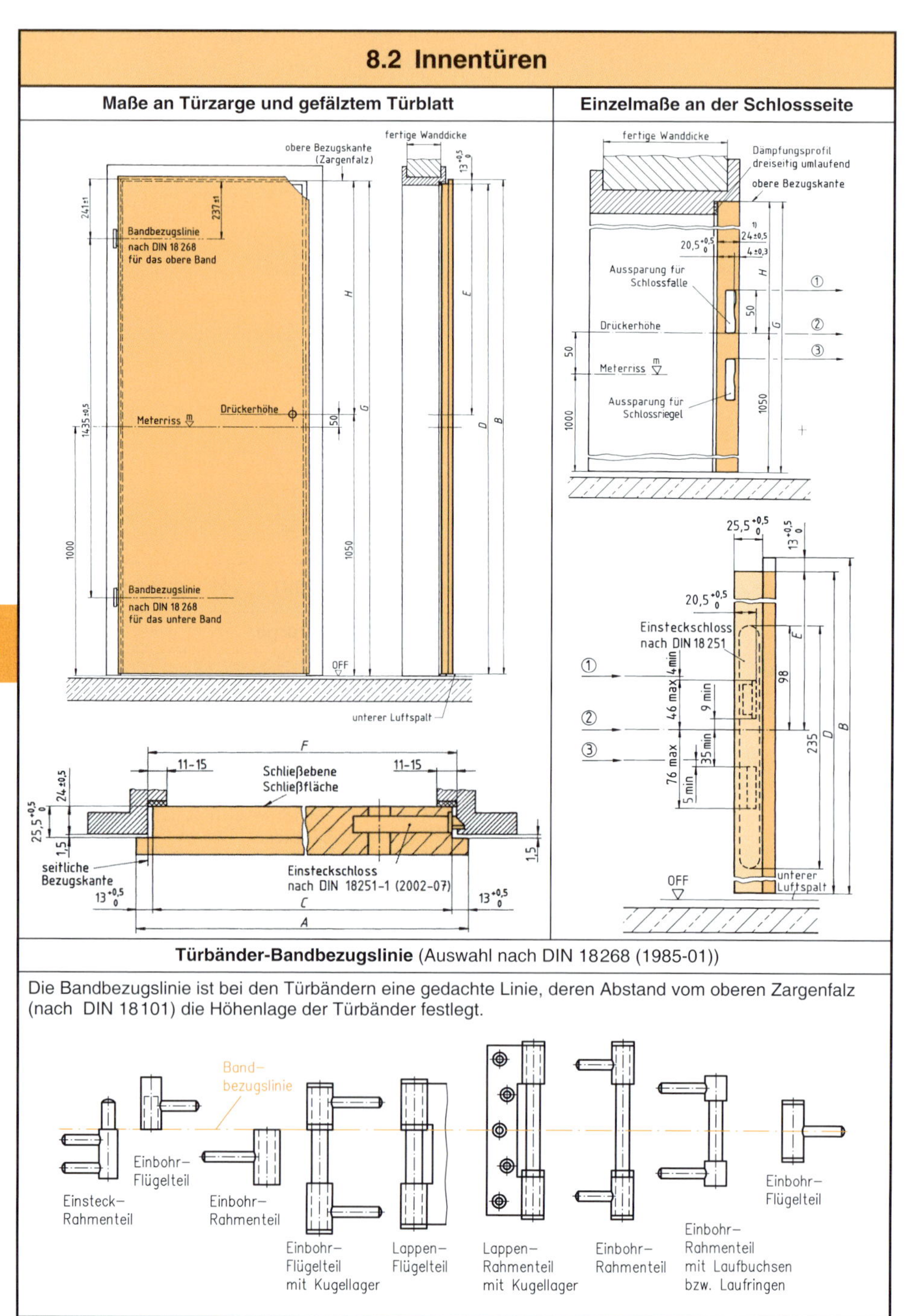

Die Bandbezugslinie ist bei den Türbändern eine gedachte Linie, deren Abstand vom oberen Zargenfalz (nach DIN 18101) die Höhenlage der Türbänder festlegt.

8.2 Innentüren

8.2.3 Sperrtüren nach DIN 68706-1 (2002-02)

Ungefälzte Sperrtüren

Vorzugsmaß: $834 \times 1972\ ^{0}_{-2}$

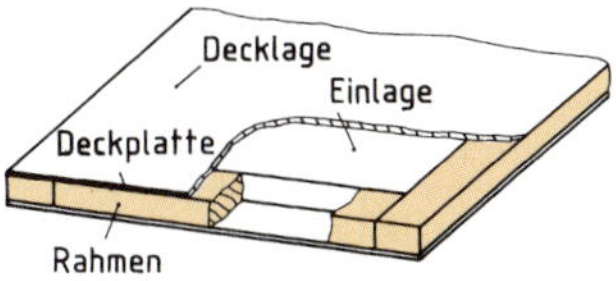

Gefälzte Sperrtüren

Vorzugsmaß: $860 \times 1985\ ^{0}_{-2}$

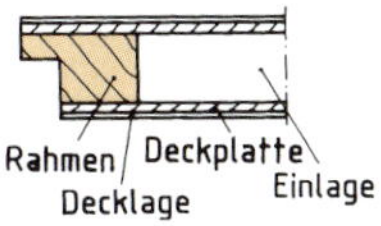

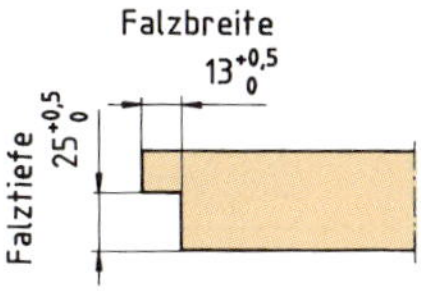

Sperrtüren mit Anleimer

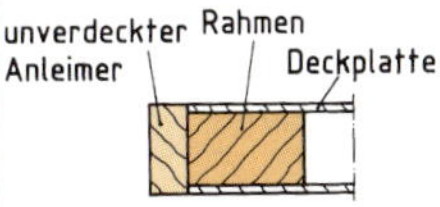

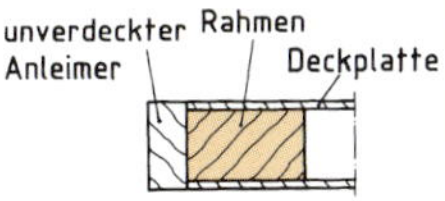

Sperrtüren mit Einleimer

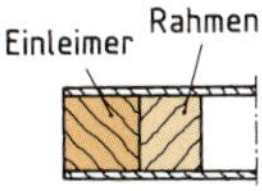

Verleimung

Sperrplatten: IF
Spanplatten: V 20, SR 1
Leimverbindungen: D 2

Ausschnitte an Sperrtüren

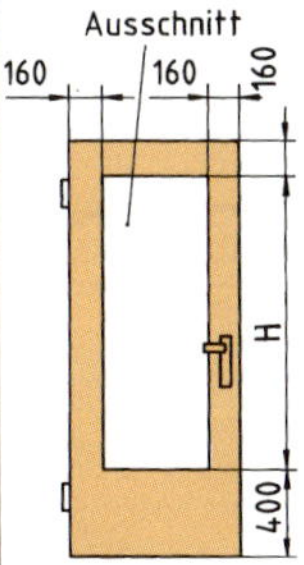

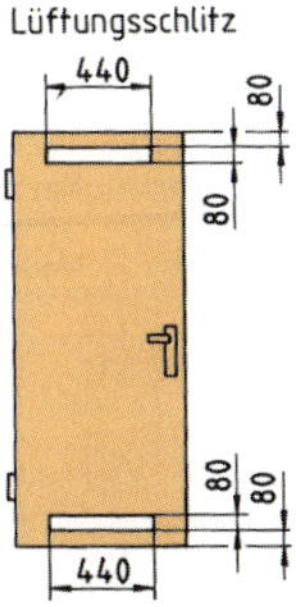

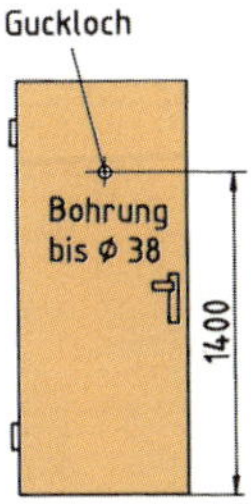

Bauteil	Werkstoff – Werkstoffbeschaffenheit
Rahmen	für Aufnahme von Schloss und Türbändern ausreichend bemessen, ggf. im Band- und Schlossbereich verstärken
	Holzfeuchte u=6–10 %
	bei transparenter Oberflächenbehandlung sichtbare Seiten rissfrei, astrein, ohne auffällige Verfärbung
Einlage	Holz, Holzwerkstoffe
	andere geeignete Werkstoffe
	Hohlräume zulässig; bei nachträglichem Aufleimen zusätzlicher Decklagen muss Sperrtür einen Pressdruck von 0,25 N/mm^2 aufnehmen können
Deckplatten	Furniersperrholz nach DIN EN 14279/A1
	zwei kreuzweise verleimte Furniere
	Spanplatten nach DIN EN 13986 (2005-05)
	harte Holzfaserplatten nach DIN EN 622-2 (2006-06)
	kunststoffbeschichtete, dekorative Holzfaserplatten nach DIN 68751
Decklagen	Furniere nach DIN 4079 (1976-05)
	bei transparenter Oberflächenbehandlung müssen fehlerfreie Deckfurniere bildgerecht und seitenparallel zusammengesetzt werden
	bei deckender Oberflächenbehandlung müssen Fehler ausgebessert bzw. ausgekittet werden
Einleimer	farblich auf die Decklage abgestimmt, wenn transparente Oberflächenbehandlung
	in der Länge Keilzinkverbindung oder gleichwertige Verbindung zulässig
Anleimer	farblich auf Decklage abgestimmt, wenn transparente Oberflächenbehandlung
	aus einem Stück; u = 6–10 %

8.2 Innentüren

8.2.4 Einsteckschlösser, Türschilder, Schließbleche

Werkstoffe	Kurzz.	Beschichtung
Aluminium	Al	anodisch oxidiert (eloxiert) oder mit Farbüberzug
Messing	Ms	lackiert nach Vereinbarung
Stahl	St	lackiert oder galvanisiert
Zinkdruckguss	Zn	Kupfer-Nickel-Überzug oder Nickel-Chrom-Überzug
Edelstahl rostfrei	ER	–
Kunststoff	Ku	

Schlossart	Kurzz.
Buntbartschloss	BB
Zuhaltungsschloss (Chubbschloss)	ZH
Zylinderschloss für Profilzylinder	PZ
Schloss für Badtüren	BAD
Schloss mit Wechsel	W
Linksschloss/Rechtsschloss	L/R
Türdrückergarnitur für Einsatz im Wohnbereich/Objektbereich	Wo/Ob

Einsteckschloss nach DIN 18251-1/2 (2002-07/11)

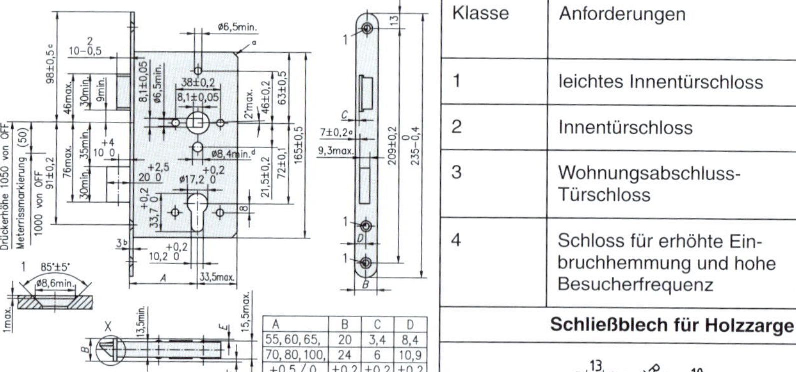
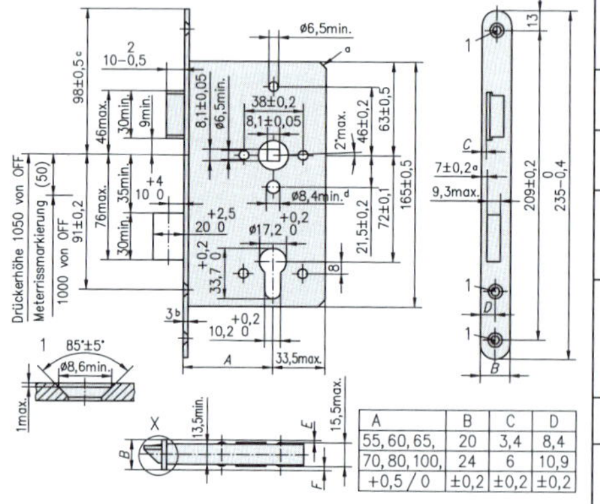

A	B	C	D
55, 60, 65,	20	3,4	8,4
70, 80, 100,	24	6	10,9
+0,5 / 0	±0,2	±0,2	±0,2

Anforderungen und Dornmaße

Klasse	Anforderungen	Dornmaß in mm
1	leichtes Innentürschloss	55
2	Innentürschloss	55
3	Wohnungsabschluss-Türschloss	55
4	Schloss für erhöhte Einbruchhemmung und hohe Besucherfrequenz	55, 60, 65, 70, 80, 90, 100

Türschilder mit Drückerführung nach DIN 18255: 2002-05

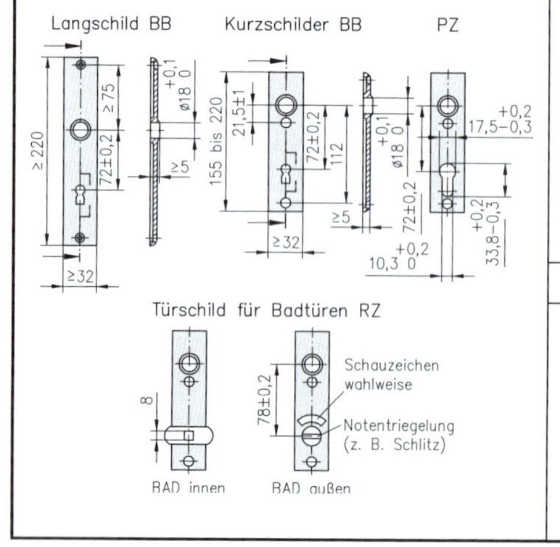

Schließblech für Holzzarge

Türdrücker

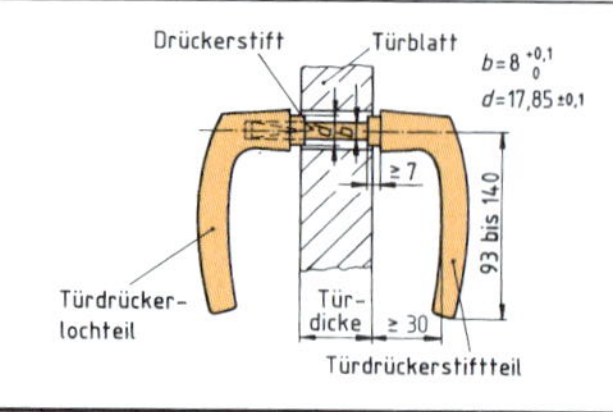

8.2 Innentüren

Schlüsselarten		Profilzylinder nach DIN 18252 (2006-12)
Schlüssel mit Buntbart (BB)	Schlüssel mit Zuhaltung (ZH) Einschnitte für Zuhaltungen	Profil-Doppelzylinder bei beidseitig, Profil-Halbzylinder bei einseitig verschließbaren Türen Ø17; 6,6−0,2; R15; 33,11±0,2; 19±0,1; 30°; 10±0,1; A; B; 9,6−0,3
Schlüssel für Schließzylinder (PZ Profil-, RZ Rundzylinder) Einschnitte für Zuhaltungsstifte; Vertiefungen für Zuhaltungsstifte		*A* oder *B*: 23, 31, 35, ... + je 5 mm steigend, Maß 9,6 mm nur bei Profil-Halbzylinder

8.2.5 Schließanlagen

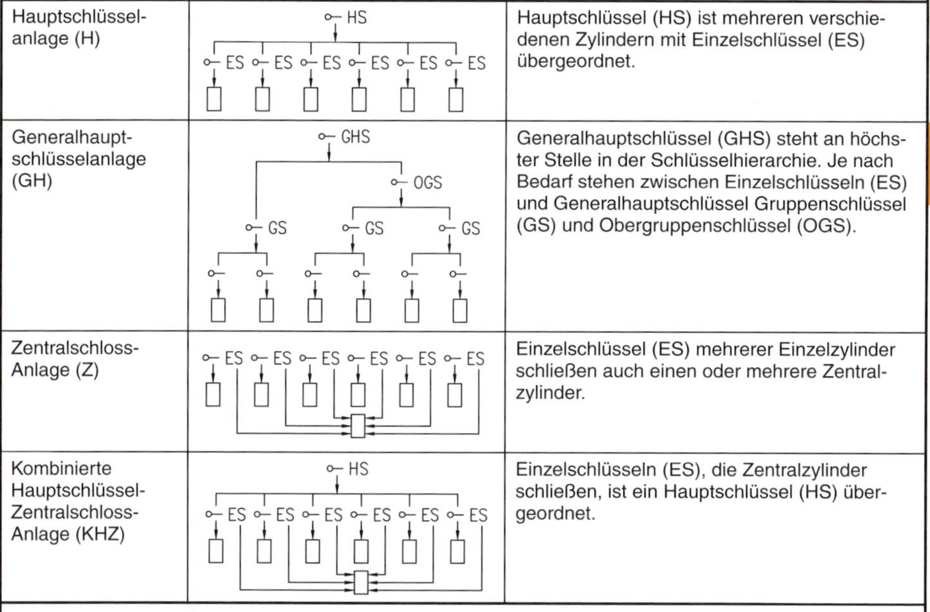

Hauptschlüsselanlage (H)	HS; ES ES ES ES ES ES	Hauptschlüssel (HS) ist mehreren verschiedenen Zylindern mit Einzelschlüssel (ES) übergeordnet.
Generalhauptschlüsselanlage (GH)	GHS; OGS; GS GS GS	Generalhauptschlüssel (GHS) steht an höchster Stelle in der Schlüsselhierarchie. Je nach Bedarf stehen zwischen Einzelschlüsseln (ES) und Generalhauptschlüssel Gruppenschlüssel (GS) und Obergruppenschlüssel (OGS).
Zentralschloss-Anlage (Z)	ES ES ES ES ES ES	Einzelschlüssel (ES) mehrerer Einzelzylinder schließen auch einen oder mehrere Zentralzylinder.
Kombinierte Hauptschlüssel-Zentralschloss-Anlage (KHZ)	HS; ES ES ES ES ES ES	Einzelschlüsseln (ES), die Zentralzylinder schließen, ist ein Hauptschlüssel (HS) übergeordnet.

8.2.6 Allgemeine Anforderungen beim Einbau von Innentüren

Übereinstimmungsnachweis ÜHP bzw. CE-Kennzeichnung	Erforderlich bei Wohnungabschlusstüren, Einbruchhemmenden Türen, Schall-, Feuer-, Rauch- und Strahlen-Schutztüren. Bei Montage ist Montageanleitung gem. Prüfbericht genau zu beachten.
Baufeuchte	Bedenkenshinweisverpflichtung bei zu hoher Baufeuchte in den Wänden und über 65 % relativer Luftfeuchte in Bauwerk. Schäden bei Lagerung und Einbau der Türen.
Ebenheit der Türblätter	Maximal 3,5 mm Verformung bei entsprechender Dichtung und ausreichendem Dichtschluss sowie Funktionserhaltung. Wert ist bei Neubauten am Ende der zweiten Heizperiode zu gewährleisten.

8.3 Einbauschränke

Definition	Einbauschränke sind fest in ein Bauwerk eingebaut oder mit ihm verbunden, d.h. sie sind Teil des Bauwerks. Für Ausführung und Einbau gelten DIN 18355 (2006-10) und alle darin zitierten Normen.
Funktion	– Optimale Raumnutzung von Wand zu Wand, raumhoch, – Raumtrennung, d.h. Ersatz für Wand, ggf. mit Innentür oder Durchreiche, – Raumteiler mit offenen Bereichen.
Bauarten	Raumhohe Schrankelemente ggf. mit Frontrahmen / Korpuselemente / Einzelteile Die Aufteilung ist abhängig von: – Transportwegen (Türen, Treppenhäusern), – Transportmitteln (Maße, Gewicht), – geplanter Montagezeit.

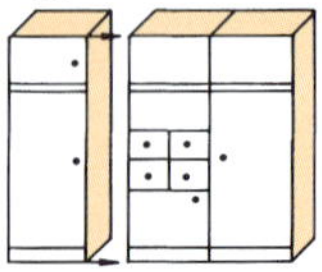

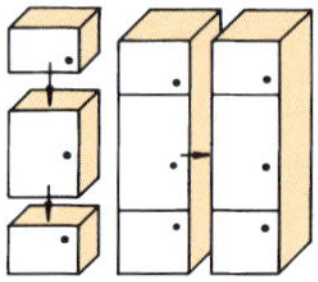

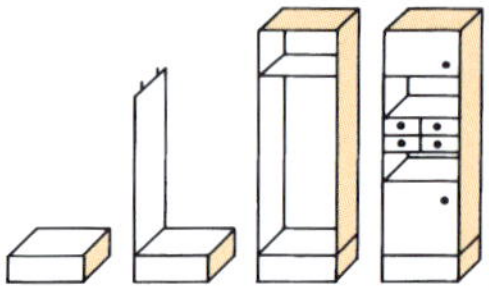

Technische Hinweise	
Fachböden	zulässige Durchbiegung von Fachböden siehe Kap. 6.4/S. 6-10ff.
Türen, Schubkästen	Türen und Schubkästen müssen dicht schließen und leicht gangbar sein: – ab 1600 mm Höhe Dreifachverriegelung, – funktionsgerechte Schubkastenausführung, – Schubkastenböden mit Fläche $\geq 0{,}25\ m^2$: Sperrholz $d \geq 6$ mm
Rückwände, Füllungen	Sperrholz ≥ 6 mm, Spanplatten ≥ 8 mm
Abstände von Holz und Holzwerkstoffen	belüfteter Abstand von Boden, Wand und Decke vor Außen- und Feuchtraumwänden besser ≥ 25 mm. Lüftungsöffnungen in Boden- und Deckenblende $\geq 25\ cm^2/m$
	beim Einbau von Kühl- und Gefriergeräten, Fernseh-, Phonogeräten und Beleuchtungen Mindestabstand 50 mm. Luftzirkulation durch Lüftungsgitter gewährleisten

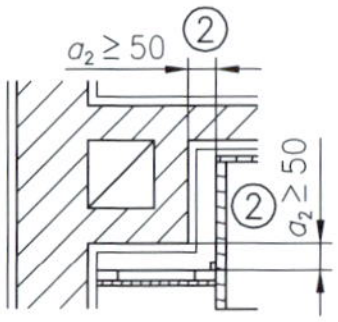

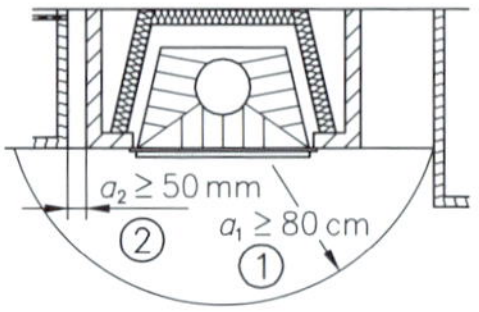

① $a_1 \geq 80$ cm im Strahlungsbereich von offenen Kaminen

② $a_2 \geq 50$ mm zu Schornsteinwangen und Verkleidungen von Kamineinsätzen.[1)]

Ausrichten der Elemente

– Verklotzung des Sockels mit Keilen,
– Drehen der Verstellschrauben von Höhenverstellbeschlägen im Sockel

Anschluss an Decken und Wände

Korpus sichtbar · Korpus verdeckt 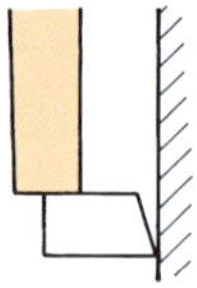 · Lisenen 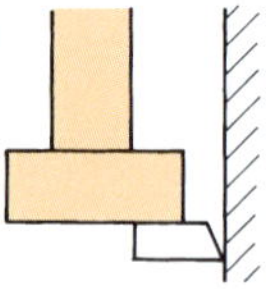 · breite Passstücke

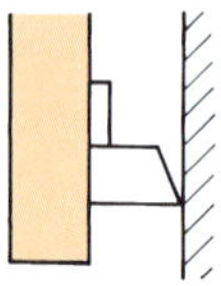

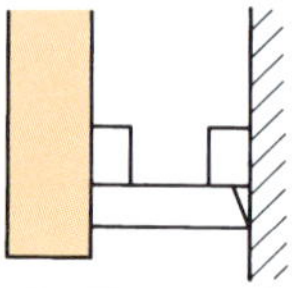

Mittelanschlüsse bei Doppelseiten

direkt · mit Leisten

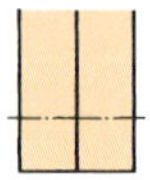

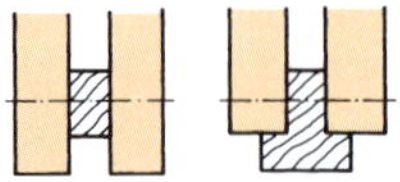

Hinterlüftung

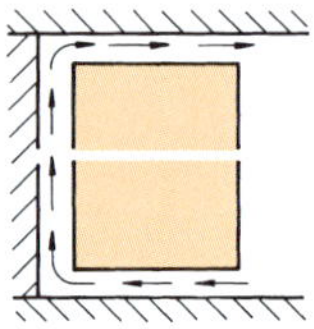

– Bohrung, Schlitze in oberer und unterer Blende, möglichst in Schattennut,
– Lüftungsgitter
– Lüftungsöffnungen in Boden- und Deckenblende $\geq 25\ cm^2/m$

1) Der Zwischenraum muss der Luftströmung so offen stehen, dass kein Wärmestau entsteht.

8.4 Innenwandbekleidungen

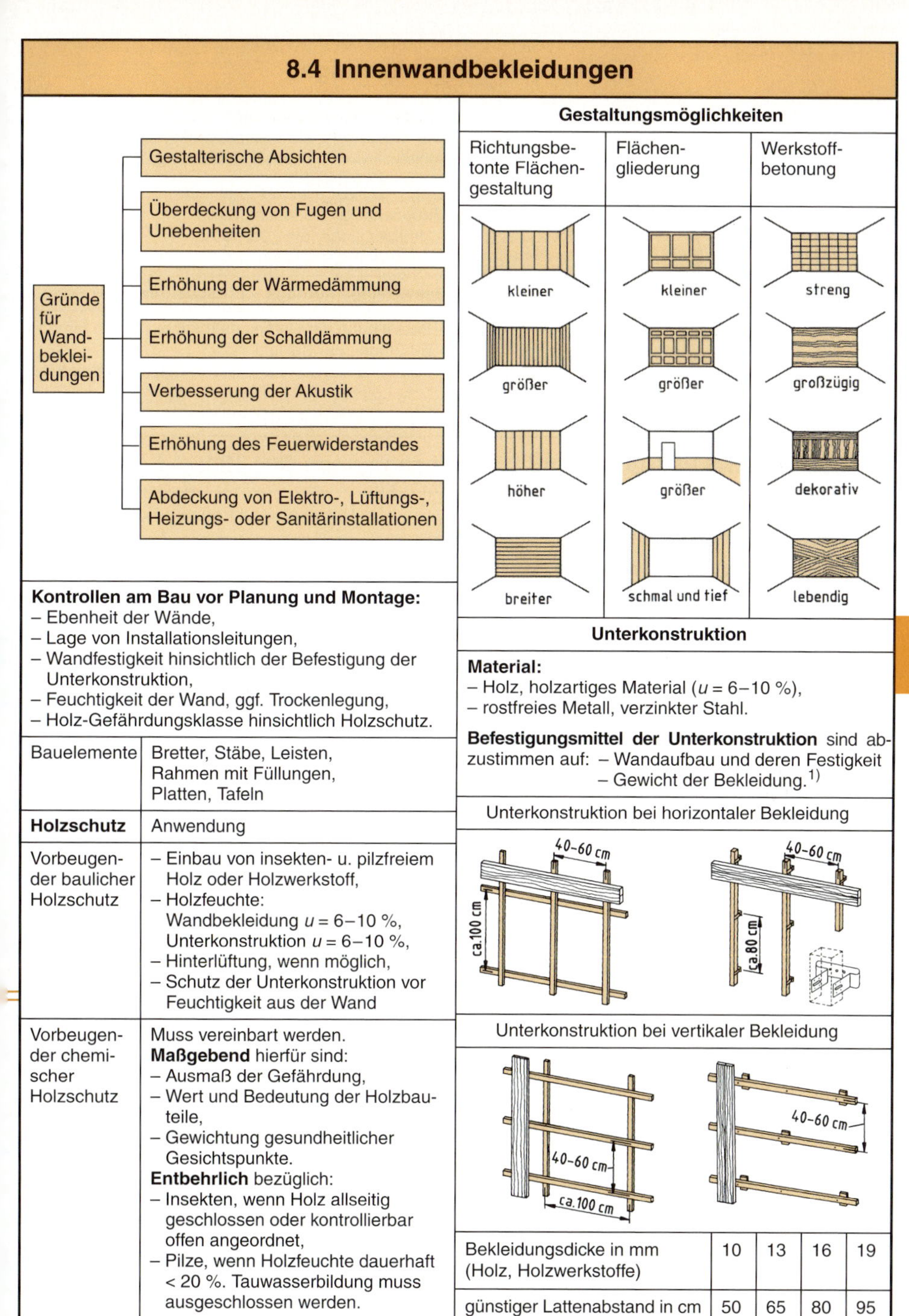

Gründe für Wandbekleidungen
- Gestalterische Absichten
- Überdeckung von Fugen und Unebenheiten
- Erhöhung der Wärmedämmung
- Erhöhung der Schalldämmung
- Verbesserung der Akustik
- Erhöhung des Feuerwiderstandes
- Abdeckung von Elektro-, Lüftungs-, Heizungs- oder Sanitärinstallationen

Kontrollen am Bau vor Planung und Montage:
- Ebenheit der Wände,
- Lage von Installationsleitungen,
- Wandfestigkeit hinsichtlich der Befestigung der Unterkonstruktion,
- Feuchtigkeit der Wand, ggf. Trockenlegung,
- Holz-Gefährdungsklasse hinsichtlich Holzschutz.

Bauelemente	Bretter, Stäbe, Leisten, Rahmen mit Füllungen, Platten, Tafeln
Holzschutz	Anwendung
Vorbeugender baulicher Holzschutz	– Einbau von insekten- u. pilzfreiem Holz oder Holzwerkstoff, – Holzfeuchte: Wandbekleidung $u = 6–10$ %, Unterkonstruktion $u = 6–10$ %, – Hinterlüftung, wenn möglich, – Schutz der Unterkonstruktion vor Feuchtigkeit aus der Wand
Vorbeugender chemischer Holzschutz	Muss vereinbart werden. **Maßgebend** hierfür sind: – Ausmaß der Gefährdung, – Wert und Bedeutung der Holzbauteile, – Gewichtung gesundheitlicher Gesichtspunkte. **Entbehrlich** bezüglich: – Insekten, wenn Holz allseitig geschlossen oder kontrollierbar offen angeordnet, – Pilze, wenn Holzfeuchte dauerhaft < 20 %. Tauwasserbildung muss ausgeschlossen werden.

Gestaltungsmöglichkeiten

Richtungsbetonte Flächengestaltung	Flächengliederung	Werkstoffbetonung
kleiner	kleiner	streng
größer	größer	großzügig
höher	größer	dekorativ
breiter	schmal und tief	lebendig

Unterkonstruktion

Material:
- Holz, holzartiges Material ($u = 6–10$ %),
- rostfreies Metall, verzinkter Stahl.

Befestigungsmittel der Unterkonstruktion sind abzustimmen auf:
- Wandaufbau und deren Festigkeit
- Gewicht der Bekleidung.[1]

Unterkonstruktion bei horizontaler Bekleidung

Unterkonstruktion bei vertikaler Bekleidung

Bekleidungsdicke in mm (Holz, Holzwerkstoffe)	10	13	16	19
günstiger Lattenabstand in cm	50	65	80	95

[1] Siehe hierzu Kap. 5.4.4/S. 5-33.

8.4 Innenwandbekleidungen

Feuchtesperre – Dampfbremse

Massive Innenwand	Massive Außenwand
MW HO B SP V DS feucht feucht trocken belüftet nicht bel. nicht bel.	Außenwand B DS DS innen

Zeichenerklärung zu linker Abb.:
MW Mauerwerk, DS Dampfbremse, SP Sperrschicht, HO Hohlraum, B Bekleidung, V Verdunstungsmöglichkeit

Mauerwerk gilt als feucht, wenn
– Neubau jünger als 2 Jahre ist,
– Altbauwand feucht ist.

Bekleidungsmontage – Entscheidungsbereiche

– Befestigung der Unterkonstruktion,
– Stoßfugen der Bekleidung
– Boden- und Deckenanschluss, ggf. mit Lufteintritt bzw. Luftaustritt bei Hinterlüftung,
– Eckanschlüsse außen und innen.

8.5 Deckenbekleidungen und Unterdecken nach DIN 18168-1 (2007-04)

Gründe für Deckenbekleidung und Unterdecken sowie Holzschutz siehe Kap. 8.4, S. 8-9.

Kontrollen am Bau vor Planung und Montage:
– Beschaffenheit der Decke hinsichtlich der Befestigung der Unterkonstruktion,
– Feuchtigkeit der Decke (ggf. Trockenlegung);
– Holz-Gefährdungsklasse hinsichtlich Holzschutz,
– Lage von Installationsleitungen in Massivdecken,
– Überhöhung bzw. Durchbiegung der Decke,
– Ebenheit der Deckenunterseite,
– Winkelmaße in Raumecken.

Bauarten

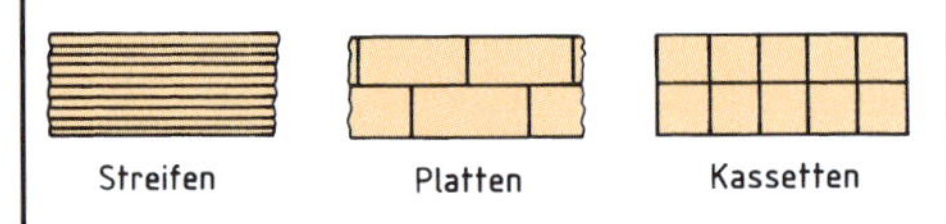

Schema leichter Deckenbekleidung ($m \leq 50$ kg/m^2)

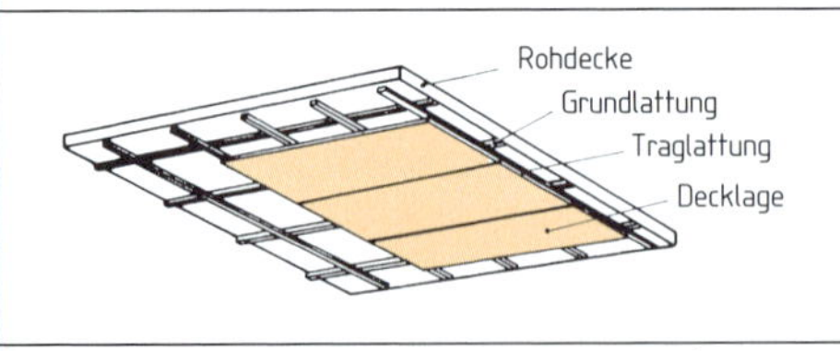

Schema leichter Unterdecken ($m \leq 50$ kg/m^2)

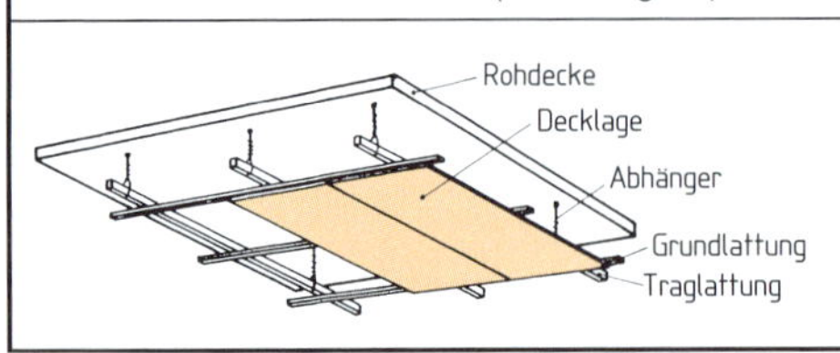

Unterkonstruktion aus Holz

Art der Unterkonstruktion	Mindestquerschnitte			
	Grundlattung		zugehörige Traglattung	
	b mm	h mm	b mm	h mm
Direktbefestigung	48	24	einfache Lattung ohne Traglattung	
	60	40	48	24
			oder	
	50	30	50	30
Abgehängte Unterkonstruktion	30	50	50	30
	40	60	48 50	24 30

Verankerung der Unterkonstruktion

- Das Versagen oder der Ausfall eines tragenden Teiles darf nicht zu einem fortlaufenden Einsturz der Deckenbekleidung oder Unterdecke führen.
- Kräfte aus leichten Trennwänden auf Unterdecken müssen unmittelbar aufgenommen oder auf Festpunkte abgeleitet werden.
- Deckenbekleidungen oder Unterdecken müssen Winddruck- und Windsogbeanspruchungen außen und innen aufnehmen können.
- Befestigungsmittel müssen korrosionsgeschützt oder aus nicht rostendem Stahl sowie bauaufsichtlich zugelassen sein. Kein Kunststoff!
- Nagel- und Schraubverbindungen sind nach DIN 1052 zu bemessen. Zulässig ist eine Schraube/Kreuzungspunkt, wenn die Einschraubtiefe ≥ 5× Schraubendurchmesser bzw. ≥ 24 mm ist.

8.5 Deckenbekleidungen und Unterdecken nach DIN 18168-1 (2007-04)

- Mindestmaße von Abhängern:

	∅	Dicke	Querschnitt
verzinkte Drähte	4,0 mm		
Gewindestab	6,0 mm		
Stahlblech		0,75 mm	7,5 mm²
Holz		20 mm	1000 mm²

- Befestigung an einbetonierten Holzlatten ist unzulässig.
- Abhänger dürfen bei Druckbeanspruchung (Anheben der Unterdecke) nicht aushaken.
- Vorgaben für Einsatz von Setzbolzen:
  - 3,4 mm ≤ d ≤ 4,5 mm,
  - Eindringtiefe ≥ 25 mm,
  - Beton B25, oder besser Dicke ≥ 100 mm,
  - Befestigung an Stahlbetonbalken mindestens 120 mm über dem unteren Rand,
  - mindestens 5 Setzbolzen je Latte,
  - max. Belastung von 0,2 kN/Bolzen bei Ausfall von 3 benachbarten Bolzen,
  - Bolzenabstand ≥ 100 mm,
  - 2 Bolzen am Lattenende, 100 mm ≤ a ≤ 150 mm,
  - keine Setzbolzen in Traglatten,
  - jeder Setzbolzen ist auf festen Sitz zu prüfen!
- Verankerung an Stahlprofilen kann mit bauaufsichtlich zugelassenen Blechschrauben, Bohrschrauben, gewindefurchenden Schrauben, Nieten oder Setzbolzen erfolgen.
- Schweißarbeiten dürfen nur von qualifizierten Schweißfacharbeitern ausgeführt werden.

Dampfbremse

(bei Decken unter nicht ausgebautem Dachgeschoss)

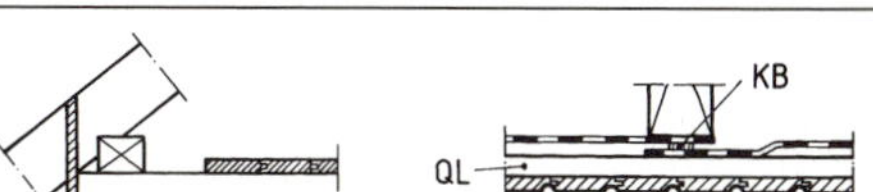
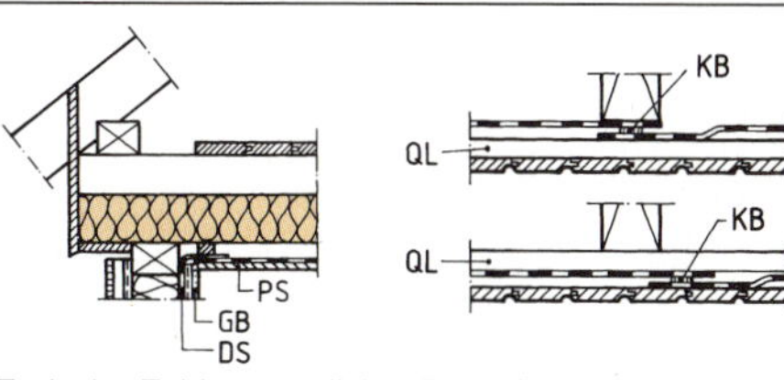

Typische Fehler = undichte Dampfbremse

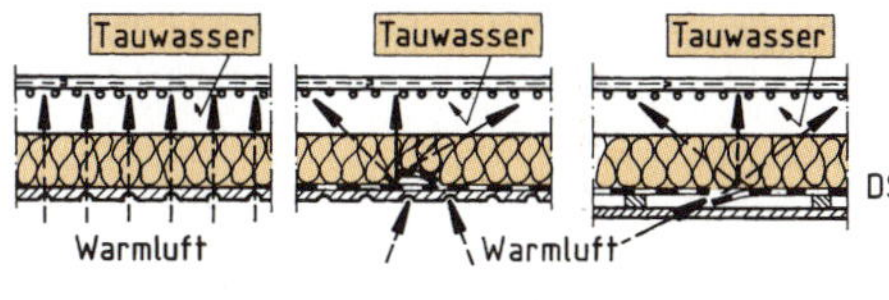

GB Gipsbauplatte
DS Dampfbremse
PS Profilbrettschalung
QL Querlattung
KB Klebe-Dichtung

Bekleidungsmontage – Entscheidungsbereiche

- Befestigung an Traglatten,
- Stoßfugen der Bekleidung,
- Wandanschlüsse,
- Ausschnitte für Beleuchtung, Belüftung etc.,
- Demontierbarkeit, wenn späterer Zugang zu Installationsleitung erforderlich.

8.6 Nichttragende innere Trennwände

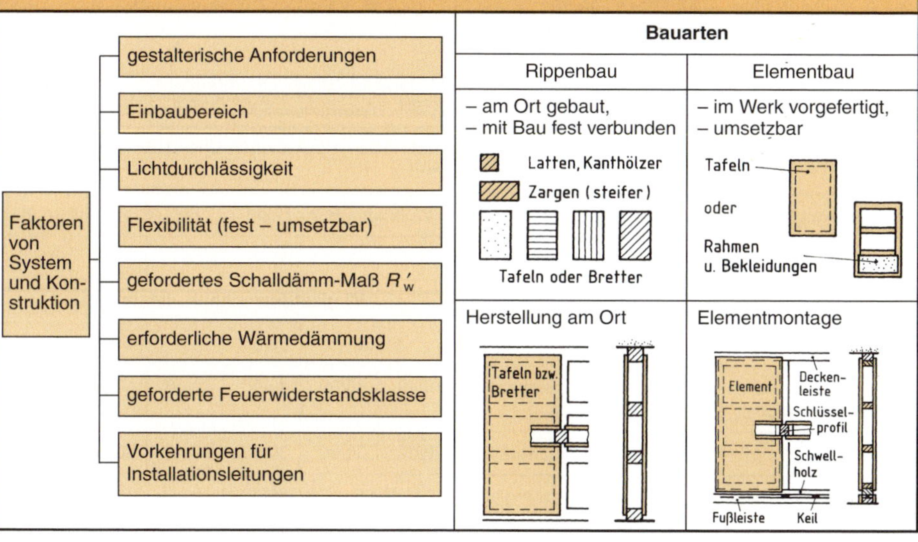

Bauarten

Rippenbau	Elementbau
– am Ort gebaut, – mit Bau fest verbunden	– im Werk vorgefertigt, – umsetzbar
Latten, Kanthölzer Zargen (steifer) Tafeln oder Bretter	Tafeln oder Rahmen u. Bekleidungen
Herstellung am Ort Tafeln bzw. Bretter	Elementmontage Element, Deckenleiste, Schlüsselprofil, Schwellholz, Fußleiste, Keil

8.6 Nichttragende innere Trennwände

Statische und dynamische Belastung von Trennwänden nach DIN 4103-1 (1984-07)

Standsicherheit muss gewährleistet sein bei:

Streifenlast in 0,9 m Höhe
- Einbaubereich 1 [1]: $p = 0{,}5$ kN/m,
- Einbaubereich 2 [1]: $p = 1{,}0$ kN/m,

Konsollast $p = 0{,}4$ kN/m
- in 1,65 m Höhe über OFF,
- bei maximalem Wandabstand von 0,30 m.

Stoßbelastung
- beim weichen Stoß (z.B. Aufprall eines menschlichen Körpers) wird eine Stoßkörpermasse von 50 kg bei einer Anprallgeschwindigkeit von 2,0 m/s angesetzt,
- beim harten Stoß (Aufprall harter Gegenstände) muss Trennwand einer Stoßkörpermasse von 1,0 kg bei einer Aufprallgeschwindigkeit von 4,47 m/s an jeder Stelle widerstehen. Ausnahme: Oberlichter über 1,80 m OFF.

Nachweise entfallen bei Trennwänden mit Unterkonstruktion in Holzbauart nach DIN 4103-4 (1988-11).

Mindestdicken *d* von Beplankungen u. Bekleidungen

Unterstützungsabstand *a* in mm	1250/2	1250/3
Holzwerkstoffe: ohne zusätzliche Bekleidung mit zusätzlicher Bekleidung	 13 mm 10 mm	 10 mm 8 mm
Bretterschalung	≈ 12 mm	≈ 12 mm
Gipsbauplatten	12,5 mm	12,5 mm

Zulässige Konsollasten an Metallständerwänden nach DIN 18 183 (1988-11)

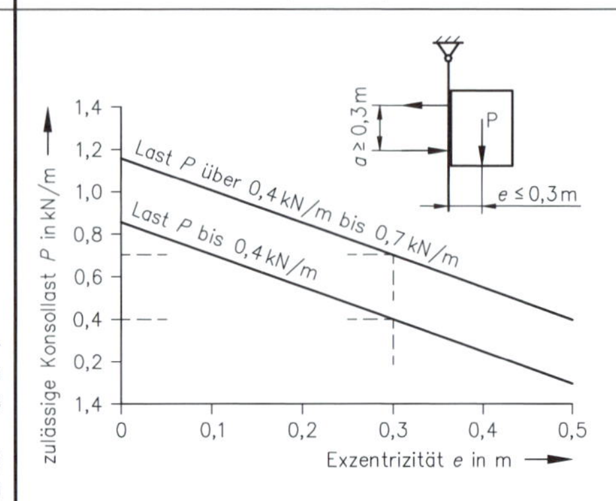

Lasteneintragung der Konsollasten bei:

- Last P ≤ 0,4 kN/m → an jeder beliebigen Stelle
- Last P ≤ 0,4 kN/m bzw.
  ≤ 0,7 kN/m → an jeder beliebigen Stelle, wenn Dicke der Beplankung ≥ 18 mm
- Last P < 0,7 kN/m bzw.
  ≤ 1,5 kN/m → Einleitung über besondere Teile wie Traversen, Tragständer etc.
- Last P < 1,5 kN/m → statischer Nachweis erforderlich!

Erfolgt die Einleitung der Kräfte über die Beplankung, so gilt: $e_{\text{Befestigungsmittel}} \geq 75$ mm

Erforderliche Mindestquerschnitte *b/h* für Holzstiele oder -rippen nach DIN 4103-4 (1988-11)
bei einem Achsabstand $a = 625$ mm

Einbaubereich z.B.	Wohnung, Büro, Hotel			Schule, Verkaufsraum		
Wandhöhe *H* in mm	2600	3100	4100	2600	3100	4100
	Mindestquerschnitte *b/h* in mm					
Beliebige Bekleidung	60/60		60/80	60/80		
Beidseitige, mechanisch verbundene Beplankung aus Holzwerkstoffen oder Gipsbauplatten	40/40	40/60	40/80	40/60	40/60	40/80
Beidseitige, geleimte Beplankung aus Holzwerkst.	30/40	30/60	30/80	30/40	30/60	30/80
Einseitige, mechanisch verbundene Beplankung aus Holzwerkstoffen oder Gipsbauplatten	40/60		60/60	60/60		

[1] siehe Seite 8-13

8.6 Nichttragende innere Trennwände

Maße von Metallständerwänden

Zeile	Kurzzeichen der Wand	Profil nach DIN 18 182 Teil 1	Dicke der Beplankung je Seite[1]	Dicke der Wand	maximale Wandhöhe *h* in mm im Einbaubereich[2]		Durchbiegung *f* der Wand infolge Belastung nach DIN 4103 Teil 1 für die Einbaubereiche[2]	
			mm	mm	1	2	1	2
	Einfachständerwände							
1	CW 50/75	CW 50 x 50 x 06	12,5	75	3000	2750	‖‖‖	⁞⁞⁞
		CW 50 x 50 x 07				2600	‖‖‖	≡
2	CW 50/100	CW 50 x 50 x 06	12,5 + 12,5	100	4000	3500	‖‖‖	⁞⁞⁞
		CW 50 x 50 x 07				2600	‖‖‖	‖‖‖
3	CW 75/100	CW 75 x 50 x 06	12,5	100	4500	3750	‖‖‖	‖‖‖
4	CW 75/125	CW 75 x 50 x 06	12,5 + 12,5	125	5500	5000	‖‖‖	⁞⁞⁞
						3750	‖‖‖	‖‖‖
5	CW 100/125	CW 100 x 50 x 06	12,5	125	5000	4250	‖‖‖	‖‖‖
6	CW 100/150	CW 100 x 50 x 06	12,5 + 12,5	150	6500	5750	‖‖‖	‖‖‖
	Doppelständerwände (gegeneinander abgestützte Ständer)							
7	CW 50 + 50/155	CW 50 x 50 x 06	12,5 + 12,5	155	4500	4000	≡	⁞⁞⁞
					4000	2600	‖‖‖	‖‖‖
8	CW 75 + 75/205	CW 75 x 50 x 06		205	6000	5500	‖‖‖	‖‖‖
9	CW 100 + 100/125	CW 100 x 50 x 06		255	6500	6000	‖‖‖	‖‖‖
	Doppelständerwände (getrennte Ständer) und freistehende Vorsatzschalen[3]							
10	CW 50 + 50/...	CW 50 x 50 x 06	12,5 + 12,5	...[4]	2600	–	≡	–
11	CW 75 + 75/...	CW 75 x 50 x 06	12,5		3000	2500	‖‖‖	≡
12	CW 75 + 75/...	CW 75 x 50 x 06	12,5 + 12,5		3500	2750	‖‖‖	≡
13	CW 100 + 100/...	CW 100 x 50 x 06	12,5		4000	3000	‖‖‖	‖‖‖
14	CW 100 + 100/...	CW 100 x 50 x 06	12,5 + 12,5		4250	3500	‖‖‖	‖‖‖

Legende

‖‖‖ (senkrechte Schraffur) $f \leq h/500$ ≡ (waagerechte Schraffur) $h/500 < f \leq h/350$ ⁞⁞⁞ (Punkte) $h/350 < f \leq h/200$

[1] Bei Vorsatzschalen nur einseitige Beplankung.

[2] Nach DIN 4103 Teil 1 werden folgende Einbaubereiche unterschieden:

Einbaubereich 1: Bereiche mit geringer Menschenansammlung, wie sie z. B. in Wohnungen, Hotel-, Büro- und Krankenräumen, und ähnlich genutzten Räumen einschließlich der Flure vorausgesetzt werden müssen;

Einbaubereich 2: Bereiche mit großer Menschenansammlung, wie sie z. B. in Versammlungsräumen, Schulräumen, Hörsälen, Ausstellungs- und Verkaufsräumen und ähnlich genutzten Räumen vorausgesetzt werden müssen. Hierzu zählen auch stets Trennwände zwischen Räumen mit einem Höhenunterschied der Fußböden ≥ 1 m.

[3] Beispiel für das Kurzzeichen einer Vorsatzschale: V–CW 75/87,5; es setzt sich zusammen aus dem Buchstaben V (für Vorsatzschale), dem verwendeten C-Wandprofil CW und der jeweiligen Dicke der Vorsatzschale.

[4] Abhängig vom Abstand der Ständerreihen.

8.6 Nichttragende innere Trennwände

8-10

Unterkonstruktion in Holzbauart

A
B B
A
H
Schnitt A–A
Bekleidung bzw. Beplankung
d
h
d
Stiel bzw. Rippe
b
Schnitt B–B
$t \leq 80$ x Durchmesser bzw. $t \leq 200$ mm

Unterkonstruktion aus Flachpressplatten:

Flachpressplatten
≥13
Vollholz
h
Verleimung
b ≥ 28
≥13

Geschosshöhe H	2600	3100	4100 mm
Mindesthöhe h der Spanplattenrippen	60	80	100 mm

Für verleimte Beplankungen gilt DIN 1052-1 (1988-04)

Anschluss an angrenzende Bauteile

angrenzende obere Decke
Trennwand
durch angrenzende Seitenwand konstruktiv gehalten
≤ 1000
1 Holzschraube $d_s \geq 6$ mm

Trennwand (beidseitige Beplankung mit Holzwerkstoffen oder Gipsbauplatten)
je 1 Holzschraube $d_s \geq 12$ mm
$L \leq 5000$

Metallständerwände

Standardprofile für Wand- und Deckenkonstruktionen
(Auszug aus DIN 18 182, Teil 1, Tabelle 1, 2007-12)

	Kurz-zeichen	Höhe (mm)	Breite (mm)	Dicke (mm)	Anwendungs-bereiche
	CW 50 CW 75 CW 100	48,8 73,8 98,8	50 50 50	0,6 0,6 0,6	Ständerprofile für Montagewände und Wandvorsatzschalen
	UW 50 UW 75 UW 100	50 75 100	40 40 40	0,6 0,6 0,6	Anschlussprofile an Boden und Decke für Montagewände und Vorsatzschalen
	UA 50 UA 75 UA 100	48,8 73,8 98,8	40 40 40	2,0 2,0 2,0	Ansteifungsprofile für Montagewände, z. B. für Türleibungen
	L Wi 60 L Wa 60	60 60	60 60	0,6 0,6	L-Wandinneneckprofil L-Wandaußeneckprofil für Montagewände
	CD 60	60	27	0,6	Profile für Unterdecken
	UD 28	28	27	0,6	Wandanschlussprofil für Unterdecken

Einfachständerwand

1 Anschlussdichtung
2 U-Wandprofil UW
3 Gipskartonbauplatte
4 C-Wandprofil CW
5 Mineralfaserdämmstoff
6 mindestens drei Befestigungspunkte
7 Befestigung, *e* ≤ *100 cm*
8 Schrauben, *e* ≤ *25 cm*[1]

Gleitender Deckenanschluss

1 Gipskartonplattenstreifen
2 U-Wandprofil UW
3 Gipskartonbauplatte
4 C-Wandprofil CW
5 Mineralfaserdämmstoff

a zu erwartende Deckendurchbiegung

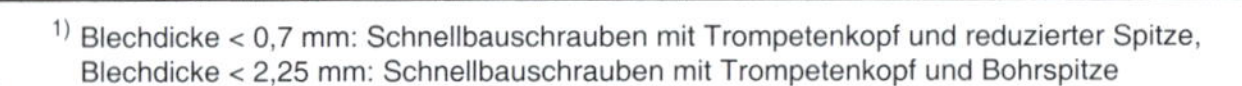

[1] Blechdicke < 0,7 mm: Schnellbauschrauben mit Trompetenkopf und reduzierter Spitze,
Blechdicke < 2,25 mm: Schnellbauschrauben mit Trompetenkopf und Bohrspitze

8.6 Nichttragende innere Trennwände

Schallschutz – Feuerwiderstand

Anforderungen: ⇒ Schallschutz siehe Seite 7-40, Feuerwiderstand (Brandschutz) siehe Seite 7-46

Das **Schalldämmmaß R'_w** ist abhängig von:
- Zahl und Verbindung der Schalen
- Gewicht und Steifigkeit der Beplankung
- Hohlraumdämpfung mit Faserdämmstoffen
- Schallübertragung in flankierenden Wänden und Decken
- Unterbrechung des Estrichs unter der Trennwand

Rechnerische Ermittlung von R'_w

$$R'_w = -10 \lg \left(10^{-R_w/10} + \sum_{i=1}^{4} 10 - R_{Lwi}/10 \right)$$

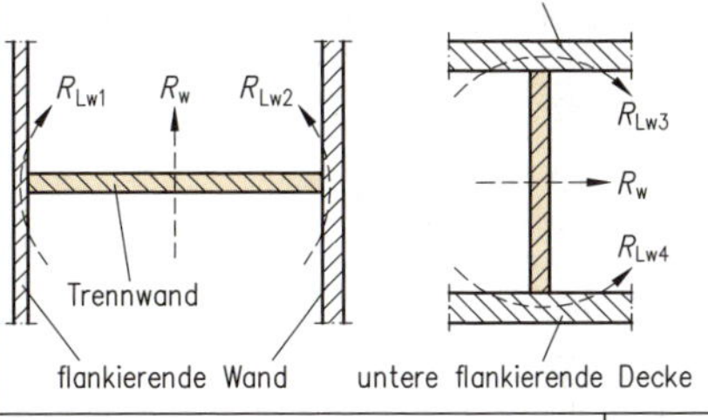

Beispiel:

Trennwand $R_w = 60$ dB

flankierende obere Decke $R_{Lw3} = 51$ dB

flankierende Wand $R_{Lw2} = 54$ dB

flankierende untere Decke $R_{Lw4} = 65$ dB

flankierende Wand $R_{Lw1} = 54$ dB

$R'_{w\ berechnet}$ = 47 dB [1)]

Konstruktion Ständerabstand a = 62,5 mm	Schall-dämm-maß $R_{w,R}$ (dB)	Feuer-wider-stands-klasse	Ständer-Material/ Querschnitt	Beplankung Art/Dicke d (mm)	Dämm-schicht Dicke/ Dichte mm/kg/m³
13–16, FP, DÄ, FP, ≥60, ≥40, 13–16	**38**		Vollholz mind. 40/60	Span-platten 13–16 DIN EN 13986 (2006-06)	Faser-dämmstoff Baustoff-Klasse A $d \geq 40$ – ≥ 30
d, h, D	**41** **43**	**F30-A**	Metallprofil CW5 CW75	Gipsfaser-patte GKB/GKF 12,5 mm GKF 12,5	Faser-dämmstoff $d \geq 40$ $d \geq 60$
B, FP, DÄ, FP, B, ≥60, ≥40	**46**	**F30-B**	Vollholz mind. 40/60	Spanplatten FP13-16 Gipsfaser-platte GKF 12,5	Faser-Dämmstoff $d \geq 40$
		F30-B **F90-B**	Vollholz mind. 60/60 mind. 60/80	Gipsfaserpl. GKB 2× 12,5 GKF 2× 12,5	Faser-Dämmstoff $d \geq 40$ – ≥ 30 $d \geq 80$ – ≥ 100

[1)] Überschlägig nach Vorschlag für Vorbemessung R'_w = 60 dB – 5 dB = 55 dB.

8.6 Nichttragende innere Trennwände

Schallschutz – Feuerwiderstand (Forts.)

Wand-Konstruktion Ständerabstand a = 62,5 cm	Schalldämmmaß $R_{w,R}$ (dB)	Feuerwiderstandsklasse	Ständermaterial/ Querschnitt	Beplankung Art/Dicke d (mm)	Dämmschicht Dicke/ Dichte mm/ kg/m³
B, FP, DÄ; ≥60, ≥40, ≥60, ≥5	**60**	**F30-B** **F90-B**	Vollholz mind. 60/60 wenn: 60/80	Spanplatten FP13–16 + Gipsfaserplatte GKB 12,5 wenn: 2× GKF 12,5	Faserdämmstoff Klasse A $d \geq 40$ $\rho \geq 30$ wenn. $d \geq 80$ $\rho \geq 100$
Ständerachsabstand max. 31,25 cm	**67**	**F90-A**	Metallprofil MW75 MW100	Gipsfaserpatten 3×12,5 mm Knauf Diamant + 0,5 mm Stahlblecheinlage	Faserdämmstoff Klasse A

Bewertete Schall-Längsdämm-Maße $R_{L,w,R}$ in dB			
Durchlaufender Estrich auf Mineralwolle Massivdecke mit $m \geq 300$ kg/m²	**38** bis **44** je nach Art des Estrichs	Estrich durch Trennwandanschluss konstruktiv getrennt; $m_{Decke} \geq 300$ kg/m²	**70**
Holzbalkendecke mit Beplankung ≥ 12,5 mm und Mineralwolleauflage ≥ 50 mm	**48**	Trennwandanschluss an Unterdecke UD Beplankung einlagig ≥ 12,5 mm (≥40)	UD durchlaufend **47** UD unterbrochen **65**
Flankierende Holzständerwände mit Dämmstoff im Gefach	ein Ständer **50** zwei Ständer **62**	Flankierende Metallständerwände Beplankung Innenseite 1× ≥ 12,5 mm	ohne Fuge **53** Beplank. getrennt **73**

Einbau von Elektrodosen in Wände nach DIN 4102-4 mit Mineralwolle mit Schmelzpunkt ≥ 1000 °C Dosen nie unmittelbar gegenüber.

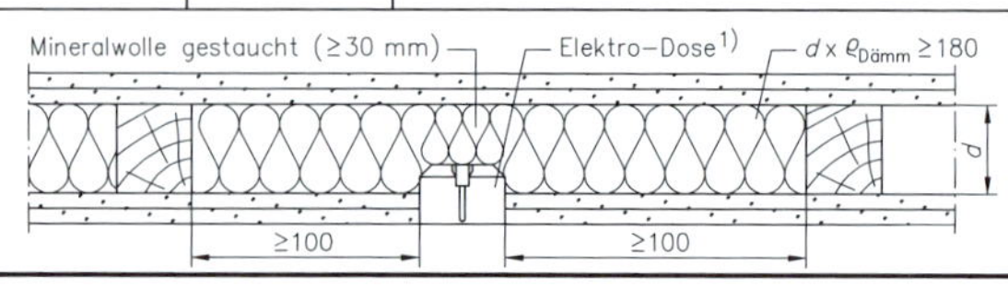

[1] Mehrfachdosen können zu Veränderung der Feuerwiderstandsdauer führen.

8.6 Nichttragende innere Trennwände

Feuchteschutz

Innenwand

Bei Holzkonstruktionen in trockenen Räumen ist im allgemeinen Gefährdungsklasse GK 0 zugrunde zu legen.

Schwellenhölzer auf Betondecken sind auf Sperrschichten – Neubau gilt bis 2 Jahre als feucht, Altbau ist ggf. feucht – zu verlegen und sollten GK 2 zugeordnet werden.

Erläuterungen und forderliche Maßnahmen hinsichtlich GK 0 und GK 2 siehe 7-5.

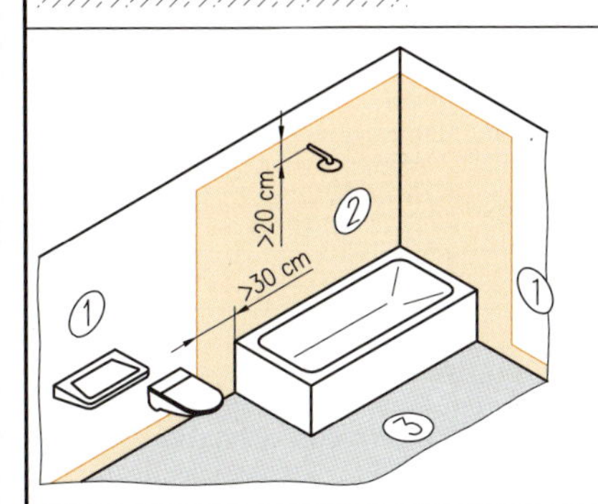

Nassbereich – Holzkonstruktion und Abdichtung
Spritzwasserbeanspruchte Flächen im häuslichen Bereich z. B. Bad mit Badewanne als Dusche:

① geringe Beanspruchung durch Spritzwasser:
- → Holzkonstruktion: Gefährdungsklasse GK 0
- → Abdichtung: Beanspruchungsgruppe 0

② mäßige Beanspruchung durch Spritzwasser:
- → Holzkonstruktion: Gefährdungsklasse GK 2
- → Abdichtung: Beanspruchungsgruppe A01

③ mäßige Beanspruchung durch Spritzwasser:
- → Holzkonstruktion: Gefährdungsklasse GK 2
- → Beanspruchungsgruppe A02 (gilt auch bei planmäßig genutztem Bodenablauf von barrierefreien Duschen)

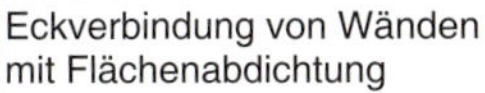

Eckverbindung von Wänden mit Flächenabdichtung

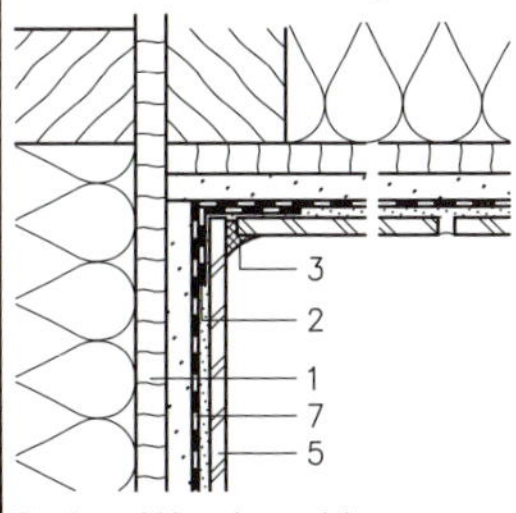

Boden- Wandanschluss mit Flächenabdichtung

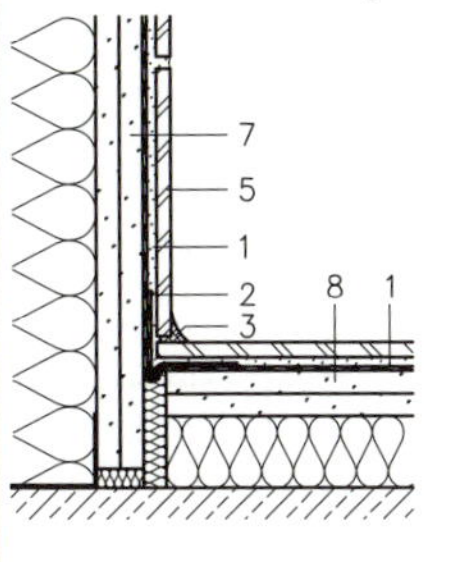

Befestigung von Sanitärobjekten

mit Wannenleisten

bei hochgezogenem Duschtassenrand

Legende:
1 Flächenabdichtung [1]) mit Schichtdicken und materialspezifischen Anforderungen gemäß den allgemeinen bauaufsichtlichen Prüfzeugnissen
2 Dichtband
3 Sekundärdichtung [2])
4 Primärdichtung [3])
5 Fliesen im Dünnbett
6 „Dichtungsschnur“
7 ein- oder zweilagige Bekleidung
8 Zementestrich
9 Duschtasse(/Badewanne)

[1]) Polymer- und Kustharzdispersionen, Kunststoff-Zement-Mörtelkombinationen, Reaktionsharze, Folien und Bahnen auf Kunststoff- oder Bitumenbasis

[2]) Sanitärsilikone, Polyurethane, Polysulfide, keine Acetatsysteme; [3]) elastische Profile, Schaumstoffdichtbänder o.ä.

8.7 Holzfußböden

Fußbodenarten

Art	Ausführung
Dielen-Fuß-boden	Gehobelte, gespundete Bretter werden verdeckt genagelt oder geschraubt auf Lagerhölzern, Holzbalkendecken oder Blindböden
Parkett	Massivholz-Parkettstäbe nach DIN EN 13 226-1 (2003-5) mit umlaufender Nut und/oder Feder mit oder ohne Oberflächenbehandlung
	Parketttafeln werden aus einzelnen Stäben zusammengesetzt. Normung ist in Vorbereitung.
	Mosaikparkettelemente nach DIN EN 13488 (2003-05). Festgelegt sind Erscheinungsklassen, Maße und andere Merkmale von Massivholz-Mosaiklamellen, Mosaikwürfeln, Mosaikparketttafeln, Mosaikparkett-Verlegeeinheiten mit oder ohne Oberflächenbehandlung
	Mehrschichtparkettelemente nach DIN EN 13 489 (2003-05) sind mehrschichtige Konstruktionen, die aus einer Nutzschicht aus Massivholz und einer oder mehreren zusätzlichen Holz- oder Holzwerkstoffschichten bestehen, die untereinander verleimt sind. Oberflächen sind i. d. R endbehandelt.
Holz-pflaster	Scharfkantig geschnittene Holzklötzchen, deren Hirnholzfläche als Lauffläche dient
GE RE-V RE-W	Für gewerbliche, rustikale Verwendung. Widerstandsfähiger, fußelastischer Boden für Industrie- und Gewerbebereich.

Geeignete Holzarten

Die Wahl erfolgt nach folgenden Gesichtspunkten:
- Verwendungsort (Wohnung, Büro, Werkraum etc.),
- Stehvermögen,
- Härte und Abriebfestigkeit,
- dekorativem Aussehen,
- Preis.

Europäische Holzarten: [1]
Ahorn (43), Akazie (75), Birke (38), Buche (49), Eiche (61), Esche (55), Erle (35), Eukalyptus (63), Kirschbaum (45), Lärche (41), Nussbaum (45)

Exotische Holzarten: [1]
Afzelia (75), Bambus (59), Bubinga (73), Iroko (69), Mahagoni (50), Merbau (73), Mutenje (76), Padouk (71), Sucupira (90), Teak (55), Tigerwood (79)

Holzdicken – Sortierungen

Bodenart	*d* in mm	Sortierung
Dielenfußboden	19,5–35,5	Gtkl. I; II; III
Massivholz-Parkettstäbe	22, aber auch 15, 16, 19, 20, 23	○, △ und □ sowie „freie Klasse" entspr. DIN und Holzart
Mosaikparkett-elemente	8	
Mehrschicht-parkettelemente	nach Herstellerangabe	
Hochkant-Lamellenparkett	18 – 24	–
Holzpflaster	22 – 66	RE, WE, GE

Prüfungen am Bau

Vor Verlegung von Holzfußböden sind zu prüfen:
- Größe der Unebenheiten des Unterbodens,
- Risse im Untergrund,
- Feuchtegehalt des Untergrundes,
- Festigkeit der Untergrundoberfläche,
- Porosität und Rauhigkeit der Oberfläche,
- Verschluss von Bewegungsfugen,
- Verunreinigungen der Oberfläche, z.B. durch Öl, Wachs, Lack, Farbreste,
- Höhenlage des Untergrundes im Verhältnis zur Höhenlage anschließender Bauteile,
- Temperatur des Untergrundes,
- Temperatur- und Luftverhältnisse im Raum,
- Aufheizprotokoll bei beheizten Fußbodenkonstruktionen.

Verlegemuster (Beispiele)

Schiffbodenmuster

Würfelmuster

Flechtmuster

Fischgrätenmuster

Lamellenboden

Kassettenboden

[1] Werte in Klammern sind Vergleichswerte für Brinellhärte in N/mm²

8.7 Holzfußböden

Verlegung (Beispiele)

Fertigparkett auf Estrich

Fertigparkett-Elemente
Zwischenlage
Schwimmender Estrich
Dämmschicht
Rohdecke

Fertigparkett auf Lagerhölzern

Fertigparkett-Elemente
Dämmschicht
Lagerholz
Dämmplattenstreifen
Rohdecke

Fertigparkett auf Holzfußboden

Fertigparkett-Elemente
Dämmschicht
alter Dielenboden
Holzbalkendecke

Holzpflaster-GE auf ebenem Unterbeton

Holzpflasterklötze
Vergussmasse
Fugenlättchen
Voranstrich
Unterbeton

Holzpflaster-RE pressverlegt

Oberflächenbehandlung
Holzpflaster
Spezialklebstoff
Estrich
Unterbeton

Dehnungsfugen

1–1,5 cm Abstand (je nach Raumgröße) zu umlaufenden Wänden und zu Deckendurchführungen, z.B. Stützen, Pfeilern, Installationsleitungen.

Oberflächenbehandlung

- Wachse, Öle,
- Reaktionsharzlacke (SH-Lacke, PUR-Lacke),
- wasserverdünnbare Beschichtungsstoffe,
- High-solid-Lacke (bei Fertigparkett).

Schallschutz

Soll eine Trittschallübertragung gemindert werden, so ist eine direkte Verlegung des Fußbodens auf Holzbalken oder Massivdecken nicht möglich. Erforderlich ist eine zweischalige Konstruktion, d.h. Verlegung auf „schwimmenden Estrich“ oder „schwimmend“ verlegter Holzfußboden.

Spanplatten auf Lagerhölzern

Querschnitt 6 4 Längsschnitt 10
≥ 10 ≥ 450
≥ 400 30–60
Federbügel oder Federschiene ≥ 400
19–25 30 20 ≥50 ≥180 16–25 30–60

Schwimmender Estrich auf mineralischem Faserdämmstoff

9 4 12
50 ≥25 ≥50 ≥180 14–25
≥ 400
Federbügel oder Federschiene

Spanplatten auf mineralischem Faserdämmstoff auf Betonplatten

25 ≥25 28 60 ≥200
≥ 600

1 Spanplatte	7 Unterkonstruktion aus Holz
2 Holzbalken	8 Nägel, Schrauben oder Leim
3 Gipskartonplatte	9 Bodenbelag
4 Trittschalldämmplatte	10 Lagerholz 40/60 mm
5 Faserdämmstoff	11 Betonplatten
6 trockener Sand	12 Estrich

Feuchteschutz

Um Tauwasserbildung im Unterboden zu vermeiden, müssen ggf. Dampfsperren eingebaut werden.

Spanplatte Dämmschicht
Dampfsperre
Sperrschicht
Unterbeton
Erdreich (Kies)
Holzfußböden auf Massivdecken in Neubauten
DS

8

8.8 Holztreppen

8.8.1 Planungsbestimmende Faktoren

Funktion	Verbindung verschiedener Bauwerksebenen, sicherere und bequeme Begehbarkeit
Gestaltung	Einklang mit der Gebäude- und Raumgestaltung
Grundrissformen	siehe 8.8.5
Gütebedingungen für Material	DIN EN 942 (2007-06) Holz in Tischlerarbeiten DIN 4074-1 (2003-06) Nadelschnittholz DIN 4074-5 (2003-06) Laubschnittholz DIN EN 314 (1993-08) Sperrholz
Gesetzliche Vorschriften	Landesbauordnungen
DIN-Normen	Begriffe, Maße: DIN 18065 (2000-01) Standsicherheit: Lastannahmen DIN 1055-3 (2002-10) Holzbauwerke DIN 1052 (2004-08) Brandschutz: DIN 4102-4/A1 (2004-11) Schallschutz: DIN 4109 (1989-1)

8.8.2 Begriffe

Teile einer Treppe

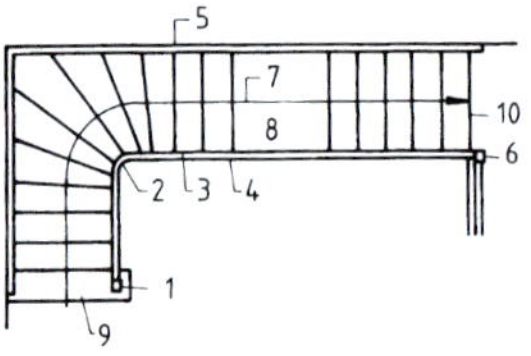

1 Antrittspfosten
2 Krümmling
3 Handlauf
4 Freiwange (Lichtwange)
5 Wandwange
6 Austrittspfosten
7 Lauflinie
8 Podest
9 Antritt
10 Austritt

Steigungshöhe, Auftrittsbreite

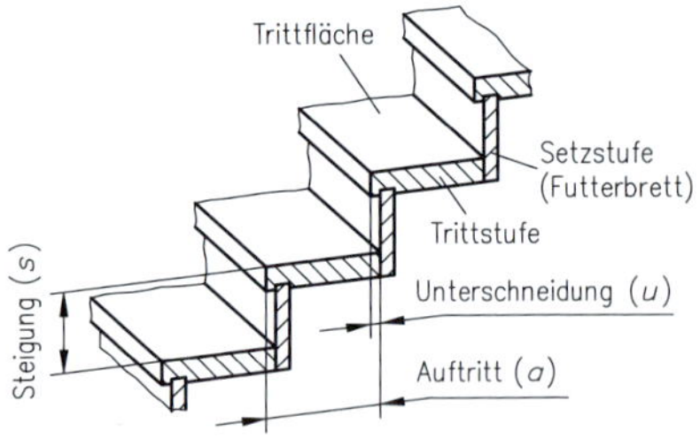

$a < 260$ mm $\Rightarrow u \geq 30$ mm

8.8.3 Maßliche Anforderungen nach DIN 18065 (2000-01)

Gebäudeart	Treppenart	Nutzbare Treppenlaufbreite min.	Treppensteigung s[2] max.	Treppenauftritt a[3] min.
Wohngebäude mit nicht mehr als zwei Wohnungen[1]	Treppen, die zu Aufenthaltsräumen führen	80	20	23[4]
	Kellertreppen, die nicht zu Aufenthaltsräumen führen	80	21	21[5]
	Bodentreppen, die nicht zu Aufenthaltsräumen führen	50	21	21[5]
Sonstige Gebäude	Baurechtlich notwendige Treppen	100	19	26
Alle Gebäude	Baurechtlich nicht notwendige (zusätzliche) Treppen	50	21	21

[1] Auch Maisonette-Wohnungen in Gebäuden mit mehr als zwei Wohnungen

[2] aber nicht < 14 cm; [3] aber nicht > 37 cm; [4] $(a + u) \geq 26$ cm; [5] $(a + u) \geq 24$ cm

8.8.3 Maßliche Anforderungen (Forts.)

Lichtraumprofil, Maße, Benennungen

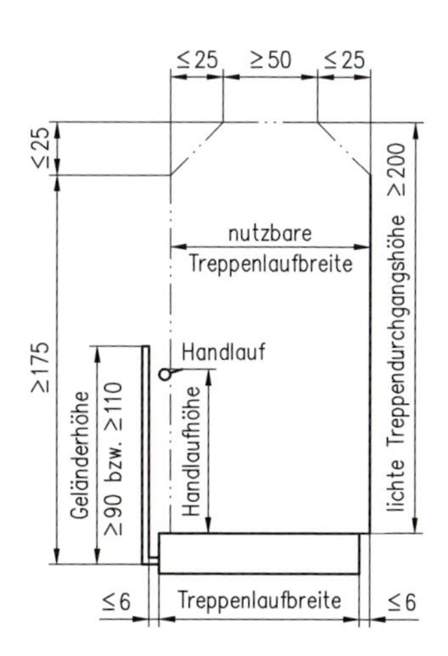

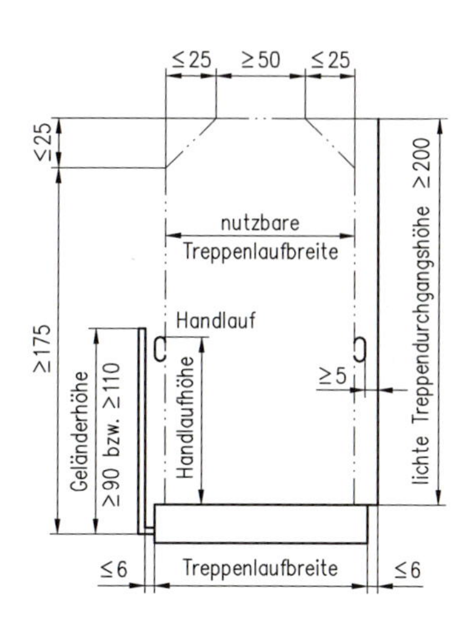

8.8.4 Allgemeine Regeln für die Planung

Schrittmaßregel	$2\,s + a = 59$ cm bis 65 cm	s Steigung, a Auftritt
Sicherheitsregel	$s + a = 46$ cm	s Steigung, a Auftritt
Bequemlichkeitsregel	$a - s = 12$ cm	günstig bei $s = 16 - 18$ cm, bzw. 18 – 20 cm bei Wendeltreppen $s = 17$ cm, $a = 29$ cm erfüllt alle drei Regeln
Treppenpodeste	$l = 2\,s + 2\,a$	$l \geq 1{,}00$ m i. allg. mindestens nach 18 Stufen
Lichtmaße	$a_{li} \leq 120$ mm	zwischen Stufen und Geländerstäben, sonst Maße gemäß Kap. 8.8.3
Mindestauftrittsbreite	$a_i \geq 10$ cm	an Innenwange von gewendelten Treppen
Treppengeländer	$h \geq 0{,}90$ m[1], [2] $h \geq 1{,}10$ m[2]	erforderlich bei mehr als 5 Stufen bzw. mehr als 1 m Absturzhöhe, bei mehr als 6 m bzw. 12 m Absturzhöhe

Richtwerte für Steigung s

im Freien	14 – 16 cm
in Schulen	15 – 17 cm
in Mehrfamilienwohnhäusern	17 – 18 cm
in Einfamilienhäusern	17 – 19 cm
von Keller- und Speichertreppen	19 – 20 cm

Maßbeispiele von Treppen

Geschosshöhe	Steigung Anzahl	Steigung Höhe	Auftritt	Lauflänge
2,75 m	16	17,2 cm	29 cm	4,35 m
2,50 m	14	17,9 cm	28 cm	3,64 m
2,25 m	12	18,8 cm	27 cm	2,97 m

[1] In Arbeitsstätten $h \geq 100$ cm.
[2] Oberkante Handlauf ≤15 cm, bzw. ≥80 cm.

8.8 Holztreppen

8.8.5 Grundrissformen von Treppen

Einläufig gerade Treppe (rechts)	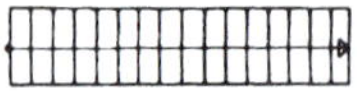	Zweiläufige Winkeltreppe mit Viertelpodest (rechts)	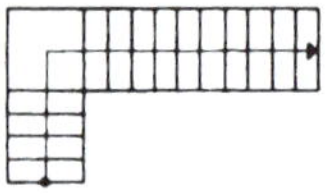
Zweiläufige U-Treppe mit Halbpodest (rechts), ein Treppenauge	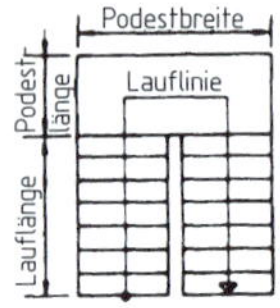 Podestbreite Podestlänge Lauflinie Lauflänge	Dreiläufige U-Treppe mit zwei Viertelpodesten	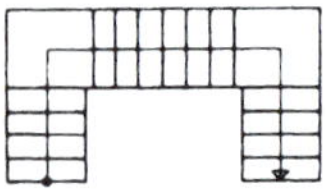
Einläufige viertelgewendelte Treppe (rechts)	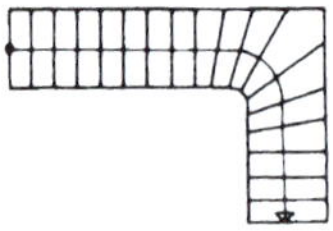	Einläufig halbgewendelte Treppe (rechts)	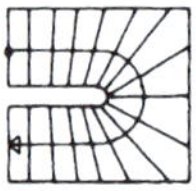
Einläufige im An- und Austritt viertelgewendelte Treppe	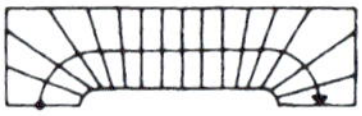	Einläufige Wendeltreppe mit Treppenauge (rechts)	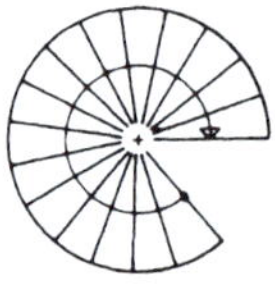

8

8.7.6 Stufenverziehung bei Richtungsänderung der Lauflinie ohne Anordnung eines Zwischenpodestes

Abwicklungsmethode	Radius von Innenwange und Laufline sowie Punkt *A* und *B* der letzten geraden Stufen festlegen. Auftritte auf der Lauflinie gleichmäßig auftragen. Abwicklung der Innenwange und Höhenlinien aufzeichnen. Die Verbindungslinie $\overline{AB}$ wird in der Mitte geteilt (*C*). Der Schnittpunkt der Mittelsenkrechten auf $\overline{AC}$ mit der Senkrechten in *A* auf der Steigungslinie ergibt den Mittelpunkt M_1 (entsprechend M_2). Die Schnittpunkte der Kreisbögen um M_1 und M_2 mit den Stufenhöhen ergeben die Stufenvorderkanten. Mindestauftrittsbreite an der Innenwange ≥ 10 cm.	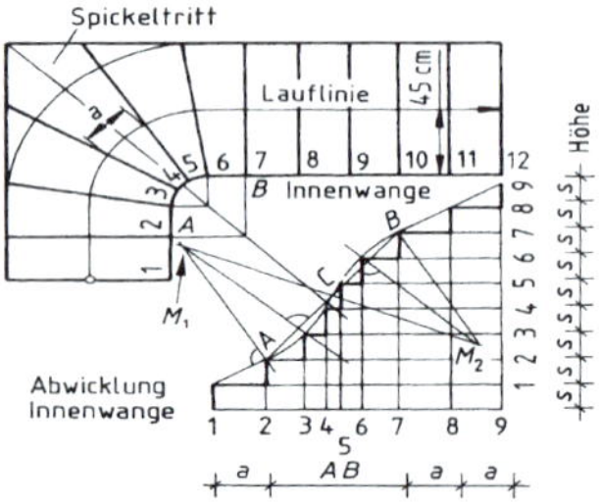 Spickeltritt Lauflinie 45 cm Innenwange Höhe Abwicklung Innenwange M_1 M_2 A B C AB
Proportionalteilung	Auftritte auf der Lauflinie gleichmäßig auftragen. Stufe auf der Mittelachse so festlegen, dass Kropfstück noch 10 cm breit ist. Vorderkanten der letzten geraden Stufe (*B*) und Vorderkanten der Mittelstufe bis Mittelachse (*A*) verlängern. Abstand $\overline{AB}$ im Verhältnis 1 : 2 : 3 : 4 : ..., d.h. entsprechend der betroffenen Stufenzahl, teilen. Teilpunkte auf der Mittelachse mit denen der Lauflinie verbinden.	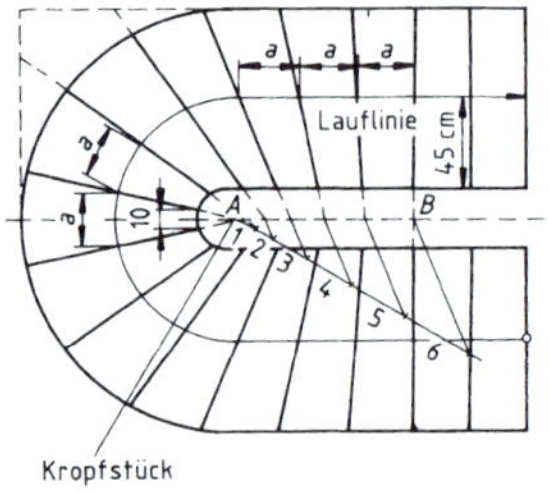 Lauflinie 45 cm 10 A B Kropfstück

8.8 Holztreppen

8.8.7 Treppenarten

Aufgesattelte Treppe

- Trittstufen werden auf die Tragwange gesetzt (geschraubt, verdübelt, verleimt),
- Verzicht auf Setzstufen, deshalb große Lichtdurchlässigkeit,
- Holmbreite je nach statischer Berechnung 6–12 cm, Besteckhöhe: 10–25 cm,
- Holme werden häufig als verleimte Brettschichtholzträger hergestellt.

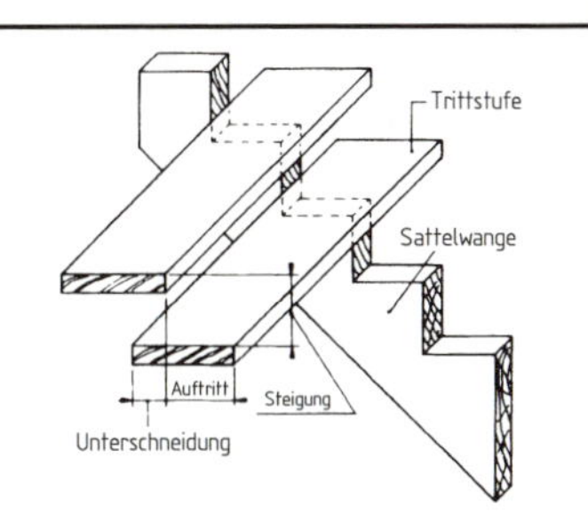

Eingeschobene Treppe

- nur noch für untergeordnete Zwecke,
- Trittstufen stehen vorn über die Wangen vor,
- Wangen werden durch Schraubbolzen im Abstand von 4–5 Stufen zusammengehalten, es sei denn die Wangennuten werden schwalbenschwanzförmig ausgebildet,
- Trittstufen werden waagerecht in 2 cm tiefe Wangennuten von vorn bis zum Anschlag eingeschoben.

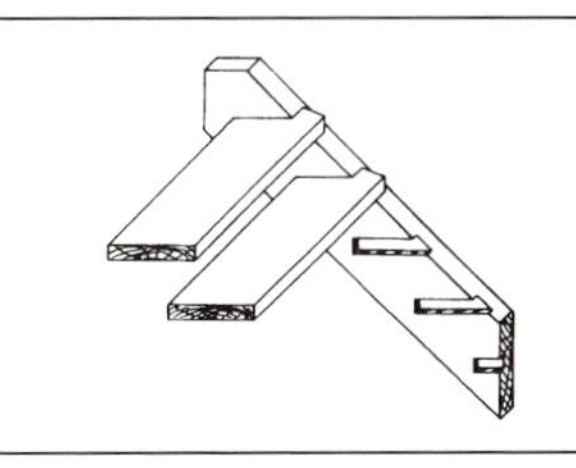

Eingestemmte Treppe

- besitzt geschlossene Stufen aus Tritt- und Setzstufen, auch Stoß- o. Futterbretter genannt,
- Tritt- und Setzstufen werden 2 cm tief in Wangennuten eingesetzt,
- um Knarren zu vermeiden, wird die Setzstufe an einer Deckleiste befestigt, desgl. erhalten die Setzstufen leichte Wölbung (Stich), so dass die Trittstufe nur im mittleren Bereich unterstützt wird.

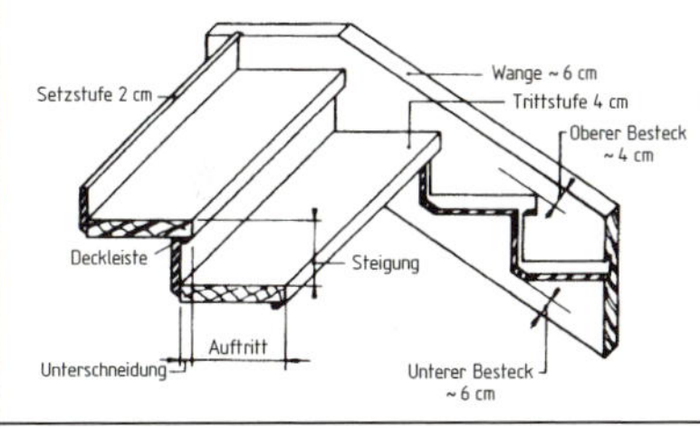

Wendel-/Spindeltreppen

Günstige Durchgangshöhen bei Spindeltreppen

Grundrissteilung	Steigung in cm 18	19	20	Treppendurchmesser
	für Durchgangshöhe			
13		209	220	150–180
14		218	230	160–200
15	216			160–210

Lauflinie liegt je nach Laufbreite ca. 25–40 cm neben Stufenaußenkante

Wendeltreppen in Türmen ggf. mit offenem Treppenauge

Spindeltreppe mit tragender Spindel im Kern der Treppe

Spindeltreppe in der Ansicht

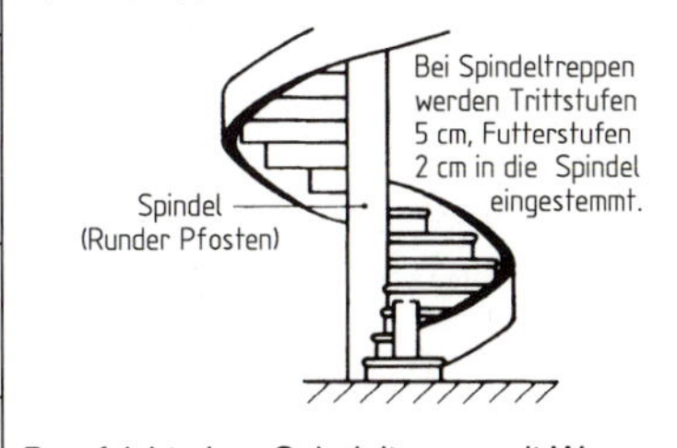

Draufsicht einer Spindeltreppe mit Wange

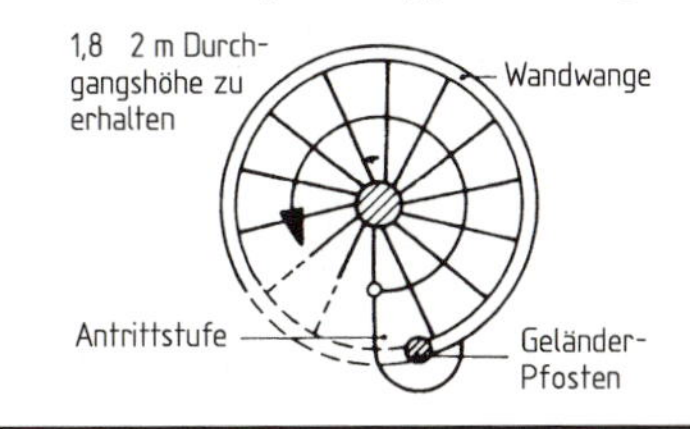

8.8.8 Bemessung von Trittstufen für Wangentreppen und für aufgesattelte Treppen

Wangentreppe: Aufgesattelte Treppe:

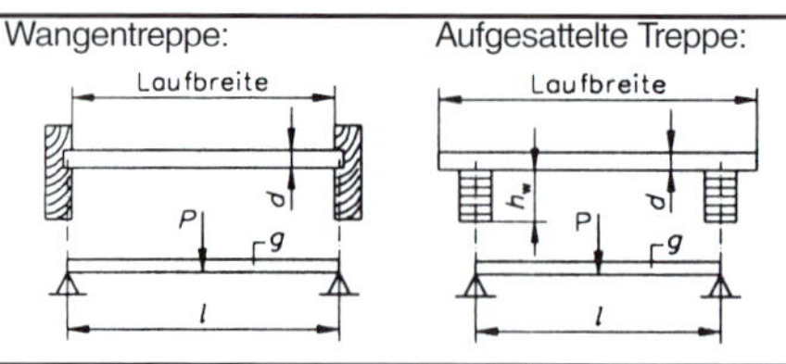

Treppenstufen ohne Setzstufen sind für eine Einzellast Q_K = 2,0 kN zu bemessen. Die Durchbiegung ist auf 1/300 der Stützweite begrenzt.
Auf Verträglichkeit der Leime ist zu achten.
Die Oberseiten der Verbundstufen sind zusätzlich mit einer Verschleißschicht zu versehen.

Massive Stufe – Verbundstufe

	Stufendicke *d* in mm bei einer Stufenbreite $b \geq 240$ mm					
	Stützweite *l*	0,80 m	0,90 m	1,00 m	1,10 m	1,20 m
Nadelholz Gütekl. II	empfohlene Dicke	40	45	45	50	55
Eiche oder Buche, mittl. Güte	empfohlene Dicke	40	45	45	50	55
Bau-Furnierplatten (BFU)	empfohlene Dicke	40	45	45	50	55
Verbundstufen BTI, furniert Mittellage aus Bautischlerplatte Decklagen aus Hartholzfurnier	Mittellage BTI Decklage, je empfohlene Dicke	44 2 48	44 3 50	44 4 52	44 5 54	44 6 56

8.8.9 Bemessung von Treppenwangen gestemmter Treppen und Tragholmen aufgesattelter Treppen

Längsschnitt:

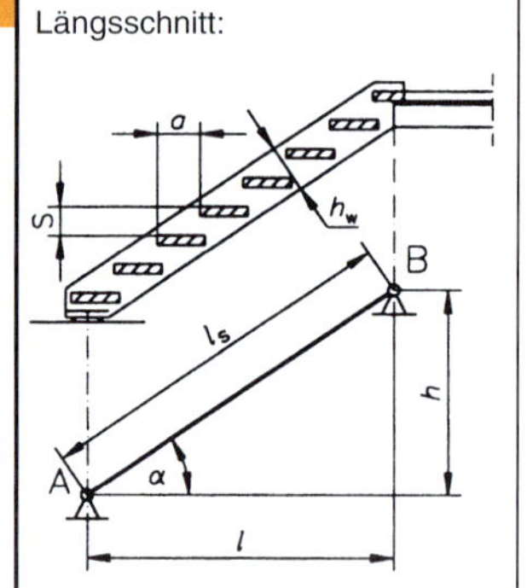

Wangenhöhen h_w in cm
für gerade Treppen
bis 1,20 m Laufbreite

Stützweite *l* in m	Wangenbreite b_w in cm		
	4,2	5,2	6,2
bis 3,25	28	28	28
3,50	30	28	28
3,75	–	28	28
4,00	–	30	28
4,25	–	32	30
4,50	–	34	32

Längsschnitt:

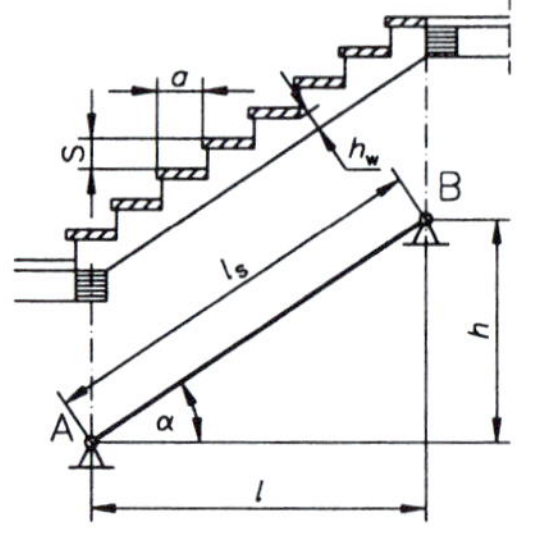
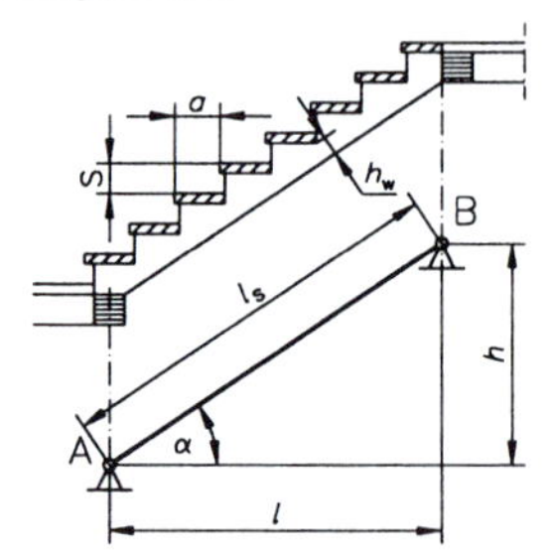

Querschnitt:

Geländerpfosten
b
Tritt-stufe
Tragholm
d
h_w
b_w
0,1 b
0,8 b
0,1 b

Tragholme aus Bauschnittholz,
Nadelholz Güteklasse I oder II
nach DIN 4074

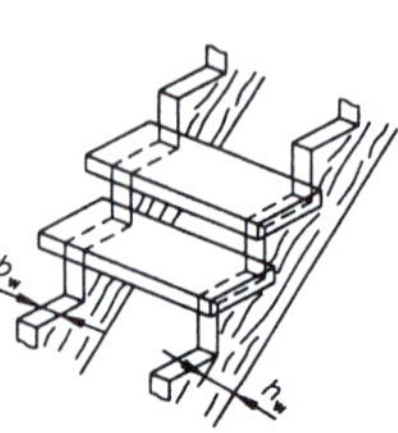

Tragholme
oben zahnförmig
ausgeschnitten

Tragholmhöhen h_w in cm

Stützweite *l* in m	Treppenhöhe *h* in m	$b \leq 1{,}20$ m Breite b_w in cm: 5,5	8,5	10,5	12,5
1,50	≤ 1,50	11	10	9	
2,00	≤ 2,00	14,5	12,5	12	
2,50	≤ 2,50	18,5	16	14,5	14
3,00	≤ 3,00		19	17,5	16,5
3,50	≤ 3,00		21,5	20	19
4,00	≤ 3,00		24	22,5	21
4,50	≤ 3,00		26,5	25	23,5

9 Fenster, Fassaden, Außentüren

9.1 Übersicht

Fenster Seite 9-1 bis 9-19

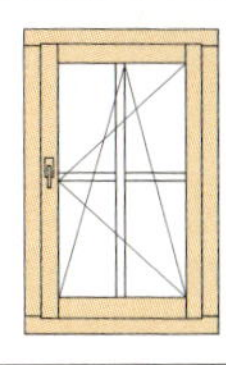

Wintergärten Seite 9-20 bis 9-21

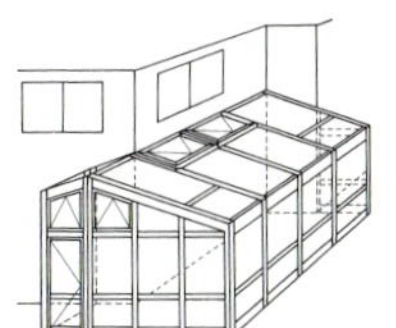

Außentüren Seite 9-22 bis 9-27

Rollläden Seite 9-28

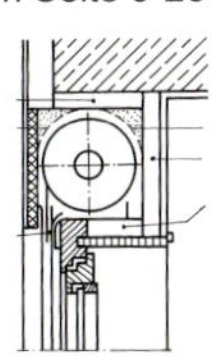

Klappläden Seite 9-28

Außenwandverkleidungen
Seite 9-30

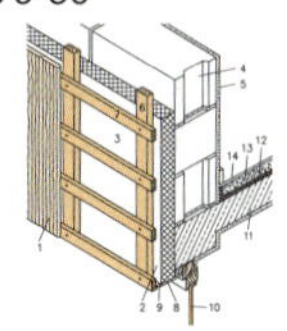

9.1.1 CE-Zertifizierung

Ab dem 1.2.2009 muss der Hersteller von Türen, Toren, Fenstern und Vorhangfassaden seine in den Verkehr gebrachten Produkte mit dem CE-Zeichen versehen. Der Händler (Vertreiber) der Produkte erfüllt damit gegenüber dem Gesetzgeber seine Kennzeichnungspflicht. Bei Zuwiderhandlung drohen empfindliche Strafen. Das CE-Zeichen bescheinigt die Konformität mit EU-Richtlinien, insbesondere der DIN EN 14351-1: 2006-07 (Fenster und Außentüren ohne Eigenschaften bezüglich Feuerschutz und/oder Rauchdichtheit). Das CE-Zeichen löst das Ü-Zeichen ab. Es ist kein Gütesiegel sondern eine Konformitätserklärung (s. o.). Damit werden teilweise nationale Normen, die Konstruktionsmerkmale definierten, durch die garantierten Produkteigenschaften (s. Abb.) abgelöst. In Einzelfällen IV 68 wird eine DIN-gerechte Ausführung automatisch CE-zertifiziert.
Die Zertifizierung eines Produkts beinhaltet zwei Schritte:

1. Die Erstprüfung (ITT = Initial Type Test) durch ein zertifiziertes Prüfinstitut)
   Hier werden Produkteigenschaften untersucht und im Prüfbericht bescheinigt (s. S. 9-2).
   Dazu haben der HKH (Bundesverband Holz und Kunststoff) und auch Lieferanten Musterhandbücher und Systemordner erstellt, die geprüfte Produkte enthalten.
   Der einzelne Tischler kann nun als Lizenznehmer diese standardisierten Produkte fertigen.
2. Die werkseigene Produktionskontrolle (WPK) soll die Übereinstimmung mit dem Ersttyp (ITT) sicherstellen.

Beispiel für ein CE-Zeichen

Fensterbau Mustermann GmbH
Tischlerstrasse 12

Deutschland

2008

EN 14351-1-2006

Dreh-Kipp-Fenster TYP ABCD
Geeignet für den Einsatz in büro- und Geschäftsgebäuden

Widerstand gegen Windlast	Klasse B5 [1)]
Schlagregensicherheit	Klasse 7A [2)]
Gefährliche Substanzen	npd [3)]
Tragfähigkeit von Sicherheitseinrichtungen	350N [4)]
Schallschutz	33 (-1;-5) [5)]
Wärmedurchgangs-koeffizient	1,4 W/m2K [6)]
Luftdurchlässigkeit	Klasse 4 [7)]

Zu 1) s. S. 9-5
Zu 2) s. S. 7-31
Zu 3) npd = no performance determind (Eigenschaften nicht geprüft)
Zu 4) max. Zusatzbelastung
Zu 5) s. S. 7-41 und 7-45
Zu 6) s. S. 7-30
Zu 7) s. S. 7-31

9 Fenster, Fassaden, Außentüren

9.1.1 CE-Zertifizierung

Im Folgenden ist das Planungs- und Prüfschema für Fenster, Außentüren und Funktionstüren dargestellt.

Die mit einem ⚡-Zeichen versehenen Eigenschaften sind so genannte mandantierte Eigenschaften, die den Anforderungen der DIN EN 14351-1: 2006-06 genügen müssen.

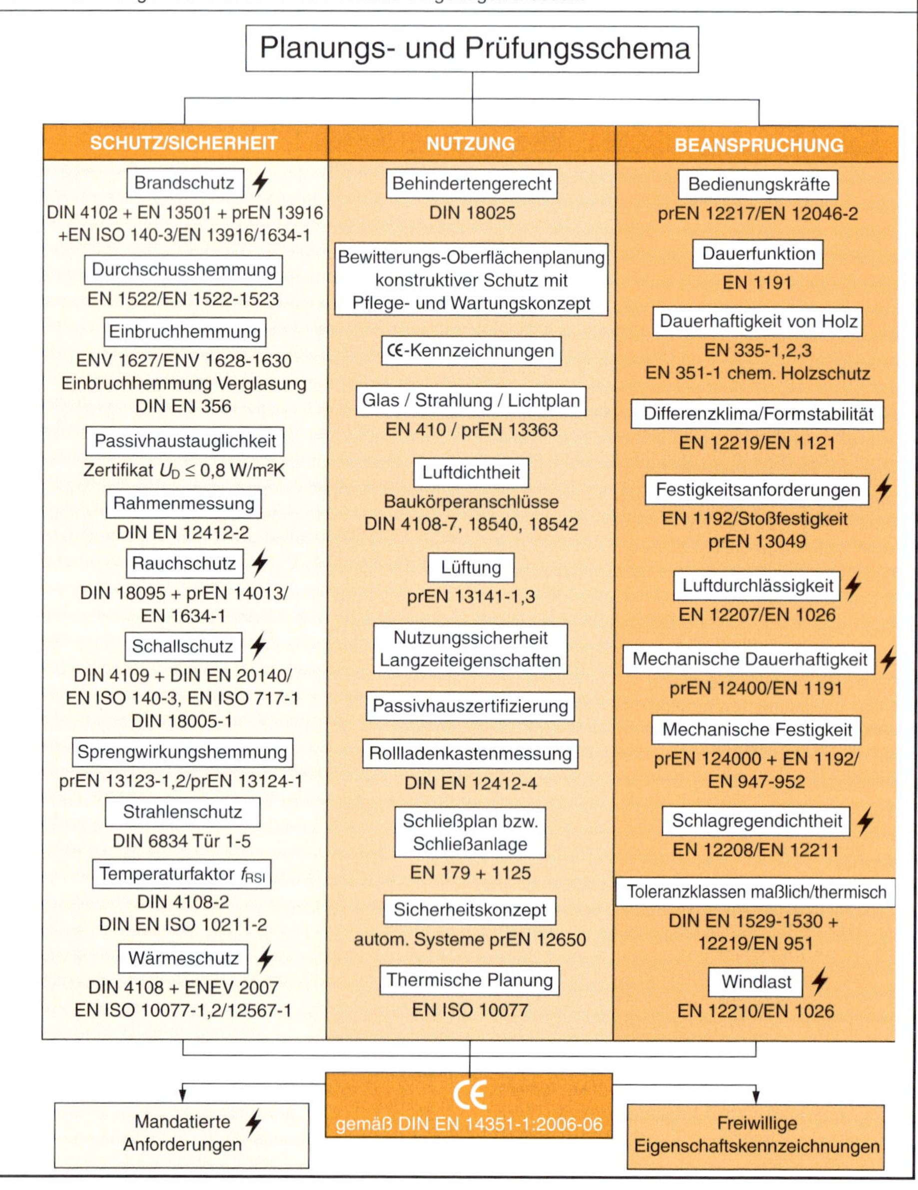

9.2 Fenster

9.2.1 Eigenschaften von Fenstern

Fensterart	Konstruktion	Besondere Eigenschaften	Einsatzgebiet
Einfachfenster	Bestehen aus einem Rahmen und einem bzw. mehreren nebeneinander angeordneten Flügeln. Ihre Verglasung kann aus mehreren hintereinander liegenden Glasscheiben (MIG) bestehen.	Standardausführung Einfachfenster mit Mehrscheibenisolierglas (MIG) haben von allen Fensterarten den größten Marktanteil. Wegen des breiten Angebots von Funktionsgläsern (z. B. Wärme-, Sonnen-, Schall-, Personenschutzgläsern) können die meisten Anforderungen an Fenster ohne Probleme erfüllt werden.	ohne Einschränkung
Verbundfenster	Bestehen aus zwei hintereinander liegenden Flügeln mit einem gemeinsamen Drehpunkt. Die Flügel können für Reinigungszwecke getrennt werden.	Sprossen, erhöhter Wärme- und Schallschutz.	Dreh-, Drehkipp-, Kippfenster
Kastenfenster	Bestehen aus zwei Einfachfenstern mit getrennten oder gemeinsamen Blendrahmen und voneinander unabhängigen Flügeln mit eigenem Drehpunkt.	Sprossen, erhöhter Schallschutz	Drehfenster

Einzelteile des Fensters

Blendrahmen	Ein mit dem Bauwerk fest verbundener Rahmen, an dem der Flügel als bewegliches Teil (einer oder mehrere) angebracht ist.
Flügelrahmen	Ein mit dem Blendrahmen beweglich verbundener Teil des Fensters.
Pfosten	Senkrechtes Teil zur Unterteilung des Blendrahmens in der Breite (früher Setzholz genannt).
Riegel	Querteil zur Unterteilung des Blendrahmens in der Höhe (früher Kämpfer genannt).
Sprossen	Unterteilung des Blendrahmens in der Höhe und Breite

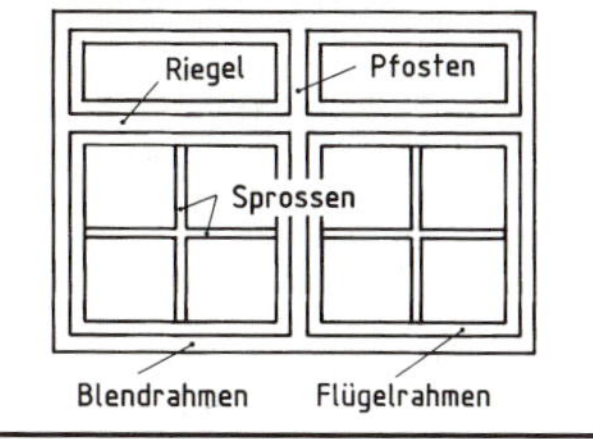

Formale Anforderungen an Fenster

Formale Anforderung
- **Größe**
- **Format**
- **Teilung**
- **Einteilung**
- **Öffnungsart**
- **Rahmenwerkstoff**
- **Oberflächenbehandlung**

DIN 68121-1: 1993-09 Holzfensterprofile für Fenster und Fenstertüren; Maße, Güteanforderungen legt Maximalgrößen und Güteanforderungen in Abhängigkeit von Beschlag, Gesamtgewicht, Glasgewicht, Profil und Format fest.

Die in der Norm festgelegten Flügelgrößen dürfen auf keinen Fall überschritten werden. Bei größeren Abmessungen in Breite und Höhe bzw. einer größeren Gesamtglasdicke von 10 mm ist eine besondere Tauglichkeitsprüfung/Gebrauchstauglichkeit durch Prüfung nachzuweisen.

9

9.2.2 Fensterkondtruktionen aus Aluminium, Kunststoff und Verbundwerkstoffen

Bei modernen Fensterkonstruktionen sind die Kennwerte dem CE-Zeichen zu entnehmen. Die dargestellten Beispiele können bei abweichender Verglasung andere Kennwerte aufweisen.

Holzfenster mit Sandwichkern aus PU-Schaum und Dreifachverglasung

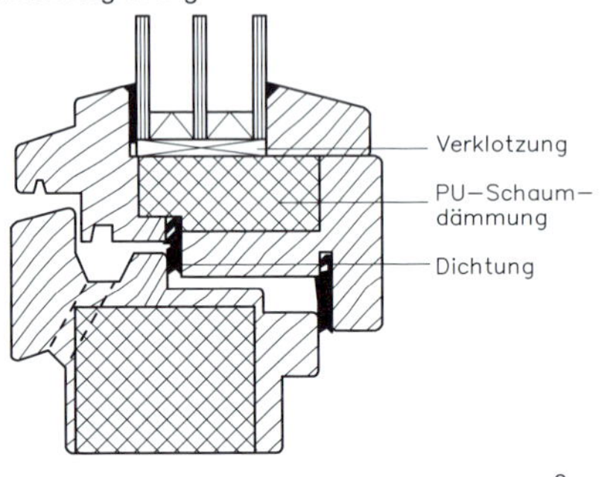

Rahmen 105 mm Flügel 105 mm U_w = 0,7 W/m^{2}K

Holz-Aluminium Verbundfenster

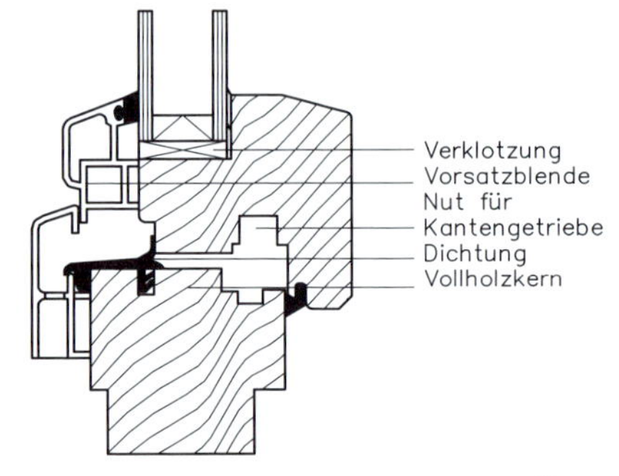

Rahmen 70 mm Flügel 78 mm U_w = 2,1 W/m^{2}K

Aluminiumfenster (bündig) mit thermischer Trennung

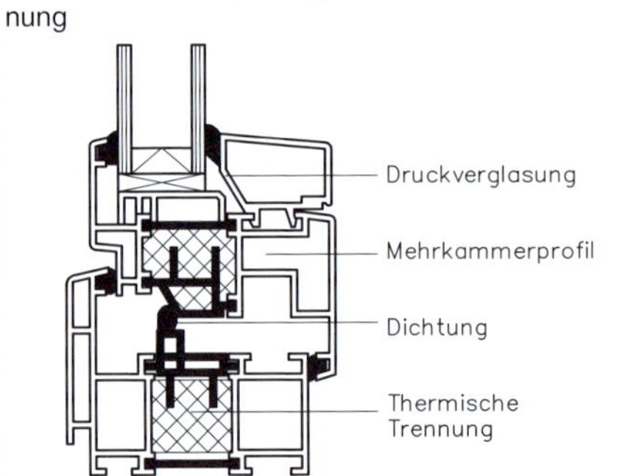

Rahmen 75 mm Flügel 85 mm U_w = 1,4 W/m^{2}K

Holz-Aluminium-Verbundfenster mit Sandwichkern und Dreifachverglasung (Passivhausfenster)

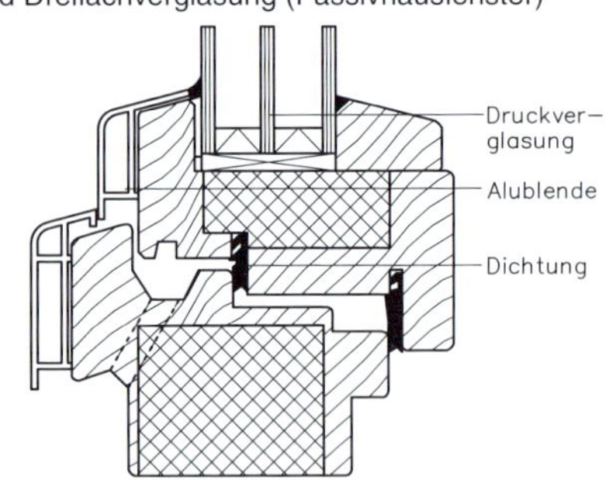

Rahmen 105 mm Flügel 105 mm U_w = 0,68 W/m^{2}K

Kunststofffenster

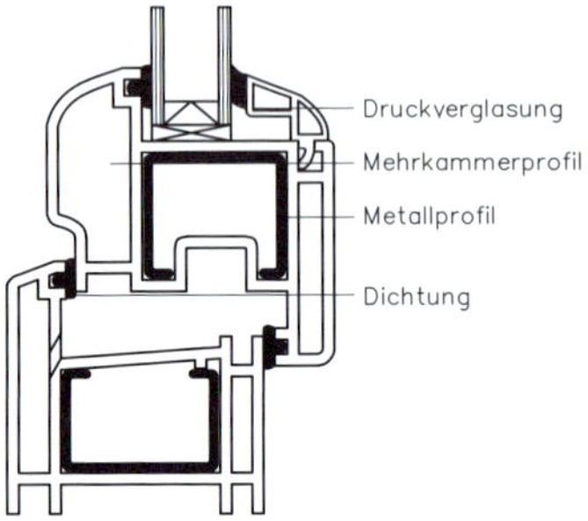

Druckverglasung
Mehrkammerprofil
Metallprofil
Dichtung

Rahmen 78 mm Flügel 78 mm U_w = 1,3 W/m^{2}K

Kunststoffenster mit GFK-Rahmen und Dreifachverglasung

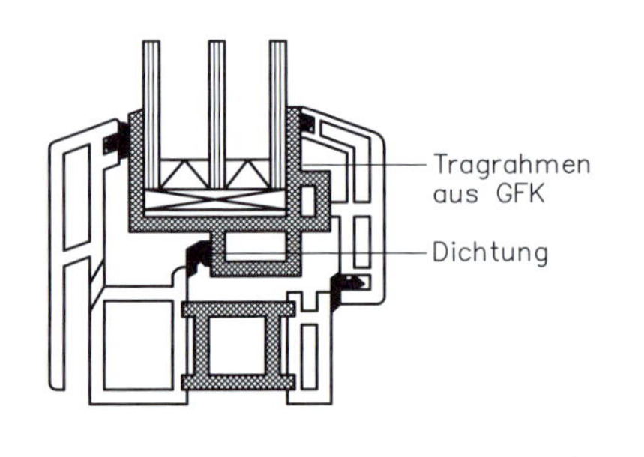

Rahmen 78 mm Flügel 78 mm U_w = 0,78 W/m^{2}K

9.2 Fenster

9.2.3 Konstruktionen von Holzfenstern

Drehrichtungsbeispiele: Öffnungsarten von Fenstern nach DIN 1356-1: 1995-02

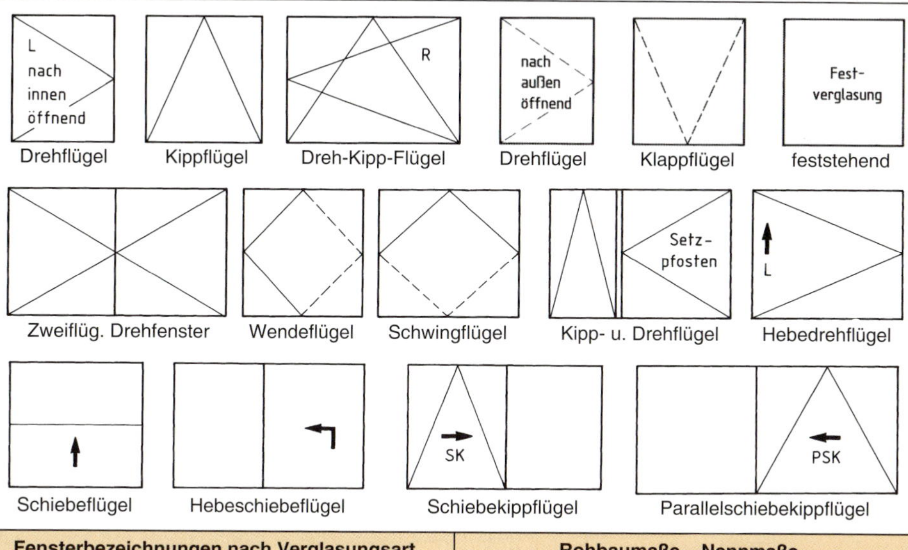

Fensterbezeichnungen nach Verglasungsart	Rohbaumaße – Nennmaße
EV, IV, EV, LZR	Blendrahmenaußenmaß, lichtes Blendrahmenmaß, 78, 12, 15, Bezugskante, 4, Flügel-profil, Blendrahmen, IV 68, 18, Flügel-Lichtmaß
Luft- oder Scheibenzwischenraum LZR (SZR)	

Widerstandsfähigkeit bei Windlast nach DIN EN 12210: 1999 + AC: 2002

	Relative frontale Durchbiegung [1)2)]		
Klasse für die Windlast	Durchbiegung ≤1/150 (A)	Durchbiegung ≤1/200 (B)	Durchbiegung ≤1/300 (C)
1 (geringer Prüfdruck)	A1	B1	C1
2	A2	B2	C2
3	A3	B3	C3
4	A4	B4	C4
5	A5	B5	C5
E xxxx [3)]	xxxx		

⇒ 7-31

[1)] Gemessen am stärksten verformten Rahmenteil bei unterschiedlichen Prüfdrücken nach DIN EN 12210
[2)] Bei der Klassifizierung der Widerstandsfähigkeit bei Wind bezieht sich die Ziffer auf die Klasse der Windlast und der Buchstabe auf die relative frontale Durchbiegung des Prüfstücks.
[3)] Oberhalb der Klasse 5 wird der tatsächliche Prüfdruck angegeben.

9.2 Fenster

9.2.3 Konstruktionen von Holzfenstern (Forts.)

Konstruktionsmerkmale am Regelquerschnitt nach DIN 68121-2: 1990-6

Die rot dargestellten Maße sind nach DIN zwingend vorgeschrieben und auch für abweichende Ausführungen (z. B. andere Öffnungs- oder Verglasungsart, …) gültig.

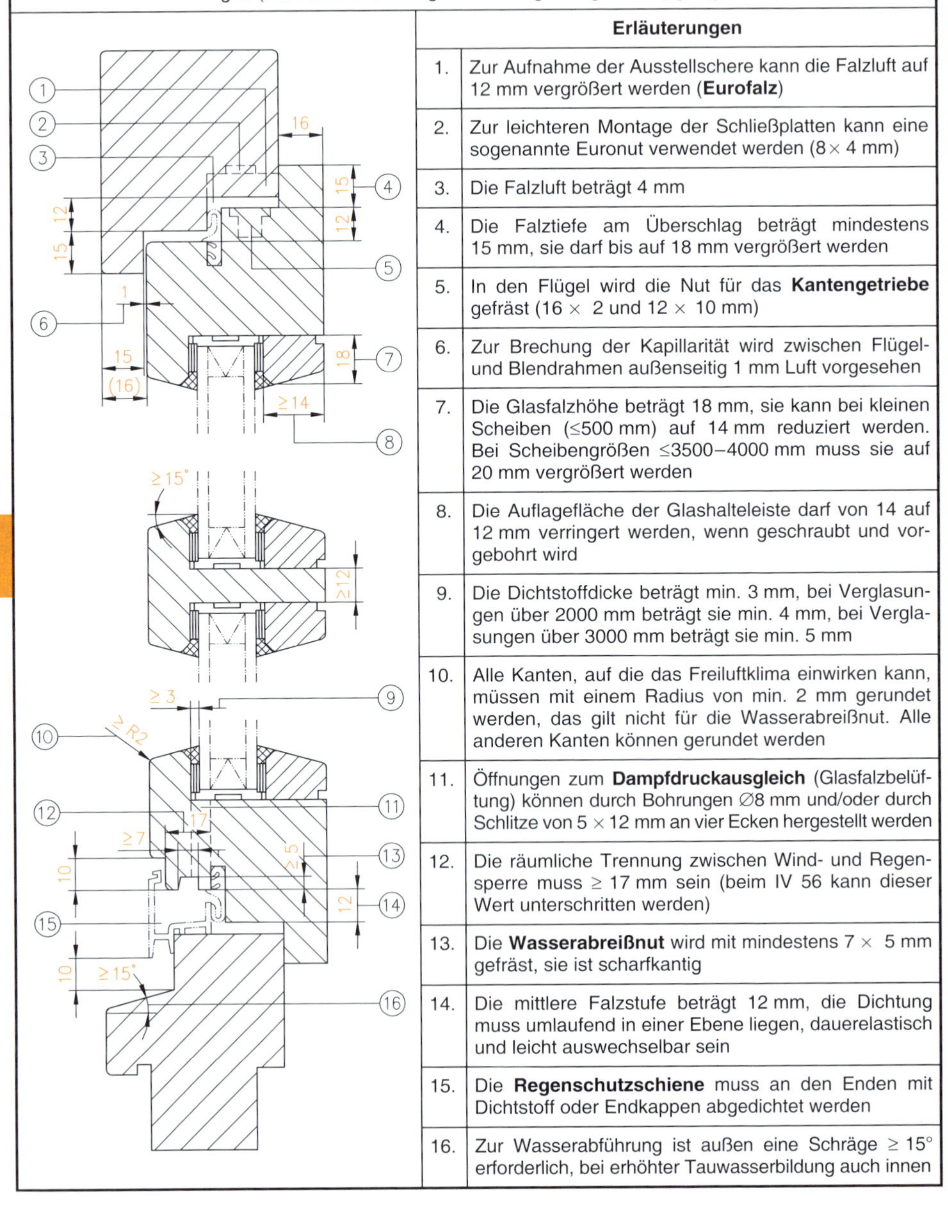

	Erläuterungen
1.	Zur Aufnahme der Ausstellschere kann die Falzluft auf 12 mm vergrößert werden (**Eurofalz**)
2.	Zur leichteren Montage der Schließplatten kann eine sogenannte Euronut verwendet werden (8 × 4 mm)
3.	Die Falzluft beträgt 4 mm
4.	Die Falztiefe am Überschlag beträgt mindestens 15 mm, sie darf bis auf 18 mm vergrößert werden
5.	In den Flügel wird die Nut für das **Kantengetriebe** gefräst (16 × 2 und 12 × 10 mm)
6.	Zur Brechung der Kapillarität wird zwischen Flügel- und Blendrahmen außenseitig 1 mm Luft vorgesehen
7.	Die Glasfalzhöhe beträgt 18 mm, sie kann bei kleinen Scheiben (≤500 mm) auf 14 mm reduziert werden. Bei Scheibengrößen ≤3500–4000 mm muss sie auf 20 mm vergrößert werden
8.	Die Auflagefläche der Glashalteleiste darf von 14 auf 12 mm verringert werden, wenn geschraubt und vorgebohrt wird
9.	Die Dichtstoffdicke beträgt min. 3 mm, bei Verglasungen über 2000 mm beträgt sie min. 4 mm, bei Verglasungen über 3000 mm beträgt sie min. 5 mm
10.	Alle Kanten, auf die das Freiluftklima einwirken kann, müssen mit einem Radius von min. 2 mm gerundet werden, das gilt nicht für die Wasserabreißnut. Alle anderen Kanten können gerundet werden
11.	Öffnungen zum **Dampfdruckausgleich** (Glasfalzbelüftung) können durch Bohrungen ∅8 mm und/oder durch Schlitze von 5 × 12 mm an vier Ecken hergestellt werden
12.	Die räumliche Trennung zwischen Wind- und Regensperre muss ≥ 17 mm sein (beim IV 56 kann dieser Wert unterschritten werden)
13.	Die **Wasserabreißnut** wird mit mindestens 7 × 5 mm gefräst, sie ist scharfkantig
14.	Die mittlere Falzstufe beträgt 12 mm, die Dichtung muss umlaufend in einer Ebene liegen, dauerelastisch und leicht auswechselbar sein
15.	Die **Regenschutzschiene** muss an den Enden mit Dichtstoff oder Endkappen abgedichtet werden
16.	Zur Wasserabführung ist außen eine Schräge ≥ 15° erforderlich, bei erhöhter Tauwasserbildung auch innen

9.2.3 Konstruktionen von Holzfenstern (Forts.)

Rahmenverbindungen

Pfosten (Setzholz)
Die Dübelung vom Pfosten muss sauber und genauestens erfolgen. Die Dübel müssen an den Überschlägen (Falzoberkanten) und im abgefälzten Innenbereich liegen

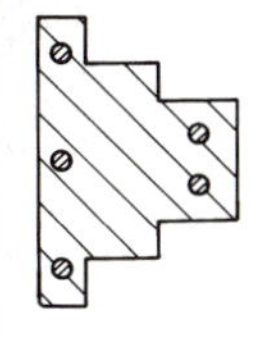

Riegel (Kämpfer)
Die Dübelung am Kämpfer muss genau und durchdacht sein. Vor der Dübelung die spätere Profilausprägung beachten

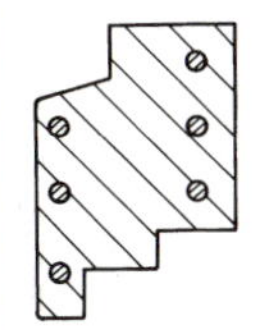

Sprossen (tragend)
Falzoberkanten beachten.
Dübeldicke richtig auswählen.
Dübelanzahl mindestes „drei“, um ein Verdrehen zu vermeiden

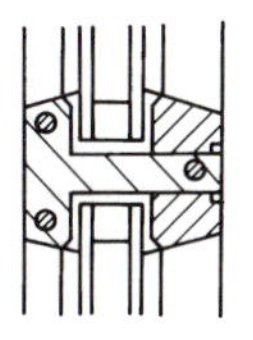

Falzdichtung für Schallschutzfenster

Wenn bei Schallschutzfenstern zwei hintereinanderliegende Dichtungen notwendig sind, können diese alternativ zu IV 78 und IV 92 nach DIN 68121 Teil 1 entsprechend den untenstehenden Bildern ausgeführt werden.

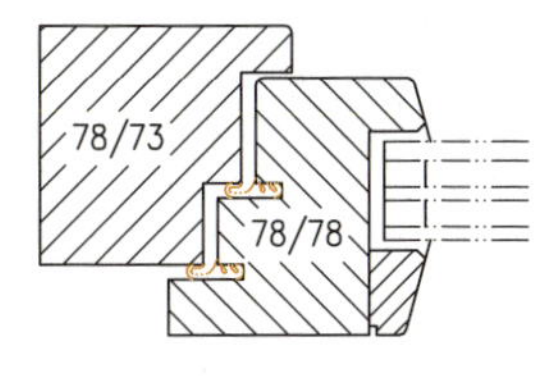

IV 78 mit zusätzlicher Dichtung

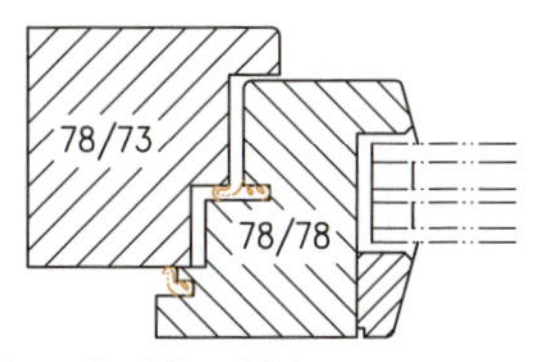

IV 78 mit zusätzlicher Dichtung

Pfostenausführung

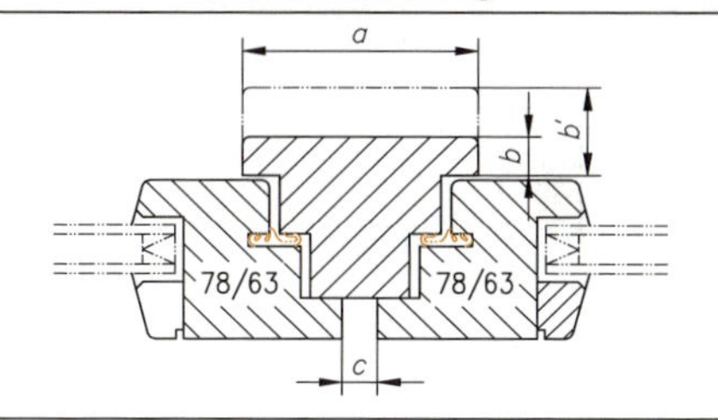

Riegelausführung

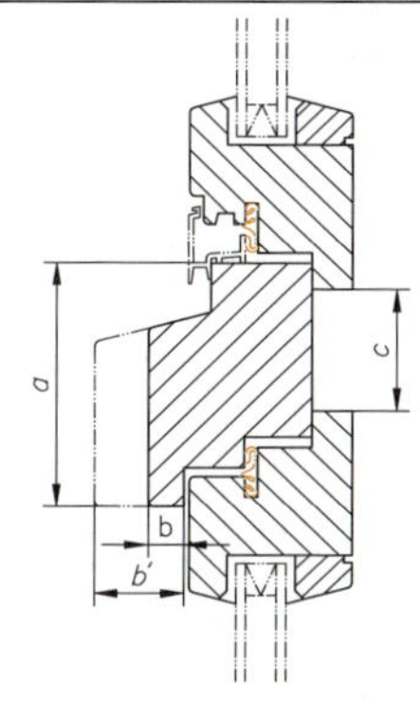

Breite *a* und Dicke *b* (*b'*) von Pfosten und Riegel (Kämpfer) ergeben sich aus der mechanischen Beanspruchung, wobei die Breite *c* unter Berücksichtigung der notwendigen Maße für den Beschlageinbau zu wählen ist

9-11

Stulpflügel-Ausführung

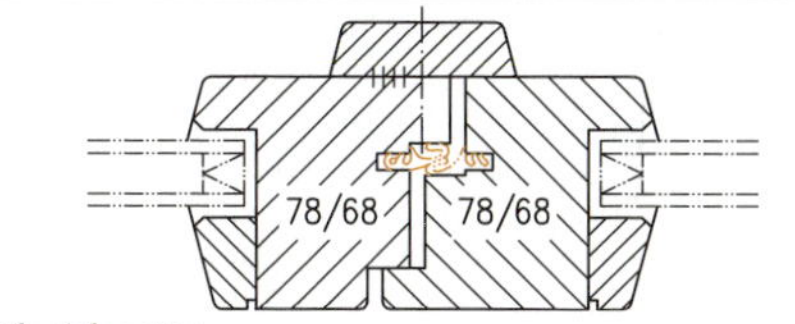

Einfachfenster

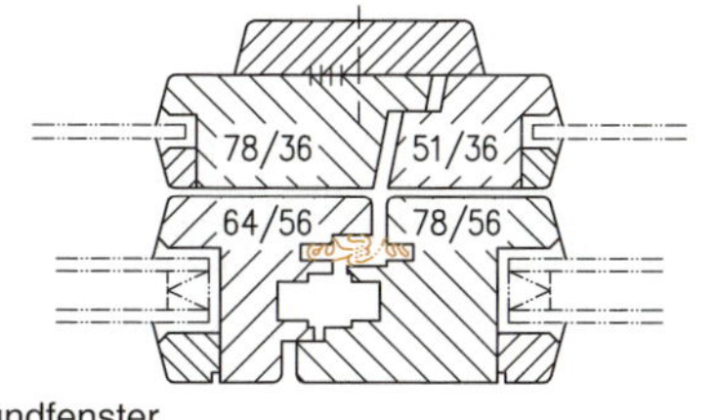

Verbundfenster

9.2 Fenster

9.2.3 Konstruktionen von Holzfenstern

Profilquerschnitte und maximale Flügelmaße nach DIN 68121-1: 1993-09[1]

IV 56/78-1

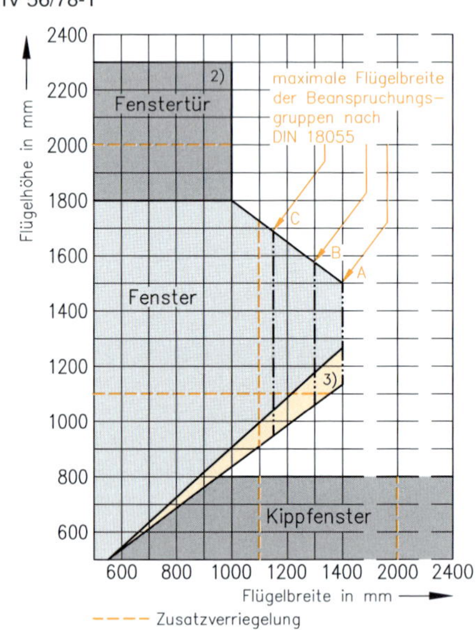

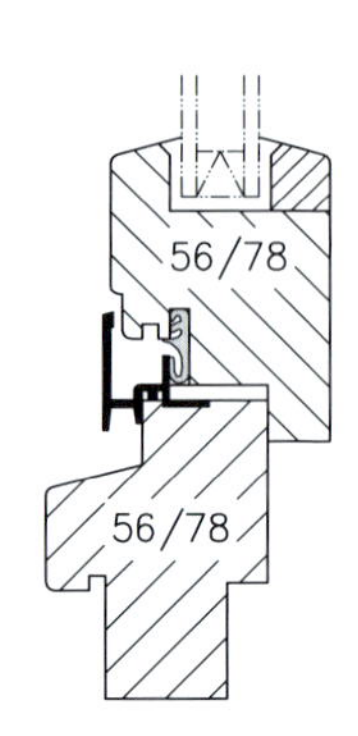

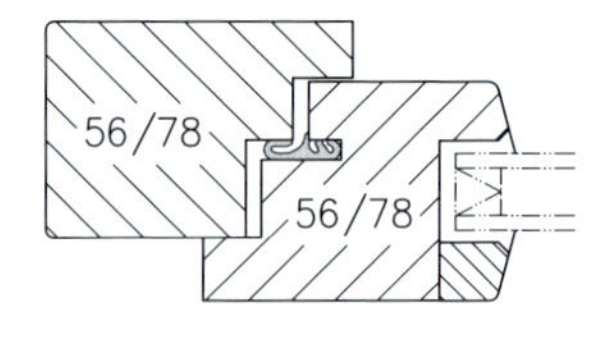

IV 36/78-1

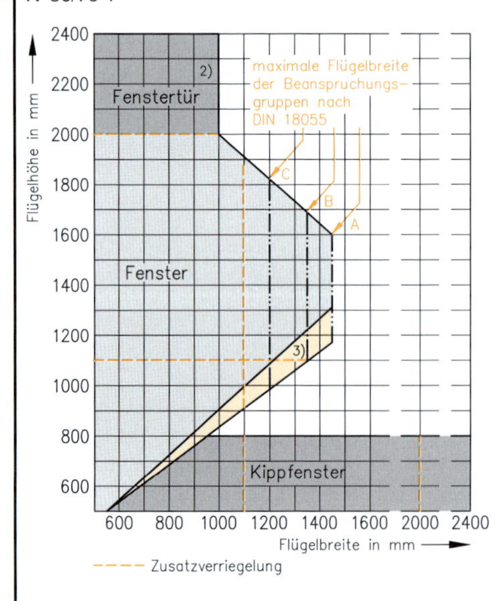

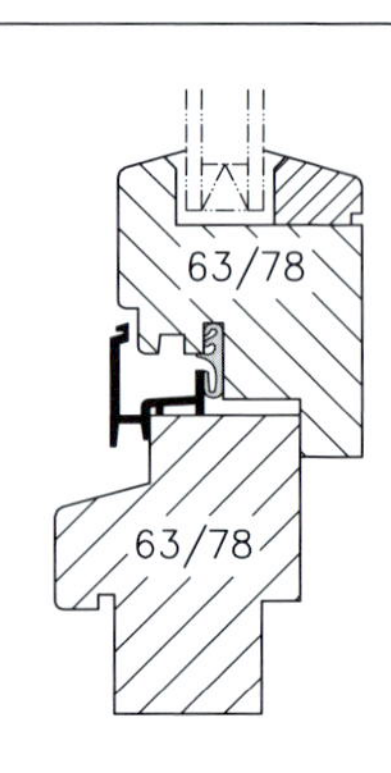

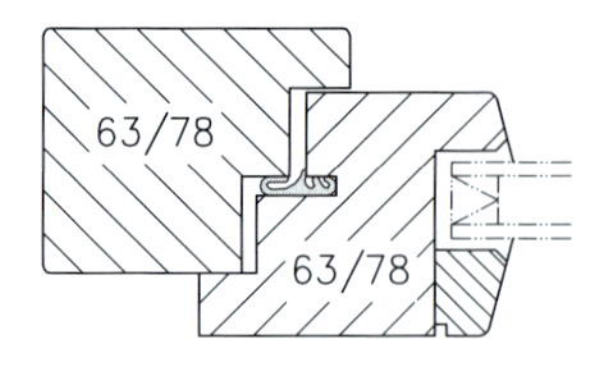

[1] Die Norm enthält weitere Profile. [2] Bei Fenstertüren wird das untere Querholz des Flügelrahmens verstärkt und darf bis 140 mm ungeteilt ausgeführt werden. [3] Nur gelegentlich zur Reinigung drehen.

9.2.3 Konstruktionen von Holzfenstern (Forts.)

Profilquerschnitte und maximale Flügelmaße nach DIN 68121-1: 1993-09[1]

IV 68/78-1

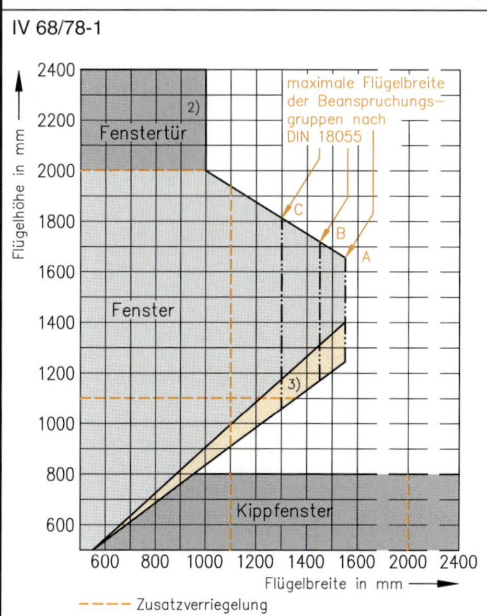

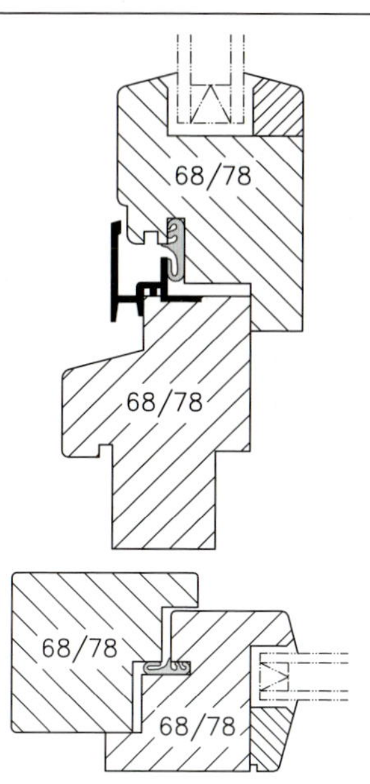

IV 78/78-1

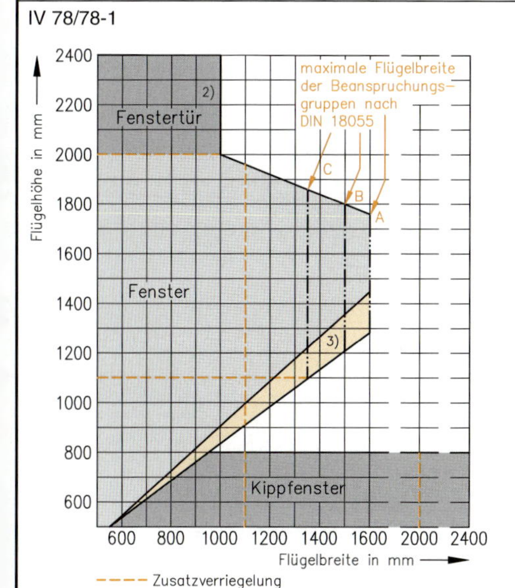

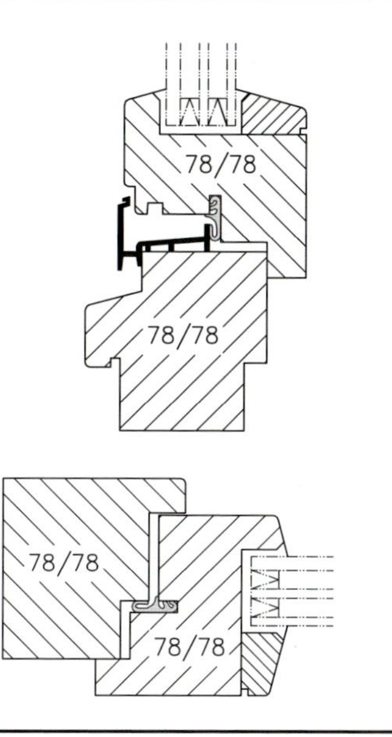

[1] Die Norm enthält weitere Profile.
[2] Bei Fenstertüren wird das untere Querholz des Flügelrahmens verstärkt und darf bis 140 mm ungeteilt ausgeführt werden.
[3] Nur gelegentlich zur Reinigung drehen.

9.2.3 Konstruktionen von Holzfenstern (Forts.)

Profilquerschnitte und maximale Flügelmaße nach DIN 68121-1: 1993-09[1]

IV 92-1

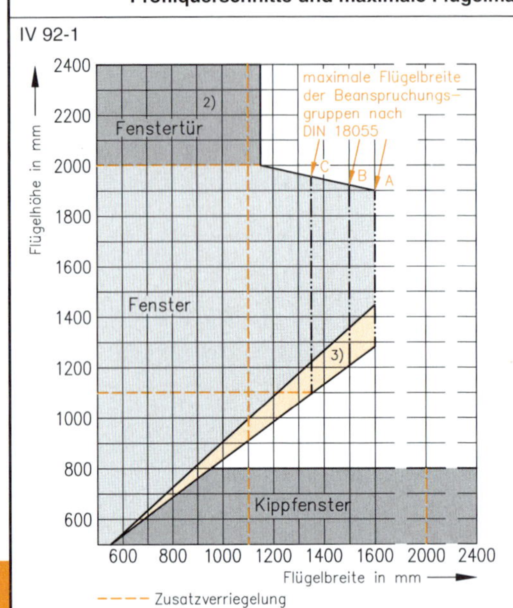

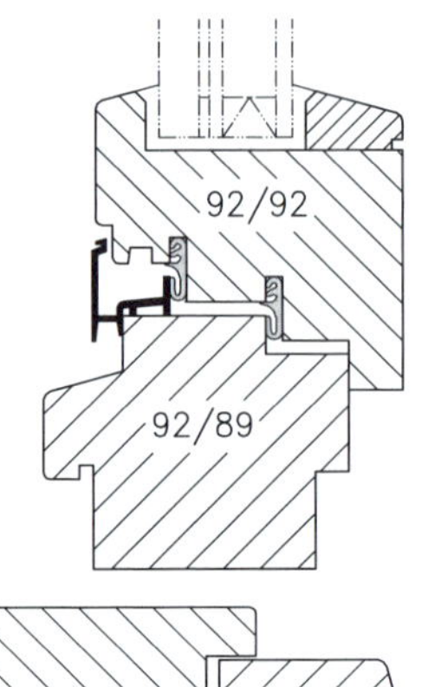

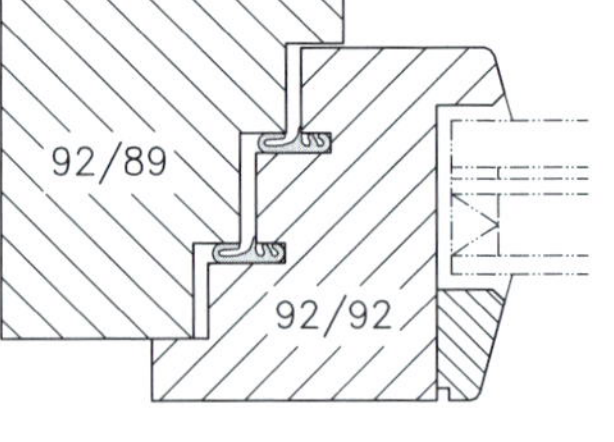

DV 44/78-32-1

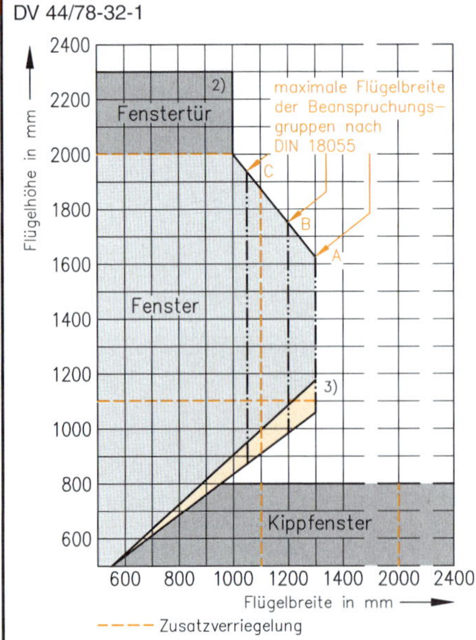

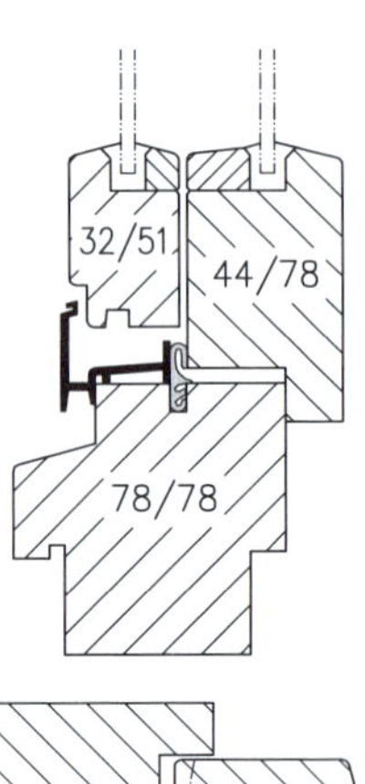

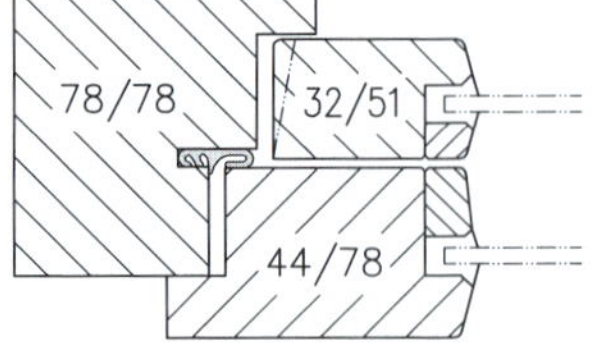

[1] Die Norm enthält weitere Profile.

[2] Bei Fenstertüren wird das untere Querholz des Flügelrahmens verstärkt und darf bis 140 mm ungeteilt ausgeführt werden.

[3] Nur gelegentlich zur Reinigung drehen.

9.2 Fenster

9.2.4 Dimensionierung von Rahmenquerschnitten

Folgende Merkmale sind bei Fensterkonstruktionen zu beachten

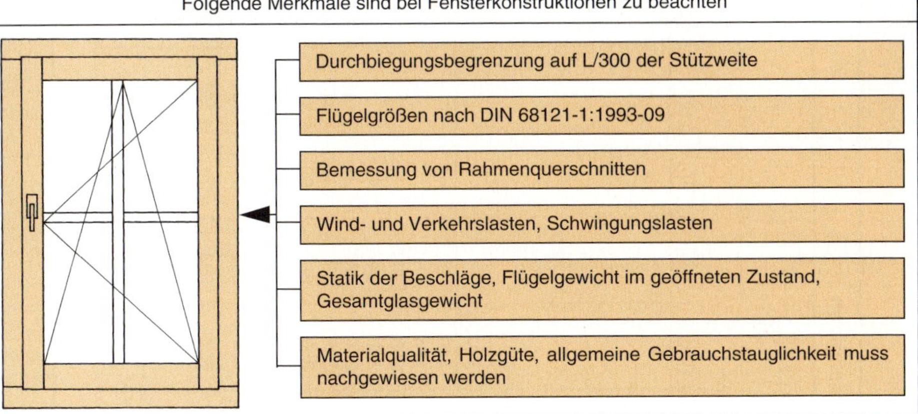

Lösungswege zur Dimensionierung von Rahmenquerschnitten (Holzprofile) nach DIN 1055-1: 2002-06, DIN 18055: 1981-10, DIN 18056: 1966-06

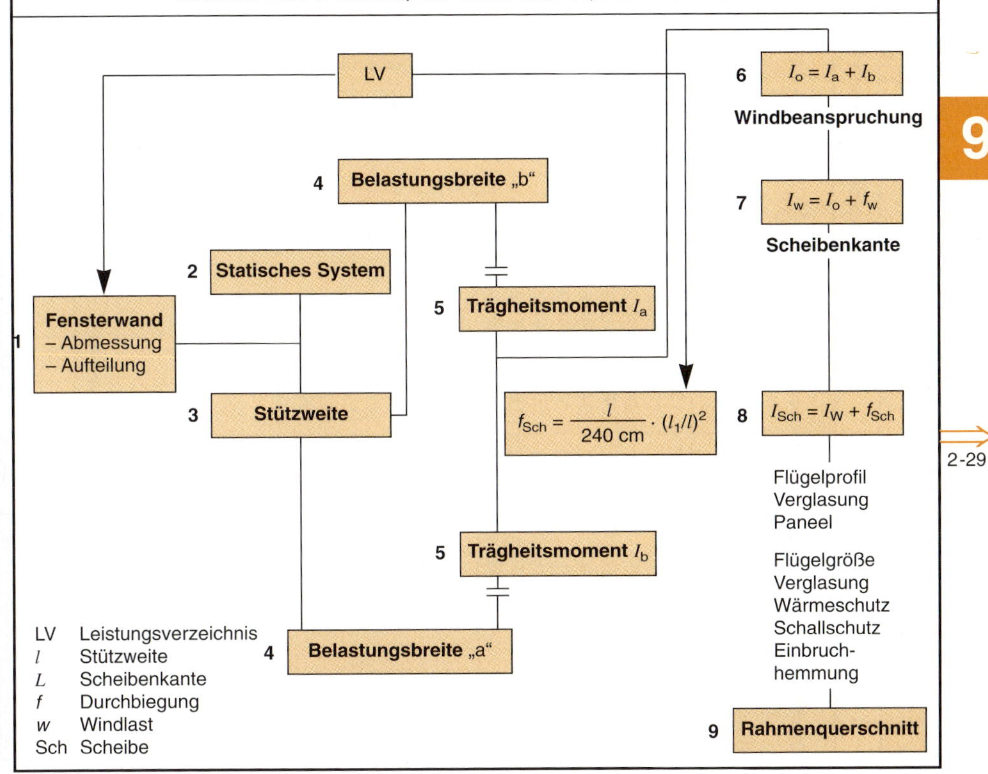

2-29

9

9.2 Fenster

9.2.4 Dimensionierung von Rahmenquerschnitten

Ermittlung des erforderlichen Trägheitsmomentes[1]: $I = \frac{W}{1000} \cdot \frac{l^4 \cdot a}{1920 \cdot E \cdot f} \cdot \left[25 - 40\left(\frac{a}{l}\right)^2 + 16 \cdot \left(\frac{a}{l}\right)^4\right] \text{ cm}^4$

Stützweite l in cm	Belastungsbreite a in cm													
	20	30	40	50	60	70	80	90	100	110	120	130	140	150
120	2,7	11,0	13,4	15,0	15,6									
130	9,9	14,2	17,6	20,0	21,3									
140	12,4	17,9	22,5	25,9	18,1	28,8								
150	15,4	22,2	28,1	32,8	36,1	37,8								
160	18,7	27,2	34,7	40,8	45,4	48,2	49,2							
170	22,5	32,8	42,1	49,9	56,0	60,2	62,4							
180	26,8	39,2	50,4	60,2	68,1	73,9	77,5	78,7						
190	31,6	46,3	59,8	71,2	81,7	89,4	94,7	97,4						
200	36,9	54,2	70,3	84,6	96,9	107	114	119	120					
210	42,8	63,0	81,9	98,9	114	126	136	142	145					
220	49,3	72,7	94,6	115	132	148	160	169	174					
230	56,3	83,2	109,0	132	153	171	186	198	205	209				
240	64,1	94,8	124,0	151	175	197	215	230	240	247	249			
250	72,5	107,0	141,0	172	200	225	247	165	279	288	292			
260	81,6	121,0	159,0	194	227	256	282	303	320	333	340	343		
270	91,5	136,0	178,0	218	255	289	319	345	366	382	392	398		
280	102,0	152,0	199,0	244	286	325	360	390	415	435	449	458	461	
290	114,0	169,0	222,0	272	320	364	403	438	468	492	511	523	530	
300	126,0	187,0	246,0	303	356	405	450	491	525	554	557	594	604	608
320	153,0	300,0	300,0	369	435	497	555	607	653	693	726	752	771	783
340	183,0	360,0	360,0	445	526	602	673	739	798	851	896	934	964	985
360	218,0	429,0	429,0	530	627	720	807	888	963	1030	1089	1140	1183	1216
380	256,0	505,0	505,0	625	741	852	957	1056	1148	1231	1307	1374	1431	1478
400	299,0	590,0	590,0	731	868	999	1124	1243	1354	1456	1550	1634	1709	1772

[1] $f = 1/300 \cdot 1/2$; $w = 0{,}6$ kN/m^2; $\alpha = 45°$ Trapezlast

9.2 Fenster

9.2.4 Dimensionierung von Rahmenquerschnitten

Ermittlung von Trägheitsmomenten für Querschnitte des Pfostens zum Profil IV 68 $1\ cm^4 = 10^4\ mm^4$

Bildliche Darstellung	Breite / Dicke	92	100	110	120	130	140	150	160	170	180	190	200	210
Dicke, a, 25, 27, Breite	68	148	171	199	227	254	281	308	335	362	389	415	442	468
	78	229	264	306	348	389	431	471	512	552	593	633	673	713
	92	383	440	509	578	646	713	780	846	913	979	1045	1111	1177
	100	498	570	659	747	833	920	1096	1091	1176	1261	1346	1430	1515
	110	673	768	886	1002	1117	1232	1345	1459	1572	1685	1798	1910	2022
	120	887	1010	1162	1312	1461	1609	1757	1904	2050	2197	2343	2489	2634
	130	1145	1300	1492	1682	1871	2059	2247	2433	2620	2805	2991	3176	3361
	140	1452	1645	1883	2120	2355	2590	2823	3056	3288	3520	3751	3982	4213
	150	1812	2048	2340	2631	2919	3207	3493	3779	4064	4349	4634	4918	5201
	160	2230	2515	2869	3220	3570	3918	4265	4611	4957	5302	5647	5992	6336

Angaben in mm

Ermittlung von Trägheitsmomenten für Querschnitte des Riegels zum Profil IV 68 $1\ cm^4 = 10^4\ mm^4$

Bildliche Darstellung	Breite / Dicke	92	100	110	120	130	140	150	160	170	180	190	200	210
Breite, a, 25, 27, Dicke	68	168	189	216	242	268	294	320	347	373	399	425	451	478
	78	252	284	323	363	402	442	482	521	561	600	640	679	719
	92	403	455	520	585	650	715	779	844	909	974	1039	1104	1169
	100	508	574	658	741	825	908	922	1075	1158	1242	1325	1408	1492
	110	659	748	859	970	1081	1192	1304	1415	1526	1637	1748	1859	1970
	120	832	948	1093	1238	1382	1526	1671	1815	1959	2104	2248	2392	2536
	130	1028	1176	1361	1545	1729	1913	2097	2280	2464	2647	2831	3014	3197
	140	1245	1431	1663	1893	2124	2354	2584	2813	3043	3272	2502	3731	3960
	150	1483	1713	1999	2284	2568	2851	3135	3418	3700	3983	4265	4547	4829
	160	1738	2019	2368	2716	3062	3407	3751	4095	4439	4783	5125	5468	5811

Angaben in mm

9.2 Fenster

9.2.5 Fenstergläser

Tabelle zur Glasdickenbestimmung

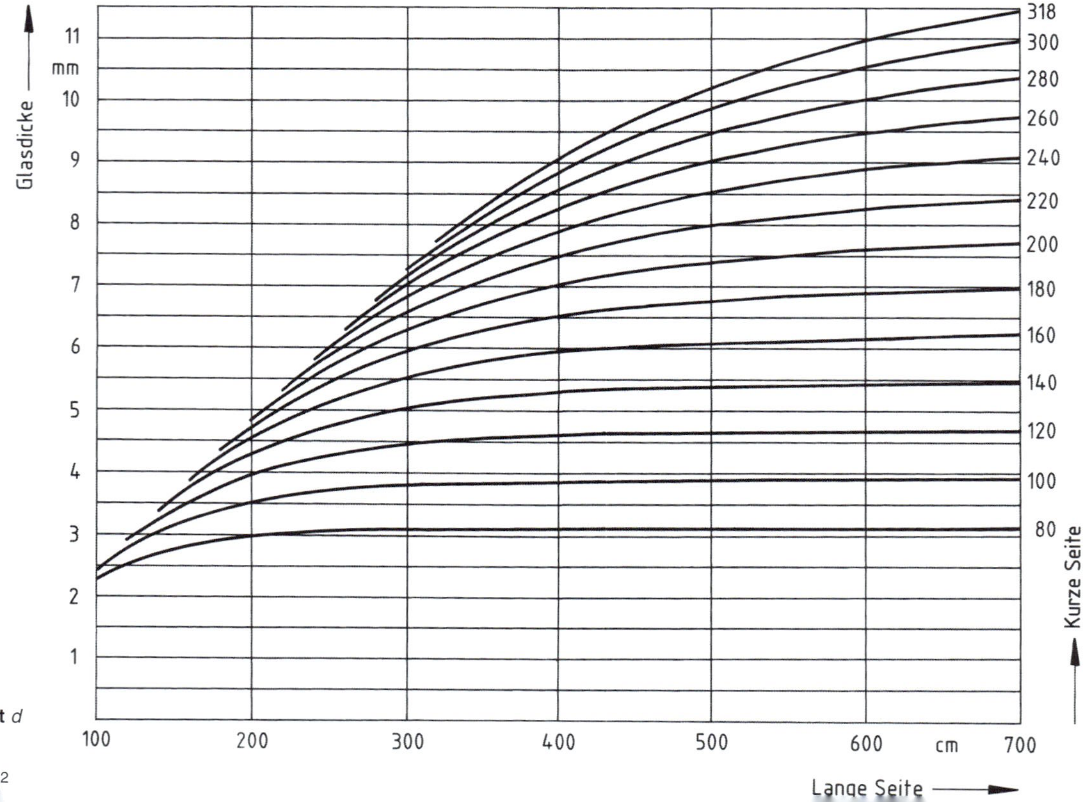

Glasdickengrundwert *d* für Spiegelglas (Floatglas) usw. bei einer Windlast $w = 0{,}6\ kN/m^2$

Beanspruchungsgruppen für Verglasung von Fenstern

Beanspruchungsgruppen			1	2	3	4	5
Beanspruchung			**Va1**	**Va2**	**Va3** **Vf3**	**Va4** **Vf4**	**Va5** **Vf5**
Verglasungssysteme nach DIN 18545-3: 1992-02 Kurzzeichen[1]) Schematische Darstellung							
Bedienung/Öffnungsart			Festverglasung, Drehfenster, Drehkippfenster		Schwingfenster, Hebefenster und Fenster mit vergleichbarer Beanspruchung		
Umgebungseinwirkung			Zuordnung über Einwirkung von der Raumseite				Feuchtigkeit Mechan. Beschädigung
Scheibengröße			Zuordnung über Rahmenmaterial, Kantenlänge und Dichtstoffvorlage				
Rahmen-material	Dichtstoff-vorlage	Farb-ton	Kantenlänge				
Aluminium	3 mm	hell dunkel			bis 0,8 m bis 0,8 m	bis 1,00 m bis 1,00 m	bis 1,50 m bis 1,50 m
	4 mm	hell dunkel			bis 1,50 m bis 1,25 m	bis 2,00 m bis 1,50 m	bis 2,50 m bis 2,00 m
	5 mm	hell dunkel			bis 1,75 m bis 1,50 m	bis 2,25 m bis 2,00 m	bis 3,00 m bis 2,75 m
Holz	3 mm		bis 0,80 m	bis 1,00 m	bis 1,50 m	bis 1,75 m	bis 2,00 m
	4 mm				bis 1,75 m	bis 2,50 m	bis 3,00 m
	5 mm				bis 2,00 m	bis 3,00 m	bis 4,00 m
Kunststoff	4 mm	hell dunkel			bis 0,8 m bis 0,8 m	bis 1,00 m bis 1,00 m	bis 1,50 m bis 1,50 m
	5 mm	hell			bis 1,5 m	bis 2,00 m	bis 2,50 m
	6 mm	dunkel			bis 1,25 m	bis 1,50 m	bis 2,00 m
	6 mm	dunkel			bis 1,5 m	bis 2,00 m	bis 2,50 m
Scheibengröße			Zuordnung über die Gebäudehöhe und/oder die Belastung der Glasauflage Scheibengröße				
			bis 0,5 m^2	bis 0,8 m^2	bis 1,8 m^2	bis 6,0 m^2	bis 9,0 m^2
Gebäudehöhe	Lastannahme		Belastung				
8 m	0,60 kN/m^2		bis 0,16 N/mm	bis 0,22 N/mm	bis 0,35 N/mm	bis 0,70 N/mm	bis 0,90 N/mm
20 m	0,96 kN/m^2		bis 0,25 N/mm	bis 0,35 N/mm	bis 0,55 N/mm	bis 1,10 N/mm	bis 1,40 N/mm
100 m[2])	1,32 kN/m^2		bis 0,35 N/mm	bis 0,50 N/mm	bis 0,75 N/mm	bis 1,50 N/mm	bis 1,90 N/mm

[1]) V Verglasungssystem; a ausgefüllter Falzraum; f dichtstofffreier Falzraum.
[2]) Turmartige Gebäude.

9.2.6 Verglasung, Verklotzung, Dichtstoffe

Glasfalzhöhen nach DIN 68121-2: 1990-06

Längste Seite der Verglasungseinheit	Glasfalzhöhe *h* bei *) Einfachglas min.	Mehrscheiben-Isolierglas min.
bis 1000	10	18
über 1000 bis 3500	12	18
über 3500 bis 4000	15	20

*) Bei Scheiben mit einer Kantenlänge bis 500 mm kann mit Rücksicht auf eine schmale Sprossenausbildung die Glasfalzhöhe auf 14 mm und der Glaseinstand auf 11 mm reduziert werden.

Verklotzungsrichtlinien

Die Verglasungseinheit im Flügelrahmen ist mit Hilfe der Verklotzung so vorzunehmen, dass weder Rahmen noch Glas zu Bruch gehen können. Man unterscheidet zwischen Tragklotz und Distanzklotz. Klotzhölzer sollen ca. 2 mm breiter als das Glas sein, um einen sicheren Sitz zu gewährleisten. Distanzklötze sollen ca. 0,5 mm bis 1 mm dünner sein als die Tragklötzchen. Die Klotzlänge liegt zwischen 50 mm und 100 mm, sie sollte einen Abstand zur Falzecke von 60 mm bis 100 mm haben. Mit den Klotzen wird der Flügel richtig eingestellt sowie die Gängigkeit gewährleistet. Klotzhölzer können aus Holz und Kunststoff beschaffen sein, die Dicke sollte durch verschiedene Farben erkennbar sein. Falzgrund muss vor dem Verglasen vorbehandelt sein. Unzulässige Spannungen im Glas bzw. der Verglasungseinheit müssen vermieden werden. Bruchgefahr!

Verklotzung von Flügeln

Drehflügel 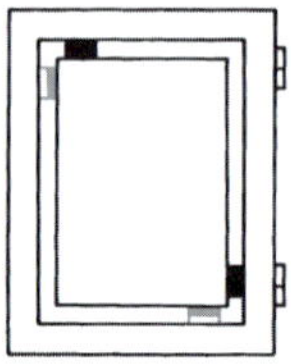	Drehkippflügel 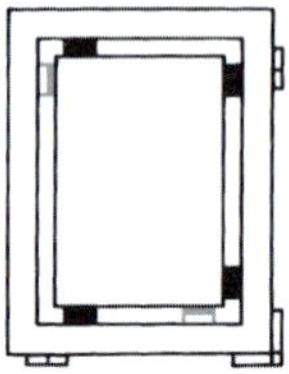	Hebe-Drehflügel 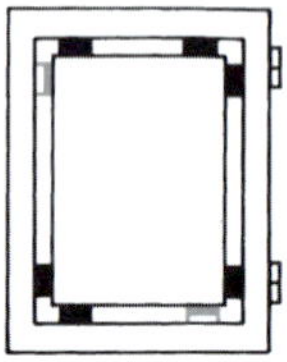	Klappflügel 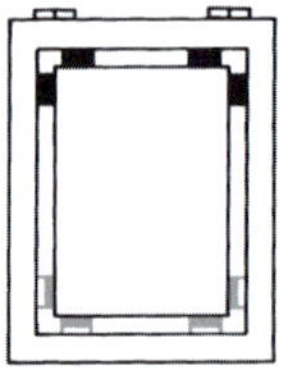	Kippflügel 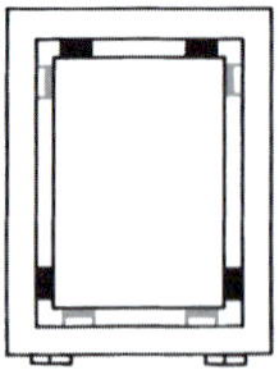
Schwingflügel 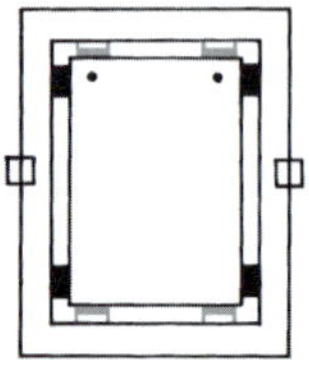	Wendeflügel, mittig 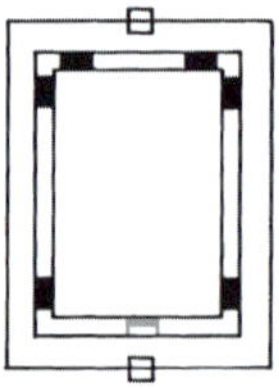	Wendeflügel, außermittig 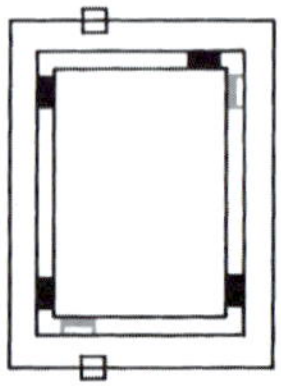	Festverglasung 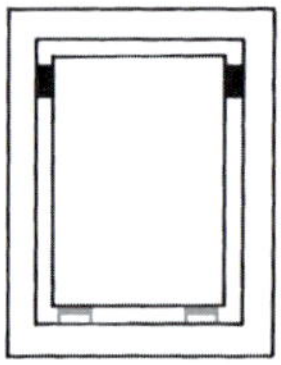	Zeichenerklärung 

Verklotzungen müssen unbedingt und richtig eingehalten werden, da sonst die Fensterflügel sich verformen bzw. ihre Gängigkeit nicht mehr gewährleistet ist. Merke: Die Funktionstüchtigkeit eines Fensters wird vom Kunden zuerst überprüft.[1]

9-5

[1] Schließung, Schlagregendichtigkeit.

9.2 Fenster

Dichtstoffgruppen und Anforderungen an die Dichtstoffe nach DIN 18545-3: 1992-02

Beanspruchungsgruppe zur Verglasung von Fenstern	1	2	3	4	5
Verglasungssystem[1]	Va 1 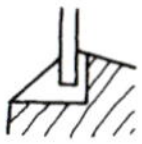	Va 2 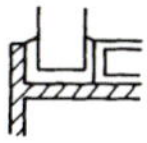	Va 3 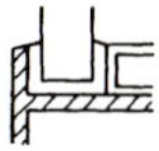 Va 3 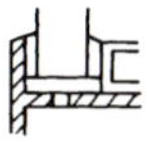	Va 4 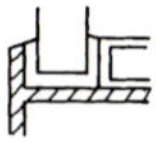 Va 4 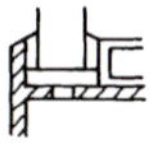	Va 5 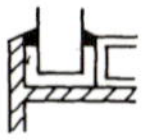 Va 5 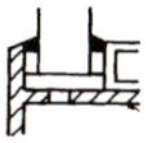
Dichtstoffgruppe	A	B	C	D	E
Geforderte Eigenschaften der Dichtstoffe[2] 1 Rückstellvermögen in %	–	–	≥ 5	≥ 30	≥ 60
2 Haft- und Dehnverhalten bei Lichtalterung in %	–	5	50	75	100
3 Haft- und Dehnverhalten bei Wechsellagerung in %	–	5	50	75	100
4 Kohäsion, d.h. Zugspannung bei Dehnung nach 3, in N/mm^2	–	–	≥ 0,6	≥ 0,5	≥ 0,4
5 Volumenänderung in %	≥ 5	≥ 5	≥ 15	≥ 10	≥ 10
6 Standvermögen, d.h. Ausbuchtungen in mm	≥ 2	≥ 2	≥ 2	≥ 2	≥ 2
Dichtstoffe, die in der Regel die geforderten Eigenschaften aufweisen	härtend		zähplastisch		
	plastisch		elastisch		
Beanspruchungsgruppe der Verglasung	1	2	3	4	5
Verglasungssystem mit ausgefülltem Falzraum	Va 1 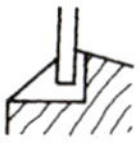	Va 2 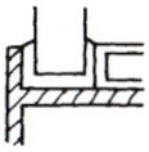	Va 3 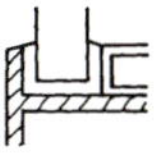	Va 4 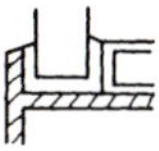	Va 5 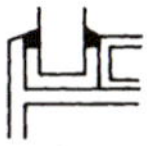
Dichtstoffgruppe nach DIN 18545 – für Falzraum	A[3]	B	B	B	B
Dichtstoffgruppe nach DIN 18545 – für Versiegelung	entfällt	entfällt	C	D	E
Verglasungssystem mit dichtstofffreiem Falzraum	–	–	Vf 3 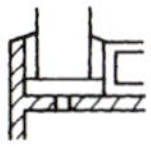	Vf 4 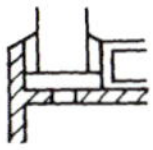	Vf 5 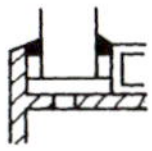
Dichtstoffgruppe nach DIN 18545 – für Falzraum	–	–	entfällt	entfällt	entfällt
Dichtstoffgruppe nach DIN 18545 – für Versiegelung	–	–	C	D	E

[1] Siehe Anm. 1, S. 9-15
[2] Die Dichtstoffe können nach Vereinbarung mit dem Hersteller hinsichtlich weiterer festgelegter Eigenschaften geprüft werden, z.B. auf Bindemittelabwanderung, Verträglichkeit mit anderen Baustoffen, mit Chemikalien und anderen Dichtstoffen.
[3] Dichtstoffe der Gr. B dürfen eingesetzt werden, wenn sie vom Dichtstoffhersteller dafür empfohlen werden.

9.2 Fenster

9.2.7 Baukörperanschluss – Beanspruchung

Bewegungen, die aus dem „Bauteil Fenster“ resultieren

Bewegungen durch	Beschädigungen am Baukörperanschluss durch
Temperaturunterschiede Feuchtigkeiten Erschütterungen Windlasten (Druck/Sog) Durchbiegung unter Last	Lufteintritt Wasser-Feuchtigkeitseintritt Verschlechterung des Schalldämmwertes Verschlechterung des Wärmedämmwertes Konstruktionsermüdung

Baukörperanschlussausbildung

Die Abdichtung zwischen Fenster und Baukörper muss dauerhaft schlagregendicht und luftundurchlässig sein. Sie kann gegen Wind und Regen in derselben Ebene (1) oder auch in getrennten Ebenen (2+3) erfolgen.

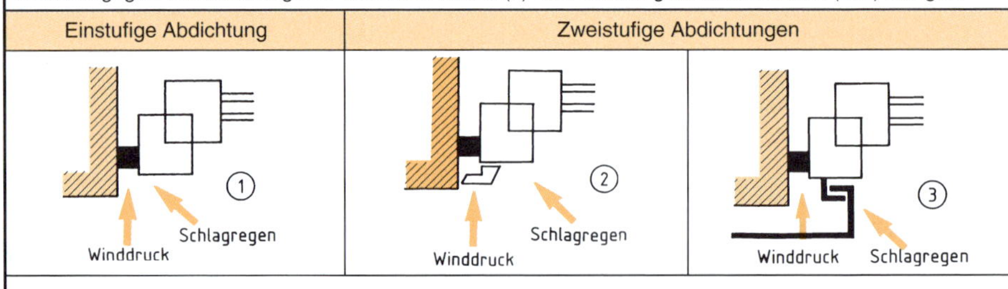

Ausführung des Fensteranschlusses nach DIN 4108-7: 2001-08

Die Skizzen zeigen den richtigen innenseitigen Anschluss des Fensters an die Wandkonstruktion. Der außenseitige Anschluss ist hier nicht dargestellt, er muss entsprechend der anerkannten Regeln der Technik ausgeführt werden. Wichtig ist, dass der innenseitige Abschluss luftdicht und damit auch diffusionsdicht ist, sonst treten Tauwasserschäden auf.

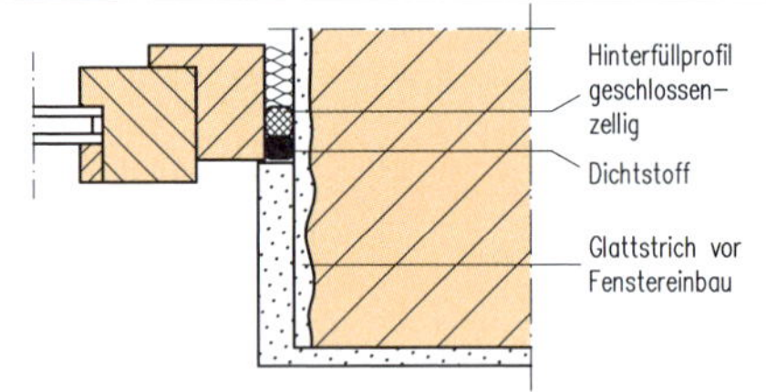

Abdichtung mit spritzbaren, elastischen Fugendichtmassen und Hinterfüllmaterial

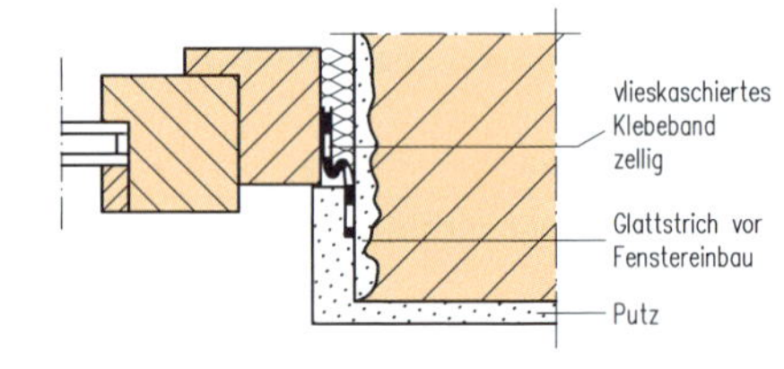

Abdichtung mit selbstklebendem Dichtungsband

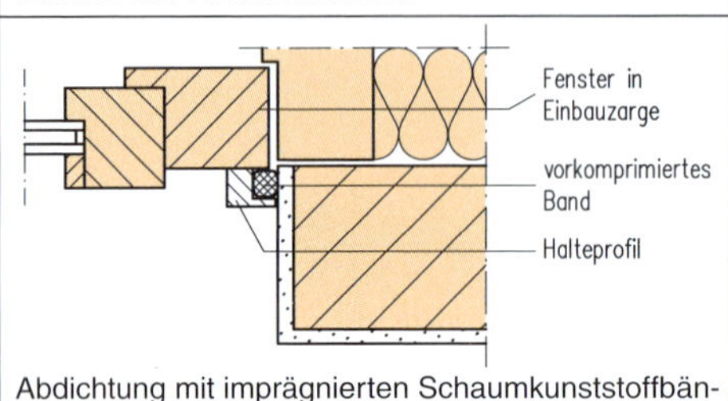

Abdichtung mit imprägnierten Schaumkunststoffbändern

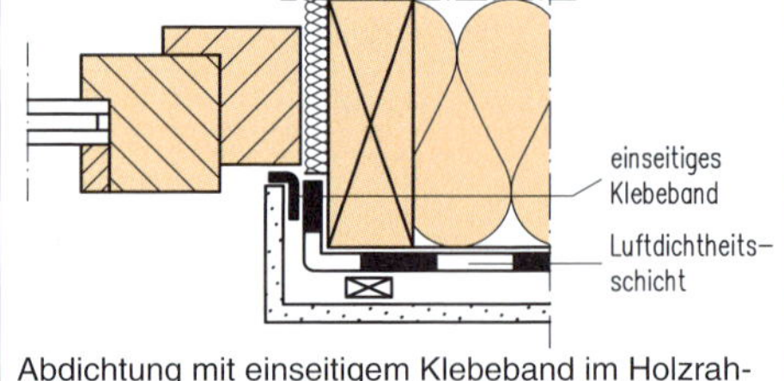

Abdichtung mit einseitigem Klebeband im Holzrahmenbau

[1] Der Glattstrich ist vor dem Einbau des Fensters vorzunehmen

9.2.7 Baukörperanschluss

Das nicht tragende Bauteil Fenster darf keine Kräfte aus dem Gebäude aufnehmen, da sonst Glasbruch und Verformungen der Fensterprofile aufteten können. **Druck- und Zugkräfte** aus den Bewegungen des Flügelrahmens sind in der Montagekonstruktion zu berücksichtigen.

- Damit die Last des Fensterelementes nicht auf die Befestigungselemente drückt, müssen **Trag- und Unterlagenklötze** zwischen Rahmen und Baukörper angebracht werden.
- Die **Anschlussfuge** zwischen Bauteil Fenster und Baukörper muss min. 12 mm beit sein, um genügend Dämm- und Dichtstoffe einbringen zu können.
- Für Bewegungsausgleich sorgen.
- Bei Metall- und Kunststofffenstern **Befestigungselemente** der Systemhersteller beachten.
- **Anschlussfuge** einwandfrei abdichten (**„innen dicht“**).
- **Bankeisen, Schlaudern, Maueranker,** die eventuell gekröpft werden, müssen sehr sorgfältig bearbeitet werden, um Spannungen, die nach der Montage auf den Rahmen wirken, auszuschließen.

Konstruktion der Fensterbefestigung

Gleit- oder Schlupfbefestigung (Zargenbefestigungen, Durchsteckdübel ohne Unterlage (Klotzholz)

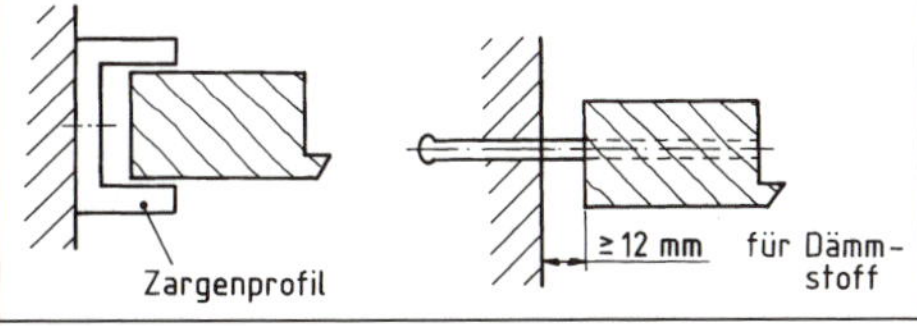

Starre Befestigungen (Winkelkonstruktionen, Bankeisen, Durchsteckdübel mit Unterlage)

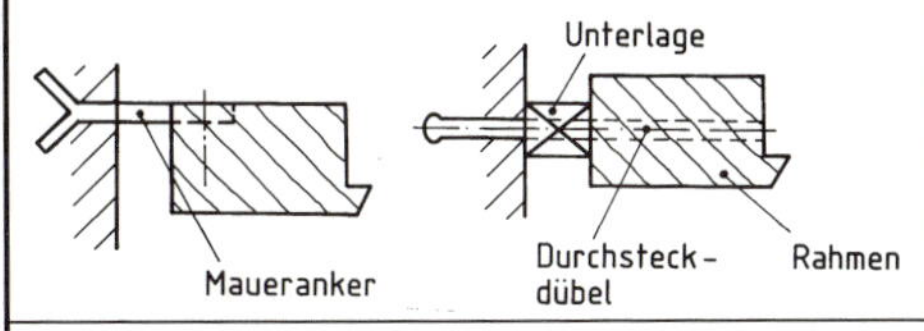

Schwingende Befestigung (Schlaudern, Blechplatten, Metalllaschen)

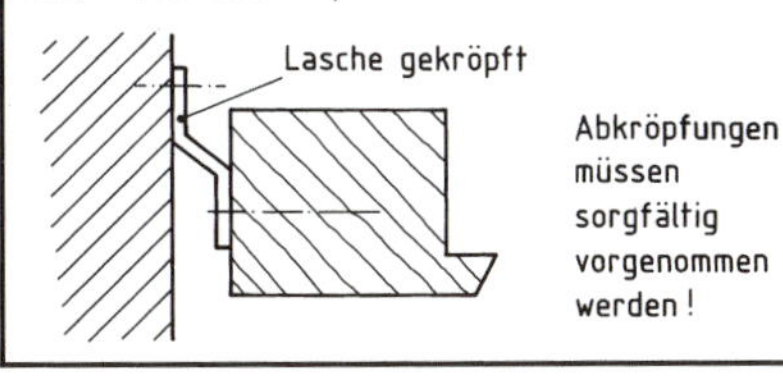

Abkröpfungen müssen sorgfältig vorgenommen werden!

Die bauplanende Stelle muss die Dichtigkeit gegenüber der Feuchte planungstechnisch durchdenken und konstruieren.

Die **Abdichtung einer Terrassentür** ist im Regelfall mindestens 150 mm über die Oberfläche eines über der Abdichtung liegenden Belages hochzuziehen.

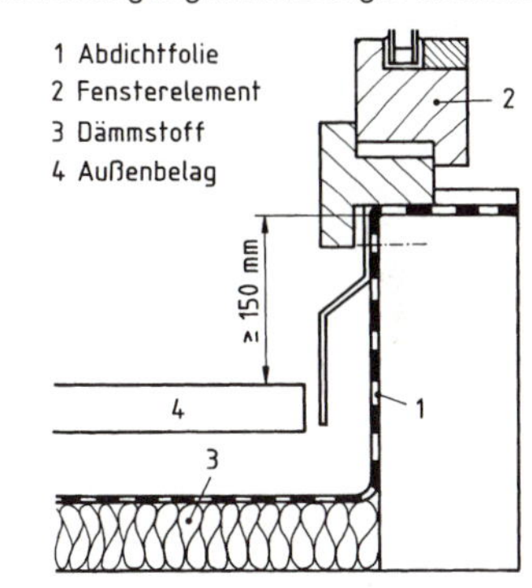

Beispiel Aluminiumfensterbank und Innenfensterbank

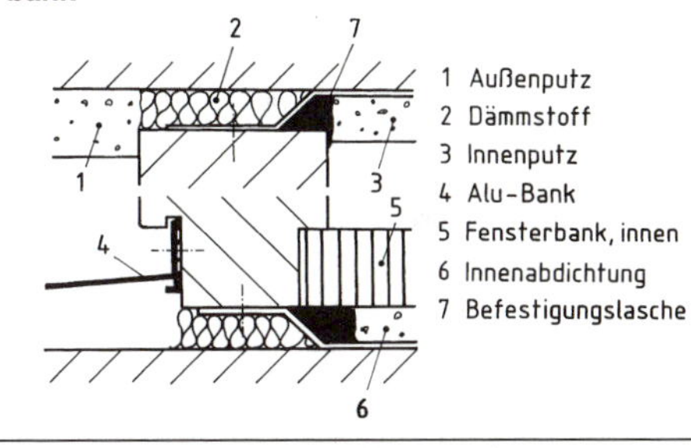

Alufensterbank-Alufenster mit Bauabdichtungsfolie
Vorsicht: Bauabdichtungsfolien vor Beschädigung schützen!

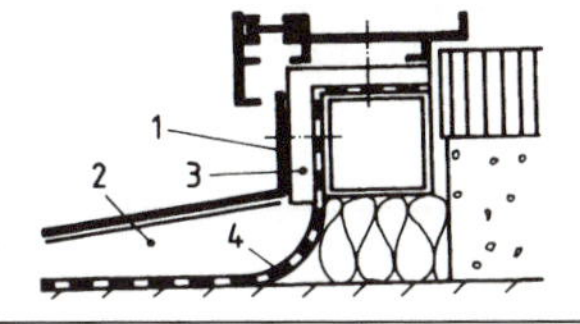

1 Alu-Fensterbank
2 Entdröhnschicht
3 PVC-Profil
4 Bauabdichtfolie

Seitliche Abschlüsse der Alu-Fensterbank

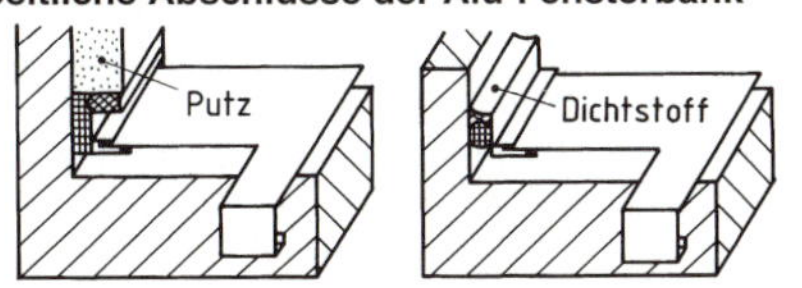

9.2.8 Fensterbeschläge

Das Dreh-Kipp-Fenster

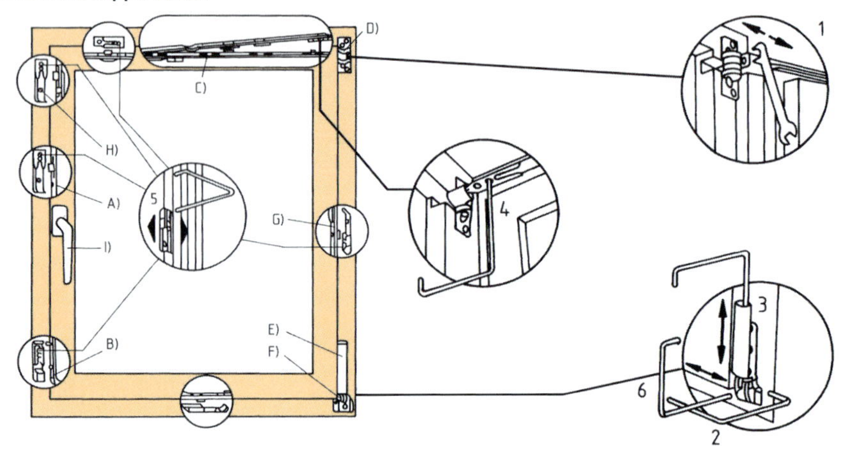

Beschlagteile:

A Dreh-Kipp-Getriebe
B Eckumlenkung
C Ausstell-Schere
D Scherenlager
E Eckband
F Ecklager
G Zusatzverriegelung
H Schließblock
I Drehgriff (Halbolive)

Verstellmöglichkeiten:

1 Seitenverstellung Scherenlager
2 Seitenverstellung Ecklager
3 Höhenverstellung Eckband
4 Anpressdruckverstellung Schere
5 Anpressdruckverstellung Schließer
6 Anpressdruckverstellung Ecklager

Wartungsintervalle:

Beim Fensterputzen Entwässerungsöffnungen kontrollieren.
Pflegeintervalle (jedes Jahr):
bewegliche Teile ölen oder fetten, Fenstergriff und Drehlagerschrauben nachziehen.
Pflegeintervalle (jedes zweite Jahr):
Verschluss- und Öffnungsfunktion prüfen.
Bei Holzfenstern Anstrich prüfen, evtl. ausbessern.
Je nach Bewitterung wird nach 5 Jahren ein Neuanstrich fällig. Falzdichtungen prüfen, evtl. erneuern

Prinzipskizze

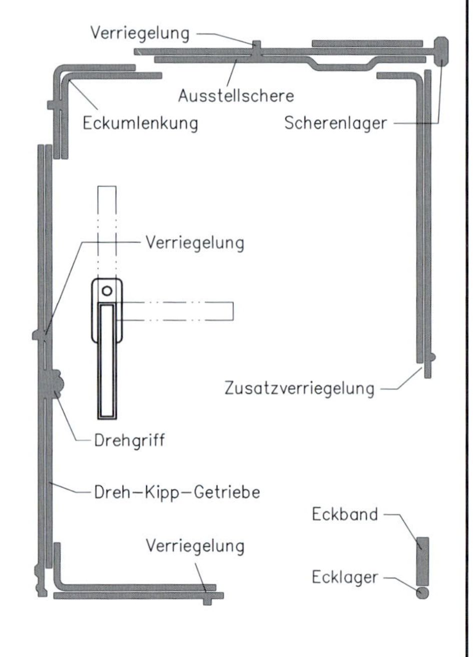

9.3 Außentüren

9.3.1 Anforderungen an Außentüren

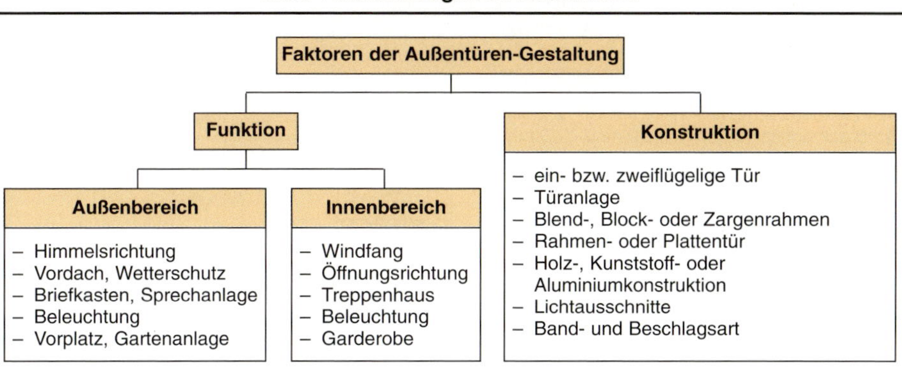

Technische Anforderungen an Außentüren (s.a. CE-Zertifizierung S. 9-2)

Anforderung	Vorschrift	Einstufung	Kriterien
Schlagregen-dichtigkeit	DIN 4108 DIN 18055 DIN EN 12208	Klasse I, II, III Klasse A, B, C, D Klasse 1A bis 9A	Falzausbildung, Dichtung evtl. Beschlag; kein Wasser im Rauminnern
Fugendichtigkeit	DIN EN 12207	Klasse 2 (≤2 Geschosse) 3 (>2 Geschosse)	Falzausbildung, Dichtungen, Beschlag Begrenzung des Luftdurchgangs/m^2 · h
Schließkraft	ISO 8274	maximal 20 N	Prüfungen nach DIN 18251
Mechanische Festigkeit	ISO 8270 ISO 8271 DIN EN 12210	keine Zerstörung bzw. Einschlag $t \leq 2$ mm, O≤20 mm Klasse 0–5	Türblatt- bzw. Füllungsaufbau, Hohlraumkonstruktion Widerstandsfestigkeit bei Windlast
Funktions-sicherheit	ISO-Arbeits-papier	keine Funktionsstörung bei statischer bzw. dynamischer Norm-Belastung	Biege-Steifigkeit der Rahmenecken, Verklotzung der Füllungen, Verwindungs-steifigkeit von Füllungen und Platten, Bandsitz u. Bandstabilität
Größen	ISO 2776 DIN 18025 DIN 18101	lichte Breite ≥ 900 mm lichte Höhe ≥2100 mm lichte Breite ≥ 950 mm ≤1100 mm	normaler Gebrauch, sinnvoll: lichte Breite=1000 mm, <950 mm bedenklich. Wohnungen für Schwerbehinderte und Rollstuhlbenutzer
Wärmeschutz	DIN 4108 EnEV 2007	max. 2,9 W/m^2K bei Erneuerungsmaßnahmen	Rahmen- und Füllwerkstoff, Plattenwerkstoff, Verglasung, Anschluss an Baukörper
Schallschutz	DIN 4109 VDI 2719	Schallschutzklassen 1–6	Konstruktionsart, Dichtungen, Verglasung, Anschluss an Baukörper
Brandschutz	DIN 4102	Feuerwiderstandsklassen T30, 60, 90, 120, 180	Laubengangstüren je nach Länderverordnung mit bauaufsichtl. Zulassung
Einbruch-hemmung	DIN V EN V 1627	Widerstandsklassen WK 1–6	Werkstoffart und Werkstoffdicke, Verglasung, Beschlag, Falzausbildung, Anschluss an Baukörper

9.3 Außentüren

9.3.1 Anforderungen an Außentüren

Maßzusammenspiel Blendrahmen – Türblatt

Dimensionen	Toleranz zu Nennmaß
Blendrahmenaußenmaß Blendrahmenfalzmaß Türblattfalzmaß	+ 2,5 mm/– 2,5 mm + 2,0 mm/– 0 mm + 0 mm/– 2,0 mm

Abstand zwischen Falzwange des Blendrahmens und des Türblattes: max. 6 mm

Verformung von Holzaußentüren durch Klimaeinfluss

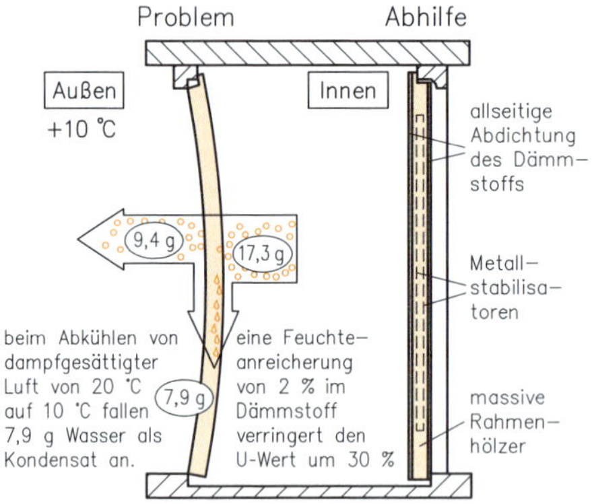

Problem
Abhilfe
Außen
+10 °C
Innen
9,4 g
17,3 g
7,9 g
beim Abkühlen von dampfgesättigter Luft von 20 °C auf 10 °C fallen 7,9 g Wasser als Kondensat an.
eine Feuchteanreicherung von 2 % im Dämmstoff verringert den U-Wert um 30 %
allseitige Abdichtung des Dämmstoffs
Metallstabilisatoren
massive Rahmenhölzer

Begriffe bei Außentürblättern

Massiv- oder Vollholztürblatt	Flächen- oder Rahmenbauweise, Vollholzquerschnitte, Leimbauweisen
Vollraumtürblatt mit Einlagen ohne Hohlräume z.B. FPY, ST, STAE	volles Einlagematerial, Deckplatten ggf. über Massivrahmen
Vollraumtürblatt mit Einlagen mit geringen Hohlräumen	Einlage von Röhrenspanplatten oder Distanzleisten
Vollraumtürblatt aus Isoliermaterial	Einlage von Materialien mit isolierenden Eigenschaften
Hohltürblatt	zwischen weichen Einlagen sind Stabilisierungsrahmen erforderlich
Füllungstürblatt in Rahmen- oder Vollbauweise	mindestens eine Füllung wird in Vollholzrahmen o. Ausschnitt des Vollraumtürblattes eingelegt
Türblatt mit Vorsatzschale („mehrschalige Konstruktion“)	Basistürblatt wird durch gleitend montierte, vorgesetzte Schale gegen Witterungseinflüsse geschützt

Konstruktive Maßnahmen zur Reduzierung der Verformung von Holzaußentüren

Maßnahme	Anwendung						
Verwendung von Holzarten mit geringen Quell- und Schwundmaßen	z.B. Kiefer-Kernholz, Eiche, Western Redcedar, Redwood, Afzelia, Mahagoni, Red dark, Meranti, Merbau, Teak ggf. Imprägnierung mit schwundmaßreduzierender Kunstharzdispersion						
Erhöhung der Türblattdicke	Friesdicke (mm)	56	68	78	92	100	Verformungskräfte werden größer, Probleme bei Mehrfachverglasungen!
	Verformung (mm)	5	4	3	2	1	
Lamellierung	Verleimung (D4) von Vollholzquerschnitten (u = 11 – 15 %, $\Delta u \leq 1$ %) mit symmetrischer Anordnung hinsichtlich Lamellendicke ($d \geq 15$ mm), Holzart und Jahresringverlauf						
Einbau von Dampfbremsen	Aluminiumfolien, fertigungstechnisch sinnvoll werksmäßig in Stabilisierungsplatten eingeklebt, behindern bei innen- und außenseitiger Anordnung Feuchteaufnahme des Türblattes. Foliendicke ≤ 0,2 mm bei 50 mm Türblattdicke, ≤ 0,5 mm bei 80 mm Türblattdicke						
Vorsatzschale	Auf Basistürblatt (Rahmentür, Vollraumtürblatt) wird Vorsatzschale mit Bettbeschlägen oder Verbindungsbeschlägen wie z.B. TROXI-Verbinder beweglich, mit oder ohne Hinterlüftung montiert						

14-4

9.3 Außentüren

Konstruktive Maßnahmen zur Reduzierung der Verformungen von Holzaußentüren (Forts.)	
Maßnahme	Anwendung
Einbau von Stahlprofilen	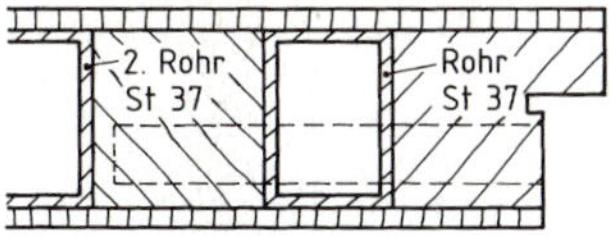 2. Rohr St 37 / Rohr St 37 **Probleme bei formschlüssigem Einbau:** – Tauwasserbildung – Abzeichnen der Stahlprofile, wenn Vollholz schwindet 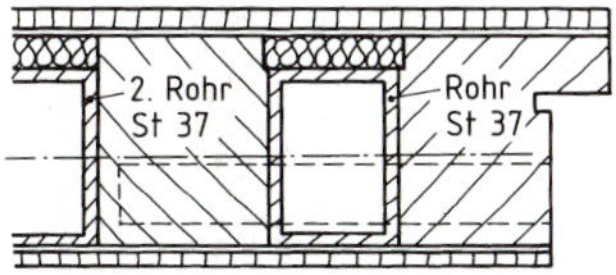 2. Rohr St 37 / Rohr St 37 **besser:** – Einbau von Dampfbremsen – Wärmedämmung zwischen äußerer Deckplatte und Stahlprofil

Anforderungen an die Ausführung von Haustüren in Holz	
Holzauswahl	DIN EN 942: 2007-06 für deckend bzw. nicht deckend behandeltes Vollholz
Verleimung	Sperrholz- und Tischlerplatten: AW Holzwerkstoffplatten: Holzwerkstoffklasse 100, 100 G
Überzugsmittel bei Außentüren	Kapitel 10 (Oberflächenbehandlung)
Dichtungen	Lippendichtung (APDK, Silikon); geschlossener Dichtungsrahmen
Glas	VSG, Drahtspiegelglas, Isolierverglasung
Glaseinbau und Verklotzung	Kapitel 9.2.6 Verglasungsrichtlinien Verklotzung der Rahmen und Füllungen entsprechend Drehflügel im Fensterbau
Beschläge	Sicherheitsbeschläge
Befestigung am Baukörper	bei geprüften Türen gemäß Prüfbescheid; für statische und dynamische Beanspruchungen ausreichend bemessen, bewegliche Befestigung ist vorzuziehen; zulässige Abweichungstoleranzen 1 mm/m in der Horizontalen, 2 mm/m in der Vertikalen
Holzschutz konstruktiv	Flächenausbildung: 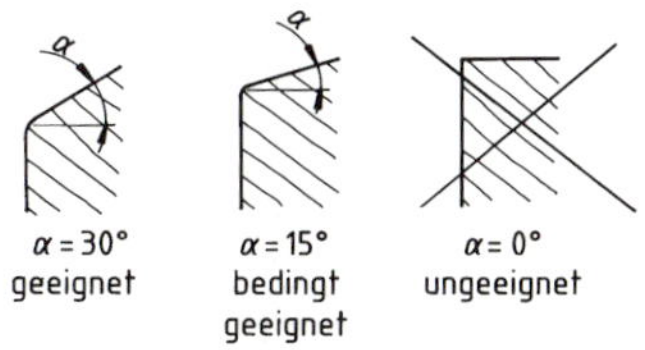 α = 30° geeignet; α = 15° bedingt geeignet; α = 0° ungeeignet Kanten und Fugenausbildung: 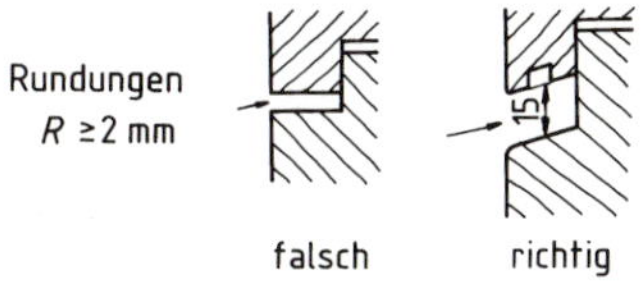 Rundungen R ≥ 2 mm; falsch; richtig (15)
Holzschutz chemisch	DIN 68800 und DIN EN 335 siehe S. 7-4 bis 7-6. Kennzeichnung der Holzschutzmittel: P wirksam gegen Pilze Ib Insekten wirksam bekämpfen St zum Streichen und Tauchen E auch für Holz geeignet, das extremer Beanspruchung ausgesetzt ist Iv vorbeugend gegen Insekten S zum Streichen und Spritzen W Holz der Witterung ausgesetzt

4-2ff.
4-50
9-26
14-4ff.
7-5

9.3.2 Konstruktionsdetails von Außentüren

Bezeichnung der Detailpunkte

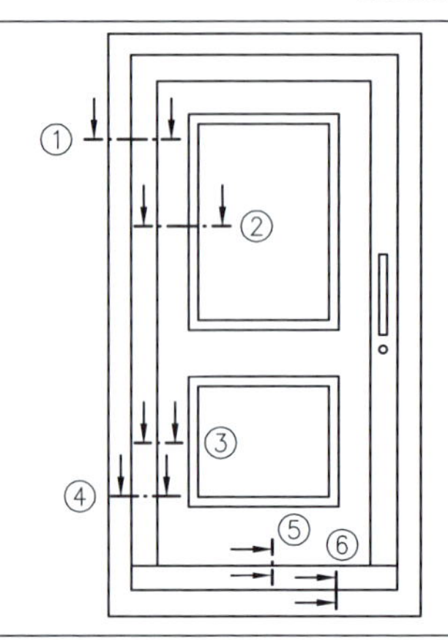

1. Bauanschlussfuge
2. Glaseinbau
3. Füllungseinbau
4. Beschläge
5. Vorsatzschalen
6. Bodenanschluss

Detailpunkte

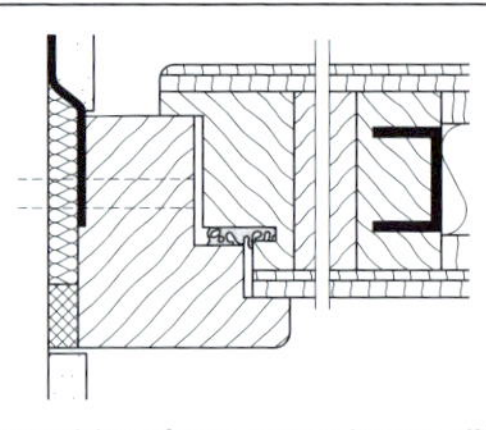

1. Die Bauanschlussfuge muss innen diffusionsdichter sein als außen

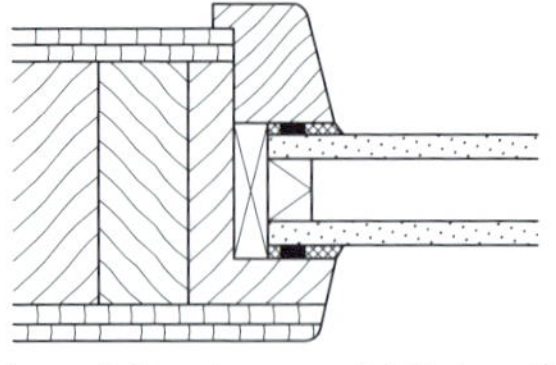

2. Glasfalz nach Verglasungsrichtlinien, Ablaufschräge 15°, überkehlte Falzleiste

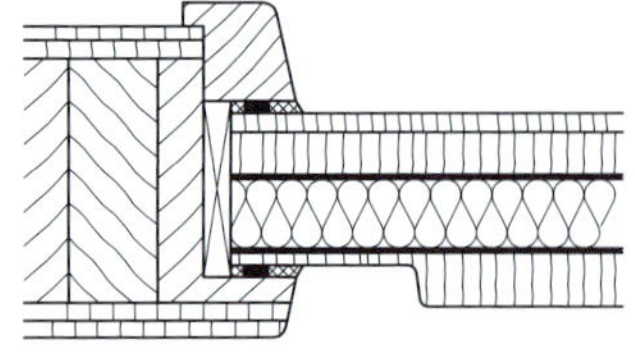

3. Füllung mit Wärmedämmung und innenseitiger Dampfsperre einbauen

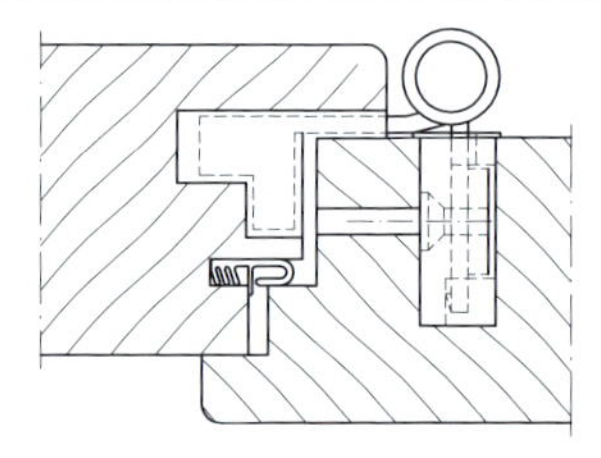

4. Sicherheitsbänder mit 3D-Verstellung und Mehrfachverriegelungen verwenden (s. S. 9-28)

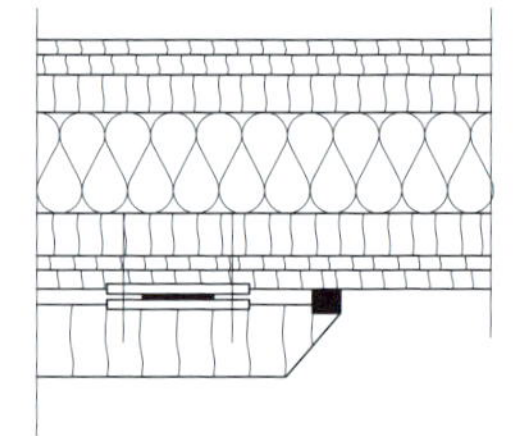

5. Vorsatzschalen gleitend/beweglich anbringen (Klipptechnik) und dauerelastisch versiegeln

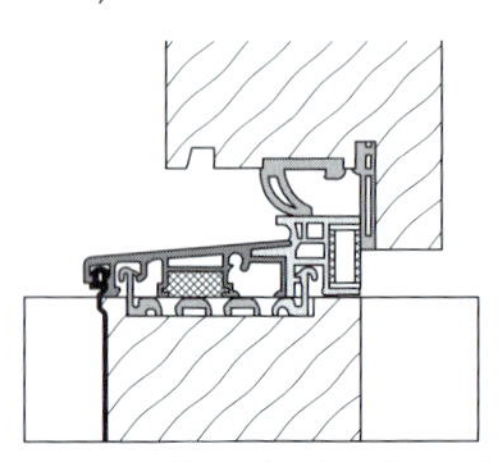

6. Bodenanschluss thermisch getrennt und Schlagregendicht

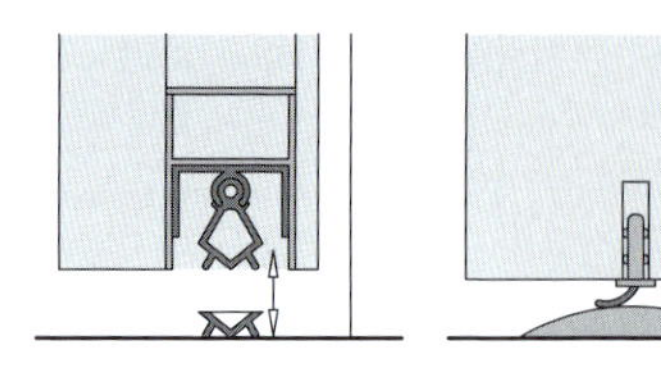

Alternativen mit Senkschwelle oder Auflaufdichtung

9.3 Außentüren

9.3.3 Außentüren aus Aluminium

Das **Aluminium-Strangpressprofil** ist das Grundelement des Metallbauers für die Herstellung von Aluminium-Außentüren. Aluminium-System-Außentüren werden aus vorgefertigtem „Halbzeug“ und dem auf das jeweilige System abgestimmte Zubehör hergestellt. Die für den Bereich „Metallbauarbeiten“ geltenden DIN-Normen sind in DIN 18360: 2002-12 aufgeführt.

Weitere wichtige Grundlagen:

- Verarbeitungsrichtlinien Dichtprofile u. Dichtstoffe,
- Richtlinien des Metallbauverbandes,
- Aluminium-Merkblätter,
- RAL-Gütesicherung
- Berufsgenossenschaftliche Vorschriften

Aluminium-Außentüren werden ihrer Konstruktion nach eingeteilt in:

- Ganzaluminiumtür,
- wärmegedämmte Alu-Tür,
- Schallschutz-Alu-Tür,
- Aluminium-Holz-Außentür

Diese werden

- verklebt,
- verpresst, gesikt,
- verschraubt

9.3.4 Außentüren aus Kunststoff

Durch den Einsatz von großen Verstärkungsprofilen ist die Stabilität dieser Art von Außentür-Materialien gewährleistet.

Der Hauptarbeitsgang zur Herstellung von Kunststoff-Außentüren ist der Schweißvorgang in den Eckbereichen. Das Grundprinzip der Schweißung von Profilen aus hartem PVC ist das Pressstumpf-Schweißen, bei dem die zu verbindenden Querschnittsflächen im plastischen Zustand unter Druckeinwirkung verbunden werden.

Folgende Faktoren sind hierbei zu beachten:

- Heizspiegeltemperatur,
- Anschmelzdruck,
- Anschmelzzeit,
- Abkühlzeit,
- Abkühldruck,
- Wegbegrenzung bei Abschmelzzeit und -druck

Die Aussteifung der Profile ist abhängig vom System, von der Größe des Rahmens sowie der äußeren Belastung, z.B. verzinkter Stahl oder Aluminiumrohre. Zur Befestigung der Beschläge muss eine Fensterbauschraube mit HI-LO-Gewinde und S-Spitze verwendet werden, um eine Erhitzung der Kunststoffprofile zu vermeiden

Profilbeispiele Alu-Außentüren

Anschlagtür, nach innen öffnend

Anschlagtür mit Fingerschutzdichtungen

Anschlagtür nach innen, beschusshemmend

Profilbeispiele Kunststoff-Außentüren

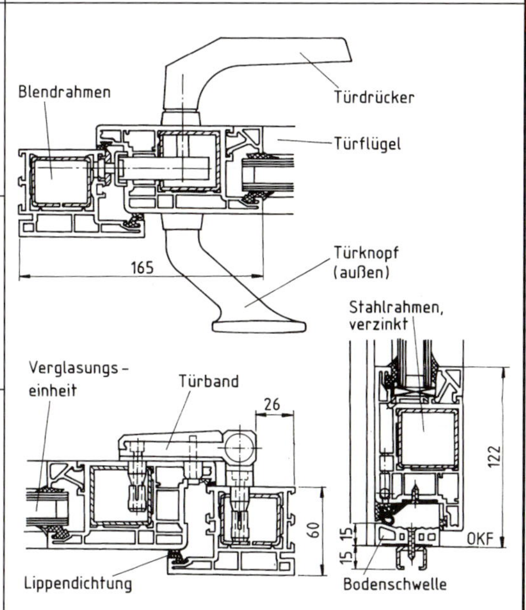

9.3.5 Beschläge für Außentüren

Beschläge haben u.a. die Aufgabe, ein möglichst störungsfreies Öffnen und Schließen zu gewährleisten und je nach Anforderungsprofil auch für eine ausreichende Einbruchshemmung zu sorgen.
Platzierung der Beschläge ist für die Optik und die technische Anforderung als ausgewogenes Verhältnis wichtig.

Mindestbeschläge zur Funktion der Außentür	Sonderzubehör
Bänder Schloss mit Sperrriegel (5fach) Schließbleche oder Türöffner Schließzylinder Schutzbeschlag (Lang- o. Kurzschild)	Türschließer (Ober o. Bodenschließer) Türspion Griffbeschlag Querriegelschloss/Sperrriegelschloss Türstopper oder Türfeststeller Bandsicherungen Hintergreifer

Beschläge werden aus Stahl, Edelstahl, Aluminiumlegierungen sowie Kunststoffen hergestellt. Siehe VOB Teil C DIN 18357: 2006-10 Beschlagarbeiten. Die Herstellerangaben bzw. -richtlinien sind immer zu berücksichtigen.

Erklärungen für Beschläge

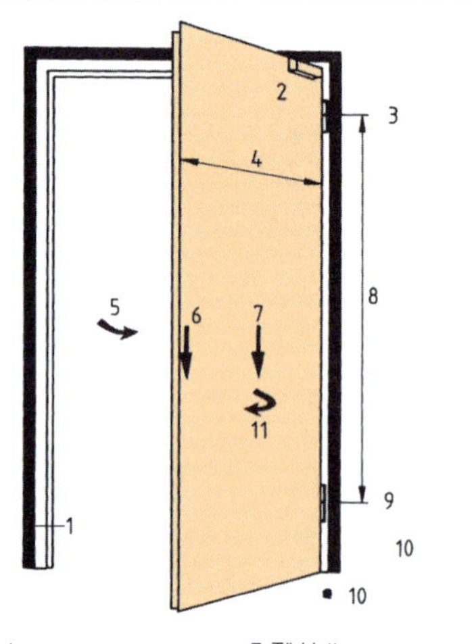

1 Holzart
2 Türschließer
3 Bandmontage
4 Türbreite
5 Öffnungsgeschwindigkeit
6 Zusatzlast
7 Türblattmasse
8 Bandabstand
9 Bandanzahl, Bandgeometrie Bandbefestigung
10 Türstopper/Türfeststeller
11 Nutzungsart

Einbohrbänder: zwei- oder mehrteilig, leichte Regulierbarkeit, aber wegen ihrer geringen mechanischen Belastbarkeit nicht überall einsetzbar.

Lappen- und Aufschraubbänder: gekröpft und ungekröpft, mit oder ohne Tragbolzen; nicht in allen Achsen regulierbar.
Bänder sollten nicht allein nach dem Türblattgewicht ausgewählt werden, besser wäre eine Gebrauchstabelle. Unter Berücksichtigung der relativen Querzugfestigkeit und der z.T. guten Spaltbarkeit des Werkstoffes Holz sollte bei höherer Belastung dem eingelassenen und verschraubten Lappenband gegenüber dem Einbohrband der Vorzug gegeben werden .

Bandanzahl: min. zwei, bei drei Bändern muss das dritte Band ca. 250 mm vom oberen Band entfernt sein.

Auswirkungen bei nicht fluchtenden Bändern:
- Lockerung der Bänder,
- Verformung der Bänder bzw. Bandstifte
- Aufsteigen der Bandstifte
- Verschleiß der Bänder.

Wohnungstür nach DIN V EN V 1627:1999-04 (WK 3)

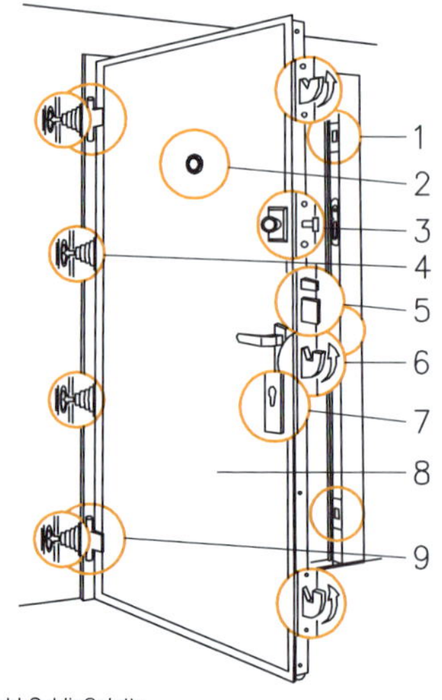

1. Edelstahl-Schließplatte
2. 180°-Türspion
3. Sperrbügel
4. Tresorbolzen
5. Fallensperre
6. Schwenkriegel
7. Sicherheitsbeschlag (außen)
8. Türblatt mit Metalleinlage
9. Doppelt gelagerte Bänder mit Gegenplatten

[1] Sonstige Einflüsse
[2] ATV = Allgemeine technische Vertragsbedingungen

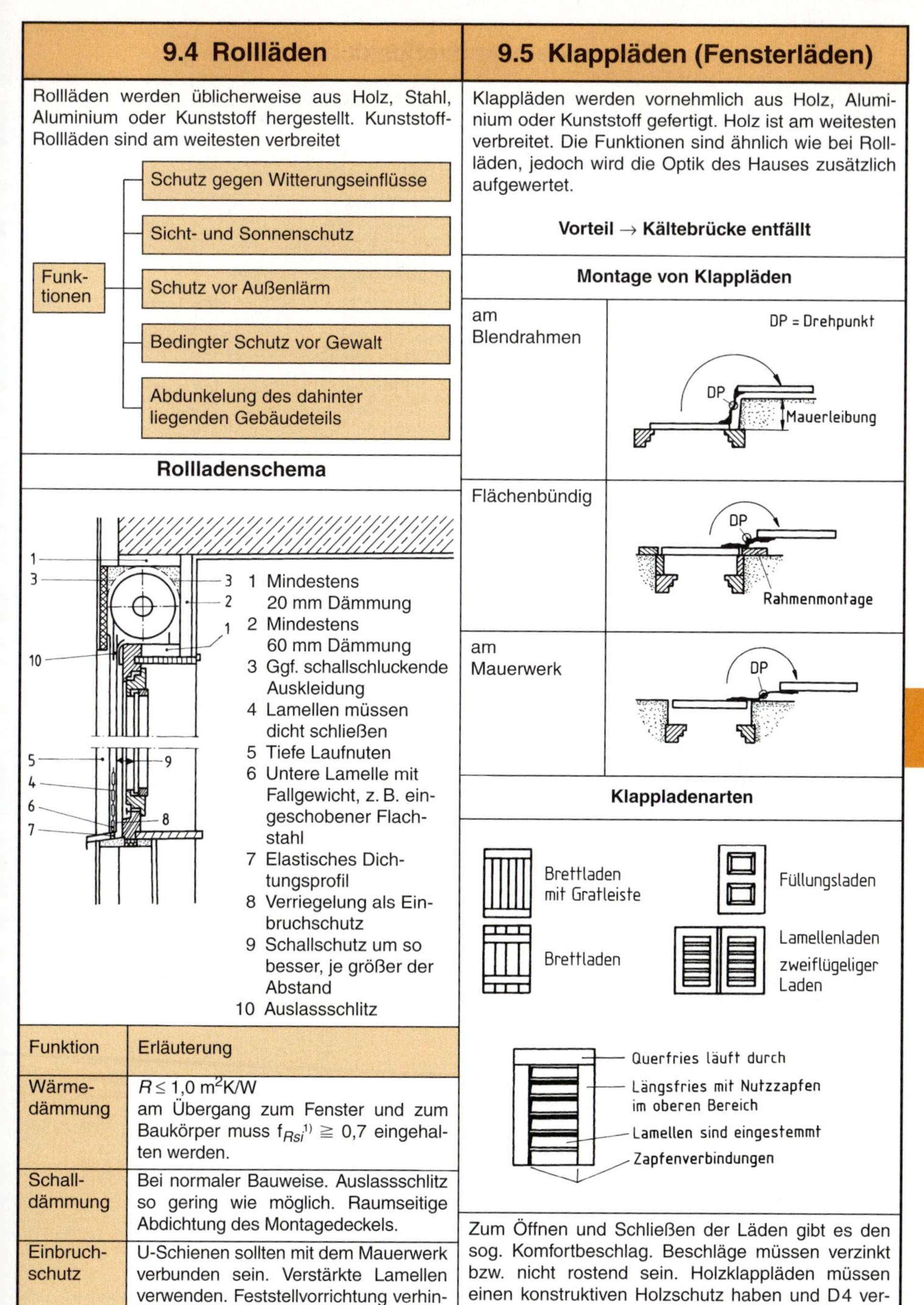

9.4 Rollläden

Rollläden werden üblicherweise aus Holz, Stahl, Aluminium oder Kunststoff hergestellt. Kunststoff-Rollläden sind am weitesten verbreitet

Rollladenschema

1 Mindestens 20 mm Dämmung
2 Mindestens 60 mm Dämmung
3 Ggf. schallschluckende Auskleidung
4 Lamellen müssen dicht schließen
5 Tiefe Laufnuten
6 Untere Lamelle mit Fallgewicht, z. B. eingeschobener Flachstahl
7 Elastisches Dichtungsprofil
8 Verriegelung als Einbruchschutz
9 Schallschutz um so besser, je größer der Abstand
10 Auslassschlitz

Funktion	Erläuterung
Wärmedämmung	$R \leq 1{,}0$ m²K/W am Übergang zum Fenster und zum Baukörper muss f_{Rsi}[1] $\geqq 0{,}7$ eingehalten werden.
Schalldämmung	Bei normaler Bauweise. Auslassschlitz so gering wie möglich. Raumseitige Abdichtung des Montagedeckels.
Einbruchschutz	U-Schienen sollten mit dem Mauerwerk verbunden sein. Verstärkte Lamellen verwenden. Feststellvorrichtung verhindert Hochschieben

9.5 Klappläden (Fensterläden)

Klappläden werden vornehmlich aus Holz, Aluminium oder Kunststoff gefertigt. Holz ist am weitesten verbreitet. Die Funktionen sind ähnlich wie bei Rollläden, jedoch wird die Optik des Hauses zusätzlich aufgewertet.

Vorteil → Kältebrücke entfällt

Montage von Klappläden

am Blendrahmen

Flächenbündig

am Mauerwerk

Klappladenarten

Zum Öffnen und Schließen der Läden gibt es den sog. Komfortbeschlag. Beschläge müssen verzinkt bzw. nicht rostend sein. Holzklappläden müssen einen konstruktiven Holzschutz haben und D4 verleimt sein.

[1] Berechnungen f_{Rsi} siehe S. 7-27

9.6 Außenwandverkleidungen

Beanspruchungen von Außenwandbekleidungen:

Sonneneinstrahlung
Durch die Hitzeeinwirkung kommt es zu thermischen Dehnungen, die durch die Konstruktion aufgefangen werden müssen. Die UV-Strahlung führt zu Farbveränderungen und beschleunigt die Verwitterung, daher sind geeignete Holzarten und Oberflächenbehandlungen zu wählen.

Kälte und Frosteinwirkung
Die Konstruktion ist so zu gestalten, dass auch Eisbildung zu keiner Schädigung führt.

Niederschlagswasser
Um die Einwirkung von Regen und Schlagregen zu berücksichtigen, ist auf den konstruktiven Holzschutz (Dachüberstände, Kapillarwasser) zu achten.

Windbelastung
In größeren Höhenlagen kann die mechanische Beanspruchung massive Befestigungskonstruktionen erforderlich machen.

Wärmeschutz
Die Wärmedämmung sowie die Wärmebrücken sind nach DIN 4108 und den Anforderungen der EnEV 2007 zu planen.

CE-Zertifizierung
Wird Massivholz für Wandverkleidungen in den Verkehr gebracht, muss der Hersteller diese mit dem CE-Kennzeichen versehen. (s. S. 9-1). Dabei kann das vereinfachte Kodiersystem verwendet werden, dessen 8 Kürzel nur dem Fachmann zugänglich sind.

I	W	PCAB	4	430	0,1/0,3	E1	–

Bedeutung der Felder:

Feld	Bedeutung
1	I = Innenbereich, E = Außenbereich
2	W = Wand, C = Decke oder WC = Wand und Decke
3	Holzart nach DIN EN 13556, hier Fichte
4	Natürliche Dauerhaftigkeit (s. S. 4-24 und S. 4-2 ff.)
5	Rohdichte
6	Schallabsorptionsgrad bei tiefen/hohen Frequenzen
7	Formaldehydklasse E1 oder E2 (s. S. 4-51)
8	PCB: nur wenn über 5×10^{-6} (5 ppm)

Schema einer Außenwandbekleidung

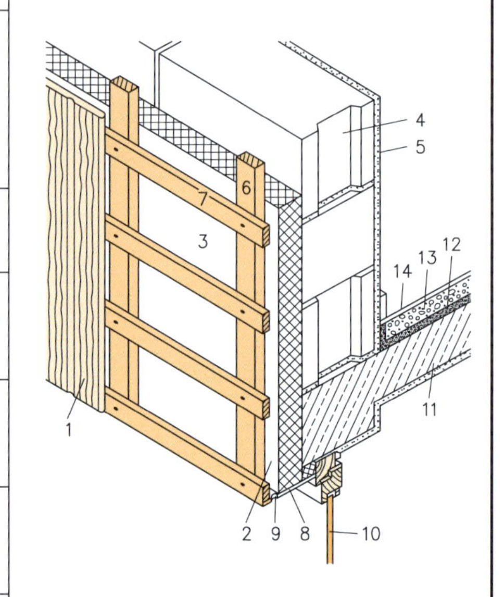

1 Holzverbretterung, senkrecht
2 Luftschicht
3 Mineralfaserplatte
4 Klimaleichtblock
5 Innenputz
6 Konterlatte
7 Traglatte
8 Faserzement-Abdeckstreifen
9 Zuluft-Durchbrechungen
10 Fenster mit Isolierverglasung
11 Stahlbetondecke
12 Estrichdämmung
13 Schwimmender Estrich
14 Bodenbelag

Außenwandbekleidung nach DIN 4108 Bbl 2: 2006-03

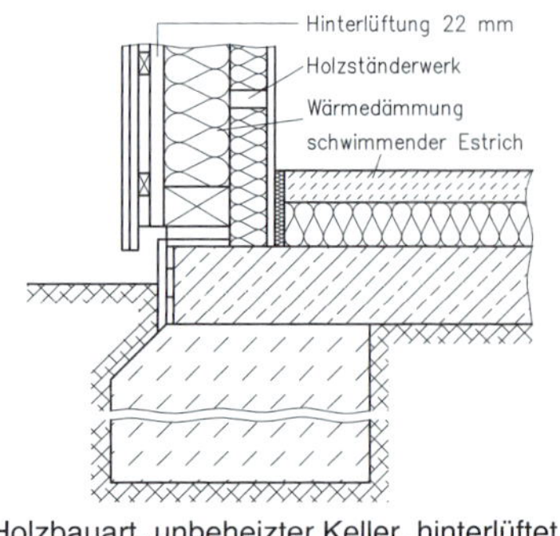

Holzbauart, unbeheizter Keller, hinterlüftet

9.7 Wintergärten

Vorteile von Wintergärten

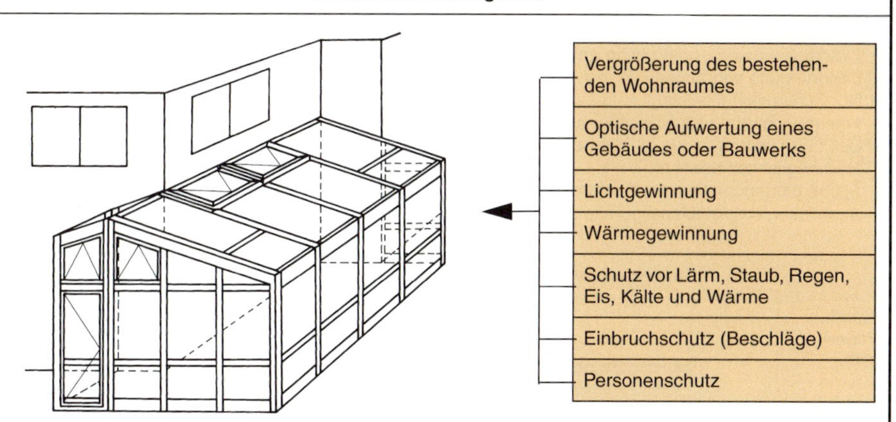

Maßgebliche Normen/Anforderungen für Wintergärten (s.a. CE-Zertifizierung S. 9-2)

Landesbauordnung	Regional verschieden	DIN 4109	Schallschutz
Feuerungsverordnung	Regional verschieden	DIN 4108	Wärme-, Feuchteschutz
EnEV 2007	Energieverbrauch	DIN 4102	Brandschutz
DIN 18355	VOB: Tischlerarbeiten	DIN 18545	Abdichten von Verglasungen
DIN EN 942	Holz in Tischlerarbeiten	DIN 18361	VOB: Verglasungsarbeiten
DIN EN 12833	Rollläden für ... Wintergärten	DIN 18056	Fensterwände
DIN EN 12208	Schlagregendichtigkeit	DIN 18055	Schlagregendichtigkeit
DIN 68800	Holzschutz	DIN 1055	Lastannahmen
DIN 68121	Holzfenster		

Materialvergleich Wintergarten

	Material				
Kriterium	Alu	Stahl	Kunststoff	Holz	Holz/Alu
Verarbeitbarkeit	sehr gut	gut	gut	sehr gut	sehr gut
Tragfähigkeit	gut	sehr gut	gut	gut	gut
Langlebigkeit	sehr gut	gut	gut	gut	sehr gut
Pflege	sehr gut	schlecht	gut	schlecht	sehr gut
Wärmedämmung					
thermisch nicht getrennt	schlecht	schlecht	sehr gut	sehr gut	sehr gut
thermisch getrennt	gut	gut	sehr gut	sehr gut	sehr gut
Verhalten bei Feuchte					
unbehandelt	sehr gut	schlecht	sehr gut	schlecht	sehr gut
behandelt	sehr gut	gut	sehr gut	gut	sehr gut

[1] Schutzmaßnahmen Kap. 7 [2] Beschattung im Außenbereich

9.7 Wintergärten

Merkpunkte zum Wintergarten

- Fundamente und Konstruktion erfordern statischen Nachweis
- Dachneigung mindestens (8°, ab 15° gute Selbstreinigung
- Nur Schwerlast-Edelstahl-Anker verwenden
- Innenbeschattung ist wirksamer als Außenbeschattung
- Belüftung vorsehen, sonst Treibhauseffekt
- Heizmöglichkeit beachten
- Splitterbindendes Glas im Dachbereich verwenden, maximale Glaslänge 3,2 m
- Ausbildung der Anschlusspunkte siehe Konstruktionsbeispiele

Konstruktionsbeispiele: Rahmenwerkstoffe Holz/Aluminium

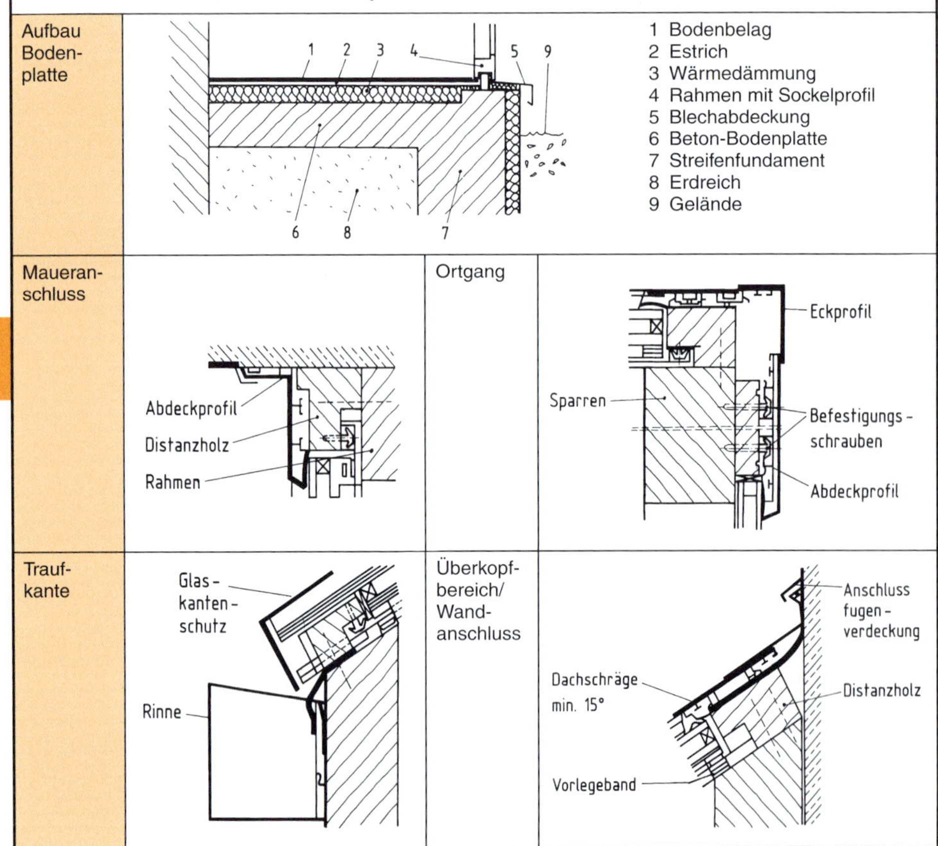

Die **Konstruktionen** im Wintergartenbereich müssen mit den baulichen Voraussetzungen bzw. Vorgaben genauestens beachtet werden. Material-Kombinationen Aluminium/Holz, vor allem im Dachbereich, müssen mit den Zulieferfirmen der Profile gewissenhaft vorbereitet werden.

[1] siehe Seite 9-14

10 Oberflächentechnik

10.1 Übersicht

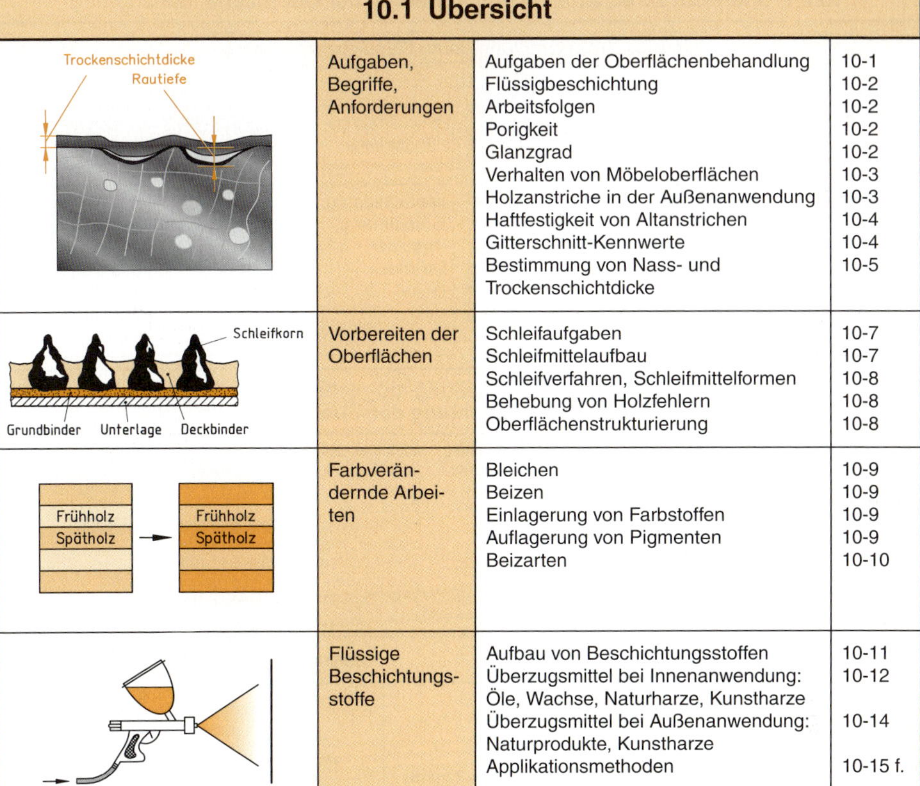

Aufgaben, Begriffe, Anforderungen	Aufgaben der Oberflächenbehandlung	10-1
	Flüssigbeschichtung	10-2
	Arbeitsfolgen	10-2
	Porigkeit	10-2
	Glanzgrad	10-2
	Verhalten von Möbeloberflächen	10-3
	Holzanstriche in der Außenanwendung	10-3
	Haftfestigkeit von Altanstrichen	10-4
	Gitterschnitt-Kennwerte	10-4
	Bestimmung von Nass- und Trockenschichtdicke	10-5
Vorbereiten der Oberflächen	Schleifaufgaben	10-7
	Schleifmittelaufbau	10-7
	Schleifverfahren, Schleifmittelformen	10-8
	Behebung von Holzfehlern	10-8
	Oberflächenstrukturierung	10-8
Farbverändernde Arbeiten	Bleichen	10-9
	Beizen	10-9
	Einlagerung von Farbstoffen	10-9
	Auflagerung von Pigmenten	10-9
	Beizarten	10-10
Flüssige Beschichtungsstoffe	Aufbau von Beschichtungsstoffen	10-11
	Überzugsmittel bei Innenanwendung: Öle, Wachse, Naturharze, Kunstharze	10-12
	Überzugsmittel bei Außenanwendung: Naturprodukte, Kunstharze	10-14
	Applikationsmethoden	10-15 f.

Aufgaben der Oberflächenbehandlung

Schutzwirkung

- gegen Pilze und Insekten,
- bei Beanspruchung durch Wasser,
- bei Beanspruchung durch Chemikalien,
- bei Beanspruchung durch Abrieb, Stoß,
- bei Beanspruchung durch Zigarettenglut,
- bei Beanspruchung durch trockene bzw. feuchte Hitze,
- bei Kratzbeanspruchung,
- gegen UV-Strahlen

dekorative Gestaltung

deckend – transparent
matt – glänzend
offenporig – geschlossenporig
plan – strukturiert
natürlich – aufgehellt / angefeuert / verfremdet

Begriffe zur Beschichtung von Holz und Holzwerkstoffen sind festgelegt in DIN 55945 (2007-03)

10.2 Begriffe und Anforderungen der Oberflächentechnik

10.2.1 Übersicht zu Materialien und Verfahren der Oberflächenbehandlung

10.2.2 Schematische Darstellung möglicher Arbeitsfolgen bei Flüssigbeschichtung der Oberfläche

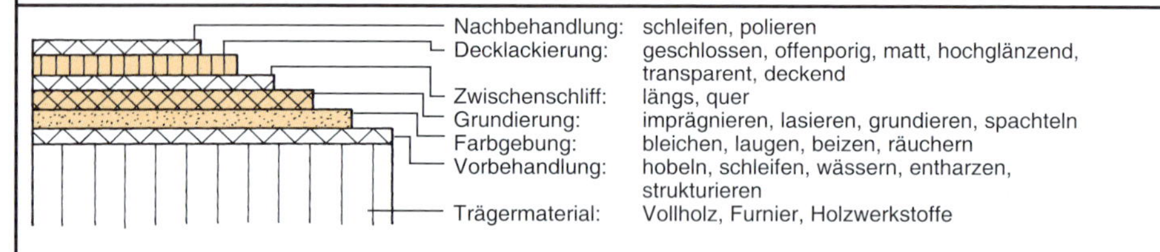

10.2.3 Porigkeit der Beschichtung

offenporige Beschichtung

geschlossenporige Beschichtung (Lackirung)

Träger-material

theoretische Filmdicke

Messdarstellung von Reflektometer

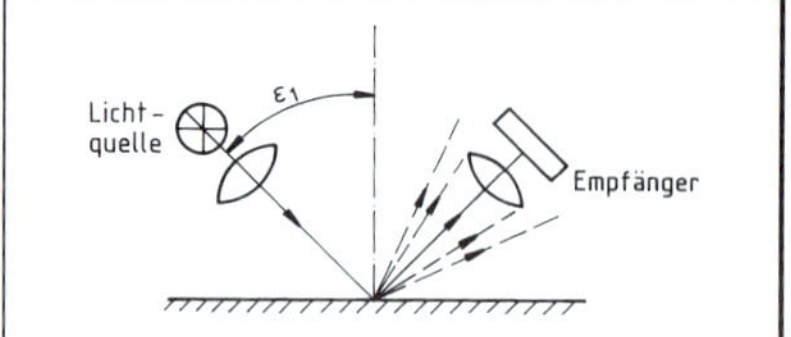

10.2.4 Glanzgrad der Beschichtung – Reflektometerwert ε_1

Glanzgradmessung erfolgt mit dem Reflektometer. Verglichen wird die von einer Lichtquelle abgegebene Lichtmenge mit der von einem photoelektrischen Empfänger aufgenommenen Lichtmenge. Eine Spiegel-Glanzplatte ergibt den Wert 100.

Glanzgrad nach DIN 53778 (ersetzt)			Glanzgrad nach DIN EN 13300 (2002-11)		
Bezeichnung	Messwinkel ε_1	Reflektometer-wert	Bezeichnung	Messwinkel ε_1	Reflektometer-wert
hochglänzend	20°	64 ± 5	–	–	–
glänzend	60°	62 ± 5	glänzend	60°	≥ 60
seidenglänzend	60°	31 ± 5	mittlerer Glanz	60° / 85°	< 60 / ≥ 10
seidenmatt	85°	45 ± 3	–	–	–
matt	85°	7 ± 1	matt	85°	< 10
–	–	–	stumpfmatt	85°	< 5

Die in Deutschland verbreiteten Glanzgrade „seidenmatt“ und „seidenglänzend“ entsprechen dem „mittleren Glanz“ und dürfen weiterhin verwendet werden.

10.2 Begriffe und Anforderungen der Oberflächentechnik

10.2.5 Verhalten von Möbeloberflächen nach DIN 68861-1 bis -8

DIN 68861	Beanspruchung	Eigenschaften[1]
Teil 1 (2001-04)	**Verhalten bei chemischer Beanspruchung** (z.B. durch Wasser, Alkohol, Putzmittel)	Gruppe 1A, 1B, ··· 1F, je nach Einwirkdauer und Ergebnis
Teil 2 (1981-12)	**Verhalten bei Abriebbeanspruchung**	Gruppe 2A, 2B, ··· 2F, entsprechend der erreichten Umdrehungszahl
Teil 4 (1981-12)	**Verhalten bei Kratzbeanspruchung**	Gruppe 4A, 4B, ··· 4F, entsprechend Gewichtskraft und Markierung
Teil 5	**Verhalten bei Stoßbeanspruchung**	Norm in Vorbereitung
Teil 6 (1982-11)	**Verhalten bei Zigarettenglut** (Zigarette brennt 40 mm ab)	Gruppe 6A, 6B, ··· 6E, je nach Veränderung der Prüffläche
Teil 7 (2001-04)	**Verhalten bei trockener Hitze** (180 °C, 140 °C, 100 °C, 70 °C, 55 °C)	Gruppe 7A, 7B, ··· 7E, wenn keine sichtbare Veränderung der Prüffläche
Teil 8 (2001-04)	**Verhalten bei feuchter Hitze** (100 °C, 70 °C, 55 °C)	Gruppe 8A, 8B, 8C, wenn keine sichtbare Veränderung der Prüffläche

Diese Gliederung ermöglicht die Kennzeichnung mehrerer Eigenschaften einer Möbeloberfläche z.B.: Tischplattenoberfläche DIN 68861-1B-2C-4E. Anforderungsprofile werden in Normen oder anderen Gütebedingungen z.B. für Küchenschränke oder Esstische festgelegt.

10.2.6 Rosenheimer Beschichtungsgruppen für Fenster und Außentüren

Oberflächenschutz			Lasurbeschichtung			Deckende Beschichtung		
Holzartengruppe*			I	II	III	I	II	III
Beanspruchung	Farbton							
Außenraumklima (indirekte Bewitterung)	ohne Einschränkung	1	A	A	A	C	C	C
Freiluftklima bei normaler direkter Bewitterung	hell 007	2				C	C	C
	mittel 006/009	3	B	B	B	C	C	C
	dunkel 010/048	4	B	B	B	C	C	C
Freiluftklima bei extremer direkter Bewitterung	hell 077	5				C	C	C
	mittel 006/009	6		B	B	C	C	C
	dunkel 010/048	7		B	B		C	C

Ergibt sich eine Beschichtungsgruppe in einem weißen Feld, so gelten die Empfehlungen mit der Einschränkung, dass durch Harzfluss und/oder Rissbildungen im Holz und in den Rahmenverbindungen eine Beeinträchtigung der Oberfläche und der Beschichtung auftreten kann (siehe hierzu auch DIN 68 360 Teil 1)

* **Holzartengruppe I: Harzreiche Nadelhölzer wie z. B. Kiefer, Oregon Pine, Pitch Pine.**
Holzartengruppe II: Harzarme Nadelhölzer wie z. B. Fichte, Redwood.
Holzartengruppe III: Laubhölzer wie z. B. Sipo, Dark Red Meranti, Teak, Eiche.

Beispiel: Fenster aus Fichtenholz im 2. Obergeschoss sollen teakfarbenen Lasuranstrich erhalten.
Fichte → Holzhartgruppe II; 2. Obergeschoss → Freiluftklima bei normaler direkter Bewitterung
teakfarben → Farbton mittel 3 → Anstrichgruppe B3/II

[1] A höchste Beanspruchungsgruppe, F geringste

10.2.7 Beurteilung der Haftfestigkeit von Altanstrichen

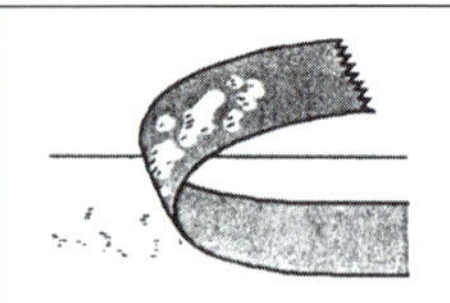	Klebebandtest	Ruckartiges Abreißen eines Klebebandes gibt Aufschluss über Haftung zu Untergrund.
	Verschärfter Gitterschnitt-Test mit Klebeband	Klebeband über Gitterschnitt gelegt und dann abgezogen verdeutlicht Gitterschnittergebnisse. Beurteilung gemäß Gitterschnitt-Kennwerten.

Gitterschnittprüfung nach DIN EN ISO 2409 (2007-08) zur Beurteilung der Haftfestigkeit von Altanstrichen

1 mm – 3 mm	Art der Substrate (Trägerplatten)	hart, z. B. Metall	weiche, z. B. Holz, Putz	harte und weiche Substrate	
	Schichtdicke der Alt-Beschichtung	bis 60 µm	bis 60 µm	61–120 µm	121–250 µm
	Schnittabstand	1 mm	2 mm	2 mm	3 mm
	Schnittführung mit Schablone für Schnittabstand und Einschneidengerät oder, bei harten Substraten bis 120 µm Schichtdicke, mit Mehrschneidengerät				

Gitter-schnittbild	Gitterschnitt-Kennwert	Beschreibung des Aussehens der Abplatzungen	Beurteilung für eine Neubeschichtung
	0	Die Schnittränder sind vollkommen glatt; keines der Quadrate des Gitters ist abgeplatzt.	unbedenklich
	1	An den Schnittpunkten der Gitterlinien sind kleine Splitter der Beschichtung abgeplatzt. Abgeplatzte Fläche ist nicht größer als 5 % der Gitterschnittfläche.	noch geeignet
	2	Die Beschichtung ist längs der Schnittränder und/ oder an den Schnittpunkten der Gitterlinien abgeplatzt. Abgeplatzte Fläche ist größer als 5 %, aber nicht größer als 15 % der Gitterschnittfläche.	bedingt geeignet
	3	Die Beschichtung ist längs der Schnittränder teilweise oder ganz in breiten Streifen abgeplatzt, und/ oder einige Quadrate sind teilweise oder ganz abgeplatzt. Abgeplatzte Fläche ist größer als 15 %, aber nicht größer als 35 % der Gitterschnittfläche.	ungeeignet
	4	Die Beschichtung ist längs der Schnittränder in breiten Streifen abgeplatzt, und/oder einige Quadrate sind ganz oder teilweise abgeplatzt. Abgeplatzte Fläche ist größer als 35 %, aber nicht größer als 65 % der Gitterschnittfläche.	ungeeignet
	5	Jedes Abplatzen, das nicht mehr als Gitterschnitt-Kennwert 4 eingestuft werden kann.	ungeeignet

10.2.8 Schichtdicken bei Flüssigbeschichtung

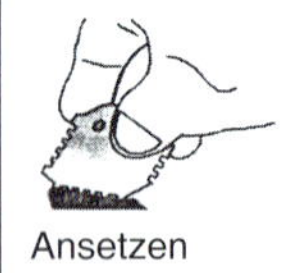
Ansetzen

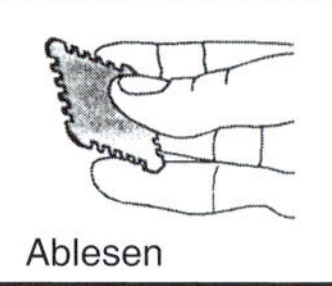
Ablesen

Messung der Nass-Schichtdicke

Der Messkamm hat unterschiedliche Zahnungen. Kamm wird in Nass-Schicht gedrückt und senkrecht wieder angehoben. Zahn, der gerade noch mit Beschichtungsstoff berührt wird, gibt Nass-Schichtdicke in µm an.

10.2 Begriffe und Anforderungen der Oberflächentechnik

Berechnung von Schichtdicken bei Flüssigbeschichtung

Nass-Schichtdicke

$$d_{NS} = \frac{m_a}{\rho}$$

Trocken-Schichtdicke

$$d_{TS} = \frac{n_{LA} \cdot m_a \cdot FK}{\rho} P - d_{EV} - n_{ZS} \cdot d_{SV}$$

d_{NS} Nass-Schichtdicke

n_{LA} Anzahl der Lackaufträge

FK Festkörpergehalt

d_{TS} Trocken-Schichtdicke

n_{ZS} Anzahl der Zwischenschliffe

ρ Dichte des Beschichtungsstoffes

m_a tatsächliche Auftragsmenge/m² Beschichtungsfläche (d.h. ohne Overspray)

d_{EV} Eindringverlust in Trägermaterial, ≈10 µm (abhängig von Trägermaterial, Holzfeuchte, Ebenheit der Trägeroberfläche, Viskosität des Beschichtungsstoffes, Füllmitteln, ...)

d_{SV} Schichtdickenverlust infolge eines Zwischenschliffes, ≈15 µm (abhängig von Körnung des Schleifmittels, Schleifdruck und Schleifdauer)

Beispiel 1: Nass-Schichtdicke auf nichtsaugender Trägerfläche (z. B.: Metall, Glas)

$m_a = 140$ g/m²; $\rho = 1{,}04$ g/cm³

$d_{NS} = 140 \text{ g/m}^2 : 1{,}04 \text{ g/cm}^3 = 135\ \mu\text{m}$

Beispiel 2: Trocken-Schichtdicke auf saugender Trägerfläche (z. B.: Holz, Spanplatten)

$n_{LA} = 3$; $n_{ZS} = 2$; $FK = 0{,}22$ (22 %); $m_a = 110$g/m²;

$\rho = 0{,}94$ g/cm³; $d_{EV} = 10\ \mu$m; $d_{SV} = 15\ \mu$m

$$d_{TS} = \frac{3 \cdot 110 \text{ g/m}^2 \cdot 0{,}22}{0{,}94 \text{ g/cm}^3} - 10\ \mu\text{m} - 2 \cdot 15\ \mu\text{m} = 37\ \mu\text{m}$$

Richtwerte für Trockenschichtdicken bei der Oberflächenbeschichtung

Maßhaltige Bauteile (Außentüren, Fenster, Fensterläden, Tore)	deckend[1] µm	lasierend[2] µm	lasierend, helle Töne µm
Imprägnierung Alkyd lösemittelhaltig Zwischenanstrich Alkyd lösemittelhaltig Schlussanstrich Alkyd	100–120	50–60	60–80
Imprägnierung Polymer-Alkyd wasserverdünnbar Zwischen- und Schlussanstrich Acryl	90–100	50–55	60–70
Imprägnierung Alkyd lösemittelhaltig Zwischen- und Schlussanstrich Acryl	90–100	50–55	60–70

Nichtmaßhaltige Bauteile (Verkleidungen, Verbretterungen, etc.)	deckend		lasierend	lasierend, helle Töne	
	außen µm	innen µm	µm	außen µm	innen µm
Imprägnierlasur Alkyd lösemittelhaltig	–		20–30	40–50	30
Imprägnierung Polymer-Alkyd wasserverdünnbar Zwischen- und Schlussanstrich Acryl	80–100	40	30	40–50	30
Imprägnierung Alkyd lösemittelhaltig Zwischen- und Schlussanstrich Acryl	80–100	40	25–30	40–45	30

[1] Trägermaterial ist nicht mehr sichtbar
[2] Textur des Trägermaterials ist noch sichtbar

Diagramm zur Bestimmung der Schichtdicken bei Flüssigbeschichtung[1]

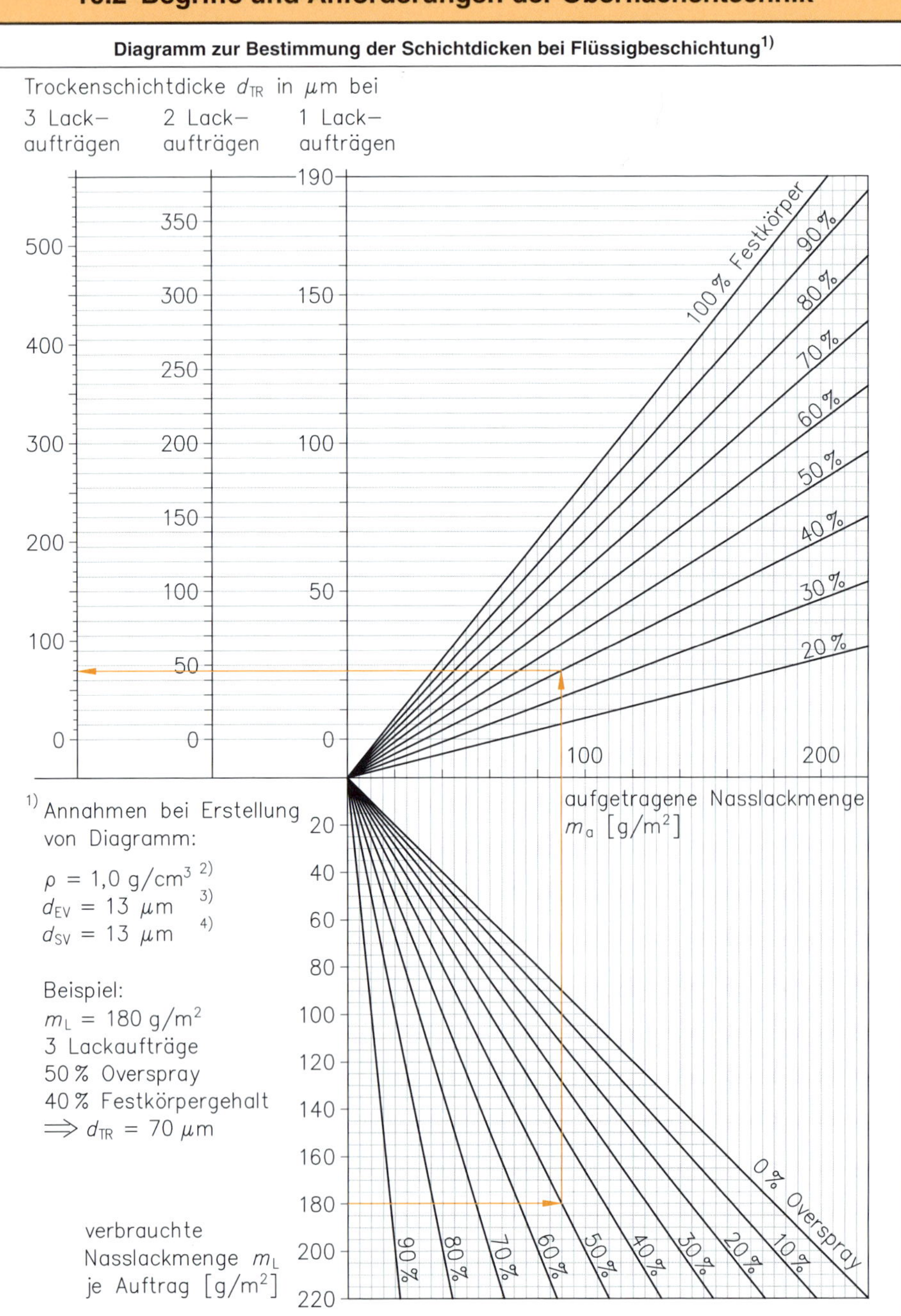

[1] Annahmen bei Erstellung von Diagramm:

$\rho = 1{,}0\ g/cm^3$ [2)]
$d_{EV} = 13\ \mu m$ [3)]
$d_{SV} = 13\ \mu m$ [4)]

Beispiel:
$m_L = 180\ g/m^2$
3 Lackaufträge
50 % Overspray
40 % Festkörpergehalt
$\Rightarrow d_{TR} = 70\ \mu m$

[2] von Lackart abhängig; [3] von Holzart und Lackviskosität abhängig;
[4] von Schleifmittel und Schleifdruck abhängig

10.3 Vorbereiten der Oberflächen

10.3.1 Schleifen

Schleifaufgaben

Formgebung durch Schleifen

Ebenschleifen von Flächen Verputzen von Leimfugen
Kalibrieren: auf genaue Dicke schleifen
Profilieren: Profile anschleifen

Oberflächenverbesserung

Feinschleifen der gröberen Bearbeitungsstrukturen
Reinigen: Abschleifen von Verunreinigungen
Aufrauen zur Verbesserung der mechanischen Adhäsion

Schleifmittelaufbau

Schleifkornmaterial	Härte	Verwendung für
Quarz, Flint	6,8–7	Holz, Kork
Granat	7,5–8,5	Handschliff, Holz
Schmirgel	8,5–9	Feinschliff
Aluminiumoxid (Elektrokorund)	9,4	Metall, Möbelindustrie
Siliziumkarbid	9,6	Holzwerkstoffe

Schleifkornträger

Papier	A sehr dünnes Papier 70 g/m² B dünnes Papier 100 g/m² C mittleres Papier 120 g/m² D dickes Papier 150 g/m² E sehr dickes Papier 200 g/m²
Gewebe	J – Gewebe sehr flexibel X – Gewebe steif
Vulkan-Fiber	0,4 mm, 0,5 mm, 0,6 mm, 0,8 mm

Bindungssysteme

Bindung	Grundbinder	Deckbinder
Hautleim	Hautleim	Hautleim
Kunstharz	Hautleim	Kunstharz
Vollkunstharz	Vollkunstharz	Kunstharz

Körnung des Schleifmittels[1]	Verwendung
30, 40, 60	Parkettschliff, Anzahnen
60, 80	Vorschliff Nadelholz und grobes Laubholz
100	Vorschliff feines Laubholz
120, 150	Feinschliff Nadelholz und grobes Laubholz
180, 220	Feinschliff feines Laubholz
240	Nachschliff nach dem Grundieren
280–400	Lackschliff

P vor Körnung (z. B. P120) bedeutet, dass Korn aus Elektrokorund oder Siliziumkarbid besteht.

Streudichte des Schleifmittels

dichte Streuung (CL) vollkommen bedeckte Fläche	
offene Streuung (OP) 50–70 % der dichten Streuung, für harzhaltige Hölzer	

Schleifmittel	Maße
Schleifbänder	Maße nach DIN 69130 Breite *b*: 15 bis 1000 mm Länge *l*: 400 bis 12500 mm
Rechteckige Schleifblätter	Maße nach DIN ISO 21948 T (± 3) / L (± 3) mm: 70/115; 70/230; 93/230; 115/140; 115/280; 140/230; 230/280
Runde Schleifblätter	Maße nach DIN ISO 21950 Form A ohne Loch, Form B mit Loch Außendurchmesser: 80, 100, 115, 125, 140, 150, 180, 200, 235
Rollen von Schleifm. auf Unterlagen	Breite: 12,5, 15, 25, 40, 50, 100, 120, 150, 200, 300, 600

Hydrohobeln und **Finieren** (Ziehklingenprinzip) ersetzen im Fensterbau ggf. das Schleifen

[1] Korngröße wird gekennzeichnet durch Maschenzahl auf 1 Zoll (2,54 cm) Länge einer Siebseite.

10.3 Vorbereiten der Oberflächen

Schleifverfahren und Schleifmittelformen[1]

Handschliff	Winkel-schleifer	Handband-schleifer	Exzenter-schleifer	„Fladder"-schleifer	Kanten-/Konturen-schleifer	Kontakt-/Kissen-Schleif-automat	Langband-Schleif-maschine
Blätter, Rollen	rechteckige Schleif-blätter	Schleif-bänder	Runde Schleif-blätter	„Fladder"-Schleif-blätter	Käntenbän-der, Hülsen	breite Schleif-bänder	lange Schleif-bänder
P80 – P400	P80 – P320	P80 – P400	P80 – P400	P100 – P320	P60 – P120	P80 – P500	P60 – P500

10.2.2 Fehler am Holz und ihre Behebung

14-4 ff.

10

14-11

Fehler	Behebung[2]
Harz, Harzaustritt	mit Lösungsmittel z. B. Terpentin, Alkohol, Aceton, Tetrachlorkohlenstoff
	mit Verseifungsmittel z. B. Kernseife, Schmierseife, Holzseife, Kaliumhydroxid (Ätzkali), Natriumhydroxid (Ätznatron), Ammoniak
Ölflecken, Fettflecken	Brei aus gebrannter Magnesia oder feinflockiger Kieselsäure mit Trichlorethen oder Nitroverdünnung auftragen und nach dem Trocknen ausbürsten
Leimdurch-schlag	Glutinleim bei gerbsäurefreiem Holz mit Holzseife auswaschen
	Weißleim (KPVAC), sofern noch nicht ausgehärtet, mit warmem Wasser auswaschen
	Reaktionsharzleime, D3- und D4-Leime können nicht entfernt werden
Fehlerstellen im Holz	Ersatzstücke einpassen
	Kitt aus Schleifstaub und schwachem Leim oder NC-Lack
	Wachskitt, Schellackbrennkitt

10.2.3 Oberflächenstrukturierung

Sägeraue Oberfläche
Struktur der Bandsäge bleibt erhalten

Gefräste Oberflächenstrukturierung
mit Hilfe entsprechend geformter Fräsmesser

„Verwitterungseffekt" wird bewirkt durch Bürsten, Sandstrahlen oder Brennen der geschliffenen Holzfläche.

Bürsten mit korrosionsfreier Handbürste oder Bürstenwalze (Ø 200, Borstendicke 1–1,2 mm)
quer → Bürstenstrich quer zum Faserverlauf
längs → Reliefstruktur ähnlich dem Sandstrahlen

Rechte Seite gebürstet, ausdrucksstarkes Bild

Linke Seite gebürstet, flaches Bild

Sandstrahlen
- mit scharfkantigem Quarzsand, Korndurchmesser 0,4–1,0 mm, Strahldruck 4 bis 6 bar,
- linke Holzseite bearbeiten, da rechte aussplittert,
- Staub gründlich aus den Poren ausbürsten.

Brennen
- rechte Seite von harzarmem Nadelholz kurz und kräftig mit Lötlampe oder Gasbrenner ankohlen,
- Brennsalz oder Wasserstoffperoxid verstärken die Brennwirkung,
- angekohlte Frühholzbereiche ausbürsten.

[1] Für optimalen Holzfinish und Zwischenschliff.
[2] Siehe Kap. 13.2.4 und 13.2.5

10.4 Farbverändernde Arbeiten

10.4.1 Bleichen – Abbau von Farbstoffen in den Holzfasern

14-6

Ursachen störender Holzverfärbungen – Bleichverfahren

Vergilbung des Lignins infolge Einwirkung von UV-Strahlen	Eingelagerte Farbstoffe – zu stark, – zu unterschiedlich	blau-grau Verfärbungen durch Bläuepilz im Splintholz	Verfärbungen durch Reaktion der Gerbsäure im Holz mit Eisen oder Kalk
Oxidation der Farbstoffe mit 30%igem Wasserstoffperoxid z. B. bei Ahorn, Birke und Esche	Reduktion der Farbstoffe mit Oxalsäure; z. B. Zitronensäure bei Eiche bzw. Natriumbisulfit bei grünstreifigem Kirschbaumholz	Spezialpräparat „Cyanex“ nach Prof. Dr. Ortl ermöglicht normale Weiterverarbeitung	Reduktion der Eisenverbindungen mit Kleesalz oder Oxalsäure, der Kalk- oder Zementflecken mit verdünnter Salzsäure

Gesetzliche Verordnungen und berufsgenossenschaftliche Vorschriften sind beim Lagern und Arbeiten mit Chemikalien zu beachten: Siehe auch Kap. 14.2 Gefahrstoffe am Arbeitsplatz, S. 14-1 ff.

10.4.2 Beizen – Einlagerung von Farbstoffen, Auflagerung von Pigmenten

14-6

Zweck des Beizens:
- Farbausgleich wachstumsbedingter Farbunterschiede verschiedener Baumstämme,
- vorzeitiges Erreichen des Alterungstones,
- Angleichen preiswerter Holzarten (z. B. Limba, Esche) an Furnier anderer Holzarten,
- Aufwertung wenig lichtbeständiger Holzarten,
- Erzielung dekorativer Farben, Strukturen oder Kontraste bei der Produktgestaltung.

Farbänderung wird bewirkt durch:

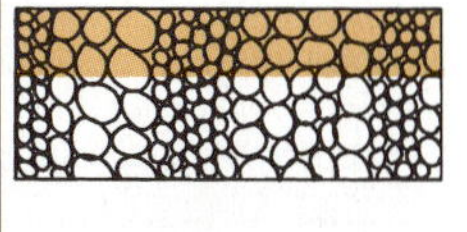

- Farbstoffeinlagerung,
- Farbstofferzeugung im Holz

und/oder

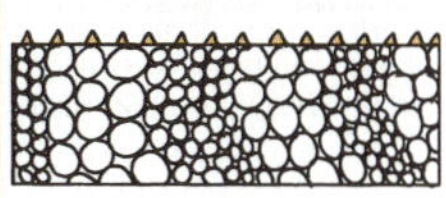

Auflagerung von Pigmenten.

Positives Beizbild
Natürliches Aussehen der Holzoberfläche, d. h. Frühholzbereiche sind heller als Spätholzbereiche.

Holz + Farbstoff → gebeiztes Holz

Frühholz / Spätholz + gleichmäßig verteilt → Frühholz / Spätholz

Negatives Beizbild
Unnatürliches Aussehen der Holzoberfläche, d. h. Frühholzbereiche sind dunkler als Spätholzbereiche.

Holz + Farbstoff → gebeiztes Holz

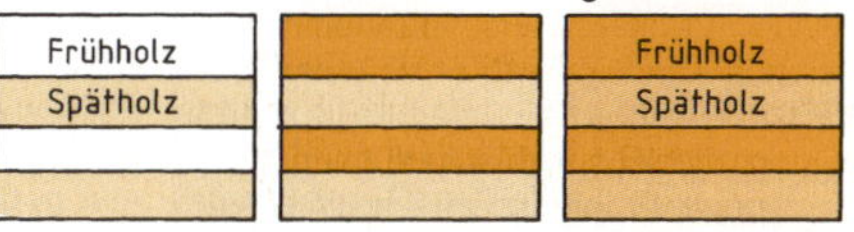

Voraussetzungen für einwandfreie Beizflächen:
- sorgfältige Holz- und Furnierauswahl,
- absolut harzfreie Holzoberfläche,
- fehlerfreie Holzoberfläche, ggf. Ausbesserung,
- Neutralisation eingesetzter Chemikalien,
- gewässerte, feingeschliffene Flächen,
- staubfreie Flächen und Holzporen,
- heller, staubfreier Beizraum,
- Beizprobe an dem gleichen Holz, das für das Werkstück verwendet wird,
- Egalisieren der Saugfähigkeit zwischen Längsholz und Hirnholz, rechter und linker Furnierseite, z. B. durch Vornässen, Behandlung mit Farblosbeize,
- Ansetzen von genügend Beizlösung für einen Auftrag,
- destilliertes oder deionisiertes Wasser verwenden,
- gleiche Arbeitsweise an einem Auftrag,
- Trockenklima entsprechend der Beizart,
- Reaktionszeit bei chemischem Beizen abwarten,
- keine direkte Sonnenbestrahlung während Trocknung und Reaktion,
- kein Nachschleifen gebeizter Flächen.

14-1 ff.

10.4 Farbverändernde Arbeiten

<table>
<tr><th>Beizarten[1]</th><th colspan="12">Durchführung</th></tr>
<tr><td rowspan="3">Farbstoffbeizen bewirken negatives Beizbild</td><td colspan="12">Gelöste Farbstoffe werden in das Holz eingelagert. Frühholz nimmt mehr Beize auf als Spätholz</td></tr>
<tr><td colspan="4">Wasserbeizen</td><td colspan="4">Spiritusbeizen</td><td colspan="4">Lösungsmittelbeizen</td></tr>
<tr><td colspan="4">Wasserlösliche synthetische Teerfarben, lange Trockenzeiten</td><td colspan="4">Farbstoffe in Spiritus gelöst, kurze Trockenzeit, nicht lichtecht</td><td colspan="4">Farbstoffe in Nitroverdünnung gelöst, auch zum Abtönen von Lacken</td></tr>
<tr><td rowspan="3">Chemische Beizen bewirken positives Beizbild</td><td colspan="12">Holzeigene Gerbstoffe oder in das Holz eingebrachte gerbstoffähnliche Materialien (Vorbeizen wie Pyrogallol, Brenzkatechin, Tanin Paramin) bilden mit eingesetzten Chemikalien (Nachbeizen wie Ammoniak, Kaliumdichromat, Kupferchlorid, Eisenammoniumsulfat) im Holz den erwünschten Farbstoff</td></tr>
<tr><td colspan="3">Chemische Einfachbeize</td><td colspan="3">Chemische Doppelbeize</td><td colspan="3">Räuchern</td><td colspan="3">Einkomponenten-Positivbeize</td></tr>
<tr><td colspan="3">Dem Gerbstoff entsprechend wird Nachbeize aufgetragen. Ungleichmäßige Verteilung der Gerbstoffe im Holz führt meist zu fleckigem Beizbild</td><td colspan="3">Auf gerbstoffarmen bzw. gerbstofffreien Holzarten wird Vorbeize und nach 2 bis 3 Std. Nachbeize aufgetragen. Nach 12–14 Std. stellt sich Beizton ein</td><td colspan="3">Gerbstoffhaltiges Eichenholz oder mit Vorbeize behandeltes Holz wird in einen mit Ammoniakgas gefüllten Raum entspr. der gewünschten Farbintensität mehr oder weniger lange aufgestellt</td><td colspan="3">Vor- und Nachbeize werden gemeinsam aufgetragen. Nach 6–12 Std. entwickelt sich unter Einwirkung des Luftsauerstoffes das Beizbild</td></tr>
<tr><td rowspan="3">Pigmentbeizen</td><td colspan="12">Feingemahlene, farbige Pigmente (Erdfarben) oder eingefärbte Pigmente (Substrate) werden auf Holz aufgelagert und mit Bindemittel fixiert. Je nach Feinheit der Pigmente wird das Beizbild positiv oder negativ, die Textur der Oberfläche mehr oder weniger verschleiert. Verstärkte Abzeichnung der Poren des Holzes ist zu vermeiden. Aufhellende Beiztöne sind möglich</td></tr>
<tr><td colspan="6">Kratzfestbeize</td><td colspan="6">Wachsbeizen</td></tr>
<tr><td colspan="6">Als Bindemittel wird Kunstharz verwendet. Benetzungshilfen ermöglichen das Beizen inhaltsstoffreicher Holzarten</td><td colspan="6">Als Bindemittel wird Wachs verwendet. Einsatz nur möglich, wenn durch Überzug aus Hartwachs geforderte Oberflächengüte erreicht wird</td></tr>
<tr><td>Kombinationsbeizen</td><td colspan="12">Mit Kombinationen von gelösten Farbstoffen, farbbildenden Chemikalien, Pigmenten und Bindemitteln können die vielfältigen, von der Praxis geforderten Effekte erzielt werden. Beispiele: „Räucherbeizen“ für Eichenholz, „Echt-Mahagonibeizen“ für Mahagonihölzer, „Hartholzbeizen“, „Rustikalbeizen“ für Rustikaleffekt, „Bleichbeizen“ für Aufhelleffekt</td></tr>
<tr><td rowspan="2">Besondere Beiztechniken</td><td colspan="4">Patinieren</td><td colspan="4">Kalken</td><td colspan="4">Laugen</td></tr>
<tr><td colspan="4">Gleichmäßig gebeizte Flächen werden an Stellen, die dunkler erscheinen sollen, in noch feuchtem Zustand mit Patinierbeize nachbehandelt. Einfacher: Auftrag von gefärbtem Lack auf grundierte Oberfläche</td><td colspan="4">Bei grobporigen Hölzern (Eiche, Esche, Rüster) wird auf sehr fein geschliffener Oberfläche Kalkpaste aufgetragen, die nach dem Trocknen mit Stahlwolle abgezogen wird</td><td colspan="4">Starke Laugen (Natron-Kali-Kalziumlauge) bewirken in Hölzern wie Eiche, Lärche, Kirschbaum, Nussbaum, Mahagoni Alterungstöne. Starke Natronlauge (Schuppenlauge) löst Frühholzteile aus. Strukturierte Oberfläche</td></tr>
</table>

[1] Siehe Kap. 14.2 Gefahrstoffe am Arbeitsplatz.

10.5 Flüssige Beschichtungsstoffe

10.5.1 Regelaufbau flüssiger Beschichtungsstoffe (Lacke, Lasuren, usw.)[1]

Filmbildner + **Lösemittel und Verdünnungsmittel** + **Additive** (Hilfsmittel) + **Pigmente Füllstoffe** = **gebrauchsfertiger Beschichtungsstoff**

⇒ 14-6

Filmbildner

Bilden Film entweder physikalisch durch Verdunstung der Lösemittel oder chemisch-physikalisch durch Verdunstung der Lösemittel und chemische Reaktion von Bestandteilen.

Filmbildner	Bezeichnung
Naturharze	Kolophonium, Dammar, Sandarak, Mastix, Kopale, Schellack
Öle	Leinöl, Holzöl, synthetische Öle
Wachse	Bienenwachs, Carnaubawachs, Erdwachs, Montanwachs, Paraffinwachs
Nitrocellulose	Cellulose, versetzt mit Gemisch aus Salpeter- und Schwefelsäure
Kunstharze	Polyvinylchlorid, Polyacryl, ungesättigte Polyester, Harnstoff-, Melamin-, Phenolformaldehydharz, Alkydharz, gesättigte Polyester, Epoxid-, Polyurethanharz

Lösemittel[2]

Testbenzin, Terpentinöl, Xylol, Toluol, Methylenchlorid, Tetrachlorkohlenstoff, Trichlorethylen, Methanol, Ethanol, Ethylether, Ethylacetat, Butylacetat, Aceton, Methylethylketon

Lösemittelart	Aufgabe
Akt. Lösem.	lösen Filmbildner
Nichtlöser	(Verdünnungsmittel) sind mitbestimmend für Verarbeitungsviskosität
Latentlöser	bei Aktivierung aktive Löser
Reaktive Löse- u. Verdünnungsm.	werden im Lackfilm eingebunden, dadurch geringere Umweltbelastung, hoher Festkörpergehalt

Additive

Werden Beschichtungsstoffen zugefügt, um bestimmte Eigenschaften, z.B. Verlauf, Glanz, Elastizität, Benetzung, Schleifbarkeit, Trocknung zu verbessern oder unerwünschte Eigenschaften zu verhindern.

Additiv-Stoff	Wirkungen
Äußere Weichmacher	sind im Gegensatz zu inneren Weichmachern physikalisch eingebaut. Elastizität des Beschichtungsfilms geht durch UV-Bestrahlung oder Anziehung benachbarter Materialien wieder verloren, ggf. Verträglichkeitstest erforderlich
UV-Absorber	(Lichtschutzmittel) verzögern die Farbveränderung des Holzes, langsameres Altern
Mattierungsmittel	bestimmen den Glanzgrad des Lackfilmes
Verlaufsmittel	gleichen Unebenheiten des verdunstenden Lösemittels, des Untergrundes und des Auftrags aus
Thixotropierungsmittel	ermöglichen das Spritzen senkrechter Flächen
Schleifmittel	verbessern Schleifbarkeit von Grundierlack
Netzmittel	(Tenside) fördern Benetzung
Holzschutzmittel	(Biozide) verhindern Pilz- und Insektenbefall
Flammschutzmittel	mindern Entflammbarkeit von Holz und Holzwerkstoffen

Pigmente und Füllstoffe

Pigmente sind unlösliche, organische oder anorganische, feinkörnige (0,1–1 µm) Farbmittel. Bei zunehmender Pigmentvolumen-Konzentration nimmt die Transparenz bis hin zum deckenden Lack ab.

- natürliche Pigmente: Erdfarben (Kreide, Ocker),
- künstliche Pigmente: mit Mineralfarben (Metalloxiden) oder Teerfarben eingefärbte Mineralien oder Kunststoffteilchen.

Metalleffekt wird durch schuppenförmige Glanzpigmente aus Metallpulver erzeugt.

Füllstoffe sind unlösliche, organische oder anorganische Substanzen ohne Bindekraft, die den Festkörpergehalt erhöhen und ggf. technische oder optische Eigenschaften verbessern.

[1] Siehe Kap. 14.2 Gefahrstoffe am Arbeitsplatz, S. 14-1 ff.

[2] Zul. Lösemittelgehalt in Beschichtungsstoffen nach ChemVOCFarbV ab 1.1.2007 und 1.1.2010 stark begrenzt; nicht bei Möbelbeschichtung.

10.5 Flüssige Beschichtungsstoffe

10.5.2 Überzugsmittel bei Innenverwendung

<table>
<tr><th>Überzugsmittel[1)]</th><th colspan="3">Bestandteile und Verwendung</th></tr>
<tr><td>Leinöl</td><td colspan="3">Trocknende, fette Öle aus Glyzeriden ungesättigter Fettsäuren. Die Trocknung erfolgt durch Oxidation mit Luftsauerstoff. Trockenzeit wird durch Zugabe von Sikkativen auf 12 bis 24 h verkürzt. Das Öl feuert Holztextur und Fehler in der Oberfläche an, bildet keine Schicht und macht die Oberfläche hydrophob (wasserabweisend), aber mechanisch nicht beanspruchbar.</td></tr>
<tr><td rowspan="4">Wachse</td><td colspan="3">Werden gelöst verarbeitet. Nach dem Trocknen und Abreiben stellt sich stumpfer Glanz ein. Gewachste Flächen sind mechanisch nicht beanspruchbar.</td></tr>
<tr><td>Bienenwachs</td><td>Carnaubawachs</td><td>Montanwachs</td></tr>
<tr><td>weich, gelöst in Terpentin</td><td>hart, gelöst in Alkohol, Ether</td><td>hart, gelöst in Benzol</td></tr>
<tr><td colspan="3">Beachte: Terpentinöl und Benzol sind gesundheitsschädlich. Durch Heiß-Spritzen kann auf Lösemittel verzichtet werden.</td></tr>
<tr><td>Naturharzlacke</td><td colspan="3">Mischung von Naturharzen, trocknenden Ölen, Lösemitteln, ggf. Pigmenten, Additiven zur Verbesserung der Streicheigenschaften und Duftstoffen. Sie trocknen langsam, bilden einen Wasserdampf bremsenden, wenig beanspruchbaren, nicht allzu dauerhaften Film.</td></tr>
<tr><td>Schellack</td><td colspan="3">Ausscheidung der Lackschildlaus wird in Alkohol gelöst.
Schellackmattierung, eine offenporige dünne Schicht, lässt sich durch Spritzen herstellen.
Schellackpolitur wird von Hand im „aufbauenden Polierverfahren“ hergestellt.
Hochglanz durch Polieröl
Deckpolitur (schichtweise)
porenfüllende Grundpolitur
Holz
Die Oberfläche ist elastisch, wenig kratzfest, wasser- und alkoholempfindlich sowie teuer, aber bei edlen Hölzern durch keine andere Beschichtung an Ästhetik zu übertreffen.</td></tr>
<tr><td rowspan="3">Cellulosenitratlack (CN-Lack)</td><td colspan="3">Trocknet schnell durch verdunstende Lösemittel (Ester) und Verdünnungsmittel (Toluol, Benzol, Xylol)
Grundiermittel mit oder ohne Porenfüller:
– Einlassmittel verringern Saugfähigkeit
– Haftgrundiermittel verbessern Haftfestigkeit nachfolgender Polier- und Schwabbellacke
– Grundlack bildet erkennbaren Film
– Schnellschleiflack bildet mäßig füllende, trocken schleifbare Schicht
– Feinschleiflack bildet stärker füllende, trocken schleifbare Schicht
– Lichtschutzgrund enthält UV-Absorber
– Sperrgrund verhindert Reaktion von Inhaltsstoffen des Holzes mit dem Decklack</td></tr>
<tr><td colspan="3">Überzuglack dient als letzter Überzug. Je nach Glanzgrad: Mattlack, Seidenglanzlack, Glanzlack</td></tr>
<tr><td colspan="3">Polierlack ermöglicht geschlossenporige Oberfläche im „aufbauenden Polierverfahren“</td></tr>
</table>

[1)] Siehe Kap. 14.2 Gefahrstoffe am Arbeitsplatz, S. 14-1ff.

10.5 Flüssige Beschichtungsstoffe

10.5.2 Überzugsmittel bei Innenverwendung (Forts.)

14-6f.

<table>
<tr><th>Überzugs-mittel[1]</th><th colspan="3">Bestandteile und Verwendung</th></tr>
<tr><td rowspan="2">CN-Lack
Fortsetzung</td><td colspan="3">Schwabbelpolierlack führt zu geschlossenporiger Oberfläche im „abbauenden Polierverfahren“.

Lack-auftrag: Abschliff, Hochglanz, Grundierung; Träger

Der Festkörperanteil der Polier- und Schwabbellacke besteht aus etwa 40 % Cellulosenitrat, 40 % Alkydharz und 20 % „inneren Weichmachern“ (fest eingebundene, nicht ausschwitzende Substanzen, die Cellulosenitrat elastisch halten).</td></tr>
<tr><td colspan="3">Mattierung dient der offenporigen Fertigbehandlung der Oberfläche
CN-Mattierung Lack mit etwa 25 % Festkörperanteil (45 % CN, 35 % Alkydharz, 20 % Weichmacher)
CN-Tuffmatt besteht aus nur 8 % CN und 92 % Löse- und Verdünnungsmittel</td></tr>
<tr><td>Säure-härtender Lack
(SH-Lack)</td><td colspan="3">Die Polykondensation des Harnstoff-, Melamin- bzw. Phenolharzes ist gestoppt und wird durch Zugabe von Härtern (starke Säure) wieder in Gang gesetzt. Die Oberfläche ist wasserdampfundurchlässig, hitze- und chemikalienbeständig und sehr abriebfest. Die Verarbeitung ist problematisch, da Formaldehyd freigesetzt wird und der Härter Metalle angreift. Grundierung erfolgt mit verdünntem SH-Lack oder der CN-Grundierung.
Ein-Komponenten-SH bzw. SHE-Lack: Härter ist bereits beigemischt, daher kein Mischen, beschränkte Lagerzeit
Zwei-Komponenten-SH-Lack: muss vor der Verarbeitung mit Härter gemischt werden, begrenzte Topfzeit</td></tr>
<tr><td>Polyur-ethanharz-lack
(PUR-Lack, „DD-Lack“)</td><td colspan="3">Monomere Isocyanate vernetzen mit mehrwertigen Alkoholen (Polyolen) ohne Nebenprodukte. Der Lack ist wie SH-Lack als Einkomponenten- oder als Zweikomponentenlack im Handel. Der Film ist bei richtiger Mischung elastisch, Wasserdampf undurchlässig, chemikalien- und hitzebeständig, abriebfest und schwer entflammbar. Hauptnachteil ist beim industriellen Einsatz die Härtezeit von 6 h und mehr. Durch Kombination mit Acrylharz und Photoinatiatoren wird bei UV-Bestrahlung zumindest Staubfestigkeit erzeugt.</td></tr>
<tr><td rowspan="5">Polyester-lack
(UP-Lack)</td><td colspan="3">Das ungesättigte Polyester-Grundmaterial reagiert mit dem reaktiven Lösemittel Styrol in einer Mischpolymerisation zu hoch beanspruchbarem Kunststoff. Bei inhaltsstoffhaltigen Holzarten ist PUR-Sperrgrundierung erforderlich.
Paraffinhaltige UP-Lacke werden für Polituren in einem Arbeitsgang (300–600 g/m^2) aufgetragen. Das schwimmende Paraffin verhindert Reaktion mit dem Luftsauerstoff. Es wird bei der abbauenden Politur mit abgeschliffen.

Auftragungsmöglichkeiten</td></tr>
<tr><td>Untermischverfahren</td><td>Dosierprinzip</td><td>Reaktionsgrundverfahren</td></tr>
<tr><td>Polyestermaterial, Styrol, Härtungsbeschleuniger und Additive werden gemischt. Die Verarbeitung muss innerhalb von 10–20 min erfolgen</td><td>Spritz- bzw. Gießanlage hat für beide Komponenten getrennte Zuleitungen und Düsen</td><td>Beim 1. Auftrag wird Reaktionsgrund, beim 2. Stammlack aufgetragen</td></tr>
<tr><td colspan="3">Härtungsschwund von 8 % führt bei einseitiger Politur zum Verziehen der lackierten Teile</td></tr>
<tr><td colspan="3">UV-härtende UP-Lacke enthalten keine Härter und kein Paraffin. Härtung in 5–20 s durch UV-Licht</td></tr>
</table>

[1] Siehe Kap. 14.2 Gefahrstoffe am Arbeitsplatz, S. 14-1ff.

10.5.2 Überzugsmittel bei Innenverwendung (Forts.)

Überzugsmittel [1]	Bestandteile und Verwendung	
Wasserverdünnbarer Beschichtungsstoff (Wasserlack)	Als Filmbildner werden Kunststoffe bzw. Kunstharze auf Acrylat-, PUR-, Polyester- oder Alkydharzbasis verwendet. Harze sind in organischen Lösemitteln gelöst, die mit Wasser verdünnbar sind, oder Filmbildner sind in Wasser dispergiert. **Aushärtung der Beschichtung**	
	physikalisch	physikalisch-chemisch
	durch Verdunstung des Wassers und des Lösemittels	1. Verdunstung des Wassers und Lösemittels 2. Vernetzung der Festkörper Der Lack kann so aufgebaut sein, dass nach 4–5 min Vortrocknung eine UV-Härtung möglich ist.
	Vorteile von Wasserlack	Nachteile von Wasserlack
	– Lösemittelanteil 5–10 %, daher umweltfreundlich, – enthält keine Amine, – gute Beanspruchbarkeit, – geringer Lackverbrauch, 60 g/m² je Auftrag, da bis 40 % Festkörpergehalt, – universell zu verarbeiten, – kürzere Trockenzeit als SH- oder PUR-Lacke, – kein Ex-Schutz nötig, – TA Luft bei größeren Verarbeitungsmengen erfüllbar	– raut Holzoberfläche auf, – Benetzungsprobleme bei Inhaltsstoffen im Holz, – bedingt auf Wasserbeizen einsetzbar, – kein Hochglanz, – haptische Eigenschaften (Griffigkeit) problematisch, – Transparenz auf dunkelgebeiztem Holz unvollständig, – korrosionsgeschützte Geräte, – Reinigungswasser ≙ Sondermüll, – Raum-, Trägertemperatur ≥ 20 °C

10.5.3 Überzugsmittel bei Außenanwendung

Lasuren sind nach DIN EN ISO 4618 (2007-03) lösemittelhaltige oder wasserverdünnbare Beschichtungsstoffe, die eine kleine Menge Pigmente und/oder Füllstoffe enthalten und eine transparente oder halbtransparente Beschichtung zur dekorativen Farbgebung und/oder zum Schutz der Substrate (Trägermaterialien) bilden. Schichtdicke des Erstanstrichs bei Dünnschichtlasuren ≥30 µm, bei Dickschichtlasuren ≥66 µm. Bei **Lacken** (deckenden Beschichtungen) ist eine Schichtdicke ≥100 µm erforderlich.
Holzschutzmittel sind entsprechend DIN 68800-3 (1990-04) einzusetzen und einzubringen (vgl. S. 7-3).
Anstrichgruppe der Beschichtung ist entsprechend der „Rosenheimer Tabelle“ (S.10-3) zu wählen.
Renovierungsanstriche sind von Beanspruchungs- und Klimabedingungen abhängig.

Überzugsmittel [1]	Bestandteile und Anwendung
Teerölpräparate	Sind ebenso wie **Carbolineen** und **Holzteer** wegen Gesundheitsschädlichkeit i.d.R. nicht sinnvoll
Naturharzlasur	Mischung von trocknenden Ölen, gelösten Naturharzen und Pigmenten. Festkörpergehalt schwankt je nach Produkt stark
Naturharzlack	Nur pigmentiert einzusetzen, da sonst kein ausreichender Schutz gegen UV-Strahlen. Lange Trocknungszeiten
Imprägnierlasur auf Alkydharzbasis	Enthält 18–20 % Festkörper. Imprägnierlasuren (Dünnschichtlasuren) sind nicht für maßhaltige Bauteile, z. B. Fenster, Außentüren und Wintergärten, geeignet.

[1] Siehe Kap. 14.2 Gefahrstoffe am Arbeitsplatz, S. 14-1 ff.

10.5.3 Überzugsmittel bei Außenanwendung (Forts.)

⇒ 14-6f.

Überzugsmittel[1]	Bestandteile und Anwendung	
Tauchlasur (für Grundierung)	**Alkydharz** 24–26 % FKG, davon 1–2 % Pigmente, organische Lösemittel	**Acrylharz** 20 % FKG, davon 1–2 % Pigmente, wasserverdünnbar
Dickschichtlasur	**Alkydharz** 38–40 % FKG, davon 1–2 % Pigmente, organische Lösemittel	**Acrylharz** 38–40 % FKG, davon 1–2 % Pigmente, wasserverdünnbar

Überzugsmittel		Tauchgrund	Grundlack	Decklack
Alkydharzlack mit organischen Lösemitteln	Festkörpergehalt	58–60 %	62–65 %	60–62 %
	davon Pigmente	26–30 %	28–32 %	24–25 %
Acrylharzlack wasserverdünnbar		Tauchgrund		Decklack
	Festkörpergehalt	ca. 50 %		45–47 %
	davon Pigmente	ca. 25 %		16–20 %

10.5.4 Applikationsmethoden (Auftragstechniken)[2]

Auftragstechniken

Handauftragsverfahren	Maschinelles Auftragen
Streichen, Rollen, Handspritzen, Handtauchen	Walzen, Gießen, Spritzen, Bürsten, Tauchen, Fluten, Trommeln, Drucken

Für kostengünstiges und umweltfreundliches Beschichten sind folgende Faktoren maßgebend:

Faktoren für die Wahl der Auftragstechnik

- **Werkstoffgeometrie:** plattenförmig, profiliert, gestell- oder korpusartig
- **Beschichtungsmaterial:** dünnflüssig wie Beize, Lack, Lasur; dickflüssig wie Spachtel, High-solid-Lack
- **Auftragsmengen:** dünne Grundierung, dicke Schicht bei geschlossenporiger Oberfläche
- **Verarbeitungstemperatur des Beschichtungsstoffes:** Spritzen bei Normaltemperatur, bei 30–40 °C
- **Werkstückdurchsatz:** Einzelfertigung, Kommissionsfertigung, Serienfertigung, Objektbau

Zerstäubungsverfahren bei der Beschichtung

Spritztechnik	Zerstäubung	Spritzdruck
Druckluft-Spritzen	pneumatisch	Niederdruck Hochdruck 2–7 bar
Airless-Spritzen	hydraulisch	Niederdruck 6–18, Höchstdruck 60–240 bar
Air-mix-Spritzen	pneumatisch + hydraulisch	Luft: 0,2–2 bar Lack: 20–60 bar
Elektrostatisches Spritzen	mechanisch, elektrostatisch unterstützt	je nach Einrichtung 50–150 kV Spannung zwischen Spritzgerät und Werkstück

Beschichtungstechnik	Auftragsverlust (overspray)[3]
Druckluftspritzen mit Hochdruck	40–70 %
Druckluftspritzen mit Niederdruck	<35 %
Airless-Spritzen	25–60 %
Heißspritzen	30–60 %
Druckluftspritzen + elektrostatische Aufladung	30–50 %
Airless-Spritzen + elektrostatische Aufladung	25–40 %
Airless – heiß + elektrostatische Aufladung	20–35 %
Gießen	5 %
Walzen	bis 0 %
Tauchen, Fluten	10–20 %

[1] Siehe Kap. 14.2 Gefahrstoffe am Arbeitsplatz, S. 14-1ff.
[2] Siehe Kap. 11.10 Lackieranlagen, S. 11-47.
[3] System- und geometriebedingt

10.5 Flüssige Beschichtungsstoffe

10.5.4 Applikationsmethoden (Forts.)

Auftragstechnik	Anwendung
Streichen	Bei geringem Lackverlust überall einzusetzen. Nachteilig sind ungleiche Filmdicken und hoher Zeitaufwand
Rollen	Geeignet bei Flächen; Rollgerät muss in Walzenmaterial und -breite auf Beschichtungsstoff und Fläche abgestimmt werden
Spritzen	Bei entsprechender Viskosität des Beschichtungsstoffes universell anzuwenden. Der Spritzverlust (Overspray) ist von der Werkstückgeometrie, der Spritzmethode und der Übung des Verarbeiters abhängig
	Druckluftspritzen mit Hochdruck: Vorteile: feine Zerstäubung, weicher Spritzstrahl, hohe Oberflächenqualität, Saug-, Fließ- oder Drucksystem möglich. Nachteile: hohe Kosten und starke Umweltbelastung wegen großem Overspray
	Druckluftspritzen mit Niederdruck: Lufteingangsdruck 4,5 bis 5 bar, Düseninnendruck max. 0,7 bar (entspr. US-Norm 115), reduzierte Spritznebelbildung und reduzierter Rückprall von der Fläche. Die Oberflächengüte entspr. annähernd der beim Hochdruckspritzen bzw. der beim Airless-Spritzen
	Airless-Spritzen mit Höchstdruck: Vorteile: weniger Overspray, große Flächenleistung, direkte Ansaugung aus Lackgebinde. Nachteile: harter, scharf abgegrenzter Spritzstrahl, für feine Arbeiten ungeeignet, hoher Düsenverschleiß bei pigmentierten Lacken
	Airless-Spritzen mit Niederdruck: bei Beizen anwendbar, wegen feiner Spritzdüsen Feinfilter erforderlich
	Air-mix-Spritzen (Air-coat-Spritzen): Vorteile Spritzdruck und Form des Spritzstrahls sind regulierbar; weniger Overspray als bei Druckluft- und Airless-Spritzen mit Hochdruck
	Heißspritzen: die erforderliche Viskosität zum Spritzen wird durch Erhitzung des Beschichtungsstoffes erzielt. Der Lösemittelanteil kann stark reduziert werden. Bei Wachs z.B. ist lösemittelfreie Verarbeitung möglich
	Elektrostatisches Spritzen: die elektrisch geladenen Lackpartikel folgen den Feldlinien des elektrischen Feldes zwischen Spritzgerät und Werkstück, dadurch weniger Overspray
	Zweikomponenten-Spritzen: Reaktionsharzlacke, die in zwei Komponenten angeliefert werden, werden aus getrennten Behältern genau dosiert der Spritzpistole zugeführt. Vermischung im Spritzstrahl, keine gemischten Reste, verkürzte Reinigungszeit
Gießen	Auftragsmöglichkeit für flüssige Stoffe mit Viskosität 12–180 s (DIN-Becher 4 mm) auf plane und leicht gewölbte Trägerplatten. Nass-Auftragsmenge zwischen ca. 50–600 g/m^2; Einsatz mehrerer Gießköpfe bei Reaktionslacken
Walzen	Festkörperreiche Lacksysteme werden mit Dosierwalze der Beschichtungswalze zugeführt. Nassauftragsmenge auf plane Trägerplatte ca. 30–40 g/m^2; Vorschubgeschwindigkeit 6–30 m/min
Tauchen	Rationell bei Beschichtung von Massenwaren. Verlauf von Viskosität des Beschichtungsstoffes abhängig. Regelmäßige Kontrollen erforderlich
Fluten	Beschichtungsstoff wird in Flutkammer auf Werkstück gesprüht. Überschüssiger Beschichtungsstoff wird aus Auffangbecken und Abtropfwanne in Sammelbehälter zurückgepumpt

11 Fertigungsmittel – Fertigungsanlagen

11.1 Übersicht

Bild	Bereich	Inhalt	Seite
	Grundlagen	Prüfmittel, Toleranzen Schnittarten, Werkstoffe Begriffserläuterungen (Flächen, Winkel)	11-2 11-3 11-4
Sägenarm, Spanndraht, Flügelmutter, Steg, Sägeblatt, ganze Blattlänge, Griff	Handwerkzeuge	Handsägen Stechbeitel, Holzbeitel Hobel Bohrer Feilen, Raspel Hämmer, Zangen, Schraubendreher	11-5 11-6 11-7 11-8 f. 11-10 11-11
	Maschinen zur Holz- und Werkstoff-Bearbeitung	Handmaschinen Standardmaschinen Grundelemente aller HBM Führungen Elektromotoren Kraftübertragung, Drehfrequenzregelung CNC-Steuerung Pneumatische Steuerungen Sicherheit von Maschinen	11-12 11-13 f. 11-15 11-16 11-17 11-19 f. 11-23 ff. 11-28 11-30
	Werkzeuge in Holzbearbeitungs-maschinen	Mathematische Formeln, Rautiefe Maschinelles Sägen Fräs- und Hobelarbeiten Diagramm zur Rautiefe Schneidstoffauswahl Spannsysteme für CNC-Maschinen	11-31 11-31 f. 11-33 11-34 11-35 11-36
	Handhabungshilfen	Kriterien bei der Planung Beispiele	11-37 11-38 ff.
Betriebsgebäude, Maschinenraum, Ventilatoren, Filter, Reinluft	Staub- und Späneabsaugung	Gesetzliche Vorgaben Absauganlagensysteme Teile von Absauganlagen	11-41 11-41 11-42
Brennstoff, Kessel	Heizungsanlagen	Heizungsplanung, Heizwärmebedarf Verbrennungsverluste, Emissionswerte Holzfeuerungsanlagen	11-44 11-45 11-46
	Lackieranlagen	Anforderungen an Lackierräume Luftführung, Beleuchtung Anlageteile	11-47 11-48 11-49
	Druckluftanlagen	Schema, Planung einer Druckluftanlage Teile einer Druckluftanlage Formeln für Kraftberechnung	11-50 11-51 11-52
	Hydraulische Pressen	Hydraulische Druckerzeugung Drucktabelle für Funierpresse Diagramm zur Druckeinstellung Mathematische Formeln	11-53 11-53 11-54 11-54

11

11.2 Grundlagen der Prüftechnik

Mit geeigneten Prüfmitteln ist festzustellen, ob am Prüfgegenstand Mess- und Sollwert im Rahmen der festgelegten Toleranzen übereinstimmen

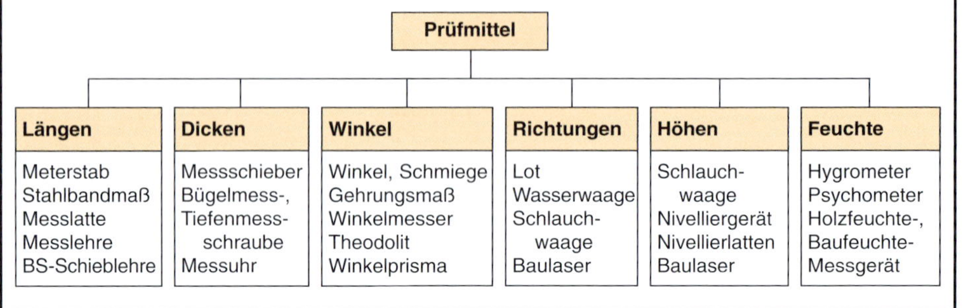

11.2.1 Messfehler – Abweichungen vom Messergebnis

Abw.-Einflüsse	Systematische Abweichungen	Zufällige Abweichungen
Messgegenstand	Abweichung von der Bezugstemperatur, Verformung durch die Messkraft	Schmutz, Staub, Späne, Fett, Grat
Messgerät	Abweichung von der Bezugstemperatur, Teilungsfehler an Skalen, Anlegefehler	Reibung, Abnutzung, Lagerspiel, Schmutz, Staub, Fett
Messverfahren	Nichtbeachtung messtechnischer Grundsätze	Schwankende Messkraft, Lagefehler des Prüflings zum Messgerät
Beobachter	Ablesen an der falschen Skale eines Mehrbereichmessgerätes	Falsches Ablesen oder Schätzen der Anzeige, Parallaxe

11.2.2 Toleranzen in der Holzbe- und -verarbeitung nach DIN 68100 (1984-12), DIN 18203-3 (2008-08)

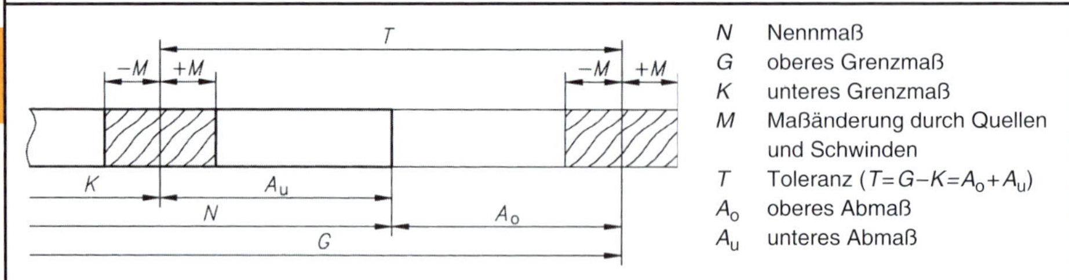

N Nennmaß
G oberes Grenzmaß
K unteres Grenzmaß
M Maßänderung durch Quellen und Schwinden
T Toleranz ($T = G - K = A_o + A_u$)
A_o oberes Abmaß
A_u unteres Abmaß

Die Holzfeuchte ist zu vereinbaren, da hygroskopisch bedingte Abweichungen ggf. größer als die bei der Bearbeitung angestrebten Maßtoleranzen

Toleranzreihe (Auswahl)	Maßtoleranzen T in mm bei Längen und Winkeln für folgende Nennmaßbereiche in mm					
	1–3	3–30	30–250	250–630	630–2000	2000–4000
HT 15[1]	0,15	0,20	0,30	0,40	0,50	0,70
HT 25[2]	0,25	0,35	0,45	0,65	0,85	1,10
HT 40[3]	0,40	0,50	0,75	1,00	1,25	1,60

[1] z.B. Gehäuse, Möbel [2] z.B. einfache Möbel
[3] Maßabweichungen haben keinen Einfluss auf andere Bauteile, z.B. Breite eines Fachbodens, Tischplatten.

11.3 Spanungstechnische Grundlagen

11.3.1 Schnittarten bei Vollholz, Lagenholz, Span- und Faserplatten

Vollholz	Lagenholz	Span- und Faserplatten
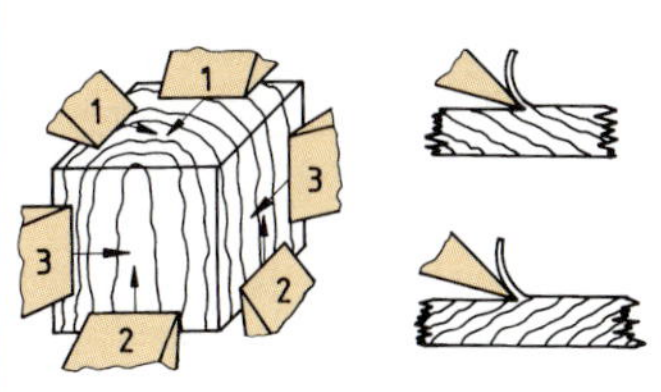	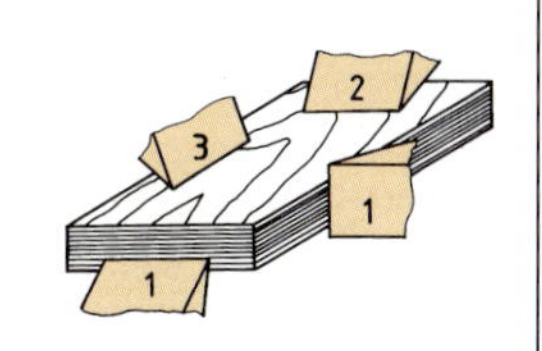	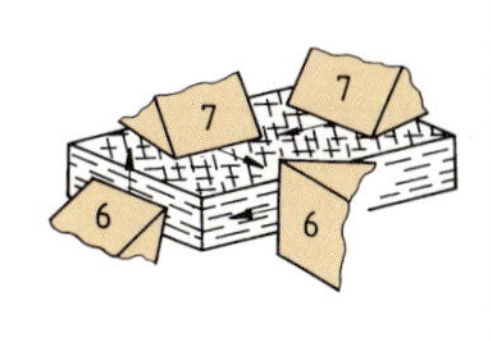

1 Hirnholzspanung (Hirnschnitt)
2 Längsholzspanung (Längsschnitt)
3 Querholzspanung (Querschnitt)
4 Schneiden gegen die Faser
5 Schneiden mit der Faser
6 Spanen senkrecht zur Plattenebene
7 Spanen parallel zur Plattenebene

11.3.2 Vorspaltung bei der Spanabnahme

Bei fasrigen Werkstoffen und positivem Spanwinkel eilt beim Spanen (Schneiden) im Gegenlauf der Schneide ein Riss im Werkstoff voraus.

geringe Vorspaltung		starke Vorspaltung
bei hoher Holzrohdichte bei kurzfasrigem Holz bei großem Schneidenkeilwinkel bei hoher Schnittgeschwindigkeit	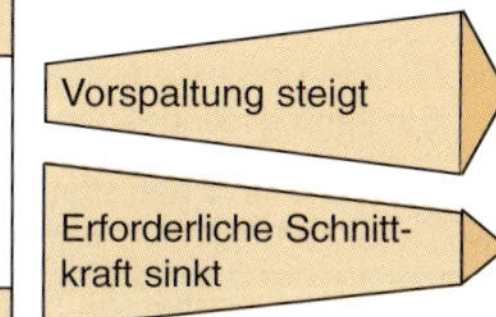	bei geringer Holzrohdichte bei langfasrigem Holz bei kleinem Schneidenkeilwinkel bei geringer Schnittgeschwindigkeit
hohe Schnittkraft		geringe Schnittkraft

11.3.3 Werkstoffe für Werkzeugschneiden

Kurzzeichen	Werkstoff	Verwendung
WS	Unlegierter Werkzeugstahl	Bohrwerkzeuge, Bandsägeblätter
SP	Legierter Werkzeugstahl (Spezialstahl) bis 5 % Legierungsanteile	Kreis- und Handsägeblätter, Bohrwerkzeuge, Fräsketten
HL	Hochlegierter Werkzeugstahl (Hochleistungsstahl mit mehr als 5 % Legierungsanteilen)	Fräswerkzeuge
HS	Hochlegierter Schnellarbeitsstahl mit mehr als 12 % Legierungsanteilen	Hobel-, Fräs- und Verbundwerkzeuge
ST	Gegossene Hartlegierung (Stellit) für hochbeanspruchte Schneiden	Verbundwerkzeuge, Wendeplatten
HW	Sinter-Hartmetall für hochbeanspruchte Schneiden	Verbundwerkzeuge, Wendeplatten
HWV	Hartmetall für Vollhölzer	
HWH	Hartmetall für Holzwerkstoffe	
HWM	Hartmetall für Metallzerspanung	
DP	Polykristalliner Diamant (PKD) für extrem beanspruchte Schneiden	Schneidenbeschichtung in der Serienfertigung

11.3 Spanungstechnische Grundlagen

11.3.4 Begriffe für Flächen am Werkstück, Teile und Winkel des Werkzeugs

Begriffe	Erläuterung
Schnittfläche (1)	am Werkstück von einer Schneide momentan erzeugte Fläche, Hauptschneiden erzeugen Hauptschnittflächen, Nebenschneiden, Nebenschnittflächen
Schneidkeil (2)	Teil des Werkzeugs, an dem der Span durch Relativbewegung zwischen Werkzeug und Werkstück entsteht
Werkzeugschaft (3)	Teil des Werkzeuges, an dem sich der Schneidkeil befindet und der zum Befestigen des Werkzeuges in der Werkzeugaufnahme dient
Freifläche (4)	Fläche am Schneidkeil, die der entstehenden Schnittfläche zugekehrt ist. An den Hauptfreiflächen befinden sich die Hauptschneiden, an den Nebenfreiflächen die Nebenschneiden
Spanfläche (5)	Fläche am Schneidkeil, auf der der Span abläuft
Hauptschneide (6)	Schnittlinie zwischen Frei- und Spanfläche, deren Schneidkeil bei Betrachtung in der Arbeitsebene in Vorschubrichtung weist
Nebenschneide (7)	Schnittlinie zwischen Freifläche und Spanfläche, deren Schneidkeil bei Betrachtung in der Arbeitsebene nicht in Vorschubrichtung weist
Querschneide (8)	abgeknickter Teil der Hauptschneide
Schneidenecke (9)	Ecke, an der eine Haupt-, und eine Nebenschneide mit gemeinsamer Spanfläche zusammentreffen. Sie kann gerundet oder gefast sein
Freiwinkel (α)	Winkel zwischen Freifläche und betreffender Schneidenebene, gemessen in der dazugehörigen Keilmessebene
Keilwinkel (β)	Winkel zwischen Frei- und Spanfläche, gemessen in der betreffenden Keilmessebene
Spanwinkel (γ)	Winkel zwischen Spanfläche und betreffender Bezugsebene, gemessen in der dazugehörigen Keilmessebene. Er ist positiv, wenn die Bezugsebene außerhalb des Schneidkeils liegt
Nebenfreiwinkel (δ_1)	Winkel zwischen Nebenschnittfläche und Nebenfreifläche
Spitzenwinkel (σ)	Winkel zwischen Hauptschneiden

Fräswerkzeug

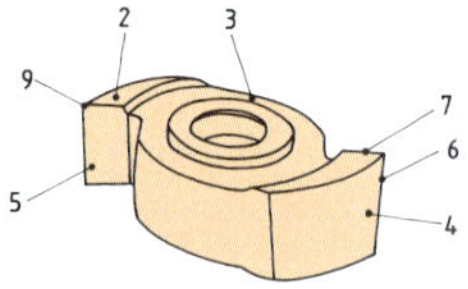

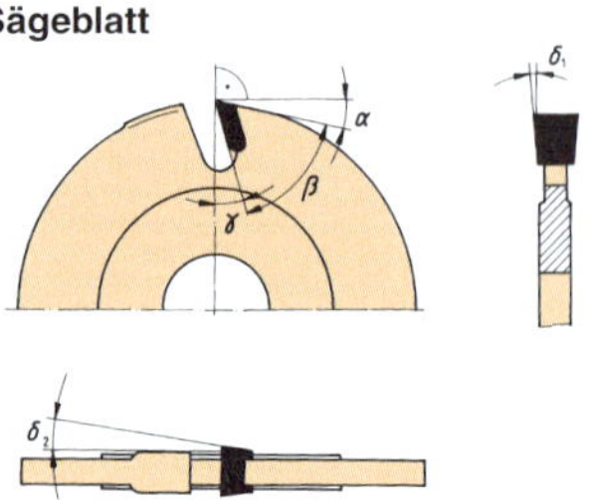

Bohrer

Sägeblatt

Ansicht 1 - 1

Ebene 1

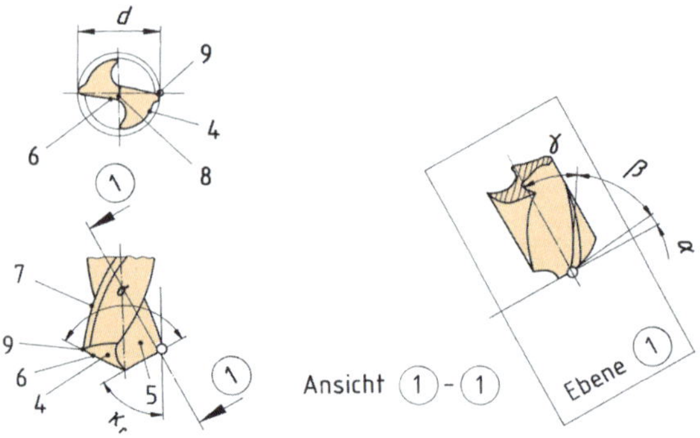

11.4 Werkzeuge zur manuellen Werkstoffbearbeitung

11.4.1 Handsägen für Holz

Bezeichnungen

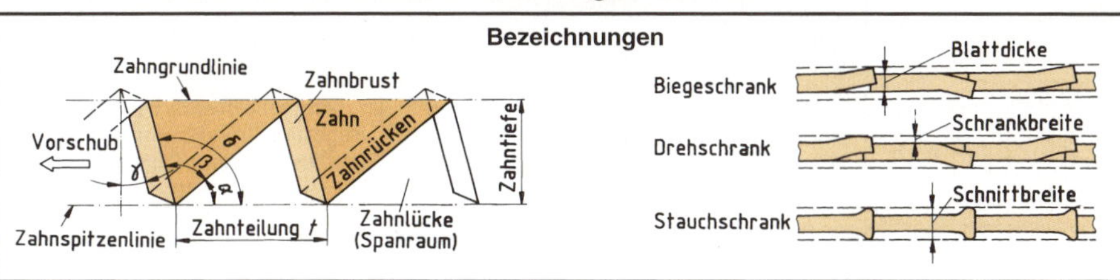

Bezahnungsarten durch verschiedene Schnittwinkel

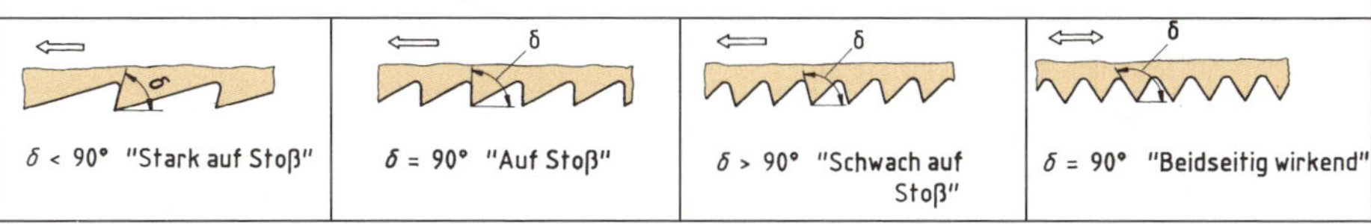

Gestellsägen („gespannte Sägen") mit Sägeblättern nach DIN 7245 (1974-09)

Säge	Sägeblatt-Kurzzeichen	Bezahnungsart	Länge l [mm]	Breite h [mm]	Zahnteilung t [mm]	Verwendung
Spannsäge	C	auf Stoß	700	50	5–7	gröbere Schnitte
Absatzsäge	D	schwach auf Stoß	600/700	50	3–5	gröbere Schnitte
					2,5–3	feinere Schnitte
Schweifsäge	E	schwach auf Stoß	500/600	6	3	gekrümmte Schnitte
Schittersäge	G	auf Zug und Stoß	700/800	40	3	Bohlen, Brennholz

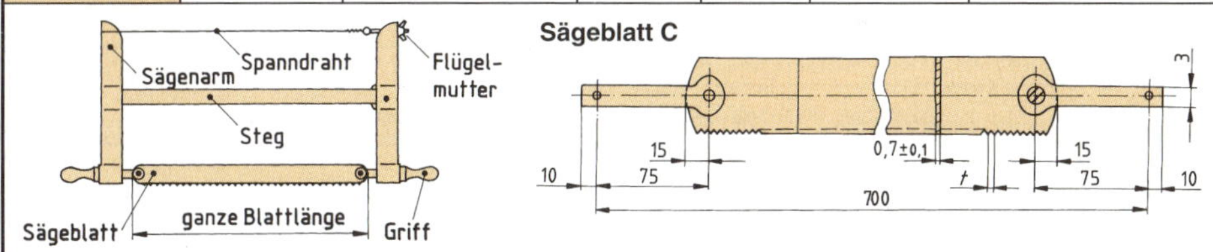

Handsägen mit Griff („ungespannte Sägen", „Heftsägen")

Feinsägen	Form	Form der Angel	Bezahnungsart	Verwendung
250/300[1]	A B C D	gerade rechtsgekröpft (25 mm) linksgekröpft (25 mm) gekröpft (35 mm), umlegb.	schw. auf Stoß schw. auf Stoß schw. auf Stoß auf Zug + Stoß	Feine Schnitte, dünne Hölzer, Ablängen dünner Leisten, Brüstungsschnitte, Schnitthöhe begrenzt durch Rücken!

Rückensägen	Blattlänge	Blatthöhe	Zahnweite	Bezahnungsart	Verwendung
	250/300/ 350 mm	77 mm 77 mm	3 mm 3 mm	schw. auf Stoß schw. auf Stoß	Feiner Schnitt bei Furnierplatten, Montagearbeiten
Gratsäge	150 mm	Schnitthöhe ggf. einstellbar: 6–18 mm		stark auf Zug	Einschneiden von Gratnuten

[1] Blatt nicht genormt

11.4 Werkzeuge zur manuellen Werkstoffbearbeitung

	Blattlänge	Zahnweite	Bezahnung	Verwendung
Fuchsschwanz	300/350 mm 400/500 mm	3,5 mm 4,5 mm	auf Stoß auf Stoß	grober Zuschnitt, Aufteilen von Platten, Montagesäge
Stichsäge	300 mm[1)] 150 mm[2)]	4,5 mm 3,5 mm	auf Stoß auf Stoß	Sägen von runden Ausschnitten, Erweitern kleiner Öffnungen

Japanische Handsägen (Auswahl)

Alle Sägen schneiden auf Zug, sind aus hartem, sprödem Stahl gefertigt und können nicht geschärft werden.

Bezeichnung		Blättlänge	Verwendung
Dozuki (mit Rücken)	Universal Tenon Mini Fine Super Hard	240 mm 240 mm 150 mm 240 mm	Passungen, Holzverbindungen, Zinken vorwiegend Querschnitte sehr feine Schnitte, hohe Schnittgüte verleimte Hölzer, Schicht- und Verbundstoffe
Kataba (einseitig, o. R.)	Quer Längs Super Hard	250 mm 250 mm 240 mm	Querschnittsäge, Zähne wechselseitig angeschliffen Längsschnitte, Zähne werden zum Griff hin kleiner robuste Säge für Vollholz und Verbundwerkstoffe
Ryoba (zweiseitig)	Komane Seiun S-Cut	240 mm 240 mm 195 mm	Universalsäge für Längs- und Querschnitte ggf. längere Sägen für Zimmererarbeiten für feine Arbeiten, Sägeblatt hinterschliffen

11.4.2 Stechbeitel, Hohlbeitel, Lochbeitel

Bezeichnungen:

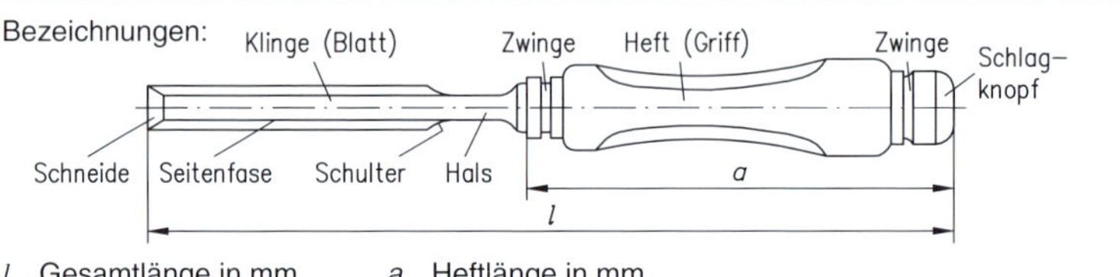

1 Angel
2 Bund
3 Spanfläche
4 Rücken
5 Keilwinkel
6 Freifläche

l Gesamtlänge in mm *a* Heftlänge in mm

Stechbeitel (DIN 5139 (1973-03))

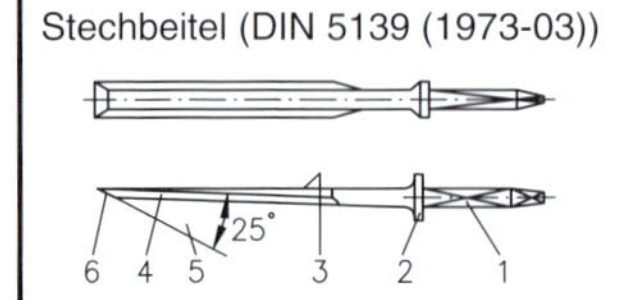

Hohlbeitel (DIN 5142 (1973-03))

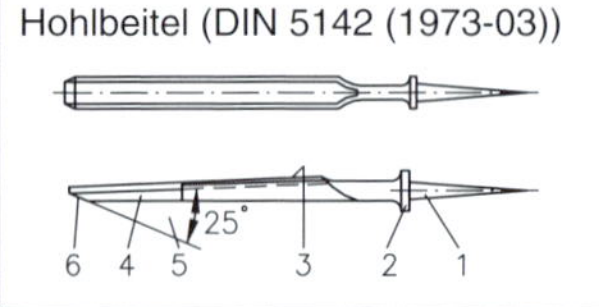

Lochbeitel (DIN 5143 (1973-03))

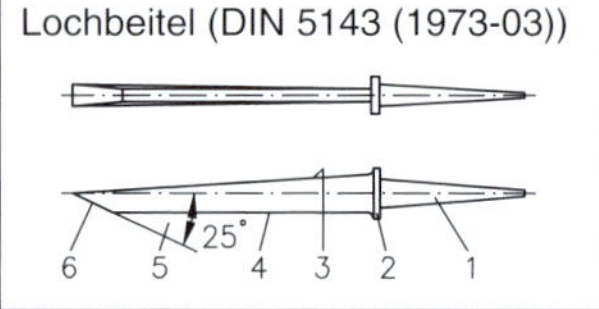

Gebräuchliche Abmessungen von Beiteln in mm

Klingenbreite	*b*	4	6	8	10	12	14	16	18	20	22	24	26	28	30	32	35	40
Stechbeitel	*l*/*a*	285/130				300/145				305/152				315/160				
Hohlbeitel	*l*/*a*	260	270/130			290/145				300/152				310/160			–	–
Lochbeitel	*l*/*a*	320/152			330/160		340/160		–	–	–	–	–	–	–	–	–	–

[1)] mit Holzgriff [2)] mit Metallgriff

11.4 Werkzeuge zur manuellen Werkstoffbearbeitung

11.4.3 Hobel

Bezeichnungen am Hobel nach DIN 7223 (1973-03)

Bezeichnungen und Winkel am Hobeleisen

1 Hobeleisen
2 Schneide
3 Rücken
4 Spiegelseite
5 Fase

α Freiwinkel
β Keilwinkel
δ Schnittwinkel
γ Spanwinkel

Doppelhobeleisen („Hobelmesser") mit Schlitz

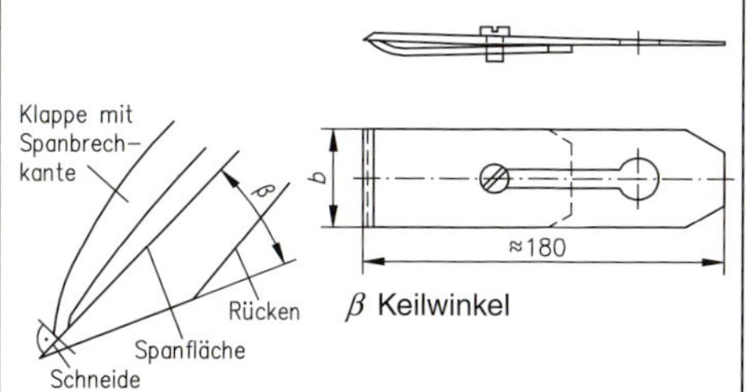

β Keilwinkel

Hobeleisen mit Stiel und Klappe nach DIN 7372 (1973-03)

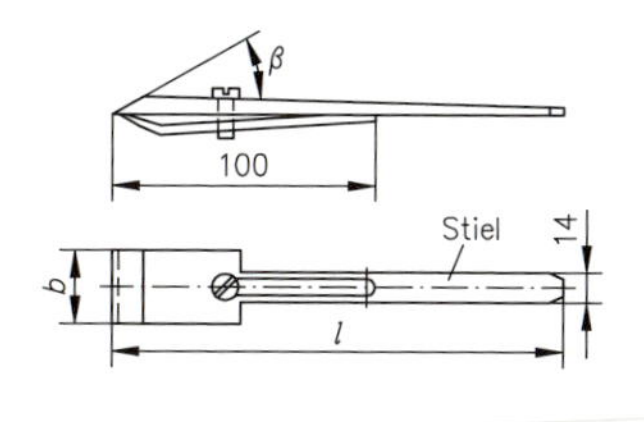

Bezeichnung	Hobelkasten			δ ±5°	Hobeleisen			Vorwiegende Verwendung
	DIN	Länge	Breite		DIN	β	b	
Schrupphobel	7310	240	50	45°	5146	25°	33	grobe Spanabnahme, Ebnen
Schlichthobel	7311	240	62–68	45°	5145	25°	45–51	Bearbeitung sägerauher Bretter
Rauhbank	7218	600	78–81	45°	5145	25°	57–60	Abrichten, Fügen, Kanten
Kurzraubank	–	480	74	49°	5145	25°	54	Glätten
Doppelhobel	7219	240	62–68	45°	5145	25°	45–51	Nachhobeln grob gegl. Fläche
Putzhobel	7220	220	62–68	49°	5145	25°	45–51	letzte Feinheit beim Glätten
Reformputzhobel	7305	220	65	50°	5149	25°	48	sehr feines Glätten
Zahnhobel	–	220	64	75°	–	25°	48	Ebnen mit gerillter Klinge
Einfach-Simshobel	–	270	30	47°	–	25°	30	Nacharbeiten von Falz, Profil
Doppel-Simshobel	–	270	30	50°	–	25°	30	Putzen von Falzgrund, -waage
Glaser-Simshobel	–	330	33	49°	–	25°	33	Nacharbeiten langer Fälze
Nuthobel	–	240	46	47,5°	–	25°	3–14	Nut unterschiedlicher Breite
Falzhobel	–	240	58	45°	–	25°	33	Fertigen von Fälzen
Türfalzhobel	–	270	80	45°	–	30°	30	Nachhobeln von Falzecken
Grathobel	–	240	56	45°	–	25°	33	Gratfeder abhobeln
Grundhobel	–	95	235	35°	–	25°	10–20	Ebnen des Nutgrundes
Furnierschabhobel	–	70	250	69°	–	–	70/60	Abziehen von Flächen
Hobel aus Metall								
Eiserne Hobel	7223	alternativ zu Hobelkasten aus Hartholz, viele verschiedene Ausführungen						
Bestoßhobel	–	220	61	49°	–	25°	45	feines Glätten
	–	220	61	49°	–	45°	45	Kunststoffkanten
	–	220	61	28°	–	25°	45	Glätten von Hirnholz
Schiffhobel	–	260	60	55°	–	25°	44	gewölbte, hohle Flächen
Schabhobel, gerade	–	20	250	44°	–	34°	52/42	Rundungen, Schweifungen

11.4.4 Holzbohrer

Bohrerart	Durchmesser (Sprung) in mm	Form
Schneckenbohrer DIN 6464 (1966-08)	2···16 (1)	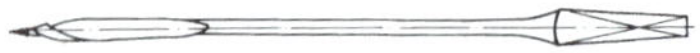
Schneckenbohrer mit Ringgriff DIN 6445 (1966-08)	2···10 (1)	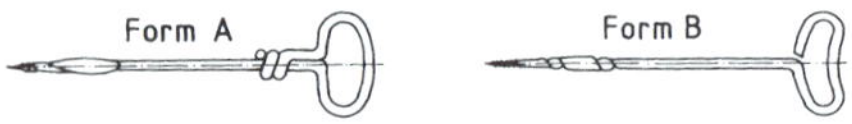 Form A, Form B
Zentrumbohrer DIN 6447 (1976-12)	15···40 (1) 25···75 bei je 2 losen Messern	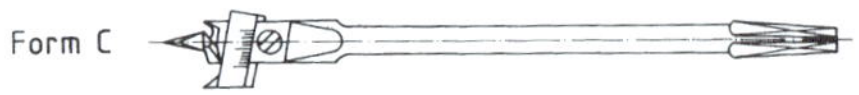 Form C
Schlangenbohrer DIN 6444 (1966-09)	6···15 (1) 16···32 (2)	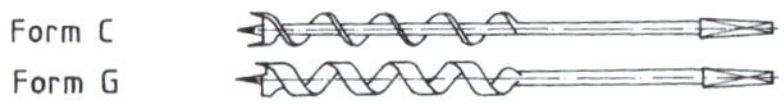 Form C Form G
Schlangenbohrer DIN 7423 (1966-11)	10···50 (2)	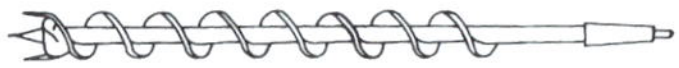
Spiralbohrer DIN 7480 (1966-11)	2···12 (1)	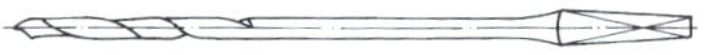
Spiralbohrer A+D DIN 7487 (1966-11) C+E (Form D+E mit Zentrierspitze)	10···16 (1) 16···40 (2) 45+50 4···10 (1) 12	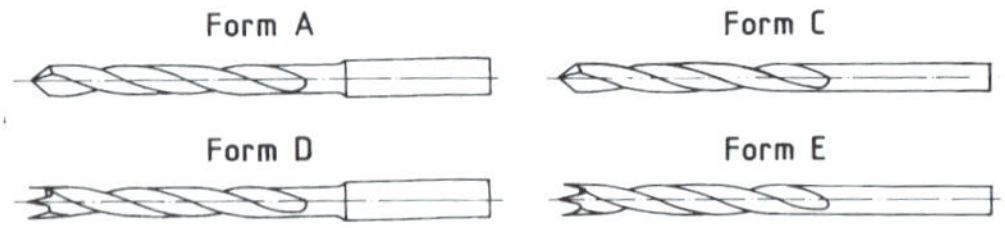 Form A, Form C Form D, Form E
Forstnerbohrer A, C, G Kunstbohrer E, F DIN 7483 (1966-11)	A, C, F: 10···50 (5)+ 10···40 (2) E: 10···80 (5) +10···40 (2) G: 10···40 (5) +10···40 (2)	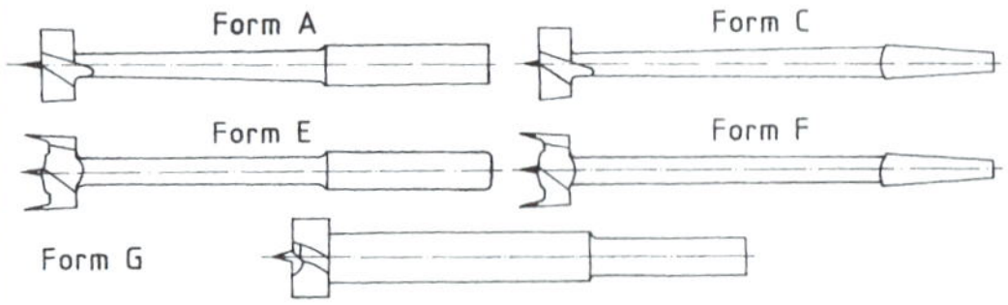 Form A, Form C Form E, Form F Form G
Langlochfräsbohrer DIN 6442 (1966-08)	A: 8···16 (1) 16···30 (2) B: 5···12 (1)	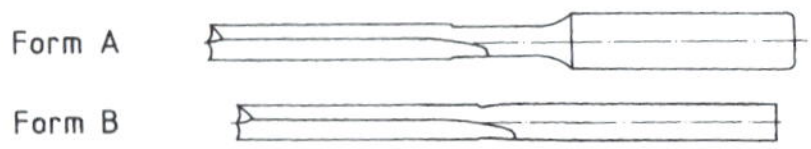 Form A Form B
Versenker DIN 6446 (1966-08)	10, 13, 16, 20, 25, 30	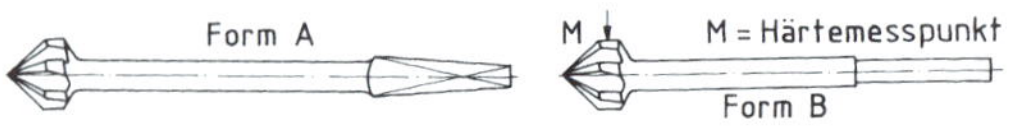 Form A, M, M = Härtemesspunkt, Form B
Scheibenschneider DIN 7489 (1969-06)	innen: 10···60 (5)	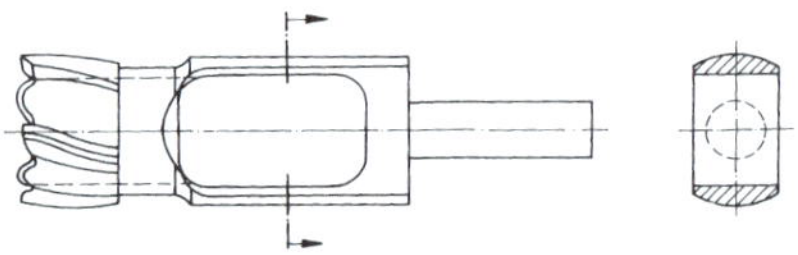

Holzbohrer werden mit dem Namen und dem Durchmesser gekennzeichnet. Sie bestehen meistens aus Stahl der Güte C45U nach DIN EN ISO 4957 (2001-02). Die Härte nach Rockwell C (HRC) liegt zwischen 42 und 50. Die Bohrer sind rechtsschneidend.

11.4.5 Spiralbohrer für Kunststoffe und Metalle (Auswahl)

Bohrertyp Drallwinkel γ_x	Durchmesser in mm	Stufung in mm	Spitzenwinkel σ	Spanung	Verwendung
H 10°–20°	0,2···20	0,1···0,5	80°	harte Werkstoffe, kurz krümelig spanend	Duroplaste, Hartgummi, Spanplatten, Schichtpress-Stoffe, Marmor, Schiefer
			118°		weiche Cu-Zn-Legierungen (Messing)
			140°		Magnesiumlegierungen
N 20°–30°	0,2···20	0,1···0,5	118°	mittelharte, normal spanende Werkstoffe	Hirnholz, unlegierter Stahl bis 700 N/mm², Gusseisen, Temperguss, Messing
			130°		unlegierter Stahl, Stahlguss bis 1200 N/mm²
			140°		nicht rostender Stahl, Al-Legierungen
W 30°–40°	0,2···20	0,1···1,0	80°	weiche, fließend langspanende Werkstoffe	Querholz, Weichholz, Thermoplaste
			118°		Zinklegierungen
			140°		weiche Aluminiumlegierungen, Kupfer

11.4.6 Hartmetallbohrer (Auswahl)

Bohrertyp: d Bohrdurchmesser, l Gesamtlänge, l_a Arbeitslänge in mm

Betonschlagbohrer nach DIN 8039 (1963-04) – Für Bohrarbeiten in Beton, Mauerwerk, Fliesen usw. …

d	3	4	5	6	8, 10	11, 13	12, 14	15, 16, 18, 20
l	70	75	85	100/150	120/200	50	150/200	160
l_a	40	40	50	60/90	80/150	90	90/150	100

Spiralhammerbohrer zweispiralig[1)] – SDS-Aufnahmeschaft, schnelles Eindringen auch in härtesten Beton

d	4, 5	6, 8	8, 10, 12, 14	15/16
l	110/160	110/160/210/260	160/210/260/310/460	160/210
l_a	50/100	50/100/150/200	100/150/200/250/400	100/150

Wendelhammerbohrer einspiralig[1)] – SDS-Aufnahmeschaft, transportiert Bohrmehl schnell und gründlich aus dem Bohrloch

d	12,14	16, 18	16, 18, 20, 22, 25	24, 26
l	600/1000	200	250/300/450/600/1000	250/450
l_a	550/950	150	200/250/400/550/950	200/400

Glasbohrer – Spezialbohrer für Glas

d	3, 4, 5, 6	8	10, 12
l	58	78	98

Mehrzweck-Lochsägen, Hammerfeste Schlagbohrkronen $d = 25 \ldots 112$ je nach Verwendung

[1)] Bei Bohrern ab 400 mm Gesamtlänge sind mit kurzem Bohrer gleichen Durchmessers mindestens 150 mm vorzubohren.

11.4.7 Feilen und Raspeln nach DIN 7263 (1988-12) und DIN 7264 (1974-05)

Zahnformen	gehauener Feilenzahn (spanlos hergestellt)	gefräster Feilenzahn (aus vollem Material gefräst)	gehauener Raspelzahn (spanlos hergestellt)

Hiebarten			
	Einhieb	Einhieb, Feilenlänge, Angel	Einkerbungen zueinander parallel
	Kreuzhieb	Kreuzhieb, Schnürung, Unterhieb, Oberhieb	Einkerbungen kreuzweise aufeinander
	gefräster Hieb (mit Spanbrecher)	gefräster Hieb (mit Spanbrecher)	Feilenzahn aus vollem Material gefräst
	Raspelhieb	Raspelhieb	eingehauene Spitzzähne

Raspeln und Kabinettfeilen nach DIN 7263 (1988-12) **für Holz, Kunststoffe und ähnliche Werkstoffe**

Form Kennzahl (FK)	Holzraspel Form A1512 [1]		Holzraspel Form C1552 [2]		Kabinettraspel Form D1558 [2]		Kabinettfeile Form F1158 [3]		Holzraspel Form E1562 [4]	
Feilenlänge *l* in mm	*b*×*s*	H[5]	*b*×*s*	H[5]	*b*×*s*	H[5]	*b*×*s*	H[5]	*b*	H[5]
150±4,5	16×4,5	1; 2	15×4,4	1; 2; 3	25×4,2	2	25×4,2	1	–	–
200±5	20×5	1; 2	20×5,5	1; 2; 3	28×4,7	2; 3	28×4,7	1	8	2
250±5,5	25×6,3	1; 2	23,8×7,1	1; 2; 3	31,5×5,3	2; 3	31,5×5,3	1	10	2
300±6,5	31,5×8	1; 2	28,6×8,7	1; 2; 3	35,5×6	2; 3	35,5×6	1	–	–

Gefräste Feilen nach DIN 7264 (1974-05) **für Metalle und Kunststoffe**

Form – FK	A 290		B 292		C 293		D 295		E 296		F 297	
Mit gefrästem Hieb und Spanbrecher, schräg verzahnt	flachstumpf Breitseiten eine Schmalseite		vierkant alle vier Seiten		rund		halbrund, hohl hohle Seite ohne Hieb		flachstumpf breite Seiten ohne Angel		halbrund, hohl hohle Seite ohne Hieb	
Feilenlänge *l*	*b*×*s*	Z	*b*	Z	*b*	Z	*b*×*s*	Z	*b*×*s*	Z	*b*×*s*	Z
250±5,5	26×7	1; 2; 3	10	1	10	1	23×7	1; 2	26×5	1; 2	–	–
300±6,5	31×8,3	1; 2; 3	12	1	12	1	27×9	1; 2	31×5	1–3	27×9	1; 2
350±7	36×8,8	1; 2	–	–	–	–	–	–	36×5,5	1–3	30×10	1; 2
400±8	41×9,4	1	–	–	–	–	–	–	–	–	–	–

l, *b* und *s* in mm; Zahnungsnummer Z: 1 grob (3,5 Zähne/cm), 2 mittel (4,7 Zähne/cm), 3 fein (7,1 Zähne/cm)

[1] Breitseiten Raspelhieb, eine Schmalseite Einhieb [2] flache Seite und Rücken mit Raspelhieb, Kanten mit Einhieb
[3] Flache Seite und Rücken mit Kreuzhieb, Kanten mit Einhieb [4] mit Raspelhieb
[5] Hiebnummer H (1, 2, oder 3) kennzeichnet Hiebzahl/cm^2 Raspelfläche

11.4 Werkzeuge zur manuellen Werkstoffbearbeitung

11.4.8 Hämmer

Hammerart	Form	Nenngröße in mm
Schreinerhammer DIN 5109		Bahn *a* in mm 22, 25, 28
Schlosserhammer DIN 1041		Gewicht in g 50, 100, 200, 300, …, 1000
Latthammer DIN 7239 (1976-12)		570 g
Handfäustel DIN 6475 (2000-09)		Gewicht in kg 1; 1,25; 1,5; 2; 3; 4; 5; 6; 8; 10
Schreinerklüpfel DIN 7461		Schlagkopflänge *a* in mm 140, 160, 180
Holzhammer DIN 7462 (1970-05)		*d* in mm 50, 60, 70, 80, 90, 100

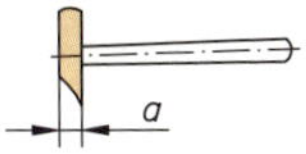

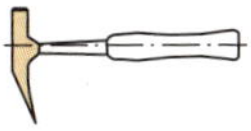

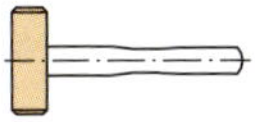

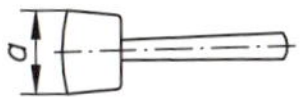

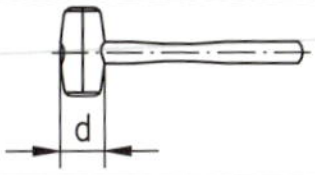

11.4.9 Zangen

Zangenart	Form	Nenngröße im mm
Kneifzange DIN ISO 9243 (1994-05)		160, 180 200, 224 250, 280
Vorschneider DIN ISO 5748 (1994-09)		140, 160 180, 200
Seitenschneider DIN ISO 5749		125, 140 160, 180 200
Flachzange DIN ISO 5745 (1994-09)		kurzer Kopf: 124, 140, 160 langer Kopf: 140, 160, 180
Kombinationszange DIN ISO 5746		160, 180 200
Flachgrundzange DIN ISO 5745		140, 160 200

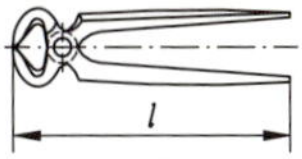

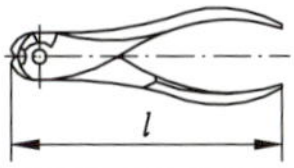

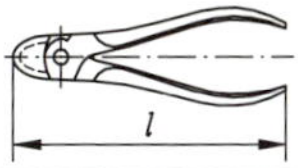

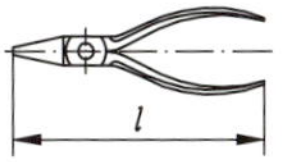

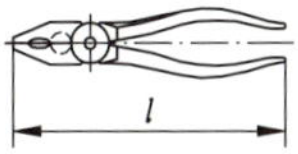

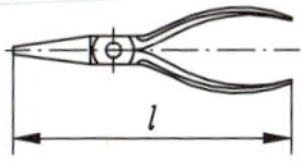

11.4.10 Schraubendreher

Schraubendreher-Art	Nenngrößen *a*×*b* in mm	Holzschrauben Ø in mm	Metallschrauben Ø in mm	Form
Handschraubendreher Schlitz DIN ISO 2380-1 (2006-01)	0,4×2	1,6	1,6	A, B
	0,4×2,5	2	1,6	
	0,5×3	2	2…2,2	
	0,6×3	2,5	2,5	10°
	0,8×4	3…3,5	2,9…3,5	
	1 ×5,5	4…4,5	3,5…4	
	1,2×6,5	5…5,5	4…5	
	1,2×8	5,5	4…5,5	
Schlitzdreher mit Sechskant Klinge Form B	1,6×8	6	5,5…6,3	
	1,6×10	7…8	5,5…6,3	
	2 ×12	7…8	8	
	2,5×12	10	9,5…10	
Kreuzschlitz-Schraubendreher DIN ISO 8764-1 (2006-01) Bits für Kreuzschlitzschrauben	0	<2	Schlitz-Form	Schraubendreherklingen Reihe B (lang) und Reihe A (kurz)
	1	2,5…3	PH	
	2	3,4…5		
	3	5,5…7	PZ	
	4	>8		

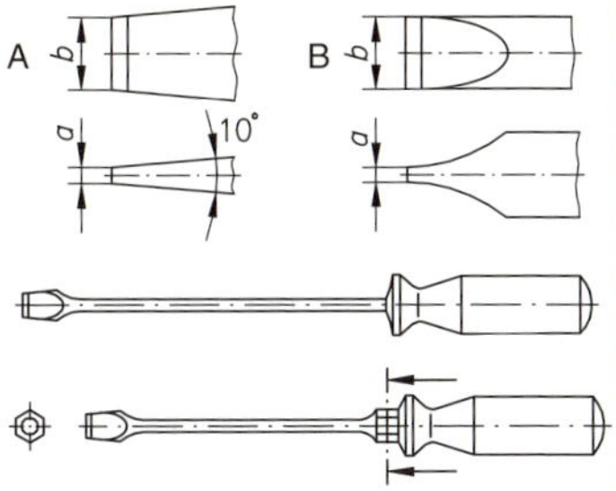

11.5 Maschinen zur Holz- und Holzwerkstoffbearbeitung

11.5.1 Handmaschinen (Auswahl, elektrisch betrieben)

Maschine	Form	Nennaufnahme in W	Gewicht in kg	weitere Angaben
Schlagbohrmaschinen		500 bis 1200	1,5 bis 3,2	Leerlaufdrehfrequenz: 0–3000 min^{-1} bzw. 0–1000/1450 + 0–3000/3400 min^{-1} Regelelektronik, Drehzahlvorwahl, Schnellspannfutter, Rechts-/Linkslauf
Bohrhammer		420 bis 1050	2,0 bis 8,4	Leerlaufdrehfrequenz: 0–880/1290 min^{-1} bzw. 0–920/950 + 0–2000/3260 min^{-1} Leerlaufschlagzahl bis 7200 min^{-1} Pneumatik ggf. abschaltbar
Stichsägen		270 bis 600	1,5 bis 2,4	Schnitttiefe: Holz bis 110 mm, Stahl bis 10 mm; bis 45° schwenkbar Leerlaufhub: 300/800–3200 min^{-1} Pendelhub bis vierfach verstellbar
Hand-Kreissägen		500 bis 1900	2,4 bis 6,5	Schnitttiefe bei 90°/45°: 85/60 mm ggf. elektronische Drehzahlregelung, Sanftanlauf, Konstant-Elektronik, Spindelarretierung (einfacher Blattw.)
Handhobel		330 bis 1150	2,1 bis 7,3	Hobelbreiten: 80/82/100/102/110/170 Spanabnahme: 0–3,75 mm einstellbar Leerlaufdrehfrequenz: 10000–19000 min^{-1} Falztiefe: 0–23 mm/unbegrenzt
Oberfräsen		400 bis 2000	1,8 bis 5,2	Leerlaufdrehfrequenz: 8000–30000 min^{-1} Fräskorbhub bis 75 mm; Frästiefe 0–75 mm; Formfräser-Ø bis 60 mm; ggf. stufenlose Drehzahlvorwahl
Winkelschleifer		500 bis 2300	1,4 bis 6,5	Leerlaufdrehfrequenz: 2700–11000 min^{-1} Scheiben-Ø: 115/125/150/180/230 mm Trenntiefe: 28,4/33,3/45/58/68 mm ggf. stufenlose Drehzahlvorwahl
Exzenterschleifer		230 bis 450	1,8 bis 2,5	Leerlauf-Hubzahl: 0–26000 min^{-1} Schleifteller-Ø: 125/150 mm Hubzahl elektronisch vorwählbar ggf. automatisches Bremssystem
Elektro-Tacker			1,1 bis 1,9	Klammergröße: 6–14/8–20/12–25 mm Nagelgröße: 16–25 mm Schussfolge: 20–60/min
Akku Bohr-Schrauber		7,2/1,2[1] bis 18/2,0	1,4 bis 2,7	Leerlaufdrehfrequenz: 1. Gang 0–300/500, 2. Gang 0–900/1600 min^{-1} Drehmoment: 21,1–48 Nm Schrauben in Holz bis 8 mm Ø

[1] Spannung/Kapazität (V/Ah); je größer Ah, desto höher die Akku-Leistung

11.5 Maschinen zur Holz- und Holzwerkstoffbearbeitung

11.5.2 Ortsfeste Holzbearbeitungsmaschinen (Auswahl von Standardmaschinen)

14-4

Maschine Kurzzeichen L_{max}/B_{max} [mm]	Darstellung	Leistungsaufnahme in kW	Gewicht in kg	Absauganschluss Ø [mm]	Platzbedarf L/B[1]	weitere Angaben
Tischkreissäge SK 1900/1800		2…7,5	226 bis 650	Haube 80 Tisch 120	5300/ 2000	Drehfrequenzen: 3000–6000 min^{-1} Schnitthöhe: bis 120 mm Sägeblatt-Ø: bis 400 mm Schnittbreite: bis 1250 mm Längs- und Querschnitte
Formatkreissäge SKF 3200/1500		4…11	560 bis 1500	Haube 80/100 Tisch 120/140	3500/ 5500 (24 bis 30 m^2)	Besäumlänge: bis 5000 mm Formatschnitt: 3,70×3,70 m Schnittbreite: bis 1500 mm Schnitthöhe: bis 170 mm Sägeblattschrägstellung bis 45°
Bandsäge SB 1000/1700		1,1…5,5	130 bis 950	oben 100/120 unten 100/120	3000/ 4000	Rollendurchmesser: bis 900 mm v_c: bis 1800 m/min Durchlasshöhe: bis 700 mm Obere und untere Sägeblattführung
Plattenaufteilsäge vertikal SPLv 5300/2800		3…7,5	950 bis 1100	160	5300/ 2500	Drehfrequenzen: 4000–5000 min^{-1} Schnitthöhe: 45–80 mm Sägeblatt-Ø: 220–300 mm Winkelschnittauflage für Schrägschnittbereich ±46°
Plattenaufteilsäge horizontal SPLh 10000/8000		7,5…20	3700 bis 5500	160 + 200	30– 80 m^2	Schnittlänge: 1250–6000 mm Schnittbreite: 0–600 mm Schnitthöhe: max. 60–160 mm Vorschubgeschwindigkeit: 1–60 m/min
Abrichthobelmaschine HA 3000/1500		2,9…5,5	750 bis 1400	120 bis 160	5000/ 2500	Hobelbreite: 400–630 mm maximale Spantiefe: 8 mm Drehfrequenz: 5000 min^{-1} schwenkbarer Anschlag 0–45° 4-Messerwelle
Dickenhobelmaschine HD 1000/1200		5,5…12,5	700 bis 1300	160	5200/ 2800	Hobelbreite: 500–800 mm maximale Spantiefe: 8 mm Vorschubgeschw.: 6–14 m/min Drehfrequenz: 5000 min^{-1} Messerwellen-Ø: 125 mm
Mehrseitenhobelmaschine HV, HV/F 5500/1700		12…20	1100 bis 2400	250	7700/ 2300	Arbeitsbreite: bis 240 mm Arbeitshöhe: bis 160 mm Vorschubgeschw.: 4–25 m/min max. Spantiefe: 10 mm Drehfrequenz: 5000 min^{-1}

[1] Ständig freizuhaltender Handhabungsraum.

11.5.2 Ortsfeste Holzbearbeitungsmaschinen (Forts.)

Maschine Kurzzeichen L_{max}/B_{max} [mm]	Darstellung	Leistungsaufnahme in kW	Gewicht in kg	Absauganschluss Ø [mm]	Platzbedarf L/B[1]	weitere Angaben
Tischfräse FT 1200/1200		1,5…11	200 bis 1500	oben 120/200 unten 120/80	5000/ 2800	Spindelschrägstellung: −10°–+45° Drehfrequenz: 3000–12000 min^{-1} Höhenverstellung: bis 200 mm Fräsdornkegel-Ø: 30–50 mm max. Werkzeug-Ø: 250 mm
Oberfräse FO 1200/1200		2,2…5,6	400 bis 1400	100	3500/ 2200	Drehfrequenz: 1000–30000 min^{-1} Durchlassbreite: max. 1000 mm Durchlasshöhe: max. 530 mm Fräskopfschrägstellung: max. 45° Tischhub: bis 200 mm
Bandschleifmaschine SchB 4500/2700		2…8	500 bis 1100	180	4500/ 2700	Arbeitsbreite: max. 1400 mm Bandgeschw.: 11/22 m/min Bandausblasvorrichtung Vakuum-Saugspanneinrichtung im Arbeitstisch
Breitbandschleifmaschine SchBB 2200/2050		6…51	600 bis 4200	150 je Schleifaggregat	5000/ 3000	Arbeitsbreite: 630–1380 mm Vorschubgeschw.: 3–15 m/min Werkstückdicke: 3–160 mm 1–3 Schleifaggregate, elektronisch geregelter Druckbalken
Langlochbohrmasch. BL 1000/1000		1,5…2	145 bis 310	100	4000/ 3500	Bohraggregat: ±65° drehbar Bohrtiefe: bis 200 mm Drehfrequenz: 1400–2800 min^{-1} pneumatische Höhenverstellung und Werkstückspannung
Dübelbohrmaschine BD 1500/2000		0,9…5,4	180 bis 980	100	2600/ 3000	Bohrtiefe horizontal: bis 30 mm Bohrtiefe vertikal: bis 110 mm Drehfrequenz: 2600–6000 min^{-1} Druckluft: 6–10 bar Bohrer-Ø: max. 40 mm
Etagenfurnierpresse PF 4100/1650		1,4…32	1350 bis 9500	–	6000/ 4000	Betriebsdruck: max. 385 bar Druck bei voller Auslegung: max. 0,2–0,4 N/mm^2 Beheizung mit elektrischem Strom, Dampf, Flüssigmedien
CNC-Bearbeitungszentrum CNC-SB 8300/5000		5,5…8	860 bis 4700	180	8300/ 7000	Drehfrequenz: 1500–24000 min^{-1} 2–5 NC-Achsen Maschinenkonzeption entspr. Einsatzbereich in der Fertigung Automatische Werkzeugwechsler

[1] Ständig freizuhaltender Handhabungsraum.

11.5 Maschinen zur Holz- und Holzwerkstoffbearbeitung

11.5.3 Grundelemente aller Holzbearbeitungsmaschinen

Element	Beschaffenheit, Art	Aufgaben, Bedeutung
Ständer	geschweißte oder geschraubte Stahlkonstruktion; Gusskonstruktion; Stahl-Beton-Verbundbauweise	Standfestigkeit, Motorenaufhängung, Befestigen von Werkzeugträgern und Anschlägen: Aufnahme von Schwingungen
Arbeitstisch	Stahl, Guss NE-Metall; Oberfläche gehobelt oder geschliffen	Auflage, Bezugsebene, ggf. schrägstellbar ±45 Grad
Führungen	Rollenführungen, Druckfedern, Schiebeschlitten	gerichtete, best. Bewegung von Werkzeug, Werkstück oder Maschinenelementen
Wellenlagerung	Gleit- und Wälzlager	Übertragung von Kräften auf Ständer; wenig Reibung; hoher Wirkungsgrad
Motor	Dreh-, Wechsel-, Gleichstrommotor, Universalmotor, ggf. ex-geschützt	Antrieb von Werkzeug und/oder Transport
Antrieb	direkt: Motor angeflanscht indirekt: Keil-, Flach- o. Zahnriemen, Ketten	Übertragung der Kraft des Motors zum Werkzeugträger; ggf. Drehzahlregelung
Drehzahlregler	in Stufen: Riemenscheiben, Zahnräder, Polumschaltung, Frequenzumformer stufenlos: elektrisch, elektronisch, mech.	optimale Schnitt- oder Vorschubgeschwindigkeit durch Festlegung der Drehzahl des Werkzeugs
Bremse	für Motor: elektrisch, mechanisch	Verkürzung des Nachlaufs
Höhen- und Tiefenverstellung	mit Handrad, Kurbel oder Motor	für Arbeitstisch, Werkzeugträger, Spanabnahmeregulierung
Werkzeugträger, -aufnahme	Supporte; Spindeln, Bohrköpfe; Fräsköpfe, Messerwellen	Halterung und Träger der Werkzeuge
Werkzeug	Sägen, Fräser, Bohrer, Fräsbohrer, Sägeketten, Meißel, Schleifscheiben, -bänder usw.	Werkstückformung, Maßgeben, Verbinden
Werkzeug-einspannung	2-, 3-, 4-Backenfutter, Keilleisten; Mutter an der Spindel	Halten der Werkzeugposition beim Bearbeiten; Aufn. der Bearbeitungskräfte
Wellenarretierung	Schlüssel, Stahlstifte	Verstellsicherung, zum einfachen und sicheren Werkzeugwechsel
Anschlag	Stahl, Guss, Holzwerkstoffe, NE-Metalle	zur Werkstückführung; längs o. quer zur Vorschubrichtung verstellbar
Halte- oder Spannvorrichtung	Exzenterhebel; pneum. o. hydraul. Spannzylinder ohne Druckbalken; Vakuumspanner	ausreichend sichere Werkstückhalterung während des Arbeitsvorgangs
Werkstück-transport	Förderwalzen aus Metall oder Kunststoff, Ketten, Rollbahnen, Riemen	für „automatischen" Weitertransport der Werkstücke
Bedieneinrichtung	Schaltpult, Schalter, Schütze	Inbetriebnahme, Überwachung
Absaugung Laufräder	Spanhauben, Absaugstutzen, Rohre Kunststoff, Vollgummi, Stahl	sauberer, sicherer Arbeitsplatz, Standortveränderung bei kleinen Masch.
Schutzvorrichtung	Rückschlagsicherung, Abdeckungen, Umwehrungen, Notausschalter usw.	Schutz vor Unfällen

11.5 Maschinen zur Holz- und Holzwerkstoffbearbeitung

11.5.4 Gleit- bzw. wälzgelagerte Linearführungen

Art der Führung	Anwendung (Beispiele)	Vorteile bzw. Nachteile
Rundführung	bei Vorschubträgern, vertikalen Bohrmaschinen, Tischfräsen, Langbandschleifmaschinen, Kettenfräsen	einfache, genaue Bauweise; beliebig gerichtete Kräfte aufnehmbar; bei kurzem Gehäuse Verklemmungsgefahr; bei großen Kräften Verbiegungsgefahr
Rechteckführung (Flachführung)	Anschläge bei Tisch- und Bandsägen	billige Konstruktion; geringe Wartung; großer Einsatzbereich; großer Kraftaufwand zum Verschieben; ungenaue Führungseigenschaften; geringe Lebensdauer (hoher Verschleiß)
Prismenführung	Doppelendprofiler, Drehmaschinen, Bett- und Supportschlitten	selbstnachstellend; Schmutz, Späne gleiten nach außen ab; vertikale und horizontale Kräfte aufnehmbar; schwierige Herstellung; schwieriger nachzuarbeiten als Flachf.
Flachführung mit Untergriff	waagerechte Bohr- und Fräswerke für Tisch-Ständer- u. Spindelschlitten	Nachstellung über Keilleisten möglich; beliebig gerichtete Kräfte aufnehmbar; schwer zu verstellen; schmutzempfindlich; temperaturempfindlich hohe Herstellungskosten
Schwalbenschwanzführung	Doppelendprofiler, Kantenanleimmaschinen, Tischoberfräsen, Supporte	beliebig gerichtete Kräfte aufnehmbar; präzise Gleitführung; auch bei senkrechten Führungen verwendbar schwierige Herstellung und Nacharbeitung; temperaturempfindlich
Kugellagerführung	Furniersägen	gute Laufeigenschaften; geringe Wartung; präzise Führung; teure, platzaufwändige Konstruktion; empfindlich gegen Schmutz und Staub
Kugelführung	Schleifmaschinen, Kopierfrästische, Bohrwerktische	leichte sehr genaue Führung; hohe Lebensdauer (wenn schmutzfrei); nur vertikale Kräfte aufnehmbar; rasche Verschmutzung der Laufrillen; geringe Belastbarkeit wegen Punktbel.
Kugelbüchsenführung	Tischführung bei Kreissägen Schlittenführung bei Langbandschleifmaschinen, Führung bei Schleifschuhen, Doppelgehrungssägen	präzise Führung, lange Hübe möglich; hohe Laufgeschwindigkeit möglich; lange Lebensdauer; bei schweren Konstruktionen ungeeignet; Welle empfindlich gegen Beschädigungen
Rollenführungen	Langbandschleifmaschinen, Tischführung bei Kreissägen	geringer Reibwiderstand; hohe Genauigkeit teure, aufwändige Konstruktion; begrenzter Hub

11.5 Maschinen zur Holz- und Holzwerkstoffbearbeitung

11.5.5 Elektromotoren

Bezeichnung	Stromart	Besonderheiten	Anwendung
Kurzschluss-läufermotor	Drehstrom 3 ~	Läufer kurzgeschlossen, Läuferstrom durch Induktion, geringes Anzugsmoment, preiswert	Holzbearbeitungsmaschinen, Ventilatoren, Förderbänder
Schleifring-läufermotor	Drehstrom 3 ~	Strom in Dreiphasenwicklung des Läufers über Schleifringe, großes Anzugsmoment	Maschinen mit Voll-Last- und Schweranlauf (5–500 kW)
Drehstrommotor an Wechselstrom	Wechsel-strom ~	Drehfeld im Kurzschlussläufermotor mit Hilfe von Kondensatoren, $M_N \approx$ 80 % M_N bei 3 ~	bis 2 kW bei stationären Maschinen und Wechselstrom
Kondensator-motor	Wechsel-strom ~	Phasenverschiebung zwischen Haupt- und Hilfswicklung durch Kondensator	bis 2 kW in Haushaltsgeräten, Bau- und Werkzeugmaschinen
Universal-motor	Wechsel- + Gleichstrom	Läuferstrom über Kohlebürsten, hohe Antriebsleistung bei kleiner Baugröße	alle elektrisch betriebenen Kleinmaschinen
Schrittmotor	Gleichstrom –	Läufer wird zu schrittweiser oder zu gleichförmiger Drehbewegung angesteuert	Antrieb im Bereich der Steuer- und Regelungstechnik

Leistungsschilder umlaufender elektrischer Maschinen

Beispiel nach DIN 42961 (1980-06)

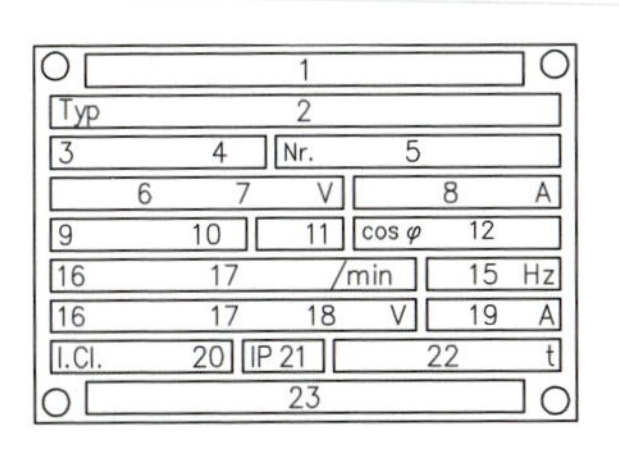

Beispiel nach VDE 0530

Hersteller 1	
Typ 2	2007 5
3~Mot. 3, 4	Nr. 3154 5
△400 V 6, 7	94 A 8
55 Kw 9, 10	cos φ 0,90 12
2955/min 14	50 Hz 15
Is. Kl. B 20 / IP 54 21	390 kg 22
VDE 0530 23	

1 **Hersteller**

2 **Typ, Baugröße**

3 **Stromart**
Schaltz. nach DIN EN 60617

4 **Art der Maschine** z. B.
Generator Gen.
Motor Mot.

5 **Fertigungsnummer** (oder Typ-Kennz.) und **Herstellungsjahr**

6 **Schaltungsart** der Wicklung von Wechselstrommaschinen, Schaltz. n. DIN EN 60617-6

7 **Nennspannungen**

8 **Nennstrom**

9 **Nennleistung**

10 **Einheit der Leistung**

11 **Nennbetriebsarten**

12 **Leistungsfaktor**

13 **Drehrichtung**

14 **Nenndrehfrequenz**

15 **Nennfrequenz** bei Wechselstrommaschinen

16 **Erregung** oder Err
bei Gleichstrommaschinen, Synchronmaschinen oder Einanker-Umformern

17 **Schaltungsart** der Läuferwicklung

18 **Nennerregerspannung**

19 **Erregerstrom**, Läuferstrom

20 **Isolierstoffklasse**

21 **Schutzart**
Kennbuchstaben für Berührungs-, Fremdkörper- und Wasserschutz

22 **Gewicht** in kg bzw. in t bei Maschinen mit einem Gesamtgewicht über 1 t.

23 **Zusätzliche Vermerke**
z. B. Kühlmittelmenge bei Fremdkühlung, Trägheitsmoment, Jahr der Reparatur usw.

11.5 Maschinen zur Holz- und Holzwerkstoffbearbeitung

Anlassen von Kurzschlussläufer-Motoren bei 400 V

Stern-Dreieck-Schaltung

Schaltstufe 1

L1, N, L2, L3

$U_{1N} = 230$ V

$U_{2N} = U_{3N} = 230$ V

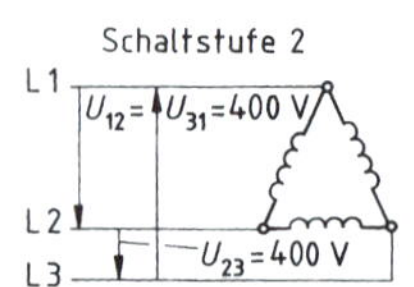

Meistens verwendete Schaltung, um bei Drehstrom-Käfigläufermotoren den Einschaltstrom herabzusetzen. Anzugsstrom und Anzungsmoment gehen gegenüber direkter Einschaltung auf ein Drittel zurück. Diese Schaltung ist zulässig bei:
Einfach-Käfigläufer bis max. 4,0 kW
Stromverdrängungsl. bis max. 7,5 kW

Motorschutzeinrichtungen

Ursachen für thermische Überbeanspruchung	Sicherungen	Motorschutzschalter	Schütz mit Motorschutzrelais und Sicherungen	Thermistorschutz und Sicherungen
Im Betrieb				
Überlastung im Dauerbetrieb	○	●	●	●
Zu lange Anlauf- und Bremsvorgänge	◑	◑	◑	●
Zu hohe Schalthäufigkeit	○	◑	◑	●
Bei Störung				
Einphasenlauf	○	◑	●	●
Unter- und Überspannungen im Netz	○	●	●	●
Frequenzschwankungen	○	●	●	●
Festbremsen des Läufers	◑	● [1]	● [1]	● [1]
Zuschalten des Motors mit block. Läufer				
von ständerkritischen Motoren	◑	●	●	●
von läuferkritischen Motoren	○	● [1]	● [1]	◑ [1]
Fremderwärmung, z. B. infolge Lagererw.	○	○	○	●
Behinderte Kühlung				
Erhöhte Umgebungstemperatur	○	○	○	●
Behinderung des Kühlmittelflusses	○	○	○	●

○ kein Schutz ◑ nur bedingter Schutz ● voller Schutz

Bremsen von Drehstrommotoren

Mechanische Bremse	M 3 ~ / Feder / Magnet / Bremse am stromlosen Motor	Magnet löst die Bremse, wenn Motor unter Spannung gesetzt wird
Bremsmotor	3 4 5 / 1 2	Bremsscheibe (5) am Läufer (2) wird bei ausgeschaltetem Zustand von Feder (3) an Bremsbacken (4) gedrückt. Beim Einschalten wird konischer Läufer (1) in die Ständerbohrung (2) gezogen; Bremse löst
Gegenstrombremse	Bremsschütz vertauscht zwei Motoranschlüsse. Wechsel der Drehfeldrichtung erzeugt Bremswirkung. „Drehzahlwächter" schaltet kurz vor dem Stillstand ab	
Gleichstrombremse	Ständerwicklung des Motors wird beim Abschalten an Gleichspannung angelegt. Der Motor wird zum Generator. Induktionsstrom im Kurzschlussläufer erzeugt kräftiges Bremsmoment	

[1] Bei läuferkritischen Maschinen ist eine zusätzliche Läufertemperaturüberwachung sinnvoll.

11.5.6 Antriebe zur Kraftübertragung

Antriebe

- direkt
  - z. B. bei Baukreissäge, Handoberfräse Kappaggregaten, Langbandschleifmaschine, Kantenschleifmaschine, Langlochbohrmaschine

Vorteile:	Nachteile:
Kompakte Bauweise, kein Schlupf, kostengünstige Konstruktion	Motorvibration überträgt sich auf Werkzeug, „Schläge“ wirken auf Motor

- indirekt
  - Riemen
    - Flachriemen
    - Keilriemen
    - Zahnriemen
  - Ketten
  - Zahnräder

z. B. bei: Formatkreissägen, Tischfräsmaschinen

Vorteile:	Nachteile:
Schlupf schützt Motor, einfache Drehzahlregelung möglich	Schlupf, Verschleiß, Unfallgefahr, wenn Abdeckung fehlt

Keilriemen

Maße in mm

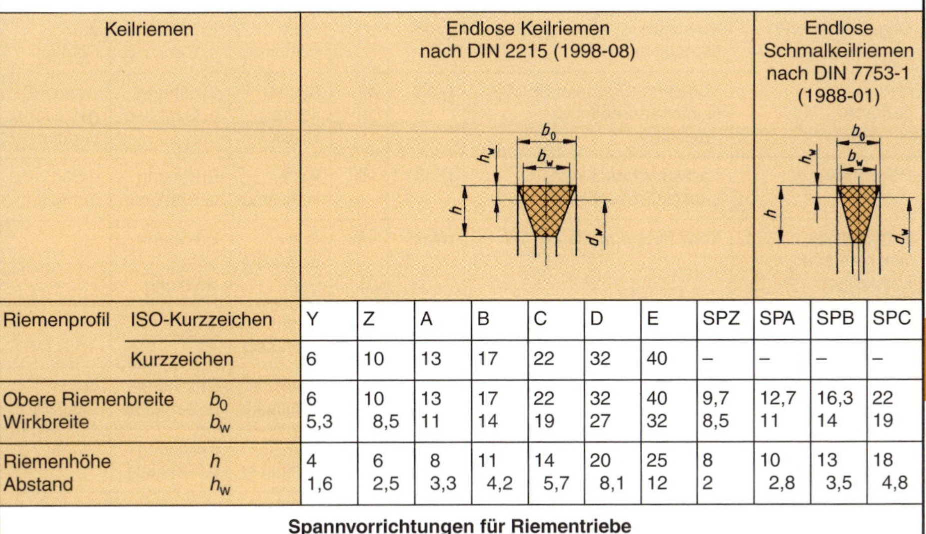

Keilriemen		Endlose Keilriemen nach DIN 2215 (1998-08)							Endlose Schmalkeilriemen nach DIN 7753-1 (1988-01)			
Riemenprofil	ISO-Kurzzeichen	Y	Z	A	B	C	D	E	SPZ	SPA	SPB	SPC
	Kurzzeichen	6	10	13	17	22	32	40	–	–	–	–
Obere Riemenbreite	b_0	6	10	13	17	22	32	40	9,7	12,7	16,3	22
Wirkbreite	b_w	5,3	8,5	11	14	19	27	32	8,5	11	14	19
Riemenhöhe	h	4	6	8	11	14	20	25	8	10	13	18
Abstand	h_w	1,6	2,5	3,3	4,2	5,7	8,1	12	2	2,8	3,5	4,8

Spannvorrichtungen für Riementriebe

Elektromotor auf einer Schwinge	Motor auf Spannschienen	Riementrieb mit Spannrolle
Druckfeder		Spannrolle

11.5.7 Drehfrequenzregelungen

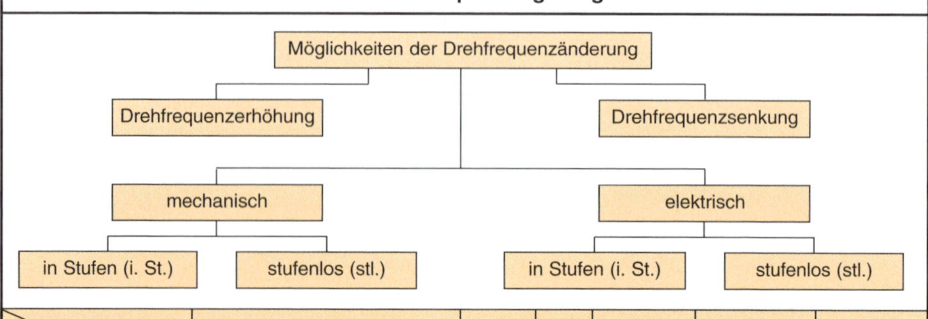

Getriebe \ Kriterien	Anwendungsbeispiele	Platzbedarf	Art	Kraftübertragung	Drehfrequenzänderung	Leistungsverlust
Umschlingungsgetriebe	Bürstenmaschine	mittel	stl.	kraftschlüssig	Erhöhung o. Senkung	durch Schlupf
Regelscheibengetriebe	Vorschub in Maschinen	groß	stl.	kraftschlüssig	Erhöhung o. Senkung	durch Schlupf
Hydraulikgetriebe	Vorschub, Doppelendprofile Kantenbearbeitungsmaschine	groß	stl.	hydraulischer Druck	Erhöhung o. Senkung	wenn Flügelzellen undicht
Reibradgetriebe	Lackwalzmaschinen, Lackgießmaschinen	groß	stl.	kraftschlüssig	Erhöhung o. Senkung	durch Schlupf
Schwenkrad-, Wechselräder- u. Ziehkeilgetriebe	Vorschubapparate	mittel	i. St.	formschlüssig	Erhöhung oder Senkung	
Schneckengetriebe	Breitenverstellung	klein	i. St.	formschlüssig		
Riemenscheibengetriebe	Formatkreissäge Dickenhobelmaschine	mittel	i. St.	formschlüssig	Erhöhung o. Senkung	durch Schlupf
Zahnradgetriebe	Vorschubapparate Bohrbalken	klein	i. St.	formschlüssig	Erhöhung o. Senkung	
Polumschaltung	Tischfräsmaschine	klein	i. St.	elektrisch	Senkung	geringe Verluste
Leonardsatz	Kalanderpresse Furnierschälmaschine	sehr groß	stl.	elektrisch	Erhöhung o. Senkung	große Verluste
Frequenzumformer	Tischoberfräse, Doppelendprofiler, Kantenleimmaschine	groß	i. St.	elektrisch	Erhöhung	Verluste im Generator
statischer Frequenzumrichter (Thyristor)	Kleinmaschinen, Ventilatoren, Kantenbearbeitungsautomat	sehr klein	stl.	elektrisch	Erhöhung o. Senkung	geringe Verluste
Gleichstromantrieb	CNC-Maschinen, Tischoberfräsen, Doppelendprofiler	klein	stl.	elektrisch	Erhöhung o. Senkung	geringe Verluste

11.5.8 Steuerungen

Vergleich von Steuerungssystemen

Kriterium \ Energieform	Pneumatik	Hydraulik	Elektrik/Elektronik	Mechanik
Energieträger	Luft	Öl	elektrischer Strom	Wellen, Zahnräder, Gestänge, Ketten usw.
Energiequelle	Verdichter	Pumpe	Generator, Batterie	Elektromotor
wichtigste Kenngrößen	Druck ca. 6 bar	Druck ca. 30 bis 400 bar	Spannung 12 V, 24 V, 220 V, 380 V	Kraft, Drehmoment, Geschwindigkeit
maximale Entfernung für Energieübertragung	≈1000 m	≈100 m	unbegrenzt	≈10 m
Energieleitung	Rohre, Schläuche und Bohrungen	Rohre, Schläuche und Bohrungen	el. leitende Drähte, Bänder und Kontakte	Wellen, Gestänge, Kette usw.
Energie-speicherung	in Flaschen und Kesseln	Hydraulik-speicher	Akkumulatoren	Federn
Umwandlung in mechan. Energie	Zylinder, Druckluftmotor	Zylinder, Hydromotor	Elektromotor, Elektromagnet	Getriebe
Wirkungsgrad	weniger gut; hohe Verluste bei Energieübertragung sowie primärer und sekundärer Energieumformung		gut	sehr gut infolge Formschluss
Erzeugung linearer Bewegungen	sehr einfach über Zylinder	sehr einfach über Zylinder	kurze Wege einfach über Elektromagnete; lange Wege aufwändig über Linearmotore	einfach über Kurbelgetriebe, Spindeln usw.
Leistung/Volumen von Motoren in W/dm^3	ca. 70 bis 1200	ca. 2000	ca. 70 bis 150	
Leistung/Masse von Motoren in W/kg	ca. 70 bis 300	ca. 600 bis 800	ca. 20 bis 100	
typ. Bewegungs-geschwindigkeit der Arbeitsgeräte	$\leq 3\ ms^{-1}$	$\leq 1\ ms^{-1}$	$\leq 5\ ms^{-1}$	$\leq 10\ ms^{-1}$
Weggenauigkeit ohne Lageregelung	weniger gut	sehr gut	weniger gut (gut bei Synchron- und Schrittmotoren)	sehr gut infolge Formschluss
Gefahren für den Menschen	gering infolge niedriger Drücke	groß infolge hoher Drücke; Umwelt-verschmutzung	sehr groß, daher besondere Vorschriften	groß

11.5 Maschinen zur Holz- und Holzwerkstoffbearbeitung

Schema einer Steuerung

Informationsteil		Steuerungssystem		Ausführungsteil
		Verknüpfungs- oder Logikteil		
Eingangsgrößen erfasst über Signalglieder	→	speichert bzw. verknüpft Informationen mittels Steuergliedern	→	Informationsausführung über Stellglieder und Antriebsglieder
Signaleingabe		Signalverarbeitung		Signalausgabe

Signalverarbeitung

Die Signalverarbeitung leitet aus Eingabesignalen im Sinne von Verknüpfungs-, Zeit- und/oder Speicherfunktionen die Ausgabesignale ab. Die Gesamtheit aller Anweisungen und Vereinbarungen für die Signalverarbeitung, durch die eine zu steuernde Anlage aufgabengemäß beeinflusst wird, ergibt das Programm der Steuerung.
Entsprechend der Programmverwirklichung ergeben sich verbindungs- oder speicherprogrammierte, fest-, um-, austausch- oder freiprogrammierbare Steuerungen.

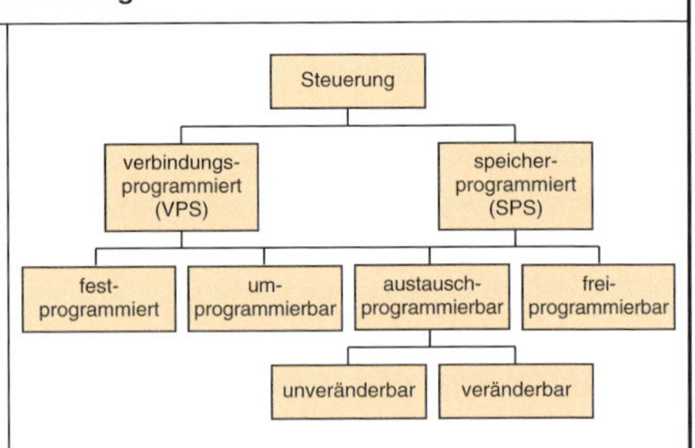

Steuerungsarten nach DIN 19226: 1994-02

	Steuerungsart	Hinweis	Beispiel
	Führungssteuerung	Ausgangsgrößen sind Eingangsgrößen fest zugeordnet, jedoch störgrößenabhängig	Dimmer für stufenlose Helligkeitssteuerung
	Haltegliedsteuerung	Eingangssignal wird gespeichert, bis ein neues Signal eintritt	Motorsteuerung mit Schützen
Programmsteuerungen	Zeitplansteuerung	Zeitabhängige Beeinflussung der Führungsgröße durch Progammspeicher	Steuerung mit Schaltuhr
Programmsteuerungen	Wegplansteuerung	Wegabhängige Beeinflussung der Führungsgröße	Aufzugsteuerung, Bremsen durch Etagenkontake, mechanisch gesteuerte Drehautomaten
Programmsteuerungen	Ablaufsteuerung	Führungsgröße folgt einem Programm, dessen Schritte von der Ausgangsgröße quittiert werden, bevor neue Schritte beginnen	Aufzugsteuerung mit fest eingebautem Programm, Werkzeugmaschine mit numerischer Lochstreifensteuerung
Programmsteuerungen	Verbindungs-programmierte Steuerung (VPS)	Bei diesen Steuerungen liegt eine Form von Programm vor, bei der die Funktionseinheiten untereinander durch Leitungen verbunden sind	pneumatische Steuerungen, Relaissteuerungen, Schützsteuerungen, elektronische Steuerungen mit Digitalbausteinen
Programmsteuerungen	Speicherprogrammierte Steuerung	Steuerung, deren Programm in einem Programmspeicher gespeichert ist	Mikrocomputersteuerung mit frei programmierbarem Speicher

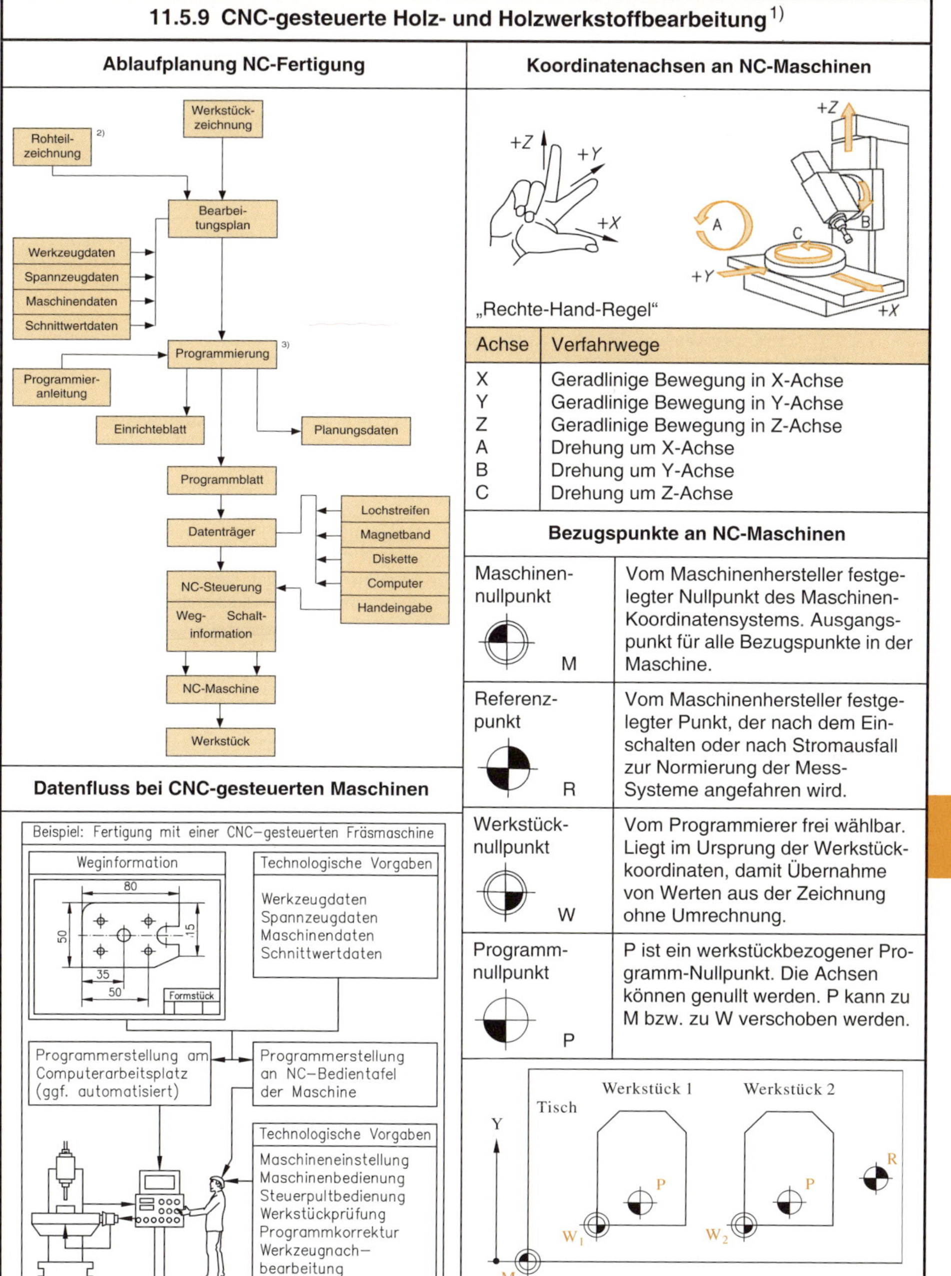

11.5 Maschinen zur Holz- und Holzwerkstoffbearbeitung

11.5.9 CNC-gesteuerte Holz- und Holzwerkstoffbearbeitung[1]

Ablaufplanung NC-Fertigung

Koordinatenachsen an NC-Maschinen

Achse	Verfahrwege
X	Geradlinige Bewegung in X-Achse
Y	Geradlinige Bewegung in Y-Achse
Z	Geradlinige Bewegung in Z-Achse
A	Drehung um X-Achse
B	Drehung um Y-Achse
C	Drehung um Z-Achse

Bezugspunkte an NC-Maschinen

Maschinen-nullpunkt M	Vom Maschinenhersteller festgelegter Nullpunkt des Maschinen-Koordinatensystems. Ausgangspunkt für alle Bezugspunkte in der Maschine.
Referenz-punkt R	Vom Maschinenhersteller festgelegter Punkt, der nach dem Einschalten oder nach Stromausfall zur Normierung der Mess-Systeme angefahren wird.
Werkstück-nullpunkt W	Vom Programmierer frei wählbar. Liegt im Ursprung der Werkstückkoordinaten, damit Übernahme von Werten aus der Zeichnung ohne Umrechnung.
Programm-nullpunkt P	P ist ein werkstückbezogener Programm-Nullpunkt. Die Achsen können genullt werden. P kann zu M bzw. zu W verschoben werden.

Datenfluss bei CNC-gesteuerten Maschinen

[1] Anwendung z. B. bei CNC-Oberfräsen, CNC-Bearbeitungszentren, CNC-Plattenaufteilanlagen, CNC-gesteuerten Kantenleimmaschinen und CNC-Durchlaufanlagen.
[2] ggf. rechnerunterstützt konstruiert (CAD) [3] Wenn Zeichnung rechnerunterstützt konstruiert, je nach Programm mehr oder weniger automatisierte NC-Progammerstellung möglich.

11.5 Maschinen zur Holz- und Holzwerkstoffbearbeitung

Arten numerischer Steuerungen (CNC-Steuerung)

	Punktsteuerung	Streckensteuerung	Bahnsteuerung
Darstellung			
Erklärung	Werkzeug bearbeitet nur nach der Positionierung (Verfahrbewegung)	Bearbeitungsvorgänge geschehen auf der X-, Y-, Z-Achse nacheinander	Bearbeitungsvorgang geschieht in allen Bewegungsachsen gleichzeitig
Beispiel	Anfahren von Bohrpositionen Beschlageinsetzmaschinen	Einfache Fräsmaschinen achsparallele Bearbeitung	Drehmaschinen, Bohr- und Fräsmaschinen

Programmaufbau für CNC-Steuerung nach DIN 66025-2 (1988-09)

Das Programm einer numerisch gesteuerten Werkzeugmaschine besteht aus beliebig vielen Sätzen, die den gesamten Arbeitsablauf der Maschine schrittweise beschreiben.

Programm-Anfang | 1. Satz | 2. Satz | 58. Satz | Programm-Ende

Reihenfolge der Wörter eines Satzes:

1. Satznummer
2. Wegbedingung
3. Koordinatenachsen X, Y, Z, U, V, W, P, ...
4. Interpolationsparameter I, J, K
5. Vorschub: gilt das Wort für den Vorschub einer bestimmten Koordinate, so folgt es unmittelbar nach dem Wort für diese Koordinate. Gilt es für mehrere Koordinaten, so folgt es nach dem Wort für die letzte Koordinate.
6. Spindeldrehzahl
7. Werkzeug und Werkzeugkorrektur
8. Zusatzfunktion

Es werden die Wörter in einem Satz weggelassen, für die keine Information benötigt wird. Ein Wort besteht aus einem Adressbuchstaben und einer Zahl.

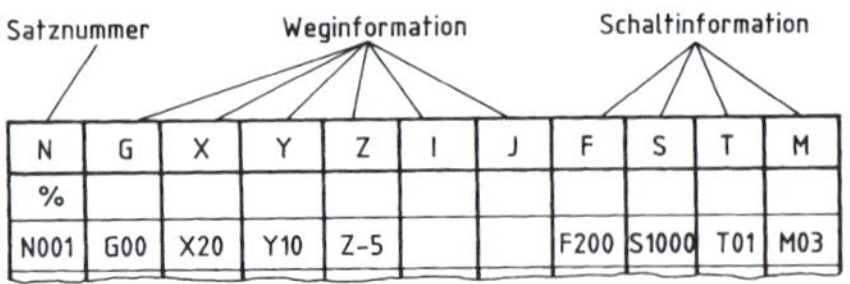

Adressbuchstaben und Sonderzeichen

Buchstabe	Adresse für	Buchstabe	Adresse für
A	Drehbewegung um X-Achse	L	Frei verfügbar
B	Drehbewegung um Y-Achse	M	Zusatzfunktion
C	Drehbewegung um Z-Achse	N	Satznummer
D	Werkzeugkorrekturspeicher	O	Frei verfügbar
E	Zweiter Vorschub	P, Q	Dritte Bewegung parallel zur X-, Y-Achse
F	Vorschub	R	Eilgang oder dritte Bewegung parallel zur Z-Achse
G	Wegbedingung	S	Spindeldrehzahl
H	Werkzeuglängenkorrektur	T	Werkzeug
I, J, K	Interpolationsparameter oder Gewindesteigung parallele zur X-, Y- oder Z-Achse	U, V, W	Zweite Bewegung parallel zur X-, Y- oder Z-Achse
		X, Y, Z	Bewegung in Richtung der X-, Y- oder Z-Achse

Bemaßungsarten

G90 Absolute (steigende) Bemaßung

Maßangaben beziehen sich auf einen festgelegten Nullpunkt. Zahlenwert der zugehörigen Weginformation gibt Zielposition an.

G91 Inkrementale (teilende) Bemaßung

Teilstücke der Außenkontur werden einzeln bemaßt. Der Zahlenwert der Weginformation bezieht sich auf den Endpunkt des letzten Satzes.

11.5 Maschinen zur Holz- und Holzwerkstoffbearbeitung

Sonderzeichen für Programminformationen

Zeichen	Bedeutung	Zeichen	Bedeutung
%	Programmanfang	NUL	Zeichen ohne Bedeutung
:	Hauptsatz	HT	Tabulator
/	Satzunterdrückung	LF	Satzende
(.)	Beginn und Ende einer Anmerkung	CR	Wagenrücklauf
		SP	Zwischenraum
BS	Rückwärtsschritt	DEL	Löschzeichen

Schlüsselzahlen für Wegbedingungen

Wegbedingung	Bedeutung
G00	Eilgang, Punktsteuerungsverhalten[1]
G01	Geradeninterpolation[1]
G02	Kreisinterpolation im Uhrzeigersinn[1]
G03	Kreisinterpolation gegen Uhrzeigersinn[1]
G04	Verweilzeig[1]
G06	Parabelinterpolation
G08	Geschwindigkeitszunahme[1]
G09	Geschwindigkeitsabnahme[1]
G17/ G18/G19	Ebenenauswahl XY, XZ, YZ
G33	Gewindeschneiden, Steigung konstant
G34	Gewindeschneiden, zunehmende Steigung
G35	Gewindeschneiden, abnehmende Steigung
G40	Aufheben der Verschiebung
G41/G42	Werkzeugkorrektur links/rechts
G43/G44	Werkezugkorrektur positiv/negativ[1]
G45/G52	Verschiedene Werkzeugkorrekturen
G53	Aufheben der Verschiebung
G54/G59	Verschiebung 1 bis 6
G60	Genauigkeit Stufung 1 (fein)
G61	Genauigkeit Stufung 2 (mittel)
G62	Schnellhalt
G63	Gewindebohren[1]
G70	Maßangaben in inch
G71	Maßangaben in mm
G74	Referenzpunkt anfahren[1]
G80	Arbeitszyklus aufheben
G81/G89	Arbeitszyklen 1 bis 9
G90	Absolute Maßangabe
G91	Relative (inkrementale) Maßangabe
G92	Speicher setzen[1]
G93	Zeitreziproke Vorschubverschlüsselung
G94	Vorschub in mm/min
G95	Vorschub in mm/Umdrehung
G96	Konstante Schnittgeschwindigkeit
G97	Drehzahl in 1/min

Nicht aufgeführte Wegbedingungen sind vorläufig oder ständig frei verfügbar.

Schlüsselzahlen für Zusatzfunktionen (M)

Durch die Zusatzfunktion M werden der Steuerung meistens technologische Informationen mitgeteilt, soweit sie nicht unter den Adressen F, S, T programmiert werden können.

Zusatzfunktionen werden unterteilt:
- **nach dem Auswirkungszeitpunkt:** die Zusatzfunktion wir zusammen mit den übrigen Angaben des Satzes wirksam oder,
- **nach der Auswirkungsdauer:** die Zusatzfunktion hat entweder nur für den programmierten Satz Gültigkeit oder über mehrere Sätze hinweg, bis sie durch eine andere Zusatzfunktion aufgehoben wird.

Zusatzfunktion	Bedeutung
M00	Programmierter Halt
M01	Wahlweiser Halt
M02	Programmende
M03	Spindeldrehung im Uhrzeigersinn
M04	Spindeldrehung entgegen Uhrzeigersinn
M05	Spindel Stop
M06	Werkzeugwechsel
M07	Kühlmittel 2 Ein
M08	Kühlmittel 1 Ein
M09	Kühlmittel Aus
M10	Klemmen
M11	Lösen
M15/M16	Bewegung in plus/minus Richtung
M19	Spindelstop in definierter Stellung
M30	Programmende mit Rücksetzen
M31	Aufheben einer Verriegelung
M32–M35	Konstante Schnittgeschwindigkeit
M40–M45	Getriebestufen-Umschaltung
M60	Werkstückwechsel
M68	Werkstück spannen
M69	Werkstück entspannen

Nicht aufgeführte Zusatzfunktionen sind nicht belegt oder frei verfügbar.

Erläuterungen:

M00: Wenn alle Satzangaben, in denen M00 programmiert ist, ausgeführt wurden, wird die Maschine gestoppt.

M04: Die Spindeldrehrichtung wird in Blickrichtung von der Spindel zum Arbeitsraum definiert.

M06: Diese Funktion ist zum manuellen Werkzeugwechsel erforderlich

M10/M11: Diese Funktionen können sich je nach Maschine auf Maschinenschlitten, Werkzeugaufnahmen, Vorrichtungen oder Arbeitsspindel beziehen

[1] Diese Funktionen sind nur in dem Satz wirksam, in dem sie programmiert sind.

11.5 Maschinen zur Holz- und Holzwerkstoffbearbeitung

Nullpunktverschiebung

Mit **G54–57** kann der Werkstücknullpunkt von bis zu vier Werkstücken gespeichert werden.

z.B.: N…
N…G54 X(W_1) Y(W_1) Z(W_1)
N… Bearbeitung Werkstück 1
N…G55 X(W_2) Y(W_2) Z(W_2)
N… Bearbeitung Werkstück 2

Mit **G58–59** ist ein Verschieben des Werkstücknullpunktes W nach P möglich.

z.B.: N…
N…G58 X(P_1) Y(P_1) Z(P_1)
N…
N…G53 (macht G58 rückgängig)

Werkzeugkorrektur G41/G42

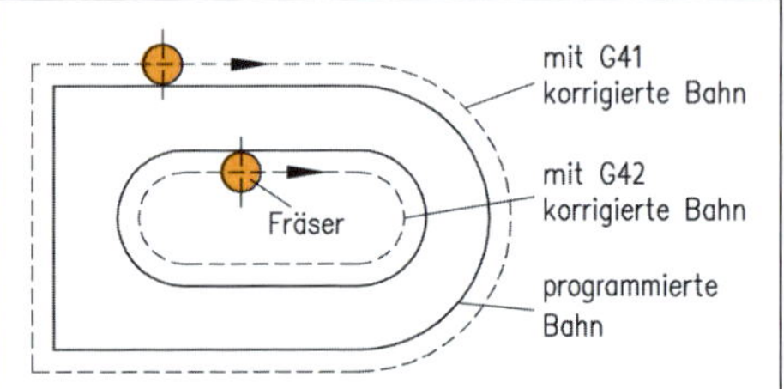

Werkzeuggeometrie ist unter der Adresse **D…** im Programm gespeichert.
Ist **G00** oder **G01** wirksam, kann mit **G41** ein Werkzeugversatz (halber Durchmesser) nach links bzw. mit **G42** nach rechts bewirkt werden.
G40 hebt Werkzeugkorrektur auf.

Geraden-Interpolation G01

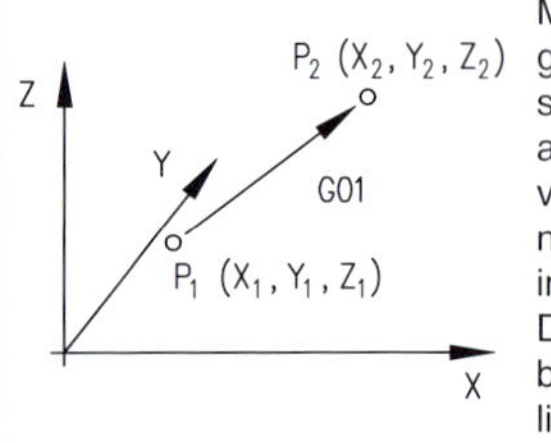

Mit der Wegbedingung **G01** befindet sich das Werkzeug auf dem Weg von $\mathbf{P_1}$(X_1, Y_1, Z_1) nach $\mathbf{P_2}$(X_2, Y_2, Z_2) im Eingriff.
Die Gerade kann beliebig im Raum liegen.

Annäherung durch Polygonzug

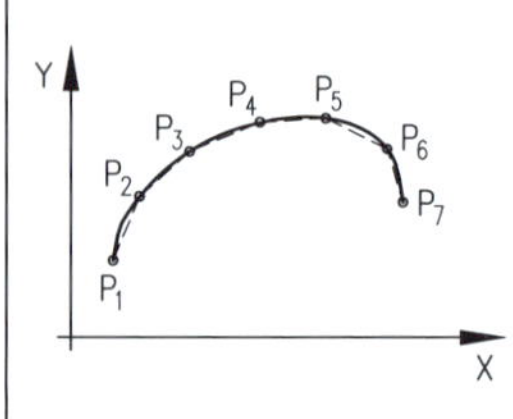

Raumprofil wird durch Punkte festgelegt.
Je mehr Punkte gewählt werden, desto größer die Datenmenge, desto besser die Annäherung an das tatsächliche Profil.

Kreis-Interpolation G02/G03

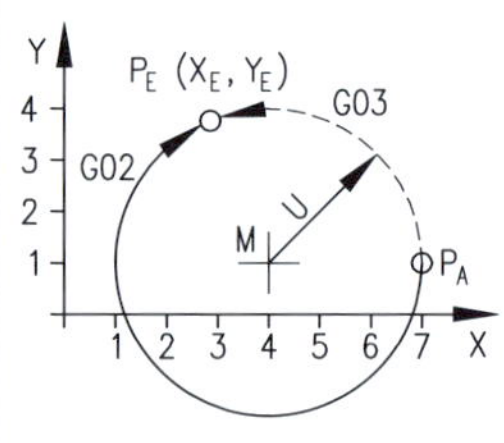

Im Programm wird festgelegt:
- Drehsinn
  G02 im Uhrzeigersinn
  G03 im Gegenuhrzeigersinn
- Kreisendpunkt $\mathbf{P_E}$
- Kreismittelpunkt **M(I, J)** oder Radius

U+ bei $\alpha \leq 180°$ bzw. **U–** bei $180° < \alpha < 360°$
Kreisanfangspunkt $\mathbf{P_A}$(X_A, Y_A) ist immer der Endpunkt des letzten Satzes.

z.B.: Kreisbogen $\mathbf{P_A}$ $\mathbf{P_E}$ im Uhrzeigersinn
- Bemaßung absolut N…G90 X_A Y_A
  N…G02 X_E Y_E I4 J1
  oder: N…G90 X_A Y_A
  N…G02 X_E Y_E U-3
- Bemaßung inkremental
  N…G91 X_A Y_A
  N…G02 X($-X_A+X_E$) Y(Y_E-Y_A) I-3 J0

z.B.: Kreisbogen $\mathbf{P_A}$ $\mathbf{P_E}$ im Gegenuhrzeigersinn
- Bemaßung absolut N…G90 X_A Y_A
  N…G03 X_E Y_E I4 J1
  oder: N…G90 X_A Y_A
  N…G03 X_E Y_E U-3
- Bemaßung inkremental
  N…G91 X_A Y_A
  N…G03 X($-X_A+X_E$) Y(Y_E-Y_A) I-3 J0

Parabol-Interpolation

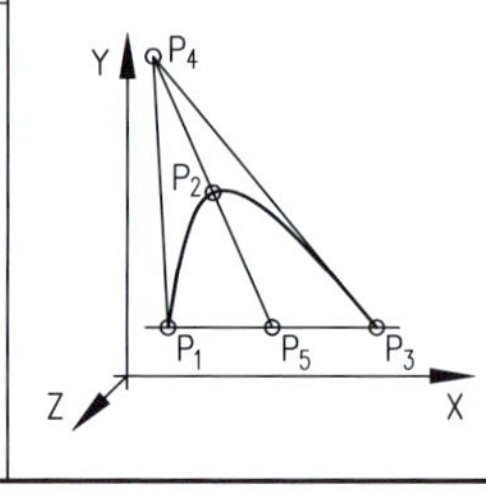

Die Parabolinterpolation wird meist nur bei vier- bis fünfachsigen Werkzeugmaschinen angewendet, da die Datenmenge bei mehrachsigen Simultanbewegungen erheblich reduziert werden kann.

11.5 Maschinen zur Holz- und Holzwerkstoffbearbeitung

Achsbewegung ohne Bearbeitung G00

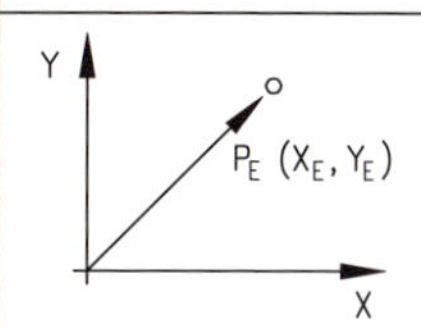

Bei Wegbedingung **G00** fährt das Aggregat ohne Bearbeitung zu dem vorgegebenen Endpunkt $\mathbf{P_E}$
N...G00 G90 X_E Y_E

Satzübergangsgeschwindigkeit

Adresse **F...** ist erforderlich, wenn auf der programmierten Bahn das Werkzeug im Einsatz ist.

z.B.: Vorschubgeschwindigkeit v_f=6000 mm/min
N10 G91 G64 G01 X50 Y50 F6000

G64 v_f konstant; am Satzende Abbremsen auf ggf. niedrigere Geschwindigkeit des nächsten Satzes.

G62 Am Satzende Abbremsen auf vorher festgelegte Vorschubgeschwindigkeit (z.B.: bei Holzbearbeitung im Eckbereich).

G60 Abbremsen auf v_f=0 am Satzende.

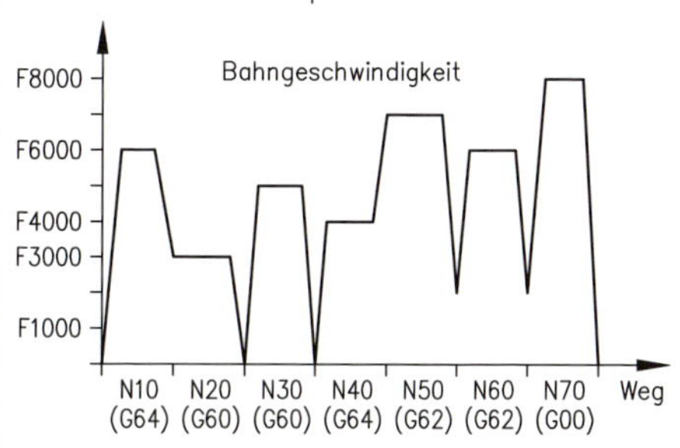

Unterprogramme

Sich wiederholende Programmteile können als Unterprogramm abgespeichert und bei Bedarf in Hauptprogrammen oder weiteren Unterprogrammen eingefügt werden. Unterprogramme enden immer mit **M17**.

z.B.: Unterprogramm als Satz 30 eines Hauptprogrammes N30 L00103

- 3 Durchläufe des Unterprogrammes
- Nummer des Unterprogrammes
- Adresse Unterprogramm

Schachtelung (maximal 3-fach) von Unterprogrammen:

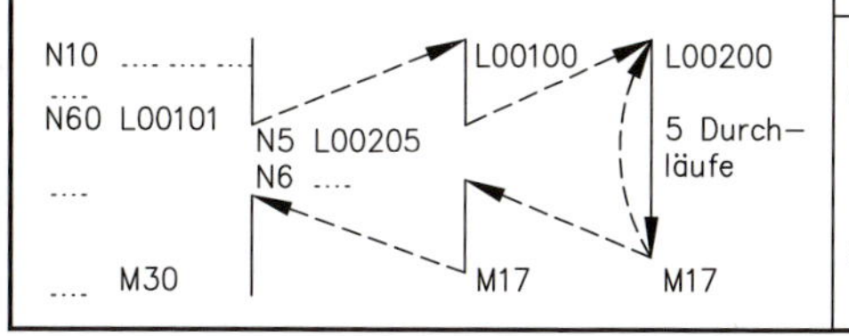

Werkstücklage, Startpunkt

Im Hinblick auf befriedigendes Fräsergebnis ist zu beachten, dass:

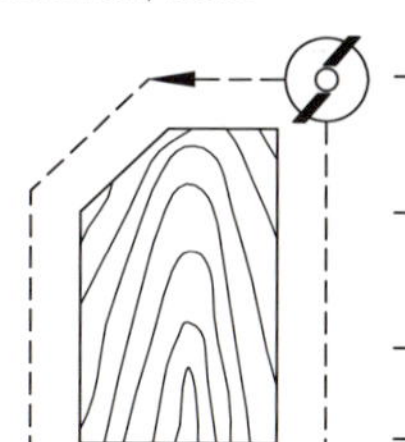

- Drehsinn des Werkzeuges bekannt ist,
- bei rechtsdrehendem Werkzeug im Gegenlauf gearbeitet wird,
- möglichst keine Zerspanung gegen die Holzfaser erfolgt,
- letzte Fräsbahn im Längsholz liegt,
- entstehende Ausrisse an Ecken durch nächsten Fräsgang abgefräst werden.

Anfahrbewegung

„Weiches Anfahren bzw. Abfahren" ist durch tangentialen Übergang von Anfahrbewegung[1)] und Bearbeitungslinie[2)] sicherzustellen. Anfahr- und Abfahroptionen sind ggf. fest eingestellte Befehlssätze.

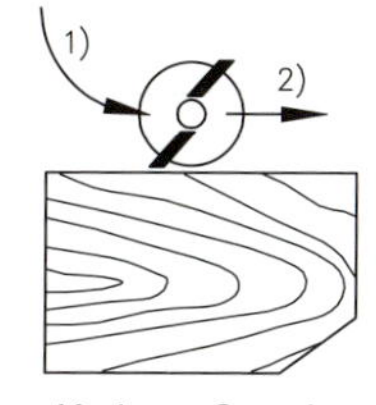

Kreis an Gerade

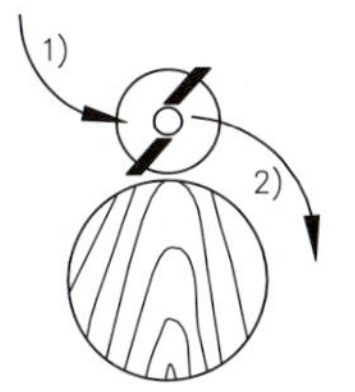

Kreis an Kreis, gegensinnig

Eintauchbewegung

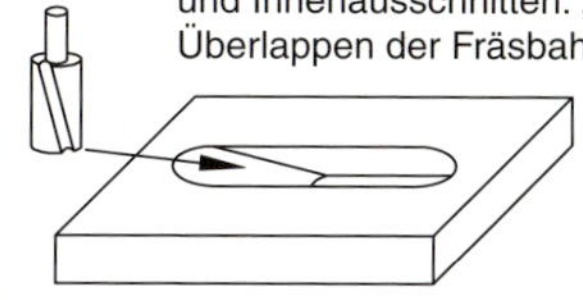

Vermeidung von Ansatz- und Brandstellen durch „fliegendes Eintauchen" bei Taschen und Innenausschnitten. „Rampe" durch Überlappen der Fräsbahn beseitigen.

Feinzerspanung

Besserer Oberfläche durch 2 Frägänge.

1. Frägang mit Werkzeugkorrektur (D+2 mm)
2. Frägang D korrekt

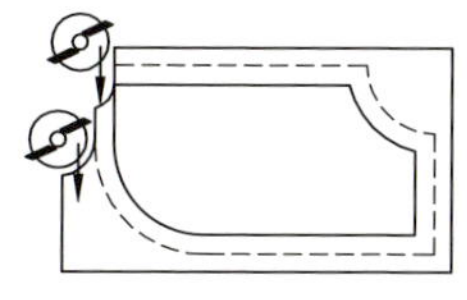

11

11.5 Maschinen zur Holz- und Holzwerkstoffbearbeitung

11.5.10 Pneumatische und hydraulische Steuerungen

Symbole für fluidtechnische Systeme und Geräte nach DIN ISO 1219-1 (Auswahl) (2007-12)

Teile der Anlage

Symbol	Bezeichnung
	Druckquelle – hydraulisch – pneumatisch
	Kompressor – hydraulisch – pneumatisch
	Arbeits-, Zuführ- und Rücklaufleitung
	Steuerleitung
	Pneumatikleitung
	Hydraulikleitung
	Rohrleitungsverbindung
	Entlüftung
	Auslassöffnung
	Druckbehälter
	Wasserabscheider mit Handbetätigung
	Filter oder Siebe
	Lufttrockner
	Öler
	Aufbereitungseinheit in vereinf. Darstellung

Arbeitselemente

Symbol	Bezeichnung
	Motor – hydraulisch – pneumatisch
	Als Pumpe oder Motor arbeitend mit veränderbarem Verdrängungsvolumen
	Einfachwirkender Zylinder, Rückhub durch Federkraft
	Doppeltwirkender Zylinder: – mit einfacher Kolbenstange – mit zweiseitiger Kolbenstande
	Zylinder mit doppelter, einstellbarer Dämpfung

Ventile

Symbol	Bezeichnung
	Rückschlagventil – unbelastet – federbelastet – mit Drosselung (freier Durchfluss in einer Richtung)
	Wechselventil
	Drosselventil ohne Angabe der Betätigungsart
	Stromregelventil – mit konstantem Ausgangsstrom – mit veränderbarem Ausgangsstrom
	Druckbegrenzungsventil (Sicherheitsventil)
	Druckregel- oder reduzierventil (Druckminderer) – ohne Entlastungsöffnung – mit Entlastungsöffnung

Wegeventile

z. B.:

Jedes Quadrat kennzeichnet eine von maximal drei Schaltstellungen.

Anschlüsse werden durch kleine senkrechte Striche angegeben.

Kennzeichnung:

1	Druckquelle
2, 3	Arbeitsleitung
4, 5	Entlüftung/Abfluss
12, 14	Steueranschluss

3/2-Wegeventil
- 2 Schaltstellungen
- 3 Anschlüsse

Symbol	Bezeichnung
	ein Durchflussweg, die Pfeilspitze gibt die Durchflussrichtung an
	zwei gesperrte Anschlüsse
	3/2 Wegeventil
	4/2 Wegeventil
	3/3 Wegeventil, mit Sperrmittelstellung
	4/3 Wegeventil, mit Sperrmittelstellung
	5/3 Wegeventil, mit Sperrmittelstellung
	4/3 Wegeventil, mit Schwimmmittelstellung

11.5 Maschinen zur Holz- und Holzwerkstoffbearbeitung

Betätigungsarten von Ventilen

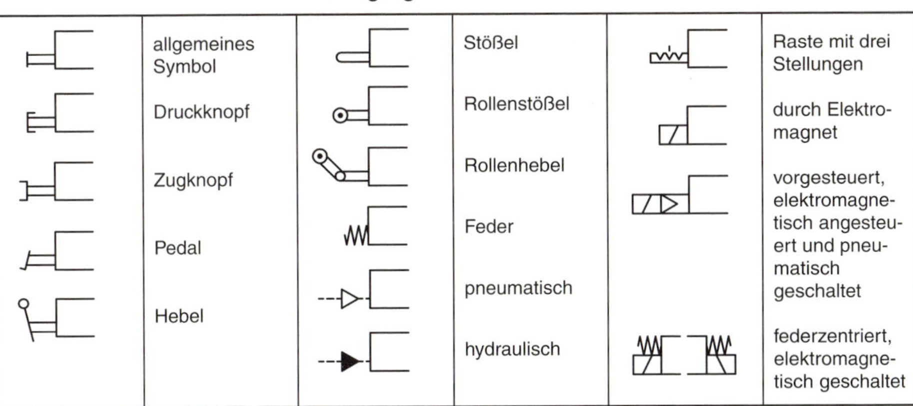

Pneumatische Richtungssteuerung mit Wegeventil

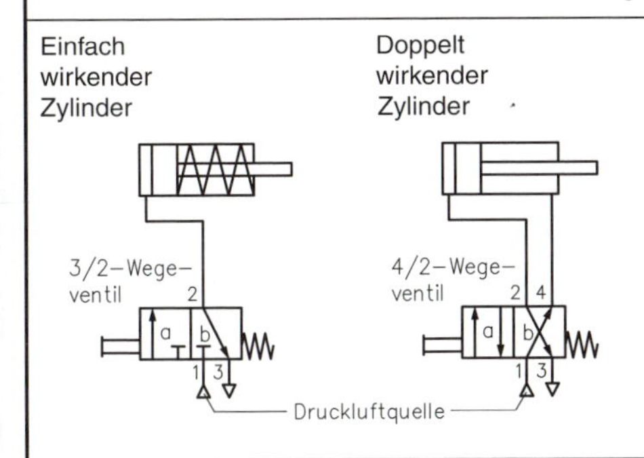

Direkte Steuerung von Zylindern

Einfach wirkende Zylinder werden meist mit 3/2-Wegeventilen gesteuert. In der Ausgangsstellung b des 3/2-Wegeventils ist der Weg der Druckluft zum Zylinder gesperrt, in der Schaltstellung a fährt der Kolben aus.

Doppelt wirkende Zylinder werden meist mit 4/2-, 5/2- oder 5/3-Wegeventilen gesteuert.
Mit einem 4/2-Wegeventil kann der Kolben des Zylinders nur in die Endlage gefahren werden, wobei der Kolben weiterhin druckbeaufschlagt bleibt. Die Arbeitsrichtung wird beim Umschalten des Wegeventils sofort umgekehrt.

Geschwindigkeitssteuerung pneumatisch betriebener Zylinder

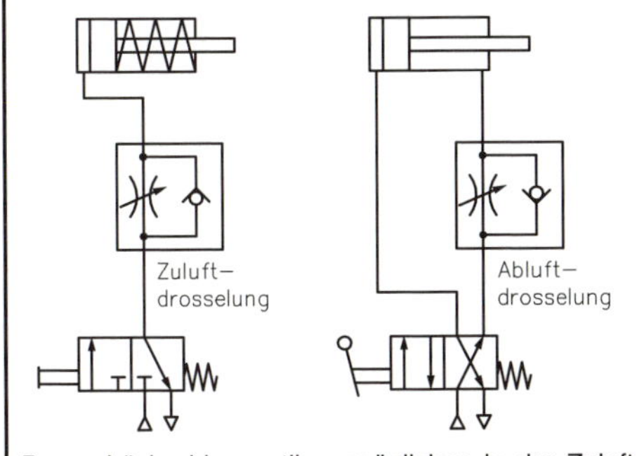

Drosselrückschlagventile ermöglichen in der Zuluft, bei doppelt wirkenden Zylindern auch in der Abluft die Minderung des durch die Leitung fließenden Druckluftstroms.

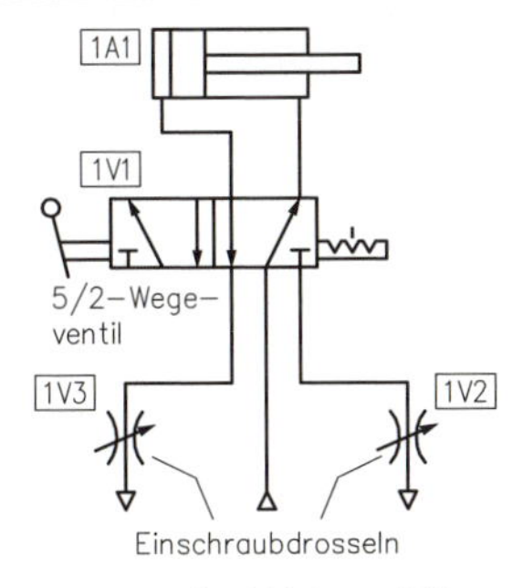

Mit einstellbaren, in die Abluftanschlüsse eingebauten Drosselventilen (1V2 u. 1V3) können die Kolbengeschwindigkeiten eines doppelt wirkenden Zylinders in beiden Fahrrichtungen getrennt voneinander eingestellt werden.

11.5 Maschinen zur Holz- und Holzwerkstoffbearbeitung

11.5.11 Sicherheit bei Bau und Betrieb von Maschinen

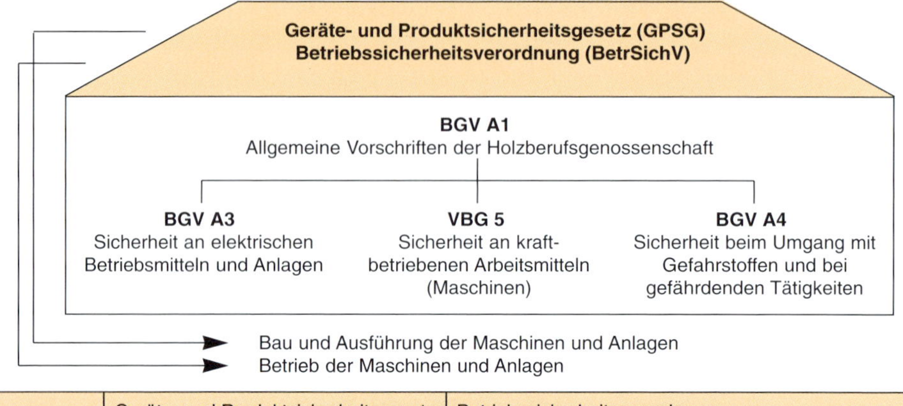

	Geräte- und Produktsicherheitsgesetz	Betriebssicherheitsverordnung
Ziel	– Abbau von Handelshemmnissen – Abbau unterschiedlicher Rechtsvorschriften	– Verhütung von Arbeitsunfällen – Vermeidung von Berufskrankheiten
Anwendungsbereich	– Einzelmaschinen – verkettete Maschinen – selbstständig betreibbare Anbauteile (gilt nicht für Elektrowerkzeuge, z. B. Handhobel, und Werkzeuge)	Benutzung von: – Maschinen, – Werkzeugen, – Anlagen.
Adressat	– Maschinenhersteller in der EU – Importeure von Maschinen aus Nicht-EU-Ländern	– Benutzer von Maschinen, Werkzeugen, Anlagen, – Arbeitgeber
Pflichten	Hersteller muss **CE**-Zeichen ausstellen und Komformitätserklärung abgeben, die enthält: – Angaben über EN-Normen, nach denen Maschinen gebaut oder – Prüfnummer einer unabhängigen Prüfstelle (Baumusterprüfung) Zeichen an Maschine: In Deutschland zusätzlich empfehlenswert wegen TRGS 533 (s. S. 11-41, 14-1 ff.)	– Arbeitsmittel: • Beschaffung nach Stand der Technik, • laufende Wartung und Anpassung an Stand der Technik, • Betrieb und Wartung gefährlicher Maschinen nur von beauftragten bzw. befugten Personen, • Betätigung nur, wenn vorhandene Sicherheitseinrichtungen, Einrichtungen mit Schutzfunktion, Verriegelungen und Kopplungen benutzt werden und wirksam sind. – Unterrichtung der Arbeitnehmer • Bedienungsanleitung, Informationen (Einsatzbedingungen, Entstörung, Hinweise) – Unterweisung der Arbeitnehmer • Angemessene Unterweisung entsprechend der Gefährlichkeit • Betriebsinterne Anweisungen – Erstellung von Explosionsschutzdokumenten

11.6 Werkzeuge in Holzbearbeitungsmaschinen

11.6.1 Formelmäßige Zusammenhänge beim maschinellen Sägen, Fräsen und Hobeln

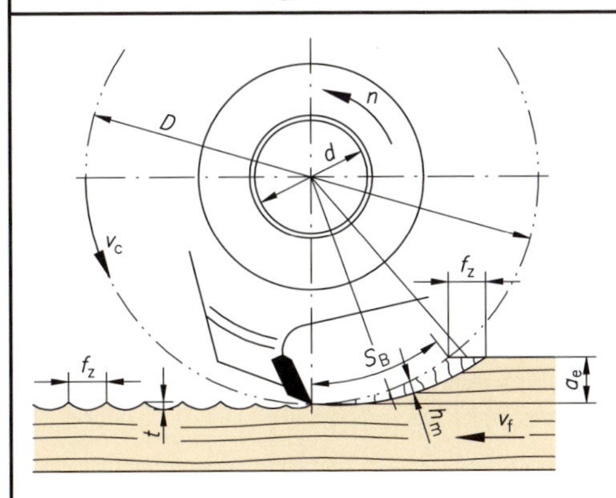

v_c	Schnittgeschwindigkeit in m/s
v_f	Vorschubgeschwindigkeit
f_z	Zahnvorschub in mm bzw. Messerschlaglänge in mm
a_e	Schneideneingriff, Schnitthöhe, Frästiefe in mm
z	Schneidenzahl
n	Drehfrequenz, Werkzeugdrehzahl in min^{-1}
h_m	mittlere Spandicke in mm
t	Rautiefe, Messerschlagtiefe in µm
D	Schneidenflugkreisdurchmesser in mm Werkzeugdurchmesser
d	Durchmesser der Werkzeugbohrung in mm
s_B	Spanbogenlänge in mm

Schnittgeschwindigkeit:

$$v_c = \pi \cdot D \cdot n$$

Zahnvorschub, Messerschlaglänge:

$$f_z = \frac{v_f}{z \cdot n}$$

$z>1$ nur bei Hydrospannung und Jointen der Schneiden

Rautiefe[1], Messerschlagtiefe:

$$t = \frac{f_z^2}{4 \cdot D}$$

Mittlere Spandicke:

$$h_m = f_z \cdot \sqrt{\frac{a_e}{D}}$$

11.6.2 Maschinelles Sägen

Faktoren der Schnittgüte (Eintrittskante, Austrittskante, Schnittflächen)

– Schnittart (Längsschnitt, Querschnitt)	– Vorschubgeschwindigkeit
– Schnittgeschwindigkeit (Durchmesser, Drehfrequenz)	– Vibrationsfreiheit (Lager, Sägeblätter)
– Schneidenmaterial (SP, ST, HW, DP)	– Vorritzeinrichtung
– Schneidenzustand (Schneidenversatz)	– Spanwinkel
– Zahnteilung (Zähnezahl)	– Schnitttiefe
– Zahnform (FZ, WZ, HZ, TR, DZ, Kombination)	– Wartung der Sägeblätter (z. B. Harzentfernung)

Zahnformen

Kreissägeblätter aus Stahl

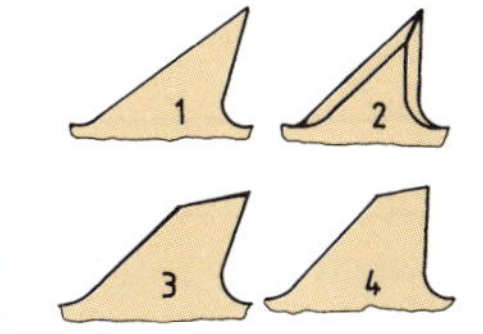

Längsschnitte: 1 Spitzzahn, 3 Wolfszahn
Querschnitte: 2 Spitzzahn, 4 Wolfszahn

Kreissägeblätter aus Hartmetall (HW)

① ② 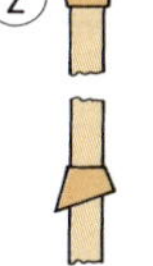 ③ 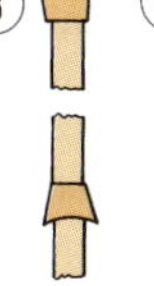 ④ 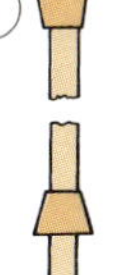 ⑤ 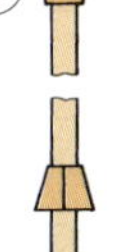

① Flachzahn für Längsschnitte
② Wechselzahn für Querschnitte
③ Hohlzahn für beschichtetes Material
④ Trapezzahn für Kunststoffe
⑤ Dachzahn

[1] Richtwerte siehe Seite 11-33

Ermittlung der Einsatzparameter für Kreissägeblätter
Zahnvorschub, Vorschubgeschwindigkeit, Drehzahl, Zähnezahl

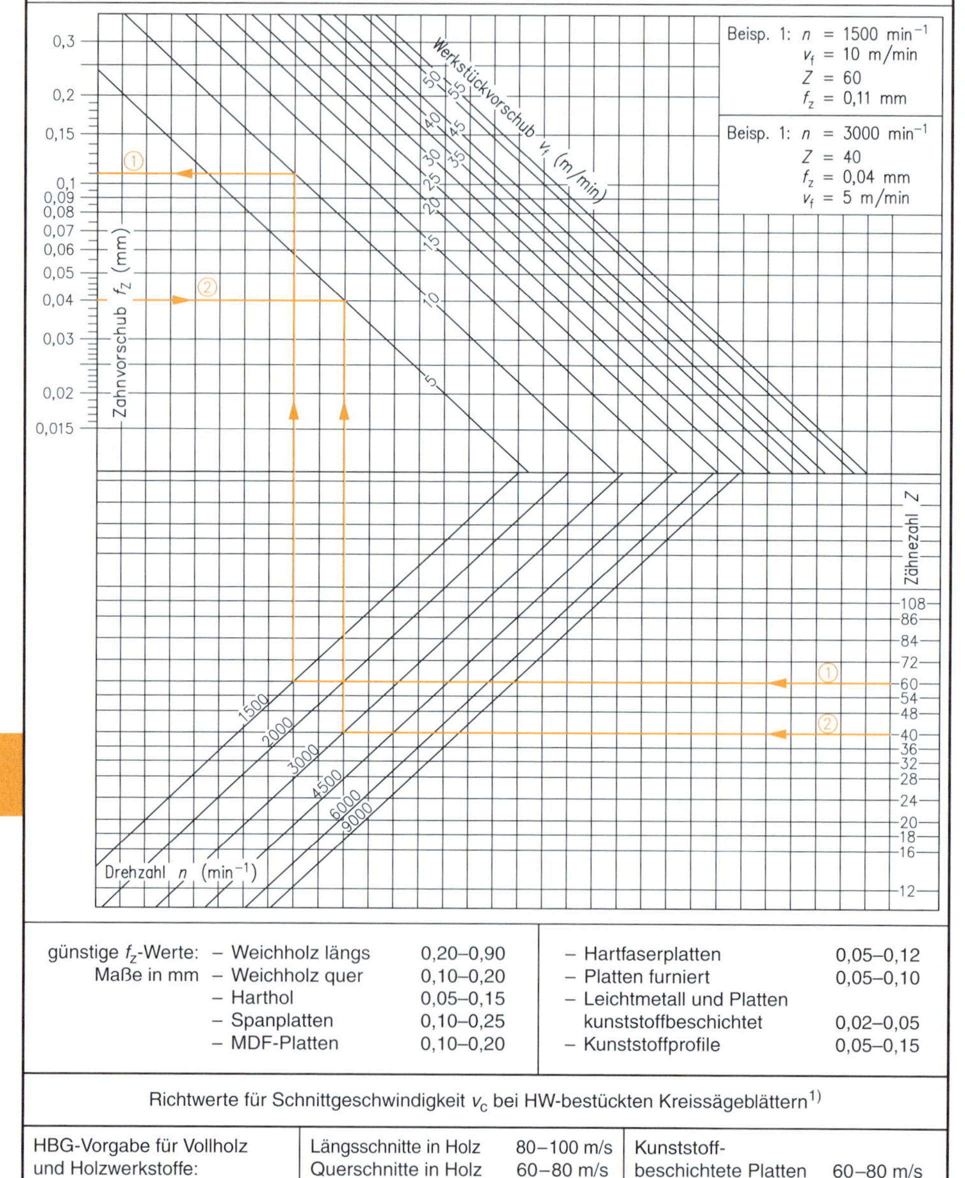

günstige f_z-Werte: Maße in mm		
	– Weichholz längs	0,20–0,90
	– Weichholz quer	0,10–0,20
	– Harthol	0,05–0,15
	– Spanplatten	0,10–0,25
	– MDF-Platten	0,10–0,20
	– Hartfaserplatten	0,05–0,12
	– Platten furniert	0,05–0,10
	– Leichtmetall und Platten kunststoffbeschichtet	0,02–0,05
	– Kunststoffprofile	0,05–0,15

Richtwerte für Schnittgeschwindigkeit v_c bei HW-bestückten Kreissägeblättern[1)]

HBG-Vorgabe für Vollholz und Holzwerkstoffe:				
60 m/s < v_c < 100 m/s	Längsschnitte in Holz	80–100 m/s	Kunststoff-beschichtete Platten	60–80 m/s
	Querschnitte in Holz	60–80 m/s	Kunststoffe	30–50 m/s
	Span- und Sperrholzplatten	70–80 m/s	Nichteisenmetalle	30–50 m/s

[1)] Faustregel: Je weicher der Werkstoff, desto höher die Drehzahl; je härter der Werkstoff, desto niedriger die Drehzahl.

11.6 Werkzeuge in Holzbearbeitungsmaschinen

11.6.3 Fräs- und Hobelarbeiten

Fräserbauarten – Fräserdorn

Einteilige Werkzeuge

Verbundwerkzeuge

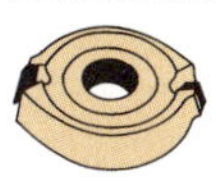

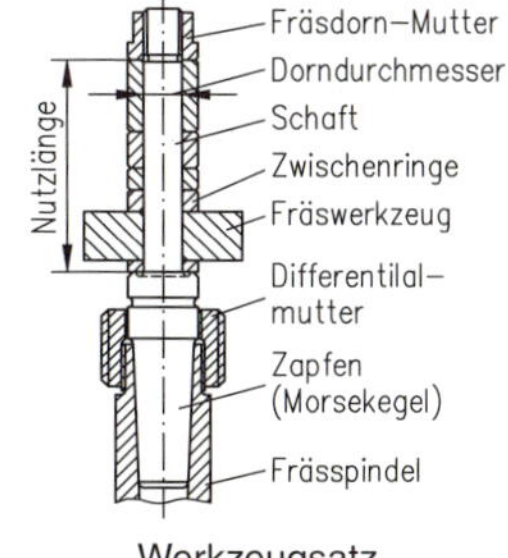

Zusammengesetzte Werkzeuge

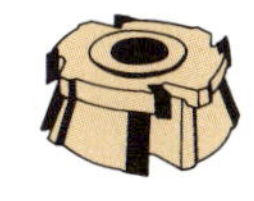

Werkzeugsatz

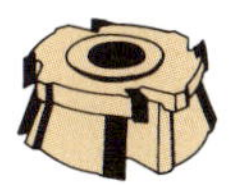

Bauarten der Hobelmesserwellen

Welle für Streifenhobelmesser

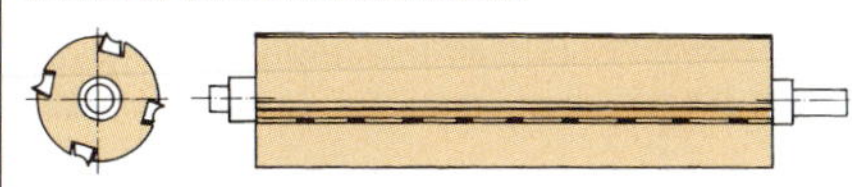

Welle für Spiralmesser

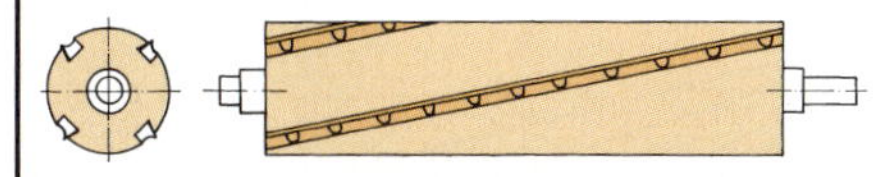

TERSA-Welle für Wendemesser

Hobelmesserwellen und Hobelmesserköpfe mit Schnellspannsystem

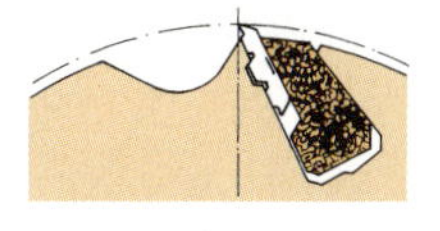

Faktoren der Schnittgüte

- Schnittart (Hirn-, Längs-, Querholzspannung),
- Schnittgeschwindigkeit, d.h. Durchmesser, und Drehfrequenz,
- Schneidenmaterial (HS, HW, DP),
- Schneidenzustand,
- Anzahl der Schneiden (nur beim „Hydrohobeln"),
- Vorschubgeschwindigkeit,
- Vibrationsfreiheit,
- Gleich- oder Gegenlauffräsen.

Kennzeichnung der Fräswerkzeuge

- Herstellerkennzeichnung,
- Vorschubart („BG-Test" oder „Handvorschub" bzw. „mech. Vorschub")
- Drehzahlbereich (minimal – maximal zulässige Drehfrequenz),
- Herstellungsjahr,
- Herstellerkennzeichnung auf Profilmessern und Abweisern.

Optimaler Drehfrequenzbereich[1]

Wekzeugdurchmesser D in mm / Betriebsdrehfrequenz n in min^{-1}

D \ n	2500	2800	3000	3500	4000	4500	5000	5500	6000	6500	7000	7500	8000	9000	10000	12000
450	59	66	71	82												
420	55	62	66	77												
400	52	59	63	73	84											
380	50	56	60	70	80											
350	46	51	55	64	73	82										
320	42	47	50	59	67	75	84									
300	39	44	47	55	63	71	79									
280	37	41	44	51	59	66	73	82								
250		37	39	46	52	59	65	73	79	85						
220			35	40	46	52	58	65	70	75	81					
200				37	42	47	52	59	63	68	73	79	84			
180					37	42	47	53	57	61	66	71	75	85		
160						38	42	47	50	54	59	63	67	75	84	
140							37	41	44	48	51	55	59	66	73	88
120								35	38	41	44	47	50	57	63	75
100										34	37	39	42	47	52	63
80													33	38	42	50
60															31	38

Bruchgefahr, erhöhte Lärmbelästigung

Optimaler Drehfrequenzbereich

Erhöhte Rückschlaggefahr

Beurteilung der Schnittgüte beim Fräsen und Hobeln

Messerschlag Länge f_z	Klassifizierung[1]	Anwendung
< 0,2 mm	AFI	verleimfertig zum Furnieren
0,2 – 0,4 mm	AFII	hobelfertig
> 0,4 mm	AFIII	baufertig
Rautiefe t = 0,03 – 0,3 µm	höhere Ansprüche	sichtbare Möbelflächen, kein Schleifen
0,3 – 1,2 µm	mittlere Ansprüche	unsichtbare Flächen, ggf. Nachschliff
1,2 – 10,0 µm	geringe Ansprüche	Konstruktionsfräsungen, z.B. Nut u. Feder

[1] des Ausschusses für wirtschaftliche Fertigung.
[2] Diagramm mit freundlicher Genehmigung der Holz-Berufsgenossenschaft, München.

11.6 Werkzeuge in Holzbearbeitungsmaschinen

Ermittlung der Einsatzparameter für Fräswerkzeuge

Rautiefe, Zahnvorschub, Vorschubgeschwindigkeit, Drehfrequenz, Schneidenzahl[1]

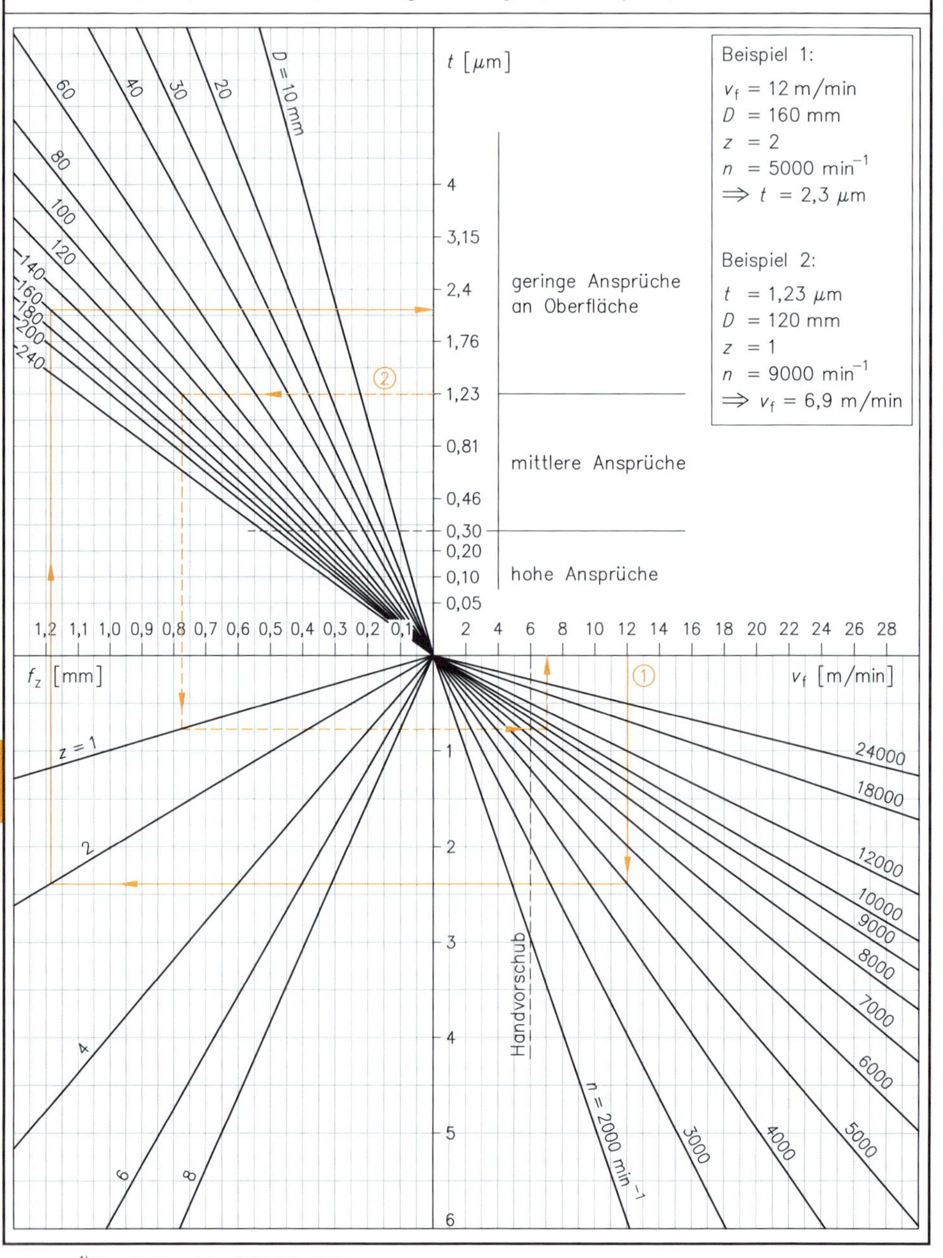

[1] Formelzeichen siehe 11.6.1 Seite 11-31

4-62
11-3

11.6.4 Richtlinien für die Schneidstoffauswahl

Werkzeugeinsatz	Sägen				Hobeln				Fräsen					
Schneidstoff / Werkstückstoff	ST	HWV	HWH	DP	HL	HS	ST	HWV	HL	HS	ST	HWV	HWH	DP
Weichhölzer trocken		●			○	●	○		●	●	○	●		
nass	●	●			●	●	●		●	●	●			
Harthölzer trocken		●	●			○	○			●	○	●		
nass	●	●	●			●	●			○	●			
Sperrholz, Schichtholz		○	●			○		●	●	●		●	○	
Spanplatten roh			●	○									●	●
furniert			●										●	●
kunststoffbeschichtet			●	○									●	●
Faserplatten (MDF) roh			●	○									●	●
furniert			●	○									●	●
kunststoffbeschichtet			●	○									●	●
Hartfaser			●	○										●
Schichtstoffe (HPL, ...)			○	●									○	●
Duromere			○	●									○	●
Plastomere (PA, PE, ...)			●									○	●	
Polymere geb. (Corian, ...)			●	●								○	●	●

11.6.5 Werkzeugstandzeiten

Härte und Zähigkeit (im Vergleich)

Standwege bei Spanplattenbearbeitung

Einsatz von DP-Schneiden

Vorteile:
- vielfacher Standweg gegenüber HW bei Bearbeitung von FPY, MDF, HPL etc.,
- weniger Rüstzeiten,
- hohe Kosteneinsparung bei Langzeiteinsatz in der Massenfertigung.

Nachteile:
- hohe Anschaffungskosten,
- hohe Instandhaltungskosten,
- hohes Risiko hinsichtlich Schneidenbeschädigung durch Metallteilchen in den Plattenwerkstoffen.

Nachschärfen von Werkzeugen

Erforderlich wenn:
- Werkstückoberfläche unzureichend
- Verschleißbreite $b_V > 0{,}2$ mm
- Stromaufnahme, Schnittdruck an Maschine zu hoch
- Schneidenausbrüche festgestellt werden

●: geeignet
○: bedingt geeignet

11.6.6 Spannsysteme für CNC-Maschinen

Faktoren der Bearbeitungsqualität:

- *Strukturrauheit* infolge Aufbau und Beschaffenheit des Werkstoffes (bei Vollholz Zellform, Frühholz, Spätholz, bei Spanplatten Lage der Späne)
- *Bearbeitungsrauheit* infolge Schneidengeometrie und Verschleißzustand (Schneidenersatz)
- *Kinematische Rauheit* infolge sichtbarer Schneideneingriffe (Messerschläge, Rund- und Planlauffehler, Spindelschwingungen, Schnittstellen zwischen Werkzeug und Maschine)

Ursachen von Rund- und Planlauffehlern an den Schnittstellen S1, S2 und S3

S1 Aufnahme des Spannfutters bzw. Fräsdorns in der Maschine (Fertigungsgenauigkeit)
S2 Spiel des Werkzeuges im Spannfutter oder Fräsdorn (Verbesserung durch Hydro-Dehnspanntechnik)
S3 Schneiden auf ungleichem Flugkreis (Verbesserung durch Jointen)

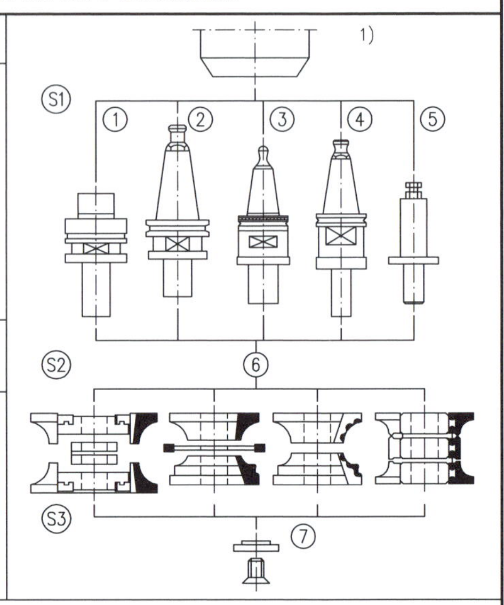

HSK Hohlsteilkegel
SK Steilkegel
1 HSK-Fräsdorn
2 Fräsdorn SK 30
3 ISO 30-Fräsdorn (Morbidelli)
4 ISO 30-Fräsdorn
5 Fräsdorn mit zylindrischem Schaft oder Morsekonus-Schaft
6 Fräswerkzeuge
7 Spannscheibe
8 HSK-Spannzangenfutter
9 HSK-Hydro-Dehnspannfutter
10 HSK Spannzangenfutter F50
11 SK-30 Hydro-Dehnspannfutter
12 SK-30 Spannzangenfutter
13 SK-30 Spannzangenfutter (Morbidelli)
14 SK-30 Spannfutter
15 Bohrspannfutter
16 Fräs- und Bohrwerkzeuge
17 Profilmesserköpfe

Fräsdorne und Spannfutter sind bei verschiedenen Maschinen nicht beliebig einsetzbar.

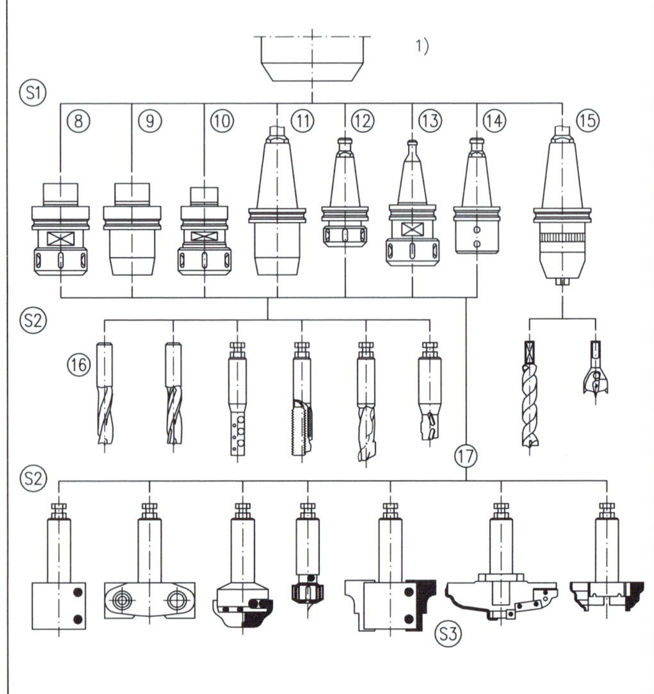

1) Abbildungen: CNC-Werkzeug-Konzept der Fa. Gebr. Leitz GmbH & Co Oberkochen.

11.7 Handhabungshilfen in holzverarbeitenden Betrieben

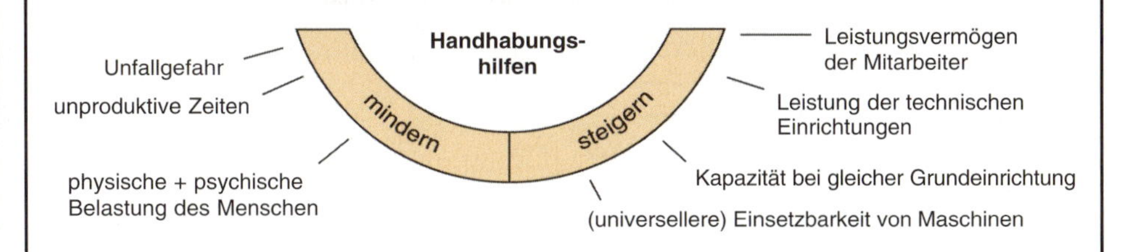

11.7.1 Kriterien bei Planung und Bau von Handhabungshilfen (Vorrichtungen)

Überlegungen bei der Planung	Allgemeine Anforderungen beim Bau
– Erstellung eines Anforderungskataloges – Entscheidung ob: Behelfsvorrichtung (bei weniger als 20 Einsätzen) Dauervorrichtung (bei mehr als 20 Einsätzen) – Übernahme erprobter, sicherer Lösungen – Wahl genügend fester, biegesteifer Werkstoffe – Einsatz fertiger Bauelemente wie: Schlüsselschrauben, Federn, Beilegscheiben, mechanische oder pneumatische Spannelemente, ergonomische, die Hände schützende Griffe – Nutzung der Konstruktionshilfen und -vorschläge der Bauelemente-Hersteller – Erhöhung der körperlichen Sicherheit und Vermeidung von Unfällen	– Ausreichender Genauigkeitsgrad bei der Bearbeitung – Erfüllung statischer und dynamischer Anforderungen – Sichere Aufnahme der auftretenden Kräfte – Stabilität der eingesetzten Werkstoffe – Schutz wesentlicher Bauteile vor Verschmutzung – Vorrichtung einfach bedienbar – Haptik der Spann- und Festhalteteile – Ausschaltung von Unfallmöglichkeiten – Ausschluss falscher Bedienung und unsachgemäßen Einlegens bzw. Verarbeitens von Teilen – Leichtgängigkeit von Lagern, Führungen, Rollen – Absaugung der Späne an allen Stellen – Prüfung der Möglichkeit der Mehrfachfunktion, um wirtschaftlichen Einsatz zu sichern

Aufgabenspezifische Kriterien beim Vorrichtungsbau

Aufgabe	Kriterien beim Bau	Aufgabe	Kriterien beim Bau
Spannen Halten Pressen	Sicherung gegen Lageveränderung des Werkstückes; Kraftaufnahme durch Gegenlager; Justierbarkeit und Austauschbarkeit von Anschlägen	Einstellen Prüfen	Mess- und Ablesegenauigkeit; rationelle Bestimmung von Absolut- oder Vergleichsmaßen
		Wärmen	Anpassung an Werkstückoberfläche; gewünschte Endtemperatur; Schnelligkeit im Arbeitsablauf
Führung	Genauigkeit der Führung; Gleichmäßigkeit der Vorschubgeschwindigkeit; Leichtgängigkeit, auch bei wechselnden Belastungen; Unempfindlichkeit gegen Verschmutzung und Abnutzung	Lagern	Ergonomie, Mobilität; Visualisierung des Ordnungssystems; Stabilität bei vertikalen und horizontalen Belastungen
Transport	Abmessung, Form, Gewicht, Empfindlichkeit des Transportgutes; Art und Länge des Transportweges; Raumverhältnisse, Raumhöhe; Zwischenlagerung, Kontrolle, Übergabe; Wirtschaftlichkeit, z.B. von Hängekranen, Rollbahnen	Unfallschutz	Abdeckung gefährlicher Stellen; Berührungsschutz bei maschinell bewegten Werkzeugen; Verhinderung von Zurückschlagen oder Abschleudern der Werkstücke oder der Abfälle

11.7 Handhabungshilfen in holzverarbeitenden Betrieben

11.7.2 Beispiele für Handhabungshilfen (Vorrichtungen)

Einsatzbereich	Vorrichtung
Halten	ohne Anschlag Schleifgewebe Körnung 220 bis 400 Vollgummi, geeigneter Kunststoff Stahlstifte mit Anschlag (verstellbar) mit Kniehebel FU
Spannen Pressen	FU Spanneinrichtung mit Keil FU Hebelspanner Kreisexzenter FU Exzenterspanner Autoventil FU Zugspanner Druckerzeugungselement mit Feuerwehrschlauch Druckluftzufuhr über Autoventil

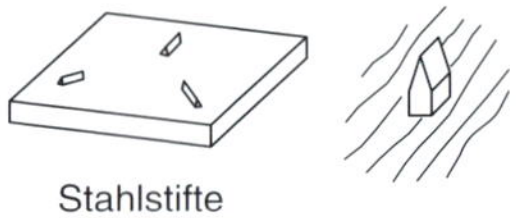

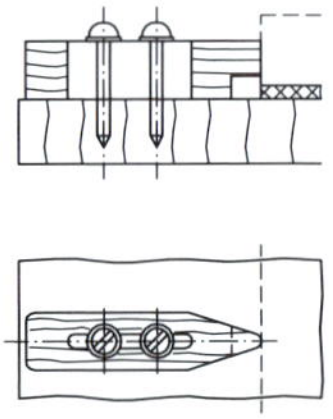

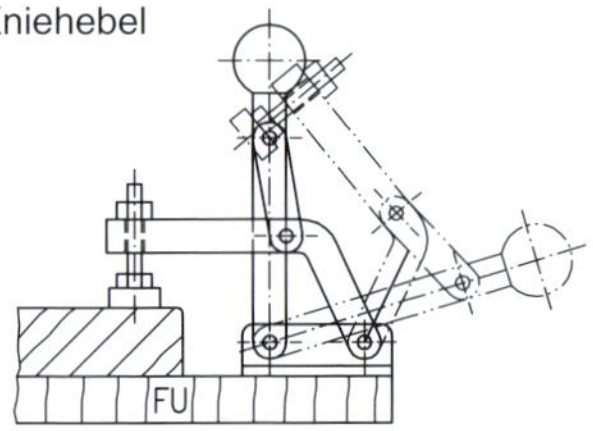

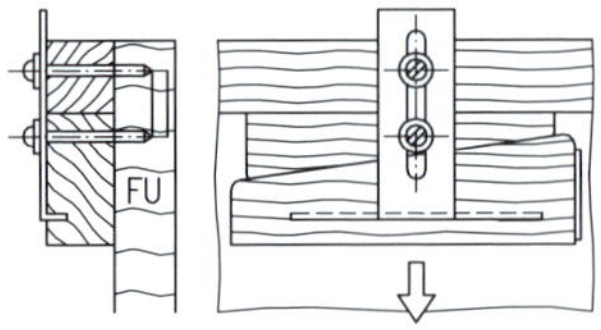

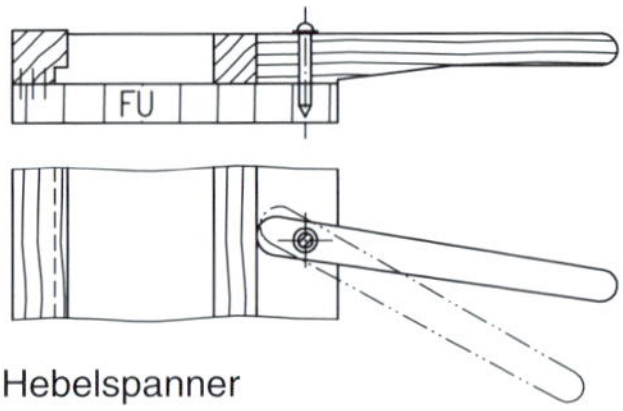

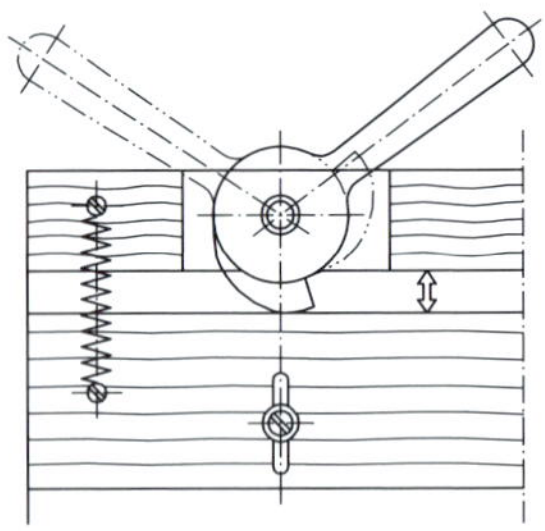

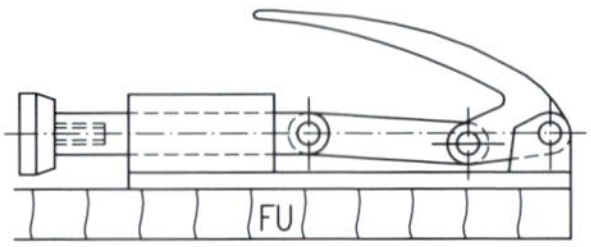

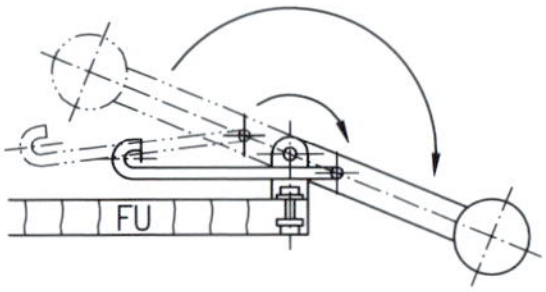

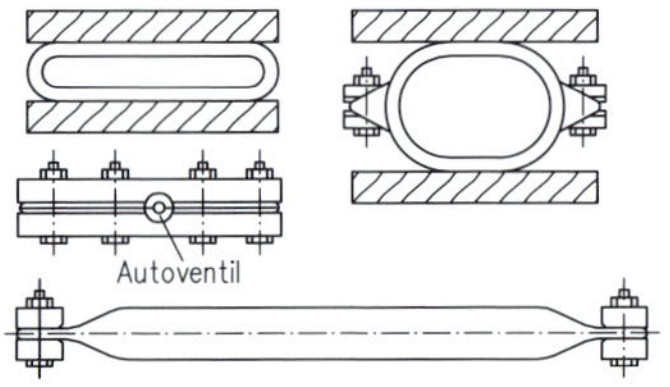

11

11.7 Handhabungshilfen in holzverarbeitenden Betrieben

Einsatzbereich	Vorrichtung	Anwendungsbereich
Halten, Spannen, Pressen	„Hobelbank 2000" Arbeitsplatte ggf. mit 1 Scherenhubgestell 2 Vorderzange 3 Hinterzange 4 Seitenzange 5 Vakuumspann-vorrichtung	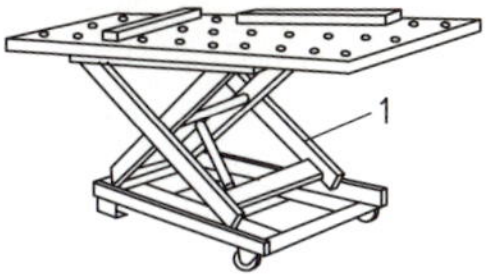 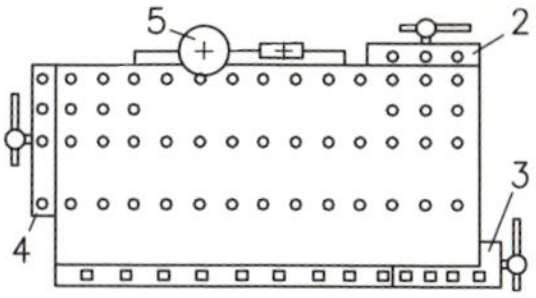
Führung	Hobelladen	für Leisten: 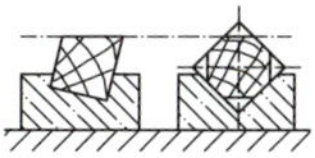 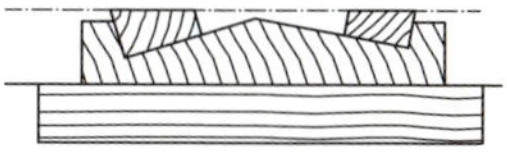 Einzug kurzer Leisten mit Lade Lade mit Anschlag; lange Leisten gleiten auf Lade (ggf. aus Poplyamid) für Kassetten: 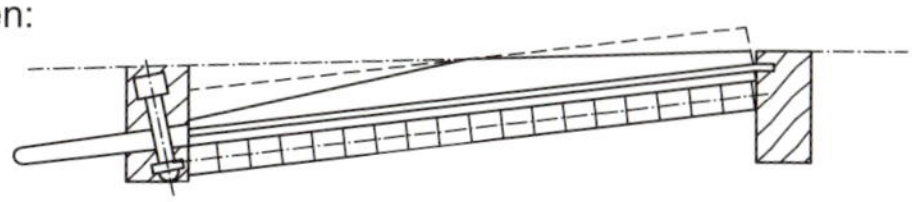 Exzenter- oder andere Spannung
	Anschläge	Rückschlagsicherungen z.B. bei Fräsarbeiten, Anschläge und Begrenzungen beim Sägen, beim Bohren, beim Vorpressen usw.
	Buchsen	Bohrbuchsen, Führungen bei Fräsarbeiten, beim Vorpressen
	Stifte	Begrenzungen, lösbare Verbindungen
	Nuten	Anfräs- und Fügehilfen, Einspannhilfen, Montageerleichterungen
	Rollen	Werkstückführung, Zuführung, Maschinenkoppelung, Transport
Transport	Wagen 1 Fahrbare Hebebühne 2 Schwenkbarer Plattenwagen 3 Werkstück-transportwagen 4 Montagewagen 5 Werkstattwagen 6 Leimwagen	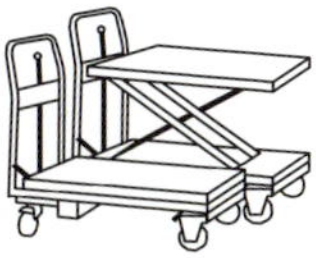 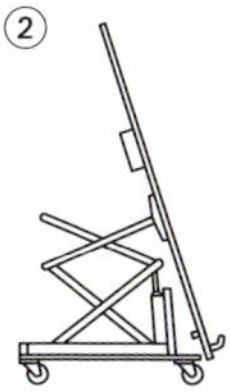 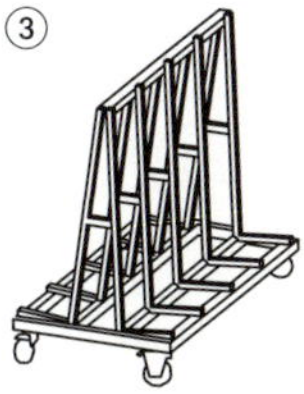 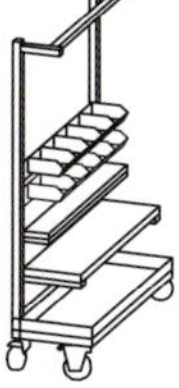 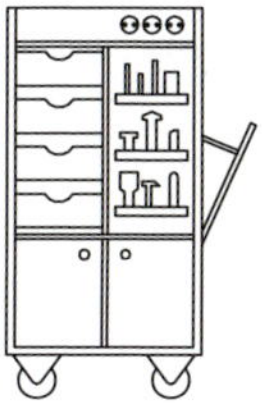 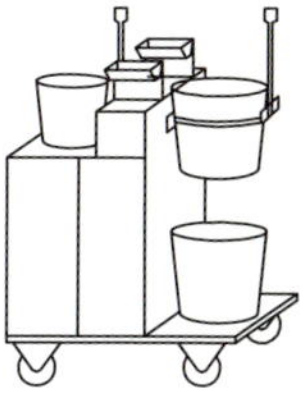

11

11.7 Handhabungshilfen in holzverarbeitenden Betrieben

Einsatzbereich	Vorrichtung	Anwendungsbereich
Transport	Rollen- bzw. Röllchenböcke, Transportbänder mit Rollen oder Röllchen	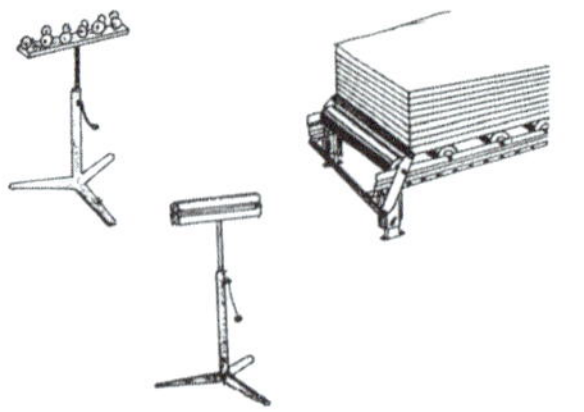 Scheren-Rollen- oder Röllchenbahnen 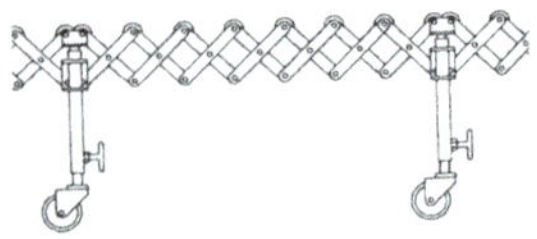
	Hängebahnen *Bedienbereich*: 1 Rechteck 2 Halbkreis 3 Bahn	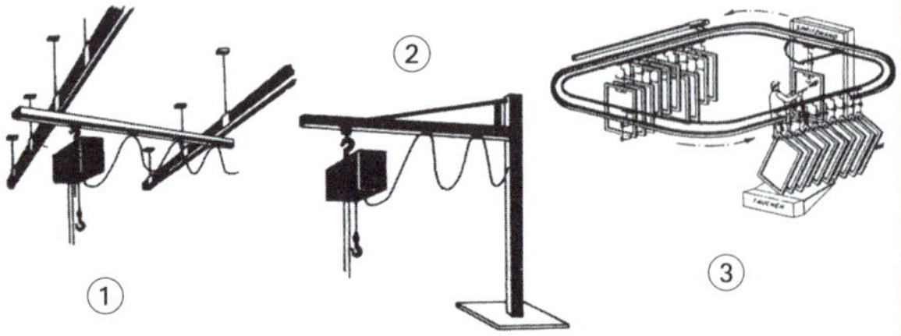
Hubanlagen	Hubstapler Stapelanlage *nicht abgebildet*: Gabelhubwagen, Elektrogabelhubwagen	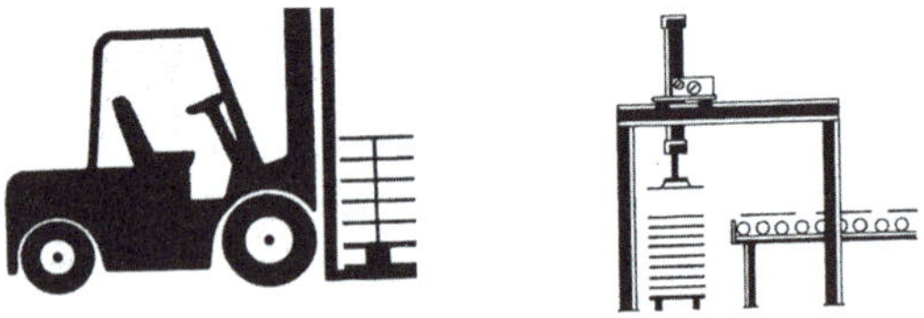
Einstellen und Prüfen	Lehren	Messlehren zum Überprüfen von Dicken, Längen und Breiten, Einstell-Lehren für Werkzeuge, Schneideneinstellung z. B.: „Endmaß“ 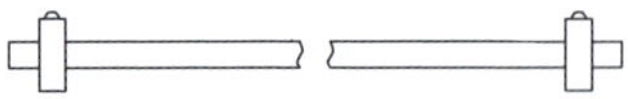 Auf Vierkantrohr mit eingeprägtem Maßstab werden Messklauen befestigt.
	Messvorrichtungen	Längen-, Breiten-, Dicken- und Volumenmessung, Rundlaufmessung, Toleranzbestimmung
Wärmen	Verleimvorrichtungen	Montage-, Kanten-, Flächen- und Lagenverleimung mit Dampf, Infrarotstrahler, Widerstandsheizung, Hochfrequenz
	Lack- u, Beiztrockn.	Aufgaben bei der Oberflächenbehandlung
Lagern	Wandtafeln, Regale, Behälter	Werkzeuge, Beschläge, Material, Halbzeuge, Fertigteile, Vorrichtungen
Unfallschutz	Abdeckungen, Rückschlagsicherungen	Alle Bereiche des Unfallschutzes wie z. B. bei quetschenden, drückenden und spanenden Einrichtungen beim Schutz gegen Dämpfe, Stäube, Explosion, Feuer Persönliche Schutzausrüstungen wie Atemschutzmaske, Sicherheitsschuhe, Schutzhandschuhe, Gehörschutz, Kopfschutz, Schutzbrille

11.8 Absaugen und Abscheiden von Holzstaub und Spänen

Absaugung

Zweck	Rechtsvorschriften	Absaugsysteme
Gesundheitsschutz Unfallschutz Explosionsschutz Brandschutz Qualitätssicherung Umweltschutz	Gefahrstoffverordnung Technische Regeln für Gefahrstoffe „TRGS 553“ Holzstaub + Änd. 2000/2002 Bundesimissionsschutzgesetz BGI 739 (ZH 1/739) und BGI 730 der Holz-Berufsgenossenschaft Arbeitsstättenverordnung	Entstauber in Arbeitsräumen – mobil oder stationär – Unterdruck-Filteranlage – Luftvolumenstrom max. 6000 m^3/h Absauganlagen im Freien oder in „eigenen Filterräumen“ als Unterdruck- oder Überdruck-Filteranlagen

11.8.1 Zulässige Holzstaubkonzentrationen (Stand 08.2002)

14-14 ff.

Am Arbeitsplatz	maximal 2 mg/m^3 atembare Staubfraktion (früher Gesamtstaub) maximal 5 mg/m^3 in Ausnahmefällen	
In der Rückluft	Umfang der Be- und Verarbeitung von Eichen- und Buchenholz	
	<10 % des jährlichen Holzeinsatzes	>10 % des jährlichen Holzeinsatzes
	0,2 mg/m^3 wenn: Entstauber mit Prüfzeichen H2, Absauganlage nach Vorgaben der Holzberufsgenossenschaft	0,1 mg/m^3 wenn: Entstauber mit Prüfzeichen H3, Absauganlage mit Filtermaterial Kategorie G und Filterflächenbelastung <150 $m^3/(m^2 \cdot h)$ 0,2 mg/m^3 wenn Rückluftanteil <50 %
In der Abluft	maximal 20 mg/m^3 gemäß 7. BimSchV. Siehe hierzu Seite 14-18	

14-18

11.8.2 Absauganlagensysteme (schematische Darstellung)

Einzelabsaugung	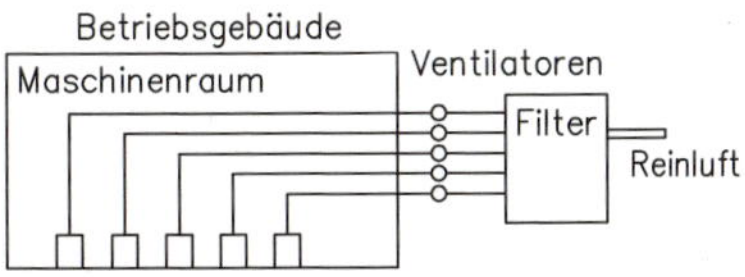 Betriebsgebäude, Maschinenraum, Ventilatoren, Filter, Reinluft	Jede Maschine wird mit eigener Absaugleitung und eigenem Ventilator an Filter-Anlage angeschlossen. Große Leitungslängen mit kleinen Querschnitten. Nur aktuell erforderliche Luft wird befördert. Hohe Investitionskosten.
Gruppenabsaugung[1]	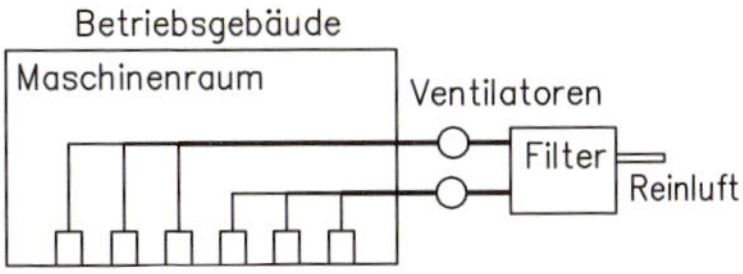 Betriebsgebäude, Maschinenraum, Ventilatoren, Filter, Reinluft	Mehrere Maschinen werden zu Gruppen mit eigenem Absaugnetz zusammengefasst. Größere Leitungslängen als bei Zentralabsaugung. Senkung der Betriebs-Kosten, Erhöhung der Variabilität.
Zentralabsaugung[1]	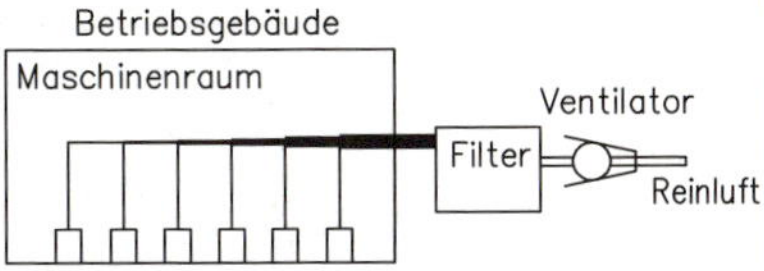 Betriebsgebäude, Maschinenraum, Ventilator, Filter, Reinluft	Ein Ventilator saugt über Hauptsammelleitung alle Maschinen ab. Sinnvoll wenn: – Ventilatorgröße dem Gleichzeitigkeitsfaktor entsprechend dimensioniert – Ventilatordrehfrequenz in Stufen oder stufenlos steuerbar – Absperrschieber an allen Maschinen

[1] Absperrschieber an jeder Maschine erforderlich, wenn Ventilator für Gleichzeitigkeitsfaktor <100 % (i.d.R. 50–70 %) bemessen.

11.8 Absaugen und Abscheiden von Holzstaub und Spänen

11.8.3 Späne und Staubfänger

Allgemeine Anforderungen
- Luftführung entsprechend der Späneflugbahn,
- optimierte Luftführungseinbauten in den Fängern,
- Abdeckung nicht erforderlicher Öffnungen, z.B. bei Tischfräsen,
- Schaffung von Öffnungen für die Luftzuführung, z.B. bei Tisch-Bandsägen;

Die Abbildung rechts zeigt am Beispiel einer Tischkreissäge Fänger, die die Einhaltung der TRK-Werte ermöglichen.

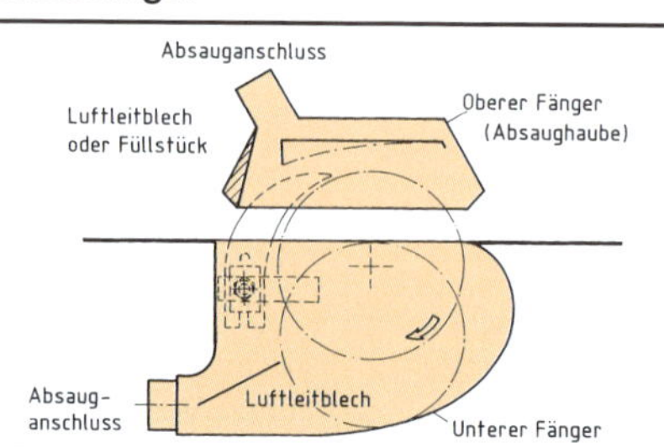

11.8.4 Mindestluftvolumenstrom, Förderleitungen

Mindestluftvolumenstrom am Maschinenabsauganschluss in m^3/h	$V = 3600\,A \cdot w$ $V = 0{,}002827\,D^2 \cdot w$	A Rohrquerschnitt in m^2 D Absauganschlussnenndurchmesser in mm (Vorgabe des Maschinenherstellers) w Mindestluftgeschwindigkeit in Förderrohrleitungen 15 m/s bei trockenen Spänen, 20 m/s bei nassen Spänen
Förderleitungen	– fest installierte Rohre aus glatten, nichtbrennbaren Werkstoffen, z.B. Stahlblech – Maschinenanschluss mit flexiblen, schwer entflammbaren (B1) Schläuchen, Länge möglichst kleiner 0,50 m, Erdung Maschinenstutzen zu Sammelrohrleitung – Abstand der Rohre zu brennbaren Bauteilen ≥100 mm	
Bögen	Rohrbogen (D, r) 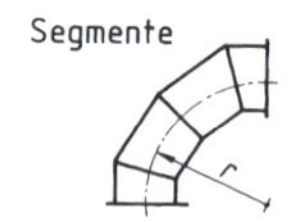	Bogenradius $r = 1{,}5$ bis $2 \times D$ (nicht kleiner als $1{,}5 \times D$)
Abzweigungen	A_1, A_2, A_3 $A_1 + A_2 = A_3$ A Querschnittsfläche	Abstufung und Ausführung so, dass die Strömungsgeschwindigkeiten annähernd gleich bleiben.
Rohrverbindungen	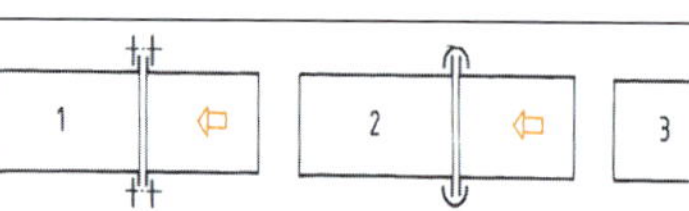	1 Schraubflansch 2 Sickenschelle (Spannschelle) 3 konische Verbindung

11.8.5 Teile an Einzelabsaugung – Zentralabsaugung (schematische Darstellung)

Ortsbeweglicher Entstauber (schematisch)

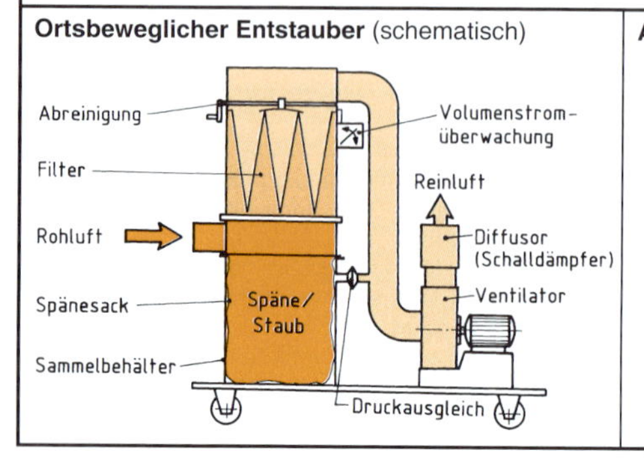

Absauganlage mit Aufsatzfilter (Silo drucklos)

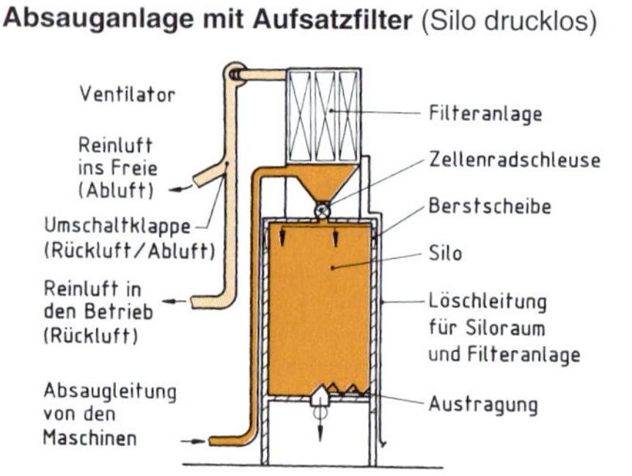

11.8 Absaugen und Abscheiden von Holzstaub und Spänen

14-4
14-18

11.8.6 Ventilatoren

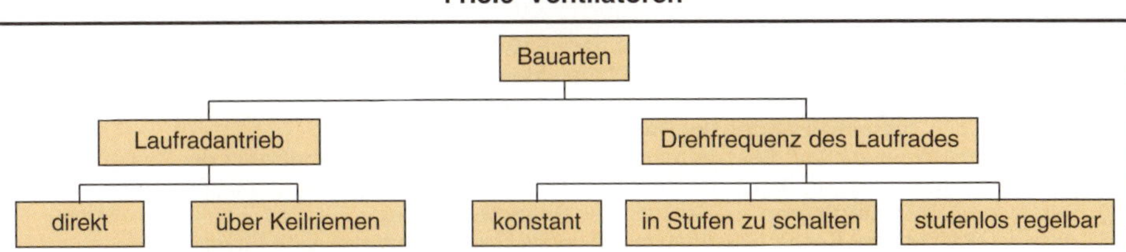

Faktoren der erforderlichen Ventilatorleistung:
- Gesamtvolumenstrom der staub- und späneemittierenden Maschinen,
- Gleichzeitigkeitsfaktor der angeschlossenen Maschinen,
- Strömungswiderstände in Fängern, Rohrleitungen und in der Filteranlage.

Ventilatoreinbau	Vorteile	Nachteile
Rohluftseite	kleinere Ventilatoren bei Einzel- oder Gruppenabsaugungen; energiesparend	Verschleiß an Laufrädern, Leistungsabfall mit zunehmender Betriebsstundenzahl, Ex-Schutz erforderlich, Filteranlage und Sammelbehälter unter Druck
Reinluftseite	kein Verschleiß an Laufrädern, kein Leistungsabfall, Filteranlage und Sammelbehälter (Silo, Spänesack) drucklos	nur ein Ventilator, hoher Energieaufwand, wenn keine Schaltung in Stufen oder stufenlose Drehzahlregelung bei Teilbelastung

11.8.7 Steuerungs- und Überwachungssysteme einer Absauganlage

Ort	Bauteil	Auslösung von
Maschinen-schaltleitung	Induktionsspule Verzögerungsrelais	Schaltung des Ventilators u. der Rohrschieberbetätigung Nachlaufen von Ventilator und Zellradschleuse
Absaugrohr	Volumenstrommessgerät Funkenmelder	Signal bei Unterschreitung des Mindesvolumenstroms Löschautomatik
Filteranlage	Zeitschalter	Filterabreinigung durch Rütteln oder Druckluft
Filteranlage, Silo	Feuer- u. Rauchgassensoren Verpuffung	Feuerschutzklappen in Rückluftleitungen, Löschanlage Druckentlastungsklappen, Berstscheiben
Im Freien	Außentemperaturfühler	Umschaltklappe Rückluft – Abluft
Brikettieranlage	Höhenstandsanzeige	Brikettierung der angefallenen Späne

11.8.8 Staub- und Späneentsorgung

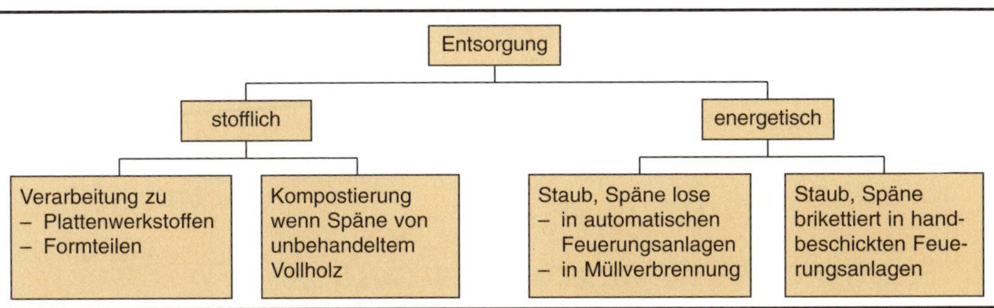

11.9 Heizungsanlagen

11.8.1 Vorgehensweise bei der Heizungsplanung

1. Berechnung des **Jahres-Heizwärmebedarfs** nach EnEv (2007-07)
2. Abschätzung der energietechnisch verwertbaren **Resteanfallmengen** (Späne, stückige Reste) und deren jahreszeitliche Schwankungen.
3. Ermittlung des **Jahresheizwertes der Reste.**
4. Vergleich mit Wärmebedarf: **Restwärmebedarf = Wärmebedarf – Jahresheizwert der Reste.**
5. Konzept für **Aufbereitung des Resteanfalls** (Hacker, Silo, ggfs. Brikettierung, Austragung) erarbeiten.
6. Bestimmung der **Energieform** zur Deckung des **Restwärmebedarfs** (Öl, Gas, Fernwärme, Strom).
7. Auswahl des oder der Kessel für vorhandene Energie bzw. für dazu gekaufte Energie.
8. Leistungsverzeichnis für die einzelnen Anlagekomponenten erstellen und von geeigneten Anbietern Angebote einholen.
9. Referenzanlagen besichtigen und Messprotokolle einsehen.
10. Im Liefervertrag Einhaltung der Emissionsgrenzwerte nach der 1. BlmSchV und der Bestimmungen der TRD 414 garantieren lassen.

11.9.2 Jahres-Heizwärmebedarf nach EnEv (2007-07)

Jahres-Heizwärmebedarf	Q_h wird errechnet nach DIN V 18599 (2007-02) aus H_T, H_v, Q_s, Q_i
Transmissionswärmebedarf	H_T – abhängig von geographischer Lage; Grundriss, Schnitt des Gebäudes – abhängig von Bauweise der Wände, Decken, Fenster, Türen – abhängig von Zweckbestimmung der Räume
Lüftungswärmebedarf	H_v Wärmebedarf infolge freier Lüftung und maschineller Abluftanlagen
Solare Gewinne	Q_s abhängig von Fensterfläche und deren Orientierung (Süd, ...)
Interne Gewinne	Q_i z.B. Wärmeabgabe von Maschinen, Anlagen etc.

11.9.3 Restwärmebedarf, Mindestgröße des Spänelagers

Beispiel: Jahres-Heizwärmebedarf → Q_h = 161700 kWh/a ≙ 100%[1)]
Resteanfall (Späne): $V = 176\ m^3$ → $Q_E \approx$ 97000 kWh/a ≙ 60%
Restwärmebedarf → $Q_R \approx$ 64700 kWh/a ≙ 40%[2)]

Wärmesummenlinie zur Abschätzung des Spänelagerraumes

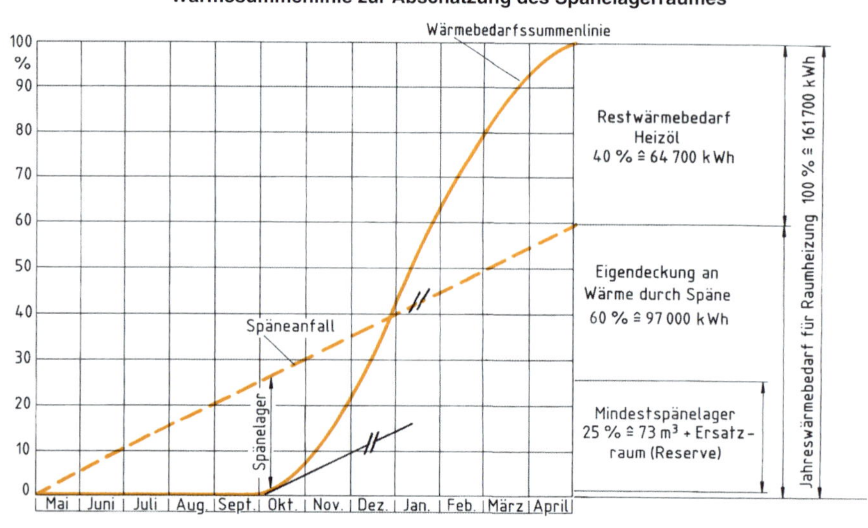

1) Q_h errechnet nach EnEv; wird gedeckt durch Späneverbrennung (Q_E) und weitere Energieträger (Q_R)
2) z.B. Heizölbedarf ≈ 8600 Liter

11.9.4 Verbrennungsverluste, Energiekosten

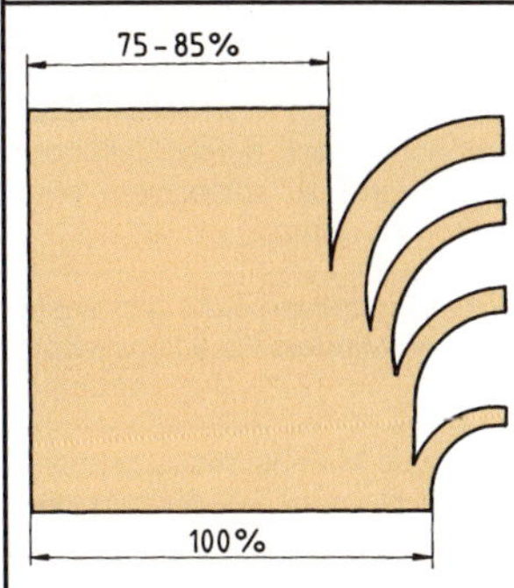

Abgasverluste durch unverbrannt abziehende Kohlenwasserstoffe

Abwärmeverluste infolge heißer Abgase

Nachströmungsverluste durch ungewollt eintretende Kaltluft, die dem Kessel Wärme entzieht.

Unverbrannte Rückstände auf dem Rost oder in der Asche

Energieträger (Brennstoff)	Heizwert	Kosten ca. (2008)	Wärmeabgabe	Kosten je nutzbarer kWh
elektr. Strom	–	0,23 EUR/kWh	95–100 %	0,23–0,24 EUR
Heizöl	10,00 kWh/l	0,67 EUR/l	75– 85 %	0,08–0,09 EUR
Erdgas	8,80 kWh/m³	0,62 EUR/m³	75– 85 %	0,08–0,09 EUR
Holzreste $u=10$ % $u=30$ %	4,65 kWh/kg 3,49 kWh/kg	– –	75– 85 %	– –

Zu den Beschaffungskosten für den Energieträger addieren sich noch:
- Investitionskosten für Heizanlage und Bevorratungsräume,
- Kosten für Lager und Vorausfinanzierung des Energieträgers,
- Kosten für Wartung und Reparatur.

11.9.5 Zulässige Emissionswerte von Kleinfeuerungsanlagen

Für Anlagen mit 50–1000 kW Wärmeleistung regelt die erste Bundesemissionsschutzverordnung (1. BImSchV) die zulässigen Werte.

Rauchfahne: Rauchgasfärbung darf den Wert 1 der Ringelmannskala nicht überschreiten.

Staubauswurf: maximal 150 mg/m³ bei einem Sauerstoffgehalt von 13 % im Abgas. Erhöht sich der Sauerstoffgehalt, so wird zulässiger Staubgehalt kleiner.

Grenzwerte der maximal zulässigen Kohlenstoffmonoxidemission (CO-Emission) im Abgas

Naturbelassene Holzreste (stückiges Holz, Holzspäne, Holzstaub)		Nicht naturbelassene Holzreste, Plattenwerkstoffe (ohne Holzschutzmittel, ohne halogenorganische Beschichtungen wie z. B. PVC)	
Nennwärme-leistung in kW	Massenkonzentration an Kohlenstoffmonoxid in Gramm je m³	Nennwärme-leistung in kW	Massenkonzentration an Kohlenstoffmonoxid in Gramm je m³
bis 50	4	bis 100	0,8
51 bis 150	2	101 bis 500	0,5
151 bis 500	1	501 bis 1000	0,3
501 bis 1000	0,5		

Für Mischungen aus naturbelassenen Resten und nicht naturbelassenen Resten gelten die erhöhten Anforderungen.

11.9 Heizungsanlagen

11.9.6 Holzfeuerungsanlagen

Voraussetzungen schadstoffarmer Holzverbrennung	Begründung
Optimierte Sauerstoffzufuhr	Mindestsauerstoffmenge für Verbrennung wird durch Luftüberschuss erreicht. Hoher Luftüberschuss führt zu schlechtem Wirkungsgrad und schlechten CO-Werten.
Ausreichende Verweilzeit der Rauchgase im heißen Feuerraum	Umwandlung der komplexen Kohlenwasserstoffverbindungen erfordert Mindest-Reaktionstemperaturen und Mindest-Reaktionszeiten (≥1,5 s)
Optimierte Brennstoffaufbereitung und brennstoffgerechte Feuerungsgestaltung	Kleine Teilchen vergasen leichter, feuchtes Material muss getrocknet werden. Aufbereitung im Hacker zu gleichmäßigem (homogenem) Brennstoff ist vorteilhaft.
Zeitgemäße Mess- und Regeltechnik	O_2-, CO-, Rauchgastemperatur- und Feuerraumtemperatur fortlaufend gemessen, ergeben Regelbefehle für optimierte Verbrennung.
Sorgfältige Kapazitätsbestimmung	Schwierigkeiten bei zu groß dimensionierten Holzfeuerungsanlagen im Teillastbereich und bei langen Abschaltphasen.

Rostfeuerungsanlage
(für unsortiertes Material)

Kessel
Brennstoff

Rostfeuerung mit Vorschubrost

Unterschubfeuerungsanlage

Kessel
Brennstoff

Die spezifischen Kosten einer qualitativ hochwertigen und die Werte der TALuft einhaltenden Rostfeuerung liegen deutlich über denen einer Unterschubfeuerungsanlage gleicher Größe (Faktor 1,5 bis 2,0)

Pyrolysefeuerung

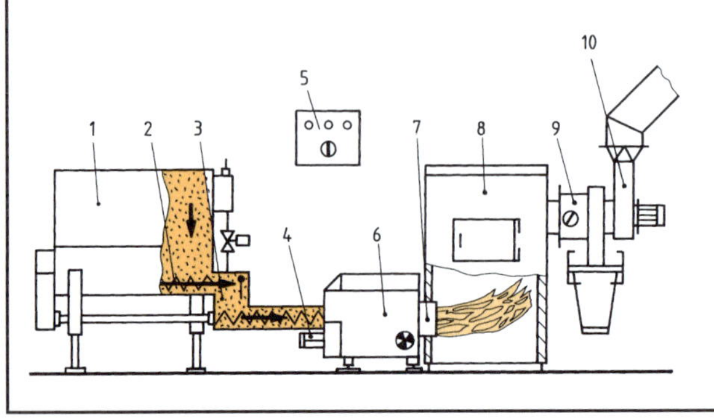

1 Vorratsbehälter
2 Brennstoffaustragung
3 Fallschleuse mit Rückbrandsicherung und Löschwasserbehälter
4 Verbrennungsluftgebläse
5 Elektrische Steuerung
6 Entgasungskammer
7 Flammkanal
8 Kessel
9 Staubabscheider mit Staubtonne
10 Abgasgebläse und Rauchrohr

11

11.10 Lackieranlagen

11.10.1 Anforderungen an Lackier- und Abdunsträume

Gesetzliche Grundlagen, Technische Regeln	Bauordnungen der Länder, Gewerbeordnung, Arbeitsstättenrichtlinien, Arbeitsstättenverordnung, TA-Luft, Bundes-Immissionsschutzgesetz, Techn. Regeln für brennbare Stoffe, Geräte- und Produktsicherheitsgesetz, Gefahrstoffverordnung, Betriebssicherheitsverordnung, Technische Regeln für Betriebssicherheit. Weiterhin siehe Auflistung **BGI 740 (2008-06)** der Holz-BG: EG-Richtlinien, Europäische Normen, Unfallverhütungsvorschrift BGV A 3, Berufsgenossenschaftliche Regeln und Informationen, DIN-Normen, VDE-Bestimmungen, VDI-Richtlinien, Bestimmungen der Feuerversicherer, VDMA-Einheitsblätter 24169 und 24381.
Einzelbereiche	Anforderungen
Kennzeichnung	„Feuer, offenes Licht und Rauchen verboten", Rettungswege, Löscheinrichtungen und explosionsgefährdete Bereiche
Raumlage	oberstes Geschoss, d. h. kein Geschoss über dem Lackierraum
Fußböden	nicht brennbar, rutschhemmend, leicht zu reinigen, ohne Fugen und Vertiefungen, Papierabdeckung muss täglich bei Arbeitsschluss entfernt werden. Boden muss elektrostatisch leitfähig sein, Widerstand max. 10 Ohm
Wände	aus nicht brennbaren Stoffen, leicht zu reinigen, Feuerwiderstandsklasse F 90 bzw. entspr. Landesbauordnung
Fenster, Türen	Feuerwiderstandsklasse F 30 bzw. T 30, als Zugang oder Notausgang nach außen aufschlagend, Zugangstüren selbstschließend mit zugelassenen Tür-Feststellern, Notausgang nicht abschließbar; Tür $\geq$ 2000 mm $\times$ 875 mm
Heizungseinrichtungen	geschützt gegen Ablagerungen, keine Möglichkeit zum Abstellen von Gegenständen, wie z. B. Lackgebinden
Durchbrüche, Schächte, Lüftungskanäle	im Brandfall muss Ausbreitung des Feuers verhindert werden, ggf. Feuerschutzklappen, automatische Feuerlöschanlagen
Elektrische Anlagen	Elektromotore Schutzart IP 44, Leuchten IP 54 (mindestens 750 Lux) Schalteinrichtungen leicht und gefahrlos zugänglich, nach Funktion und Schaltzustand gekennzeichnet, Raumbeleuchtung von elektr. Anlage getrennt. Schalteinrichtungen außerhalb der explosionsgefährdeten Bereiche, Metallgitterroste, Spritzwände leitend miteinander verbunden und geerdet (Potenzialausgleich)
Länge des Rettungswegs	max. 35 m mit automatischer Löschanlage, max. 25 m ohne, in explosionsgefährdeten Räumen max. 20 m
Feuerlöscheinrichtungen	bis 50 m^2 Grundfläche zwei Feuerlöscher (12 kg) mit ABC-Pulver, bis 250 m^2 vier, 450 m^2 sechs, usw.; Löschdecken oder Löschduschen
Spritzstände, -wände	aus nicht brennbaren Werkstoffen, eben, fugenfrei, an Absaugung angeschlossen
Absaugung	Filter aus nicht brennbarem Material, leicht austauschbar; Nachlauf gegenüber Auftragseinrichtung
Zuluftführung	Verhinderung explosionsfähiger Gemische, Frischluft am Arbeitsplatz, Luftgeschwindigkeit kleiner 0,2 m/s (Zugluftbelästigung)
Tauchbehälter	aus nicht brennbarem Werkstoff, mit dicht schließendem, im Brandfall gefahrlos zu schließendem Deckel; Randabsaugung bei Oberfläche $\geq$ 0,25 m^2 bzw. Flammpunkt $\leq$ 40 °C

11.10.2 Emissionen im Oberflächenbehandlungsbereich

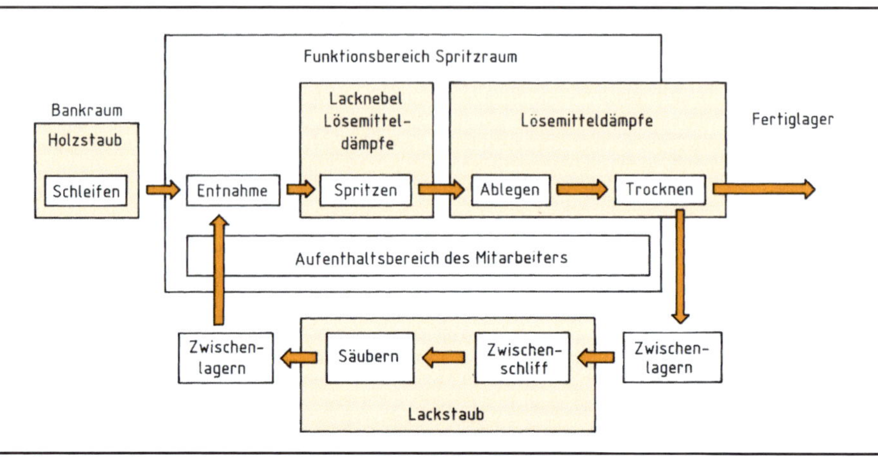

11.10.3 Luftführung in Spritz- und Abdunstbereichen, Beleuchtung

Grundsätze:

1. Direkte Absaugung der Lacknebel, ggf. umschaltbare, der Werkstückgröße anpassbare Absaugwand
2. Absaugung von Teilluftstrom in der Grube
3. Bodenabsaugung im Abdunstbereich
4. Zufuhr gefilterter, ggf. erwärmter Zuluft über Zuluftkanal, der gleichmäßige Luftauslassgeschwindigkeiten (≤ 0,2 m/s) gewährleistet
5. Standort des Mitarbeiters im Frischluftstrom
6. Spritzpistole mit Kontaktgabe für Ventilator
7. Ventilatorantriebsmotoren polumschaltbar, oder stufenlos regelbar zur Anpassung an tatsächlichen Luftbedarf (z. B. bei Handauftrag, Wasserlack)
8. Leuchten (750 Lux) so angeordnet, dass Lichtreflexe Beurteilung des Auftrages erleichtern
9. Rückschaltung beim Übergang Spritz-Trocken-Betrieb zeitverzögert (10–20 s)
10. Separate Absaugung am Lackmischstand

Beispiel:

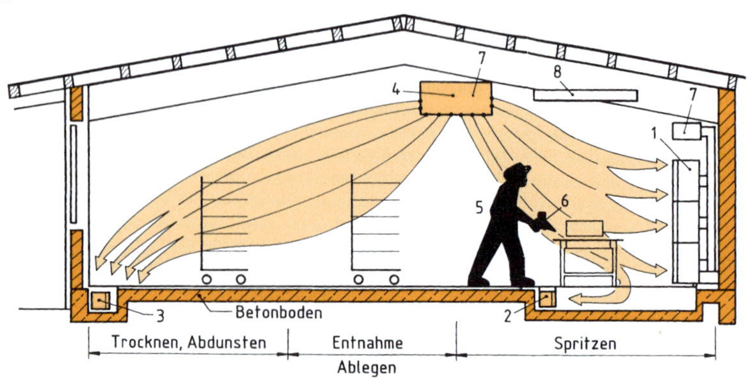

11.10 Lackieranlagen

11.10.4 Anlageteile im Lackierbereich (Auswahl)

Einsatzbereich	Beispiele					
Spritzauftrag	① M, DL ② M, DL ③ M ④ M, DL ⑤ M, M, DL M Materialzufuhr DL Druckluftzuleitung					
	Bezeichnung		Technik		Düsen	
	1 Fließbechersystem 2 Saugbechersystem		Hochdruck, HVLP[1]		Düsen, Düsengröße, Rund- oder Breitstrahlerzeugung	
	3 Airless-Spritzpistole		Höchstdruck (bis 250 bar)		entsprechend Spritztechnik und	
	4 getrennte Luft und Materialzufuhr 5 wie 4, erhitztes Material im Umlauf		Hochdruck, HVLP, Airmix, Dosiersystem		Lackviskosität	
Farbnebelabsaugung		Prallfläche $H \times B$ in mm	Luftleistung in m^3/h	Abluftrohr-Ø in mm	Motor für Luft/Wasser in kW	
Trockenfilterwand	klein groß	1500 × 2000 2500 × 3000	4500 11000	350 450	2,5/– 3,3/–	
Nasswand	klein groß	2465 × 2500 2465 × 4500	6500 13800	450 2 × 350	5,0/1,5 2 × 2,5/2,5	
Zuluftanlagen		Ansaugluftmenge in m^3/h	Motorleistung in kW	Wärmeleistung in kW	Baumaß $L \times B \times H$ in mm	
	klein groß	4500 13800	2,0 3,6	58 178	1290/ 675/ 500 2400/1230/1000	

Lacklagerung	Behältnis	zulässige Lackmenge Gefahrklasse AI	Anforderungen
	Sicherheits-Schrank (im Arbeitsraum nicht in Fluren)	bis 200 l bzw. 300 l bis 450 l	Feuerwiderstandsfähigkeit (FWF) ≥ 20 Minuten, Türen selbstschließend, geschlossen halten, 10-facher Luftwechsel pro Stunde über ständig wirksames Zu- und Abluftsystem, Baumusterprüf. in Arbeitsräumen ≤100 m^2 bzw. ≥ 100 m^2 in Sicherheitsschränken FWF 90
	Lagerraum Anzeigepflichtig (Gewerbeaufsichtsamt) Genehmigungspflichtig (Ordnungsamt)	 V_{Lack} > 450 Liter < 1000 Liter V_{Lack} > 1000 Liter	Nicht an Wohnräume angrenzend; Wände, Decken, Türen F90, wenn Verbindung zu anderen Gebäudeteilen (sonst mindestens F30); selbsttätig schließende, in Flutrichtung öffnende Türen; Schild: „Betreten durch Unbefugte verboten"; Boden für brennbare Flüssigkeiten un-durchlässig; ex-geschützte elektrische Einrichtungen; 5-facher Luftwechsel pro Stunde über ständig wirksames Zu- und Abluftsystem

[1] „High Volume, Low Pressure"; Niederdrucksystem; Luftdruck wird in Düse auf max. 0,7 bar reduziert.

11.11 Druckluftanlagen

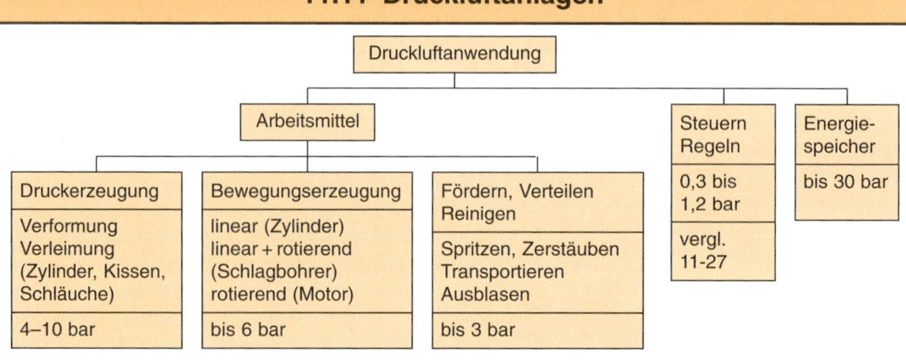

11.11.1 Schema einer Druckluftanlage

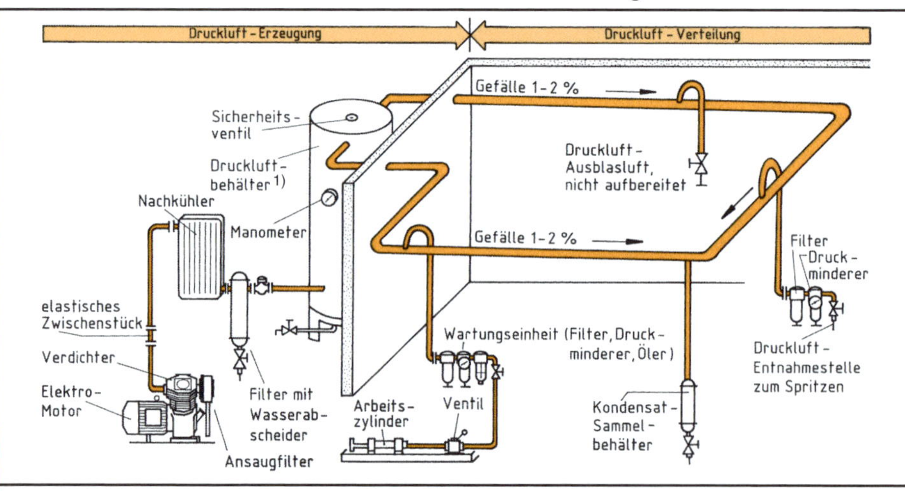

11.11.2 Planung einer Druckluftanlage

Grundsätze:

1. Je höher der Volumenstrom (Größe der Anlage) und je höher der Betriebsdruck, desto höher sind Investitions- und Folgekosten
2. Ermittlung des Druckluftbedarfs (siehe 11-51: Verdichter, Volumenstrom [m^3/h], maximaler Betriebsdruck [bar])
3. Bestimmung der Kompressorgröße und Kompressorbauart
4. Wahl der Regelungsart (weniger als 20 Einschaltimpulse bei Kolbenkompressorleistung bis 15 kW, maximal 10 bei Leistung >15 kW, siehe 11-51)
5. Bestimmung der Größe des Druckluftbehälters (siehe 11-51)
6. Definition der erforderlichen Druckluftqualität hinsichtlich Kondensat, Öl- und Feststoffpartikel beim Einsatz im Lackierraum und zur Maschinensteuerung (Trocknerbauart, Filterbauart)
7. Standortwahl (zentral, dezentral) unter Berücksichtigung von Ansaugluft, Druckluftverteilung, Raumbelüftung, Energiezufuhr und Geräuschpegel
8. Dimensionierung und Verlegung der Druckluftleitung (Strömungsgeschw. möglichst <10 m/s)
9. Verwertung der vom Kompressor abzuführenden Wärme (Wärmetauscher, Wärmewasseraufbereitung)
10. Überlegung hinsichtlich Verwertung vorhandener Anlageteile bzw. späterer Erweiterung

[1] Nach dem Druckluftbehälter wird i.d.R. ein Kälte- oder Adsorptionstrockner eingebaut, bei stark schwankendem Druckluftbedarf zwischen Nachkühler und Filter.

11.11.3 Teile einer Druckluftanlage

Teil	Aufgaben, Technische Daten
Elektromotor	Antrieb des Verdichters spez. Leistungsbedarf = $\frac{\text{Leistungsaufnahme}}{\text{Volumenstrom}}$ $P_{spez} = \frac{P_{auf}}{V} \left(\frac{kW}{m^3/min}\right)$ $\approx 7{,}5 - 9{,}5 \; \frac{kW}{m^3/min}$
Verdichter	Volumenstrom = Liefermenge in m^3/min ≈50–80 % der Ansaugleistung d. h. des Hubvolumenstroms; erforderlicher Volumenstrom V_{erf}: $V_{erf} = \sum_{1}^{n} V_i \cdot k_1 \cdot k_2$ V_i Verbrauch der einzelnen Geräte k_1 Gleichzeitigkeitsfaktor k_2 Faktor für Leckverluste (15–20 %)
Einstufiger Kolbenverdichter	Bis 3 kW Leistungsaufnahme, preisgünstig, hohe Energiekosten, i.d.R. bis 10 bar Höchstüberdruck.
Zweistufiger Kolbenverdichter	Bis 15 kW Leistungsaufnahme, bis 30 bar Höchstüberdruck, geringerer spez. Leistungsbedarf als einstufige.
Schraubenverdichter	Grundlastmaschine mit möglichst hoher Laufzeit ohne Unterbrechung. Druckluft in der Regel nicht ölfrei, geringer spezifischer Leistungsbedarf, geräuschärmer als Kolbenverdichter teurer in der Anschaffung.
Regelung	**Aussetzerregelung:** Abschalten bei Höchstüberdruck, Einschalten bei unterem Druckwert, d.h. ≈2–3 bar darunter. **Leerlaufregelung:** Antriebsmotor läuft nach Erreichen des Höchstdruckes im Leerlauf weiter (20–30 % Volllastleistung), maximal 30 Schaltintervalle/ Stunde. Kleinere Speicher, kleinere Schaltdifferenzen möglich, da der Motor nicht ständig durch Einschaltstrom belastet wird. **Kombinationsregelung:** Bei zu langen Leerlaufzeiten wird Antrieb abgeschaltet.
Kühler	**Zwischenkühler:** Kühlt Luft nach der ersten Verdichtung ab. **Nachkühler:** Kühlt Luft nach der zweiten Verdichtung ab.
Filter	**Ansaugfilter:** Zum Abscheiden von Staub, Pollen und Sporen in der Ansaugluft. **Mikrofilter:** Scheiden feinste Öldunstteilchen und mikrofeine Schwebeteilchen ab (Filter aus Glasfasern und Aktivkohle). **Sinterfilter:** Teil der Wartungseinheit, scheidet Wasser und Feststoffteilchen ab.
Trockner	**Adsorptionstrockner:** Zwei Behälter mit Adsorptionsmittel entziehen wechselweise der Luft den Wasserdampf (einer trocknet, einer wird getrocknet). **Kältetrockner:** Kälteaggregat kühlt Luft bis nahe 0 °C ab. Abscheidesystem trennt Wasser von Luft. Besonders geeignet bei Dauerbetrieb.
Druckluftbehälter	– Dämpft Pulsationen der Kolbenkompressoren, – Beruhigungsraum für Druckluft, – Druckluftreserve bei stoßartig hoher Entnahme, – Minderung der Schalthäufigkeit des Verdichters **Erforderliche Behältergröße:** i.d.R.: $V_{Behälter} = V_{eff}$ genauer: $V_{Behälter} = \frac{60\,V_{eff}}{s \cdot \Delta p \cdot K}$ in m^3 V_{eff} Volumenstrom des Kompressors in m^3/min s Schalthäufigkeit/Stunde Δp Schaltdifferenz in bar
Wartungeinheit	**Filter:** siehe Sinterfilter **Druckminderer:** Regelbereich 0,5–10 bzw. 0,5–16 bar **Öler:** feinst vernebeltes Öl schmiert Zylinder, Ventile, Werkzeuge usw. Ölinhalt 40/135/350 cm^3

Einschaltdauer (%)	50	60	70	80	90
K (ohne Einheit)	4,0	4,17	4,76	625	11,1

Bei stoßartig hohen Luftentnahmen empfiehlt es sich, eine größere Schaltdifferenz als 2–3 bar zu wählen.

11

11.11.4 Luftverbrauch von Druckluftgeräten

Gerät	Betriebs-überdruck	Luftverbrauch l/min	Luftverbrauch m³/h
Ausblasepistole	6 bar	65– 250	4– 15
Bohrmaschine[1]	6 bar	140– 750	8– 45
Hefter	6 bar	120– 180	7– 11
Nagler	6 bar	150– 450	9– 25
Schlagschrauber	6 bar	130– 800	8– 48
Vertikalschleifer[2]	6 bar	1000–2000	60–120
Flächenschleifer[3]	6 bar	140– 250	8– 15

Luftbedarf beim Farbspritzen in l/min

	Betriebs-über-druck	Düsengröße in mm 0,5	0,8	1,0	1,2	1,5	1,8	2,0	2,5	3,0
Rundstrahl	2 bar	54	77	89	99	110	123	133	154	180
	3 bar	64	88	103	112	125	139	148	171	200
	4 bar	73	98	111	123	137	152	162	190	224
	5 bar	82	106	120	134	150	163	175	207	246
Flachstrahl	2 bar	103	117	133	144	160	175	183	204	224
	3 bar	120	136	152	162	181	196	205	225	246
	4 bar	136	156	173	185	206	223	234	257	280
	5 bar	166	181	198	210	232	250	260	283	305

11.11.5 Formelmäßige Zusammenhänge der Druckkräfte in pneumatischen Arbeitszylindern

Einfach wirkender Zylinder

Anwendung beim Spannen, Bewegen, Ausstoßen, Fixieren, Magazinieren usw. Rückhub ohne Rückzuglast durch Federkraft. Hublänge maximal 200 mm wegen Einbauraum für Feder.

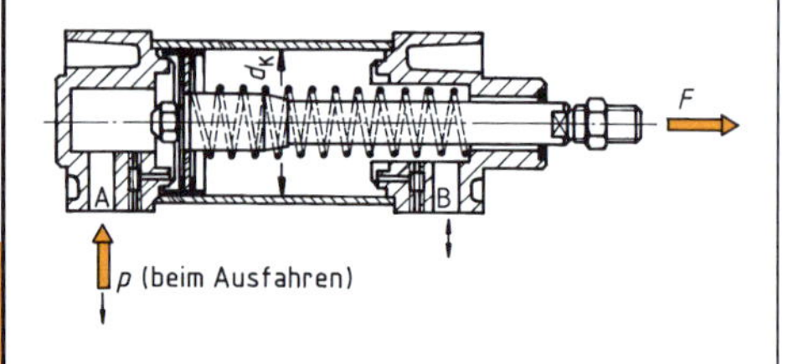

Ausfahrkraft:

$F = A_K \cdot p - (F_F + F_R)$ bzw. $F = A_K \cdot p \cdot \eta$

Kolbenfläche: $A_K = \frac{\pi d_K^2}{4}$

Kraft auf Kolbenfläche: $F_K = A_K \cdot p$

p Betriebsdruck
η Wirkungsgrad (0,85–0,90)
F_F Federkraft
F_R Reibungskraft
d_K Kolbendurchmesser

Doppelt wirkender Zylinder

Kraftwirkung in beiden Richtungen. Beim Ausfahren wirkt Betriebsdruck auf gesamte Kolbenfläche, beim Rückhub nur auf Kreisringfläche.
Ausfahrkraft $F_1 >$ Rückzugkraft F_2

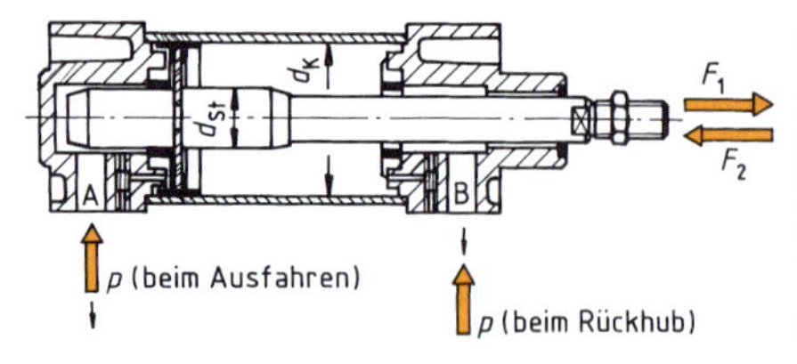

Ausfahrkraft:

$F_1 = A_K \cdot p - F_R$

Rückzugkraft:

$F_2 = (A_K - A_{St}) \cdot p - F_R$

Kolbenfläche: $A_K = \frac{\pi d_K^2}{4}$

Fläche der Kolbenstange: $A_{St} = \frac{\pi d_{St}^2}{4}$

p Betriebsdruck
F_R Reibungskraft ($F_R = 0$, wenn Reibung vernachlässigt wird)
d_{St} Ø der Kolbenstange
d_K Kolbendurchmesser

[1] in Stahl 4–8 mm [2] d = 180–230 mm [3] BID = 300/100 mm

11.12 Hydraulische Pressen

11.12.1 Hydraulische Druckerzeugung

Merkmale \ Pumpenart	Zahnradpumpe	Axial-Kolbenpumpe	Schraubenpumpe
Darstellung	Druckraum, Saugraum	Antriebswelle, Kolben, Trommel, Steuerscheibe feststehend, Saugseite, Lagerung, Druckseite, α	
Druckerzeugung	durch ineinander-greifende Zahnräder	Zusammenwirken von Scheiben und Kolben	ineinandergreifende Spindeln (Schrauben)
Maximaler Druck	bis 250 bar	wird vom Hubvolumen bestimmt	hängt von der Ganghöhe der Schraube ab
Vorteile	billig, wartungsarm, schmutzunempfindlich	schnelles Fördern, hoher Druck	billig, wartungsarm, hoher Wirkungsgrad
Nachteile	langsame Förderung	teuer, schmutzempfindlich, komplizierter Aufbau, hohe Wartungskosten	keine volumetrische Regelung der Fördermenge möglich

11.12.2 Drucktabelle für hydraulische Furnierpresse (4 Druckkolben, Ø=80 mm)

Breite in cm	Werkstück-Länge in cm										
	20	40	60	80	100	125	150	175	200	225	250
20	5[1]	10	15	20	25	31	37	43	50	56	62
	7[2]	14	21	28	35	43	52	60	70	78	87
40	10	20	30	40	50	62	74	86	100	112	124
	14	28	42	56	70	87	103	120	140	157	174
60	15	30	45	60	75	93	111	129	150	168	186
	21	42	63	84	105	130	155	180	210	235	260
80	20	40	60	80	100	124	148	172	200	224	248
	28	56	84	112	140	174	207	240	280	313	347
100	25	50	75	100	125	155	186	217	248	279	310
	35	70	105	140	175	217	260	304	347	390	434
115	29	57	86	115	143	179	215	250	286	322	358
	41	80	120	61	200	250	301	350	400	450	501
130	32	65	97	129	162	202	242	282	323	363	404
	45	91	136	181	226	283	339	395	452	508	566

[1] Tabellenwerte in bar; Druck auf der Werkstückfläche 0,25 N/mm^2 (2,5 bar; 2,5 daN/cm^2)
[2] Tabellenwerte in bar; Druck auf der Werkstückfläche 0,35 N/mm^2 (3,5 bar; 3,5 daN/cm^2)

11.12 Hydraulische Pressen

11.12.3 Formelmäßige Zusammenhänge von Drücken in Furnierpressen

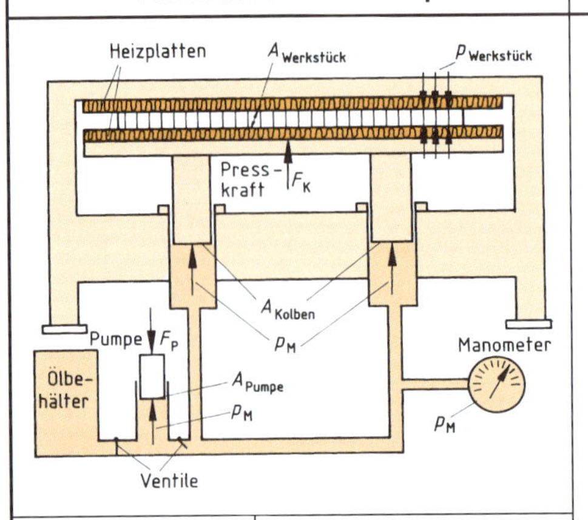

Manometerdruck:	$p_M = \frac{F_P}{A_P}$ F_P Kolbenpresskraft der Hydraulikpumpe A_P Kolbenfläche der Hydraulikpumpe
Presskraft des/der Arbeitskolben:	$F_K = p_M \cdot A_K \cdot n$ A_K Fläche von einem Arbeitskolben n Zahl der Arbeitskolben
Kraftübertragung Hydraulikpumpe – Arbeitskolben:	$\frac{F_P}{A_P} = \frac{F_K}{n\ A_K}$

11.12.4 Diagramm zur Druckeinstellung

(Beispiel für definierte Maschinendaten)

erforderlicher Manometerdruck (bar): 100, 200, 220, 300, 400

Werkstückfläche (m²): 0, 0,2, 0,4, 0,6, 0,8, 1,0, 1,2, 1,4, 1,6, 1,8, 2,2

Pressdruck auf das Werkstück $\frac{N}{mm^2}$ 4): 0,6, 0,4, 0,3, 0,25, 0,2

Beispiel:

Werkstückfläche	1,4 m²
erforderlicher Pressdruck	0,25 N/mm²
erf. Manometerdruck	220 bar

Kraftübertragung Arbeitskolben – Werkstückfläche:	$F_K = p_W \cdot \Sigma A_W$ $p_M \cdot A_K \cdot n = p_W \cdot \Sigma A_W$ p_W Pressdruck (Druckspannung) in der Leimfuge ΣA_W Summe der gleichzeitig gepressten Werkstückflächen

11.12.5 Technologische Parameter für die Beschichtung in Furnierpressen

techn. Parameter	Furnier			Schichtpressstoffplatte (HPL)		
Trägermaterial	FU, STAE	FPY	MDF	FU, STAE	FPY	MDF
Klebstoffauftrag in g/m²	120–150	100–120	90–110	120–150	100–120	90–110
Presstemperatur bei KPVAC[2]	10 °C	20 °C	30 °C	20 °C	40 °C	60 °C
Presszeit bei KPVAC	30 min	20 min	15 min	40 min	25 min	15 min
Pressdruck bei KPVAC	0,15–0,30 N/mm²[4]			0,30–0,50 N/mm²[4]		
Presstemperatur bei KUP[3]	85 °C	95 °C	105 °C	20 °C	40 °C	60 °C
Presszeit bei KUP	10 min	6 min	4 min	180 min	30 min	12 min
Pressdruck bei KUP	0,3–0,6 N/mm²[4]			0,30–0,50 N/mm²[4]		

[1] siehe auch verarbeitungstechnische Hinweise des Leimherstellers
[2] Weißleim [3] Furnierleim für Heißpressen [4] 0,1 N/mm² = 1 $\frac{daN}{cm^2}$ ≈ 1 bar

12 Betriebsplanung und Betriebsorganisation

12.1 Übersicht

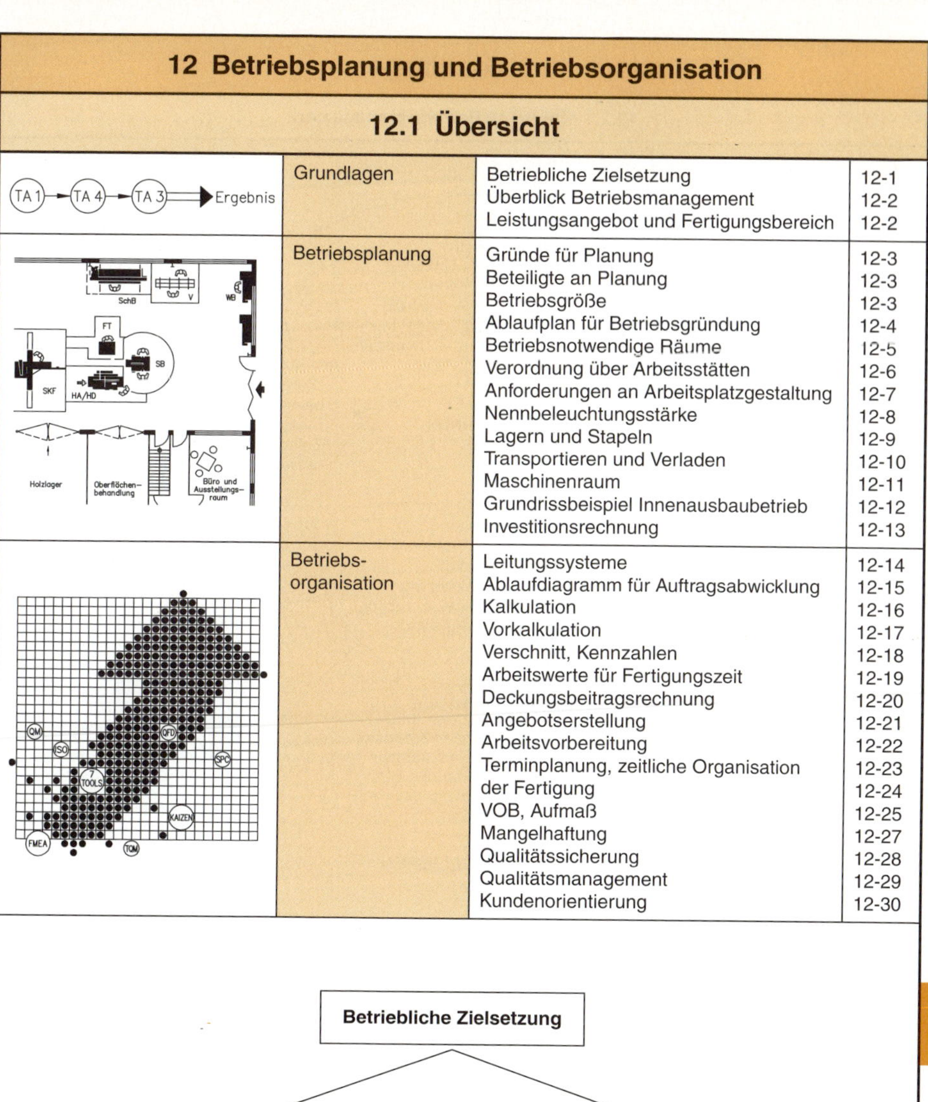

	Grundlagen	Betriebliche Zielsetzung	12-1
		Überblick Betriebsmanagement	12-2
		Leistungsangebot und Fertigungsbereich	12-2
	Betriebsplanung	Gründe für Planung	12-3
		Beteiligte an Planung	12-3
		Betriebsgröße	12-3
		Ablaufplan für Betriebsgründung	12-4
		Betriebsnotwendige Räume	12-5
		Verordnung über Arbeitsstätten	12-6
		Anforderungen an Arbeitsplatzgestaltung	12-7
		Nennbeleuchtungsstärke	12-8
		Lagern und Stapeln	12-9
		Transportieren und Verladen	12-10
		Maschinenraum	12-11
		Grundrissbeispiel Innenausbaubetrieb	12-12
		Investitionsrechnung	12-13
	Betriebs-organisation	Leitungssysteme	12-14
		Ablaufdiagramm für Auftragsabwicklung	12-15
		Kalkulation	12-16
		Vorkalkulation	12-17
		Verschnitt, Kennzahlen	12-18
		Arbeitswerte für Fertigungszeit	12-19
		Deckungsbeitragsrechnung	12-20
		Angebotserstellung	12-21
		Arbeitsvorbereitung	12-22
		Terminplanung, zeitliche Organisation	12-23
		der Fertigung	12-24
		VOB, Aufmaß	12-25
		Mangelhaftung	12-27
		Qualitätssicherung	12-28
		Qualitätsmanagement	12-29
		Kundenorientierung	12-30

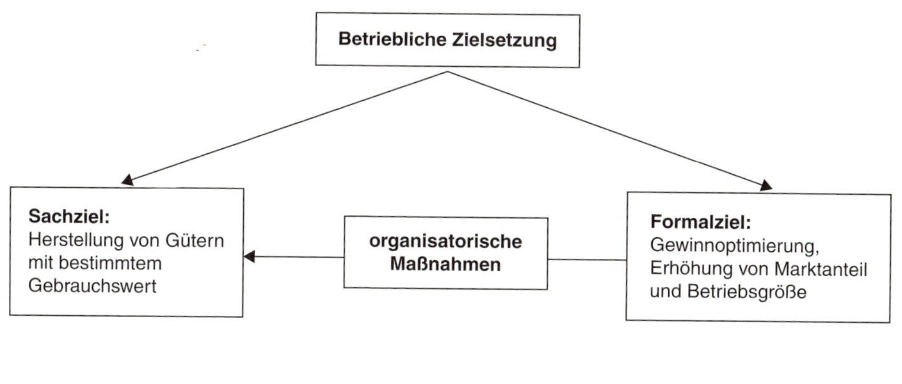

12.2 Grundlagen

12.2.1 Überblick Betriebsmanagement

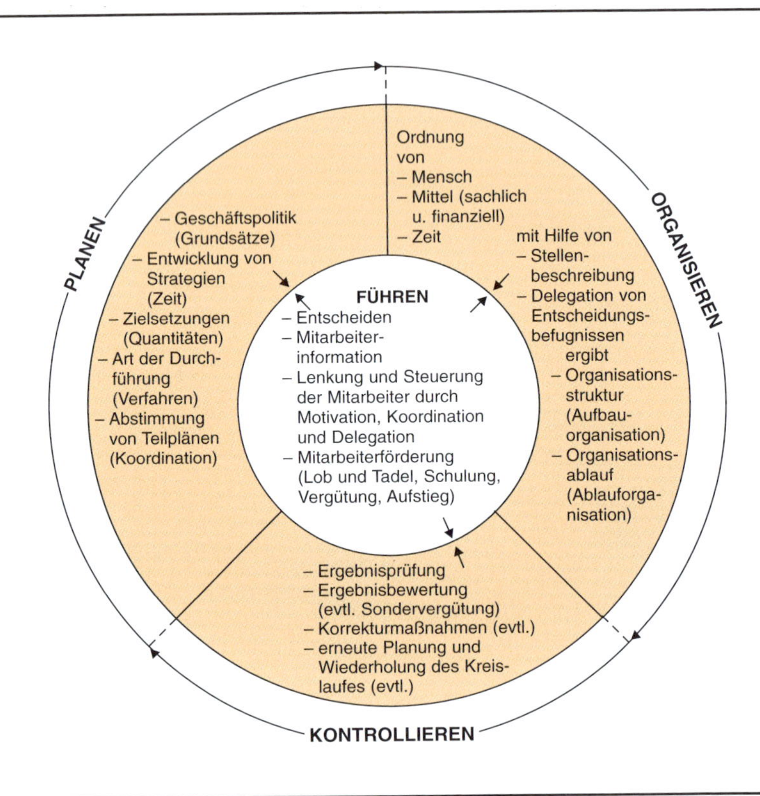

12.2.2 Leistungsangebot und Fertigungsbereich

12

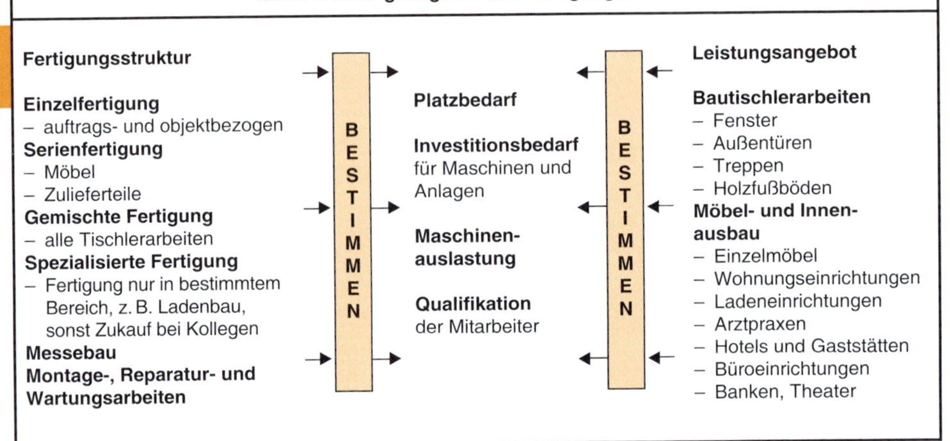

[1] Nach W. Seidel, Führung, in Personal-Enzyklopädie Bd. 2.

12.3 Betriebsplanung

12.3.1 Gründe für die Betriebsplanungen

Gründe für Betriebsplanungen

Betriebsneubau

- Betriebsgründung
- Betriebsverlagerung wegen:
  - nicht möglicher Erweiterung
  - Betrieb im Wohngebiet
  - Betrieb im Sanierungsgebiet

Betriebserweiterungen und -umbau

- Vergrößerung zur Schaffung besserer Platzverhältnisse
- Umstellung der Produktion
- Rationalisierung des gesamten Fertigungsablaufes

12.3.2 Beteiligte an Betriebsplanungen

Bau- und Planungsbeteiligte

Bau- und Planungsrecht

Architekt
Örtliche Baubehörde
Gewerbeaufsicht
Amt für Umweltschutz

Betriebstechnik

Maschinen- und Anlagen-Fachverband
Berufsgenossenschaft
Feuerversicherer
Energieversorgungsunternehmen

Finanzierung

Hausbank
Steuerberater
Betriebsberater des Fachverbandes
Handwerkskammer
Kreishandwerkerschaft

Ziel: Abstimmung der finanziellen Möglichkeiten auf alle Anforderungen aus betriebstechnischer sowie bau- und planungsrechtlicher Sicht unter Beachtung des Umwelt-, Brand- und Unfallschutzes sowie der Arbeitssicherheit.

12.3.3 Bestimmung der Betriebsgröße

Gesamtflächenbedarf = Anzahl der Mitarbeiter × m^2-Bedarf je Mitarbeiter

Richtwerte für die Bestimmung des Gesamtflächenbedarfs von Tischler-/Schreinerwerkstätten (Bedarf ist von Betrieb zu Betrieb verschieden; Werte nur für erste Grobplanung geeignet)

Anzahl der Mitarbeiter	m^2 je Mitarbeiter	in Richtwerten	
bis 8	100–120 m^2	enthalten:	Nebenräume Montageplätze innerbetriebliche Verkehrswege Zwischenlager
8–12	90–110 m^2		
12–20	80–100 m^2	nicht enthalten:	Flächen für Materiallager im Freien Parkplätze und dgl.
über 20	70– 90 m^2		

12

12.3 Betriebsplanung

12.3.4 Ablaufplan einer Betriebsgründung

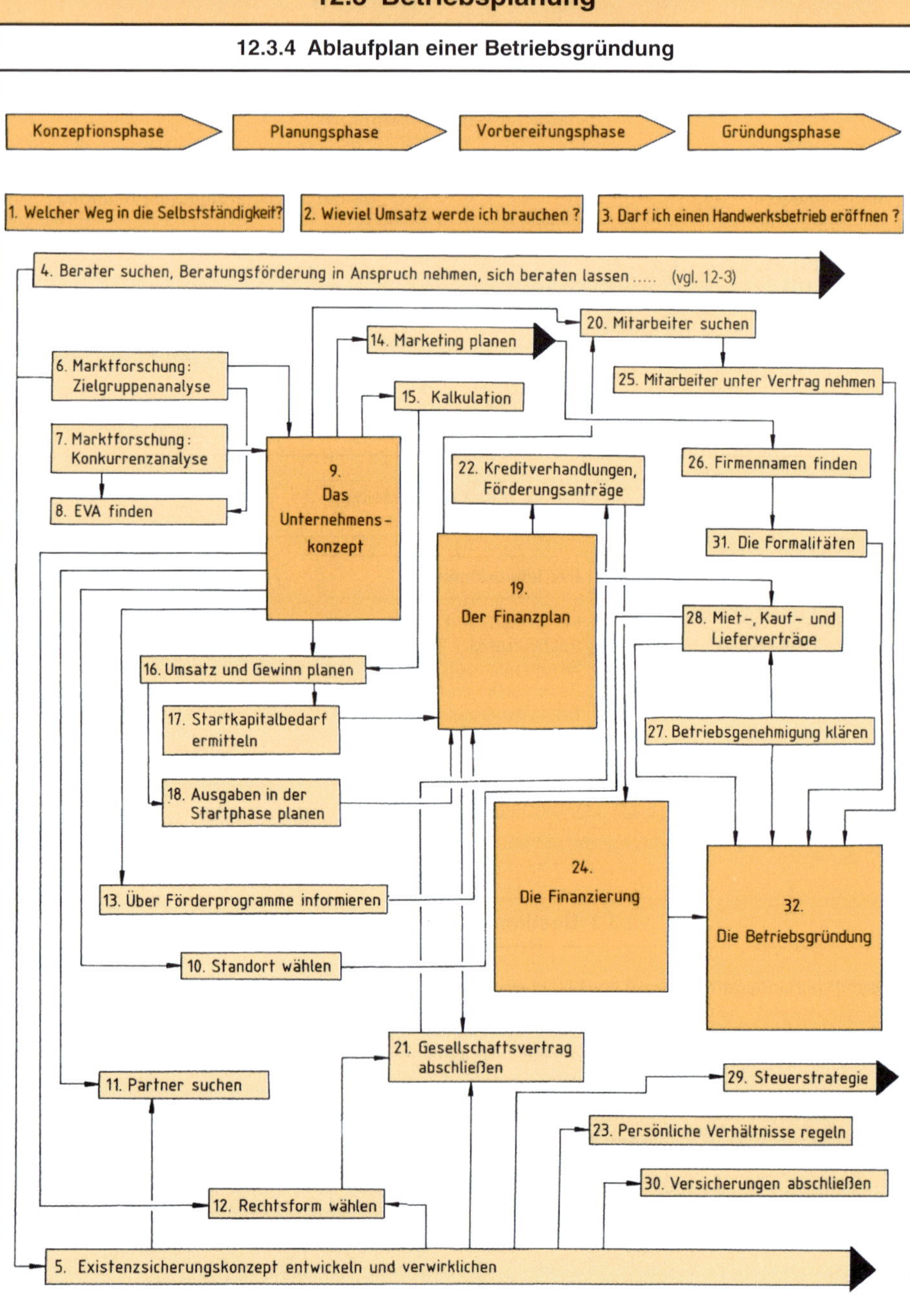

12

12.3 Betriebsplanung

12.3.5 Betriebsnotwendige Räume

Raum	Zweck	Besonderheiten
Fertigungsräume	Zuschnittraum	in Nähe von Holzlager, Trockenkammer und Plattenlager
	Maschinenraum	Berücksichtigung des Fertigungsablaufs bei Aufstellung
	Bankraum, Montage	von Maschinen getrennt, Strom- und Druckluftanschlüsse
	Lackierraum	Brand- und sicherheitstechnische Anforderungen; 11-40
	Metallbearbeitung	Funkenflug bei Bearbeitung, separater Raum
Lagerräume	Massivholzlager	trockener, gut belüfteter Raum, kein Zuschnitt (Sägemehl)
	Plattenlager	Innenraumklima, belüftet, geeignete Transporteinrichtungen
	Furnierlager	klimatisierter Raum ohne Tageslicht
	Lager für Kunststoffe und Metall	vor allem PVC-haltige Stoffe getrennt lagern, besondere Gefahr im Brandfall
	Beschlag- und Kleinteillager	in der Nähe des Bankraums, ggf. verantwortlicher Magazinverwalter
	Lacklager	feuerbeständige Abtrennung von angrenzenden Räumen; elektrische Anlagen Ex-geschützt; keine Bodenabläufe, Auffangwanne für auslaufende Flüssigkeiten; wegen Lösemittelkonzentration Entlüftungsöffnung in Bodennähe
	Glaslager	trocken, staubfrei, Glas stehend, auf elastischer Unterlage
	Zwischen-, Fertigl.	Schutz vor Beschädigung, möglichst mit Verladerampe
	Späne-, Holzrestel.	Brand- und explosionsgeschützt, in Nähe von Heizraum
Sozialräume	Pausenraum	2,50 m $\leq H \leq$ 3,00 m; 6 m^2 $\leq A \geq$ 1 m^2 · Mitarbeiterzahl
	Umkleideraum	Erforderlich, wenn Arbeitskleidung getragen wird; $A \geq$ 6 m^2
	Waschraum	i. d. R. 1 Dusche und 1 Waschbecken je 5 Mitarbeiter
	Toiletten	Zahl gemäß Arbeitsstättenrichtlinien; vgl. 12-6
Büroräume	Chefbüro Sekretariat Buchhaltung Meisterbüro (AV) Technisches Büro (Entwurf, Konstr.)	„Visitenkarte des Betriebs" – Raumprogramm je nach Betriebsgröße – Kommunikationsbereich mit Kunden und Architekten – geschickte, individuelle, pfiffige Raumaufteilung, Einrichtung und Gestaltung gibt Rückschluss auf Kreativität und Leistungsfähigkeit des Betriebes
Technische Räume	Heizraum	Größe entsprechend Feuerungsanlage
	Spänefilter-Raum	extra Raum bei Überdruckanlage bzw. Volumenstrom >6000 m^3/h
	Raum für Hacker	extra Raum wegen Schallpegel
	Trockenkammer	bei Verarbeitung großer Mengen Vollholz im Innenausbau
	Kompressorraum	staubfreier, trockener, kühler Raum
Sonderräume	Ausstellungsraum	Präsentation hochwertiger, individueller Exponate
	Verkaufsraum	Dienstleistungsbereich, z.B. Möbelverkauf, Sargzubehör
	Besprechungsraum	Bereich für ungestörte Kundengespräche

12.3.6 Verordnung über Arbeitsstätten (ArbstättV- 12.08.2004)

Allgemeine Anforderungen nach § 3 der Arbeitsstättenverordnung:
Der Arbeitgeber hat dafür zu sorgen, dass Arbeitsstätten den Vorschriften dieser Verordnung einschließlich ihres Anhanges entsprechend so eingerichtet und betrieben werden, dass von ihnen keine Gefährdung für die Sicherheit und die Gesundheit der Beschäftigten ausgehen.
Die z. Z. geltenden **Arbeitsstättenrichtlinie (ASR)** sind bis zur Veröffentlichung neuer Regeln nach § 7 Abs. 4 zu berücksichtigen.
Beschäftigt der Arbeitgeber Menschen mit Behinderungen, hat er Arbeitsstätten so einzurichten und zu betreiben, dass die besonderen Belange dieser Beschäftigten im Hinblick auf Sicherheit und die Gesundheit berücksichtigt werden.

Art	Vorschriften (Auszug)
Raumabmessungen	min. 8 m^2, Höhe 2,50 bis 50 m^2; Höhe 2,75 bei 50 m^2 … 100 m^2; Höhe 3,00 bei 100 m^2 min. 12 m^3 Luft/Person im Büro min. 15 m^3 Luft/Person in der Werkstatt
Lüftung	Freie Lüftung = Querlüftung: v = 0,14 m/s lüftungstechnische Anlagen: 40 … 60 m^3/h und Person, v = 0,2 m/s relative Luftfeuchtigkeit: max. 80 % bei 20 °C bzw. 62 % bei 24 °C
Raumtemperaturen (Arbeitsbeginn)	max. 26 °C. Im Büro: 20 °C; in Pausenräumen: 21 °C; in Waschräumen: 24 °C; bei nicht sitzender Tätigkeit: 17 °C
Beleuchtung, natürliche	Sichtverbindung nach außen. Brüstungshöhe 0,85 m … 1,25 m. Fensterfläche min. 1,25 m^2
Beleuchtung, künstliche	blendfrei, farbecht, gleichmäßig im gesamten Raum
Fußböden	eben, keine Stolpersteine, rutschhemmend, leicht zu reinigen, Standflächen am Arbeitsplatz wärmegedämmt
Wände	leicht zu reinigen
Lichtdurchlässige Wände und Fenster	in Wänden und Türen: Sicherheitsglas. Im Arbeitsbereich bzw. Verkehrsbereich nicht zu öffnen. Sonnenschutz gegen unmittelbare Sonneneinstrahlung
Türen und Tore	Schutz gegen Ausheben, Herabfallen, Herausfallen; Vermeidung von Quetsch- und Scherstellen
Brandschutz	Feuerlöscheinrichtungen, Wasser- und Trockenlöscher
Schutz gegen Gase, Dämpfe, Nebel, Staub	Absaugungen
Schutz gegen Lärm	Büro und Pausenraum max. 55 dB (A), Bankraum max. 85 dB (A), bei 85 … 90 dB (A) müssen Schutzmittel bereitgestellt werden, ab 90 dB (A) Schutzmittelpflicht
Verkehrs- und Rettungswege	Kennzeichnung und deren Freihaltung
Pausenräume	1 m^2/Person, Nichtraucherschutz
Waschräume	keine Vorschrift
Toilettenräume	bis 5 Arbeitnehmer (m + w): 1; 5 … 10 Arbeitnehmer getrennt: 2

12.3 Betriebsplanung

12.3.7 Anforderungen an Arbeitsplatzgestaltung

Ergonomische Arbeitsplatzgestaltung

Ergonomie = Lehre von der menschlichen Arbeit

Anpassung der Arbeit an den Menschen

1. anthropometrisch

Anpassen an menschliche Körpermaße

Arbeitsmaße
- Körpergröße
- Tisch, Stuhl
- Rücken- und Armlehnen
- Fußstützen
- Einfluss der Kräfte
- Gewichte, Genauigkeit

Bedienungselemente
- Griffe, Hebel, Pedale
- Bedienungsrichtung
- Gestaltung

2. physiologisch

Anpassen an körperliche Eigenschaften

dynamisch
- Kraft

statisch
- Handhaben von Lasten
- Energie (KJ)
- Leistung,

  $\text{Wirkungsgrad} = \frac{\text{Nutzen}}{\text{Aufwand}}$
- Muskeln, Nerven
  Kreislauf, Puls
  Blutdruck, Atmung
- Klima (*T* Temperatur,
  P Druck, *F* rel. Luftfeuchte,
  Z zugluft-geschützt)
- Lärm, Licht, Schwingungen

3. psychologisch

Anpassen an seelische Eigenschaften

Aspekte
- Typ des Mitarbeiters
- Betriebsklima
- Motivation
- Monotonie
- Ordnung
- Stress
- Gesundheit

Mittel
- Farbe
- Pflanzen
- Musik

Ergonomische Arbeitsplatzgestaltung

Ergonomie = Lehre von der menschlichen Arbeit

Anpassung der Arbeit an den Menschen

4. informationstechnisch

Anpassen an menschliche Sinne

Angesprochene Sinne
- Wahrnehmung über Auge
- Wahrnehmung über Ohr
- Tastsinn: Feinmotorik

Relative Bedienelemente
- Skalen
- Signale
- Drehknöpfe
- Ablesesicherheit

5. organisatorisch

Anpassen an menschliche Eigenarten/Erwartungen

Leistungskurven
- Tages-
- Wochen-
- Jahres-
- Lebens-Arbeitszeit
- Pausen, Erholung

Arbeitsorganisation
- Schichtarbeit
- Job-Rotation
  Job-Enlargement
  Job-Enrichment
- Gruppenarbeit

6. sicherheitstechnisch

Vermeiden von Fehlhaltungen und Fehlhandlungen

Aufgaben des Vorgesetzten

Warn- / **Leit-** → **Farben**

Sicherheitseinrichtung

12.3.8 Nennbeleuchtungsstärke

Räume/Arbeiten	Lux
Allgemeine Räume	
Verkehrszonen in Abstellräumen	50
Lagerräume Lagerräume für gleichartiges oder großteiliges Lagergut Lagerräume mit Suchaufgabe bei nicht gleichartigem Lagergut Lagerräume mit Leseaufgaben Automatische Hochregallager	 50 100 200
Gänge	20
Bedienungsstand	200
Versand	200
Pausen-, Sanitär- und Sanitätsräume, Kantinen Übrige Pausen- und Liegeräume	200 100
Räume für körperliche Ausgleichsübungen	300
Umkleideräume, Waschräume, Toilettenräume	100
Sanitätsräume, Räume für Erste Hilfe und für ärztliche Betreuung	500
Haustechnische Anlagen Maschinenräume	100
Energieversorgung und -verteilung	100
Fernschreibstelle, Poststelle	500
Telefonvermittlung	300
Holzbe- und -verarbeitung	
Dämpfgruben	100
Sägegatter	200
Arbeiten an der Hobelbank, Leimen, Zusammenbau	200
Auswahl von Furnierhölzern, Polieren, Lackieren, Intarsienarbeit, Modelltischlerei	500
Arbeiten an Holzbearbeitungsmaschinen, Drechseln, Kehlen, Abrichten, Fugen, Schlitzen, Schneiden, Sägen, Fräsen	500
Holzveredelung	500
Fehlerkontrolle	750

Nennbeleuchtungsstärke in Lux	Installationsleistung in W/m² Grundfläche des Raumes		
	Leuchten ca. 2 m über zu beleuchtende Fläche	Leuchten ca. 3 m über zu beleuchtende Fläche	Leuchten ca. 4 m über zu beleuchtende Fläche
1000	50	60	64
750	38	45	48
500	25	30	32
300	15	17	19
200	10	11	13
100	5	6	6
50	3	3	4

Bei Ausleuchtung durch andere Lampenarten ist der nach der Aufstellung ermittelte Wert mit einem entsprechenden Faktor – wie nachfolgend aufgeführt – zu multiplizieren.

Lampenart	Faktor
Glühlampe	4
Halogen-Glühlampe	1,6
Leuchtstofflampe	1
Quecksilberdampf-Hochdrucklampe	0,8
Indium-Amalgam-Leuchtstofflampe (3-Banden-Lampe)	0,6
Natriumdampf-Hochdrucklampe	0,5
Halogen-Metalldampf-Lampe	0,5

Messung

Die Messung der Beleuchtungsstärke wird mit Beleuchtungsstärkemessgeräten (Luxmeter/Lichtmesser) durchgeführt. Sie erfolgt am Ort der Tätigkeit während der Tätigkeit des Arbeitnehmers, z. B. bei Werkzeugmaschinen am eingespannten Werkstück am Ort der Bearbeitung; auf der Schreibtischplatte am Ort des Schreibens; auf dem gesamten Zeichenbrett in Zeichenstellung. Bei Verkehrswegen wird in 0,20 m über dem Fußboden an mehreren Stellen längs des Weges gemessen.

12.3.9 Lagern und Stapeln[1]

<table>
<tr><td rowspan="2">Massivholzlager</td><td>Holzlager im Freien</td><td>Holzlager im Räumen</td></tr>
<tr><td> 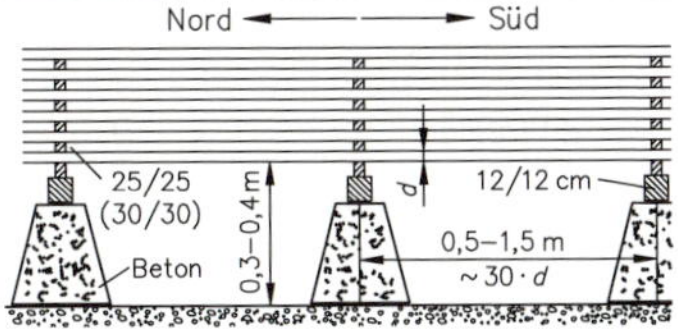Nord ← → Süd
25/25 (30/30)
Beton
0,3–0,4 m
d
12/12 cm
0,5–1,5 m ~30 · d
– Standsicherer Unterbau aus Schotter- oder Kiesschüttung, Pflaster oder Beton.
– Stapelhöhe maximal 3 x Stapelbreite
– windsichere Regen-Abdeckung</td><td>einseitig beidseitig
Abstand der Regalstützen ≈ 30 x Bohlen (Dielen) -Dicke</td></tr>
<tr><td rowspan="3">Plattenlager
(Fächerbreite ≤50 cm)</td><td colspan="2">Schräglager für Platten gleicher Sorte und Dicke je Fach, kein „Blättern“ möglich | Senkrechtlager für verschiedene Plattensorten je Fach, Blättern möglich | Restelager für verwertbare Plattenabschnitte</td></tr>
<tr><td colspan="2">Fahrbare Lagerstelle: Entnahme über Führungsrolle direkt auf Vertikalplattensäge</td></tr>
<tr><td colspan="2">Offenes Schräglager: nur bei Neigung ≥ 10°; kein „Blättern“, nur in geschlossenen Räumen, sonst wie bei Transportgestellen Sicherung erf.</td></tr>
<tr><td>Furnierlager</td><td colspan="2">– Raum ohne Tageslicht, aber mit Klimatisierungsgerät (Verdampfer); u_{gl} = 11–13 %
– Kragarmregale, Tiefe = max. Furnierbreite
– leichte Unterlagen mit Maßskalen erleichtern Entnahme und Umschichten
– korrekte Beschriftungen und hohe Beleuchtungsstärke erleichtern Furnierauswahl</td></tr>
<tr><td>Lagerbühnen</td><td colspan="2">– Konstruktion statisch stabil und gegen Kippen gesichert
– Absturzsicherungen für Personen und Materialien wie z. B. Geländer
– Treppenaufstieg mit Geländer</td></tr>
<tr><td>Werkzeuge</td><td>z. B.:
an der Wand</td><td>oder
im Wagen</td></tr>
<tr><td>Lager für Beschläge, Schrauben</td><td colspan="2">– Hauptlager für selten benötigte, teure Teile; wenige Personen zugangsberechtigt
– fahrbarer Lagerschrank im Bank- und Montagebereich mit transparenten, sorgfältig beschrifteten, kippbaren Kästen an allen Seiten</td></tr>
</table>

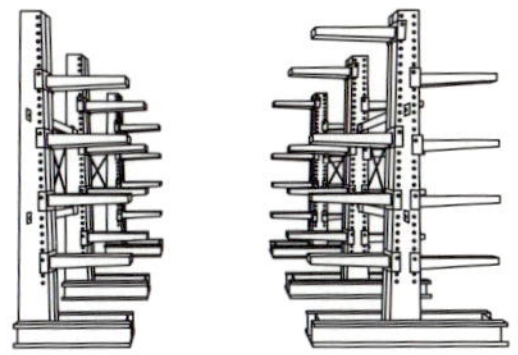

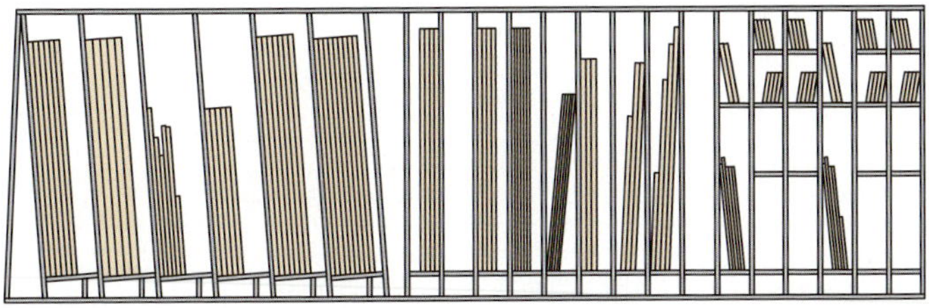

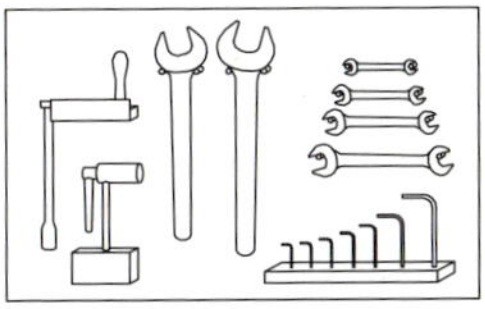

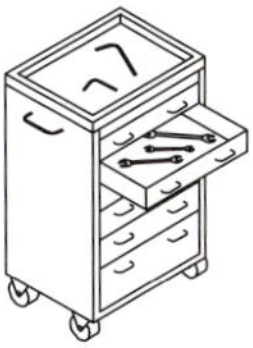

[1] Siehe hierzu auch BGR 234 (Lagereinrichtungen und -geräte, Fassung 2003)

12.3 Betriebsplanung

12.3.10 Transportieren und Verladen

Transportwege im Betrieb	Bereich	Anforderungen
	Verkehrswege	– Breite ≥ 0,875 m für Personenverkehr – Breite ≥ $B_{Transportmittel}$ + 2 x 0,5 m Sicherheitsabstand für kraftbetriebene Transportmittel – ohne Bodenunebenheiten und Stolperstellen – rutschfester Bodenbelag, Bewertungsgruppe ≥ R10 – Bodenbelag frei von rutschfördernden Stoffen wie z. B. Öl, Holzstaub, Eis, Flüssigkeiten
	Beleuchtung	Nennbeleuchtungsstärke ≥ 100 Lux
	Höhendifferenzen	Absturzsicherung bei $\Delta H \geq$ 1,00 m z. B. durch Geländer
	Treppen	– Trittfläche und Steigung nach 8.7.4 Seite 8-16 – rutschfester Belag, Bewertungsgruppe ≥ R10 – Belag frei von rutschfördernden Stoffen wie z. B. Öl, Holzstaub, Eis, Flüssigkeiten – Handlauf, Geländer $H \geq$ 1,00 m bzw. $H \geq$ 1,10 m bei Absturzhöhe > 12 m
Innerbetriebliche Transportmittel (Darstellung siehe Seite 11-39 und 11-40)	Arbeitsbereich	Handhabungshilfen
	Zuschnitt von Vollholz und Plattenmaterial	– Hängebahnen mit Vakuumhebern – Rollenwagen – Plattenzangen
	Fenster- und Türenbau/Baustellenmontage	– Transportwagen – Vakuumheber für Scheiben – Tragegurte
	Küchenmontage	– Staplereinsatz – Ladeplattformen – Tragegurte
Verladen, Transport zum Kunden	Ziel	Lösung
	Qualitätssicherung	– Verpackung als Schutz gegen Schmutz, Beschädigung, Beeinträchtigung oder Verunreinigung – Kennzeichung: Inhalt, Kommission, ggf. oben, unten, Transport ligend, stehend
	Vermeidung von Wirbelsäulenschäden	– Laderampe bei LkW-Transport – Stufe an Kleintransporter (Nachrüstung) – Staplereinsatz – Schrägaufzug beim Kunden – Mitbenutzung von Baustellenkran – Treppengängige Transportwagen – Möbel zerlegt, Fensterrahmen und -flügel getrennt
	Unfallverhütung	– Ladung gegen Verrutschen und Umfallen sichern – Bauelemente einzel befestigen und lösen – Ladefläche gleichmäßig belasten
	Kostenoptimierung	– Ersatz von zweitem Mann ggf. durch Transporthilfe – Verpackungsmaterial, Transporthilfen immer verfügbar – variabel anzubringende Transporthalterung im Lkw

12.3 Betriebsplanung

12.3.11 Maschinenraum

Standardmaschinen von Fertigungsprogramm und Betriebsgröße unabhängig		**Spezialmaschinen** zur Rationalisierung der Fertigung bei: Massivholzverarbeitung		Plattenverarbeitung	
SB	Bandsäge	SUK	Kappsäge	SPH	Plattensäge liegend
SFK	Formatkreissäge	SVBK	Vielblattkreissäge	SPV	Plattensäge stehend
HA	Abrichthobelmaschine	HV	Vierseitenhobelmaschine	SDA	Doppelabkürzsäge
HD	Dickenhobelmaschine	HKA	Kehlautomat	DEP	Doppelendprofiler
FT	Tischfräse	ZSS	Zapfenschneide- und Schlitzmaschine	SFU	Furniersäge
FK	Kettenfräse	DEP	Doppelendprofiler	KFU	Furnierklebemaschine
BL	Langlochbohrmaschine	PRRA	Rahmenpresse	PRKO	Korpuspresse
PRFU	Furnierpresse	BR	Rahmendübelbohr-M.	KAM	Kantenanleimmaschine
SCHB	Langbandschleifmaschine	SCHR	Rahmenschleifmaschine	SCHK	Kantenschleifmaschine
		CNC	CNC-Bearbeitungs-zentrum	SCHBB	Breitbandschleifmaschine
				BD	Dübellochbohrmaschine
				BMS	Lochreihenbohrmaschine
				BB	Beschlageinbohrmaschine
				CNC	CNC-Bearbeitungszentrum

Maschinenaufstellung

Folgende Faktoren sind für die Aufstellung einer Maschine zu berücksichtigen

- Standplatz der Maschine dem Fertigungsablauf entsprechend
- Abmessungen der Holzbearbeitungsmaschine
- Standplatz des Mitarbeiters
- Standplatz der Holzbearbeitungsmaschine
- Ständig freizuhaltender Handhabungsraum
- Selten gebrauchter, aber einzuplanender Handhabungsraum
- Lage der Werkstücke vor und nach der Bearbeitung
- Bewegungsrichtung der Werkstücke
- Anschlüsse für Strom, Druckluft, Späneabsaugung

Schema eines Arbeitsablaufplanes (Fertigungsablaufplanes, unabhängig von Fertigungsart)

Start: **Materiallager** (Holzlager, Plattenlager, Furnierlager)

→ **Maschinelle Bearbeitung** (Maschinenraum)

→ **Zusammenbau** (Bankraum, Montageraum)

→ **Oberflächenbehandlung** (Lackierraum, Lacktrockenraum)

→ **Fertigmontage** (Bankraum, Montageraum)

→ **Auslieferung und Montage** (Kunde, Baustelle)

12.3.12 Grundrissbeispiel für Innenausbaubetrieb

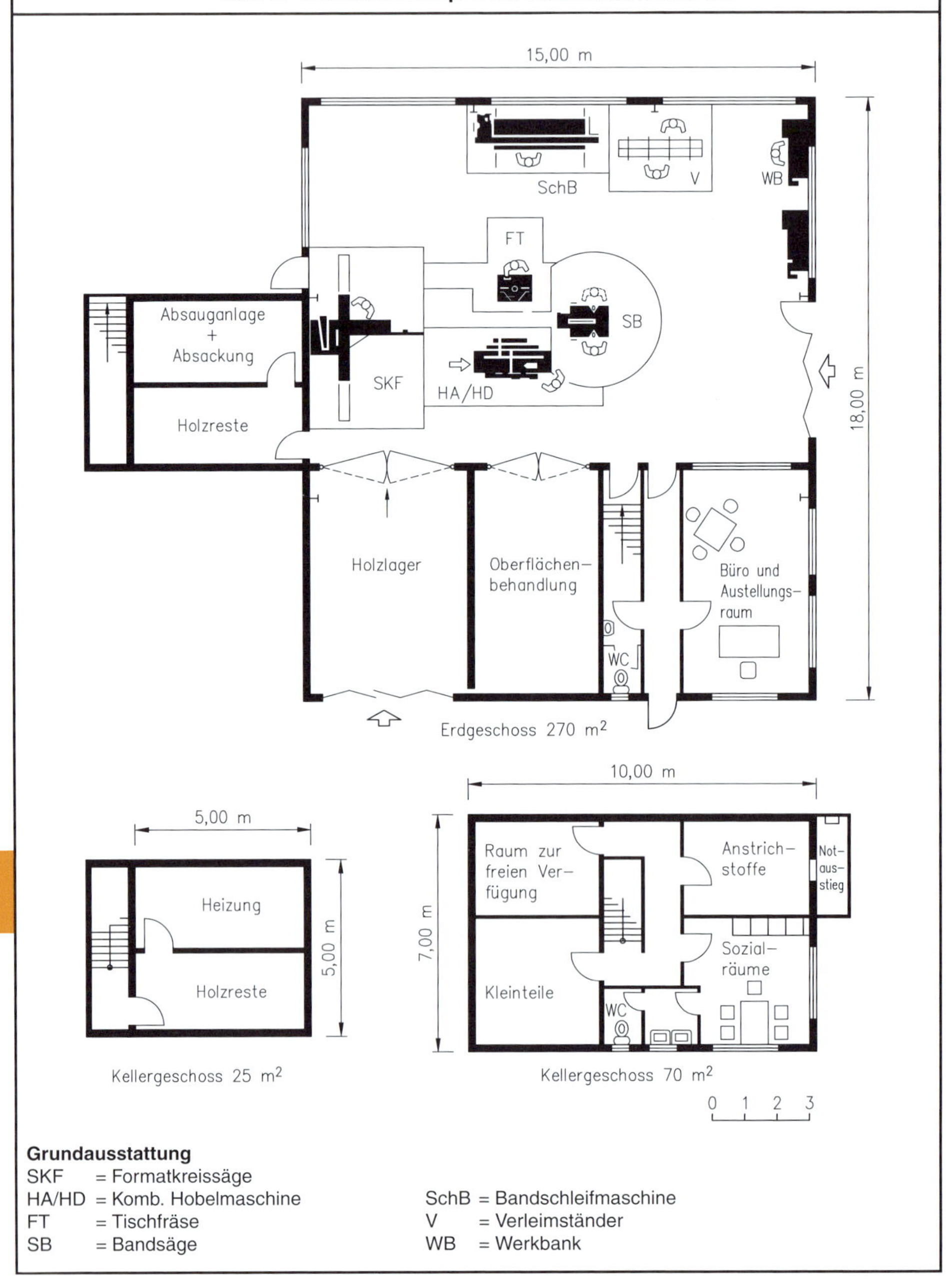

Grundausstattung

SKF = Formatkreissäge
HA/HD = Komb. Hobelmaschine
FT = Tischfräse
SB = Bandsäge

SchB = Bandschleifmaschine
V = Verleimständer
WB = Werkbank

12.3 Betriebsplanung

12.3.13 Investitionsrechnung

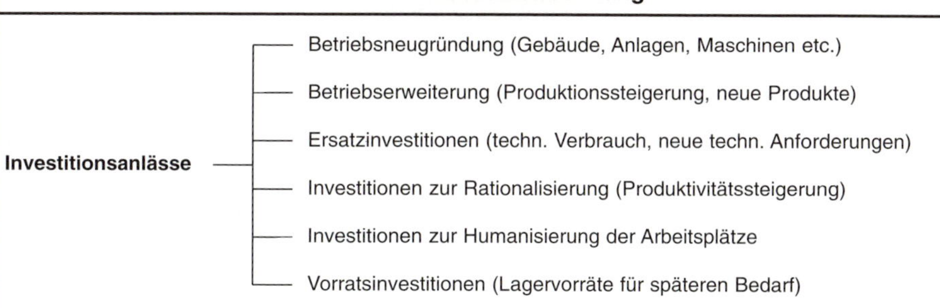

Kostenvergleichsrechnung:

Folgende Daten müssen bei der Erstellung einer Vergleichsrechnung bekannt sein:

- Fertigungsmenge/Zeitraum
- Maschinenauslastung (zu messen mit Betriebsstundenzählern; bei Standardmaschinen in mittlerer Schreinerei ca. 20 %; 100 % ~ 130 h/Arbeitsmonat)
- fixe Kosten [Beschaffungskosten, Restwert, Wiederbeschaffungskosten, Abschreibungszeit (4–10 Jahre), Instandhaltungskosten (2,5–4 % der AK), Raumbedarf, Miete/m^2]
- variable Kosten (Energiekosten, Werkzeugkosten, Bedienungskosten)

Fall 1: **Vergleich Fremdfertigung – Eigenfertigung**

„Kritische Menge $\boldsymbol{M}_{KR}$“, wenn $\text{Kosten}_{\text{Fremdfertigung}}$ $\boldsymbol{K}_{FF}$ = $\text{Kosten}_{\text{Eigenfertigung}}$ $\boldsymbol{K}_{EF}$

$$\boldsymbol{M}_{KR} = \frac{(\boldsymbol{K}_{\text{EF fix}} - \boldsymbol{K}_{\text{FF fix}})/\text{Zeitraum} \cdot \textbf{Menge}/\text{Zeitraum}}{(\boldsymbol{K}_{\text{FF variabel}} - \boldsymbol{K}_{\text{EF variabel}})/\text{Zeitraum}}$$

Wird „kritische Menge“ auf Dauer überschritten, ist Eigenfertigung günstiger.

Fall 2: **Vergleich Fertigung Maschine A – Fertigung Maschine B**

Kostengleichheit der in der Anschaffung teureren Maschine B wird nur dann ereicht, wenn:

$$\text{Zeitersparnis um Faktor} = \frac{\text{Kosten}_{\text{Maschine B}}/\text{h}}{\text{Kosten}_{\text{Maschine A}}/\text{h}}$$ und Steigerung der

$$\text{Fertigungsmenge um Faktor} = \frac{\text{Kosten B}_{\text{Auslastungsgrad B}}}{\text{Kosten B}_{\text{Auslastungsgrad A}}} + 1$$

Die Fertigung mit der teureren Maschine B ist i.d.R. nur dann rentabel, wenn die Fertigungsmenge gesteigert werden kann. Hierbei sind zu beachten: Zahl der Mitarbeiter, Räume und deren Einrichtung, innerbetrieblicher Transport, Liquidität, Arbeitsorganisation etc.

Amortisationszeit einer Maschine, Anlage: Zeit, in der das eingesetzte Kapital durch Einsparungen wieder eingebracht wird.

$$\text{Amortisationszeit (Monate, Jahre)} = \frac{\text{Kapitalaufwand}}{\text{Einsparungen/Monat bzw./Jahr}}$$

12

12.4 Betriebsorganisation

Betriebsorganisation

Aufbauorganisation regelt	**Ablauforganisation** regelt
Leitungssystem (z. B. Stabliniensystem) Abteilungsgliederung Stellenmerkmale Entscheidungssysteme Hilfsmittel: – Organigramm – Stellenbeschreibung	Auftragsabwicklung Arbeitsvorbereitung und Fertigungsablauf räumliche und zeitliche Zuordnung von Mitarbeitern, Maschinen und Material Hilfsmittel: – Ablaufdiagramm – Balkendiagramm, Netzplantechnik

12.4.1 Leitungssysteme

System	Merkmale
Einliniensystem	Straffe Organisation, jeder Mitarbeiter hat einen Vorgesetzten
Mehrliniensystem	Mehrfachunterstellung der Mitarbeiter führen zu Kompetenzproblemen
Stabliniensystem	Befehlswege wie bei Einliniensystem, Stäbe mit beratenden Mitarbeitern
Lean Management	Flache Hierarchien, Gruppen organisieren sich weitgehend selbstständig

Stabliniensystem: Beispiel für eine Tischlerei/Schreinerei

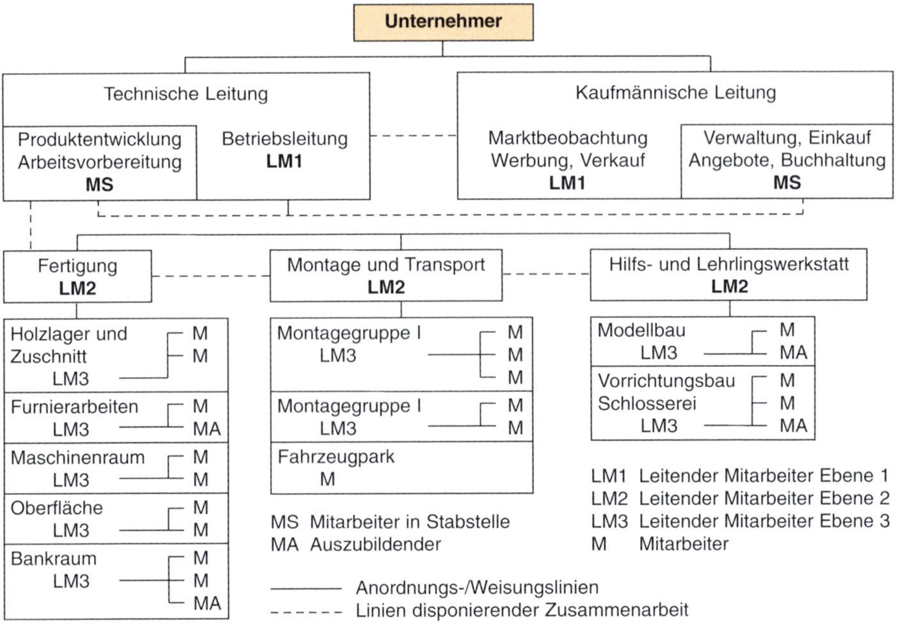

Unternehmer

Technische Leitung
Produktentwicklung Arbeitsvorbereitung **MS**
Betriebsleitung **LM1**

Kaufmännische Leitung
Marktbeobachtung Werbung, Verkauf **LM1**
Verwaltung, Einkauf Angebote, Buchhaltung **MS**

Fertigung **LM2**
Holzlager und Zuschnitt LM3 – M, M
Furnierarbeiten LM3 – M, MA
Maschinenraum LM3 – M, M
Oberfläche LM3 – M, M
Bankraum LM3 – M, M, MA

Montage und Transport **LM2**
Montagegruppe I LM3 – M, M, M
Montagegruppe I LM3 – M, M
Fahrzeugpark M

Hilfs- und Lehrlingswerkstatt **LM2**
Modellbau LM3 – M, MA
Vorrichtungsbau Schlosserei LM3 – M, M, MA

MS Mitarbeiter in Stabstelle
MA Auszubildender

LM1 Leitender Mitarbeiter Ebene 1
LM2 Leitender Mitarbeiter Ebene 2
LM3 Leitender Mitarbeiter Ebene 3
M Mitarbeiter

——— Anordnungs-/Weisungslinien
- - - - - Linien disponierender Zusammenarbeit

12

12.4.2 Ablaufdiagramm für Auftragsabwicklung

Das Ablaufdiagramm zeigt den Weg eines Auftrages von der Anfrage über die einzelnen Vorgänge der Auftragsabwicklung bis hin zur Abrechnung und der Nachkalkulation durch den Betrieb auf. Es gibt durch die geschlossenen Linien im Diagramm an, welche Stellen mit der Bearbeitung verantwortlich betraut werden, und durch die gestrichelten Linien, welche Stellen nur informativ oder beratend mitarbeiten.

Stelle / Vorgang	Kaufmännischer Bereich	Arbeitsvorbereitung			Lager	Fertigung	
		Planung	Steuerung	Kontrolle		Betrieb	Einbau
1 Anfrage	●						
2 Kundenbesuch	●	○					
3 Vorkalkulation	●	○				○	
4 Angebot	●						
5 Auftrag	●						
5.1 Maße prüfen		○					
5.2 Auftragsbestätigung	●					○	○
5.3 Zeichnung		●					
5.4 Muster (Farbproben)		●					
5.5 Lieferzeit		●					
5.6 Zahlungsvereinbarung	●						
6 Arbeitsvorbereitung			●				
6.1 Detailzeichnung			●				
6.2 STÜLI-Konzept			●				
6.3 Erfassung am Computer			●				
6.4 Stückliste/Fertigung			●				
6.5 Materialkosten			●	○			
6.6 Zeitvorgabe			●	○			
6.7 Material prüfen			●		○		
6.8 Material bestellen	○		●		○	○	
6.9 Material ausgeben			●				
6.10 Erfasste Zeit AV				●			
6.11 Auslastung AV				●			
7 Fertigung						●	
7.1 Grundlagen				○		●	
7.2 Fertigung						●	
Einbau							●
Kontrolle				●			
7.3 Kostenerfassung				●			
7.4 Kontrollzahlen				●			
7.5 Nachberechnung	●						
7.6 Rechnung an den Kunden	●						
8 Nachkalkulation	●						

●—— Verantwortliche Bearbeitung ○ - - - - Information oder Beteiligung

12.4 Betriebsorganisation

12.4.3 Kalkulation

Begriff	Erläuterung
Vorkalkulation	Angebotskalkulation, Erstellung vor Fertigung, Sollwerte.
Zwischenkalkulation	Überprüfung der während der Fertigung anfallenden Werte.
Nachkalkulation	Kontrolle der Vorkalkulation nach der Fertigung, Istwerte.
Marktpreis	Preis unter Berücksichtigung von Angebot und Nachfrage
Gemeinkosten	Alle Kosten im Betrieb, die nicht als Materialeinzelkosten oder Fertigungseinzelkosten einem Auftrag direkt zugerechnet werden können.
Betriebsabrechnungs-Bogen (BAB)	Hilfsmittel zur Verrechnung der Kostenarten auf einzelne Kostenstellen. Hilfsmittel zur Errechnung der Gemeinkostenzuschläge.
Vollkostenrechnung	Gemeinkosten werden anteilig den Einzelkosten zugerechnet.
Teilkostenrechnung	In der Deckungsbeitragsrechnung wird ermittelt, wie viel der Deckungsbeitrag = Erlös – variabler Kosten zur Deckung der fixen Kosten des Betriebs beiträgt. Sind fixe Kosten für bestimmten Zeitraum bereits gedeckt, erhöht der Deckungsbeitrag den Betriebsgewinn.
Divisionskalkulation	Kosten/Einheit = Gesamtkosten/Zeitraum : Einheiten/Zeitraum
Kalkulation mit Äquivalenzziffern	Kosten für bestimmte Einheit bekannt, Stückkosten ähnlicher Modelltypen werden mit Äquivalenzzahlen (Faktoren k) ermittelt. Z.B. im Fensterbau: Drehkippfenster $k = 1$; Festverglasung $k = 0{,}4$; Drehkipp-Tür $k = 1{,}5$.
Summarische Zuschlagkalkulation	Alle Gemeinkosten des Betriebs werden auf die direkt verrechenbaren Fertigungslöhne umgelegt. Zuschlag in Tischlereien ca. 220 %. $\text{Zuschlag je Lohnstunde} = \frac{\text{Gemeinkosten des Betriebes/Jahr} \times 100\ \%}{\text{Summe der Fertigungslohnstunden/Jahr}}$ Da Zuschläge immer für vergangenen Zeitraum ermittelt werden, sind aktuelle bzw. absehbare Veränderungen im Betrieb bei der Verwendung von Zuschlagswerten zu beachten.
Differenzierte Zuschlagkalkulation	Gemeinkosten werden auf Kostenstellen (i.d.R.: Material, Maschinenarbeit, Handarbeit, Montage auf der Baustelle) verteilt. Jede Kostenstelle muss dann anteilig zur Deckung der Gemeinkosten beitragen. **Beispiel** für differenzierte Gemeinkostenzuschläge auf: Materialeinzelkosten 20–25 % Fertigungseinzellöhne Maschinenarbeit (Maschinenraum) 280 % Fertigungseinzellöhne für Handarbeit (Bankraum) 160 % Fertigungseinzellöhne auf Baustelle (Montage) 170 % Werte sind betriebsspezifisch zu ermitteln und bei Veränderungen der Gemeinkosten neu festzulegen.
Stundenverrechnungssatz	Kosten je Arbeitsstunde = Stundenlohn + Gemeinkostenzuschlag + Wagnis und Gewinn
Zuschlag für Wagnis und Gewinn (z.B. 15 % auf Selbstkosten bei 30 % Materialanteil)	Zuschlag auf Selbstkosten zur Deckung des Unternehmerrisikos, Betriebsziel, erforderlich zur Erhaltung und Weiterentwicklung des Betriebs. Soll: Zuschlag in % = 22,5 % – Materialkostenanteil in % · 0,25 Ist: – abhängig von Wagnis- und Gewinnplanung des Unternehmers – tatsächlichem Material und Zeitverbrauch gegenüber Vorkalkulation – Vermeidung von Minderungsansprüchen, Vertragsstrafen und dgl.

12

12.4.4 Vorkalkulation

Ermittlung des Angebotspreises mit Hilfe der Zuschlagskalkulation

Bruttopreis (**K**osten **B**rutto) $KB = KN + \text{MwSt}$

Nettopreis (**K**osten **N**etto) $KN = SK + WG$

Zuschlag für **W**agnis und **G**ewinn $WG = SK \cdot WG\text{-Zuschlag} : 100\ \%$

Selbst**k**osten $SK = MK + FK$

bei summarischer Zuschlagskalkulation:

Material**k**osten $MK = MEK + MGK$

Material**g**emein**k**osten $MGK = MEK \cdot GK\text{-Zuschlag} : 100\ \%$

Material**e**inzel**k**osten MEK gem. tabellarischer Erfassung

Fertigungs**k**osten $FK = FEK + FGK$

Fertigungs**e**inzel**k**osten $FEK = \text{Fertigungsstunden} \cdot \text{Stundenlohn}$

Fertigungs**g**emein**k**osten $FGK = FEK \cdot GK\text{-Zuschlag} : 100\ \%$

bei differenzierter Zuschlagkalkulation:

Material**k**osten $MK = MEK + MGK$

Material**e**inzel**k**osten MEK gem. tabellarischer Erfassung

Material**g**emein**k**osten $MGK = MEK \cdot GK\text{-Zuschlag} : 100\ \%$

Fertigungs**k**osten $FK = FK_{Bank} + FK_{Maschine} + FK_{Montage}$

Fertigungs**k**osten$_{Bank}$ $FK_{Bank} = FEK_{Bank} + FGK_{Bank}$

Fertigungs**e**inzel**k**osten$_{Bank}$ $FEK_{Bank} = \text{Fertigungsstunden}_{Bank} \cdot \text{Stundenlohn}$

Fertigungs**g**emein**k**osten$_{Bank}$ $FGK_{Bank} = FEK_{Bank} \cdot GK\text{-Zuschlag}_{Bank} : 100\ \%$

Fertigungs**k**osten$_{Maschine}$ $FK_{Maschine} = FEK_{Maschine} + FGK_{Maschine}$

Fertigungs**e**inzel**k**osten$_{Maschine}$ $FEK_{Maschine} = \text{Fertigungsstunden}_{Maschine} \cdot \text{Stundenlohn}$

Fertigungs**g**emein**k**osten$_{Maschine}$ $FGK_{Maschine} = FEK_{Maschine} \cdot GK\text{-Zuschlag}_{Maschine} : 100\ \%$

Fertigungs**k**osten$_{Montage}$ $FK_{Montage} = FEK_{Montage} + FGK_{Montage}$

Fertigungs**e**inzel**k**osten$_{Montage}$ $FEK_{Montage} = \text{Fertigungsstunden}_{Montage} \cdot \text{Stundenlohn}$

Fertigungs**g**emein**k**osten$_{Montage}$ $FGK_{Montage} = FEK_{Montage} \cdot GK\text{-Zuschlag}_{Montage} : 100\ \%$

Ermittlung des Angebotspreises mit Kennzahlen aus Nachkalkulationen

Bruttopreis (**K**osten **B**rutto) $KB = KN + \text{MwSt}$

Nettopreis (**K**osten **N**etto) $KN = SK + WG$

Zuschlag für **W**agnis und **G**ewinn $WG = SK \cdot WG\text{-Zuschlag} : 100\ \%$

Selbst**k**osten $SK = \text{Stundenverrechnungssatz} \cdot t_{erf} \cdot k_{Material}$

Erforderliche Fertigungszeit $t_{erf} = n \cdot t/\text{Stück}$ — n Anzahl

oder $t_{erf} = l \cdot t/\text{m}$ — l Länge

oder $t_{erf} = A \cdot t/\text{m}^2$ — A Fläche

Faktor für Material $k_{Material}$ siehe Tabelle Seite 12–18

12.4 Betriebsorganisation

12.4.5 Verschnitt, Kennzahlen

Verschnittberechnung bei Erstellung der Materialliste

V Verschnittmenge R Rohmenge F Fertigmenge = Grundwert = 100 %

Längenverschnitt: $l_V = l_R - l_F$ bzw. $l_R = l_F$ (1 + Verschnittzuschlag : 100 %)
$l_V = l_F \cdot$ Verschnittzuschlag : 100 %

Flächenverschnitt: $A_V = A_R - A_F$ bzw. $A_R = A_F$ (1 + Verschnittzuschlag : 100 %)
$A_V = A_F \cdot$ Verschnittzuschlag : 100 %

Volumenverschnitt: $V_V = V_R - V_F$ bzw. $V_R = V_F$ (1 + Verschnittzuschlag : 100 %)
$V_V = V_F \cdot$ Verschnittzuschlag : 100 %

Verschnittzuschläge auf Vollholz und Plattenmaterial (Richtwerte, im Betrieb zu überprüfen)

Vollholz	auf m^3 Fertigvolumen	auf m^2 Fertigfläche
Flächen hochwertig, selbst verleimt	100 %	50– 60 %
Flächen normal, selbst verleimt	70 %	35– 50 %
Rahmen-Friese im hochwertigen Möbelbau	120–150 %	80–100 %
Rahmenfriese normal	100–120 %	60– 80 %
Kanten, Anleimer	300–400 %	
Rahmenfriese Holzfenster, Außentüren	50– 80 %	
Massivholz-Kanteln	25– 40 %	

Furniere	auf m^2 Fertigfläche
Deckfurnier sichtbar	60–80 %
Deckfurnier nicht sichtbar	30–40 %
Blindfurnier	20 %

Plattenwerkstoffe	auf m^2 Fertigfläche
Tischlerplatten, Furnierplatten, Multiplexplatten	20 %
Verleimte Vollholzplatten, Schichtholz, Paneele	20 %
Spanplatten, MDF-Platten	15 %
Profilbretter mit Schattennut	30 %
Dekorative Hochdruck-Schichtpressstoffplatten (HPL)	20 %
HPL-Platten mit Struktur	30 %

Kennzahlen aus Nachkalkulationen für Preisermittlung (betriebsspezifische Beispiele)

Produktgruppe	Zeit/Einheit	Fertigungskosten : Material	$k_{Material}$
Außentürenfertigung (mittlerer Aufwand)	10 h/m^2	1,4 : 1	1,7
Zimmertür, Blockrahmen	20 h/Stück	2 : 1	1,5
Schiebetür, Platte, Futter + Bekleidung	30 h/Stück	3 : 1	1,3
Zimmertür, Doppeltür, Bleiverglasung	100 h/Stück	1,5 : 1	1,7
Einbauschrank, einfache Plattenbauweise	11 h/m^2	2,5 : 1	1,4
– Rahmen mit Füllung, Korpus furniert	25 h/m^2	3,5 : 1	1,3
offene Regalwand, unten Türen	8,5 h/m^2	2,5 : 1	1,4
Deckenbekleidung: Paneele	1,5 h/m^2	1,2 : 1	1,8
Deckenbekleidung Kassetten, selbst gefertigt	4–12 h/m^2	bis 5 : 1	1,2
Wandbekleidung	4 h/m^2	3,5 : 1	1,3

12.4.6 Arbeitswerte zur Ermittlung der Fertigungszeit (Beispiel)[1]

Gruppe	Tätigkeit	Einheit	$t_{MA\text{-}Rüst}$/ $t_{HA\text{-}Rüst}$ min	$t_{MA\text{-}Laufzeit}$ min	$t_{Handarbeit}$ min	$t_{Montage}$ min
	Arbeit vorbereiten				5–8 % MA + HA	3 % MO
Vollholz	Zuschneiden	1 m	5	2		
	Abrichten/auf Dicke hobeln	1 m		je 1		
	auf Format schneiden	1 m	5	1		
	Fläche bis ca. 1 m^2 verleimen	1 Stück		30		
Platten	Zu- bzw. auf Format schneiden	1 m^2		je 5		
	Kalibrieren	1 m^2	5	1		
	Kanten maschinell anleimen	1 m	10	1		
	Kanten von Hand anleimen	1 m			5	
	Kanten bündig fräsen	1 m	10	1		
Furnier	Zurichten, Fügen, Kleben, Pressen	1 m^2	10	4	25	
Profile	Fälzen, Nuten	1 m	10	1		
	kompliziertere Profile	1 m	15	2		
	einfache Schablone bauen	1 Stück		15	30	
Bohrungen	Einzelbohrung	2 Bohr	5	2		
	Lochreihen	1 Bo. Hub	15	2		
Eckverbind.	Schlitzen, Dübeln	1 Ecke	20	4		
	Lamelloverbindung	1 Ecke			10	
Schleifen	Fläche mit Bandschleifmaschine	1 m^2	5	2		
	Fläche von Hand	1 m^2			4	
	Kante mit Maschine	1 m	5	1		
	Kante von Hand	1 m			2	
Verleimen	Rahmen verleimen	1 Stück			30	
	Korpus (4 Ecken, 50 cm tief) vormontieren und verleimen	1 Stück			60	
	Beileimer	1 m			5	
Beschläge	von Hand einlassen + anschlagen	1 Teil			15	
	Topfbänder montieren	1 Teil			5	
	Schubstangenschloss	1 Stück			60	
	Deckleiste zu Schubstangenschl.	1 Stück			30	
	Drehstangenschloss	1 Stück			30	
	Kleiderstange ablängen + mont.	1 Stück			15	
Schubkasten	gezinkt, klassisch geführt	1 Stück			180	
	gedübelt, mechanisch geführt	1 Stück			120	
Glasleisten	zuschneiden, montieren	1 Stück			5	
Dichtungen	zuschneiden, einziehen	1 m			2	
Oberfläche[2]	Wässern + Beizen	1 m^2		2	13	
	2 Auftrage, 1 Zwischenschliff	1 m^2	10/10	5	5	
	3 Aufträge, 2 Zwischenschliffe	1 m^2	10/10	8	8	
	Farbige Oberfläche	1 m^2	30/30	25	25	
	Ölen + Wachsen	1 m^2		4	8	
Transport	Teile auf- und abladen, verteilen	1 Teil				15/Mann
	Fahrzeit (15 km Entfernung)					30/Mann
Montage	Einbaustelle vorbereiten + räumen					45/Mann
	Teile aufstellen und verbinden	1 Teil				10/Mann
	Wandbefestigung	1 Befest.				10
	Passleisten	1 m				20
	Beschläge anbringen, Nacharb.					v. A. abh.
	Außentür fachgerecht Einbauen	1 m^2				100/Mann

[1] Arbeitswerte sind Mittelwerte, sie müssen je nach Betrieb und Auftrag überprüft werden.
[2] Ist keine Kostenstelle „Oberfläche" vorgesehen, wird bei Spritzauftrag im Lackierraum i. d. R. die Arbeitszeit zur Hälfte der Maschinen- bzw. Handarbeit zugerechnet.

12.4.7 Deckungsbeitragsrechnung (DBR)

Deckungsbeitragsrechnung ermöglicht unternehmerische Entscheidungen hinsichtlich Auftragsannahme, insbesonders, ob bei schwacher Fertigungsauslastung ein Auftrag mit relativ schlechtem Erlös angenommen werden kann.

Erlös (erzielte Vergütung) – **variable Kosten** (Leistungskosten) = **Deckungsbeitrag (DB)**

Deckungsbeitrag – fixe Kosten (Bereitschaftskosten) = **Gewinn** (Verlust)

Grenzkosten: **DB = Erlös – variable Kosten = 0; DB > 0** ⇒ DB Beitrag zur Fixkostendeckung

Kostenaufteilung in fixe + variable Kosten (**Beispiele** für betriebsspezifische Aufteilung in %)

Kostenart	fix	variabel	Kostenart	fix	variabel
Raumkosten	100	–	Fertigungslöhne	70	30
Abschreibungen	100	–	Gehälter	100	–
Instandhaltungskosten	25	75	Arbeitgeberanteile	80	20
Zinsen	100	–	Werkstoffe	–	100
Versicherungen	100	–	Stromkosten	10	90
Gewerbesteuer	15	85	KFZ-Kosten	60	40

Grafische Darstellung der Deckungsbeitragsrechnung

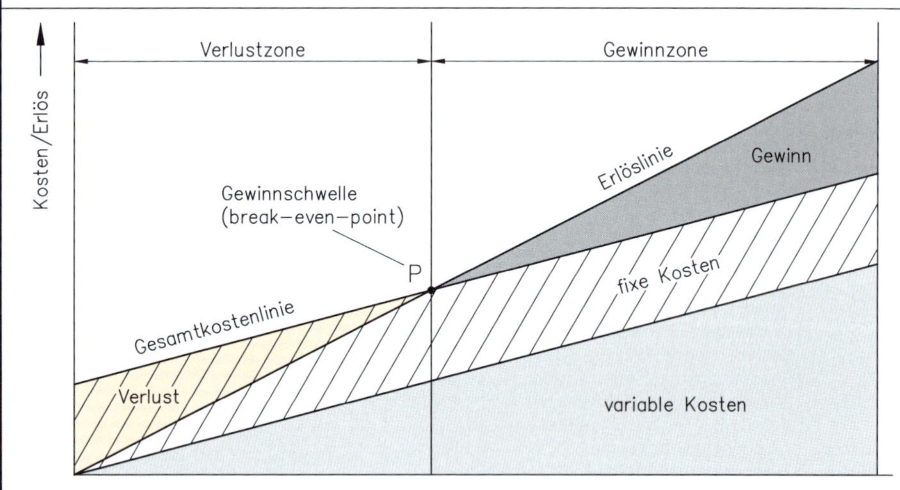

P Gewinnschwelle (break-even-point)

Rechnerische Ermittlung der Gewinnschwelle (Break-even-point)

Produktive Stunden:

$$\text{Gewinnschwelle} = \frac{\text{Fixkosten} \times \text{produktive Stunden}}{\text{Erlös} - \text{variable Kosten}}$$

$$\text{Gewinnschwelle} = \frac{\text{Fixkosten}}{\text{Deckungsbeitrag/Stunde}}$$

Absatzmenge:

$$\text{Absatzmenge} = \frac{\text{Fixkosten} \times \text{Stückzahl}}{\text{Erlös} - \text{variable Kosten}}$$

$$\text{Absatzmenge} = \frac{\text{Fixkosten}}{\text{Deckungsbeitrag/Stück}}$$

12.4.8 **Angebotserstellung** (Erstellung eines Kostenvoranschlages)

Angebot → einseitige Willenserklärung, die angebotene Sache (Leistung) zu liefern oder zu erbringen
→ nimmt der andere an, entsteht eine Leistungspflicht.
→ nimmt der andere an mit „ja, aber“ → neues Angebot, altes erlischt.
→ Leistungspflicht durch Anbieter nur bei Annahme.

Zusatzangebot → ein „Muss“ bei Zusatzleistungen bzw. Änderung der vereinbarten Leistung.

Wirksamkeit eines Angebotes

Angebot (Kostenvoranschlag)

bindend (wenn keine Angabe)
- **unbefristet** (abzuraten)
- **befristet** i.d.R. 30 Kalendertage; Gültigkeitszeit auch kürzer möglich, wie z.B. bei Sonderangeboten

nicht bindend
nach BGB § 145 ist Zusatzvermerk erforderlich, z.B.: Angebot ist nach Menge, Preis, Lieferzeit, Güte, ... freibleibend und unverbindlich

Kosten für Angebotserstellung (Kostenvoranschlag)

Kosten für Angebotserstellung (Kostenvoranschlag)

vor Erstellung vereinbart
→ Vergütungsanspruch in vereinbarter Höhe

nicht vereinbart
→ kein Vergütungsanspruch

Inhalt eines Angebotes

Allgemein	– Auftragnehmer (mit Unterschrift), Auftraggeber – Erstellungsdatum, Gültigkeitsdauer (Bindungsfrist an Angebot) – ggf. Unverbindlichkeit hinsichtlich ... – Vertragliche Vereinbarungen wie: AGB, BGB, VOB, VOL, Vergütung für „Besondere Leistungen“, Technische Richtlinien – Preisvorbehalte für Lohn- und Materialpreiserhöhungen – Gewähr für Zubehörteile (z. B. elektrische Geräte) und Fremdleistungen – Hinweis auf erforderliche bauseitige Vorleistungen, Leistungen – Erfüllungszeitraum für Leistung – Vorauszahlung, Abschlagzahlung, Sicherheitsleistung – Zahlungsbedingungen, Mehrwertsteuer
bei Einheitspreisvertrag	– Einheitspreise für technisch und wirtschaftlich einheitliche Teilleistungen – Mengen nach Maß, Gewicht oder Stückzahl – Leistungen sind eindeutig zu beschreiben, ggf. zeichnerisch darzustellen
bei Pauschalvertrag	Leistung ist nach Ausführungsart und Umfang genau zu beschreiben
bei Selbstkosten-Erstattungvertrag	– Kosten für Lohn, Material, Gerätevorhaltung – andere Kosten – Gemeinkosten, Gewinnzuschlag
bei Stundenlohnvertrag	– Stundenverrechnungssatz für Löhne – sonstige Kosten (incl. Gemeinkosten- und Gewinnzuschlag)

12.4.9 Arbeitsvorbereitung

Fertigungsplanung, Fertigungssteuerung und Fertigungsüberwachung lassen sich zur **Arbeitsvorbereitung** zusammenfassen. Diese umfasst alle Maßnahmen und die Erstellung aller Unterlagen sowie die Bereitstellung der Betriebsmittel zur Planung, Steuerung und der Überwachung zur wirtschaftlichen Fertigung von Produkten

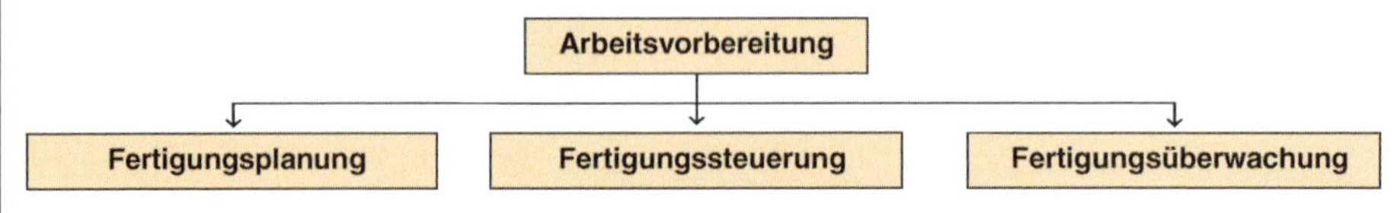

Arbeitsvorbereitung/Planung ist die gedankliche Vorwegnahme zukünftigen Handelns durch Abwägen verschiedener Handlungsalternativen und Entscheidung für den günstigsten Weg. Arbeitsvorbereitung bedeutet also das Treffen von Entscheidungen, die in die Zukunft gerichtet sind und durch die der betriebliche Prozessablauf als Ganzes und in allen seinen Teilen festgelegt wird. Da Entscheidungen nicht nur aufgrund systematischer gedanklicher Vorbereitung, sondern auch aus einer Augenblickssituation heraus, gewissermaßen intuitiv, erfolgen können – ein großer Teil der in der betrieblichen Praxis getroffenen Entscheidungen ist von dieser Art – können sie als Prognosen in die Zukunft angesehen werden. Das Unternehmensleitbild muss zielstrebig entwickelt werden.

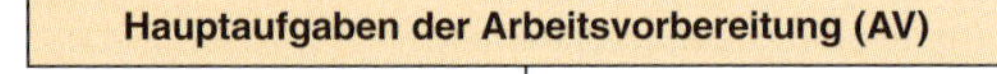

Auftragsvorbereitung: Erstellen und Verteilen aller schriftlichen Unterlagen. Die AV beginnt mit der Vorkalkulation

Terminplanung: Festlegung, wann die Erzeugnisse gefertigt, zu welchem Zeitpunkt die Fertigung beginnt bzw. Materialien und Maschinen oder Mitarbeiter eingesetzt werden sollen.

Fertigungsvorbereitung: wie, wo, womit und zu welchen Kosten gefertigt wird

Kostenüberwachung: Überwachung der mit der Konstruktion, der Planung, der Herstellung sowie der Montage der oder des Erzeugnisses verbundenen Kosten bzw. Zusatzkosten

Betriebsmittelplanung: Auswahl der geeigneten Betriebsmittel und Transportmittel und deren Konstruktion (Vorrichtungsbau)

Lagerwirtschaft: pünktliche und terminierte Bereitstellung der Materialien in richtiger und zahlenmäßiger Menge

Arbeitsverteilung: Anweisungen an die Mitarbeiter und Beschäftigten des Betriebes, damit die auszuführenden Arbeiten einer bestimmten Qualität oder einer sog. Betriebsnorm entsprechen

Auftragsmappe oder Laufinformation im Betrieb: Fertigungszeichnung und Materialliste durchlaufen mit Auftrag und Auftragsnummer den Betrieb

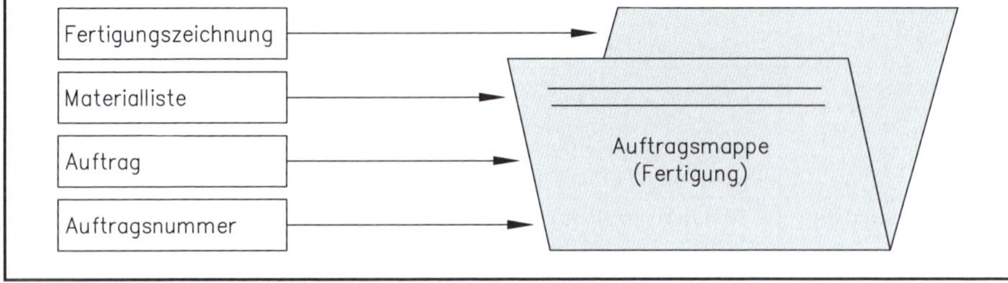

12.4 Betriebsorganisation

12.4.10 Terminplanung, zeitliche Organisation der Fertigung

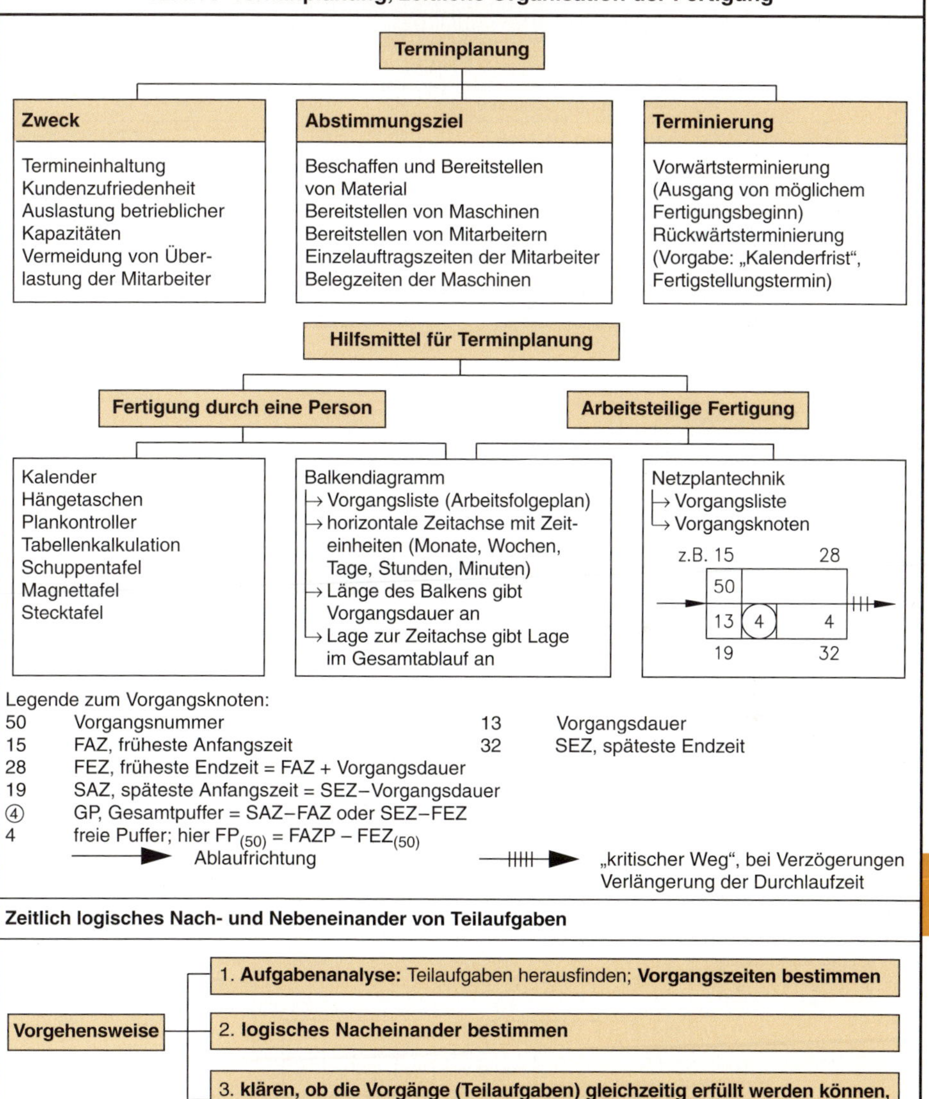

3. **klären, ob die Vorgänge (Teilaufgaben) gleichzeitig erfüllt werden können, und ob dazu genügend Aufgabenträger zur Verfügung stehen**

Beispiel:

Tischfertigung → **1. Stelle** • Holz sortieren, Transport → **2. Stelle** • Herstellung Tischfuß → **3. Stelle** • Herstellung Tischplatte → **4. Stelle** • Zusammenbau

[1] Teilaufgaben je nach Grad der angestrebten Arbeitsteilung; Vorgangszeiten (Fertigungszeiten) vgl. 12-19

Vorgangsliste (Arbeitsfolgeplan, Arbeitsablaufplan) zum **Beispiel** Tischfertigung

Vorgangsnummer	Vorgangsbezeichnung	Vorgänger	Nachfolger	Zeit (Std.)
10	Holz sortiert	–	20/30	8
20	Grobbearbeitung Tischplatte	10	40	10
30	Grobbearbeitung Tischfuß	10	50	7
40	Feinbearbeitung Tischplatte	20	60	14
50	Feinbearbeitung Tischfuß	30	60	13
60	Zusammenbau	40/50	–	6

Terminplanung mit Balkendiagramm (zeitorientiert) zum **Beispiel** Tischfertigung

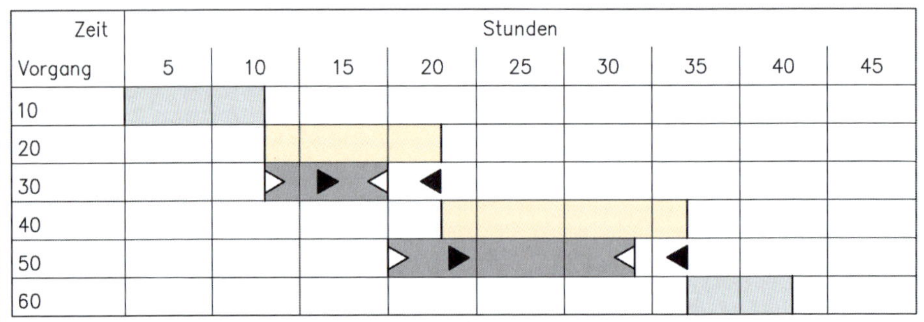

Terminplanung mit Netzplantechnik (zeit- und funktionsorientiert) zum **Beispiel** Tischfertigung

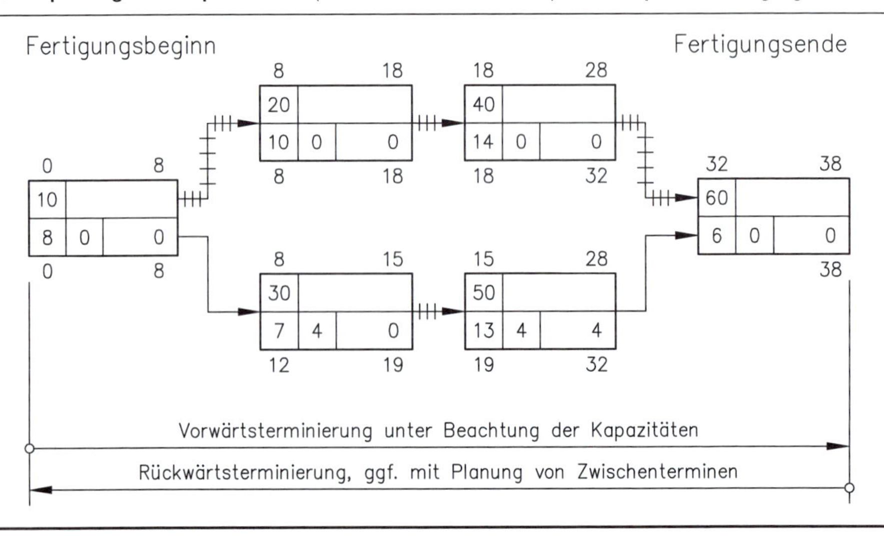

[1] Zeiten sind je nach Auftrag abhängig von Vertragsterminen, Fertigungsplanung, Materialbereitstellung, freien Kapazitäten etc.

12.4 Betriebsorganisation

12.4.11 VOB (Vergabe- und Vertragsordnung für Bauleistungen)

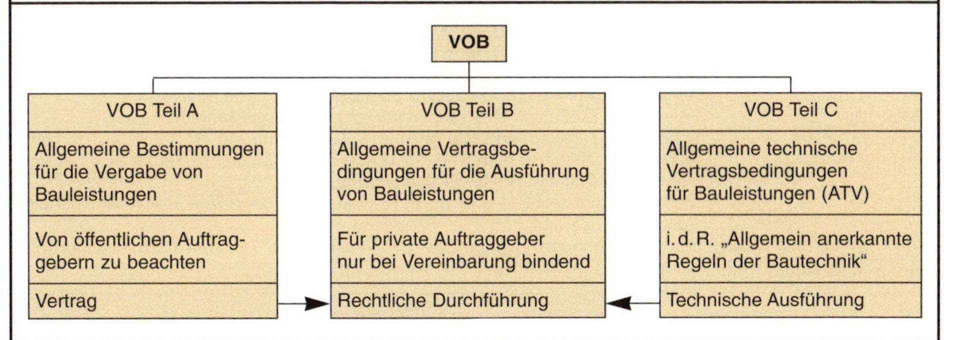

Abrechnung von Bauleistungen nach ATV (VOB/C)

Arbeiten	Vorgaben (Auszug aus DIN)
Allgemeine Regeln	– Leistungen sind aus Zeichnungen zu ermitteln. – Aufmaß nur, wenn keine Zeichnungen vorhanden. – Innen: Maße = Rohbaumaße; außen: Maße der fertigen Flächen. – Aussparungen, Öffnungen gehen planmäßig durch Bauteildicke. – Maß der Nischenleibung ist kleiner als Bauteildicke.
Zimmer- und Holzbauarbeiten ATV DIN 18334 (2006-10) Tischlerarbeiten ATV DIN 18355 (2006-10)	**Längen (m)** z. B.: Abbinden, Profilieren, Fußleisten, Handläufe, Leibungen und dgl. – Unterbrechungen $\leq$ 1,00 m werden übermessen. **Flächen (m²)** z. B.: Bekleidungen, Füllungen. – Öffnungen $\leq$ 2,50 m^2 werden übermessen (bei Böden $\leq$ 0,50 m^2). Abzugsmaße = kleinste Maße der Aussparung! – Bekleidete Rückwände von Nischen werden immer gesondert vergütet. – Bodenflächen in Nischen und Türöffnungen werden voll gerechnet. – Fußleisten und Konstruktionen bis 10 cm Höhe werden übermessen. – Zwischenböden, Dämmungen, Sperren und dgl. werden einschließlich Deckenbalken, Latten und sonstigen Konstruktionen gemessen, wenn Unterbrechung $\leq$ 30 cm. – Außen wird bei Bekleidungen die größte sichtbare Fläche gerechnet. – Gewölbedecke: Stich $<$ 1/6 der Breite → Fläche = Bodenfläche Stich $\geq$ 1/6 der Breite → Fläche = abgewickelter Bogen × Länge Schildwandhöhe = Seitenwandhöhe + 2/3 × Stichhöhe. **Raummaße (m³)** z. B.: Balken, Bohlen, Brettschichtholz. Maßgebend für Berechnung ist die größte Länge einschl. Holzverbindung und der volle Querschnitt ohne Ausklinkungen, Aussparungen, ü. ä. **Anzahl** (Stück) getrennt nach Bauart und Maßen z. B.: Türen, Fenster, Tore.
Estricharbeiten ATV DIN 18353 (2006-10) Parkettarbeiten ATV DIN 18356 (2006-10)	**Flächen (m²):** Maße nach Rohbaumaßen. – Aussparungen für Öffnungen, Pfeiler, Pfeilervorlagen, Rohrdurchführungen u. ä. werden bei Einzelgrößen über 0,1 m^2 abgezogen. – Bodenflächen in Nischen und Türöffnungen werden voll gerechnet. **Längen (m):** z. B.: Fußleisten, Schienen, Fugen etc. – Gerechnet wird größte Länge des Bauteils. – Unterbrechungen $>$ 1,00 m werden abgezogen. **Anzahl** (Stück) getrennt nach Bauart und Maßen.

Zur Abrechnung von Bauleistungen nach VOB

Arbeiten	Vorgaben (Auszug aus DIN)
Verglasungsarbeiten ATV DIN 18361 (2002-12)	**Flächen (m^2)** – Abrechnungsmindestgröße 0,25 m^2, bei ESG und VSG 0,50 m^2. – Länge bzw. Breite von MIG wird immer ≥ 0,30 m angenommen. – Längen- und Breitenmaß bis Falzgrund; Aufrundung auf cm-Maß, das durch 3 teilbar ist. Z. B.: gemessen 51,5 cm → Abrechnung 54 cm = 18 cm × 3. – Sprossen bis 50 mm Breite werden übermessen. – Maß von nicht rechteckigen Scheiben = Maß von kleinstem Rechteck, das die Scheibe umschreibt. – Maßabweichungen zwischen LV und Ausführung ≤ 20 mm bleiben unberücksichtigt.
Maler- und Lackierarbeiten ATV DIN 18363 (2006-10)	– Vorgaben im Allgemeinen wie bei Tischlerarbeiten. – Gesimse, Umrahmungen, Faschen von Füllungen, Öffnungen werden beim Ermitteln der Fläche übermessen. – Rahmen, Riegel, Ständer und dgl. bis 30 cm Einzelbreite werden übermessen; deren Beschichtung wird zusätzlich nach Längenmaß berechnet, wenn anderer Farbton oder andere Technik. – Fenster, Türen und dgl. je beschichteter Seite; Füllungen werden übermessen. – Bei profilierten, gewellten Flächen, Blockzargen über 60 mm Dicke sowie Türfuttern mit Bekleidung wird Abwicklung gerechnet. – Fläche von Fenstergittern, Scherengittern u. ä. werden einseitig gerechnet.
Putz- und Stuckarbeiten ATV DIN 18350 (2006-10) Trockenbauarbeiten ATV DIN 18340 (2006-10)	– Vorgaben im Allgemeinen wie bei Tischlerarbeiten, Gewölbedecken jedoch immer nach abgewickelter Fläche. – Verputzte Flächen bis 2,5 m^2 sowie Flächen bis 5 m^2 im Trockenbau werden getrennt berechnet. – Pfeiler und dgl. bis 1,00 m Ansichtsbreite werden nach Länge (m) berechnet. – Unterbrechungen bis 30 cm Einzelbreite, z. B. durch Fachwerkteile, Gesimse, Vorlagen, Stützen, Balken, Friese, Vertiefungen, werden übermessen. – Leichte Trennwände werden bis zu begrenzenden, ungeputzten, ungedämmten bzw. nicht bekleideten Bauteilen wie nicht durchdrungene Systemböden, Estriche, Unterdecken, abgehängte Decken und dgl. gemessen.
Gerüstarbeiten ATV DIN 18451 (2006-10)	**Abrechnung nach Flächenmaß (m^2)** – Horizontalmaß = Längenmaß der eingerüsteten Raumfläche – Vertikalmaß wird von Standfläche bis Oberkante der eingerüsteten, zu bearbeitenden Fläche gerechnet. **Abrechnung nach Raummaß (m^3, bei Innenräumen)** – Grundfläche = Gerüstfläche – Aufmaßhöhe wird von Standfläche bis zur obersten zu bearbeitenden Fläche oder Kante gerechnet. Dauer der Gerüstüberlassung rechnet sich je angefangene Woche.

Abrechnung von „Besonderen Leistungen" nach DIN 18299 (2006-10) und weiterer DIN-Vorschriften

Voraussetzung:
- In Leistungsbeschreibung vorgesehen und nicht als kostenfrei gekennzeichnet.
- Als „Zusätzliche Leistungen" vom Auftraggeber angeordnet und Mehrvergütungsanspruch vor Ausführung von Auftragnehmer geltend gemacht.
- Die Leistungen waren zur Erfüllung des Vertrages notwendig, entsprachen dem mutmaßlichen Willen des Auftraggebers und wurden ihm unverzüglich angezeigt.

Beispiele: Erkunden von Verkehrs-, Versorgungs- und Entsorgungsanlagen; Sicherungsmaßnahmen beim Antreffen von Schadstoffen, Leistungen nach DIN 18299 Abschnitt 4.2 sowie Leistungen nach den Abschnitten 4.2 der o. g. DIN-Normen für Bauleistungen in den einzelnen Gewerken.

12.4.12 Mangelhaftung

Mangelfeststellung: Vergleich → *„Soll-Eigenschaft"* einer Sache mit *„Ist-Eigenschaft"* → negative Abweichung → Mangel

Beweissicherungsverfahren: Gutachter untersucht Sache (Werk) auf Mängel

Vertragsart	Kaufvertrag	Werkvertrag
Geltungsbereich	Verschaffung beweglicher Sachen	Herstellung von körperlichen bzw. unkörperlichen Werken, wie z. B. Bauwerke, Planungsleistungen für Bauwerke
Sachmangel	nach § 434 BGB – Fehlen der vereinbarten Beschaffenheit – keine gewöhnliche Verwendungseignung – keine, üblicherweise zu erwartende Beschaffenheit – nicht für vertraglich vorausgesetzte Verwendung geeignet – Lieferung anderer Sache oder zu geringer Menge – Montagefehler, fehlerhafte Montageanleitung	nach § 633 BGB – Fehlen der vereinbarten Beschaffenheit – keine gewöhnliche Verwendungseignung – keine, üblicherweise zu erwartende Beschaffenheit – nicht für vertraglich vorausgesetzte Verwendung geeignet – Lieferung von anderem Werk oder Werk in zu geringer Menge
Verjährung der Mängelansprüche	2 Jahre	Vertrag nach BGB: – 2 Jahre bei Herstellung einer Sache – 5 Jahre bei Bauwerken[1)] – 3 Jahre im übrigen Vertrag nach VOB: 4 Jahre, 2 Jahre für maschinelle und elektrotechnische/elektronische Anlagen
Beweislast	6 Monate beim Verkäufer, danach beim Käufer	vor Abnahme beim Unternehmer, nach Abnahme beim Besteller
Mangelrechte	– *Nacherfüllung*: nach Wahl des Käufers Nachbesserung oder Nachlieferung – *Rücktritt vom Vertrag*[2)] – *Minderung des Kaufpreises*[2)] – *Schadenersatz statt der Leistung*[2)]	– *Nacherfüllung*: nach Wahl des Unternehmers Nachbesserung oder Nachlieferung – *Rücktritt vom Vertrag*[2)] – *Minderung des Kaufpreises*[2)] – *Schadenersatz statt der Leistung*[2)] – *Selbstvornahme*: Mangelbeseitigung auf Kosten des Unternehmers durch Besteller oder dessen Beauftragten

12.4.13 Produkthaftung nach ProdHaftG

Geltungsbereich	Folgeschäden an Personen und Sachen infolge eines fehlerhaften Produktes, das der Hersteller ggf. Händler in den Verkehr gebracht hat.
Haftungsdauer	10 Jahre
Beweislast	Geschädigter muss Fehler zum Zeitpunkt des Schadens nachweisen

[1)] Separater Vertrag für maschinelle bzw. elektrotechnische/elektronische Anlagen ratsam!
[2)] Grundsätzlich vorher Fristsetzung zur Nacherfüllung.

12.4.14 Qualitätssicherung

Das Qualitätsniveau eines Produktes oder einer Dienstleistung wird bestimmt durch die Eignung, festgelegte und vorausgesetzte Erfordernisse zu erfüllen.

Sicherheitsmaßnahme	Organisation	Sicherheit für den Kunden
Produktpass Produktinformation	Freiwillige Information des Herstellers hinsichtlich der Technischen Qualität.	Information über verwendete Materialien, beachtete Normen, ggf. werkseigene Prüfungen. Pflegeanleitungen.
RAL-Zeichen z. B.:	Freiwillige, branchenorientierte Gütegemeinschaften erlassen Richtlinien und überwachen kontinuierlich Produktqualität der Mitgliedsbetriebe.	Einhaltung der von der Gütegemeinschaft erlassenen Gütebedingungen. RAL ist staatlich anerkanntes Gütezeichen.
GS-Zeichen z. B.:	Prüfstellen (vom Bundesministerium für Arbeits- und Sozialordnung zugelassen) prüfen Gerätesicherheit gemäß Gerätesicherheitsgesetz.	Gesetzliche Bestimmungen z. B. hinsichtlich Ergonomie, Formgestaltung, Ecken-, Kanten- und Oberflächenausführung, Funktionssicherheit, Standsicherheit und elektrischer Sicherheit werden eingehalten.
Ü-Zeichen[1] (deutsche Regelung) z. B.:	Bauproduktengesetz und Bauregelliste für fest mit dem Bauwerk verbundene Produkte bestimmen Verfahren.	Ü-Zeichen bestätigt, dass Produkt die Forderungen der gültigen technischen Regeln (z. B. DIN-Normen) erfüllt.
ÜH	Übereinstimmungserklärung des Herstellers	Produktionskontrolle wie bei RAL-Zeichen Im Meisterbetrieb gilt Qualität der Produktion als erfüllt.
ÜHP[2]	Übereinstimmungserklärung des Herstellers nach vorheriger Prüfung des Bauproduktes durch anerkannte Prüfstelle	Prüfzeugnis anerkannter Prüfstelle. Produktionskontrolle wie bei RAL-Zeichen. Im Meisterbetrieb gilt Qualität der Produktion als erfüllt.
ÜZ[3]	Übereinstimmungszertifikat durch anerkannte Zertifizierungsstelle z. B.: für Spanplatten.	Zertifikat anerkannter Zertifizierungsstelle. Zusätzlich zur werkseigenen Produktionskontrolle ist Überwachung durch anerkannte Überwachungsstelle erforderlich.
CE-Zeichen (europäische Regelung)	Auf europäischer Ebene werden in EN-Normen Anforderungen an Produkte und deren Fertigung festgelegt. Ggf.: Werkseigene Produktionskontrolle, ETA[4], Erstprüfung, Qualitätsmanagement, Dokumentationen, Fremdüberwachung, Stichprobenprüfung, Beratung, Zertifizierung	Hersteller bescheinigt mit dem CE-Zeichen, dass er alle harmonisierten EU-Richtlinien und Normen beachtet hat. Die europäische Kommission hat vier unterschiedliche Systeme der Konformitätsbescheinigung („Levels") festgelegt. Je nach Sicherheitsrelevanz sind Produkte in Level AoC-1, AoC-2, AoC-3 oder AoC-4 eingestuft (AoC = Attestation of Conformity).
Zertifizierung nach ISO 9000	Zugelassene Zertifizierungsgesellschaft bestätigt dem Betrieb die Einführung eines Qualitätsmanagementsystems nach DIN EN ISO 9000.	Qualitätsgesicherter Betriebsablauf soll Nachweis über Fachkunde, Leistungsfähigkeit und Zuverlässigkeit des Betriebs darstellen. Interne und externe Qualitätsaudits überprüfen QM-System.

[1] Produkte müssen spätesten 21 Monate nach Einführung entspr. EN-Normen mit CE-Zeichen gekennzeichnet werden.
[2] ÜHP entspr. ~CE AoC-3; [3] ÜZ entspr. ~CE AoC-1; [4] Europäische Technische Zulassung

12.4.15 Qualitätsmanagement nach DIN EN ISO 9000: 2005-12

Modell eines prozessorientierten Qualitätsmanagementsystems

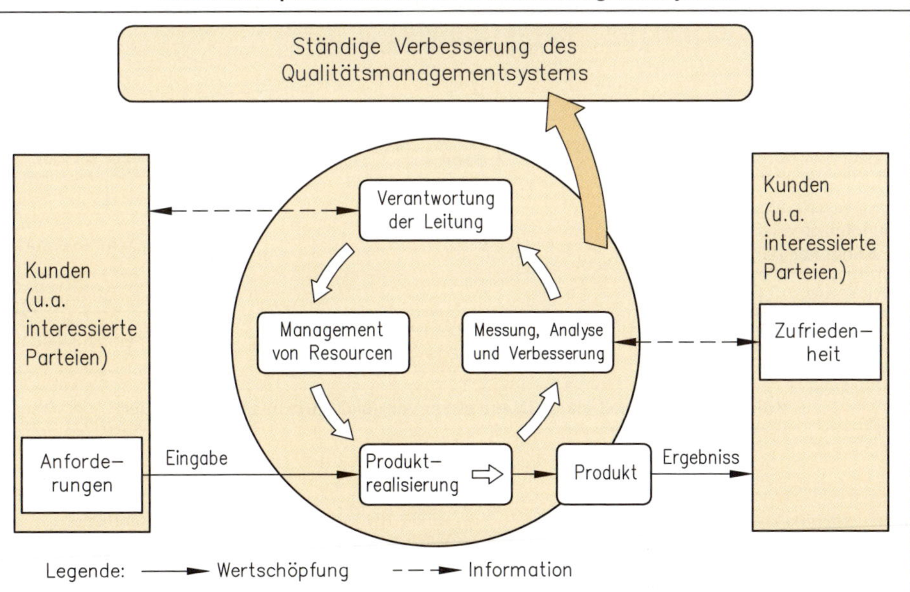

Anforderungen nach DIN EN ISO 9001 (Auszug)

Qualitätsmanagementsystem	Allgemeine Anforderungen, Dokumentationsanforderungen
Verantwortung der Leitung	Kundenorientierung, Qualitätspolitik, Qualitätsziele, Verantwortung und Befugnis, Managementbewertung
Management von Ressourcen	Bereitstellung von Ressourcen, personelle Ressourcen
Produktrealisierung	Kundenbezogene Prozesse, Entwicklung, Beschaffung, Produktion und Dienstleistungserbringung
Messung, Analyse, Verbesserung	Überwachung und Messung, Kundenzufriedenheit, Lenkung fehlerhafter Produkte, Datenanalyse, Verbesserung

Qualitätsmanagement-Darlegung

Konformität nach DIN EN ISO 9001	
Modul H	Entwicklung Fertigung Endprüfung
Modul D	Fertigung Endprüfung
Modul E	Endprüfung

Kunde

QM-Handbuch
Zuständigkeiten

Darlegung allgemeiner Grundsätze und Organisationsabläufe im Betrieb zur Information der Kunden

Betrieb

Verfahrensanweisungen
auftragsunabhängig + arbeitsplatzübergreifend

Arbeits- und Prüfanweisungen Checklisten, Formblätter usw.
auftragsunabhängig + arbeitsplatzbezogen

Gewährleistung, dass alle erforderlichen Maßnahmen und Prüfungen im Arbeitsablauf durchgeführt werden.

12

12.4.16 Kundenorientierung

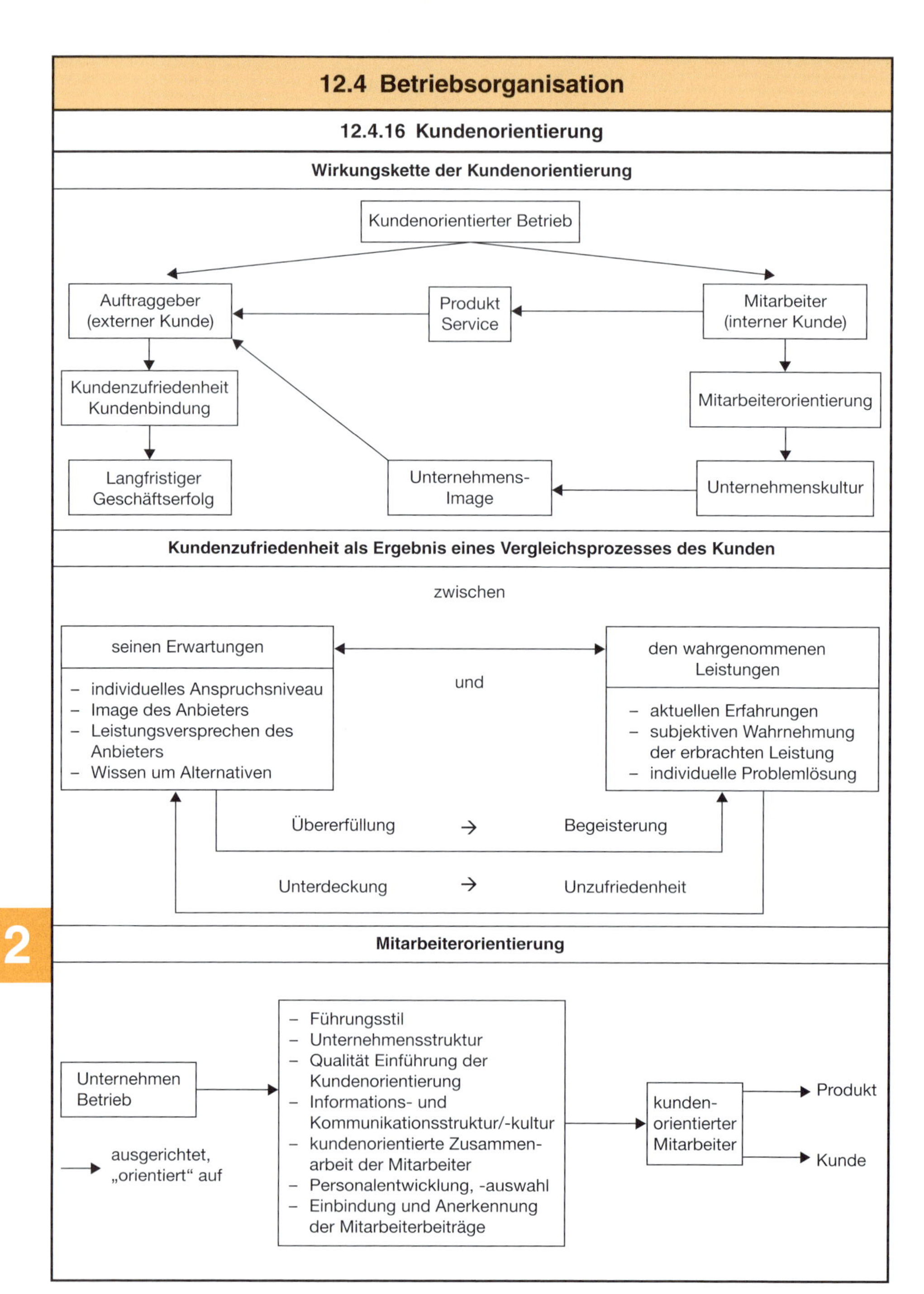

13 Montage und Installation

13.1 Übersicht

Thema	Teilbereich	Seite
Baustelle	Ablauf der Montage	13-2
	Checkliste Baustellensituation	13-3
	Prüfungen am Bau gem. § 3 ATV	13-4
	Ausstattung Montagefahrzeug	13-5
	Arbeitsschutz auf der Baustelle	13-6
	Beurteilung der Belastung der Wirbelsäule	13-6
	Schutz gegen Unfälle durch elektr. Strom	13-6
	Allgemeine Maßnahmen	13-6
	Leitern, Tritte und Fahrgerüste	13-7
	Fahrzeuge für Transport	13-8
	Entsorgung der Baustellenabfälle	13-8
Elektroanschlüsse	Leitungen für feste Verlegung	13-9
	Mindestquerschnitte für Leitungen in Kupfer	13-9
	Maximale Leitungslängen	13-9
	Verlegearten	13-10
	Strombelastbarkeit von Leitungen	13-11
	Sicherungsmaßnahmen bei Arbeiten an elektrischen Anlagen < 1 kV	13-11
	Installationsschaltungen	13-12
	Elektrische Rauminstallation	13-13
	Elektrische Installation an und in Möbeln	13-14
Wasser-technische Anschlüsse	Unterteilung der Wasserversorgungsanlage	13-15
	Rohre in der Trinkwasserinstallation	13-15
	Wand- und Deckendurchführungen	13-15
	Übersicht von Absppperrarmaturen	13-16
	Rohre und Formstücke für heißwasserbeständige Abwasserleitungen HT	13-16
	Rohrschellen, Gleitlager und Rundstahlbügel	13-18
	Anwendungsgrenzen unbelüfteter Anschlussleitungen DIN EN 12056-2	13-18
	Waschtische, Montagehöhen	13-19
	Inspektions- und Wartungsplan, Instandhaltungsmaßnahmen	13-19
Wohnungsentlüftung, Oberhauben	Lüftungssysteme	13-20
	Lüftungsrohrbefestigungen und Kanalmontage	13-20
Wartung und Instandhaltung von Bauteilen	Begriff Instandhaltung	13-21
	Alterungs- und Abnutzungsgeschwindigkeit von Bauteilen	13-21
	Kostenintensität der Instandsetzung	13-21
	Wirtschaftlichkeit präventiver Instandhaltungsmaßnahmen	13-21
	Instandhaltungsplanung	13-22
	Muster Bauteildatenblatt	13-22
	Bauteildatenblatt Fenster, Außentüren	13-23
	Baustellenkoordination durch Meister	13-24

13.2 Baustelle

13.2.1 Ablauf der Montage

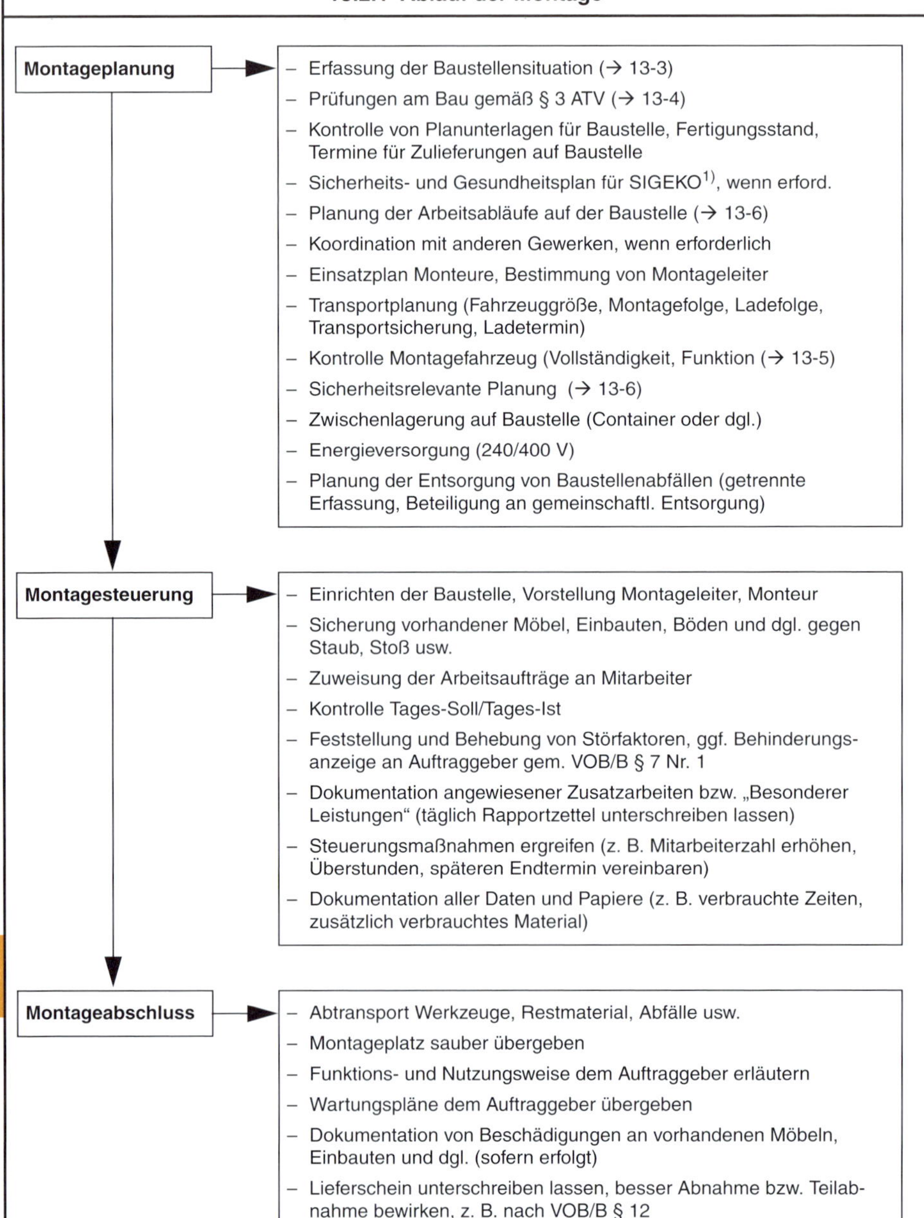

[1] Sicherheits- und Gesundheitsschutzkoordinator auf Baustellen gem. Baustellenverordnung vom 10.6.1998

13.2.2 Checkliste Baustellensituation (Beispiel)

Bauvorhaben:	☐ Auftrag Nr.
Auftraggeber:	☐ Anfrage
	☐
	Datum
	☐ Rückruf erbeten
	☐ Telefon
Rechnungsempfänger:	☐ Termin am Bauvorhaben
	☐ Angebot erwünscht

Ortstermin am: um: Uhr

in:

Objekt:	Erforderliche Unterlagen/Musterkollektionen:

Anwesende Personen:

☐ Schlüssel	☐ Terminwunsch
☐ Strom/Licht	☐ Telefon (Objekt)
☐ Wasser/Abwasser	☐ Handwerker
☐ Materiallager	☐ Objekthöhe
☐ Parkmöglichkeit	☐ Boden
☐ Gerüst Maler/Blechner/Dachdecker	

Besonderheiten:

Material/Geräte:

Sofort zu erledigen:

Positionen:	Arbeitsausführung:

Notizen/Aufmaße/etc.:

Erforderliches Material:		Erforderliche Stunden:	

Besondere Angaben zur Arbeitsausführung:

aufgestellt:	Auftrag abgeschlossen ☐ ja ☐ nein	abgerechnet/Rechn.-Nr.:
(Datum/Unterschrift)		

13.2.3 Prüfungen am Bau gem. § 3 ATV – Checkliste (Beispiel)

Bauvorhaben: .... Datum: ....
Auftraggeber: .... Prüfer: ....
.... Anwesende Personen: ....
Telefon: ....

DIN 18299 Allgemeine Regelungen für Bauleistungen jeder Art

	Zu prüfende Gegebenheiten	Geltend zu machende Bedenken
1	Verkehrs-, Versorgungs- und Entsorgungsanlagen	
2	Freizuhaltende Flächen, Zugang für Feuerwehr, Post, etc.	
3	Schadstoffe in Böden, Bauteilen, schadstoffbelasteter Schutt	

DIN 18355 Tischlerarbeiten

	Zu prüfende Gegebenheiten	Geltend zu machende Bedenken
1	Möglichkeit, vor Fertigungsbeginn die Maße am Bau zu prüfen	
2	Voraussetzungen für Befestigung und Abdichtung	
3	Maßabweichungen des Untergrundes, > als nach DIN 18202	
4	Vorhandener konstruktiver Holzschutz	
5	Richtige Lage und Höhe von Auflagern und sonst. Unterkonstr.	
6	Vorhandensein von Bezugspunkten, z. B.: Meterriss	
7	Höhe der Baufeuchte	

DIN 18340 Trockenbauarbeiten

	Zu prüfende Gegebenheiten	Geltend zu machende Bedenken
1	Abweichungen des Bestandes gegenüber den Vorgaben	
2	Richtige Lage und Höhe des Untergrundes	
3	Genügende Tragfähigkeit des Untergrundes	
4	Geeignete Beschaffenheit des Untergrundes, z. B. keine Ausblühungen, zu glatte, staubige, nasse, gefrorene Flächen	
5	Unebenheiten des Untergrundes, > als nach DIN 18202 zul.	
6	Geeignete klimatische Bedingungen, z. B.: Temp. ≥ 10 °C	
7	Schwächungen der Unterkonstruktion, z. B.: durch Einbauten	
8	Vorhandensein von Bezugspunkten, z. B.: Bezugsachsen in nicht rechtwinkligen Räumen	
9	Angaben zum Bodenaufbau im Übergangsbereich von unterschiedlichen Bodenflächen	

DIN 18356 Parkettarbeiten

	Zu prüfende Gegebenheiten	Geltend zu machende Bedenken
1	Richtige Höhenlage der Oberfläche des Untergrundes im Verhältnis zur Höhenlage anschließender Bauteile	
2	Unebenheiten des Untergrundes, > als nach DIN 18202 zul.	
3	Risse im Untergrund; weiche, poröse, raue, verunr. Oberfläche	
4	Genügend Bewegungsfugen im Untergrund	
5	Ausreichender Überstand der Randdämmstreifen	
6	Genügend trockener Untergrund	
7	Markierung von Messstellen bei beheizten Fußbodenkonstrukt.	
8	Aufheizprotokoll bei beheizten Fußbodenkonstruktionen	
9	Ausreichende Temperatur des Untergrundes	
10	Geeignetes Raumklima	

Bei **DIN 18351 Vorgehängte hinterlüftete Fassaden** sind im Vergleich zu DIN 18355 und 18340 noch zusätzlich zu prüfen: ausreichende Verankerungsmöglichkeit und Beschaffenheit der Gerüste.

13.2.4 Ausstattung Montagefahrzeug

Bereich	Ausstattung – Kontrolle mit Hilfe von Checkliste
Handwerkzeuge	Hammer (groß, klein), Fäustel, Zimmererhammer, Gummihammer, kleines Beil, Beißzange, Kombizange, Rohrzange, Wasserpumpen-Zange, Schließblech-Zange, Stemmeisen (4/8/10/16/20/40 mm), Winkel (klein, groß), Gehrmaß, Schmiege, Feinsäge, gerade, gekröpft, Fuchsschwanz, Gestellsäge, Gehrungslade, Gehrungssäge, Schraubendreher flach kl./m./gr., Schraubendreher kreuz kl./m./gr., Drillschraubendreher, Knaufschraubendreher, Ziehklinge, Schleifklotz, Schleifpapier (Körnungen), Feile/Raspel, Rali-Hobel, Wendemesser, Simshobel, Hobel für Ecken, Wasserwaage, lang/mittel/kurz, Schlauchwaage, Richtlatte, Richtschnur, Schlagschnur, Lot, Senkstift, Körner, Senker, HSS-Spiralbohrer, 1-10 mm + Ersatz von 1-5 mm, Gewindeschneider, HSS-Dübelbohrer, 6/8/10/12/16 mm, Forstnerbohrer, 15/20/25/30/35/40 mm, Dübelfix, 6/8/10 mm, Steinbohrer, 6/8/10/12 mm, 6 + 8 mit Ersatz, kleine Zwingen, Knechte, Klemmzwingen, Spanngurt, Stein-Meißel, flach/spitz, Geißfuß, Brechstange, kleiner Spiegel, Gabelschlüssel 6 bis 24, Nusskasten, Inbusschlüssel, Torxschlüssel, Abziehstein, Silikonspritze, Abziehspachtel, „Spüli“, Glasschneider und Faseabzieher, Spitzbohrer, Zirkel, Messschieber (Schieblehre), Eisensäge, Pucksäge mit Blättern, Streichmaß, Parallel-Anreißer, Maßstab 5 m, Maßband 20 m, Bleistift, Zimmermannsbleistift/Kreide, Spitzer, Radiergummi, Teppichmesser, Schere
Handmaschinen	Tischkreissäge, Handkreissäge mit Führungsschiene und Werkzeug, Kappsäge mit Sägeblättern, Schlüssel zum Wechseln und Anschlag, Stichsäge mit Sägeblättern und Werkzeug, Fräser für Formfedern, Oberfräse mit Fräserschutz und Werkzeug, Elektrohobel mit Wendemessern und Werkzeug, Bohrmaschine mit Schlüssel, Bohrersatz, Steckdosenfräser und Ständer, Winkelbohrmaschine mit Schlüssel, Winkelschleifer mit Scheiben, Werkzeug und Schutzbrille, Bohrhammer mit Bohrersatz und Meißel, Bolzenschussgerät mit Munition, Bolzen und Helm, Akkuschrauber mit Bits, Zweitakku und Ladegerät, Rutscher, Schleifpapier, Bandschleifer mit Ständer und Schleifbändern verschiedener Körnungen, Kompressor mit Zubehör, Nagler mit Klammern und Nägeln, Becherpistole, Heißklebepistole mit versch. Schmelzklebern, Bügeleisen, Kabeltrommel, Zwischenstecker mit RCD, Verlängerung mit RCD, Notstromaggregat
Handwerkz. für Elektroarbeiten	Phasenprüfer, Spannungsprüfer, Seitenschneider, Schraubendrehersatz 1000 V, Abisolierzange, Kabelverbinder mit Kabelschuh-Presszange, Isolierband, Lüsterklemmen
Sanitärwerkzeuge	Rohrzangen, Siphonzange, Ratschen-Ringgabel Schlüsselsatz 8-19 mm, Dichtringe, Dichtungshanf, Schlauchschellensatz, Eckventil
Hilfsmittel	Wachs als Gleitmittel, Schmierstoffe, Putzlappen, Böcke (groß/klein), Gerüst, Bohlen, Stehleiter (klein/groß), dreistufige Trittleiter, Sicherungsgeschirr, Arbeitsplatte, Unterlegmaterial, Pinsel, Verdünnung, Klebeband, Magnet, Decken- und Türstreben, Paneel-Zange, Kniepolster, Zugeisen, Nagel- und Schraubensortiment, Schrauben mit Kopfbohrung, Abdeckkappen für Schrauben
Hilfsmittel für Transport	Decken, Abdeckplane, Seil, Schnur, Tragegurt, Vakuumspanner, Befestigungsgurte im LKW, rote Fahne/Schlusslicht, Gummibänder, Transportwagen, Flaschenzug, Rollen
Materialien	Auftragsbezogenes Material gemäß Materialliste (wenn nicht an Baustelle angeliefert), Lack, Beize, Politur, Wachskitt, Tusche, Holzkitt, Lötkolben, Leim, Lackleim, Silikon, Polyurethan-Schaum, PUR-Schaum-Reiniger, Verdünnung, Dübelset (Holz, Metall, Kunststoff), Gips, Schnellzement, Spachtel, Becher, Stuhlwinkel
Sonstiges	Bauschild, Bautür, Bauzylinder, Vorhängeschloss, Bauschlüssel, Türdrücker, Taschenmesser, Taschenlampe, Handlampe, Baustellenstrahler, Staubsauger mit Zubehör, Besen, Handbesen, Kehrschaufel, Abfalltüten, Spezialabsaugung für Bohrer, Erste Hilfe Koffer, Gehörschutz, Staubmasken, Arbeitshandschuhe, Waschzeug, Toilettenpapier
Dokumentation	Bauplan, Zeichnungen, Block für Notizen, Checklisten, Formulare Bautagesbericht, Abnahmeformular, Quittungsblock, Schreibzeug, Taschenrechner, Stadtplan, Uhr, Handy, Sozialversicherungsausweise, Übernachtungsadresse, Hotelvoucher, Visitenkarten

13.2.5 Arbeitsschutz auf der Baustelle

13.2.5.1 Checkliste für Sicherheits- und Gesundheitsschutz für Bau- und Montagearbeiten

Vergl. Ausgabe 09/2005 der Holz-Berufsgenossenschaft

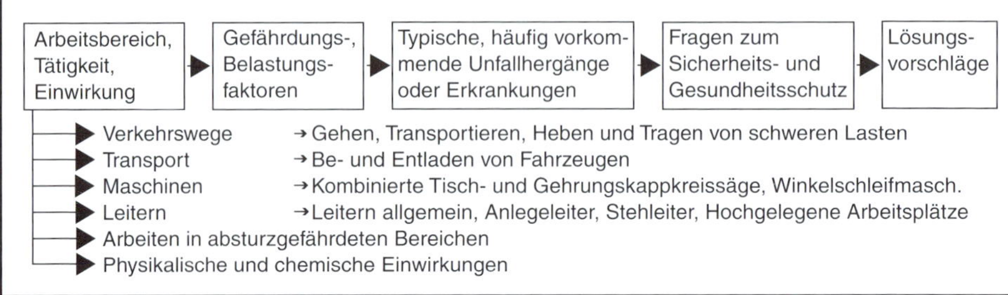

13.2.5.2 Beurteilung der Belastung der Wirbelsäule beim Heben und Tragen

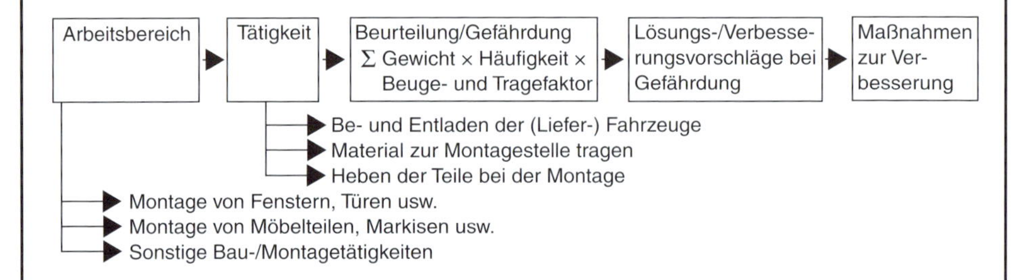

13.2.5.3 Schutz gegen Unfälle durch elektrischen Strom

Stromentnahme:
- über RCD (FI)[1] gesicherte Steckdosen im Baustromverteilerkasten
- über Verlängerungskabel mit RCD, wenn kein Baustromverteilerkasten
- über Zwischenstecker mit RCD an normaler Steckdose
- arbeitstägliche Funktionskontrolle von RCD in jedem Fall vor Arbeitsbeginn

Elektr. Geräte:
- Leitungen der Bauart H07RN-F
- Handgeführte Elektrowerkzeuge Schutzart IP 2X
- Leuchten Schutzart IP 23
- Handleuchten Schutzart IP 45 mit Schutzglas, Schutzkorb und Knickschutz an der Leitungseinführung
- Arbeitstägliche Sichtprüfung
- Kontrolle mit Prüfzeichen für Wiederholungsprüfung (6 Monate bei Werkzeugen in Werkstatt, 3 Monate auf Baustelle) durch Elektrofachkraft oder elektrotechnisch unterwiesene Person
- Jährliche Mitarbeiterunterweisung über sicheres Arbeiten mit elektr. Geräten

13.2.5.4 Allgemeine Maßnahmen

Sicherheitstechnische Einweisung am Tätigkeitsort hinsichtlich spezifischer Gefahren
Persönliche Schutzausrüstung (PSA): Arbeitsschuhe, Handschuhe, Schutzmasken, Gehörschutz, Schutzbrillen, Schutzhelm, Augendusche, Fallschutz
Erste Hilfe: Mitführen von vorschriftsmäßigem Erste Hilfe Koffer, Anschrift und Telefon von Unfallarzt
Ersthelfer: 1 Ersthelfer je Montagegruppe (2–20 Mann), Schulung alle 2 Jahre
Arbeitsunfall: Arzt verständigen, Maßnahmen gem. Betriebsanweisungen hinsichtlich Augen- und Hautkontakt, Einatmen, Verschlucken

[1] **R**esidual **C**urrent protective **D**evice, Fehlerstromschutzeinrichtung ohne Hilfsenergie.

13.2.6 Leitern, Tritte und Fahrgerüste

Kriterien bei Auswahl von Leitern und Tritten:

- Arbeitsaufgabe, Arbeitsweise auf Leitern (z. B. Übersteigeverbot von Stehleitern)
- Ergonomische Bedingungen (z. B. Überkopfarbeiten, innerbetrieblicher Verkehr)
- Wahl, ob Sprossen- oder Stufenleitern in Abhängigkeit von der Benutzungsdauer
- Zulässige Traglast der Leitern und Tritte
- Bodenbeschaffenheit (z. B. glatt, nachgiebig, uneben)

Einsatzvoraussetzung:

- Leiter bzw. Tritt hat das GS-Zeichen und trägt Piktogramm des Herstellers
- Bauart von Leiter bzw. Tritt ist für die auszuführende Arbeit geeignet
- Jährliche Prüfung auf ordnungsgemäßen Zustand ist durch Prüfplakette zu dokumentieren
- Jährliche Unterweisung der Mitarbeiter hinsichtlich sicherem Arbeiten auf Leitern

Bauart	Vorgaben für sicheres Arbeiten
Anlegeleiter Schiebeleiter	– Winkel zwischen Holm und Aufstandsfläche 65° – 75° – mindestens 1 m Überstand über Austrittsfläche – Sicherung am Leiterfuß gegen Wegrutschen und Einsinken in weichen Untergrund – Sicherung durch Anbinden oder zweite Person – Standplatz auf Leiter ≤ 7 m – Reichhöhe = Höhe der viertobersten Stufe + 2,00 m – Arbeitszeit ≤ 2 Stunden, wenn Standhöhe auf Leiter > 2 m – Maximales Gewicht von mitzuführendem Werkzeug ≤ 10 kg – Windangriffsfläche von mitgeführten Gegenständen ≤ 1,0 m² } (die letzten drei Punkte: gilt auch für Stehleitern und entspr. Leit.)
Stehleiter, Stufenleit. ggf. mit Plattform, dreiteilige Mehrzweckleiter, Saal- und Montageleiter, Treppenleiter	– Sicherung gegen Umstürzen und auseinander gleiten – Spreizsicherung fest mit Leiterschenkeln verbinden – drittoberste, bei aufgesetzter Schiebel. viertoberste Stufe, nicht übersteigen – Übersteigen auf Bühnen und andere hochgelegene Arbeitsplätze ist unzulässig – Reichhöhe = Plattformhöhe (bzw. Höhe zulässig besteigbarer Sprosse) + 2,00 m – Saal- und Montageleiter mit fahrbarer, feststellbarer Verbreiterung des Leiterfußes nur auf ebenen, festen Untergründen einsetzen – bei Treppenleitern Holmverlängerungen sorgfältig dem jeweiligen Niveau anpassen
Mehrzweckleiter mit Gelenken	– sorgfältige Beachtung der Gebrauchsanleitung – Kontrolle auf vollständiges Einrasten der Gelenke vor Gebrauch
Leitertritt, Treppentritt, Tritthocker	– standsichere Aufstellung – Gewährleistung von sicherem Stehen auf oberster Stehfläche
Fahrgerüste	Allgemeine Bedingungen
	– Standhöhe innerhalb von Gebäuden ≤ 12,00 m, außerhalb ≤ 8,00 m – Aufbau nach Aufbau- und Verwendungsanleitung des Herstellers – mind. 4 Fahrrollen; von Hand auf ebener, tragfähiger Aufstellfläche verfahrbar – Belagflächen nutzbar, wenn: $b \geq$ 0,60 m und $l \geq$ 1,00 m – „**Kennzeichnung**“[1] (Freigabe) des Gerüstes durch Gerüstersteller vor Benutzung – arbeitstägliche Sichtkontrolle durch Gerüstnutzer

Prüfung der Fahrgerüste

Verwendete Bauteile	Standsicherheit	Arbeits- und Betriebssicherheit
Beschaffenheit z. B. augenfällige Mängel *Kennzeichnung* z. B. Rohre; Gerüstkupplungen, Fahrrollen, Bauteile von Systemgerüsten *Maße*, z. B. Belagbohlen, Rohr-Wanddicken	Tragfähigkeit des Untergrundes Tragsystem Abstände von Rahmen, Ständern, Konsolen Verbände und Aussteifungen Ausmittigkeiten, Spindellängen, Schiefstellungen, Toleranzen	Kennzeichnung der Gerüstgruppe Seitenschutz Aufstiege Auflagerung der Beläge

[1] Enthält: Ausführung Gerüst nach DIN 4420, Gerüstgruppe, Nutzgewicht, Gerüstersteller mit Postleitzahl, Ortsname und Telefonanschluss.

13.2.7 Fahrzeuge für Transport von Bauelementen, Monteuren und Arbeitsmitteln

Transport	Maßnahmen/Aspekte
Aufgabe	sicherer Transport von: – Bauelementen z. B. Einbauschränken, Fenstern, Innen- und Außentüren – Monteuren – Werkzeugen, Hilfsmitteln, Material, usw. (vergl. Seite 13-5)
Bereitstellung von Transportmitteln	– PKW/LKW-Kauf, -Leasing, -Miete, -Timesharing – Anhänger für PKW, LKW
Entscheidungskriterien hinsichtlich Transportmittel	– Nutzlast, zulässige Anhängelast – Raumangebot, Abmessungen, Einstieghöhe, lichte Innenraumhöhe – Zahl der Sitzplätze – Treibstoffart, spezifischer Verbrauch, Schadstoffgruppe – Kosten für Fahrzeugbeschaffung, Anhängerbeschaffung – Kosten für Steuer und Versicherung – Kosten für Einbauten und Vorrichtungen zur Ladungssicherung
Transportsicherung (zur Aufnahme von Massenkräften beim Bremsen, in Kurven, beim Aufprall)	– eingebaute Schränke mit geschlossenen Fächern, Schubkästen – Verankerung für Werkzeugkästen, -boxen – Anker für Zurrgurte zur Ladungssicherung – Decken, Luftpolsterfolie, usw. zum Oberflächen-, Kanten- und Eckschutz
Gefahrstoffe	– Ladungssicherung, Dokumentation mitgeführter Stoffe (wichtig bei Unfall) – möglichst Beschränkung auf *Kleinstmengen* ($\Sigma m \leq 50$ kg, maximale Einzelmengen entspr. Gefährlichkeit (25 l Benzin in 10 l-Behältern, 30 kg Farbspraydosen) – bei Transport *kleiner Mengen* muss Höchstmenge den Stoffen entspr. berechnet werden, Gefahrzettel und Beschriftung der Behältnisse sowie Feuerlöscher sind mitzuführen, bei Unfall ist Behörde zu informieren

14-1ff.

13.2.8 Entsorgung der Baustellenabfälle

14-15f.

Varianten
- eigene Erfassung in Containern im Betrieb; Trennung bereits auf der Baustelle
- abgestimmte Planung mit Bauherr bzw. anderen Gewerken
- direkte Anlieferung bei jeweiliger Annahmestelle

Abfall	Kategorie/ Abfallschlüssel	Beispiele für Herkunft	Entsorgung
Altholz	A I	Möbel aus Massivholz ohne Leimplatten	stoffliche oder thermische Verwertung
	A II	Möbel ohne PVC-Anteile, Innentüren	
	A III	Möbel mit PVC-Beschichtungen	thermische Verwertung
	A IV	Fenster, Außentüren, imprägnierte Hölzer, ausgenommen PCB-Altholz	
	PCB-Altholz	mit Steinkohlenteerölen behandelte Werkst.	Sondermüll
Kunststoffe	170203	Kunststoff-Fenster, Rollläden, Rohre	Fachunternehmen
Cu, Messing	170401	Beschläge, Leitungen	Metallrecycler/ Schrotthändler
Aluminium	170402	Fensterbänke, Regenschienen	
Eisen, Stahl	170405	Beschläge, Rohre, Stahlzargen, Lackkanister	
Gemischte Metalle	170407	Ungetrennte Erfassung von Metallen	
Bauschutt	170107	Ziegel, Marmor, Beton, Keramik, Fliesen	Bauschuttverwertung
Restmüll	200301	Mischabfälle „wie sie anfallen“ oder nicht verwertbare Abfallfraktionen wie Schleifpapier ausgehärtete Lackreste, Holzasche usw.	Restmülltonne

Kostenmanagement
- Vermeiden, Minimieren von Abfällen
- getrennte Erfassung und Entsorgung der Abfälle, wenn Arbeitsaufwand und Lagerkosten geringer als Zusatzkosten für Restmülltonne, -container
- Rückgabe von Um- und Transportverpackungen an Lieferanten

13.3 Elektroanschlüsse

13.3.1 Leitungen für feste Verlegung (Auswahl)

Bauart	Kurzzeichen	Nennspannung	Aderzahl	LeiterquerSchnitt (mm)	Verwendung
PVC-Verdrahtungsleitungen	H05V-U	300/500	1	0,5.....1	Innere Verdrahtung in Geräten, Leuchten, in trockenen Räumen
Silikon-Aderleitungen	H05SJ-K	300/500	1	0,5....16	Für Umgebungstemperaturen > 55 °C, < 180 °C, in Leuchten, Wärmegeräten
PVC-Aderleitungen	H07V-U	450/750	1	1,5....10	Schalt-/Verteileranlagen, Verlegung in Rohren in trockenen Räumen
Stegleitungen	NYIF	230/400	2...5	1,5...2,5	Verlegung im oder unter Putz in trockenen Räumen
PVC-Mantelleitungen	NYM	300/500	1...5	1,5...10	Verlegung auf, in und unter Putz in trock. u. feuchten Räumen, im Freien
Bleimantelleitungen	NYBUY	300/500	2...4	1,5....10	Bei Einwirkung von Lösemitteln/Chemikalien, in explosionsgef. Bereichen

13.3.2 Flexible Leitungen (Auswahl)

Bauart	Kurzzeichen	Nennspannung	Aderzahl	LeiterquerSchnitt (mm)	Verwendung
Zwillings-Leitungen	H03VH-H	300/300	2	0,75	Anschluss leichter Elektrogeräte bei sehr geringen mech. Beanspruch.
PVC-Schlauch-Leitungen	H03VV-F	300/300	2...4	0,5...0,75	Anschluss leichter Elektrogeräte bei sehr geringen mech. Beanspruch.
PVC-Schlauch-Leitungen	H05VVF	300/300	2...5	0,75...4	Anschluss von Elektrogeräten mit mittl. mech. Beanspruch., auch Feuchträume
Gummi-Schlauchleit.	H05RR-F	300/500	2 u. 5	0,75...2,5	Anschluss von Elektrogeräten mit geringer mechanischer Beanspruch., in Haushalten, Büros, in Möbeln
Gummi-Schlauchl.	H07RN-F	450/700	2 u. 5	1...25	Allgem. Anw. bei mittl. mech. Beanspr., auch für feste Verlegung auf Putz

13.3.3 Mindestquerschnitte für Leitungen in Kupfer

Mindestquerschnitte	Strombelastbarkeit	Spannungsfall ΔU
Für Leiter von Kabeln und Leitungen sind Mindestquerschnitte erforderlich. Bei Außenleiter ≤ 16 mm² muss $A_{\text{Neutralleiter}} = A_{\text{Außenleiter}}$	Strombelastbarkeit ist abhängig von Verlegeart und Umgebungsbedingungen wie Temperatur.	Nach DIN 18015 darf ΔU vom Zähler bis zum Verbraucher nicht größer als 3 % der Nennspannung sein.

Verlegeart	Mindestquerschnitt in mm² bei Cu	Verlegeart	Mindestquerschnitt in mm² bei Cu
Feste, geschützte Verlegung	1,5	Geräten über 10 A, Mehrfachsteck-, Gerätesteck- und Kupplungssteckdosen über 10 bis 16 A	1,0
Bewegliche Leitungen zum Anschluss von:			
Leichten Handgeräten bis 1 A und 2 m Leitungslänge	0,1		
Geräten bis 2,5 A und 2 m Leitungslänge	0,5	Lichterketten für Innenräume zwischen Lichtkette u. Stecker	0,75
Geräten, Gerätesteck- und Kupplungsdosen bis 10 A	0,75	Lichterketten für Innenräume zwischen einzelnen Leuchten	0,5

13.3.4 Maximale Leitungslänge

Cu-Aderquerschnitt in mm²	Maximale Leitungslänge in m			
	Wechselstrom		Drehstrom	
	$\Delta U = 0{,}5$ %	$\Delta U = 3{,}0$ %	$\Delta U = 0{,}5$ %	$\Delta U = 3{,}0$ %
1,5	3,0	18,1	6,1	36,4
2,5	3,2	19,3	6,5	38,8

13

13.3 Elektroanschlüsse

13.3.5 Verlegearten

Verlegeart	Beschreibung
A1 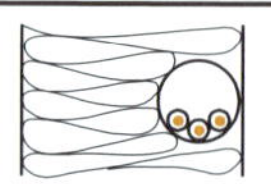	**Verlegung in wärmegedämmten Wänden:** z. B. – Aderleitungen in Elektroinstallationsrohr in wärmegedämmter Wand – Aderleitungen in Elektroinstallationsrohr oder ein- oder mehradrige Mantelleitung in Türfüllungen oder Fensterrahmen.
A2 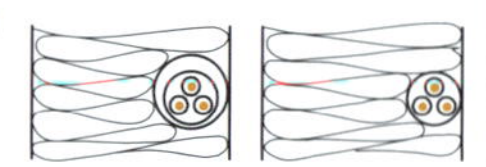	**Verlegung in wärmegedämmten Wänden:** z. B. – mehradrige Leitung in Elektroinstallationsrohr in der Wand – mehradrige Kabel oder mehradrige Mantelleitung direkt in einer wärmegedämmten Wand
B1 	**Verlegung in Elektroinstallationsrohren:** z. B. – in Elektroinstallationsrohr oder im geschlossenen Elektro-Installations-kanal auf der Wand – im Elektroinstallationsrohr in der Wand aus Mauerwerk oder Beton (spez. Wärmewiderstand $\leq$ 2 K · m/W) – im Fußbodenleistenkanal
B2  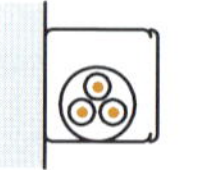	**Verlegung in Elektroinstallationsrohren:** z. B. – mehradrige Leitungen im Elektroinstallationsrohr oder im geschlossenen Elektroinstallationskanal auf der Wand – mehradriges Kabel oder mehradrige Mantelleitung in einem Fußboden-leistenkanal
C 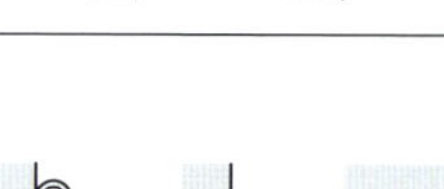	**Direkte Verlegung**: z. B. – mehradrige Kabel oder ein- oder mehradrige Mantelleitungen auf einer Wand mit einem Abstand von < 0,3 x Außendurchmesser der Leitung von der Wand – Stegleitung im oder unter Putz – Kabel und Mantelleitung direkt im Mauerwerk oder Beton spez. Wärmewiderstand $\leq$ 2 K · m/W) – Kabel und Mantelleitung auf nicht gelochter Kabelwanne
E 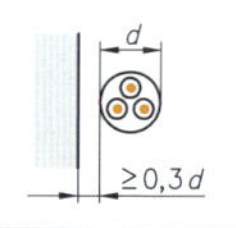	**Verlegung frei in der Luft**: z. B. – mehradriges Kabel oder mehradrige Mantelleitung frei in der Luft mit einem Abstand zur Wand $\geq 0{,}3 \cdot d$ – mehradriges Kabel oder mehradrige Mantelleitung auf Kabelkonsolen oder gelochter Kabelwanne

Verlegung von Mantelleitung NYM

Richtwerte für Befestigungsabstände

D mm	Schellenabstände in mm *a*	*b*	*c*
$\leq$ 15	80...100	250	*R* + 80
> 15...20	80...100	250...300	*R* + 80
> 20...30	100...150	300...400	*R* + 100

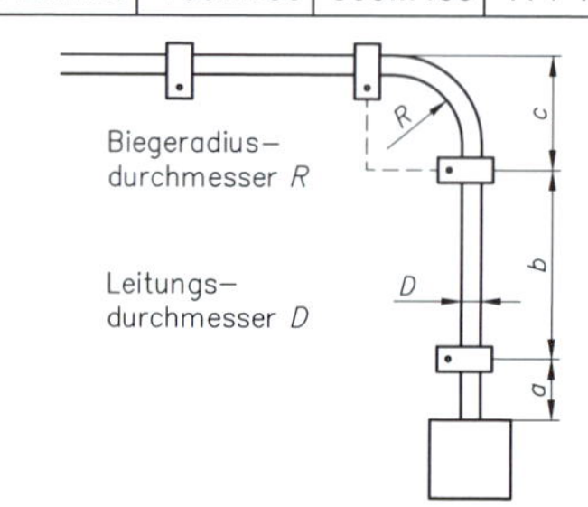

- NYM-Leitungen können verlegt werden:
  - über, auf, im und unter Putz
  - in trockenen, feuchten und nassen Räumen
  - in Beton, nicht geschüttelt, gerüttelt o. gestampft
  - bei kurzen Strecken in Schutzrohren in der Erde
- Schellenabstände sind so anzubringen, dass keine Deformationen entstehen, siehe Richtwerte links.
- Für das Verlegen in Elektroinstallationsrohren gilt:
  $b_{horizontal} \leq 800$ mm; $b_{vertikel} \leq 1500$ mm
- Der Biegeradius *R* der Mantelleitungen NYM muss mindestens dem 4-fachen Leitungsdurchmesser *D* entsprechen.

In Verbindungsdosen (Abzweigdosen) dürfen lose Einzelklemmen nur für Leiterquerschnitte von 1,5 und 2,5 mm² verwendet werden.

Dosenaufschrift der maximal anzuwendenden Kenngrößen

Leiterquerschnitt	max. Klemmenzahl	max. Leiterzahl
1,5 mm²	8	24
2,5 mm²	6	18

13

13.3 Elektroanschlüsse

13.3.6 Strombelastbarkeit von Leitungen

Fest verlegte Leitungen in Gebäuden und einer Umgebungstemperatur ϑ_U = 30 °C, für Leitungen mit PVC-Isolierung 70 °C wie z. B.: H07V-U, NYM, NYBUY

Nenn-Querschnitt mm² in Kupfer	Verlegeart											
	A1				A2				B1			
	Anzahl der belasteten Adern											
	2		3		2		3		2		3	
	I_z[1]	I_n[2]	I_z[1]	I_n[2]	I_z[1]	I_n[2]	I_z[1]	I_n[2]	I_z[1]	I_n[2]	I_z[1]	I_n[2]
1,5	15,5	16	13,5	13	15,5	16	13	13	17,5	16	15,5	16
2,5	19,5	20	18	16	18,5	16	17,5	16	24	25	21	20

Nenn-Querschnitt mm² in Kupfer	Verlegeart											
	B2				C				E			
	Anzahl der belasteten Adern											
	2		3		2		3		2		3	
	I_z[1]	I_n[2]	I_z[1]	I_n[2]	I_z[1]	I_n[2]	I_z[1]	I_n[2]	I_z[1]	I_n[2]	I_z[1]	I_n[2]
1,5	16,5	16	15	16	19,5	20	17,5	16	22	20	18,5	16
2,5	23	20	20	20	27	25	24	25	30	32	25	25

Flexible Leitungen mit Adern aus Kupfer und mit Nennspannungen bis 1000 V. Die Werte gelten bei Leitungen in Spalte 2 für frei in der Luft gespannte, in den Spalten 3 bis 7 für aufliegende Leitungen.

1	2	3	4	5	6	7
Nenn-Querschnitt mm² in Kupfer	H07RN-F	H05RR-F, H07RN-F		H07RN-F	H03VH-H H05VV-F	H03VVF H05VV-F
	Isolierwerkstoff: NR/SR, zul. Betriebstemperatur 60 °C				PVC, zul. Betr.Temp. 70 °C	
	Anzahl der belasteten Adern					
	1	2	3	2 oder 3	2	3
0,5	–	3	3	–	3	3
0,75	15	6	6	12	6	6
1	19	10	10	15	10	10
1,5	24	16	16	18	16	16
2,5	32	25	20	26	25	20

13.3.7 Sicherungsmaßnahmen beim Arbeiten an elektrischen Anlagen < 1 kV

1. Freischalten	Alle spannungsführenden Leiter zuverlässig abschalten.
2. Gegen Wiedereinschalten sichern	Alle Schalter, Sicherungen u. ä. durch Schlösser, Sperrelemente oder Klebefolien sichern. Verbotsschild an Ausschaltstelle anbringen. Nur berechtigte Personen dürfen Anlage wieder in Betrieb setzen.
3. Spannungsfreiheit feststellen	Mit allpoligem Spannungsmesser an der Arbeitsstelle Spannungsfreiheit feststellen.
4. Erden und Kurzschließen	Zuerst Erden und dann Kurzschließen.
5. Benachbarte, unter Spannung stehende Teile abdecken o. abschranken	Ist aus wichtigen Gründen der spannungsfreie Zustand benachbarter Teile nicht herzustellen, sind diese durch feste und zuverlässig montierte Abdeckungen gegen zufälliges Berühren zu sichern.

Nach Beendigung der Arbeiten ist vor dem Einschalten die Arbeitsstelle zu räumen. Nach Aufhebung der Erdung und Kurzschließung gilt Anlage bereits wieder als „Unter Spannung stehend“.

Zulässige Installationszonen nach DIN 18015-3 siehe 2.6.7 Seite 2-19

[1] Zulässige Strombelastbarkeit; [2] Nennstrom der Schutzeinrichtung

13.3 Elektroanschlüsse

13.3.8 Installationsschaltungen

Schaltung	Stromlaufplan in zusammenhängender Darstellung
Ausschaltung	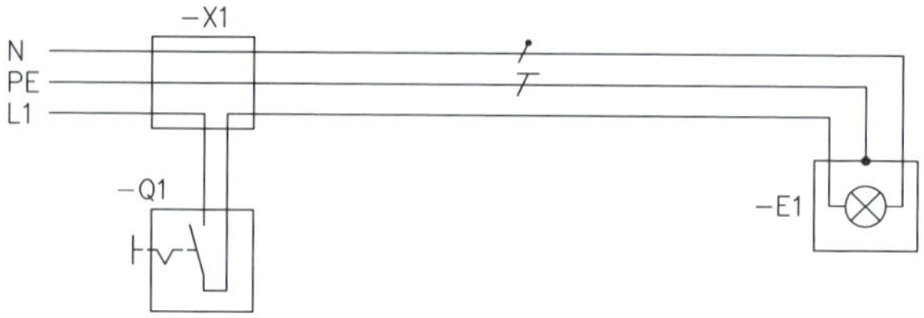 N, PE, L1, –X1, –Q1, –E1
Wechselschaltung Die Lampe E1 kann von zwei Schaltstellen geschaltet werden.	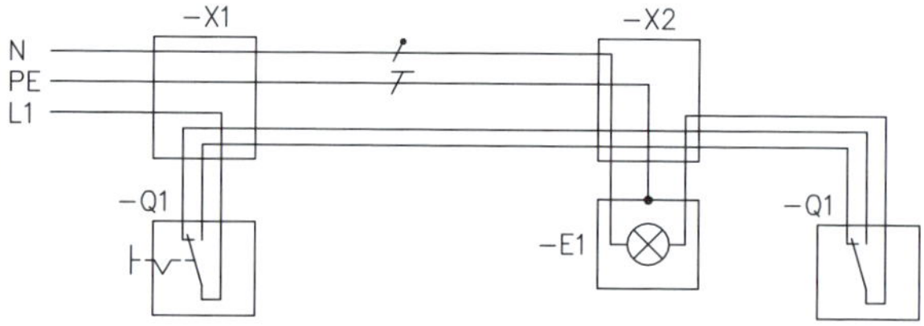 N, PE, L1, –X1, –X2, –Q1, –E1, –Q1
Kreuzschaltung Die Lampe E1 kann von drei Schaltstellen geschaltet werden	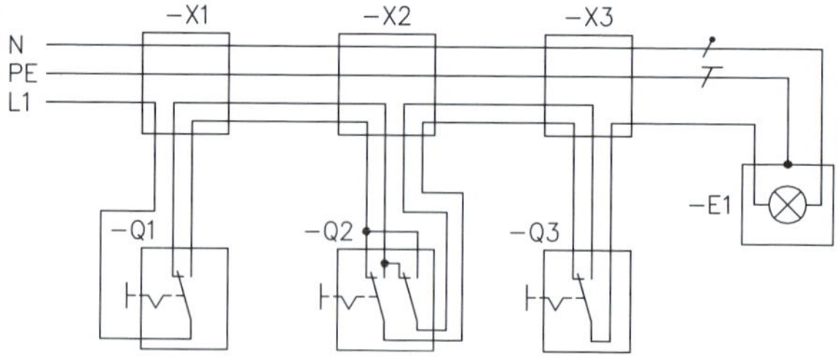 N, PE, L1, –X1, –X2, –X3, –Q1, –Q2, –Q3, –E1
Ausschaltung mit Tastdimmer Das Dimmen wird durch längeres, das Schalten durch kurzes Berühren der Schaltfläche ausgelöst.	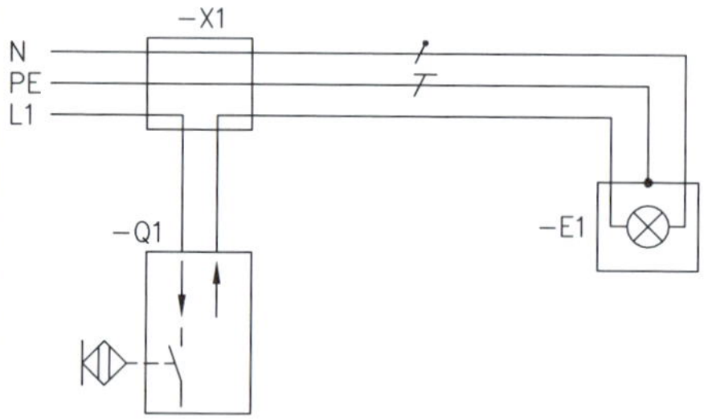 N, PE, L1, –X1, –Q1, –E1

Buchstabe	Zweck oder Aufgabe des Objektes	Beispiel für elektr. Objekt
E	Wärmeenergie und Strahlung	Heizung, Glühlampe, Leuchtstofflampe, Boiler, Kühlschrank
Q	Kontrolliertes Beeinflussen eines Energie-, Material- oder Signalflusses	Last-, Trenn-, Leistungsschalter, Motoranlasser
X	Verbinden von Objekten	Klemmleisten, Stecker, Steckdosen

13.3.9 Elektrische Rauminstallation

Beispiel „**HEA-Standardausstattung**“

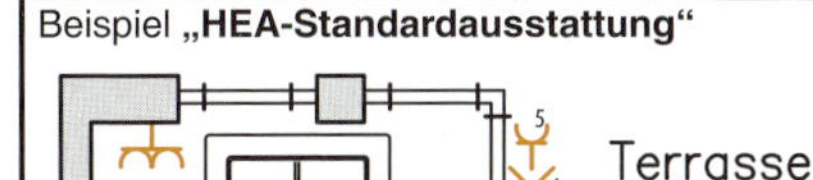

Legende Elektroinstallationen:

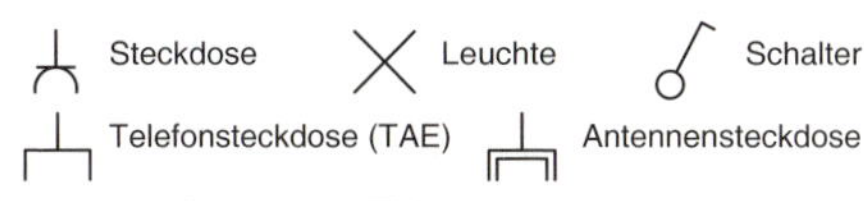

Beschreibung der Ziffernfolge

Beleuchtung 1 wird von allen Schaltern mit Ziffer 1 geschaltet, Beleuchtung 2 von allen Schaltern mit Ziffer 2 usw.

Ü= Überspannungsschutz

Stromkreise für Beleuchtung und Steckdosen: 4 bei Wohnungsfläche bis 50 m² bis zu 7 bei Wohnungsfläche bis zu 125 m², empfehlenswert 1 Stromkreis für jeden Raum

Einzel-Gerätestromkreise sind erforderlich für: Elektroherd, Backofen, Geschirrspülmaschine, Waschmaschine, Warmwassergerät, Mikrowellengerät, Wäschetrockner, Bügelstation, Dampfgarer, Heizung, Sauna/Whirlpool, Jalousie-/Rollladenbetriebe.

Sie sind sinnvoll für Kühl- und Tiefkühlschrank sowie Wechselstromanschlüsse mit mehr als 2 kW Anschlusswert.

Großgeräte:
mit 3,7 kW Anschlusswert über Geräteanschlussdose, ab 4,6 kW i. d. R. mit dreiphasigem Anschluss (Drehstrom)

RCD (FI)-Fehlerstrom-Schutzeinrichtung:
ist vorgeschrieben im Bad, in Waschküchen und im Freien, empfehlenswert als Kindersicherung im Kinderzimmer und den Wohnräumen

Überspannungsschutz in Stufen in der Stromkreisverteilung oder in Steckdosenleisten mit Einbeziehung des Antennenanschlusses.

Elektroherd	Aufbau		Leistung bei 230 V	
			Standardkochplatte	Schnellkochplatte
Kochfeld	Platten-Durchmesser	145 mm 180 mm 220 mm	1000 W 1500 W 2000 W	1500 W 2000 W 2600 W
Backofen	Strahler (Ober- und Unterhitze) Umluft mit Heizer und Ventilator Strahler zum Grillen		1000...3000 W 1000...2600 W 2000...3000 W	

Der elektrische Anschluss erfolgt über eine Herdanschlussdose. Bei ca. 10–15 kW Anschlussleistung sollte der Herd möglichst an Dreiphasen-Wechselspannung angeschlossen werden.
Zur Verhinderung von gleichzeitigem Betrieb von Kochfeld und Backofen ist beim Einphasen-Anschluss eine Verriegelungsschaltung erforderlich.

Anschluss	Klemmen	Anschluss	Klemmen
3X 400 V/N/PE	1 2 3 4 5 ⏚ — L1 L2 L3 N PE	2 x 400 V/N/PE	1 2 3 4 5 ⏚ — L1 L2 N PE
3 x 230 V/PE	1 2 3 4 5 ⏚ — L1 L2 L3 PE	230 V/N/PE	1 2 3 4 5 ⏚ — L1 N PE

13.3 Elektroanschlüsse

Bad im Wohnbereich

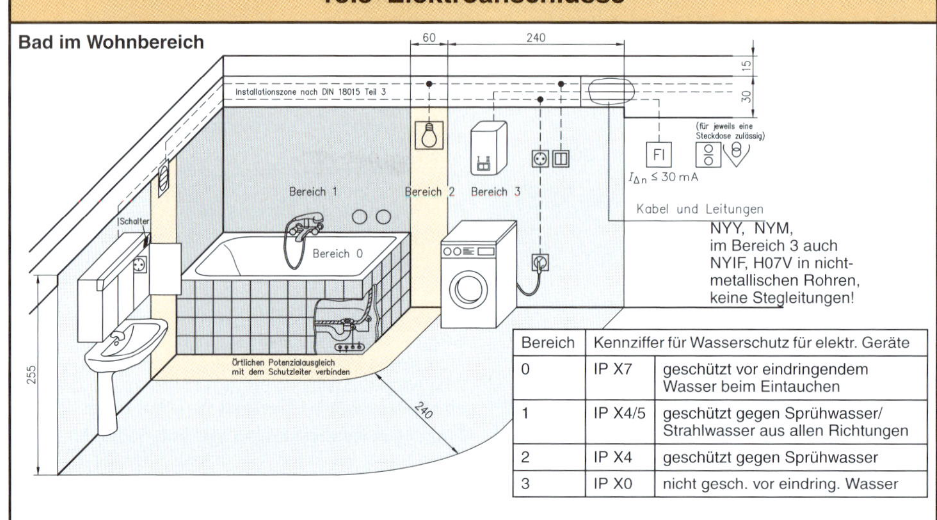

Bereich	Kennziffer für Wasserschutz für elektr. Geräte	
0	IP X7	geschützt vor eindringendem Wasser beim Eintauchen
1	IP X4/5	geschützt gegen Sprühwasser/ Strahlwasser aus allen Richtungen
2	IP X4	geschützt gegen Sprühwasser
3	IP X0	nicht gesch. vor eindring. Wasser

Bereich	**Anschließbare elektrische Verbraucher**
0	festinstallierte Geräte mit Schutzkleinspannung ≤ 12 Volt
1	festinstallierte Verbrauchsgeräte (z. B. Boiler, Lüfter) mit senkrecht verlegter Zuleitung
2	Forderungen wie in Schutzbereich 1, weiterhin Leuchten und Waschmaschinen, keine Steckdosen und Schalter! Leitungen auf gegenüberliegender Wandseite mehr als 6 cm hinter Wandoberfläche der Schutzbereiche 2
3	Einbau von Steckdosen und Schaltern über RCD (FI)-Schutzeinrichtung oder über Schutzkleinspannung ≤ 12 Volt

13.3.10 Elektrische Installation an und in Möbeln (siehe hierzu VdS 2024, 1992-09)

- Möbel mit Elektroinstallationen sind mit verwendungsfertigen Bauteilen und Arbeitsmitteln, die den Regeln der Elektrotechnik entsprechen, auszurüsten.
- Alle Leitungen, die zugeführt werden oder beim bestimmungsgemäßen Gebrauch des Möbels bewegt werden können, müssen Zugentlastungen besitzen.
- Leitungen in Möbeln müssen so geführt werden, dass sie nicht gequetscht und nicht durch scharfe Kanten, Ecken und bewegliche Teile beschädigt werden können.
- Netzanschlussleitungen sowie interne Leitungen müssen flexibel und dreiadrig (Schutzleiter) sein, Leiterquerschnitt ≥ 1,5 mm², Leitungen müssen eine doppelte Isolierung besitzen. Querschnitt mit 0,75 mm² zulässig, wenn $I \leq 5$ Ampere, Leitungslänge ≤ 10 m und keine Steckvorrichtung vorhanden.

Zulässige Biegeradien bei: frei beweglicher Leitung Ø = 8 bis 12 mm → 4 x Ø (12 bis 20 mm → 5 x Ø)
fest verlegter Leitung Ø = 8 bis 12 mm → 3 x Ø (12 bis 20 mm → 4 x Ø)

Beispiele für Kabelführungen:

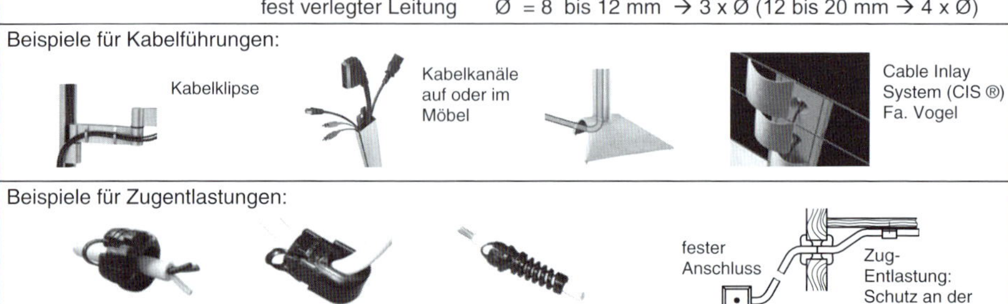

13

13.4 Wassertechnische Anschlüsse

13.4.1 Unterteilung der Trinkwasserversorgungsanlage DIN 1988-3, 12 (EN 806-1)

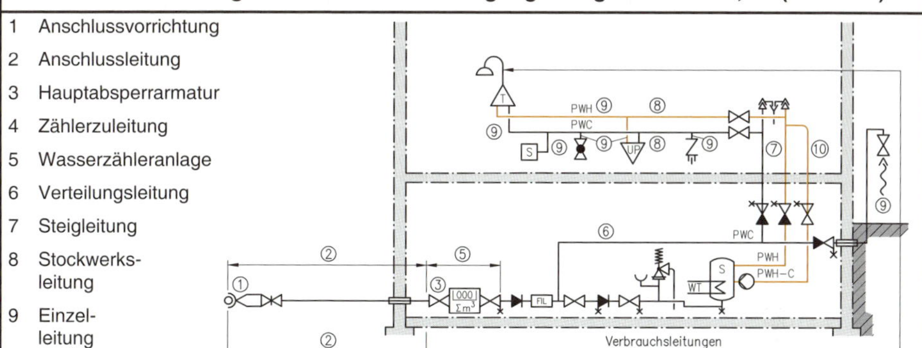

1 Anschlussvorrichtung
2 Anschlussleitung
3 Hauptabsperrarmatur
4 Zählerzuleitung
5 Wasserzähleranlage
6 Verteilungsleitung
7 Steigleitung
8 Stockwerks-leitung
9 Einzel-leitung
10 Zirkulationsleitung bei Einzelsicherung ohne RV

PWC (Trinkwasser kalt); PWH (Trinkwasser warm); PWH-C (Trinkwasser-Zirkulation)

13.4.2 Rohre in der Trinkwasserinstallation

DIN-EN	Bezeichnung, Nenndruck	Lage	DIN	Bezeichnung, Nenndruck	Lage
	Stahlrohr:			**Kunststoffrohr:**	
10255	mittelschweres Gewinde-rohr PN 25 bar	A, I[1) 2)]	8074	PE-HD Reihe 4,5 PN 10 bar	A[2)]
ISO 1127	nichtrostendes Stahlrohr	I	12201	PE-LD Reihe 3 PN 10 bar	A[2)]
			8074	PE-HD Reihe 5 (nach DIN 19533) PN 10 bar (2,5 bis 6 ab 100 x 12,7)	A + I[2)]
	Kupferrohr:		16893	PE-X (nach DIN 18892) PN 20 bar	I (≤ 70 °C)
EN 1057	nahtlos gezogen	A, I	16969	PB (nach DIN 16968) PN 16 bar	I
	Verbundrohr:		8062	PVC-U Reihe 4,5 (nach DIN 19532) PN 16 bar (10 bar ab 280 x 13,3)	A + I[2)]
	PEX-AL-PE PN 10 bar PP-AL-PP PN 20 bar		8079	PVC-C nach DIN 8080) PN 25 bar[2)] (10 bar ≤ 70 °C)	I
			8078	PP-R PN 25 bar [2)] (10 bar ≤ 70 °C)	A + I

13.4.3 Wand- und Deckendurchführungen

Trockenbereich | **Nassbereich** | **Trockenbauwand**

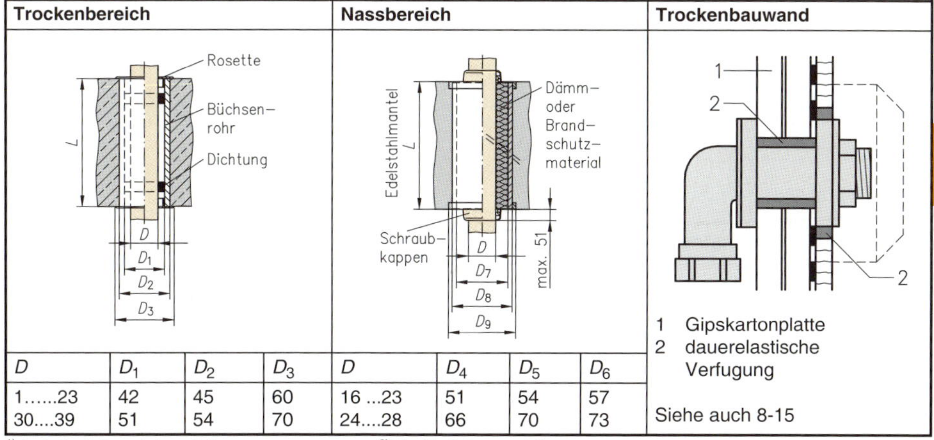

D	D_1	D_2	D_3
1......23	42	45	60
30....39	51	54	70

D	D_4	D_5	D_6
16 ...23	51	54	57
24....28	66	70	73

1 Gipskartonplatte
2 dauerelastische Verfugung

Siehe auch 8-15

1) A: Außenleitung, I: Innenleitung

2) Nur für Kaltwasserleitungen

13.4.4 Übersicht von Absperrarmaturen – Vier Grundbauarten

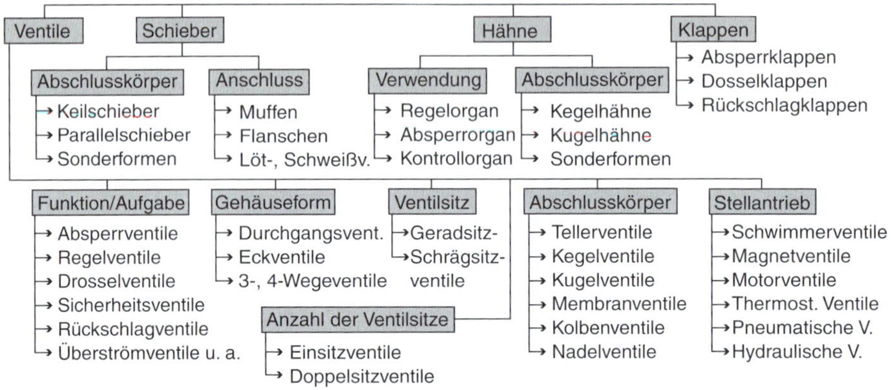

Ventile	meist verwendete Armatur (universeller Einsatz); **Schrägsitzventil** geringer Widerstand (gg. Geradsitzv. nur 1/3-1/4); **Dreiwegeventile** vorwiegend als Regelventile; **Doppelsitzventile** mit 2 Ventilsitzen (Druckentlastung am Ventilteller); **Rückschlagventile** verhindern Rückströmung in Herkunftsrichtung
Schieber	ungehindertes Durchströmen (geringer Druckv.), geringe Einbautiefe, bei nicht steigender Spindel (Handrad) Gewinde umspült, ungeeignet als Drosselorgan, Abschlusskörper meist Keilschieber
Hähne	schnelles Öffnen und Schließen (schon bei 1/4 Umdr.) Anw. z. B. Füll- und Entleerung, Gasabsperrung, Stellglied in Regelkreisen u.a.; evtl. Druckstöße bei Förderströmen (daher langsame Drehung)
Klappen	Absperr- oder Drosselarmatur, meist kreisförmiger Abschlusskörper, Öffnen und Schließen schon bei ¼ Umdrehung, bei hohen Dichtheitsanforderungen nicht möglich, Drehachse meist in Klappenmitte

13.4.5 Rohre und Formstücke für heißwasserbeständige Abwasserleitungen HT

Werkstoff	DIN oder Prüfzeichen	Schriftfarbe	Rohrserienzahl S (SDR)		Brandverhalten nach DIN 4102
			B [1]	**BD** [2]	
PP bzw. PP-H Polypropylen	EN 1451-1 DIN 19560-10	rot	20 (41)	16 (33)	B1 – schwer entflammbar
ASA Styrol-Copolymerisat	EN 1455-1 DIN 19561-10	gelb	25 (51)	16,7 (33)	B2 – normal entflammbar
ABS Styrol-Copolymerisat	EN 1455-1 DIN 1561-10	gelb	25 (51)	16,7 (33)	B2
SAN + PVC Styrol-Copolymer-Blends	EN 1565-1 DIN 1951-10	rot	25 (51)	16,7 (33)	B1
SAN + PVC (klebbar) Styrol-Copolymer-Blends	EN 1565-1 DIN 1951-10	gelb	25 (51)	16,7 (33)	B2, klebbar
PVC-C Chloriertes Polyvenylchlorid	EN 1566-1 DIN 193-1	rot	25 (51)	16,7 (33)	B1, klebbar

[1] **B** Anwendung innerhalb von Gebäuden und außen am Gebäude
[2] **BD** Anwendung innerhalb von Gebäuden und erdverlegt unter Bodenplatte der Gebäude mit Rohrdurchmesser $D \geq 75$ mm

13.4 Wassertechnische Anschlüsse

Bezeichnung von Bauteilen:

	Rohr bzw. Formstück	Norm	– DN	Werkstoff	–	Anwendung	Winkel
z. B.:	Abzweig	DIN EN 1451	– DN 150 x 100	PP-H	–	BD	45°

Rohr: Anwendungskennzeichen B

DN	D mm	D_M [1] mm	s [1] mm	d [1] mm	A [1] cm^2	V [1] l/m	m kg/m	t [1] max	t_e min
30	32	44	1,8	28,4	6,3	0,63	0,18	40	42
40	40	54	1,8	36,4	10,4	1,04	0,23	58	44
50	50	64	1,8	46,4	16,9	1,69	0,29	58	46
70	75	89	1,9	71,2	39,8	3,98	0,45	61	51
90	90	105	2,2	85,6	57,5	5,75	0,63	58	54
100	110	128	2,7	104,6	85,9	8,59	0,94	72	58
125	125	145	3,1	118,8	110,8	11,1	1,23	75	64
150	160	184	3,9	152,2	181,9	18,2	1,94	83	73

Rohr	Muffe einseitig, Klebemuffe oder glatte Enden
Länge	mit Muffe bis 2 m, ohne Muffe bis 5 m
Farbe	grau
Dichtringe	EPDM DIN EN 681

Bogen

Winkel	α
	15°
	30°
	45°
	68°
	88°

Bezeichnung eines Bogens DN 100, 45°, Montageort im Gebäude:
Bogen EN 1451-1 – 110 x 2,7 – B – 45°

Einfachabzweig

Doppelabzweig: 67,5°/87,5° gerade

DN_1	DN_2	α = 45° z_1	z_2	z_3	α = 67,5° z_1	z_2	z_3	α = 87,5° z_1	z_2	z_3
30	30	9	40	40	14	27	27	19	21	21
40	40	10	49	49	16	32	32	23	24	24
50	40	5	56	54	14	38	35	22	29	24
50	50	12	61	61	19	40	40	27	29	29
70	50	-1	79	74	14	53	45	27	42	30
70	70	17	91	91	27	59	59	39	43	43
90	50	-9	90	82	-	-	-	26	50	31
90	70	9	103	100	-	-	-	39	51	44
90	90	20	110	110	-	-	-	56	70	51
100	50	-17	104	91	8	71	51	27	59	30
100	70	0	116	109	21	7	66	40	60	44
100	100	25	133	133	40	85	85	57	61	61
125	100	18	173	141	37	93	88	75	68	62
125	125	28	152	152	28	117	152	28	120	152
150	100	2	166	158	32	109	96	59	83	63
150	125	12	176	169	12	150	169	12	145	169
150	150	36	194	313	36	170	313	36	162	380

Muffen

Doppelmuffe / Langmuffe

DN	l_1 mm	l_2 mm
40	111	235
50	112	210
70	118	220
90	105	150
100	140	255
125	177	-
150	196	-

Übergangsrohre

DN_1	DN_2	t_e min
40	30	44
50	30	46
50	40	46
70	40	51
90	50	54
100	50	58
100	70	58
100	90	58

[1] Maße gelten für Bauteile aus PP, Anwendungskennzeichen B. Es sind Herstellerangaben. Die Angaben sind nicht auf alle Hersteller übertragbar. Abmessungen der Formstücke aus ABS/ASA, SAN/PVC und PVC-C weichen von den aufgeführten Maßen geringfügig ab.

13.4 Wassertechnische Anschlüsse

13.4.6 Rohrschellen, Gleitlager und Rundstahlbügel [1]

Werkstoff:	Stahl verzinkt [2]	Profilgummieinlage:	EPDM −40° bis 110 °C
Geräuschminderung:	ΔL = 15 bis 20 dB (A)		Silikon −60° bis 200 °C

Wohnbauschelle			Leichtschelle			Standardschelle			Gleitlager			Rundstahl-Bügel	
M8 oder M10[5] b Breite, s Dicke, B			Standardschelle M8/M10[6]; Schellenband mit Sicke: b Breite, s Dicke; Auskleidung: Profilgummi EPDM; B						D, s, h, b, l, T-Profil			l, B	
[3] $F_e \leq 0{,}8$ kN			$F_e \leq 1{,}0$ kN			$F_e \leq 2{,}5$ kN			DN	s	b	Gewinde	
[4] $b = 20$, [4] $s = 1{,}5$			$b = 20$, $s = 1{,}0$			$b = 24$, $s = 1{,}5$			≤ 40	5	30	M8	
Anschlussgewinde									≤ 80	6	40	M10	
M8; M10 [4]			M8			M8/10 [4]			≥100	8	50	M12	
DN	Bereich	B	DN	Bereich	B	DN	Bereich	B	DN	h	l	B	l
9	12...15	55	8	8...11	49		67...71	113	15	74	160	30	45
19	16...19	59	10	12...16	49	65	72...77	119	20	77	160	35	60
15	20...23	63	15	17...20	53		78...84	126	25	81	160	42	67
20	25...28	69		21...24	57	80	87...93	134	32	87	160	51	76
25	32...35	76	20	25...28	63		99...104	160	40	90	160	57	82
32	40...45	92	25	29...32	67	100	108...112	167	50	136	180	71	95
4	48...52	99		33...37	71		114...118	174	65	144	180	87	111
50	54...58	105	32	37...41	75		123...128	179	80	150	180	100	123
	60...64	112		42...46	80	125	131...137	188	100	183	200	126	157
65	75...80	134	40	47...51	86	150	138...144	194	125	196	200	152	172
80	86...91	147	50	52...56	91		157...163	214	150	210	200	180	197
100	110...115	173		57...61	96		164...170	220	200	236	200	233	267

13.4.7 Anwendungsgrenzen unbelüfteter Anschlussleitungen DIN EN 12056-2

Entwässerungsgegenstand Geruchverschluss (GV)	DN	GVH min	L_{max} m	% Gefälle	max. Bögen	H_{max} m
Waschbecken, Bidet (Ø GV 30 mm)	30	75	1,7	2,2[5]	0	0
Waschbecken, Bidet (Ø GV 30 mm)	30	75	1,1	4,4[5]	0	0
Waschbecken, Bidet (Ø GV 30 mm)	30	75	0,7	8,7[5]	0	0
Waschbecken, Bidet (Ø GV 30 mm)	40	75	3,0	1,8 – 4,4	2	0
Dusche, Badewanne	40	50	∞[6]	1,8 – 9,0	∞	1,5
Wandurinal	40/50	75	3,0[7]	1,8 – 9,0	∞[8]	1,5
Küchenspüle (Ø GV 40 mm)	40	75	∞[6]	1,8 – 9,0	∞	1,5
Geschirrspül-/Waschmaschine	40	75	3,0	1,8 – 4,4	∞	1,5
Klosett (Abfluss ≤ 80 mm)[9]	75	50	∞	1,8	∞[8]	1,5
Klosett (Anschluss > mm)[9]	100	50	∞	1,8	∞[8]	1,5
Küchenabfallzerkleinerer	40	75[10]	3,0[7]	13,5	∞[8]	1,5
Abfallzerkleinerer für Hygieneartikel	40	75[10]	3,0[7]	5,4	∞[8]	1,5
Bodenablauf DN 50, DN 70, DN 100		50	∞[7]	1,8	∞	1,5

[5] Steileres Gefälle erlaubt, wenn Rohr kürzer als die maximal abgewickelte Rohrlänge L_{max}
[6] Bei L_{max} > 3 m → Geräusche, Verstopfung.
[7] So kurz wie möglich wegen Ablagerungen.
[8] Enge Bogen vermeiden.
[9] Zusammenführung der Klosettanschlussleitung mit Fallleitung durch Abzweig mit Innenradius.
[10] Handwaschbecken mit Duschköpfen müssen Abläufe mit flachen Sieben ohne Stöpsel haben.

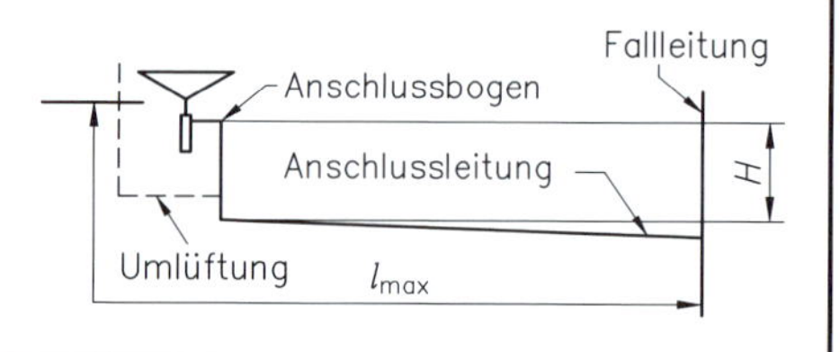

[1] Nicht für alle Hersteller übertragbar. [2] teilweise in CrNiMo-Stahl erhältlich. [3] DN ≥ 65: $F_e \leq 1{,}2$ kN
[4] DN ≥ 65: b = 25 mm, s = 2,0 mm und Anschlussmutter M8 oder M10

13.4.8 Waschtische, Montagehöhen (Maße Herstellerangaben), Geruchverschlüsse

Waschtischhöhen	mm
Waschtischhöhen, Erwachsene, alte	820...860
Menschen, Rollstuhlfahrer	800...820
Kinder: 3 bis 6 Jahre	550...600
7 bis 10 Jahre	650...700
11 bis 14 Jahre	760...800
Spiegelmontage-Mitte, Erwachs.	1520...1550
Spiegelmontage-Mitte, Kinder < 14 J.	1200...1300
Spiegelmontage-UK, Rollstuhlfahrer	1000
Seifenhalter, -spender-UK	970...1020

Befestigung im Mauerwerk

Fliesen, Waschbecken, Mauerwerk, Dübel 14mm, Stockschraube M10 x 140, Sechskantmutter M10, Unterlegescheibe aus Stahl, Kunststoff-Bundscheibe, Schalldämmstreifen

200, 280, 150, 40, c, b, d, a, 850, 840, 615, 540, ohne Excenter +30, OKFB

a	b	c	d
600	510	200	195
650	520	205	205
700	570	205	205

Handwaschbecken ohne Aussparungen: 330, 450

Geruchverschlusshöhe	Waschtisch Ablauf	Spültischablauf
GVH	1¼, 60–230, 120, 130–300, DN 40; 1¼, 40–170, 120, 80, 150–300, DN 32 bzw. DN 40	1½, ø19, ø23, 90–190, 120, DN 40 bzw. DN 50, 150–300

13.4.9 Inspektions- und Wartungsplan, Instandhaltungsmaßnahmen

Anlageteil, Apparat	Inspektion	Wartung	Maßnahmen
Freier Auslauf	•* jährlich		Sicherungsabstand prüfen
Rohrunterbrecher	•* jährlich		kein Wasseraustritt aus Lufteintrittsöffnungen
Rohrtrenner EA 2 + 3	•* ½-jährl.		Funktionsprüfung durch Trennstellung, Dichtheitsprüf.
Rohrtrenner EA 1	•* jährlich		Funktionsprüfung durch Trennstellung, Dichtheitsprüf.
Rohrflussverhinderer	•* jährlich		Funktionsprüfung, Dichtheitsprüfung
Rohrbelüfter(C, D, E)	•* 5-jährl.		Funktionsprüfung, Dichtheitsprüfung
Systemtrenner	•* ½-jährl.		Funktionsprüfung durch Trennstellung, Dichtheitsprüf.
Sicherheitsventil	•* ½-jährl.	* jährlich	Funktionsprüfung, Tropfwasserprüfung
Druckminderer	•* jährlich	* 1-3 Jahre	Druckprüfung, Sieb säubern, Innenteile prüfen
Druckerhöhungsanl.	* jährlich	* jährlich	gem. Betriebsanleitung des Herstellers
Filter, rückspülbar	•* 2-monatl.	•* 2-monatl.	Rückspülung nach Wartungsanleitung
Filter, nicht rückspülb.	•* 2-monatl.	•* ½-jährlich	Filter wechseln
Kaltwasserzähler	• monatlich	* 6-jährlich	
Warmwasserzähler	• monatlich	* 5-jährlich	
Rohrleitung	•* jährlich		Kontrollstücke ausbauen, Innenflächen prüfen
Brandschutzeinricht.	•* ½-jährl.		Abnahme- und Wiederholungsprüfung siehe
Löschwasserversorg.	•* monatl.		Auflagen der Behörden und Versicherer
Trinkwassererwärmer	* jährlich		Temperatur-/Sicherheitsprüfung, Druckprüfung, Reinigung, Entkalkung, Korrosionsschutz prüfen
Dosiergerät	•* ½-jährl.	* jährlich	Funktionsprüfung + Wartung nach Herstelleranleitung
Enthärtungsanlage	•* 2-monatl.	* jährlich [1]	Funktionsprüfung + Wartung nach Herstelleranleitung

• durch Betreiber; * durch Installationsunternehmen, Hersteller, Wasserversorgungsunternehmen

[1] Bei Gemeinschaftsanlagen halbjährlich.

13.5 Wohnungsentlüftung, Oberhauben

13.5.1 Lüftungssysteme

Einzelraumlüftung (dezentrale Lüftung)

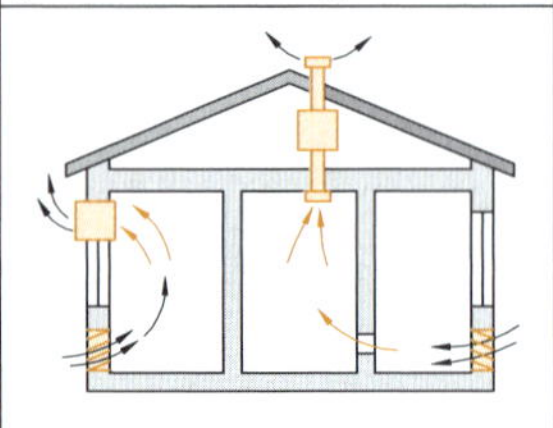

- Fortluft über Außenwand oder Dach
- Zuluft über spezielle Außenwandelemente, ggf. über spezielle Innengitter

Zentrale Lüftung ohne Wärmerückgewinnung

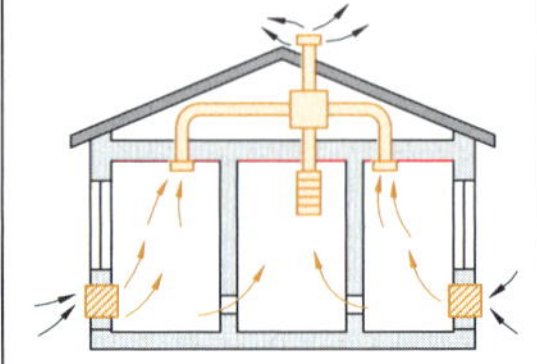

- gleichzeitige Entlüftung mehrerer Räume (bis 4 Ansaugstutzen)
- 3 Lüftungsstufen
- Schallpegel 41 bis 57 dB(A)

Saugvolumenstrom V für frei hängende Oberhauben mit Umfang U_{Haube}

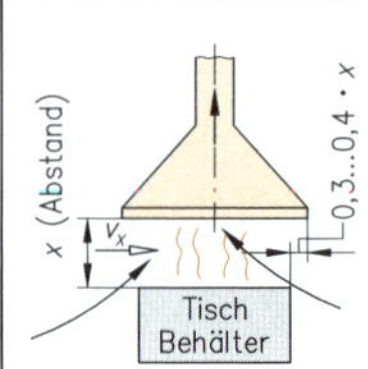

Erfassungsgeschwindigkeit v_x:
0,1 bis 0,15 m/s → *ruhige Luft*
0,15 bis 0,2 m/s → *schwache Querströmung*
0,2 bis 0,4 m/s → *starke Querstr.*

v_x m/s	$V \sim 2 \cdot x \cdot U_{Haube} \cdot v_x$ in m^3/h wenn Abstand x: 0,6m	0,8m	1,0 m
0,1	432	576	720
0,2	864	1152	1440
0,3	1290	1720	2150
0,4	1740	2320	2900

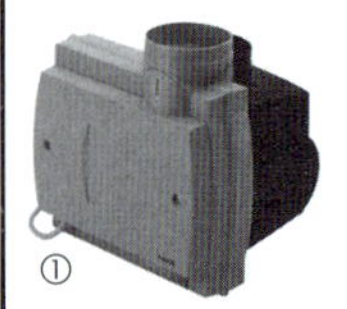

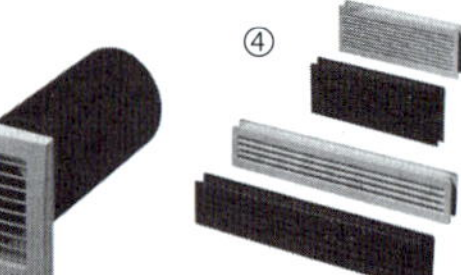
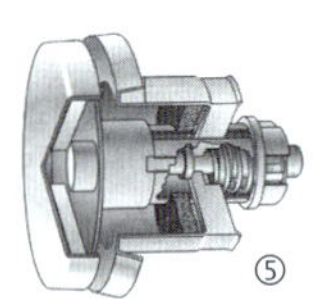
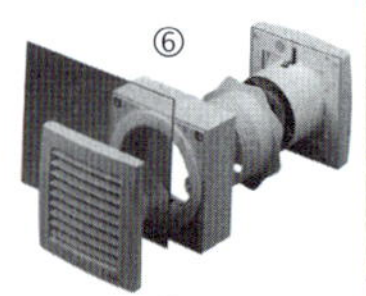

1 Zentrales Lüftungssystem; 2 Zu-/Ablufthaube; 3 Zuluftelement, 4 Tür-Lüftungsgitter; 5 Zuluftelement, thermostatisch gesteuert min. –5 °C, max. +10 °C ; 6 Fenstereinbausatz; 7 Einheit mit Ventilator, elektrische Heizung

13.5.2 Lüftungsrohrbefestigungen und Kanalmontage

Montagewinkel

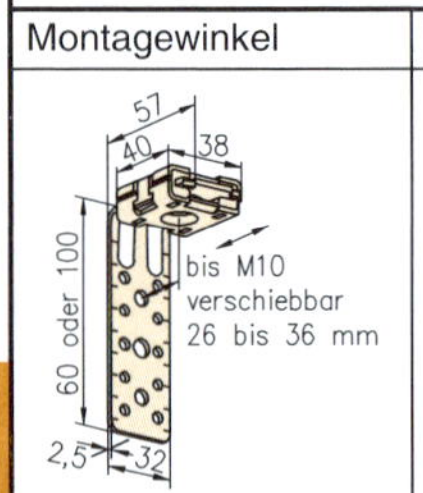

$F_e \leq 0{,}6$ kN

Rohrbefestiger

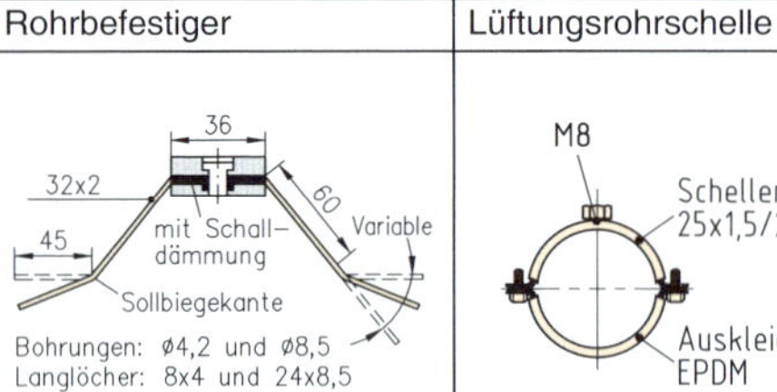

$F_e \leq 1{,}0$ kN

Lüftungsrohrschelle

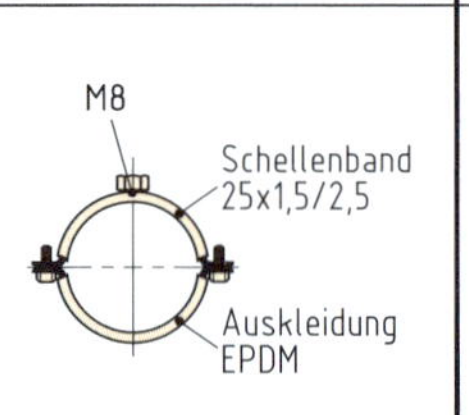

$F_e \leq 0{,}5$ kN, $d \leq 450$

Aufhängebügel

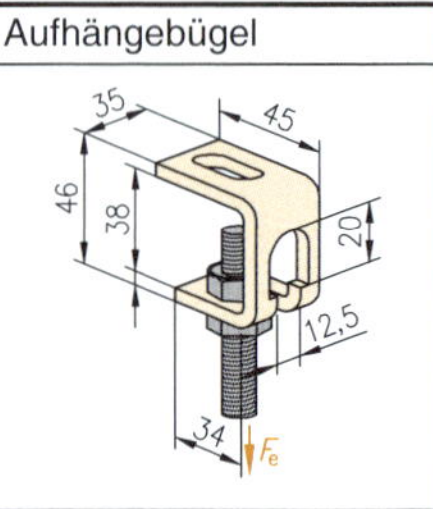

$F_e \leq 1{,}5$ kN

Bohrschrauben mit Blechschrauben-Gewinde

Werkstoff: Einsatzstahl gehärtet

Gewinde	D	s	l
ST2,9	2,3	0,7…1,9	≤ 19
ST3,5	2,8	0,7…2,3	≤ 25
ST4,2	3,6	1,8…3,0	≤ 38
ST4,8	4,1	1,8…4,4	≤ 50
ST5,5	4,8	1,8…5,3	≤ 50
ST6,3	5,8	1,8…6,0	≤ 50

Dämmprofile

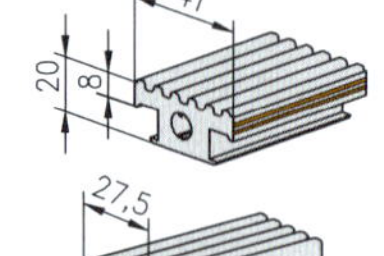

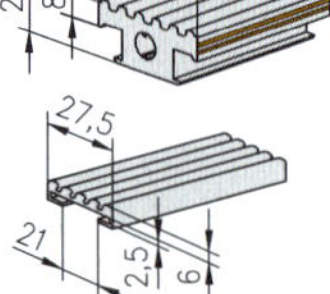

Trägerklammer

M8 $F_e \leq 1{,}2$ kN
M10 $F_e \leq 2{,}5$ kN
M12 $F_e \leq 3{,}5$ kN

13.6 Instandhaltung von Bauteilen

Instandhaltung
Bewahrung und Wiederherstellung des Sollzustandes
Erhöhung der Lebensdauer; Minderung der Kosten

Inspektion	Wartung	Instandsetzung
Feststellung und Beurteilung des Istzustandes	Bewahrung des Sollzustandes	Wiederherstellung des Sollzustandes

13.6.1 Alterungs- und Abnutzungsgeschwindigkeit von Bauteilen

Faktoren \ Geschwindigkeit	hoch		gering
Beanspruchung	Öffentliche Nutzung	Mehrfamilienhaus	Einfamilienhaus
Einbaubedingungen, z. B. bei Fenstern	Wetterseite ungeschützt	Wetterseite geschützt	ohne Sonnen- bzw. Schlagregeneinwirkung

13.6.2 Kostenintensität der Instandsetzung – Inspektionsintervalle

	Bauteile [1]	Inspektion-/Wartungsintervalle, -arbeiten
Gruppe A hohe Kosten	Fenster, Außentüren, Wintergärten	1x im Jahr: Sichtkontrolle Anstrich, Anschlüsse, Dichtungen, Versiegelung, Dichtprofile (ggf. Pflege mit Talkum); Beschläge fetten/ölen; Reinigung der Entwässerungsöffnungen; lose Schrauben an Fenstergriffen festziehen
	Isolierverglasungen	1x alle 2 Jahre: Prüfung Dichtstoff, Dichtprofil; Prüfung Zustand und Befestigung absturzsichernder Bauteile
	Fassadenbekleidung	1x im Jahr: Kontrolle von Zu- und Abluftöffnungen, Sichtkontrolle offenliegender Befestigungen
	Schließanlagen	1x im Jahr: Sichtkontrolle, ölen/schmieren, ggf. Batteriewechsel; Funktionskontrolle
	Textile Fußbodenbeläge, Laminat	1x im Jahr: Prüfen auf Schäden in der Fläche und an Stoßkanten
Gruppe B mittlere Kosten	Bauteile [1]	Inspektion-/Wartungsintervalle
	Verfugungen in der Fassade	1x alle 3 Jahre: Sichtkontrolle
	Rollläden	1x im Jahr: Sichtkontrolle Anschlussfugen, Anstrich von Holzrollläden, Verschleißprüfung bei Gurten
	Beschläge, Innentüren	1x alle 3 – 5 Jahre: Funktionsprüfung; ölen/schmieren; Sichtkontrolle Oberfläche
	Treppengeländer	1x alle 3 – 5 Jahre: Sichtkontrolle
	Fußbodenbeläge, wenn nicht A	1x alle 3 – 5 Jahre: Sichtkontrolle Oberflächenschutz, Fugenzustand

13.6.3 Wirtschaftlichkeit von präventiven Instandhaltungsmaßnahmen

Wartungsarbeiten

Vermeidung bzw. Hinausschiebung von Kosten für Schadensbeseitigung und Instandsetzung

Kosten für Wartungsarbeiten > voraussichtliche Schadensfolge- bzw. Instandsetzungskosten

Wirtschaftlichkeitsüberlegungen

[1] Für den Tischler relevante Auswahl.

13

13.6.4 Instandhaltungsplanung

Muster für Bauteildatenblatt

Objekt:	**Bauteildatenblatt** .. /		
Bauteil	*z. B. Fenster, Wintergarten, Innentüren*		
Hersteller			
Konstruktion/ Material	– *Konstruktion, Abmessungen, Planunterlagen* – *Materialien*		
Inspektion	letzte Inspektion: ☐ / erneute Inspektion fällig: ☐ ....200.. ☐ ....200 .. ☐ ....20 .... ☐ ....20 .... ☐ ....20 .... ☐ ....20 .... ☐		
	Inspektion durch: Mieter ☐ Eigentümer/Verwalter/Hausmeister ☐ Fachhandwerk ☐		
Inspektionsarbeiten	– *Was soll kontrolliert werden?* – *Auf welche Anzeichen (Schäden) ist hinsichtlich erforderlicher Instandsetzung zu achten?*		
Wartungsarbeiten	Wartung durch: Mieter ☐ Eigentümer/Verwalter/Hausmeister ☐ Fachhandwerk ☐		
	– *Art der regelmäßigen Pflege* – *Art der regelmäßigen Wartung* – *Wartungsvertrag (Umfang, Häufigkeit)*		
Schadensträchtige Nutzung	– *Hinweise zu sachgemäßer Nutzung (auch Angabe von anscheinend selbstverständlichen Dingen)* – *Hinweise zum Umgang mit besonderen Konstruktionen (z. B. spezielle Befestigungsprobleme bei Leichtbauwänden)*		
Instandsetzung/ Reparatur, Modernisierung	– *Hinweise zur Schadensvermeidung bei Instandsetzungsarbeiten* – *Hinweise hinsichtlich Schönheitsreparaturen durch Mieter* – *Vorgehensweise bei Instandsetzungsmaßnahmen* – *Besonderheiten, Einschränkungen, Verbote*		
Reparaturen	Art der Arbeiten	durchgeführt am	durchgeführt von

13.6 Instandhaltung von Bauteilen

Beispiel für Bauteildatenblatt

Objekt: WEG, Neubauweg 3 67676 Fertighausen	**Bauteildatenblatt**		**3 / 12**
Bauteil/Einbau	**Fensster, Außentür**	Einbaudatum: 15.4.2005	
Hersteller	Fensterbau GmbH Finkenweg 22, 63895 Holzhausen, Tel 07859-23456		
Konstruktion/ Material	Holzfenster IV 78 Holzart: Kiefer Verglasung: MIG, mit Biocleanbeschichtung, Fa. .... Oberflächenbeschichtung: Dickschichtlasur ...., Fa. .... Beschläge: Sicherheitsbeschlag ...., Fa.		
Inspektion	letzte Inspektion: ☐ / erneute Inspektion fällig: ☐ 04.2007 ☐ 04.2009 ☐ 04.2011 ☐ 04.2013 ☐ 04.2015 ☐		
	Inspektion durch: Mieter ☐ Eigentümer/Verwalter/Hausmeister ☐ Fachhandwerker ☐		
Inspektions- arbeiten	– Beschläge: – Risse, Abnutzung, Bruch, lose Verbindungen – Wetterschutzschiene, Gängigkeit, Schließung der Flügel – Befestigung von absturzsichernden Bauteilen – Fensterrahmen: Holzfeuchte, Eck- und Stoßverbindungen, Risse – Verglasung: Einläufe, Dampfdruckausgleichsöffnungen im Glasfalz, Glasabdichtung – Oberflächenbeschichtung: Anfangsschäden – Flügeldichtungen – Abdichtung zwischen Baukörper und Rahmen auf Innen- und Außenseite		
Wartungsarbeiten	Wartung durch: Mieter ☐ Eigentümer/Verwalter/Hausmeister ☐ Fachhandwerker ☐		
	– Reinigen der Wetterschutzschienen, Öffnen der Abflusslöcher – Ölen/Fetten beweglicher Teile – Einreiben der Flügeldichtungen mit Talkum oder dgl. (Herst.Ang.)		jährlich durch Hausmeister
	– Nachstellen der Beschläge – Offene Fugen und Risse an Fensterrahmen abdichten – Schadhaften Dichtstoff entfernen und erneuern – Schadhafte Abdichtung zwischen Rahmen und Baukörper innen und außen ausbessern bzw. entfernen und erneuern – Kleine Fehlstellen in der Oberflächenbeschichtung ausbessern		Fachhand-werker im Rahmen der Inspektion
Schadensträchtige Nutzung	– Reinigung mit anlösenden und scheuernden Bestandteilen – Einsatz von Spachtel, Rasierklinge, Messer, „Topfreiniger“ auf Glasscheiben		
Instandsetzung/ Reparatur, Modernisierung	– Anstrichmaterial für Schönheitsreparatur „Innenanstrich“ mit Eigentümer/ Verwalter abstimmen. – Für Ausbesserung von schadhafter Glasversiegelung nur vom Glashersteller zugelassenen Dichtstoff verwenden. – Austausch von Scheiben mit defektem Randverbund nur nach Rücksprache mit Eigentümer/Verwalter.		
Reparaturen	Art der Arbeiten	durchgeführt am	durchgeführt von

13.6 Instandhaltung von Bauteilen

13.6.5 Baustellenkoordination durch Meister (ohne Architekt bzw. SiGeKo [1])

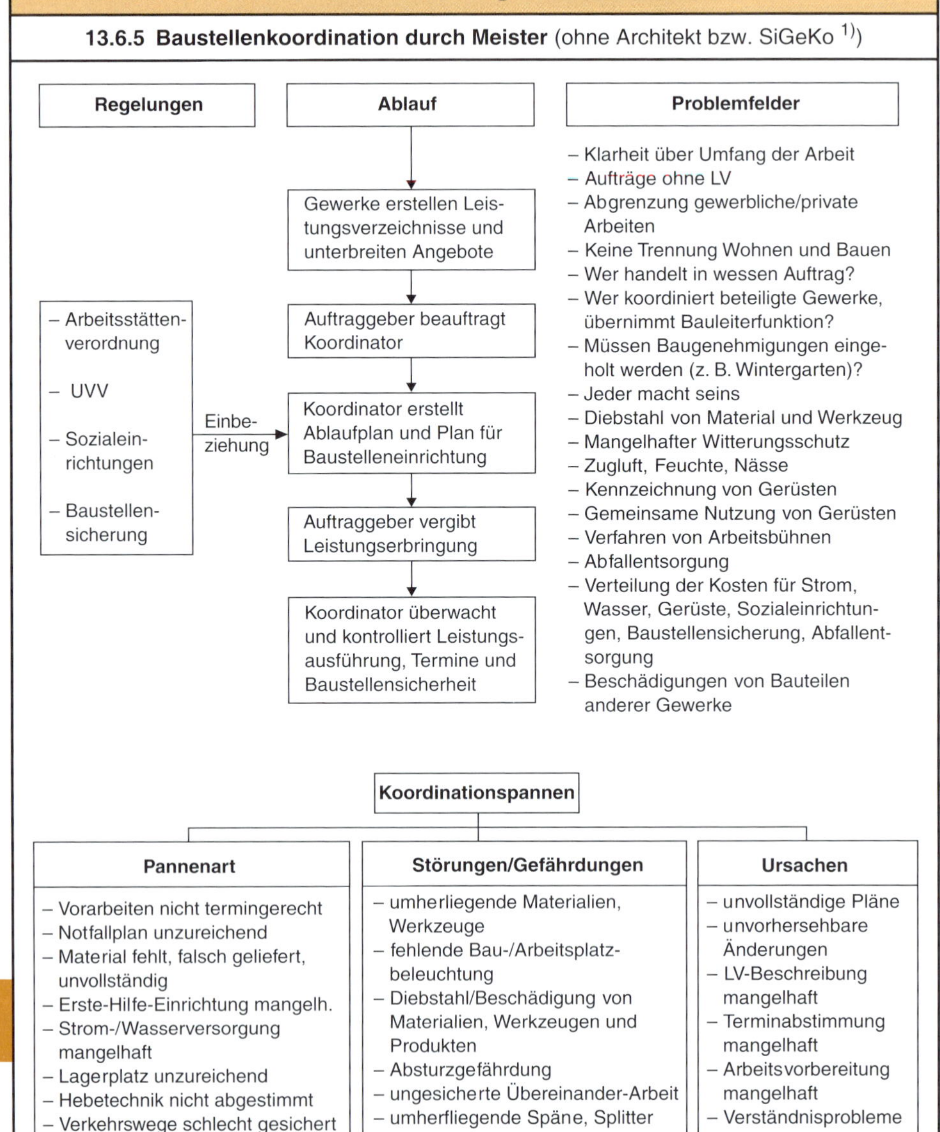

[1] Sicherheits- und Gesundheits-Koordinator bei Baustellen mit mehr als 20 Beschäftigten gleichzeitig.

14 Arbeits- und Umweltschutz

14.1 Übersicht

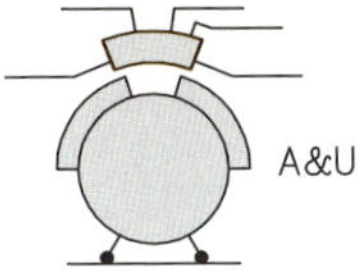 A&U	Grund- begriffe	Überblick: Belastungen am Arbeitsplatz Arbeits- und Umweltschutz staatliche Vorschriften Grundbegriffe: MAK, TRK, BAT, TRGS	14–2 14–2 14–2 14–2
 §14 Jährliche Arbeitsplatz-unterweisung (TRGS 555)	Gefahr- stoffver- ordnung	Informationsermittlung und Gefährdungsbeurteilung Kennzeichnungspflicht Sicherheitsdatenblatt (Auskunftspflicht) Rangfolge von Schutzmaßnahmen Betriebsanweisung (jährliche Unterweisung)	14–3 14–3 14–3 14–3 14–3
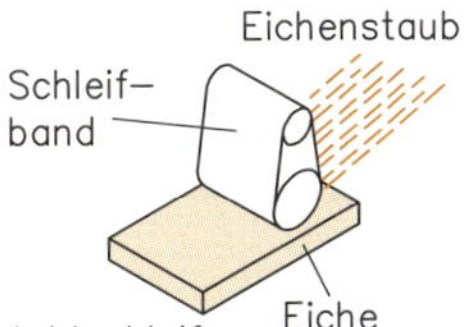 Eichenstaub Schleif-band Eiche Kontaktschleifen (TRGS 553)	Gefahr- stoff- quellen/ Arbeits- platz	Aufnahmewege von Gefahrstoffen Typische Gefahrstoffe bei der Verarbeitung von – Rohholzsorten und Plattenwerkstoffen – organischen Abbeizern – alkalischen Abbeizern – Anstrichstoffen – Beizen zur Holzfarbtonänderung – Bleichen zur Fleckenaufhellung – Dichtstoffen (Schadstellenausbesserung) – Holzschutzmitteln – Klebstoffen – Lösemitteln Hinweise zur Gefahrenreduzierung	14–4 14–4 14–4f 14–5 14–5f 14–6 14–6 14–6 14–6f 14–7 14–8 14–8
TRK[2]–Wert: 2 mg/m³ für Eichenstaub 1 m³ Arbeits-luft 2 mg Eichenstaub 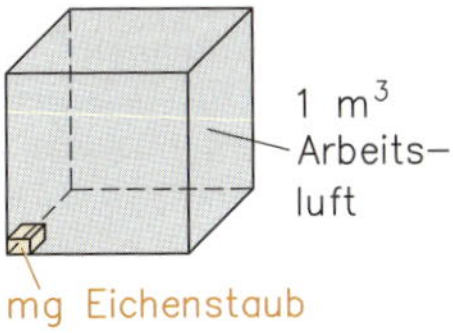	Grenz- werte und Stoff- werte (nach DFG/ TRGS 900)	MAK[1]-Werte für die einzelnen Stoffe (= gesundheitsschädliche Stoffe) **TRK**[2]-Werte für die einzelnen Stoffe (= **Krebs erregende Stoffe**, diese sind **fett** gedruckt) spez. Stoffwerte zur Gefahreneinschätzung Art der Gefährlichkeit einzelner Stoffe Wassergefährdungsklassen geeigneter Filterschutz für einzelne Stoffe Spalten und Kurzzeichenerklärungen	14–9ff 14–9ff 14–9ff 14–9ff 14–9ff 14–9ff 14–12
 Gefahren-symbol: für Eichen-staub Krebs erzeugend	Sicher- heits- kenn- zeichen	Rettungs-, Gebots-, Warn-, und Verbots-zeichen Kennzeichen für Gefahrstoffe Beispiel für die Kennzeichnung eines Gefahr-stoffes	14–13 14–13f 14–14
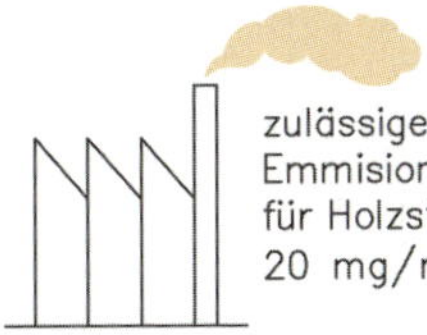 zulässiger Emmisionswert für Holzstaub 20 mg/m³	Umwelt- schutz	Überblick: Umweltrelevante Betriebsbereiche Abfall: Abfolge zur Entsorgung Abfall: Sonderabfallarten und Kosten Abluft	14–15 14–15 14–16 14–17

1) Siehe Fußnote 1) S. 14-2
2) Siehe Fußnote 2) S. 14-2

14.2 Überblick: Belastungen am Arbeitsplatz/Arbeits- u. Umweltschutz

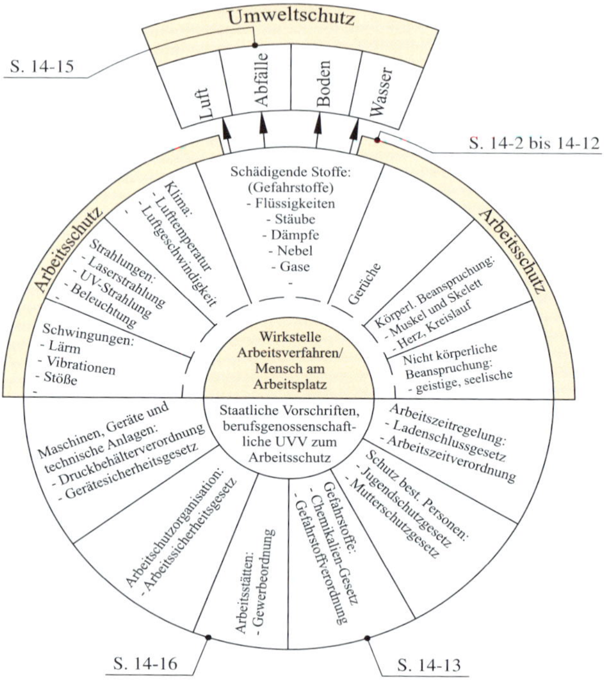

Umweltschutz

S. 14-15

Luft | Abfälle | Boden | Wasser

S. 14-2 bis 14-12

Arbeitsschutz

Schädigende Stoffe: (Gefahrstoffe) - Flüssigkeiten - Stäube - Dämpfe - Nebel - Gase -

Klima: - Lufttemperatur - Luftgeschwindigkeit -

Strahlungen: - Laserstrahlung - UV-Strahlung - Beleuchtung -

Schwingungen: - Lärm - Vibrationen - Stöße -

Gerüche

Körperl. Beanspruchung: - Muskel und Skelett - Herz, Kreislauf

Nicht körperliche Beanspruchung: - geistige, seelische

Wirkstelle Arbeitsverfahren/ Mensch am Arbeitsplatz

Staatliche Vorschriften, berufsgenossenschaftliche UVV zum Arbeitsschutz

Maschinen, Geräte und technische Anlagen: - Druckbehälterverordnung - Gerätesicherheitsgesetz

Arbeitsschutzorganisation: - Arbeitssicherheitsgesetz

Arbeitsstätten: - Gewerbeordnung

Gefahrstoffe: - Chemikalien-Gesetz - Gefahrstoffverordnung

Schutz best. Personen: - Jugendschutzgesetz - Mutterschutzgesetz

Arbeitszeitregelung: - Ladenschlussgesetz - Arbeitszeitverordnung

S. 14-16

S. 14-13

14.3 Gefahrstoffe am Arbeitsplatz

14.3.1 Grundbegriffe und Abkürzungen

Begriff	Erläuterung
MAK[1] (siehe S. 14-9ff)	**Maximale Arbeitsplatzkonzentration.** Gibt die höchstzulässige Konzentration eines Arbeitsstoffes als Gas, Dampf oder Schwebstoff in der Luft am Arbeitsplatz an. Nach dem gegenwärtigen Kenntnisstand wid dadurch die Gesundheit der Beschäftigten im Allgemeinen nicht beeinträchtigt. Die MAK-Werteliste wird jährlich von der Senatskommission der Deutschen Forschungsgemeinschaft neu aufgelegt und in der TRGS 900 veröffentlicht.
TRK[2] (siehe S. 14-9ff)	**Technische Richtkonzentration.** Gilt für Stoffe, die Krebs erregend sind und für die deshalb keine unschädlichen Konzentrationen angegeben werden können. Dieser Wert gibt die Konzentration eines Stoffes am Arbeitsplatz an, die derzeitig nach dem Stand der Technik erreicht werden kann.
BAT[3]	**Biologischer Arbeitsstoff-Toleranzwert.** Dieser gibt den Grenzwert für die Konzentration von Schadstoffen im menschlichen Körper (Blut, Urin etc.) an.
TRGS z.B. TRGS 553	**Technische Regeln für Gefahrstoffe.** Diese werden vom Ausschuss für Gefahrstoffe herausgegeben und geben Hinweise für einen Gefahren mindernden Umgang mit Gefahrstoffen. Umgang mit Holzstaub
UVV	**Unfallverhütungsvorschriften.** Diese werden von den Berufsgenossenschaften erarbeitet und stellen verbindliches Recht nach der Reichsversicherungsordnung dar.
GefStoffV	**Gefahrstoffverordnung**

[1] Die neue Gefahrstoffverordnung (GefStoffV) kennt nur noch einen Bewertungsmaßstab für die Luftbelastung mit Gefahrstoffen. Der Begriff MAK wird zukünftig ersetzt durch den Begriff „**Arbeitsplatzgrenzwert**" **AGW**. Auf Gesetzesebene werden die MAK-Werte der DfG nun als **AGW-Werte** ausgegeben.

[2] Mit der neuen GefStoffV wurde der Begriff TRK ersatzlos gestrichen. Da diese Werte jedoch einen Anhaltspunkt dafür geben, welche Expositionshöhen entsprechend dem Stand der Technik zum Zeitpunkt der Ableitung des Grenzwertes zu unterschreiten waren, werden diese vorläufig weitergeführt. [3] Die neue GefStoffV ersetzt diesen Begriff durch den „Biologischen Grenzwert".

14.3.2 Pflichten zum Schutz vor Gefahrstoffen am Arbeitsplatz GefStoffV: 2005-1

Informationsermittlung und Gefährdungsbeurteilung § 7 GefStoffV (TRGS 440)

Der Arbeitgeber muss vor dem Einsatz eines Stoffes, einer Zubereitung oder eines Erzeugnisses in seinem Betrieb ermitteln, ob es sich um einen Gefahrstoff handelt.

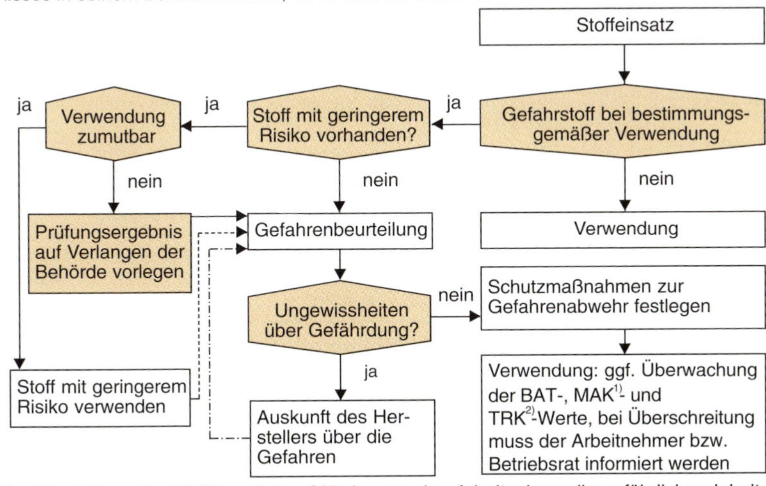

Der Hersteller oder Einführer hat auf Verlangen des Arbeitgebers die gefährlichen Inhaltsstoffe und die vom Stoff ausgehenden Gefahren sowie die zu ergreifenden Schutzmaßnahmen mitzuteilen. Der Arbeitgeber muss ein Verzeichnis (Name, gefährliche Eigenschaft, Mengenbereiche u. Einsatzbereiche) über die eingesetzten Gefahrstoffe führen.

Kennzeichnungspflicht § 5 GefStoffV

Gefährliche Stoffe, Zubereitungen und Erzeugnisse sind verpackungs- und kennzeichnungspflichtig auch bei ihrer Verwendung. Weil bei der Kennzeichnungspflicht dadurch Lücken bestehen, dass nicht unbedingt alle Inhaltsstoffe erfasst werden, trifft folgende Aussage zu (siehe auch S. 14-13 unten):
Kennzeichnung bedeutet in jedem Fall „Gefahr". Keine Kennzeichnung schließt eine Gefahr nicht in jedem Falle aus!

Sicherheitsdatenblatt und Auskunftspflicht § 6 GefStoffV

Das Sicherheitsdatenblatt gibt detaillierte Auskunft über die Gefahren, die von einem Produkt für Mensch und Umwelt ausgehen. Dem Verwender muss das Sicherheitsdatenblatt über die/den gefährliche/n Zubereitung/Stoff spätestens bei der ersten Lieferung zugeleitet werden. Auch muss es auf Verlangen des berufsmäßigen Verwenders geliefert werden.

Rangfolge der Schutzmaßnahmen § 7–12 GefStoffV

Werden beim Umgang mit Gefahrstoffen Schutzmaßnahmen erforderlich, so ist den sicherheitstechnischen Maßnahmen stets der Vorzug vor persönlicher Schutzausrüstung zu geben.

1. Verhindern, dass Gefahrstoffe frei werden; Abkapselung des fraglichen Arbeitsprozesses.
2. Gefahrstoffe an der Entstehungsstelle absaugen.
3. Geeignete Lüftungsmaßnahmen vorsehen.
4. Persönliche Schutzausrüstung zur Verfügung stellen.

Betriebsanweisung § 14 GefStoffV (TRGS 555)

Es muss für den betreffenden Arbeitsplatz eine schriftliche arbeitsbereich- und stoffbezogene Betriebsanweisung erstellt werden, in der die beim Umgang mit dem Gefahrstoff auftretenden Gefahren für Mensch und Umwelt sowie die erforderlichen Schutzmaßnahmen und Verhaltensregeln festgelegt werden. Außerdem muss auf die sachgerechte Entsorgung entstehender gefährlicher Abfälle hingewiesen werden. Einmal jährlich muss hierüber eine mündliche arbeitsplatzbezogene Unterweisung erfolgen. Inhalt und Zeitpunkt der Unterweisung sind schriftlich festzuhalten und von den Unterwiesenen durch Unterschrift zu bestätigen.

[1] Siehe Fußnote 1) S. 14-2
[2] Siehe Fußnote 2) S. 14-2

14.3.3 Aufnahmewege und Schutzmaßnahmen

Nasenraum
Luftröhre
Speiseröhre
Bronchien
Alveolen
Lunge

Aufnahmewege	Schutzmaßnahmen
Eindringen: Gase Dämpfe,Stäube	Augenschutz, Ohrenschutz
Einatmen: Gase Dämpfe, Stäube, Aerosole	Absaugung am Entstehungsort, wirksame Arbeitsplatzbelüftung, Atemschutz mit geeignetem Filtereinsatz, siehe Spalte 14 u. 15, Seite 14-9ff.
Verschlucken: Stäube, Flüssigkeiten	nicht essen, trinken und rauchen am Arbeitsplatz
Hautresorption: (Aufnahme über die Haut) Stäube, Flüssigkeiten	geeignete Hand- und/oder Arbeitsschutzkleidung oder ggf. Vollschutzanzug tragen

14.3.4 Typische Gefahrstoffe bei der Verarbeitung

Verarbeitung	gefährlicher Stoff[1)2)]	Erläuterungen; Gesundheitsgefahren
Holzwerkstoffe	Holzstaub[1)] TRGS 553[4)]	steht im Verdacht, beim Menschen eine Krebs auslösende Wirkung zu haben; allergische Erscheinungen können ausgelöst werden
Buche, Eiche	Buchen- und Eichenstaub[2)]	Krebs erzeugend, führt zu bösartigen Erkrankungen der Nasenhaupt- und Nasennebenhöhlen (Adenokarzinome); TRGS 553[4)]
Teak	Allergen	(bot. Name: Tectona grandis) wirkt sensibilisierend, führt zu allergischen Reaktionen; *weitere Hölzer* siehe S. 14-10
Holzplatten	Formaldehyd[1)] (HCHO)	bei 90% der hergestellten Spanplatten werden als Bindemittel die Harnstoff-Formaldehydharze verwendet; die nach dem Herstellungsprozess entweichenden Formaldehydmengen hängen von Hersteller (z.B. verwendetes Harz, Holzart) und Einsatzortbedingungen (z.B. Luftfeuchtigkeit, Temperatur) ab. Die für den Innenausbau verwendeten Rohspanplatten sind in drei Emissionsklassen für HCHO eingeteilt E1 < 0,1 ml/m^3; E2 0,1–1,0 ml/m^3; E3 1,0–2,3 ml/m^3. E2- und E3-Platten müssen werksseitig oder an der Verwendungsstelle beschichtet werden. Geruchsschwelle: 0,05–1,0 ml/m^3; Augenreizung: 0,01–1,5 ml/m^3; krebsverdächtig und kann allergische Erscheinungen auslösen
Sperrholz, Holzfaserplatten	Formaldehyd[1)] (HCHO)	HCHO-Emission ist sehr niedrig, meist < 0,01 % ml/m^3; dagegen weisen die mittelharten in USA hergestellten Plattentypen 1–2,3 ml/m^3 auf
Abbeizer, organische (Gemisch verschiedener Lösemittel)	Aceton[1)3)]	reizt Schleimhäute, kann zu Leber- und Nierenschäden sowie chronischen Kopfschmerzen führen
	Benzol[2)3)]	Krebs erzeug., reichert sich im Gehirn an, schädigt Blutbildungszentren
	n-Butylacetat[1)3)]	verursacht Reizung der Schleimhäute, Magenschmerzen, Übelkeit
	Dichlormethan[1)3)]	auch Methylenchlorid genannt; krebsverdächtig, Fruchtschädigung noch ungeklärt, verursacht Kopfschmerz, Schwindel, Schläfrigkeit und Appetitlosigkeit

[1)] MAK-Wert (gesundheitsschädlicher Stoff) siehe S. 14-9ff. und Fußnote S. 14-2 [2)] **TRK-Wert** (Krebs erzeugender Stoff) siehe S. 14-9ff. und Fußnote S. 14-2 [3)] Bestandteil von Lösungsmitteln [4)] Umgang mit Holzstaub

14

14.3.4 Typische Gefahrstoffe bei der Verarbeitung (Forts.)

Verarbeitung	gefährlicher Stoff[1)2)]	Erläuterungen; Gesundheitsgefahren
Abbeizer, organische (Gemisch verschiedener Lösemittel) (Fortsetzung)	Ethylglycol[1)3)4)]	wirkt reizend auf Schleimhäute der Augen und des Atemtrakts
	Methanol[1)3)] (Methylalkohol)	auch Bestandteil von Nitroverdünnern; durchdringt leicht die Haut, Fruchtschädigungspotential noch ungeklärt, verursacht Appetitlosigkeit, Schleimhautreizungen, Kopfschmerzen, Sehstörungen, Leberschwellungen und Leibschmerzen
	Tetrachlormethan[1)3)]	auch Tetrachlorkohlenstoff genannt; krebsverdächtig, Fruchtschädigung bei Einhaltung des MAK-Wertes nicht ausgeschlossen; gefährlicher Leberschädiger, allg. Lösemittelschädigungen
	Toluol[1)3)]	Fruchtschädigung ist nicht wahrscheinlich: führt zu Kopfschmerzen, Müdigkeit, Übelkeit und Schlafstörungen; seltener treten permanente Schäden des zentralen, peripheren und vegetativen Nervensystems auf
Abbeizer, alkalische	Ammoniak[1)]-lösung	Salmiakgeist; Fruchtschädigung braucht bei Einhaltung des MAK-Wertes nicht befürchtet zu werden; führt an Haut und Schleimhäuten zu entzündlichen Rötungen und Blasenbildung; im Auge kann es zu Kornealtrübungen und Schäden an der Iris mit Erblindung führen
	Natriumhydroxid	Natronlauge oder Ätznatron; verätzt Haut und Schleimhäute; Konzentration ab 1 % führen zu Schwellungen und Verflüssigung des Gewebes; im Auge können Spritzer zu Erblindung führen
Anstrichstoffe (flüchtige Bestandteile: Lösemittel und Abspaltprodukte; nichtflüchtige Bestandteile: Bindemittel, Farbmittel und Hilfsstoffe)	Anilin[1)]	synthetischer Farbstoff; krebsverdächtig, Fruchtschädigung ist noch ungeklärt; kleine Mengen führen zu Vergiftungserscheinungen wie Blaufärbung von Lippen, Nase und Ohr
	1-Chlor-2,3-epoxypropan[2)]	auch Epichlorhydrin genannt; Harzbindemittelbestandteil; krebsverdächtig, durchdringt leicht die Haut; reizt Schleimhäute, schädigt Herz und Kreislauf, verursacht Bewusstlosigkeit
	Formaldehyd[1)]	entsteht beim Trocknungsprozess als Abspaltprodukt; krebsverdächtig, kann allergische Erscheinungen auslösen
	Diphenylmethan-4,4′-diisocyanat[1)]	Harzbindemittelbestandteil; kann allergische Erscheinungen auslösen; führt zu Haut- und Schleimhautreizungen sowie zu Atembeschwerden und Kopfschmerzen
	Kieselsäure[1)]	Füllstoff zur Beeinflussung der Eigenschaften des Lackfilms; kann, als Staub eingeatmet, silikoseähnliche Lungenfibrose hervorrufen
	Lösemittel	siehe Verarbeitung von Lösemittel S. 14-8 und alle mit „[3)]" gekennzeichneten Stoffe; umfassen 50 %–70 % eines Gebindes
	Naphtalin[2)]	synthetischer Farbstoff; giftig, Krebs erzeugend
	Phenol[1)]	Harzbindemittelbestandteil; dringt leicht durch die Haut; schädigt das Zentralnervensystem, Leber und Nieren; kleine Mengen in der Luft verfärben den Urin grünlich-braun
	Styrol[1)]	Harzbindemittelbestandteil; Fruchtschädigung bei Einhaltung des MAK-Wertes ausgeschlossen; Giftwirkungen wie bei Toluol und Xylol

[1)] MAK-Wert (gesundheitsschädlicher Stoff) siehe S. 14-9ff. und Fußnote S. 14-2 [2)] **TRK-Wert** (Krebs erzeugender Stoff) siehe S. 14-9ff. und Fußnote S. 14-2 [3)] Bestandteil von Lösemitteln [4)] TRGS 609. Ersatzstoffe u. Ersatzverfahren

14.3.4 Typische Gefahrstoffe bei der Verarbeitung (Forts.)

Verarbeitung	gefährlicher Stoff[1)2)]	Erläuterungen; Gesundheitsgefahren
Anstrichstoffe (Fortsetzung)	Vinylacetat[1)]	physikalisch trocknender Filmbildner; relativ wenig toxisch, bei regelmäßigem Kontakt können Hautentzündungen entstehen
	Vinylchlorid[2)]	physikalisch trocknender Filmbildner; Krebs erzeugend, Dämpfe besitzen narkotische Wirkung und führen zu allgemeinen körperlichen Beschwerden
Beizen (Veränderung des Holzfarbtons durch chem. Reaktion mit Gerbstoffen)	Ammoniaklösung[1)] Chrom-III-, VI-Verbindungen[2)] Ethylglycol[1)] Ethanol[1)3)] Natriumhydroxid	siehe S. 14-5; Lösemittel für Alkalien bzw. Metallsalze Alkalichromate; Metallsalze zur Veränderung des Holzfarbtons; Krebs erregend siehe S. 14-6 unten siehe S. 14-5: Lösemittel für Alkalien bzw. Metallsalze siehe S. 14-8: Lösemittelbestandteil siehe S. 14-5: Alkalie zur Veränderung des Holzfarbtons
Bleichen (Holzoberflächen und Flecken aufhellen)	Ameisensäure[1)]	verursacht bei oraler Aufnahme Verätzungen
	Chlorwasserstoff[1)]	Salzsäure; Fruchtschädigung braucht bei Einhaltung des MAK-Wertes nicht befürchtet zu werden; hat starke Ätzwirkungen; Dämpfe bewirken u.a. eine Erstickungsgefahr
	Essigsäure[1)]	reizende Dämpfe führen zu Entzündungen der Schleimhäute; Verdauungsstörungen, Abmagerung oder Blässe können die Folge von chronischen Vergiftungen sein
	Natriumhypochlorit	auch Javellwasser genannt; Bleichwirkstoff; spaltet auf der Haut und Schleimhaut Chlor ab; Blasenbildung auf der Haut
	Schwefelsäure[1)]	Dämpfe verursachen entzündliche Reizungen der Atemwege und Entkalkung der Zähne; höhere Konzentrationen können zu Atem- und Herzstillstand führen
	Wasserstoffperoxid	Bleichwirkstoff; verursacht auf Haut und Schleimhaut Ausbildung von Sauerstoffemphysemen (krankhafte Aufblähungen), starken Juckreiz oder Schmerz. Dämpfe bewirken Reizung der Augen und Atemwege
Dichtstoffe (Ausbessern von schadhaften Stellen im Holz)	Aceton[1)]	bewirkt mäßige Schleimhautreizung; in hohen Konzentrationen wirkt es narkotisch; Dämpfe können chron. Kopfschmerzen verursachen
	Diethylether[1)]	Ether; Fruchtschädigung noch ungeklärt; Dämpfe wirken stark erregend, Überdosierung lähmt das Atemzentrum; chronische Vergiftungserscheinungen sind Kopfschmerzen, psychische Störungen, Herz- und Nierenschädigungen
	Kampfer[1)]	Weichmacher: wirkt reizend; kann zu Übelkeit, Schwindel und Kopfschmerzen führen sowie zu Sinnestäuschungen und Wahnideen
Holzschutzmittel a) wasserlösliche Holzschutzmittel	Arsenverbindungen[2)]	Wirkstoff; enthalten in CFA- (Prüfprädikat: P, Iv, W) und CK-Salzen (Prüfprädikat: P, Iv, W, E); Krebs erzeugend; bewirkt eine Abnahme der Oxidationsprozesse in den Zellen, Störungen der Kapillargefäße, Blutbildstörungen, psychische Störungen, Haarausfall, Hautkrebs u.a.
	Chrom-III-, VI-Verbindungen[2)] (TRGS 618)[4)]	Wirkstoff; Alkalichromate; Krebs erzeugend; führt zu starken Reizungen, Verätzungen und Ekzembildung an der Haut, so lange die Fixierung der Schutzmittel noch nicht völlig erfolgt ist
b) ölige Holzschutzmittel	Pyrolyseprodukte[2)]	auch Steinkohlenteeröle genannt, sind komplizierte Gemische verschiedener Destillate (> 1000 Einzelstoffe). Viele Stoffe haben einen Anteil von < 0,1 %; Naphthalin[2)] hat einen Anteil von 5 % bis 10 %; Krebs erzeugend

[1)] MAK-Wert (gesundheitsschädlicher Stoff) siehe S. 14-9ff. und Fußnote S. 14-2 [2)] **TRK-Wert** (Krebs erzeugender Stoff) siehe S. 14-9ff. und Fußnote S. 14-2 [3)] Bestandteil von Lösungsmitteln. [4)] Ersatzstoffe und Verwendungsbeschränkung.

14.3.4 Typische Gefahrstoffe bei der Verarbeitung (Forts.)

Verarbeitung	gefährlicher Stoff[1)2)]	Erläuterungen; Gesundheitsgefahren
c) lösemittelhaltige Holzschutzmittel (Fortsetzung)		enthalten ca. 80 % bis 95 % organische Lösemittel (siehe die mit „[3)]" gekennzeichneten Stoffe) und fungizide (pilzwidrige) oder insektizide (insektenwidrige) Wirkstoffe; ca. 10 % des Volumens
	Chlorthalonil	Fungizid; toxische und Krebs erzeugende Wirkung wird zur Zeit geprüft; hautsensibilisierend
	Pentachlorphenol[2)]	Fungizid; Krebs erzeugend; führt zu Reizwirkungen auf Haut und Schleimhaut, akneähnlicher Dermatitis und Leberfunktionsstörungen
	Quecksilberverbindungen[1)], organische	Phenylquecksilberoleat; Fungizid; schädigt das Zentralnervensystem; führt zu chronischer Nervenschwäche, Empfindungsstörung, Hautentzündungen, Sprachstörung und Schlafstörung; wird vom Körper nicht ausgeschieden und reichert sich in den Organen an, deshalb sind Embryos stark betroffen; dringt leicht durch die Haut; krebsverdächtig
	Zinnverbindungen[1)], organische	Tributylzinnverbindungen; Fungizid; dringt leicht durch die Haut; sehr giftig; führt zu Muskelschwäche, Lähmung der Extremitäten, Depressionen, verlangsamter Herztätigkeit u.a.
	Xylasan A1	Fungizid; Neuentwicklung, von der die Zusammensetzung, Wirkstoffeigenschaften und Toxikologie unbekannt sind
	Ethylparathion	Parathion[1)], Insektizid; äußerst giftig, dringt leicht durch die Haut; führt zu Übelkeit, Erbrechen, Darmkrämpfen und Bewusstseinsstörungen
	Lindan[1)]	Insektizid; führt zu Übelkeit, Erbrechen, Unruhe; Krampfanfälle können periodisch verlaufen und epileptische Formen annehmen
Lösemittel- und Dispersions-Klebestoffe	Acrylnitril[2)]	Krebs erzeugend, dringt leicht durch die Haut; führt nach Berührung mit der Haut zu Übelkeit, Kopfschmerzen, Schwindel und Krämpfen
	1,3-Butadien[2)]	Wirkstoffbestandteil; Krebs erzeugend, wirkt nur in hohen Konzentrationen narkotisch sowie reizend auf Augen und Augenschleimhäute
	Vinylacetat[1)]	Filmbildnerbestandteil; kann zu Hautentzündungen führen, krebsverdächtig
	Vinylchlorid[2)]	Filmbildnerbestandteil; Krebs erzeugend; führt nach Zersetzung durch saure Gase und Nebel zu Reizerscheinungen an Augen, Nase und Rachen
	Vinylidenchlorid[1)]	(1,1-Dichlorethen) Filmbildnerbestandteil; führt zu Hirnnervenstörungen durch Verunreinigungen von Chlor- und Dichloracetylen
	Styrol[1)]	siehe S. 14-5; Harzbindemittelbestandteil
Reaktionsklebestoffe	Formaldehyd[1)] Phenol[1)]	siehe S. 14-4; Harzbindemittelbestandteil siehe S. 14-5; Harzbindemittelbestandteil
Schmelzklebestoffe	Styrol[1)] 1,3-Butadien[2)] Vinylacetat[1)]	siehe S. 14-5; Harzbindemittelbestandteil siehe S. 14-7; Wirkstoffbestandteil siehe S. 14-7; Filmbildnerbestandteil

[1)] MAK-Wert (gesundheitsschädlicher Stoff) siehe S. 14-9ff. und Fußnote S. 14-2
[2)] **TRK-Wert** (Krebs erzeugender Stoff) siehe S. 14-9ff. und Fußnote S. 14-2 [3)] Bestandteil von Lösemitteln

14.3.4 Typische Gefahrstoffe bei der Verarbeitung (Forts.)

Verarbeitung	gefährlicher Stoff[1)2)]	Erläuterungen; Gesundheitsgefahren
Lösemittel (Verdünner)		haben bereits bei Raumtemperatur einen hohen Dampfdruck (siehe Spalte 11 S. 14-9ff.), also ein großes Bestreben zu verdunsten, deshalb werden diese hauptsächlich über die Lunge aufgenommen. Bei körperlicher Arbeit werden täglich bis zu 20 m^3 Luft eingeatmet. Hohe Dosen in kurzer Zeit führen zu akuten Vergiftungen, kleine Dosen über längere Zeit aufgenommen, können zu den bekannten chronischen Schädigungen oder Sensibilisierungen führen.
	Aceton[1)] Benzol[2)]	siehe S. 14-4 siehe S. 14-4
	n-Butanol[1)]	Augen- und Schleimhautreizungen treten bereits unterhalb des MAK-Wertes auf; führt zu Kopfschmerzen, Schwindel und Schläfrigkeit
	2-Butanon[1)]	Fruchtschädigung noch ungeklärt; kann die Haut schädigen
	n-Butylacetat[1)]	verursacht Reizung der Schleimhäute; führt zu Magenschmerzen, Übelkeit, Erbrechen, Schwindelgefühl und Ohnmacht
	Cyclohexan[1)]	wirkt akut narkotisch und chronisch degenerierend auf das periphere Nervensystem; Gefahr der Hautekzembildung
	Ethanol[1)]	Fruchtschädigung ungeklärt; führt zu lokalen Schleimhautschäden und wirkt auf das Zentralnervensystem
	Ethylacetat[1)]	führt zu Schleimhautreizungen und Zahnfleischentzündungen
	Ethylbenzol[1)]	wirkt stark reizend auf Augen und obere Atemwege; dringt leicht durch die Haut; wirkt auf das Zentralnervensystem
	n-Hexan[1)]	Konzentrationen über 0,5 % führen nach 10 min zu Schwindelerscheinungen; wird im Fettgewebe gespeichert und wirkt chronisch degenerierend auf das periphere Nervensystem
	Isopropylacetat[1)]	Dämpfe wirken etwas betäubend und verursachen leichte Reizungen der Augen und Atmungsorgane
	Methanol[1)] Toluol[1)]	siehe S. 14-5 siehe S. 14-5
	Xylol[1)]	Fruchtschädigung ungeklärt; Dämpfe schädigen besonders das Zentralnervensystem; längeres Einatmen niedriger Konzentrationen erzeugt Kopfschmerzen und Schwindel

Gefahrenreduzierung:

1. Die konkret beim Arbeitsverfahren auftretenden Gefahrstoffe/Gefahren anhand der gesetzlichen Herstellerkennzeichnungspflicht für die verwendeten Produkte ermitteln und beachten. Erläuterungen zu den dabei verwendeten Symbolen siehe Seite 14-13f.
2. Das Sicherheitsdatenblatt (siehe Seite 14-3) über das verwendete Produkt vom Hersteller bzw. Lieferanten anfordern und die darin detailliert aufgeführten Angaben zu konkreten Schutzmaßnahmen, Lagerung, Entsorgung und Handhabung beachten. Der geeignete Werkstoff für Schutzhandschuhe muss häufig durch eine erneute Nachfrage geklärt werden.
3. Den Arbeitsplatz gut belüften und entstehende Gefahrstoffe möglichst nah am Entstehungsort absaugen und durch geeignetes Filtermaterial absorbieren. Anhand der physikalischen Eigenschaften des Stoffes Dichte, rel. Gasdichte, Siedepunkt und Dampfdruck (siehe Spalte 5, 6, 10, u. 11 Seite 14-9ff.) muss die geeignete Absaugung (Rand- oder/und Absaugung von oben) ermittelt werden.
4. Grundsätzlich geschlossene Arbeitskleidung tragen; am Arbeitsplatz nicht essen, trinken oder rauchen.

14-9
14-
14-3

[1)] MAK-Wert (gesundheitsschädlicher Stoff) siehe S. 14-9ff. und Fußnote S. 14-2
[2)] **TRK-Wert** (Krebs erzeugender Stoff) siehe S. 14-9ff. und Fußnote S. 14-2

14.3 Gefahrstoffe am Arbeitsplatz

14.3.5 MAK[1)]- und TRK[2)]-Werte (Auswahl) DFG 2008 (TRGS 900)

Spalte: 1	2	3	4	5	6	7	8	9	10	11	12	13	14	15
Stoff	Chemische bzw. Brutto-Formel	MAK/**TRK** ml/m³	MAK/**TRK** mg/m³	Dichte kg/dm³ [3)] g/dm³ [4)]	rel. Gasdichte	Flammpunkt °C	Zündtemp. °C	Festpunkt °C 1013 mbar	Siedepunkt °C 1013 mbar	Gefahrensymbol/ Dampfdruck bei 20 °C	WGK	Gefährlichkeit	Atem-Filter Gas	Atem-Filter Par.
Aceton	C_3H_6O	500	1200	0,79	2,01	<–20	540	– 95,35	56,2	F/240	0	D	AX	–
Acrylnirit	C_3H_3N	**3**	**7**	0,806	1,83	– 5	480	– 83,55	77,3	F, T/116	3	**K2, Sh, H**	A	–
Ameisensäure	HCOOH	5	9,5	1,22	1,59	42	520	8,40	100,75	C/42	1	C	E	–
Ammoniak	NH_3	20	14	0,77[4)]	0,60	–	630	– 77,74	– 33,35	T/8570	2	C	K	–
Anilin	C_6H_7N	2	7,7	1,02	3,22	76	630	– 5,98	184,40	T/0,8	2	K4, C, Sh, H	A	(P3)
Arsenverbindungen	–	–	**0,1 E**	–	–	–	–	–	–	T/–	3	**K1, M3**	–	P3
Asbesthaltiger Feinstaub	–	–	–	–	–	–	–	–	–	T/–	–	**K1**	–	P2
Benzol	C_6H_6	**1**	**3,2**	0,88	2,70	– 11	555	5,53	80,10	F, T/101	3	**K1, H, M3**	A	–
Buchen-Eichen-Holzstaub	–	–	**2 E**	–	–	–	–	–	–	–/–	–	**K1**	–	P3
1,3-Butadien	C_4H_6	**5**	**11**	0,62[4)]	1,92	– 85	415	– 108,97	– 4,41	F, T/2477	1	**K1, M2**	AX	–
n-Butanol	$C_4H_{10}O$	100	310	0,8	2,56	24 … 35	340 … 390	– 89,3 … – 114,7	117,7 … 99,5	Xn/4 … 40	1	C	A	–
2-Butanon	C_6H_8O	200	600	0,81	2,49	–1	505	– 86,9	79,57	F/105	1	H, C	A	–
n-Butylacetat	$C_6H_{12}O_2$	100	480	0,88	4,01	22 … 27	370	– 76,3	Zers	–/12 … 21	1	C	A	–
Cadmium + Cd-Verb.	–	**–**	**0,015 E**	–	–	–	–	–	–	T/–	3	**K1, H, M3**	–	P3
Carbonylchlorid (Phosgen)	$COCl_2$	0,1	0,41	1,38[4)]	3,50	–	–	– 127,8	7,56	T/–	–	C	B	(P3)
1-Chlor-2,3-epoxypropan	C_3H_5ClO	**3**	**12**	1,18	3,20	28	385	– 25,6	116,56	T/16	3	**K2, H, M3, Sh**	A	(P3)
Chlorwasserstoff	HCl	2	3	1,64[4)]	1,27	–	–	– 114,2	– 85,05	C/–	1	C	E	(P2)
Chrom-VI-Verbindungen	–	–	**0,05 E**	–	–	–	–	–	–	T+/–	–	**K2, Sh**	–	P3
Cyclohexan	C_6H_{12}	200	700	0,78	2,91	>112	–	6,55	80,74	F/104	1	D	A	–
Dichlormethan	CH_2Cl_2	–	–	1,33	2,93	13	605	– 93,7	40,67	Xn/475	2	K3	AX	–
Diethylether	$C_4H_{10}O$	400	1200	0,71	2,56	<–20	180	– 116,4	34,6	F/587	1	D	AX	–
Diisocyanattoluol (2,4-; 2,6-)	$C_9H_6N_2O_2$	–	–	1,22	6,02	127	–	14 … 22	120 … 250	T/–	2	K3, Sa	B	(P3)
Diphenylmethan-4,4-diisocyanat	$C_{15}H_{10}N_2O_2$	–	0,05 E	1,21	8,64	212	7500	39,5	–	Xn/–	–	K4, C, Sah	B	(P2)

Erklärung der Kurzzeichen, Fußnoten und Spalten siehe S. 14-12 [1)] siehe Fußnote 1) S. 14-2 [2)] siehe Fußnote 2) S. 14-2

14.3 Gefahrstoffe am Arbeitsplatz

14.3.5 MAK[1)]- und TRK[2)]-Werte (Auswahl) DFG 2008 (TRGS 900) (Forts.)

Spalte: 1	2	3	4	5	6	7	8	9	10	11	12	13	14	15
Stoff	Chemische bzw. Brutto-Formel	MAK/TRK		Dichte kg/dm³ 3) g/dm³ 4)	rel. Gasdichte	Flammpunkt °C	Zündtemp. °C	Festpunkt °C 1013 mbar	Siedepunkt °C 1013 mbar	Gefahrensymbol/ Dampfdruck bei 20 °C	WGK	Gefährlichkeit	Atem-Filter	
		ml/m³	mg/m³										Gas	Par.
Essigsäure	$C_2H_4O_2$	10	25	1,05	2,07	40	485	16,75	118,1	C/15,7	1	C	E	–
Ethanol	C_2H_6O	500	960	0,79	1,59	12	425	– 114,2	78,33	F/59	0	K5, C, M5	A	–
Ethylacetat	$C_4H_8O_2$	400	1500	0,90	3,04	– 4	460	– 82,4	171,5	F/97	1	C	A	–
Ethylbenzol	C_8H_{10}	–	–	0,87	3,67	15 … 23	430	– 94,98	136,2	F, Xn/9	1	K3, H	A	–
Ethylglykol (2-Ethoxethanol)	$C_4H_{10}O_2$	2	7,5	0,93	3,11	40	235	– 70	135,6	Xi/5	–	H, B	A	–
Formaldehyd	HCHO	0,3	0,37	–	1,04	60	300	– 92	– 21	T/–	2	K4, Sh, C, M5	B	(P3)
n-Hexan	C_6H_{14}	50	180	0,66	2,98	<–20	240	– 95,3	68,7	–/160	1	C	A	–
Holzstaub, außer Buche und Eiche		–	–	–	–	–	–	–	–	–/–	0	K3	–	P3

Hölzer mit sensibilisierender Wirkung

Spalte: 1	13	1	13	1	13
Holzname	Gef.	Holzname	Gef.	Holzname	Gef.
Acacia melanoxylon (tropische Akazie)	Sh	Entandrophragma angolense (Tiama)	–	Mansonia altissima (Bété)	Sh
Bowdichia nitida (Sucupira)	–	Entandrophragma candollei (Kosipo)	–	Paratecoma peroba (Peroba do campo, (-jaune))	Sh
Brya ebenus (Cocusholz, westindisches Grenadillholz)	Sh	Entandrophragma cylindrikum (Sapelli (-Mahagoni))	–	Quercus petraea (Taubeneiche)	–
Calocedrus decurrens (kalifornische Zeder)	–	Entandrophragma utile (Sipo, Utile(-Mahagoni))	–	Quercus robur (Stieleiche)	–
Chlorophora excelsa (Iroko, Kambala)	Sh	Gonystylus bancanus (Ramin)	–	Quercus rubra (amerik. Roteiche)	–
Dalbergia latifolia (ostindi. Palisander)	Sh	Grevillea robusta (australische Silbereiche)	Sh	Swietenia macrophylla (amerik.-, echtes- Mahagoni)	–
Dalbergia melanoxylon (afrik. Grenadillholz)	Sh	Khaya anthotheca (Acajou blanc, afrik. Mahagoni)	Sh	Swietenia mahagoni (amerik.-, echtes- Mahagoni)	–
Dalbergia nigra (Rio Palisander)	Sh	Khaya grandifoliola (afrik.-, Zaire-Mahagoni)	–	Tabebuia avellanedae (Lapacho, Ibé)	–
Dalbergia retusa (Cocobolo)	Sh	Khaya ivorensis (afrik.-, rotes Khaya-Mahagoni)	–	Tabebuia serratifolia (Bethabara, Ipé)	–
Dalbergia stevensonii (Honduras Palisander)	Sh	Khaya senegalensis (afrik.-, Sengal-Mahagoni)	–	Tectona grandis (Teak)	Sh
Diospyros crassiflora (afrikani. Ebenholz)	–	Machaerium scleroxylon (Jacaranda pardo, Santos Palisander)	Sh	Terminalia superba (Fraké, Limba)	Sa
Diospyros ebenum (indisches Ebenholz)	–			Thuja occidentalis (abendl. Lebensbaum, Weißzeder)	–
Diospyros melanoxylon (Coromandel)	–			Thuja plicata (Riesenlebensbaum, Rotzeder, Western Red Cedar)	Sah
Distemonanthus benthamianus (Ayan, Movingui)	Sh			Triplochiton scleroxylon (Abachi, Obeche)	Sah

Gef. = Gefährlichkeit Erklärung der Kurzzeichen, Fußnoten und Spalten siehe S. 14-12 [1)] siehe Fußnote 1) S. 14-2 [2)] siehe Fußnote 2) S. 14-2

14.3.5 MAK[1]- und TRK[2]-Werte (Auswahl) DFG 2008 (TRGS 900) (Forts.)

Isopropylacetat	$C_5H_{10}O_4$	100	420	0,87	3,53	4	460	– 73,4	88,4	F/33	1	C	A	–
Kampfer	$C_{10}H_{16}O$	2	13	0,99	5,26	66	–	178,8	209 sub	–/–	–	–	A	–
Kieselsäure	–	–	4 E	–	–	–	–	–	–	–/–	–	C	–	P2
Kohlenstoffmonoxid	CO	30	35	1,25[4)]	0,97	–	605	– 199	– 191,5	F, T/–	0	B	CO	–
Lindan	$C_6H_6Cl_6$	–	0,1 E	1,9	10,0	–	–	112,5	523 Zers	T/–	3	K4, H, C	A	P3
Maleinsäureanhydrid	$C_4H_2O_3$	0,1	0,41	1,48	3,39	103	380	52,85	202 sub	Xi/–	1	Sah, C	A	P2
Methylalkohol	CH_4O	200	270	0,79[4)]	1,11	11	455	– 182,5	– 161,49	F, T/128	–	H, C	AX	–
Naphthalin	$\mathbf{C_{10}H_8}$	–	–	1,18	4,43	80	540	80,29	217	–/0,04	2	**K2, H, M3**	A	–
2-Naphthylamin	$\mathbf{C_{10}H_9N}$	–	–	1,22	4,95	157	–	112	306,1	T/–	–	**K1, H**	–	P3
Nikotin	$C_{10}H_{14}N_2$	I	I	1,01	5,60	95	240	– 79	–	T/–	–	H	A	(P3)
Ozon	O_3	–	–	2,14[4)]	1,66	–	–	– 192,7	– 111,9	–/–	–	K3	B	–
Parathion	$C_8H_{14}NO_5PS$	–	0,1 E	1,27	10,1	–	–	6,1	375	T/–	3	H, D	A	P3
Pentachlorphenol	$\mathbf{C_6HCl_5O}$	–	–	1,98	9,20	–	–	191	312 Zers	T/–	3	**K2, H**	A	P3
Phenol	C_6H_6O	–	–	1,07	3,25	82	595	40,85	181,75	T/–	2	K3, H	A	–
Phthalsäureanhydrid	$C_8H_4O_3$	I	I	1,53	5,12	152	580	131,6	284,5 sub	Xi/–	–	Sa	A	(P2)
Pyrolyseprodukte	–	–	–	–	–	–	–	–	–	–/–	–	**K1**	–	–
Quecksilber-Verbindungen	–	–	–	–	–	–	–	–	–	–/–	–	K3,H, Sh	Hg	P3
Schwefeldioxid	SO_2	0,5	1,3	–	2,26	–	–	– 75,52	– 10,08	T/–	1	C	E	–
Schwefelsäure	H_2SO_4	–	0,1 E	1,84	–	–	–	10,38	279,6	C/–	1	K4, C	–	P2
Stickstoffdioxid	NO_2	–	–	1,45	1,59	–	–	– 11,25	21,15	T/960	–	K3	–	–
Styrol	C_8H_8	20	86	0,91	3,60	32	490	– 30,63	145,14	Xi/6	2	K5, C, H[5)]	A	–
Terpentinöl	–	–	–	0,86	–	33 … 35	> 220	<– 40	150 … 177	Xn/6.6	–	K3, Sh	A	–
Tetrachlorethen	C_2Cl_4	I	I	1,62	5,73	–	–	– 22,4	121,2	Xn/19	3	K3, H	A	–
Tetrachlormethan	CCl_4	0,5	3,2	1,59	5,31	–	> 982	– 22,99	76,54	T/120	3	K4, H, C	A	–
Toluol	C_7H_8	50	190	0,86	3,18	6	535	– 94,99	110,62	F, Xn/29	2	H, C	A	–
1,1,1-Trichlorethan	$C_2H_3Cl_3$	200	1100	1,34	4,61	–	537	– 32,6	73,7	XN/133	3	C, H	A	–
1,1,2-Trichlorethan	$C_2H_3Cl_3$	10	55	1,44	4,61	–	460	– 36,7	113,65	Xn/25	–	K3, H	A	–
Trichlorethen	$\mathbf{C_2HCl_3}$	–	–	1,46	4,54	–	410	– 86,8	86,7	T/77	3	**K1, M3, H**	A	–
Trichlorfluormethan (R11)	CCl_3F	1000	5700	1,49	4,75	–	–	– 110,5	23,77	–/889	2	C	–	–
Vinylacetat	$C_4H_6O_2$	–	–	0,93	2,97	– 8	385	– 93,2	72,8	F/120	2	K3	A	–
Vinylchlorid	$\mathbf{C_2H_3Cl}$	–	–	0,91[4)]	2,16	– 78	415	– 153,7	– 13,7	F, T/1, 2	2	**K1, H[5)]**	AX	–
Vinylidenchlorid (1,1-Dichlorethen).	$C_2H_2Cl_2$	2	8	1,21	3,35	– 10	530	– 122,1	31,6	F, Xn/667	–	K3, C	AX	–

Erklärung der Kurzzeichen, Fußnoten und Spalten siehe S. 14-12 [1)] siehe Fußnote 1) S. 14-2 [2)] siehe Fußnote 2) S. 14-2

14.3 Gefahrstoffe am Arbeitsplatz

14.3.5 MAK[1]- und TRK[2]-Werte (Auswahl) DFG 2008 (TRGS 900) (Forts.)

Spalte: 1	2	3	4	5	6	7	8	9	10	11	12	13	14	15
Stoff	Chemische bzw. Brutto-Formel	MAK[1]/TRK[2]		Dichte kg/dm^3 3) g/dm^3 4)	rel. Gasdichte	Flammpunkt °C	Zündtemp. °C	Festpunkt °C 1013 mbar	Siedepunkt °C 1013 mbar	Gefahrensymbol/ Dampfdruck bei 20 °C	WGK	Gefährlichkeit	Atem-Filter	
		ml/m^3	mg/m^3										Gas	Par.
Wasserstoffperoxid	H_2O_2	0,5	0,71	1,44	1,17	–	560	– 0,43	150,2	0, C/2	0	K4, C	NO	–
Xylol	C_8H_{10}	100	440	0,87	3,67	25 … 30	–	13 … 47	141 + 3	Xn/7 … 9	2	H, D	A	–
Zinn-Verbindungen org.	–	–	0,1 E	–	–	–	–	–	–	–/–	2	H, D	–	–

Erklärungen:

Spalte 3 u. 4: TRK[2]-Werte gelten für **Krebs erzeugende Stoffe** und sind **fett** gekennzeichnet.
A = gemessen als **a**lveolengängiger Anteil
E = gemessen als **e**inatembarer Anteil
I = noch keine ausreichende **I**nformation zur Aufstellung eines MAK-Wertes

Spalte 6: Das Verhältnis der Dichte eines gasförmigen Stoffes zur Dicht trockener Luft

Spalte 7, 8, 9 und 10: Die angegebenen Werte beziehen sich auf Normalbedingungen bei 1013 mbar
Zers = Zersetzung
sub = sublimiert (unmittelbarer Übergang in den Gaszustand)
liq = flüssig

14-14

Spalte 11: a) Bedeutung der Kennbuchstaben für das Gefahrensymbol gemäß Gefahrstoffverordnung siehe S. 14-14
b) Nach dem Querstrich wird der Dampfdruck in mbar bei 20 °C angegeben. Er zeigt, wie groß das Bestreben einer Flüssigkeit ist, in den gasförmigen Zustand überzugehen, d.h. zu verdunsten.

Spalte 12: WGK = Wassergefährdungsklasse:
0 = im Allg. kein gefährdender Stoff
1 = schwach gefährdender Stoff
2 = wassergefährdender Stoff
3 = stark gefährdender Stoff

Spalte 13: Gefährlichkeit gemäß Gefahrstoffverordnung

a) Krebsgruppen:
K1 = wirken beim Menschen Krebs erzeugend
K2 = wirken im Tierversuch Krebs erzeugend, dieselbe Wirkung wird beim Menschen angenommen
K3 = begründeter Verdacht auf Krebs erzeugende Wirkung beim Menschen
K4, K5 = keine Krebs erzeugende Wirkung, bei Einhaltung der Exposition

b) Fruchtschädigungsgruppen (Leibesfrucht):
A = Risiko der Fruchtschädigung ist sicher nachgewiesen
B = Risiko der Fruchtschädigung ist wahrscheinlich
C = Risiko der Fruchtschädigung braucht bei Einhaltung des MAK[1]-Wertes nicht befürchtet werden
D = Fruchtschädigung nicht ausgeschlossen (Einstufung in A, B, oder C ist noch nicht möglich)
E = Lassen sich noch keiner Gruppe zuordnen

c) Keimzellmutagene Gruppen:
M1 = Genmutationen (= Gm) beim Menschen (Nachkommen) nachgewiesen
M2 = Gm bei Tieren nachgewiesen
M3 = Schädigung des genetischen Materials der Keimzellle oder Verdacht auf mutagene Wirkung
M4, M5 = Kein nennenswerter Beitrag zur Gm bei Einhaltung des MAK[1]-Wertes

d) Schädigungen über Hautaufnahme:
H = Hautresorption, diese Stoffe vermögen leicht die Haut zu durchdringen

e) Allergische Krankheitserscheinungen durch sensibilisierende Stoffe (ist auch möglich bei Einhaltung des MAK[1]-Wertes):
Sa = **a**temwegs**s**ensibilisierende Stoffe
Sh = **h**aut**s**ensibilisierende Stoffe
Sah = **a**.+ **h**.-**s**ensibilisierende Stoffe
Sp = **p**hoto**s**ensibilisierende Stoffe

Spalte 14, 15: Gas- u. Partikelfilter entfernen jeweils bestimmte Schadstoffe und dürfen angewendet werden, wenn die Umgebungsatmosphäre mindestens 17 Vol.-% Sauerstoff enthält.

Gasfiltertsypen[6] /Kennfarbe: DIN EN 14387: 2004-9
A/braun: für organische Gase und Dämpfe
B/grau: für anorganische Gase und Dämpfe
E/gelb: für Schwefeldioxid u. Hydrogenchlorid
AX/braun: für niedrigsiedende org. Verbindungen

Partikelfilterklassen[7]): DIN EN 143: 2000-05
P1: gegen feste inerte P., Rückhaltevermögen > 80 %
P2: feste u. flüssige (Xn/Xi)-P., Rückhalteverm. > 94 %
P3: feste u. flüssige (T/T+)-Partikel, Rückhaltevermögen > 99,95 %

[1] siehe Fußnote 1) S. 14-2 [2] siehe Fußnote 2) S. 14-2 [3] Feste und flüssige Stoffe werden in kg/dm^3 angegeben. [4] Gasförmige Stoffe werden in g/dm^3 angegeben.
[5] Nach Angaben der amerikanischen TLV-Liste. [6] Beim Einsatz von Gasfiltern dürfen keine schädlichen Partikel vorhanden sein.
[7] Beim Einsatz von Partikelfiltern dürfen keine schädlichen Gase vorhanden sein.

14.4 Sicherheitskennzeichen

14.4.1 Hinweisschilder zur Arbeitssicherheit BGV A8: 1997-01, DIN 4844: 2005-5, 2001-02

Rettungszeichen: weißes Bildzeichen auf grünem Grund							
	Richtungsangabe für Rettungsweg	Erste Hilfe	Rettungsweg/ Notausgang[1]	Augenspüleinrichtung	Notdusche	Krankentrage	Sammelstelle

Gebotszeichen: weißes Bildzeichen auf blauem Grund						
	Schutzhelm tragen	Schutzschuhe tragen	Schutzhandschuhe tragen	Augenschutz tragen	Gehörschutz tragen	Atemschutz tragen

Warnzeichen: schwarzes Bildzeichen auf gelbfarbenem Grund	 					
	Warnung vor feuergefährlichen Stoffen	Warnung vor explosionsgefährlichen Stoffen	Warnung vor giftigen Stoffen	Warnung vor ätzenden Stoffen	Warnung vor einer Gefahrenstelle	Warnung vor schwebender Last
	 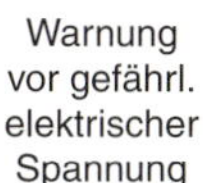					
	Warnung vor gefährl. elektrischer Spannung	Warnung vor elektromagnetischer Strahlung	Warnung vor magnetischem Feld	Warnung vor radioaktiven Stoffen	Warnung vor Laserstrahl	Warnung vor Flurförderfahrzeugen

Verbotszeichen: schwarzes Bildzeichen auf weißem Grund + rotfarbene Kennung	 							
	Feuer, offenes Licht u. Rauchen verboten	Rauchen verboten	Mit Wasser löschen verboten	Kein Trinkwasser	Für Fußgänger verboten	Zutritt für Unbefugte verboten	Berühren verboten	Abstellen oder Lagern verboten

14.4.2 Kennzeichnungen und Symbole für Gefahrstoffe GefStoffV: 2005-1

Hauptgefahren, die von einem Stoff oder einer Zubereitung ausgehen, werden durch ein oder mehrere **Gefahrensymbole** inklusiv der dazugehörigen **Gefahrenbezeichnung** gekennzeichnet. Durch zusätzliche standardisierte Sätze, die sogenannten **R-Sätze**, erfolgen noch differenziertere **Gefahrenhinweise**, die über weitere gefährliche Eigenschaften Auskunft geben. Möglichkeiten zur Vermeidung bzw. Verminderung der Gefahren, soweit sie nicht selbstverständlich sind und/oder sich aus den Gefahrenhinweisen ergeben, können aus den gegebenen **Sicherheitsratschlägen**, den sogenannten **S-Sätzen** entnommen werden.

Aber: Werden bestimmte Anteile von Stoffbeimischungen unterschritten, z.B. 0,1 % für das Krebs erregende Benzol[2] in Lösungsmitteln (bzw. 1 % bei als mindergiftig, ätzend oder reizend eingestuften Stoffen), so braucht dies nach den gesetzlichen Grundlagen (GefStoffV) nicht angezeigt werden und wird deshalb auch nicht angezeigt.

14-14

[1] Darf nur in Verbindung mit einem Richtungspfeil verwendet werden.
[2] Es wurde errechnet, dass selbst bei Einhaltung des TRK-Wertes für Benzol mit etwa 5–10 Krebserkrankungen auf 1000 Exponierte gerechnet werden muss.

14.4.2 Kennzeichnungen und Symbole für Gefahrstoffe (Forts.) GefStoffV: 2005-1

14-11

Beispiel für Kennzeichnung eines Stoffes	
Name des Stoffes	Trichlorethen
Gefahrensymbol	
Gefahren-bezeichnung	Giftig; T
Gefahrenhinweise (R-Sätze)	Kann Krebs erzeugen. Reizt Augen und Haut ...
Sicherheitsrat-schläge (S-Sätze)	Exposition vermeiden – vor Gebrauch besondere Anweisungen einholen ...
Hersteller	Name, Anschrift
Gefahrensymbol und -bezeichnung; -kennbuchstabe	**Erläuterungen**
Explosions-gefährlich; E	Sind Stoffe in festem oder flüssigem Zustand, die durch Erwärmung oder eine nicht außergewöhnliche Beanspruchung, z.B. durch Schlag, zur Explosion gebracht werden
Brand fördernd; O	Sind Stoffe, die bei Berührung mit anderen, insbesondere entzündlichen Stoffen so reagieren, dass Wärme in großer Menge frei wird
Leicht ent-zündlich; F oder Hoch ent-zündlich; F+	Sind Stoffe, die sich bei gewöhnlichen Temperaturen erhitzen und entzünden können oder in festem Zustand durch kurzzeitige Einwirkung einer Zündquelle entzündet werden. F+: Flammpunkt $<0\,°C$, Siedepunkt max. $35\,°C$; F: Flammpunkt $<21\,°C$ und $>0\,°C$
Ätzend; C	Sind Stoffe, die durch Berührung die Haut zerstören (eine schwere Verätzung liegt vor, wenn die Haut von Versuchstieren in ihrer gesamten Dicke in weniger als 3 min zerstört ist)

Gefahrensymbol und -bezeichnung; -kennbuchstabe	Erläuterungen
a ACHTUNG ENTHÄLT ASBEST	Oberer Teil: weiß auf schwarzem Grund Unterer Teil: schwarz auf rotem Grund Text: Achtung enthält Asbest ...
Sehr giftig; T+ Giftig; T	Sind Stoffe, die durch Einatmen (inhalativ), Verschlucken (oral) oder Aufnahme durch die Haut (dermal) erhebliche Gesundheitsschäden oder den Tod verursachen können. T+: wenn LD_{50}[1] oral ≤ 25 mg/kg oder LD_{50} dermal ≤ 50 mg/kg oder LC_{50}[2] inhalativ $\leq 0{,}5$ mg/l/4 h T: wenn $25 < LD_{50}$ oral ≤ 200 mg/kg oder $50 < LD_{50}$ dermal ≤ 400 mg/kg oder $0{,}5 < LC_{50}$ inhalativ ≤ 2 mg/l/4 h
Mindergiftig (häufig als gesundheits-schädlich bezeichnet); Xn	Sind Stoffe, die durch Einatmen (inhalativ), Verschlucken (oral) oder Aufnahme durch die Haut (dermal) Gesundheitsschäden geringeren Ausmaßes verursachen können. Xn: wenn $200 < LD_{50}$[1] oral < 2000 mg/kg oder $2 < LC_{50}$[2] inhalativ ≤ 20 mg/l/4 h usw.
Reizend; Xi	Sind Stoffe, die ohne ätzend zu sein, nach ein- oder mehrmaliger Berührung mit der Haut Entzündungen verursachen können
Umweltgefährlich; N	Sind Stoffe, die eine giftige oder schädliche Wirkung für Pflanzen, Tiere, Boden- und Wasserorganismen oder Bienen haben. Ebenso Stoffe, die die Ozonschicht gefährden oder sonstige schädliche Wirkung für die Umwelt haben

[1] **L**etale (zum Tode führende) **D**osis bei 50 % der Versuchstiere bezogen auf 1 kg Lebendgewicht.
[2] **L**etale (zum Tode führende) **K**onzentration bei 50 % der Versuchstiere bezogen auf 1 kg Lebendgewicht.

14.5 Umweltschutz: Übersicht; Abfall

14.5.1 Überblick: Umweltrelevante Betriebsbereiche

Lärm
Abluft
Lagerung
Abfall
Abwasser
Bodenbelastung (Bodenkontamination)

Umweltrelevante Betriebsbereiche	Aspekte z. B.	Rechtliche Grundlagen[1) 2)]
Abfall	Lösemittel- und Lackreste	**K**reislauf**w**irtschafts- und **Ab**fall**g**e-setz (KrW-/AbfG) + Verordnungen
Abluft	Auswurfbegrenzung von Holzstaub	**B**undes**im**missions**sch**utz**g**esetz (BImSchG) + Verordnungen dazu (BImSchV)
Abwasser	Reinigen von Anstrichhilfsmitteln	**W**asser**h**aushalts**g**esetz (WHG), Abwasserverordnung (AbwV)
Bodenbelastung	Chemische Holzschutzmittel	Gesetz zum Schutz vor schädlichen Bodenveränderungen ... (BBodschG)
Lagerung	Holzstäube und -späne	**Gew**erbe**o**rdnung (GewO), Bundesimmissionsschutzgesetz (BImSchG)
Lärm	Von Maschinen- und Arbeitsplatzabsaugung	**B**undes**im**missions**sch**utz**g**esetz (BImSchG) + Verordnungen
Transport	Gefährliche Abfälle	Gesetz über Beförderung gefährlicher Güter + Verordnungen

⇒ 14-16

14.5.2 Entsorgung von überwachungsbedürftigen Abfällen KrW-/AbfG

Sonderabfälle können in besonderem Maße den Menschen und die Umwelt gefährden. Diese dürfen nicht zusammen mit dem hausmüllähnlichen Gewerbemüll entsorgt werden. Fallen im Betrieb jährlich mehr als insgesamt 2000 kg Sonderabfälle (alle Sonderabfälle zusammen) an, so muss für jede einzelne Sonderabfallart ein Einzelentsorgungsnachweis geführt werden[3]. Als Nachweis dafür, dass die Entsorgung fachgerecht durchgeführt wurde, dient das Begleitscheinverfahren als Verbleibskontrolle.

Abfall: Abfolge zur Entsorgung einer Sonderabfallart

1. Entsorgungsweg ermitteln über das Formblatt „Verantwortliche Erklärung"

Dieses Formblatt wird am besten zusammen mit dem Entsorger ausgefüllt. Hierin müssen Angaben erfolgen über:
- Art (Beschreibung) des Abfalls,
- Herkunft und Entstehung,
- Begründung der Nichtverwertbarkeit,
- Evtl. chemische Analyse des Abfalls.

2. Entsorger bestätigt, dass er die Sonderabfallart entsorgen kann

3. Die für die Entsorgungsanlage zuständige Behörde muss dem Entsorgungsweg zustimmen und stellt den „Entsorgungsnachweis" aus

4. Abfalltransporteur mit entsprechender Beförderungsgenehmigung übernimmt den Sonderabfall zusammen mit 6 farblich unterschiedlichen „Begleitscheinen" über den Sonderabfall. Der weiße Begleitschein verbleibt beim Auftraggeber

5. Nach erfolgter Entsorgung kommt der goldfarbene Durchschlag vom Begleitschein an den Auftraggeber zurück und muss sorgfältig (im Nachweisbuch) aufbewahrt werden

6. Anmerkung:
Für einige der angeführten Sonderabfallarten ist die kostengünstigere Sammelentsorgung möglich (sind mit SE gekennzeichnet).
Der Sammelentsorgungsnachweis sowie das Begleitscheinverfahren wird hierbei vom Abfalltransporteur durchgeführt.
Eine Sammelentsorgung ist nur möglich, wenn
- die einzusammelnden Abfälle den gleichen Abfallschlüssel haben,
- die bei einer Sammeltour je Abfallerzeuger eingesammelte Abfallmenge darf 20 t je Abfallschlüssel und Kalenderjahr nicht übersteigen.

Die Adressen der entsprechenden Entsorgungsunternehmen erfährt man bei der Handels-, Handwerkskammer oder den Fachverbänden

⇒ 14-16

[1] Außer den bundesrechtlichen Grundlagen müssen die landesrechtlichen beachtet werden.
[2] Bei Neuanlagen erfolgt nach dem Gesetz (UVPG) eine Umweltverträglichkeitsprüfung.
[3] Desweiteren sind dann Abfallbilanzen und -konzepte zu erstellen.

13-8

14.5 Umweltschutz: Sonderfälle

Sonderabfallarten und Abfallschlüssel

Abfall-[1)] Schl.Nr.	Behördliche Bezeichnung	Erläuterungen	Besondere Hinweise	SE	SA
(17211) 150299 D1	Sägemehl und -späne, ölgetränkt oder mit schädlichen Verunreinigungen vorwiegend organisch	Späne/Sägemehl vom Aufsaugen von Ölen bzw. Holzschutzmitteln auf öliger Basis	in tropfgefährdeten Bereichen mit einer Auffangwanne arbeiten	–	1
(17212) 030204/ 150299 D1	Sägemehl und -späne, mit schädlichen Verunreinigungen, vorwiegend anorganisch	Späne/Sägemehl vom Aufsaugen von salzhaltigen Holzschutzmitteln, z.B. CKB-Salze	in tropfgefährdeten Bereichen mit einer Auffangwanne arbeiten	–	1
(31435) 150299 D1	Verbrauchte Filter- und Aufsaugmassen mit schädlichen Verunreinigungen (Kieselgur, Aktivkohle)	Aktivkohlefiltereinsätze aus der Abluftreinigung und Atemschutzmasken	Aktivkohle kann regeneriert und wieder verwendet werden; Lieferanten nach Rückgabemöglichkeiten fragen	–	2
(35106) 150199 D1	Eisenbehältnisse mit schädlichen Restinhalten	Eimer u. Dosen, die Reste von z.B. Farben, Lacken, Lösemittel oder Spachtelmassen enthalten	entleerte, tropffreie, pinsel- oder spachtelreine Gefäße sind kein Sonderabfall, diese unterliegen der kostenlosen Rücknahmepflicht des Lieferanten	–	2
(35323) 160602	Nickel-Cadmium-Akkumulatoren	Akkus von Schraubern und Bohrmaschinen	Rückgabe an den Lieferanten	×	3
(35326) 060404	Quecksilber, quecksilberhaltige Rückstände, Quecksilberdampflampen	Leuchtstoffröhren	unbrauchbare Leuchtstoffröhren können verwertet werden (unzerstört zum Handel bringen)	×	3
(35327) 150199 D1	NE-Metallbehältnisse mit schädlichen Resten	Tuben aus Al mit Resten von Leim, Klebern, Silikon etc.	gut entleerte Al-Gefäße sind ein Wertstoff	–	2
(54112) 130202	Verbrennungsmotoren- und Getriebeöl	Altöl aus Maschinen, z.B. Hobelmaschinen u. Fahrzeugen	Rückgabe an den Lieferanten	×	2
(54209) 150299 D1	Feste fett- und ölverschmutzte Betriebsmittel	z.B. mit Öl oder Fett verschmutzte Lappen u. Pinsel	Mietputzlappenservice nutzen	×	2
(55359) 070704	Farb- und Lackverdünner (Nitroverdünner)	zum Verdünnen von Lacken und Reinigen von Werkzeugen	Nitroverdünner möglichst getrennt sammeln u. verwerten	–	2
(55370) 140103/ 070704	Lösemittelgemische ohne halogenierte organische Lösemittel	Terpentin, Terpentinersatz, Testbenzin, Alkohole, Aceton, Nitro- u. Waschverdünner etc.	es dürfen keine CKW-haltige Mittel od. Abbeizer wie Tri, Per od. Methylenchlorid dazu kommen; Verwertungsmöglichkeit klären	–	3
(55510) 080102	Lackierereiabfälle, nicht ausgehärtet	klebrige Filtermatten, Lackverschmutzte Putzlappen (nicht eingetrocknet)	Teile mit ausgehärteten Lackresten sind kein Sondermüll	×	2
(57127) 150199 D1	Kunststoffbehältnisse mit schädlichen Restinhalten	Eimer, Tuben oder Kartuschen aus Kunststoff, die Reste von Klebern, Beizen u. Dichtungsmassen enthalten	Entleerte, pinsel- oder spachtelreine Gefäße sind kein Sonderabfall	–	2

[1)] In der Klammer ist die alte Abfallschlüsselnummer angegeben.
SE = Sammelentsorgung; x = in der Regel ist eine Sammelentsorgung möglich;
SA = Sonderabfallabgabe, diese sind in den Bundesländern verschieden. Die Werte dienen als Anhaltspunkt und gelten für Baden-Württemberg (1994); 1 = 50 € je Tonne; 2 = 100 € je Tonne; 3 = 150 € je Tonne

14.5.3 Luftbelastungen

Treibhauseffekt **Umweltbundesamt** (1988/89)

Dieser entsteht dadurch, dass die kurzwellige Sonnenstrahlung weitgehend ungehindert durch die Atmosphäre dringen kann und die Erdoberfläche aufheizt. Die von der Erde abgestrahlte Energie liegt dagegen im längerwelligen infraroten Spektralbereich und wird von bestimmten Stoffen (Wasserdampf, Ozon, Kohlenstoffdioxid, u.a.) absorbiert (aufgenommen) und teilweise wieder zur Erde zurückgesandt.

Stoffe, die den Treibhauseffekt verstärken	CO_2	CH_4	N_2O	O_3	CF_2Cl_2
Prozentualer Anteil am Gesamttreibhauseffekt	50	15	5	10	20
Konzentration in ppb (in der Erdatmosphärenschicht bis etwa 12 km Höhe)	346000	1700	310	10–20	0,32
Konzentrationsanstieg in % pro Jahr (Schätzung)	0,3	1	0,2	–	5
Treibhauswirkung, relativer Effekt pro Molekül	1	20	200	2000	10000

CO_2 = Kohlenstoffdioxid, CH_4 = Methan, N_2O = Distickstoffoxid, O_3 = Ozon, CF_2Cl_2 = Fluorchlorkohlenwasserstoffe, Treibhauswirkungspotenzial von CO_2 = 1.
Beim Vergleich mit Kohlenstoffdioxid wird deutlich, dass die anderen Gase trotz ihrer wesentlich geringeren Konzentration dennoch erheblichen Einfluss auf den Treibhauseffekt haben aufgrund ihrer wesentlich stärkeren Treibhauswirkung.

Ausdünnung der Ozonschicht in der Stratosphäre **WMO Report** (1992)

Insbesondere die Chlorkonzentration in der antarktischen Stratosphäre führte zu dem Ozonloch über der Antarktis und insgesamt zu einer Ausdünnung der Ozonschicht. Bereits eine 1 %ige Ozonabnahme lässt rund 2 % mehr Ultraviolett-B-Strahlung zur Erdoberfläche durchdringen. Die Auswirkungen sind erheblich: zusätzliche Krebsfälle, Schwächung des menschlichen Immunsystems, Zunahme bestimmter Augenerkrankungen u.a.

Ozon abbauende Stoffe	HGK in mg/m^3	Z in %	OSP	Ozon abbauende Stoffe	HGK in mg/m^3	Z in %	OSP
Trichlorfluormethan (R11)	0,28	4	1,0	Halon 1211 (CF_2BrCl)	0,002	12	10,5
Dichlordifluormethan (R12)	0,48	4	0,96	Halon 1301 (CF_3Br)	0,002	15	10,4
Dichlorfluormethan (R22)	0,12	7	0,17	Methylchloroform	0,158	4	0,75
Trifluortrichlorethan (R113)	0,06	10,0	0,56	Methylbromid	0,015	15	5,4
Tetrachlormethan	0,15	1,5	1,25				

HGK = Hintergrundkonzentration, **Z** = jährliche Zunahme, **OSP** = relatives Ozonschädigungspotenzial, bezogen auf Trichlorfluormethan (Schädigungspotenzial von R11 = 1)

Sonstige Schadstoffe in der Luft **Umweltbundesamt** (1988/89)

Schadstoff im Schwebstaub	K.-bereich in ng/m^3		HGK ng/m^3	Schadstoff im Schwebstaub	K.-bereich in ng/m^3		HGK ng/m^3
	l. Gebiet	s. Gebiet			l. Gebiet	s. Gebiet	
Arsen, As	1–5	3–30	–	Quecksilber, Hg (part.)	0,05–3	0,2–2	–
Beryllium, Be	–	0,01–2	–	Antimon, Sb	0,5–2	2–30	–
Blei, Pb	20–60	200–1000	–	Selen, Se	0,5–3	1–10	–
Cadmium, Cd	0,2–2	2–20	–	Vanadium, V	1–10	10–50	–
Chrom, Cr	1–5	5–30	–	Zink, Zn	50–100	100–1000	–
Kobalt, Co	0,2–1	0,5–5	–	Benzo(a)pyren, BaP	0,5–3	2–20	–
Kupfer, Cu	1–10	20–150	–	Dibenzo(ah)anthracen, DB(ah)A	–	1–15	–
Mangan, Mn	10–50	20–100	–	Benzopaphtothiophen, BNT	0,5–3	1–15	–
Nickel, Ni	1–10	5–20	–	Benzo(a)anthraden, BaA	0,5–3	2–40	–

K. = Konzentrations-, **l.** = ländliches, **s.** = städtisches, **HGK** = Hintergrundkonzentration

Sonstige Schadstoffe in der Luft (Fortsetzung) **Umweltbundesamt** (1988/89)

Schadstoff	K.-bereich in µg/m³		HGK	Schadstoff	K.-bereich in µg/m³		HGK
	l. Gebiet	s. Gebiet	ng/m³		l. Gebiet	s. Gebiet	ng/m³
Schwefeldioxid, SO_2[1)]	10–80	60–80	–	Methan, CH_3OH	–	10–20	–
Stickstoffoxid, NO_2	0–20	40–50	–	Ethanol, C_2H_5OH	–	10–50	–
Schwebstaub[1)]	10–20	50–90	–	Formaldehyd, HCHO	0,5–2	10–20	500
Ozon, O_3[1)]	40–80	10–40	–	Aceton, $CH_3CO\ CH_3$	0,1-1	10–50	–
Schwefelwasserstoff	0,05–1	0,1–5	–	Methylchlorid, CH_3Cl	1–2	1–2	–
Schwefelkohlenstoff	0,1–1	0,1–1	–	Dichlormethan, CH_2Cl_2	0,2–0,5	1–5	–
Kohlenstoffoxisulfid	0,5–3	0,5–3	1300	Chloroform, $CHCl_3$	0,2–0,5	0,5–3	100
				Tetrachlorkohlenstoff	0,5–1	1–3	850
Methan, CH_4	1200	bis 3000	–	1,1,1-Trichlorethan	1–3	5–10	760
Ethan, C_2H_6	1–5	3–5	–	Vinylchlorid, CH_2CHCl	0,1	0,1–1	–
Ethen, C_2H_4	0,5–5	5–30	–	Trichlorethen, C_2HCl_3	0,2–1	2–15	90
Buten, C_4H_8	1–2	1–10	–	Difluordichlormethan (R12)	1–2	1–5	1670
Benzol, C_6H_6	1–5	5–30	–	Trichlorfluormethan (R22)	1–2	1–4	1300
Toluol, $C_6H_5CH_3$	0,5–2	5–50	–				
Xylole, $C_6H_4(CH_3)_2$	0,1-1	5–50	–				

K. = Konzentrations-, **l.** = ländliches, **s.** = städtisches, **HGK** = Hintergrundkonzentration nach dem WMO-Report; diese Werte werden in sehr entlegenen, emittentenfernen Regionen wie Südpol oder pazifischer Ozean gemessen.
In der Luft kommt eine große Anzahl von Luft verunreinigenden Stoffen vor, für die keine regelmäßigen und flächendeckenden Messungen durchgeführt werden. Die angeführte Tabelle gibt Auskunft über einige Substanzklassen von Schadstoffen, wovon wenige typische Vertreter ausgewählt wurden.

14.5.4 Auswurfbegrenzung von Holzstaub

7. Verordnung zum BImSchG (18.12.75)

Diese Verordnung zur Auswurfbegrenzung von Holzstaub zum Schutz der Allgemeinheit und Nachbarschaft gilt für alle Staub- oder Späne emittierenden Anlagen zur Be- oder Verarbeitung von Holz oder Holzwerkstoffen einschließlich der zugehörigen Förder- und Lagereinrichtungen, z.B. in Möbelfabriken, Schreinereien oder Sägewerken.

zulässiger Emissionswert	Erläuterungen	
≤20 mg/m³ (≤50 mg/m³)	an Staub und Spänen[2)], für Anlagen, deren Abluft Schleifstaub oder ein Gemisch mit Schleifstaub enthalten. Der Wert ≤50 mg/m³ gilt für Anlagen, die vor dem 1.1.77 errichtet wurden	
≤150 mg/m³	im Abluftvolumenstrom <15 m³/h	an Staub und Spänen[2)], für Anlagen, deren Abluft keinen Schleifstaub enthalten. (Diese Grenzwerte sind auch zugrunde zu legen, wenn mehrere Anlagen in einem räumlichen oder betrieblichen Zusammenhang betrieben werden)
≤150 mg/m³ bis ≤50 mg/m³	im Abluftvolumenstrom 15 m³/h bis 70 m³/h (Zwischenwerte sind durch Interpolation zu ermitteln)	
≤50 mg/m³	im Abluftvolumenstrom >70 m³/h	

Diese Verordnung gilt für Anlagen, die keiner Genehmigung nach § 4 BImSchG bedürfen. In einigen Ländern (NRW, RP) wurden zusätzliche Bestimmungen erlassen. Die genannten Anlagen dürfen nur mit entsprechenden Abluftreinigungsanlagen betrieben werden, die ein Überschreiten des Emissionswertes ausschließen.
Die abgesaugten Holzstäbe und Späne sind nur in Bunkern, Silos oder sonstigen geschlossenen Räumen zu lagern. Der Befüllungsgrad ist regelmäßig zu kontrollieren. Das Entleeren der Lagereinrichtungen und Filteranlagen muss emissionsarm erfolgen, z.B. durch Befeuchten an der Austragsstelle.

[1)] Für diese Stoffe werden die Werte routinemäßig und flächendeckend erfasst.
[2)] Die bei der Be- und Verarbeitung entstehenden gasförmigen Emissionen von Schwefeldioxid oder Kohlenwasserstoff bleiben unberücksichtigt

15 Anhang

15.1 Verzeichnis der behandelten Normen und Vorschriften

DIN	Seite
95	5-30, 6-2
96	5-30, 6-2
97	5-30, 6-2
193	13-16
199	3-3
335	7-3
351	7-4
406	3-6f
571	5-30
824	3-1
919	3-4ff, 3-19
1041	11-11
1052	2-32, 7-2f, 8-14, 8-20
1055	8-20, 9-11,9-29
1080	2-27
1249	4-64
1301	1-5ff
1302	1-2
1304	1-6ff
1356	3-8, 3-21, 9-5
1951	13-16
1988	13-15
2215	11-19
4072	4-42
4074	4-36ff, 8-20
4076	4-2ff
4079	4-47, 8-5
4102	7-46ff, 8-2, 8-20, 9-2, 9-21, 9-29
4103	8-12f
4108	7-11ff, 7-27, 7-33, 7-36f, 9-2, 9-18, 9-21, 9-29
4109	2-12, 2-14, 7-39ff, 8-2, 8-20, 9-2, 9-21, 9-29
4420	13-7
4554	6-5
4556	6-5
4844	14-13
5109	11-11
5139	11-6
5142	11-6
5143	11-6
6442	11-8
6444	11-8
6445	11-8
6446	11-8
6447	11-8
6464	11-8
6475	11-11
6834	8-2, 9-2
7223	11-7
7239	11-11
7245	11-5
7263	11-10
7264	11-10
7372	11-7
7423	11-8
7461	11-11
7462	11-11
7480	11-8
7483	11-8
7487	11-8
7489	11-8
7753	11-19
7995	5-31
7996	5-31
7997	5-30f
8080	13-15
12116	4-64
12150	4-65
12207	7-27, 7-31
12208	7-31
14788	7-10
15338	6-4, 9-2
18005	2-15
18012	2-18f
18015	13-9, 13-11
18023	9-2
18025	9-21
18055	7-31, 9-11, 9-21, 9-29
18056	9-11, 9-29
18065	8-20
18095	8-2, 9-2
18100	8-3
18101	8-1ff, 9-21
18106	7-50
18168	8-10f
18180	4-56
18182	8-13f
18183	8-12
18202	13-4
18203	11-2
18251	7-50, 8-6
18252	7-50, 8-7
18255	8-6
18257	7-50
18268	8-4
18299	12-26
18340	13-4
18355	4-28, 5-19, 8-8, 9-29, 13-4
18357	9-26
18360	9-25
18361	9-29
18540	9-2
18542	9-2
18543	9-15
18545	9-17, 9-29
18892	13-15
19226	11-22
19532	13-15
19533	13-15
19560	13-16
19561	13-16
33402	6-7
42961	11-17
50014	4-25
52175	7-2f
52182	4-25
52183	4-20
52186	4-26
52187	4-27
52188	4-26
53778	10-2
55945	10-1
66025	11-24
68100	11-2
68120	6-28
68121	9-3, 9-6ff, 9-16, 9-29
68125	4-44
68126	4-43
68127	4-42
68128	4-44
68140	5-5
68150	5-29
68360	4-37, 10-3
68364	4-2ff
68365	4-40
68368	4-37
68705	4-49, 4-54, 6-5
68706	8-1, 8-5
68740	4-49
68751	6-6, 8-5
68762	4-49
68765	6-6
68800	4-50, 7-2ff, 9-23, 9-29, 10-14
68840	6-2
68852	6-2, 6-22
68857	6-2
68858	6-2
68859	6-2
68861	10-3
68871	6-3
68874	6-5, 6-9f
68878	6-4
68880	6-1
68885	6-4
68890	6-4
68930	6-6
69130	10-7
81402	6-11, 6-18

DIN EN	Seite
204	5-25
300	4-49
309	4-49, 6-5
312	6-5
314	4-54, 8-20
316	4-50, 4-54
335	9-23
350	4-27, 7-3
351	7-3
356	4-66, 7-50
357	4-66
438	4-50, 4-54, 6-6
527	6-5
572	4-64
622	4-50, 4-54, 8-5
635	4-50ff
636	4-49
681	13-17
771	4-71

15.1 Verzeichnis der behandelten Normen und Vorschriften

DIN EN Seite

806 13-15
942 . . . . . . 4-20, 4-37, 4-40, 6-2, 6-5, 8-20, 9-23, 9-29
1063 . . . . . 4-66, 7-50

1279 4-66
1313 4-41
1335 6-5
1451 13-17
1522 7-50

1529 9-2
1530 9-2
1627 8-2
1863 4-65
1906 7-50

10230 . . . . . 5-9, 5-32, 6-2
12056 . . . 13-1, 13-18
12207 9-21
12208 . . . . 9-21, 9-29

12209 7-50
12210 . . . . . 9-5, 9-21
12219 9-2
12354 7-39
12412 9-2

12524 7-28
12833 9-29
13300 10-2
13226 8-18
13488 8-18
13489 8-18
13501 7-47

DIN EN Seite

13556 9-28
13986 8-5
14279 4-49

14322 . . . . 4-49, 4-54
14351 . . . . 9-1f
14749 6-6
60617 . . . 2-18, 11-17

DIN EN ISO Seite

717 . . . . . . 2-12, 2-14
1302 3-8
2409 10-4
3098 . . . . 1-9, 3-5
4618 10-14

4957 11-8
5455 3-5
5456 3-17
5457 3-1
6946 7-31

9000 12-29
9001 12-29
10077 7-30
10211 9-2
12543 4-65

12567 7-30
13788 . . . . 7-27, 7-31

DIN ISO Seite

1219 11-28
2830 11-11

DIN ISO Seite

5456 . . . . 3-17ff
5745 11-11
5746 11-11

5748 11-11
8764 11-11
9243 11-11
10209 . . . . 3-17ff
21948 10-7
21950 10-7

EN Seite

179 9-2
335 9-2
351 9-2
410 9-2
947 9-2

951 9-2
952 9-2
1026 9-2
1027 9-2
1121 9-2

1125 9-2
1191 9-2
1192 9-2
1451 13-16
1455 13-16

1522 9-2
1523 9-2
1565 13-16
1566 13-16
1634 9-2

EN Seite

12046 9-2
12207 9-2
12208 9-2
12210 9-2
12211 9-2

12219 9-2
12207 9-2
12208 9-2
13501 9-2
13916 9-2

ISO Seite

2776 9-21
8270 9-21
8271 9-21
8274 9-21

EN ISO Seite

140 9-2
717 9-2
7200 3-2
10077 9-2
12567 9-2

DIN VDE Seite

0100 2-19

Sonstige Seite

Abwasserverordnung (AbwV) 13-15
Arbeitsstättenverordnung 7-37, 11-41, 11-47, 12-6
Arbeitsstättenrichtlinien 9-1, 12-6
Berufsgenossenschaftliche Regeln für Sicherheit und Gesundheit bei der Arbeit (BGR) 12-9

Berufsgenossenschaftliche Vorschriften (BGV) 11-30, 13-13
Betriebssicherheitsverordnung (BetrSichV) 11-30
Bundesimmissionsschutzgesetz (BImSchG) 11-41, 13-15, 13-18
Bundesimmissionsschutzverordnungen (BImSchV) 11-44, 11-45, 13-15, 13-18

Sonstige Seite

Bürgerliches Gesetzbuch (BGB) 12-27
DIBt-Richtlinie 4-51
EG-Richtlinien 4-32
Energieeinsparverordnung (ENEV) 7-9, 7-11, 7-14ff, 7-24f, 9-1, 9-18, 9-23, 11-44
Feuerungsverordnung der Länder 9-1, 9-18

Gefahrstoffverordnung (GefStoffV) 11-41, 13-2f, 13-12ff
Geräte- und Produktsicherheitsgesetz (GPSG) 11-30
Gesetz über Beförderung gefährlicher Güter 13-15
Gesetz über gesetzliche Handelsklassen für Rohholz 4-32

15

15.1 Verzeichnis der behandelten Normen und Vorschriften

Sonstige — Seite

Gesetz zum Schutz vor schädlichen Bodenveränderungen (BBodschG) 13-15
Gewerbeordnung (GewO) 11-47, 13-15
Kreislaufwirtschafts- und Abfallgesetz(KrW-/AbfG) 13-15
Landesbauordnung 7-47, 9-1, 9-18, 11-47
Landeskriminalämter 9-1

Musterbauordnung (MBO) 7-46
Richtlinien der Holz-Berufsgenossenschaft: ZH1/10, ZH1/103.2, ZH1/201, ZH1/206, ZH1/250, ZH1/251, ZH1/375, ZH1/733, ZH1/736, BGI 740 11-47
Technische Regeln für Gefahrstoffe (TRGS) 11-41
Tegernseer Gebräuche (TG) 4-34

TRD 414 11-44
TRGS 440 13-3

Sonstige — Seite

TRGS 533 . . . . .11-30, 13-4
TRGS 553 . . . . .11-41, 13-2
TRGS 555 13-3
TRGS 609 13-5
TRGS 618 13-6

TRGS 900 13-2
Unfallverhütungsvorschriften (UVV) 13-2
Unfallverhütungsvorschriften VBG 1,4,10,23,24,87,125 11-47
Verdingungsordnung für Bauleistungen (VOB) .4-18, 4-25, 6-2, 9-18, 9-28, 12-21, 12-25
Verordnung über brennbare Flüssigkeiten (VbF) 11-47
Verordnung über elektrische Anlagen in explosionsgefährdeten Räumen 11-47
Verordnung über gefährliche Stoffe 11-47
Wasserhaushaltsgesetz (WHG) 13-15
WSVO 7-9

15

15.2 Stichwortverzeichnis

A

Abbeizer 10-9f, 14-5
Abbindezeit 5-26
Abdichtstoffe, Wärmeleitzahl 7-29
Abdunsträume 11-47
Abfall 14-15
Abfallschlüssel 13-8
Abholzigkeit 4-28
Ablauforganisation 12-2
Ablaufplan 12-4
Abluft 14-17, 14-18
Abrechnung nach VOB 12-25f
Abriebbeanspruchungen . 4-54
Absauganlage 11-43
Absauganlagensysteme . 11-41
Absaugsysteme 11-41
Absaugung 11-41
Absolute Bemaßung 11-24
Absperrarmaturen 13-16
Abwasserleitungen 13-16
Acrylharzlacke 10-15
Additive 10-11
Adhäsion 2-1
AGW, Arbeitsplatzgrenzwert . .14-2
Alkydharzlack 10-15
Altanstriche 10-4
Altbaubestand, Energieeinsparung 7-16
Amortisationszeit 12-13
Anfahrbewegung 11-27
Angebotserstellung 12-21
Angebotspreis 12-17
Angeschnittene Feder . . . 5-10
Angestoßene Feder 5-16
Anlagenaufwandszahl . . . 7-17
Anobien 4-33
Anschlagarten 6-11
Anschluss, Trennwände 8-14
Ansichten 3-19
Anstrichstoffe . . . 10-11ff, 14-5f
Antike 6-29
Antikes Möbel 6-3
Antriebe 11-19
Applikationsmethoden . . 10-15f
Arbeit 2-25
Arbeit, elektrische 2-17
Arbeiten an elektrischen Anlagen . .13-11
Arbeitsschutz auf der Baustelle 13-6
Arbeits- und Umweltschutz . . 14-1...14-18
Arbeitsplatzgestaltung . . . 12-7
Arbeitsräume, Schallschutz 7-40
Arbeitsstätten-verordnung 12-6
Arbeitsvorbereitung . . . . 12-15...12-21
Arbeitswerte 12-19
Arbeitszylinder 11-52
Art nouveau 6-33
Äste 4-28
Atombindung 2-4
Aufbauorganisation 12-2, 12-14
Aufgesattelte Treppe 8-23
Auflagerkräfte 2-29
Aufnahmewege 14-4
Aufschraubschloss 6-22
Auftragsabwicklung 12-15
Auftragstechniken 10-15f
Auftrieb 2-24
Auftrittsbreite, Treppe 8-20
Ausdehnung 2-9
Auskunftspflicht 14-3
Ausschaltung 13-12
Ausstellschere 9-20
Außenbauteile, Schallschutz 7-41f
Außendämmung 7-11
Außenlärmpegel 7-41
Außentüren 9-21
Außenwandbekeidungen . .9-28
Außereuropäische Laubhölzer . . . . 4-9...4-14
Außereuropäische Nadelhölzer 4-3f
Auswurfbegrenzung 11-41f, 14-18
Auszüge 6-21
Axonometrie 3-18f

B

Balkendiagramm, Terminplanung 12-24
Balkonbretter 4-44
Bandbezugslinie 8-4
Bänder . . . . 6-18...6-20
Bandschleifmaschine . . . 11-14
Barock 6-30
Basen (Laugen) 2-5
Basiseinheiten 1-5
Basisgrößen 1-5
BAT Biologischer Arbeitsstofftoleranzwert 14-2
Bauanschlussfuge 9-24
Bauaufsichtliche Benennung 7-48
Bauhaus 6-33
Baukörperanschluss 9-18
Baukörperanschluss 9-19
Bauleistungen, Abrechnung 12-25f
Baulicher Holzschutz 7-2f
Bauplatten, Wärmeleitzahl 7-29
Bauschäden, Verhinderung 7-11
Baustelle 11-1, 13-1
Baustellenkoordination . .13-24
Baustoffe, Brandverhalten 7-47
Baustoffklassen 7-46
Bauteildatenblatt 13-22
Bautenschutz 4-61
Bauwerks-Dübel 5-33f
Bauzeichnungen 3-8
Behaglichkeit 7-10
Beinraum 6-5
Beizen 10-9f
– Gefahren 14-6
Bekämpfende Holzschutzmaßnahmen . 7-7
Belastung, Trennwände 8-12
Beleuchtung, Arbeitsräume 12-8
Bemaßung . . . . 3-5...3-8
Bemaßungsarten 11-24
Beschichtung . . . . . .10-2...10-6
Beschichtungsstoffe . . . . 10-11...10-16
Beschläge . . . . 6-11...6-23
Beschleunigung 1-7
Beschriftung . . . . 3-5...3-8
Beton 4-72
Beton-Bauteile, Wärmeleitzahl 7-29
Betonsteine 4-72
Betriebsanweisung 14-3
Betriebsgründung 12-4
Betriebsmanagement 12-2
Betriebsnotwendige Räume 12-5
Betriebsorganisation . . . . 12-14...12-30
Betriebsplanung . . 12-2...12-13
Beweissicherungs-verfahren 12-27

15

15.2 Stichwortverzeichnis

Bezugspunkte 11-23
Biedermeier 6-32
Biegefestigkeit 4-26
Biegemoment 2-27
Biegung 2-28f
Bildschirmarbeitsplatz 6-7
Blattformate 3-1
Blättling 4-31
Bläuepilz 4-31
Bleichen 10-9
– Gefahren 14-6
Bleichverfahren 10-9
Bodenbeläge,
Brandverhalten 7-47
Bodenanschluss 9-24
Bogenkonstruktionen . . . 3-14f
Bohlen 4-38
– gehobelt 4-42
– Güteklassen 4-37
– Volumen 1-19
Bohrmaschinen 11-14
Brandschutz . . . . . . 7-46...7-50
Brandverhalten 7-47
– Baustoffe 7-47
– Bodenbeläge 7-47
Braunfäule 4-30
Break-even-point 12-20
Breitbandschleif-
maschine 11-14
Breitenverbindungen 5-3f
Brennen 10-8
Brettbauweise 6-1
Bretter 4-36, 4-44
– Gehobelt 4-42
– Güteklassen 4-37
– Volumen 1-19
Bruchrechnen 1-3
Bundesverband Holz und
Kunststoff 9-1
Büromöbel 6-5
Bürsten 10-8

C

CAD-Zeichnung 3-3
Cellulosenitrat 10-13
Cellulosenitratlack 10-12f
CE-Zeichen 12-28
CE-Zertifizierung 9-1
Checkliste
Baustellensituation 13-3
Chemie, Grundbegriffe 2-3
Chemische Beizen 10-10
Chemische
Grundlagen . . . . . . 2-3...2-7
Chemischer
Holzschutz . . . . 7-4...7-6
Chippendale 6-31
CN-Lack 10-12f
CNC-Bearbeitungs-
zentrum 11-14
CNC-Maschinen 11-23
CNC-Maschinen,
Spannsysteme 11-36
CNC-Steuerung
. . . . 11-24...11-27
CO-Emission 11-45

D

Dächer,
Tauwasserbildung 7-38
Dachlatten 4-36
Dampfbremsen 2-11
Dampfsperren 2-11
Dauerhaftigkeit 4-27
Decken,
Luftschalldämmung . . . 7-43
Deckenbekleidungen 8-12f
Deckungsbeitrags-
rechnung 12-20
Dehnungsfugen 8-19
Deutscher
Keilverschluss 5-6
DF-Platten 4-50
Dichte 2-2
Duchtungsband 9-18
Dichtungsstoffe 4-68
Dichtstoffgruppen 9-17
Dickschichtlasur 10-15
Diffusionswiderstand 2-11
Diffusions-
widerstandszahl 7-28
Dimetrie 3-17f
DIN EN ISO 9000 . . . . . 12-28f
Dispersionsklebstoffe,
Gefahren 14-7
Doppelkugelschnäpper . . 6-25
Dornmaße 8-6
Drahtstifte 5-32
Drehflügel 9-16
Drehkippflügel 9-16
Drehmoment 2-23
Drehstrommotoren,
Bremsen 11-18
Drehwuchs 4-28
Drehzahlregelungen 11-21
Dreieck 1-14f, 3-9
Dreieckschaltung 2-16
Drei-Punkt-Methode 3-18
Dreisatzrechnung 1-12
Drift 4-36
Druck 2-28, 2-30
– Flüssigkeiten
und Gase 2-24
Druckerzeugung 11-53
Druckfestigkeit 4-26
Druckholz (Rotholz) 4-28
Druckluftanlagen
. . . . .11-50...11-52
Druckluftbehälter 11-51
Druckmagnetschnäpper . . 6-24
Drucktabelle,
Furnierpresse 11-53
Druckverglasung 9-4
Dübel 5-3, 5-29
Dübelbohrmaschine 11-14
Dübelverbindung 5-9, 5-20
Durchbiegung 2-27
Möbeleinlegeböden 6-9
Duromere 4-60
Duroplaste 4-58, 4-61

E

Echter Hausschwamm . . . 4-32
Eckband 9-20
Eckumlenkung 9-20
Eckzapfenband 6-20
EG-Maschinen-
benutzerrichtlinie 11-30
EG-Maschinenrichtlinie . 11-30
EGNER-Tabelle 4-19
Einbau, Innentüren 8-7
Einbauschränke 8-8
Einbohrband 6-20
Einbohr-Zylinder-
scharnier 6-13
Einbruchschutz 7-50
Einbruchschutzklassen . . 7-50
Einfachfenster 7-36
Einfachständerwand 8-13f
Einfeldträger 2-27
Eingeschobene Treppe . . . 8-23
Eingestemmte Treppe . . . 8-23
Einheiten . . . . 1-6...1-9
– Vorsätze 1-6
Einheitenzeichen 1-5
Einheitspreisvertrag 12-21
Einlassbänder 6-18
Einlassscharnier 6-13
Einlassschloss 6-22
Einlauf 4-30
Ein-Punkt-Methode 3-18
Einsatzparamter 11-34
Einschalige
Außenwand 7-36

15

15.2 Stichwortverzeichnis

Einschlüsse 4-28
Einschnittarten 4-36
Einsteckschloss 6-23
Einsteckschlösser 8-6
Eintauchbewegung 11-27
Einzelabsaugung 11-42
Einzelteilzeichnung 3-3
Eklektizismus 6-33
Elastizität 4-27
Elastomere 4-58, 4-60
Elektrizität,
SI-Einheiten 1-9
Elektrische
Rauminstallation 13-13
Elektroanschlüsse 13-1
Elektrochem.
Spannungsreihe 2-6
Elektroherd 13-13
Elektro-Installation 2-18
Elektromotoren 11-17
Ellipse 1-16, 3-12
Elliptischer Bogen 3-14
Emissionswerte 11-45
E-Modul 4-27
Empire 6-32
Endenergiebedarf 7-24
Energie 2-25
Energiebedarf 7-24
Energiebedarfs-
ausweis 7-16, 7-24
Energiebilanzierung 7-19
Energie-
einsparung . . . . . . 7-9...7-19
Energieeinspar-
verordnung . . . . . . 7-9...7-28
Energiekosten 11-45
Energieverbrauch 7-9
Energieverbrauch,
Heizkörper 7-19
Entsorgung 11-43, 14-15
Entsorgung der
Baustellenabfälle 13-8
Entwurf 3-3
Epizykloide 3-12
Erdung 2-20
Ergonomische
Arbeitsplatzgestaltung . 12-7
Ergonomische Maße 6-7
Ermittlungspflicht 14-3
Estriche, Wärmeleitzahl . . 7-29
Etagenfurnierpressen . . . 11-14
Eurofalz 9-4
Eurofalz 9-6
Europäische
Laubhölzer . . . . 4-5...4-8
Europäische Nadelhölzer . . 4-2
Evolvente 3-11
Exzenterspanner 11-38
Exzenterverbinder 5-12
Exzentrisch Schälen 4-46
Exzentrischer Wuchs 4-28

F

Fahrgerüste 13-7
Fallensperre 9-26
Falschkern 4-28
Falzstab 5-7
Farbnebelabsaugung . . . 11-49
Farbstoffbeizen 10-10
Fasebretter 4-43
Faserplatten 4-54
Faux-Quartier-Messern . . 4-45
Federschnäpper 6-24
Federzapfen 5-18
Fehlerstromschutz-
schaltung 2-20
Feilen 11-10
Feinzerspanung 11-27
Fensteranschlusses 9-18
Fensterbank 9-19
Fensterbefestigung 9-19
Fensterbeschläge 9-20
Fenster,
– Einbruchschutz 7-50
– Schalldämmung 7-45
– Wärmedurchgang 7-30
– Wärmeschutzmaß-
nahmen 7-32
Fensteranschlüsse 7-27
Fensterflächenanteil 7-14f
Fenstertüren,
Schalldämmung 7-45
– Wärmedurchgang . . . 7-30
Fensterkonstruktionen 9-4
Fensterverglasung,
Schalldämmung 7-45
Fertigungsanlagen
. . . . 11-1...11-54
Fertigungsmittel . . 11-1...11-54
Fertigungszeichnung 3-3
Fertigungszeit 12-19
Festigkeitslehre . . . 2-28...2-32
Feuchteschutz
. . . . 7-38, 8-15, 8-19
Feuerbeständig 7-48
Feuerhemmend 7-48
Feuerschutzklassen 7-46
Feuerwiderstand 8-15
Feuerwiderstands-
klassen 7-48
Filmbildner 10-11
Filter 11-51
Fingerzapfen-T-Ver-
bindung 5-16
Fingerzinkung 5-11
Flächen . . . . 1-14...1-16
Flächenberechnung,
Bretter 4-36
Flachglas 4-64
Flachmessern 4-45
Flachriemen 11-19
Flaschenzug 2-26
Floatglas 4-64
Flüssigbeschichtung
. . . . 10-2, 10-4ff
Flüssigkeiten, Druck 2-24
Fluten 10-16
Förderleitungen 11-42
Formaldehydabgabe 4-54
Formaldehyd-Emission . . . 4-54
Formelzeichen . . . . . . 1-5...1-9
Formfeder 5-9, 5-13, 5-29
Formverhalten 4-20
Französischer
Keilverschluss 5-6
Fräsarbeiten 11-33
Fräsen 11-14
Fräserbauarten 11-33
Fräserdorn 11-33
Fräskopfschrauben 5-31
Fräswerkzeuge 11-33
– Einsatzparameter . . 11-34
Freihandlinien 3-4
Freiluft-Trocknungsdauer . 4-19
Frequenz 2-12
Frischluft-Abluft-
Trocknung 4-21
Frischluftbedarf 7-10
Fruchtschädigungs-
gruppen 14-12
Fugendichtmassen 9-18
Fuge mit Deckleiste 5-3
Fuge mit Verleimprofil 5-3
Fugen 5-3f
Füllstoffe 4-67f
Füllung 5-7f
Furnierbild 4-45f
Furnierdicken 4-47
Furniere . . . . 4-45...4-48
Furnierfehler 4-48
Furnierherstellung 4-45
Furnierlager 12-9
Furnierpressen 11-53f
Furniersperrholz 4-49
Fußaustragung 3-16
Fußbodenarten 8-18
Fußbodenbeläge,
Wärmeleitzahl 7-28f
Fußleisten 4-44

15.2 Stichwortverzeichnis

G

Gase, Druck 2-24
– Volumen 2-24
Gasfiltertypen 14-12
Gebotszeichen 14-13
Gedübelte Rahmenecke . 5-18
Gefährdungsklassen . . 7-3,7-5
Gefahrenhinweise 14-13
Gefahrenreduzierung 14-8
Gefahrensymbol 14-13f
Gefahrstoffe, Arbeitsplatz . . . 14-2...14-12
– Symbole 14-13f
Gefälle 1-11
Gefälzte Verbindungen . . . 5-10
Gefederte Fuge 5-4
Gefederte T-Verbindung . . 5-16
Gefederte Verbindung . . . 5-10
GefStoffV Gefahrstoffverordnung 14-2, 14-13f
Gehrungsverbinder 5-14, 5-16
Gehrungsverbindung 5-12
Gehrungszinken 5-14
Geleimter Zapfen 5-20
Geometrische Konstruktionen . . . 3-9...3-16
Geraden-Interpolation . . 11-26
Geruchsverschlüsse 13-19
Gesamtenergiedurchlassgrad 7-14
Gesamtflächenbedarf 12-3
Geschwindigkeit 1-7
Gespundete Bretter 4-42, 4-43
Gespundete Fuge 5-4
Gespundete Verbindung 5-10
Gestaltungsregeln, Möbel 6-26
Gestellsägen 11-5
Gestellverbindungen 5-20f
Gesundheitsgefahren . . . . 14-4...14-8
Gießen 10-16
Gipskartonplatten 4-56
Gitterschnittkennwert 10-4
Gitterschnittprüfung 10-4
Glanzgradmessung 10-2
Glas . . . . .4-64...4-66
Glasdickenbestimmung . . .9-14
Glattkantbretter 4-42
Gleichstrom 2-16
Gleichungen 1-3f
Umstellen 1-4
Goldener Schnitt . . . 1-13, 6-26
Gotik 6-29
Gotischer Bogen 3-15
Gratverbindungen 5-15
Greifraummaße 6-7
Griechisches Alphabet 1-9
Größen . . . . 1-6...1-9
Gründerzeit 6-33
Grundrisse 3-8
Grundrissformen, Treppen 8-22
Gruppenzeichnung 3-3
GS-Zeichen 12-28
Güteklasse 4-35
– Plattenwerkstoffe 4-53
– Bohlen 4-37
– Bretter 4-37
Gütezeichen RAL 7-6

H

Haftfestigkeit, Altanstriche 10-4
Hakenblatt mit Keilverschluss 5-6
Halbolive 9-20
Halbrundkopfschrauben 5-31
Halbschnitte 3-19
Halbverdeckte Zinkung . . . 5-11
Hähne 13-16
Hämmer 11-11
Handelsbezeichnungen, Möbel 6-3
Handelsware, Vollholz . . . . 4-35...4-44
Handhabungshilfen . . . . 11-37...11-40
Handmaschinen 11-12
Handsägen 11-5
Hängebahnen 11-40
Härte, Holz 4-25
Hartfaserplatten 4-50
Hartmetallbohrer 11-9
Harzgallen 4-30
Hauptpotenzialausgleich 2-19
Hauptzeichnung 3-3
Hausanschlussraum 2-19
Hausbock 4-34
Hausbockbefall 7-7
Hausschwamm 4-32, 7-7
Hebe-Drehfügel 9-16
Hebelgesetz 2-23
Hebelspanner 11-38
Heftsägen 11-5
Heilbronner Sortierung 4-35
Heißklebung 5-26
Heizanlagenverordnung . . 7-19
Heizkörper, Energieverbrauch 7-19
Heizperiodenbilanzverfahren 7-15, 7-19
Heizungsanlagen . . . . 11-44...11-46
Heizungsplanung 11-44
Hintergrundkonzentration 14-17f
Hirnleiste 5-5
Historismus 6-33
Hobel 11-7
Hobelarbeiten 11-33
Hobeleisen 11-7
Hobelladen 11-39
Hobelmaschinen 11-13
Hobelmesserwellen 11-33
Hobelware . . . . 4-42...4-44
Hochfrequenztrocknung . . 4-21
Hochlochziegel 4-69
Höhenbemaßung 3-8
Hohlbeitel 11-6
Hohlblöcke 4-70
Hohlzylinder 1-17
Holz . . . . 4-15...4-30
– Aufbau 4-15f
– Bestandteile 4-15f
– Wachstum 4-15f
– Krankheiten 4-30f
– technologische Eigenschaften . .4-25...4-27
– Tischlerarbeiten 4-40
Holz-Anstriche, Beanspruchungsgruppen 10-3
Holzarten . . . . 4-2...4-14
Holzbalkendecken, Schalldämmung 7-44
Holzbearbeitungsmaschinen 11-13f
Grundelemente 11-15
Holzbohrer 11-8
Holzdicken 8-18
Holzfaserplatten . . . 4-50, 4-56
Holzfäule 4-32
Holzfehler . . . 4-28...4-32, 10-8
Holzfeuchte 4-19
Holzfeuchte-Berechnung 4-20

15

15.2 Stichwortverzeichnis

Holzfeuchtewerte 4-20
Holzfeuerungsanlagen . . 11-46
Holz-Flachdach 7-37
Holzfußböden 8-18f
Holzpflaster 8-19
Holzschädlinge . . . . 4-28...4-34
Holzschrauben 5-30f
Holzschutz . . . . . 7-2...7-8, 8-9
Holzschutzmittel 7-4, 7-8
Holzschutzmittel,
  Gefahren 14-6f
Holzschwund 4-19f
Holzspanwerkstoffe 4-49
Holzstaub, Gefahren . . . 14-18
Holzstaubkon-
  zentrationen 11-41
Holzstützen,
  Tragfähigkeit 2-32
Holztreppen . . . . . . 8-20...8-24
Holztrocknung . . . . 4-21...4-23
Holzverarbeitung,
  Gefahrstoffe 14-4
Holzverbindungen,
  Übersicht 5-1
Holzwerkstoffe,
  Wärmeleitzahl 7-28
Holzwerkstoffklassen 4-50
Holzwolleleicht-
  bauplatten 4-56
HPL-Platten 4-55
Hubstapler 11-40
Hydraulische Pressen . . 11-53f
Hydraulische
  Steuerungen 11-28
Hydrostatischer Druck . . . 2-24
Hyperbel 3-13
Hypozykloide 3-12

I

Imprägnierlasur 10-14
Infrarottrocknung 4-21
Inhomogene Bauteile 7-13
Initial Type Test (ITT) 9-1
Inkreis 3-10
Inkrementale
  Bemaßung 11-24
Innenausbau, Übersicht . . . 8-1
Innenausbaubetrieb,
  Grundriss 12-12
Innenbauteile,
  Schallschutz 7-40
Innendämmung 7-11
Innentüren . . . . 8-2...8-7
Innenwand-
  bekleidungen 8-9f
Insektenbefall 7-7
Inspektion 13-21
Inspektionsintervalle 13-21
Installationszonen 2-19
Instandhaltung 12-31
Instandhaltungsplan 13-22
Instandhaltung
  von Bauteilen 13-1
Instandsetzung 13-21
Interne Wärmegewinne . . 7-23
Investitionsrechnung . . . 12-13
Ionenbindung 2-4
Isolationsfehler 2-20
Isolierglasfenster 7-36
Isolierverglasung 7-30
Isometrie 3-17f

J

Jahres-Heizwärme-
  bedarf 7-23
Jahresprimärenergie-
  bedarf 7-17, 7-23
Japanische Handsägen . . 11-6
Jugendstil 6-33

K

Kabelführungen 13-14
Kabinettfeilen 11-10
Kabinettprojektion 3-17f
Kalken 10-10
Kalksandsteine 4-71
Kalkulation 12-16
Kaltklebung 5-26
Kantengetriebe 9-6
Kantenriegel 6-25
Kanthölzer 4-36, 4-44
  – Sortierklassen 4-38
Kapillarität 2-1
Karnies 3-15
Karniesbogen 3-15
Kastendoppelfenster 7-36
Kavalierprojektion 3-18
Kegel 1-17
Kegelstumpf 1-18
Kehlstoß 5-8
Keil 1-18
Keilriemen 11-19
Keilstumpf 1-18
Keilverschluss 5-6
Keilzapfen 5-18
Keilzinken 5-5
Kellerschwamm 4-32
Kennzeichnungspflicht . . . 14-3
Kern- und Lufttrisse 4-28
Kielbogen 3-14
Kippflügel 9-16
Klammerrechnen 1-3f
Klappen 13-16
Klappflügel 9-16
Klappenscharnier 6-14
Klappläden 9-27
Klassizismus 6-32
Klavierband 6-13
Klebstoffe . . . . 5-25...5-28
  – Beanspruchungs-
    gruppen 5-25
Klebungen,
  Fachbegriffe 5-26
Kleiderschränke 6-4
Kleinfeuerungs-
  anlagen 11-45
Klinker 4-70
Klima-/Beanspruchungs-
  klasse 8-3
Klinker 4-70
Knickfestigkeit 4-27
Kniehebel 11-38
Kohäsion 2-1
Kolbendruck 2-24
Kollmann-Diagramm 4-25
Kombinationsbeizen 10-10
Konformitätserklärung 9-1
Kondensations-
  trocknung 4-21
Konstruktionsböden 6-9
Konstruktionszeichnung . . . 3-3
Konterprofil 5-19
Koordinatenachsen 11-23
Koordinatenbemaßung 3-7
Koordinationspannen 13-24
Korbbogen 3-14
Körperschall 2-12
Korpuseckver-
  bindungen . . . . . . 5-9...5-14
Korrosion 2-6
Korrosionsschutz 2-7
Korrosionsverhalten
  – Metalle 2-6
  – Nichtmetalle 2-7
Kostenoptimierung 12-10
Kostenvoranschlag 12-21
Kräfte 2-21f
Kraftübertragung 11-19
Krankheiten, Holz 4-30f
Krebsgruppen 14-12
Krebskrankheiten 4-31
Kreis 1-16
Kreisabschnitt 1-16
Kreisanschluss 3-10
Kreisausschnitt 1-16

15

15.2 Stichwortverzeichnis

Kreis-Interpolation 11-26
Kreismittelpunkt 3-10
Kreisring 1-16
Kreisringausschnitt 1-16
Kreissägeblätter 11-31f
Kreissägeblätter,
Einsatzparameter 11-32
Kreuzholz 4-36
Kreuzhölzer 4-44
Kreuzschaltung 13-12
Kröpfung A 6-11, 6-18
Kröpfung B 6-11, 6-18
Kröpfung C 6-11, 6-18
Kröpfung D 6-11, 6-19
Krummschaftigkeit 4-28
Küchenarbeitsplatten 4-56
Küchenmöbel 6-6
Kugel 1-18
Kugelschnäpper 6-24
Kühler 11-52
Kundenorientierung 12-30
Kundenzufriedenheit ... 12-30
Kunststoffe .... 4-58...4-61
Kürschner 4-48

L

Lackieranlagen
............11-47...11-49
Lackierräume 11-47
Lacklagerung 11-49
Lagerbühnen 12-9
Lagereinrichtungen 12-9
Lamello ... 5-3, 5-9, 5-13, 5-28
Landesbauordnung
.... 7-48f
Längen-Ausdehnungs-
Koeffizienten 2-9
Längenteilung 1-13
Langfurnier 4-47
Langlochbohrmaschine
.... 11-14
Längsverbindungen 5-5f
Lärmausbreitung 2-15
Latten 4-44
Laubholz, Liefermaße ... 4-41
Laubhölzer .... 4-5...4-14
Laubschnittholz,
Vorzugsmaße 4-41
Laugen 10-10
Lautstärkepegel 2-13
Lehmbaustoffe,
Wärmeleitzahl 7-28
Lehren 11-40
Leichtbauwände,
Luftschalldämmung ... 7-43
– Tauwasserbildung ... 7-67
Leichtbeton 4-72
Leichtbetonsteine 4-72
Leichte Bauteile 7-13
Leichthochlochziegel 4-69
Leimdurchschlag 4-48
Leime .... 5-25...5-28
Leimen 5-2
Leimregeln 5-2
Leinöl 10-12
Leisten 4-44
Leistung 2-25
Elektrische 2-17
Leistungsschilder 11-17
Leitern 13-7
Leiterquerschnitt (mm) . . .13-9
Leitungssysteme 12-14
Lenzites (Blättling) 4-31
Licht, SI-Einheiten 1-9
Liefermaße,
Plattenwerkstoffe 4-56
– Schnittware 4-41
Linearführungen 11-16
Linien 3-4
Linsenkopfschrauben 5-31
Lochbeitel 11-6
Lösemittel 10-11
– Gefahren 14-8
Lösemittel-Klebstoffe,
Gefahren 14-7
Lösungsmittelbeizen ... 10-10
Louis XIV 6-31
Louis XVI 6-32
Luft, Sättigungsmenge ... 7-34
– Zusammensetzung 2-5
Luftbelastungen 14-17
Luftdichtheit 7-26
Luftdurchlässigkeit 7-31
Luftfeuchte 2-11
Luftfeuchtigkeit 2-11
Luftschall 2-12
Luftschalldämmung 7-41
Luftschichten,
Wärmedurchgang 7-31
Luftspalt 8-3
Lüftung 7-25
Lüftungsrohrbe-
festigungen 13-20
Lüftungssysteme 13-20
Lüftungswärmeverlust ... 7-22
Luftverbrauch,
Druckluftgeräte 11-52

M

Magnetismus,
SI-Einheiten 1-9
Magnetschnäpper 6-24
Magnetverschlüsse 6-23
MAK Max. Arbeitsplatz-
konzentration 14-2
MAK-Werte ..... 14-9...14-14
Mangelhaftung 12-27
Mangelrechte 12-27
Mantelleitung NYM 13-10
Maschinelles Sägen 11-31
Maschinen, Holzbe-
arbeitung .... 11-12...11-30
Maschinenaufstellung ... 12-9
Maschinenraum 12-9
Maserfurnier 4-47
Maserwuchs 4-28
Maßbild 3-3
Maßeinheit 3-8
Maßeintragung 3-6f
Maßhilfslinie 3-6
Massivbauwände,
Tauwasserbildung 7-37
Massivdecke 7-38
– Trittschalldämmung .. 7-43
– Massivholzlager 12-9
Maßlinie 3-6
Maßlinienbegrenzung 3-6
Maßstäbe 1-13, 3-5
Mathematische
Grundlagen 1-1, 1-20
– Symbole 1-2
– Zeichen 1-2
Mattierung 10-13
Mauermaße 4-69
Mauerwerk,
Wärmeleitzahl 7-28
Mauerwerksdübel 5-33
Mauerziegel 4-69
Mechanik .... 2-21...2-26
Mechanik, SI-Einheiten ... 1-7f
Mehrscheiben-
Isolierglas 4-66
Messerfurnier 4-45
Messfehler 11-2
Metallbindung 2-4
Metalle 4-62f
Metallständer-
wände .... 8-12...8-14
Mindestfuge 6-14
Mindestluftvolumen-
strom 11-42
Mindestluftwechsel 7-24
Minizinkenverbindung 5-21

15.2 Stichwortverzeichnis

Mischtemperatur 2-9
Mischungsrechnen 1-11
Mitarbeiterorientierung . . 12-30
Mittellagensperrholz 4-49
Mittelschrift 3-5
Mittelverbindungen
. . . . .5-15...5-17
Mittlere Spandicke 11-31
Mittenstärkensortierung . . 4-35
Möbel, Wohnbereich 6-4
Möbelarten 6-1
Möbelbau . . . . 6-1...6-34
Möbelbauarten 6-1
Möbelbezeichnungen 6-3
Möbeleinlegeböden 6-9f
Möbelform 6-27f
Möbelknöpfe 6-27
Möbelmaße 6-7f
Möbelnormung . . . . . . 6-2...6-6
Möbeloberflächen
Möbeloberflächen,
Küchen 6-7
Möbelriegel 6-25
Möbelschlösser 6-22
Möbelstile . . . . 6-29...6-34
– Begriffe 6-34
Möbelteile 6-2
Moderfäule 4-31
Monatsbilanzver-
fahren 7-16, 7-21
Montagefahrzeug 13-5
Montageplanung 13-2
Montageplattenhöhe 6-14
Montagesteuerung 13-2
Mörtel, Wärmeleitzahl . . . 7-29
Motorschutzein-
richtungen 11-18
Musterbauordnung 7-48

N

Nachkalkulationen 12-17
Nachrüstverpflich-
tungen 7-16
Nachschärfen,
Werkzeuge 11-35
Nadelholz,
Gütesortierung 4-40
Nadelhölzer . . . . 4-2...4-4
Nadelschnittholz,
Vorzugsmaße 4-41
Nagekäfer 4-33f
Nägel 5-32
Nageln 5-2
Nagelverbindungen 5-9
Nassfäule 4-31
Nassschichtdicke 10-4f
Naturharzlacke . . 10-12, 10-14
Naturharzlasur 10-14
NC-Fertigung 11-23
Negatives Beizbild 10-9
Neigung 1-11
Nennbeleuchtungs-
stärke 12-20
Netzplantechnik,
Terminplanung 12-24
Neubau,
Energieeinsparung 7-16
Neue Sachlichkeit 6-33
Nichteisenmetalle 4-62f
Niedrigenergiehaus 7-19
Normalprojektion . . . 3-17, 3-19
Nullpunktverschiebung . . 11-26
Nut für Kantengetriebe 9-4
Nutzapfen 5-18

O

Oberflächenangaben 3-8
Oberflächen-
behandlung 8-19, 10-1f
Oberflächen-
strukturierung 10-8
Oberflächentauwasser . . . 7-36
Oberflächentechnik
. . . . 10-1...10-16
Oberflächen-
verbesserung 10-7
Oberfräse 11-14
Offene Zinkung 5-11
Ohmsches Gesetz 2-17
Originalzeichnung 3-3
Orthozykloide 3-12
Ova 3-12
Oxidation 4-30
Ozonschicht,
Ausdünnung 14-17

P

Parabel 3-13
Parabol-Interpolation . . . 11-26
Parallelbemaßung 3-7
Parkett 8-19
Partikelfilterklassen 14-12
Patinieren 10-10
Pauschalvertrag 12-21
Pfeilmethode 3-18
Pflanzliche Holz-
schädlinge . . . . . 4-29...4-32
pH-Wert 2-5
pH-Werte, Holzarten 5-26
Pfosten (Setzholz) 9-7
Physikalische
Grundlagen . . . . . 2-1...2-32
Pigmentbeizen 10-10
Pigmente und
Füllstoffe 10-11
Pilzbefall 4-29, 7-7
Planometrie 3-17f
Plastisole 5-28
Plastomere 4-58f
Plattenbauweise 6-1
Plattenlager 12-9
Plattenverbindungen 5-2
Plattenwerkstoffe . . 4-49...4-56
– Liefermaße 4-56
– Übersicht 4-49
Pneumatische
Steuerungen 11-28
Pochkäfer 4-33
Polyesterlack 10-13
Polyurethan 4-60
Polyurethanharzlack 10-13
Porenbeton 4-70
Porenbetonsteine 4-72
Porigkeit 10-2
Potenzieren 1-4
Preisermittlung 12-18
Preisumrechnung,
Schnittholz 1-19
Presszeit 5-26
Primärenergieaufwand . . . 7-17
Primärenergie-
aufwandszahl 7-23
Primärenergiebedarf
. . . . 7-16...7-20
Primärenergie-Faktoren . . 7-20
Prisma 1-17
Produkthaftung 12-27
Produktionskontrolle 9-1
Produktpass 12-28
Profilschnitte 3-19
Profilzylinder 8-7
Projektionsmethoden
. . . . 3-17...3-19
Prozentrechnung 1-12
Prüfungen am Bau
gem. § 3 ATV 13-4
Prüfmittel 11-2
Prüfprädikate 7-5
Prüftechnik 11-2
Psychrometertabelle 4-23
Putze, Wärmeleitzahl 7-29
PVC 4-60
Pyramide 1-17
Pyramidenstumpf 1-18

15

15.2 Stichwortverzeichnis

Pyrolysefeuerung 11-46
Pythagoras, Lehrsatz 1-11

Q

Quadrat 1-14
Quadratische
Holzstützen 2-32
Qualitätsmanagement . . 12-29
Qualitätssicherung
. . . . 12-10, 12-28
Quartier-Messern 4-46
Querholzfeder 5-10, 5-13

R

Radialschälen 4-46
Radizieren 1-4
Rahmenbauweise 6-1
Rahmenecke mit
Minizinken 5-19
Rahmenecke, gekontert . . 5-19
Rahmeneck-
verbindungen . . . 5-17...5-19
Rahmen-Füllung-
Verbindung 5-7f
RAL-Zeichen 12-28
Randzinken 5-22
Raspeln 11-10
Räuchern 10-10
Raumlufttemperatur 7-10
Rautiefe 11-31
Reaktions-Klebstoffe,
Gefahren 14-7
Rechnungsarten 1-3f
Rechteck 1-14
Regenschutzschiene 9-4
Regenschutzschiene 9-6
Reifungszeit 5-26
Relative Luftfeuchte 7-33
Renaissance 6-30
Resistenzklassen 4-27
Rettungszeichen 14-13
Rhomboid 1-14
Rhombus 1-14
Riegekl (Kämpfer) 9-7
Riementriebe 2-26, 11-19
Ringfäule 4-30
Ring- oder Schälriss 4-28
Rohdichte, Holz 4-25
Rohdichten 2-2
Rohholzsorten-
Verordnung 4-35
Rohholzsortierung 4-35
Rohrschellen 13-18
Rokoko 6-31
Rollladen 9-27
Rollladenschloss 6-23
Rollläden 9-27
Rolle 2-26
Rollenschnäpper 6-24
Romanik 6-29
Römische Ziffern 1-9
Rosenheimer Tabelle 10-3
Rostfeuerungsanlage . . . 11-46
Rotstreifigkeit 4-31
R-Sätze 14-13
Rundbogen 3-14
Runddübel 5-13
Rundschälen 4-46

S

Sachmangel 12-27
Sägefurnier 4-45
Sägen 11-13
Salze 2-5
Sandstrahlen 10-8
Saugvolumenstrom 13-20
Satzübergangs-
geschwindigkeit 11-27
Säurehärtender Lack . . . 10-13
Säuren 2-5
Schädlingsbefall 7-2
Schädlingserkennung 4-32
Schadstoffe, Luft 14-17f
Schäftung 5-6
Schälfurnier 4-46
Schall . . . . 2-12...2-15
Schalldämmende
Trennwände 8-15
Schalldämm-Maß . . 2-14, 7-41f
Schalldämmung 7-43
Schalldruck 2-13
Schalldruckpegel 2-13
Schallgeschwindigkeit . . . 2-12
Schallschutz
. . . . .2-14, 7-39...7-45
– Fußböden 8-15
Schallschutzfenster 9-7
Schallschutzglas 4-66
Schallschutznachweise . . 7-39
Schalltechnische
Kennwerte . . . . . 7-43...7-45
Schaltpläne 2-18
Schaltzeichen 2-18
Scharniere . . . . 6-12...6-17
Scharnierkonstante 6-14
Schattenfuge 5-4
Scheibenbock 4-34
Schellack 10-12
Scherenlager 9-20
Scherfestigkeit 4-27
Scherspannungen 2-31
Scherung 2-28
Schichtdicken 10-4f
Schichthölzer 4-49
Schichtverleimung 5-6
Schieber 13-16
Schimmelpilzbildung 7-26
Schleifen 10-7f
Schleifmaschinen
. . . . 10-8, 11-14
Schleifmittel 10-7f
Schleifstaub, Gefahren . . 14-18
Schließanlagen 8-7
Schließbleche 8-6
Schließblock 9-20
Schlösser 6-22
Schlüsselarten 8-7
Schmelz-Klebstoffe,
Gefahren 14-7
Schmelzwärme 2-8
Schneidstoffauswahl . . . 11-35
Schnittanordnung 3-18
Schnittarten 11-3
Schnitte . . . . 3-18...3-22
– Kennzeichnungen
. . . . 3-20...3-22
Schnittgeschwindigkeit . . 11-31
Schnittgüte, Fräsen 11-33
Schnittholz,
Preisumrechnung 1-19
Schnittholzsortiment 4-36
Schnittprofil 3-19
Schnittschraffuren
. . . . 3-20...3-22
Schraffuren . . . . . . 3-20...3-22
Schräge Zinkung 5-11
Schrägzinkung 5-24
Schrauben . . . 5-2, 5-30...5-32
Schraubenbezeichnung . . 5-30
Schraubendreher 11-11
Schraubenlinie 3-13
Schriftfeld 3-2
Schriftform 3-5
Schriftzeichen 3-5
Schrittmaßregel 8-21
Schub 2-31
Schubkästen 6-4
Schubspannungen 2-31
Schutzmaßnahmen
. . . . .7-1...7-48, 14-4
– Elektrotechnik 2-20
– Rangfolge 14-3

15

15.2 Stichwortverzeichnis

Schwalbenanzahl 5-23
Schwalbenbreite 5-22
Schwenkriegel 9-26
Schwerpunkt 2-29
Schwingflügel
Schwundmaße 4-20
Sechseck 3-9
Sechskantholz-
schrauben 5-30
Segmentbogen 3-14
Sekretärband 6-20
Sekundenkleber 5-27
Selbstkosten-
Erstattungsvertrag . . . 12-21
Senkkopfschrauben 5-31
SH-Lack 10-13
Sicherheitsdatenblatt 14-3
Sicherheitsgläser 4-65
Sicherheitskenn-
zeichen 14-13f
Sicherheitsmerkmale 7-50
Sicherheitsratschläge . . . 14-13
Sicherheitsregel,
Treppe 8-19
Silikon 4-60
Sinnbilder 3-22
Sinuskurve 3-13
SI-System 1-5
Skalare Größen 1-5
Skizze 3-3
Solare Wärmegewinne . . . 7-23
Sommer,
Wärmeschutz 7-14
Sommerlicher
Wärmeschutz 7-25
Sonderabfallarten 14-15f
Sonneneintragungs-
kennwert 7-14
Sonnenschutzglas 4-66
Sonnenschutz-
maßnahmen 7-14
Sonnenschutz-
vorrichtungen 7-14
Sortierklassen,
Kanthölzer 4-38
Sortierung,
maschinell 4-39
– Visuell 4-39
– Vollholz 4-39
Spaltfestigkeit 4-27
Spänelager 11-44
Spannsysteme,
CNC-Maschinen 11-36
Spannung 2-16
Spanplatten 4-49f, 4-56
Spanplatten,
Formaldehydabgabe . . . 4-54
Spanrückigkeit 4-30
Spanungstechnische
Grundlagen 11-3f
Sperrholz 4-50
– Verleimungsarten . . . 4-54
– Vorzugsmaße 4-56
Sperrtüren 8-5
Spiegelglas 4-64
Spiralbohrer 11-9
Spirale 3-13
Spiritusbeizen 10-10
Splintholzkäfer 4-33
Spreizdübel 5-34
Spritz- und Abdunst-
bereiche 11-48
Spritzauftrag 11-49
Spritzen 10-16
S-Sätze 14-13
Sprossen 9-7
Stabliniensystem 12-14
Stangenscharnier 6-13
Stangensortierung 4-35
Statik 2-27
Staub- und Späne-
entsorgung 11-43
Staubfänger 11-42
Stay-Log-Schälen 4-46
Stechbeitel 11-6
Steigung 1-11
Steigungshöhe,
Treppe 8-20
Steildach 7-38
Steine 4-69f
Steinformate 4-69
Stern-Dreieck-
Schaltung 11-18
Sternschaltung 2-16
Steuerungen 11-21f
Steuerungsarten 11-22
Stockigkeit 4-31
Stoffwerte . . . . 14-9...14-14
Stollenbauweise 6-1
Stollenverbindungen 5-21
Strahlungswärme-
gewinne 7-20
Streckenteilung 1-13, 3-8
Strichlinie 3-4
Strichpunktlinie 3-4
Stromstärke 2-16
Stufenverziehung 8-22
Stühle 6-4
Stulpflügel 9-7
Stumpfe Leimfuge 5-3
Stundenlohnvetrag 12-21
Stundenverrechnungssatz
. . . . 12-16

T

Tangente 3-10
Tannenblättling 4-31
Tauchen 10-16
Tauchlasur 10-15
Taupunkttemperatur 7-34
Tauwasserbildung
. . . . 7-26, 7-37f
Tauwasserschutz 7-33
Techn. Eigenschaften,
Holz . . . . 4-25...4-27
Kunststoffe 4-59
Technische Holztrocknung
. . . . 4-21...4-23
Technische Zeichnung 3-3
Technisches Zeichnen
. . . . 3-1...3-22
Teerölpräparate 10-14
Tegernseer
Gebräuche 1-19, 4-37
Teilauszug 6-21
Temperatur 2-8
Temperatur-Korrektur-
Faktoren 7-20
Temperaturmessung 2-8
Temperaturskalen 2-8
Temporärer
Wärmeschutz 7-32
Terrassentür 9-19
Terminplanung 12-23f
Thermische Trennung 9-4
Thermodynamik 1-8
Thermoplaste 4-58f
Tierische Holz-
schädlinge . . . . . 4-32...4-34
Tische 6-4
Tischfräse 11-14
Tischlerarbeiten, Holz . . . 4-40
Toleranzen,
Holzbearbeitung 11-2
Topfabstand 6-14
Topfscharniere . . . . 6-14...6-18
Topfzeit 5-26
Torsion 2-31
Torsionsfestigkeit 4-27
Totenuhr 4-33
Tragfähigkeit,
Holzstützen 2-32
Tragfähigkeit,
Rundholzstützen 2-32
Tragfähigkeitstabellen,
Holzstützen 2-32
Trägheitsmoment 2-31
Transmissions-
wärmeverlust . . . 7-17...7-26

15.2 Stichwortverzeichnis

Transportbänder 11-40
Transportmittel 12-10
Transportsicherung 13-8
Transport von
Bauelementen 13-8
Transport-Wagen 11-39
Transportwege 12-10
Trapez 1-14
Trapezverbinder 5-12
Treibhauseffekt 14-17
Trennwände . . . . . . 8-11...8-15
Treppen . . . . 8-20...8-24
Treppenwangen,
Bemessung 8-24
TRGS Techn. Regeln f.
Gefahrstoffe 14-2
Tresorbolzen 9-26
Trinkwasserversorgungs-
anlage 13-15
Tritte 13-7
Trittschalldämmung 7-43
Trittschallschutz 2-15
Trittstufen, Bemessung . . . 8-24
TRK Techn.
Richtkonzentration 14-2
TRK-Werte . . . . . . 14-9...14-12
Trockenschichtdicke 10-5
Trockner 11-51
Trocknungstafel 4-22
Türausschlag 6-14
Türmaße 8-3
Türdrücker 8-6
Türen, Begriffe 8-2
– Einbruchschutz 7-50
– Schalldämmung 7-44
– Wärmedurchgang . . . 7-31
Türschilder 8-6
Türzargen,
Maße 8-3f

U

Überauszug 6-21
Überblattung 5-6, 5-17
Überfälzte Fuge 5-4
Überschobene
Verbindung 5-5
Überwallungen 4-25
Überzugsmittel
– Innen 10-12ff
– Außen 10-14f
Umkreis 3-10
Umweltengel 7-6
Umweltrelevante
Betriebsbereiche 14-15
Umweltschutz . . . 14-15...14-18
Unbelüftete
Anschlussleitungen . . .13-18
Unterdecken 8-11
Unterfurniermagnet 6-24
Unterkonstruktion 8-9f
Unterschubfeuerungs-
anlage 11-46
UP-Lack 10-13
UVV Unfallverhütungs-
vorschriften 14-2
Ü-Zeichen 12-28

V

Vakuumtrocknung 4-21
Vektorielle Größen 1-5
Ventilatoren 11-43
Ventile 11-28f, 13-16
Verbindungen 5-10
Verbindungsbe-
schläge . . . 5-12, 5-17, 5-21
Verbindungsmittel
. . . . 5-28...5-34
– Übersicht 5-1
Verblauung 4-31
Verbotszeichen 14-13
Verbrennungsverluste . . 11-45
Verbund-Doppelfenster . . 7-36
Verdampfungswärme 2-8
Verdichter 11-51
Verdingungsordnung . . . 12-25
Verdrehung 2-28
Verformung der
Holzaußentüren 9-22
Vergrauung 4-30
Verkeilter Stegzapfen 5-15
Verklotzung
Verlegemuster 8-18
Verlegung,
Holzfußböden 8-19
Verleimungsarten,
Sperrholz 4-54
Verschnittabschlag 4-57
Verschnittbe-
rechnung 4-57, 12-18
Verschnittzu-
schläge 4-46, 12-18
Versiegelung 9-4
Verwitterungseffekt 10-8
Vielecke 1-15, 3-9
VOB 12-25
VOB-Holzfeuchte 6-2
Vollauszug 6-21
Vollholz . . . . 4-2...4-44
Vollholzeinschnitte 4-36
Vollholzverbindungen 5-2
Volllinie 3-4
Vollziegel 4-69
Volumen . . . . 1-17...1-19
Volumenberechnung,
Bretter 4-30
Vorbeugender
Holzschutz . . . . 7-4...7-6
Vorkalkulation 12-17
Vorrichtungsbau 11-37
Vorsatzname 1-6
Vorsatzschalen 9-24
Vorsatzzeichen 1-6
Vorspaltung 11-3
Vorzeichenregeln 1-3
Vorzugs-Querschnitt-
maße 4-41

W

Wachse 10-12
Wachstum, Holz 4-15
Walzen 10-14
Wartung 13-21
Wartungsintervalle 9-20
Waschtische,
Montagehöhen 13-19
Wasserabreißnut 9-6
Wassertechnische
Anschlüsse 13-1
Wände,
Luftschalldämmung . . . 7-43
Wangentreppen 8-24
Wärmebedarf 11-44
Wärmebrücken 7-25f
Wärmedämmstoffe 7-28
Wärmedurchgangs-
koeffizienten . . . . 7-21...7-31
Wärmedurchgangs-
widerstand 7-13
Wärmedurchlasswider-
stand 7-11f, 7-21, 7-31
Wärmekapazität 2-8
Wärmeleitung 2-9
Wärmeleitzahl 7-28
Wärmemenge 2-8
Wärmeschutz . . . . . . 7-9...7-32
Wärmeschutzglas 4-66
Wärmeschutzmaß-
nahmen 7-32
Wärmeschutznachweis . . 7-11
Wärmeschutzver-
ordnung 7-19
Wärmespeicherung 7-32
Wärmetechn.
Grundlagen . . . . . 2-8...2-11

15

15.2 Stichwortverzeichnis

Wärmetechn.
  Kennwerte . . . . . 7-28...7-31
Wärmeübergangs-
  widerstand 7-21
Wärmeübertragung . . 1-8, 2-9f
Warnzeichen 14-13
Wartezeit 5-26
Wasser 2-5
Wasserbeizen 10-10
Wasserdampf-
  diffusion 2-11, 7-33
Wasserdampfemission . . . 7-33
Wasserdampf-
  sättigungsdruck 7-35
Wasserlack 10-14
wassertechnische
  Anschlüsse 13-1
Wechselschaltung 13-12
Wechselstrom 2-16
Wegbedingungen 11-25
Wegeventil 11-29
Weißfäule 4-32
Weitwinkelscharnier 6-15
Wendeflügel 9-16
Wendel-Treppen 8-23
Werkseigene Produktions-
kontrolle (WPK)
  Werkstoffe . . . . . . 4-1...4-70
  – Aufbau 2-4
  – Übersicht 4-1
Werkstückdarstellung 3-19
Werkvertrag 12-21
Werkzeug, Winkel 11-4
Werkzeuge, Holz-
  bearbeitung . . . 11-5...11-11
Werkzeugkorrektur 11-26
Werkzeugschneiden 11-3
Werkzeugstandzeiten . . . 11-35
Widerstand 2-16
Widerstandsmoment 2-29
Wimmerwuchs 4-28
Windlast 9-5
Winkel halbieren 3-9
Winkelband Kröpfung L . . 6-19
Winkelbeziehungen 1-10
Winkeldübel 5-13, 5-29
Winkelfeder 5-14, 5-29
Winkelfunktionen 1-10
Winkelscharnier 6-13
Wintergarten 9-29
Winter, Wärmeschutz 7-13
Wirkliche Länge 1-13
Wohnräume,
  Schallschutz 7-40
Würfel 1-17

Z

Zahnvorschub 11-31
Zangen 11-11
Zapfenband 6-20
Zapfenverbindungen 5-18
Zargen-Stollen-Verbindung 5-20
Zaunblättling 4-31
Zeichenblätter 3-1
Zeichnung, Entwurf 3-3
  Falten 3-3
Zeichnungslänge 1-13
Zellaufbau 4-18
Zentralabsaugung 11-42
Zentralprojektion 3-17
Zentrifugalkraft 2-24
Zertifizierung nach
  ISO 9000 12-28
Ziegel 4-70
Zinkenteilung . . . . . 5-22...5-24
Zinkungen 5-11
Zinsrechnung 1-12
Zug 2-28, 2-30
Zugentlastungen 13-14
Zugfestigkeit 4-26
Zugspanner 11-38
Zugspannungen 2-30
Zuluftanlagen 11-49
Zusatzverriegelung 9-20
Zuschlagkalkulation 12-16f
Zwei-Punkt-Methode 3-18
Zwieselung 4-27
Zwischenböden 6-9, 6-10
Zwölfeck 3-9
Zylinder 1-17
Zylinderbänder 6-18

Kapitelübersicht

Ausführliches Inhaltsverzeichnis Seite VII bis IX

1 Mathematische Grundlagen
1-1 bis 1-20

2 Physikalische und chemische Grundlagen
2-1 bis 2-32

3 Technisches Zeichnen
3-1 bis 3-22

4 Werkstoffe
4-1 bis 4-66

5 Vollholz- und Plattenverbindungen
5-1 bis 5-34

6 Möbelbau
6-1 bis 6-34

7 Holzschutz und bauliche Schutzmaßnahmen
7-1 bis 7-48

8 Innenausbau
8-1 bis 8-22

9 Fenster, Fassaden, Außentüren
9-1 bis 9-30

10 Oberflächentechnik
10-1 bis 10-16

11 Fertigungsmittel – Fertigungsanlagen
11-1 bis 11-54

12 Betriebsplanung und Betriebsorganisation
12-1 bis 12-30

13 Montage und Instandhaltung
13-1 bis 13-24

14 Arbeits- und Umweltschutz
14-1 bis 14-18

15 Verzeichnis der behandelten Normen und Vorschriften 15-1 bis 15-3
Stichwortverzeichnis 15-5 bis 15-14